数字化建造建筑信息模型(BIM)丛书

Tekla 与 Bentley BIM 软件应用

刘广文 主编

同济大学 出版社
TONGJI UNIVERSITY PRESS

内 容 提 要

本书针对当前BIM应用的具体操作，介绍了 Tekla Structures 软件和Bentley公司的常用 BIM 软件。从软件的具体操作入手，降低读者的学习难度，重点培养读者对软件的操作能力。

本书共 12 章。第 1—3 章重点介绍了 Tekla Structures 软件的应用，特别是 Tekla Structures 软件在混凝土结构方面的应用和管理功能，第 4—12 章介绍了 Bentley 公司的常用 BIM 软件，包括 MicroStation (V8i)，AECOsim Building Designer (V8i)，Navigator，ProStructure，Context Capture，LumenRT，PowerCivil和 OpenBridge Modeler。本书以实例操作为主进行介绍，以驾驭软件功能为目标。

本书可作为高职高专土建类建筑工程技术专业，特别是建筑信息化方向和施工信息化方向的 BIM 课程教材，可以作为市政工程专业和路桥专业学习 BIM 的入门参考，也可以供工程技术人员和 BIM 爱好者参考使用。

图书在版编目(CIP)数据

Tekla 与 Bentley BIM 软件应用/刘广文主编.
--上海:同济大学出版社，2017.8
ISBN 978-7-5608-7220-9

Ⅰ.①T… Ⅱ.①刘… Ⅲ.①钢结构—结构设计—计算辅助设计—应用软件②建筑设计—计算机辅助设计—应用软件 Ⅳ.①TU391.04-39②TU201.4

中国版本图书馆 CIP 数据核字(2017)第 182035 号

Tekla 与 Bentley BIM 软件应用

刘广文 主编

责任编辑 马继兰 **责任校对** 徐春莲 **封面设计** 陈益平

出版发行 同济大学出版社 www.tongjipress.com.cn
(地址:上海市四平路 1239 号 邮编:200092 电话:021-65985622)
经 销 全国各地新华书店
排 版 南京月叶图文制作有限公司
印 刷 常熟市大宏印刷有限公司
开 本 787 mm×1092 mm 1/16
印 张 29.25
字 数 730 000
版 次 2017 年 10 月第 1 版 2017 年 10 月第 1 次印刷
书 号 ISBN 978-7-5608-7220-9
定 价 72.00 元

前　言

BIM是建筑行业的一个热词，中华人民共和国住房和城乡建设部以及各省市都相继推出了鼓励BIM应用的政策和措施，使得BIM及其应用如火如荼。作为一名有17年施工管理经历的从业者，笔者深知BIM对于建筑行业的作用和意义。本书介绍了两家不同公司的BIM软件，希望在一定程度上为我国的BIM发展起到良好的推动作用。

高校作为人才培养的重要一环，也在跟踪行业发展，陆续开展了BIM的教学与研究。编者作为一名高职教师，2013年开始将BIM作为选修课开设。毕业生的就业需求证明了这门课程开设的必要性。

基于上述原因，2015年，山东城市建设职业学院建筑工程系在建筑工程技术专业开设了建筑信息化专业，“Tekla与Bentley BIM软件应用”就是这个专业方向的一门骨干课程。本书编写的目的之一就是给这个专业方向的学生提供教材。这门课程的开设也结出了硕果——山东城市建设职业学院学生在Bentley Institute举办的“2017 Bentley Institute世界大学生设计”大赛中获得了高级组基础设施实景建模应用创新冠军奖。

BIM的应用是施工管理人员重点关注的内容。本书的Tekla Structures的混凝土部分，重点介绍了Tekla Structures的施工管理功能，这项功能可以为项目施工管理人员的混凝土工程施工提供很大的帮助。

对于那些打算学习Bentley系列软件的人来讲，本书也是一本不错的入门读物。从MicroStation的二维绘图开始，直到专业软件的应用，本书都有涉及，甚至是实景建模和渲染这类热门内容，在本书中都可以找到相对应的内容。

由于本书编写的时间比较紧张，又受到篇幅限制，部分内容未详细展开，也给作者和读者留下了遗憾。但作为入门读物，可以使读者对Bentley的软件有总体了解，为以后的学习和使用奠定良好的基础。

感谢我的妻子王玉春，她在本书出版过程中做了大量的校稿和核查工作，使本书的出版能够尽量减少出现的错误。

本书作者水平有限，书中难免有不足之处，请读者批评指正。读者也可以将对本书的意见和建议发送至674786172@qq. com邮箱，我们将及时给予回复。

刘广文

2017年8月济南

目　录

第二篇 Bentley BIM 软件应用

绪论 认识 BIM

1. BIM 是什么

BIM,建筑信息模型的缩略词,BIM 应用大约经历了三个发展阶段。第一个阶段可以解释为 Building Information Model。在这一阶段,由于是二维设计,大家都希望可以建立三维模型,并且这个模型带有建筑物建成后的信息,这样无论对于规划、设计、施工还是将来的运营,都可以起到一定的参考作用;大家的注意力都关注在最终生成的模型上,一般也把这一阶段称为 BIM1.0 阶段,Model 的含义是重视建成的模型。

随着建立的模型越来越多,大家逐步发现,在建模的过程中可以发现一些二维设计中存在的缺陷:不能只重视建模的结果,也必须重视建模的过程(其实这个过程可以理解为一定程度上的虚拟建造或者辅助图纸会审)。这个阶段可以解释为 Building Information Modeling,也称为 BIM1.5 阶段,Modeling 的含义是重视建模的过程,在建模过程中发现设计中存在的问题。

随着 BIM 应用的进一步推广,完成的模型数量又大大增加,许多业内人士不断反思:"难道 BIM 的应用就是简单发现几个设计错误这么简单吗?我们建立了大量的模型,这些模型在经过图纸错误发现、碰撞检查后还有什么用呢?还能用这些模型做什么呢?"于是大家对模型的应用进行了大量探索,特别是对模型的信息管理功能,包括信息的生成、存储、传输、传递、修改、删除等作了大量研究。此时,BIM 可以解释为 Building Information Manage,也称为 BIM2.0 阶段,Manage 表示重视模型的信息管理作用,为各阶段信息交流和交换提供条件。

我们可以预测,随着 BIM 应用不断发展扩大,经验和教训的不断积累,BIM 应用肯定会有 3.0,4.0,5.0,……阶段。但是,现在谈到的 BIM 内涵,一般还是指美国国家 BIM 标准(NBIMS)中定义所述。

美国国家 BIM 标准(NBIMS)对 BIM 的定义是:BIM 是一个设施(建设项目)物理和功能特性的数字表达;BIM 是一个共享的知识资源,是一个分享有关这个设施的信息,为该设施从建设到拆除的全生命周期中所有的决策提供可靠依据的过程;在项目的不同阶段,不同利益相关方通过在 BIM 中插入、提取、更新和修改信息,以支持和反映其各自职责的协同作业。

BIM 是以三维数字技术为基础,集成了建筑工程项目各种相关信息的工程数据模型,BIM 是对工程项目设施实体与功能特性的数字化表达。BIM 支持建设项目生命期中动态的工程信息创建、管理和共享。建筑信息模型同时又是一种应用于设计、建造、管理的数字化方法,这种方法支持建筑工程的集成管理环境。

BIM是以建筑工程项目的各项相关信息数据作为模型的基础，进行建筑模型的建立，通过数字信息仿真模拟建筑物所具有的真实信息。它具有可视化、协调性、模拟性、优化性和可出图性五大特点。

BIM不是简单的将数字信息进行集成，而是一种数字信息的应用，并可以用于设计、建造、管理的数字化方法。这种方法支持建筑工程的集成管理环境，可以使建设工程项目在其整个生命周期中显著提高效率，大大降低风险。

2015年7月1日，中华人民共和国住房和城乡建设部印发了《关于推进建筑信息模型应用的指导意见》(以下简称《意见》)。《意见》中强调了BIM在建筑领域应用的重要意义，提出了推进建筑信息模型应用的指导思想与基本原则，同时明确提出推进BIM应用的发展目标，即"到2020年年末，建筑行业甲级勘察、设计单位以及特级、一级房屋建筑工程施工企业应掌握并实现BIM与企业管理系统和其他信息技术的一体化集成应用。到2020年年末，以下新立项项目在勘察设计、施工、运营维护中，集成应用BIM的项目比率达到90%：以国有资金投资为主的大中型建筑；申报绿色建筑的公共建筑和绿色生态示范小区。"

《意见》指出，各级住房城乡建设主管部门要结合实际，制定BIM应用配套激励政策和措施，扶持和推进相关单位开展BIM的研发和集成应用，研究适合BIM应用的质量监管和档案管理模式。

《意见》同时为建设单位、勘察单位、设计单位、施工企业、工程总承包企业及运营维护单位推行BIM应用的工作重点提出指导意见，提出有关单位和企业要根据实际需求制定BIM应用发展规划、分阶段目标和实施方案，合理配置BIM应用所需的软硬件。改进传统项目管理方法，建立适合BIM应用的工程管理模式。构建企业级各专业族库，逐步建立覆盖BIM创建、修改、交换、应用和交付全过程的企业BIM应用标准流程。通过科研合作、技术培训、人才引进等方式，推动相关人员掌握BIM应用技能，全面提升BIM应用能力。

2. BIM应用面临的问题

《意见》印发后，在整个土木工程领域掀起了一股BIM应用热潮，甚至用Building Information(建筑信息)都无法涵盖，需要使用Civil Information(土木工程信息)来描述。在BIM应用过程中，一般都面临硬件、软件和人才三个问题。在这三个问题中，最容易解决的是硬件问题。无论BIM应用对工作站和服务器性能需要有多高，只要资金充足，都可以顺利解决。

第二个问题，也就是软件问题就不那么容易了。BIM软件是专业知识和计算机软件相结合的产物。如果用一个房屋建筑工程BIM软件解决道桥的BIM应用，就多少有点儿缘木求鱼的感觉。因为BIM应用的软件和理论都在不断丰富和完善中，最终需要选用正确的软件工具解决问题，所以对BIM应用中的软件必须多了解、多熟悉、多掌握，了解不同软件功用的共同点、差异点，用合适的BIM软件去实现工程项目中的BIM应用。因此，本书以抛砖引玉的方式向大家介绍天宝公司和Bentley公司的BIM软件，以期读者可以多了解一些BIM软件，为合理选用软件打下基础。

天宝公司的Tekla Structures软件包含了业界领先的钢结构BIM应用和完善的混凝土结构应用。特别对于混凝土浇筑分区的管理，解决了混凝土施工管理的一大障碍。混凝土浇筑分区管理以前只是施工人员的设想，现在可以通过Tekla Structures软件顺利实现，本书第1～3章主要讲述了Tekla Structures软件技术。

Bentley 公司开发了系列的 BIM 软件，本书从 Bentley 公司的公共平台 MicroStation (V8i)开始介绍，涉及房屋建筑的 BIM 软件 AECOsim Building Designer(V8i)、审图和模型审核软件 Navigator、钢结构和混凝土结构 BIM 软件 ProStructure、实景建模软件 ContextCapture、渲染软件 LumenRT、道路及市政工程 BIM 软件 PowerCivil、桥梁 BIM 软件OpenBridge Modeler。对许多 BIM 从业人员而言，或许以前没有听说过这些软件，但是这些软件的灵活、综合应用可以使项目的 BIM 应用大放异彩。如 ProStructure 软件中丰富的钢结构节点设置可以大大提高钢结构建模效率，逐步完善钢筋混凝土中的钢筋库数据，可以使钢筋的信息模型越来越完善。如果还在踌躇路桥和市政 BIM 应用方面的问题，PowerCivil 软件和 OpenBridge Modeler 软件可以轻松解决，这些都是针对相应专业的 BIM 软件。采用 BIM 软件解决专业问题，就是“选对钥匙开对锁”。

最后说一下人才问题。由于 BIM 应用时间较短，许多企业都没有做好这方面的准备，当前最突出的表现是人才缺乏。一款 BIM 软件在一个企业从采购到收到应用效果，一般都需要 2～3 年时间，但是许多企业都希望半年见效，这之间的差距很大。笔者认为解决这一问题的最好办法从学校开始，在学校里学生已经接触到这些 BIM 软件，了解软件的功用，出了校门后稍加培训即可胜任工作，这也是编写本书的初衷。

在教学过程中，为了丰富学生的 BIM 应用技能，对信息化专业方向的学生还开设了 BIM 软件二次开发的相关课程，并在该课程的部分内容上采用中英文双语教学，探索培养学生完备的 BIM 应用能力，为社会的 BIM 应用添砖加瓦。

总之，BIM 的应用可以用“方兴未艾”来形容，在应用过程中，还有许多问题、困惑需要我们解决，本书仅仅是对解决这些应用问题和困难中的一部分作了探索，是 BIM 海洋中的一滴水。但是，作者还是希望广大 BIM 应用人员，特别是在校学生，能够借助本书的内容，把 BIM 应用推动向前，取得 BIM 应用的创新成就。

第一篇

Tekla Structures 软件应用

1 认识 Tekla Structures

1.1 Tekla Structures 的发展历史

Xsteel 是芬兰 Tekla 公司开发的钢结构详图设计软件。2004 年，Tekla 公司在 Xsteel 中增加了混凝土结构和施工管理等新内容，软件改名为 Tekla Structures。

Tekla Structures 通过首先创建三维模型以后自动生成钢结构详图、混凝土结构详图和各种报表。由于图纸与报表均以模型为准，而在三维模型中操纵者很容易发现构件之间连接有无错误，所以它保证了钢结构详图深化设计和混凝土结构详图中构件之间的正确性。同时对钢结构可以自动生成的各种报表和接口文件(数控切割文件)，可以服务(或在设备直接使用)于整个工程。它创建了新的信息管理和实时协作方式。Tekla 公司在提供革新性和创造性的软件解决方案处于世界领先的地位。Tekla 产品行销 60 多个国家和地区，在全世界拥有成千上万个用户。2011 年 5 月，TRIMBLE NAVIGATION(天宝导航)，公开收购 Tekla 公司的股权。现在 Tekla Structures 是美国天宝公司旗下产品。

1.2 Tekla Structures 的主要功能

Tekla Structures 主要包括绘图、项目管理、建模、钢筋深化、预制混凝土深化、钢结构深化等功能。

Tekla Structures 是一个三维智能结构模拟、详图的软件包。用户可以在虚拟的空间中搭建一个完整的结构模型，模型中不仅包括结构零部件的几何尺寸，也包括材料规格、横截面、节点类型、材质、用户批注语等在内的所有信息。而且可以用不同的颜色表示各个零部件，它有用鼠标连续旋转功能，用户可以从不同方向连续旋转地观看模型中任意零件部位。这样观看起来更加直观，检查人员很方便发现模型中各杆件空间的逻辑关系有无错误。在创建模型时，操作者可以在 3D 视图中创建辅助点，再输入杆件，也可以在平面视图中搭建。Tekla Structures 中包含了 600 多个常用节点，在创建节点时非常方便。只需点取某节点填写好其中的参数，然后选主部件、次部件即可，并可以随时查询所有制造及安装的相关信息。能随时校核选中的几个部件是否发生了碰撞。模型能自动生成所需要的图形、报告清单所需的输入数据。所有信息可以储存在模型的数据库内。当需要改变设计时，只需改变模型，其他数据也均相应地改变，因此可以轻而易举地创建新图形文件及报告。

Tekla Structures 是一个基于面向对象技术的智能软件包，模型中所有元素包括梁、柱、板、节点螺栓等都是智能目标，即当梁的属性改变时，相邻的节点也自动改变。零件安装及总体布置图都相应改变。Tekla Structures 自带的绘图编辑器能对图形进行编辑。这样就可以使人为所引起的错误降低到最低限度。Tekla Structures 是一个开放的系统，可以创建自己的节点和目标类型，并添加到 Tekla Structures 中去。

1.3 Tekla Structures 软件安装与界面

1.3.1 Tekla Structures 安装

Tekla 的最新版本为 2017 版，此前，Tekla 还有数字命名的版本，如 18.0，18.1，19.0，19.1，20.0，20.1，21.0 及 21.1 等。2016 版本以后与以前版本最大的不同就是采用了扁平化的ribbon 界面。2016 年以后提供了专门的学习版软件。学生和教师只要登录 Tekla 学院网站 https://campus. tekla. com/，并进行注册，就可以下载 Tekla Structures 的学习版。学习版是全功能的版本，仅仅是在输出时有学习版的水印。

图 1-1 学习版安装文件

下载学习版时，应下载 Tekla Structures 主程序 Tekla Structures Learning. exe 和中文环境 Env_China_Learning. exe，如图 1-1 所示。

Tekla Structures 的安装首先安装主程序 Tekla Structures Learning. exe，之后安装中文环境 Env_China_Learning. exe。双击 Tekla Structures Learning. exe 图标，根据提示安装，安装过程如图 1-2 所示。

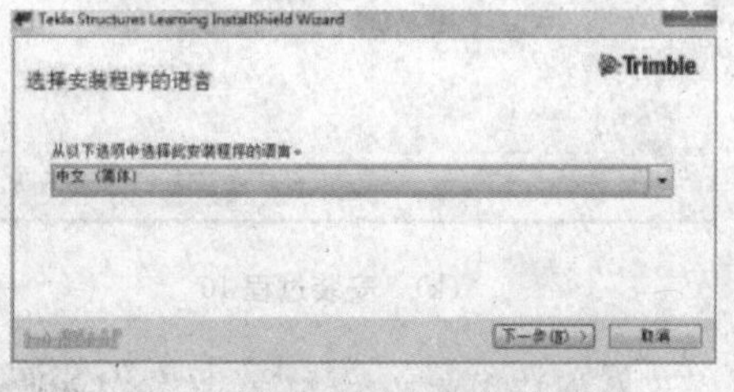

(a) 安装过程 1

(b) 安装过程 2

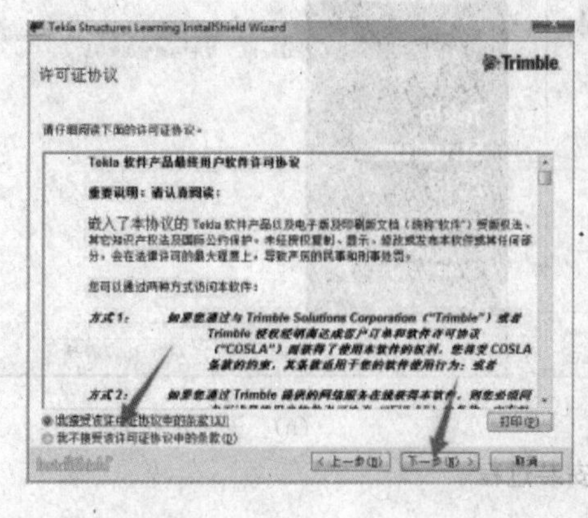

(c) 安装过程 3

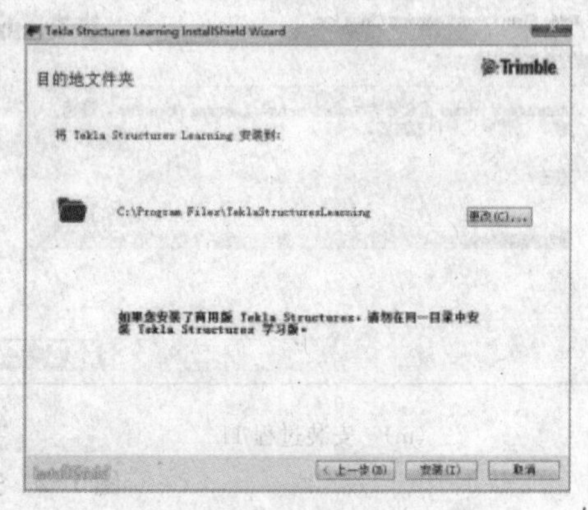

(d) 安装过程 4

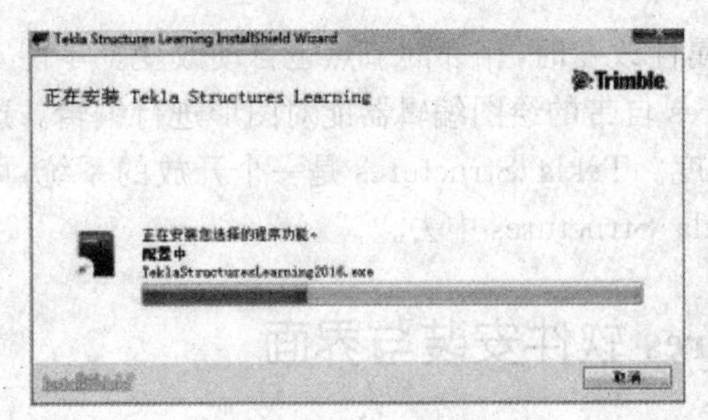

(e) 安装过程 5

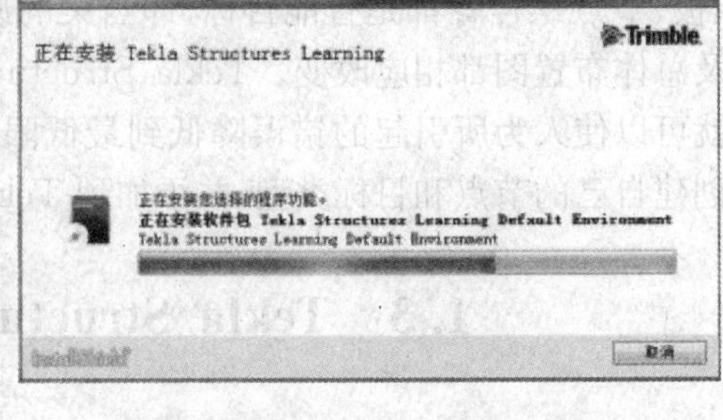

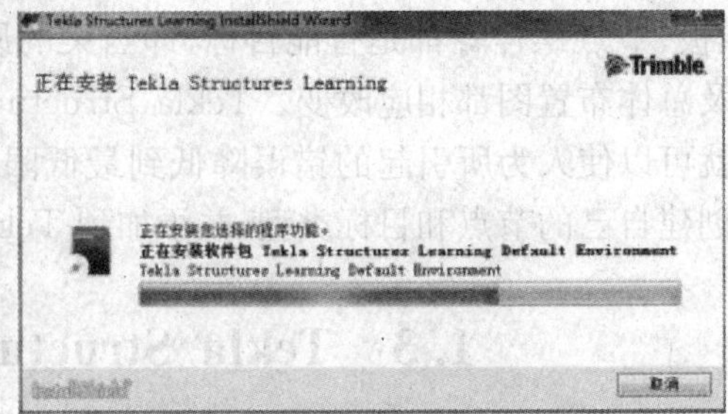

(f) 安装过程 6

Tekla Structures Learning China Env - InstallShield ...
从下列选项中选择安装语言。
中文 (简体)
确定(O) 取消

(g) 安装过程 7

(h) 安装过程 8

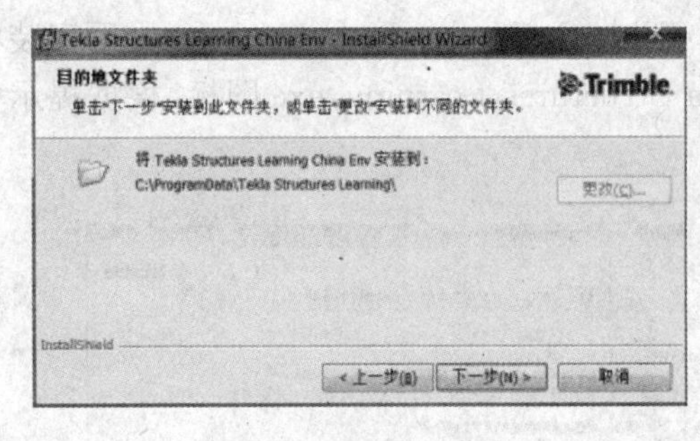

(j) 安装过程 9

Tekla Structures Learning China Env - InstallShield Wizard
已做好安装程序的准备
向导准备开始安装。
单击"安装"开始安装。
要查看或更改任何安装设置，请单击"上一步"。单击"取消"退出向导。
< 上一步(B) 安装(I) 取消

(k) 安装过程 10

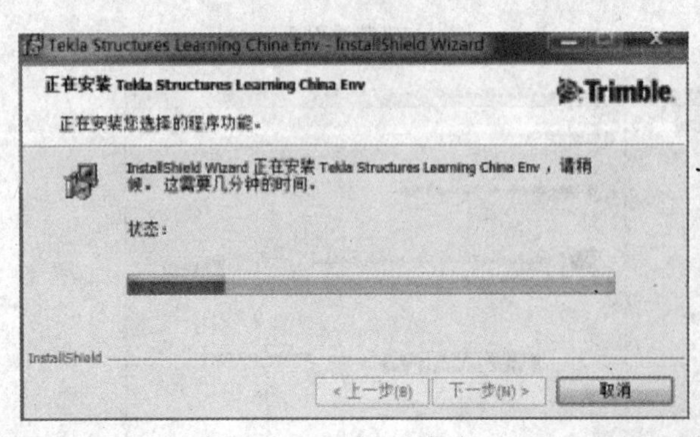

(m) 安装过程 11

(n) 安装过程 12

图 1-2 安装过程

安装完成后，再双击中文环境图标 Env_China_Learning. exe，安装中文环境，安装完成后，桌面出现的 Tekla Structures 图标如图 1-3 所示，双击此图标即可打开软件。

图 1-3 桌面图标

1.3.2 第一次启动软件

软件第一次启动首先是选择语言，选择中文简体，如图 1-4 所示，单击“OK”按钮。

然后进入闪屏(图 1-5)，显示登录 Tekla 账户的提示(图 1-6)，输入注册的用户名和密码(用户名和密码可以在 Tekla Structures 网站上免费注册)，即可启动程序。

当程序第一次启动后，首先进入 Tekla Structures 的选择设置，环境选择“China”，任务选择“All”，如图 1-7 所示。由于是教育版，配置只有一个选项“教程”，单击“确认”按钮。

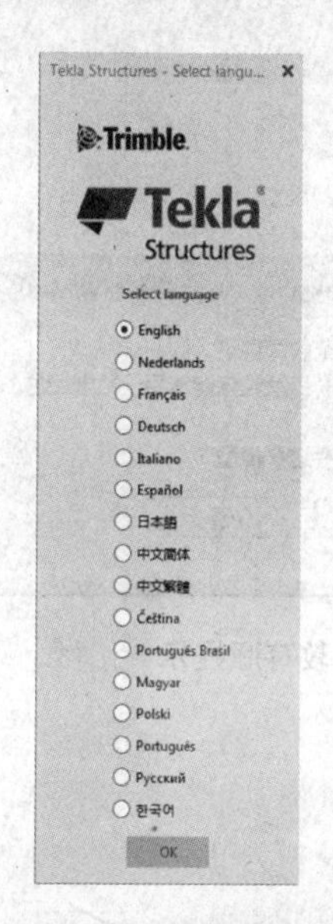

图 1-4 选择语言

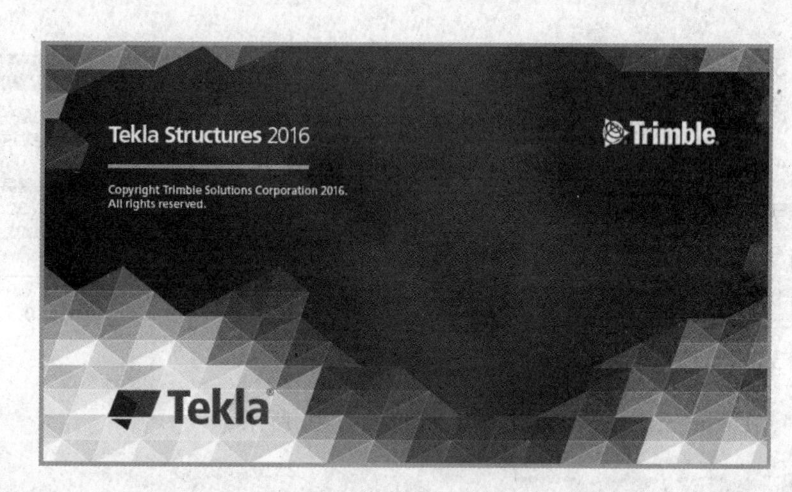

图 1-5 软件启动

登录到 account.tekla.com

密码

登录　取消

记住我的信息

创建 Tekla 账户

是否忘记了密码?

图 1-6 登录账户

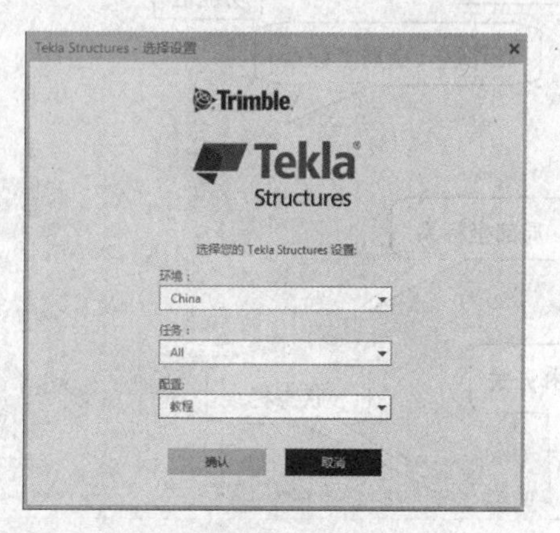

图 1-7 Tekla Structures 设置

随后，进入欢迎界面，如图 1-8 所示。欢迎界面包括最新模型、所有模型、新建模型三个选项卡、Tekla Structures 的设置情况以及单用户和多用户的选择等项目。

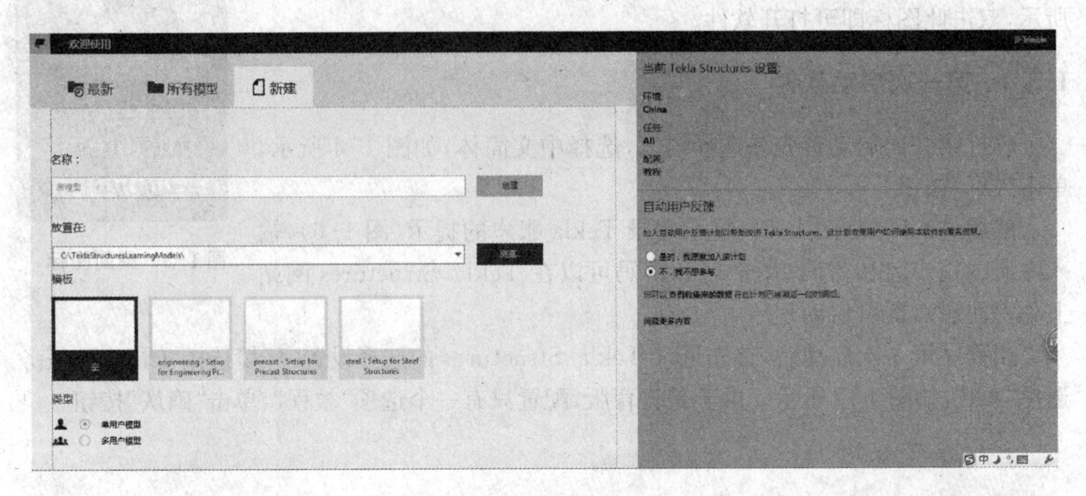

图 1-8　欢迎界面

1.3.3　新建模型

单击上部的“新建”按钮，切换到“新建”选项卡，在“名称”下面的输入框内输入模型的名称，模板选择无，然后单击“创建”按钮，就创建了第一个模型。由于使用的是教育版，会弹出教育版的提示，如图 1-9 所示，单击“是”按钮，进入模型编辑器界面。

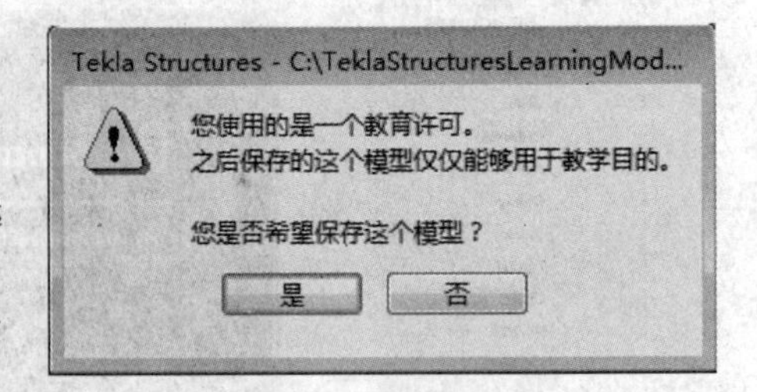

图 1-9　教育版提示

1.3.4　Tekla Structures 的工作界面

Tekla Structures 的工作界面如图 1-10 所示。

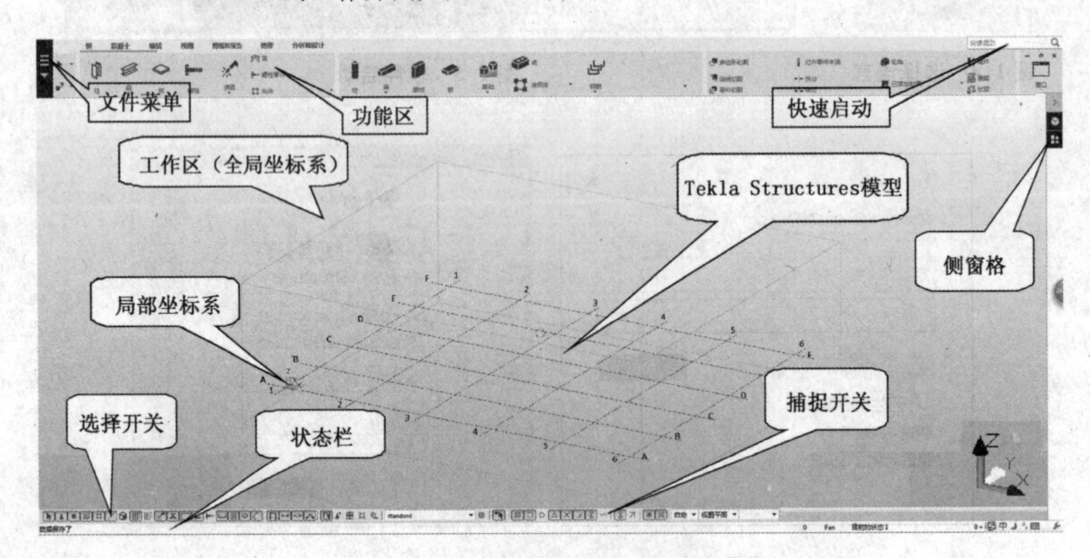

图 1-10　Tekla Structures 的工作界面

Tekla Structures 界面中的主要元素介绍如下：

Tekla Structures 模型——默认的模型视图和空网格。

工作区——在视图中，只能看到该区域内的零件。

局部坐标系——三个坐标轴，对应的坐标符号 X、Y 和 Z，箭头表明模型的方向。

全局坐标系——绿色立方体符号，位于全局坐标原点（$X=0$，$Y=0$，$Z=0$）处。

功能区——包含所有命令以及构建模型时将要使用的其他功能。

文件菜单——保存模型、打印图纸并且输入和输出模型以及一些其他操作命令。展开后的文件菜单如图 1-11 所示。在文件菜单旁边，有“中断命令并激活选择”按钮（图 1-12）和“查询对象”按钮（图 1-13），它们是常用的鼠标功能按钮。

快速启动——用于查找命令。使用时在编辑框内输入命令相关字符，就可以搜索相关命令（图 1-14）。

状态栏——提示当前应进行的操作。

选择开关——控制对象选择。

捕捉开关——位置捕捉的控制。

侧窗格——参考模型和组件命令。

图 1-11 展开的文件菜单

图 1-12 “中断命令并激活选择”按钮

图 1-13 “查询对象”按钮

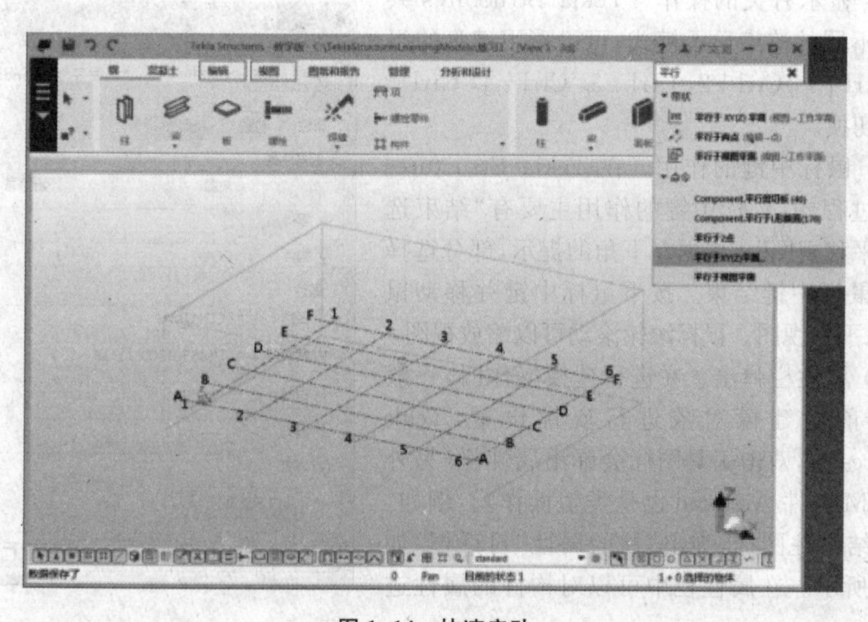

图 1-14 快速启动

2 Tekla Structures 钢结构应用

2.1 Tekla Structures 术语和操作特点

2.1.1 Tekla Structures 术语

(1) 部件——梁、柱、板等基本的模型组件。

(2) 主部件(主零件)——工厂加工时,把其他零件焊接在这个零件上,但是这个零件不焊接到其他零件上,这样的零件叫主部件。

(3) 控制柄——Tekla 模型中部件端部出现的彩色矩形框,可以用来修改部件。

2.1.2 Tekla Structures 操作特点

Tekla Structures 具有自己独特的一些操作命令,学习 Tekla Structures 必须首先了解这些命令。

(1) 显示有关的操作。Tekla Structures 共有 5 种不同的渲染显示模式,可以采用键盘的组合键"Ctrl+1, Ctrl+2, Ctrl+3, Ctrl+4, Ctrl+5"进行切换。

(2) 鼠标中键的作用。在 Tekla Structures 的使用过程中,鼠标中键的作用主要有"结束选取"和"平移视图"。根据左下角的提示,部分选择操作按鼠标中键结束。按下鼠标中键并移动鼠标,可以平移视图。鼠标滚轮滚动可以缩放视图。

(3) 属性栏弹出。在进行建模操作时,一般需要提前对建模对象进行属性设置,Tekla Structures 中,双击工具图标会弹出属性栏(另外一款 BIM 软件 Archicad 也是类似操作)。例如,双击钢结构柱图标,弹出"柱的属性"对话框,如图 2-1 所示。在属性栏中可以对构件的属性进行设置。

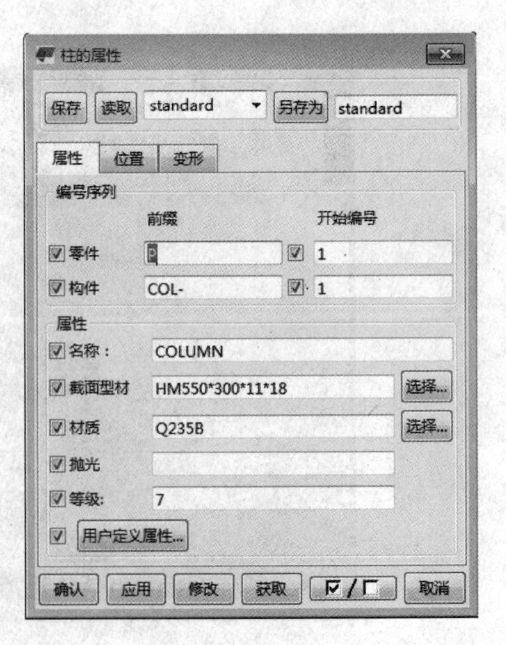

图 2-1 柱属性栏

2.2 创建轴网和视图

在本例中，我们要创建一个三层坡屋顶的钢结构工程模型。该工程的基础采用的是柱下混凝土独立基础，基础截面1 500 mm×1 500 mm。

首先定义 Tekla Structures 使用的单位和精度。

在“文件”菜单上，单击“设置”选项，如图 2-2 所示。在弹出的“选项”对话框中，单击“单位和精度”后进行单位和精度的设置(图 2-3)。

对话框中位于每个选项右侧的数字表示小数位数。小数的位数影响输入和存储精度。建模选项卡上的设置会影响建模时使用的数据，如复制、移动、创建网格、创建点等操作。目录选项卡上的设置影响截面和材料目录中存储的数据。分析结果选项卡上的设置会影响输出数据。

设置完成后，单击“应用、确认”保存更改。

图 2-2 “选项”菜单

2.2.1 创建轴网

在工作区中，双击轴网(图 2-4)，打开轴网对话框(图 2-5)。

在“轴网”对话框中，默认情况下，工作平面是水平投影面。Z 值表示结构中的标高值。X，Y 位于和 Z 垂直的平面内。X 表示横向轴线间距，Y 表示纵向轴线间距。每个轴网的每行最多可以输入 1 024 个字符。在轴网起始处使用 0 来代表坐标系原点坐标处的轴线，并使用空格作为坐标的分隔符。

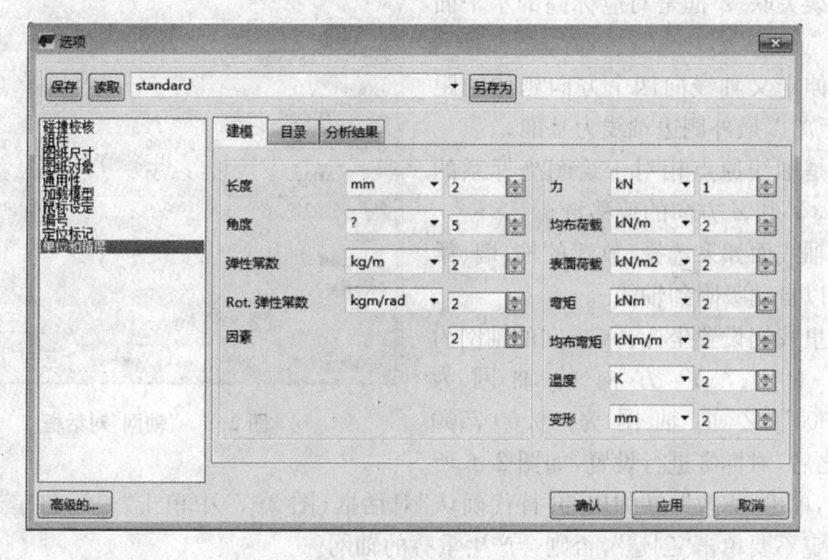

图 2-3 “选项”对话框

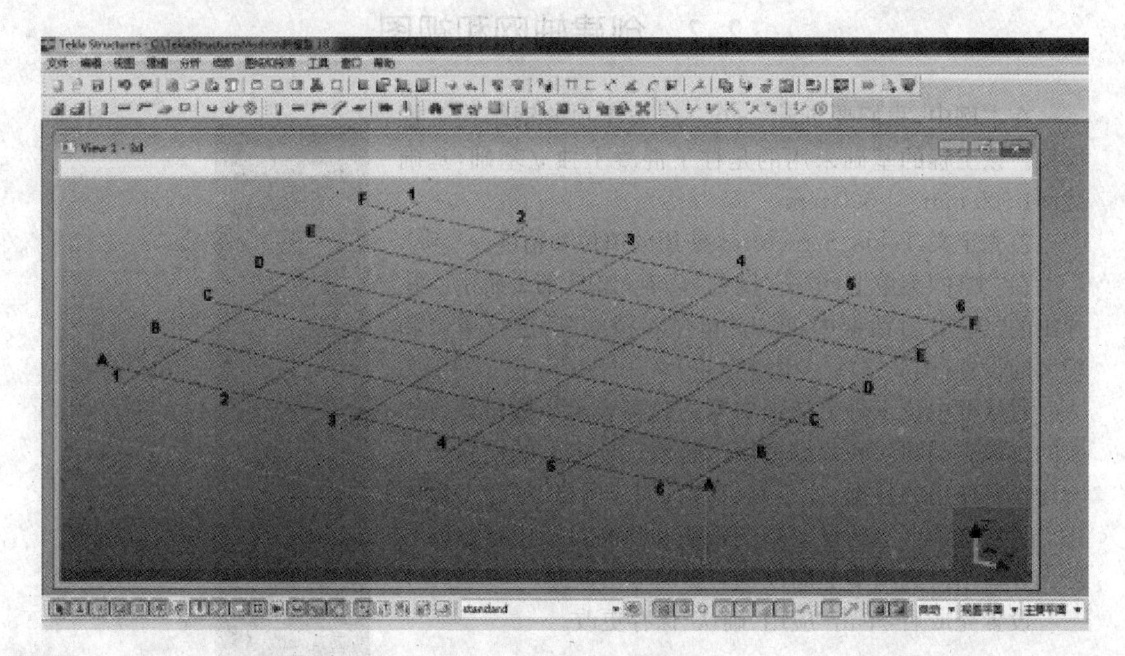

图 2-4 “工作区”中的轴网

X 和 *Y* 坐标是相对坐标，这意味着 *X* 和 *Y* 的输入总是相对于上一个输入。*Z* 坐标是绝对坐标，表示 *Z* 轴的坐标值是从工作平面原点出发的绝对距离。

标签是轴线编号。*X* 框中的名称与平行于 *Y* 轴的轴线关联，*Y* 框中的名称与平行于 *X* 轴的轴线关联。*Z* 框是对应标高的水平面的名称。

线延伸定义轴线向四个方向延伸的距离，这个距离以最外侧边轴线为基准。

原点是轴线原点相对于绘图坐标系的原点的 *X*，*Y* 和 *Z* 方向的偏移量。

磁性轴线面如果选择，放置的柱、墙、梁等构件可以自动吸附到轴线。

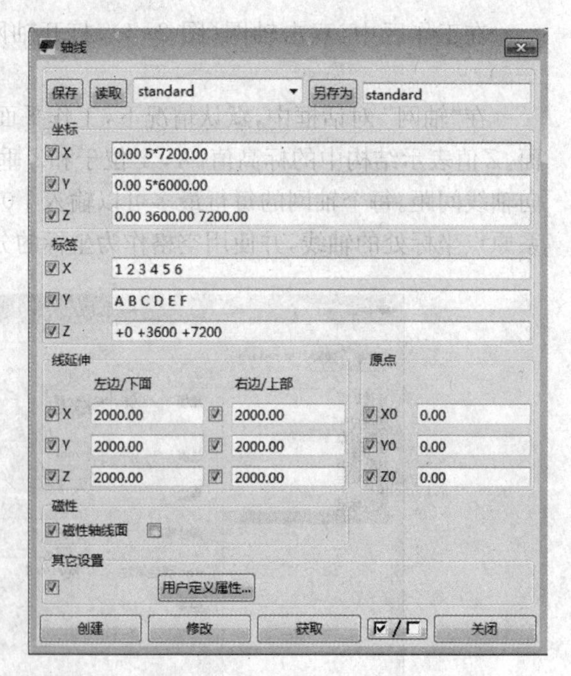

图 2-5 “轴网”对话框

在这里我们设置坐标：*X* 方向的轴网为“0.00 10＊6000”，*Y* 方向的轴网为“0.00 18000”，*Z* 向轴网为“0.00 7500 10800”；之后，对标签进行设置，如图 2-6 所示。之后，单击“修改”，在弹出的“替代确认”对话框(图 2-7)中单击“是”，再单击“关闭”。此操作一定不要单击“创建”，否则会产生重叠的轴网。

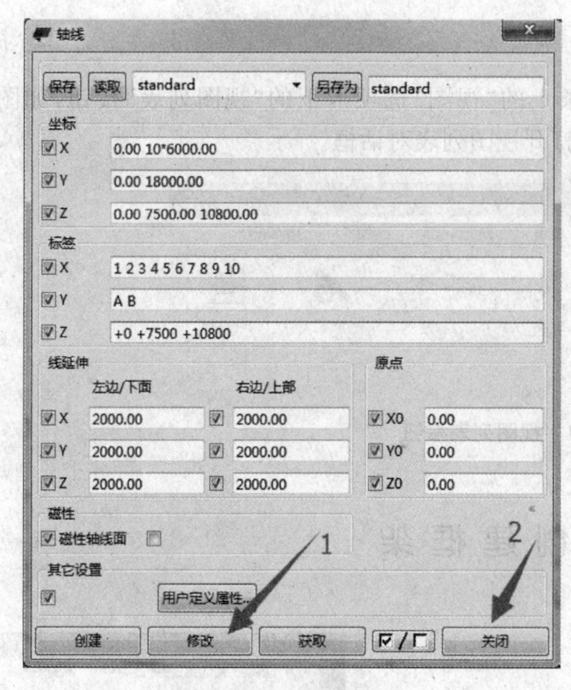

图 2-6 轴网设置

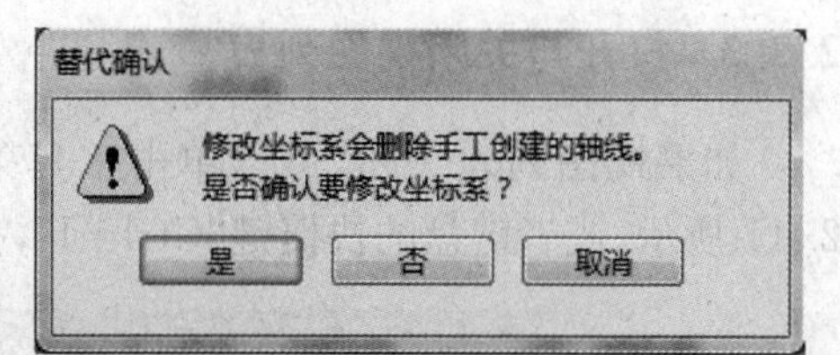

图 2-7 “替代确认”对话框

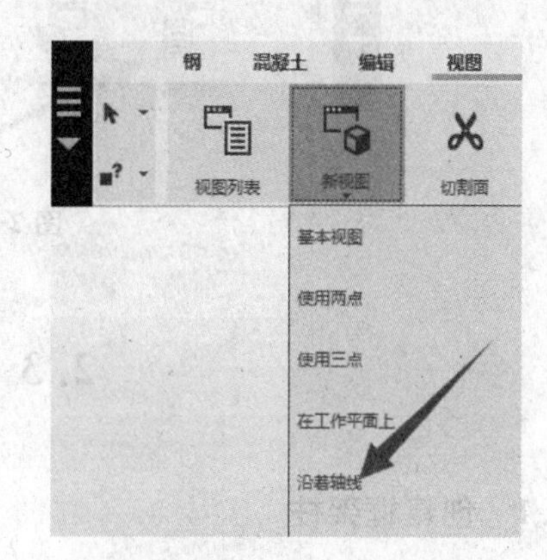

图 2-8 创建视图

2.2.2 创建视图

完成轴网创建之后，Tekla Structures 提供了在轴网位置剖切生成视图的功能。

单击“视图→新视图→沿着轴线”(图 2-8)，弹出“沿着轴线生成视图”对话框，如图 2-9 所示。

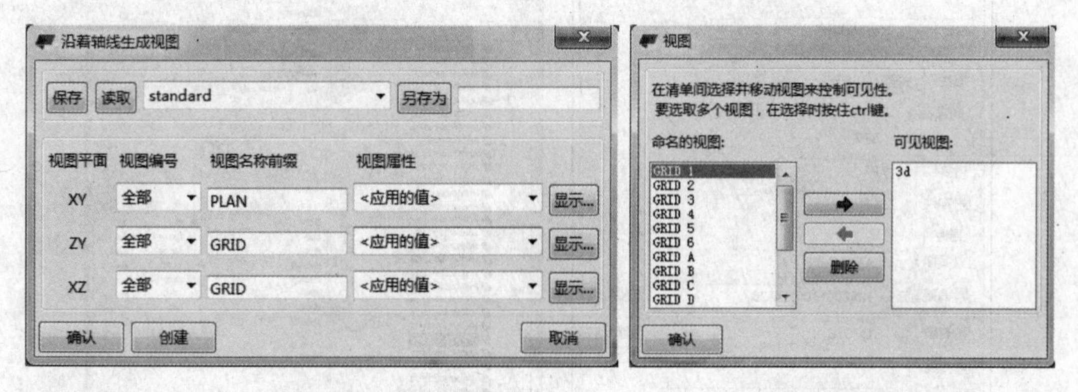

图 2-9 “沿着轴线生成视图”对话框

图 2-10 “视图”对话框

单击“创建”按钮，弹出“视图”对话框，对话框中列出了已经沿轴线创建的视图，如图 2-10所示。

2.2.3 打开与关闭视图列表

如果视图列表关闭,可以单击工具条上的"视图"选项卡下的"视图列表"按钮,如图2-11所示,或者键盘的快捷键"Ctrl+I",打开视图列表对话框。

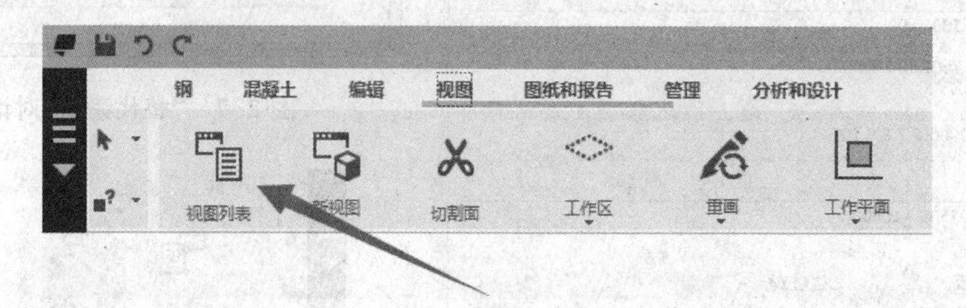

图2-11 视图列表按钮

2.3 创建框架

2.3.1 创建框架柱

双击"钢"选项卡下的"柱"图标(图2-12),打开"柱的属性"对话框(图2-13),单击"截面型材"后面的"选择…"按钮,打开"选择截面"对话框(图2-14),选择HN800×300×14×26截面,单击"应用",再单击"确认"。在"柱的属性"对话框中,单击"位置"选项卡,修改"顶面"为7 500(图2-15),再依次单击"修改""应用""确认"按钮,关闭对话框。

图2-12 创建钢柱图标

图2-13 "柱的属性"对话框

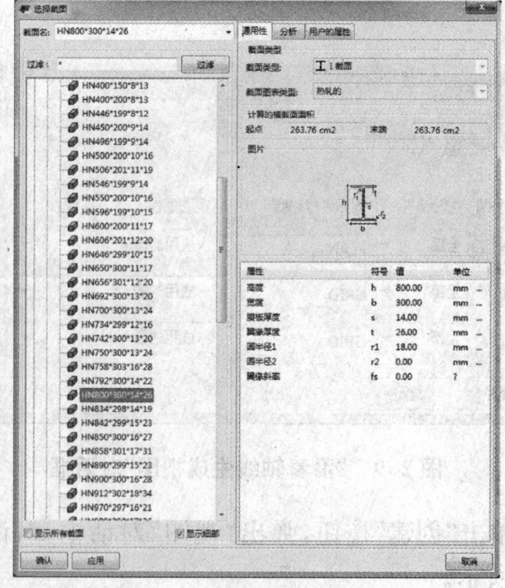

图2-14 "选择截面"对话框

图 2-15 设置高度

图 2-16 钢柱建模

移动鼠标到 A 轴和 1 轴的交点处单击，再在 B 轴和 1 轴的交点处单击，这样就完成了两根钢柱的建模，如图 2-16 所示。

单击工具条上的视图列表按钮，或者键盘的快捷键“Ctrl＋I”，打开“视图”对话框（图 2-17），单击 GRID 1，然后单击向右的按钮，将 GRID 1 移动到右侧列表，此时 GRID 1 视图打开，如图2-18所示。按键盘的组合键“Ctrl＋P”，转换为平面视图，如图 2-19 所示。

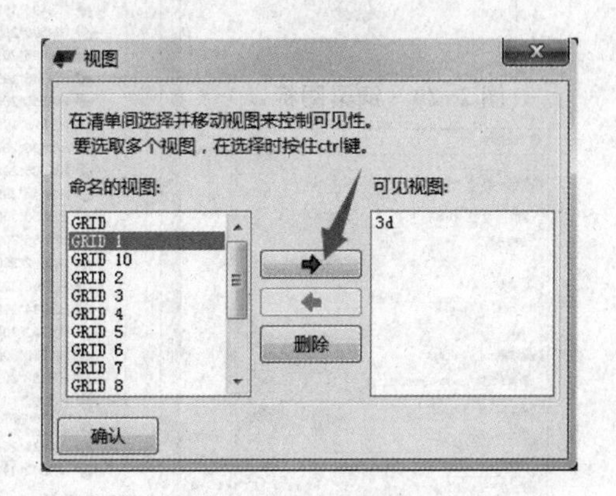

图 2-17 “视图”对话

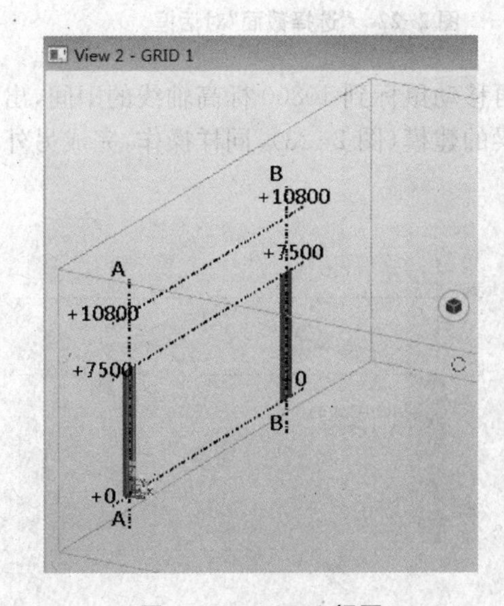

图 2-18 GRID 1 视图

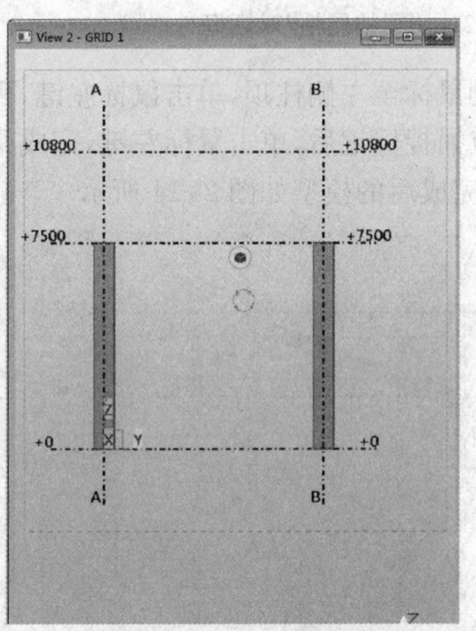

图 2-19 GRID 1 平面视图

2.3.2 创建框架梁

双击“钢”选项卡下的“梁”图标，如图 2-20 所示。打开“梁的属性”对话框(图 2-21)，单击“截面型材”后面的“选择…”按钮，打开“选择截面”对话框(图 2-22)，选择 HN600×200×11×17 截面，单击“应用”，再单击“确认”。然后再依次单击“修改”“应用”“确认”按钮，关闭“梁的属性”对话框。

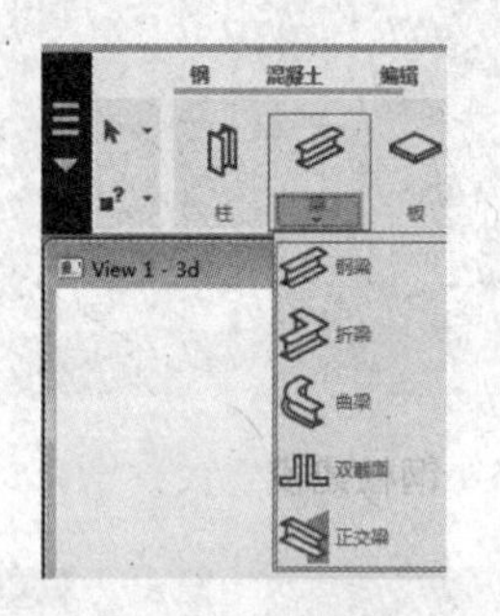

图 2-20 钢梁图标

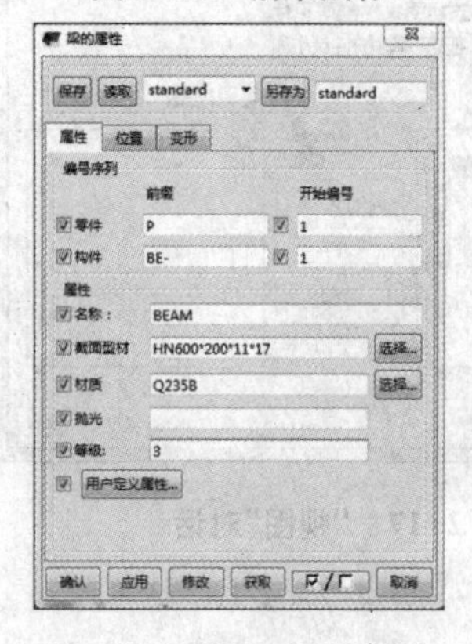

图 2-21 “梁的属性”对话框

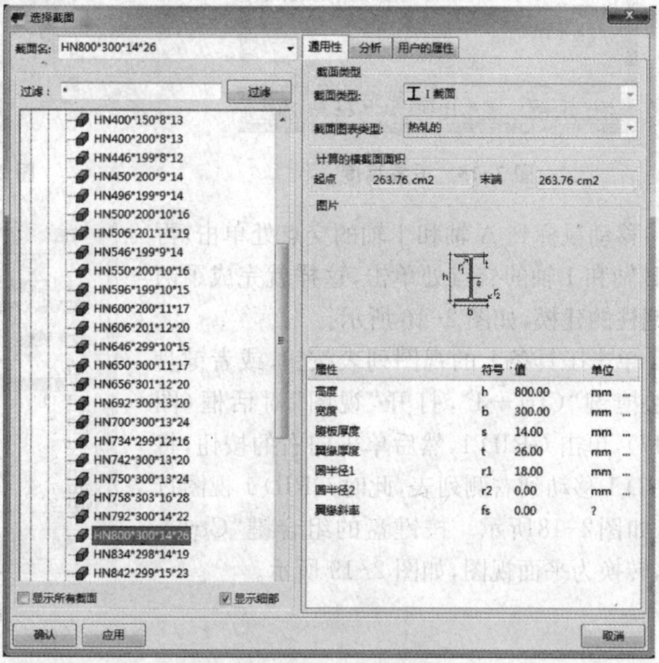

图 2-22 “选择截面”对话框

移动鼠标至左侧柱顶，单击鼠标左键，再移动鼠标到 10800 标高轴线的中间，出现三角形的中点捕捉标记后，单击鼠标左键，完成梁的建模(图 2-23)，同样操作，完成另外一根梁的建模，完成后的模型如图 2-24 所示。

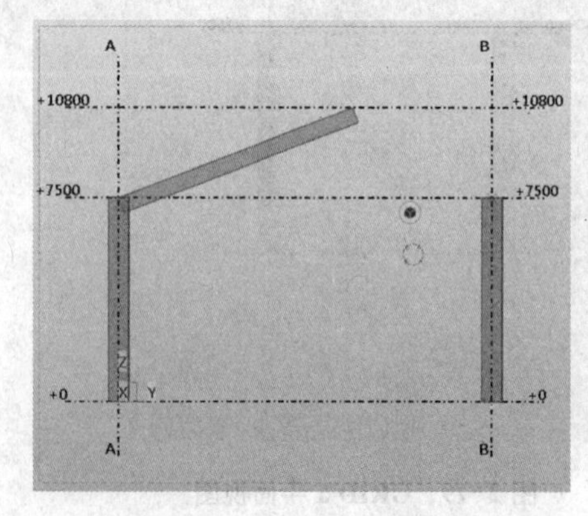

图 2-23 绘制第一根钢梁

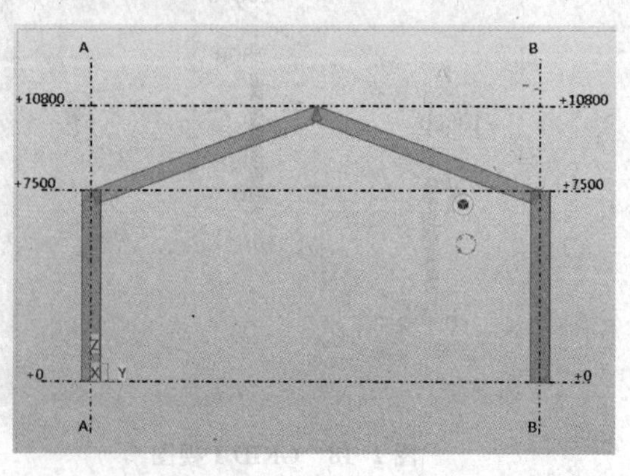

图 2-24 绘制第二根钢梁

2.4 创建节点

2.4.1 创建屋顶节点

单击“应用和组件”按钮(图 2-25)或者按键盘的组合键“Ctrl＋F”,打开“应用和组件”对话框,如图 2-26 所示。

在“应用和组件”对话框的搜索框内输入“顶”,找到“顶腋”节点,如图 2-27 所示。单击“顶腋”节点图标,然后在绘图区先单击一侧的屋面梁,再单击另外一侧的屋面梁,完成后的顶梁连接节点如图 2-28 所示。

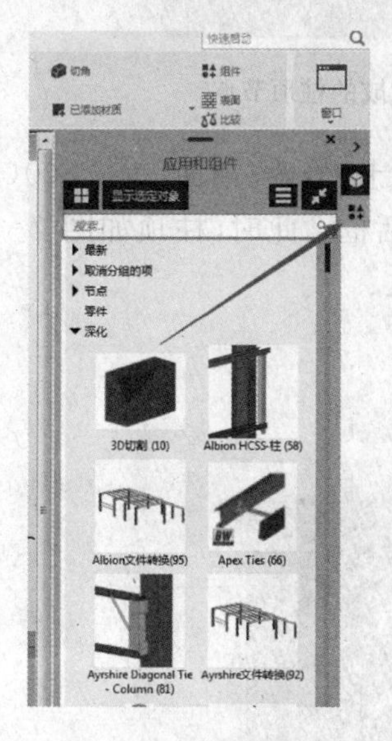

图 2-25 应用和组件

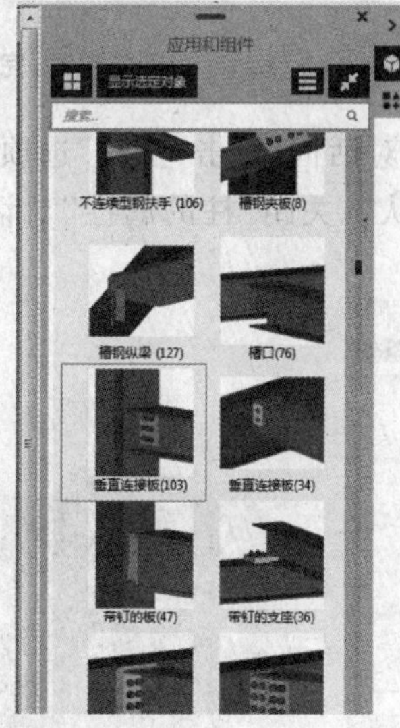

图 2-26 应用和组件对话框

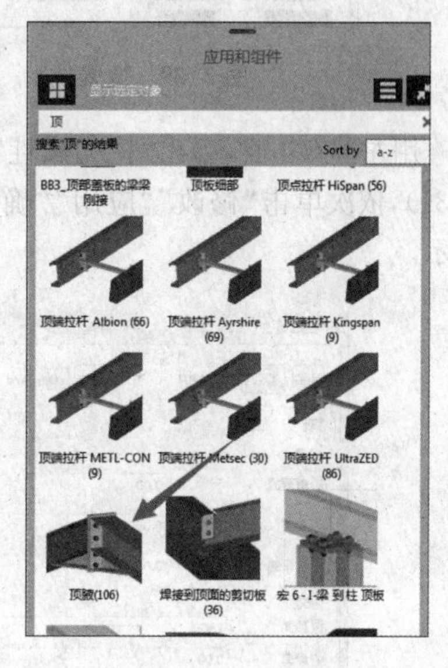

图 2-27 搜索

【提示】双击表示节点的绿色圆锥,可以对顶腋节点进行编辑。

2.4.2 创建柱顶节点

在搜索框内输入“柱”,找到“188”号节点(图 2-29),单击“188”号节点图标,然后在绘图区先单击柱,再单击与柱相交的屋面梁,完成后的柱梁连接节点(图 2-30)。单击鼠标右键,在弹出的菜单中选择“中断”,结束柱顶节点的添加。

此时,可以看到柱有点儿低,需要增加柱的高度,并且需要对柱顶进行斜向切割。

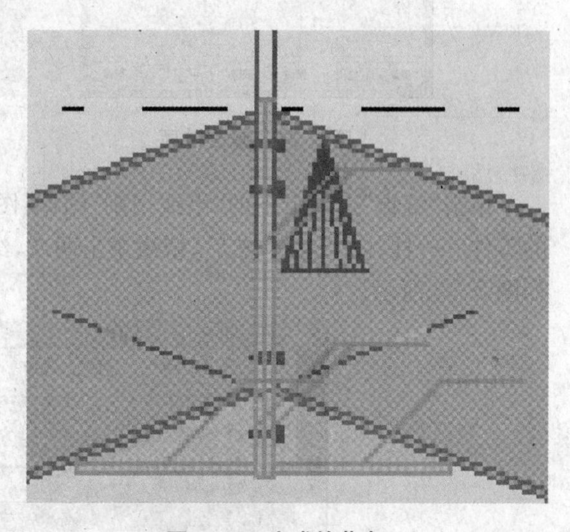

图 2-28 完成的节点

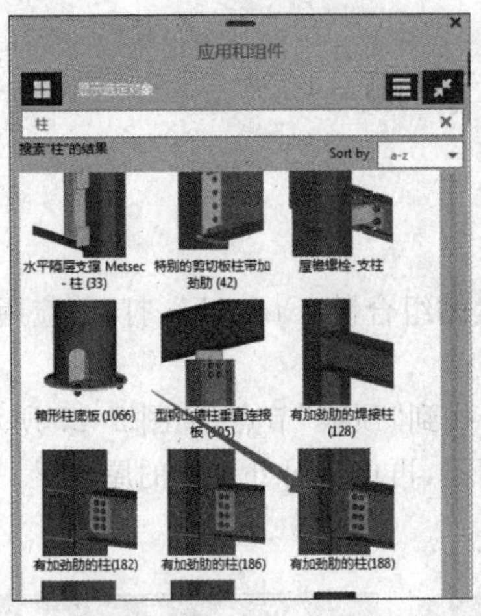

图 2-29　搜索柱

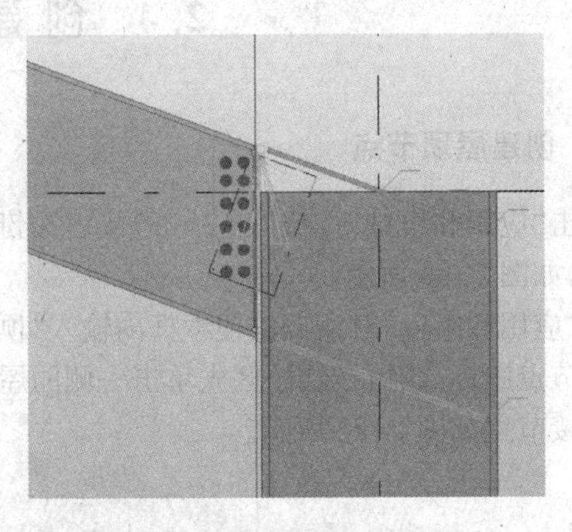

图 2-30　完成的柱顶节点

用左键双击柱，弹出“柱的属性”对话框，单击“位置”选项卡，修改“顶面”为 7 800（图 2-31），依次单击“修改”“应用”“确认”，关闭“柱的属性”对话框。此时，柱顶如图 2-32 所示。

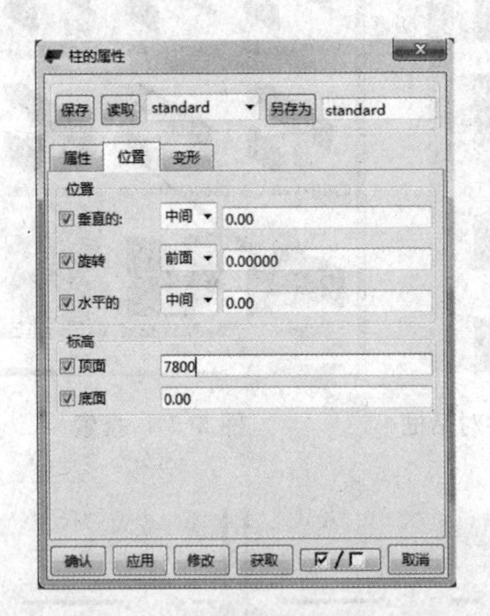

图 2-31　修改柱顶

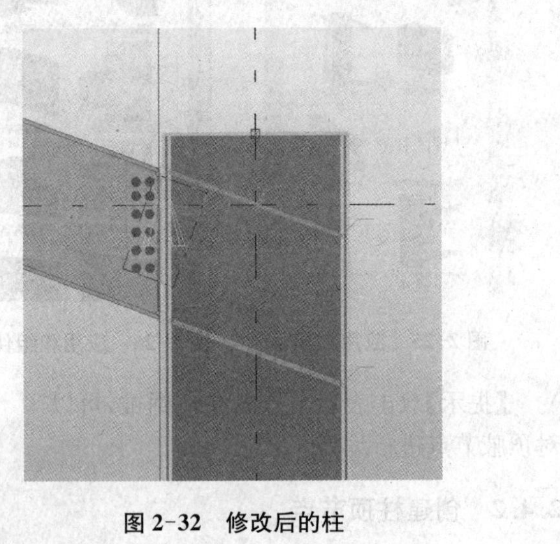

图 2-32　修改后的柱

单击“编辑”选项卡下的“沿线切割”图标（图 2-33），根据左下角的提示，先单击被切割的零件——柱（图 2-34），然后，依次单击两次，绘制切割线，再单击去掉的一端，完成的切割如图 2-35 所示。

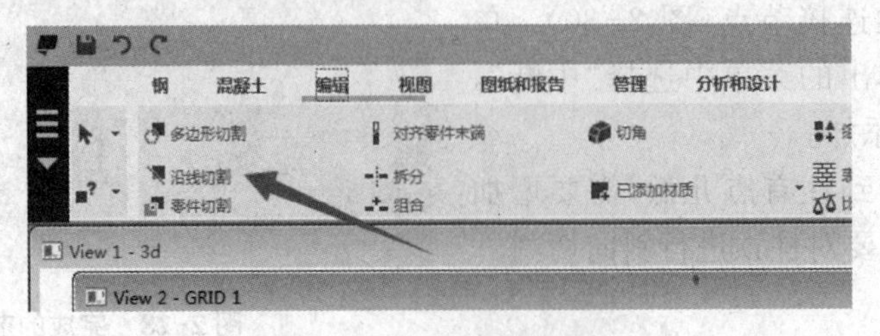

图 2-33　“沿线切割”图标

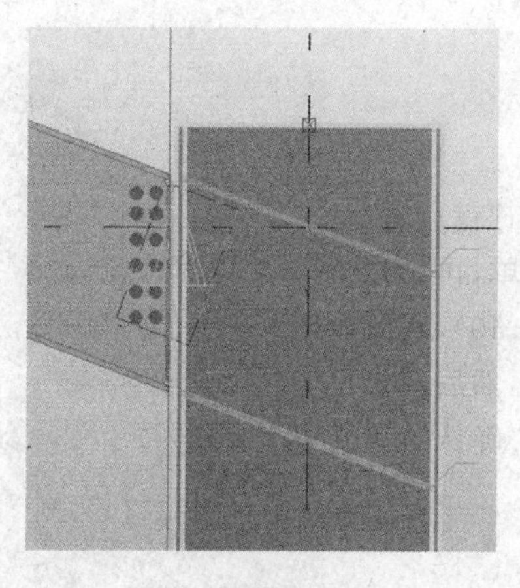

图 2-34 单击柱

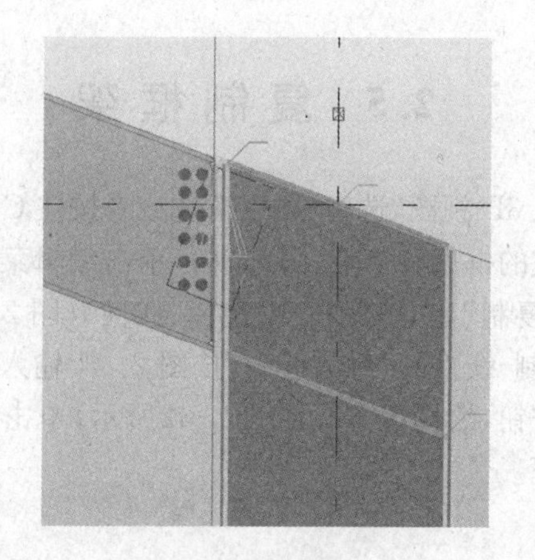

图 2-35 完成切割

采用同样方法，把对侧的柱顶节点完成。

2.4.3 创建柱脚节点

在“应用和组件”对话框的搜索框内输入“底板”，找到“1014”节点，如图 2-36 所示。单击“1014”节点图标，然后根据左下角状态栏的提示，在绘图区单击柱，再单击安装该节点的柱端，完成的柱脚节点如图 2-37 所示。采用同样方法，完成另外一个柱脚设计。

完成后的框架如图 2-38 所示。

图 2-36 搜索“底板”

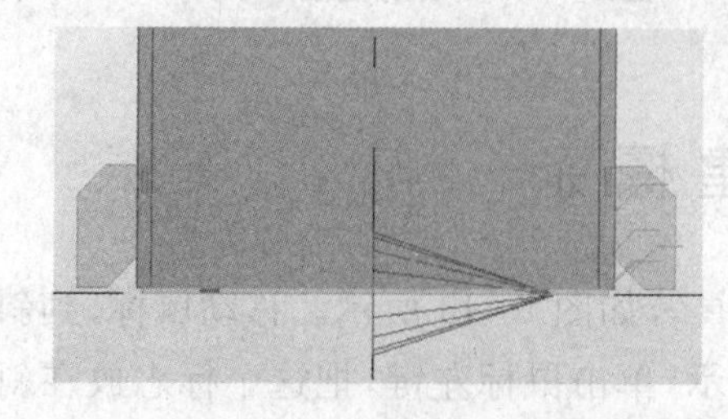

图 2-37 完成柱脚

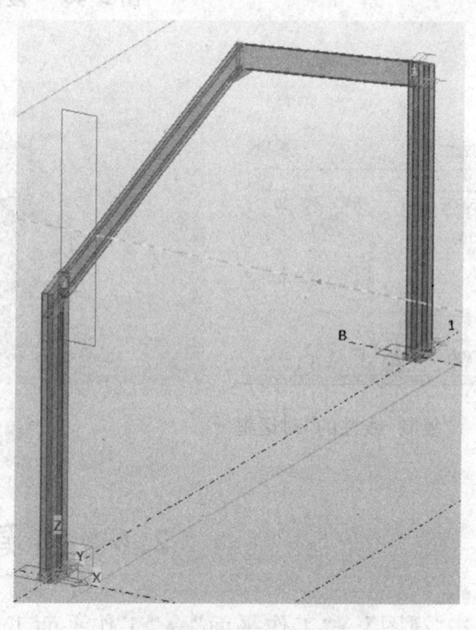

图 2-38 完成框架

2.5 复制框架

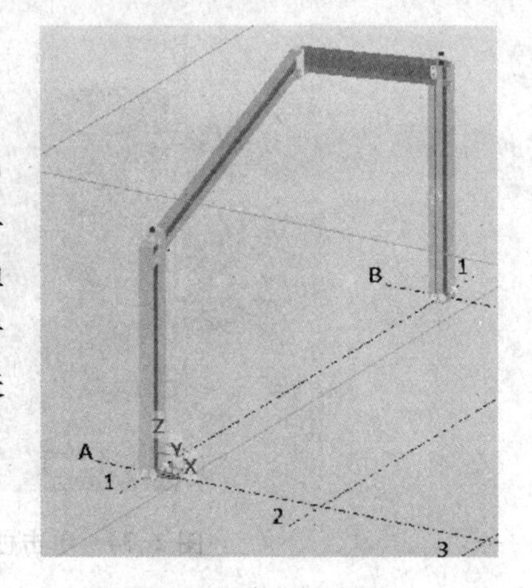

图 2-39 选中模型

进入3D视图,选中(可以框选或者按住Ctrl键点选)已经完成的框架和节点(图2-39),单击编辑菜单,再单击“选择性复制”在下拉列表中选择“线性”(图2-40),在弹出的“复制-线性的”对话框中,按图2-41输入,然后单击“复制”按钮,绘图区显示如图2-42所示,单击“确认”,关闭对话框。

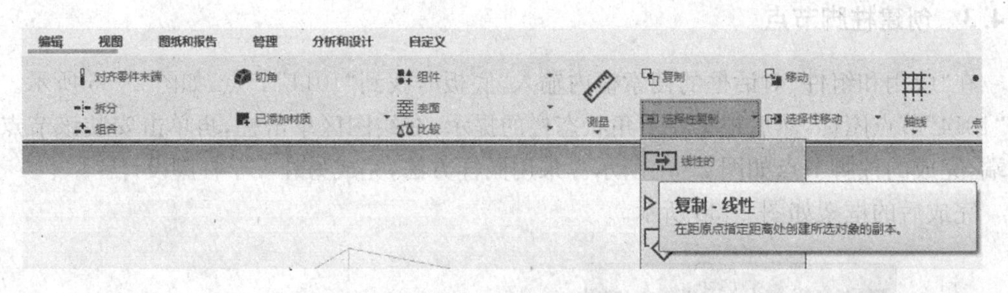

图 2-40 “复制-线性”

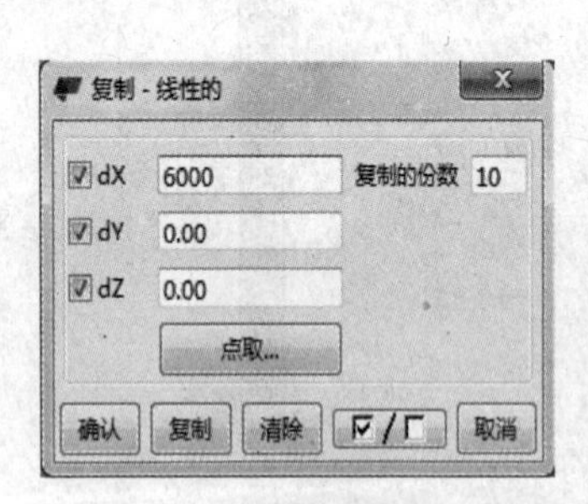

图 2-41 “复制-线性的”对话框

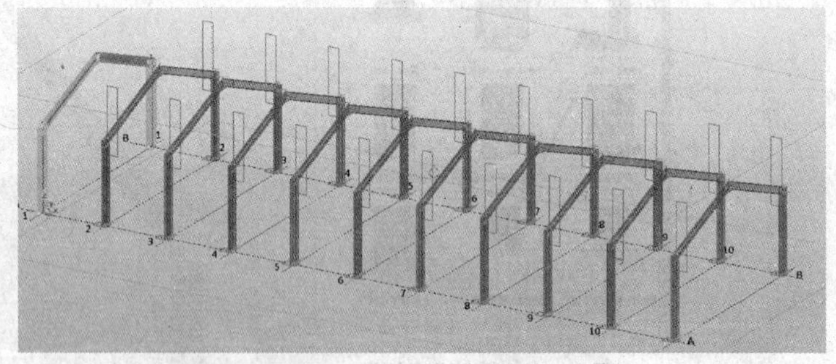

图 2-42 复制的框架

2.6 创建檩条

单击“视图”→“工作平面”→“工作平面工具”,如图2-43所示。移动鼠标,到斜梁顶面,会出现一个工作平面的标志,如图2-44所示,单击鼠标左键,把这个标志放在斜梁顶面,就把工作平面图设置在斜梁顶面,单击鼠标中键,在弹出的菜单上选择“中断”,退出放置状态。单击“新视图”,在下拉列表中单击“在工作平面上”,如图2-45所示。

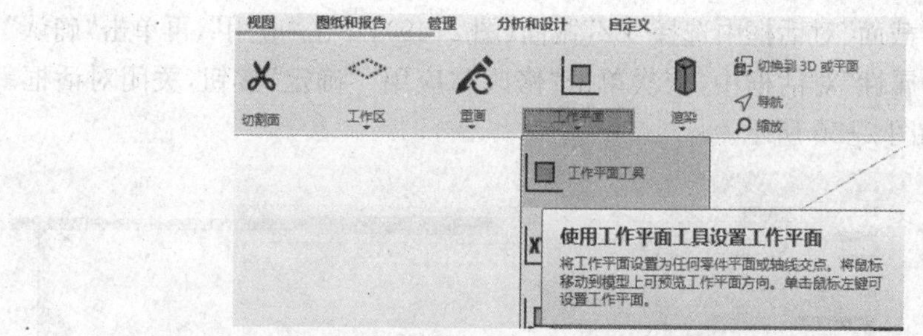

图 2-43　工作平面工具

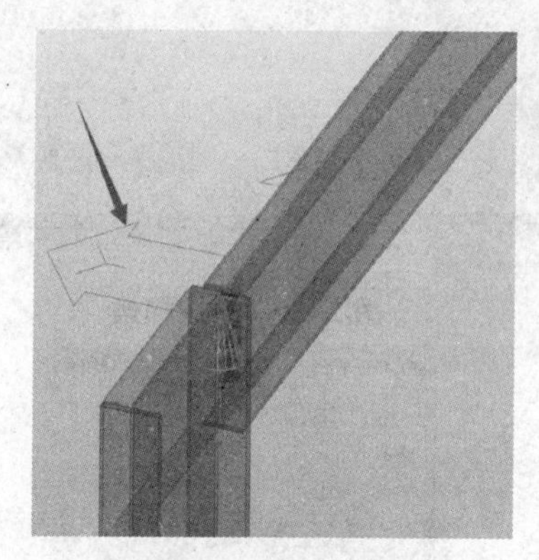

图 2-44　工作平面标志

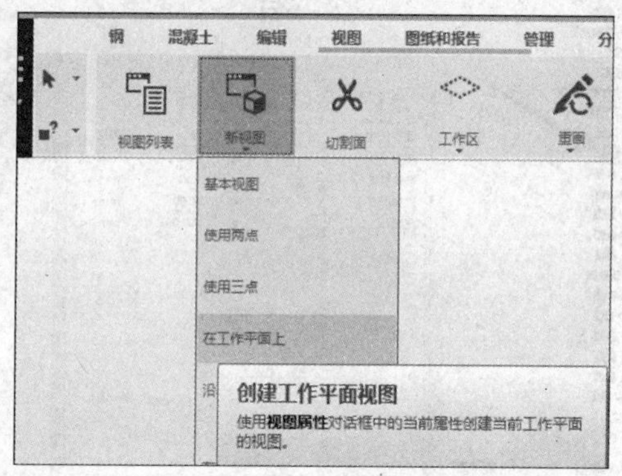

图 2-45　设置视图

此时，工作区显示如图 2-46 所示，局部放大后开始绘制檩条。单击菜单项“钢”，双击“梁”(图 2-47)，在弹出的“梁的属性”对话框中，单击“截面型材”后的“选择···”按钮，如图 2-48 所示。

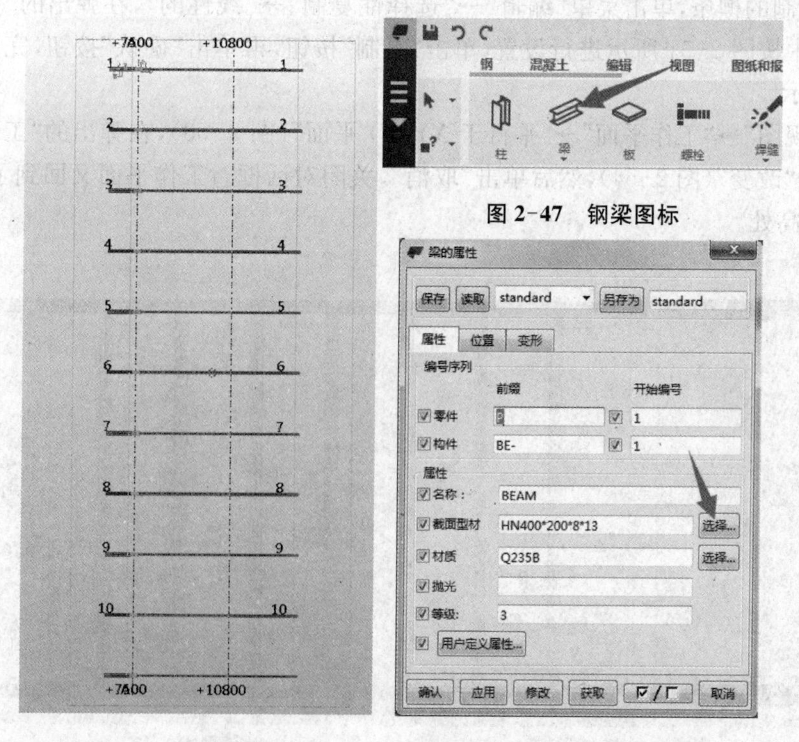

图 2-47　钢梁图标

图 2-46　工作区显示　　　图 2-48　“梁的属性”对话框

在弹出的“选择截面”对话框中选择“ZZ”截面(图 2-49)，单击“应用”，再单击“确认”，关闭对话框。在“梁的属性”对话框中，依次单击“修改”“应用”“确定”按钮，关闭对话框。在工作区，绘制檩条如图 2-50 所示。

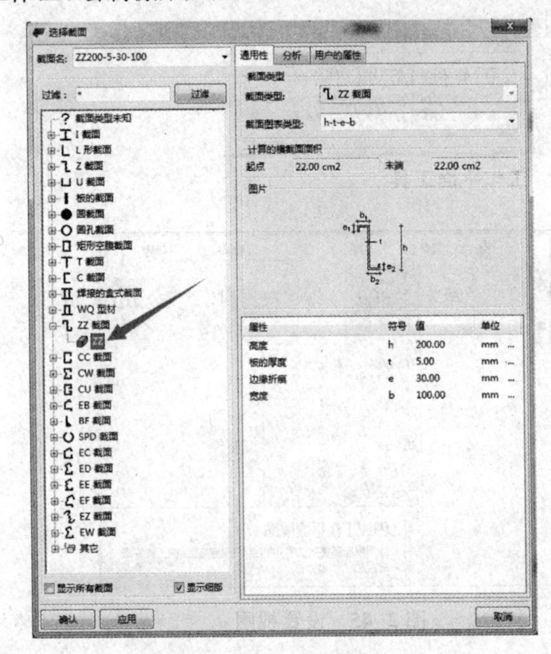

图 2-50 绘制檩条

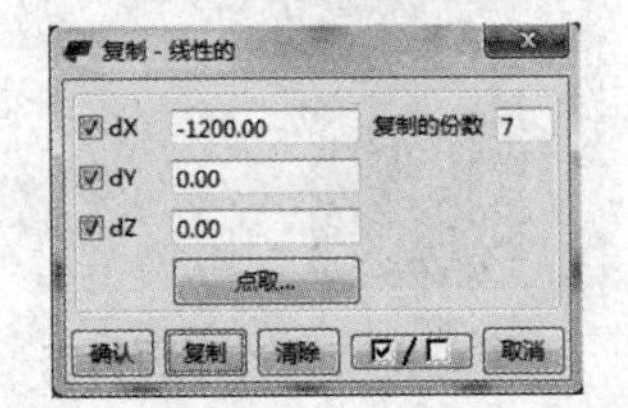

图 2-49 选择截面　　图 2-51 “复制-线性的”对话框

选中绘制的檩条，单击菜单“编辑”→“选择性复制”→“线性的”，在弹出的“复制-线性的”对话框中按图 2-51 所示进行设置，单击“复制”按钮，再单击“确认”按钮，完成复制，如图 2-52 所示。

单击“视图”→“工作平面”→“平行于 *XY*(*Z*) 平面”(图 2-53)，在弹出的“工作平面”对话框中单击“改变”(图 2-54)，然后单击“取消”，关闭对话框。工作平面又回到了 *XY* 平面±0.000 标高处。

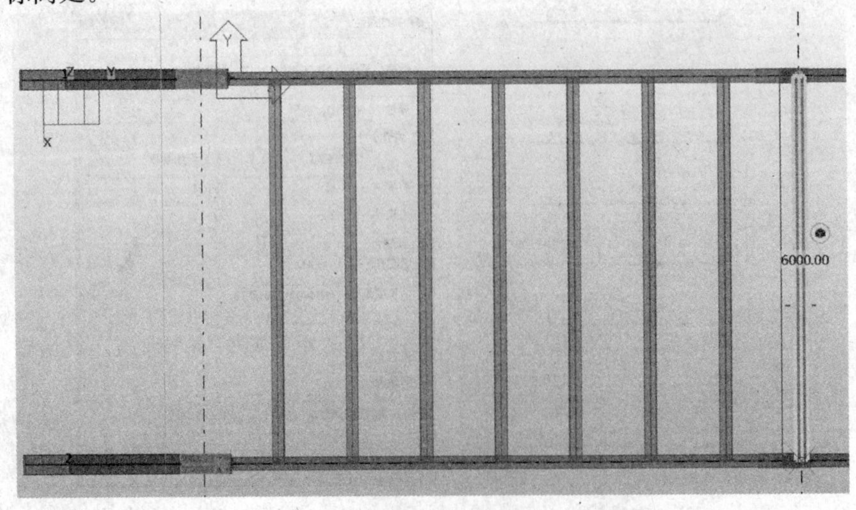

图 2-52 复制的檩条

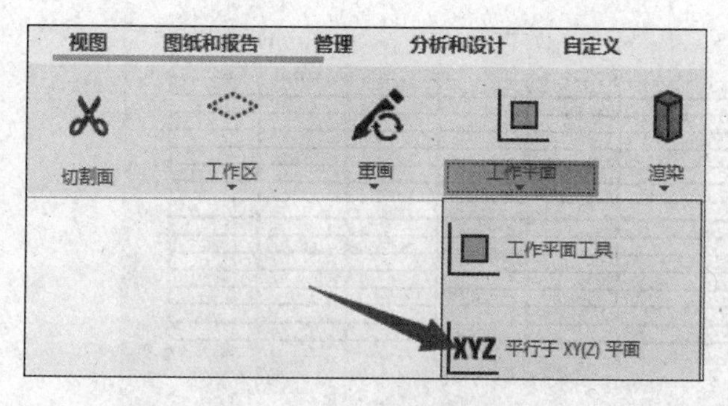

图 2-53　设置“工作平面”

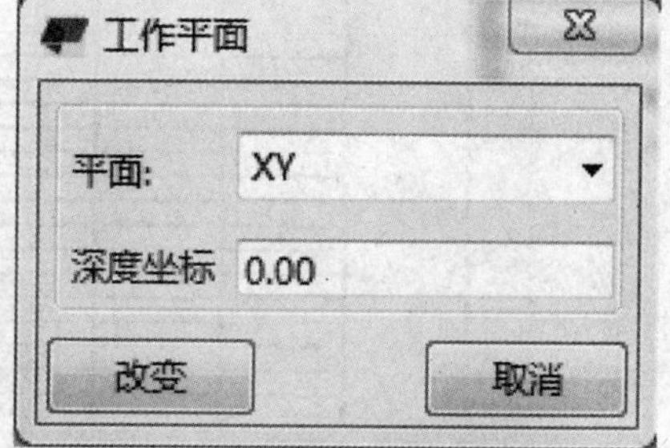

图 2-54　“工作平面”对话框

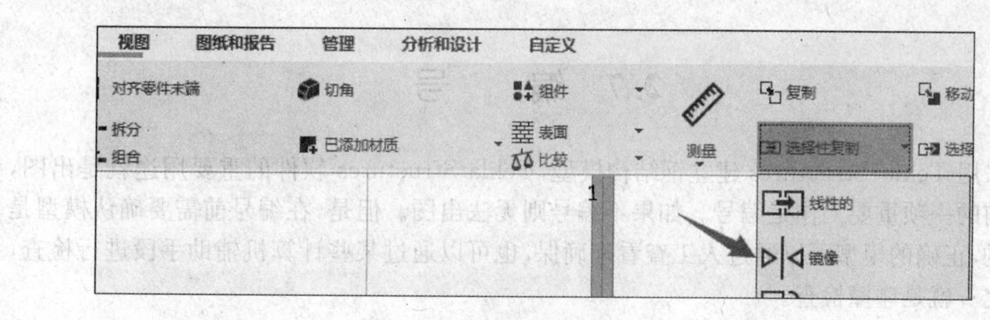

图 2-55　“镜像”命令

选择全部檩条，之后单击“编辑”→“选择性复制”→“镜像”(图 2-55)，单击屋脊线的左侧一点，再单击右侧一点(图 2-56)，接着，单击“复制镜像”对话框中的复制按钮，完成镜像的檩条如图 2-57 所示。

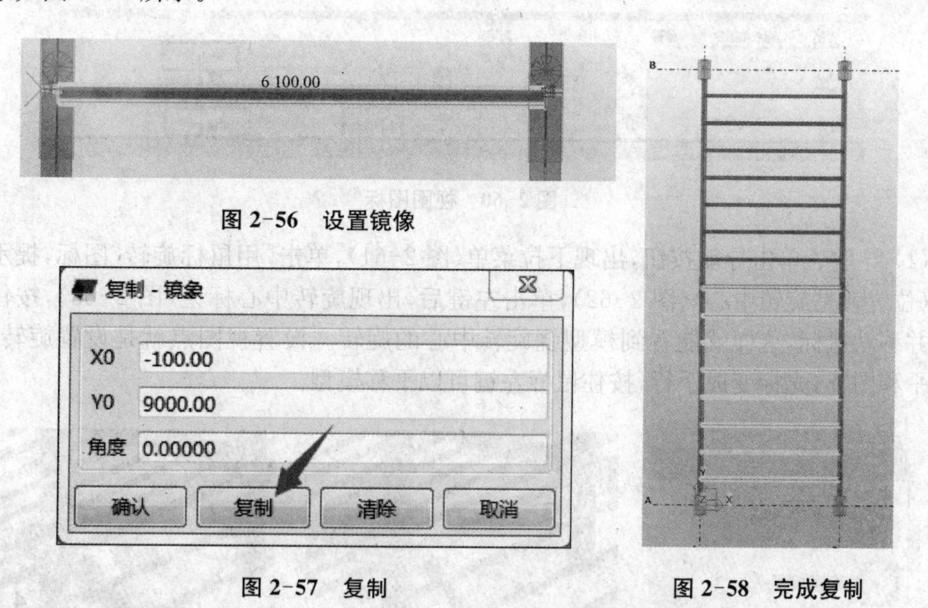

图 2-56　设置镜像

图 2-57　复制

图 2-58　完成复制

再采用复制命令，把檩条复制到全部屋顶(图 2-58)。读者可以按创建节点的方法自行添加檩托节点(图 2-59)。

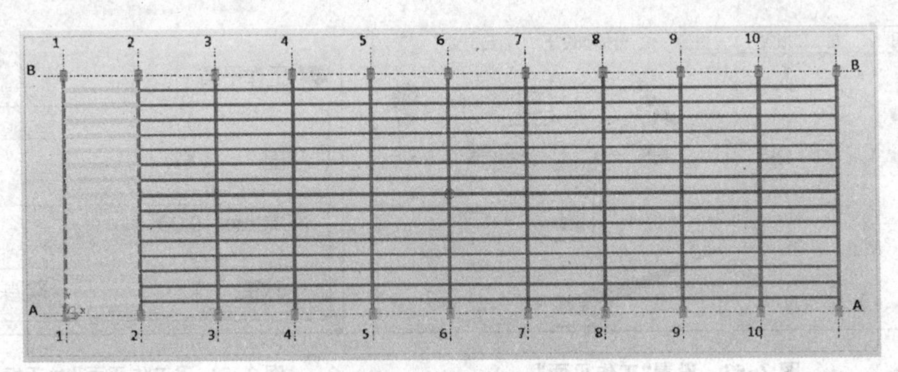

图 2-59　完成复制的檩条

2.7　编　　号

采用 Tekla Structures 建立钢结构模型，Tekla Structures 软件的重要用途就是出图，出图前的一项重要工作是编号。如果不编号则无法出图。但是，在编号前需要确认模型是正确的，正确的模型可以通过人工查看来确保，也可以通过某些计算机辅助手段进行检查，其中之一就是碰撞检查。

2.7.1　浏览和观察

如图 2-60 所示，视图菜单下的“导航”“缩放”“巡视”“截屏”就是人工浏览和观察的工具。单击相应的图标，就可以进入相应的模式。

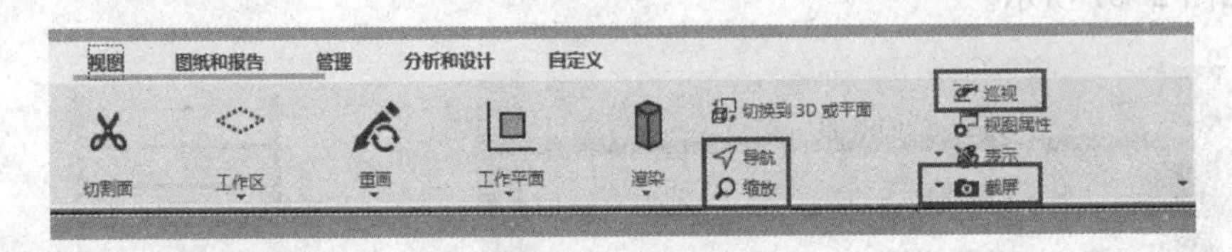

图 2-60　视图图标

（1）导航。单击导航按钮，出现下拉菜单（图 2-61），单击“用鼠标旋转”图标，提示选取位置（位置就是旋转中心）（图 2-62），单击左键后，出现旋转中心标记（图 2-63），按住鼠标左键并移动鼠标，这样就能看到模型绕旋转中心的旋转。设置视图点就是设置旋转中心。单击平移图标，光标变成手行，按住鼠标左键可以平移模型。

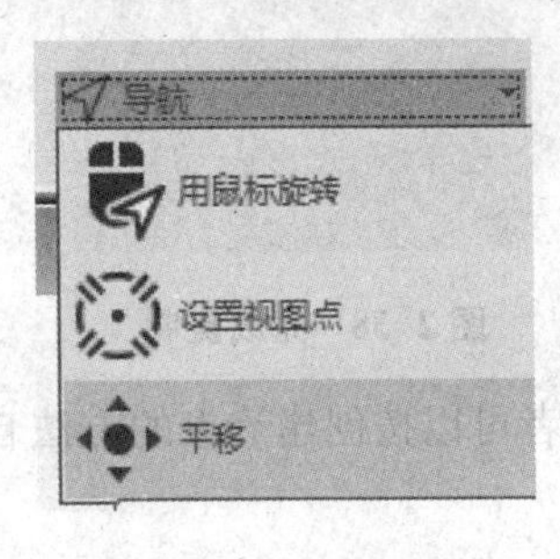

图 2-61　导航下拉菜单

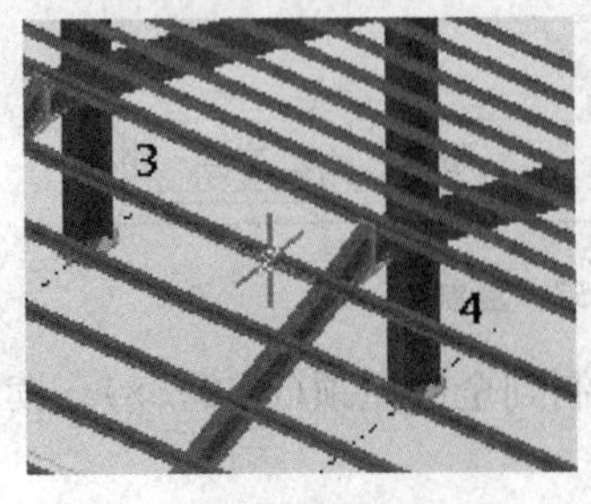

图 2-62　选取旋转中心

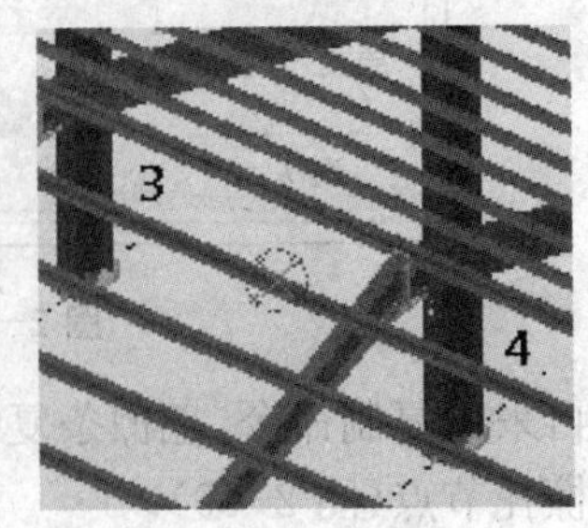

图 2-63　出现旋转中心

(2) 缩放。单击缩放图标,出现缩放的下拉列表(图2-64),单击相应列表项就可以缩放视图。

(3) 巡视。巡视功能仅在透视图状态下可用,所以,在进行巡视前,双击视图空白区,打开"视图属性"对话框,把投影修改为透视(图2-65),然后单击"修改""应用""确认"按钮,关闭对话框。在视图中单击并移动鼠标,就可以巡视了,如图 2-66 所示。

(4) 截屏。单击"截屏"按钮,在下拉列表中选择"截屏",此时会弹出如图 2-67 所示的"截屏"对话框,在此对话框中可以设置截屏图片的保存位置,这样可以方便查找有问题的位置。

图 2-64 缩放

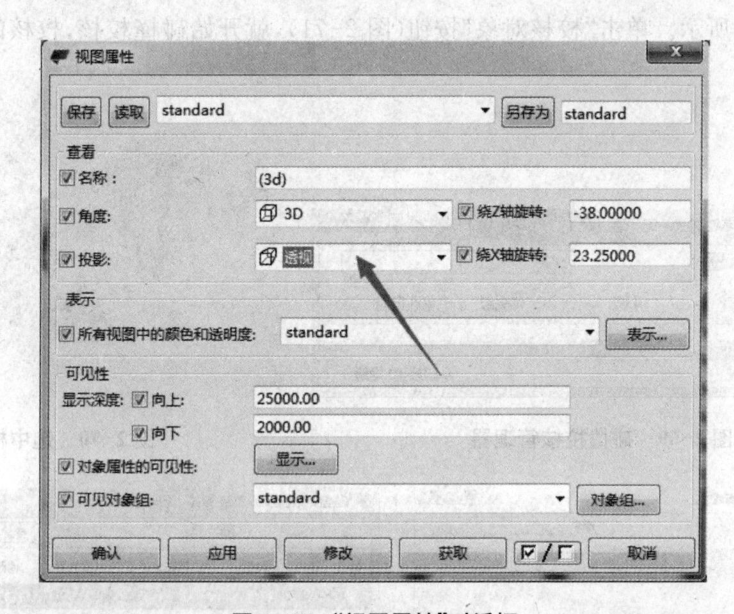

图 2-65 "视图属性"对话框

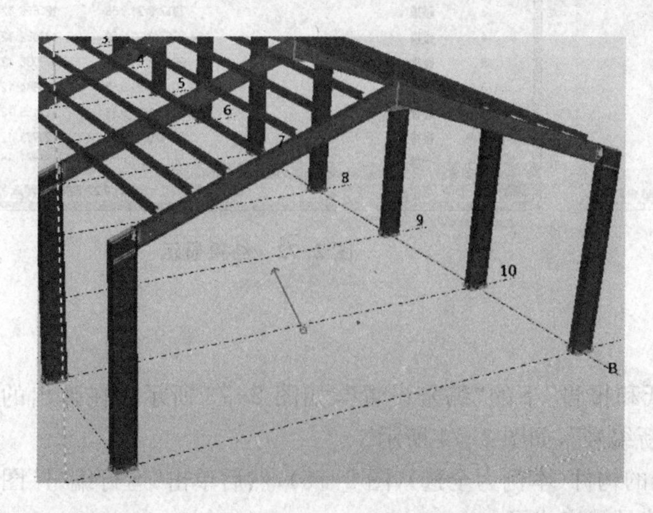

图 2-66 巡视

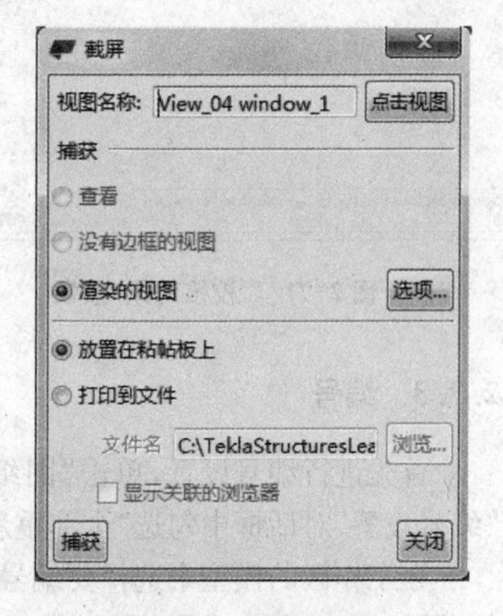

图 2-67 "截屏"对话框

2.7.2 碰撞检查

单击“管理”菜单，碰撞校核是“管理”主菜单下的其中一项(图 2-68)。单击该图标，打开“碰撞校核管理器”，如图 2-69 所示。

图 2-68 碰撞校核

单击“碰撞校核管理器”的“新建”按钮(图 2-69)，首先选中所有需要进行碰撞校核的构件，如图 2-70 所示。单击“校核对象”按钮(图 2-71)，就开始碰撞校核，校核的结果显示如图 2-72 所示。

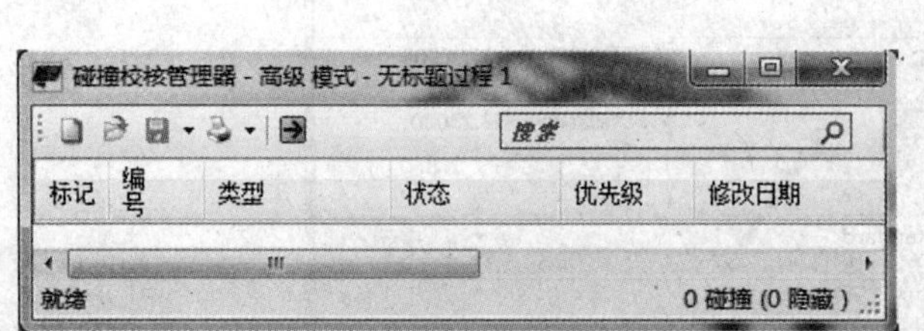

图 2-69 碰撞校核管理器

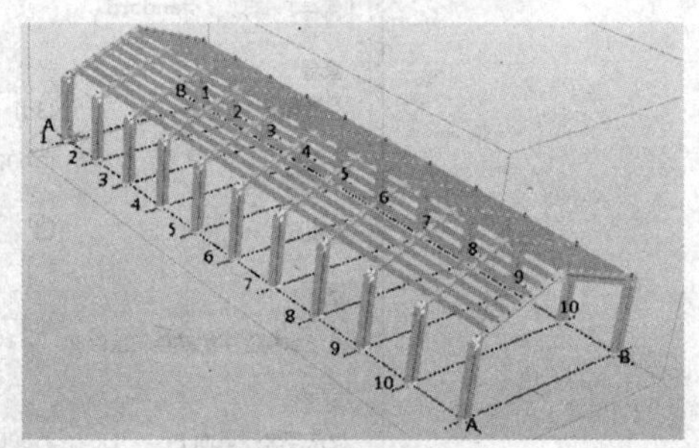

图 2-70 选中构件

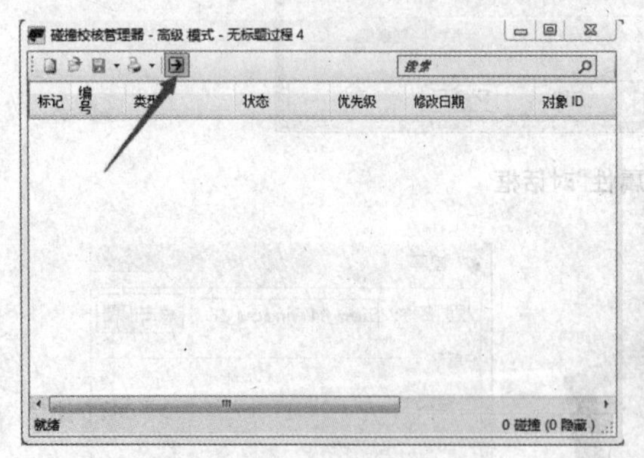

图 2-71 “校核对象”按钮

图 2-72 结果显示

2.7.3 编号

首先进行编号设置，单击“图纸和报告”下的“编号设置”，如图 2-73 所示。在弹出的“编号设置”对话框中勾选“全部重新编号”，如图 2-74 所示。

在工作区的模型中选择要编号的构件(本例为全选)(图 2-75)，然后单击“运行编号”图标(图 2-76)，经过一段时间计算，编号就完成了。

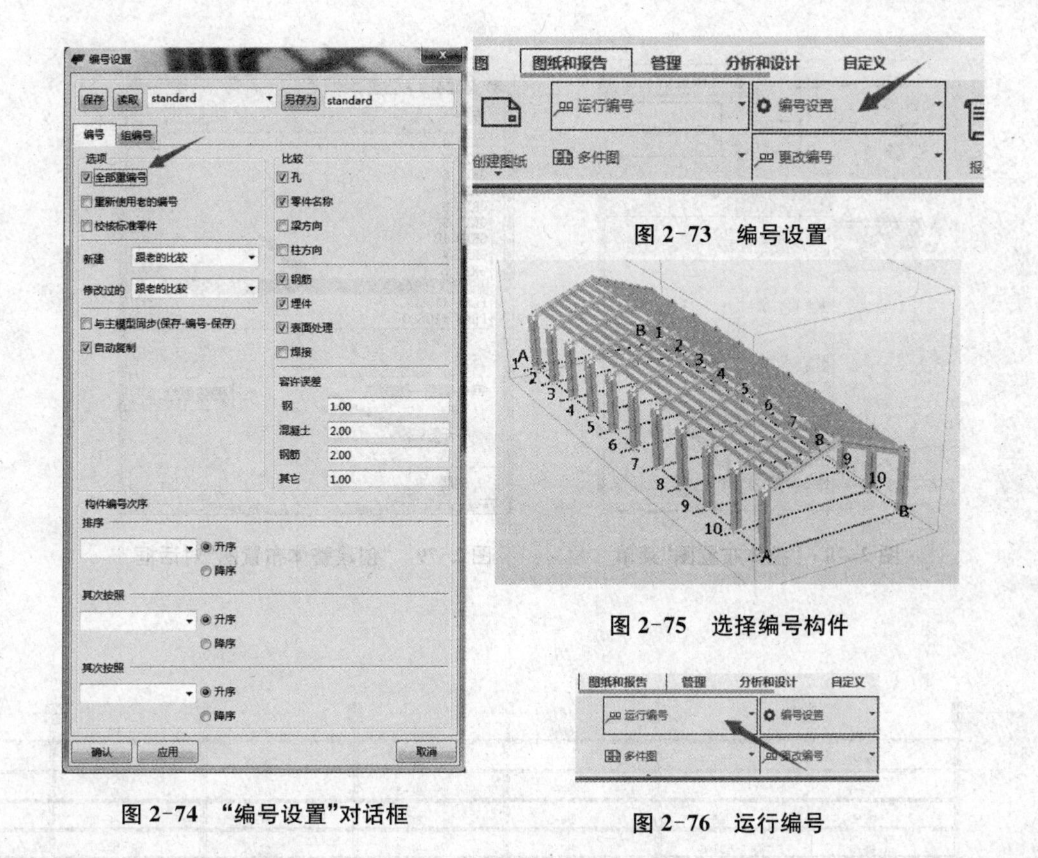

图 2-73 编号设置

图 2-75 选择编号构件

图 2-74 “编号设置”对话框

图 2-76 运行编号

2.8 创建图纸

创建图纸首先要进入创建图纸的视图，调整好视图方向(图 2-77)，单击“创建图纸”图标，在下拉菜单列表中单击“整体布置图”(图 2-78)。在打开的“创建整体布置图”对话框中，单击列表中的 PLAN+0，勾选“打开图纸”，然后单击“创建”按钮(图 2-79)，系统打开创建的图纸如图 2-80 所示。

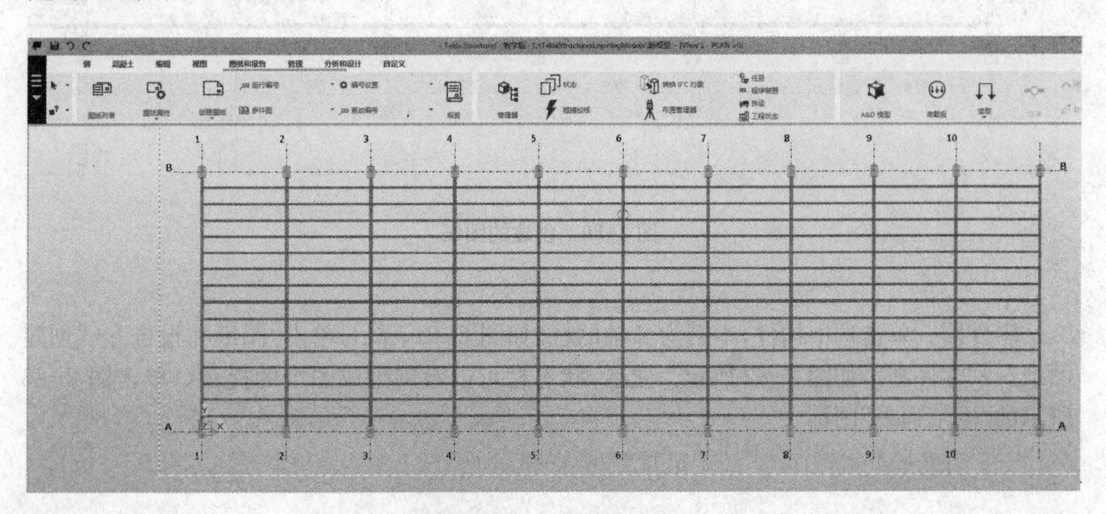

图 2-77 PLAN+0 视图

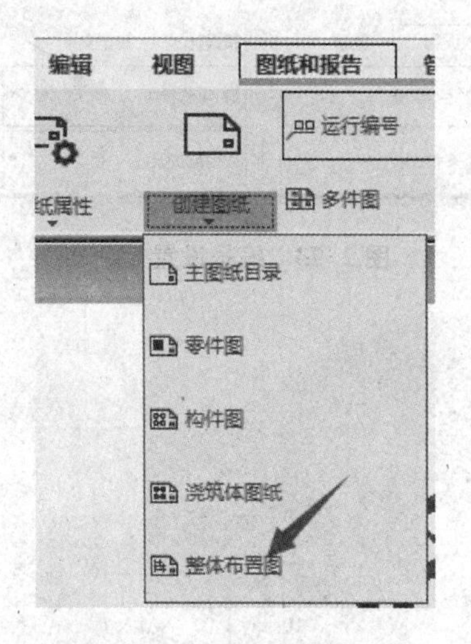

图 2-78 “整体布置图”菜单

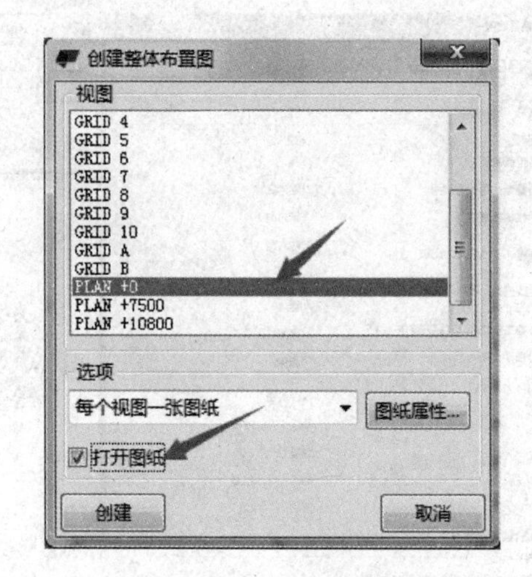

图 2-79 “创建整体布置图”对话框

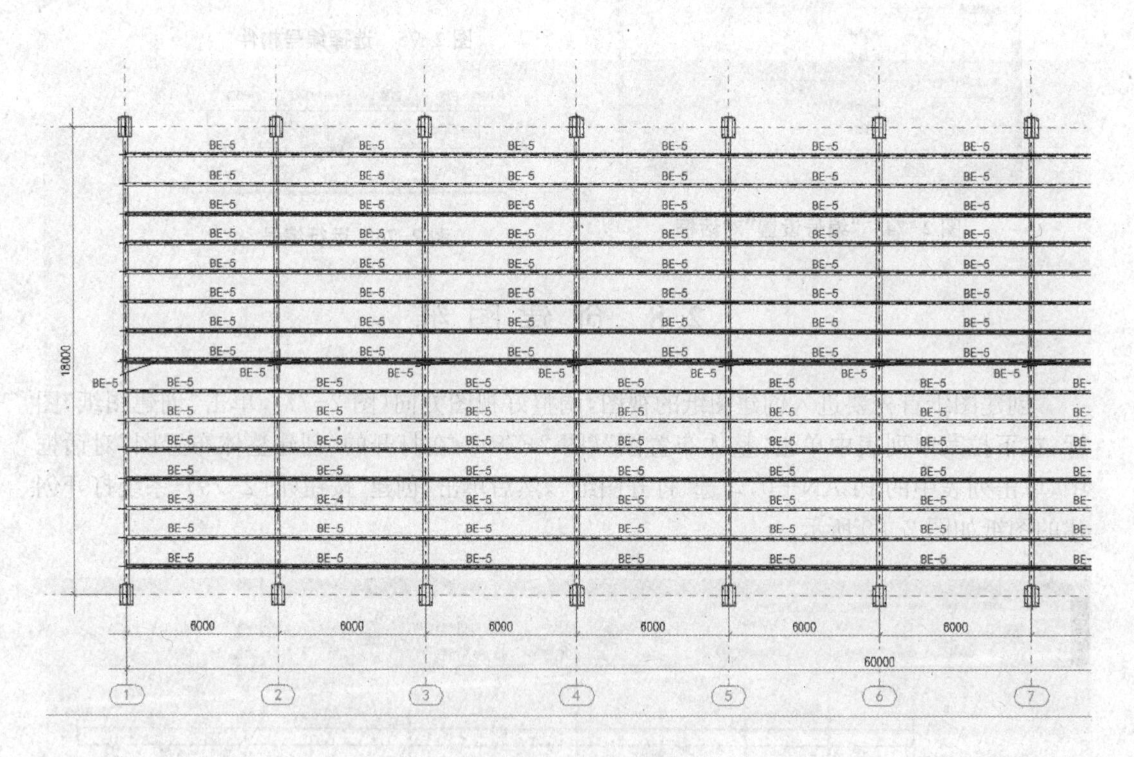

图 2-80 创建的图纸

零件图。单击选中构件，本例为2轴的柱，如图 2-81 所示，单击“图纸和报告”→“创建图纸”→“零件图”，如图 2-82 所示。之后，状态栏可以看到生成图纸的提示。单击图 2-83 所示的“图纸列表”图标。

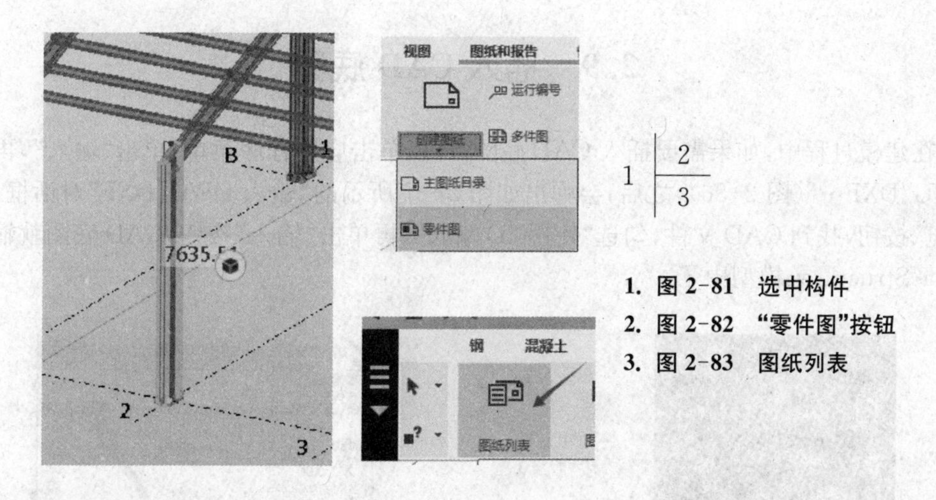

1. 图 2-81 选中构件
2. 图 2-82 “零件图”按钮
3. 图 2-83 图纸列表

在弹出的“图纸列表”对话框中单击选中图纸，再单击“打开”按钮(图 2-84)，打开的图纸如图 2-85 所示。

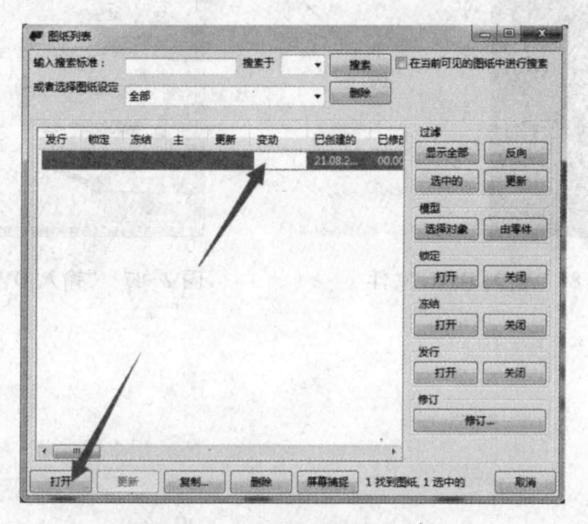

图 2-84 “图纸列表”对话框

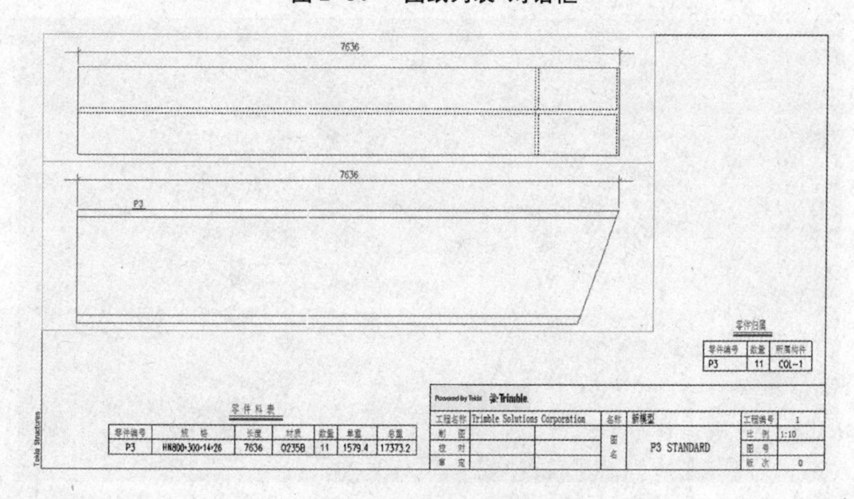

图 2-85 打开的图纸

2.9 插入 CAD 底图

在建模过程中，如果需要插入 CAD 底图，可以单击应用程序菜单，单击“输入”，再单击“DWG/DXF…”(图 2-86)，之后，会弹出如图 2-87 所示的“输入 DWG/DXF”对话框，单击“浏览”按钮，找到 CAD 文件，勾选“使用 2D 输入”，再单击“输入”按钮，CAD 底图就输入到 Tekla Structures 模型中了。

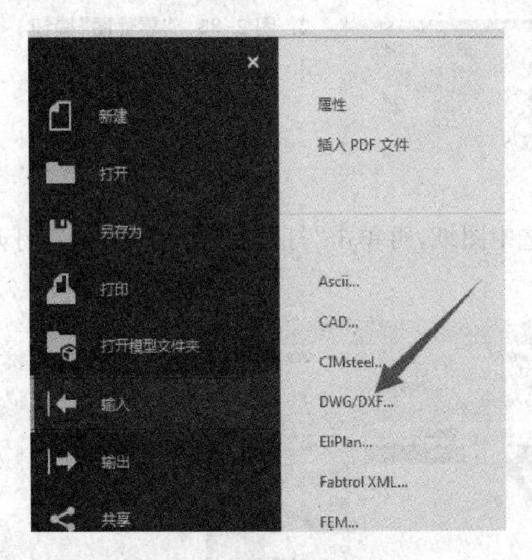

图 2-86　输入 DWG 文件

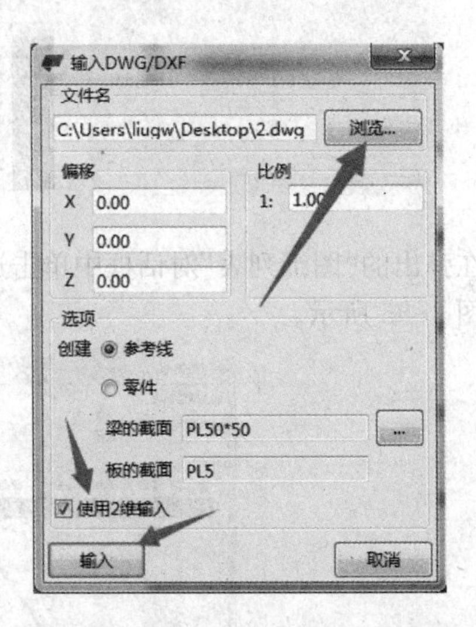

图 2-87　“输入 DWG/DXF”对话框

Tekla Structures 混凝土结构应用

Tekla Structures 不仅可以进行钢结构建模和施工管理，还可以进行混凝土结构建模和施工管理。

3.1 创建轴网

先创建一个新的 Tekla 项目并打开它(图 3-1)，双击工作区的轴网(图 3-2)。

图 3-1 创建新项目

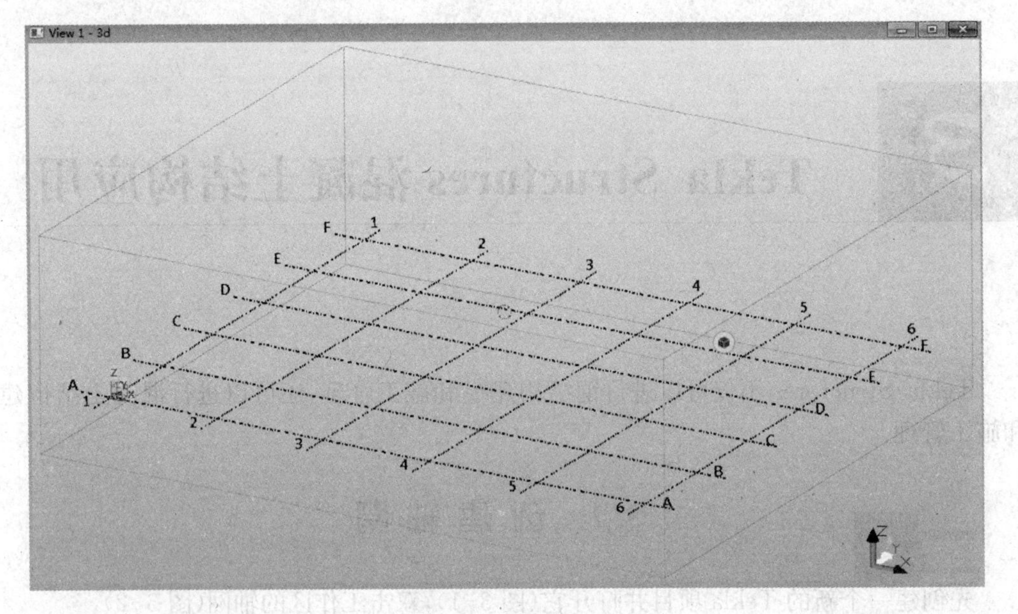

图 3-2　轴网示意图

弹出的“轴线”对话框如图 3-3 所示。按图 3-4 修改轴网内容。修改后单击“修改”按钮，在弹出的“替代确认”对话框中，单击“是”按钮，如图 3-5 所示。单击“关闭”按钮，关闭“轴线”对话框。修改后的轴网如图 3-6 所示。

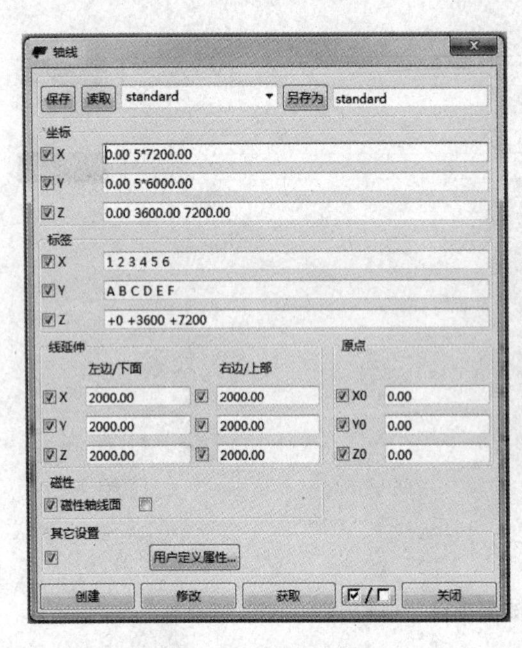

图 3-3　“轴网”对话框

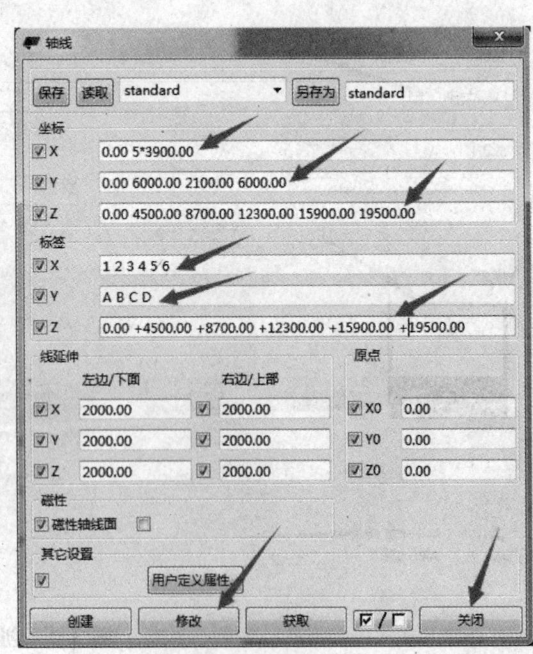

图 3-4　修改轴网

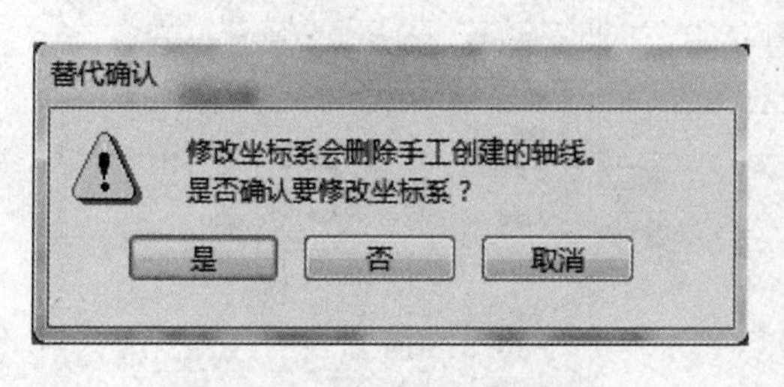

图 3-5 “替代确认”对话框

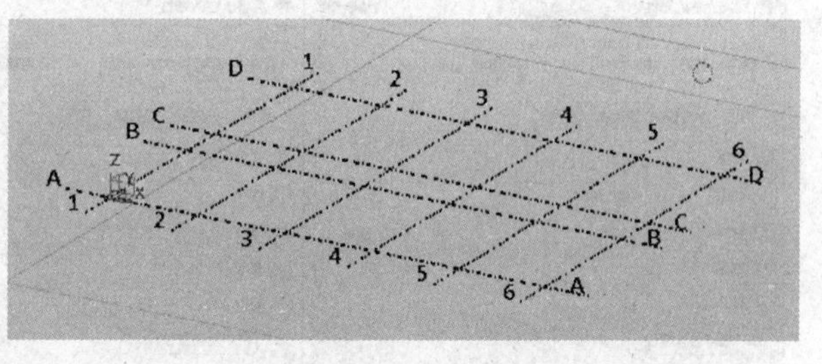

图 3-6 修改后的轴网

鼠标左键单击工作区的方框，再单击右键，在弹出的菜单中单击“适合工作区域到整个模型”，如图 3-7 所示。

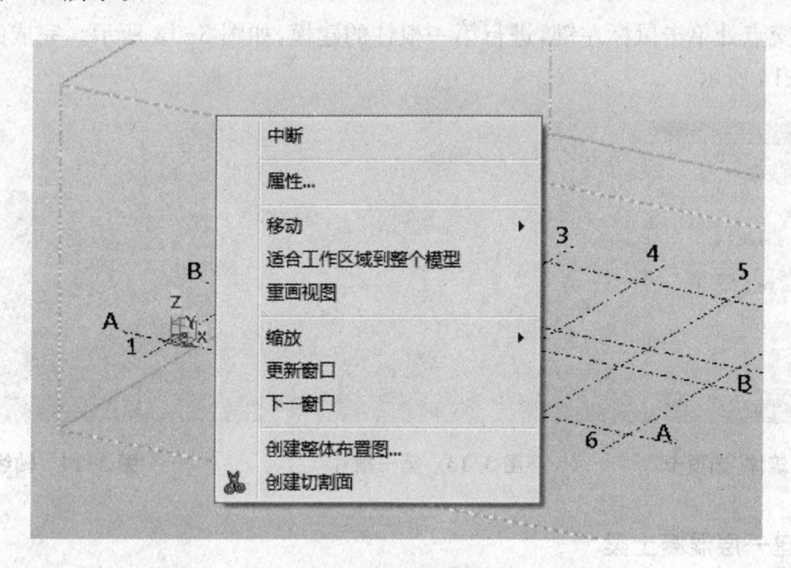

图 3-7 右键菜单

3.2 创建框架

3.2.1 创建一层混凝土柱

在工作界面，双击工具栏中“混凝土”选项卡下的“柱”按钮，如图 3-8 所示，打开“混凝土柱的属性”对话框(图 3-9)。

按图 3-10、图 3-11、图 3-12 设置混凝土柱，之后，单击“修改”“应用”“确认”按钮，关闭“混凝土柱的属性”对话框。

图 3-8 混凝土柱图标

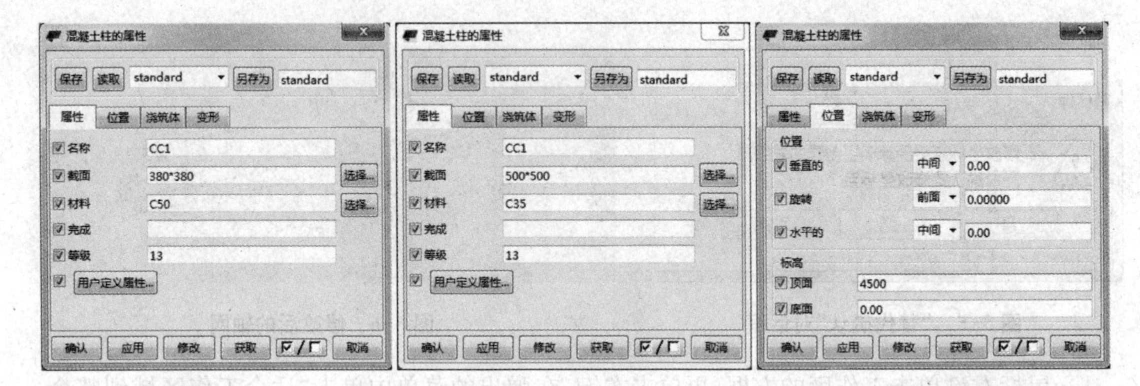

图 3-9 “混凝土柱的属性”对话框　　图 3-10 “属性”选项卡　　图 3-11 “位置”选项卡

在轴线交点处单击鼠标左键，进行第一根柱的建模，如图 3-13 所示。完成的轴线 1 上的柱如图 3-14 所示。

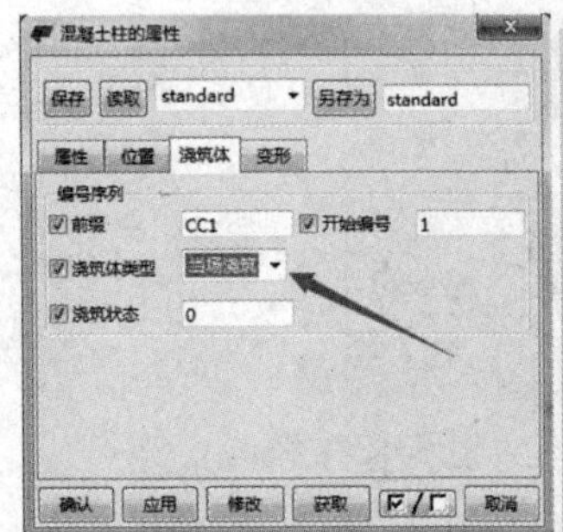

图 3-12 “浇筑体”选项卡

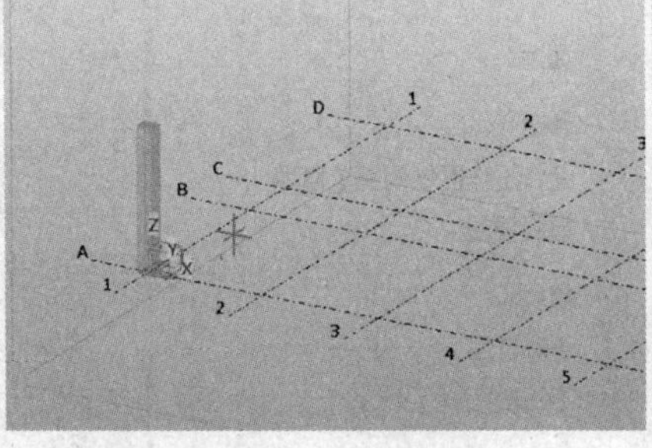

图 3-13 第一根柱

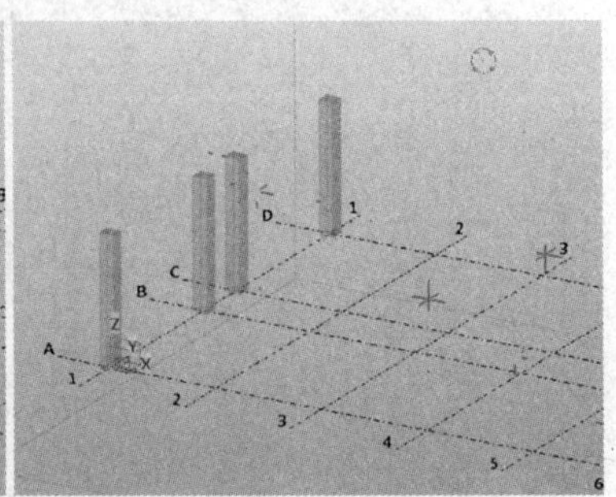

图 3-14 轴线 1 的柱

3.2.2 创建一层混凝土梁

在工作界面，双击混凝土菜单下的“梁”，弹出“混凝土梁属性”对话框，按图 3-15 设置“属性”选项卡，按图 3-16 设置“浇筑体”选项卡，然后单击“修改”“确定”，完成梁设置。单击梁，在下拉菜单中选择“混凝土梁”，如图 3-17 所示。

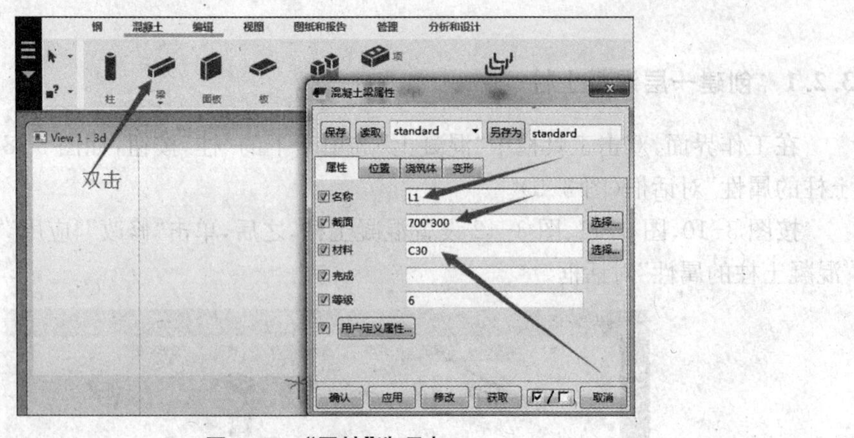

图 3-15 “属性”选项卡

图 3-16 “浇筑体”选项卡

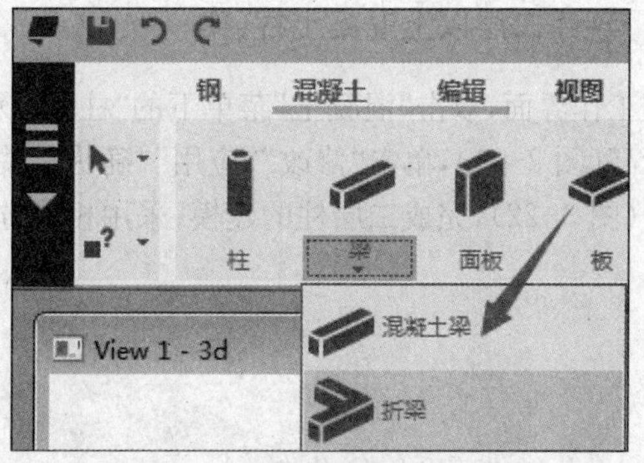

图 3-17 “混凝土梁”菜单

移动鼠标到 A 轴柱顶，出现捕捉符号时，单击鼠标左键，如图 3-18 所示，再移动鼠标到 D 轴柱顶，出现捕捉符号时，单击鼠标左键(图 3-19)，完成的混凝土梁如图 3-20 所示。

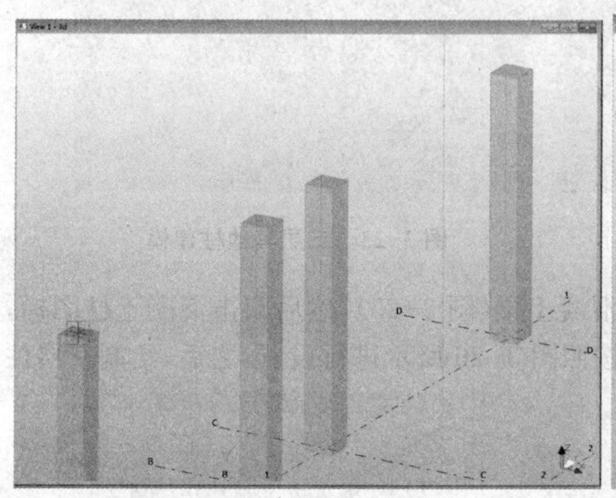

图 3-18 捕捉柱顶

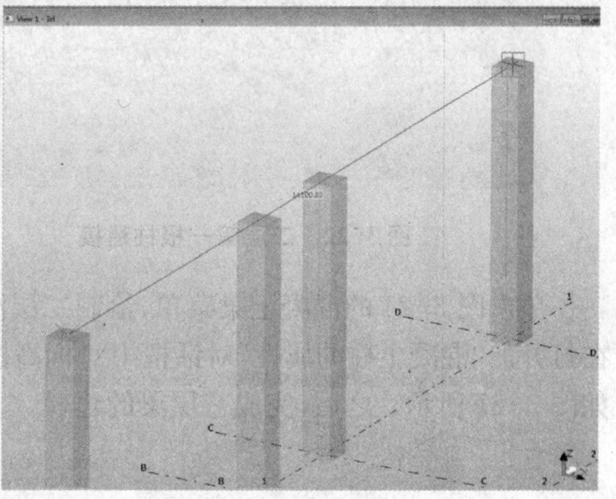

图 3-19 捕捉第二个柱顶

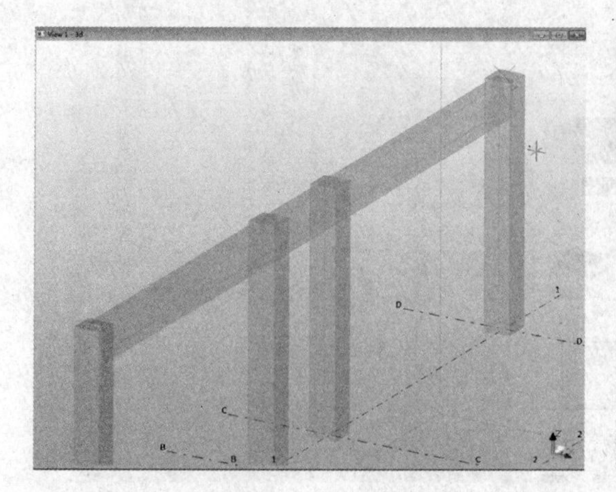

图 3-20 完成梁

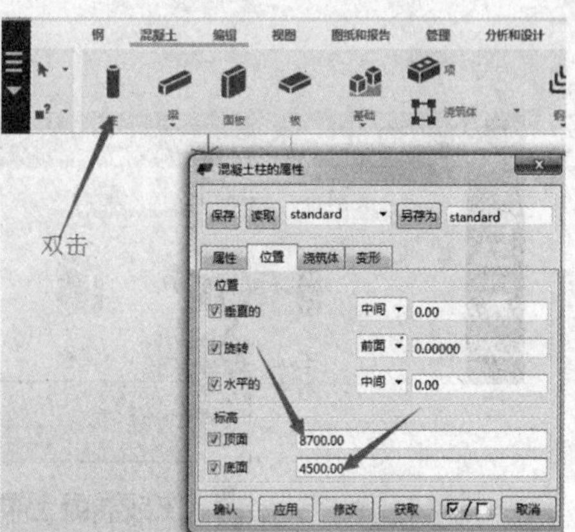

图 3-21 “混凝土柱的属性”对话框

3.2.3 创建二层以上混凝土柱、梁

在工作界面，双击“混凝土”菜单下的“柱”，在弹出的“混凝土柱的属性”对话框中，设置柱的标高(图 3-21)，单击“修改”“应用”“确认”，关闭对话框；移动鼠标，在 1 轴和 A 轴交点处单击(图 3-22)，完成二层柱的建模；采用相同方法，完成其他柱的建模，如图3-23 所示。

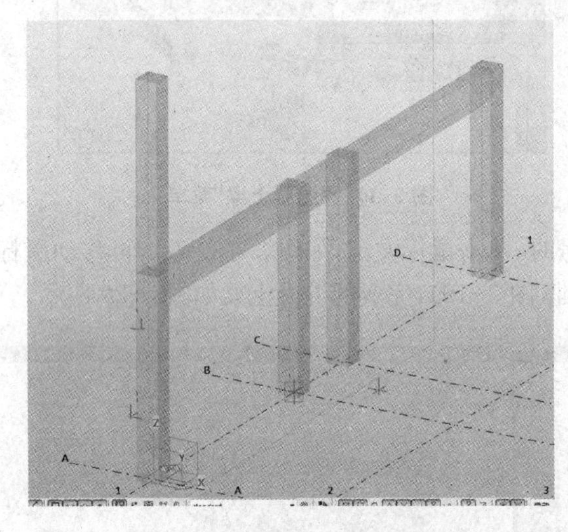

图 3-22 二层第一根柱建模

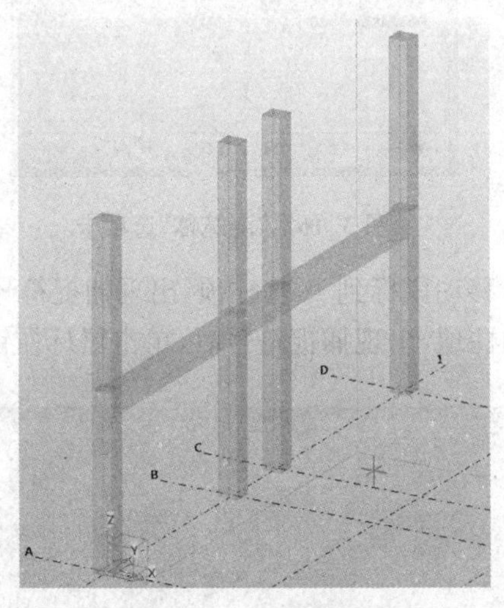

图 3-23 二层其他柱建模

单击图 3-24 的混凝土梁菜单，绘制二层混凝土梁(图 3-25)，然后双击混凝土柱图标，在打开的“混凝土柱的属性”对话框中对标高按照图 3-26 所示进行设置，之后，绘制三层柱如图 3-27 所示。之后，完成三层梁的建模。

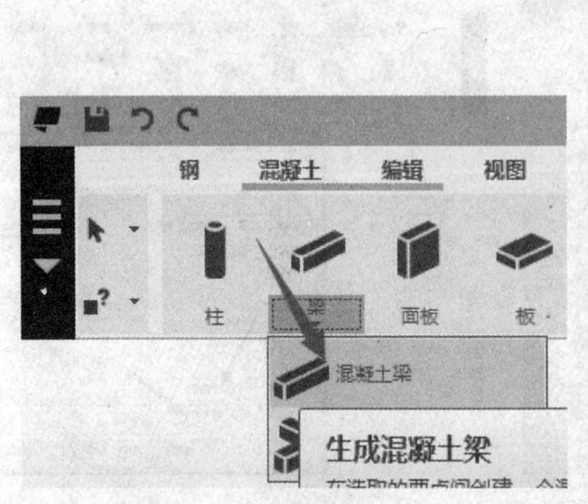

图 3-24 混凝土梁菜单

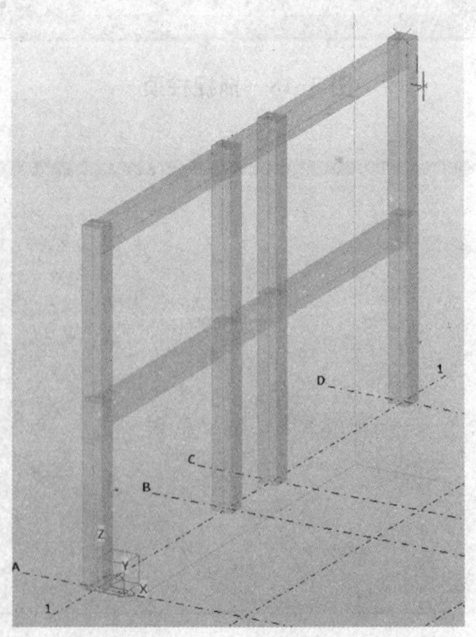

图 3-25 完成的二层梁

图 3-26 修改柱属性

图 3-27 三层柱建模

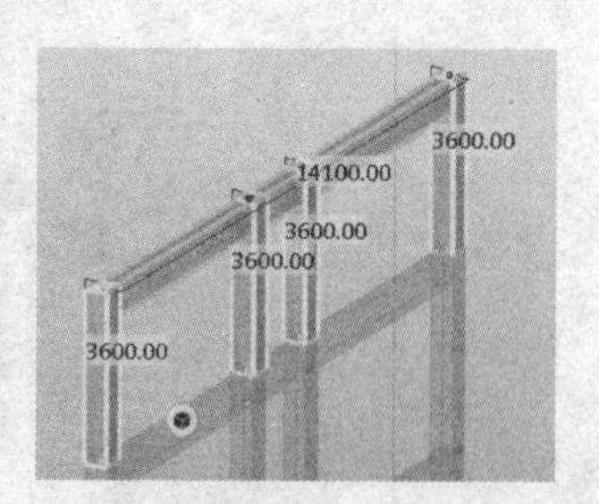

图 3-28 选中三层柱梁

按住 Ctrl 键，依次单击选中三层已经完成的柱梁模型，如图 3-28 所示。单击鼠标右键，在弹出的菜单中选择“选择性复制”→“线性的…”，如图 3-29 所示，在弹出的“复制-线性的”对话框中，按图 3-30 进行设置，然后单击“复制”按钮，把柱梁复制到四层、五层后，如图 3-31 所示。

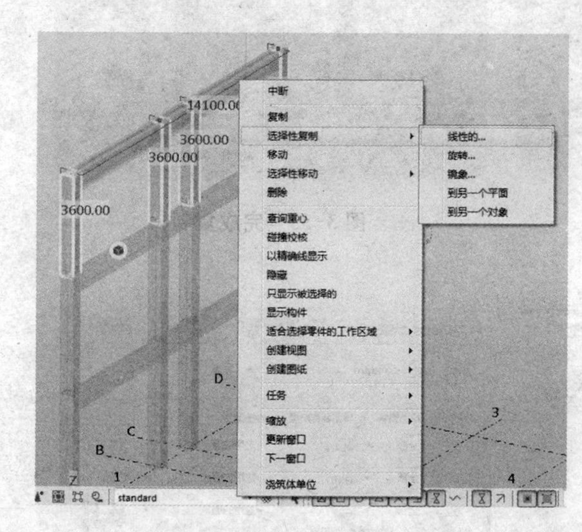

图 3-29 右键菜单

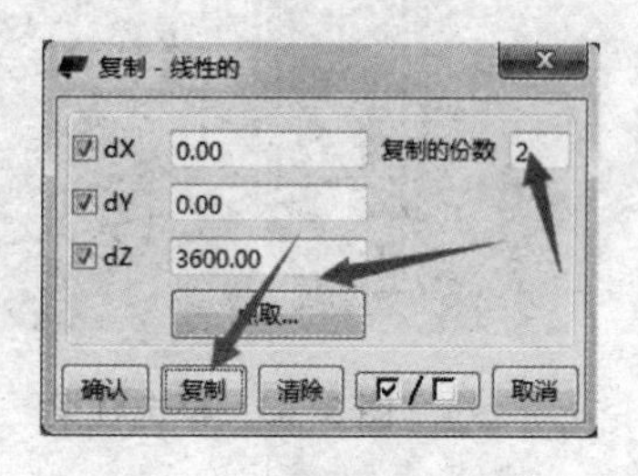

图 3-30 “复制-线性的”对话框

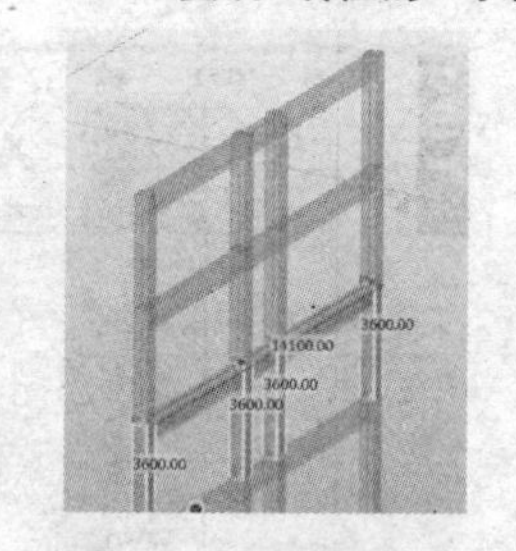

图 3-31 完成复制

单击状态栏的选择轴网开关，如图 3-32 所示，关闭选择轴网。然后，框选已经建立的混凝土柱和梁，如图 3-33 所示。单击鼠标右键，在弹出的菜单中选择“选择性复制”→“线性的…”，在弹出的“复制-线性的”对话框中，按图 3-34 进行设置，然后单击“复制”按钮，把框架复制到其他轴线，如图 3-35 所示。

图 3-32 选择轴网开关

下面开始绘制联系梁。单击菜单“视图”→“新视图”→“沿着轴线”，如图 3-36 所示。在弹出的“沿着轴线生成视图”对话框中单击“创建”按钮，再单击“确认”按钮，如图 3-37 所示，关闭对话框。弹出“视图”对话框(图 3-38)。双击左侧的“GRID A”，将其移动到“可见视图”，此时 A 轴的视图打开。

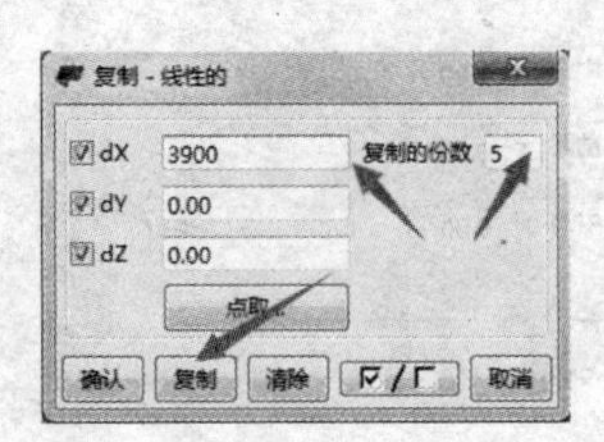

图 3-34 “复制-线性的”对话框

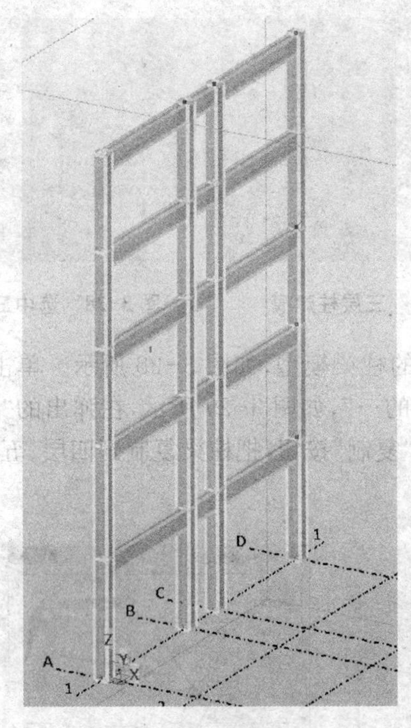

图 3-33 框选柱梁

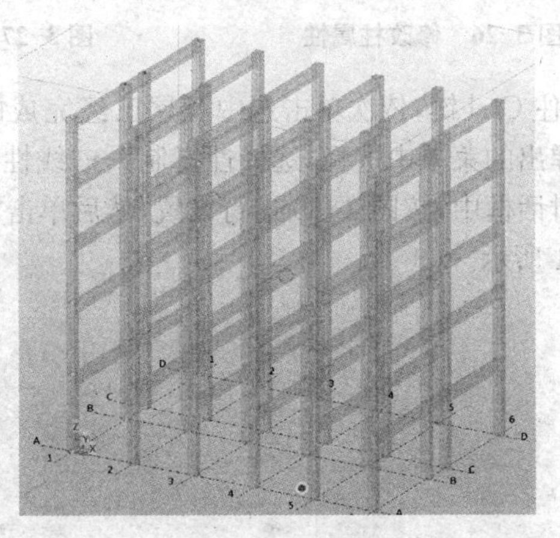

图 3-35 完成复制

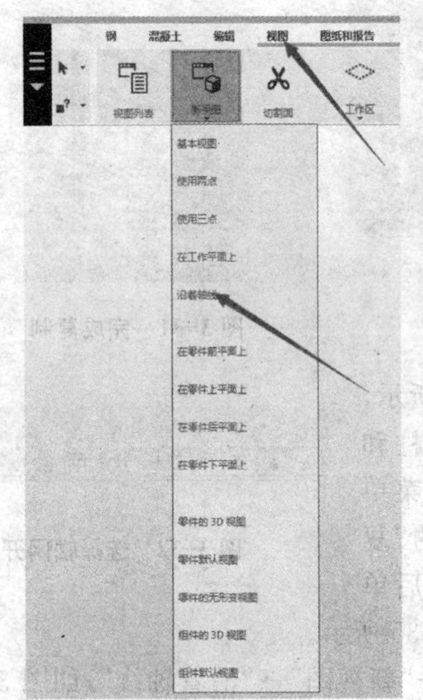

图 3-36 创建新视图

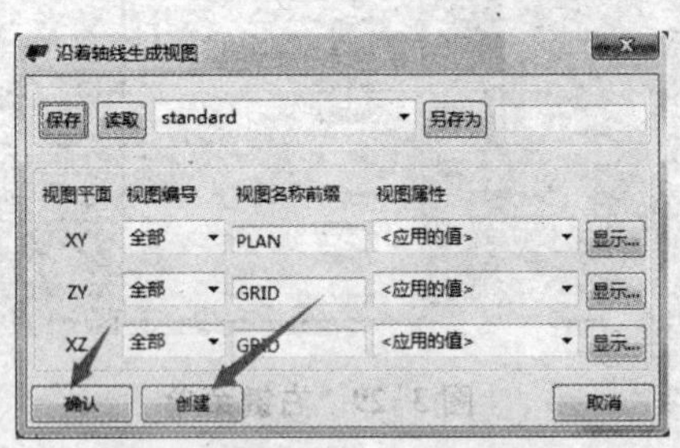

图 3-37 “沿着轴线生成视图”对话框

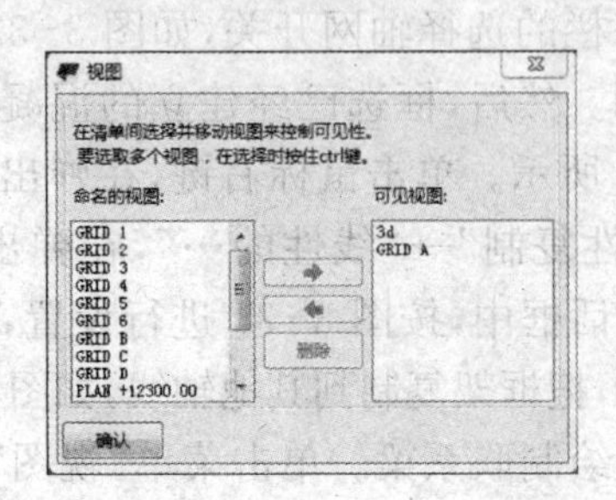

图 3-38 “视图”对话框

图 3-39 是轴测视图，按“Ctrl+P”切换到立面视图，如图 3-40 所示。单击“混凝土”菜单，在梁上双击，打开“混凝土梁属性”对话框(图 3-41)，设置属性选项卡，然后，单击“修改”“应用”“确认”，关闭“混凝土梁属性”对话框。

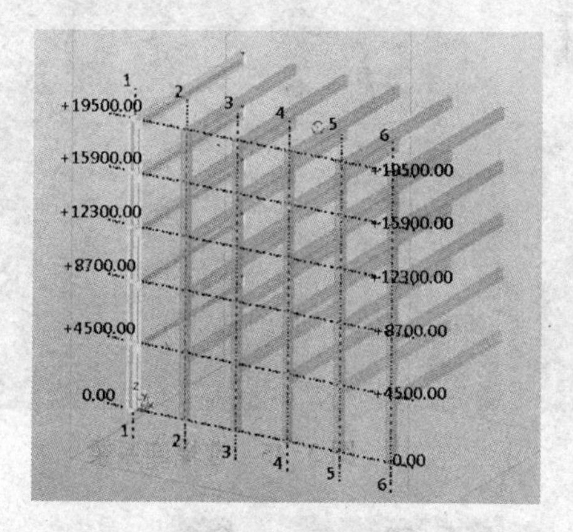

图 3-39　GRID A 视图

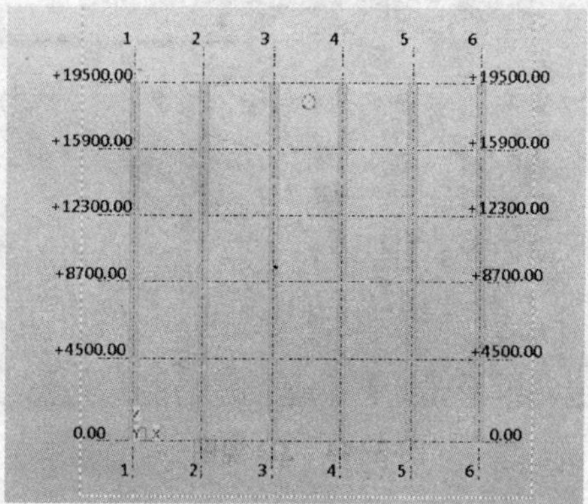

图 3-40　GRID A 正投影

在 GRID A 正投影上绘制连系梁，如图 3-42 和图 3-43 所示。

按“Ctrl+I”，打开“视图”对话框，单击“3D”，进入 3D 视图(图 3-44)，按住 Ctrl 键，单击左键选中连系梁(图 3-45)，单击右键，在弹出的菜单中选择“选择性复制”→“线性的…”，如图 3-46 所示。

在弹出的“复制-线性的”对话框中，按图 3-47 所示进行设置，之后单击“复制”按钮，把框架复制到 B 轴线(图 3-48)，按图 3-49 修改“复制-线性的”对话框对应的数据，单击“复制”按钮，把框架复制到 C 轴线，如图 3-50 所示。

图 3-41　“混凝土梁属性”对话框

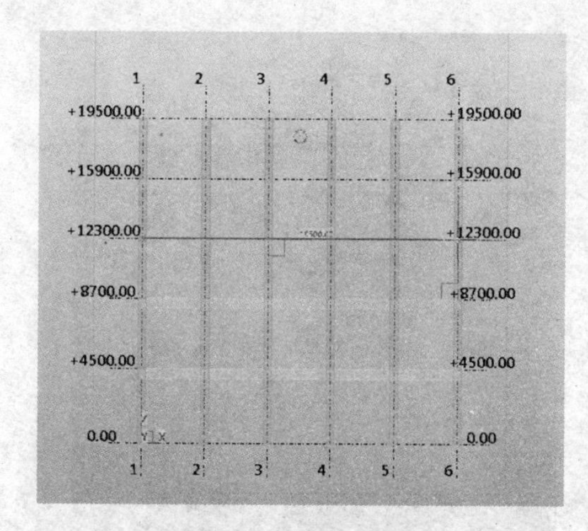

图 3-42　绘制连系梁

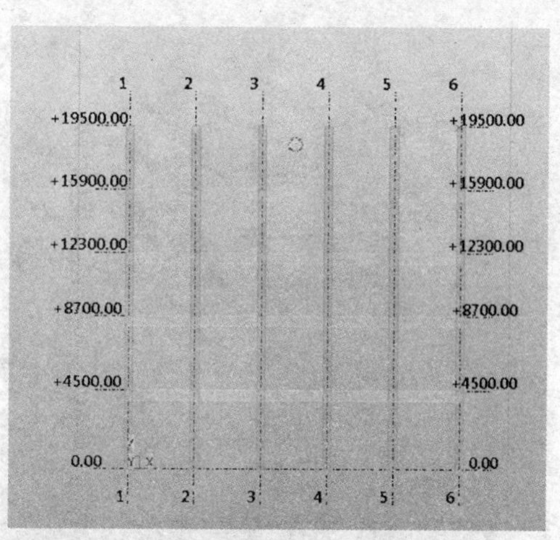

图 3-43　完成连系梁

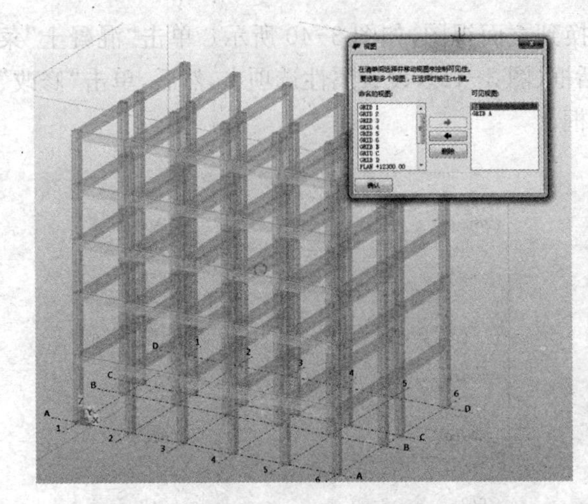

图3-44 3D视图

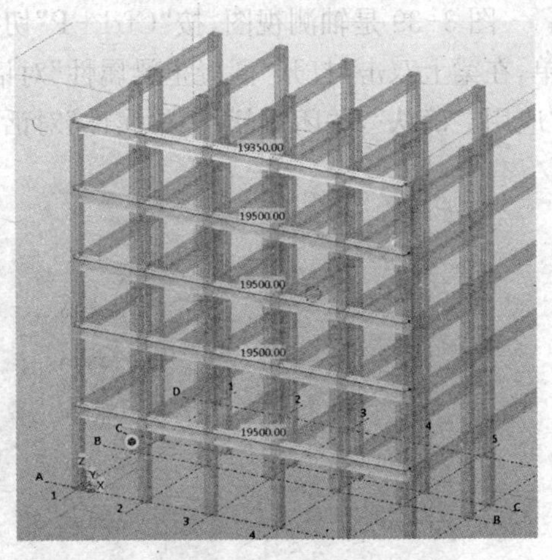

图3-45 选择连系梁

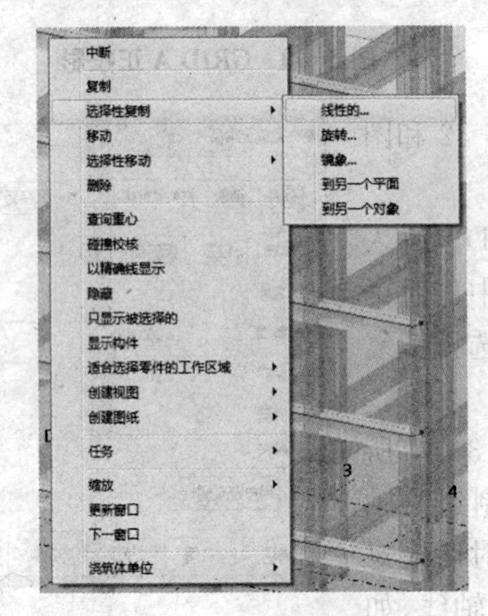

图3-46 右键菜单

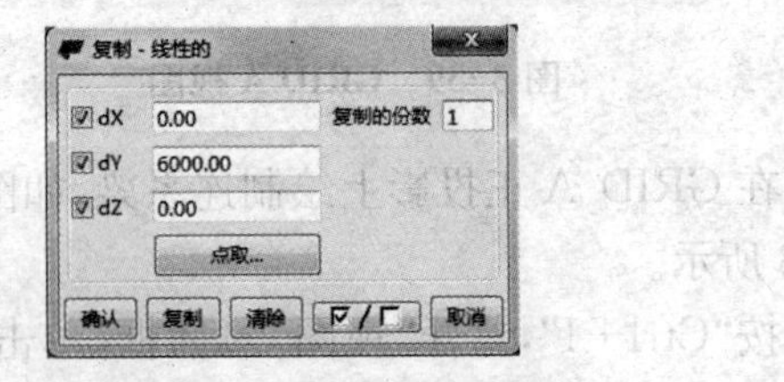

图3-47 “复制-线性的”对话框(一)

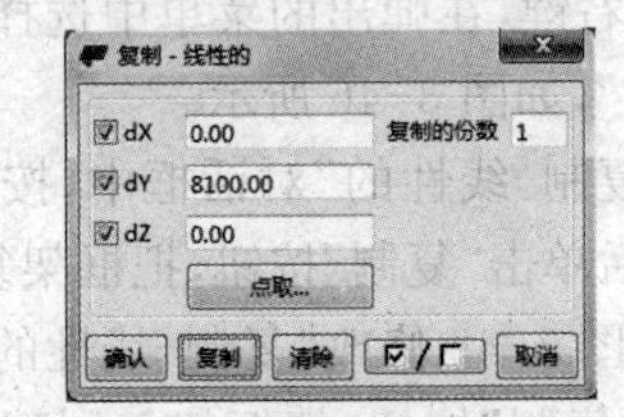

图3-49 “复制-线性的”对话框(二)

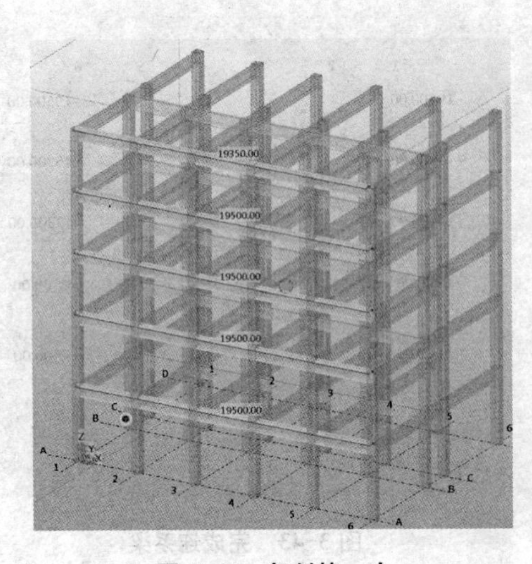

图3-48 复制第一次

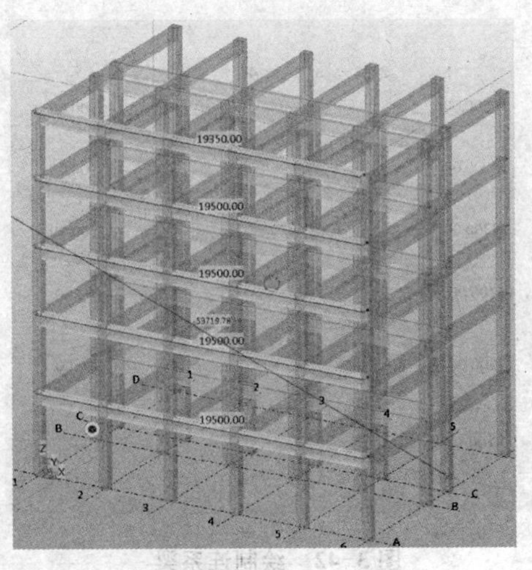

图3-50 复制第二次

修改“复制-线性的”对话框(图 3-51),单击“复制”按钮,把框架复制到 D 轴线,如图 3-52 所示。这样就完成了混凝土框架的建模。

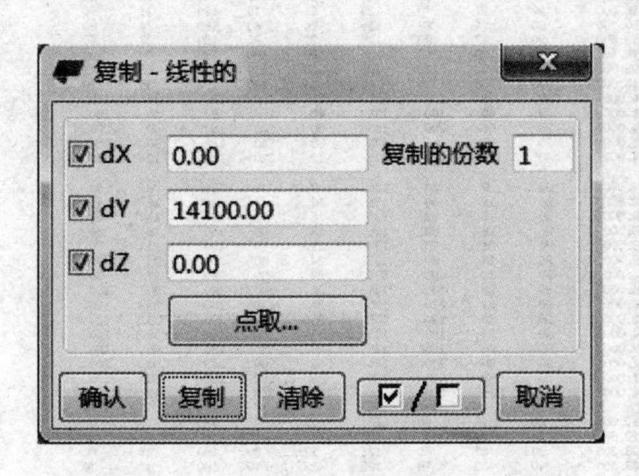

图 3-51 “复制-线性的”对话框(三)

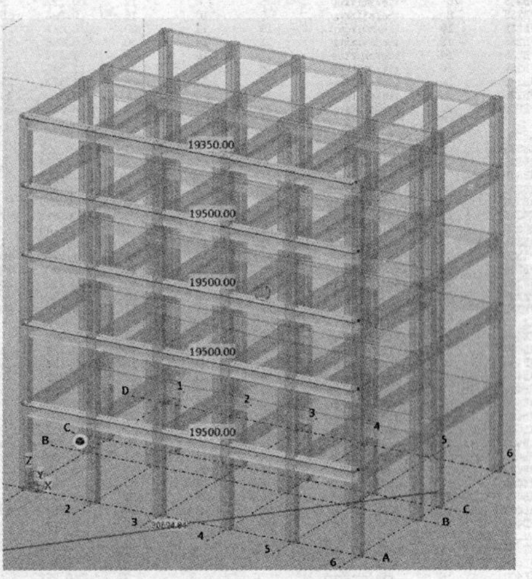

图 3-52 完成复制

3.3 创建钢筋

Tekla Structures 内置了多种给混凝土构件配筋的建模方法,方便了钢筋建模。

3.3.1 补充钢筋类型

Tekla Structures 内部没有直径 22 mm 的钢筋,需要手动补充。在 Tekla Structures 安装文件夹中,搜索到 rebar_database. inp 文件(图 3-53),用记事本打开 rebar_database. inp 文件(图 3-54),按表格内容,补充直径 22 mm 的钢筋相关参数,保存文件,再次打开 Tekla Structures 就可以使用直径 22 mm 的钢筋。

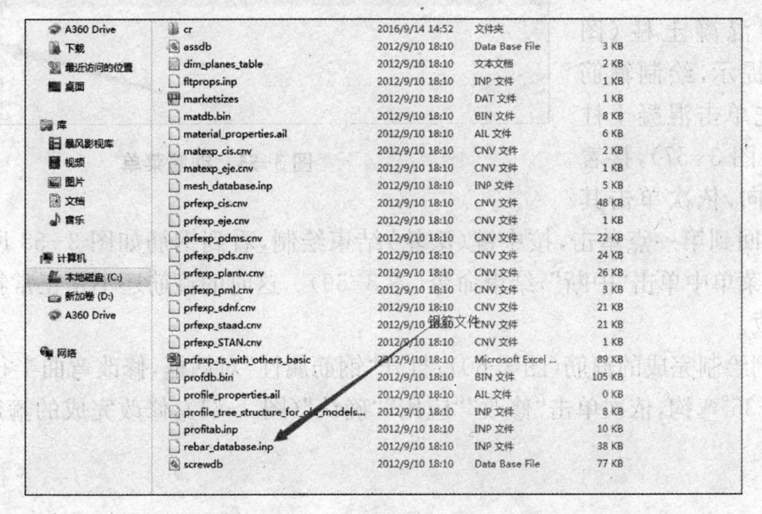

图 3-53 rebar_database. inp 文件

rebar_database.inp - 记事本

文件(F) 编辑(E) 格式(O) 查看(V) 帮助(H)

/* Code	Grade	Size	Usage	Nominal diameter	Actual diameter	Min bend radius	Weight [kg/m]	Area [mm2]	alpha	r	L	alpha	r	L	alpha	r	L */
B4	HPB235	6	tie/stirrup	6	8	12	0.222	28.300	90	12	60	135	12	60	180	12	60
B4	HPB235	8	tie/stirrup	8	10	16	0.395	50.300	90	16	80	135	16	80	180	16	80
B4	HPB235	10	tie/stirrup	10	12	20	0.617	78.500	90	20	100	135	20	100	180	20	100
B4	HPB235	12	tie/stirrup	12	14	30	0.888	113.000	90	30	120	135	30	120	180	30	120
B4	HPB235	14	tie/stirrup	14	16	35	1.234	154.000	90	35	140	135	35	140	180	35	140
B4	HPB235	16	tie/stirrup	16	19	40	1.580	201.000	90	40	160	135	40	160	180	40	160
B4	HPB235	20	tie/stirrup	20	23	50	2.470	314.000	90	50	200	135	50	200	180	50	200
B4	HPB235	25	tie/stirrup	25	29	88	3.850	491.000	90	88	250	135	88	250	180	88	250
B4	HPB235	32	tie/stirrup	32	37	112	6.310	804.000	90	112	320	135	112	320	180	112	320
B4	HRB335	4	tie/stirrup	4	6	12	0.123	12.566	90	12	40	135	12	40	180	12	40
B4	HRB335	5	tie/stirrup	5	7	15	0.154	19.600	90	15	50	135	15	50	180	15	50
B4	HRB335	6	tie/stirrup	6	8	18	0.222	28.300	90	18	60	135	18	60	180	18	60
B4	HRB335	7	tie/stirrup	7	9	21	0.302	38.500	90	21	70	135	21	70	180	21	70
B4	HRB335	8	tie/stirrup	8	10	24	0.395	50.300	90	24	80	135	24	80	180	24	80
B4	HRB335	9	tie/stirrup	9	11	27	0.499	63.600	90	27	90	135	27	90	180	27	90
B4	HRB335	10	tie/stirrup	10	12	30	0.617	78.500	90	30	100	135	30	100	180	30	100
B4	HRB335	11	tie/stirrup	11	13	33	0.746	95.000	90	33	110	135	33	110	180	33	110
B4	HRB335	12	tie/stirrup	12	14	36	0.888	113.000	90	36	120	135	36	120	180	36	120
B4	HPB335	14	tie/stirrup	14	16	35	1.234	154.000	90	35	140	135	35	140	180	35	140
B4	HPB335	16	tie/stirrup	16	19	40	1.580	201.000	90	40	160	135	40	160	180	40	160
B4	HPB335	20	tie/stirrup	20	23	50	2.470	314.000	90	50	200	135	50	200	180	50	200
B4	HPB335	25	tie/stirrup	25	29	88	3.850	491.000	90	88	250	135	88	250	180	88	250
B4	HPB335	32	tie/stirrup	32	37	112	6.310	804.000	90	112	320	135	112	320	180	112	320
B4	HRB400	3	tie/stirrup	3	5	9	0.092	7.070	90	9	30	135	9	30	180	9	30
B4	HRB400	4	tie/stirrup	4	6	12	0.123	12.566	90	12	40	135	12	40	180	12	40
B4	HRB400	5	tie/stirrup	5	7	15	0.154	19.600	90	15	50	135	15	50	180	15	50
B4	HRB400	6	tie/stirrup	6	8	18	0.222	28.300	90	18	60	135	18	60	180	18	60
B4	HRB400	7	tie/stirrup	7	9	21	0.302	38.500	90	21	70	135	21	70	180	21	70
B4	HRB400	8	tie/stirrup	8	10	24	0.395	50.300	90	24	80	135	24	80	180	24	80
B4	HRB400	9	tie/stirrup	9	11	27	0.499	63.600	90	27	90	135	27	90	180	27	90
B4	HRB400	10	tie/stirrup	10	12	30	0.617	78.500	90	30	100	135	30	100	180	30	100
B4	HRB400	11	tie/stirrup	11	13	33	0.746	95.000	90	33	110	135	33	110	180	33	110
B4	HRB400	12	tie/stirrup	12	14	36	0.888	113.000	90	36	120	135	36	120	180	36	120
B4	HRB400	14	tie/stirrup	14	16	35	1.234	154.000	90	35	140	135	35	140	180	35	140
B4	HRB400	16	tie/stirrup	16	19	40	1.580	201.000	90	40	160	135	40	160	180	40	160
B4	HRB400	20	tie/stirrup	20	23	50	2.470	314.000	90	50	200	135	50	200	180	50	200
B4	HRB400	25	tie/stirrup	25	29	88	3.850	491.000	90	88	250	135	88	250	180	88	250
B4	HRB400	32	tie/stirrup	32	37	112	6.310	804.000	90	112	320	135	112	320	180	112	320
B4	RRB400	4	tie/stirrup	4	6	18	0.123	12.566	90	18	40	135	18	40	180	18	40
B4	RRB400	5	tie/stirrup	5	7	23	0.154	19.600	90	23	50	135	23	50	180	23	50
B4	RRB400	6	tie/stirrup	6	8	27	0.222	28.300	90	27	60	135	27	60	180	27	60
B4	RRB400	7	tie/stirrup	7	9	32	0.302	38.500	90	32	70	135	32	70	180	32	70
B4	RRB400	8	tie/stirrup	8	10	36	0.395	50.300	90	36	80	135	36	80	180	36	80
B4	RRB400	9	tie/stirrup	9	11	41	0.499	63.600	90	41	90	135	41	90	180	41	90
B4	RRB400	10	tie/stirrup	10	12	45	0.617	78.500	90	45	100	135	45	100	180	45	100
B4	RRB400	11	tie/stirrup	11	13	50	0.746	95.000	90	50	110	135	50	110	180	50	110
B4	RRB400	12	tie/stirrup	12	14	54	0.888	113.000	90	54	120	135	54	120	180	54	120

图3-54　打开的rebar_database.inp文件

3.3.2　柱配筋

1. 手动配筋

(1) 单根钢筋。在工作界面,单击“混凝土”→“钢筋”的下拉菜单中的“钢筋”按钮,如图3-55所示。

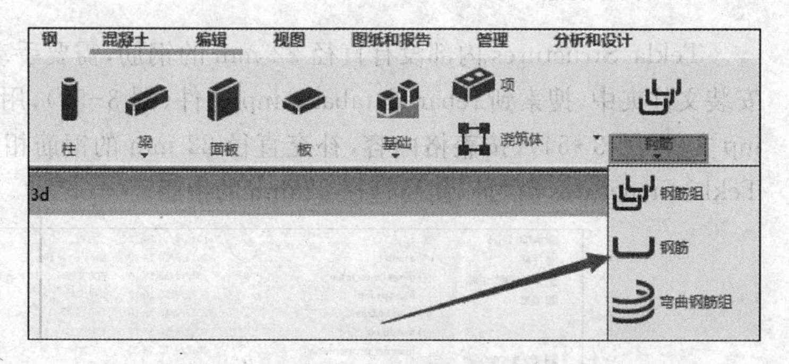

图3-55　钢筋菜单

根据左下角提示,单击需要配筋的混凝土柱(图3-56),根据提示,绘制箍筋的形状,首先单击混凝土柱的一个角点(图3-57),接着按逆时针方向,依次单击其他角点,最后回到第一点单击,按中键(滚轮)结束绘制,看到钢筋如图3-58所示;单击右键,在弹出的菜单中单击“中断”,结束命令(图3-59)。这时的箍筋还不是正常箍筋的样子,需要进行修改。

双击刚刚绘制完成的箍筋(图3-60);打开“钢筋属性”对话框,修改弯曲半径为30,开始和末端均为135°弯钩,依次单击“修改”“应用”“确认”(图3-61),修改完成的箍筋如图3-62所示。

图 3-56 选择配筋的构件

图 3-57 单击钢筋第一点

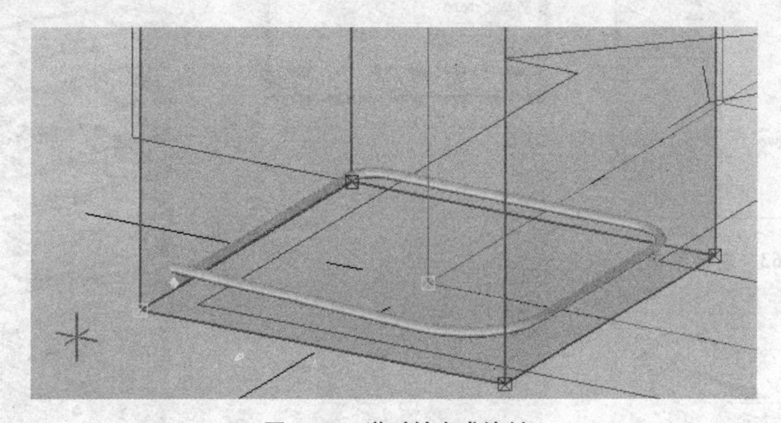

图 3-58 逆时针完成绘制

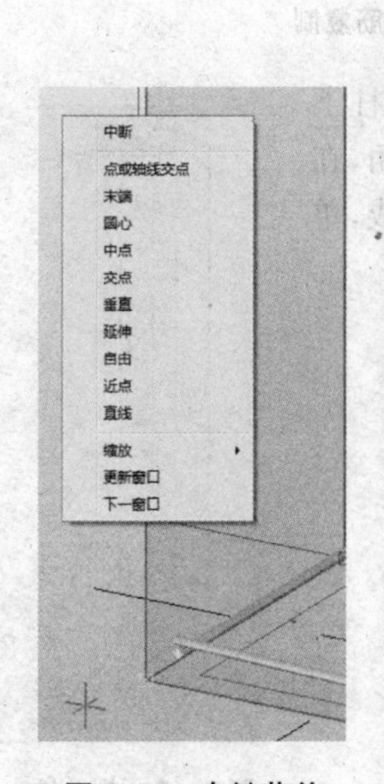

图 3-59 右键菜单

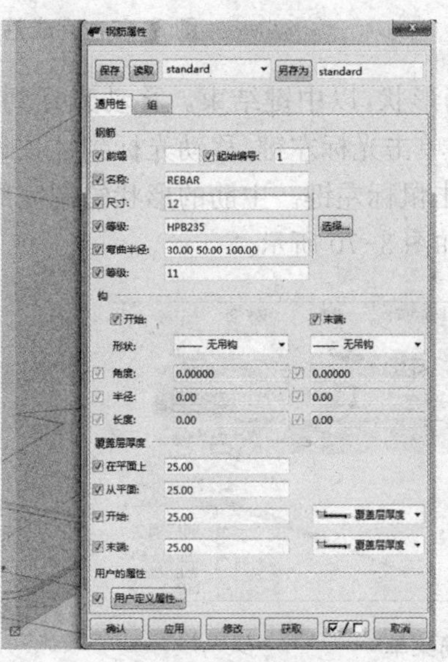

图 3-60 双击箍筋

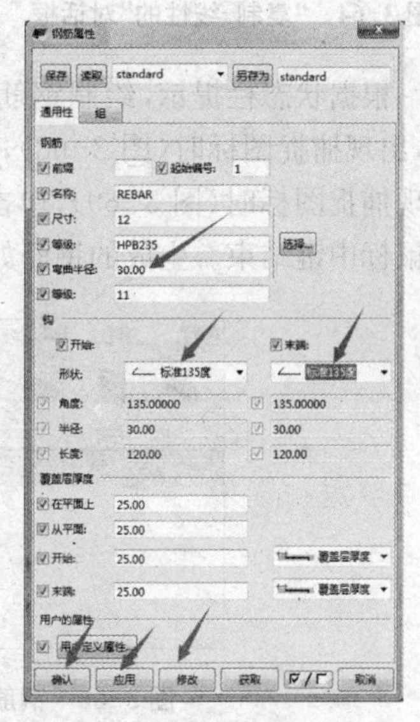

图 3-61 “钢筋属性”对话框

箍筋形状修改完成后，单击鼠标左键选中箍筋，再单击鼠标右键，在弹出菜单中选择“选择性复制”→“线性的…”(图 3-63)，按图 3-64“复制-线性的”对话框对应数据设置，单击“复制”命令，把加密区箍筋沿柱复制，完成绘制的箍筋如图 3-65 所示。同样可以绘制非加密区箍筋。

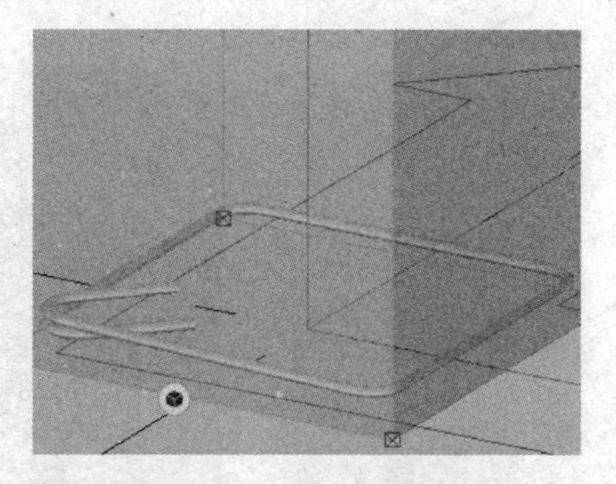

图 3-62 完成绘制的箍筋

主筋建模。单击“混凝土”→“钢筋”的下拉菜单中的“钢筋”按钮，(图 3-66)，根据状态栏提示，单击需要配筋的柱，如图 3-67 所示。

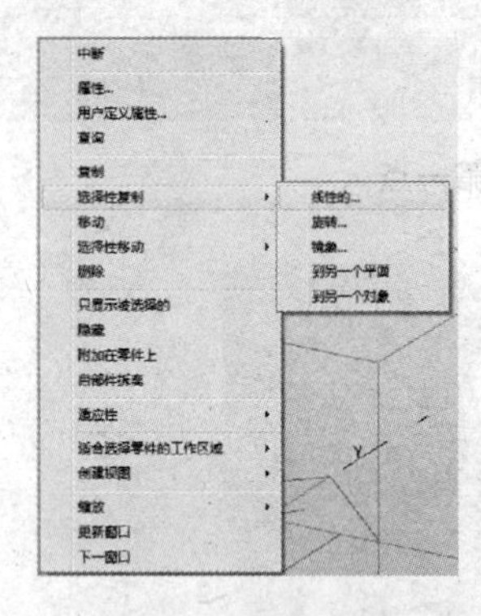

图 3-63 右键菜单

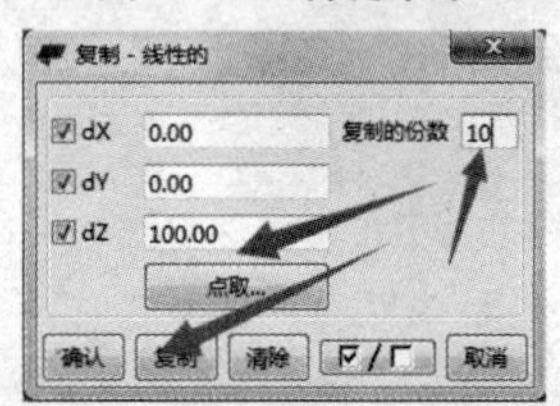

图 3-64 “复制-线性的”对话框

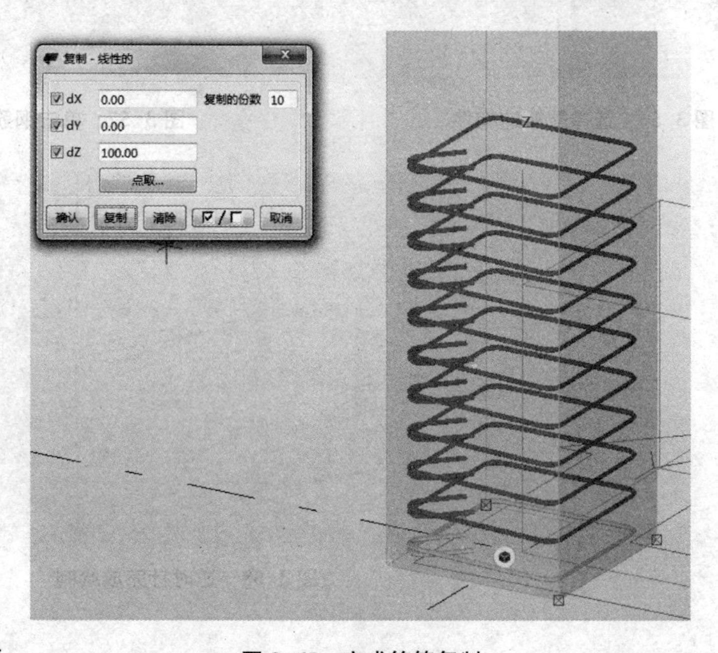

图 3-65 完成箍筋复制

根据状态栏提示，绘制钢筋形状，以中键结束。移动光标到柱下角，出现捕捉图标时(图 3-68)，单击光标左键，移动光标到柱顶角，在出现捕捉图标时(图 3-69)，单击鼠标左键。主筋的形状绘制完成，单击鼠标中键结束。生成的钢筋如图 3-70 所示。

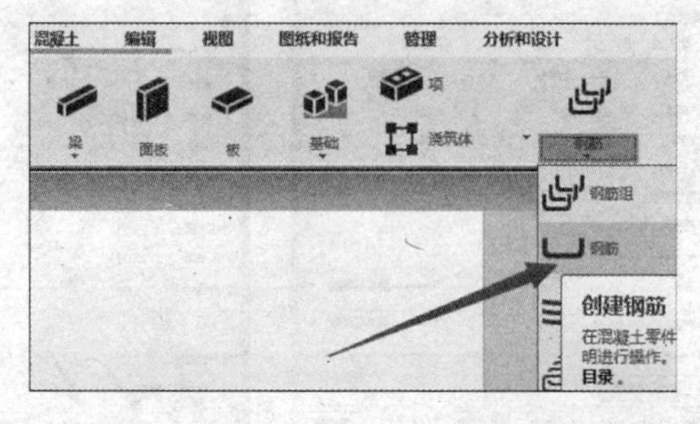

图 3-66 钢筋菜单

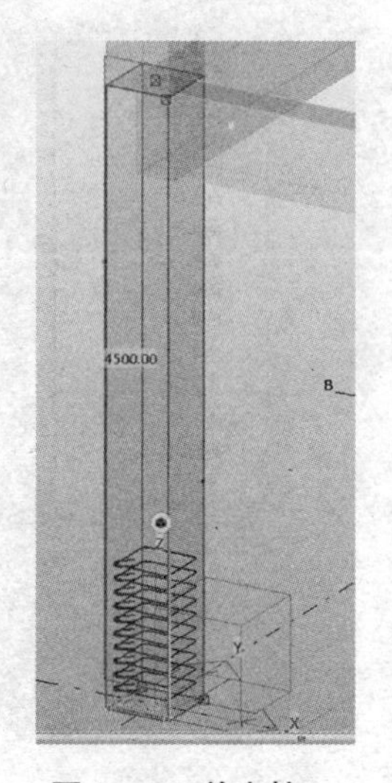

图 3-67 单击柱

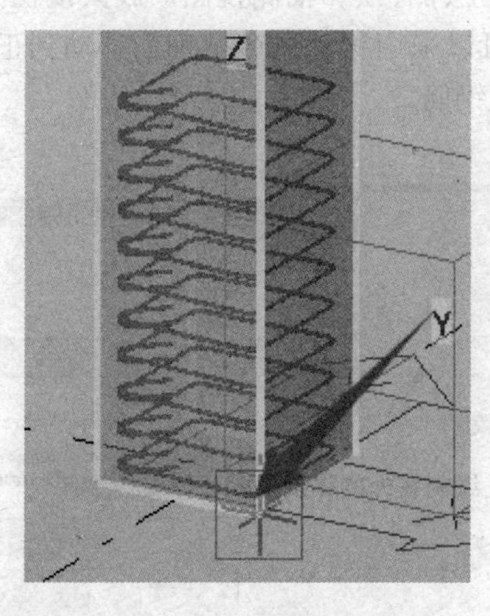

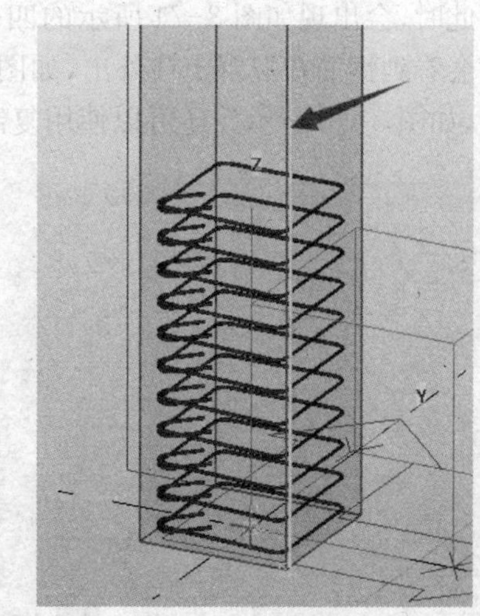

图 3-68　捕捉柱根　　　　图 3-69　捕捉柱顶　　　　图 3-70　生成的纵筋

双击生成的纵筋，弹出“钢筋属性”对话框，在“钢筋属性”对话框中，单击“选择”按钮(图 3-71)，打开“选择钢筋”对话框(图 3-72)，选择 25 mm 的主钢筋后，单击“应用”“确认”按钮，关闭对话框。单击“钢筋属性”的“修改”“应用”“确认”按钮，关闭对话框。这时，视图中的钢筋直径增加。在混凝土柱上单击鼠标右键，在弹出菜单中选择“创建视图”→“零件默认视图”如图 3-73 所示。

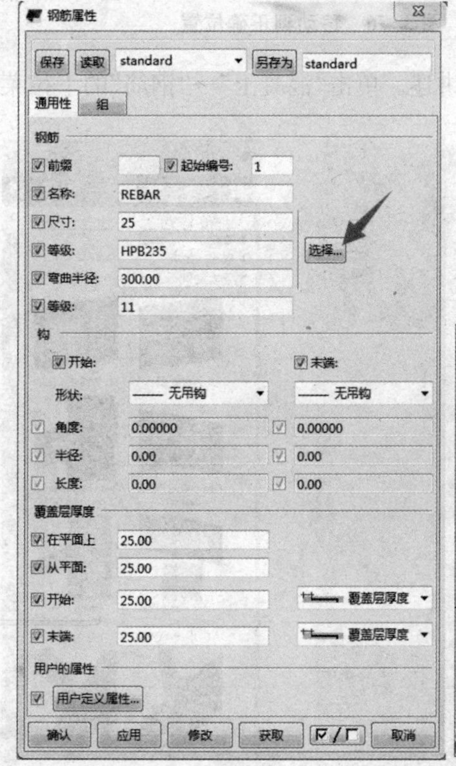

图 3-71　钢筋属性对话框

图 3-72　选择钢筋

图 3-73　右键菜单

此时，会出现如图3-74所示的四个视图，分别是正、侧、顶和轴侧视图。放大顶视图，有时会看到钢筋在混凝土柱外出，如图3-75所示。可以采用移动命令把钢筋移动到正确位置，如图3-76所示。还可以使用复制命令复制其他钢筋。

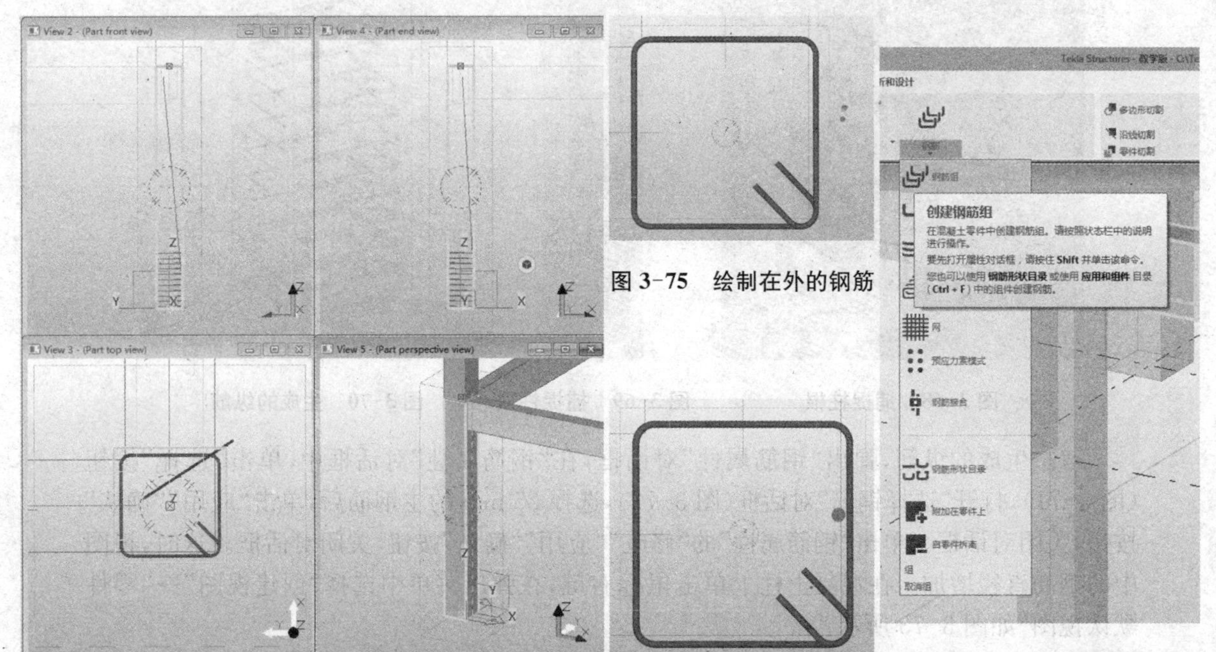

图3-74　零件默认视图

图3-75　绘制在外的钢筋

图3-76　移动到正确位置

图3-77　钢筋组图标

(2) 钢筋组。钢筋组的功能以箍筋为例讲述。单击“混凝土”→“钢筋”的下拉菜单中的“钢筋组”(图3-77)，根据右下角提示，单击要配筋的柱后，在柱脚位置采用和手动配筋一样绘制箍筋轮廓，完成后以单击鼠标中键结束，根据提示“选取两点来定义钢筋的范围”，在柱脚单击一点后在柱顶单击，完成的钢筋如图3-78所示。双击该钢筋组，在弹出的属性对话框中可以修改钢筋的直径、间距等。

2. 组件配筋

按键盘的组合键“Ctrl+F”，打开“应用和组件”对话框(图3-79)，在搜索栏中填入57，搜索57号节点后，单击该节点(图3-80)，然后在工作区

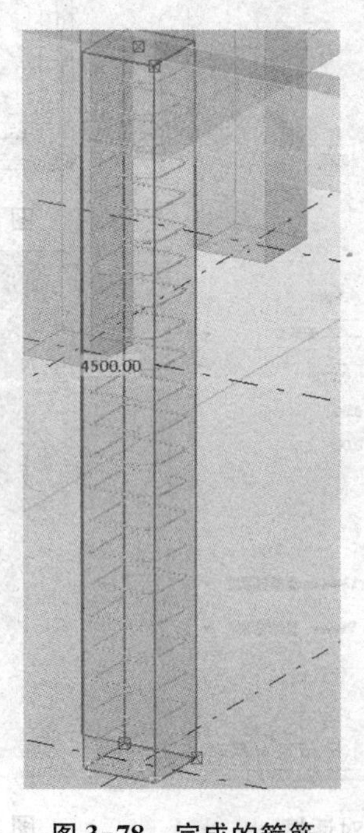

图3-78　完成的箍筋

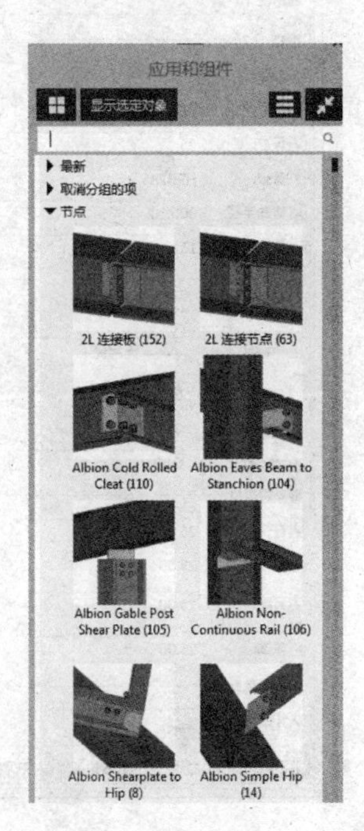

图3-79　“应用和组件”对话框

单击需要配筋的柱,完成配筋如图 3-81 所示。

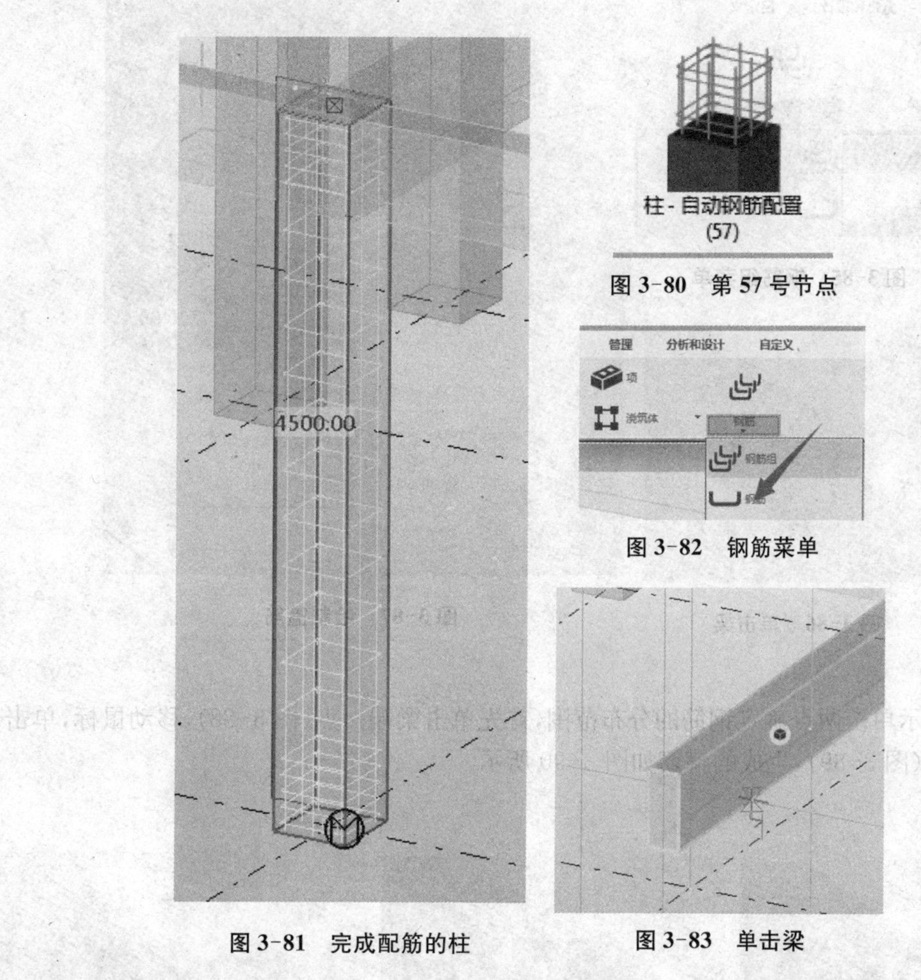

图 3-80　第 57 号节点

图 3-82　钢筋菜单

图 3-81　完成配筋的柱

图 3-83　单击梁

3.3.3　梁配筋

1. 手动配筋

(1) 单根钢筋。选中保留要配筋的梁的构件,单击鼠标右键,选择"隐藏",把此类构件隐藏,露出梁端。

单击"混凝土"→"钢筋"下的下拉菜单中的"钢筋"(图 3-82),根据提示,单击梁(图 3-83),根据提示,绘制钢筋的形状,在梁端按照绘制柱箍筋类似的方法绘制箍筋,完成后单击鼠标中键结束,如图 3-84 所示。

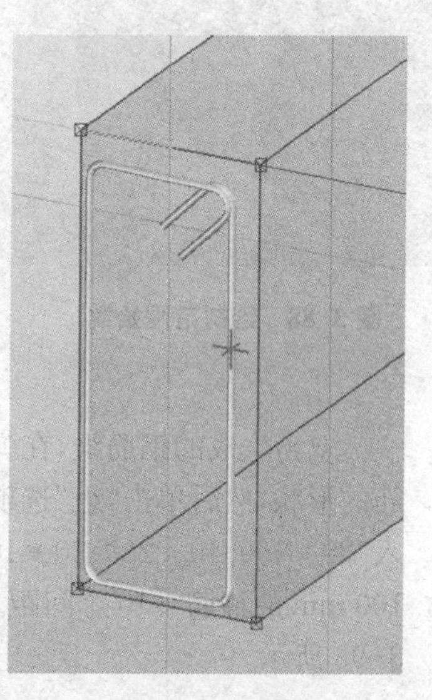

图 3-84　绘制的梁箍筋

单根箍筋绘制完成,可以采用复制命令进行复制,类似柱箍筋,不再赘述。

(2) 钢筋组。单击如图 3-85 所示的钢筋组图标,根据提示,单击要配筋的混凝土梁(图 3-86)。根据提示,绘制箍筋轮廓(图 3-87),注意箍筋是封闭的,绘制完成按鼠标中键结束命令。

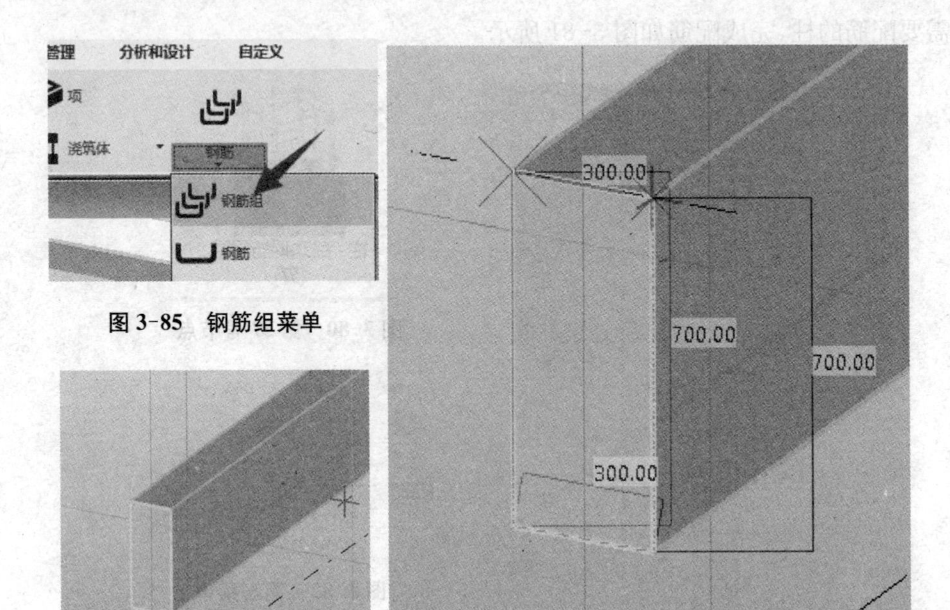

图 3-85　钢筋组菜单

图 3-86　单击梁

图 3-87　绘制箍筋

根据提示单击两点确定钢筋的分布范围，首先单击梁端一点(图 3-88)，移动鼠标，单击梁端另一点(图 3-89)，生成的箍筋如图 3-90 所示。

图 3-88　绘制范围始端　　图 3-89　范围终端　　图 3-90　生成的钢筋

双击生成的钢筋组，在弹出的"钢筋属性"对话框"通用性"选项卡中按图 3-91 设置钢筋的形状，然后单击"组"选项卡，"创建方法"选择"由准确间隔值"，在"精确的间隔值"中输入"20 * 100　10 * 200　20 * 100"，注意中间用**空格分隔**，如图 3-92 所示，表示有"20 个间距 100 mm 的箍筋+10 个间距 200 mm 的箍筋+20 个间距 100 mm"的箍筋组成钢筋组，如图 3-93 所示。

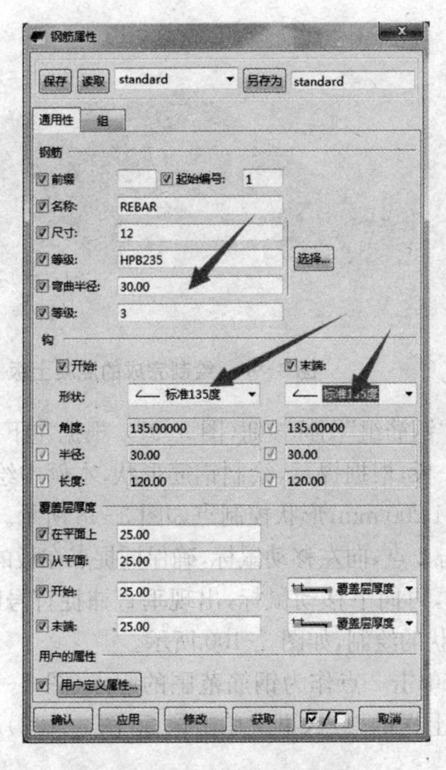

图 3-91 设置钢筋形状

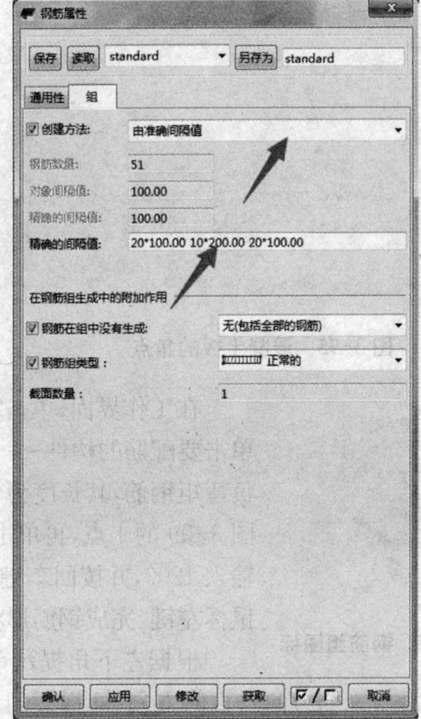

图 3-92 设置钢筋间距

2. 组件配筋

梁的组件配筋可以采用 54 号节点，配筋结束后，分解节点，删除不要的钢筋。

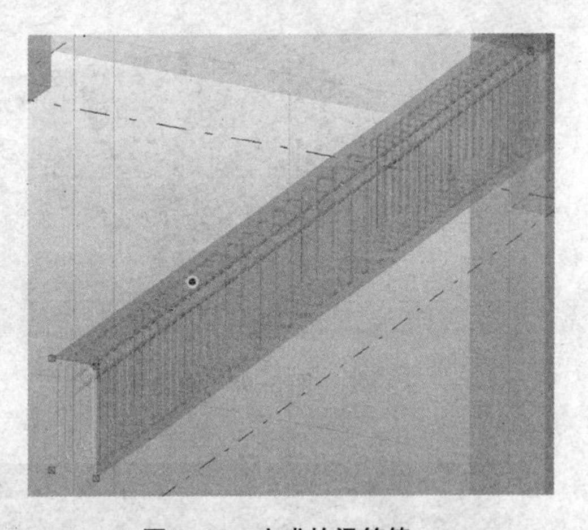

图 3-93 完成的梁箍筋

3.3.4 楼板配筋

1. 手动配筋

(1) 钢筋组。在工作界面，单击菜单“混凝土”下的“板”图标按钮(图 3-94)，进入混凝土板绘制状态。要绘制的混凝土板的四个角点如图 3-95 所示，按图中 1，2，3，4，1 的顺序单击鼠标，完成混凝土板绘制(图 3-96)。

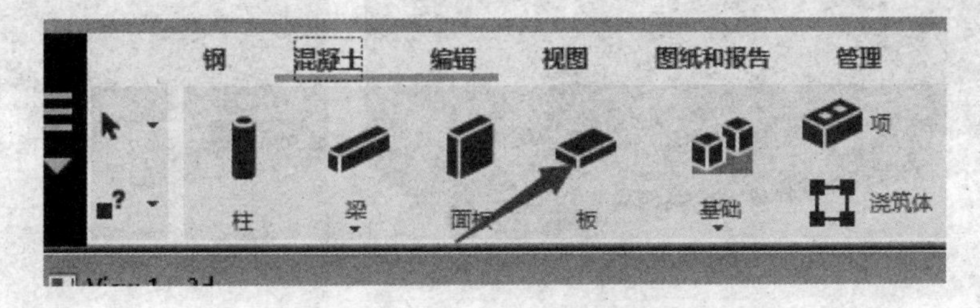

图 3-94 混凝土板图标

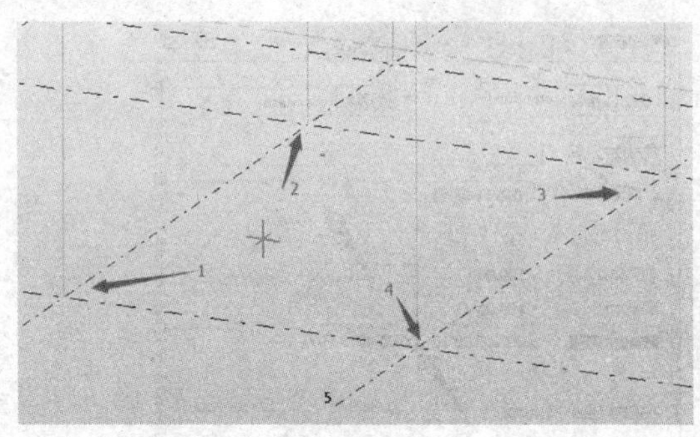

图 3-95 混凝土板的角点

图 3-96 绘制完成的混凝土板

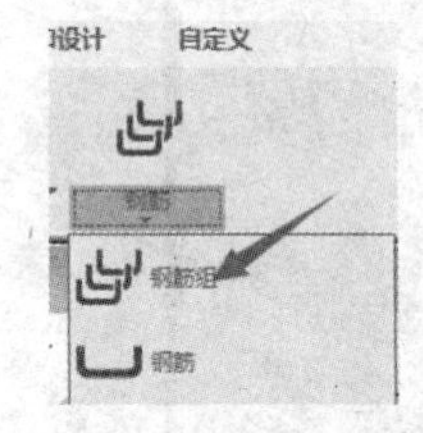

图 3-97 钢筋组图标

在工作界面，单击“钢筋组”图标按钮(图 3-97)，根据左下角提示，单击要配筋的构件——板，根据提示，绘制钢筋形状，本例中绘制一段负弯矩钢筋，其长度为 1 200 mm，形状控制点如图 3-98 所示。先单击图 3-99 的 1 点，再单击 2 点，向左移动鼠标，确保捕捉点在板的上楞时输入 1200，并按回车键，再向下移动鼠标，出现垂直捕捉符号时，单击鼠标左键，完成钢筋形状的绘制，如图 3-100 所示。

根据左下角提示，单击 2 点作为钢筋范围的起点(图 3-101)，移动鼠标，沿与钢筋方向垂直的方向，捕捉板的上楞的端点，再次单击鼠标(图 3-102)，完成的钢筋如图 3-103 所示。

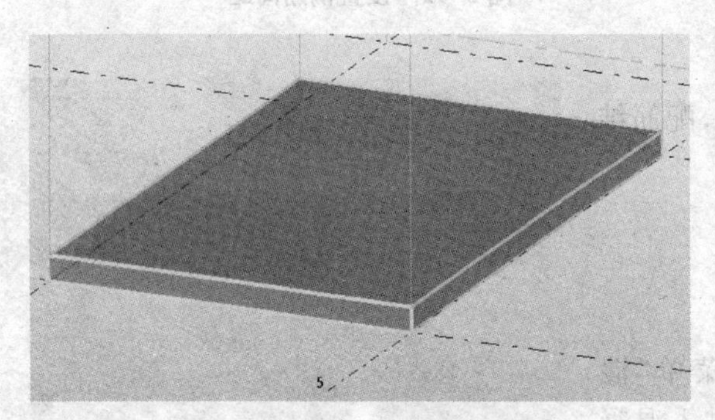

图 3-98 单击板

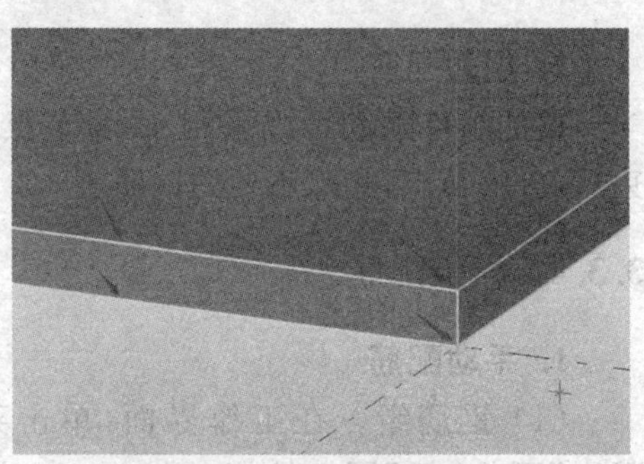

图 3-99 钢筋形状控制点

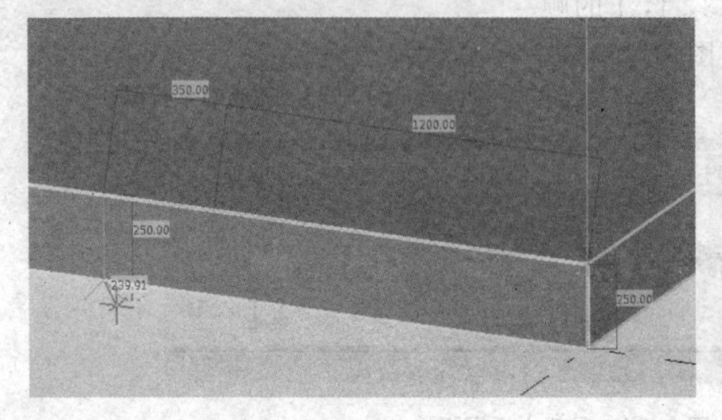

图 3-100 绘制钢筋形状

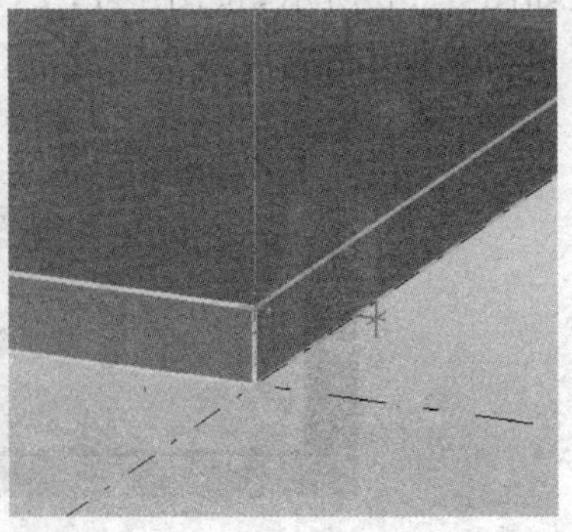

图 3-101 钢筋范围起点

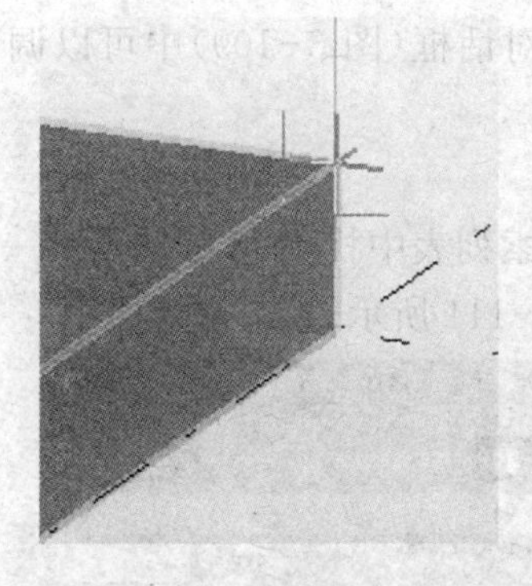

图 3-102 钢筋范围终点

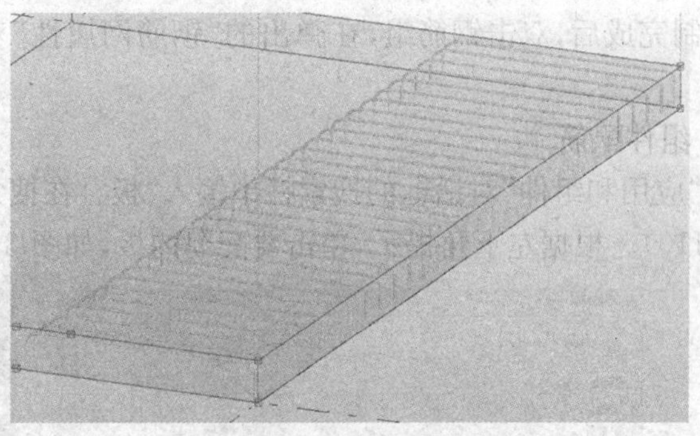

图 3-103 完成的钢筋

绘制完成后，双击钢筋组，在弹出的“钢筋属性”对话框中可以调整钢筋设置。采用同样的方法，可以绘制板内的正弯矩钢筋和分布钢筋。

(2) 钢筋网。在工作界面上，单击“混凝土”→“钢筋”→“网”(图 3-104)，根据左下角提示，单击要配筋的混凝土板(图 3-105)，根据提示“点取两点定义钢筋长轴的方向”，首先单击长轴端点 1，如图 3-106 所示，再单击长轴端点 2(图 3-107)，完成的钢筋网如图 3-108 所示。

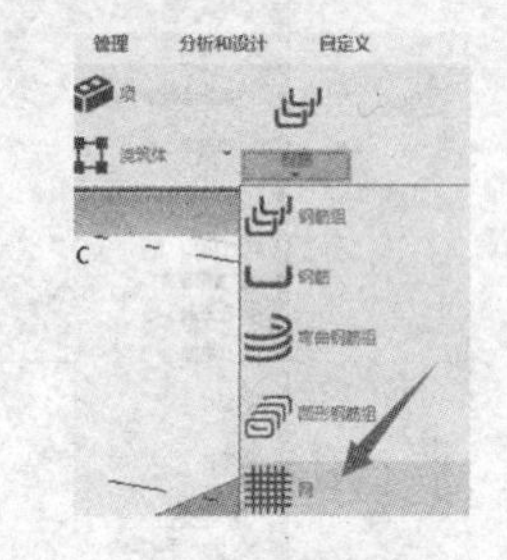

图 3-104 钢筋网图标

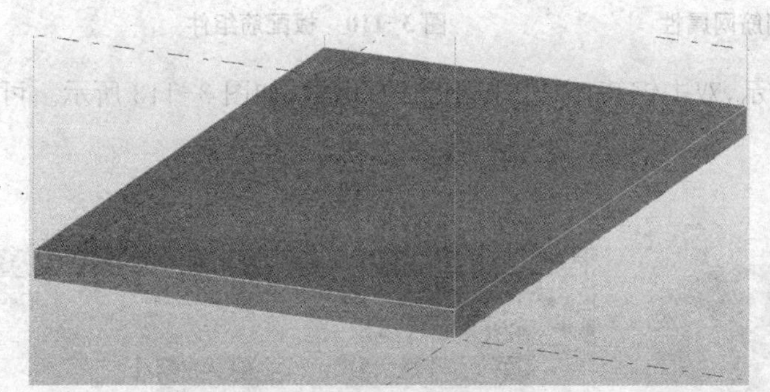

图 3-105 单击板

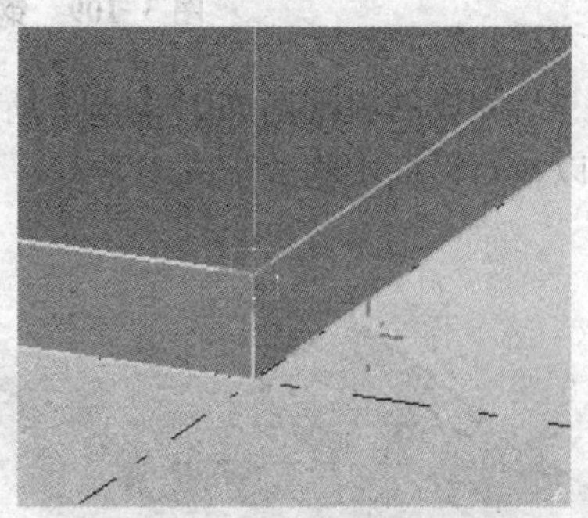

图 3-106 选择长向端点 1

图 3-107 选择长向端点 2

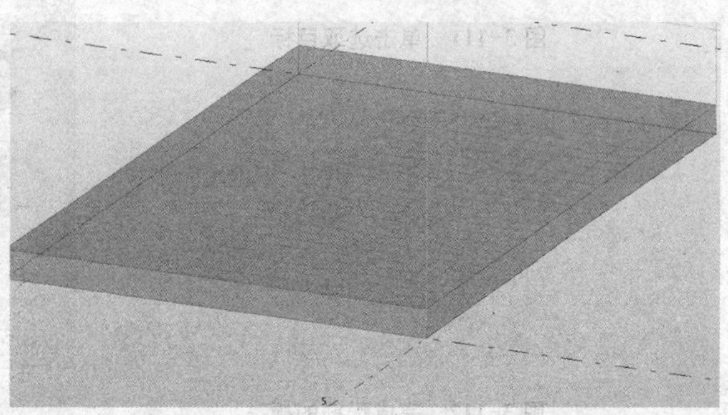

图 3-108 完成的钢筋网

绘制完成后，双击钢筋组，在弹出的“钢筋网属性”对话框（图 3-109）中可以调整钢筋设置。

2. 组件配筋

在“应用和组件”对话框的搜索栏中输入“板”，在搜索列表中找到 18 号节点——板钢筋（图 3-110）。根据左下角提示，单击要配筋的板，如图 3-111 所示。

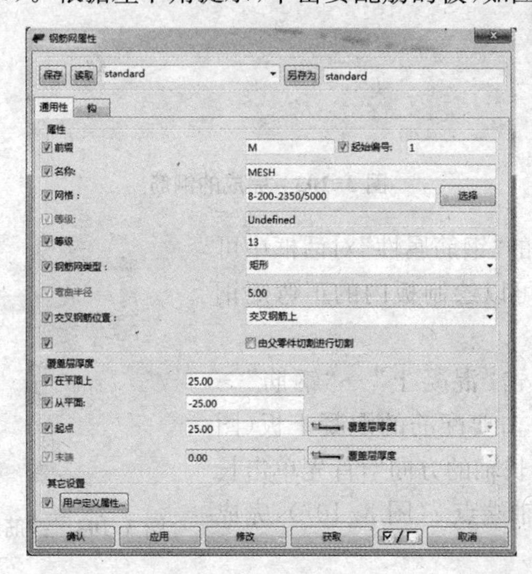

图 3-109　钢筋网属性

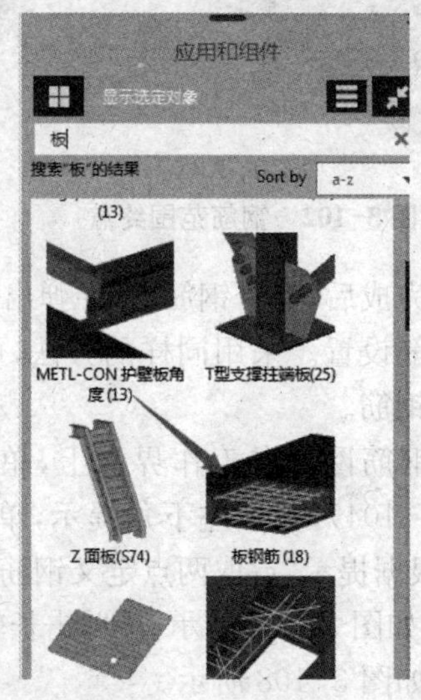

图 3-110　板配筋组件

完成的板配筋如图 3-112 所示，双击钢筋，弹出“板钢筋”对话框，如图 3-113 所示。可以在对话框中修改配筋参数。

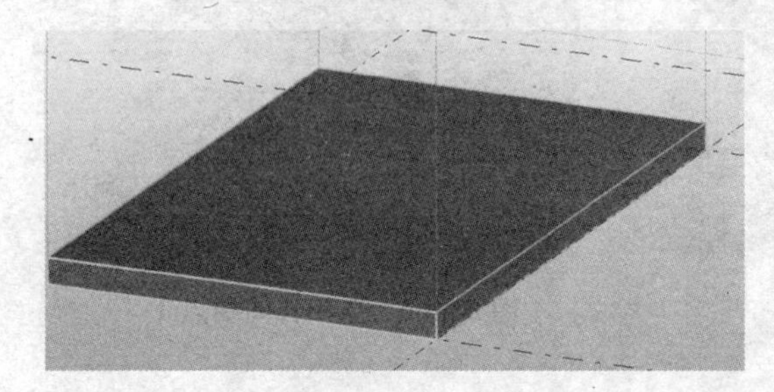

图 3-111　单击选取目标

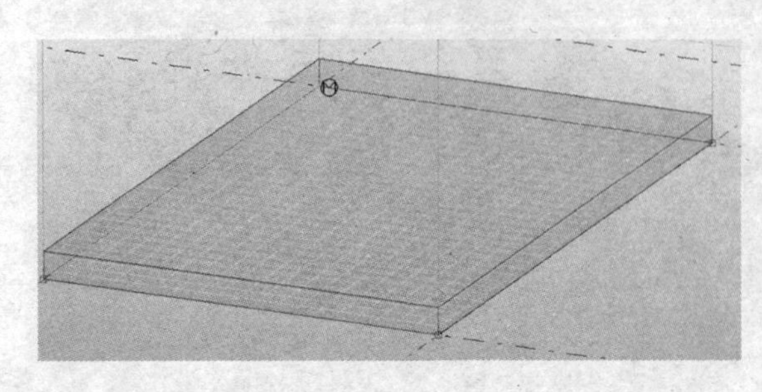

图 3-112　完成配筋的板

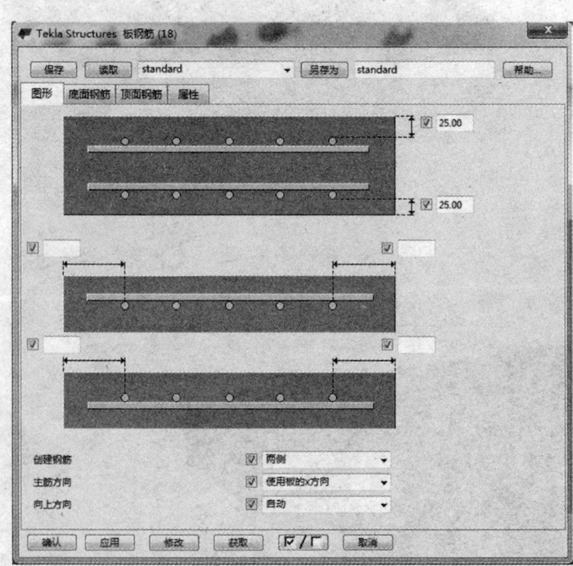

图 3-113　“板钢筋”对话框

3.3.5 墙体配筋

墙体配筋基本和楼板配筋一致，不再赘述。

3.4 创建浇筑体及分区管理

Tekla Structures 软件在混凝土结构方面的应用的特色就是可以方便地创建浇筑体并进行分区管理。

3.4.1 创建浇筑体

在进行浇筑体管理前，需要完成混凝土结构模型的建立（图 3-114），并且把混凝土的“浇筑体类型”属性都修改为“当场浇筑”，同时，需要打开浇筑体管理功能。这个功能一般默认是关闭的。单击应用程序菜单中的“设置”→“高级选项”，如图 3-115 所示，或者快捷键 Ctrl＋E，打开“高级选项”对话框，在左边列表中单击“混凝土细部设计”，在右侧列表中找到“XS_ENABLE_POUR_MANAGEMENT”，把值选择为“true”，单击“应用”按钮，如图 3-116 所示。在弹出的“高级选项”警告对话框中单击“确定”（图 3-117）（这个警告提示我们，只有重新启动软件，选项设置才能生效）。

关闭 Tekla Structures，然后重新打开这个项目。在“混凝土”菜单下，会看到混凝土浇筑管理的菜单项（图 3-118）。单击“浇筑视图”菜单，会看到模型以浇筑视图显示（图 3-119），单击“多个点”如图 3-120 所示，绘制中断点如图 3-121 所示。当单击单个点时，可以针对构件进行切分，如图 3-122 和图 3-123 所示。

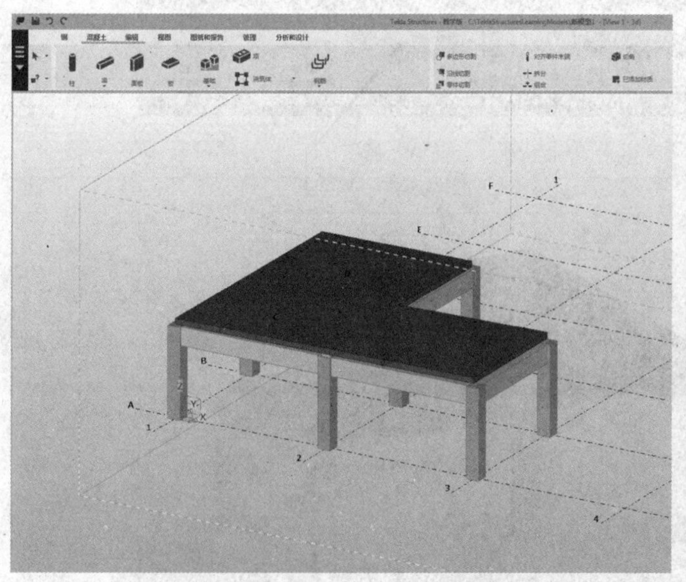

图 3-114 完成的混凝土结构模型

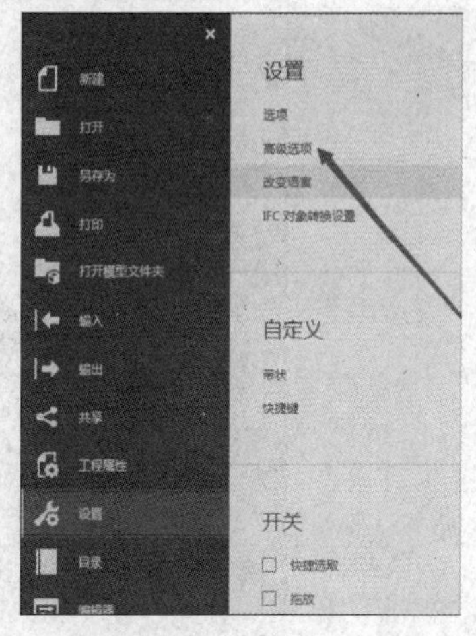

图 3-115 应用程序菜单

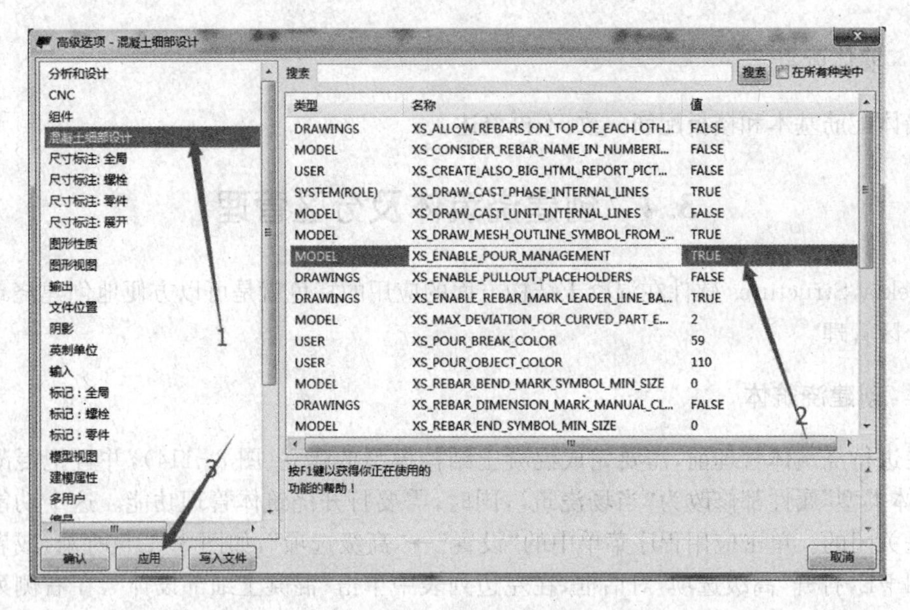
图 3-116　高级选项设定

图 3-117　高级选项警告

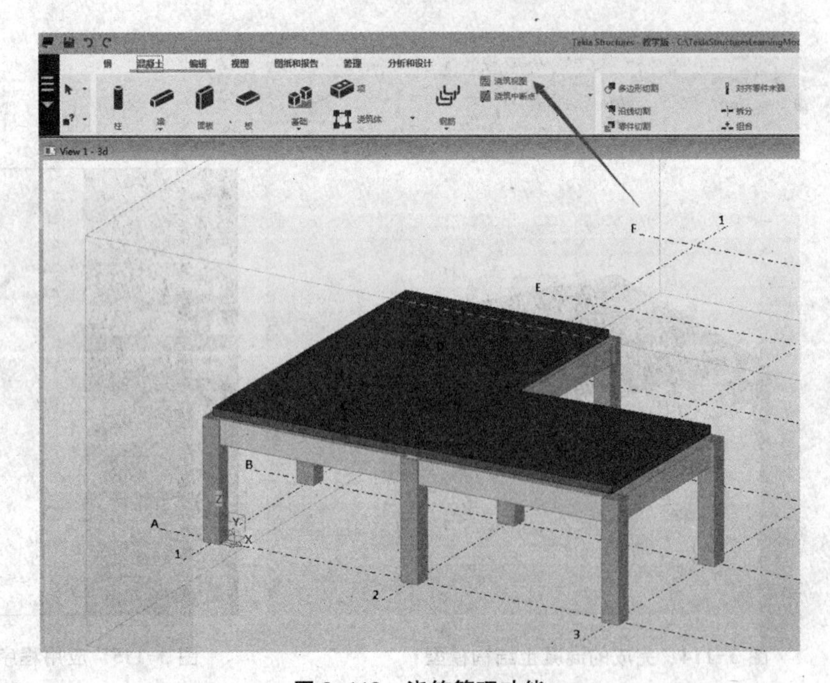
图 3-118　浇筑管理功能

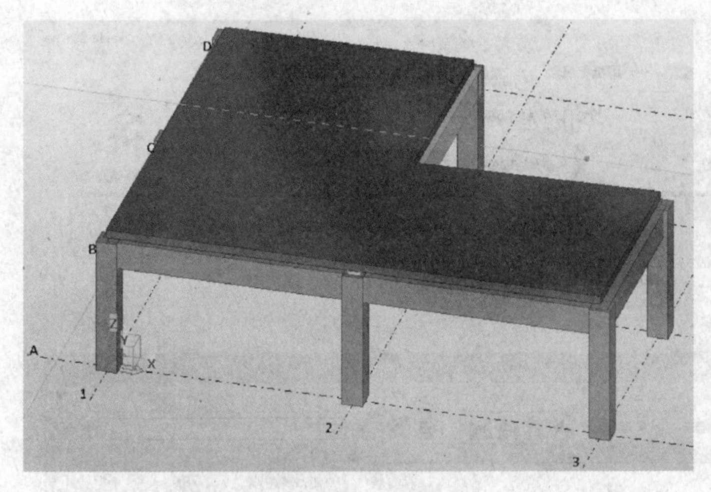

图 3-119 浇筑视图

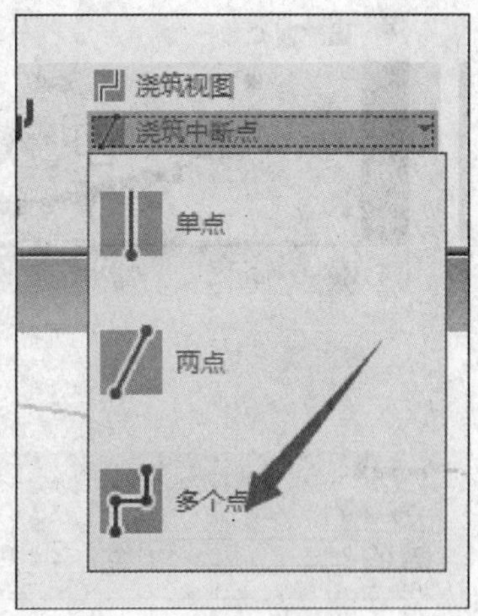

图 3-120 “浇筑中断点”菜单

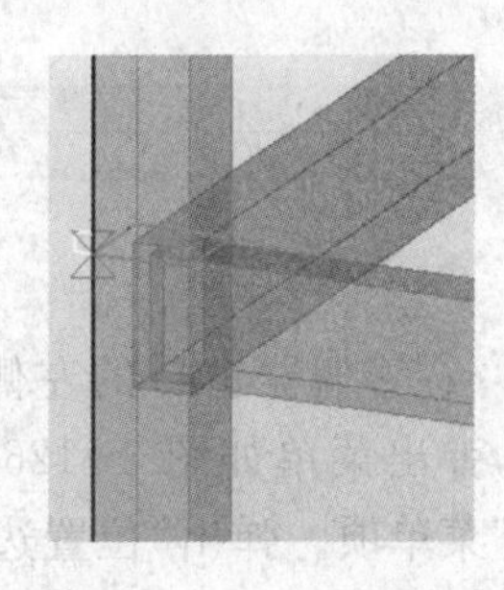

图 3-122 中断点绘制过程中

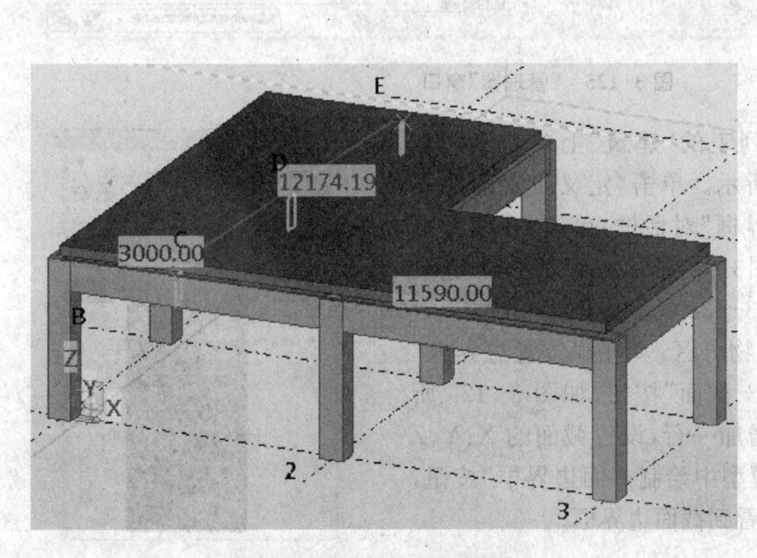

图 3-121 绘制浇筑中断点

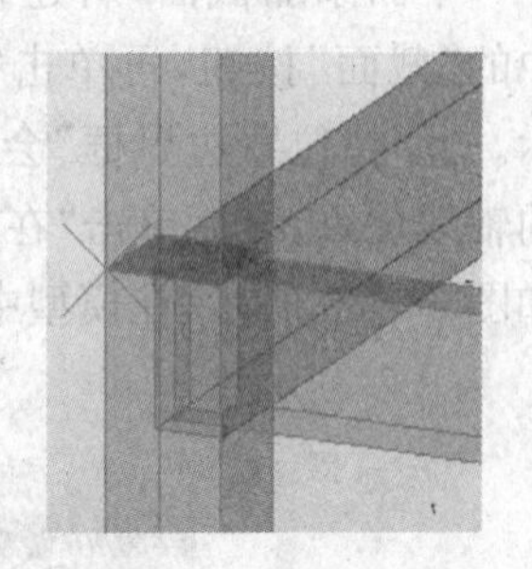

图 3-123 中断点完成

3.4.2 分区管理

Tekla Structures 软件的分区管理功能在“管理”菜单下(图 3-124),单击“管理器”图标,启动“管理器”窗口,如图 3-125 所示。

图 3-124　管理器菜单

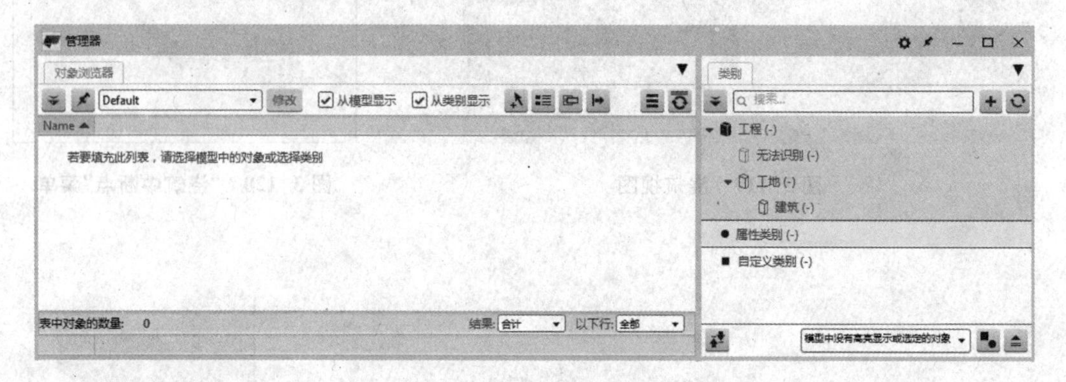

图 3-125　“管理器”窗口

在管理器窗口的左侧列表的“建筑”上单击鼠标右键，弹出菜单如图 3-126 所示。单击“定义位置的边界框”菜单项。弹出“位置边界框”对话框，单击“在模型中绘制建筑边界框”按钮，如图3-127所示。此时看到，建筑被一个边界盒包围了，如图 3-128 所示。

下面添加截面，对建筑物分区。单击“位置边界框”中的“截面”按钮，再单击“+截面”按钮，如图 3-129 所示。此时“位置边界框”会增加一行，设置截面的 X、Y、Z 的轴线位置，之后单击“在模型中绘制截面边界框”按钮，如图 3-130 所示，在模型中看到截面边界框。

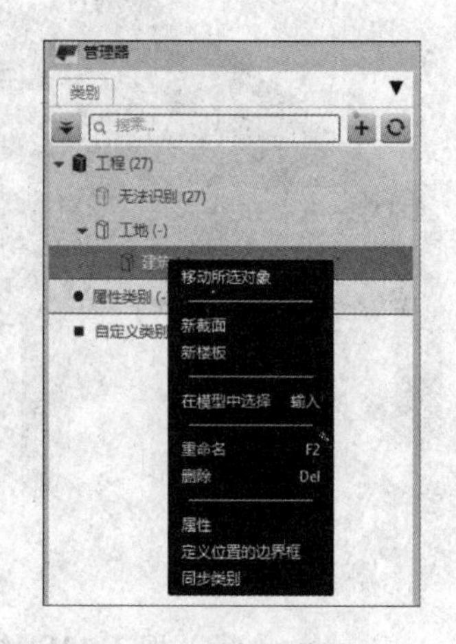

图 3-126　右键菜单

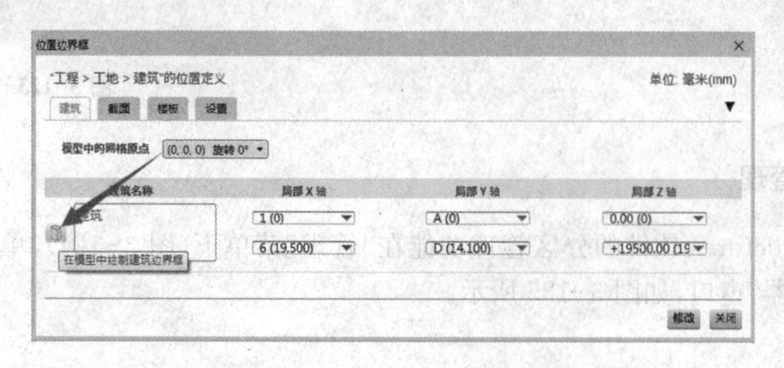

图 3-127　“在模型中绘制建筑边界框”按钮

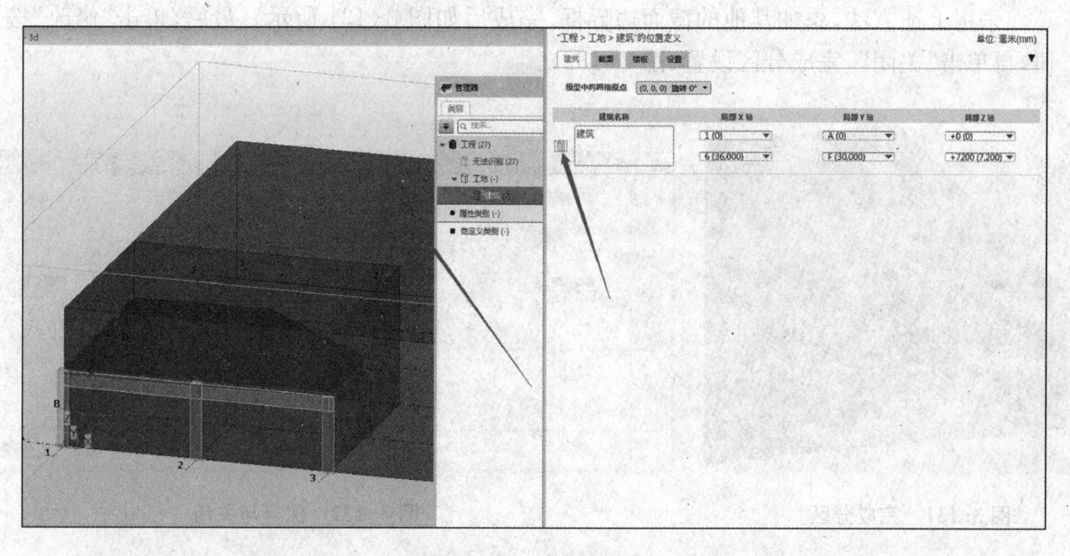

图 3-128 建筑边界框

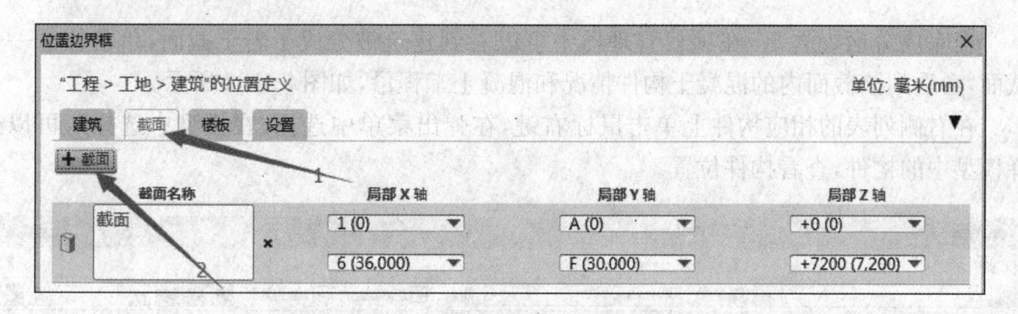

图 3-129 添加截面

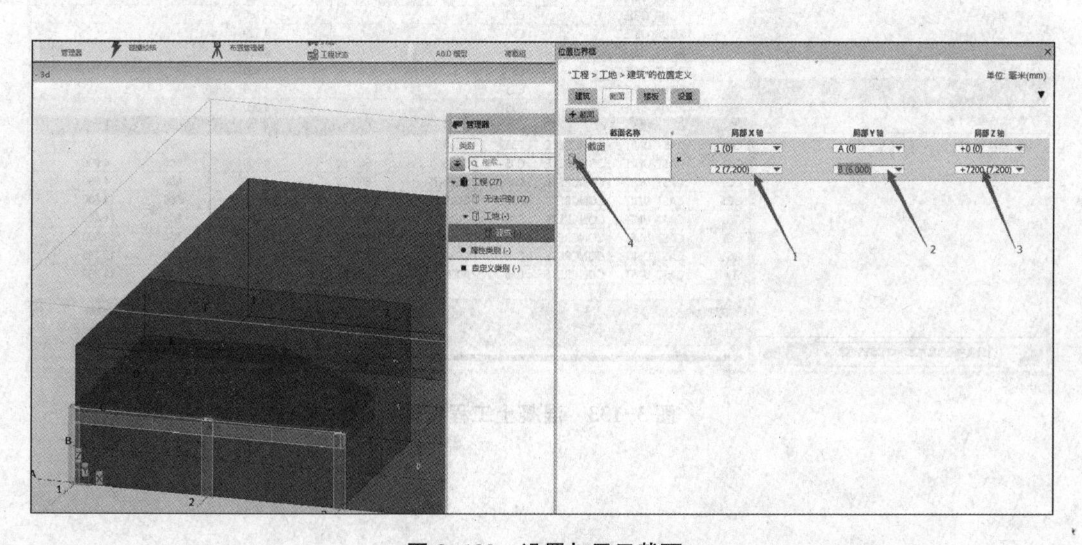

图 3-130 设置与显示截面

采用上述方法，添加其他的截面边界框，完成后如图 3-131 所示。最后，单击“修改”按钮，再单击“关闭”，完成分区设置(图 3-132)。

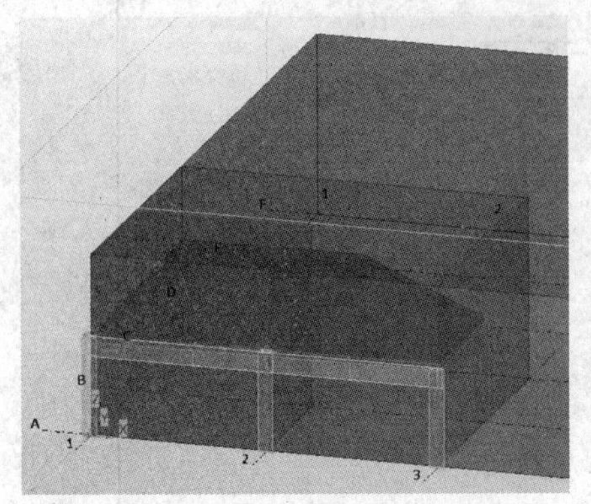

图 3-131　完成分区　　　　图 3-132　保存与关闭

3.4.3　项目管理功能

当完成分区设置后，在项目管理器中可以看到建筑被分成了若干截面，单击任意一个截面，会看到该截面内的混凝土构件情况和混凝土工程量，如图 3-133 所示。

在右侧列表的相应构件上单击鼠标右键，在弹出菜单中选择“在模型中选择”，可以选择模型中的构件，查看构件位置。

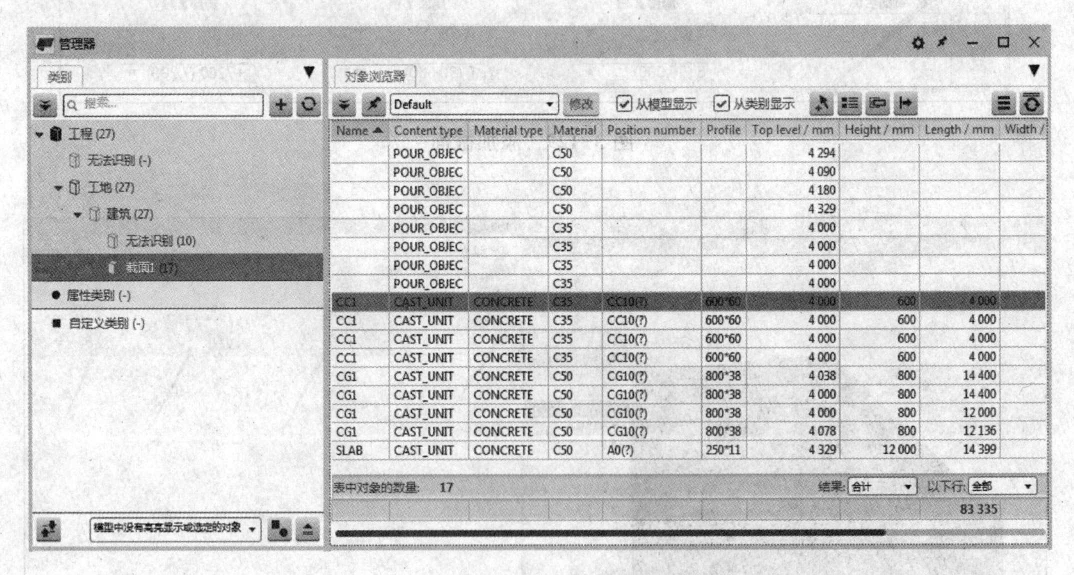

图 3-133　混凝土工程管理

第二篇

Bentley BIM 软件应用

认识 Bentley BIM 软件

4.1 Bentley 公司软件发展历史

DGN 文件是 Intergraph 公司的 Interactive Graphics Design System (IGDS) CAD 程序所支持的文件格式。Bentley 兄弟在 1986 年开发完成 MicroStation V1.0。1987 年，Bentley 兄弟在 386 计算机上开发了第一个可以直接写 DGN 文件的 MicroStation V2.0。在 2000 年前，所有 DGN 格式都基于 20 世纪 80 年代末发布的 Intergraph 标准文件格式(ISFF)。这个文件格式通常被称为 V7 版或者 Intergraph DGN 文件。

2000 年，Bentley 公司发布了 DGN 的下一代版本，总体上说它是 V7 版本 DGN 的超集，一般称为 V8 DGN。

1988 年 12 月后，基于 dos 平台的 MicroStation V3.0 发布。1990 年 12 月 MicroStation V4.0 发布。1993 年 MicroStation V5.0 发布。1995 年 MicroStation 95 发布。1997 年 11 月 MicroStation SE(V5.7)发布。1998 年 12 月 MicroStation/J V7.0 发布。2003 年 MicroStation V8.1 发布。2006 年 MicroStation V8 XM(V8.9)发布。2012 年 9 月 MicroStation V8i 发布。

MicroStation 是一个卓越的三维 CAD 平台，Bentley 公司在此平台之上，进行了完善的二次开发，采用该平台的专业软件已经广泛应用到建筑、基础设施、工厂和运营维护的各个方面。

4.2 Bentley 软件及其应用领域

Bentley 软件的领域非常广泛，图 4-1 体现了 Bentley 软件领域的广泛性。

由图 4-1 可以看出，Bentley 公司的软件已经涵盖了建筑工程、市政工程、港口、基础设施、结构分析、结构详图等众多领域。感兴趣的读者可以登录 www.bentley.com 详细了解。

Bentley　Solutions　Products　Services　Subscriptions　User Projects

PRODUCT LINES	BRANDS	BRANDS
Asset Reliability	AECOsim	MicroStation
Bridge Analysis	Amulet	MineCycle
Building Design	AssetWise	MOSES
Civil Design	AssetWise APM	Navigator
Construction	AutoPIPE	OpenBridge
Electrical and Instrumentation	AutoPLANT	OpenPlant
Hydraulics and Hydrology	AXSYS	OpenRail
Infrastructure Asset Performance	Communications	OpenRoads
Mine Design	ConstructSim	OpenUtilities
Modeling and Visualization	ContextCapture	Optram
Offshore Structural Analysis	Descartes	PlantWise
Operational Analytics	EADOC	Pointools
Pipe Stress and Vessel Analysis	Exor	ProjectWise
Plant Design	gINT	Promis.e
Project Delivery	Haestad	ProStructures
Reality Modeling	Hevacomp	RAM
Site Analysis	InspectTech	RM
Structural Analysis	LARS	SACS
Structural Detailing	LEAP	SITEOPS
Transportation Asset Management	LumenRT	speedikon
Utilities and Communications Networks	Map	STAAD
	MAXSURF	SUPERLOAD

图 4-1　Bentley 软件涵盖的领域

5 MicroStation 软件应用

MicroStation 软件是 Bentley 公司的基础软件和平台软件，其意义相当于 Autodesk 公司的 AutoCAD。学习 Bentley 公司基于 MicroStation 的软件，必须首先学习 MicroStation 软件的操作，否则入门非常困难。这就如同在不熟悉 AutoCAD 命令的情况下学习天正软件。因此，本书介绍 Bentley 软件，首先从介绍 MicroStation 软件开始。

5.1 安装与界面

5.1.1 最低配置要求

建议运行 MicroStation V8i 软件(SELECT series 4，简写 SS4)的最低工作站配置(表 5-1)：

表 5-1 MicroStation V8i 最低工作站配置

处理器	Intel© 或 AMD© 处理器(2.0 GHz 或更高)。不能在不支持 SSE2 的 CPU 上安装 MicroStation V8i (SELECT series 4)
内存空间	最低 512 MB，建议为 2 GB。内存越大，性能越高，这一点在处理较大模型时尤其明显
硬盘	8 GB 可用磁盘空间(其中包含完整安装所需占用的 6.5 GB 空间)
视频	建议提供 256 MB 或更高的视频 RAM。如果不具备足够的视频 RAM 或找不到 DirectX 支持的显卡，MicroStation 将尝试使用软件模拟。为了达到最佳性能，图形显示颜色深度应设置为 24 位或更高。当使用 16 位的颜色深度设置时，会出现某些不一致的情况

5.1.2 MicroStation(Ss4)软件的安装

MicroStation 软件经历了很多版本，目前的主版本是 V8i(Ss4)，详细版本是 081109833。

Bentley 公司开发了 MicroStation 软件的 Connect 版本，如图 5-1 所示，这一版本最主要的特点是采用了 Ribbon 界面，通过界面及工作流的提升，优化工作模式；通过参数化及实景建模，实现快速建模；基于元素属性的构件显示、批注、报表、出图等的控制；通过自动抽图、图数联动以及图纸索引管理，提高项目的可交付性。今后，Connect 版本将是 Bentley 软件将来的方向。

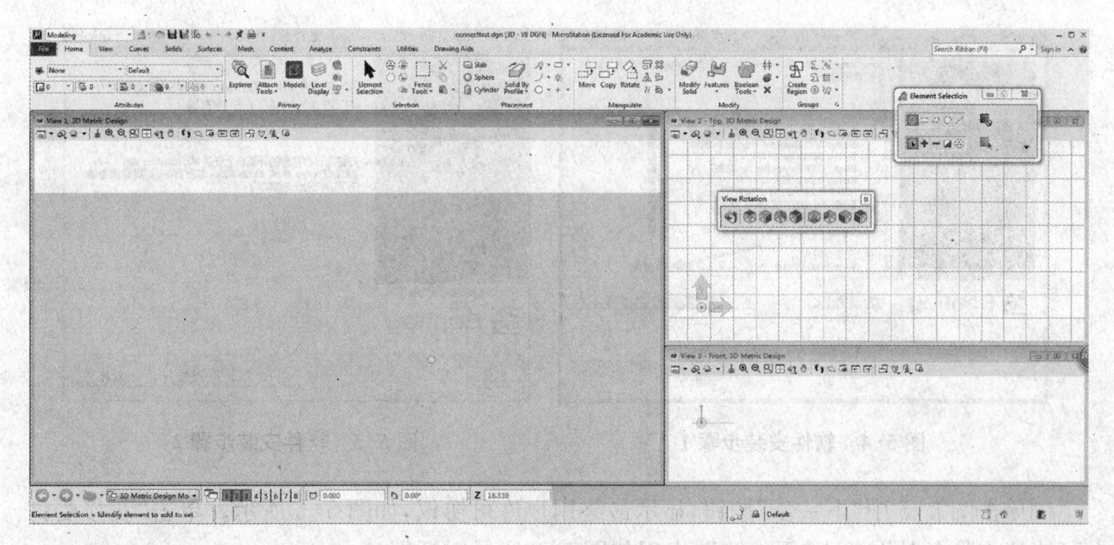

图 5-1 MicroStation 的 Connect 版本

准备学习 Bentley 软件的 BIM 从业人员，在 Bentley 网站上注册之后，就可以下载相应的试用版软件。同时，Bentley 软件对高校有优惠政策，高校可以联系 Bentley 软件的经销商咨询。下载后 MicroStation 软件图标如图 ms081109833zh 所示，双击该图标，就开始安装。

如图 5-2 所示，安装开始后，先解压缩文件到 C 盘根目录下 Bentley Downloads 文件夹中。单击“确定”，开始解压，如图 5-3 所示。

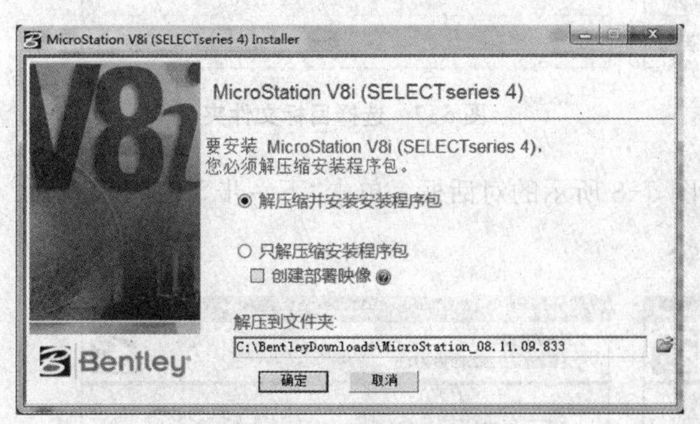

图 5-2 解压文件

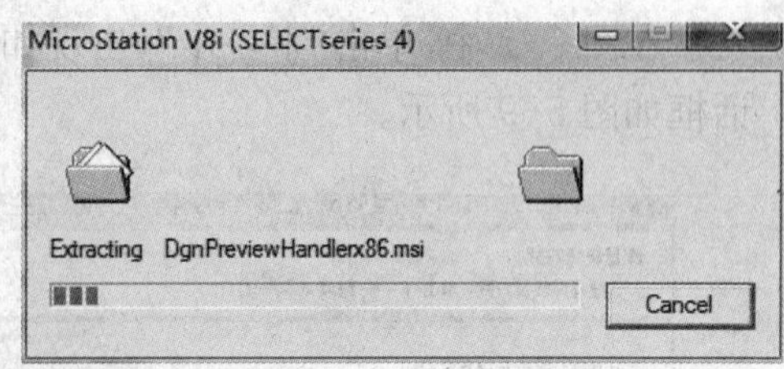

图 5-3 解压缩

解压缩完成后，软件自动启动安装，如图 5-4 所示。

注意：如果断网安装，图 5-4 中箭头所指的选项号保留，下面的“安装”按钮将是灰色的。但联网安装时没有这个现象。建议先安装 Bentley 的预安装包，这样安装过程将快很多。单击“安装”按钮，开始 MicroStation 软件的安装。

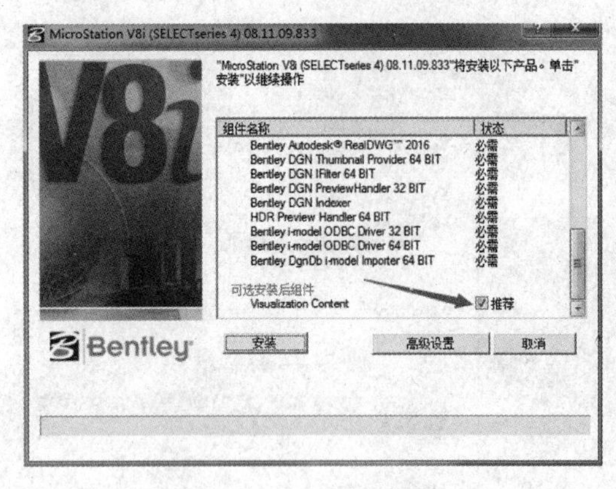

图 5-4　软件安装步骤 1

图 5-5　软件安装步骤 2

单击图 5-5 中"下一步"按钮，显示最终用户许可协议，如图 5-6 所示。单击"我接受许可协议中的条款"，单击"下一步"，出现如图 5-7 所示对话框。

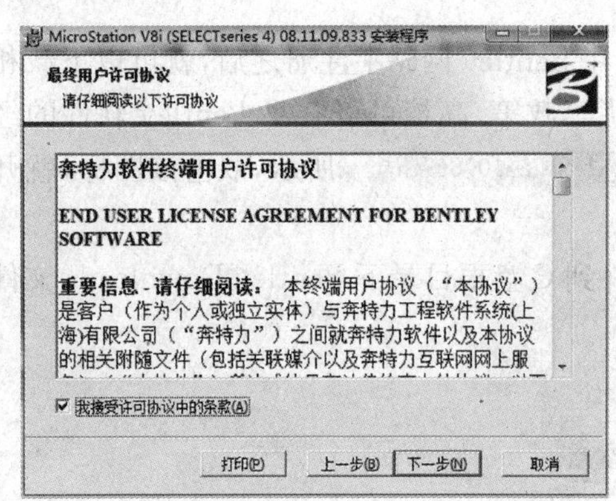

图 5-6　最终用户许可协议

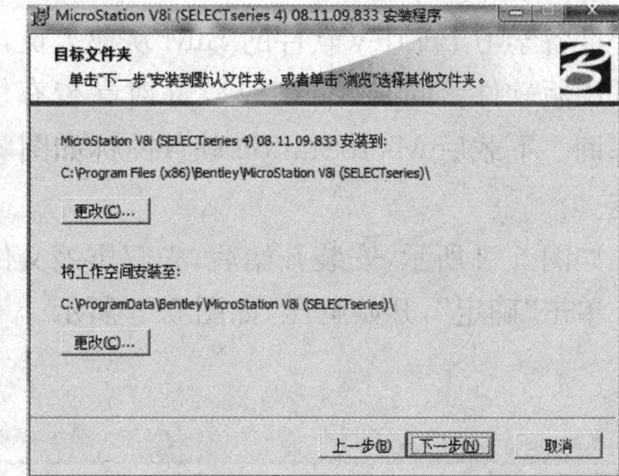

图 5-7　选择目标文件夹

在图 5-7 中，单击"下一步"，出现如图 5-8 所示的对话框。单击"下一步"按钮，出现对话框如图 5-9 所示。

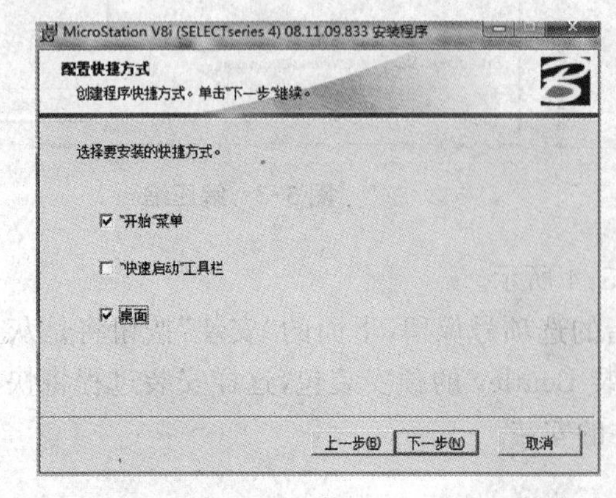

图 5-8　创建快捷方式

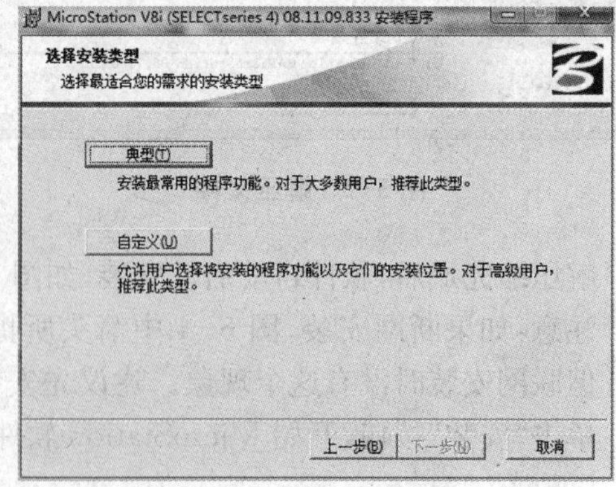

图 5-9　选择安装类型

在图 5-9 中，单击“典型”按钮，然后单击“下一步”，出现的对话框如图 5-10 所示。单击“安装”按钮，开始安装，如图 5-11 所示。

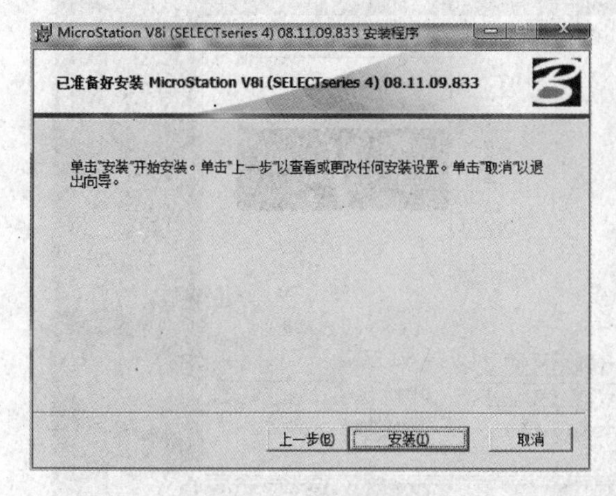

图 5-10　开始安装

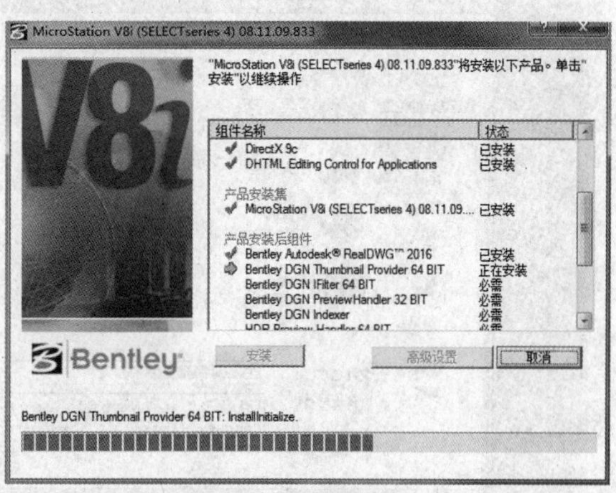

图 5-11　安装过程

如果是联网安装，最后会下载“Visualization Content”并安装，这需要一段时间，如图 5-12 所示。安装完成后，单击“完成”按钮，完成安装。

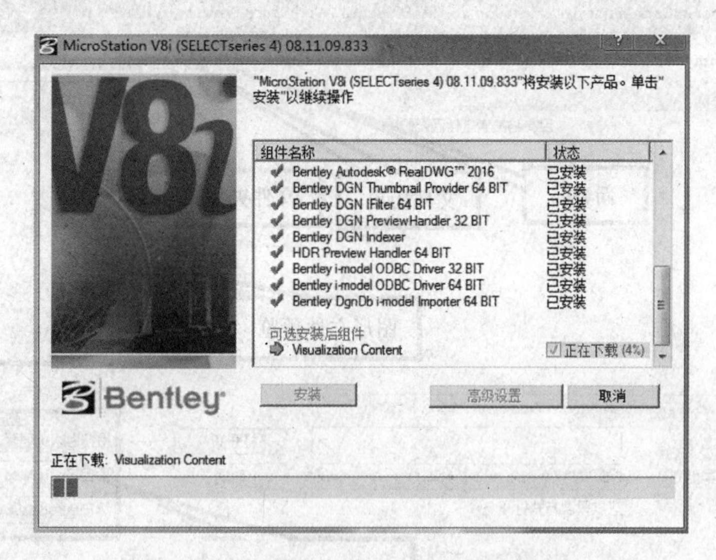

图 5-12　下载并安装 Visualization Content

5.1.3　MicroStation(Ss4)的界面

是 MicroStation 软件桌面图标，软件安装完成后，双击 MicroStation 软件的桌面图标，第一次启动 MicroStation，如图 5-13 所示。

位于界面中间打开的是 MicroStation 软件管理器。MicroStation 软件管理器的组成如

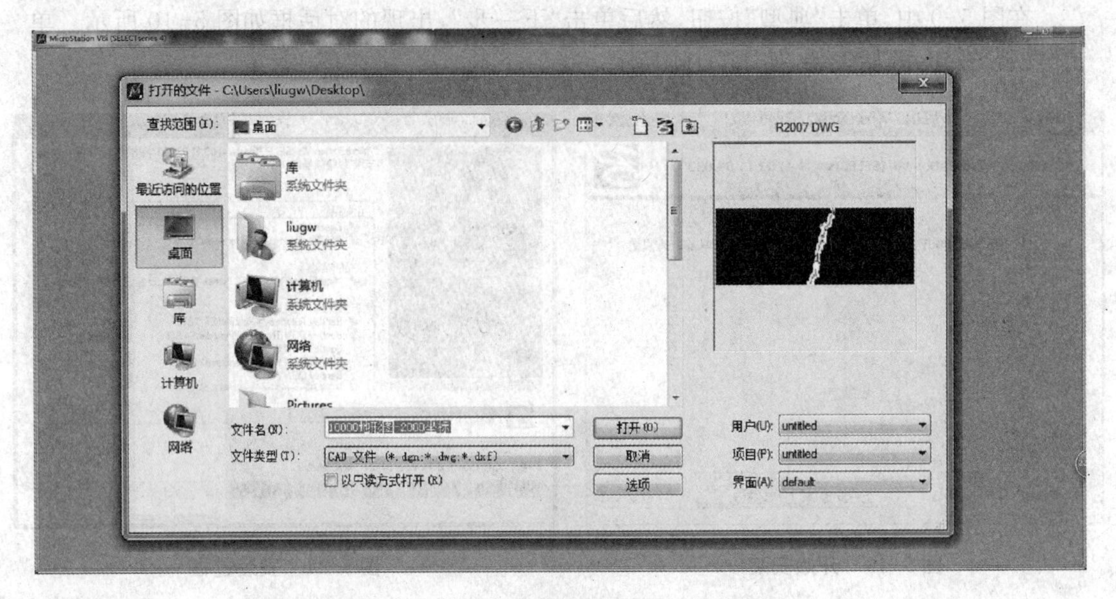

图 5-13　第一次启动 MicroStation 软件界面

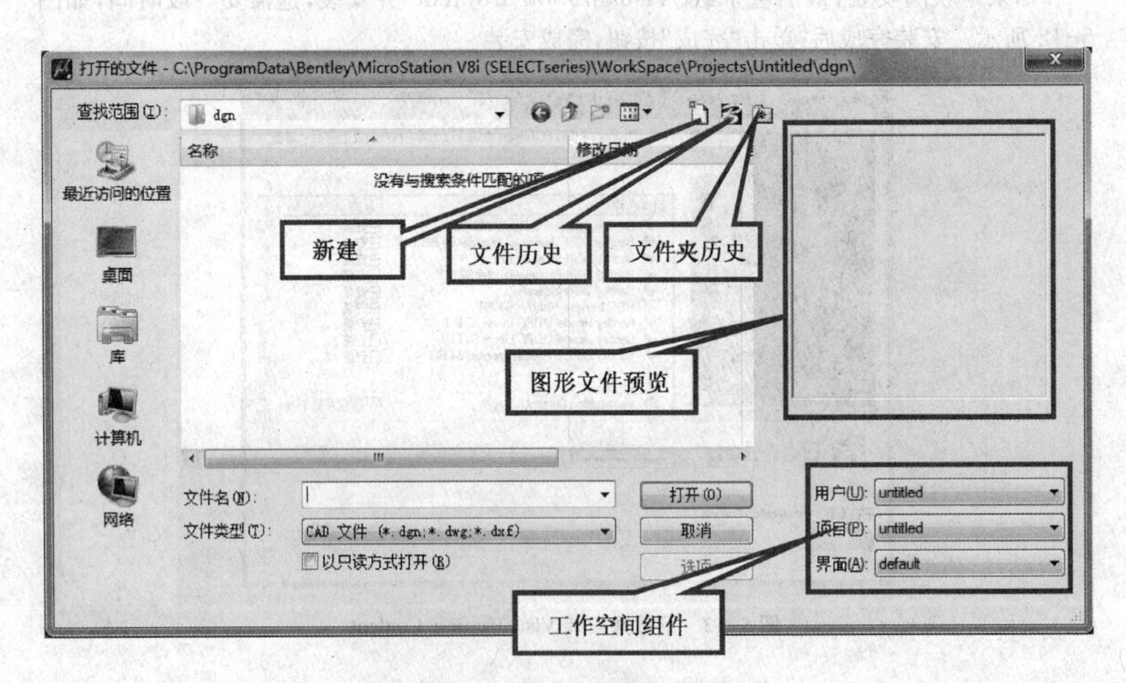

图 5-14　MicroStation 软件管理器的组成

图 5-14 所示。

单击新建按钮🗋，弹出新建对话框，如图 5-15 所示。

输入文件名“LX1”并单击“浏览”按钮，选择一个种子文件(种子文件类似 Word 中的模板，或者 Revit 软件中的样板)，如图 5-16 所示。

选择种子文件对话框中共 4 个种子文件可以选择，选择 seed2d(这是一个二维绘图的种子文件)。单击“打开”，回到“新建”对话框，单击“保存”按钮，如图 5-17 所示。之后，回

图 5-15　新建对话框

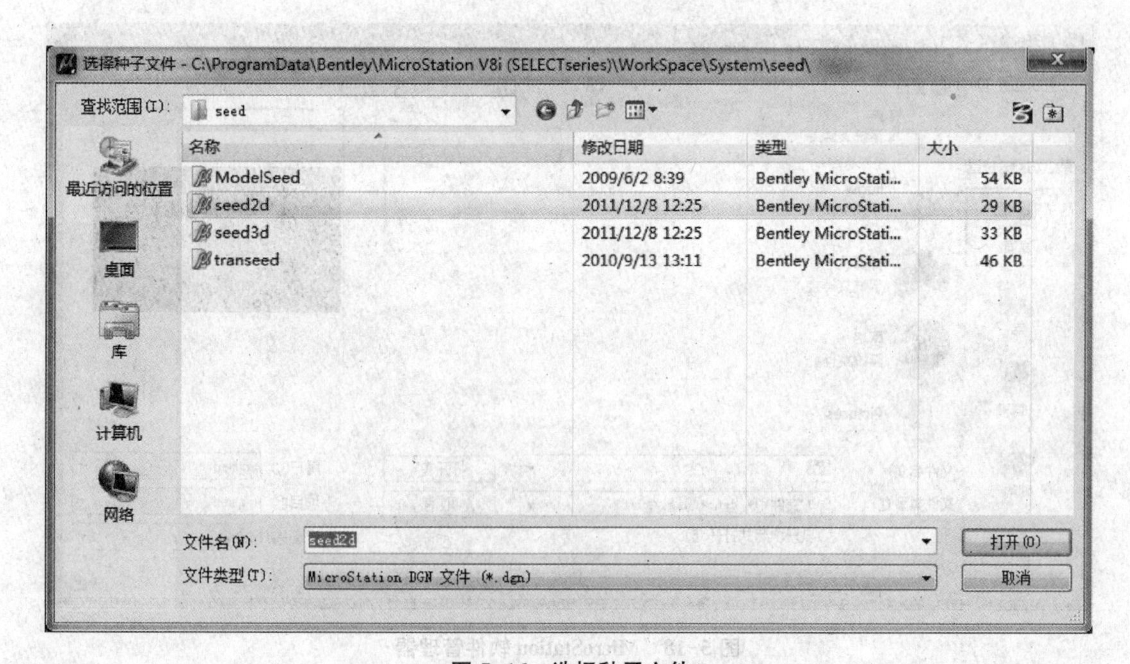

图 5-16　选择种子文件

到 MicroStation 软件管理器，如图 5-18 所示。

单击“打开”按钮，完成新建文件，进入 MicroStation 菜单主窗口(图 5-19)。主窗口的元素名称如图 5-20 所示。默认的背景窗口是黑色的。窗口背景可以在菜单“工作空间”→“优选项”中进行控制，如图 5-21 所示。

图 5-17 “新建”对话框

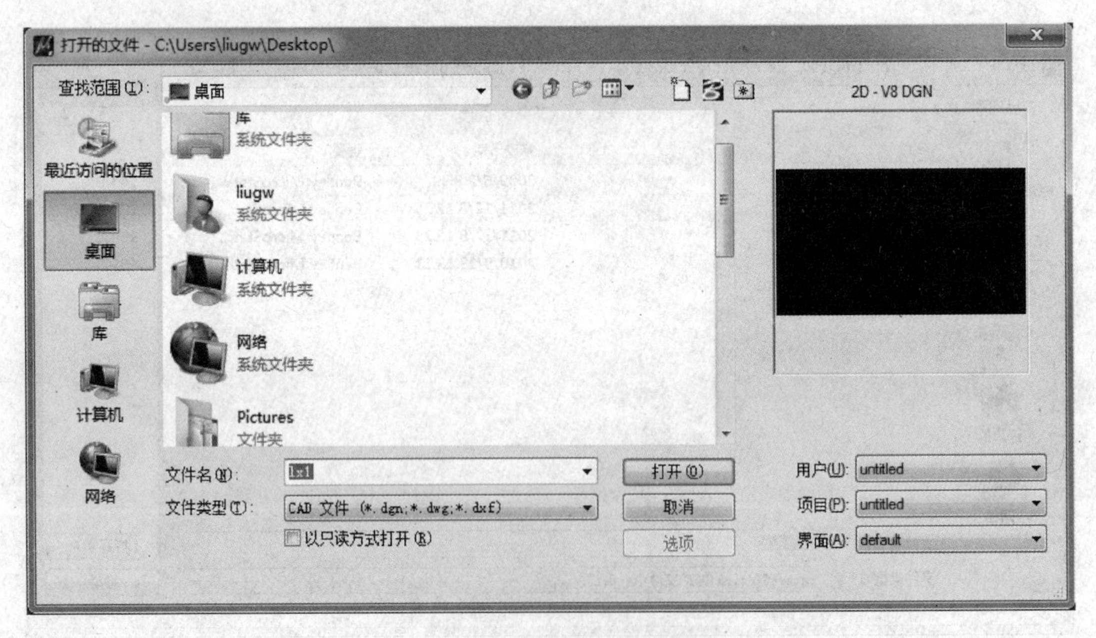

图 5-18 MicroStation 软件管理器

按图 5-21 勾选后，单击“确定”按钮，窗口背景改为白色，如图 5-22 所示。

5.1.4 鼠标及键盘的映射

Bentley 公司基于 MicroStation 的软件，对鼠标和键盘的使用进行了归集。刚开始学

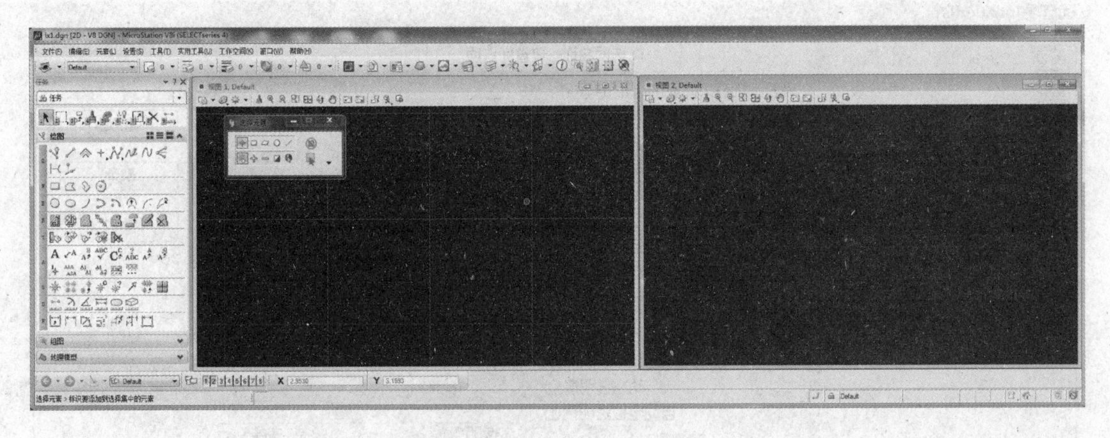

图 5-19 MicroStation 主窗口

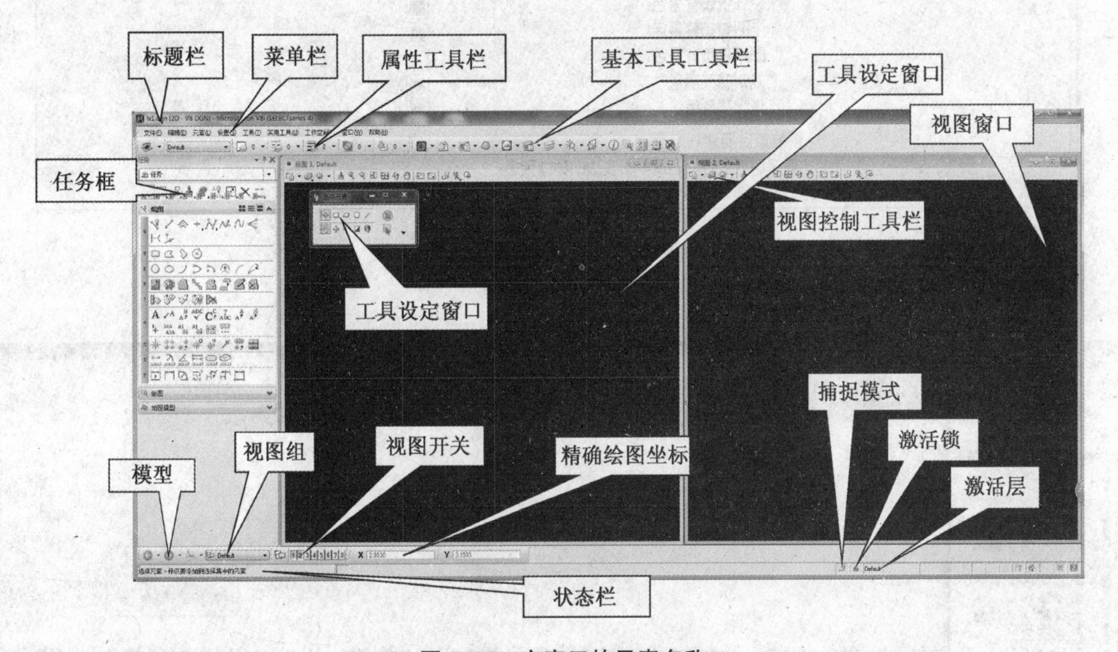

图 5-20 主窗口的元素名称

习时需要注意。

1. 鼠标

鼠标左键单击称为“数据点”，表示确认，本书凡是提到“数据点”，均表示单击鼠标左键。鼠标右键单击为“重置”，表示取消命令或者命令结束。按鼠标滚轮滚动（中键）可以放大或缩小模型，按住鼠标滚轮可以平移视图。按住“Shift”＋鼠标滚轮可以旋转模型。

MicroStation 软件没有明确的“结束”命令，单击一个按钮，进行绘制或操作后，即使单击鼠标右键，也是会继续在前一个命令的循环执行中，为了停止这种命令的执行，可以在执行完命令后，单击任务栏左上角黑色箭头图标“选择元素”，退出命令执行状态。

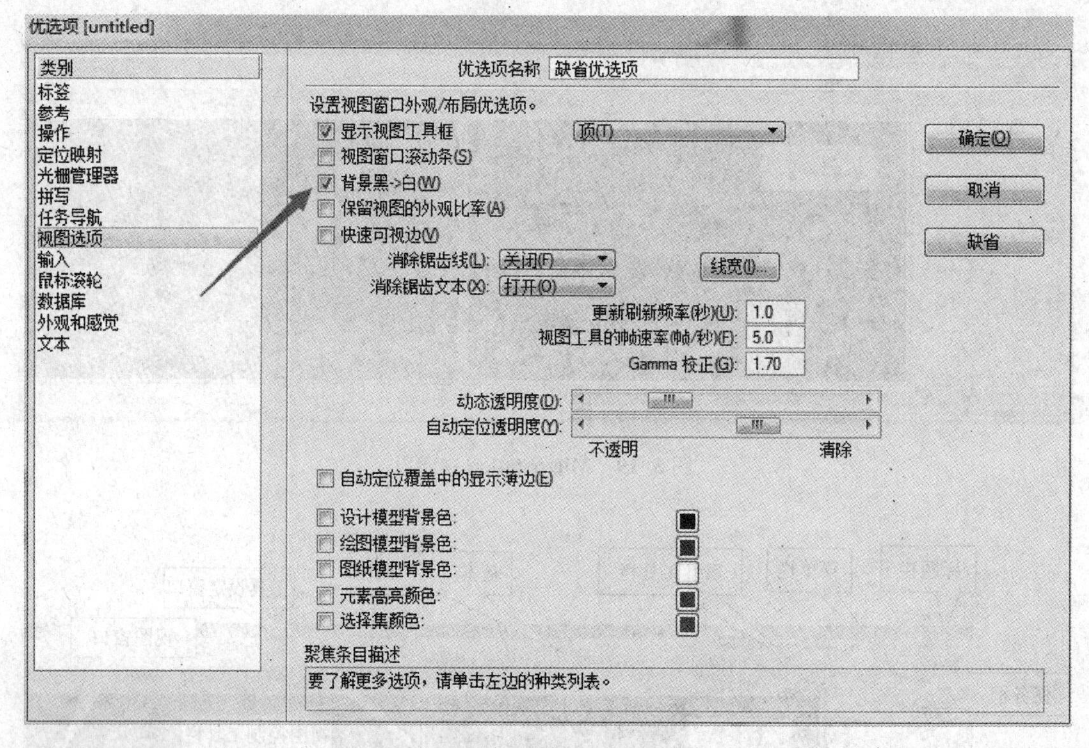

图 5-21 “优选项”窗口

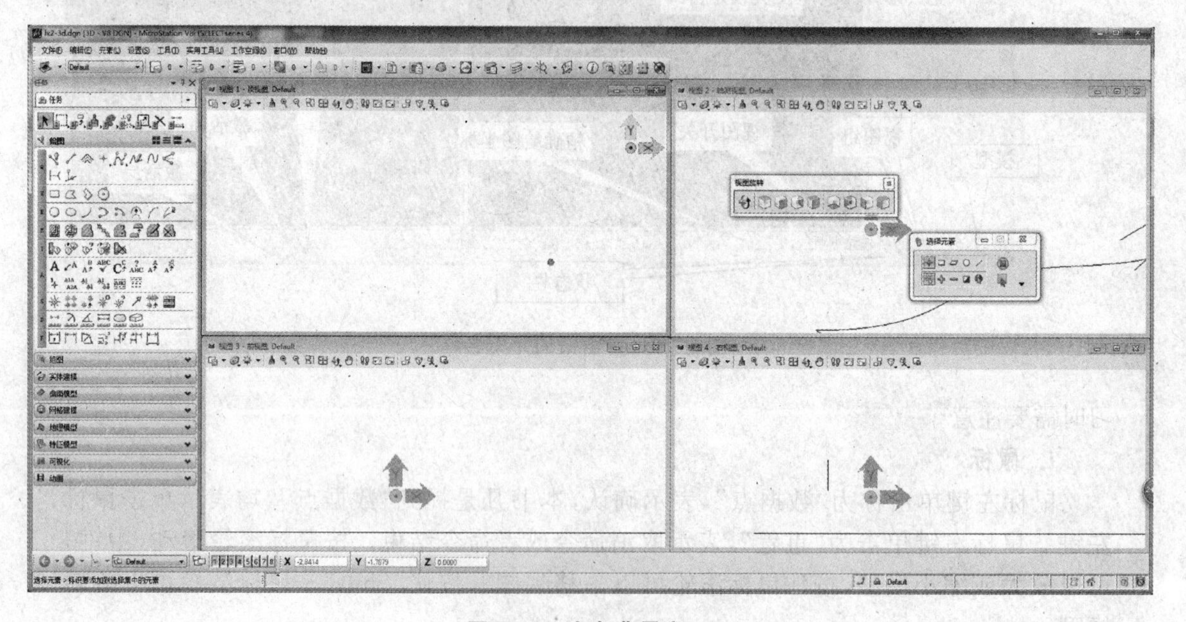

图 5-22 白色背景窗口

2. 键盘映射

为了提高工作效率，MicroStation 对键盘的键位和命令进行映射，如图 5-23 所示。

经过键盘键位映射，形成了 MicroStation 的快捷键。如按下数字“3”，弹出的菜单如图 5-24 所示，再按数字“2”进入复制命令。在打开“实体建模”任务栏菜单后，单击“W”键，弹出菜单如图 5-25 所示，在单击数字键“1”后进入矩形绘制命令，其他任务栏菜单功能类似。

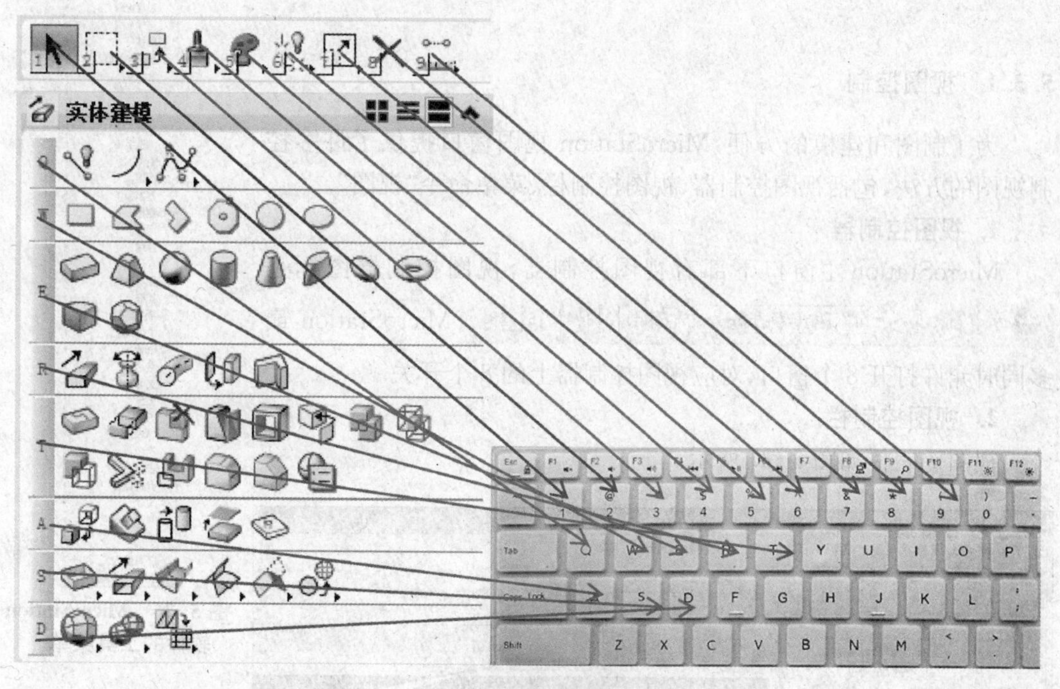

图 5-23 键盘键位映射

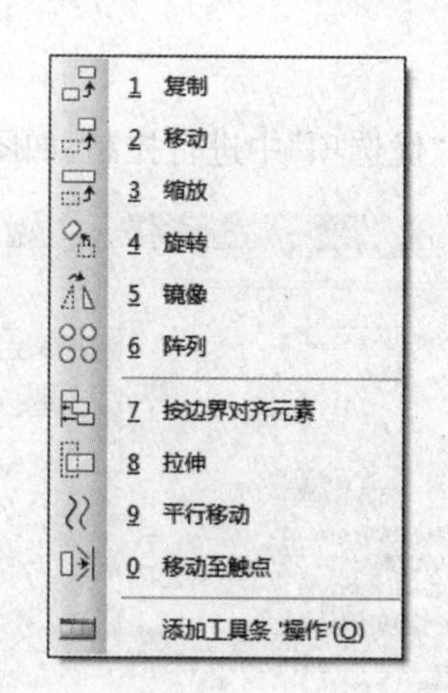

图 5-24 按下数字键“3”菜单

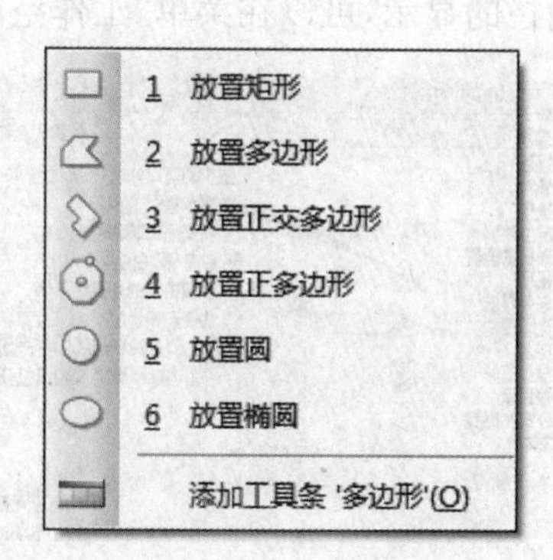

图 5-25 按下“W”键菜单

5.2 MicroStation(Ss4)的主要功能

MicroStation 软件的主要功能包括二维绘图、三维建模、位图管理、文件参考、变更追踪、碰撞检测、渲染、动画等，在MicroStation软件的工具菜单，列出了其主要功能，如图5-26所示。

元素属性(A)
常用工具(P)
标准工具条(S)
主工具条(M)
任务(T)
动画
基本元素
单元
过程追踪
碰撞检测
坐标系统
曲线
自定义线型
数据库
切图符号
尺寸标注
特征实体
地理系统
组
图层
基本操作
测量
网格
多线
参数化
图案填充
点云
项目导航
文件属性
光栅
红线
参考
安全
选择
图纸组织
实体
面
地理模型
文字
视图
渲染
工具条(B)... Ctrl+T
关闭工具条(L)...

图5-26 MicroStation软件的工具菜单

5.3 MicroStation(Ss4)二维绘图与三维建模

5.3.1 视图控制

为了制图和建模的方便，MicroStation视图窗口提供了许多控制视图的方法，包括视图控制器、视图控制栏、菜单命令"视图"。

1. 视图控制器

MicroStation主窗口下部有视图控制器，视图控制器图标是 没有标题的设计 1 2 3 4 5 6 7 8 ，MicroStation最多同时允许打开8个窗口，对应视图控制器上的8个开关。

2. 视图控制栏

视图控制栏如图5-27所示。

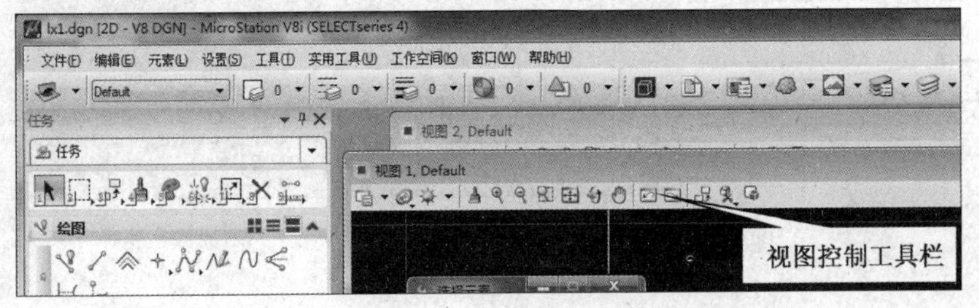

图5-27 视图控制栏

视图控制栏的显示，可以在菜单"工作空间"→"优选项"中进行控制，如图5-28所示。

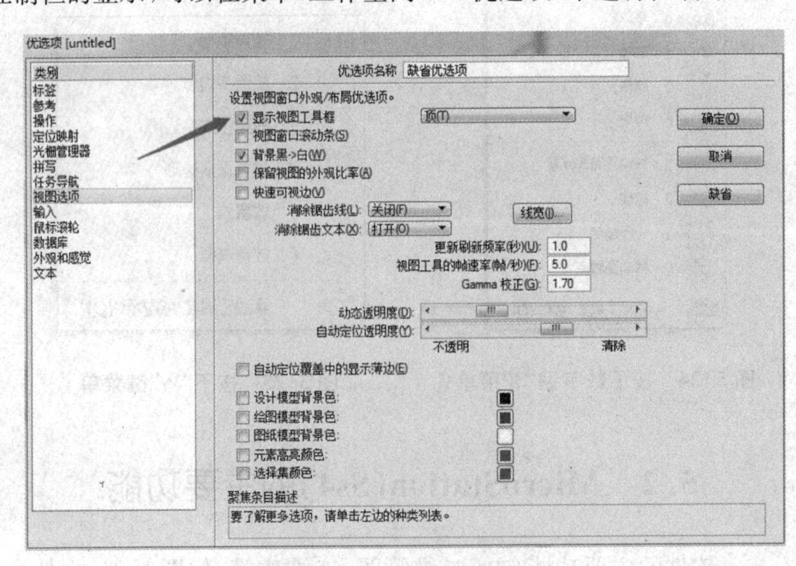

图5-28 "优选项"窗口

视图控制在程序菜单上的位置，如图 5-29 所示。

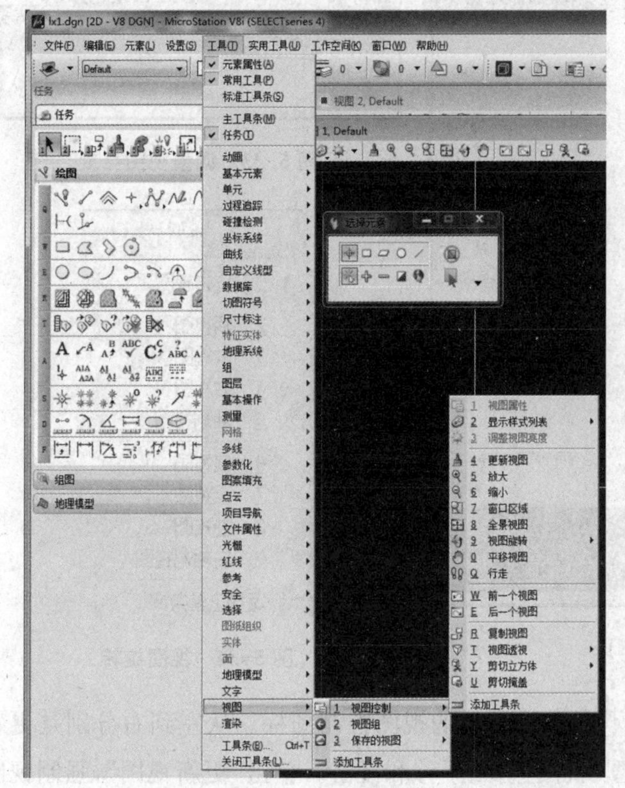

图 5-29　视图控制菜单

图 5-30　“视图属性”对话框

单击图 5-29 中的“添加工具条”按钮，出现“视图控制”工具条。“视图控制”工具条为

。

“视图控制”工具条上从左到右排列的是视图属性、显示样式列表、调整视图亮度、更新视图、放大、缩小、窗口放大、全景视图、视图选择、平移视图、漫游、前一视图、后一视图、复制视图、视图透视、剪切立方体、剪切掩盖。

单击“视图属性”按钮，弹出“视图属性”对话框（图 5-30），在此对话框中可以设置显示样式。MicroStation 常用的显示样式有多种，如图 5-31 所示。

单击“显示样式列表”，弹出“显示样式”对话框，如图5-32所示。这与“视图属性”中的设置基本一致。

单击“调整视图亮度”，弹出“调整视图亮度”对话框，如图 5-33 所示。滑动滚动条可以调整视图的亮度。

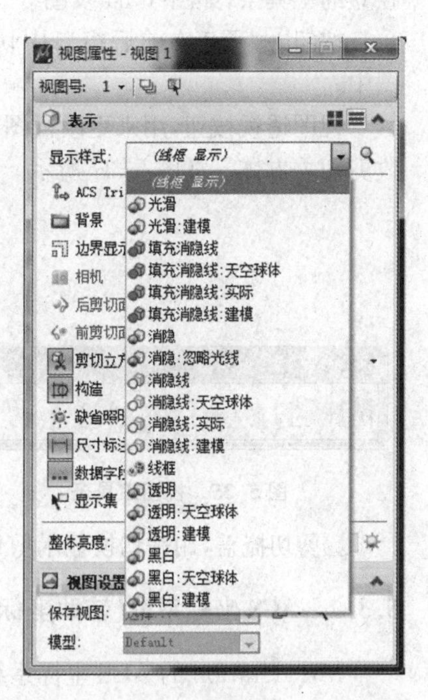

图 5-31　显示样式(一)

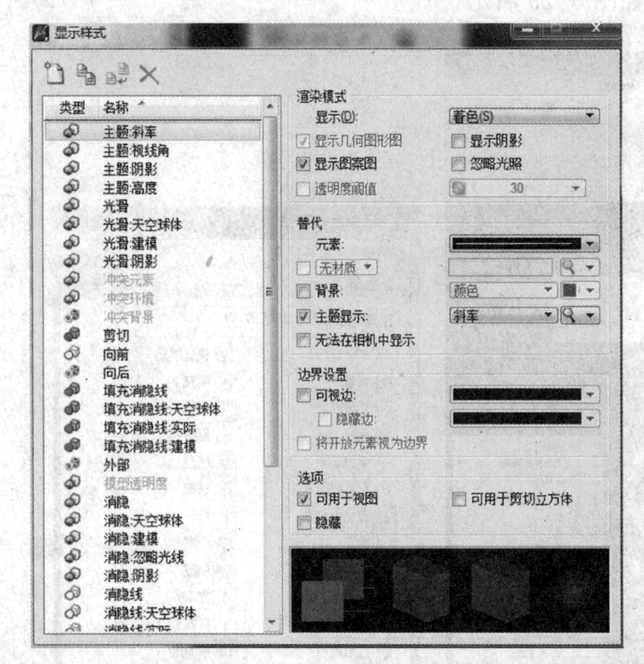

图 5-32　显示样式(二)

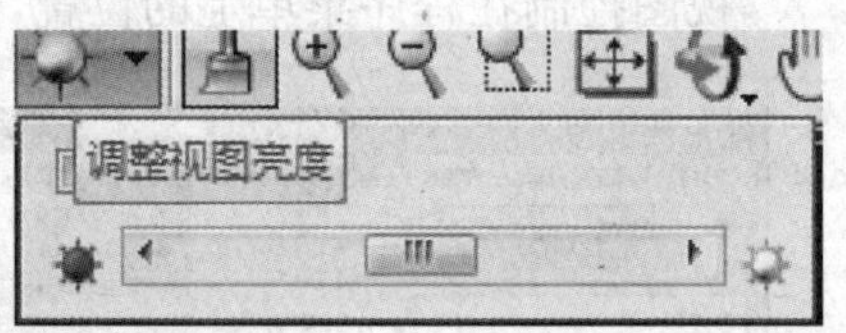

图 5-33　调整视图亮度

图 5-34　视图旋转

视图控制图标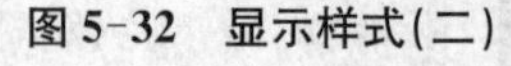,是常用的视图控制图标。从左到右分别是更新视图、放大、缩小、窗口放大、全景视图、视图选择、平移和漫游。单击“更新视图”,强制视图刷新,可以有效地消除显示残存和拖尾等问题。其中图标可以弹出下拉菜单,或者显示为独立的工具条,如图 5-34 及图 5-35 所示。

按钮用于在前后窗口中切换。按钮用于把一个视图的设置复制到另外一个视图中。

视图透视按钮,用来更改视图透视,如图 5-36 所示。剪切立方体按钮,用于应用或修改剪切立方体。如图 5-37 所示。

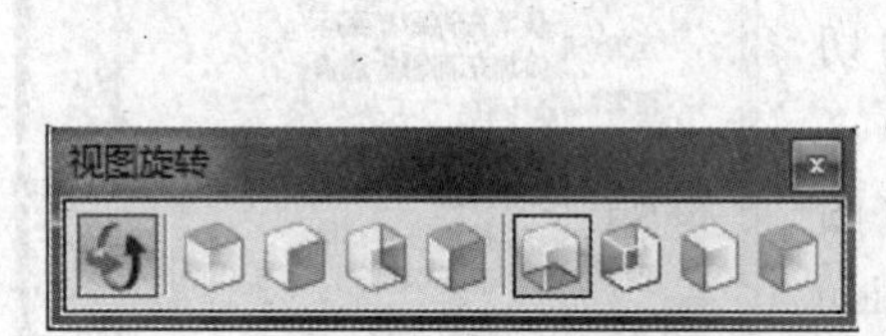

图 5-35　视图工具条

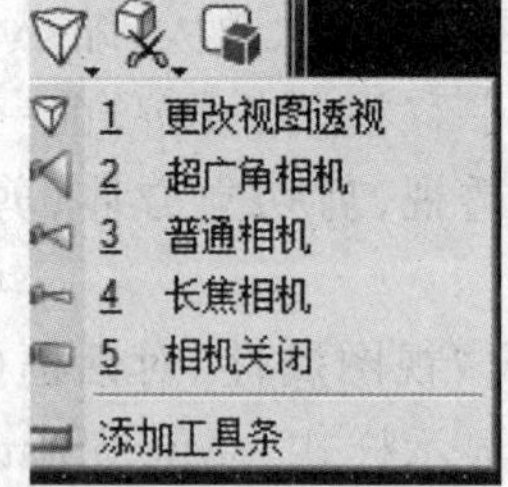

图 5-36　视图透视

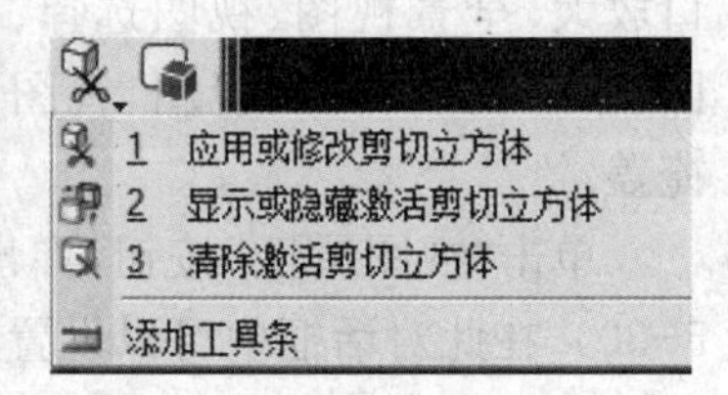

图 5-37　剪切立方体

剪切掩盖,用来切换显示剪切立方体之外的对象和剪切立方体之内的对象。

5.3.2　ACS 坐标系统(辅助坐标系)

MicroStation 的 ACS 坐标系统相当于某些 CAD 系统的 UCS 坐标系统。ACS 坐标系统可以在 2D 或 3D 设计的任何时候激活。尽管 ACS 坐标系统可以用于 2D,但是在 3D 设计中更有用。

添加 ACS 工具条。单击“工具”→“坐标系统”→“ACS”→“添加工具条”可以添加 ACS 工具条。如图 5-38、图 5-39 所示。

在 ACS 工具条单击鼠标右键，弹出菜单如图 5-40 所示。

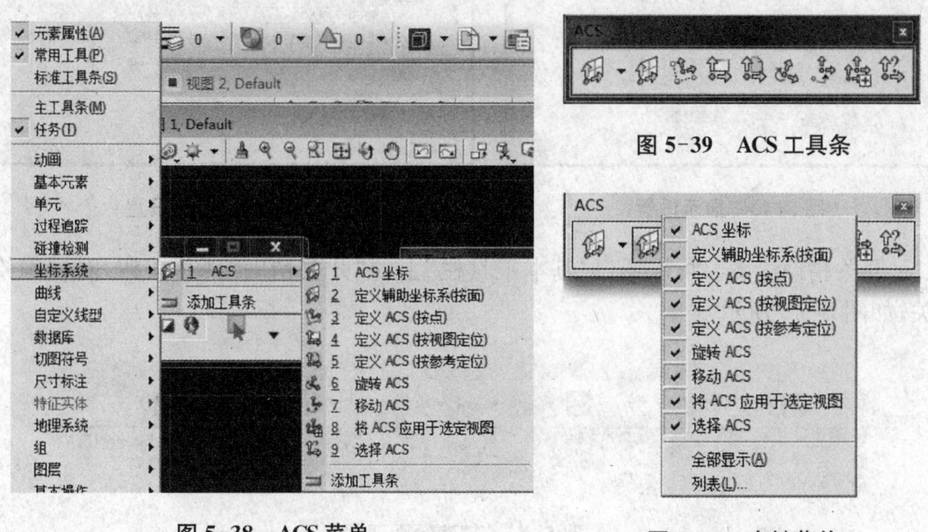

图 5-38 ACS 菜单

图 5-39 ACS 工具条

图 5-40 右键菜单

单击，打开“ACS 坐标”对话框，采用二维绘图种子的 ACS 如图 5-41 所示。

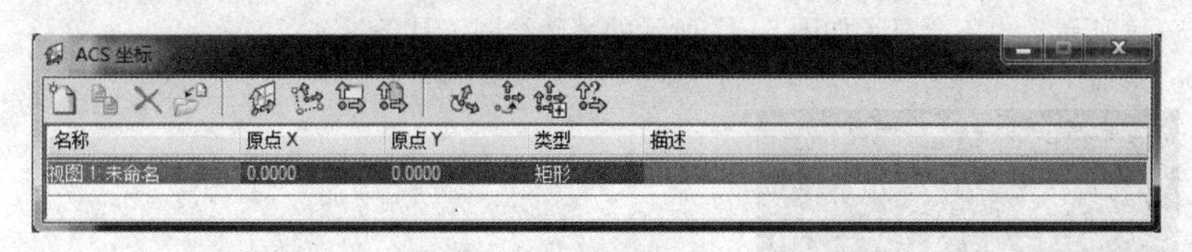

图 5-41 二维绘图种子的 ACS

在“ACS 坐标”对话框中，可以新建、删除和修改 ACS 坐标。的功能是贴近 2D 元素及 3D 元素的表面、实体面或者网格面定义 ACS。的功能是通过点来定义 ACS。的功能是对每个窗口应用 ACS。的功能是用参考定义 ACS。的功能是旋转活动 ACS。的功能是移动活动 ACS 的原点。的功能是将 ACS 坐标用于选定视图或者所有视图。的功能是选择 ACS 用于活动 ACS。

5.3.3 精确绘图与精确捕捉

1. 精确绘图

（1）精确绘图设置。精确绘图是 MicroStation 一个非常重要的功能，使用精确绘图前一般要进行设置。精确绘图的设置可以通过菜单“设置”→“精确绘图”，打开“精确绘图设置”对话框，如图 5-42 所示。

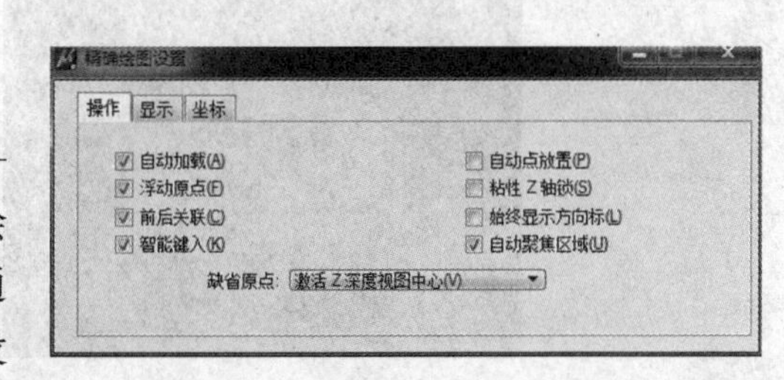

图 5-42 “精确绘图设置”对话框

图中的“粘性Z轴锁”，表示把Z轴锁定到坐标原点，也就是捕捉深度固定为0。其他设置如图5-43、图5-44所示。

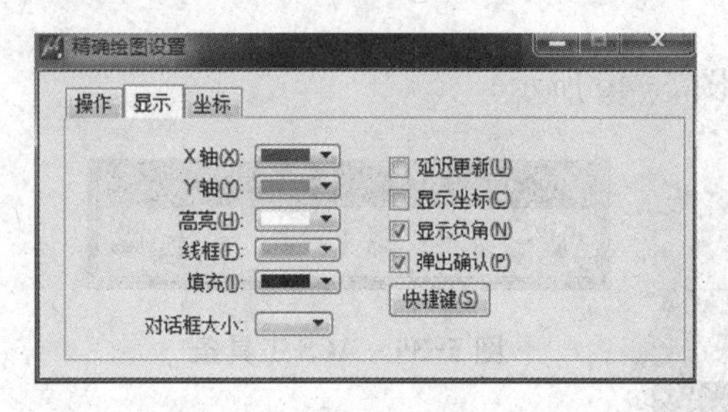

图5-43 显示设置

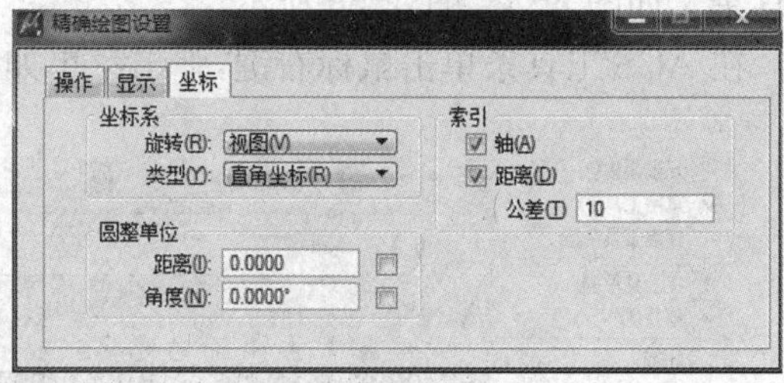

图5-44 坐标设置

(2) 开关精确绘图。可以通过“基本工具栏”上的“开关精确绘图”按钮，对精确绘图进行开关，如图5-45所示。

图5-45 精确绘图开关

关闭精确绘图模式后，进行图形绘制的时候，不会出现方形或圆形的精确绘图坐标，如图5-46所示。也不会显示如图5-47所示的精确绘图工具条。

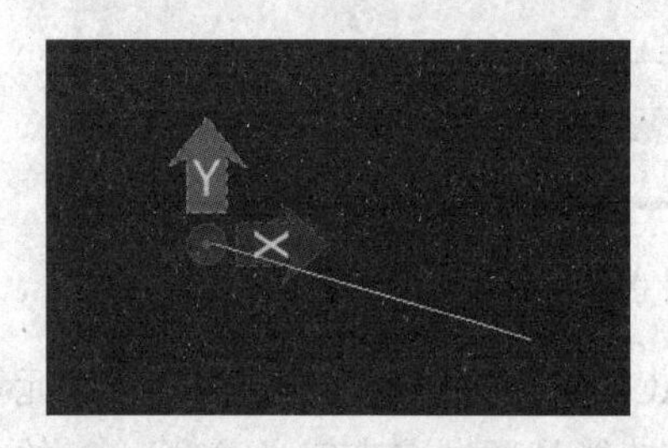

图5-46 关闭精确绘图

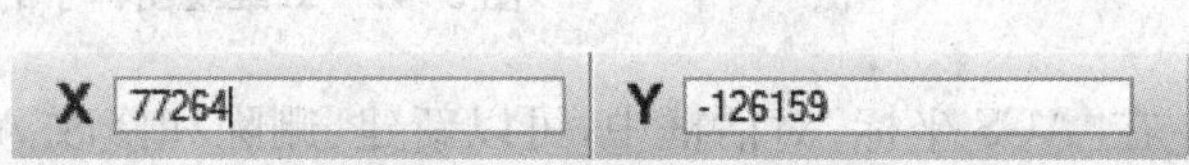

图5-47 2D精确绘图工具条

打开精确绘图模式之后，绘图时会出现方形(直角坐标)或圆形(极坐标)的精确绘图坐标，如图5-48及图5-49所示。

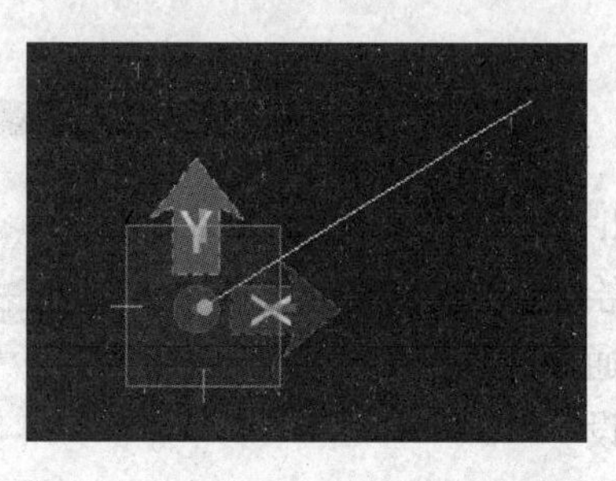

图5-48 直角坐标的精确绘图坐标

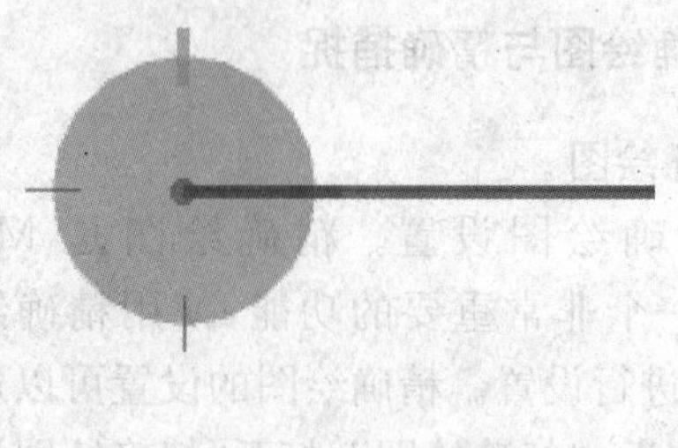

图5-49 极坐标的精确绘图坐标

默认情况下，MicroStation 启动后，精确绘图就自动激活。当精确绘图激活时，用于数据动态输入的所有绘图工具都使用它。打开和关闭精确绘图的另一个方法是在绘图中按 F11 键，然后按 Q 键。

在精确绘图过程中可以使用快捷键，表 5-2 中列出了精确绘图中使用的所有快捷键及其功能。

表 5-2　　精确绘图快捷键

快捷键	作　用
F11	焦点切换到精确绘图坐标
回车	智能锁定。在直角坐标下，可以锁定光标只在 X 轴或 Y 轴上移动。在极坐标下，可以锁定到 0°，90°，－90°或 180°
空格	切换直角坐标和极坐标
〈O〉	移动绘图平面的原点到当前指针所在点
〈V〉	旋转绘图坐标轴和视图轴对齐
〈T〉	旋转视图平面图对齐顶视图
〈F〉	旋转视图平面图对齐前视图
〈S〉	旋转视图平面图对齐侧视图
〈B〉	旋转视图平面图对齐激活的 ACS 视图
〈E〉	在 3D 视图下切换顶、前和侧视图
〈X〉	切换到 X 轴锁定
〈Y〉	切换到 Y 轴锁定
〈Z〉	切换到 Z 轴锁定
〈D〉	切换到距离锁定状态
〈A〉	切换到角度锁定状态
〈L〉，〈P〉	对所有视图，切换 ACS 平面和 ACS 平面捕捉锁，以及网格视图属性。这个键的功能和按 F8 键效果相同
〈L〉，〈A〉	切换到 ACS 平面锁定
〈L〉，〈S〉	切换到 ACS 平面捕捉锁定
〈L〉，〈Z〉	切换到粘性 Z 轴锁
〈R〉，〈Q〉	用来快速、临时旋转绘图平面
〈R〉，〈A〉	永久旋转绘图平面
〈R〉，〈C〉	旋转绘图平面到当前 ACS
〈R〉，〈E〉	旋转绘图平面以匹配旋转的元素方向
〈R〉，〈V〉	旋转活动视图以匹配当前绘图平面
〈R〉，〈X〉	绕 X 轴旋转当前绘图平面 90°
〈R〉，〈Y〉	绕 Y 轴旋转当前绘图平面 90°
〈R〉，〈Z〉	绕 Z 轴旋转当前绘图平面 90°
〈?〉	打开精确绘图快捷键窗口
〈～〉	"～"键是 ESC 下边的那个键，不需要按"shift"键。作用是改变工具设置对话框的第一个控件的状态，如果这个控件是选项菜单，就切换到下一菜单项，如果是复选框，就切换旋中状态和不选状态

（续表）

快捷键	作用
〈G〉,〈T〉	移动焦点到工具设置窗口
〈G〉,〈K〉	打开或移动焦点到命令行窗口
〈G〉,〈S〉	打开或移动焦点到精确绘图对话框
〈G〉,〈A〉	打开调用 ACS 对话框
〈W〉,〈A〉	打开写入 ACS 对话框
〈P〉	打开数据点键入对话框，输入一个数据点
〈M〉	打开数据点键入对话框，输入多个数据点
〈I〉	激活交点捕捉模式
〈N〉	激活最近点捕捉模式
〈C〉	激活中心捕捉模式
〈K〉	打开“关键点捕捉等分数”对话框，输入等分数
〈H〉,〈A〉	暂时挂起精确捕捉，选择新工具或者单击右键重新激活精确捕捉
〈H〉,〈S〉	切换精确捕捉开关状态
〈H〉,〈U〉	暂时挂起精确捕捉，选择新工具或者单击右键重新激活精确捕捉
〈Q〉	关闭精确捕捉

2. 精确捕捉

精确捕捉可以自动捕捉试探点，省去人工输入的麻烦，比如自动捕捉端点、中点等。可以在菜单“设置”→“捕捉”→“精确捕捉”(图 5-50)打开精确捕捉设置。“精确捕捉设置”对话框如图 5-51 所示。用户只需要简单移动鼠标，就可以获得捕捉点。

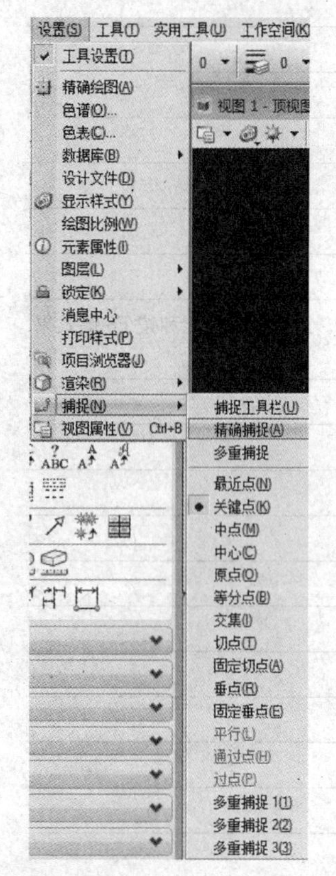

图 5-50 精确捕捉菜单

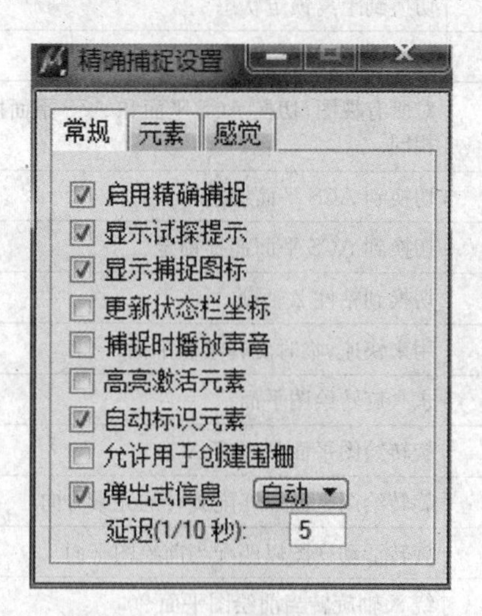

图 5-51 “精确捕捉设置”对话框

“精确捕捉设置”对话框的设置如下：

(1) 常规选项卡。用户可以启用或取消精确捕捉，定义精确捕捉的工作模式。默认情况下，显示试探提示、显示捕捉图标、自

动标识元素和弹出式信息是打开的。

显示试探提示是非常有用的，当鼠标位于捕捉点附近时，可以视觉提示你最近的捕捉点。默认打开的显示试探提示捕捉模式是关键点和中点。移动鼠标到元素上时，精确捕捉找到最近的捕捉点，并用十字显示，如图 5-52 所示。

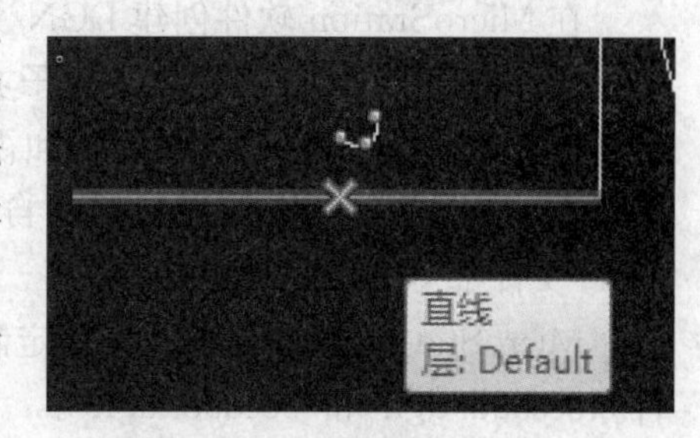

图 5-52　精确捕捉到中点

显示捕捉图标如果打开，当前捕捉模式显示在捕捉点附近，如图 5-52 所示。

(2) 元素选项卡(图 5-53)。用户可以控制是否捕捉到曲线、尺寸标注、文字和网格。关闭这些选项时，精确捕捉会忽略特定的元素，但是会显示一个图标，提示用户元素被忽略了，如图5-54 所示。

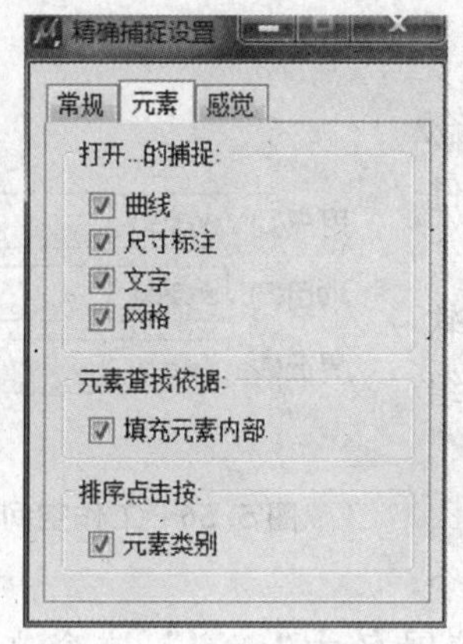

图 5-53　元素选项卡

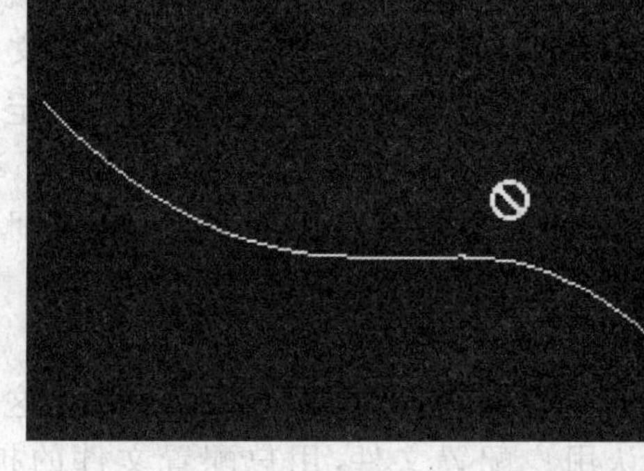

图 5-54　图标表示元素被忽略

即使在精确捕捉里关了捕捉的元素，也可以通过同时按鼠标左右键手动捕捉到试探点。

(3) 感觉选项卡(图 5-55)。用来设置当捕捉到元素时，可以调整精确捕捉的感觉设置(或者说一系列的灵敏度)。

关键点灵敏度，在精确捕捉之前，调整屏幕指针到捕捉点的距离。

黏滞，调整精确捕捉到当前元素的灵敏度。

捕捉公差，调整鼠标指针距离一个元素的距离，在这个距离上开始捕捉。

图 5-55　感觉选项卡

5.3.4　二维及三维绘图及建模

1. 绘图前的设置

在使用 MicroStation 软件进行绘图前，必须进行一系列的设置。否则，所绘之图可能会出现无法使用的问题。这些设置包括种子文件、工作空间、设计文件设置、图层设置。

1) 种子文件

在MicroStation软件创建DGN文件时，需要指定一个种子文件，这个种子文件就是一个模板。创建的DGN文件就是种子文件的一个拷贝文件。种子文件不一定包含元素，但是要至少包含一个默认模型、设置和视图设置。种子文件可以避免每次创建DGN文件时进行烦琐的设置。用户可以自定义自己的种子文件，定义种子文件也非常简单，任何一个DGN文件都可以作为种子文件。

MicroStation软件提供了大量定制的种子文件，除此之外，还提供了两个通用的种子文件"seed2d.dgn"和"seed3d.dgn"。

在二维绘图时，设计平面是和现实中的图纸对应的二维平面，与纸张不同的是，设计平面特别大，你可以大比例绘图(如1∶1)。默认情况下，种子文件提供的默认工作空间的直角坐标系的原点位于设计平面的中心。但是，用户可以改变坐标原点。

用户输入的数据点坐标以64位浮点数形式储存。2D模型的存储格式为(X, Y)，3D模型的存储格式为(X, Y, Z)。

2) 工作空间及工作空间组件

对新手来讲，MicroStation软件最难理解的一个概念就是工作空间，习惯了双击打开 *.doc、*.dwg类文件的人，对工作空间更是难以理解。但是，这个概念决定了对Bentley公司系列软件的理解。启动MicroStation软件后，MicroStation软件管理器右下角就是工作空间组件，如图5-56所示。

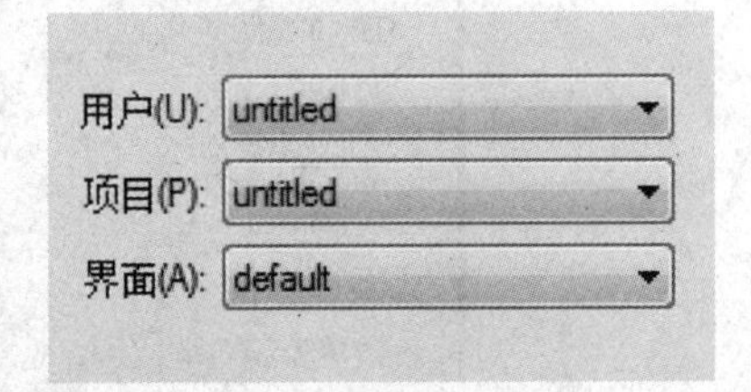

图5-56　工作空间组件

工作空间组件包括：

(1) 用户——记录与项目和界面有关的信息。这个用户名用来确认用户配置文件，用户配置文件的扩展名为".ucf"，这个文件储存在"..WorkSpace\Users"文件夹，可以用记事本或者写字板打开。

(2) 项目——项目文件记录了自定义的数据文件，如单元库、线型库、种子文件等，项目文件的扩展名为 *.pcf，MicroStation提供的示例项目保存在"...\WorkSpace\Projects\Examples"文件夹。

(3) 界面——自定义用户界面可以在个人DGN库中定义。对于界面的定制，数据存储在"...\WorkSpace\Interfaces\MicroStation"文件夹。Default界面提供了用户未做任何修改的工具框、工具、任务和菜单。当你创建一个新的用户界面组件时，就会创建一个新的DGN库。

除工作空间组件外，另外一个需要注意的选项是"优选项"。"优选项"位于启动后的"工作空间"菜单项下。

(用户)优选项——自定义用户优选项是在"...\Bentley\MicroStation\…\prefs"文件夹定义的用户优选项文件<user_name>.upf。

MicroStation的工作空间设置直接在MicroStation管理器的右下角进行。

MicroStation的(用户)优选项的设置在"工作空间"→"优选项"(图5-57)进行设置，如图5-58所示。

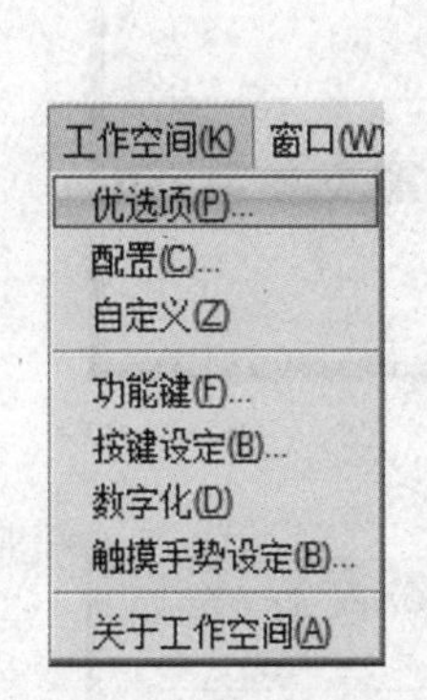

图 5-57 “优选项”菜单

图 5-58 “优选项”对话框

3）设计文件设置

单击“设置”→“设计文件”(图 5-59)，打开“设计文件设置”对话框，如图 5-60 所示。

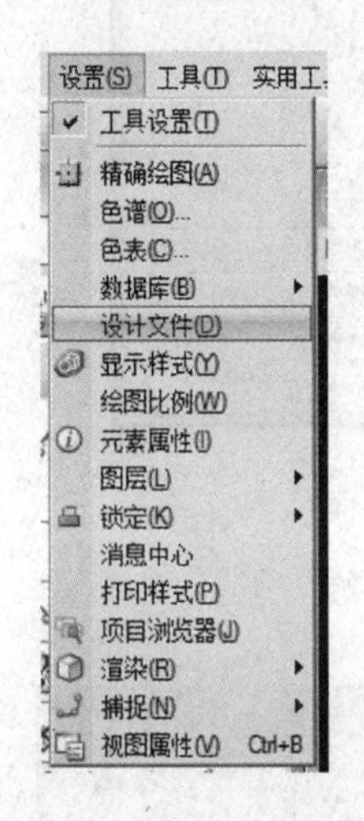

图 5-59 “设计文件”菜单

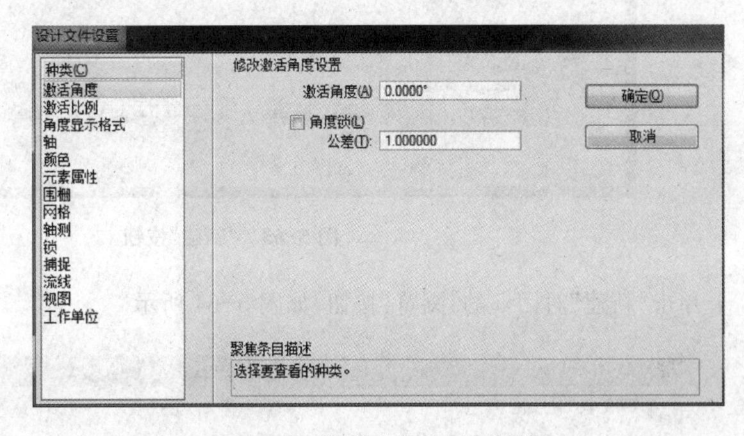

图 5-60 “设计文件设置”对话框

4）图层设置

开始绘图或建模之前，应进行相应的图层设置，图层设置在菜单项“设置”→“图层”→“图层管理”下，如图 5-61 所示。

单击“图层管理”菜单项后，打开“图层管理”对话框，如图 5-62 所示。用户可以在对话框中新建、修改、删除图层。可以设置图层的线型、颜色等属性。

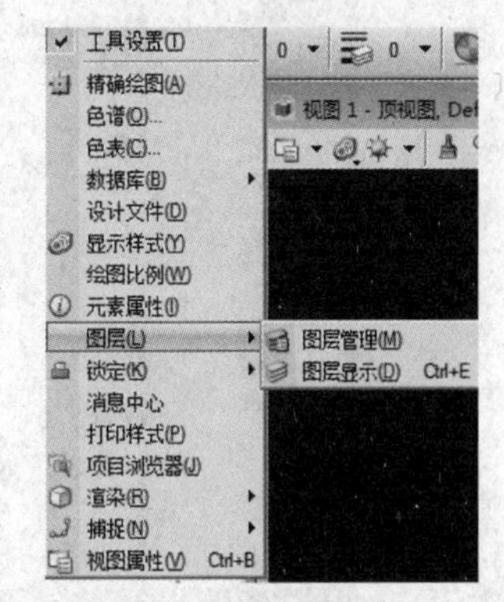

图 5-61 “图层管理”菜单

2. 二维绘图

1）新建文件

在 MicroStation 中进行二维绘图，新建文件时，可以选择 seed2d. dgn。这是一个进行二维绘图的种子文件。启动 MicroStation软件，单击“新建”按钮，在弹出的对话框中进行设置，如图 5-63 所示。

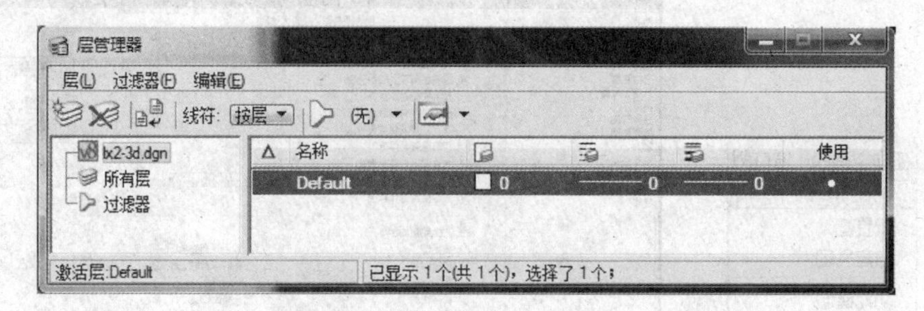

图 5-62 “图层管理”对话框

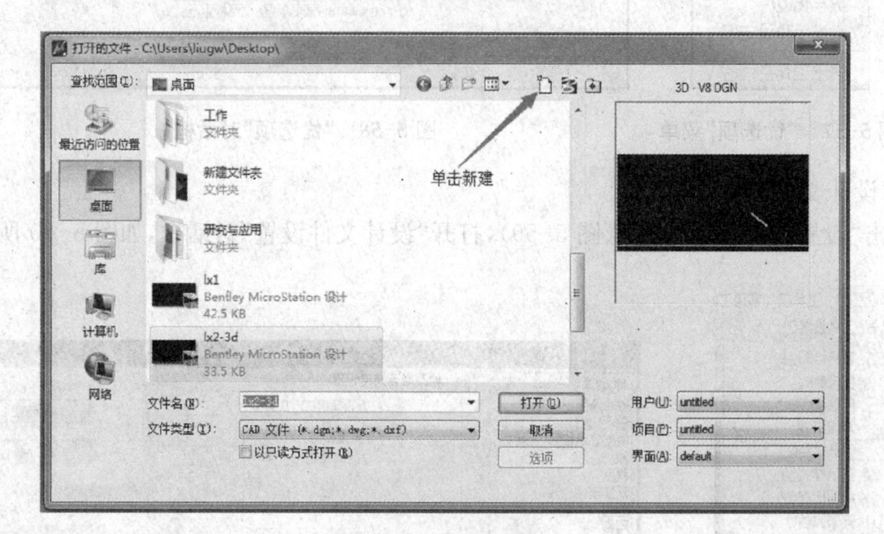

图 5-63 “新建”按钮

单击“新建”对话框的“浏览”按钮，如图 5-64 所示。

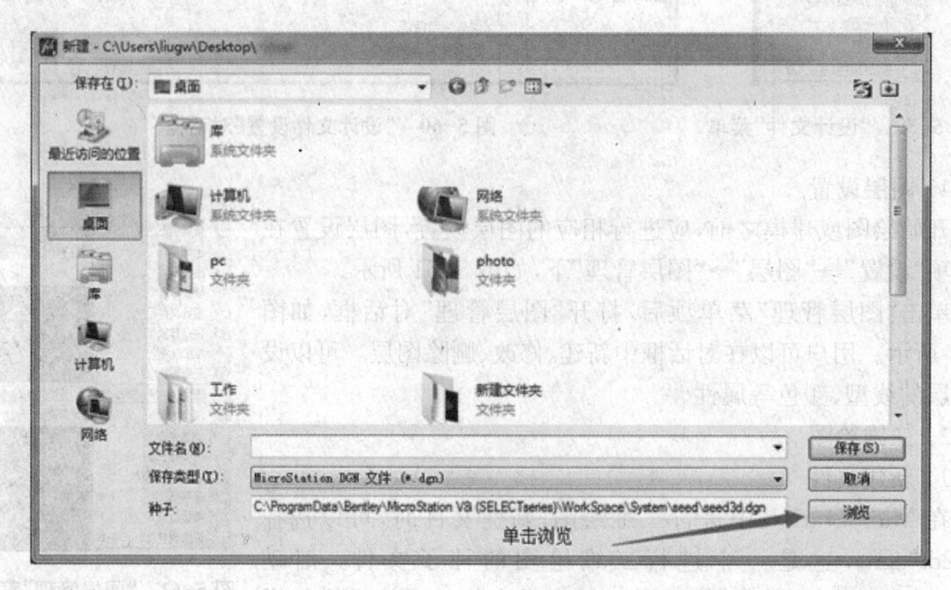

图 5-64 “浏览”按钮

在打开的“选择种子文件”对话框中，单击“seed2d”，然后单击“打开”按钮(图 5-65)。

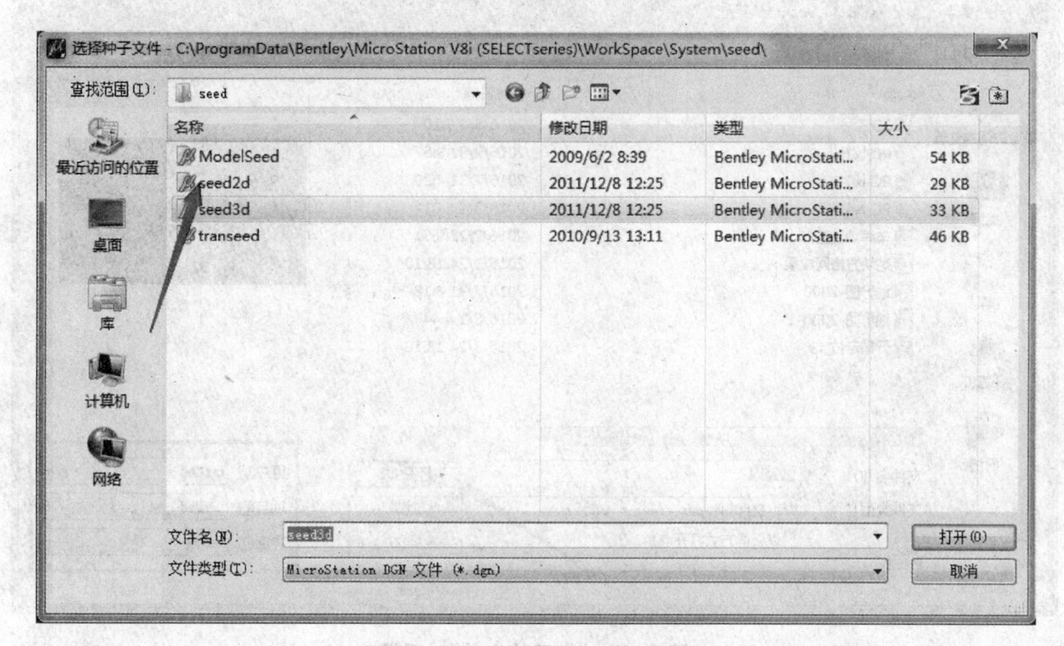

图 5-65 “选择种子文件”对话框

“选择种子文件”对话框关闭，重新回到“新建”对话框，在文件名后按图 5-66 所示输入。之后，单击“保存”按钮，关闭“新建”对话框。

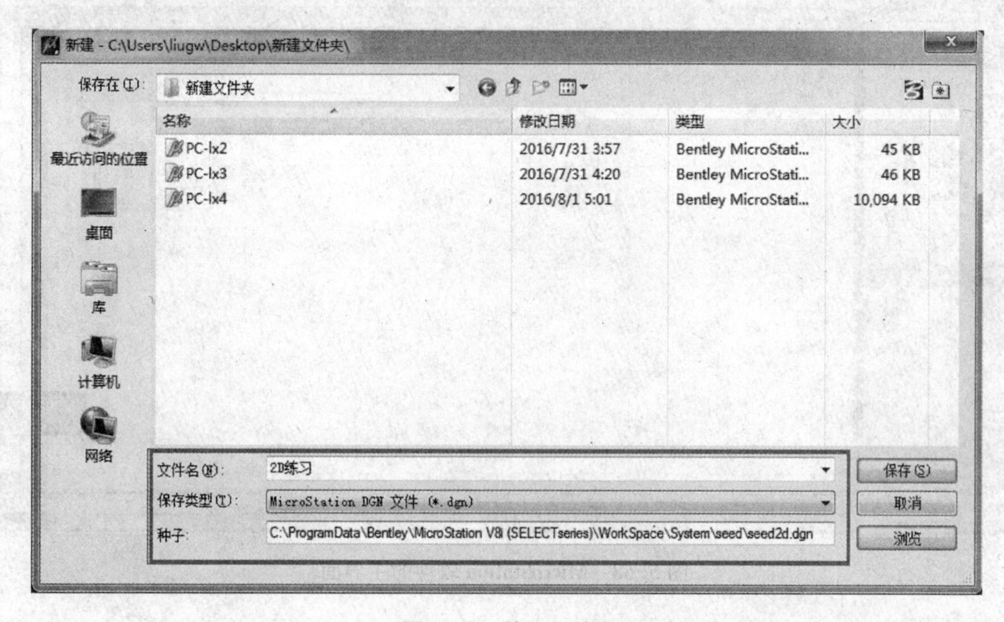

图 5-66 输入文件名

此时，回到“打开的文件”对话框，工作空间组件设置如图 5-67 所示，单击刚才新建的“2D 练习”文件，单击“打开”按钮。

此时，进入 MicroStation 软件的主界面，如图 5-68 所示。

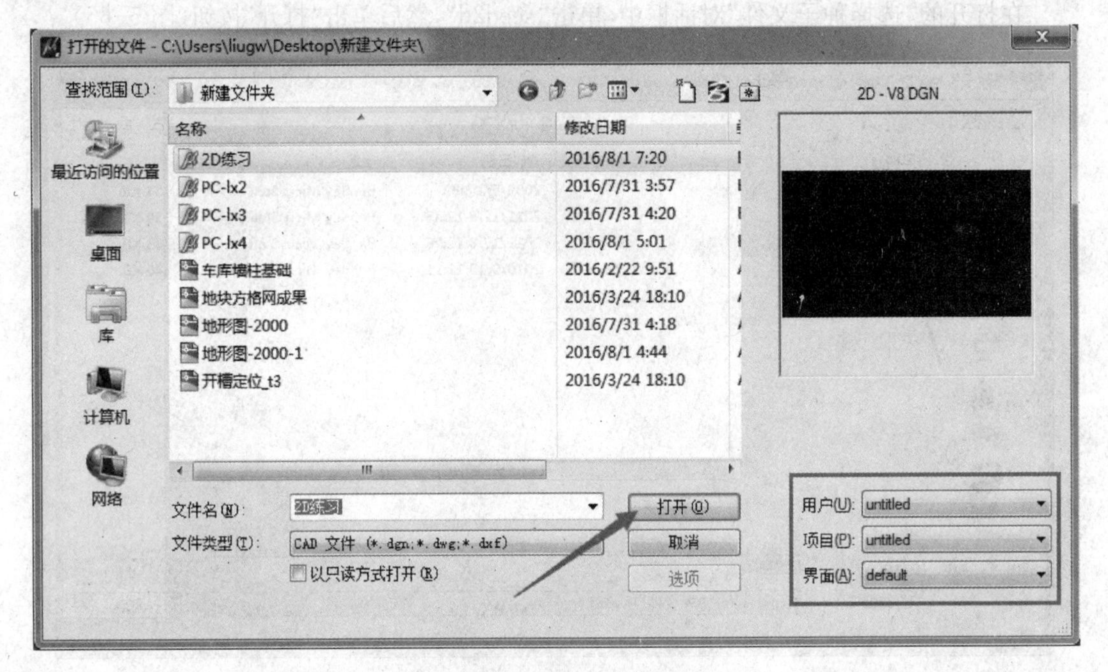

图 5-67 “打开的文件”对话框

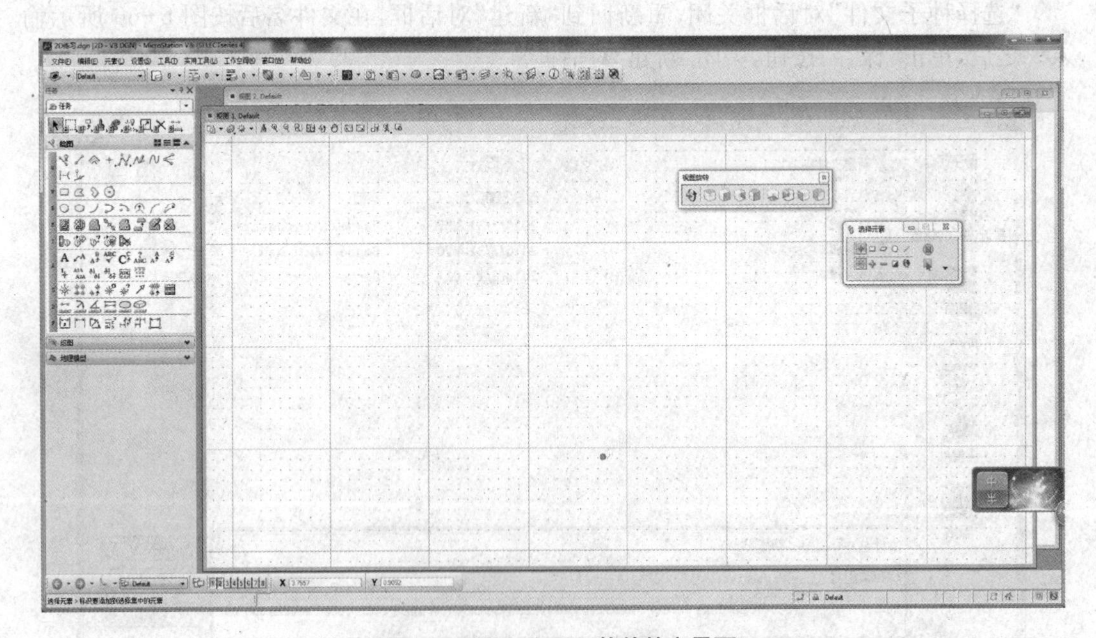

图 5-68 MicroStation 软件的主界面

下面进行设计文件设置。单击“设置”→“设计文件”，打开“设计文件设置”对话框(图 5-69)，单击“工作单位”选项卡，设置“主单位”为毫米，如图 5-69 所示。单击“角度显示格式”，如图 5-70 所示，设置角度显示格式。

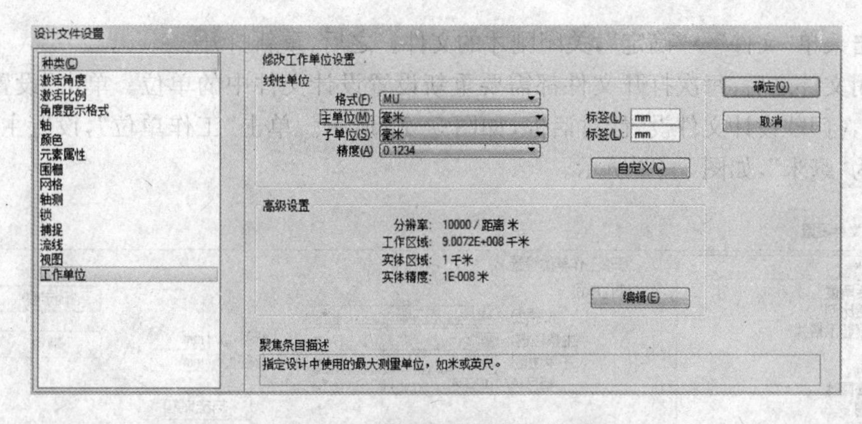

图 5-69 “设计文件设置”对话框

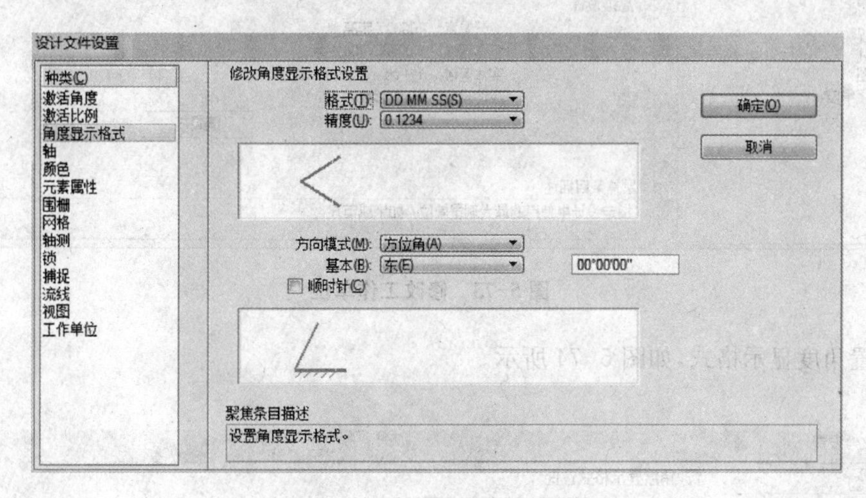

图 5-70 “工作单位”选项卡

2）绘制隧道断面图

绘制的隧道断面图如图 5-71 所示，隧道净空尺寸如图 5-72 所示。

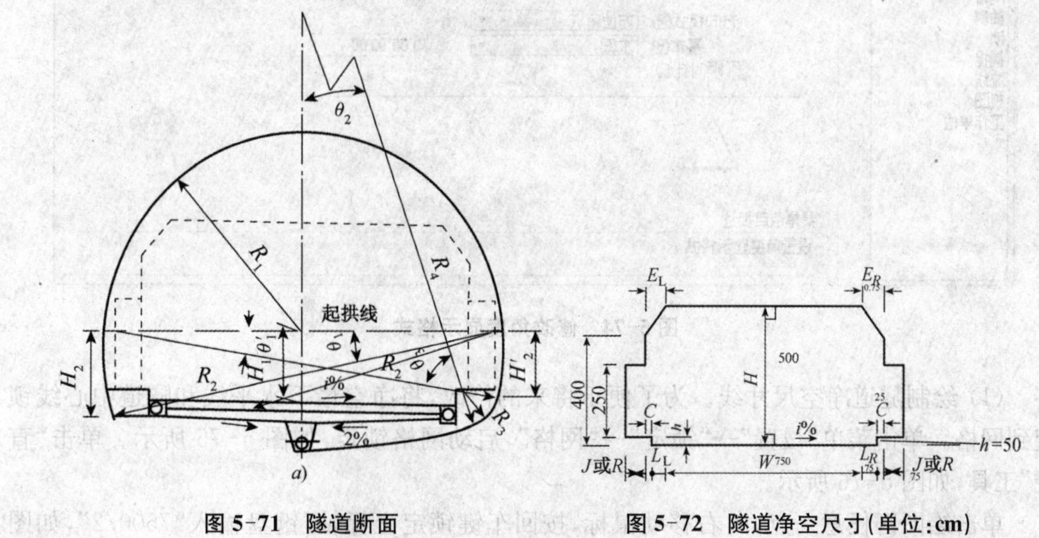

图 5-71 隧道断面　　　图 5-72 隧道净空尺寸(单位:cm)

单击菜单“文件”→“确定”，关闭刚才的文件。之后，重新打开。

关闭文件之后，每次打开文件都需要重新设置设计文件中的单位。单击“设置”→“设计文件”，打开“设计文件设置”对话框，如图 5-73 所示。单击“工作单位”，设置主单位、子单位均为“毫米”，如图 5-73 所示。

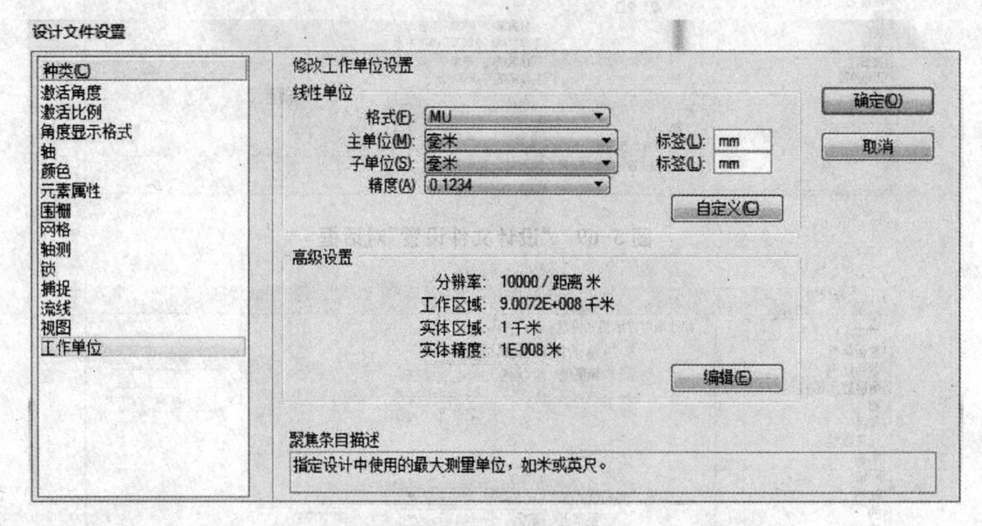

图 5-73 修改工作单位

设置角度显示格式，如图 5-74 所示。

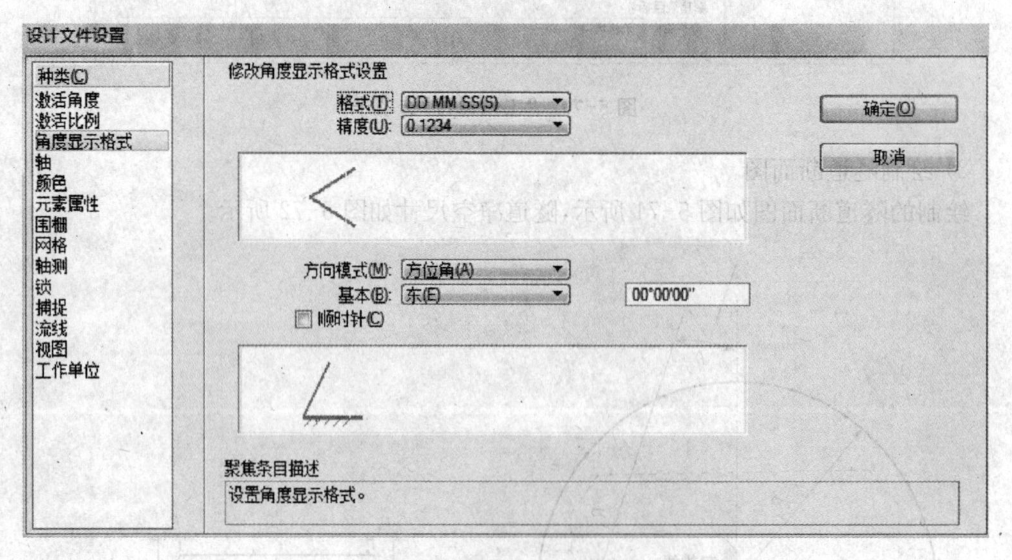

图 5-74 修改角度显示格式

(1) 绘制隧道净空尺寸线。为了便于将来的修改，将净空最下水平线和隧道中心线锁定到网格。单击菜单“设置”→“锁定”→“网格”，启动网格锁定，如图 5-75 所示。单击“直线”工具，如图 5-76 所示。

单击绘图区任意一点，向右移动鼠标，按回车键锁定坐标轴，键盘输入“7500/2”，如图

5-77 所示，然后按回车键，此时精确绘图坐标处出现 3750，接着，键盘输入"＋750"，如图 5-78 所示，然后按回车键，此时精确绘图坐标显示 4500，单击鼠标左键，完成第二点的输入，如图 5-79 所示。

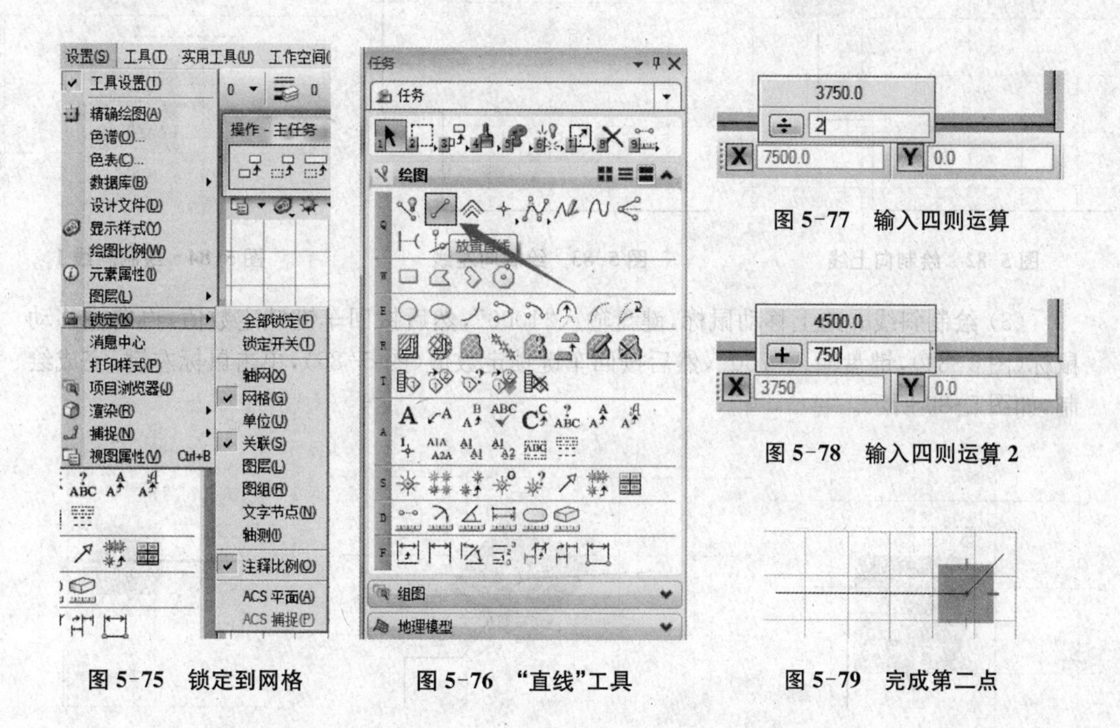

图 5-75 锁定到网格　　图 5-76 "直线"工具　　图 5-77 输入四则运算　　图 5-78 输入四则运算 2　　图 5-79 完成第二点

(2) 绘制检修通道和人行道。向上移动鼠标，按回车键锁定坐标轴，键盘输入"500"，然后按回车键锁定数值，此时精确绘图坐标处出现 500，单击鼠标左键，完成绘制，如图 5-80 所示。

向右移动鼠标，按回车键锁定坐标轴，键盘输入"1000"，然后按回车键锁定数值，此时精确绘图坐标处出现 1000，单击鼠标左键，完成绘制，如图 5-81 所示。

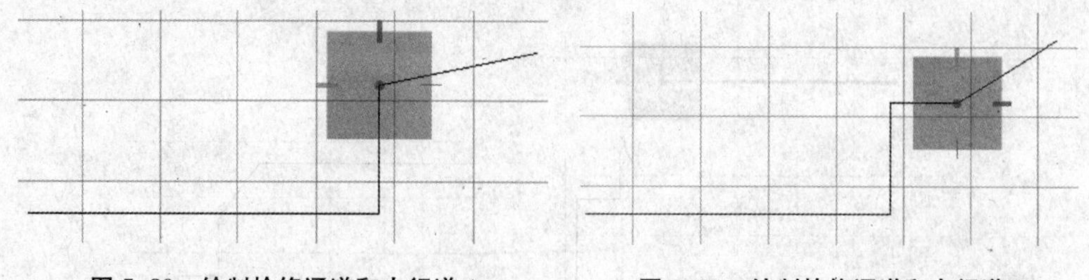

图 5-80 绘制检修通道和人行道 1　　图 5-81 绘制检修通道和人行道 2

向上移动鼠标，按回车键锁定坐标轴，键盘输入"2500"，然后按回车键锁定数值，此时精确绘图坐标处出现 2500，单击鼠标左键，完成绘制，如图 5-82 所示。

向左移动鼠标，按回车键锁定坐标轴，键盘输入"750"，然后按回车键锁定数值，此时精确绘图坐标处出现 750，单击鼠标左键，完成绘制，如图 5-83 所示。

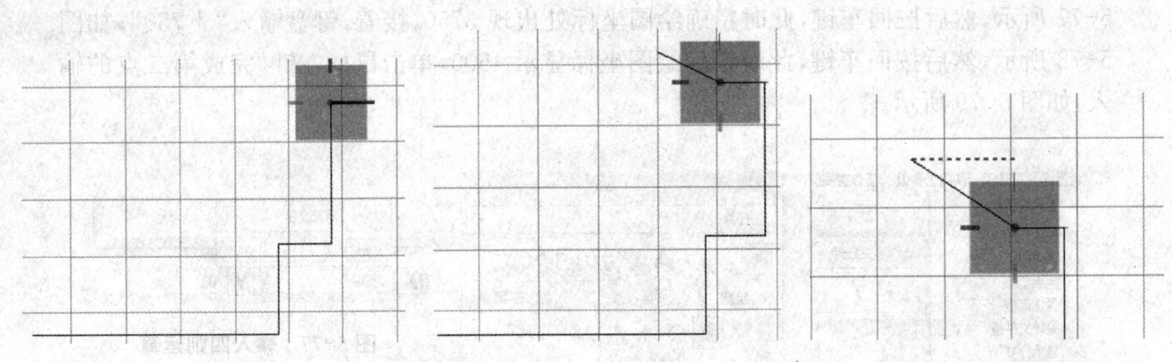

图 5-82　绘制向上线　　　图 5-83　绘制向左线　　　图 5-84　绘制斜线 1

(3) 绘制斜线。向上移动鼠标，键盘输入“1000”，然后按回车键锁定数值，再向左移动鼠标(图 5-84)，键盘输入“750”，然后按回车键锁定数值(图 5-85)，单击鼠标左键，完成绘制，如图 5-86 所示。

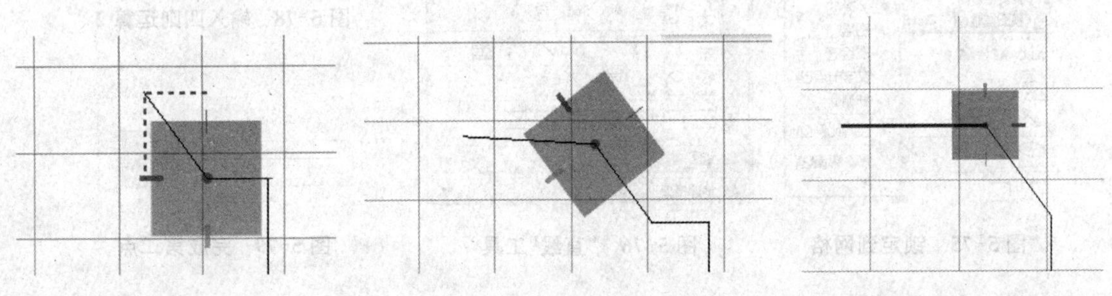

图 5-85　绘制斜线 2　　　图 5-86　完成斜线绘制　　　图 5-87　完成水平线绘制

在确保输入法为英文的状态下，按一下字母“V”键，精确绘图坐标回到水平位置，如图 5-87 所示。

向左移动鼠标，按回车键锁定坐标轴，移动鼠标到最下线的左端点，出现捕捉标记时，单击鼠标左键(图 5-88)，单击鼠标右键，完成绘制的图形如图 5-89 所示。

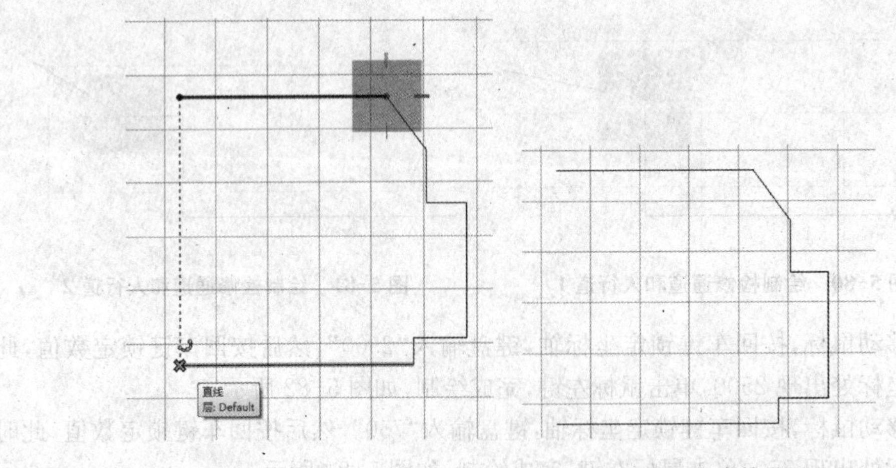

图 5-88　绘制向左线　　　图 5-89　完成的图形

(4) 镜像完成的图形。单击任务栏按钮“选择元素”(图 5-90),然后,拖动鼠标框选已经完成的线,如图 5-91 所示。

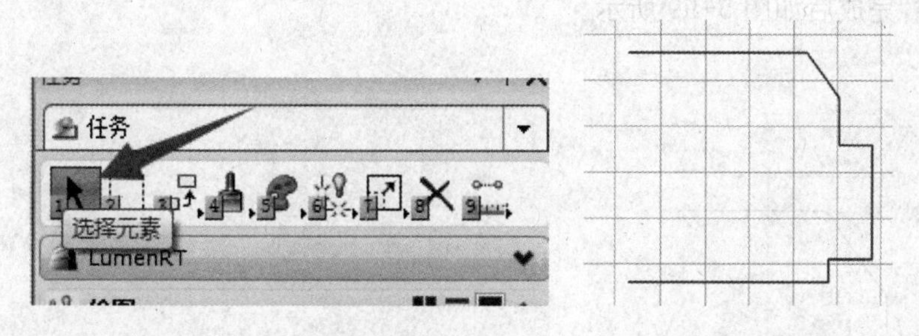

图 5-90 “选择元素”按钮　　图 5-91 选择全部线

单击键盘上的数字键“3”,弹出相应菜单,单击数字键“5”,弹出“镜像”对话框,勾选“镜像”对话框中的“副本”(图 5-92),移动鼠标,在上部直线左端点处单击,再移动鼠标到下部直线左端单击,镜像完成,如图 5-93 所示。

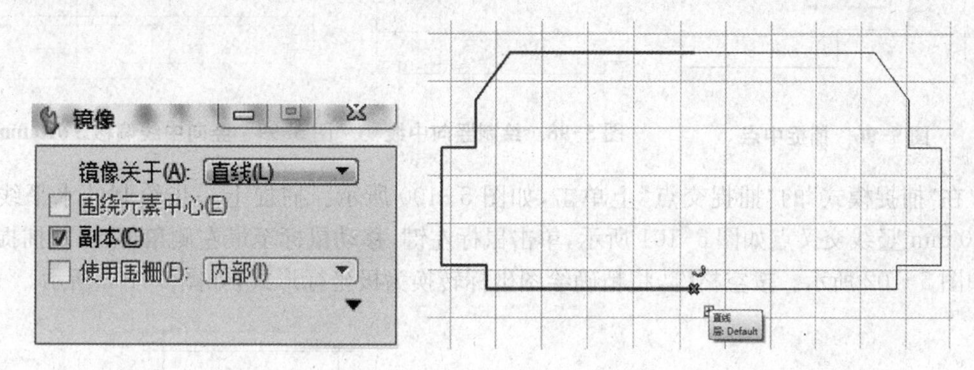

图 5-92 “镜像”对话框　　图 5-93 完成镜像

(5) 绘制隧道内衬砌轮廓线。向上 2500 复制顶部右侧水平线。按键盘数字“31”启动复制命令,移动鼠标到左侧顶部水平线,出现的捕捉符号如图 5-94 所示,单击鼠标左键,向上移动鼠标,按回车键锁定坐标轴,输入 2500,单击鼠标左键,再单击鼠标右键,完成复制,如图 5-95 所示。

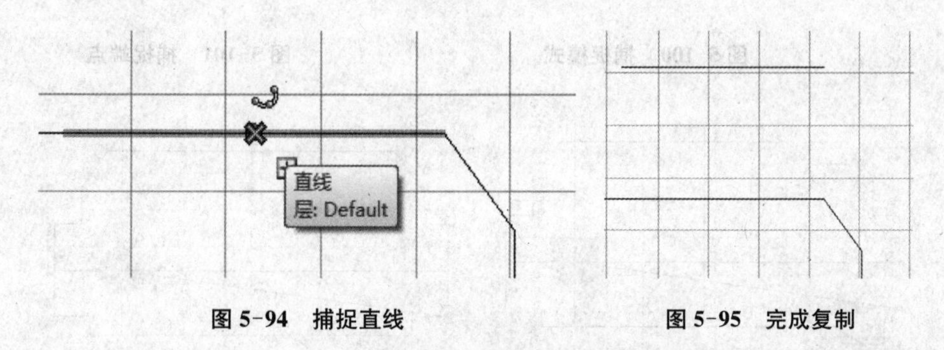

图 5-94 捕捉直线　　图 5-95 完成复制

(6) 绘制水平线。单击“直线”按钮,移动鼠标到最左侧竖线中心,出现捕捉符号如图 5-96 所示,单击鼠标左键,向右移动鼠标,按回车键锁定轴,在右侧竖线上单击,如图 5-97 所示，单击鼠标右键，完成绘制。

（7）绘制侧墙圆弧半径。启动直线命令，绘制竖向中线（图5-98），将竖向中线向右复制3 610 mm，完成后如图5-99所示。

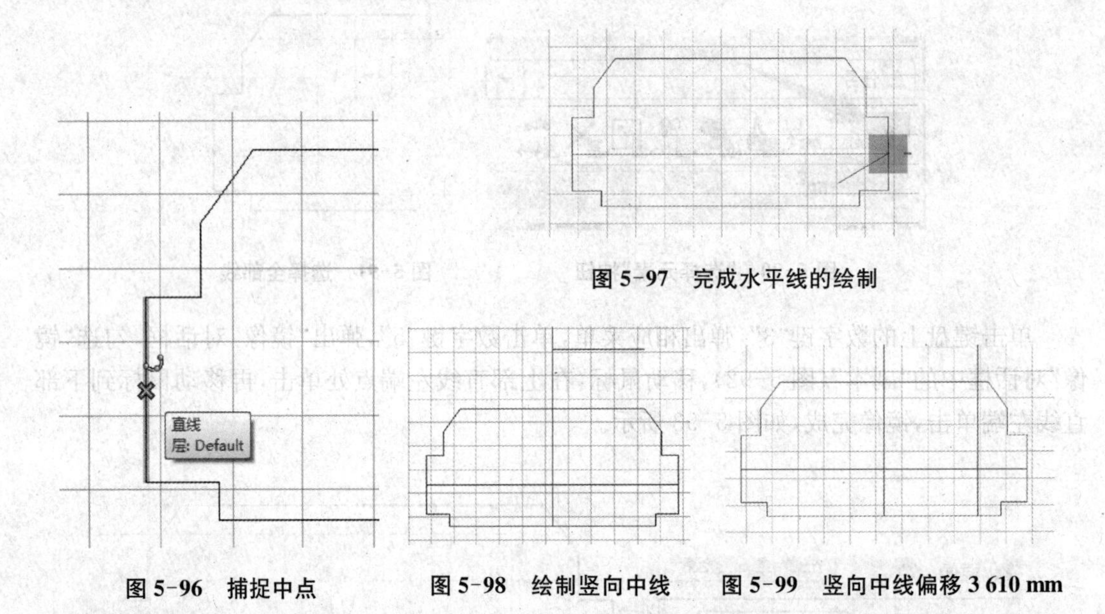

图5-97　完成水平线的绘制

图5-96　捕捉中点　　图5-98　绘制竖向中线　　图5-99　竖向中线偏移3 610 mm

在"捕捉模式"的"捕捉交点"上单击，如图5-100所示。捕捉上一步绘制的水平线与3 610 mm竖线交叉点如图5-101所示，单击鼠标左键，移动鼠标至最左侧角部，出现捕捉符号如图5-102所示。按空格键，将精确绘图坐标转换为极坐标形式，如图5-103所示。

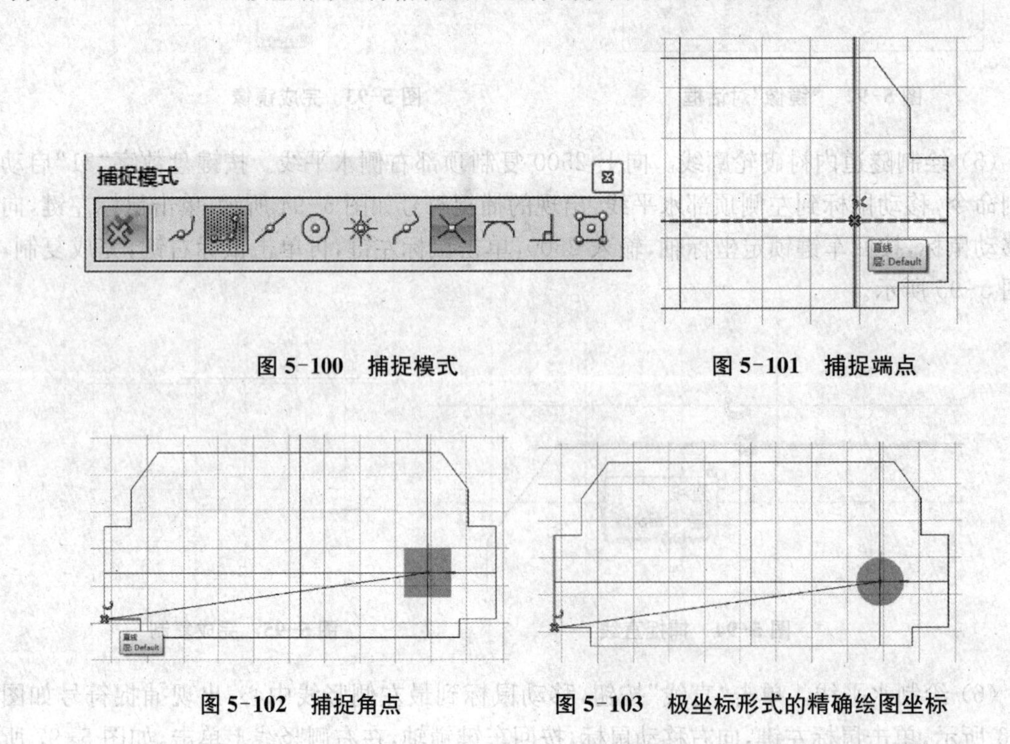

图5-100　捕捉模式　　图5-101　捕捉端点

图5-102　捕捉角点　　图5-103　极坐标形式的精确绘图坐标

按键盘上向右方向键“→”,精确绘图坐标锁定如图 5-104 所示。在键盘上输入“+100”,精确绘图坐标如图 5-105 所示,按回车键确定。单击鼠标左键,完成线的绘制,如图 5-106 所示。

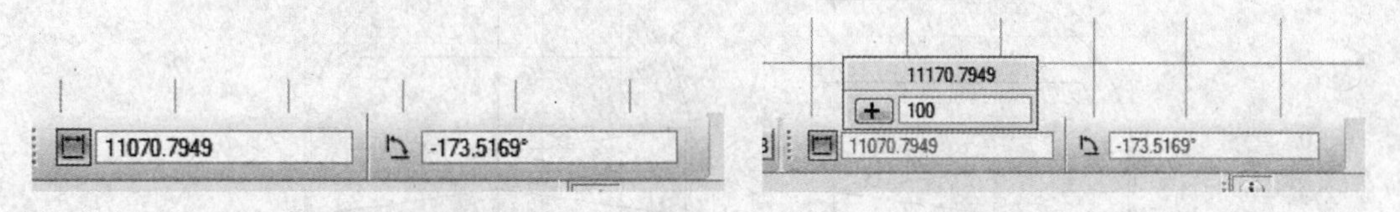

图 5-104 锁定坐标　　图 5-105 输入状态

单击圆弧命令,移动鼠标,捕捉上一步绘制直线的左侧端点(图 5-107),单击鼠标左键;移动鼠标,捕捉右侧端点(图 5-108),单击鼠标左键;移动鼠标,绘制圆弧,如图5-109 所示。

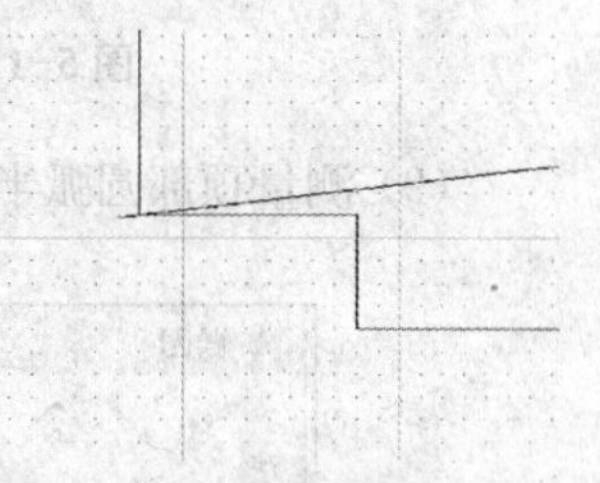

图 5-106 完成的直线

(8) 绘制顶拱。绘制连接最左侧角和圆弧圆心连接的直线(图 5-110),单击键盘“74”,启动“修剪为交集”命令,先单击左侧圆弧,再单击上一步的直线,修剪后如图 5-111 所示。

绘制以中线和上一步斜线交点为圆心,此交点到直线左侧端点为半径的圆弧,如图 5-112 所示。

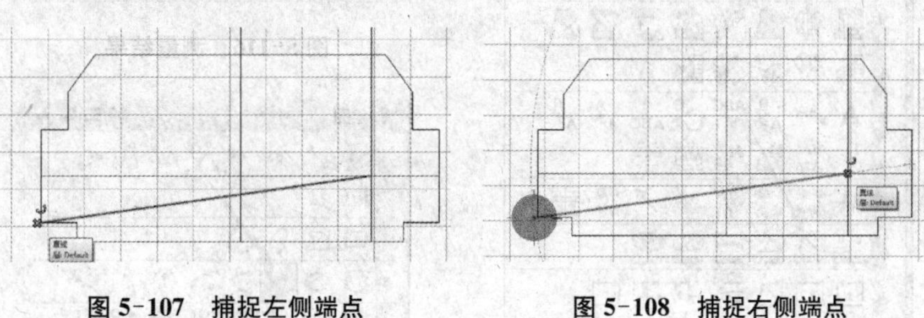

图 5-107 捕捉左侧端点　　图 5-108 捕捉右侧端点

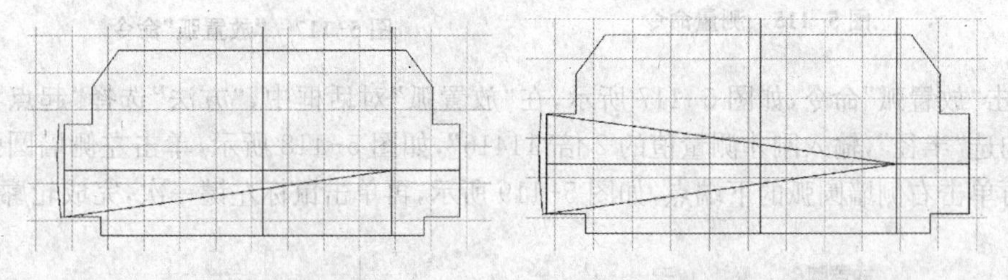

图 5-109 完成圆弧　　图 5-110 绘制直线

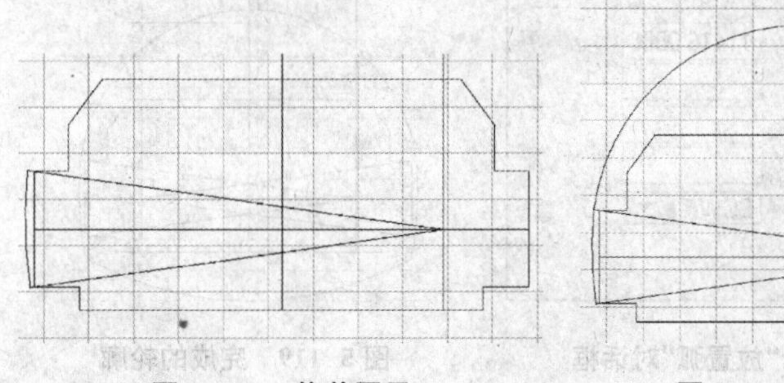

图 5-111 修剪图元　　图 5-112 绘制圆弧

绘制侧墙下部圆弧(图 5-113),采用镜像命令,完成衬砌轮廓线绘制,如图5-114 所示。

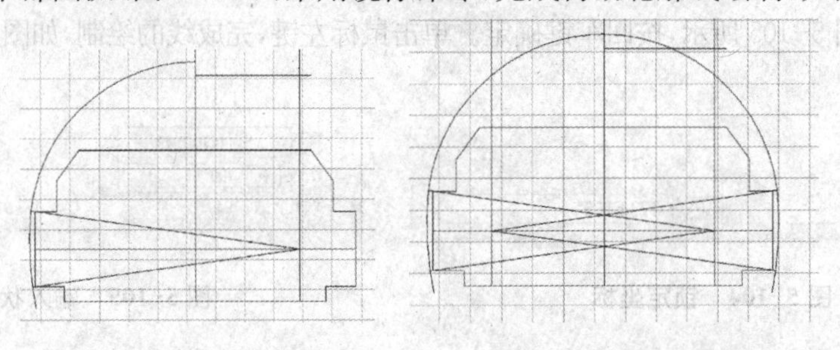

图 5-113　侧墙下部圆弧　　图 5-114　完成轮廓

(9) 测量顶部圆弧半径。单击测量命令(图 5-115),单击圆弧,测量结果如图5-116 所示。

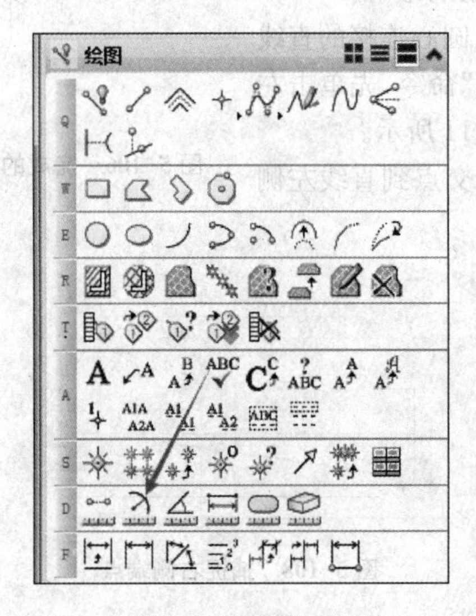

图 5-115　测量命令

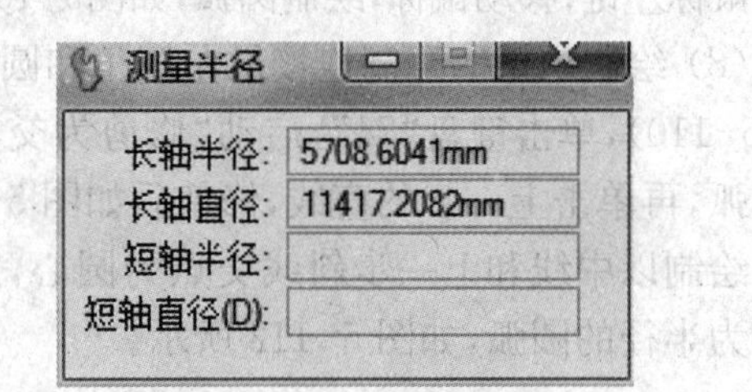

图 5-116　测量结果

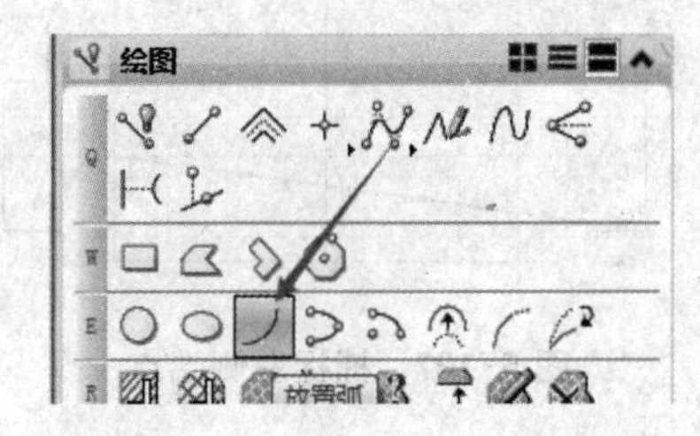

图 5-117　“放置弧”命令

单击“放置弧”命令,如图 5-117 所示,在“放置弧”对话框中,“方法”选择“起点、端点、中点”勾选“半径”,输入刚才测量值的 2 倍“11416”,如图 5-118 所示,单击左侧墙圆弧的下端点,再单击右侧墙圆弧的下端点,如图 5-119 所示,再单击鼠标左键一次,完成轮廓绘制。

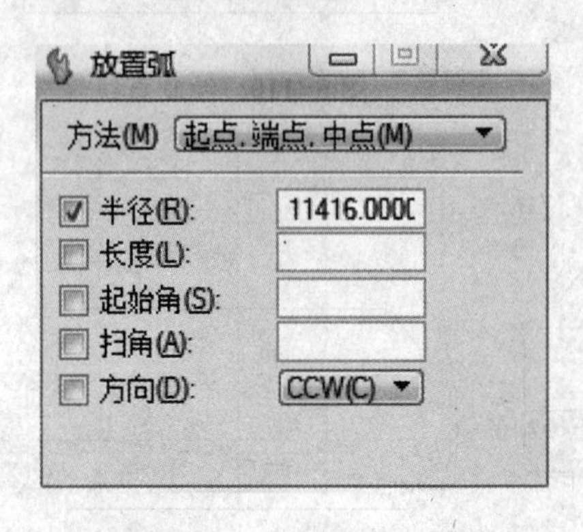

图 5-118　“放置弧”对话框

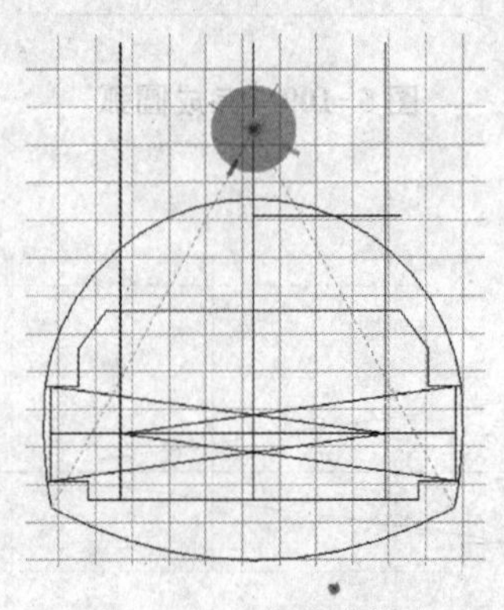

图 5-119　完成的轮廓

3）尺寸标注

单击绘图任务栏上的“线性尺寸标注”按钮，如图 5-120 所示。在弹出的“线性尺寸标注”对话框中，按图 5-121 进行设置。

移动鼠标，单击标注起点，再移动鼠标单击标记的下一点，不断重复，完成第一道水平线性标注，如图 5-122 所示。然后，完成竖向尺寸和顶部尺寸标注，完成的线性尺寸标注如图 5-123 所示。

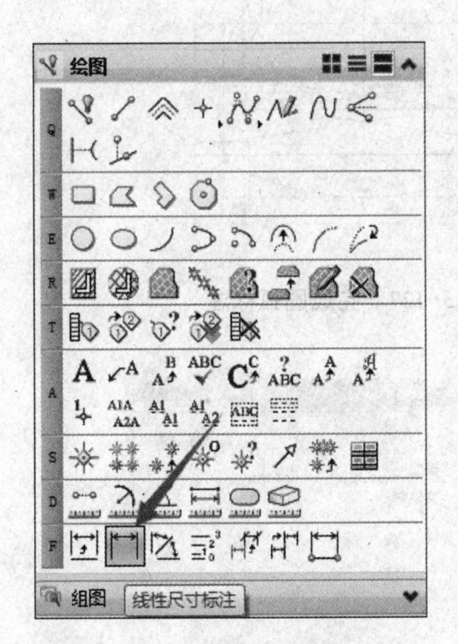

图 5-120 “线性尺寸标注”按钮

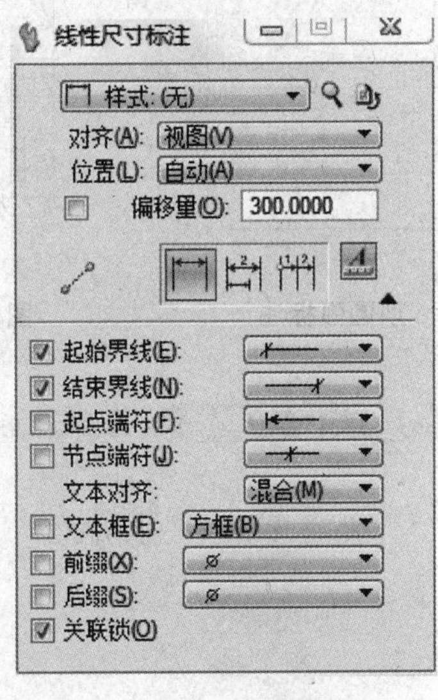

图 5-121 “线性尺寸标注”对话框

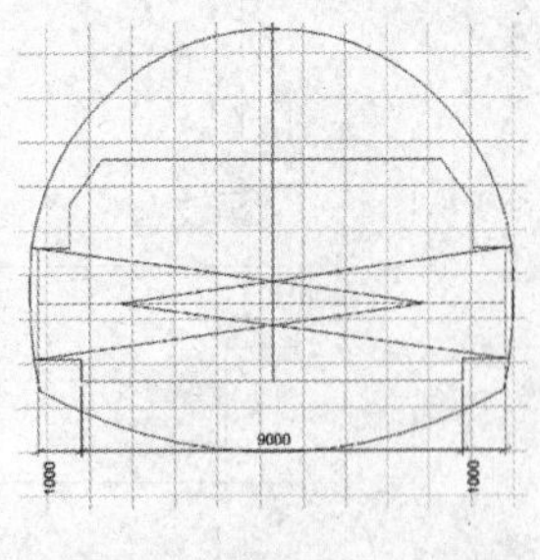

图 5-122 线性水平标注

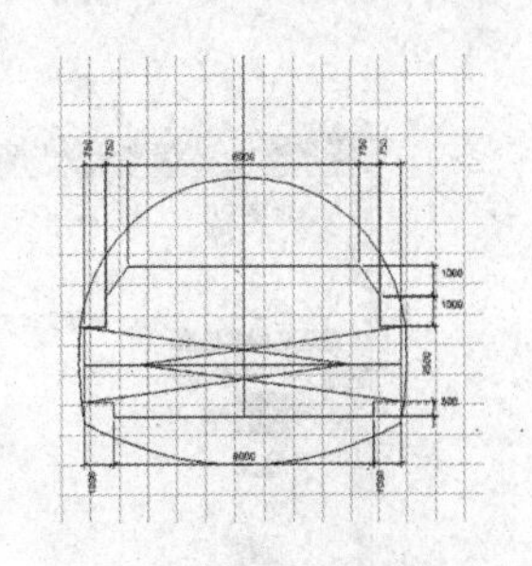

图 5-123 完成线性标注

标注圆弧，单击“元素尺寸标注”按钮（图 5-124），在弹出的对话框中，按图 5-125 进行设置。然后，单击需要标注的圆弧，移动鼠标，选择放置标注位置，完成圆弧标注。顶圆弧的标注结果如图 5-126 所示。完成的全部圆弧标注结果如图 5-127 所示。

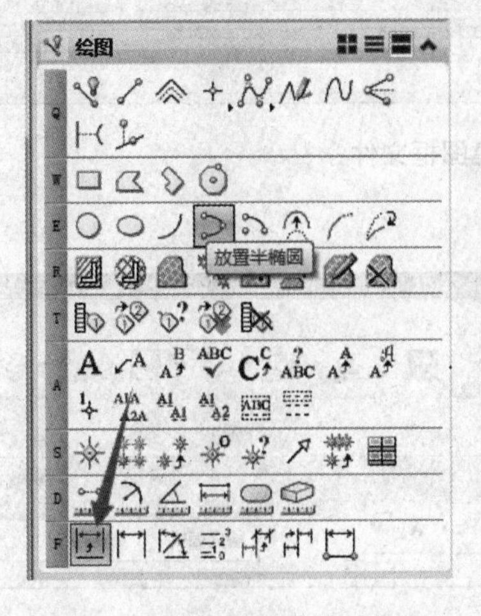

图 5-124 “元素尺寸标注”按钮

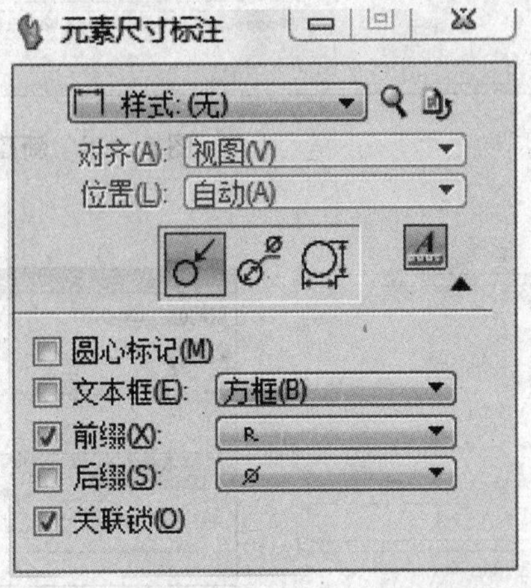

图 5-125 “元素尺寸标注”对话框

4）出图

新建一个文件，采用 2D 种子，命名为“图框”，如图 5-128 所示。在此文件中按比例绘制 2# 图框，如图 5-129 所示。

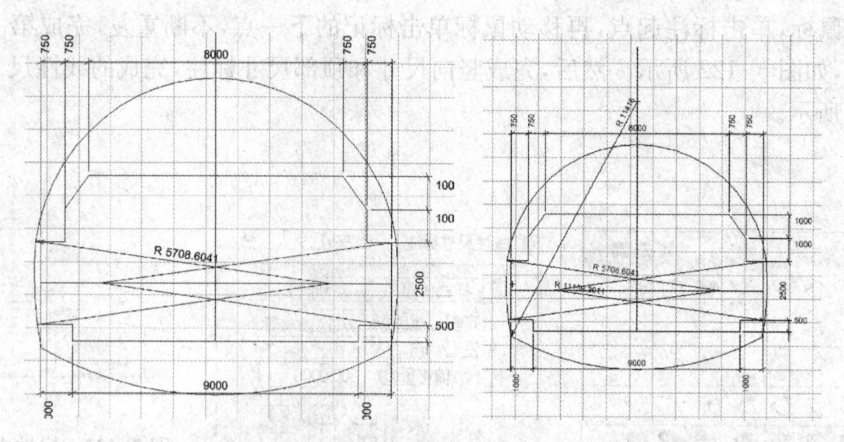

图 5-126　顶圆弧标注　　　　图 5-127　完成圆弧标注

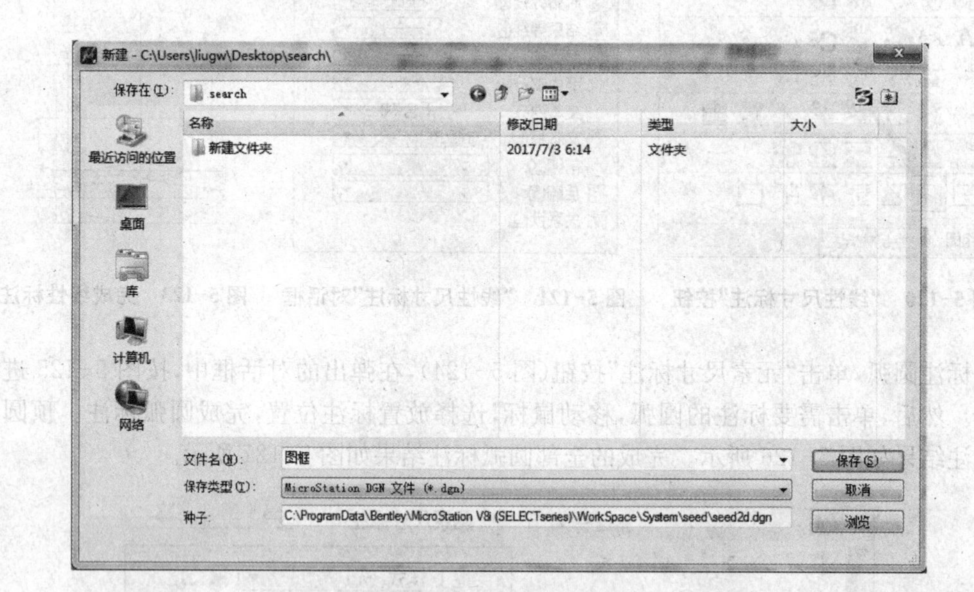

图 5-128　新建图框文件

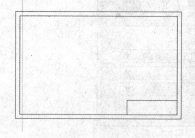

图 5-129　新建图框

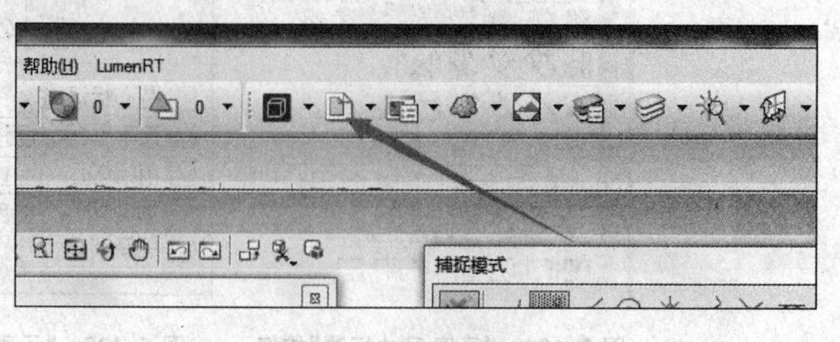

图 5-130　“参考”按钮

单击“参考”按钮，如图 5-130 所示。参考前面绘制的隧道图，参考比例为 1∶50，如图 5-131 所示。移动参考图形到图框的合适位置，然后进行尺寸标注，补充文字说明，如图 5-132 所示。

注意：标注尺寸和文字的时候，可以单击“元素尺寸标注”对话框的“样式查找”按钮，如图 5-133 所示。在“尺寸标注样式”对话框中设置文本的字体、高度和宽度，如图5-134 所示。

图 5-131　参考的图形

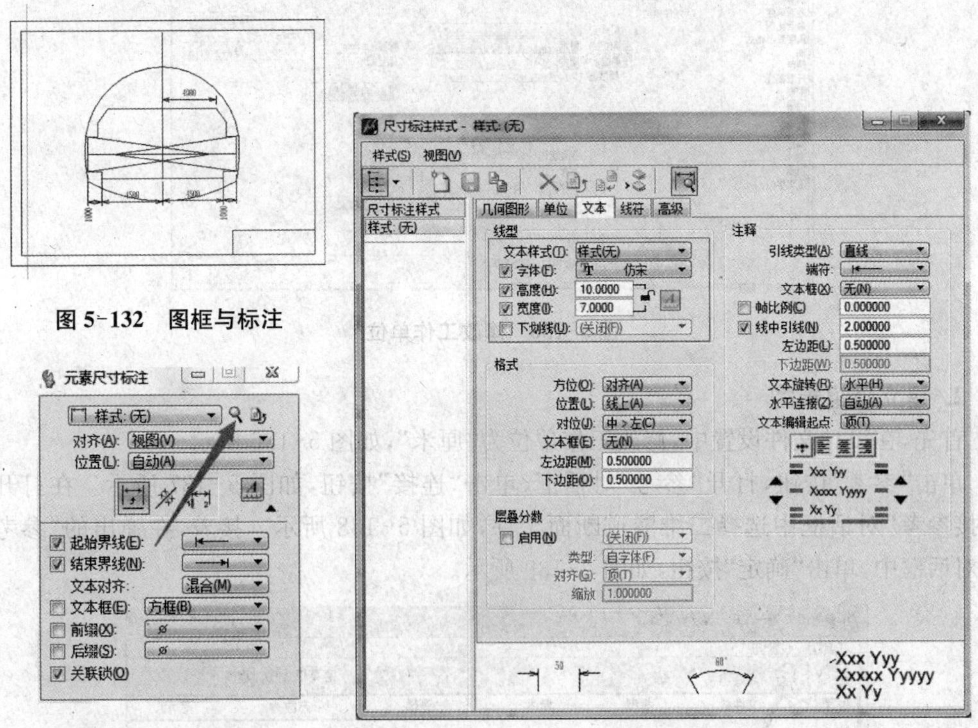

图 5-132　图框与标注

图 5-133　样式查找

图 5-134　文本设置

5.3.5　三维建模

1. 新建文件

进行三维建模，需要采用 seed3d. dgn 作为种子新建文件，如图 5-135 所示。

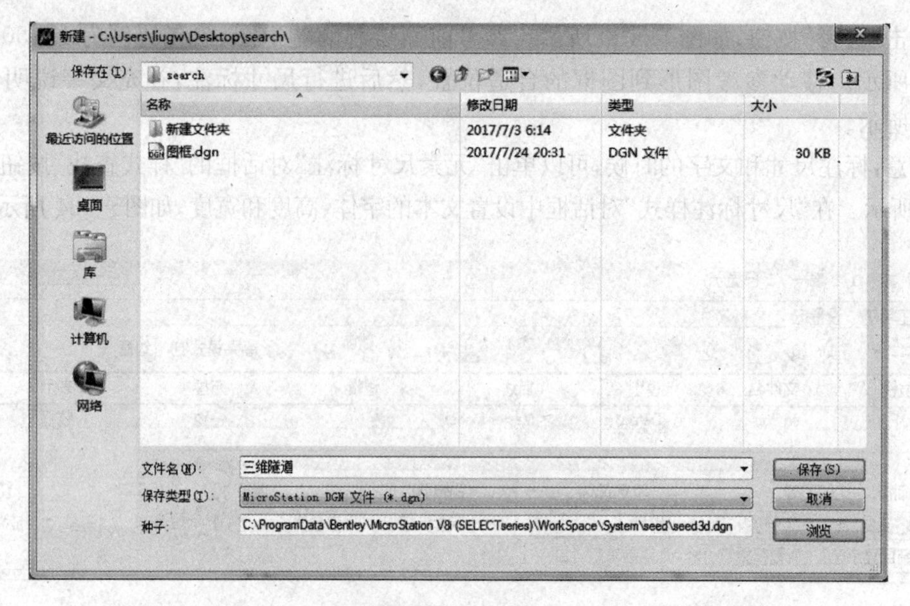

图 5-135　三维种子

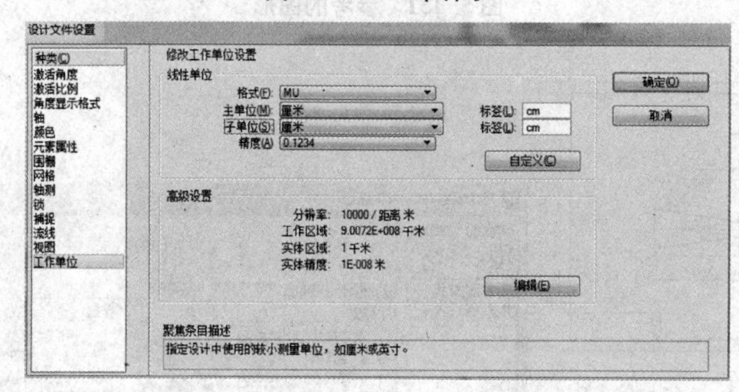

图 5-136　修改工作单位

2. 建立隧道模型

首先，在设计文件设置中，修改工作单位为“厘米”，如图 5-136 所示。

单击“参考”按钮，打开“参考”对话框，单击“连接”按钮，如图 5-137 所示。在打开的“连接参考”对话框中选择二维隧道断面文件，如图 5-138 所示。接着，在弹出的“参考设置”对话框中，单击“确定”按钮，如图 5-139 所示。

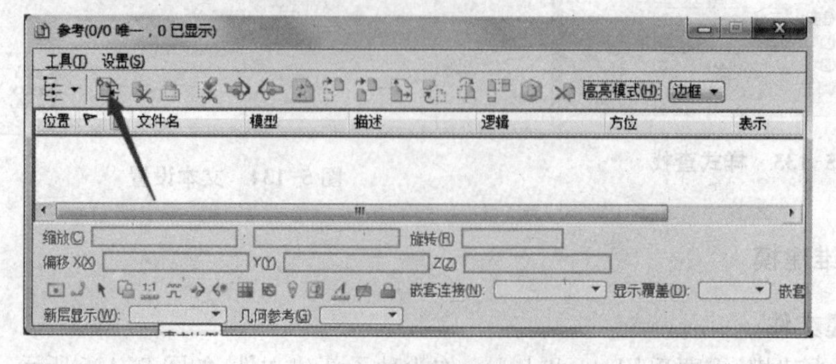

图 5-137　连接参考

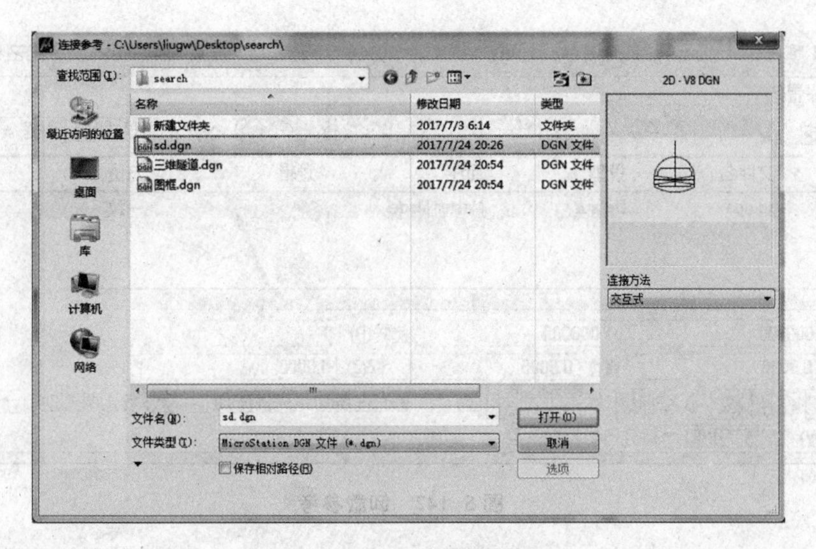

图 5-138 参考隧道文件

在绘图区选择隧道衬砌轮廓线，如图 5-140 所示。单击键盘"31"键，不要移动鼠标，单击鼠标左键两次，完成对衬砌外轮廓线的复制，如图 5-141 所示，单击鼠标右键，完成复制。在"参考"对话框中，单击"卸载"按钮，如图 5-142 所示。

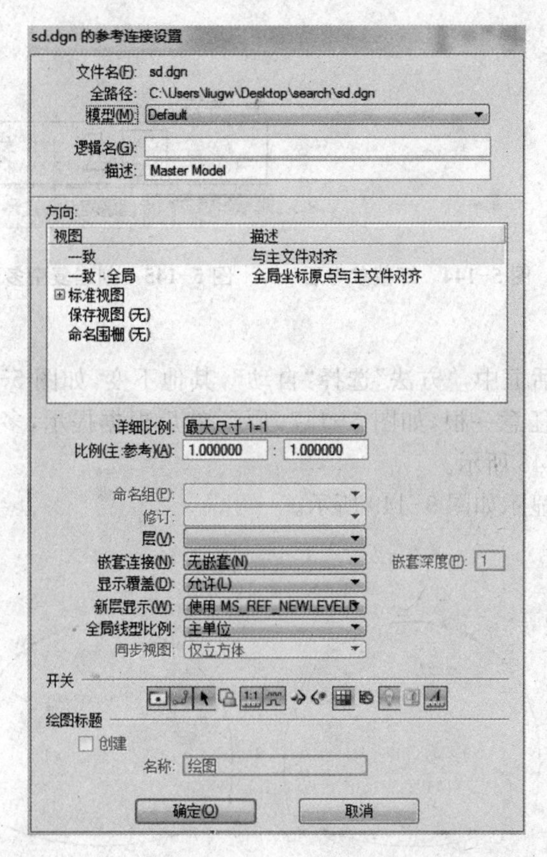

图 5-139 参考设置

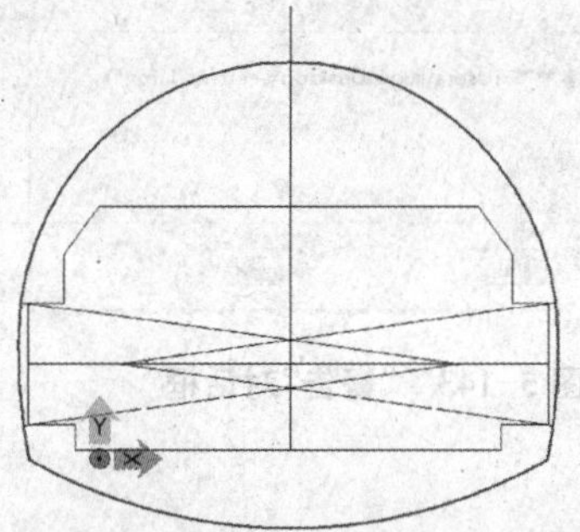

图 5-140 选择隧道轮廓线

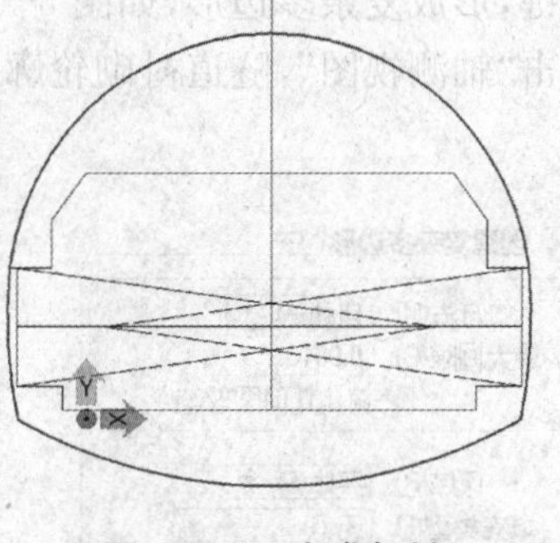

图 5-141 完成复制

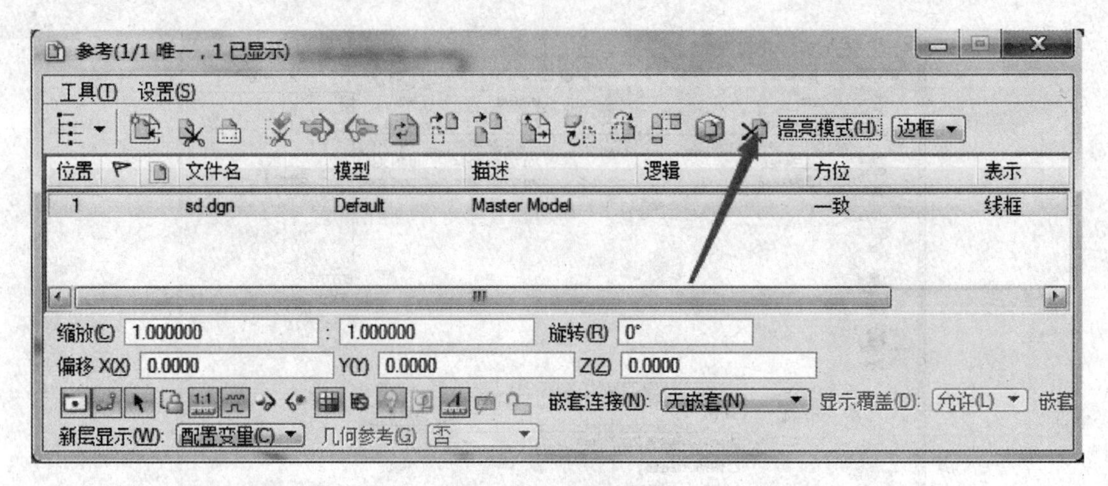

图 5-142 卸载参考

在弹出的“警告”对话框中，单击“确定”按钮(图 5-143)，卸载参考后的工作区如图 5-144 所示。

单击“组”工具条的“创建复杂多边形”按钮(或按键盘快捷键“63”)，如图 5-145 所示。

图 5-143 “警告”对话框

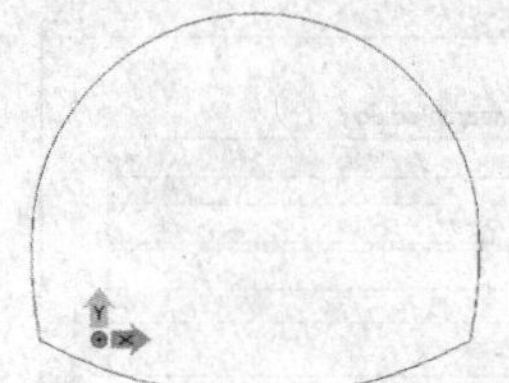

图 5-144 卸载参考后

图 5-145 创建复杂多边形

在弹出的“创建复杂多边形”对话框中，“方法”选择“自动”，其他不变，如图 5-146 所示。移动鼠标，单击衬砌轮廓线中的任意一根，如图 5-147 所示，然后根据提示，多次单击鼠标左键，形成复杂多边形，如图 5-148 所示。

单击“轴测视图”，隧道衬砌轮廓显示如图 5-149 所示。

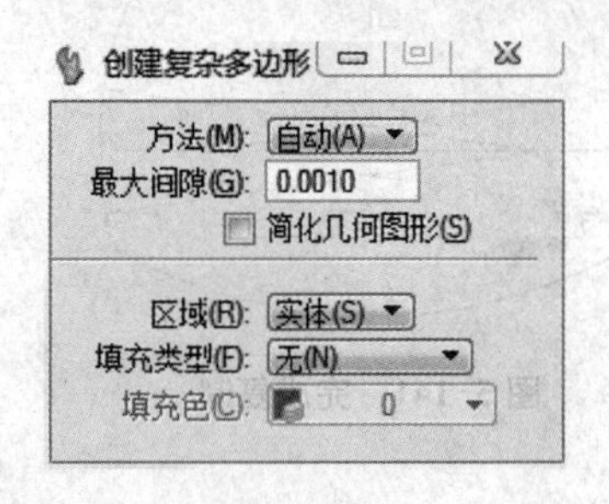

图 5-146 “创建复杂多边形”对话框

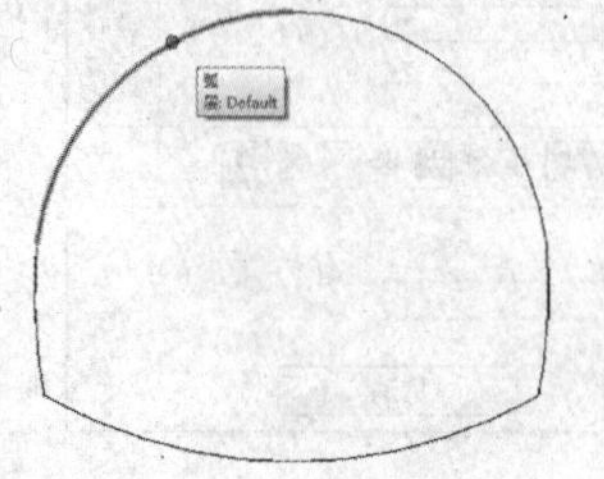

图 5-147 单击轮廓线

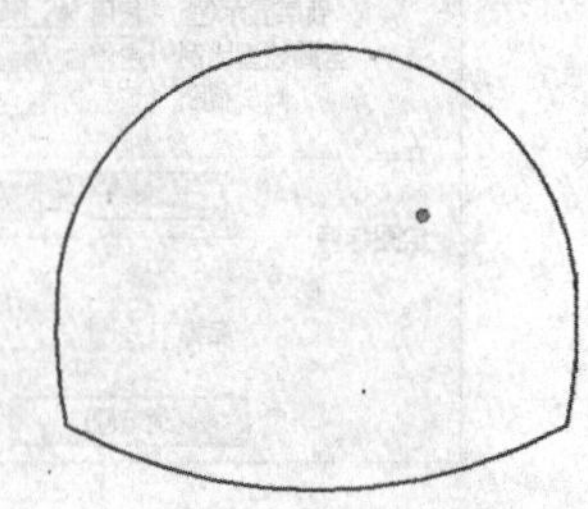

图 5-148 形成的复杂多边形

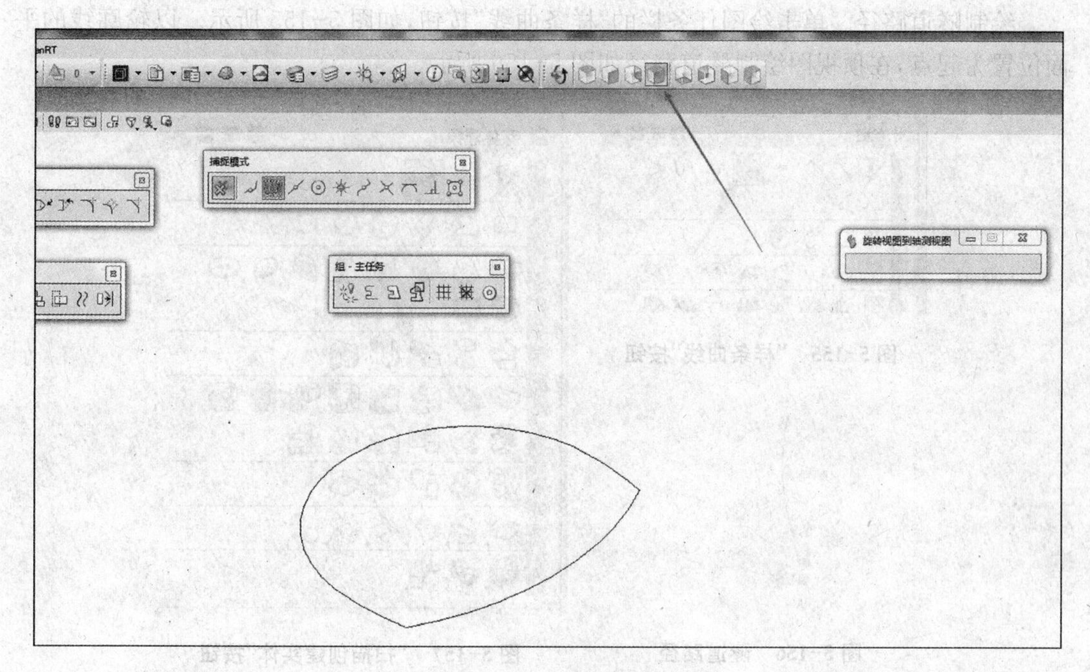

图 5-149　轴测视图

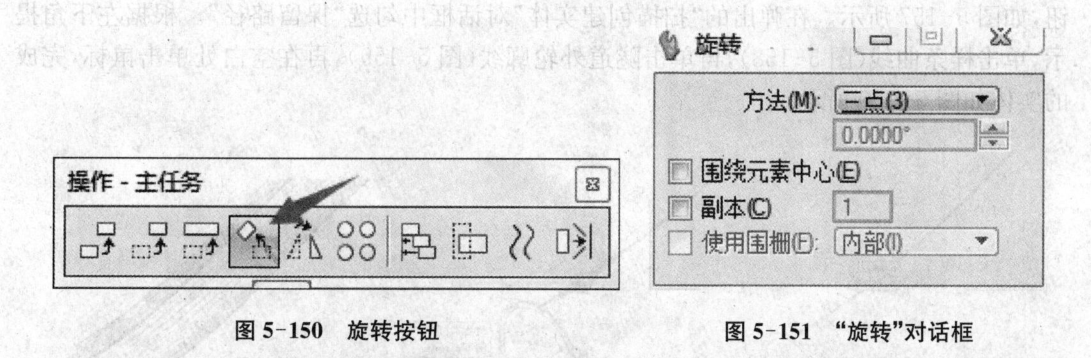

图 5-150　旋转按钮　　　　图 5-151　“旋转”对话框

单击“操作-主任务”工具条的“旋转”按钮或按键盘快捷键“34”，如图 5-150 所示，打开“旋转”对话框，在“方法”后选择“三点”，如图 5-151 所示。

单击轮廓线，然后按键盘上的“s”键(或“f”键)，让精确绘图坐标的平面与轮廓线平面垂直，如图 5-152 所示。单击并移动鼠标，将轮廓线立起，如图 5-153 所示。使用“复制”或“偏移”命令，将轮廓线向外偏移 700 mm，如图 5-154 所示。

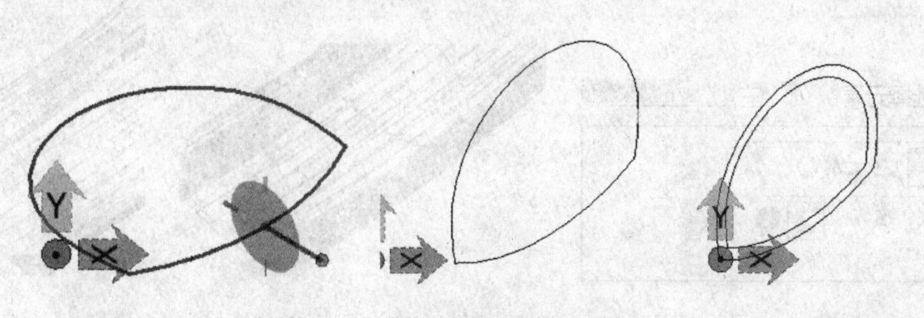

图 5-152　单击轮廓　　图 5-153　旋转轮廓　　图 5-154　偏移轮廓

绘制隧道路径。单击绘图任务栏的“样条曲线”按钮，如图 5-155 所示。以轮廓线的平面位置为起点，在顶视图绘制隧道路径如图 5-156 所示。

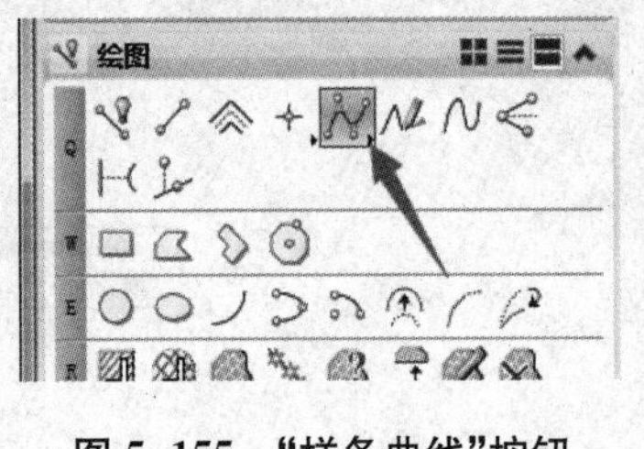

图 5-155 “样条曲线”按钮

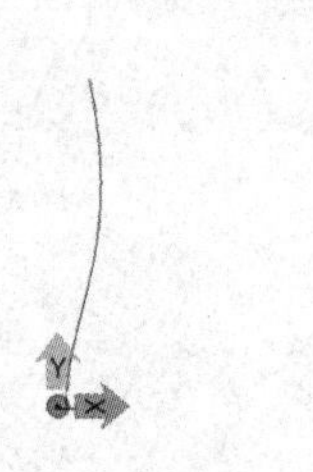

图 5-156 隧道路径

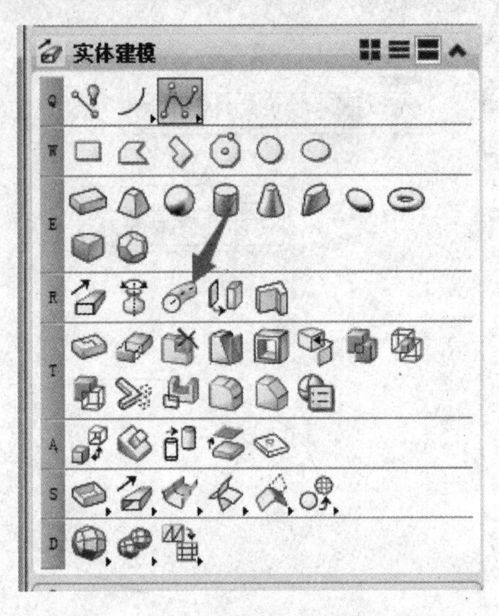

图 5-157 “扫描创建实体”按钮

单击“轴测视图”按钮，进入轴测视图。单击“实体建模”任务栏的“扫描创建实体”按钮，如图 5-157 所示。在弹出的“扫描创建实体”对话框中勾选“保留路径”。根据左下角提示，单击样条曲线(图 5-158)，再单击隧道外轮廓线(图 5-159)，再在空白处单击鼠标，完成的实体如图 5-160 所示。

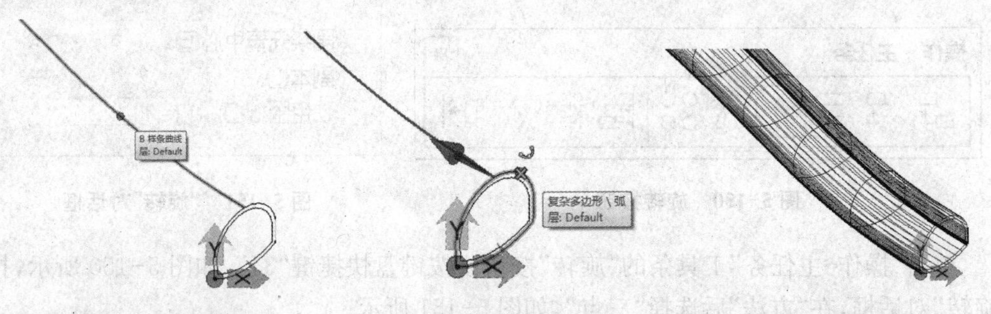

图 5-158 选择路径　　图 5-159 选择轮廓　　图 5-160 扫描创建的实体

单击“选择元素”按钮，在“选择元素”对话框中设置“反选”，如图 5-161 所示。

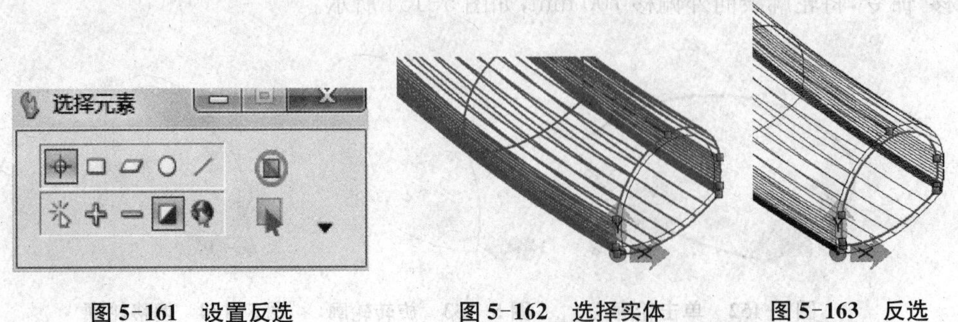

图 5-161 设置反选　　图 5-162 选择实体　　图 5-163 反选

单击创建的隧道实体(图 5-162),然后,拖动鼠标框选所有的图形,这时的反选如图 5-163 所示;接着,长按鼠标右键,在弹出的菜单上选择“隔离”(图 5-164),隔离的图形如图 5-165 所示。用隔离出的轮廓和路径,重新进行“扫描创建实体”。完成后,长按鼠标右键,在弹出的菜单上选择“隔离清除”,如图 5-166 所示。隔离清除后的显示如图 5-167 所示。

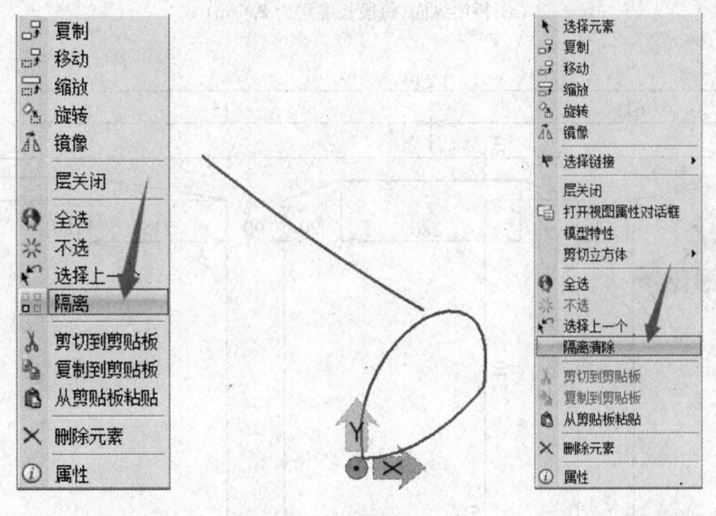

图 5-164 隔离　　图 5-165 隔离后的显示　　图 5-166 隔离清除

单击“实体建模”中的“提取实体”按钮(图 5-168),先单击外侧实体,再单击内侧实体,完成提取后,如图 5-169 所示。这样就完成了隧道的三维建模。

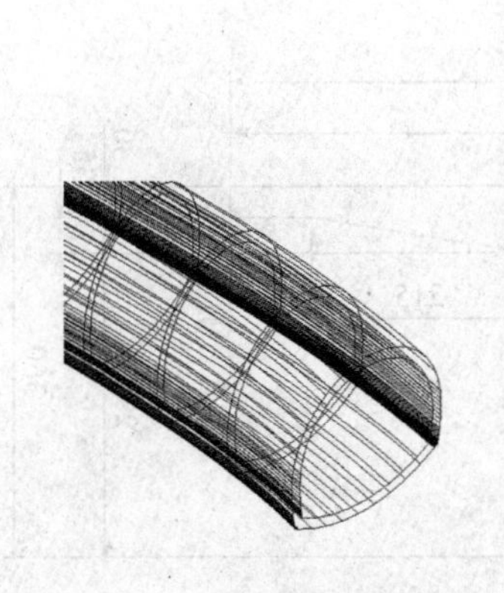

图 5-167 隔离清除后的显示

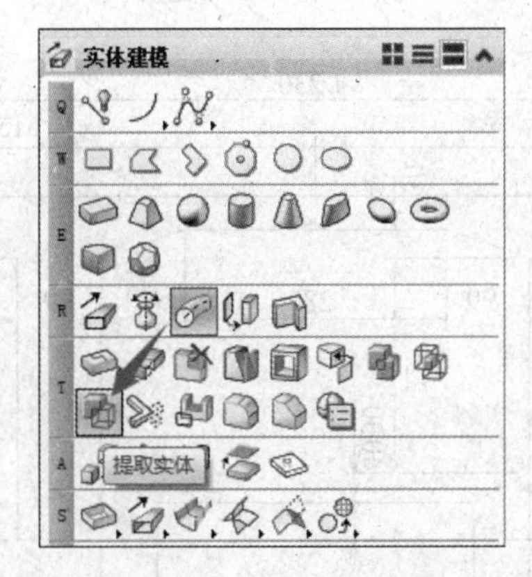

图 5-168 “提取实体”按钮

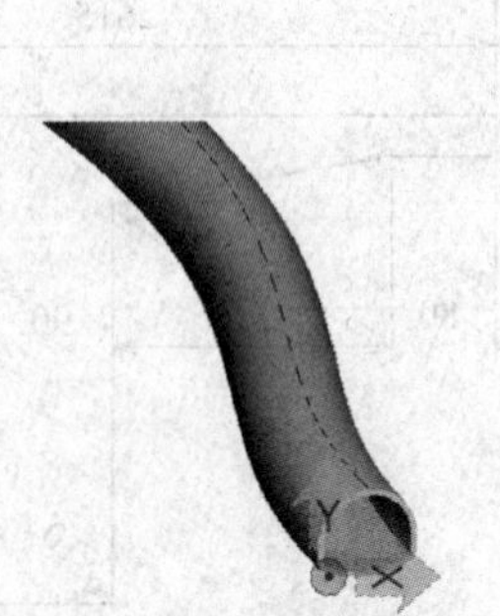

图 5-169 完成的隧道

3. 建立桥梁模型

桥梁模型一般都是曲面造型。如图 5-170 所示悬浇混凝土连续梁是 Y 形造型,并且中心有空洞,建立这类模型,首先要绘制不同部位的横截面的形状。

这类建模的基本思路可以是先分别绘制纵面轮廓、横截面轮廓和空洞轮廓,然后可以采用放样曲面命令(图 5-171),把横截面放样,建立曲面模型,之后用转换为实体命令(图

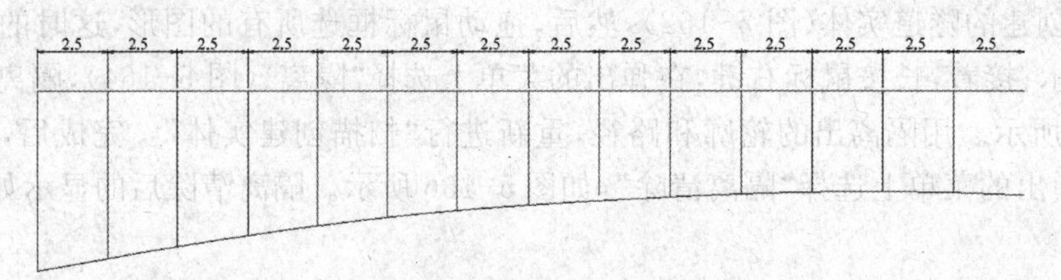

(a) 桥梁纵面(每段长度均为 2.5 m)

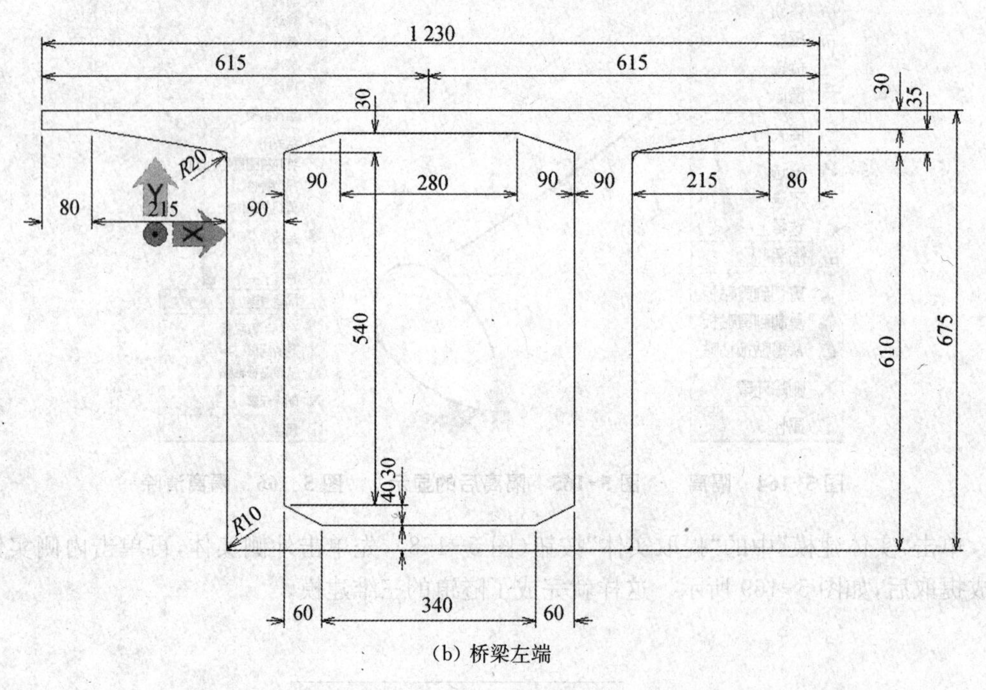

(b) 桥梁左端

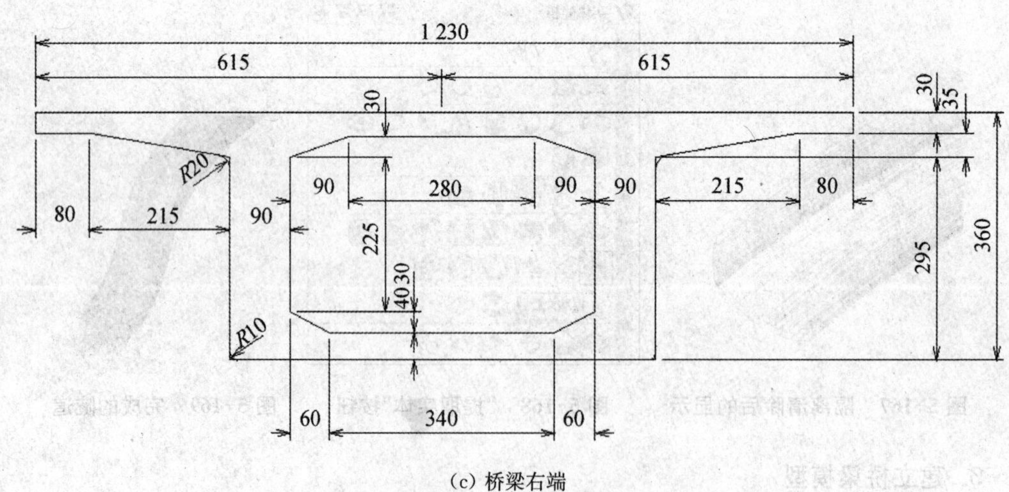

(c) 桥梁右端

图 5-170 混凝土梁

5-172)转换为实体,然后,再进行布尔运算,生成桥的模型。

建立纵面轮廓。为了方便建模,假定梁的长度为 70 m,梁底为抛物线,抛物线的方程为

y=7x^2/272 300。假定悬浇段长度都是 2.5 m，则可以利用 Excel 表格算出，每个分段的高度变化，如图 5-173 所示。

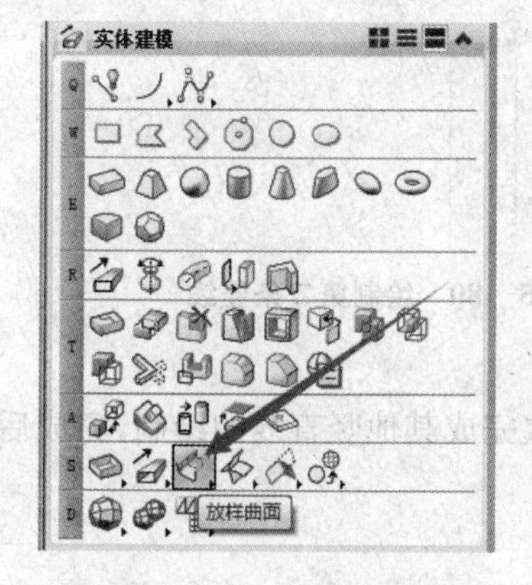

图 5-171 “放样曲面”按钮

图 5-172 “转换为实体”按钮

x	y	h
0	0	360
250	1.6	361.6
500	6.4	366.4
750	14.5	374.5
1000	25.7	385.7
1250	40.2	400.2
1500	57.9	417.9
1750	78.7	438.7
2000	102.8	462.8
2250	130.2	490.2
2500	160.7	520.7
2750	194.4	554.4
3000	231.4	591.4
3250	271.6	631.6
3500	315	675

图 5-173 计算结果 Excel 表格

最小截面的高度为 3 600 mm，于是各截面的高度也可以计算得出，如图 5-173 所示。

打开“设计文件设置”对话框，设置单位为“厘米”（图 5-174），根据表格数据，建立纵面轮廓。单击“绘图”中的直线命令（图 5-175），弹出“放置直线”对话框，如图5-176 所示。

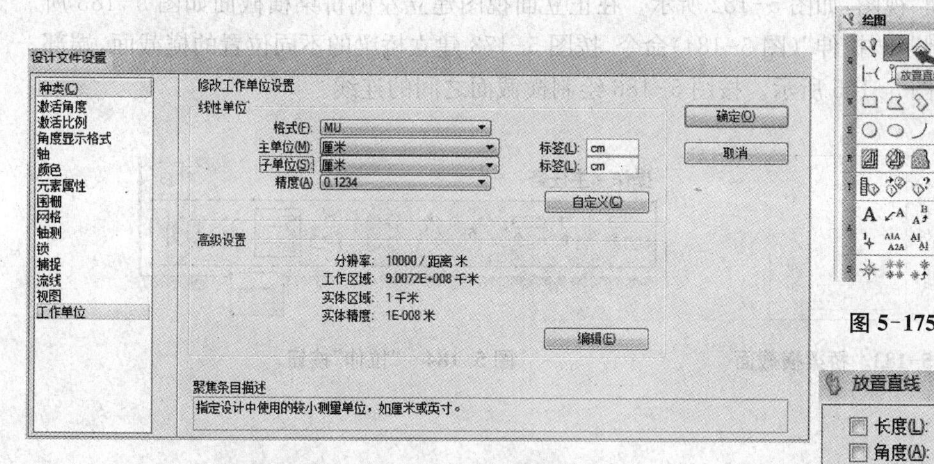

图 5-174 “设计文件设置”对话框

图 5-175 “直线”按钮

图 5-176 “放置直线”对话框

在侧立面图中，单击鼠标左键，然后回车锁轴，输入“7000”，单击鼠标左键确认，单击鼠标右键完成，如图 5-177 所示。

绘制第二条竖直线。鼠标移动到直线的最左端，单击左键，向下移动鼠标，回车锁轴，按表格输入“675”，单击鼠标左键确认，单击鼠标右键完成，如图 5-178 所示。

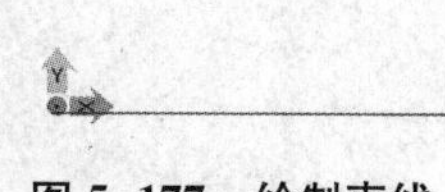

图 5-177 绘制直线

鼠标移动到直线交点，出现捕捉图标，如图 5-179 所示，按“F11”键，再按字母“O”键，向右移动，输入“250”，单击左键，向下移动鼠标，回车锁轴，输入

“631.6”，单击鼠标左键确认，单击鼠标右键完成，如图 5-180 所示。

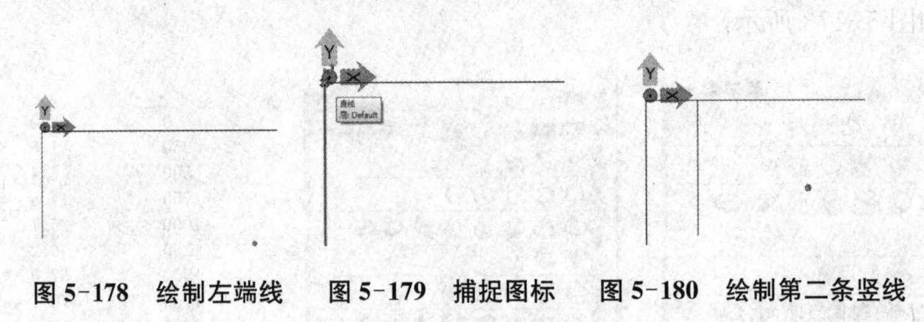

图 5-178　绘制左端线　　图 5-179　捕捉图标　　图 5-180　绘制第二条竖线

根据图 5-173 中数据，按第二条竖直线绘制方法，依次完成其他竖直线的绘制，完成后如图 5-181 所示。

图 5-181　完成竖直线　　图 5-182　正面视图

单击“正面”视图，如图 5-182 所示。在正立面视图建立左侧桥梁横截面如图 5-183 所示。通过“复制”和“拉伸”(图 5-184)命令，按图 5-173 建立桥梁的不同位置的横截面，端部两个横截面如图 5-185 所示。按图 5-186 绘制横截面之间的连线。

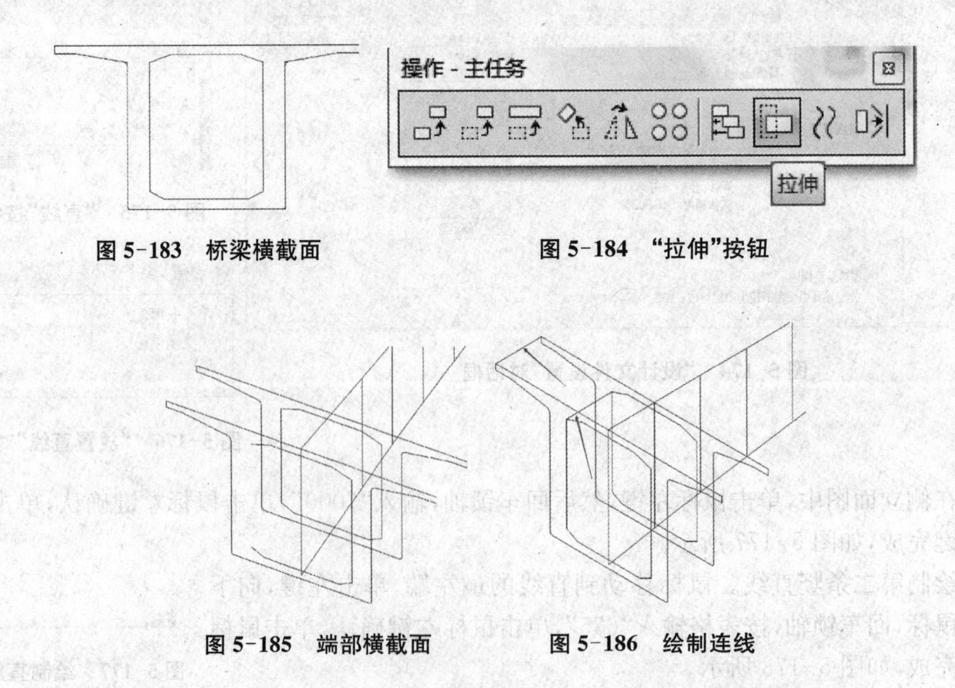

图 5-183　桥梁横截面　　图 5-184　“拉伸”按钮

图 5-185　端部横截面　　图 5-186　绘制连线

单击任务栏中的“沿曲线延展曲面”按钮(图 5-187)，在弹出的“沿曲线延展曲面”对话框中，按图 5-188 进行设置。

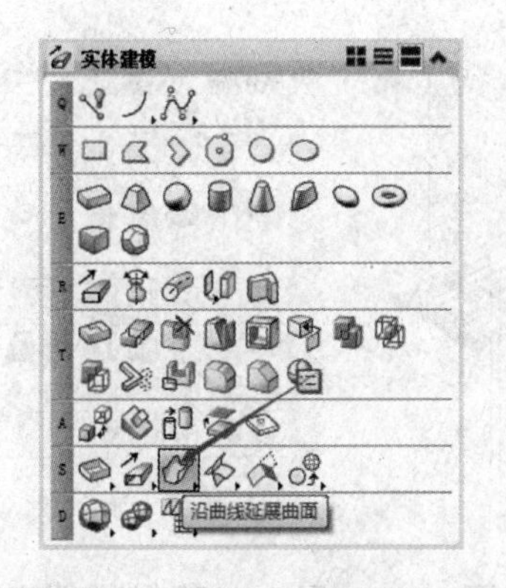

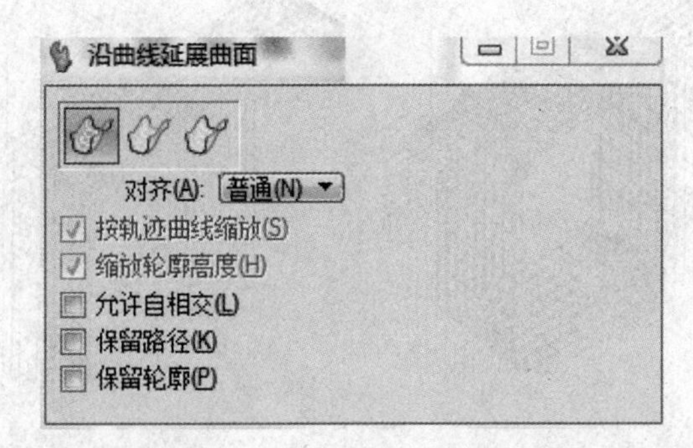

图 5-187 “沿曲线延展曲面”按钮　　图 5-188 “沿曲线延展曲面”对话框

根据左下角提示，单击路径(图 5-189)，再单击第一条轮廓线(图 5-190)，接着单击第二条轮廓线(图 5-191)；根据提示，在空白处单击鼠标左键确认，如图5-192 所示。

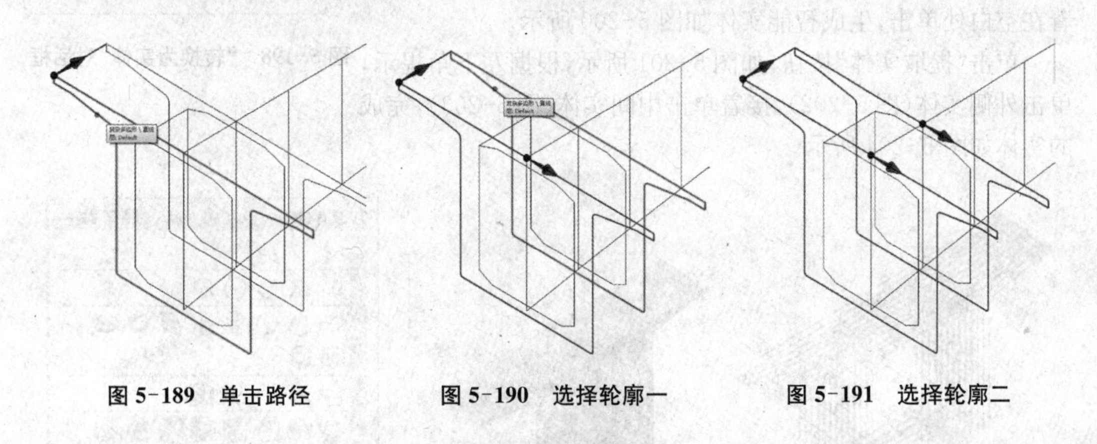

图 5-189 单击路径　　图 5-190 选择轮廓一　　图 5-191 选择轮廓二

根据左下角提示，单击内侧路径，如图 5-193 所示，再单击第一条轮廓线，接着单击第二条轮廓线，如图 5-194 所示；根据提示，在空白处单击鼠标左键确认，如图 5-195 所示。完成的曲面如图 5-196 所示。

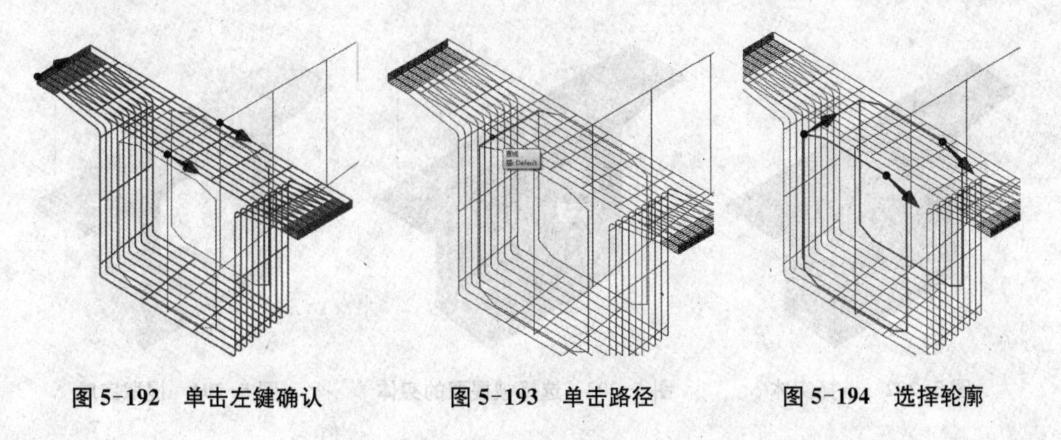

图 5-192 单击左键确认　　图 5-193 单击路径　　图 5-194 选择轮廓

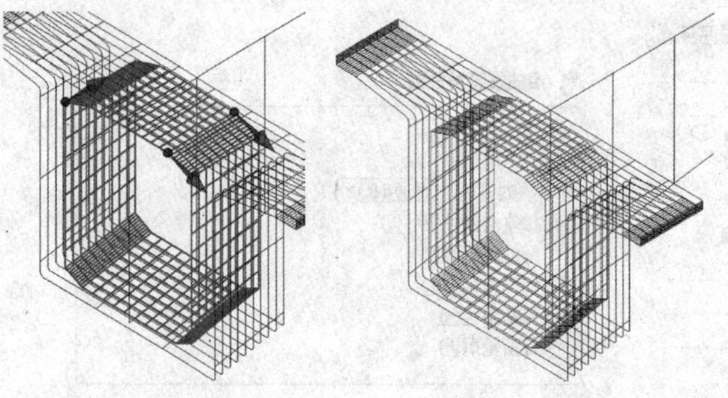

图5-195 单击左键确认　　图5-196 完成的曲面

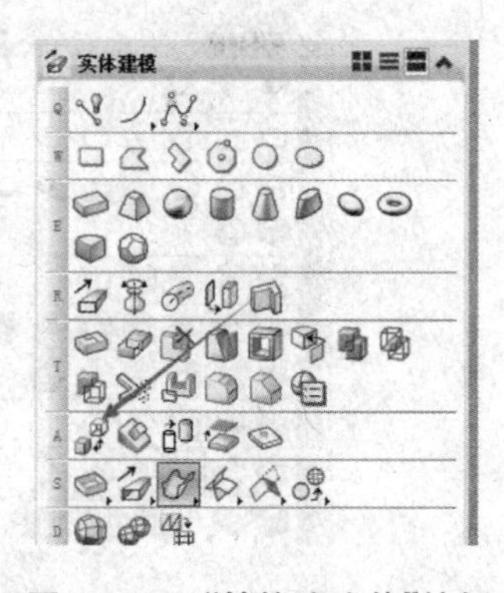

图5-197 “转换为实体”按钮

按图5-197所示，单击“转换为实体”按钮，在弹出的“转换为实体”对话框中，选择“智能实体”，如图5-198所示；然后单击外侧曲面，按住Ctrl键，单击内侧轮廓，如图5-199所示，接着在空白处单击，生成智能实体如图5-200所示。

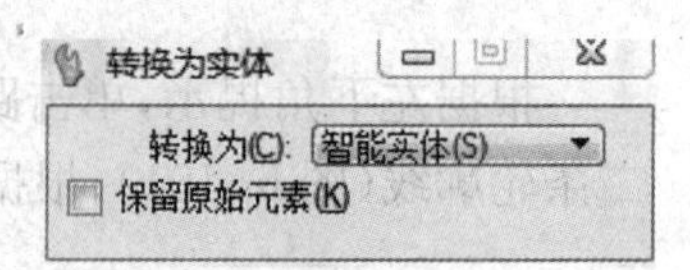

图5-198 “转换为实体”对话框

单击“提取实体”按钮，如图5-201所示，根据左下角提示，单击外侧实体(图5-202)，接着单击中间实体(图5-203)，完成的实体如图5-204所示。

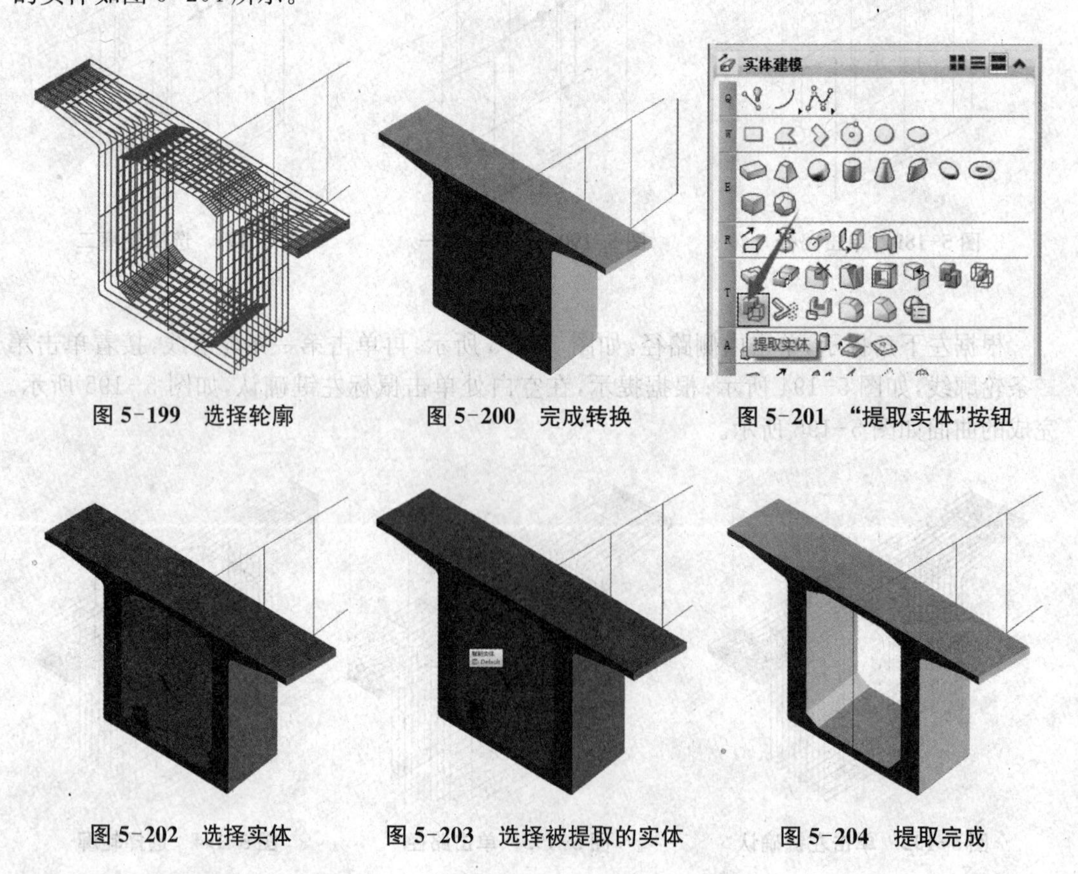

图5-199 选择轮廓　　图5-200 完成转换　　图5-201 “提取实体”按钮

图5-202 选择实体　　图5-203 选择被提取的实体　　图5-204 提取完成

重复上述方法，即可完成桥梁模型的创建。

5.3.6 单元定制

单元相当于 AutoCAD 的块，对经常大量重复的绘图元素，如建筑立面的门、窗等，可以做成单位，重复使用中可以节约时间，提升效率。在 MicroStation 软件的 Connect 版本中，新增加了参数化单元，这个单元的功能基本达到了 Revit 族的性能，可以为用户自定义参数化构件做积极的准备。

在 MicroStation 软件中，单元放在单元 DGN 库中，所以，在放置单元前应首先连接 DGN 单元库，DGN 单元库就是存储了一个或多个模型的 DGN 文件，除了文件扩展名外，单元库和 DGN 文件没有任何区别。

在进行单元定制时，单元库和单元库中单个单元的大小不受限制，单元名称和描述的允许字符长度与操作系统要求一致。

单元只是启用了选项可以作为单元进行放置的模型，所以要设定模型的原点。与单元有关的工具在任务栏的绘图下的 S 行，如图 5-205 所示。

图 5-205 单元任务栏

单元的定制要使用单元库对话框。可以用菜单命令“元素”→“单元”，如图 5-206 所示。单击“单元”菜单，打开“单元库”对话框，如图 5-207 所示。

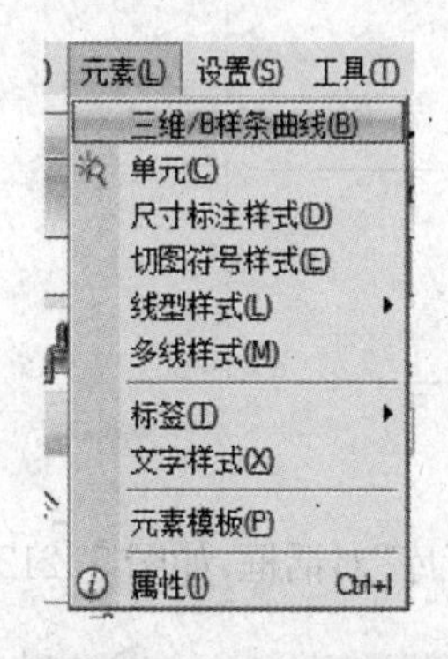

图 5-206 “单元”菜单项

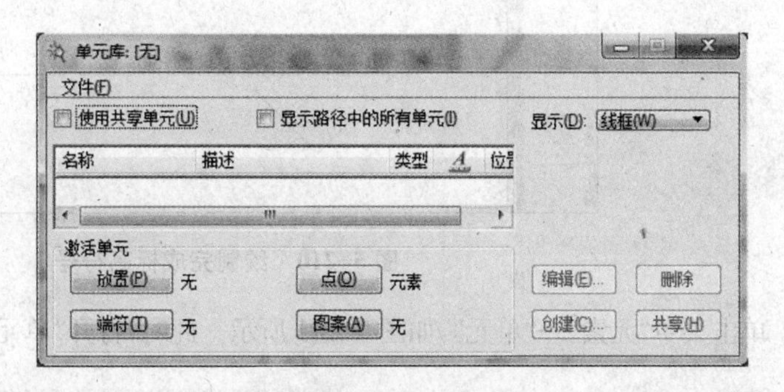

图 5-207 “单元库”对话框

1. 二维单元定制

下面我们以一个标高符号(图 5-208)的单元的定制来说明二维单元的定制。

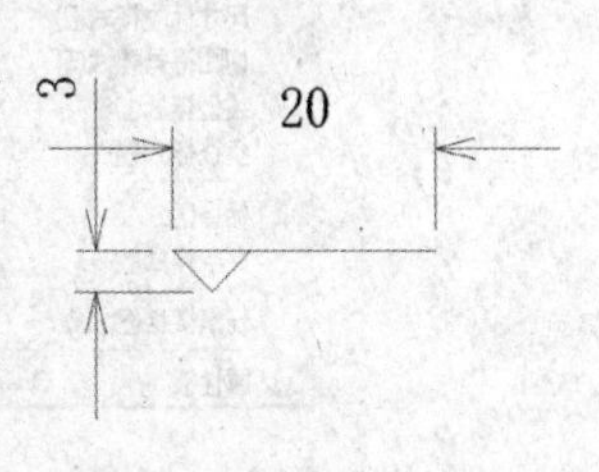

图 5-208 标高符号

新建一个 seed2d 种子的文件(图 5-209)，打开该文件，在绘图区绘制图 5-208 所示的标高符号，注意不要标注尺寸，如图5-210 所示。

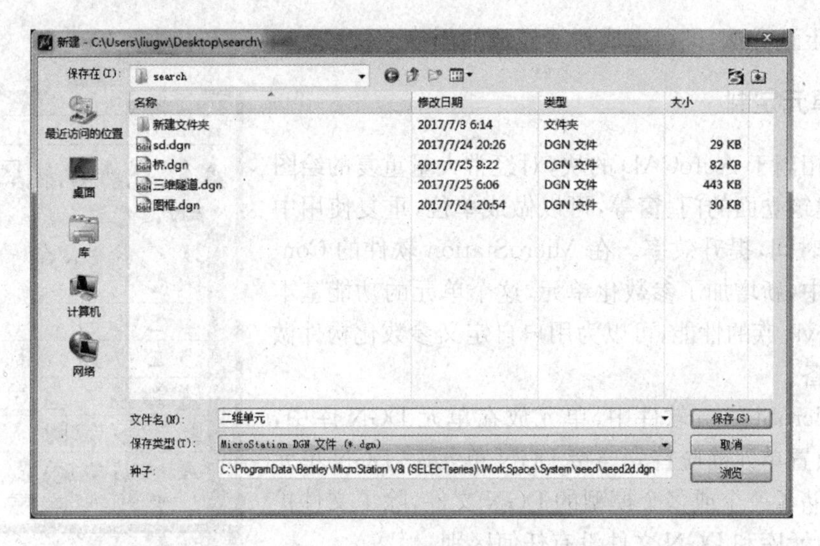

图 5-209　新建对话框

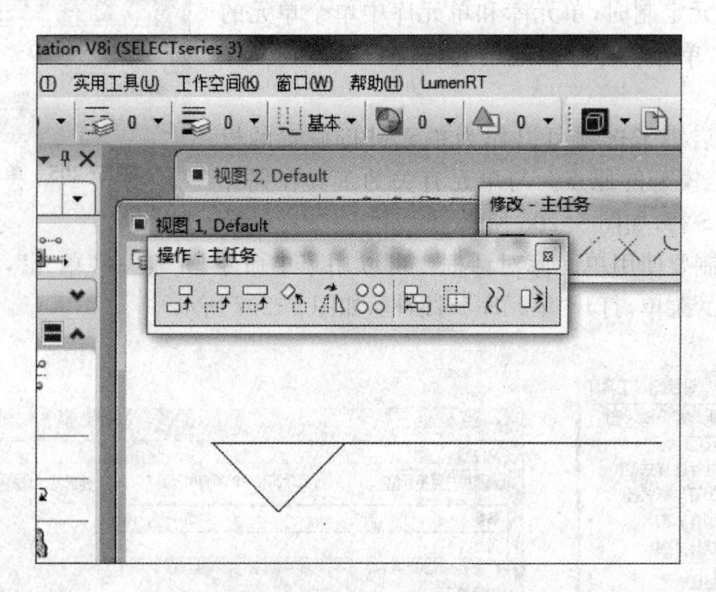

图 5-210　绘制完成标高符号

单击菜单“元素”→“单元”，如图 5-211 所示。此时，打开“单元库”对话框，如图 5-212 所示。

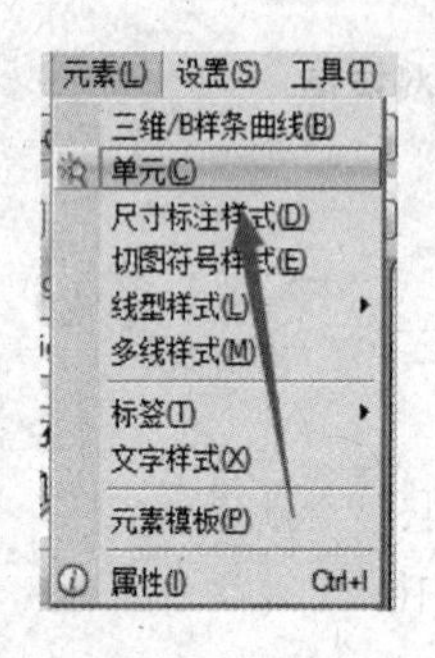

图 5-211　“元素”菜单

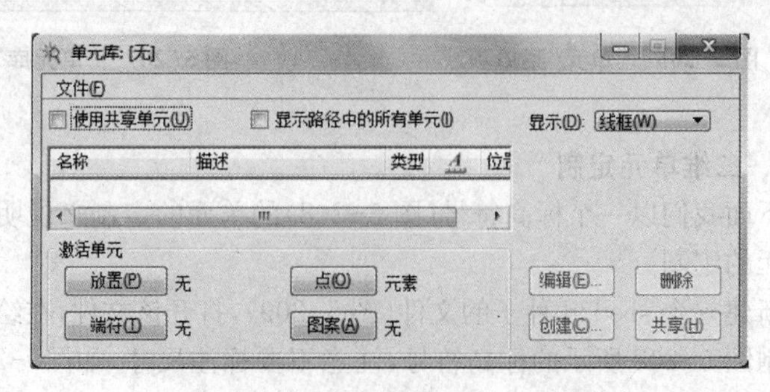

图 5-212　打开“单元库”对话框

单击“单元库”对话框的“文件”→“新建”(图 5-213),弹出“创建单元库”对话框(图 5-214),在对话框中输入“2dUnit”,然后单击“保存”按钮。

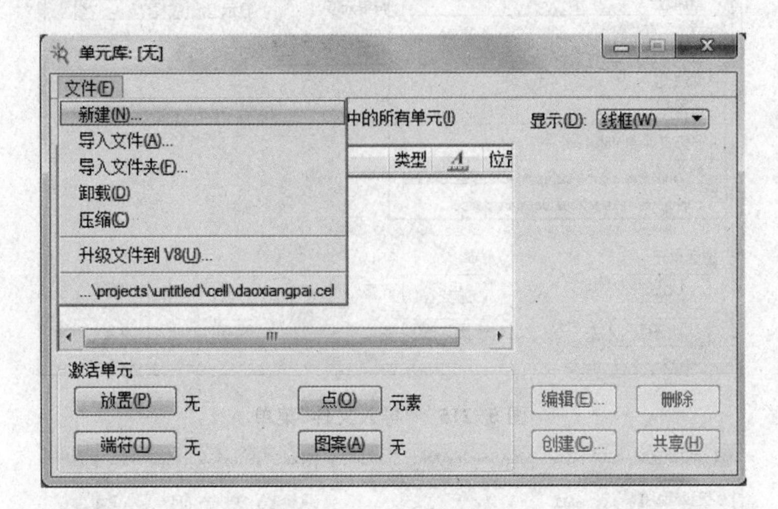

图 5-213 “新建”菜单

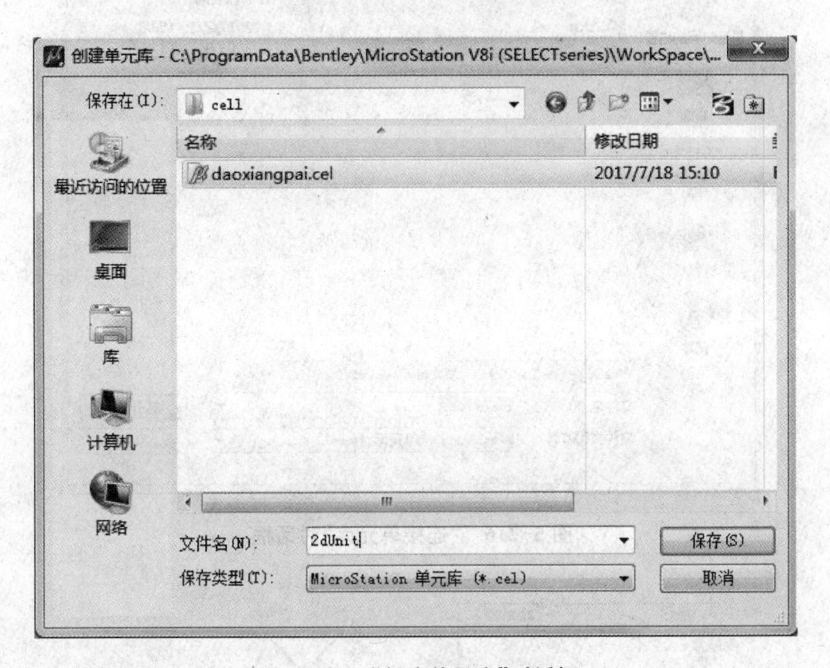

图 5-214 “创建单元库”对话框

单击“单元库”对话框的“文件”→“导入文件”菜单(图 5-215),弹出“连接单元库”对话框(图 5-216),在对话框中选择“2dUnit”,然后单击“打开”按钮。

选择组成标高的线(图 5-217),单击“绘图”任务栏中的“S4”图标“定义单元原点”(图 5-218),移动鼠标到标高下角,出现捕捉符号时,单击鼠标左键,完成后如图 5-219 所示。此时,图 5-220 中的“单元库”对话框的“创建”按钮可以使用了。单击“创建”按钮,在弹出的“创建单元”对话框中按图 5-221 输入,之后,单击“创建”按钮。

“单元库”对话框如图 5-222 所示,单击“放置”按钮,激活放置。

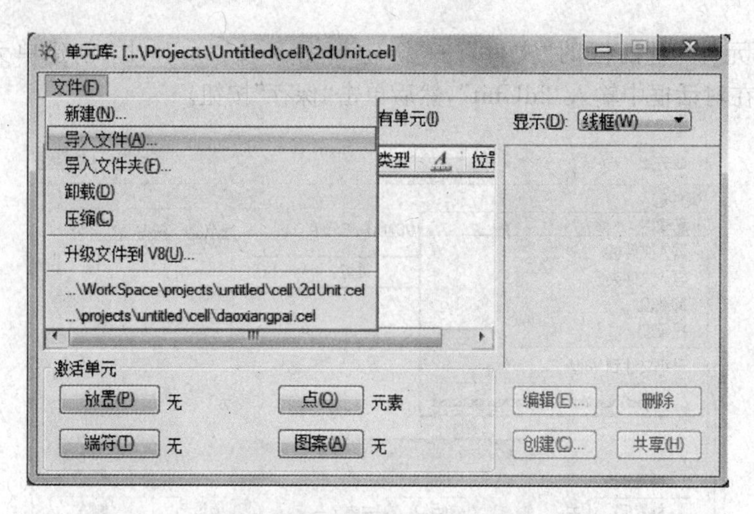

图 5-215 “导入文件”菜单

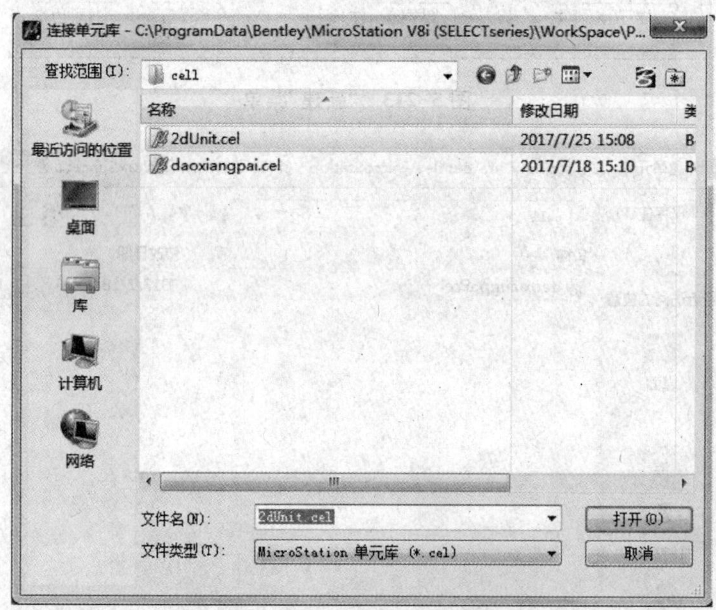

图 5-216 “连接单元库”对话框

图 5-218 “定义单元原点”按钮

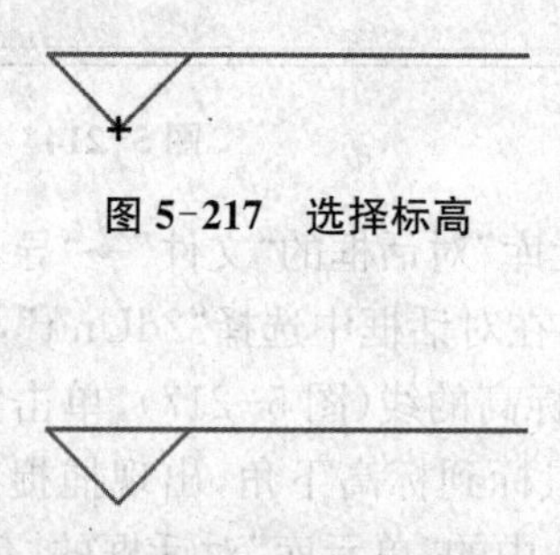

图 5-217 选择标高

图 5-219 原点定义完成

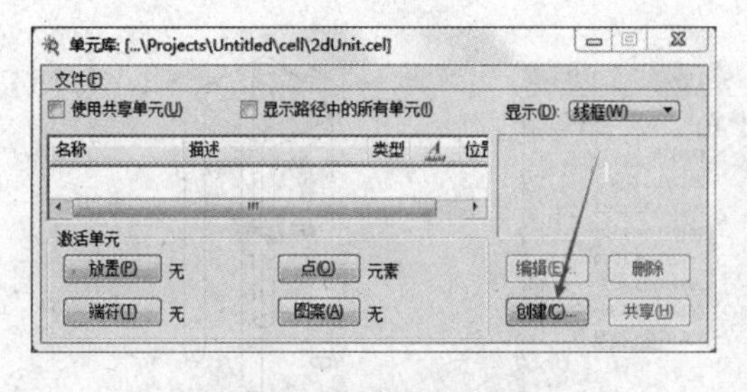

图 5-220 “创建”按钮

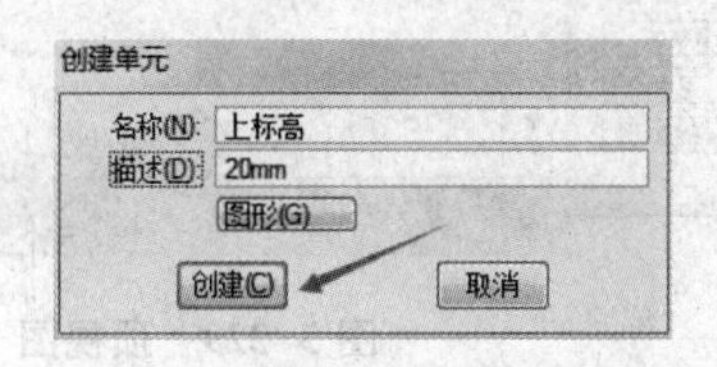

图 5-221 “创建单元”对话框

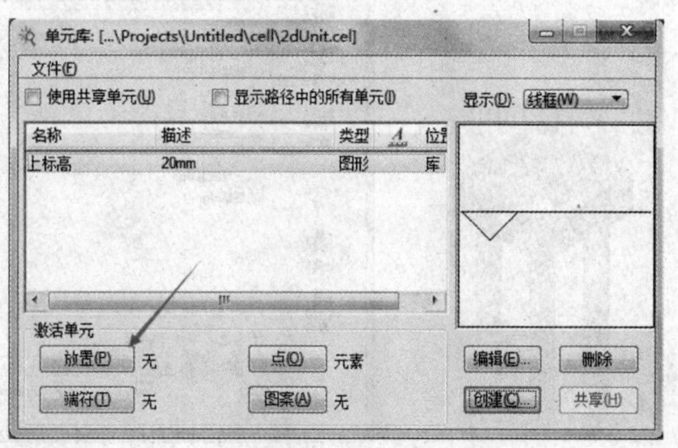

图 5-222 激活放置

单击“绘图”任务栏的“放置激活单元”按钮(图 5-223)，弹出“放置激活单元”对话框(图 5-224)，可以调整部分参数，如不调整参数，直接在绘图区单击，放置单元如图 5-225 所示。

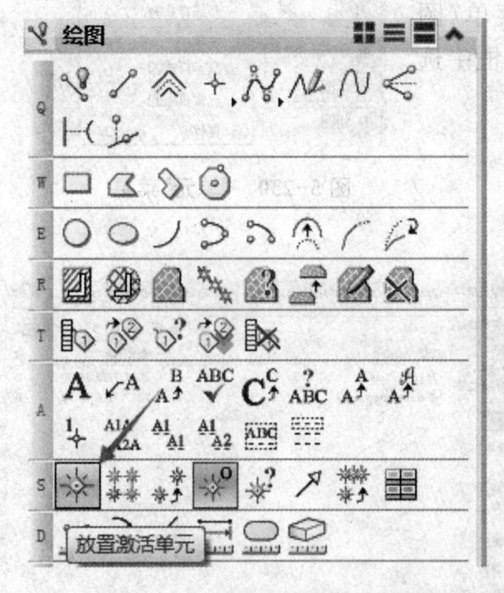

图 5-223 “放置激活单元”按钮

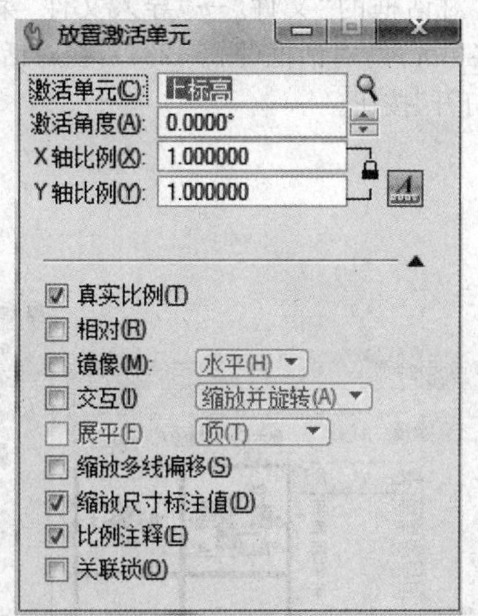

图 5-224 “放置激活单元”对话框

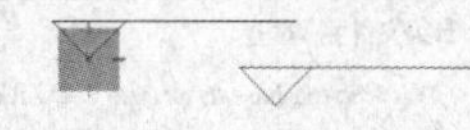

图 5-225 放置的单元

2. 三维单元定制

下面以一个桩基和承台的单元的定制来说明三维单元的定制(图 5-226)。

新建一个 seed3d 种子的文件(图 5-227)，打开该文件，在绘图区绘制桩基(图5-228)，桩径 800 mm，桩长 12 000 mm，桩中心距 3 600 mm，承台厚 1 000 mm，与桩外侧距离250 mm。

单击如图 5-229 所示的顶视图按钮，进入顶视图。

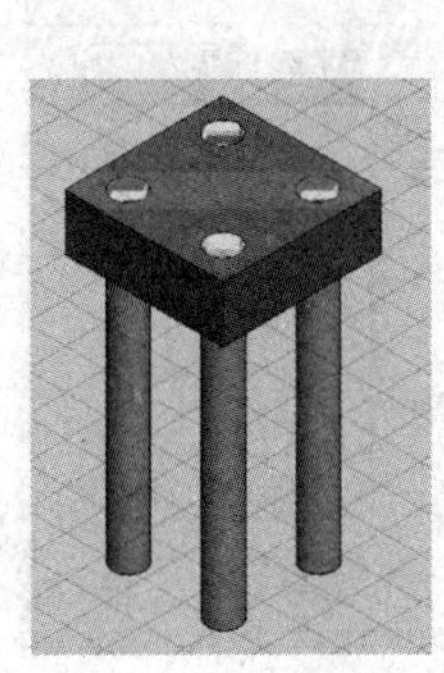

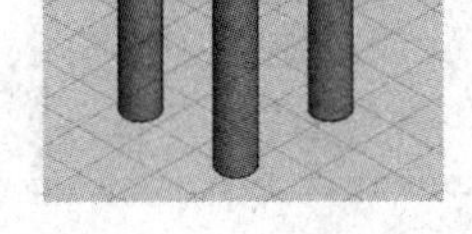

图 5-226　桩基和承台

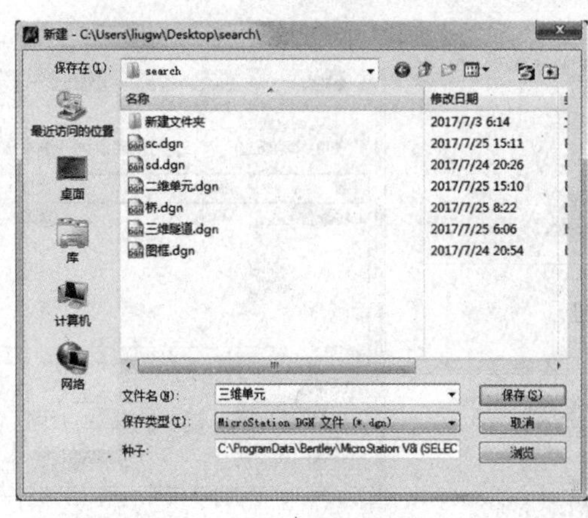

图 5-227　新建对话框

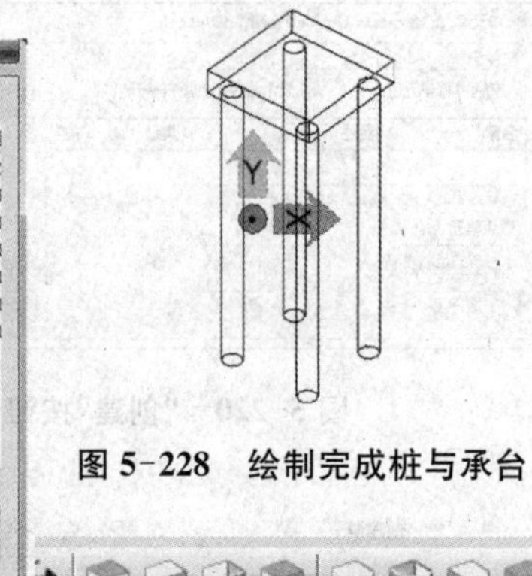

图 5-228　绘制完成桩与承台

图 5-229　顶视图

单击三维单元下的“单元”按钮，进入“单元库”界面(图 5-230)，单击“单元库”对话框的“文件”→“新建”(5-231)，弹出“创建单元库”对话框(图 5-232)，在对话框中输入 3DUnit，单击“保存”按钮。

单击“单元库”对话框的“文件”→“导入文件”菜单(图 5-233)，弹出“连接单元库”对话框(图 5-234)，在对话框中选择 3DUnit，单击“打开”按钮。

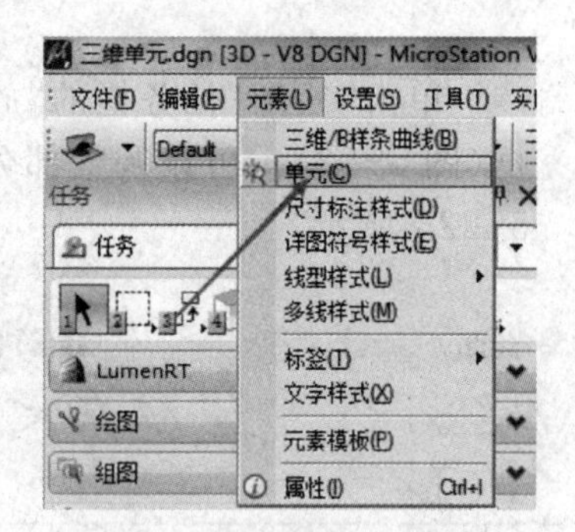

图 5-230　“单元”菜单

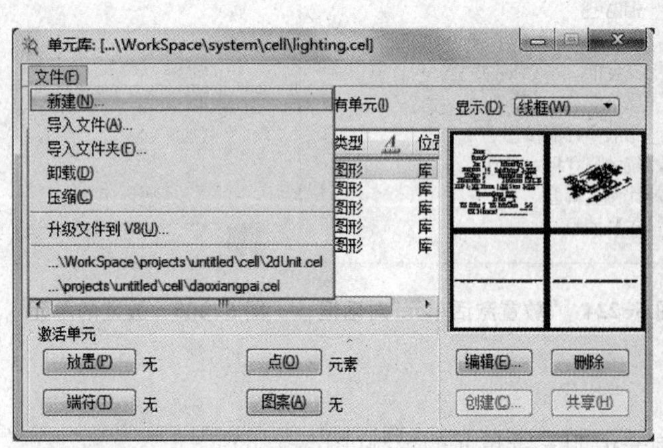

图 5-231　“单元库”对话框“新建”菜单

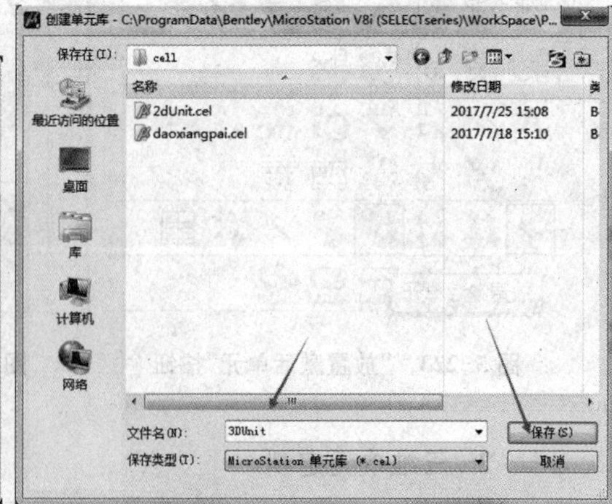

图 5-232　新建单元库

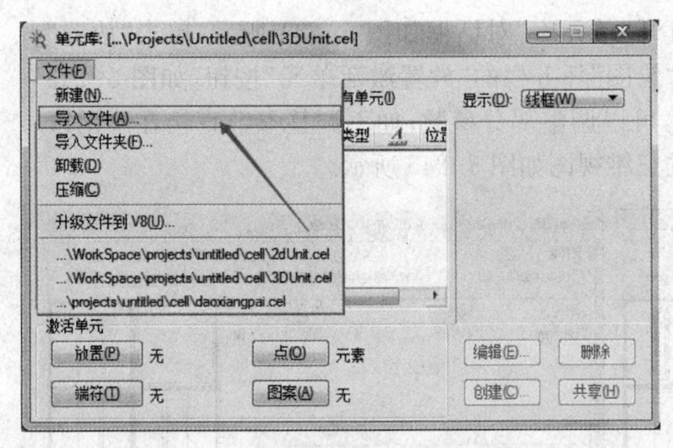

图 5-233　导入文件

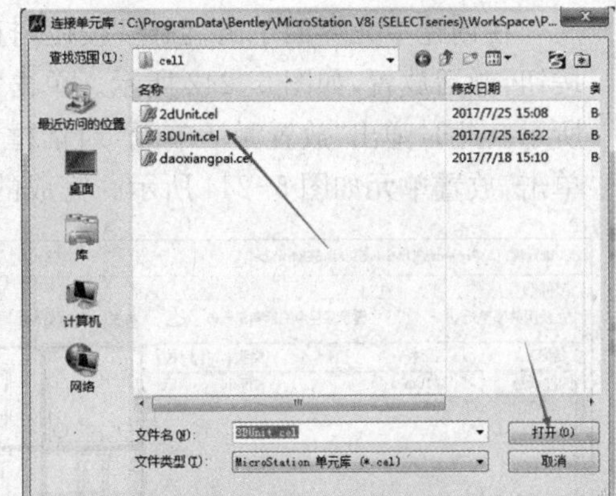

图 5-234　导入单元库

单击选择元素按钮,如图 5-235 所示。在顶视图选择桩基及承台(图 5-236),单击“绘图”任务栏中的“S4”图标“定义单元原点”,如图 5-237 所示。移动鼠标到承台左下角,出现捕捉符号时,单击鼠标左键,完成后如图 5-238 所示。此时,图 5-239 所示的“单元库”对话框的“创建”按钮可以使用了。单击“创建”按钮,在弹出的“创建单元”对话框中按图 5-240 输入。

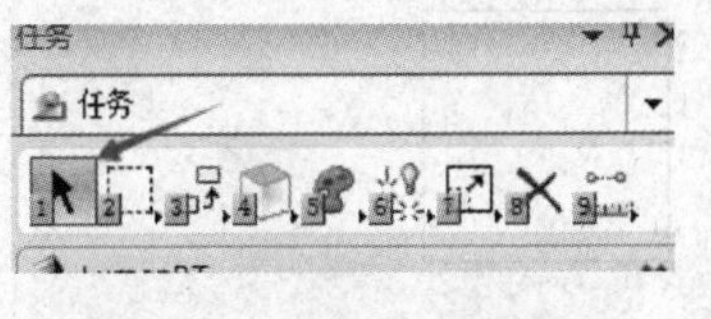

图 5-235　选择“元素”按钮

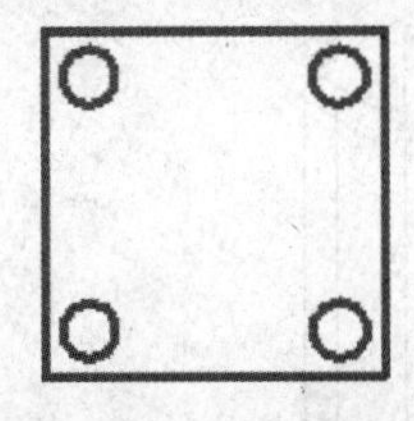

图 5-236　选择图元

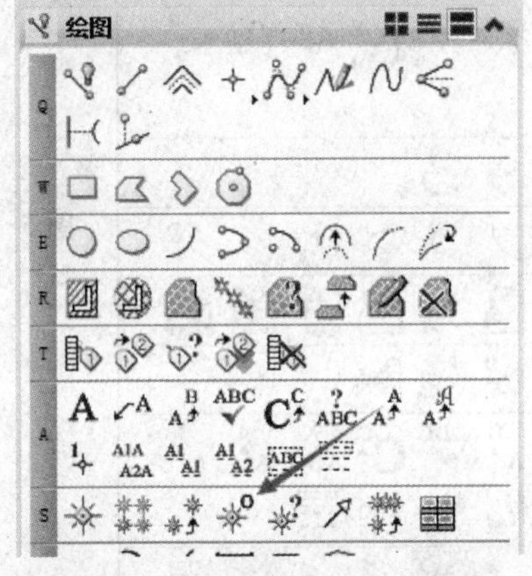

图 5-237　“定义单元原点”按钮

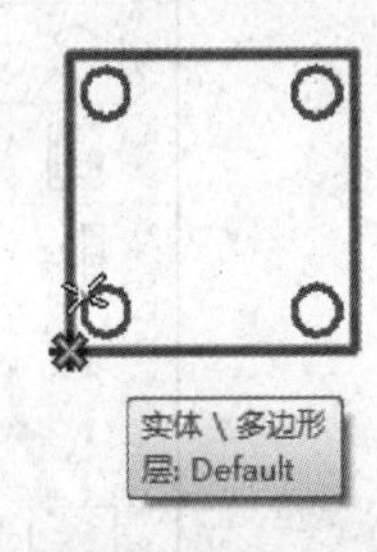

图 5-238　出现捕捉点

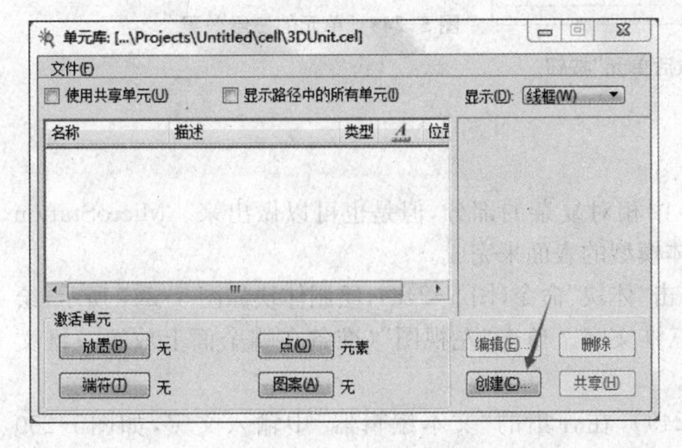

图 5-239　“创建”按钮

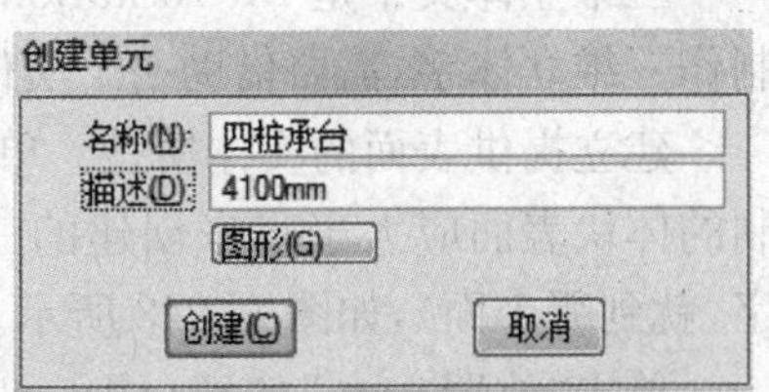

图 5-240　“创建单元”对话框

在创建单元界面单击“创建”按钮，打开“单元库”对话框如图5-241所示，单击“放置”按钮，激活放置，如图5-242所示。单击“绘图”任务栏的“放置激活单元”按钮，如图5-243所示。此时弹出“放置激活单元”对话框，可以调整部分参数，如不调整参数直接在绘图区单击，放置单元如图5-244所示。完成的三维视图如图5-245所示。

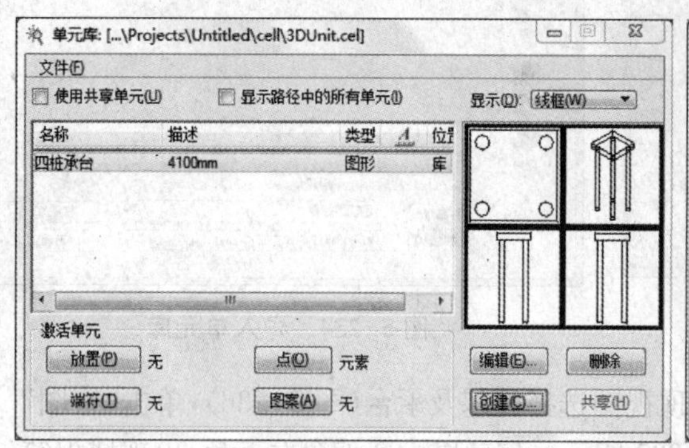

图5-241 单元库

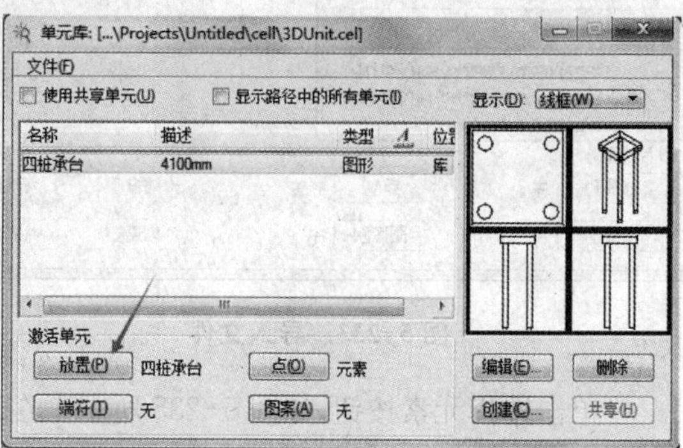

图5-242 激活单元放置

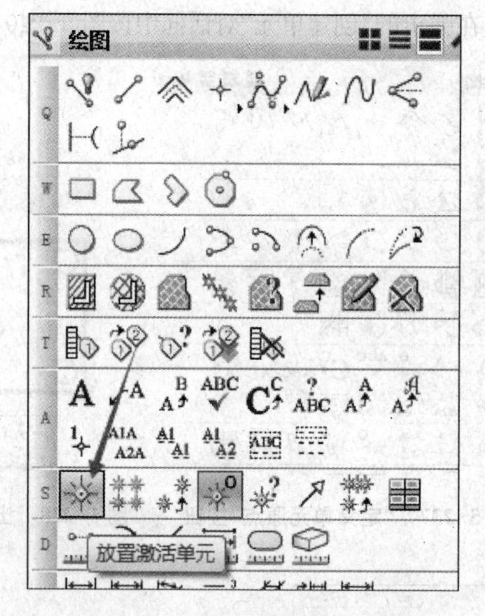

图5-243 “放置激活单元”按钮

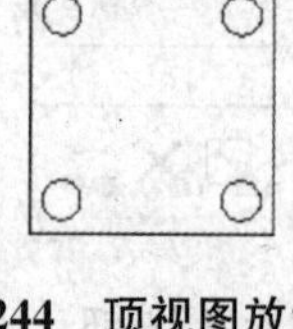

图5-244 顶视图放置单元

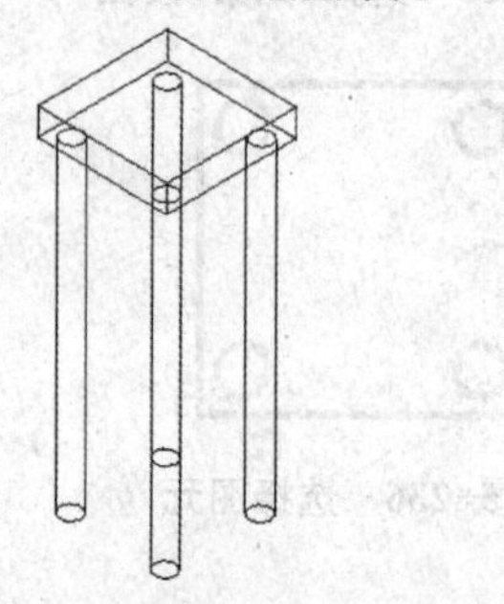

图5-245 单元的三维效果

5.3.7 三维立体字

三维立体文字是MicroStation中相对复杂的部分，但是也可以做出来。MicroStation制作三维立体字，需要借助一个实体模型的表面来完成。

建立提供表面的实体模型。单击“体块”命令(图5-246)，绘制体块如图5-247所示，绘制的体块表面应大于将来创建的三维文字。单击“左视图”(准备在哪个面上放置三维文字，就到哪个面)，如图5-248所示。

单击“放置文本”按钮(图5-249)，在弹出的“文本编辑器”中输入文字，如图5-250所示。

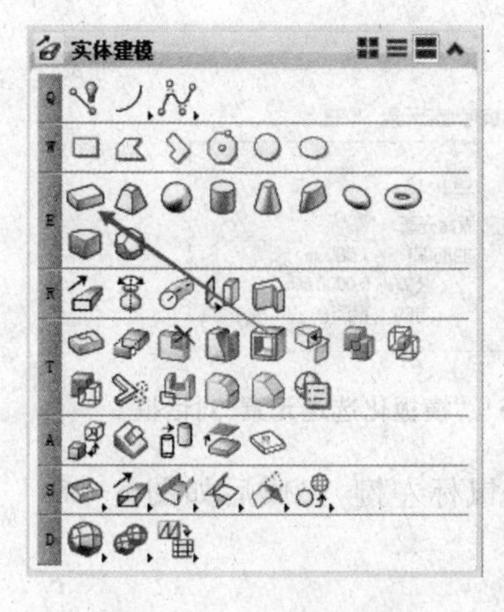

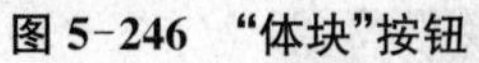
图 5-246 “体块”按钮

图 5-247 绘制的体块

图 5-248 左视图

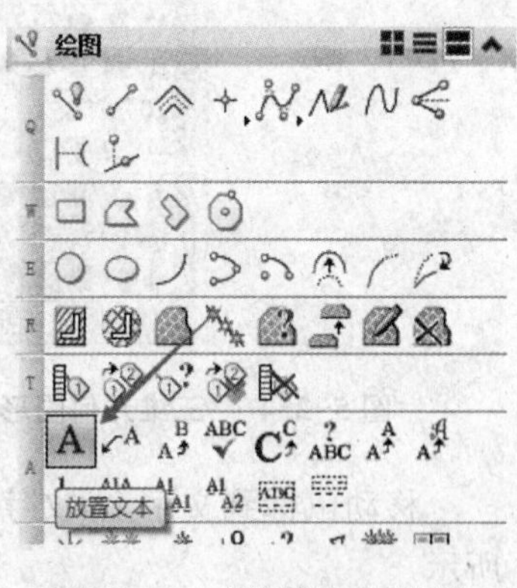

图 5-249 “放置文本”按钮

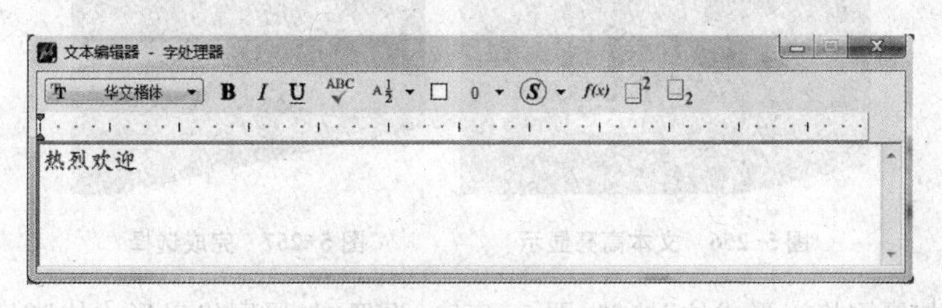

图 5-250 输入文本

移动鼠标到文本的放置位置，单击鼠标左键放置文本，如图 5-251 所示。然后，启动“移动”命令，将文本与三维体块的表面对齐，如图 5-252 所示。表面对齐后，如图 5-253 所示。

图 5-251 放置文本

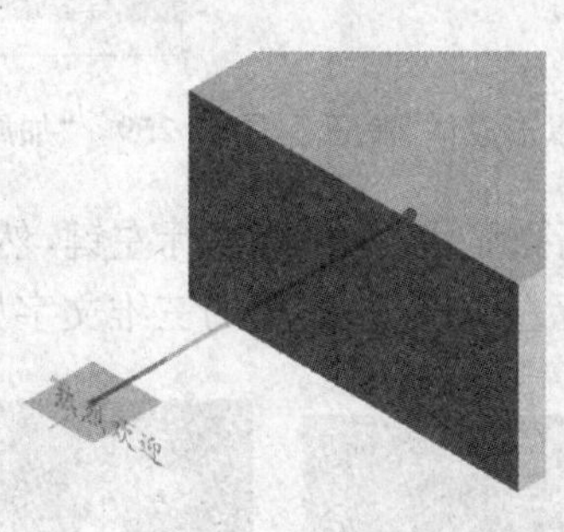
图 5-252 移动文本对齐表面

图 5-253 对齐表面后

单击“三维几何图形上的模板二维元素”按钮（图 5-254），设置“模板化选定元素”对话框，如图 5-255 所示。

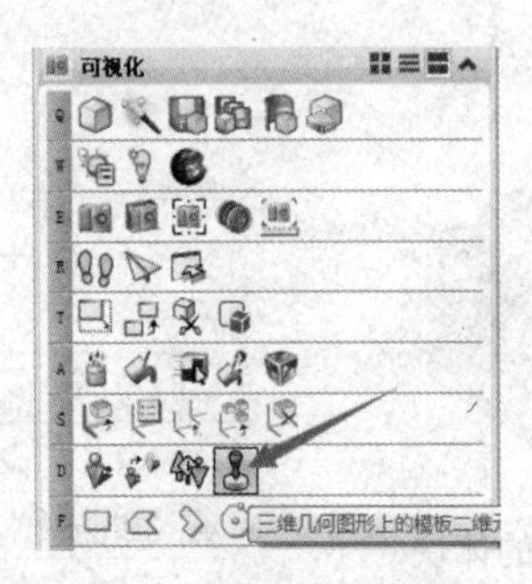

图5-254 “三维几何图形上的模板二维元素”按钮　图5-255 “模板化选定元素”对话框

移动鼠标到文字上，文字高亮显示时(图5-256)，单击鼠标左键，完成后如图5-257所示。

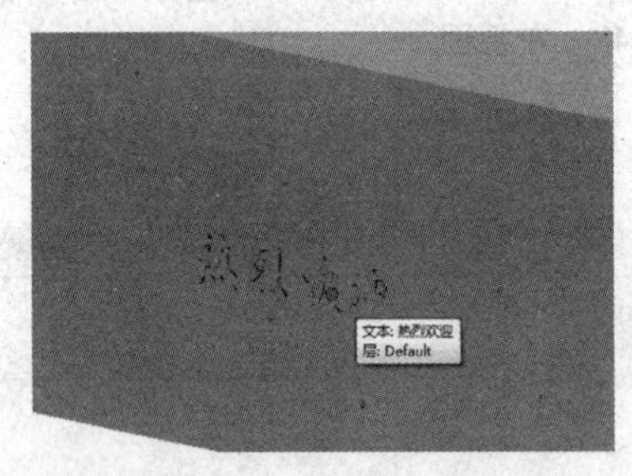

图5-256 文本高亮显示　图5-257 完成选择

单击“加厚网格以形成体”按钮(图5-258)，设置“加厚网格以形成体”对话框，如图5-259所示。

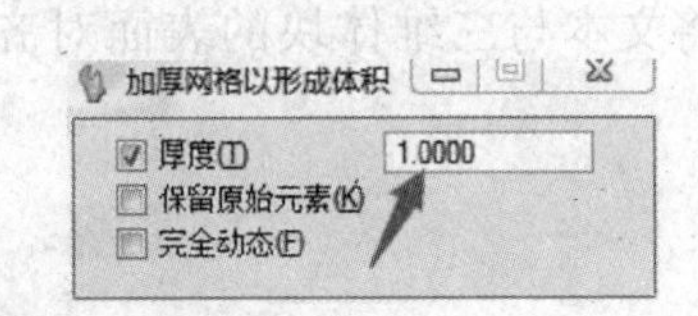

图5-258 “加厚网格以形成体”按钮　图5-259 “加厚网格以形成体”对话框

移动鼠标到文字上，文字高亮显示时，单击鼠标左键，然后，移动鼠标，确定文字生成方向，如图5-260所示。单击鼠标左键确定，完成的三维文字如图5-261所示。

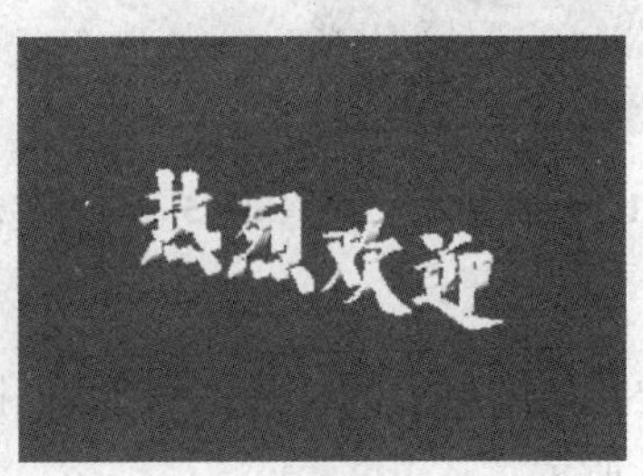

图5-260 选择文字确定方向　图5-261 完成三维文字

5.4 渲染及动画

5.4.1 渲染

在 MicroStation 中渲染的一般操作是:赋材质→设置渲染环境→设置相机。

1. 赋材质

MicroStation 的材质赋予在“可视化”(在 AECOsim Building Designer 中是“视觉渲染”)工具栏的字母 A 上第二个图标,如图 5-262 所示。单击该图标,弹出如图 5-263 所示的“警告”。

如果单击“是”,导入本地材料,则材质会储存到 DGN 文件,拷贝文件会带着材质,如果选择“否”,则材质不会储存到 DGN 文件。为了避免每次都弹出这个对话框,我们可以进行统一设置,单击“工作空间”→“配置”,如图 5-264 所示。打开“用户配置”对话框,如图 5-265所示。在左侧列表中单击“渲染/图像”,在右侧顶部单击“本地材质设置”,单击“编辑”按钮,在弹出的“编辑配置变量”对话框的“新值”后输入“1”,如图 5-266 所示。单击“确定”,关闭“编辑配置变量”对话框,再单击“确定”,关闭“用户配置”对话框。

图 5-262 “应用材质”按钮

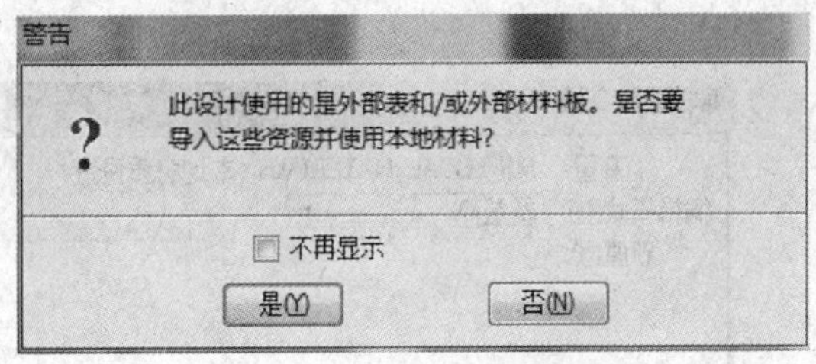

图 5-263 “警告”对话框

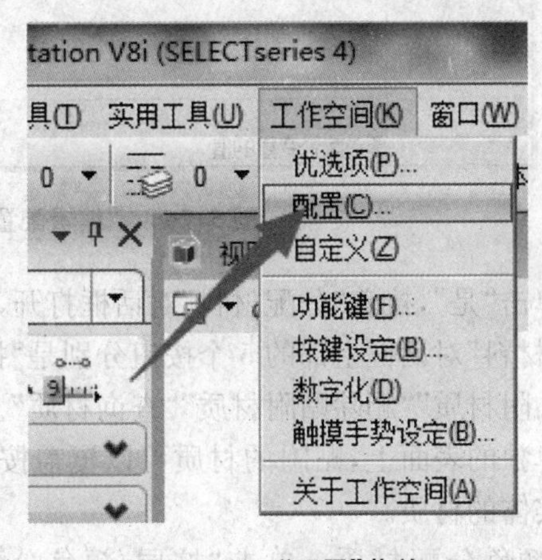

图 5-264 “配置”菜单

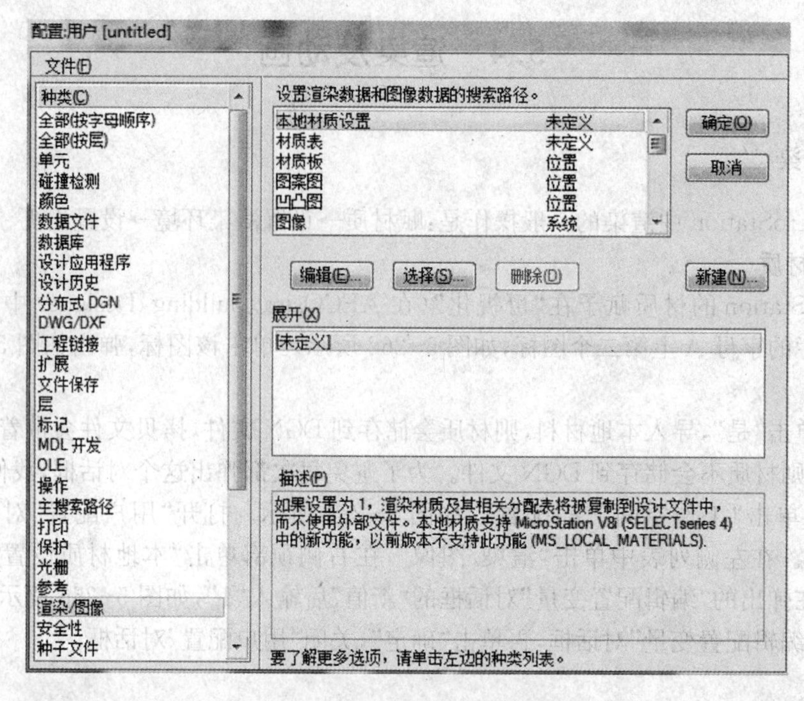

图 5-265 “配置”对话框

图 5-266 “编辑配置变量”对话框

这里单击“是”，接着“分配材料”对话框打开，如图 5-267 所示。

“分配材料”对话框上部的 5 个按钮分别是“按层/颜色分配材质”“删除按层/颜色分配的材质”“贴附材质”“删除贴附材质”“查询材质”。贴附材质可以把材质贴附到智能实体和特征实体单独的表面上，贴附的材质可以覆盖按层/颜色赋予的材质。查询材质可以查询已经赋给实体的材质。

按层/颜色分配材质。单击“按层/颜色分配材质”，然后单击“分配材质”按钮（图 5-268），弹出的“打开材质板”对话框如图 5-269 所示。

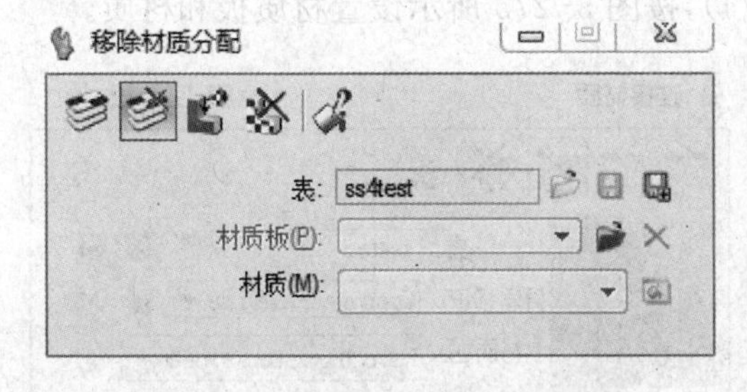

图 5-267 “移除材质分配”对话框

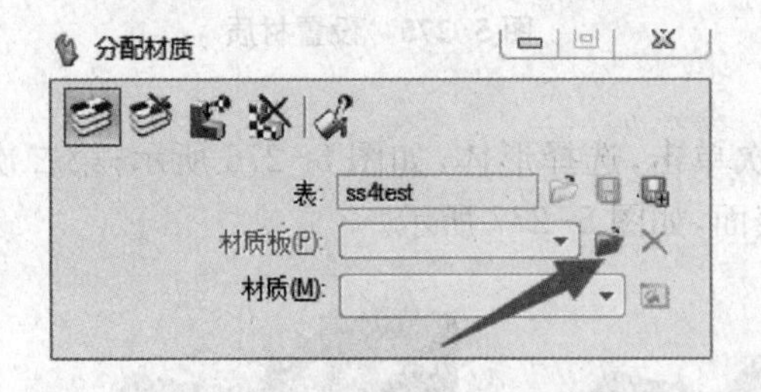

图 5-268 “分配材质”对话框

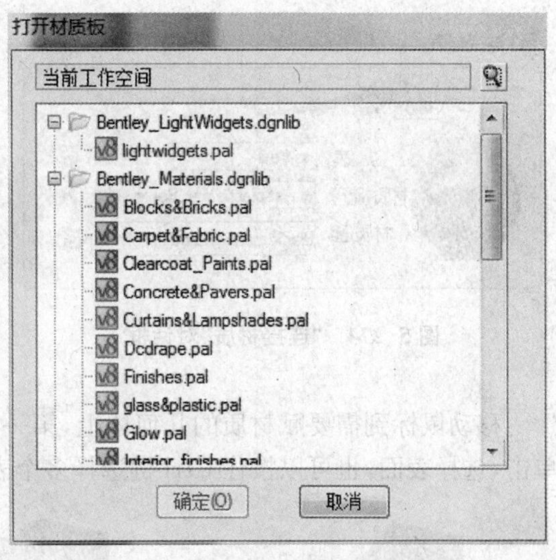

图 5-269 “打开材质板”对话框

在弹出的材质板上双击“Block&Bricks. pal”，“分配材质”对话框显示如图 5-270 所示。单击“材质”后的下拉列表框，单击“Brick Basic Brown”图标，如图 5-271 所示。移动鼠标到需要赋材质的实体上，当实体高亮显示时(图 5-272)，单击鼠标左键赋予材质，完成后的实体如图 5-273 所示。

图 5-270 “分配材质”对话框 2

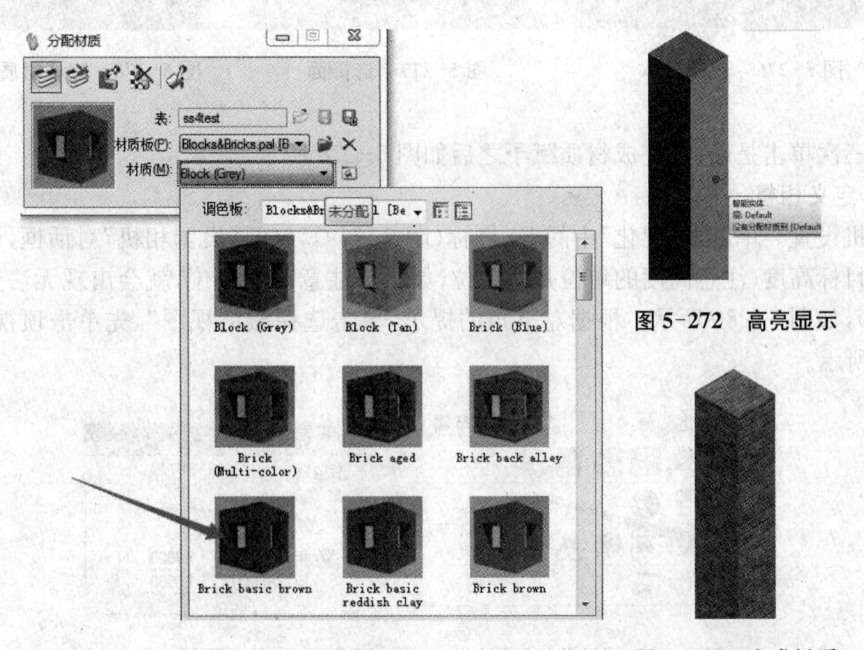

图 5-271 选择材质

图 5-272 高亮显示

图 5-273 完成材质

连接材质。单击“连接材质”图标(图 5-274),按图 5-275 所示设置材质板和材质。

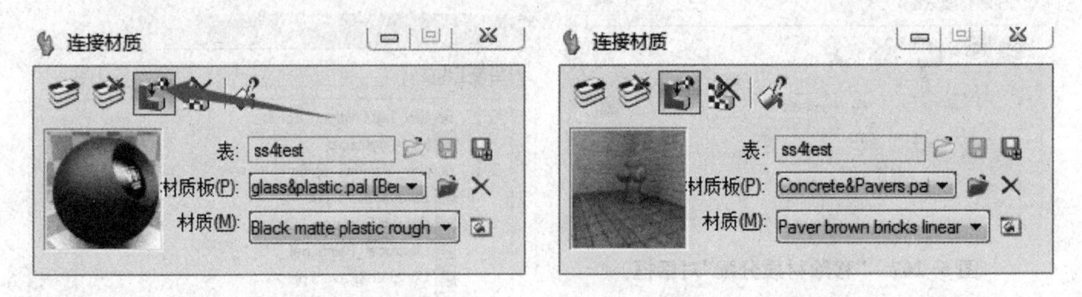

图 5-274 “连接材质”对话框　　　　图 5-275 设置材质

移动鼠标到需要赋材质的几何体上,第一次单击,选择形体,如图 5-276 所示;第二次单击,选择表面,也可以按住 Ctrl 键选择多个表面,如图 5-277 所示。

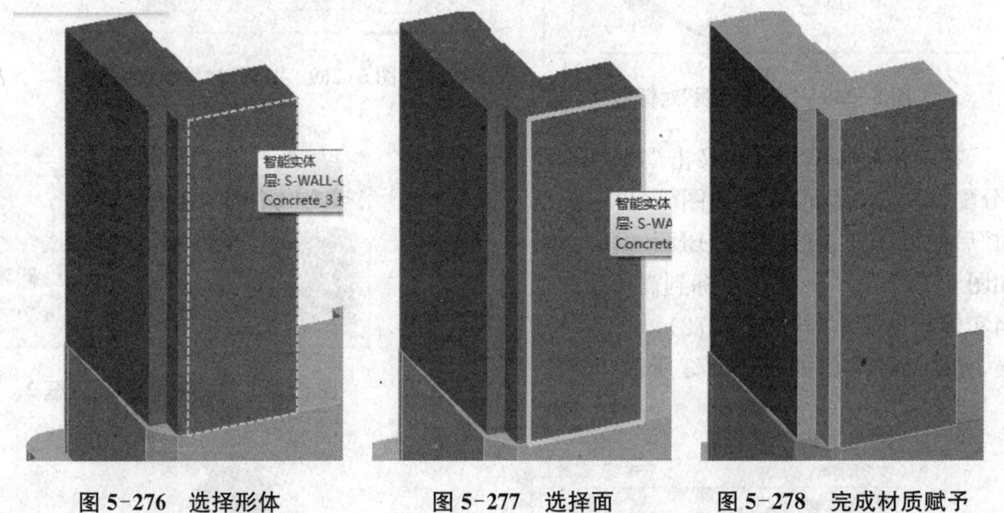

图 5-276 选择形体　　　　图 5-277 选择面　　　　图 5-278 完成材质赋予

第三次单击是确认,完成材质赋予之后如图 5-278 所示。

2. 定义相机

相机设置。单击“可视化”中的 E1 图标(图 5-279),打开“设置相机”对话框,设置相机高度和目标高度(注意高度的单位是主单位,如果不注意高度单位,就会出现无法生成图像的问题),如图 5-280 所示。根据左下角的提示“单击选择激活视图”,先单击顶视图,如图 5-281 所示。

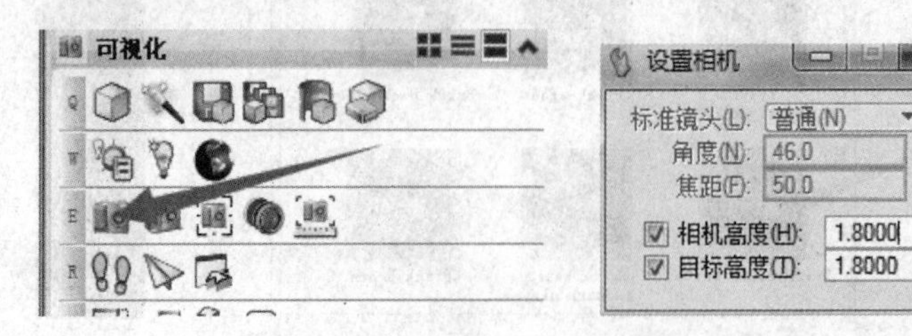

图 5-279 “设置相机”按钮　　　　图 5-280 “设置相机”对话框

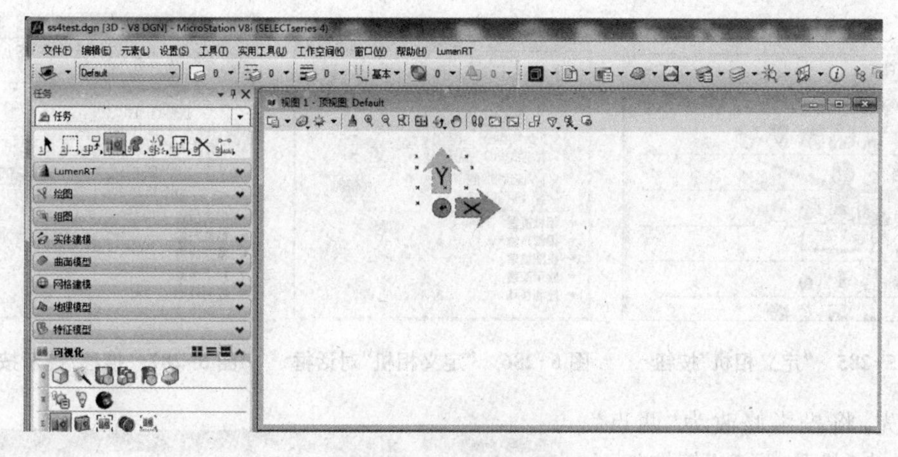

图 5-281 选择激活视图

根据左下角的提示“定义相机位置”在顶视图中先单击定义相机位置，如图 5-282 所示。接着，根据左下角的提示“定义目标点位置”，再单击定义目标点位置，如图 5-283 所示。

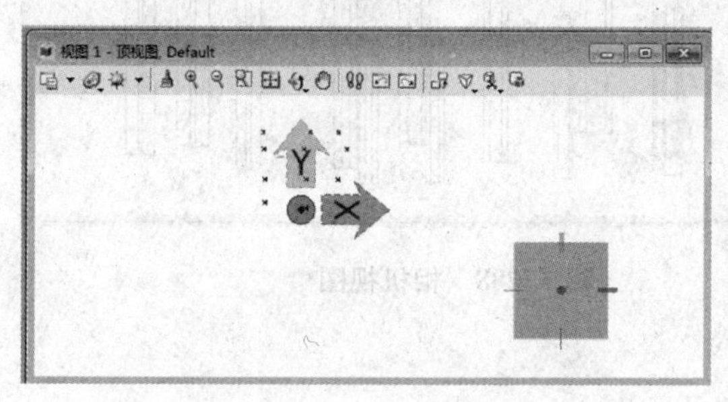

图 5-282 定义相机位置

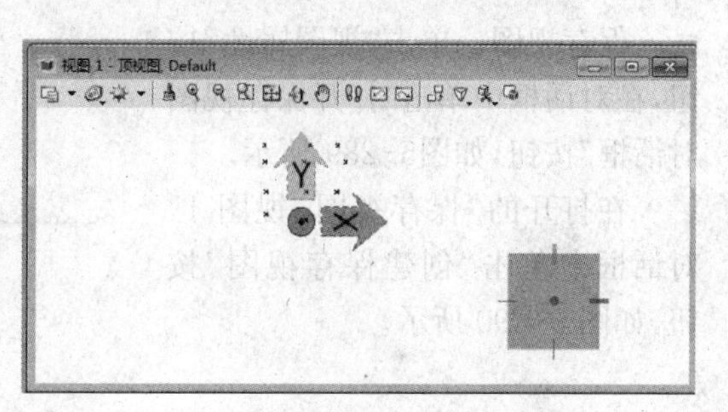

图 5-283 定义目标位置

然后，激活视图显示为相机视图，如图 5-284 所示。

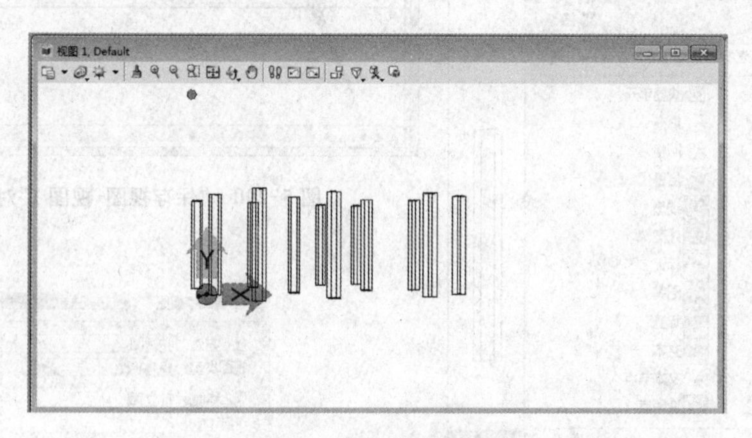

图 5-284 相机视图

如果对于定义的视图不满意，可以继续调整相机。单击“可视化”→“定义相机”，如图 5-285 所示。在出现的“定义相机”对话框中(图 5-286)，可以对相机进行平移、摇动、旋转、推拉等操作。

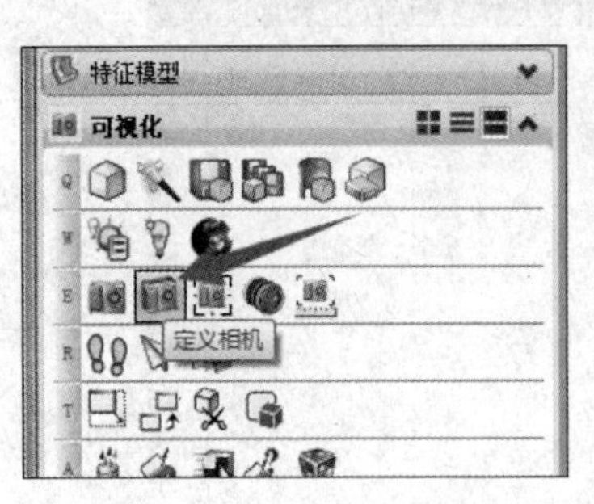

图 5-285 “定义相机”按钮

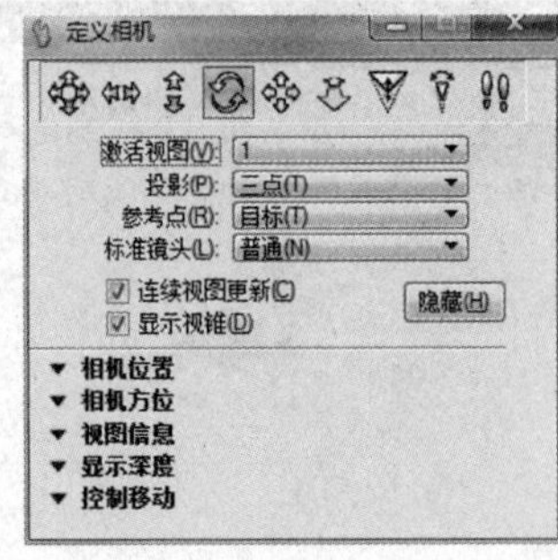

图 5-286 “定义相机”对话框

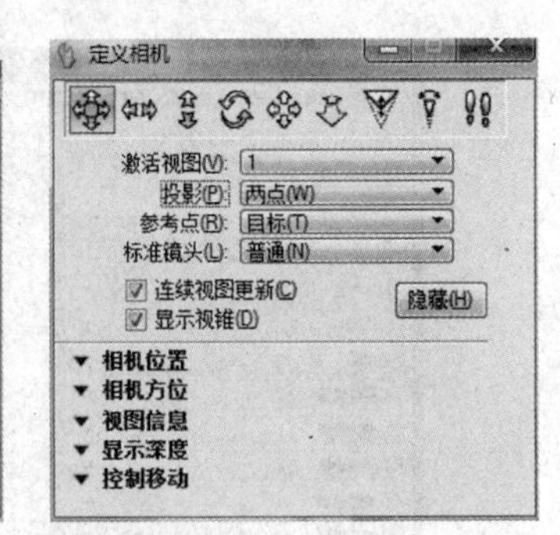

图 5-287 推移/提示按钮

首先，将投影修改为“两点”。接着，单击“推移/提升”等按钮，如图 5-287 所示，在视图 1 中对相机进行推移，得到结果如图 5-288 所示。

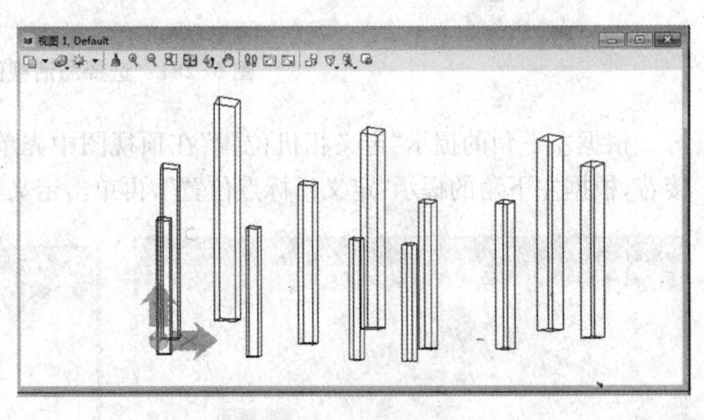

图 5-288 相机视图

保存视图。单击“视图属性”按钮，在对话框中单击“打开保存视图对话框”按钮，如图5-289 所示。

在打开的“保存视图-视图 1”对话框中单击“创建保存视图”按钮，如图 5-290 所示。

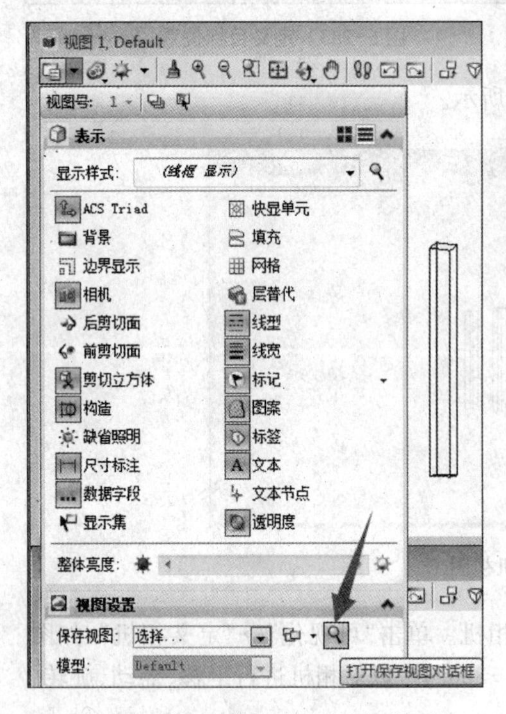

图 5-289 “打开保存视图对话框”按钮

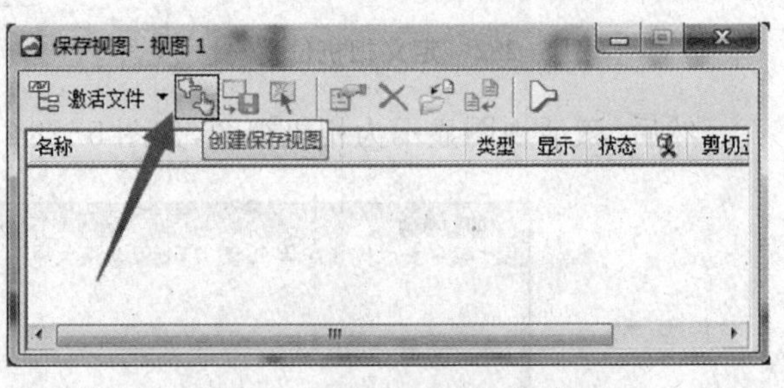

图 5-290 “保存视图-视图 1”对话框

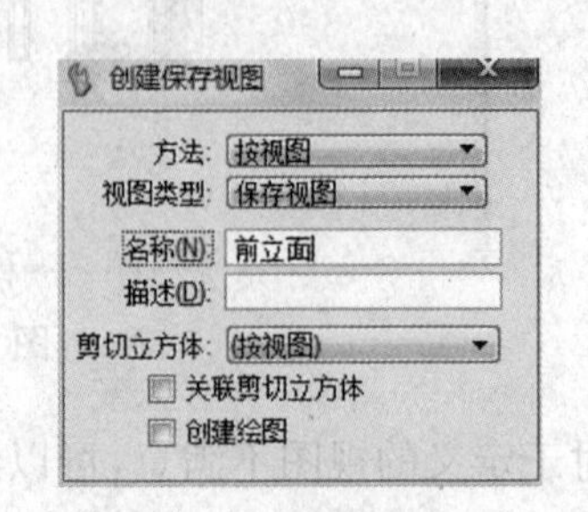

图 5-291 “创建保存视图”对话框

在弹出的“创建保存视图”对话框中“名称”后面输入“前立面”，如图 5-291 所示。

在视图 1 中单击鼠标左键，“创建保存视图”对话框关闭，“保持视图-视图 1”对话框如图 5-292 所示。关闭此对话框。

再次单击“视图属性”按钮，在“保存视图”下拉列表中可以看到刚刚保存的“前立面视图”，如图 5-293 所示。这样，即使关闭文件，下次打开时也可以直接定位到这个视图。

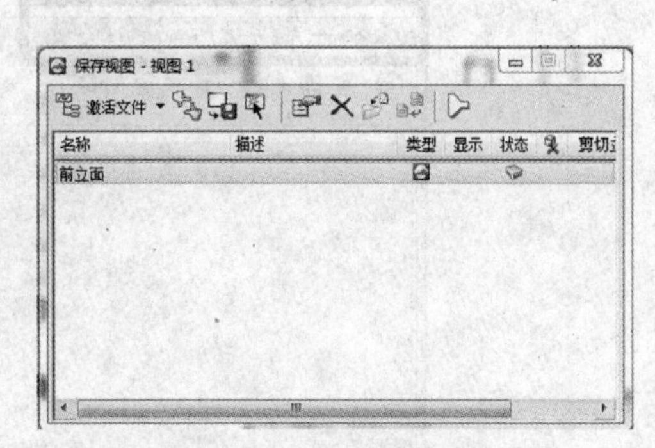

图 5-292 创建保存视图

3. 渲染设置

单击菜单项“实用工具”→“渲染”→“luxology”，如图 5-294 所示；或者单击主工具栏“可视化”下的“渲染”按钮，如图 5-295 所示；都可以打开“渲染”对话框，如图 5-296 所示。

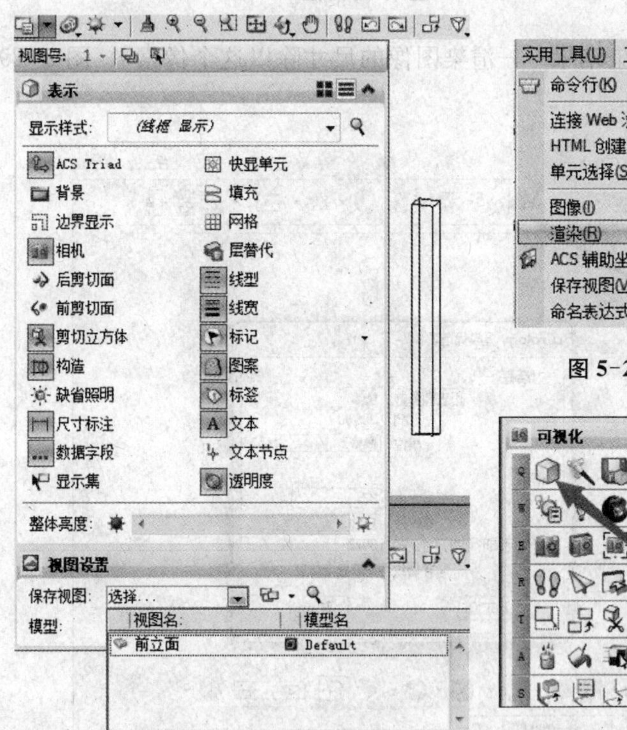

图 5-293 “补充视图”列表

图 5-294 渲染菜单

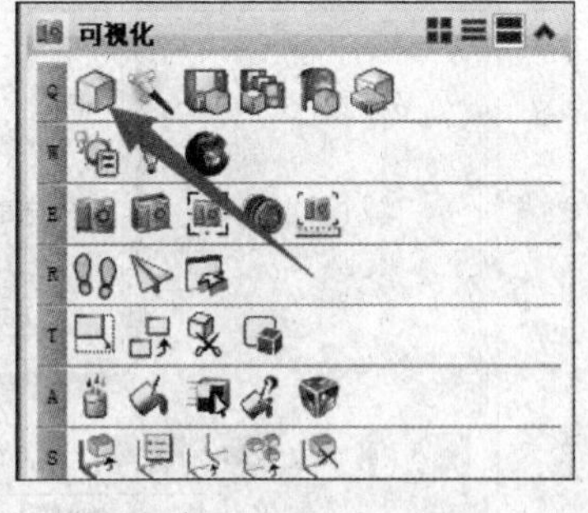

图 5-295 “渲染”按钮

在“渲染”对话框的标题栏上，可以看到渲染质量设置、光线设置和环境设置的设置情况，如图 5-296 所示。图中的设置是“渲染质量：草图|光线是无标题|环境是无标题”。这个标题栏提示我们，在 MicroStation 中的渲染需要进行的设置项目就是这三项。注意：当鼠标移动到每个按钮上时，会出现一个文字提示条，提示鼠标下的按钮功能。

1）渲染优选项

如图 5-297 所示，单击“luxology 渲染选项”，弹出“luxology 渲染优选项”对话框。在此对话框中，可以设置历史图像数、图像每英寸的像素数和图像的单位。注意：这里设置的每

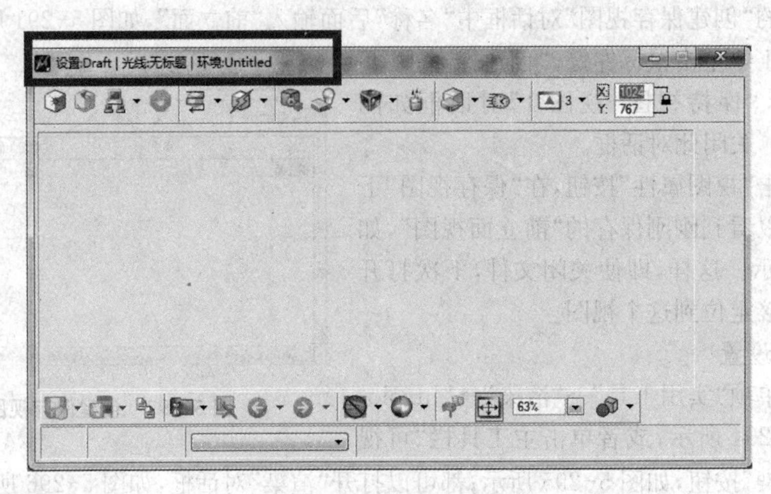

图 5-296 “渲染”对话框

英寸的像素数会间接影响渲染结果——渲染图像的尺寸除以这个像素数(图 5-298),就是实际图片的大小。

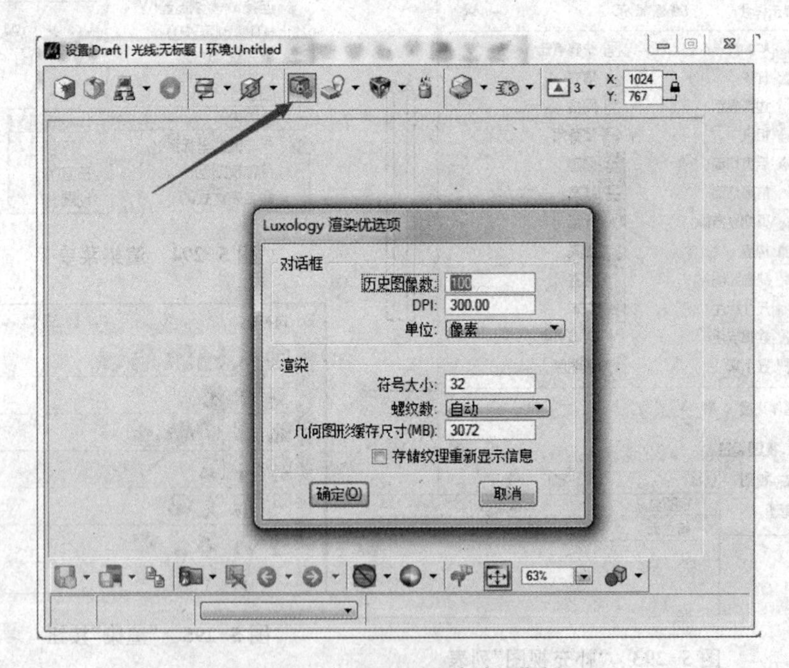

图 5-297 “luxology 渲染选项”按钮

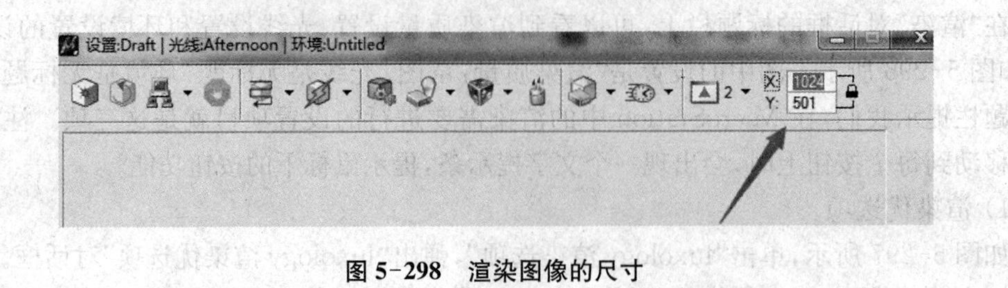

图 5-298 渲染图像的尺寸

2）环境设置

单击“luxology 环境设置”按钮，如图 5-299 所示，或者按键盘快捷键“Alt+V”，打开环境设置对话框，如图 5-300 所示。在环境设置对话框中包括菜单、工具条、设置列表和设置值。在设置列表中的显示为灰色的，表示没有导入到本项目的设置，可以在灰色项上单击鼠标右键，在弹出菜单中选择“导入”，如图 5-301 所示，则会把该设置导入到本项目中，如图 5-302 所示。移动鼠标到相应设置列表项上，会有“本地设置”和“库设置”的提示。

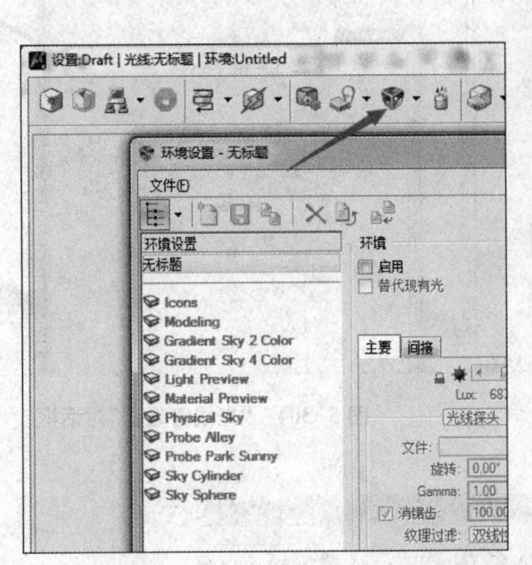

图 5-299 “luxology 环境设置”按钮

图 5-300 “环境设置”对话框

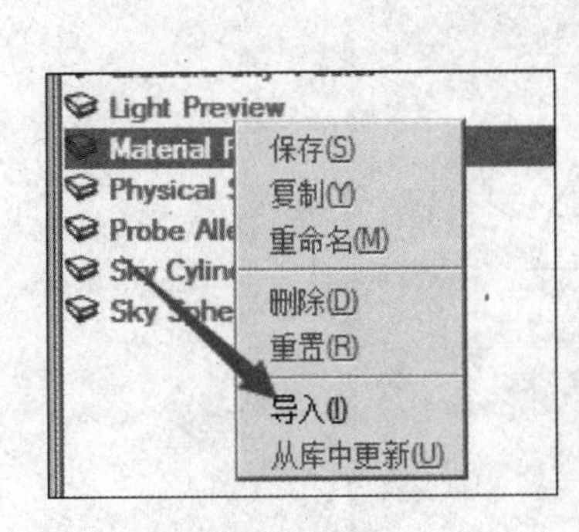

图 5-301 导入菜单

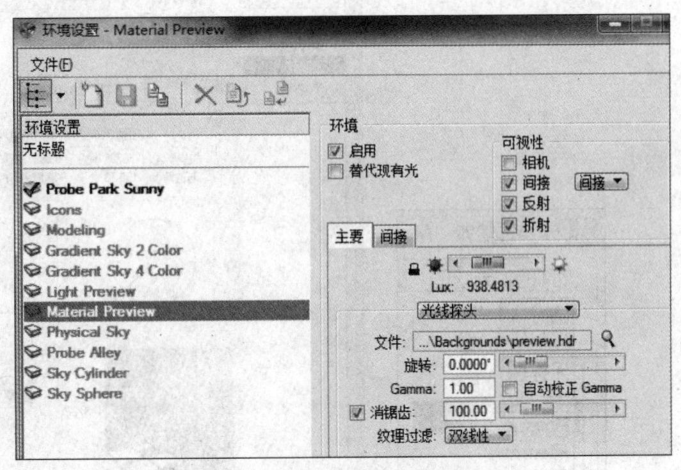

图 5-302 导入的设置

环境设置完成，应单击“保存”按钮，如图 5-303 所示，以便设置生效。

3）光线设置

单击“光线设置”按钮，弹出“光线管理器”对话框（图 5-304），在这里可以对光线亮度、环境光、闪光灯、日光和天幕进行设置。一般情况，设置日光即可完成良好的渲染输出。首先单击“光线设置”按钮(图 5-305)，选择“morning”，此时，标题栏显示“光线管理器-morning”。单击左侧列表中的“日光”，再单击“阳光位置”选项卡，之后，在“类型”后的下拉列表中选择“方向”。在下部图示中用鼠标拖动表示太阳的黑点，移动日光方向，如图 5-306 所示。

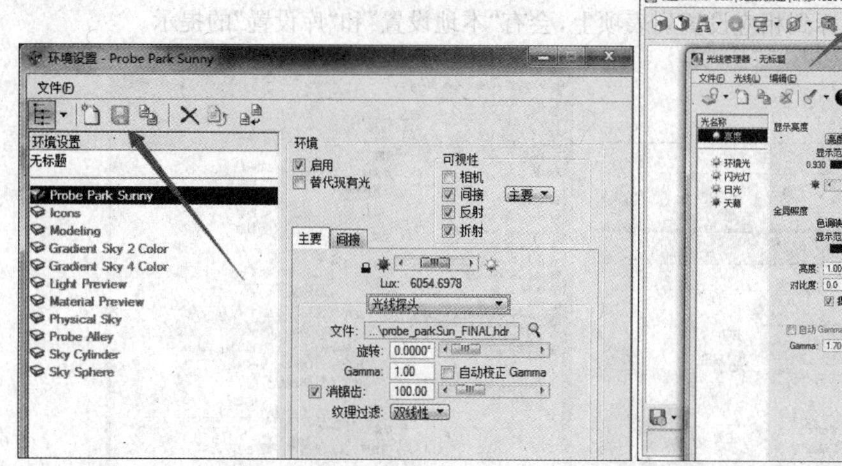

图 5-303　保存按钮

图 5-304　“光线管理器”对话框

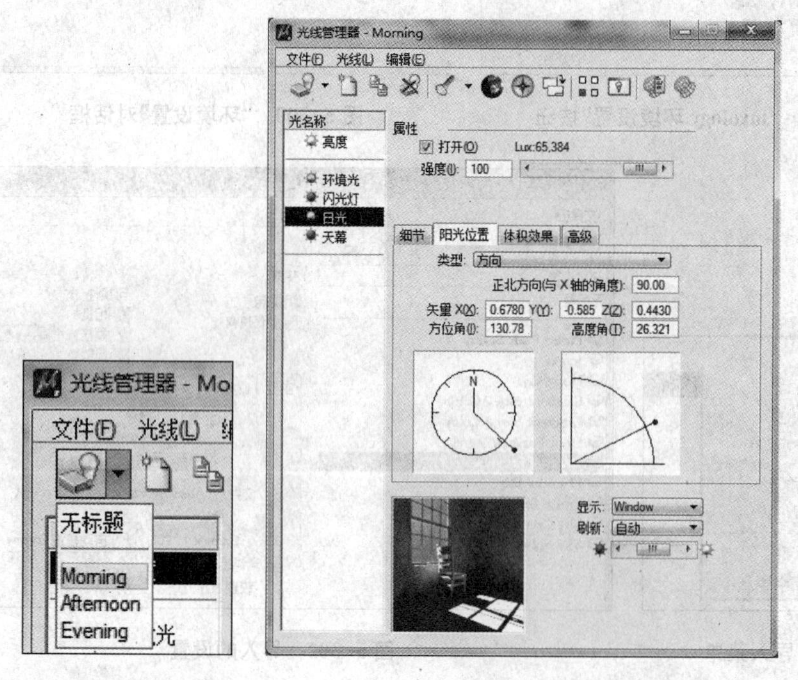

图 5-305　“光线设置”按钮

图 5-306　设置日光

单击如图 5-307 所示按钮，则在视图区出现如图 5-307 中右侧箭头所指示的阳光标记。

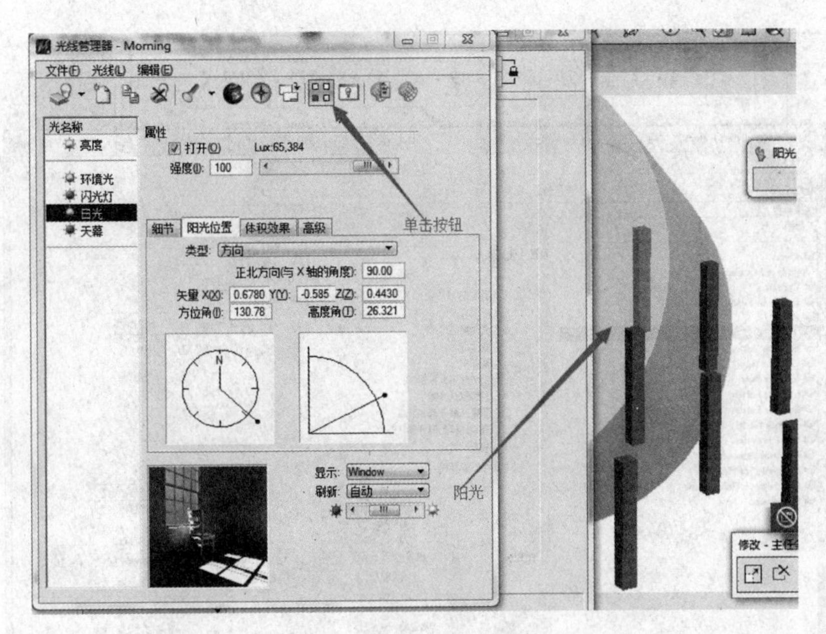

图 5-307　日光显示

如图 5-308 所示,1 表示阳光的照射方向,2 表示阳光的照射范围,3 表示阳光到达点的位置。调整这 3 个点的位置,使场景完全位于阳光照射范围之内,如图 5-309 所示。

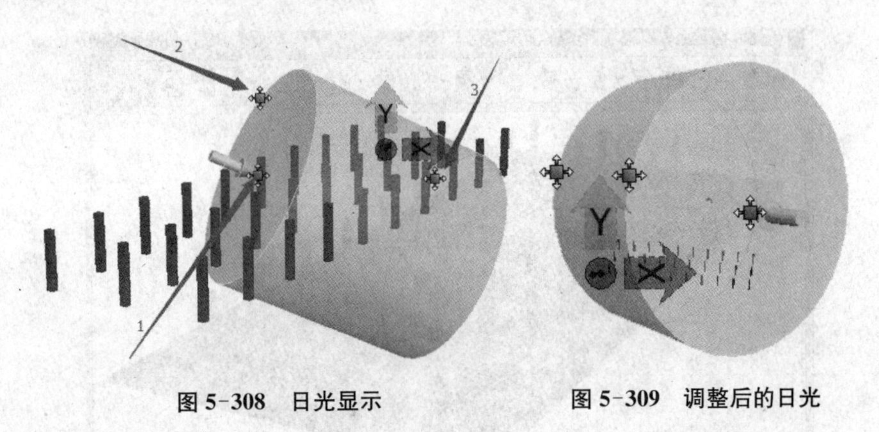

图 5-308　日光显示　　　　图 5-309　调整后的日光

4）渲染质量设置

单击"lxuology 渲染设置"对话框,或者按键盘快捷键"Alt＋T",打开"渲染设置"对话框,如图 5-310 所示。

在左侧列表中单击"Exterior best",然后关闭对话框。

在设置列表中显示为灰色的,表示没有导入到本项目的设置,可以在灰色项上单击鼠标右键,在弹出菜单中选择"导入",则会把该设置导入到本项目中。移动鼠标到相应设置列表项上,会有"本地设置"和"库设置"的提示。

开始渲染。在渲染开始之前,检查一遍"渲染设置"对话框的标题栏,如果显示与图示不一致,单击相应按钮边的三角形,即相应主菜单的展开式下拉菜单,在列表中选中相应选项。这样就可以开始渲染了。

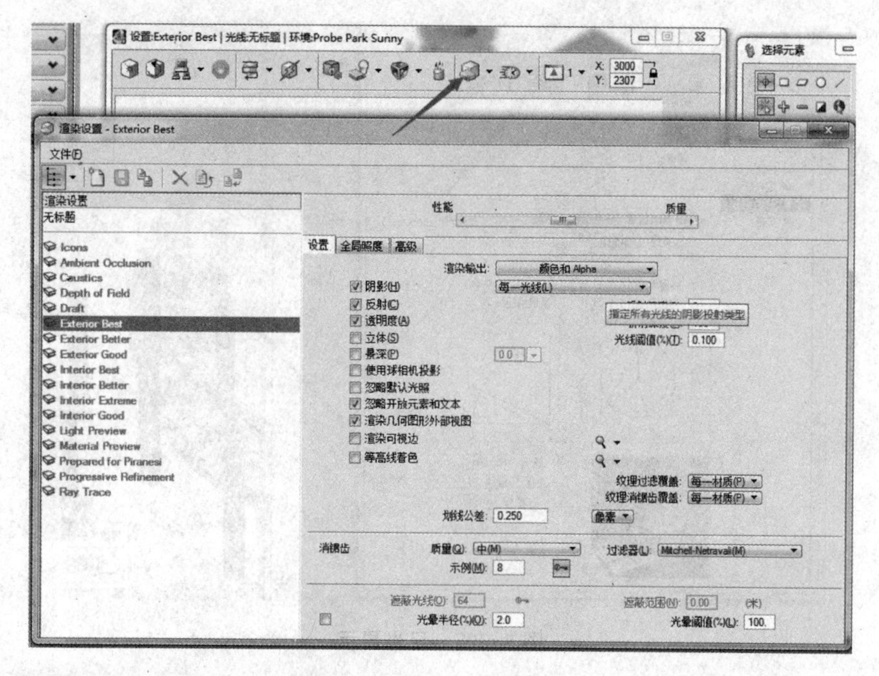

图 5-310　“渲染设置”对话框

单击“渲染”按钮，完成的渲染如图 5-311 所示。

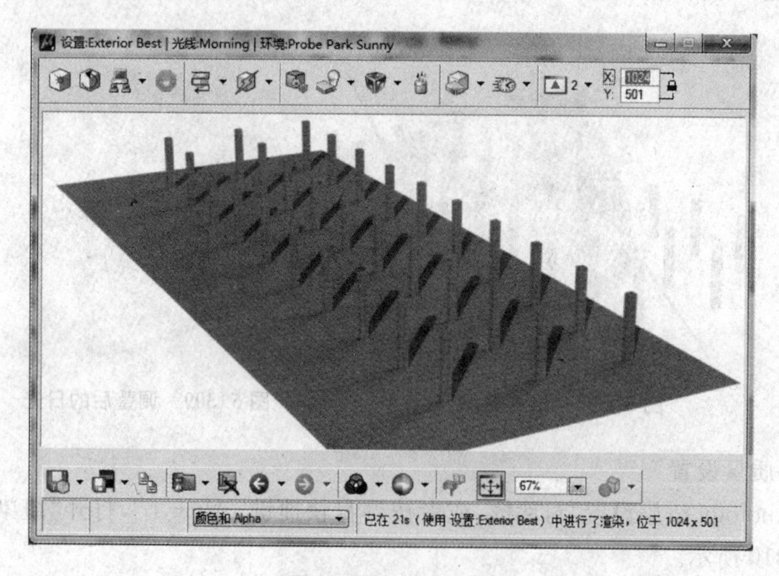

图 5-311　完成渲染

5.4.2　动画

MicroStation 软件的动画分为漫游动画和关键帧动画。关键帧动画是有别于其他 BIM 软件动画功能的一大特点，通过关键帧动画，可以模拟建筑物的施工过程。

1. 漫游动画

MicroStation 软件的漫游动画可以通过简单的几步设置完成：定义漫游路径、定义动画相机、

编排脚本、定义角色路径和方向、定义相机目标及目标路径、编排相机目标脚本、预览和调整。

1）定义漫游（相机）路径

在进行 MicroStation 漫游动画制作中，第一步是定义一条曲线，用来描述漫游过程中相机的移动路径。这条曲线可以是直线，也可以是样条曲线。下面用样条曲线来做漫游路径。单击主工具条的“绘图”，在 Q5 位置单击“按点的 B 样条曲线”按钮，如图 5-312 所示。然后，在顶视图多次单击鼠标，绘制出作为漫游路径的样条曲线，如图 5-313 所示。到立面或轴侧视图中，把样条曲线提高 1.8 m，完成后如图 5-314 所示。

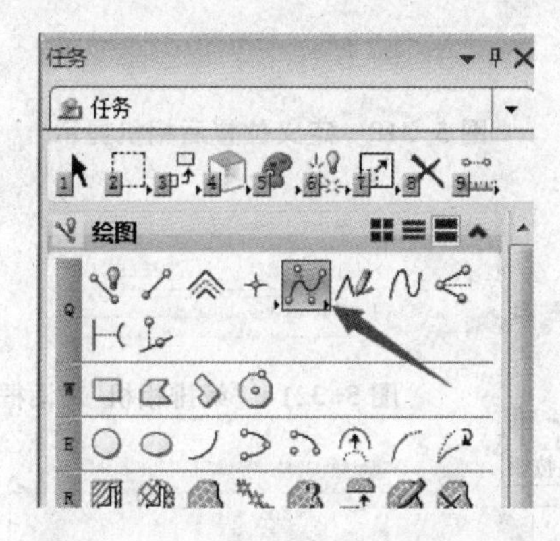

图 5-312 “按点的 B 样条曲线”按钮

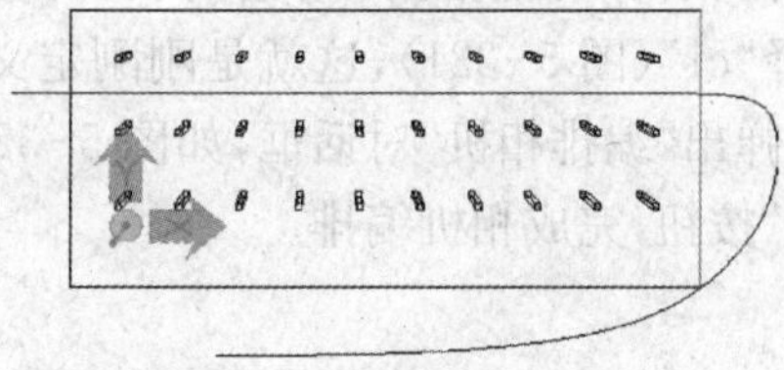

图 5-313 漫游路径

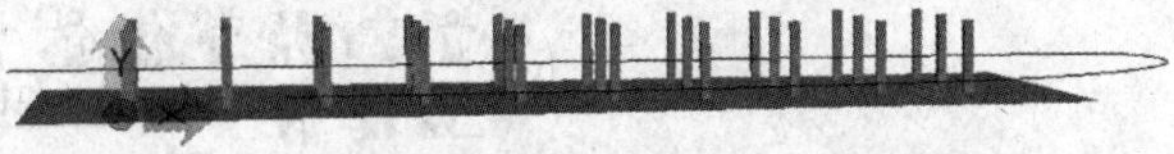

图 5-314 提升路径高度后

2）定义动画相机（定义名称）

在任务栏的“动画”下单击“定义摄像机”按钮，如图 5-315 所示，出现“创建摄像机”对话框，如图 5-316 所示。根据左下角的提示，移动鼠标到样条曲线的端点，出现捕捉符号后，单击鼠标左键，定义相机位置，如图 5-317 所示。

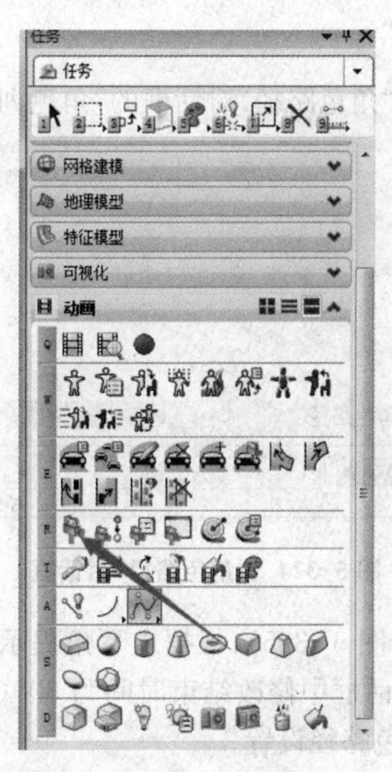

图 5-315 “定义摄像机”按钮

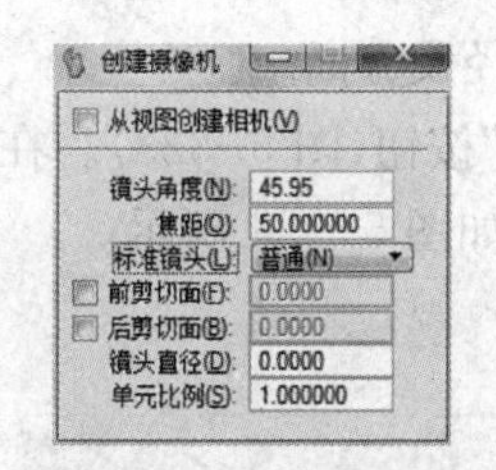

图 5-316 “创建摄像机”对话框

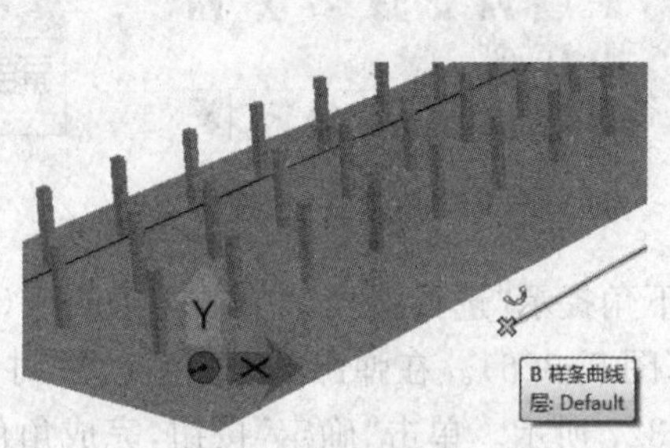

图 5-317 出现捕捉符号

定义相机位置后，显示如图5-318所示。单击键盘上的“T”键，放平精确绘图坐标，然后，单击一根柱顶，完成相机目标设置；随后出现“创建相机”对话框，在名称后输入C1，如图5-319所示，单击确定按钮，完成相机定义。

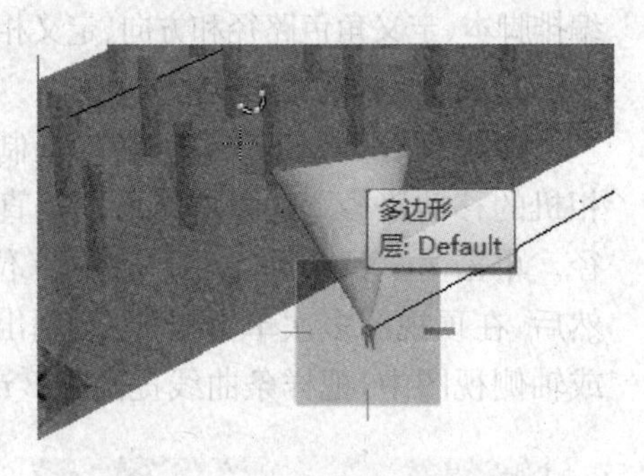

图5-318 定义位置后相机显示

3）编排相机

单击“动画”下的“编排相机”按钮（图5-320），在弹出的“编排相机”对话框的“角色列表”对应的下拉菜单中选择“c1”（图5-321），这就是刚刚定义好的相机。随后，弹出“编排相机”对话框，如图5-322所示，单击“确定”按钮，完成相机编排。

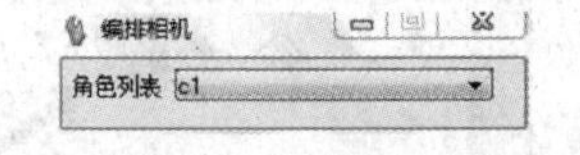

图5-321 “编排相机”对话框

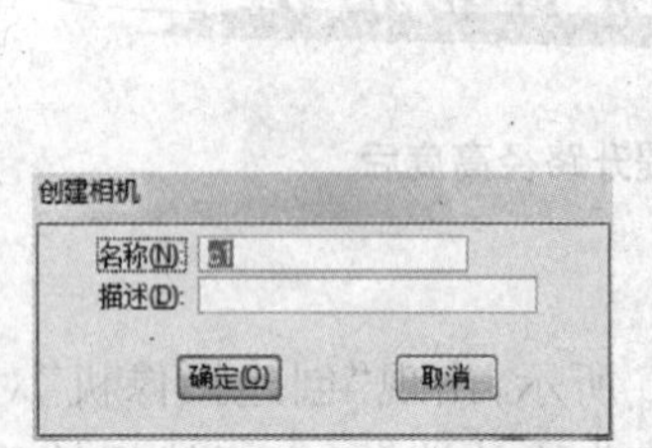

图5-319 “创建相机”对话框

图5-320 “编排相机”按钮

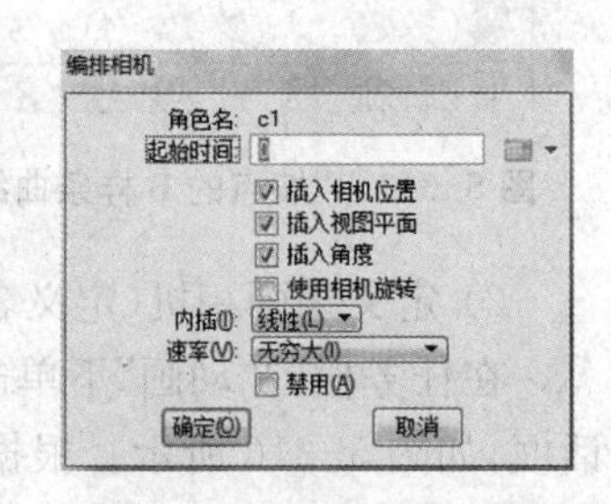

图5-322 编排相机

4）定义角色路径及方向

单击“角色路径”按钮（图5-323）。在弹出的“角色路径”对话框的“角色列表”对应的下拉菜单中选择“c1”，如图5-324所示。

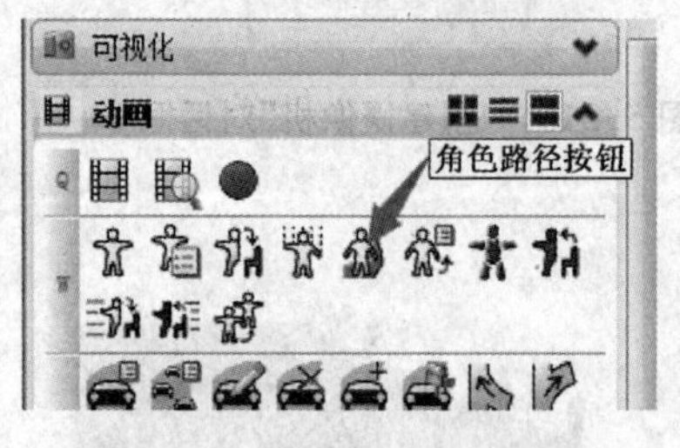

图5-323 “角色路径”按钮

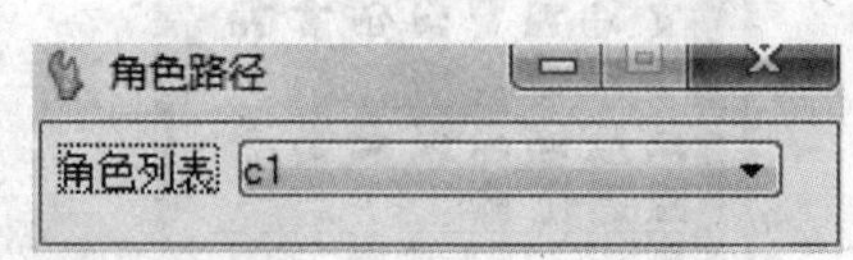

图5-324 “角色路径”对话框

根据左下角提示“选择路径”，单击样条曲线（图5-325），根据左下角提示，单击鼠标左键确定方向（图5-326）。在弹出的“角色路径”对话框中修改结束时间为300（注意：单位为帧），如图5-327所示。单击“确定”按钮，完成角色路径设置。

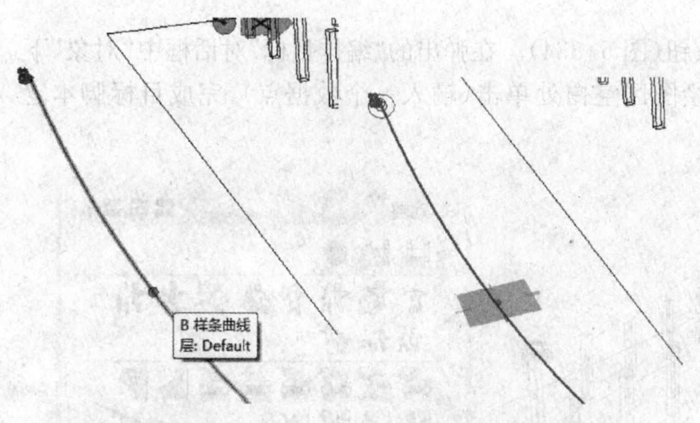

图 5-325 选择路径　　图 5-326 确定方向

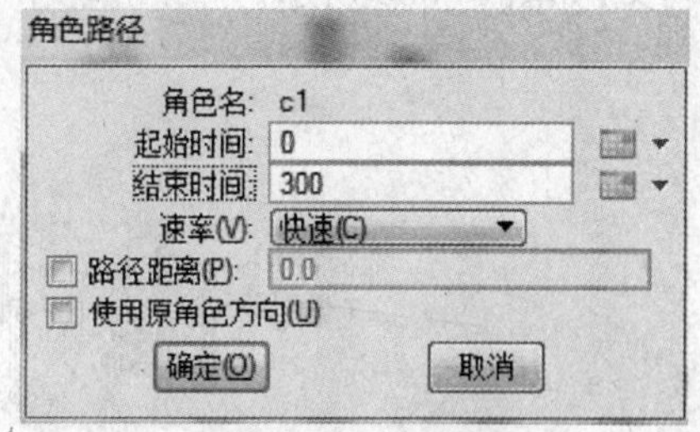

图 5-327 设置帧数

5）定义相机目标

单击状态栏的锁图标，把“ACS 平面锁”和“ACS 捕捉锁”前的“√”去掉，如图 5-328 所示。

单击动画下的“创建目标”按钮，如图 5-329 所示。在弹出的“创建目标”对话框的单元比例中，输入 10，如图 5-330 所示。

移动鼠标到任意一个柱顶部，出现捕捉光标时(图 5-331)，单击鼠标放置目标。在弹出的“创建目标”对话框中输入目标的名称，这里输入“T1”(图 5-332)。然后，在“描述”后的空白框中单击鼠标，然后，单击“确定”按钮，放置完成后，如图 5-333 所示。

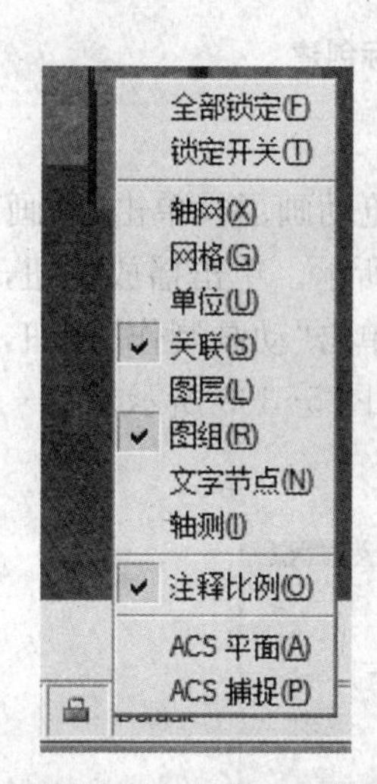

图5-328 设置 ACS 锁

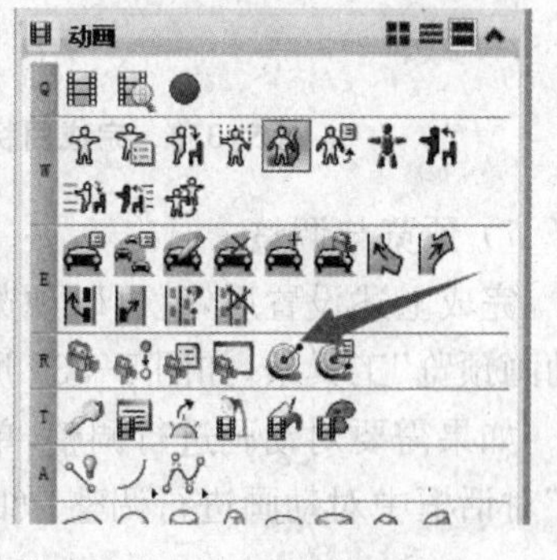

图 5-329 “创建目标”按钮

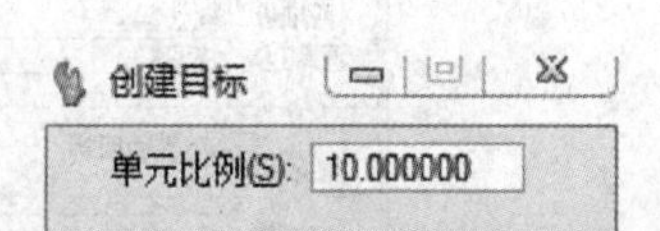

图 5-330 “创建目标”对话框

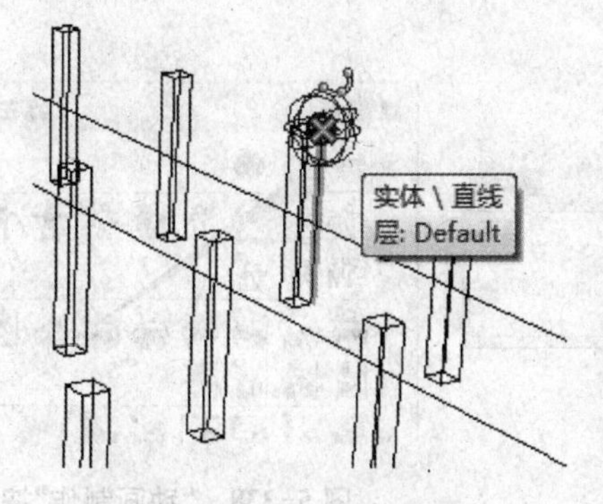

图 5-331 创建的目标

图 5-332 “创建目标”对话框

6）定义目标脚本

单击“动画”中的“编排目标”按钮(图 5-334)。在弹出的“编排目标”对话框中“对象”下选择“c1”,目标选择“T1”,之后在绘图区空白处单击(输入一个数据点),完成目标脚本定义,如图 5-335 所示。

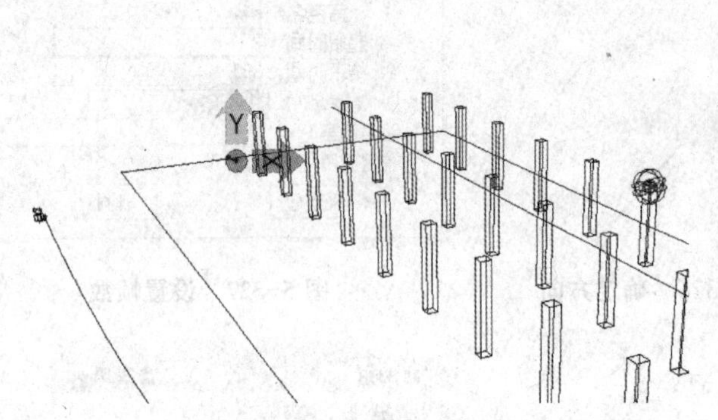

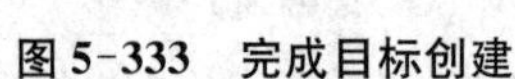

图 5-333　完成目标创建

图 5-334　“编排目标”按钮

7）预览与调整

完成上述设置后,就可以预览动画了。单击“动画”→“动画预览”按钮(图 5-336),打开“动画预览”工具条,如图 5-337 所示。单击播放按钮,就可以在视图中看到动画效果。

如果需要对动画进行调整,单击“动画制作”按钮,如图 5-338 所示。在打开的“动画制作”对话框中对动画进行调整,如图 5-339 所示。

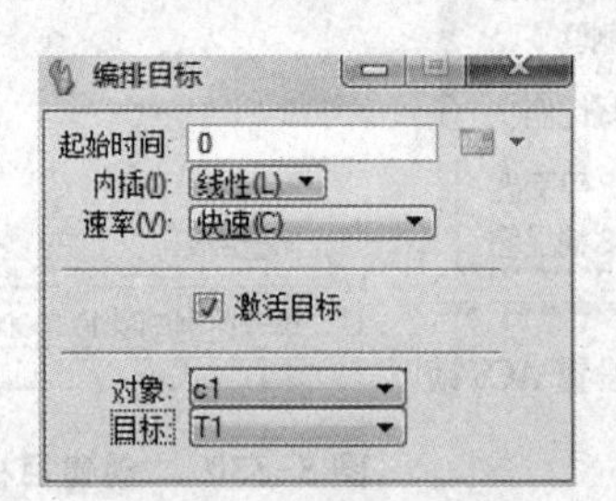

图 5-335　“编排目标”对话框

图 5-336　“动画预览”按钮

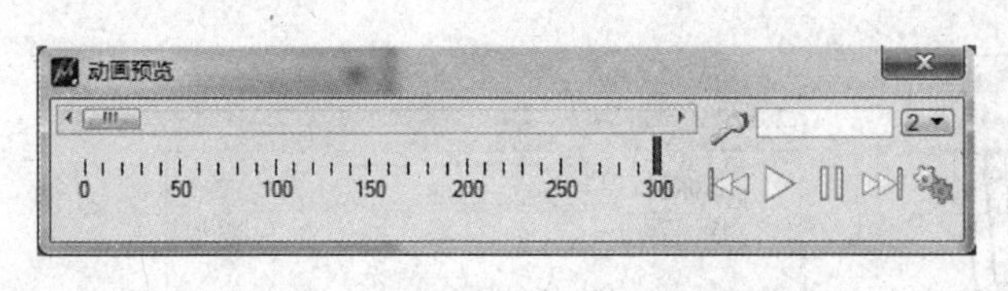

图 5-337　“动画预览”工具条

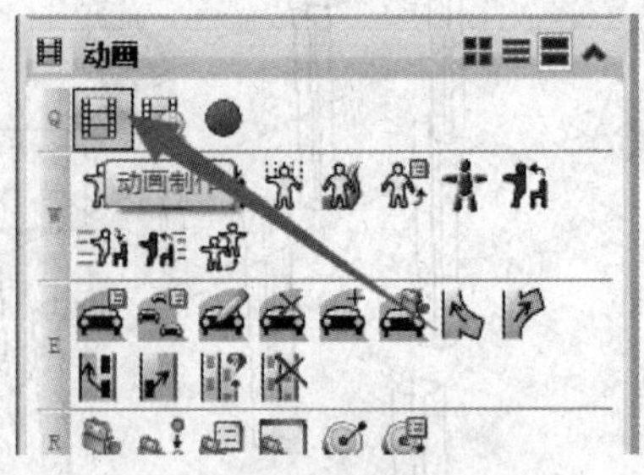

图 5-338　“动画制作”按钮

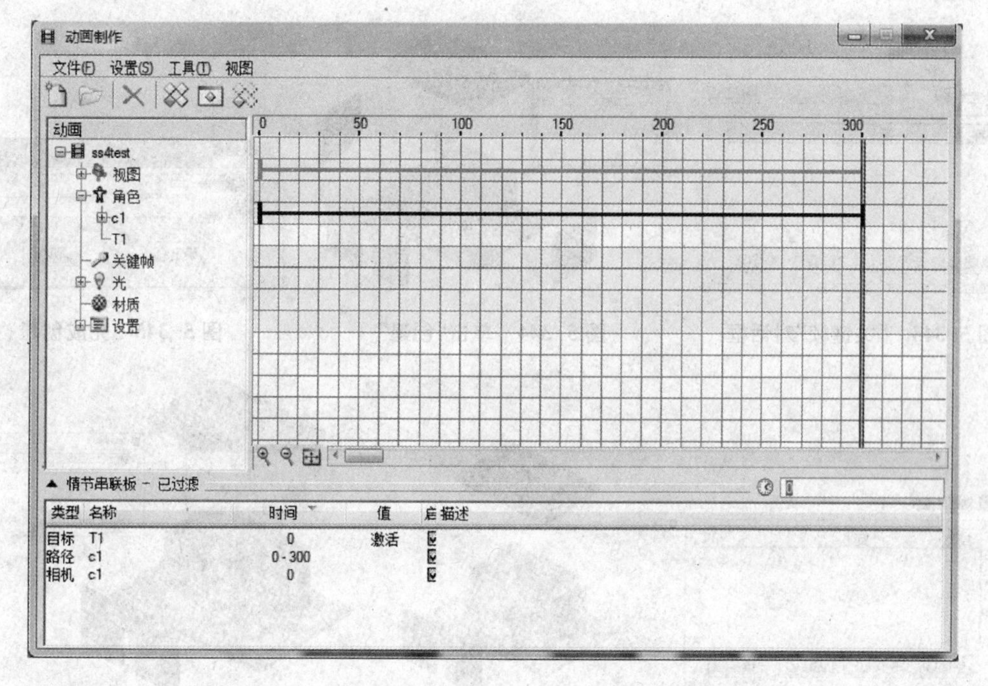

图 5-339 “动画制作”对话框

2. 关键帧动画

在 MicroStation 中制作关键帧动画的步骤主要是定义角色、定义运动的主从关系、定义关键帧。下面以一个小房子的施工模拟说明关键帧动画的制作过程。

作为动画制作的前提，首先建立模型，完成的模型如图 5-340 所示；完成模型后，将模型移开原来的位置，如图 5-341 所示。单击“关键帧”按钮(图 5-342)，弹出“关键帧”对话框如图 5-343 所示。

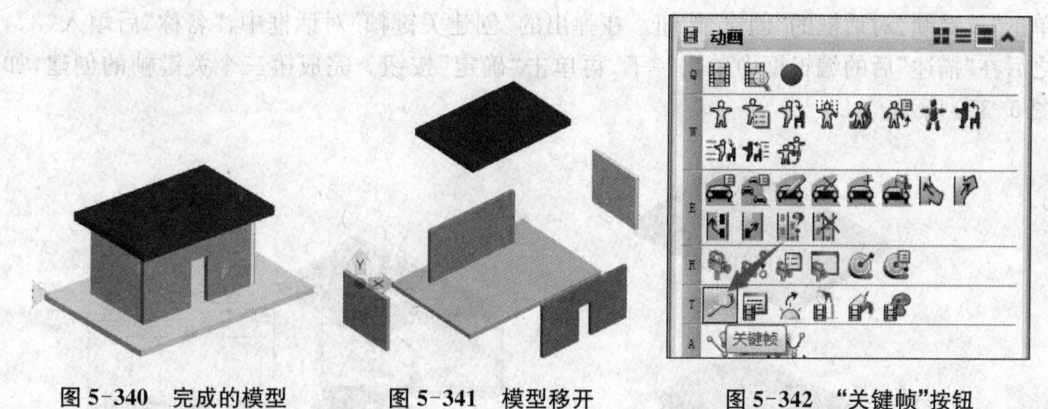

图 5-340 完成的模型　　图 5-341 模型移开　　图 5-342 “关键帧”按钮

按“Ctrl＋A”键，选中全部模型，单击“关键帧”对话框的“创建”按钮，如图 5-344 所示。在弹出的“创建关键帧”对话框中，“名称”后填入“1”，之后在“描述”后的编辑框中单击一下，再单击“确定”按钮，如图 5-345 所示。完成第一个关键帧的创建，如图 5-346 所示。

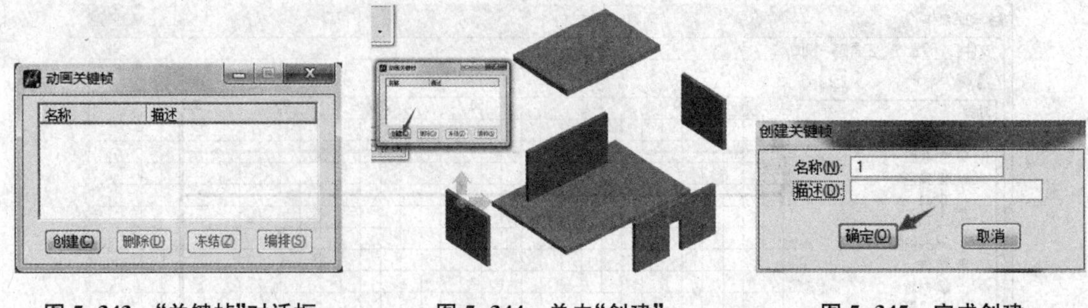

图 5-343　“关键帧”对话框　　图 5-344　单击“创建”　　图 5-345　完成创建

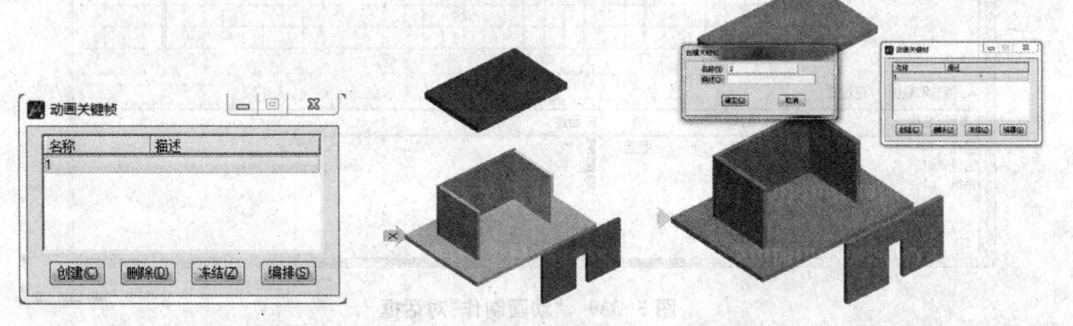

图 5-346　完成第一个关键帧　　图 5-347　移动后的模型　　图 5-348　创建第二个关键帧

将两面墙移动回原来位置，如图 5-347 所示。按“Ctrl＋A”，选中全部模型，然后，单击“关键帧”对话框的“创建”按钮。在弹出的“创建关键帧”对话框中，“名称”后填入“2”，然后在“描述”后的编辑框中单击一下，再单击“确定”按钮。完成第二个关键帧的创建，如图 5-348 所示。

将最后一面墙移动回原来位置，如图 5-349 所示。按“Ctrl＋A”，选中全部模型，然后，单击“关键帧”对话框的“创建”按钮。在弹出的“创建关键帧”对话框中，“名称”后填入“3”，之后在“描述”后的编辑框中单击一下，再单击“确定”按钮。完成第三个关键帧的创建，如图 5-350 所示。

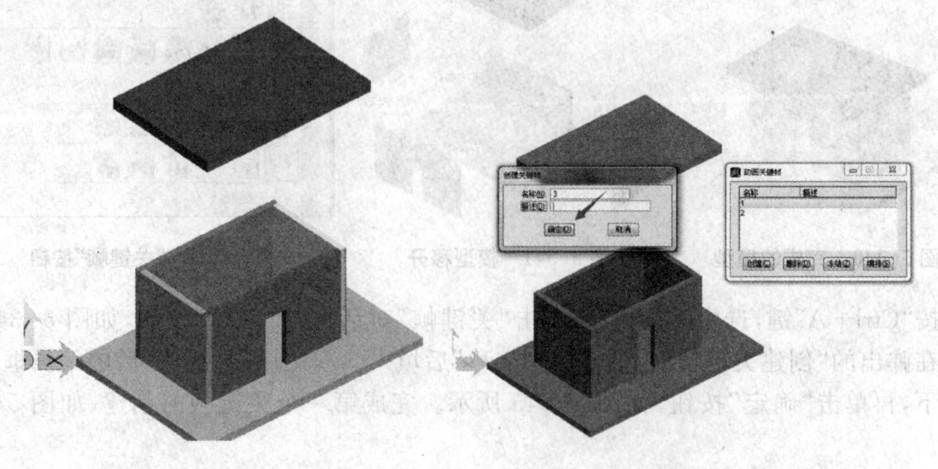

图 5-349　移动后的模型　　图 5-350　创建第三个关键帧

将屋面移动回原来的位置，如图 5-351 所示。按“Ctrl＋A”，选中全部模型，然后，单击“关键帧”对话框的“创建”按钮。在弹出的“创建关键帧”对话框中，“名称”后填入“4”，然后在“描述”后的编辑框中单击一下，再单击“确定”按钮。完成第四个关键帧的创建，如图 5-352 所示。

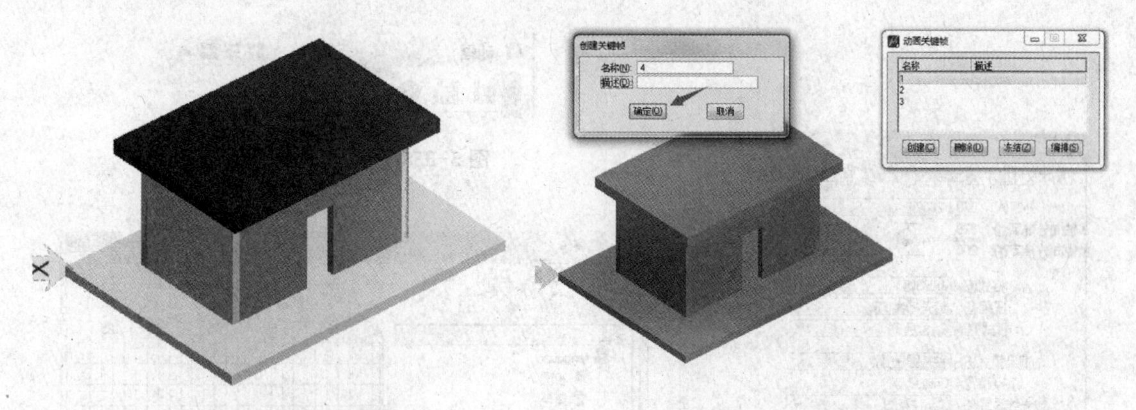

图 5-351　屋面移动到原位　　图 5-352　创建第四个关键帧

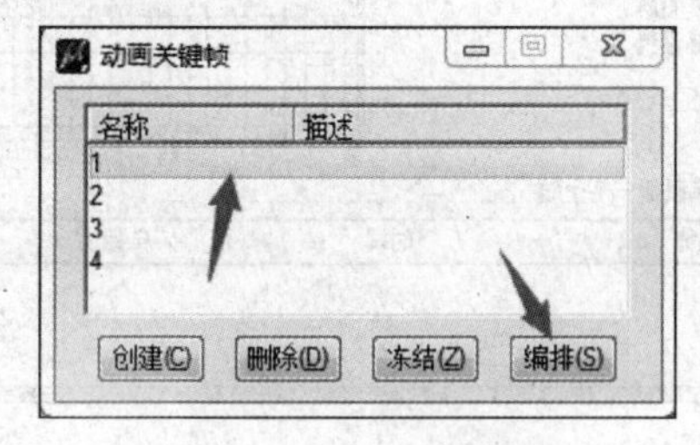

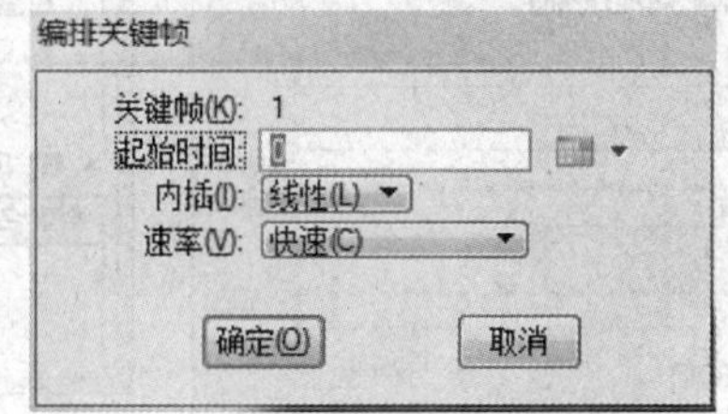

图 5-353　“编排”按钮　　图 5-354　“编排关键帧”对话框

单击“动画关键帧”对话框中的“1”，然后单击“编排”按钮，如图 5-353 所示，在弹出的“编排关键帧”对话框中设置起始时间为“0”(此处填入的是动画帧的序号)，单击“确定”，如图 5-354 所示。采用同样方法，把“2”“3”“4”的起始时间分别设置为 60，120 和 180。

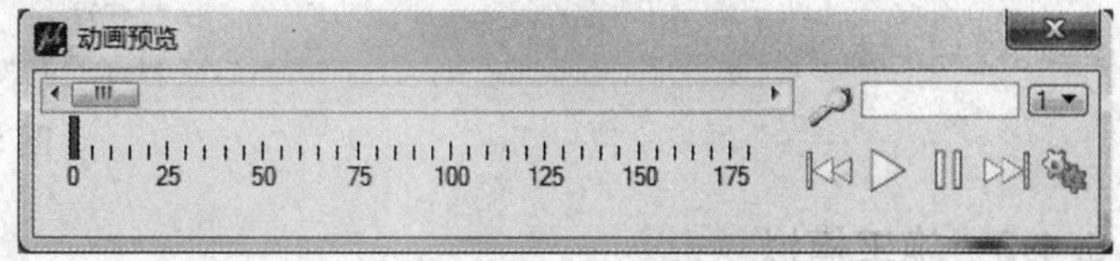

图 5-355　“动画预览”按钮　　图 5-356　“动画预览”工具条

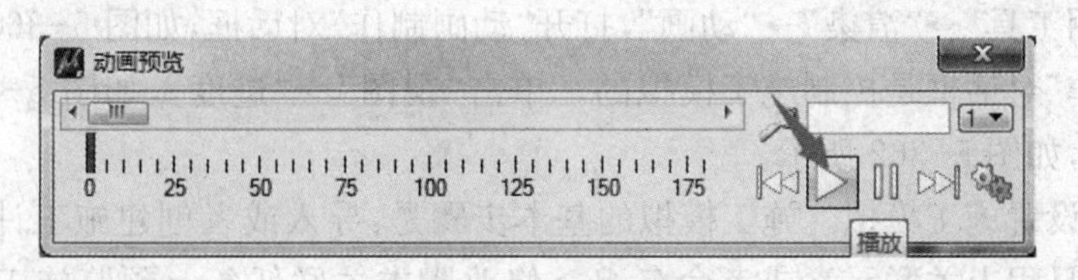

图 5-357　“播放”按钮

完成设置后，单击“动画预览”按钮（图 5-355）。弹出的“动画预览”工具条如图 5-356 所示。单击如图 5-357 的播放按钮，就可以看到动画了。

单击“动画录制”按钮（图 5-358），弹出“录制脚本”对话框（图 5-359），完成动画的录制和输出。

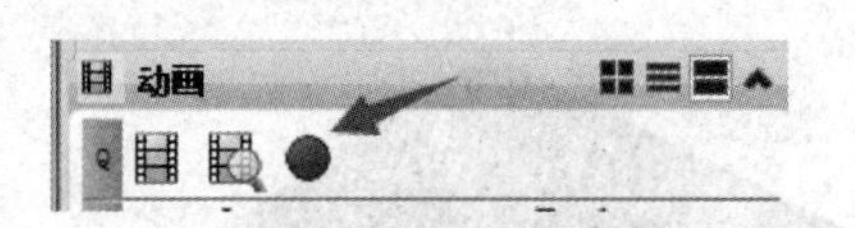

图 5-358 “动画录制”按钮

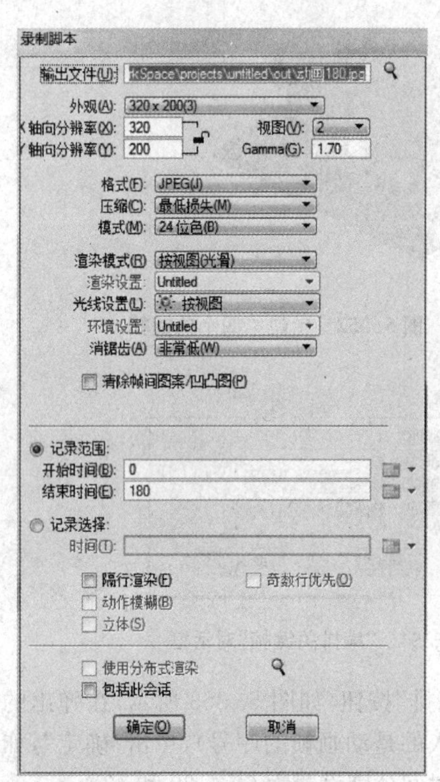

图 5-359 “录制脚本”对话框

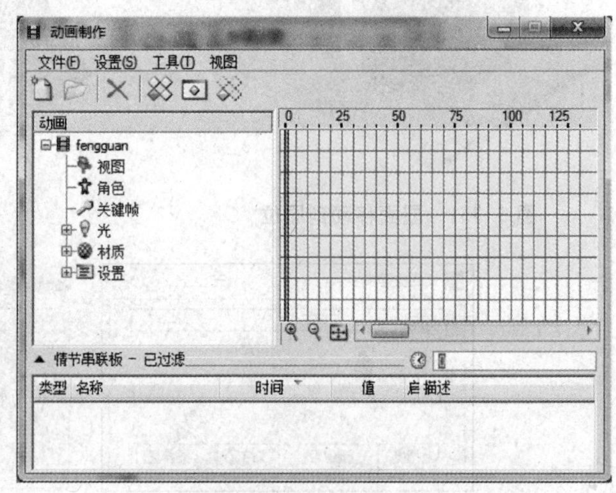

图 5-360 “动画制作”对话框

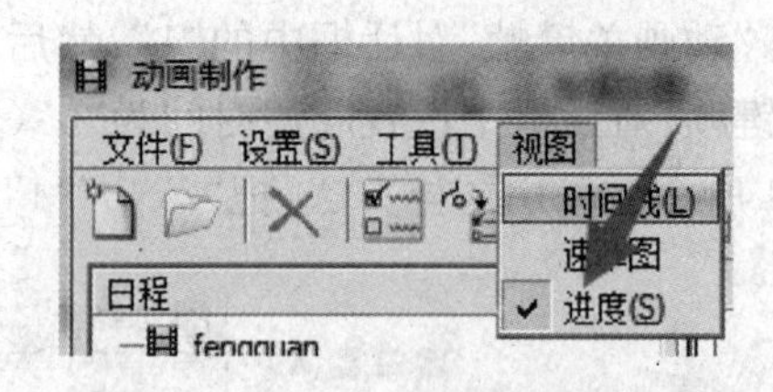

图 5-361 “进度”菜单

5.4.3 施工模拟

1. 施工模拟对话框

单击“实用工具”→“渲染”→“动画”，打开“动画制作”对话框，如图 5-360 所示。

“动画制作”对话框是控制施工模拟的。单击“视图”→“进度”，如图 5-361 所示，打开“日程”对话框，如图 5-362 所示。

然后开始设置施工模拟。施工模拟的基本步骤是：导入或者创建施工计划→在日程中修改任务→在日程上关联元素或者命名组→修改脚本关联任务→预览施工模拟→导出进度计划。

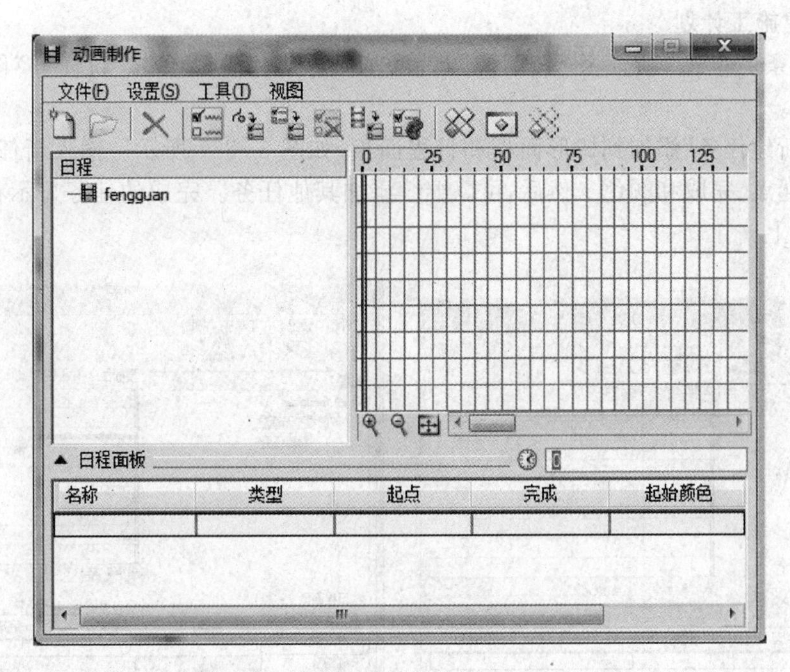

图 5-362 “动画制作”对话框

2. 导入施工计划

施工模拟使用的日程可以导入。单击“文件”→“日程”→“导入”，如图 5-363 所示，打开“导入日程”对话框，如图 5-364 所示。单击放大镜图标，打开导入日程文件对话框，如图5-365 所示。支持的文件格式有 XML，MPX 和 TXT。可以这样导入事先编写好的进度计划。

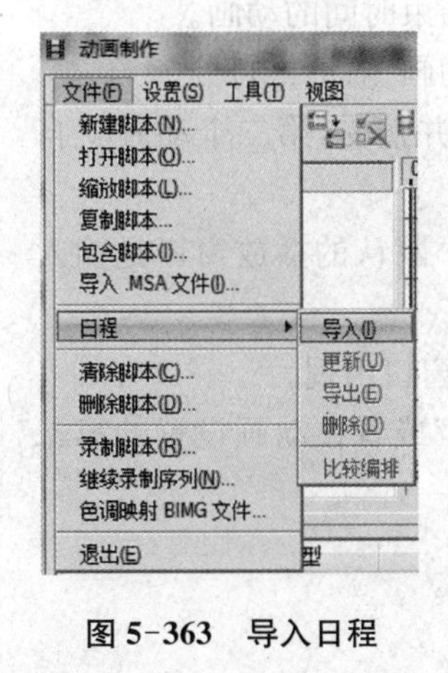

图 5-363 导入日程

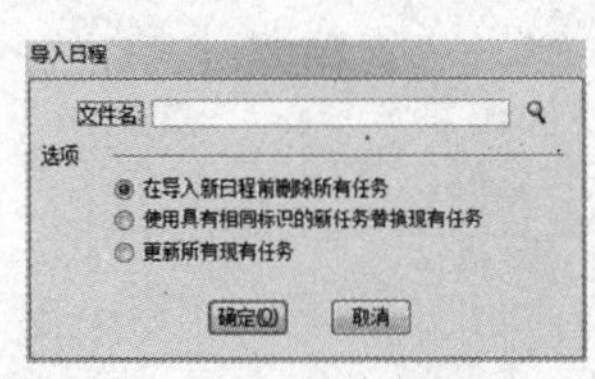

图 5-364 “导入日程”对话框

图 5-365 导入日程文件

3. 创建施工计划

在工具条上单击“新任务”按钮，或者在动画生成对话框单击“新任务”图标。如图5-366所示。

一个“新建任务”添加到树形面板和日程面板，如图5-367所示。输入新任务的名字，设置类型、起点、完成和颜色。然后，可以继续添加其他任务。完成的任务显示在树形面板和日程面板上。

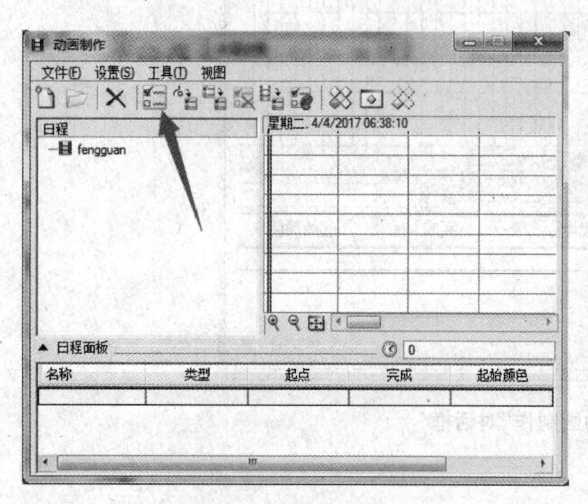

图5-366 “新任务”按钮

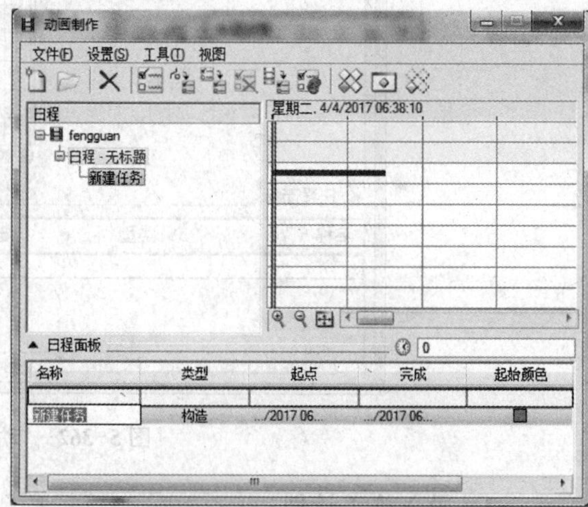

图5-367 添加的新任务

4. 日程比较

用户可以比较同一个任务不同的开始/结束时间类型的两个动画。比如，其中一个播放最早开始和最早结束时间的动画，另一个播放最迟开始和最迟结束时间的动画。

在动画生成对话框中，单击“文件→日程→比较日程”，“比较动画”对话框打开。

为日程选择预期和原始日程进行比较的开始/结束时间类型并接受，第二个动画就自动加载了。

在动画生成对话框的第二个动画里，旋转播放的视图窗口号。默认的播放窗口是输入数据点的窗口。

在动画预览对话框中单击播放按钮。两个日程的动画同时在窗口出现。

删除第二个动画。在动画生成对话框，单击“文件→删除脚本”或者在动画设置的第二个动画片段，清除脚本字段并单击“Tab”键。

AECOsim Building Designer(Ss6)软件应用

6.1 安装与界面

6.1.1 AECOsim Building Designer(Ss6)软件对电脑系统的最低要求及建议配置

1. AECOsim Building Designer(Ss6)软件安装对电脑系统最低要求(表6-1)

表6-1　建议运行AECOsim Building Designer(ABD)的最低工作站配置参数表

处理器	Intel®或AMD®处理器(2.0 GHz或更高)。不支持SSE2的CPU不支持AECOsim Building Designer
内存	至少512 MB可用RAM,建议2GB可用RAM。内存越多,性能越高,这一点在处理较大模型时尤为明显
硬盘	9 GB可用磁盘空间(其中包含完整安装所需占用的5.6GB空间)
视频	建议提供256 MB或更高的视频RAM。如果不具备足够的视频RAM或找不到DirectX支持的显卡,AECOsim Building Designer将尝试使用软件模拟。为了达到最佳性能,图形显示颜色深度应设置为24位或更高。当使用16位的色彩深度设置时,会出现一些不一致的情况
屏幕分辨率	1024×768或更高

2. 2D和3D工作流的电脑建议配置(表6-2)

表6-2　2D和3D工作流的建议配置参数表

内容	2D草图和细部	3D建模和部分可视化	3D与繁重可视化
CPU	Intel® Xeon® E3 & E5 Intel® Core™ i5 Intel® Core™ i3	Intel® Xeon® E3, E5, E7 Intel® Xeon® E5-2667 v3 (20M Cache, 3.20 GHz Intel® Core™ i7 Intel® Core™ i5 Intel® Core™ i5	Intel® Xeon® E7 Intel® Core™ i7 Intel® Xeon® E5-2690 v3 (30M Cache, 2.60 GHz)
物理内存	2 GB	4 GB 可视化建议16 GB	8 GB(64位Windows 7采用Luxology渲染越多越好) 可视化建议32 GB
显存	256 MB~1 GB	512 MB~2 GB	512 MB~6 GB

(续表)

内容	2D 草图和细部	3D 建模和部分可视化	3D 与繁重可视化
显卡 Nvidia（工作站）	FX370 FX470 FX570 K410* K420* K610* K620* Quadro 400 Quadro 600 Quadro K610M*	FX1500 FX3700 FX1800 K620* K2000* K2200* K4000* K4200* Quadro 2000* Quadro 4000* Quadro K1100M*	FX3700 FX4500 FX4600 FX4700 FX5500 FX5600 K2000* K2200* K4000* K4200* K5000* K5200* K6000* Quadro 2000* Quadro 4000* Quadro 5000* Quadro 6000* Quadro K2100M* Quadro K3100M* Quadro K4100M* Quadro K5100M*
显卡 Nvidia GeForce（游戏）	8600 GTS 8600 GT 8500 GT 8400 GS 9500 GT 9600 GSO	8800 Ultra 8800 GTX 8800 GTS 8800 GT 9800 GTX 9800 GT 9600 GT	8800 Ultra 9800 GTX+ 9800 GTX GTX 280 GTX 260
显卡 AMD/ATI FireGL（Fire-Pro)工作站	V3600 V3700 V3750 V3800 V3900 W2100*	V5600 V5700 V5900* V7300 V7600 V3900 W2100* W4100* W5000* W5100*	V7600 V7350 V8600 V8650 V8700 V3800* V3900* V4800* V5800* V5900* V7800* V7900* V8800* V9800* W4100* W5000* W5100* W7000* W8000* W9000* HD 4000 Series
显卡 AMD/ATI Radeon（游戏）	HD 2000 Series	HD 3000 Series	HD 4000 Series

(续表)

内容	2D草图和细部	3D建模和部分可视化	3D与繁重可视化
显卡 Intel®	Intel® HD Graphics 3000 Intel® HD Graphics P3000 Intel® HD Graphics P4000 Intel® HD Graphics P4600 Intel® HD Graphics 4000 Intel® HD Graphics 4400 Intel® HD Graphics 4600 Intel® HD Graphics 5000 Intel® HD Graphics Iris™ Pro 5200	Intel® Iris™Pro Graphics P6300 Intel® Iris™Pro Graphics P580 Intel® HD Graphics P530	
操作系统	32位或64位 Windows 7 建议 Windows 7 (64位)	32位或64位 强烈建议 Windows 7 64位	64位 Windows 7,强烈建议 Windows 7 64位

注:* =经过 Windows 7 和 MicroStation V8i (Ss2)工作认证。

6.1.2 软件安装

AECOsim Building Designer(Ss6)软件安装过程如图6-1所示。

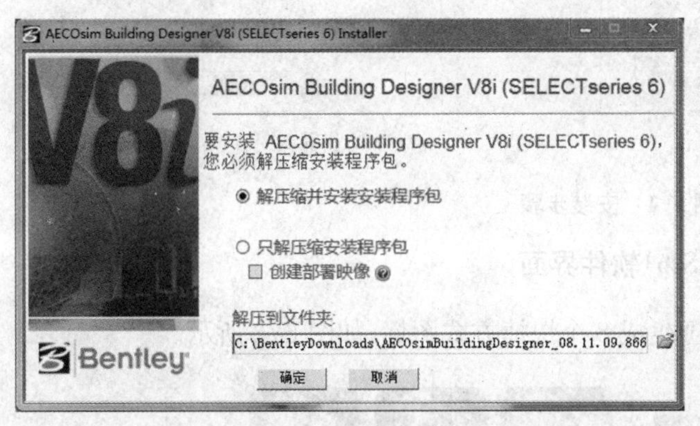

(a)步骤1

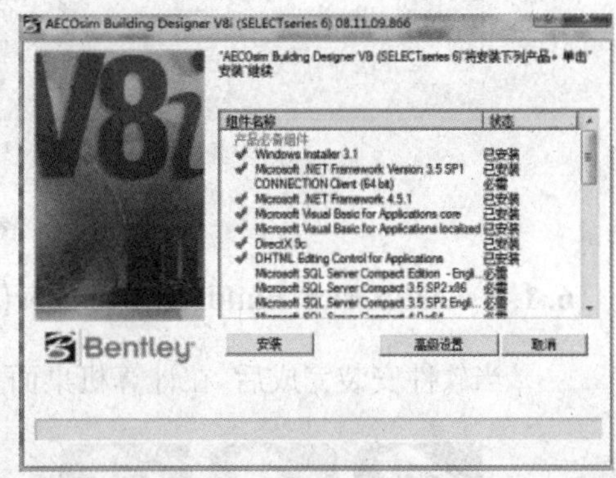

(b)步骤2

(c)步骤3

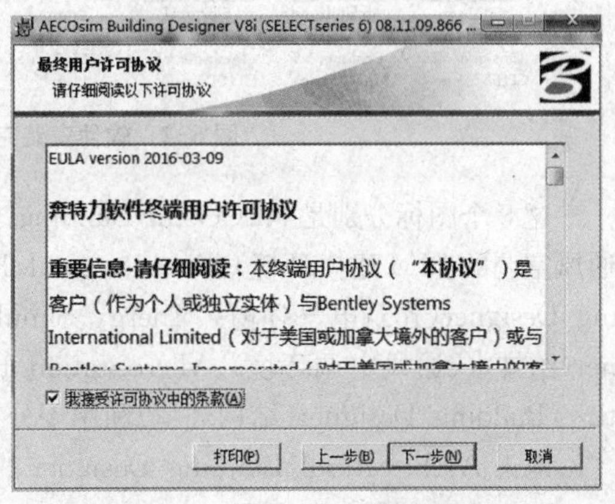

(d)步骤4

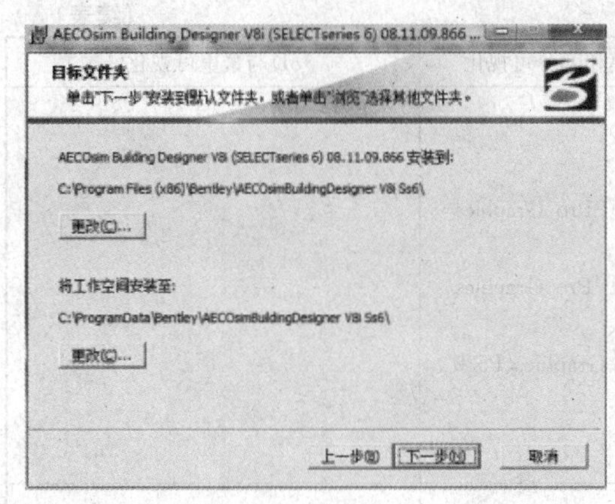

(e)步骤 5

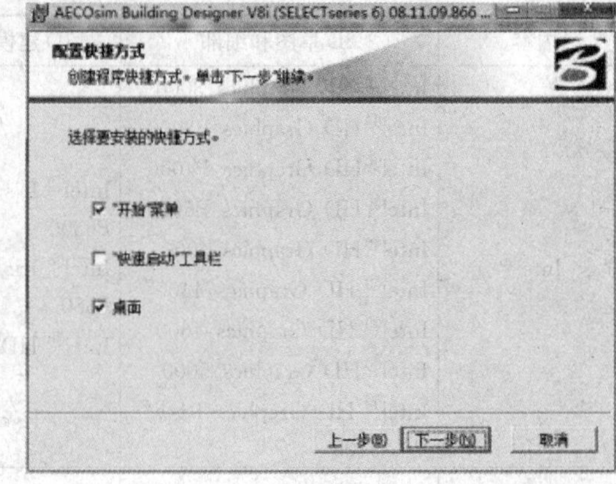

(f)步骤 6

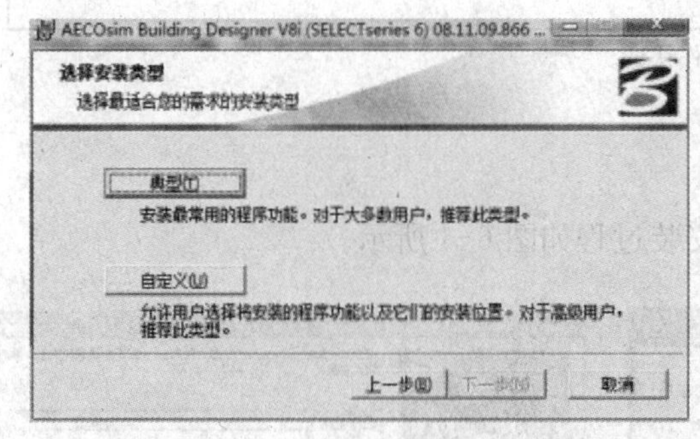

(g)步骤 7

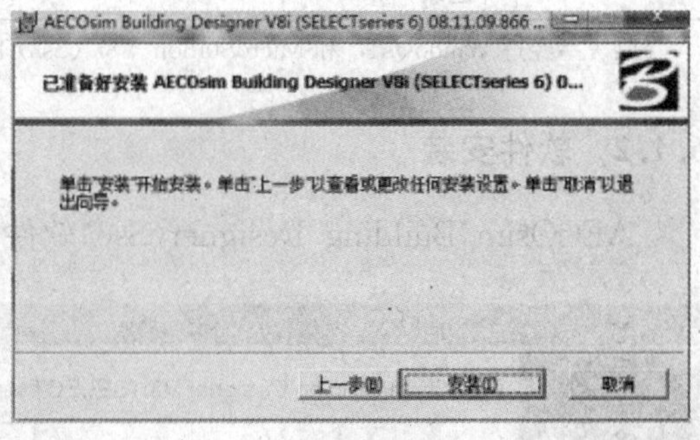

(h)步骤 8

图 6-1 安装步骤

6.1.3 AECOsim Building Designer(Ss6)软件界面

当软件安装完成后，在计算机桌面上生成 8 个快捷方式图标，如图 6-2 所示。

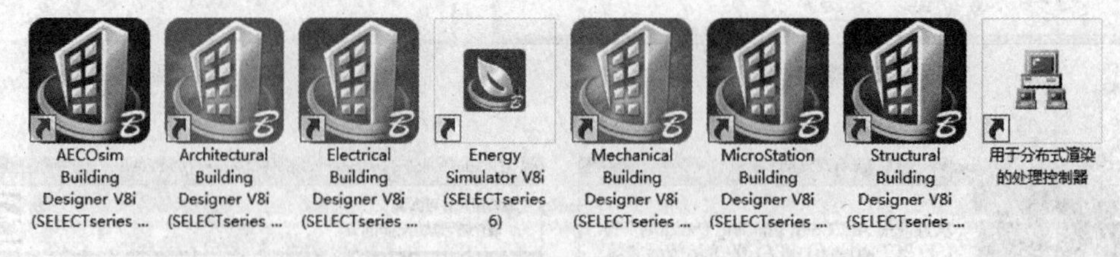

图 6-2 软件安装完成后桌面图标示意图

这 8 个图标分别是 AECOsim Building Designer(包括建筑、结构、建筑电气、给排水、通风空调的 BIM 建模环境)、Architectural Building Designer(建筑设计)、Electric Building Designer(建筑电气环境)、Energy Simulator(能量模拟)、Mechanical Building Designer(给排水、通风空调环境)、MicroStation Building Designer(MicroStation 环境)、Structure Building Designer(结构环境)和用于分布式渲染的处理控制器。

双击 Architectural Building Designer 的桌面图标，第一次启动 Architectual Building Designer，如图 6-3 所示。

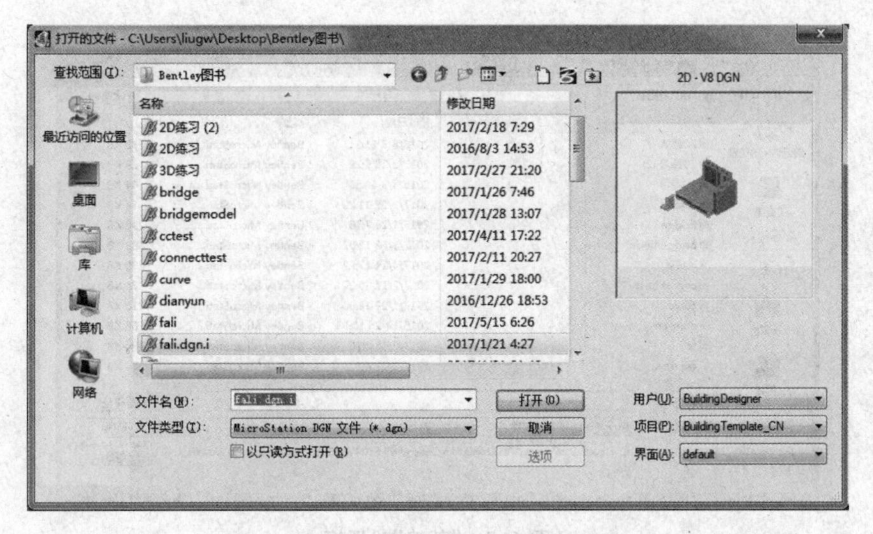

图 6-3 “打开的文件”对话框

位于界面中间打开的是 MicroStation 管理器。MicroStation 管理器的组成如图 6-4 所示。

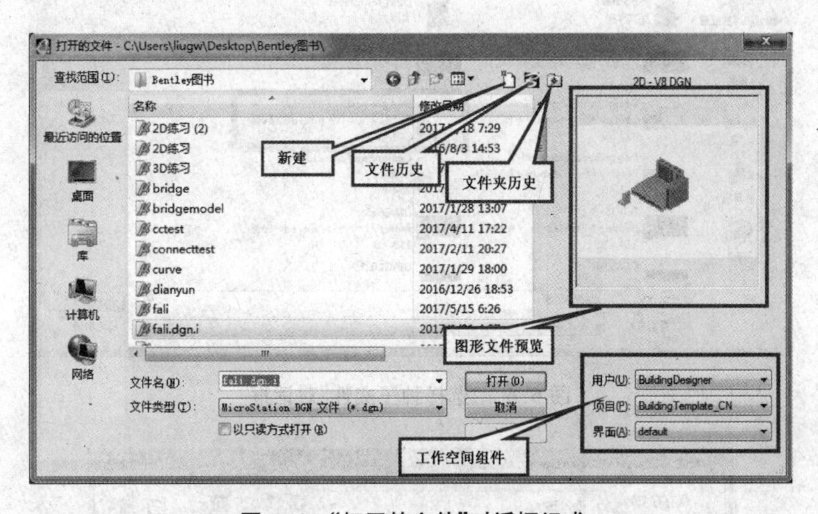

图 6-4 “打开的文件”对话框组成

单击新建按钮“□”,弹出新建对话框,如图 6-5 所示。

输入文件名“轴网”,单击“浏览”按钮,选择种子文件为 DesignSeed. dgn,如图 6-6 所示。

选择种子文件对话框中有多个种子文件可以选择,分别对应于不同的专业,一般建筑、结构、给排水、通风空调等专业不需要主动选择,按默认即可。单击“打开”,回到“新建”对话框,单击“保存”按钮,如图 6-7 所示。

然后,回到 MicroStation 管理器的“打开的文件对话框”,如图 6-8 所示。**注意:此时文**件类型应选择“MicroStation DGN 文件”。

单击“打开”按钮,打开新建文件,界面如图 6-9 所示。

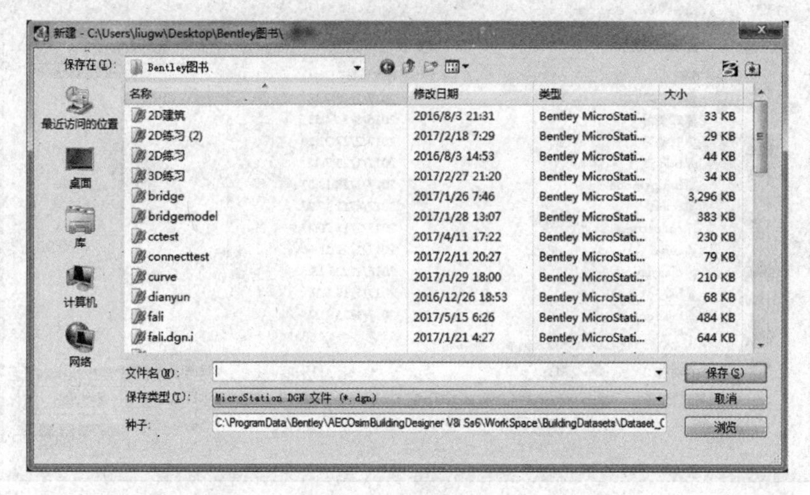

图 6-5 “新建”对话框

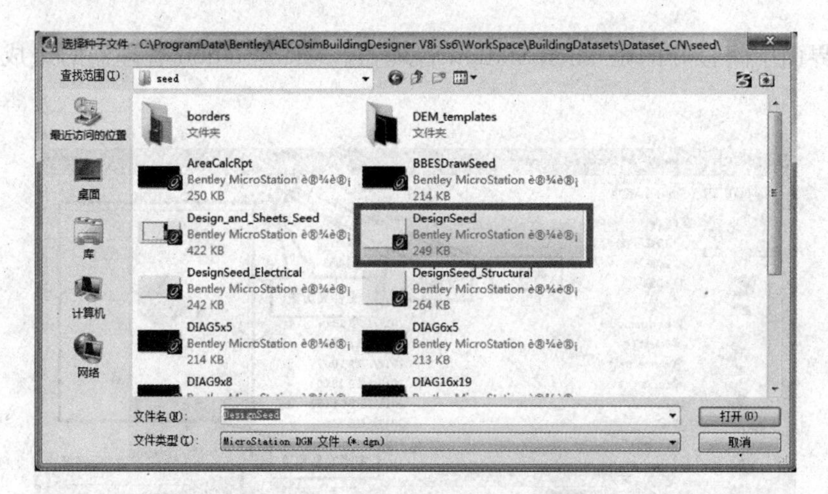

图 6-6 “选择种子文件”对话框

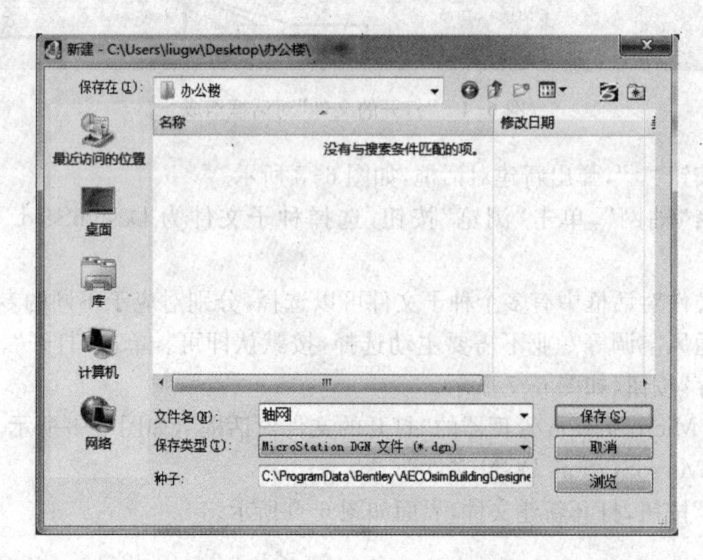

图 6-7 保存文件

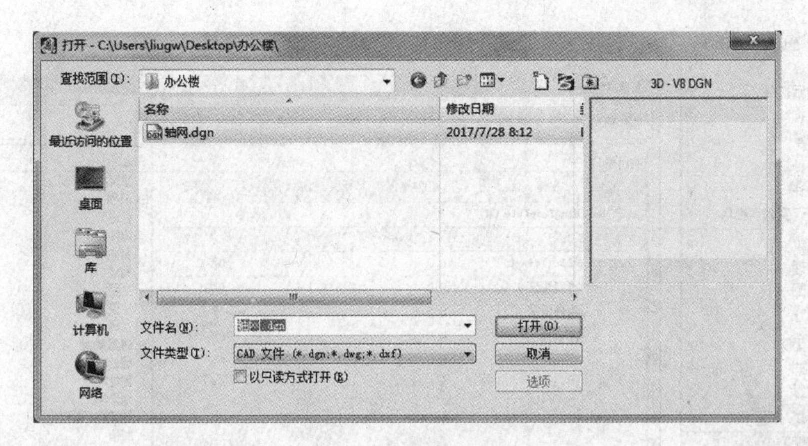

图 6-8 打开文件

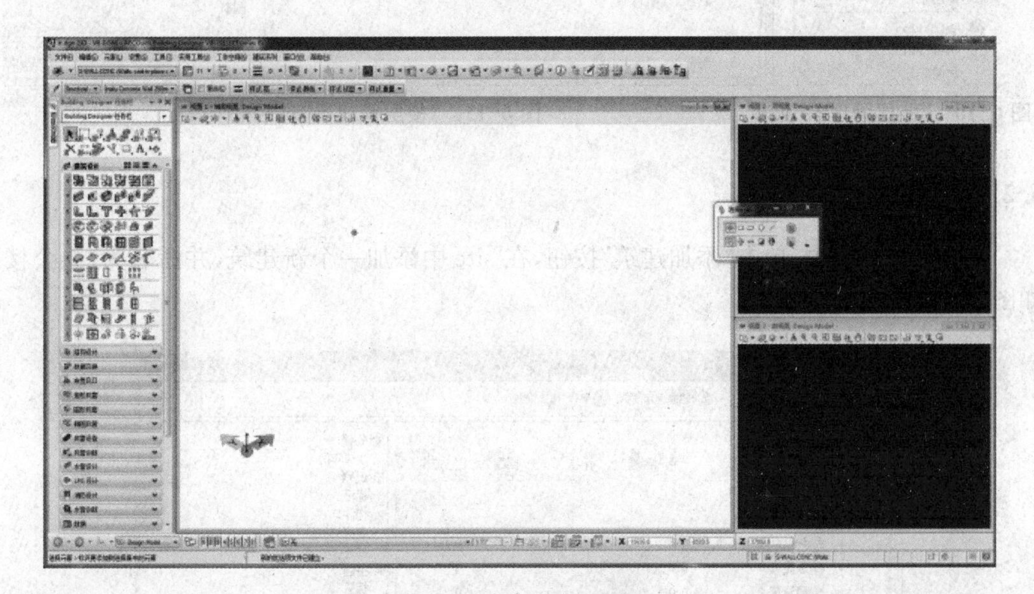

图 6-9 第一次启动界面

6.2 创建建筑、楼层和轴网

在本节中，将以一个简单的框架结构办公楼为例进行结构建模，该办公楼地上 12 层，地下 1 层，开间 3.6 m，进深 6 m，共 10 个开间长度，地下室层高 5.4 m，一层层高 4.8 m，二层层高 4.5 m，三至十二层层高 3.6 m，采用内走廊，轴线间距 2.1 m，走廊两侧布置办公室，楼梯间位于建筑两端的开间内。

6.2.1 创建建筑

单击“建筑系列”菜单下的楼层管理器，如图 6-10 所示。打开“楼层管理器”对话框，如图 6-11 所示。

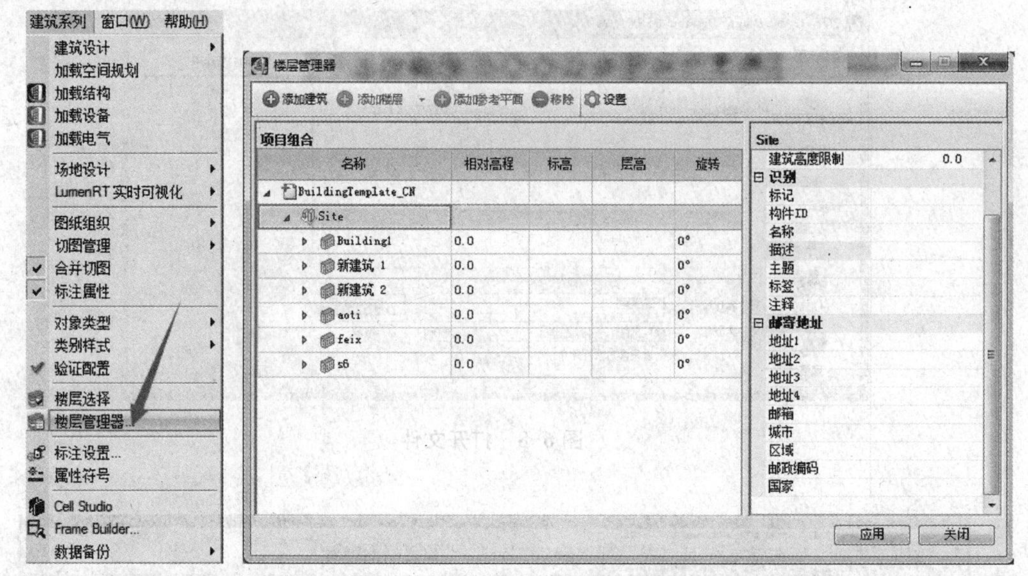

图 6-10 “楼层管理器”菜单　　　　图 6-11 “楼层管理器”对话框

6.2.2 创建楼层

在楼层管理器中，单击“添加建筑”按钮，在 site 中添加一个新建筑，并命名为“办公楼”如图 6-12 所示。

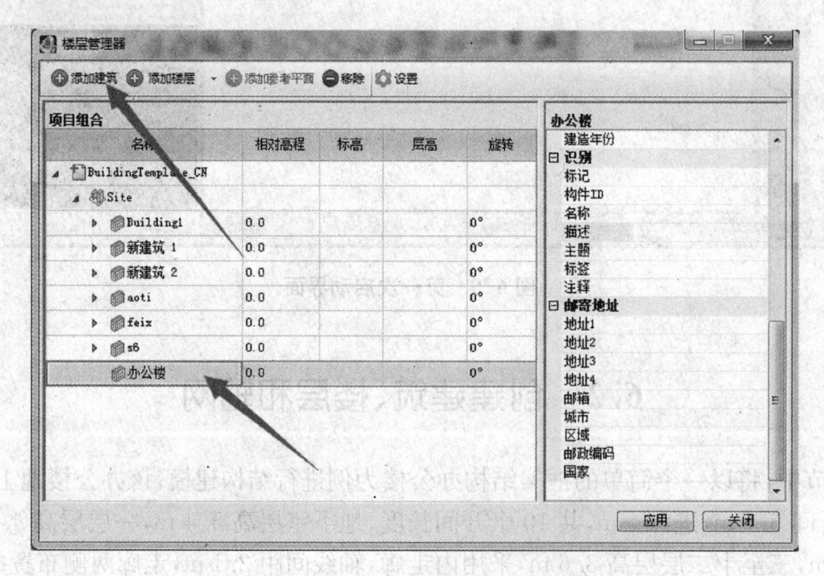

图 6-12 添加新建筑

(1) 修改和添加楼层。首先，添加地下室楼层，单击“办公楼”，然后单击“添加楼层”按钮，如图 6-13 所示。注意灰色显示的部分不可双击鼠标修改，但非灰色显示的可以双击鼠标进行修改。

(2) 修改高程。修改标高为－5 400，层高为 5 400，如图 6-14 所示。

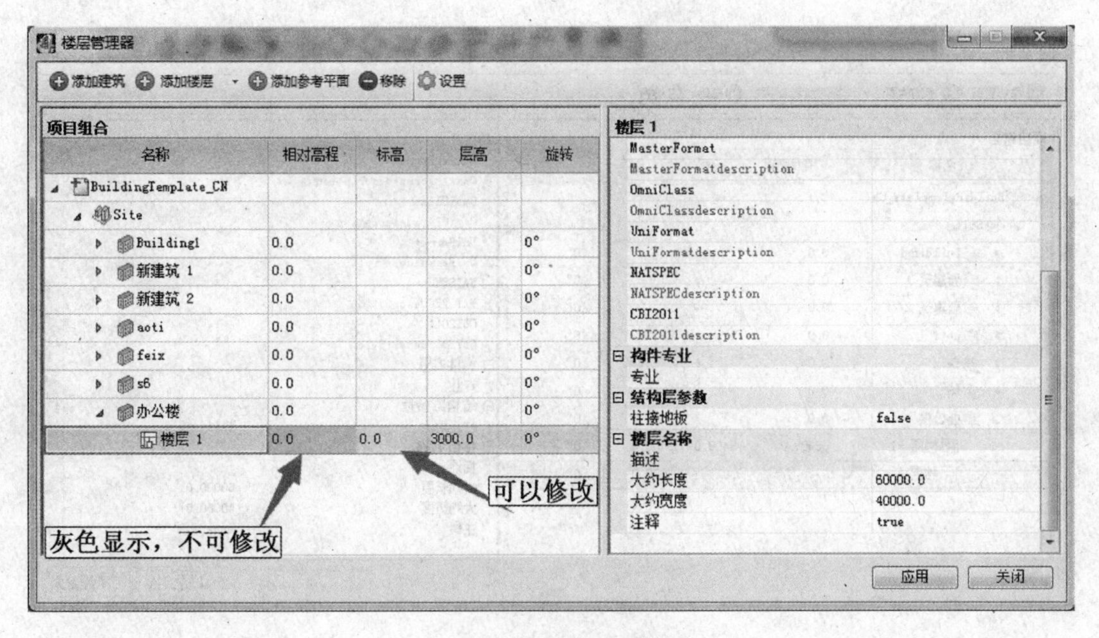

图 6-13 添加地下室楼层

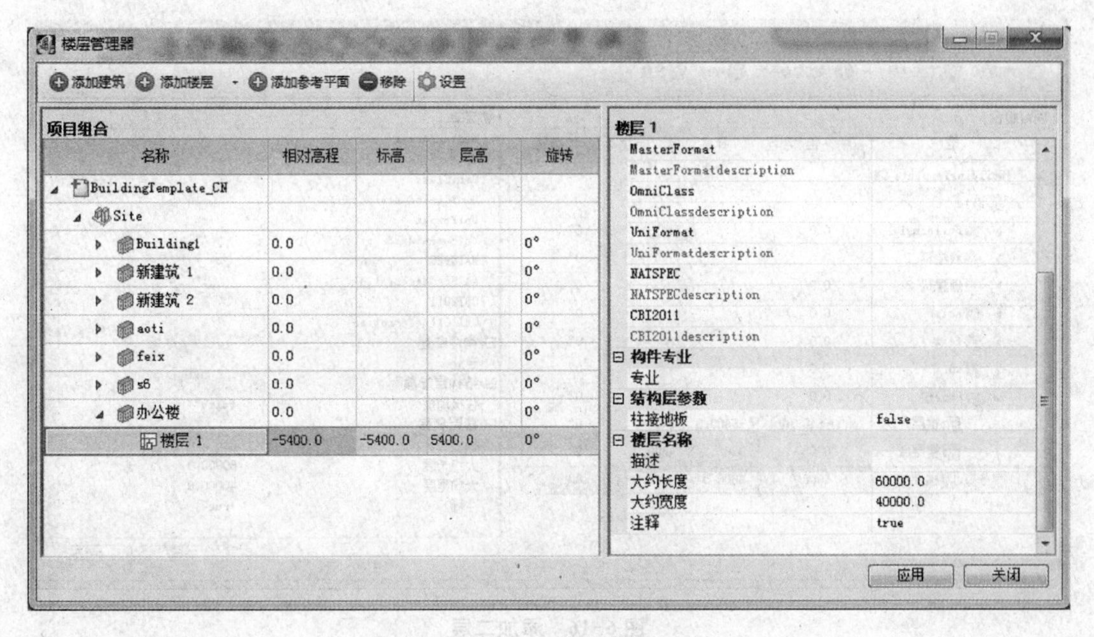

图 6-14 修改高程

(3) 添加一层。再次单击“添加楼层”按钮，显示如图 6-15 所示。修改楼层 1 的层高为 4 800。

(4) 添加二层。单击“添加楼层”按钮，添加一个新楼层，如图 6-16 所示。

将楼层 2 的层高修改为 4 500，如图 6-17 所示。

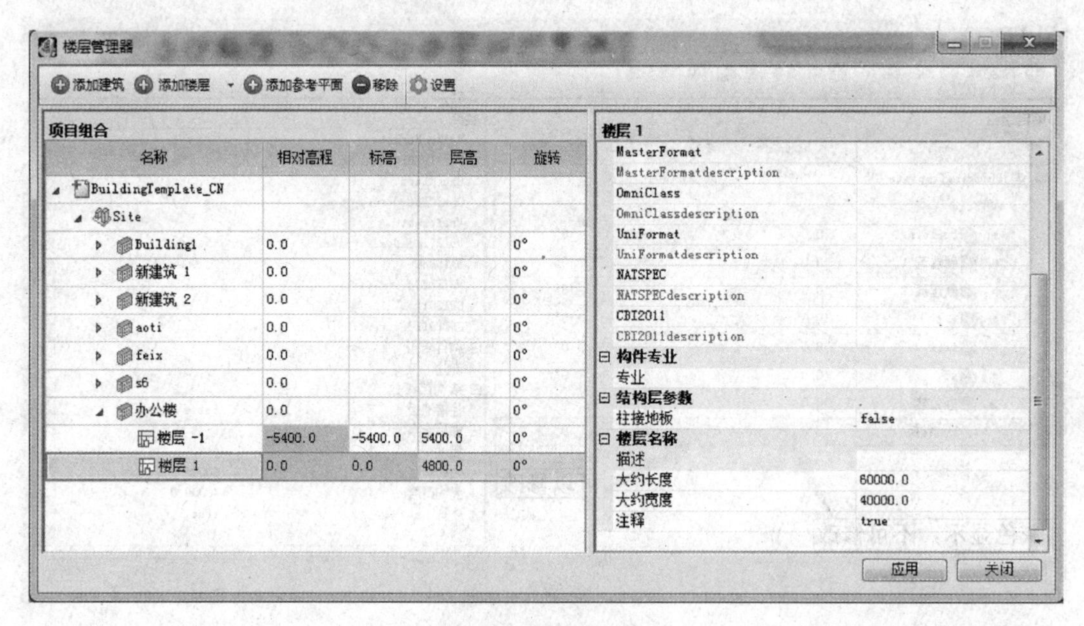

图 6-15 添加一层

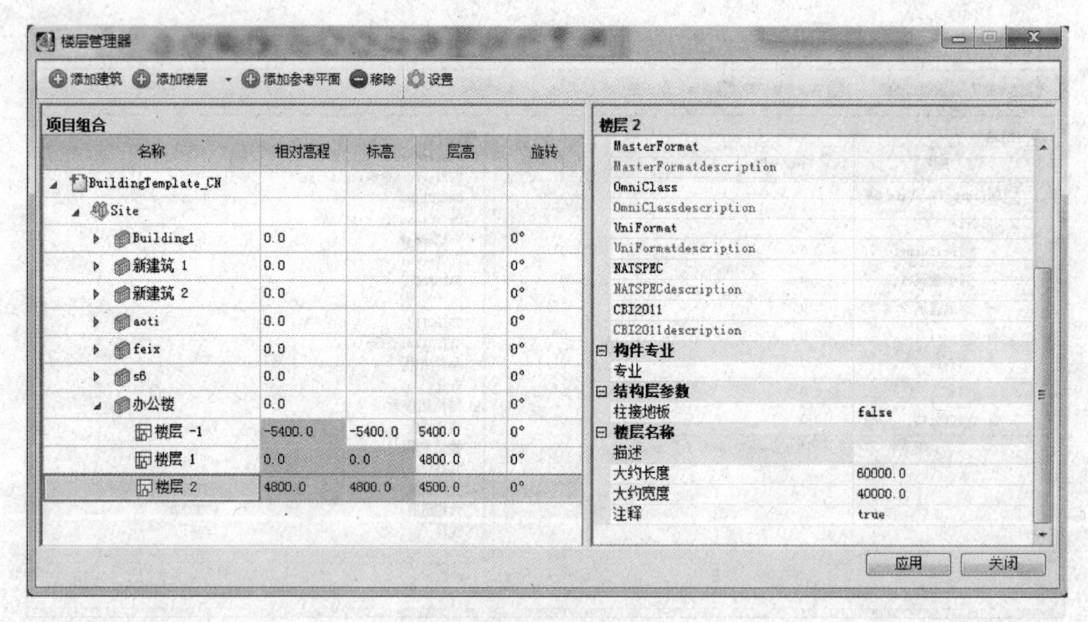

图 6-16 添加二层

单击"添加楼层"按钮，添加一个新楼层，修改层高为 3 600，然后连续单击"添加楼层"按钮 9 次，添加 9 个层高均为 3 600 的新楼层，如图 6-18 所示。

单击对话框下部的"应用"按钮，之后单击"关闭"按钮，关闭"楼层管理器"，层高创建完毕。

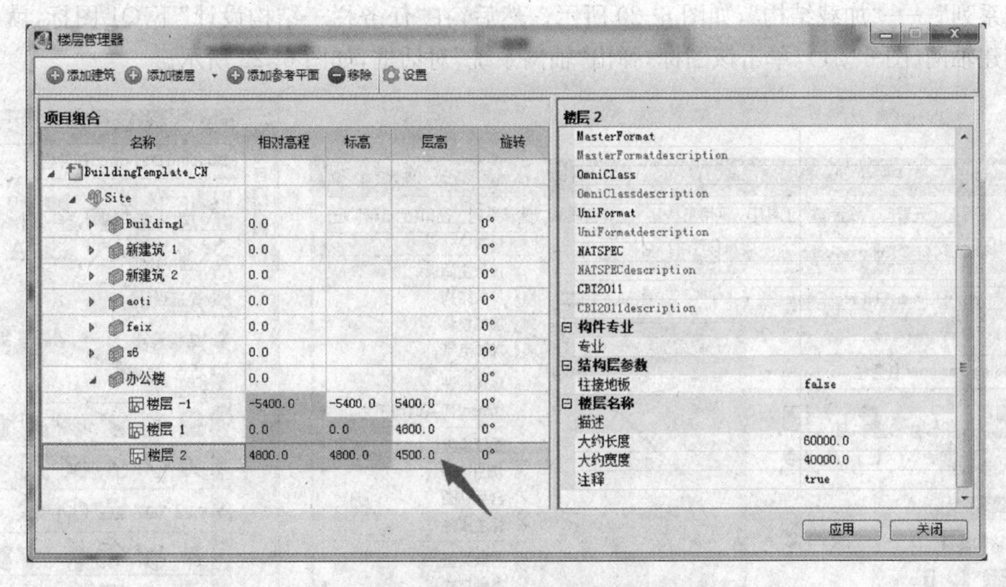

图 6-17　修改楼层 2 标高

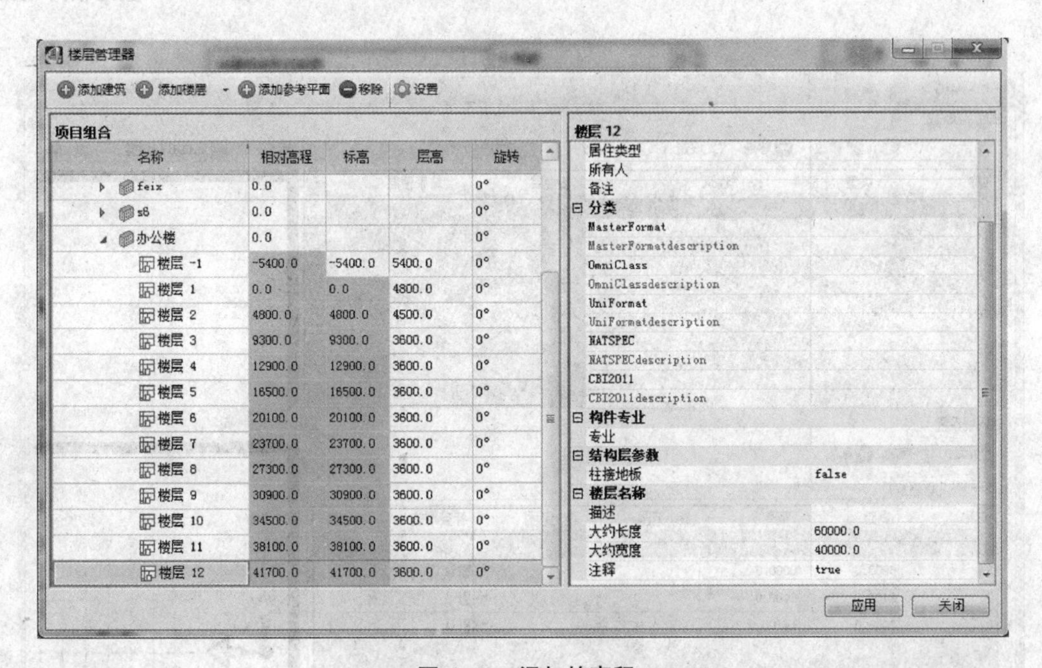

图 6-18　添加的高程

6.2.3　创建轴网

ABD 的轴网功能在结构模块里面。一般可以创建单独的一个轴网文件，然后在楼层文件里参考这个单独的轴网。

创建轴网文件需要启动 Structural Building Designer V8i (SELECT series 6)(图6-19)，或者在其他模块中单击菜单中的“建

图 6-19　结构模块图标

筑系列”——“加载结构”，如图 6-20 所示。然后，在“任务栏—结构设计”下 Q1 图标，就是创建轴网(图 6-21)，单击该图标，弹出“轴网系统”对话框，如图 6-22 所示。

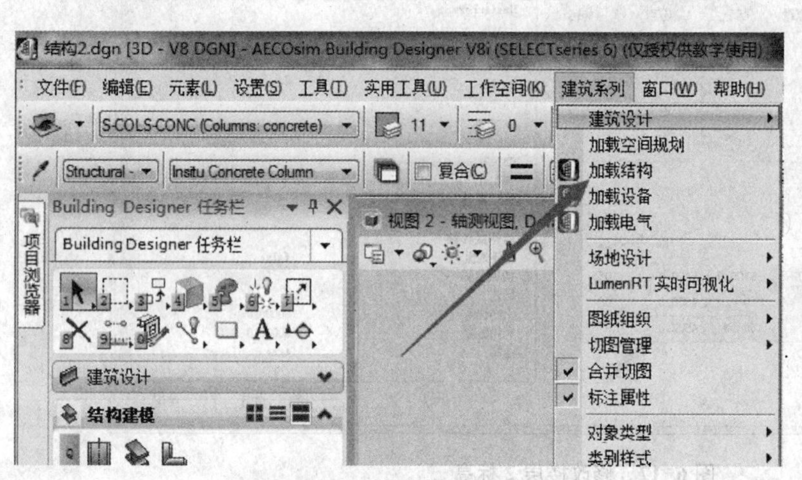

图 6-20 “加载结构”菜单

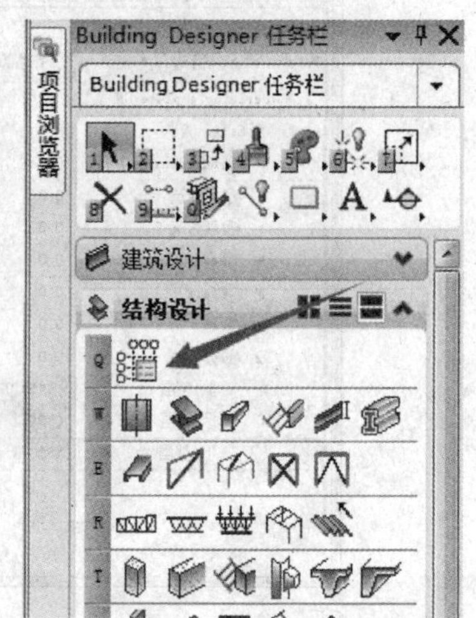

图 6-21 “创建轴网”按钮

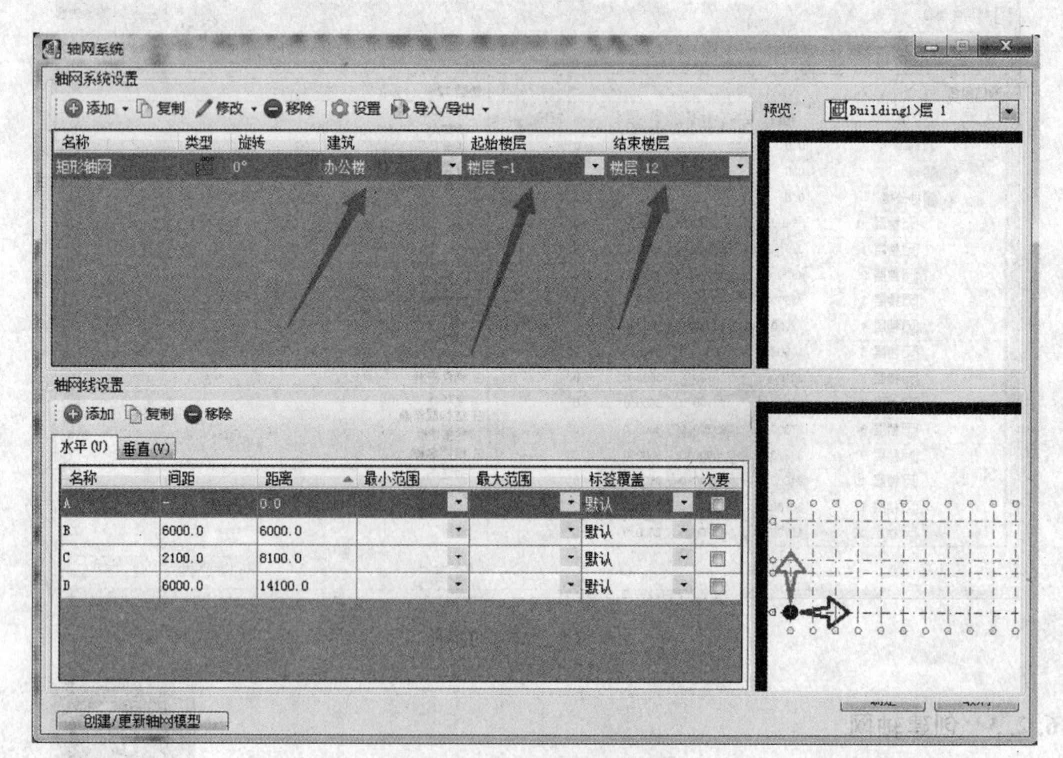

图 6-22 “轴网系统”对话框

单击“添加”按钮，弹出菜单如图 6-23 所示，可以添加相应种类的轴网。

首先删除存在的轴网：单击已经存在的轴网，然后，单击“移除”，如图 6-24 所示。

图 6-23　“添加轴网”按钮

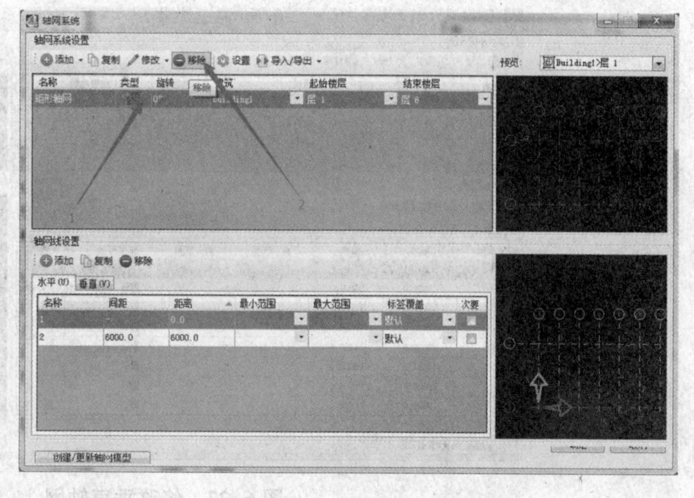

图 6-24　删除轴网

下一步进行轴网设置，单击“设置”按钮，对轴网系统进行设置，然后单击“应用”按钮，如图 6-25 所示。单击“添加”按钮旁边的黑三角，在下拉菜单中，单击“正交”菜单项，添加的轴网如图 6-26 所示。修改水平轴网，修改完成后，单击“垂直”，修改垂直轴网如图 6-27 所示。

修改完成后，单击“创建/更新轴网模型”按钮，在打开的“图纸中心”对话框中，创建的轴网如图 6-28 所示。

关闭图纸中心，轴网显示如图 6-29 所示。

如果不显示轴网，需要检查楼层选择器是否正确选择了楼层，如图 6-30 所示。

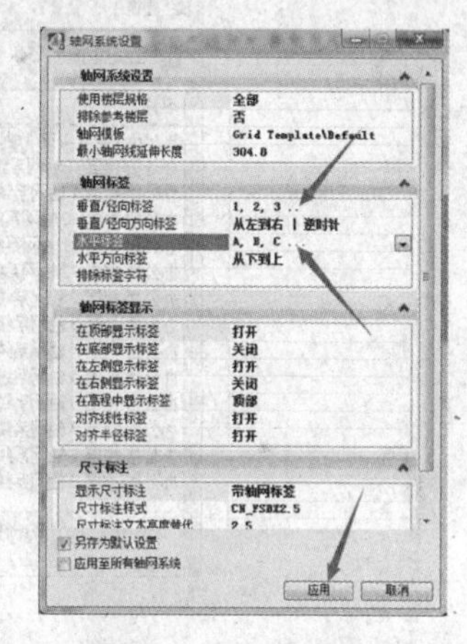

图 6-25　设置轴网

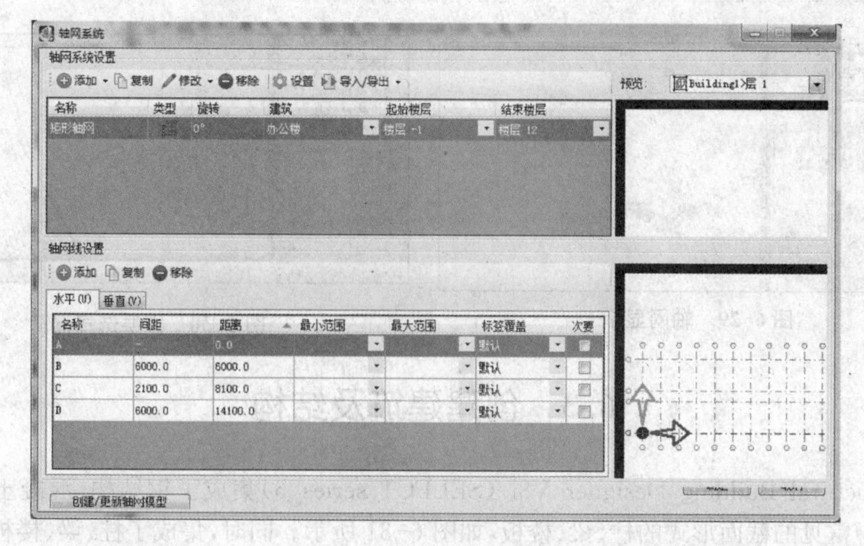

图 6-26　添加正交轴网

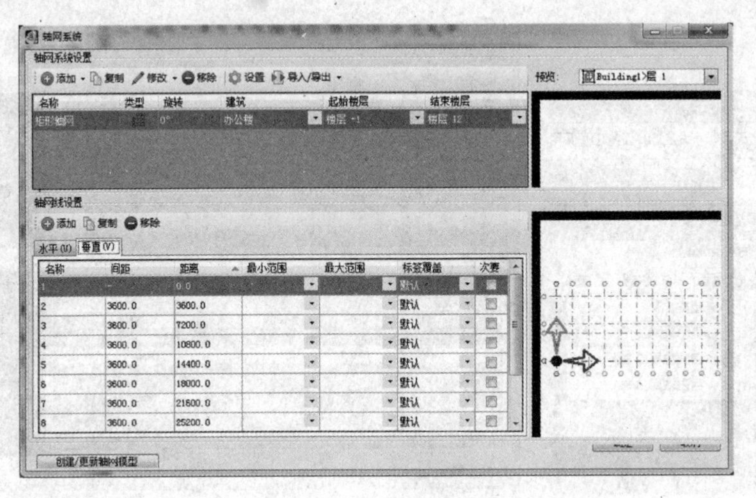

图 6-27　修改垂直轴网

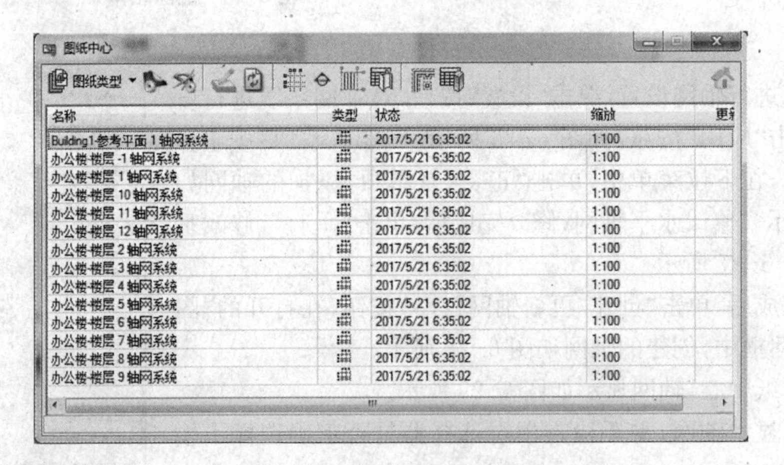

图 6-28　“图纸中心”对话框

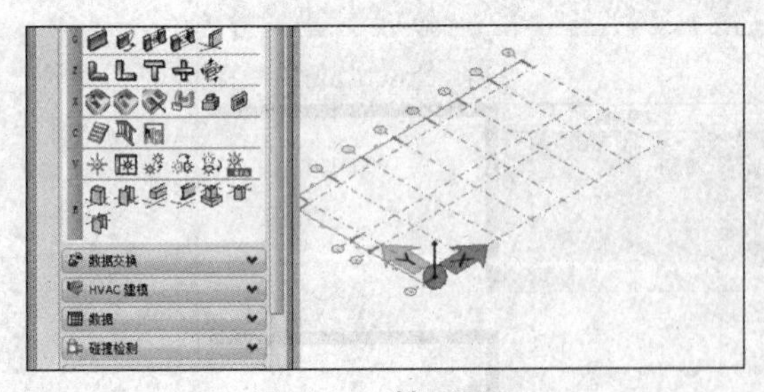

图 6-29　轴网显示

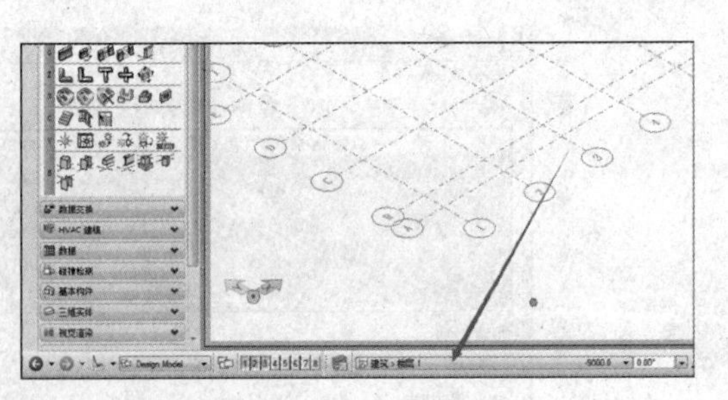

图 6-30　楼层选择器

6.3　创建建筑及结构

Structural Building Designer V8i (SELECT series 6)集成了钢结构、混凝土结构和木结构中常见的截面形式的柱、梁、楼板，如图 6-31 所示。同时，集成了柱、梁、楼板的修改功能。

创建楼板的通用步骤中，必须注意的步骤是：选择工具（柱、梁、板）→设置属性→检查楼层选择器→检查 ACS 图标锁→放置对象。

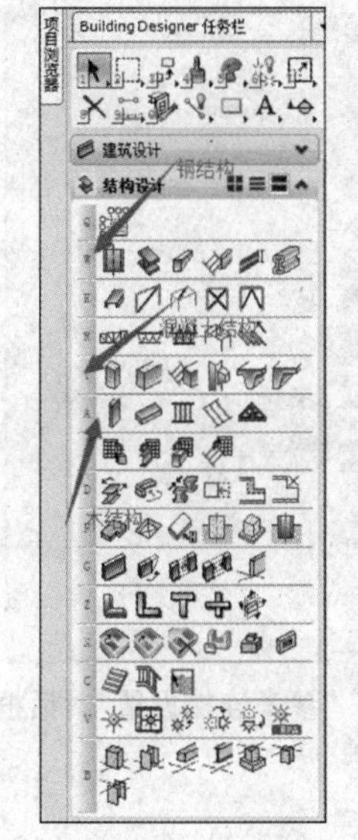

图 6-31 结构功能

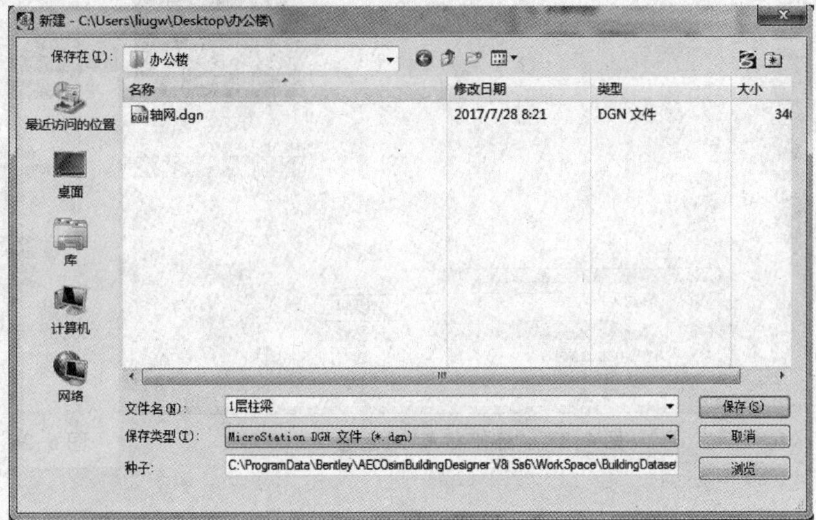

图 6-32 “新建”对话框

首先创建一层柱梁的模型，单击“文件”→“新建”按钮，在弹出的“新建”对话框中输入“1 层柱梁”，如图 6-32 所示，单击“保存”按钮，完成一层柱梁文件的新建。

图 6-33 “参考”按钮

单击“参考”按钮，如图 6-33 所示，打开“参考”对话框，单击连接按钮，如图 6-34 所示。在打开的“连接参考”对话框中，选择“轴网. dgn”，然后单击“打开”按钮，如图 6-35 所示。在弹出的“参考连接设置”对话框中，单击“确定”按钮，如图 6-36 所示。接着，关闭“参考”对话框。

单击状态栏上的“设置激活楼层”的下拉列表，双击楼层 1，此时就会在视图中看到参考进来的轴网，如图 6-38 所示。

图 6-34 “参考”对话框

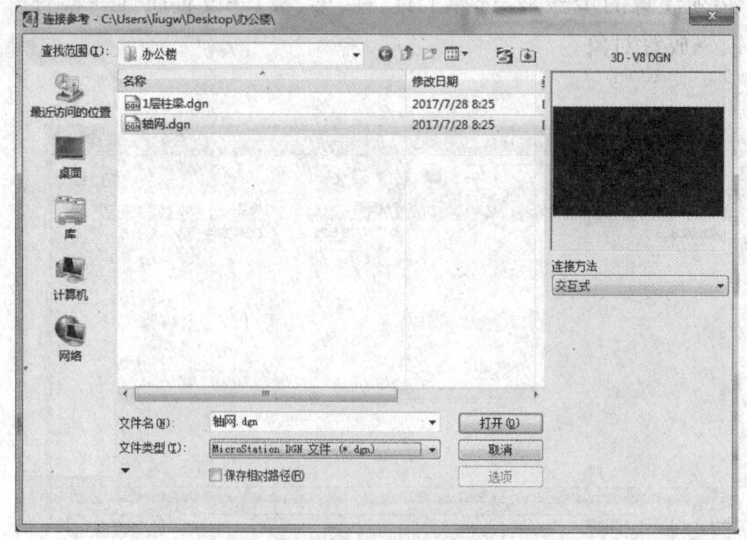

图 6-35 “连接参考”对话框

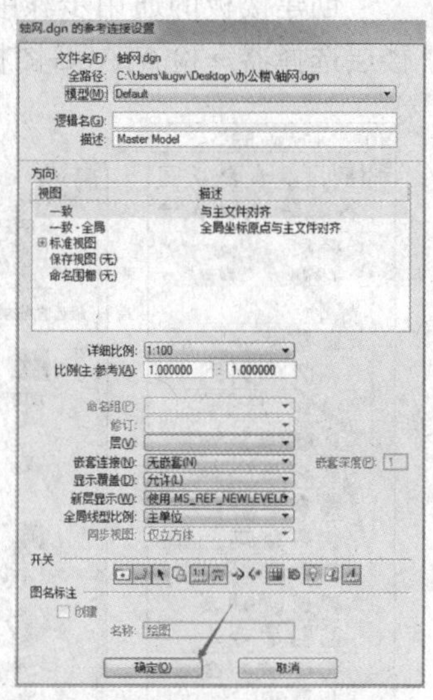

图 6-36 “参考连接设置”对话框

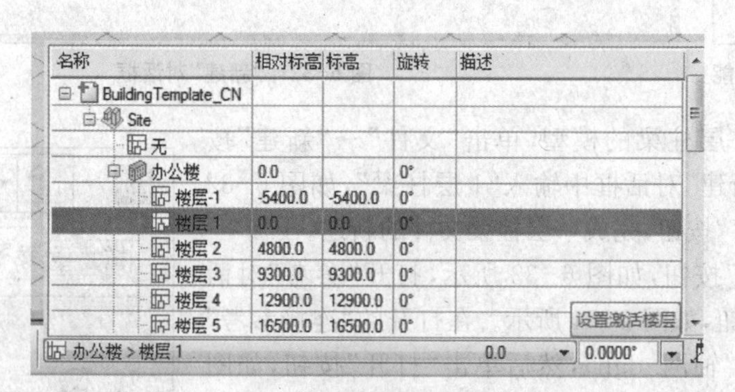

图 6-37 设置激活楼层

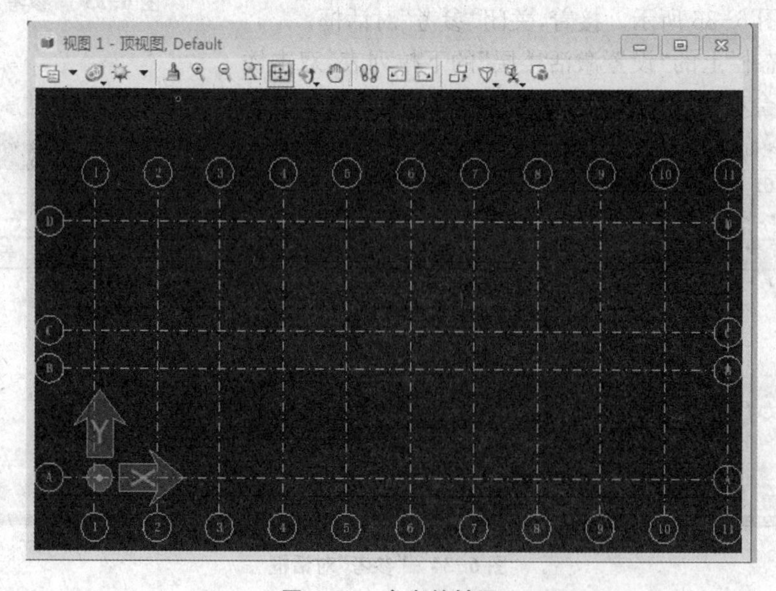

图 6-38 参考的轴网

6.3.1 创建混凝土柱模型

单击 T1 的混凝土结构柱图标，或者手动按键盘的“T”“1”两个键，打开“放置混凝土柱”对话框，按图 6-39 进行设置。在工作区轴网交点处单击，放置混凝土柱，如图 6-40 所示。

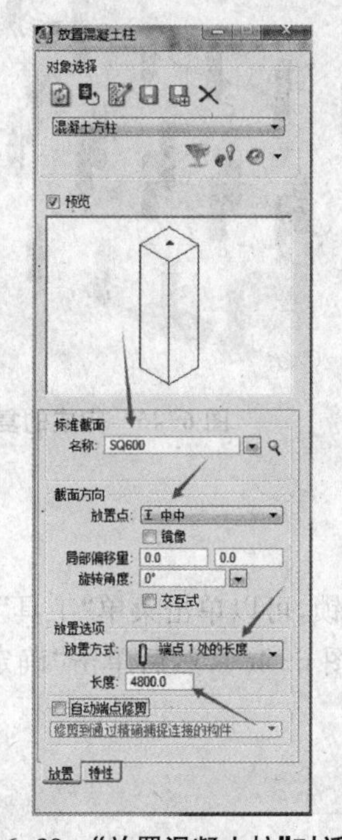

图 6-39 “放置混凝土柱”对话框

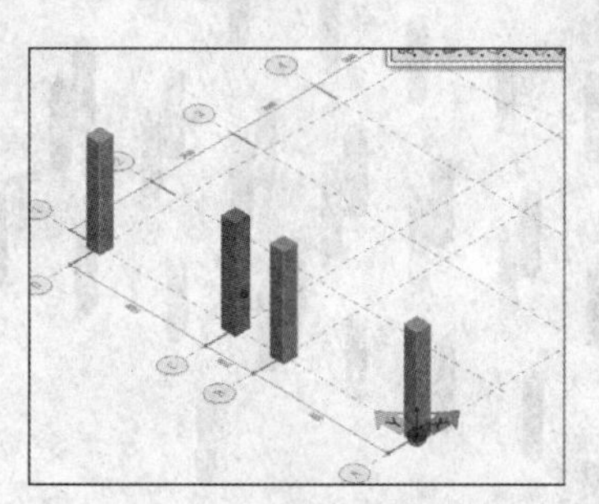

图 6-40 放置的混凝土柱

图 6-41 “选择元素”按钮

复制结构柱，放置一列结构柱后，对其他的结构柱进行复制。首先单击“选择元素”图标(图 6-41)，此时“选择元素”对话框(图 6-42)，按住“Ctrl”键，单击已经放置的混凝土柱，将柱选定，如图 6-43 所示。

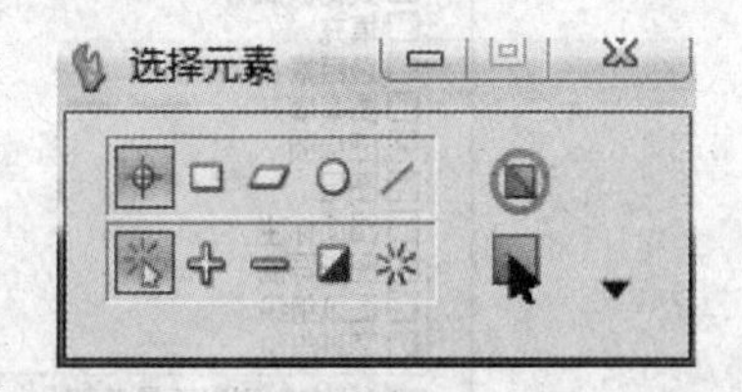

图 6-42 “选择元素”对话框

按键盘上的数字键“3”，然后按“1”，在“复制元素”对话框中输入“7”，如图 6-44 所示。

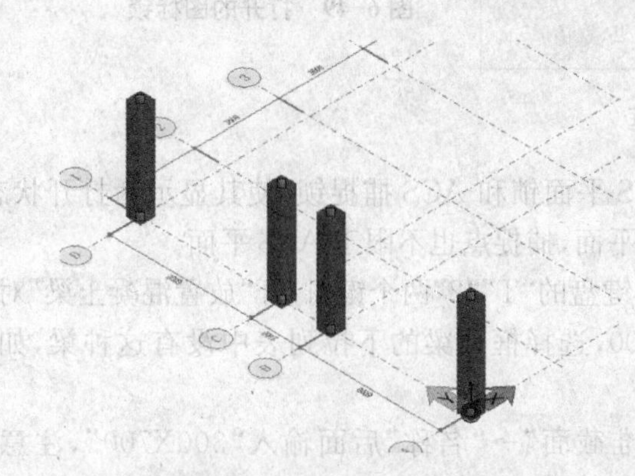

图 6-43 选择混凝土柱

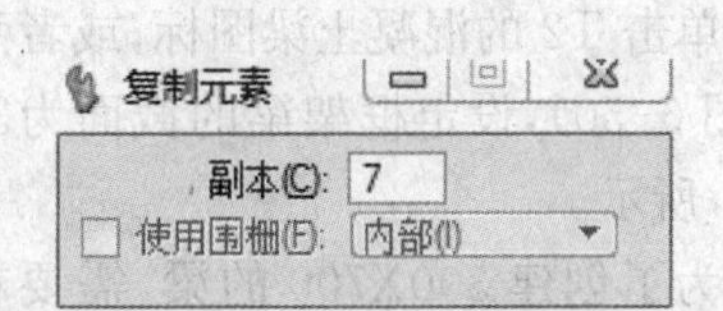

图 6-44 “复制元素”对话框

单击1轴线，移动鼠标，回车锁轴，单击2轴线，复制的柱如图6-45所示。单击鼠标右键，退出绘制，完成的柱如图6-46所示。

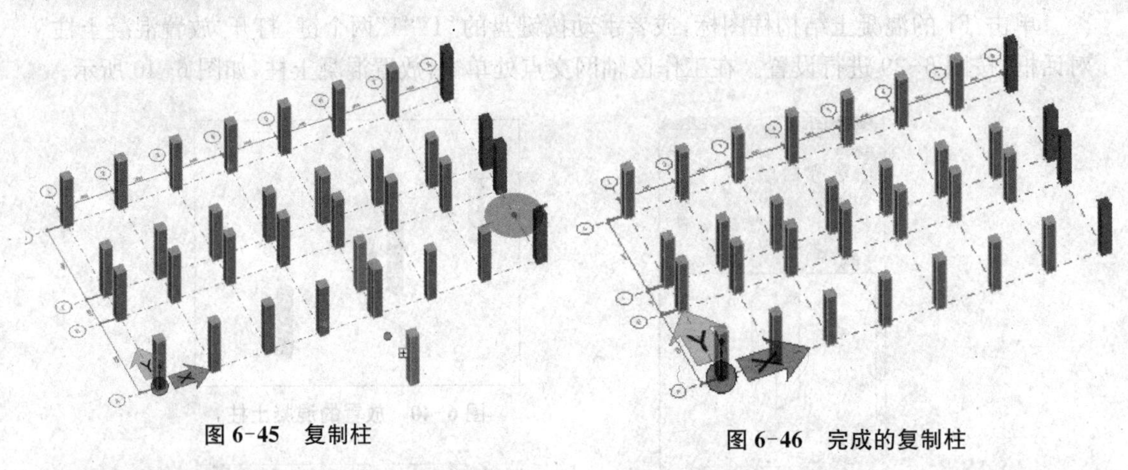

图6-45　复制柱

图6-46　完成的复制柱

6.3.2　创建混凝土梁

首先将图标锁(图6-47)打开，如果看不到图标锁，可以单击菜单“工具”→“工具条”(或按“Ctrl＋T”)，在“工具框”对话框中，选中图标锁(图6-48)，然后单击“确定”，就可以打开图标锁。

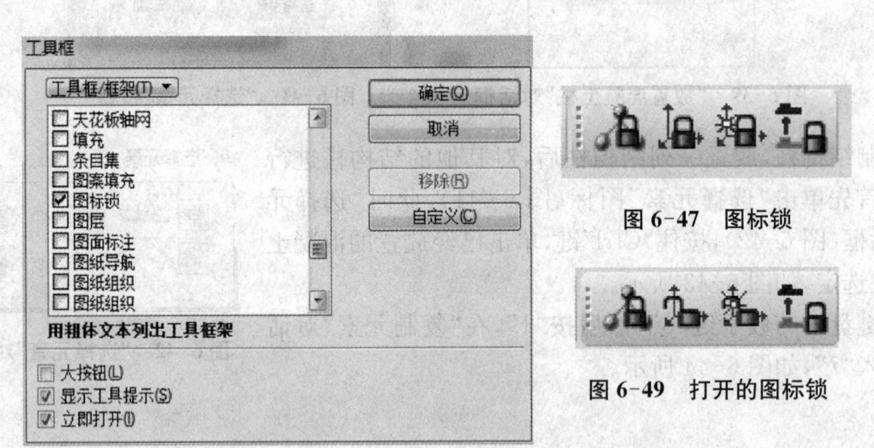

图6-47　图标锁

图6-49　打开的图标锁

图6-48　“工具框”对话框

单击图标锁中间的两把锁，分别是ACS平面锁和ACS捕捉锁，使其显示为打开状态，如图6-49所示。这样就避免锁定到ACS平面，捕捉点也不限于ACS平面。

单击T2的混凝土梁图标，或者手动按键盘的“T”“2”两个键，打开“放置混凝土梁”对话框(图6-50)，设定框架梁的截面为300X700，选择框架梁的下拉列表中没有这种梁，如图6-51所示。

为了创建300X700的梁，需要在“标准截面”→“名称”后面输入“300X700”，注意表示乘号的是大写英文字母“X”，然后按回车键。如果系统内置了这种截面，就可以自动调用(图6-52)，如果系统没有内置这种截面，就可以弹出“截面名称”对话框进行新建(图

6-53)，单击“确定”，就可以使用了。

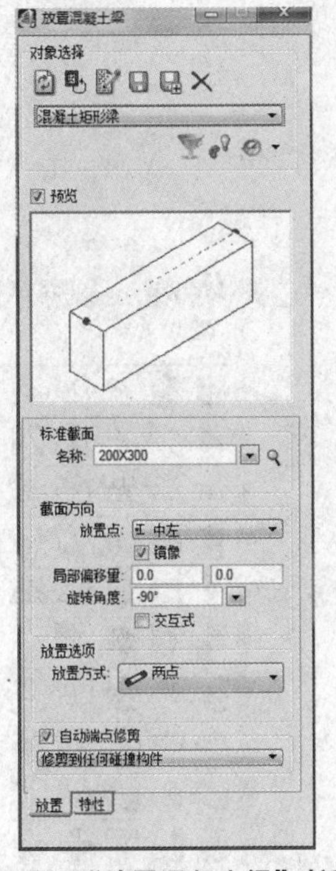

图 6-50 “放置混凝土梁”对话框

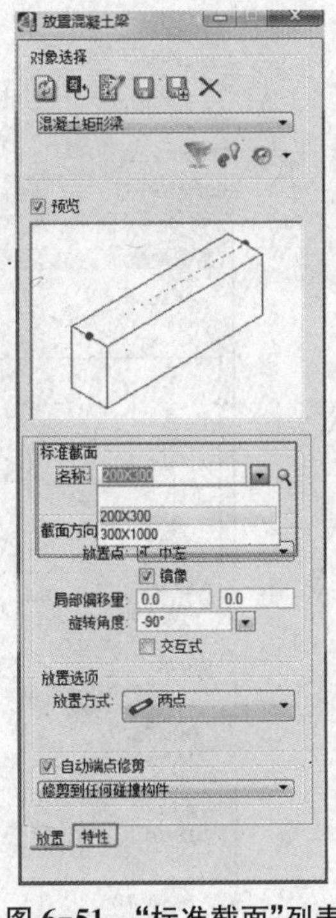

图 6-51 “标准截面”列表

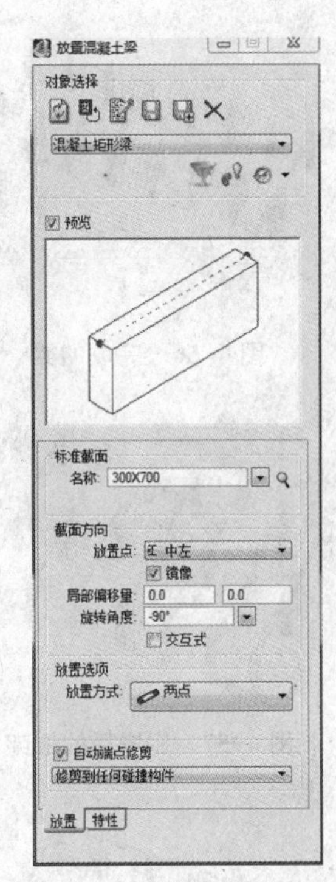

图 6-52 输入 300X700

移动鼠标到柱顶，出现捕捉图标时，单击鼠标左键，如图 6-54 所示。

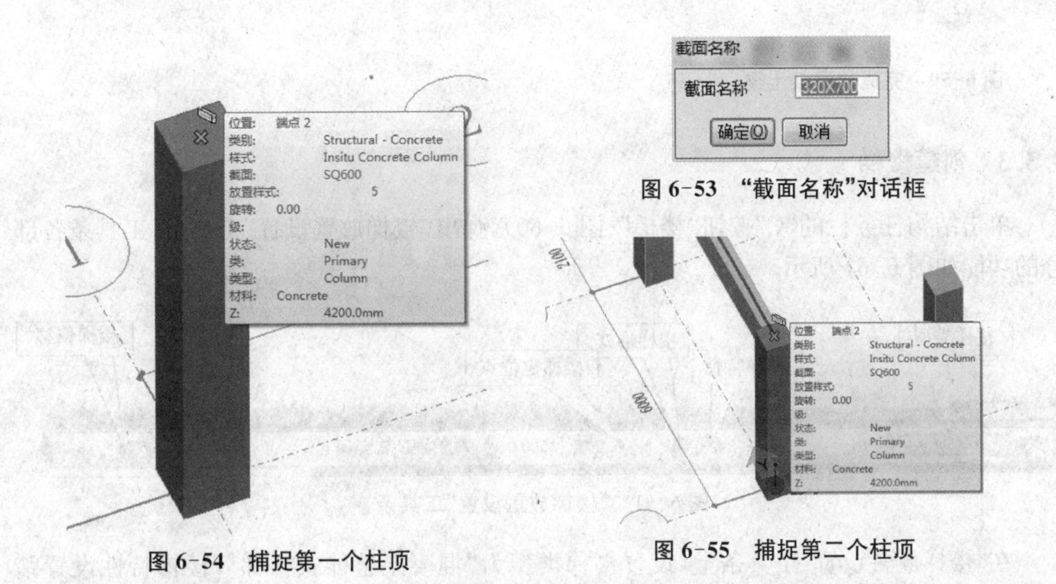

图 6-53 “截面名称”对话框

图 6-54 捕捉第一个柱顶

图 6-55 捕捉第二个柱顶

移动鼠标到另一个柱顶，出现捕捉图标时，单击鼠标左键(图 6-55)，单击鼠标右键，完成框架梁的绘制，完成的模型如图 6-56 所示。

用复制柱相同的方法，复制梁，完成后如图 6-57 所示。

然后，绘制截面为 200×500 的连系梁，如图 6-58、图 6-59 所示。

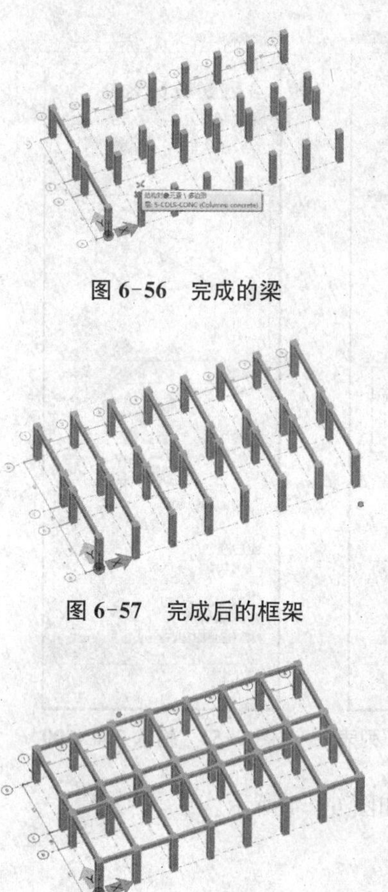

图 6-56　完成的梁

图 6-57　完成后的框架

图 6-59　完成的混凝土梁

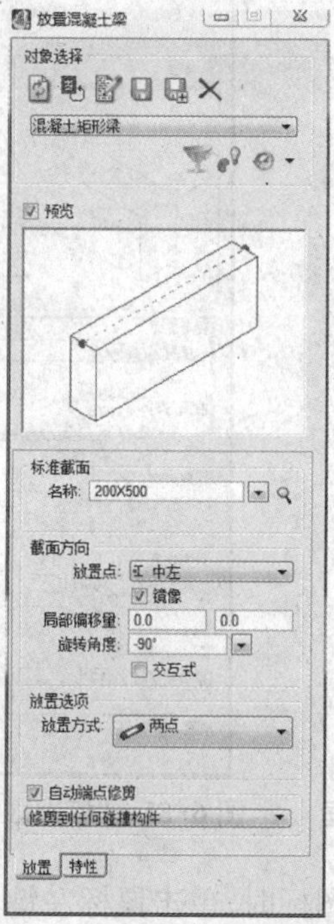

图 6-58　放置混凝土梁预览

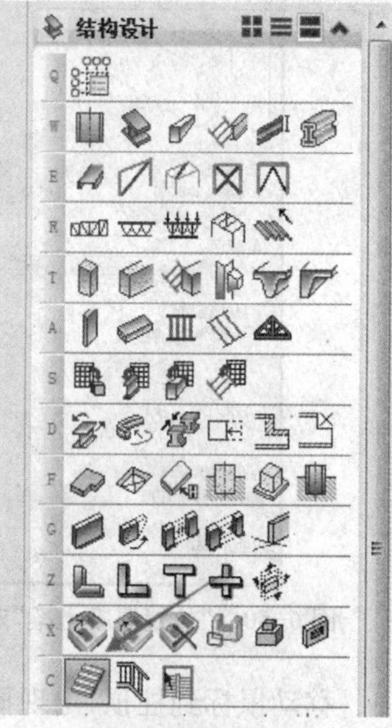

图 6-60　“楼梯”按钮

6.3.3　创建楼梯

单击结构任务栏的“C”按钮“楼梯”（图 6-60），弹出“楼梯放置设置”工具条，工具条各部分的功能如图 6-61 所示。

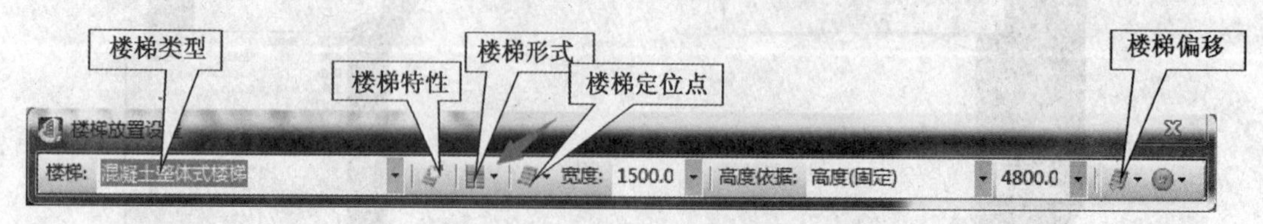

图 6-61　“楼梯放置设置”工具条

在“楼梯放置设置”工具条上，设置楼梯类型为“混凝土整体式楼梯”，楼梯特性设置踏步高为 150，踏步宽为 280（图 6-62），楼梯形式为“半转”，楼梯定位点为“左下”（图 6-63），宽度为 1 500，高度为 4 800，偏移为 0。

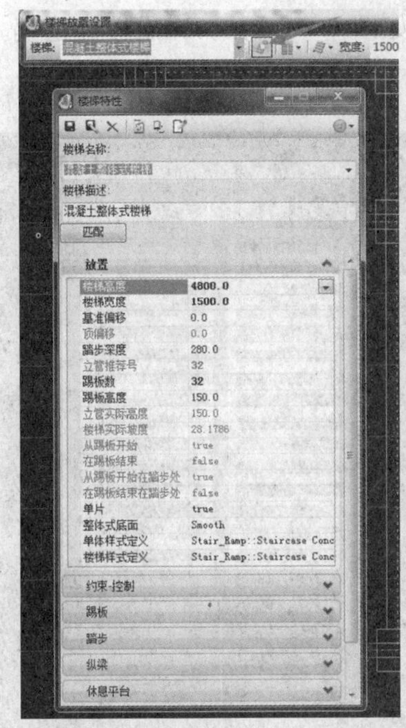

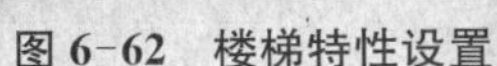
图 6-62　楼梯特性设置

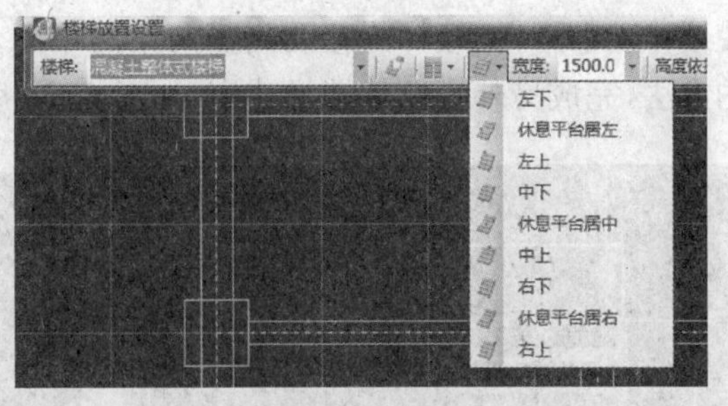

图 6-63　楼梯定位点

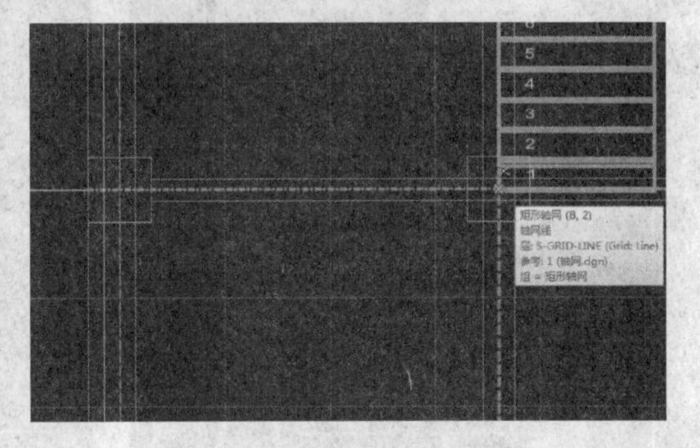

图 6-64　楼梯的左下角点

进入平面视图,在 B 轴线和 2 轴线的交点处单击鼠标左键,确定楼梯的定位点(楼梯的左下角点)(图 6-64)。向下移动鼠标,在 A 轴和 2 轴交点处单击鼠标左键,确定楼梯的长度(图 6-65),向左移动鼠标,在 A 轴和 1 轴交点处单击鼠标左键,确定楼梯的宽度,单击鼠标右键完成楼梯放置(图 6-66)。

单击"元素选择"按钮,然后单击刚刚放置的楼梯,在楼梯井位置的尺寸标注线上单击,修改其值为 300,然后单击"√",如图 6-67 所示。

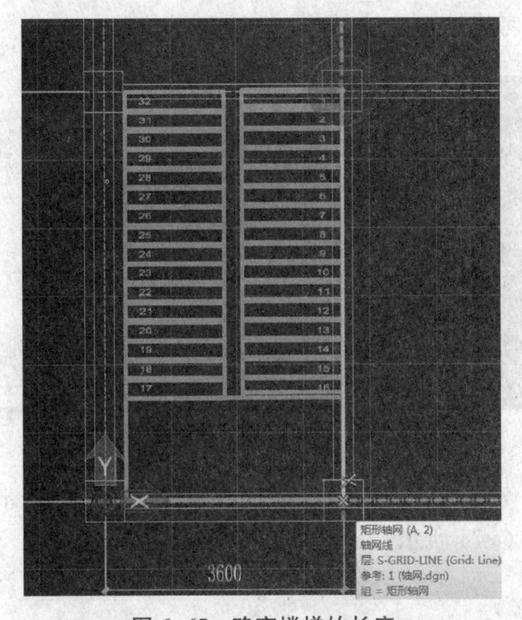

图 6-65　确定楼梯的长度

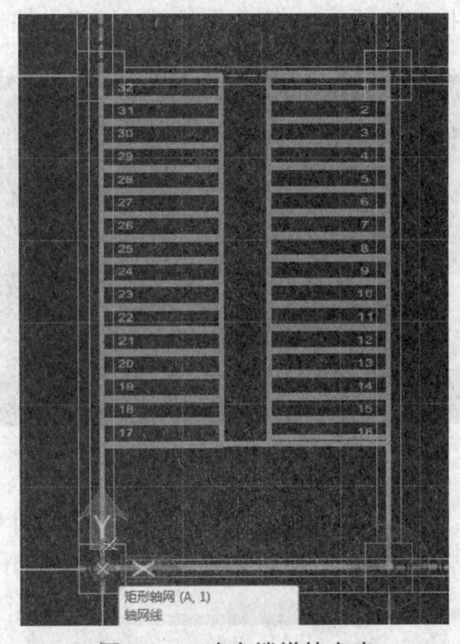

图 6-66　确定楼梯的宽度

使用移动命令，把楼梯图移动到竖向梁的中间，如图 6-68 所示，完成楼梯建模。采用同样的方法，完成另外一侧的楼梯建模，如图 6-69 所示。

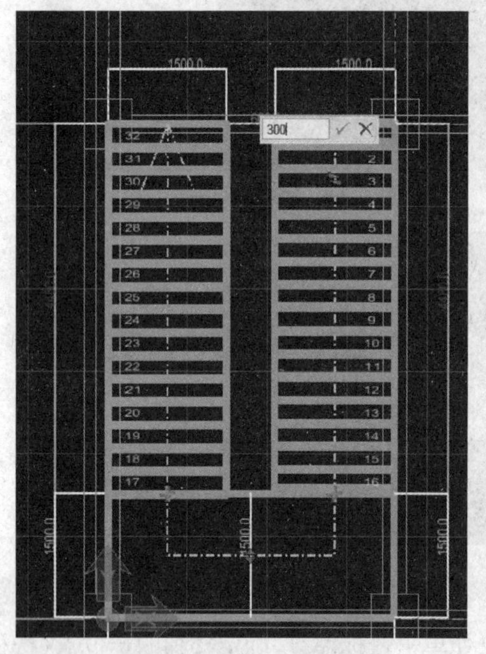

图 6-67 修改梯井宽度

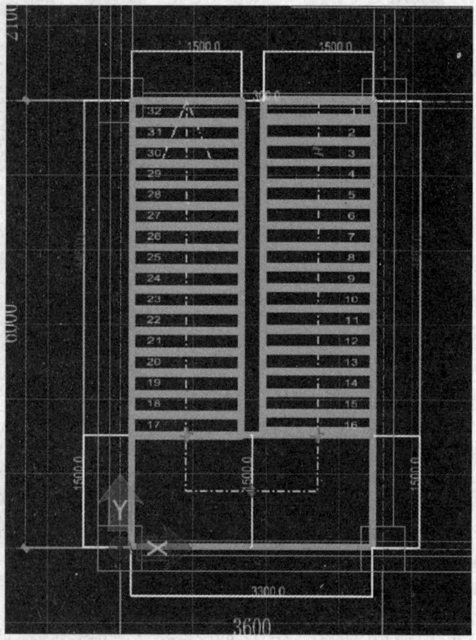

图 6-68 完成的楼梯

6.3.4 创建墙和门窗

1. 创建墙体

把外墙和门窗绘制到一个单独的文件中。新建一个 DGN 文件，命名为“外墙和门窗”，如图 6-70 所示。把“1 层柱梁. dgn”文件参考进这个文件，如图 6-71 所示。

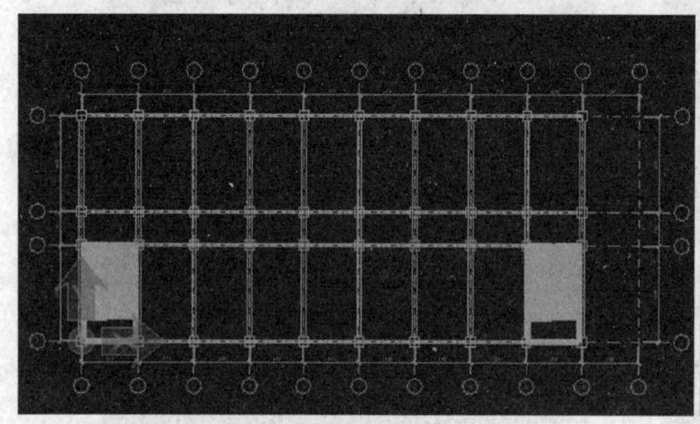

图 6-69 完成另一侧楼梯

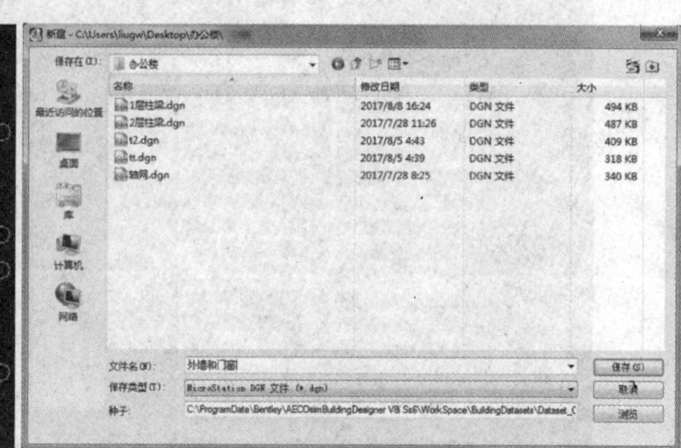

图 6-70 创建新文件

单击任务栏上的“放置墙体”按钮(图 6-72)，在“放置墙体”对话框中，按图 6-73 所示进行设置，然后，沿建筑物外侧绘制外墙，如图 6-74 所示。

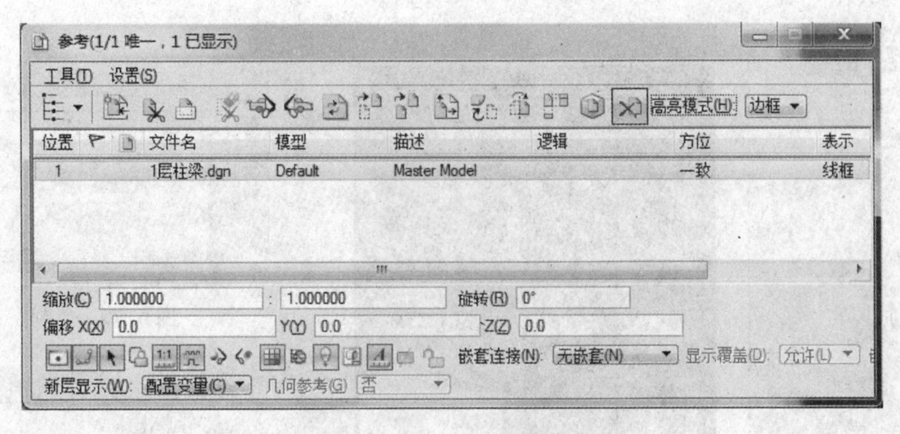

图 6-71 参考“1 层柱梁. dgn”文件

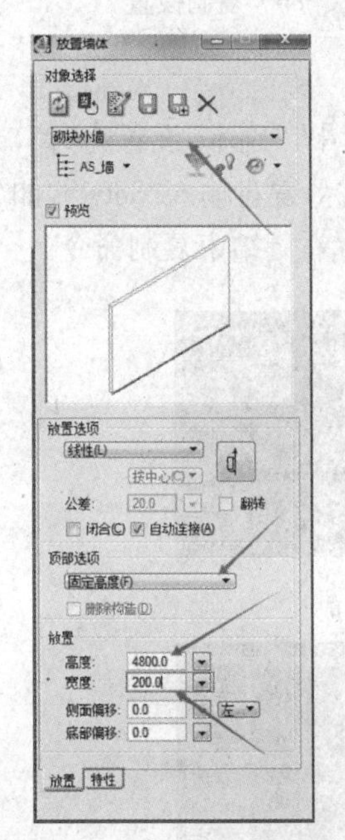

图 6-73 “放置墙体”对话框

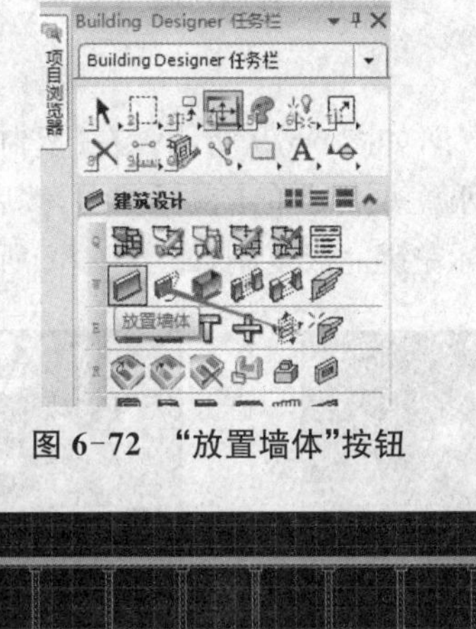

图 6-72 “放置墙体”按钮

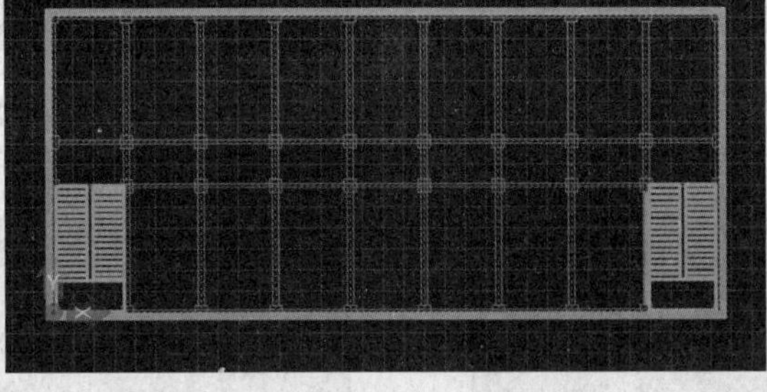

图 6-74 绘制外墙

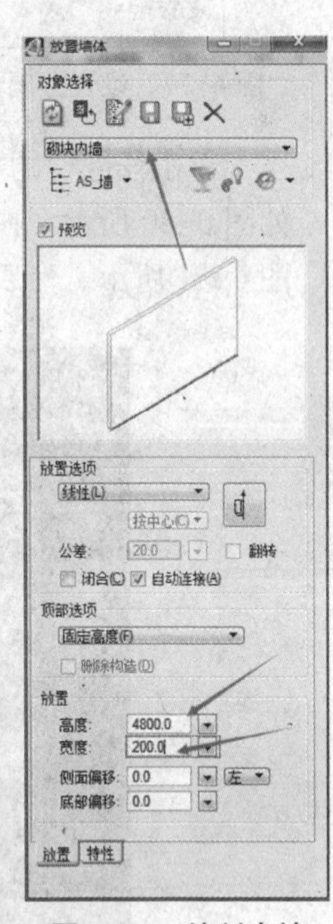

图 6-75 绘制内墙

完成外墙绘制后，按图 6-75 所示设置“放置墙体”对话框，沿走廊柱外侧绘制墙体，如图 6-76 所示。然后，绘制房间之间的分隔墙体，如图 6-77 所示。

单击 2 轴与 D 轴交点部位柱的下侧，然后向下移动鼠标，单击 2 轴与 C 轴交点柱的上侧，如图 6-78 所示，完成第一道分隔墙体的绘制。

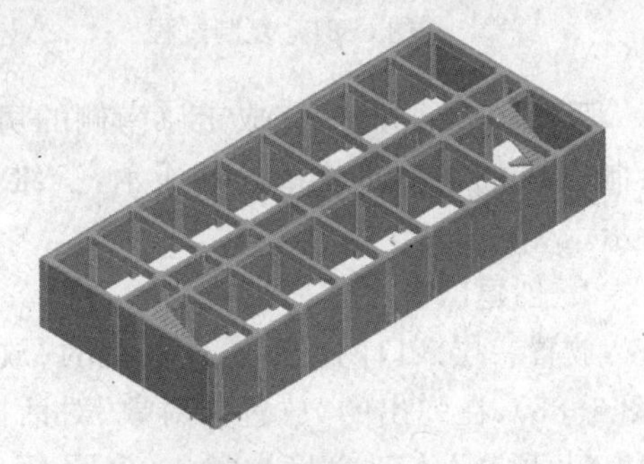

图 6-76 绘制的内墙

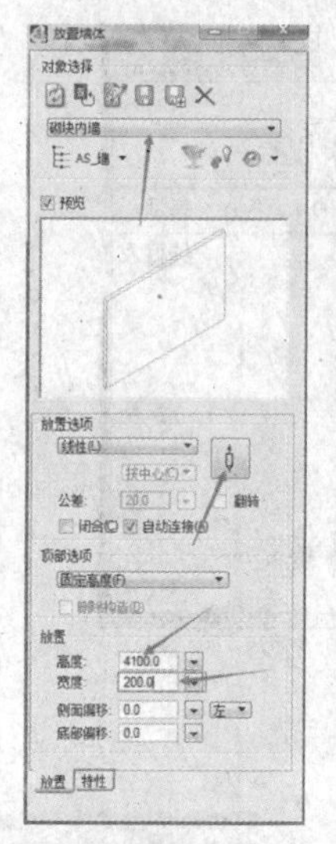

图6-77 设置分隔内墙

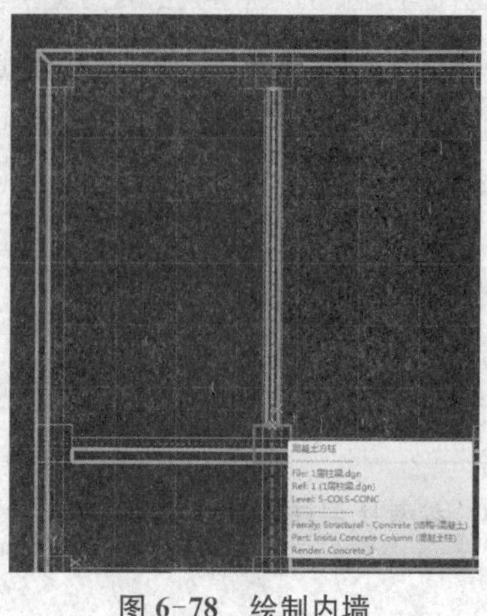

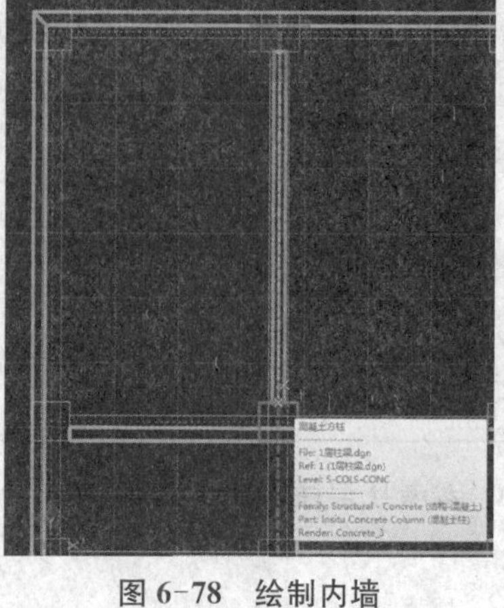

图6-78 绘制内墙

图6-79 复制

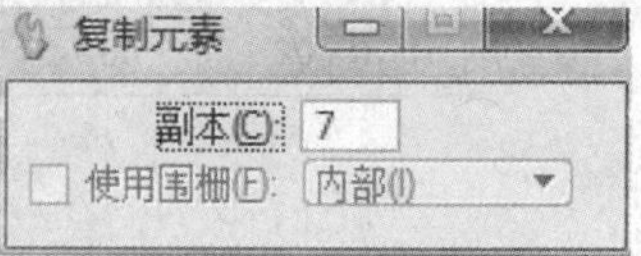

图6-80 复制设置

单击任务栏的“复制”按钮，如图6-79所示。在“复制元素”对话框中，“副本”设置为“7”，如图6-80所示。在顶视图任意一点处单击鼠标左键，然后向右移动鼠标，键盘输入“3600”，如图6-81所示。然后单击鼠标左键完成复制，如图6-82所示。单击鼠标右键结束复制命令。

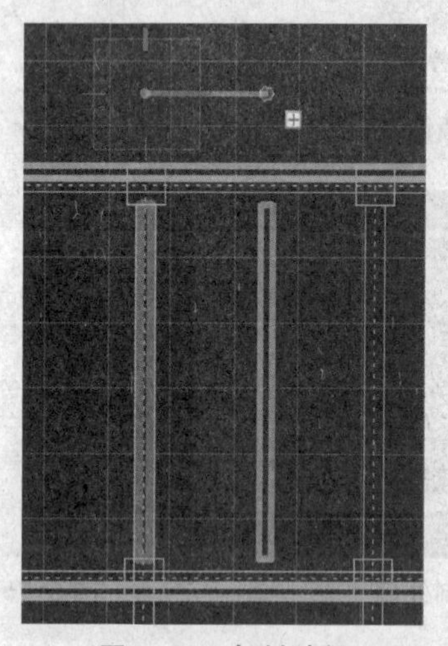

图6-81 复制过程

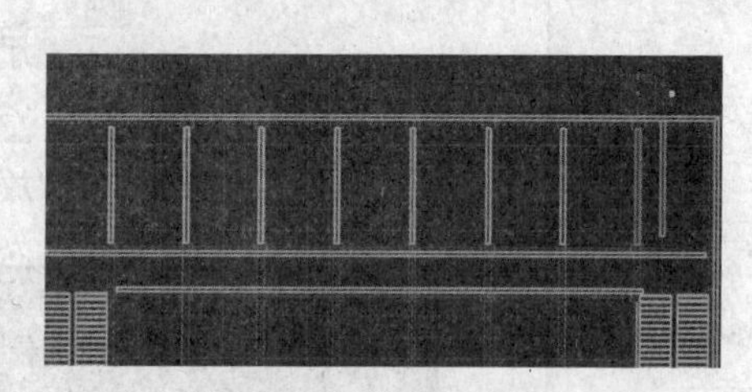

图6-82 复制完成

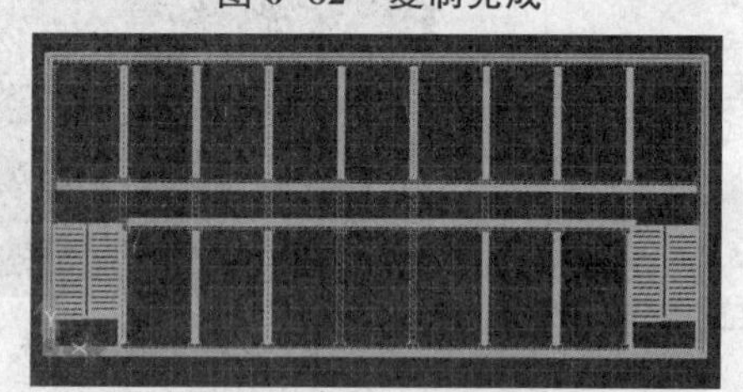

图6-83 完成内墙

采用同样的方法，完成走廊南侧的房间分隔墙绘制，绘制完成的墙体如图6-83所示，三维视图如图6-84所示。

2. 创建门窗

放置一层入口门。单击任务栏的“放置门对象”按钮(图6-85)，在弹出的“放置门对象”对话框中，选择“平开四扇门-顶亮”，修改宽度为“2 900”(图6-86)，在绘图区移动鼠标，单击要放置门的墙体(图6-87)，可以看到门在墙

图6-84 完成的墙体

体中移动。

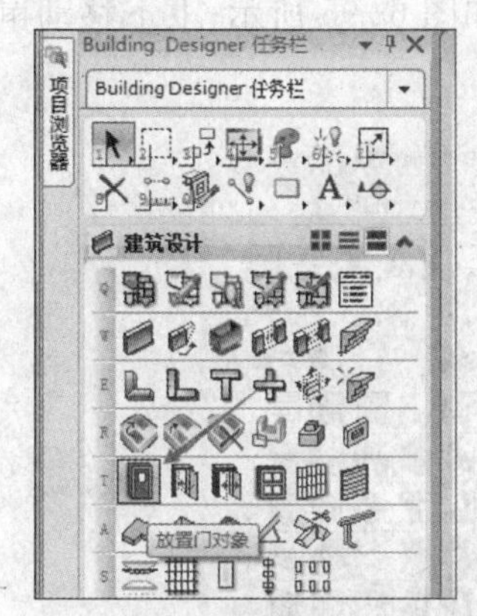

图 6-85 “放置门对象”按钮

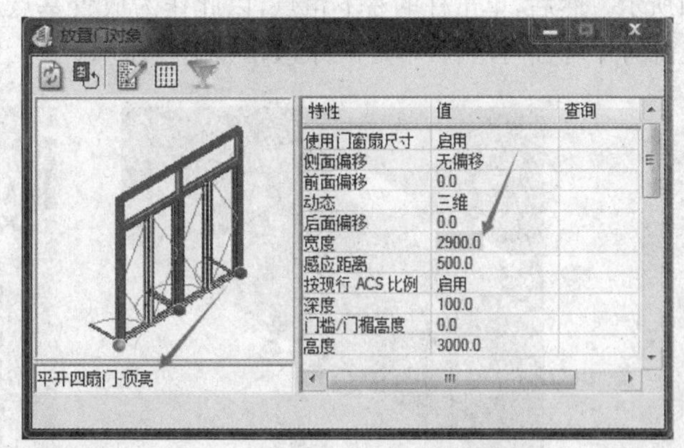

图 6-86 设置外门

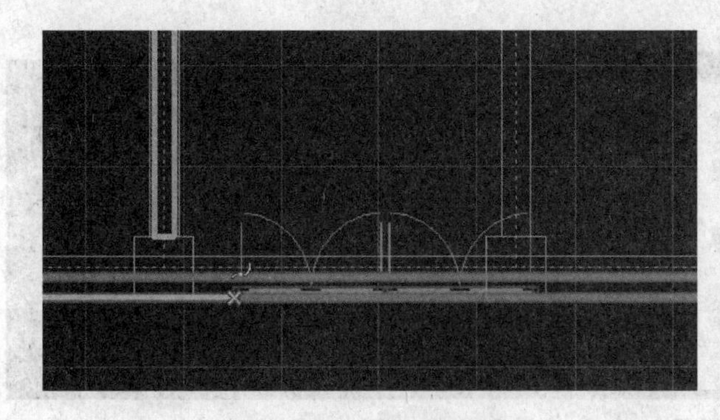

图 6-87 单击选择墙体

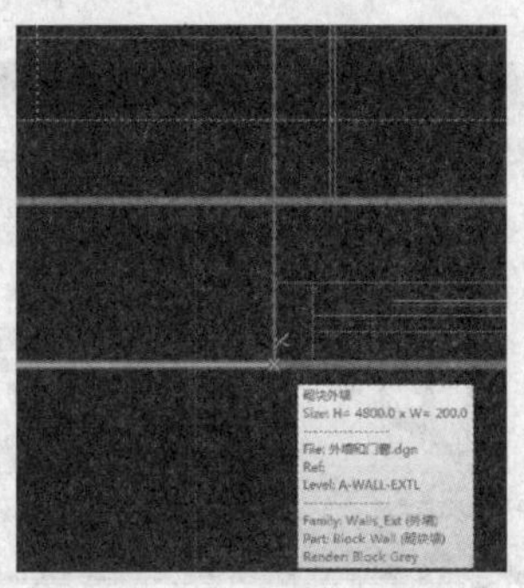

图 6-88 选择定位点

移动鼠标到放置门的位置，本例为柱的角点，单击鼠标左键，完成定位点，如图 6-88 所示。然后，上下移动鼠标，确定门扇开启方向，单击鼠标确定，如图 6-89 所示。重复上述操作，完成入口处其他门的建模。完成后的效果如图 6-90 所示。

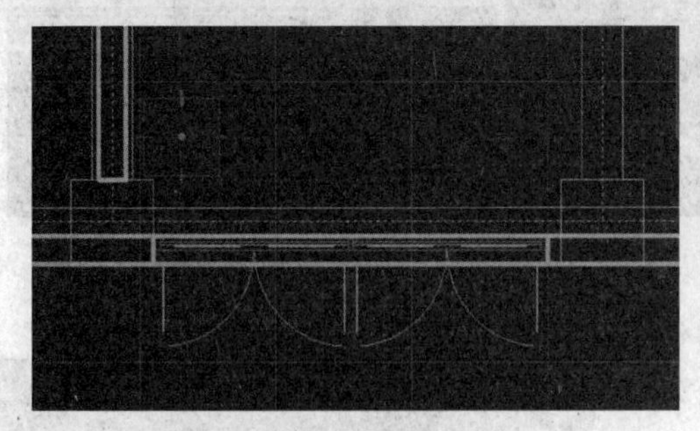

图 6-89 选择开启方向

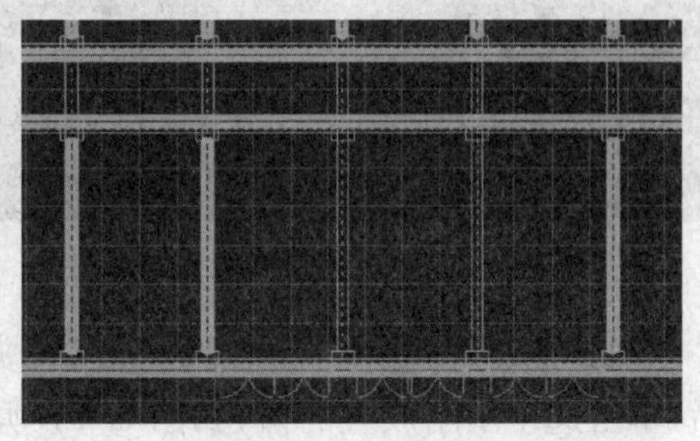

图 6-90 完成的入口门

完成的入口门模型如图 6-91 所示。

放置窗。单击任务栏的“放置窗户”对话框(图 6-92)，注意：图中窗的下部有绿色和红色的原点，这些点是窗插入的定位点，红色表示可用，绿色表示正在使用，鼠标左键单击红色的点可用把它变成绿色，这样就可以绿色的点为基点进行插入。在弹出的“放置窗户”对话框中按图 6-93 进行设置。根据窗口左下角状态栏的提示，在放置窗的墙上单击，如图 6-94所示。然后，单击柱的右下角点，以此作为放置基点，如图 6-95 所示；上下移动鼠标，确定窗的开启方向，然后单击鼠标，如图 6-96 所示。

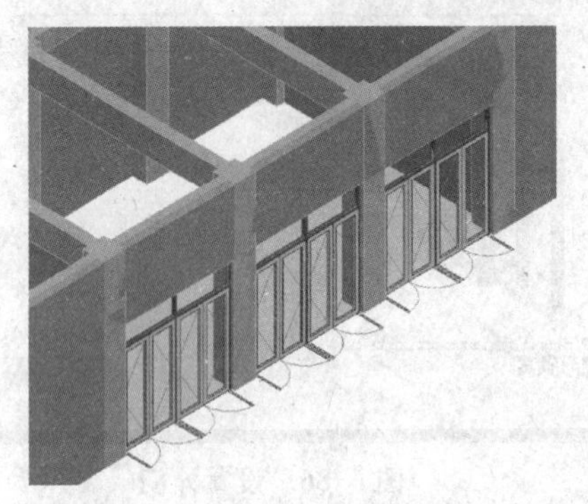

图 6-91 完成入口门的模型

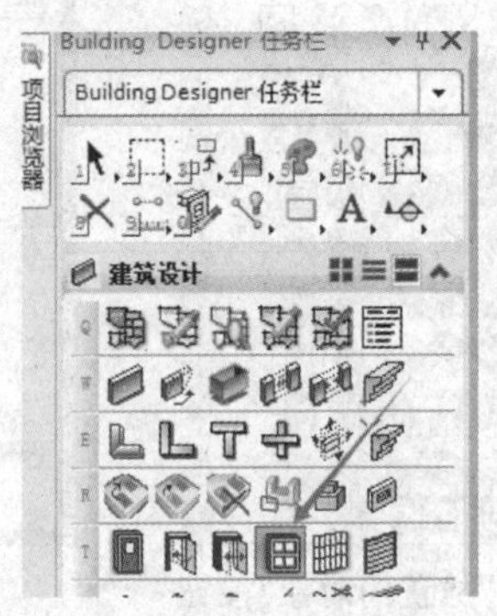

图 6-92 “放置窗户”按钮

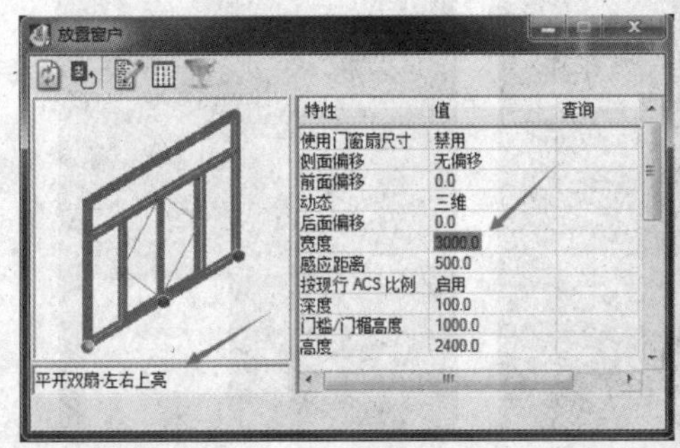

图 6-93 “放置窗户”设置

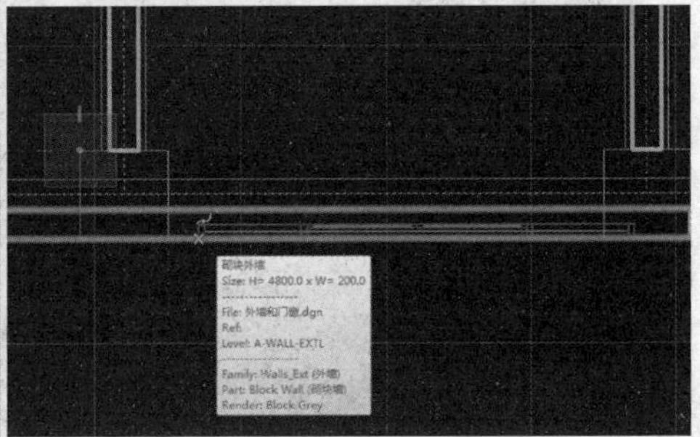

图 6-94 单击墙体

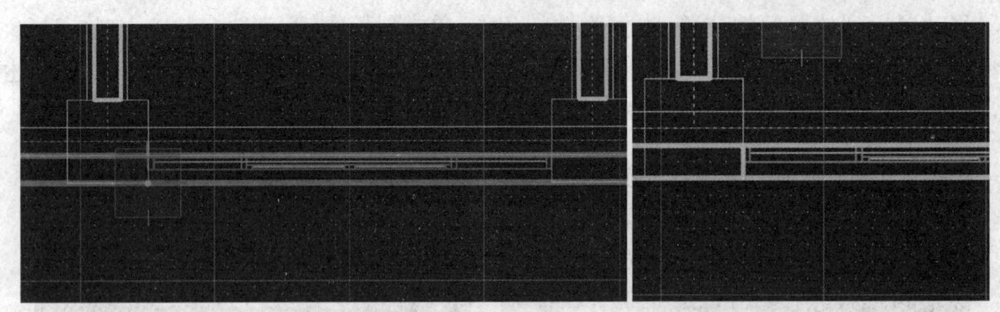

图 6-95 选择基点

图 6-96 确定方向

复制其他位置的窗。单击“选择元素”按钮，然后，单击选中刚刚放置的窗，如图 6-97 所示。单击任务栏的“复制”按钮，根据提示，单击柱的左下角点作为复制的基点，如图 6-98 所示；移动鼠标到放置点单击，完成一次窗的复制，如图 6-99 所示。按照此操作，完成其他外墙窗的复制。

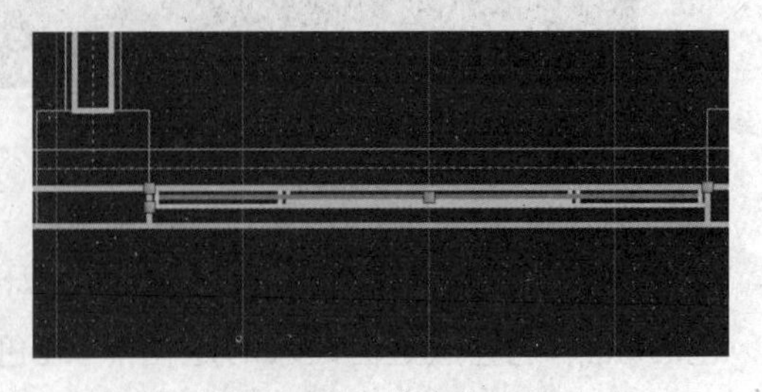

图 6-97 选中窗

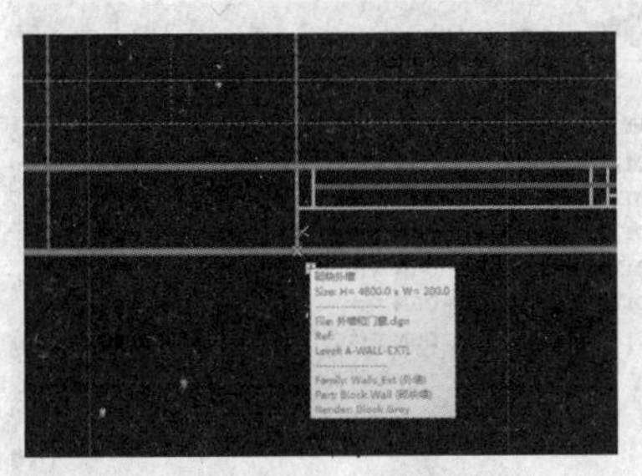

图 6-98 选择基点

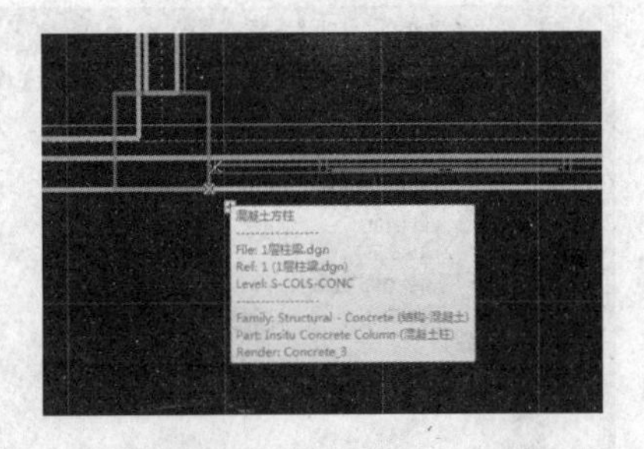

图 6-99 选择复制点

安装楼梯间窗户。在弹出的“放置窗户”对话框中按图 6-100 进行设置，注意，用鼠标单击中间的红色点，让该点变成绿色，我们以此为基点插入窗。接着，根据窗口左下角状态栏的提示，在放置窗的墙上单击，如图 6-101 所示，接着，单击确定位置，再单击确定窗开启方向。采用同样方法放置或者复制另外一个楼梯间的窗户，完成一层南侧的窗如图 6-102 所示。

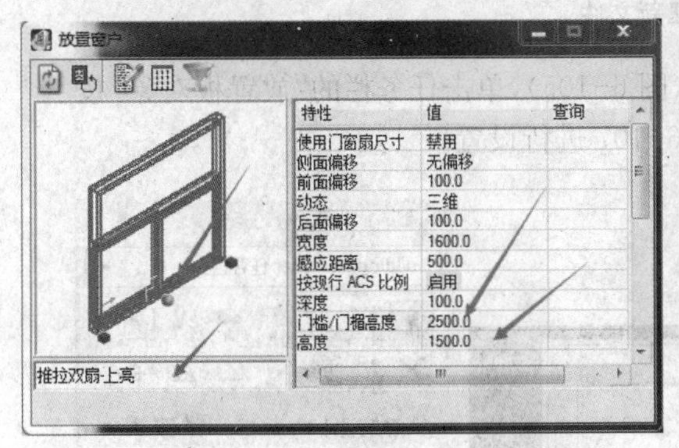

图 6-100 “放置窗户”对话框

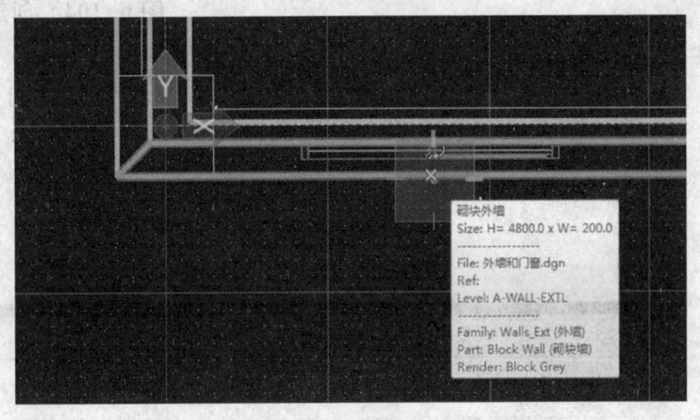

图 6-101 完成放置的楼梯间窗

按上述方法，放置一层北侧窗，完成的一层窗如图 6-103 所示。

图 6-102 完成的一层南侧窗

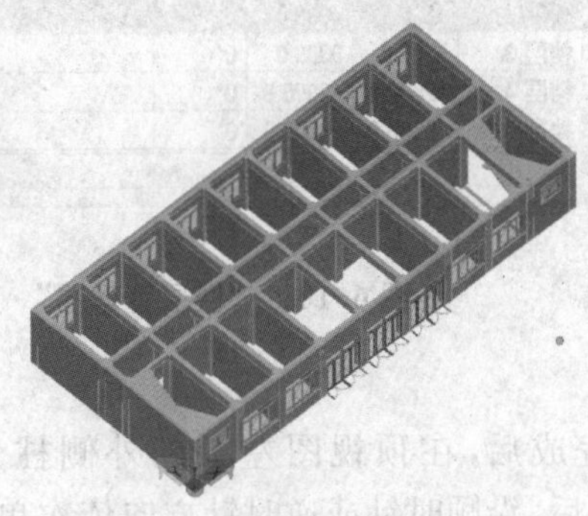

图 6-103 完成的一层北侧窗

6.3.5 创建楼板和散水

1. 创建楼板

把楼板绘制到一个单独的文件中。新建一个 DGN 文件，命名为“楼板”(图6-104)。把“1 层柱梁. dgn”文件参考进这个文件，如图 6-71 所示。

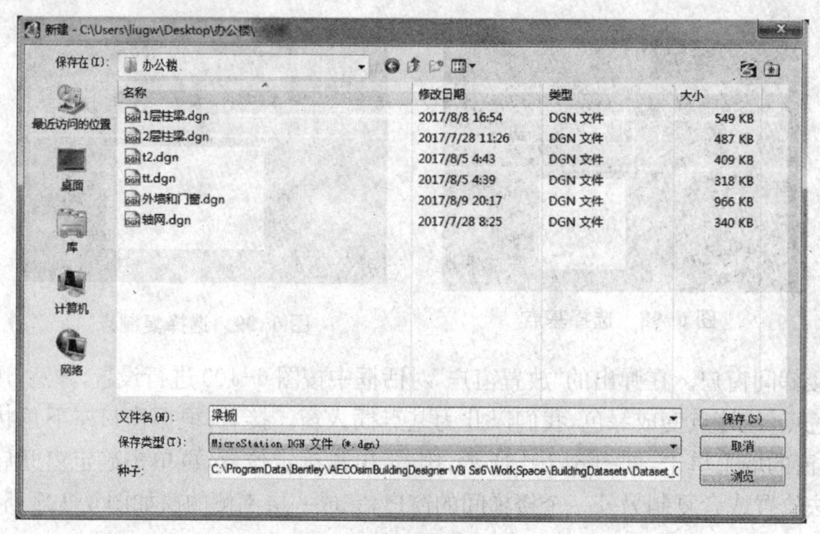

图 6-104 创建新文件

打开状态栏的“楼层管理器”，在楼层 2 双击(图 6-105)，单击任务栏的“放置板对象”按钮(图 6-106)，在弹出的“放置板对话框”中按图 6-107 进行设置。

名称	相对标高	标高	旋转	描述
BuildingTemplate_CN				
Site				
无				
办公楼	0.0		0°	
楼层-1	-5400.0	-5400.0	0°	
楼层 1	0.0	0.0	0°	
楼层 2	4800.0	4800.0	0°	
楼层 3	9300.0	9300.0	0°	
楼层 4	12900.0	12900.0	0°	
楼层 5	16500.0	16500.0	0°	

图 6-105 “楼层管理器”

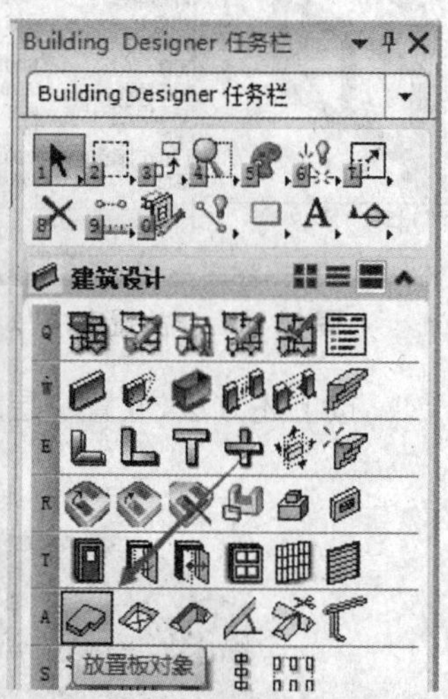

图 6-106 放置板对象

设置完成后，在顶视图左上的外侧柱角单击鼠标左键，完成第一个点的绘制(图 6-108)，然后，沿顺时针或逆时针方向依次单击楼板的角点，完成楼板角点输入后，单击鼠标右键，完成楼板的绘制如图 6-109 所示。

楼梯间部位开洞。单击任务栏的“放置孔洞对象”按钮(图 6-110)，在弹出的“放置孔洞对象”对话框中，按图 6-111 进行设置，图中的绿色点为放置基点。在顶视图中单击楼梯间的左上角点(图 6-112)，放置孔洞对象，向右水平移动鼠标(图 6-113)，调整孔洞对象的方向，方向合适后，单击鼠标左键确认，如图 6-114 所示。

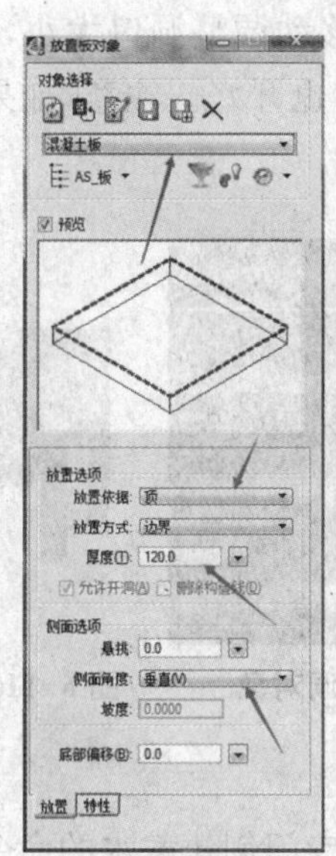

图6-107 “放置板对象”对话框

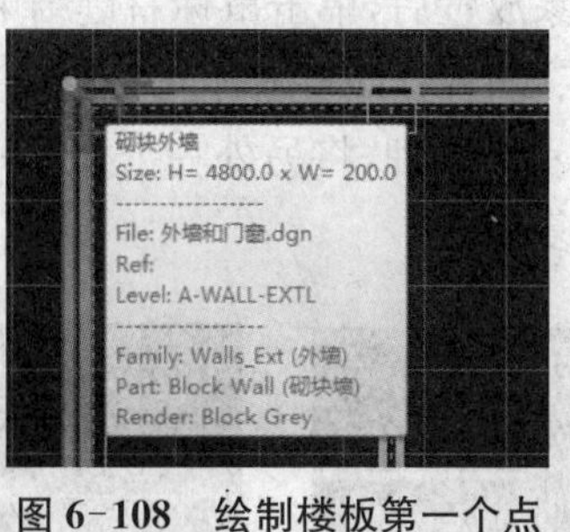

图 6-108 绘制楼板第一个点

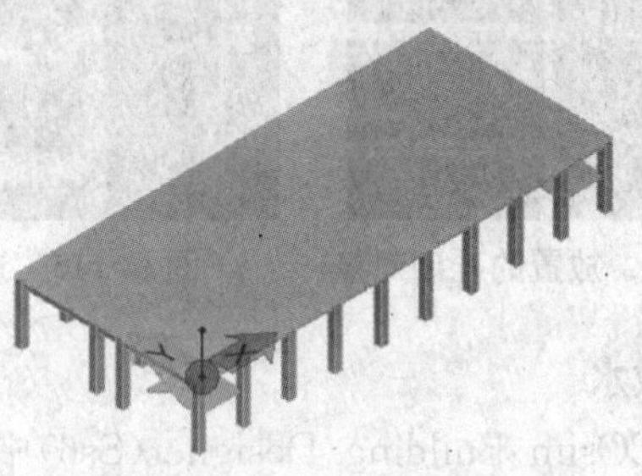

图 6-109 完成的楼板

图 6-110 “放置孔洞对象”按钮

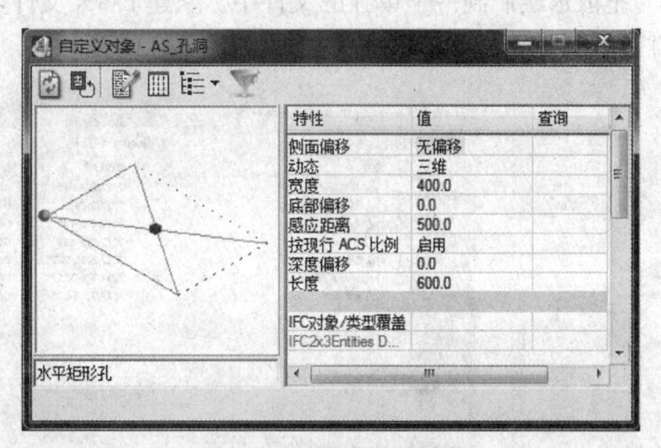

图 6-111 设置孔洞对象

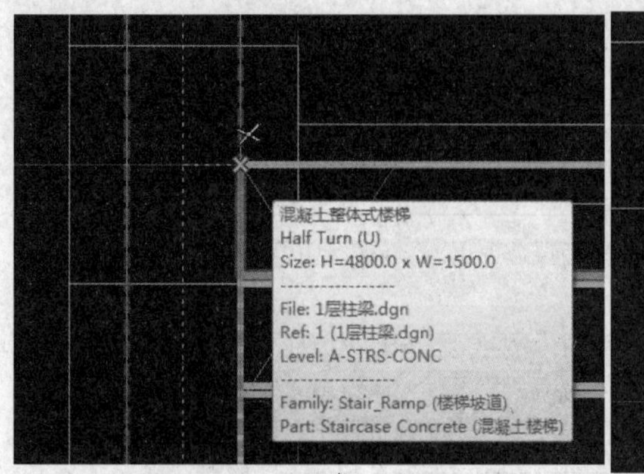

图 6-112 确定孔洞对象角点

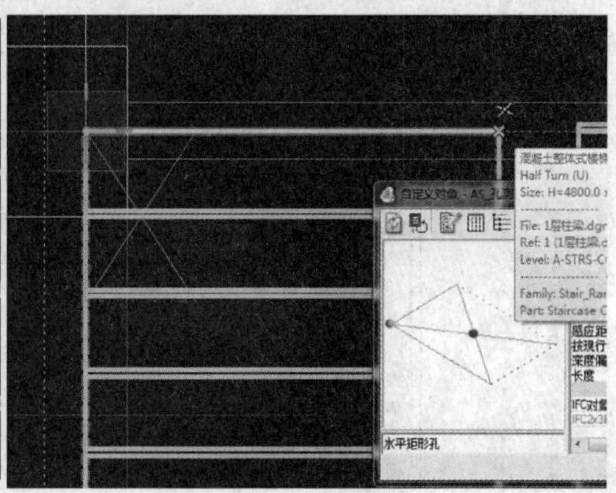

图 6-113 调整孔洞对象

完成孔洞对象放置后，单击鼠标右键结束命令。然后鼠标左键单击已经放置的孔洞对象，出现4个夹点(图6-115)，鼠标左键单击夹点并移动调整洞口大小，完成后的楼梯间洞口如图6-116所示。同理，将另外一个楼梯间的洞口也开好。注意，如果洞口大小相同，可以使用复制命令复制。

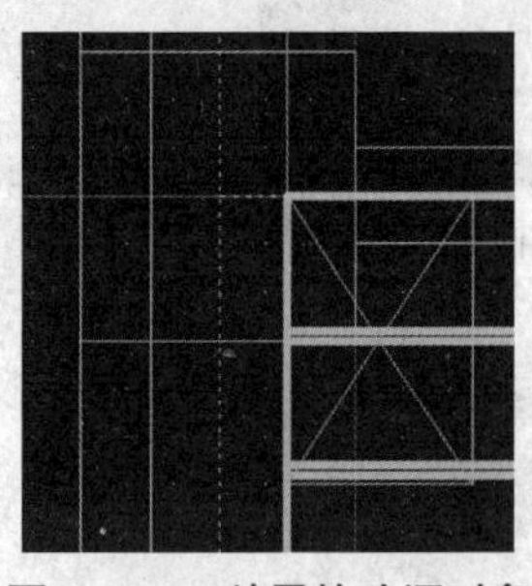

图6-114　放置的孔洞对象

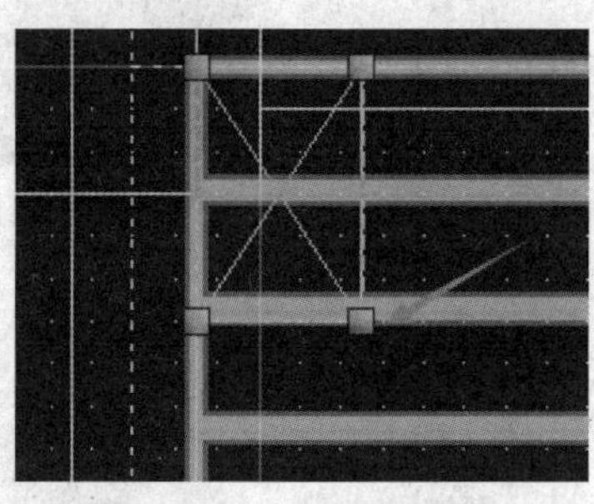

图6-115　选择孔洞对象

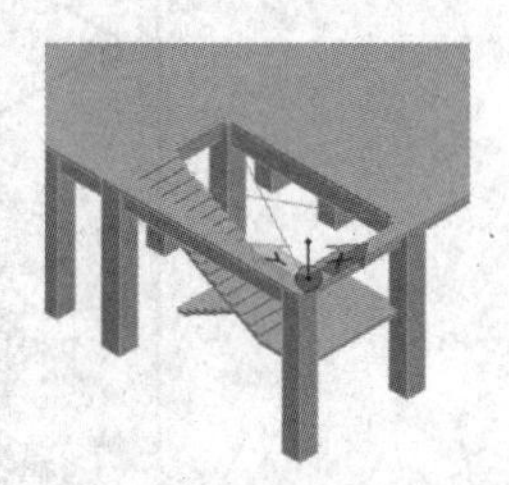

图6-116　完成的孔洞

2. 创建散水

由于AECOsim Building Designer(Ss6)中没有专门创建散水的命令，散水只能采用放样来创建。

把散水绘制到一个单独的文件中。新建DGN文件，命名为“散水”(图6-117)，把“外墙和门窗.dgn”文件参考进这个文件，如图6-118所示。

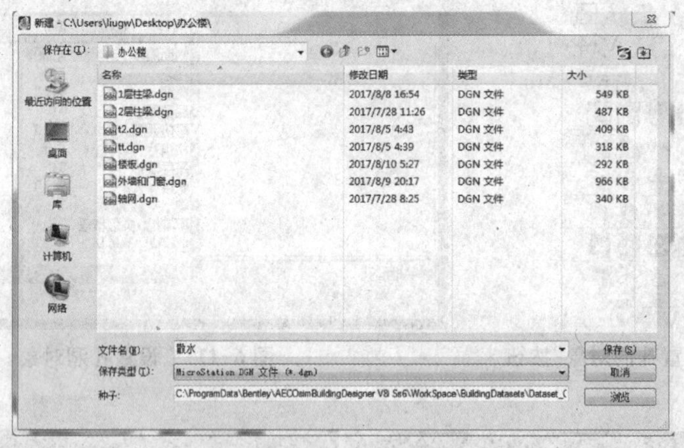

图6-117　创建新文件

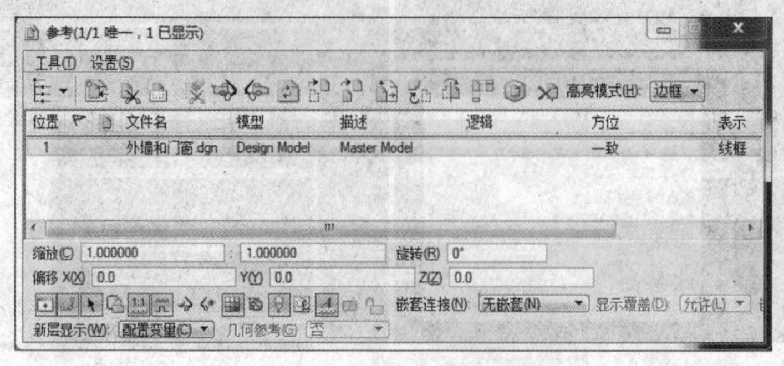

图6-118　参考“外墙和门窗.dgn”

进入顶视图，把楼层管理器设置为±0.000 mm(图 6-119)，单击“放置智能线”命令，如图 6-120 所示。

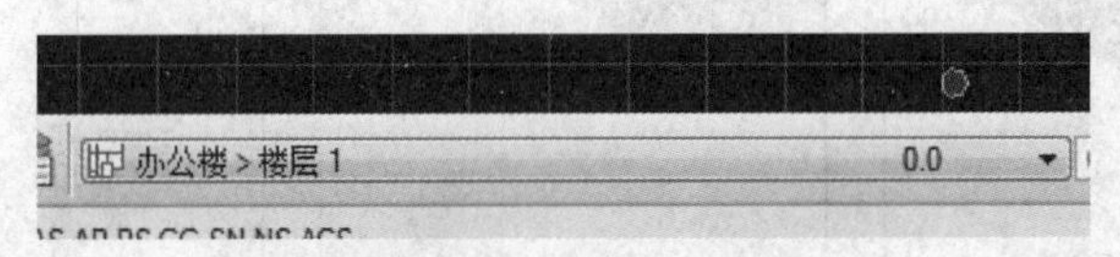

图 6-119　设置楼层管理器

在顶视图把鼠标放置在 7 轴与 A 轴墙体交点位置，出现捕捉符号时(图 6-121)，按“F11”键，再按字母“O”键，如图 6-122 所示，向下移动鼠标，在键盘上输入“1000”，按回车键，然后单击鼠标左键，完成线端点的绘制，如图 6-123 所示。

图 6-120　“放置智能线”命令

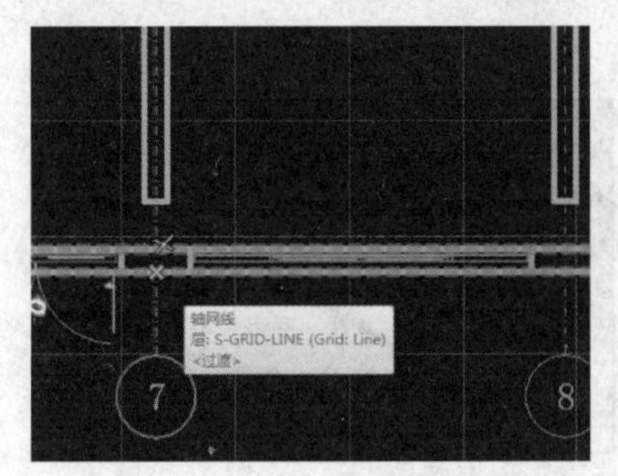

图 6-121　出现捕捉符号

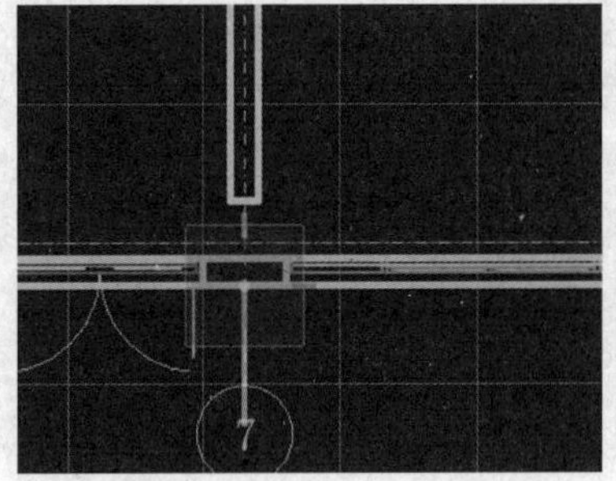

图 6-122　按 F11 键和“O”键

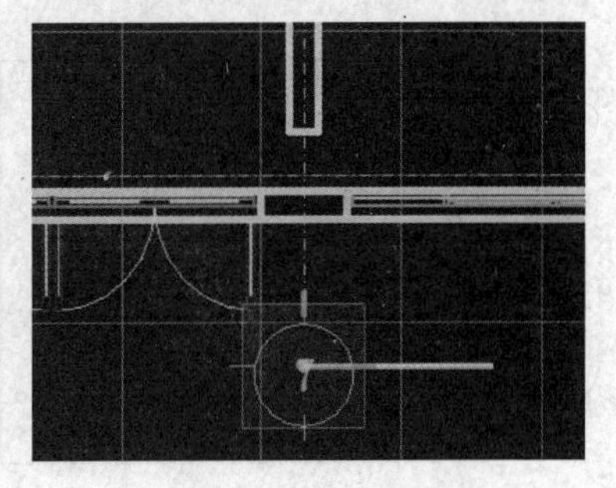

图 6-123　移动鼠标

向右移动鼠标，按回车键锁定水平轴，将鼠标移动到外墙的右下角，当出现捕捉符号时(图 6-124)，再按“F11”键和“O”键，向右移动鼠标，输入“1000”，单击鼠标左键完成第一段智能线绘制。按上述方法，完成整条智能线绘制(图 6-125)。进入三维模型的插图显示如图 6-126 所示。

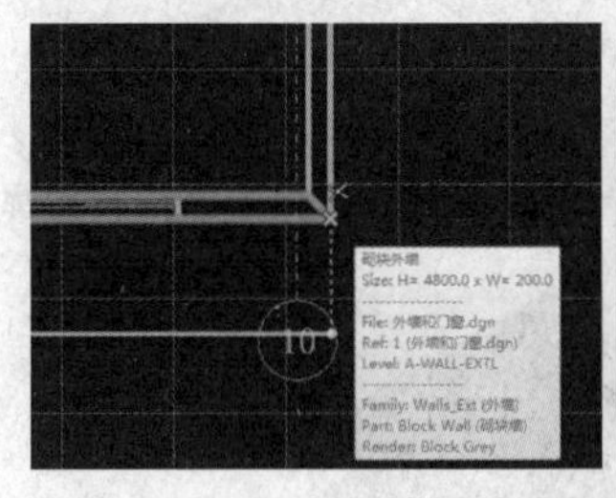

图 6-124　出现捕捉符号

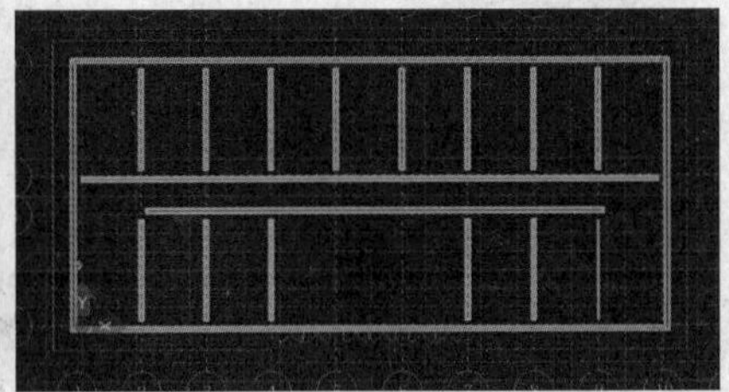

图 6-125　完成的智能线

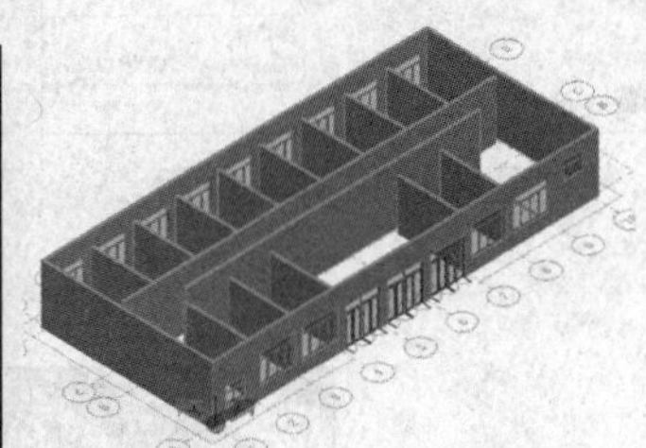

图 6-126　三维模型

继续绘制智能线，移动鼠标，捕捉到上一步绘制智能线的端点(图 6-127)；单击鼠标左键，之后按“S”键，将精确绘图坐标设为侧面(图 6-128)；向下移动鼠标，输入“100”，之后按回车键，绘制第一段散水轮廓线(图 6-129)。继续采用精确绘图，完成散水的轮廓线如图

6-130 所示。

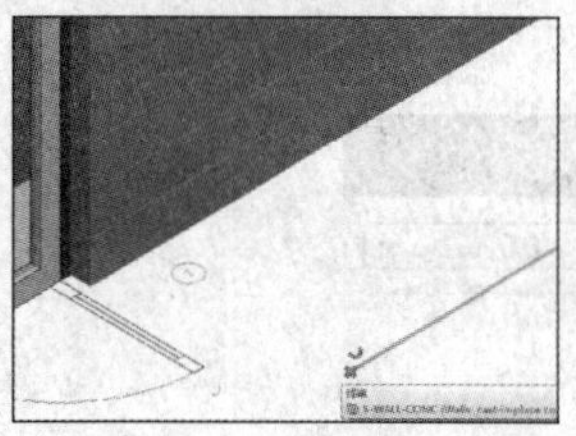

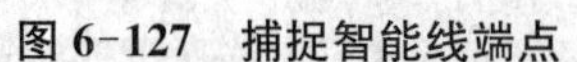

图 6-127 捕捉智能线端点

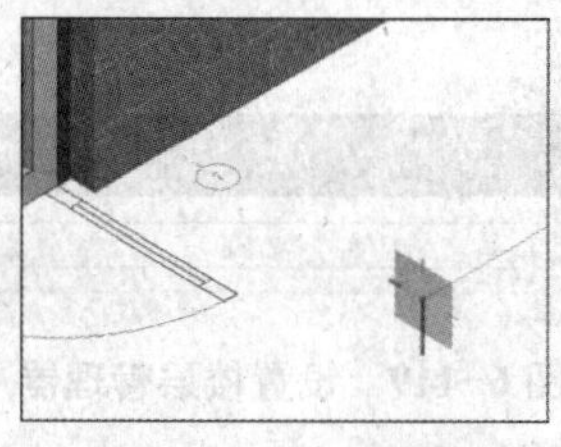

图 6-128 按“S”键

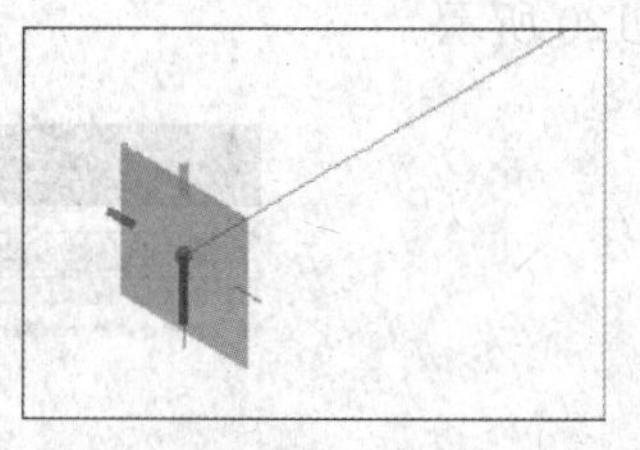

图 6-129 输入“100”

生成散水。单击任务栏“扫描生成实体”按钮，如图 6-131 所示；根据提示，单击扫描路径(图 6-132)，之后单击截面(图 6-133)，在空白处单击鼠标左键，完成的散水如图 6-134 所示。

采用与绘制散水相同的方法，绘制主入口台阶的路径和横截面如图 6-135 所示。完成的入口台阶如图 6-136 所示。

因为室内外有 450 mm 高差，所有把散水向下移动 450 mm，台阶的平台部分，采用“三维实体”中的块体实体命令补充绘制，完成后的室外散水和台阶如图 6-137 所示。

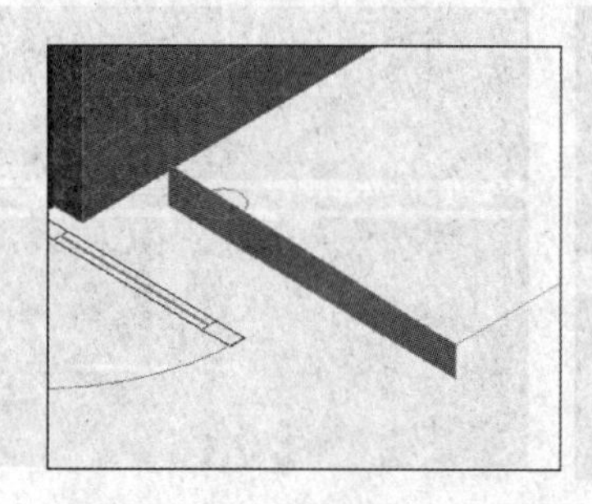

图 6-130 完成的散水截面

图 6-131 “扫描创建实体”按钮

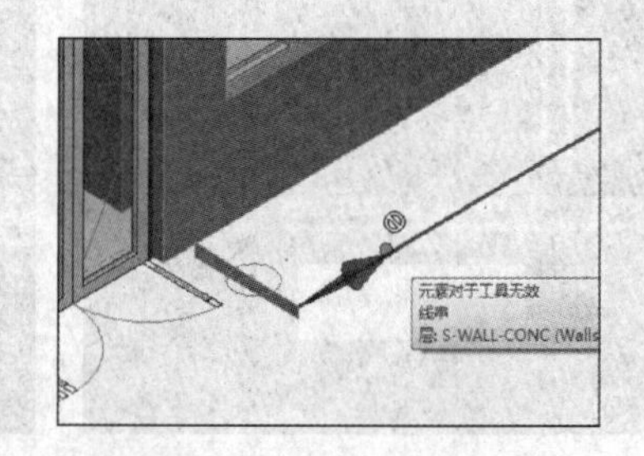

图 6-132 单击扫描路径

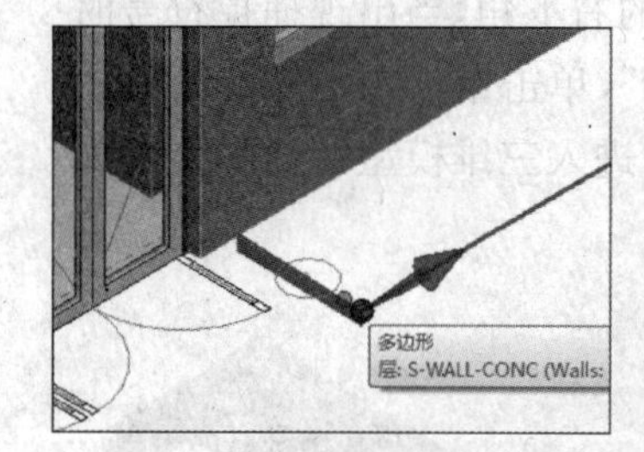

图 6-133 单击截面

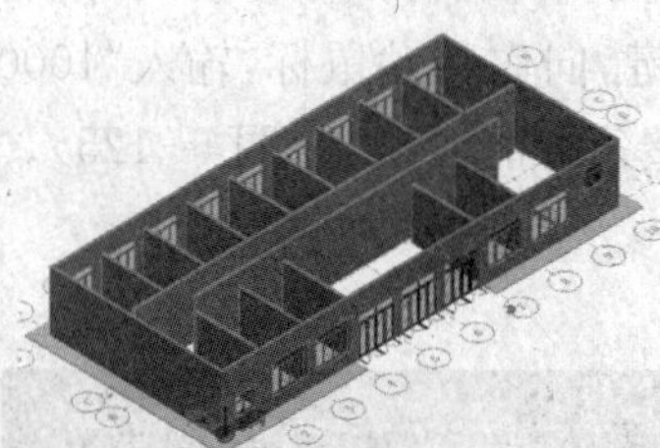

图 6-134 完成的散水

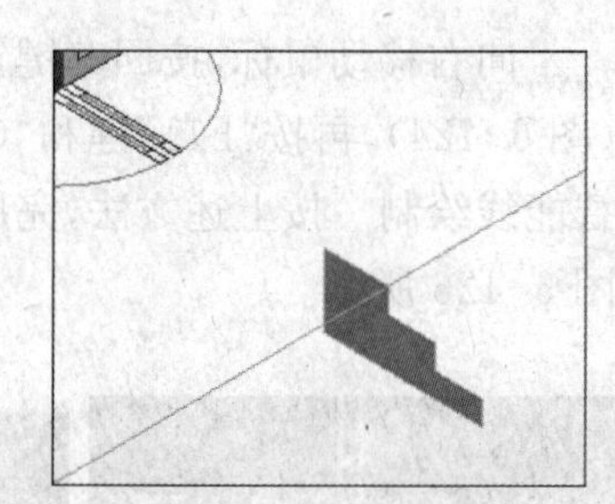

图 6-135 绘制入口台阶路径和轮廓

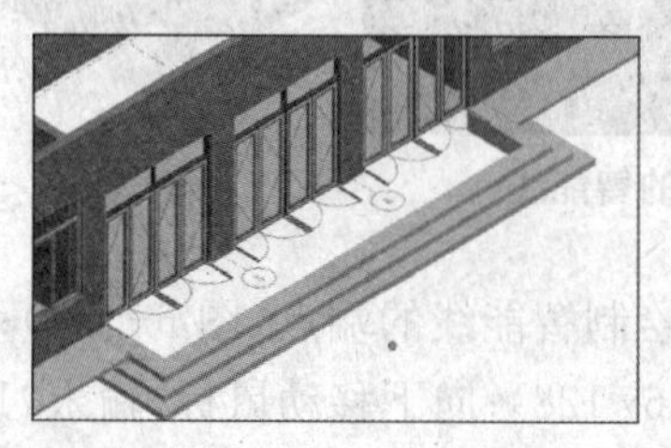

图 6-136 完成的入口台阶

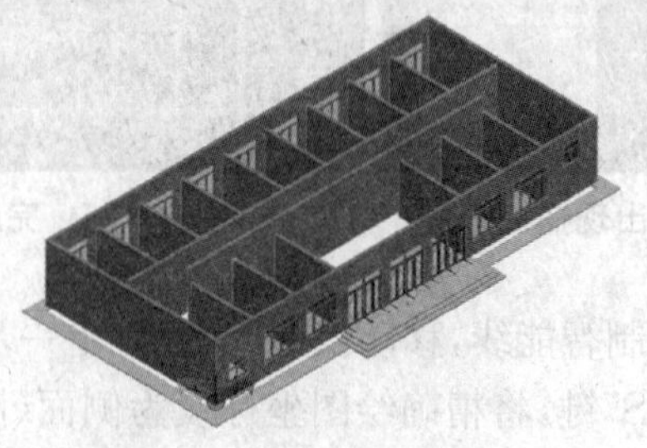

图 6-137 完成的散水和台阶

6.3.6 组装模型

1. 创建标准层

用菜单命令“文件”→“关闭”关闭当前模型(图 6-138)。在“打开的文件”对话框中,左键单击“1 层结构. dgn”文件,再单击鼠标右键,在弹出的菜单上选择“复制”(图 6-139),在空白处单击鼠标右键,在弹出的菜单上选择“粘贴”,就会看到生成名为“1 层柱梁-副本. dgn”的文件,重命名该文件为“标准层梁柱. dgn”如图 6-140 所示。打开文件,把柱的高度修改为“3600”,并把梁向下移动 1 200。同样方法,完成“2 层柱梁. dgn”的创建和修改。

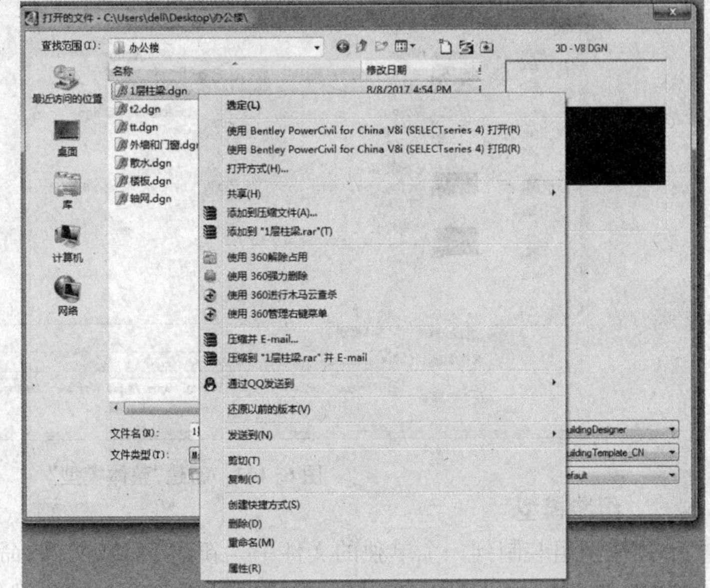

图 6-138 “关闭”菜单

图 6-139 “复制”菜单

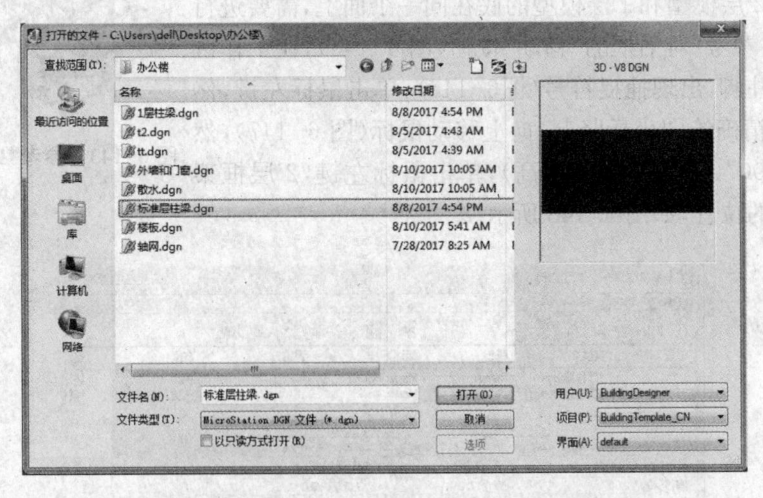

图 6-140 改名后的文件

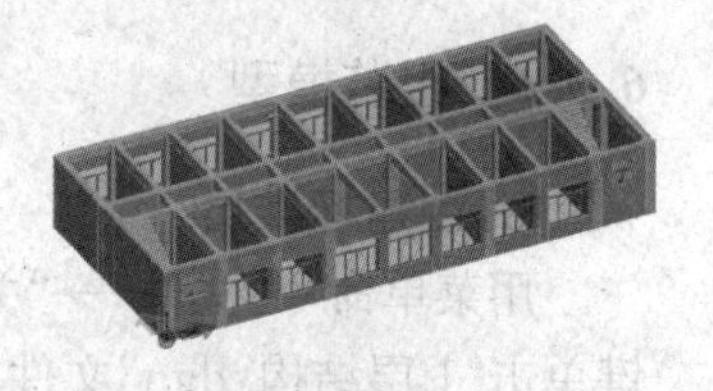

图6-141　完成的标准层墙和门窗

采用同样方法，把“外墙和门窗. dgn”复制为“标准层墙和门窗. dgn”，打开“标准层墙和门窗. dgn”文件，删除主入口的门，然后复制3个窗户，调整外墙高度为“3600”，内墙高度适当调整，完成后的模型如图6-141所示。同理，完成二层墙和门窗模型的调整。

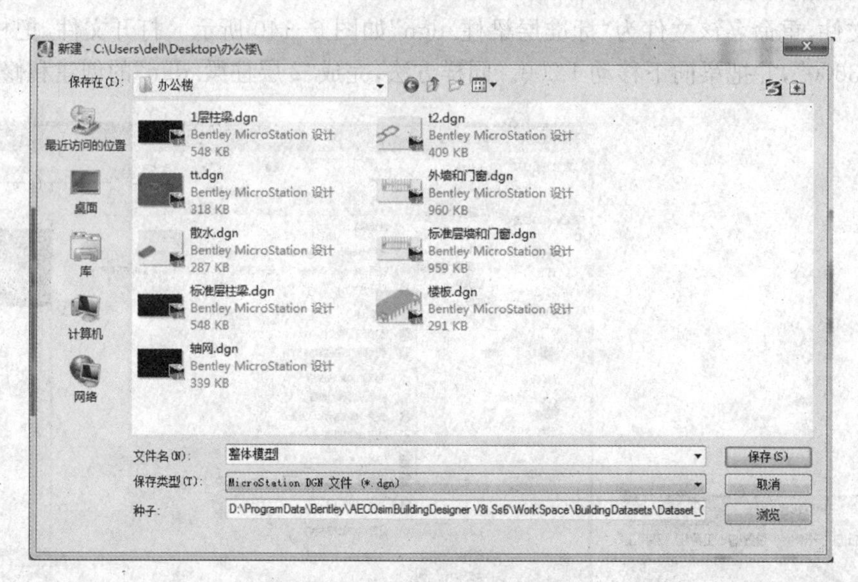

图6-142　新建“整体模型”

2. 组装模型

把模型组装制到一个单独的文件中。新建DGN文件，命名为“整体模型”(图6-142)，打开参考对话框，把“1层柱梁. dgn”参考进整体模型(图6-143)，接着参考“2层柱梁. dgn”，这时会发现2层模型和1层模型的底在同一个面上，需要进行移动。单击“参考”对话框的“移动”按钮(图6-145)，在工作区移动鼠标到柱脚，出现捕捉符号(图6-146)，单击鼠标左键，然后按“S”键，精确绘图坐标竖起，向上移动鼠标(图6-147)，然后，输入“4 800”(这是一层的层高)，单击鼠标左键，2层框架移动到2层的位置，如图6-148所示。

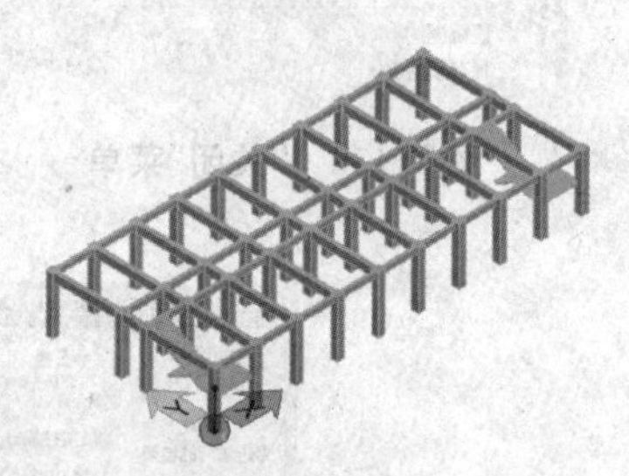

图6-143　参考“1层柱梁. dgn”

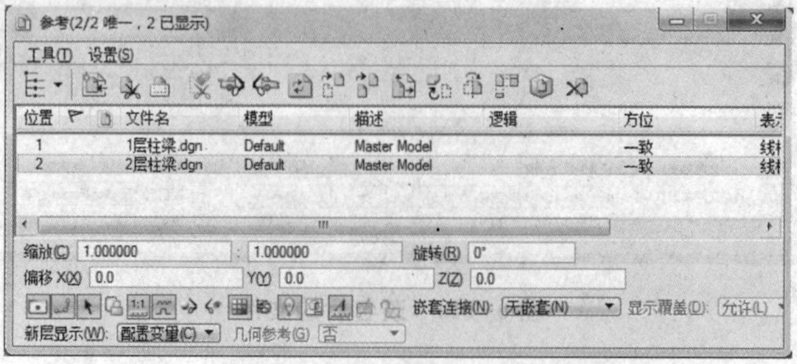

图6-144　参考2层模型

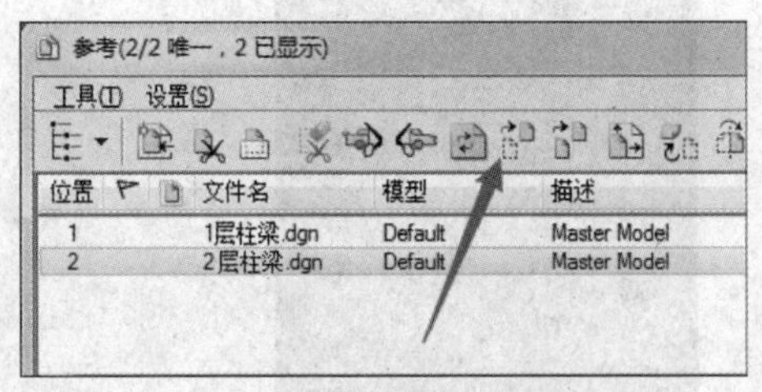
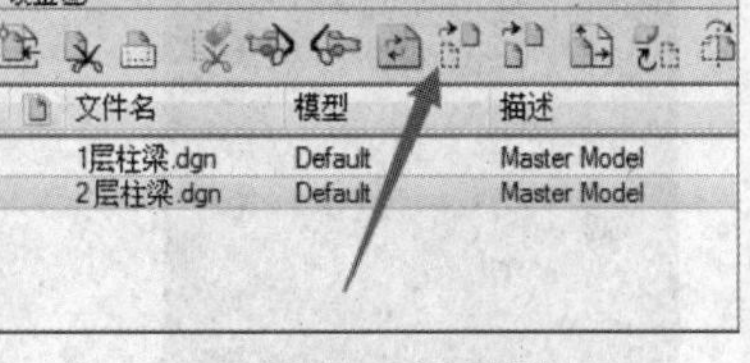

图 6-145 移动 2 层模型

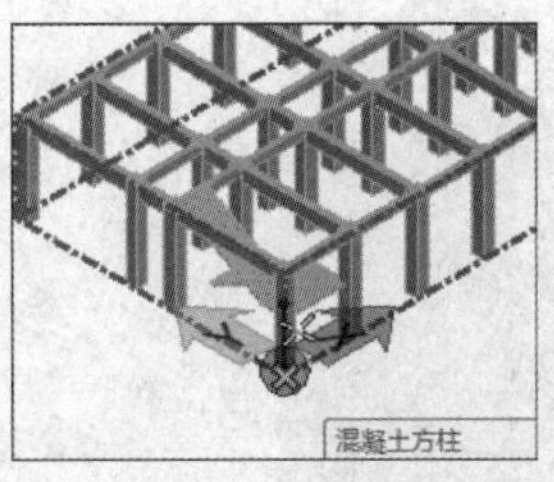

图 6-146 捕捉柱脚

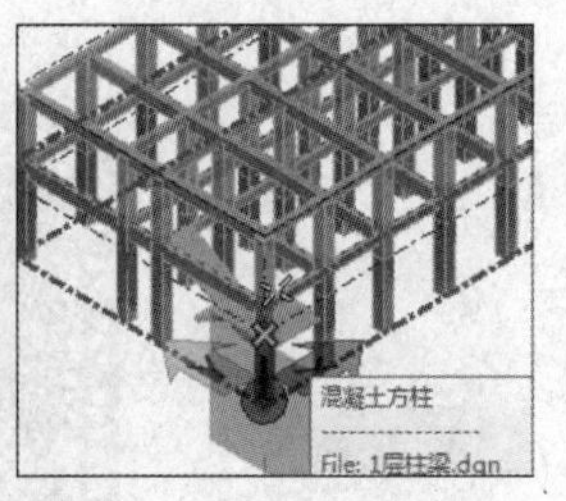

图 6-147 向上移动

参考“标准层柱梁.dgn”并把它移动到设计位置(图 6-149)，标准层共有 10 层，其他 9 层采取复制的方法完成，单击“复制”按钮(图 6-150)，在弹出的“复制连接的参考”对话框中勾选“副本”，在其后的编辑框中填入 9，然后，捕捉柱脚单击，按“S”键，向上移动鼠标，输入“3 600”，单击鼠标左键，完成楼层的复制，完成的“参考”对话框如图 6-152 所示，完成的结构模型如图 6-153 所示。

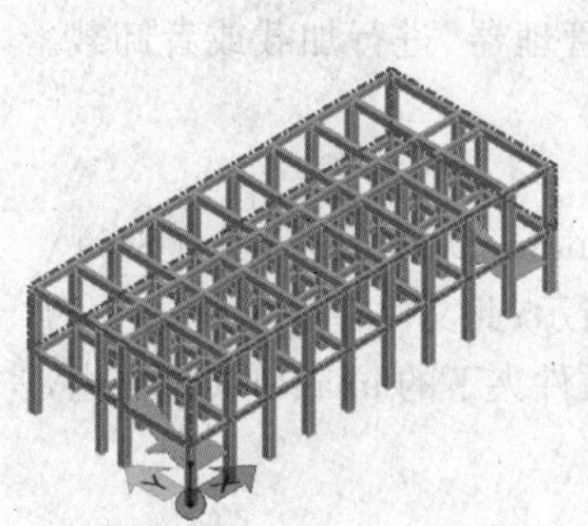

图 6-148 完成 2 层移动

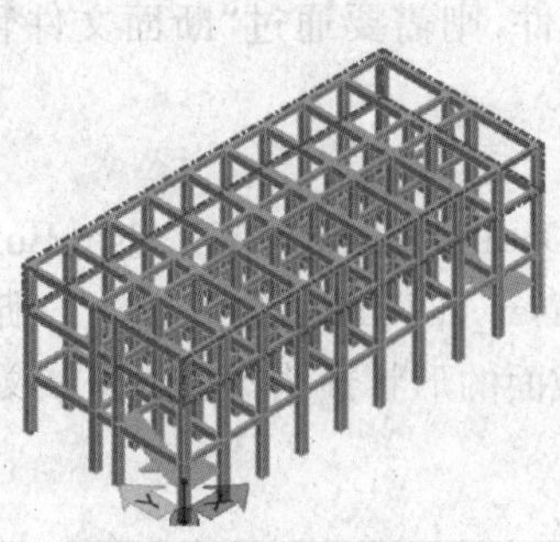

图 6-149 参考标准层

图 6-150 复制标准层

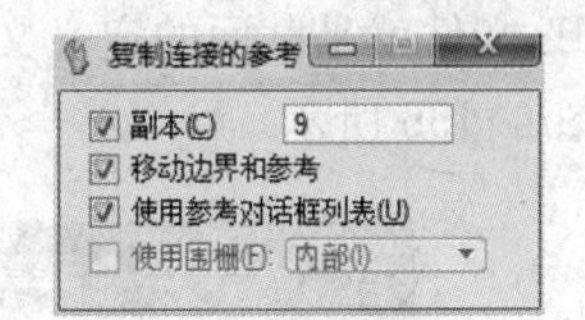

图 6-151 “复制连接的参考”对话框

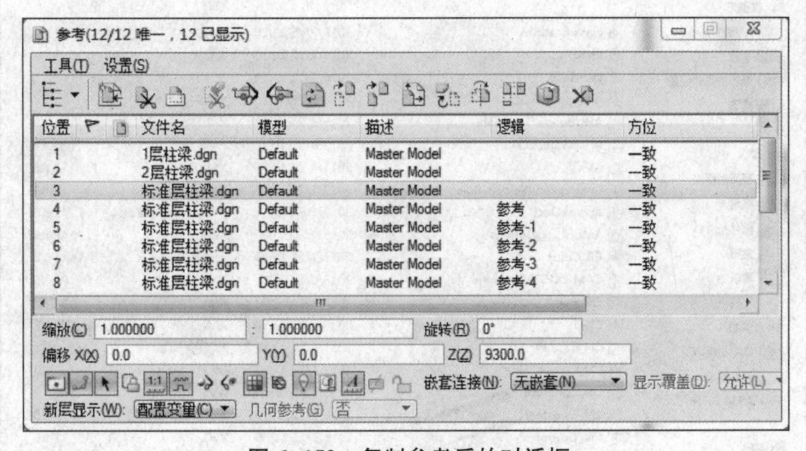

图 6-152 复制参考后的对话框

采用链接结构相同的方法，把建筑模型链接进整体模型，完成后的模型如图 6-154 所示。

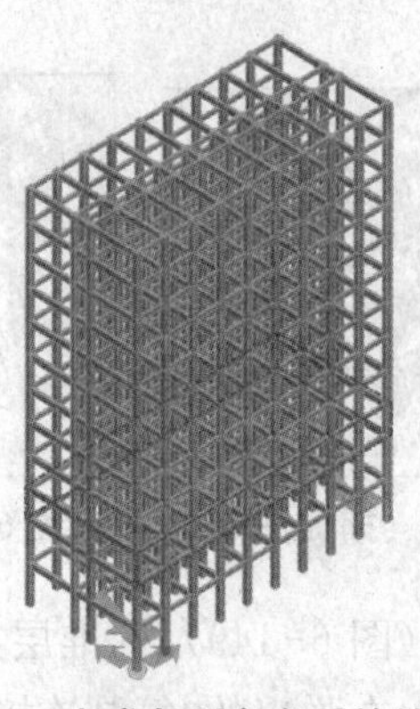

图 6-153　完成复制参考后的结构模型

图 6-154　完成链接建筑后的模型

注意:本例子中还差地下室模型和楼梯间出屋面的模型需要读者自行完成。

6.3.7　自定义非矩形梁柱截面尺寸

在 AECOsim Building Designer(Ss6)建模过程中,矩形截面构件,如柱、梁可以通过直接输入建立,对于非矩形截面的构件,则需要通过“断面文件管理器”进行加载或者卸载。表达截面的文件是 XML 文件。

1. 创建自定义截面

文件夹导航到 C:\ProgramData\Bentley\AECOsimBuildingDesigner V8i (Ss6)\WorkSpace\BuildingDatasets\Dataset_CN\data,如图 6-155 所示;此文件夹内“CN”开头的 XML 文件就是截面的定义文件,截面的形状预览图片位于该文件夹下的 images 文件夹内,如图 6-156 所示。

计算机 ▸ 本地磁盘 (C:) ▸ ProgramData ▸ Bentley ▸ AECOsimBuildingDesigner V8i Ss6 ▸ WorkSpace ▸ Bui

文件(F)　编辑(E)　查看(V)　工具(T)　帮助(H)

组织 ▾　包含到库中 ▾　共享 ▾　刻录　新建文件夹

收藏夹：A360 Drive、下载、最近访问的位置、桌面
库：暴风影视库、视频、图片、文档、音乐
计算机：本地磁盘 (C:)、新加卷 (D:)、A360 Drive
网络

名称	修改日期	类型	大小
classifications	2016/7/25 21:16	文件夹	
images	2016/7/25 21:16	文件夹	
Interface	2016/7/25 21:16	文件夹	
pltcfg	2016/7/25 21:16	文件夹	
AHUBuilderTemplate	2015/3/2 20:24	XML 文档	1 KB
AHUModuleData	2015/9/8 14:44	XML 文档	15 KB
AITC	2013/4/12 12:59	XML 文档	11 KB
AnalyzeFlowVelocityRules	2013/5/7 22:03	XML 文档	2 KB
AshraeDuct	2016/1/6 1:54	Microsoft Acces...	4,242 KB
AutoFittingOptions	2015/9/8 14:44	XML 文档	8 KB
BB_Color	2015/7/23 15:33	MicroStation è...	1 KB
CAM-DUCTMappings	2013/5/7 22:03	XML 文档	99 KB
Chinese	2015/12/21 1:08	XML 文档	113 KB
CISC	2013/4/12 12:59	XML 文档	271 KB
CN_Capral	2013/4/12 12:59	XML 文档	8 KB
CN_ColourTable	2013/4/12 12:59	MicroStation è...	1 KB
CN_Concrete	2016/11/5 6:35	XML 文档	49 KB
CN_Onesteel	2013/4/12 12:59	XML 文档	333 KB
CN_Timber	2013/4/12 12:59	XML 文档	13 KB

图 6-155　截面定义文件夹

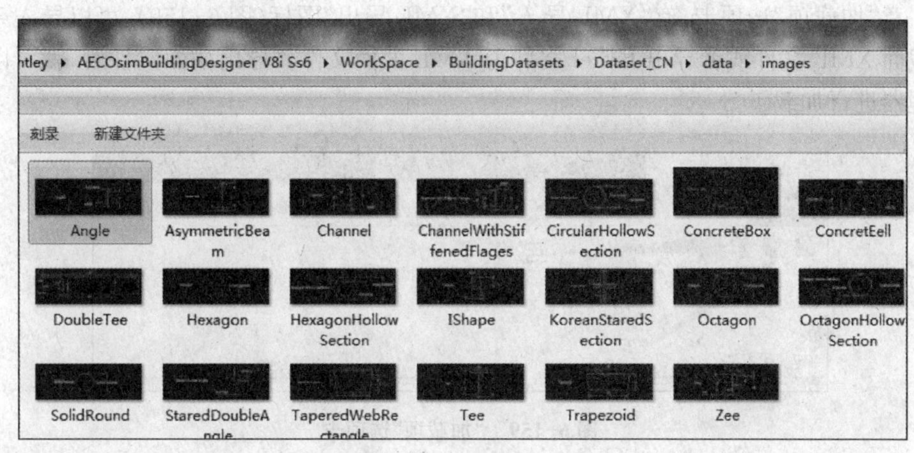

图 6-156 预览图片

该文件夹内有一个名为“Structural Shapes Template. xls”的 Excel 文件，这个文件就是修改或者创建截面的模板文件。

在安装了微软 Excel 后双击打开“Structural Shapes Template. xls”，如图 6-157 所示。

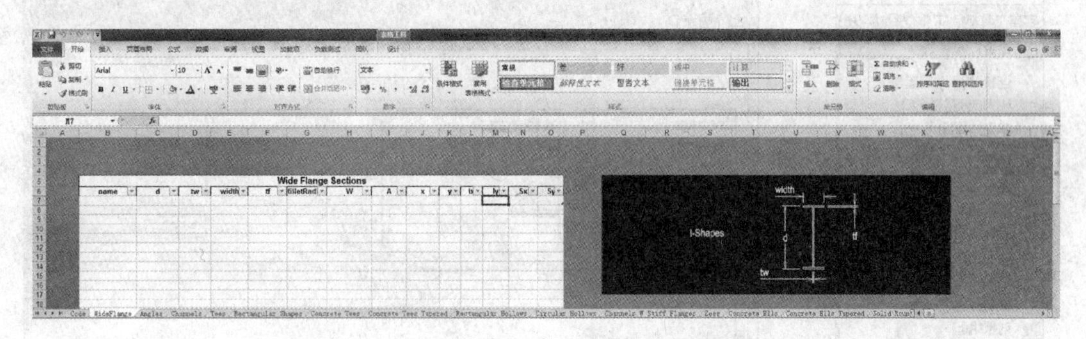

图 6-157 打开“Structural Shapes Template. xls”

按照图 6-158 填写截面的名称和尺寸，图中为 0 的可以不填写，系统会自动计算。

Wide Flange Sections													
name	d	tw	width	tf	filletRadius	W	A	x	y	Ix	Iy	Sx	Sy
100 TFB	100	4	45	6	7	7.2	0	0	0	0	0.000000	0	0
1000WB215	1000	16	300	20	0	215	0	0	0	0	0.000000	0	0
1000WB258	1010	16	350	25	0	258	0	0	0	0	0.000000	0	0
1000WB296	1016	16	400	28	0	296	0	0	0	0	0.000000	0	0
1000WB322	1024	16	400	32	0	322	0	0	0	0	0.000000	0	0
100UC14.8	97	5	99	7	10	14.8	0	0	0	0	0.000000	0	0
1200WB249	1170	16	275	25	0	249	0	0	0	0	0.000000	0	0
1200WB278	1170	16	350	25	0	278	0	0	0	0	0.000000	0	0
1200WB317	1176	16	400	28	0	317	0	0	0	0	0.000000	0	0
1200WB342	1184	16	400	32	0	342	0	0	0	0	0.000000	0	0
1200WB392	1184	16	500	32	0	392	0	0	0	0	0.000000	0	0
1200WB423	1192	16	500	36	0	423	0	0	0	0	0.000000	0	0
1200WB455	1200	16	500	40	0	455	0	0	0	0	0.000000	0	0
125 TFB	125	5	65	8.5	8	13.1	0	0	0	0	0.000000	0	0
150UB14.0	150	5	75	7	8	14	0	0	0	0	0.000000	0	0
150UB18.0	155	6	75	9.5	8	18	0	0	0	0	0.000000	0	0
150UC23.4	152	6.1	152	6.8	8.9	23.4	0	0	0	0	0.000000	0	0
150UC30.0	158	6.6	153	9.4	8.9	30	0	0	0	0	0.000000	0	0
150UC37.2	162	8.1	154	11.5	8.9	37.2	0	0	0	0	0.000000	0	0
180UB16.1	173	4.5	90	7	8.9	16.1	0	0	0	0	0.000000	0	0
180UB18.1	175	5	90	8	8.9	18.1	0	0	0	0	0.000000	0	0
180UB22.2	179	6	90	10	8.9	22.2	0	0	0	0	0.000000	0	0

图 6-158 填写截面参数

注意“加载项”选项卡，有“XML 导入”和“XML 导出”图标(图 6-159)，可以导入系统自带的截面 XML 文件或者导出 Excel 文件为 XML 截面文件。导出截面文件后，就可以用截面管理器进行加载了。

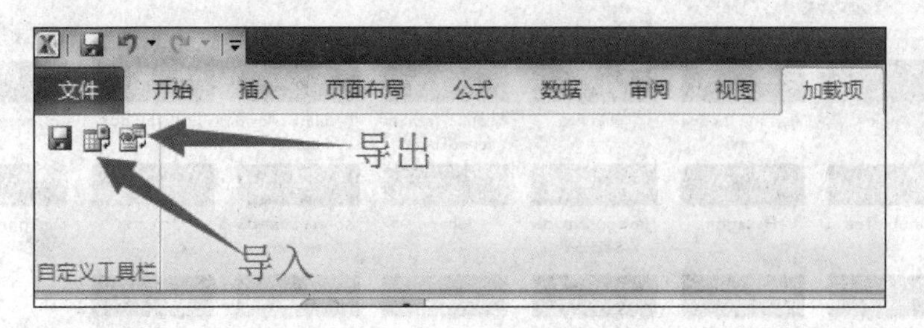

图 6-159 “加载项”选项卡

2. 加载截面

单击“实用工具”→“命令行”可以看到命令行窗口(图 6-160)，在命令行输入 TFSECMGR DIALOG(图 6-161)，之后按回车键，打开“断面文件管理器”，对话框如图 6-162 所示。

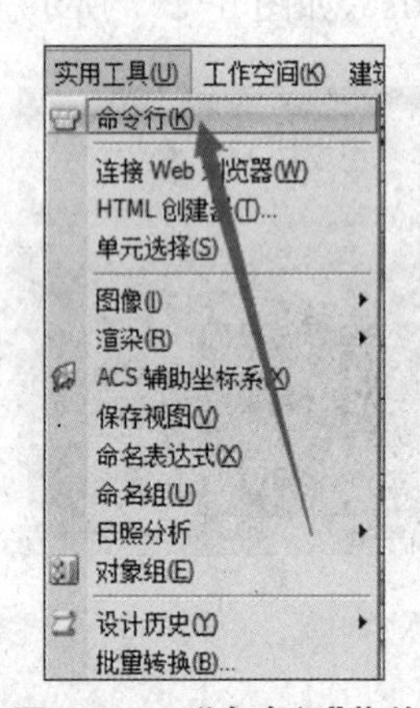

图 6-160 “命令行”菜单

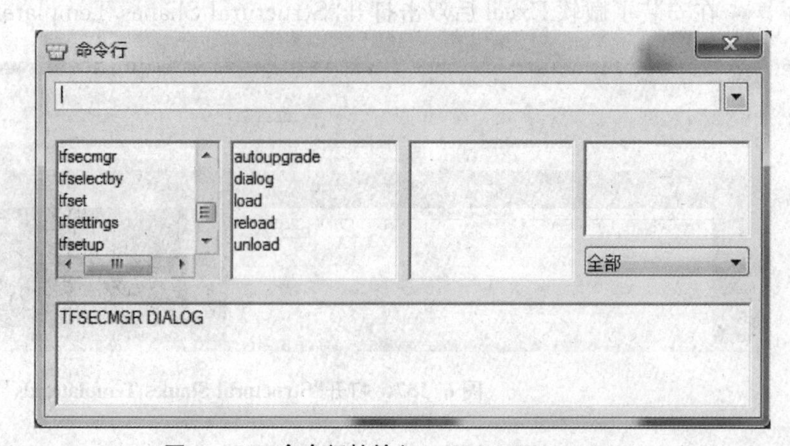

图 6-161 命令行柱输入 TFSECMGR DIALOG

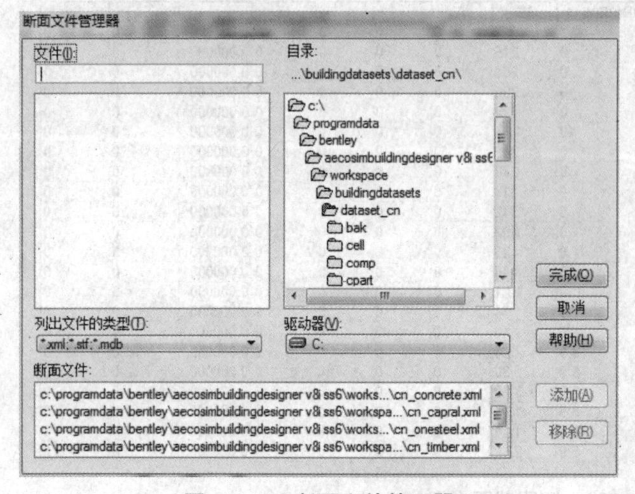

图 6-162 断面文件管理器

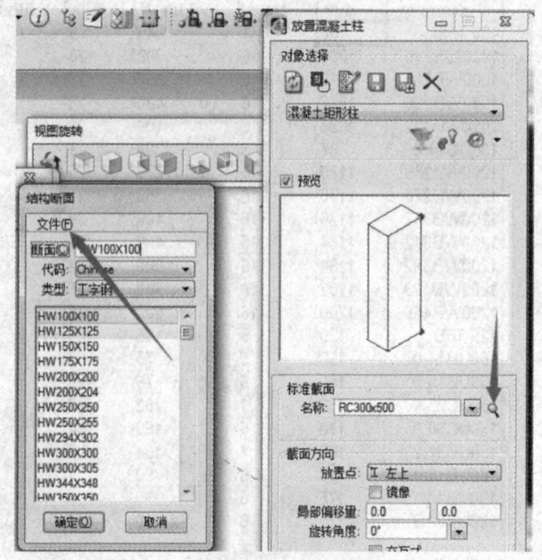

图 6-163 “放置混凝土柱”对话框

在“断面文件管理器”中“目录”里浏览到截面文件所在文件夹，在左侧“文件”中选择相应文件，单击“添加”按钮，就完成了截面的添加(图 6-162)。在相应的“放置混凝土柱”的对话框中就可以看到新建的截面了(图 6-163)。

6.3.8 创建汽车坡道

汽车坡道的生成是很多 BIM 软件的硬伤，但是在 AECOsim Building Designer(Ss6)中得到了很好的解决。在 AECOsim Building Designer(Ss6)中可以有两种方法创建汽车坡道，一种是用放样生成，另一种是采用螺旋曲面生成。

1. 采用放样生成坡道

采用放样生成坡道，需要两个表示坡道横截面的图形和一条表示路径的螺旋曲线。操作的主要步骤如下：

(1) 绘制螺旋曲线。如图 6-164 所示，单击螺旋线按钮，在弹出的“螺旋曲线”对话框中，输入螺旋线的参数(图 6-165)，然后，在视图中单击鼠标，根据提示再次单击鼠标，完成螺旋线的输入，如图 6-166 所示。

图 6-164 “螺旋曲线”按钮

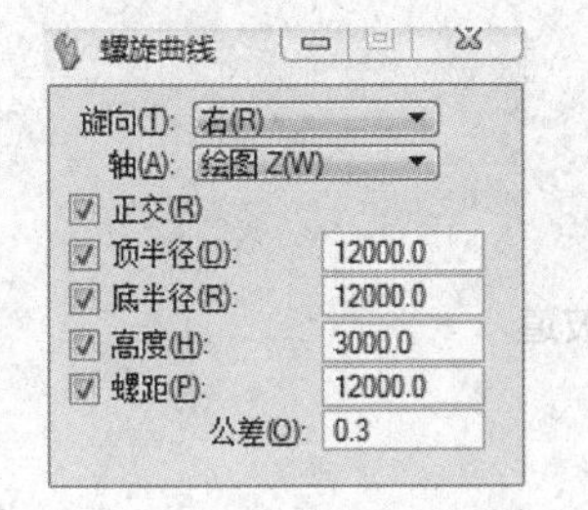

图 6-165 “螺旋曲线”对话框

图 6-166 绘制的螺旋曲线

图 6-167 表示坡道厚度的矩形

(2) 绘制横截面图形。在螺旋线的端部，绘制表示坡道厚度的矩形，如果坡道截面是异形，也可以直接绘制，如图6-167 所示。

(3) 形成曲面。在“创建自由形式曲面”工具条的“沿曲线延展表面”按钮上单击(图 6-168)，在弹出的“沿曲线延展表面”对话框中按图 6-169 进行设置，单击路径曲线(图 6-170)；再依次单击轮廓 1 和轮廓 2(图 6-171)，在空白处单击鼠标一次(图 6-172)；再单击鼠标一次，完成后的坡道如图 6-173 所示。

图 6-168 “创建自由形式曲面”对话框

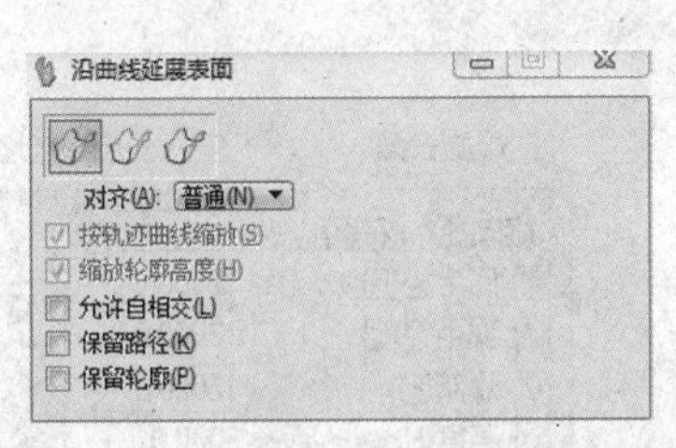

图 6-169 “沿曲线延展表面”对话框

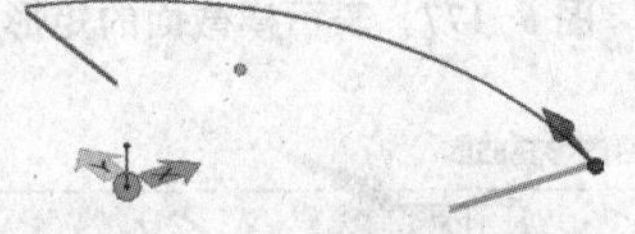
图 6-170 单击路径

图 6-171　单击轮廓　　图 6-172　空白处单击　　图 6-173　完成坡道

(4) 转换成智能实体。完成的坡道由于是采用放样生成的,所以内部是空心,下面把空心的坡道转换成实体。单击主任务栏“三维实体”下“转化为实体”按钮(图 6-174),在弹出的“转换为实体”对话框中选择“智能实体”(图 6-175),在空心坡道上单击鼠标,完成后的实体坡道如图 6-176 所示。

图 6-174　“转化为实体”按钮

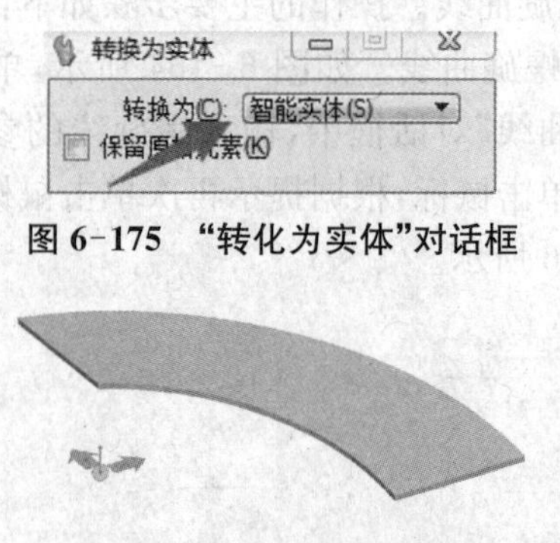

图 6-175　“转化为实体”对话框

图 6-176　完成的坡道

2. 采用螺旋曲面生成汽车坡道

在 AECOsim Building Designer(Ss6)中采用螺旋曲面生成汽车坡道相对于放样要简单些。其主要步骤如下:

(1) 绘制表示坡道横截面的矩形,如图 6-177 所示。

(2) 创建螺旋表面。在“创建自由形式曲面”工具条中单击“螺旋曲面”按钮(图6-178),在“螺旋表面”对话框中进行设置(图 6-179),然后,在表示坡道横截面的矩形角点上单击,并沿矩形平面内移动鼠标并单击(图 6-180),此时,精确绘图坐标会立起来(前面或侧面样式),上下移动鼠标,设置高度方向并单击鼠标左键(图 6-181),完成的坡道如图6-182所示,这也是一个空心坡道,需要转换为智能实体。

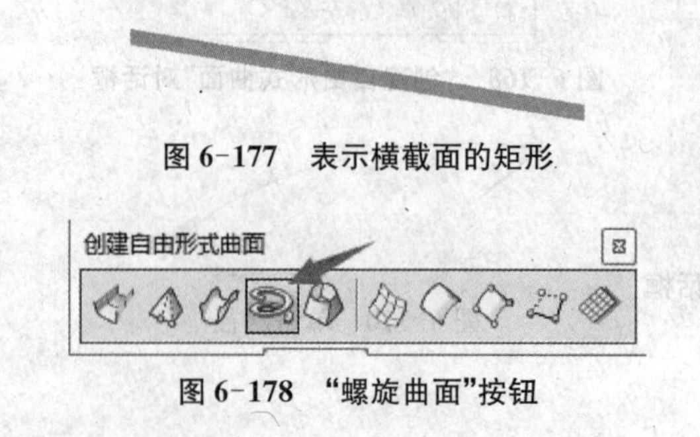

图 6-177　表示横截面的矩形

图 6-178　“螺旋曲面”按钮

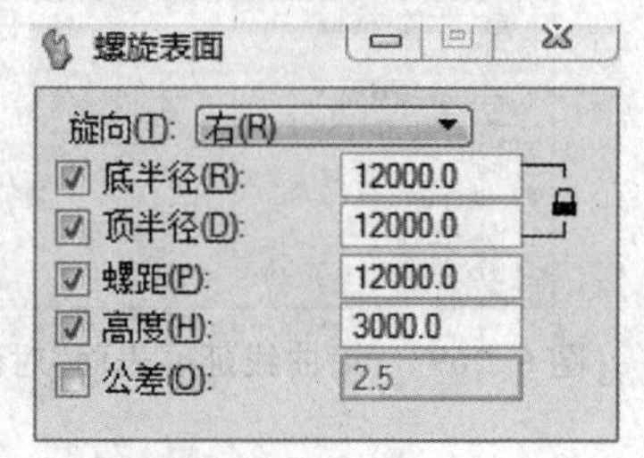

图 6-179　“螺旋表面”对话框

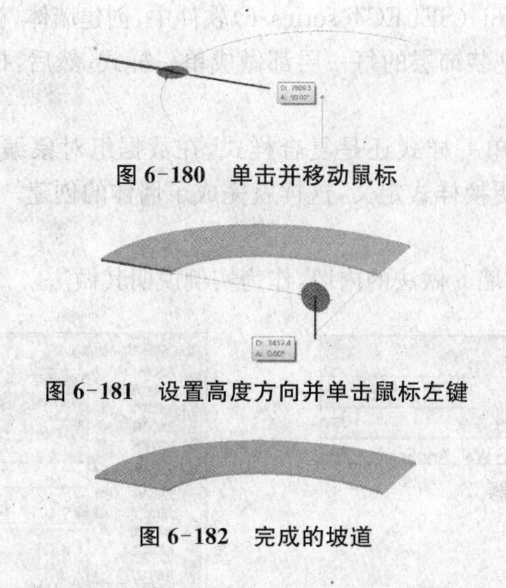

图 6-180 单击并移动鼠标

图 6-181 设置高度方向并单击鼠标左键

图 6-182 完成的坡道

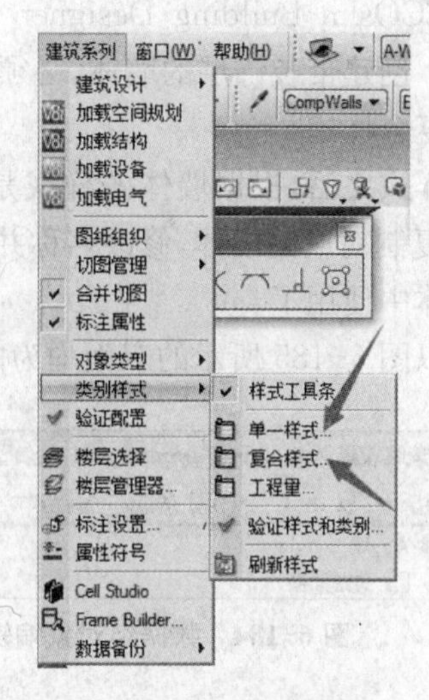

图 6-183 单一样式和复合样式

6.4 创建自定义墙体

在 AECOsim Building Designer V8i (SELECT series 6)软件中，墙体的外观是由样式决定的，如图 6-183 所示，墙体的样式分为单一样式和复合样式。

单一样式可以理解为没有装饰面层的墙体，复合样式可以理解为带有装饰层等墙体构造的完整墙体。

困扰 AECOsim Building Designer V8i (SELECT series 6)初学者的一个问题就是如何创建不同的墙体。特别是如何创建带装饰层的墙体，如表 6-3 所示。

表 6-3 建筑做法

名称	做法说明
混合砂浆抹面(砖墙)	1. 8 mm 厚 1：1：6 水泥石膏砂浆打底扫毛； 2. 7 mm 厚 1：0.3：2.5 水泥石灰膏砂浆找平扫毛； 3. 5 mm 厚 1：0.3：3 水泥石膏砂浆压实抹光； 4. 喷内墙涂料或刷油漆
混合砂浆抹面(混凝土墙)	1. 刷素水泥浆一道； 2. 8 mm 厚 1：1：6 水泥石膏砂浆打底扫毛； 2. 7 mm 厚 1：0.3：2.5 水泥石灰膏砂浆找平扫毛； 3. 5 mm 厚 1：0.3：3 水泥石膏砂浆压实抹光； 4. 喷内墙涂料或刷油漆
混合砂浆抹面(加气混凝土墙)	1. 刷混凝土界面处理剂一道； 2. 8 mm 厚 1：3 水泥石膏砂浆打底扫毛； 3. 8 mm 厚 1：1：6 水泥石灰膏砂浆扫毛； 4. 7 mm 厚 1：0.3：3 水泥石灰膏砂浆压实抹光； 5. 喷内墙涂料或刷油漆
水泥砂浆抹面(砖墙)	1. 7 mm 厚 1：3 水泥砂浆打底扫毛； 2. 7 mm 厚 1：3 水泥砂浆找平扫毛； 3. 6 mm 厚 1：2.5 水泥砂浆压实抹光； 4. 喷内墙涂料或刷油漆

在 AECOsim Building Designer V8i（SELECT series 6)软件中，创建墙体，就是创建类别样式。创建带装饰层的墙体，必须把装饰层的每一层都做成单一样式，然后，把单一样式组合为复合样式。

有了样式之后，根据墙体的样式是单一样式还是复合样式，在数据组对象编辑器(图6-184)中复制对应的墙体，修改名称并更换样式定义，这样就完成了墙体的创建。然后，就可以在墙体中使用了。

下面以图 6-185 所示的双面均为内墙 6 做法的内墙，作为实例说明其做法。

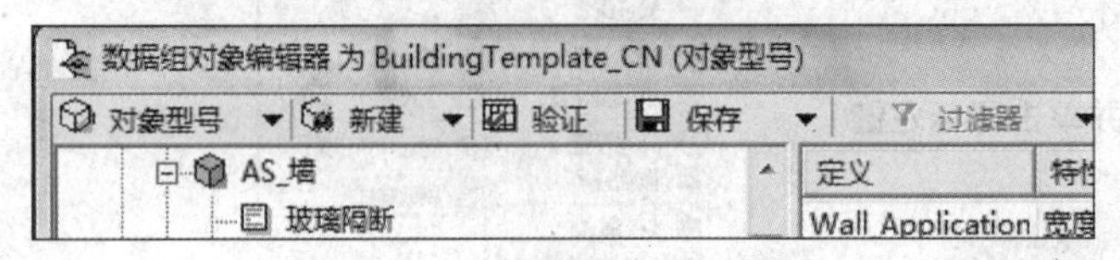

图 6-184　数据组对象编辑器

混合砂浆抹面(砖墙)

1. 8厚1:1:6水泥石膏砂浆打底扫毛
2. 7厚1:0.3:2.5水泥石灰膏砂浆找平扫毛
3. 5厚1:0.3:3水泥石膏浆压实抹光
4. 喷内墙涂料或刷油漆

图 6-185　内墙 6 做法

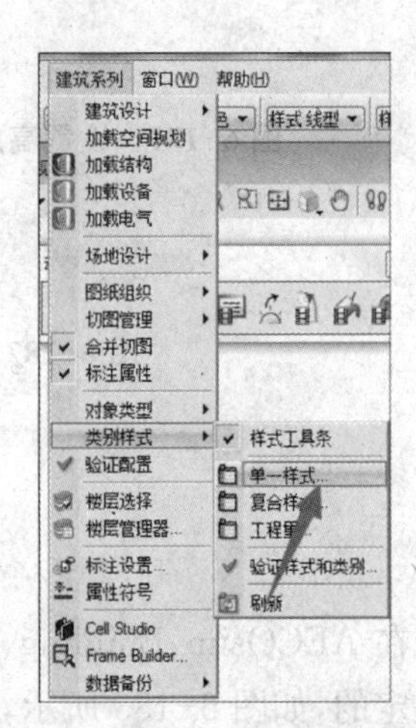

图 6-186　单一样式菜单

6.4.1　创建单一样式

为了创建这种类型的墙体，首先创建 1∶1∶6 水泥石膏砂浆，1∶0.3∶2.5 水泥石灰膏砂浆和 1∶0.3∶3 水泥石膏砂浆和涂料层四种不同的单一样式。

单击“建筑系列→类别样式→单一样式”，如图6-186 所示。

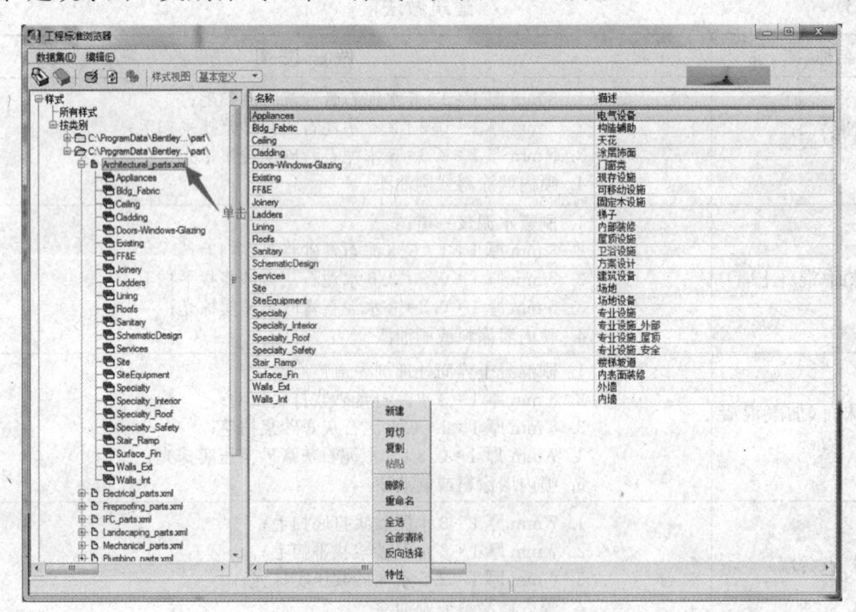

图 6-187　单击鼠标右键

在打开的“工程标准浏览器”窗口中，单击展开“样式→按类别→Architectural_parts. xml”，在右边的空白处单击鼠标右键(图 6-187)，在弹出的菜单上选择“新建”，弹出“新建类别”对话框如图 6-188 所示。

按图 6-188 所示填写“新建类别”对话框，然后，单击“确定”。此时，在左边树形菜单上会出现“L96J002”的分类，如图 6-189 所示。单击“L96J002”，在右侧的空白处单击鼠标右键，弹出的菜单如图 6-189 所示。

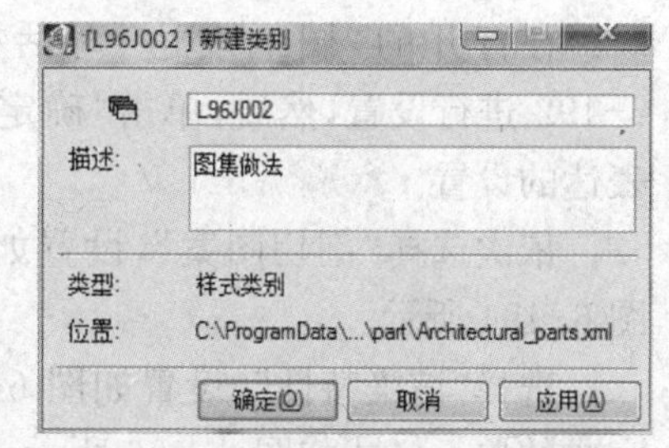

图 6-188 “新建类别”对话框

采用鼠标左键单击“新建”菜单项，弹出“新建样式”对话框，按图 6-190 进行设置，然后单击“确定”按钮。

此时，在“工程标准浏览器”中可以看到新建的样式“DiCeng”，如图 6-191 所示。在工具栏上的“样式视图”后的下拉列表中选择“图纸表达”等内容，并在右侧的空白处单击，在弹出的菜单上选择“属性”，如图 6-191 所示。

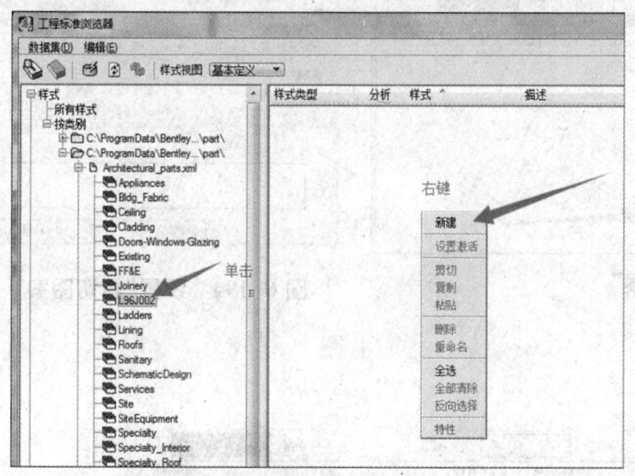

图 6-189 “L96J002”的分类

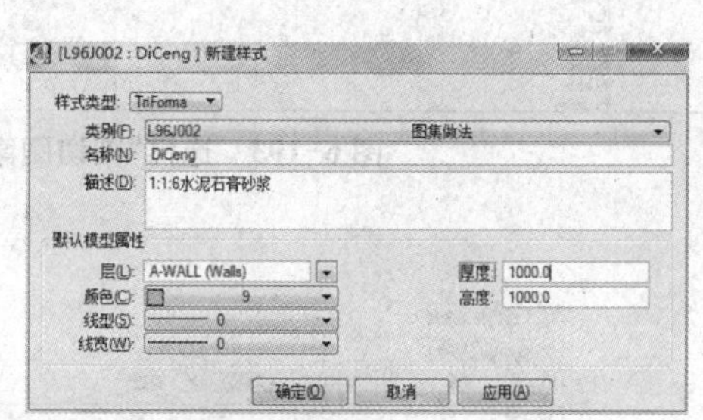

图 6-190 “新建样式”对话框

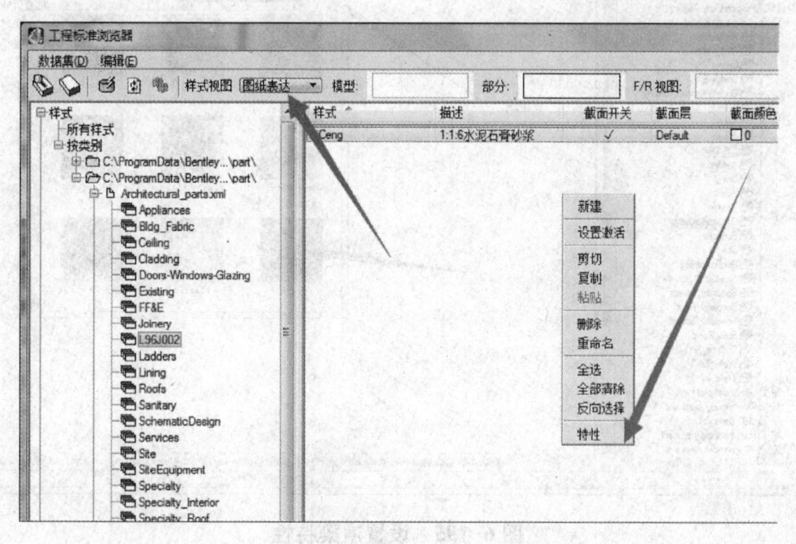

图 6-191 工程标准浏览器

在打开的“图纸表达”对话框中，按图6-192进行设置，然后，单击“确定”完成图纸表达的设置。

依次选择“剖切图案”，设置如图6-193、图6-194所示。

选择“渲染特性”，设置如图6-195所示。完成的单一样式如图6-196所示。

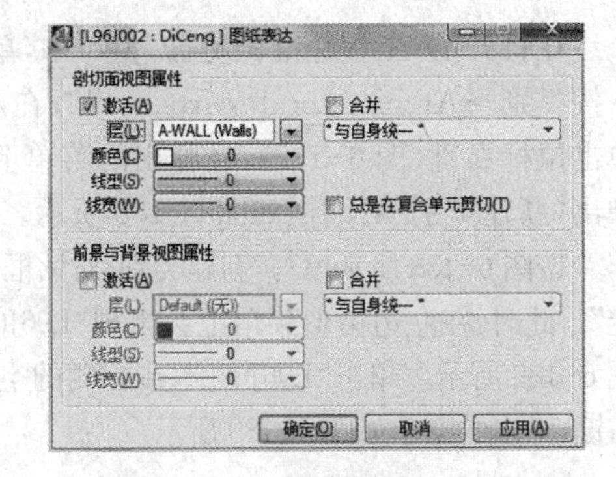

图6-192 “图纸表达”对话框

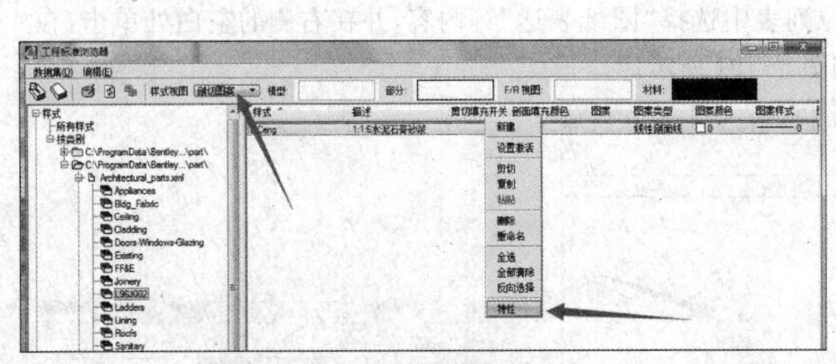

图6-193 选择“剖切图案”

图6-194 设置“剖切图案”

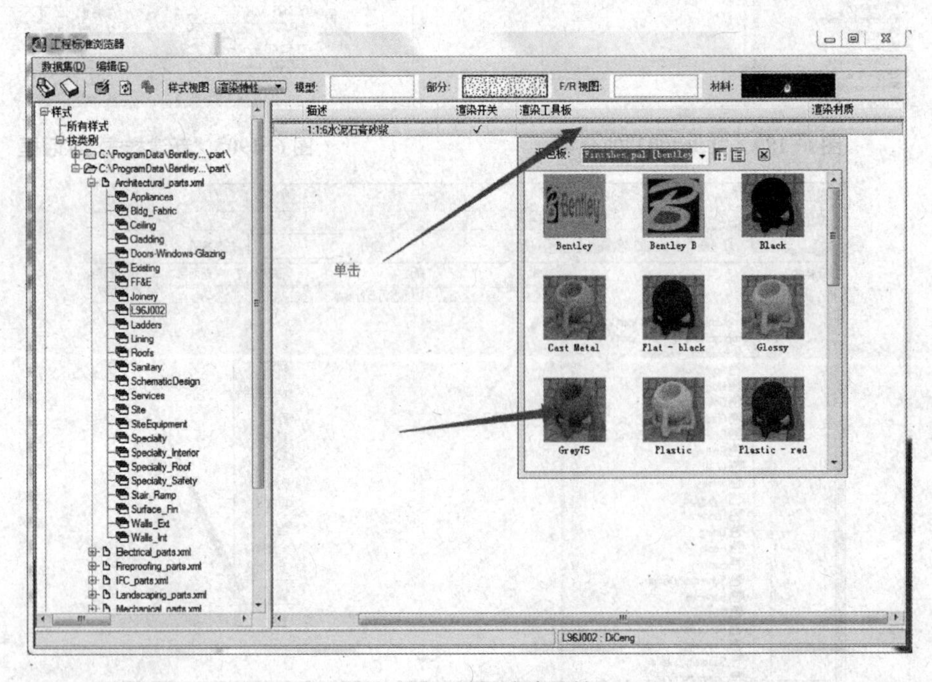

图6-195 设置渲染特性

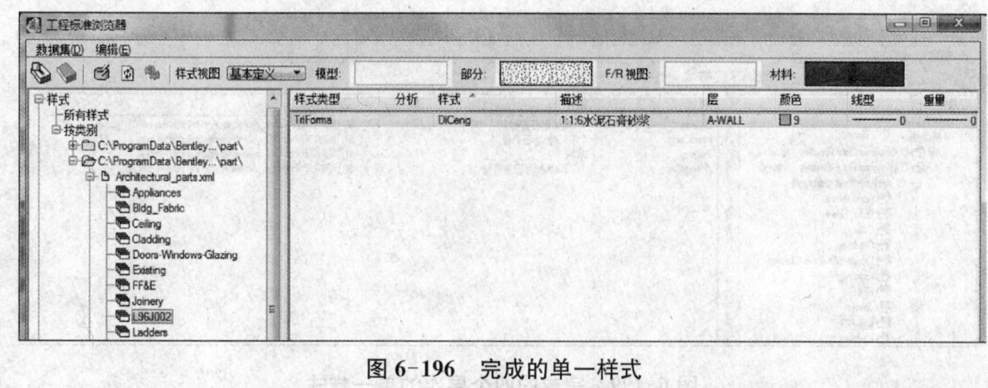

图 6-196 完成的单一样式

其他层次的单一样式，可以通过右键菜单的复制、粘贴、修改特性进行创建，过程如图 6-197 所示。设置单一样式也是通过右键菜单完成，如图 6-198 所示。

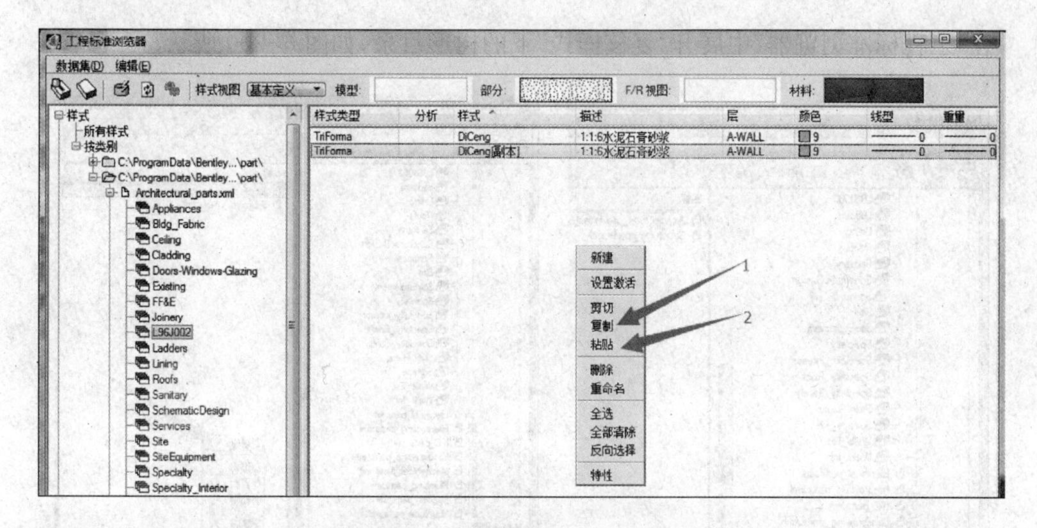

图 6-197 复制、粘贴一个单一样式

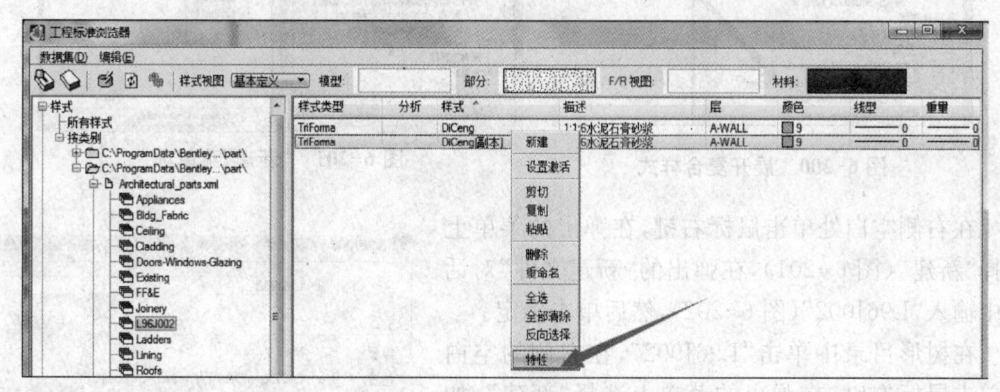

图 6-198 设置单一样式

完成后的四个层次的单一样式如图 6-199 所示。

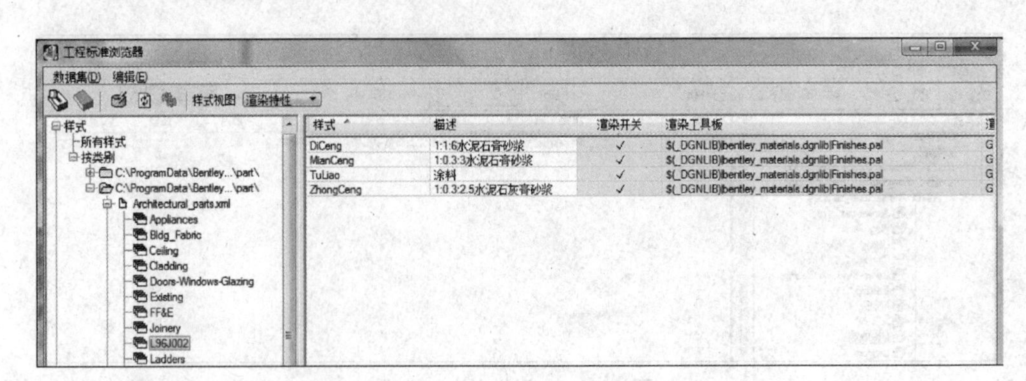

图 6-199 完成的四个层次的单一样式

6.4.2 创建复合类别样式

在“工程标准浏览器”中展开“复核样式”下的树形目录，如图 6-200 所示。

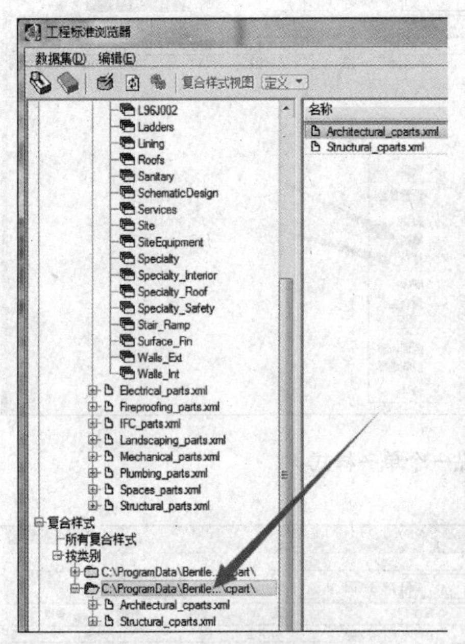

图 6-200 展开复合样式

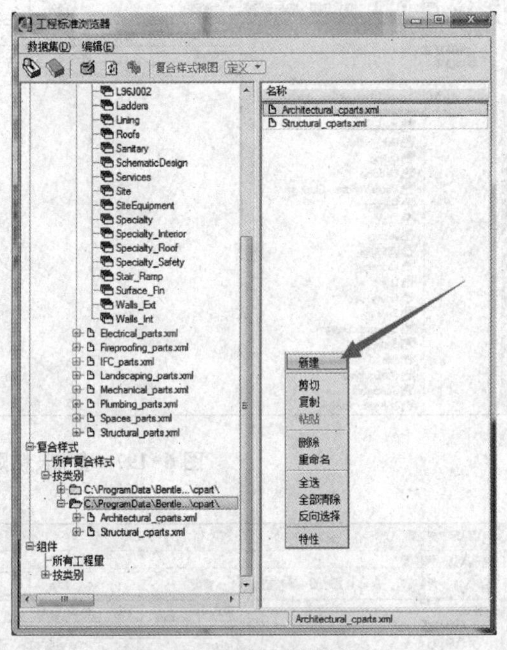

图 6-201 “新建”菜单项

在右侧空白处单击鼠标右键，在弹出的菜单上选择“新建”(图 6-201)，在弹出的“新建文件”对话框中输入“L96J002”(图 6-202)，然后单击确定。

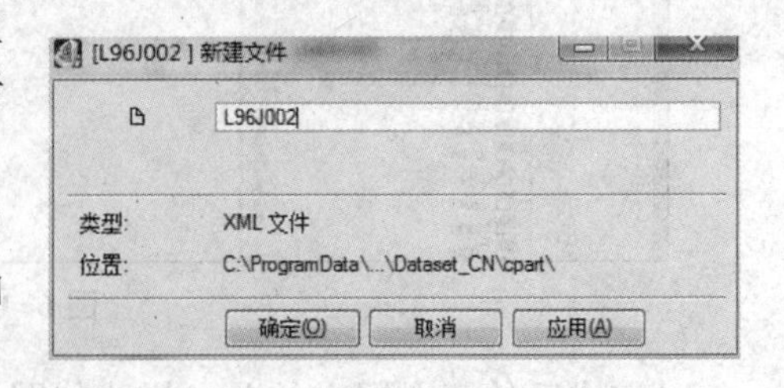

图 6-202 “新建文件”对话框

在树形目录中单击“L96J002”，在右侧的空白处单击鼠标右键，在弹出的菜单上选择“新建”，如图 6-203 所示。

在弹出的“新建类别”对话框中按图 6-204 输入，然后，单击确定。在“工程标准浏览器”中展开

“L96J002”单击“Inte-Wall-6-double”，然后，在右侧空白处单击鼠标右键，在弹出的菜单上选择“新建”，如图 6-205 所示。

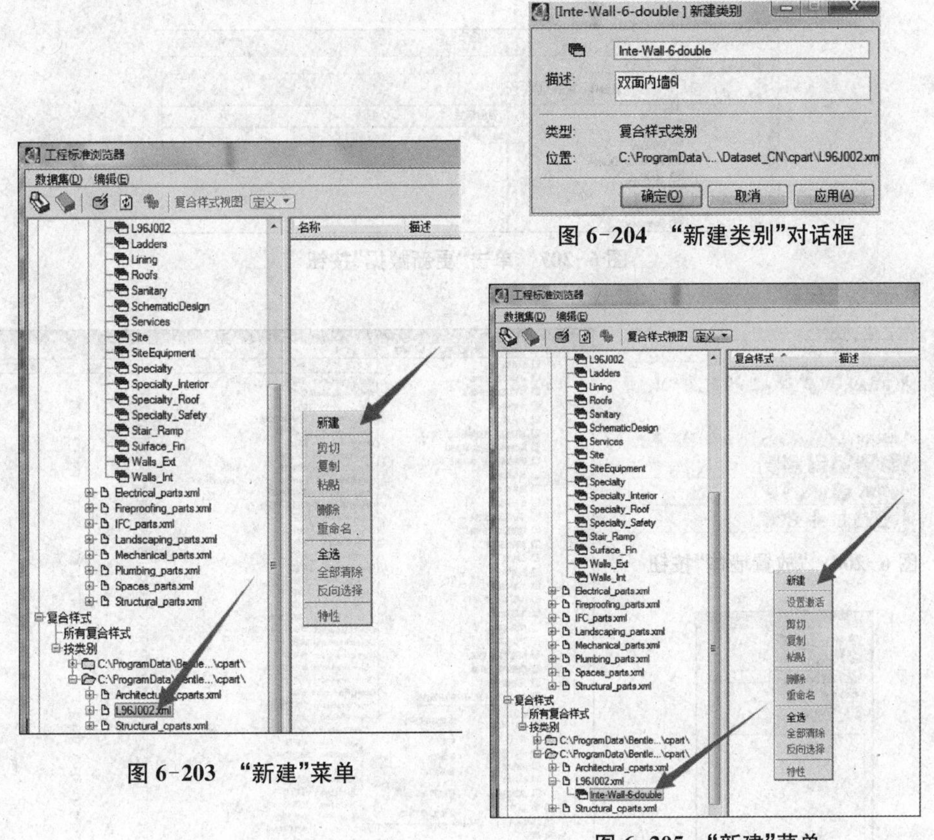

图 6-204 “新建类别”对话框

图 6-203 “新建”菜单

图 6-205 “新建”菜单

在弹出的“定义”对话框中，按如图 6-206 所示进行设置，单层构造都是通过“插入”按钮完成。每次单击“插入”后，需要设置类别、样式、优先权等项目，输入完成，单击“确定”按钮。

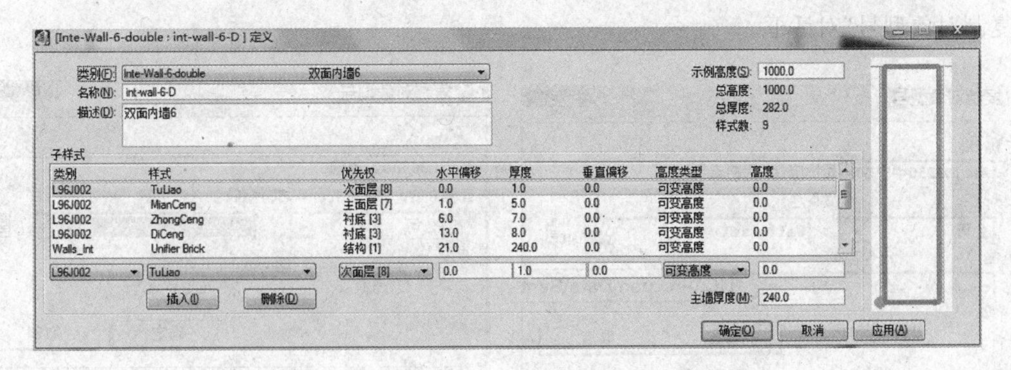

类别	样式	优先权	水平偏移	厚度	垂直偏移	高度类型	高度
L96J002	TuLiao	次面层 [8]	0.0	1.0	0.0	可变高度	0.0
L96J002	MianCeng	主面层 [7]	1.0	5.0	0.0	可变高度	0.0
L96J002	ZhongCeng	衬底 [3]	6.0	7.0	0.0	可变高度	0.0
L96J002	DiCeng	衬底 [3]	13.0	8.0	0.0	可变高度	0.0
Walls_Int	Unifier Brick	结构 [1]	21.0	240.0	0.0	可变高度	0.0

图 6-206 插入单层构造

输入完成后，单击“更新数据”按钮，如图 6-207 所示。之后，关闭“工程标准浏览器”。

在任务栏上单击“墙”按钮，如图 6-208 所示。在打开的“放置墙体”对话框上单击“编辑对象型号”按钮，如图 6-209 所示。之后，系统弹出“数据组对象编辑器”。在“数据组对

象编辑器”中的左侧树形目录上任意一个墙体上单击鼠标右键，在弹出的菜单上选择“复制”，如图 6-210 所示。此时，系统弹出“复制对象型号”对话框，如图 6-211 所示。

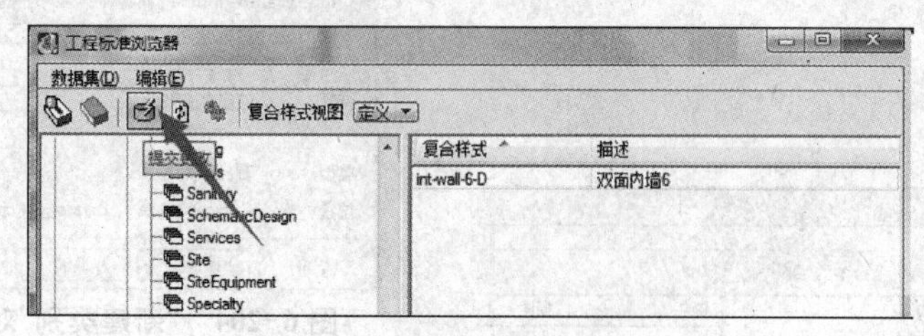

图 6-207　单击“更新数据”按钮

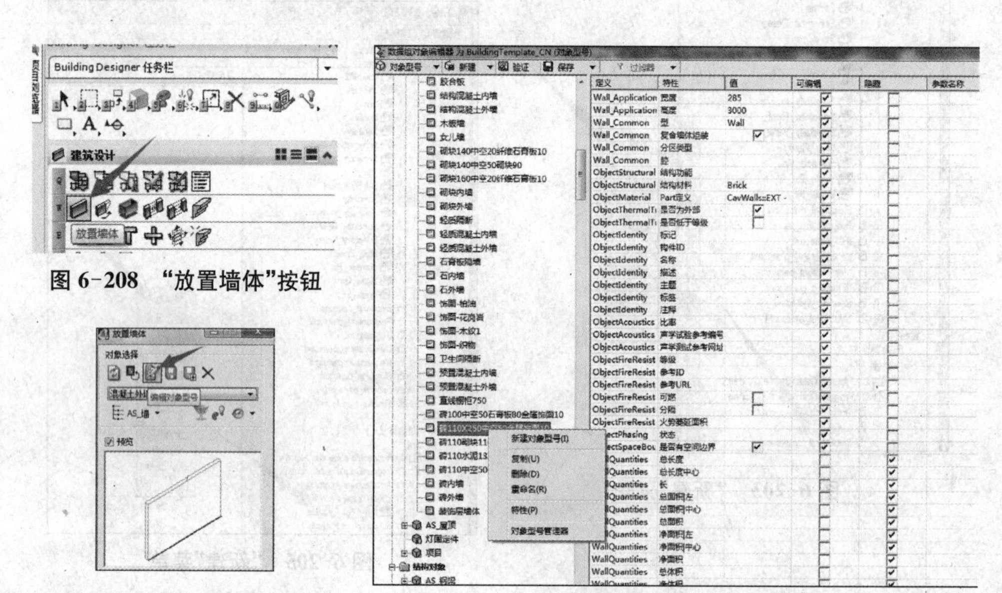

图 6-208　“放置墙体”按钮

图 6-209　“编辑对象型号”按钮

图 6-210　复制对象型号

在“复制对象型号”对话框中，按图 6-212 所示进行输入，然后单击“确定”按钮，关闭“复制对象型号”对话框。

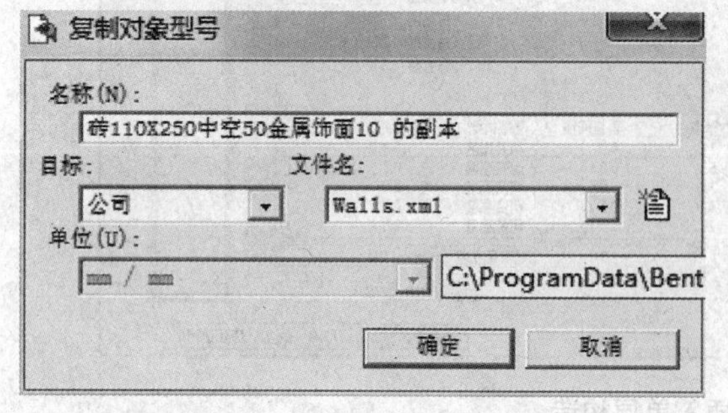

图 6-211　“复制对象型号”对话框

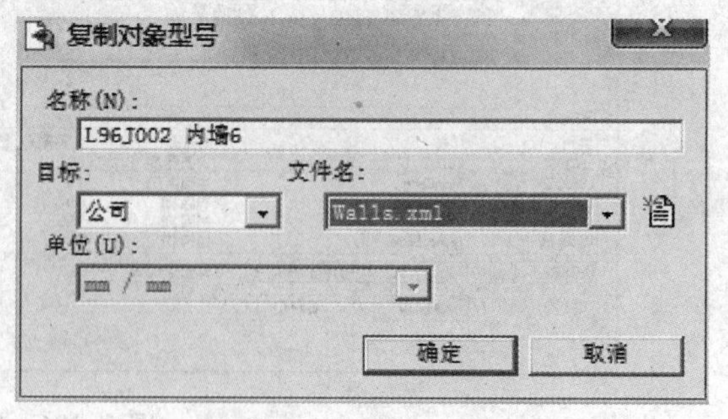

图 6-212　输入墙体型号

在“数据组对象编辑器”中的 Part 定义后面的“值”列中双击鼠标，如图 6-213 所示弹出“样式和类别选择器”。

在样式和类别选择器中，按图 6-214 进行输入，然后单击“确定”按钮。在“墙类型”后，

选择“内墙及分割”，如图 6-215 所示。

在“数据组对象编辑器”中的工具栏上单击“保存”按钮，如图 6-216 所示。

关闭“数据组对象编辑器”，返回到“放置墙体”面板，单击“刷新”按钮，如图 6-217 所示。然后，在下拉列表中选择“L96J002 内墙 6”，如图 6-218 所示。这样就可以开始正常的建模操作了。完成的墙体局部如图 6-219 所示，可以明确看到墙体结构。

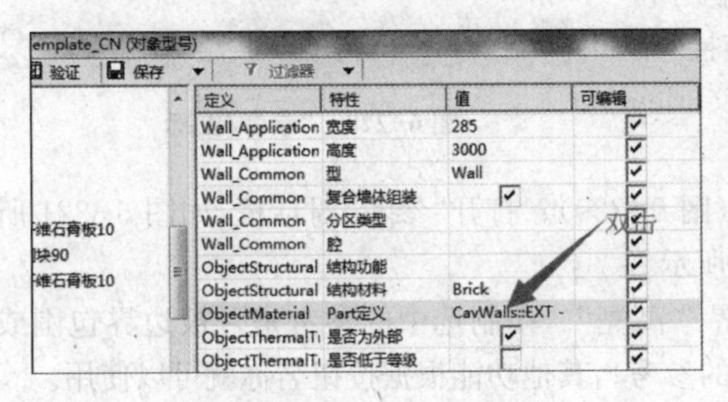

图 6-213 样式和类别选择器

图 6-214 样式和类别选择器

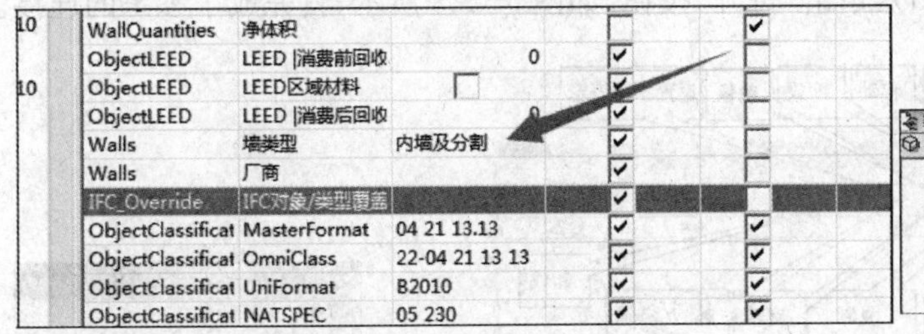

图 6-215 设置“墙类型”

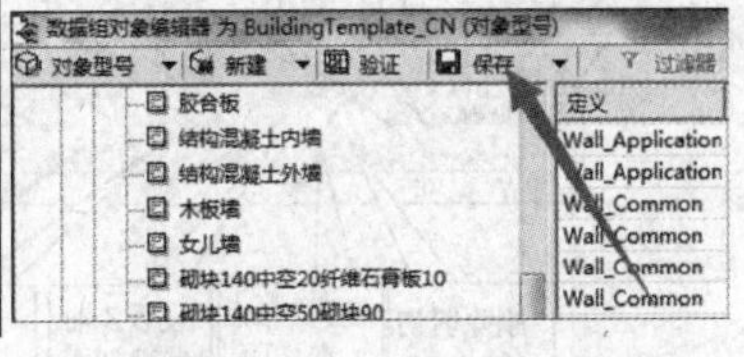

图 6-216 “保存”按钮

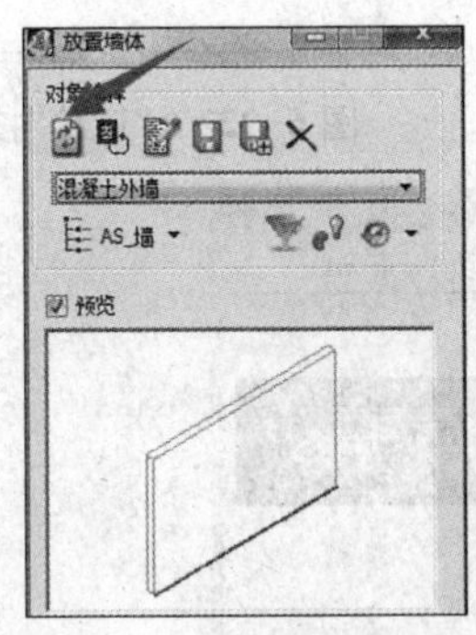

图 6-217 “刷新”按钮

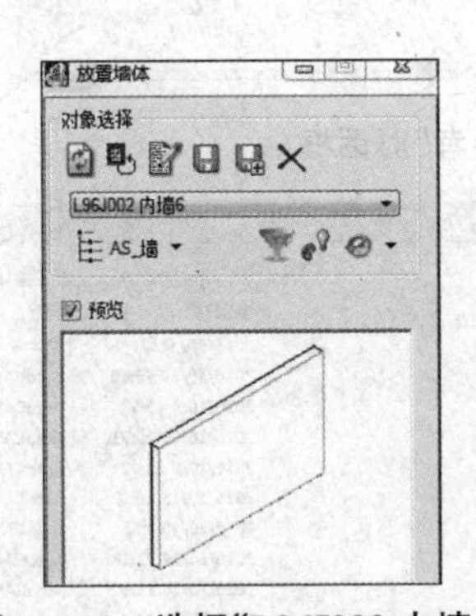

图 6-218 选择“L96J002 内墙 6”

图 6-219 完成墙体局部

6.5 创建给排水系统

创建给排水系统需要启动 Mechanical Building Designer V8i (SELECT series 6)，桌面图标是▇。尽管也可以从其他专业启动给排水系统，但是因为启动环境的原因，不建议这么做。

6.5.1 给排水系统设置

在创建给排水模型前一般需要进行某些设置，包括参考建筑、结构模型或者 DWG 图纸，设置参考文件显示和优选项设置等。

1. 参考建筑、结构模型和 DWG 文件

在 Bentley 系列软件中，“参考”的作用和 AutoCAD 中的“参照”，或者 Revit 中的“链接”非常相似。被参考的文件类似底图，但是 Bentley 系列软件提供了比底图更强大的功能。

图 6-220 “参考”图标

单击“基本工具”工具栏的“参考”图标(图 6-220)。打开“参考”对话框，如图 6-221 所示。参考对话框的各功能按钮如图 6-221 所示。

高亮模式——共有三个选项“无”“边界”“高亮”。控制选中的参考是否被边界包围或者高亮显示。参考列表显示所有已经存在的参考。其他功能根据按钮名称就可以使用。

单击“连接”按钮，如图 6-222 所示，在弹出的“连接参考”对话框中选择要连接的 CAD 文件(*.dgn, *.dwg, *.dxf)，单击“打开”按钮，如图 6-223 所示，就完成了参考的连接。

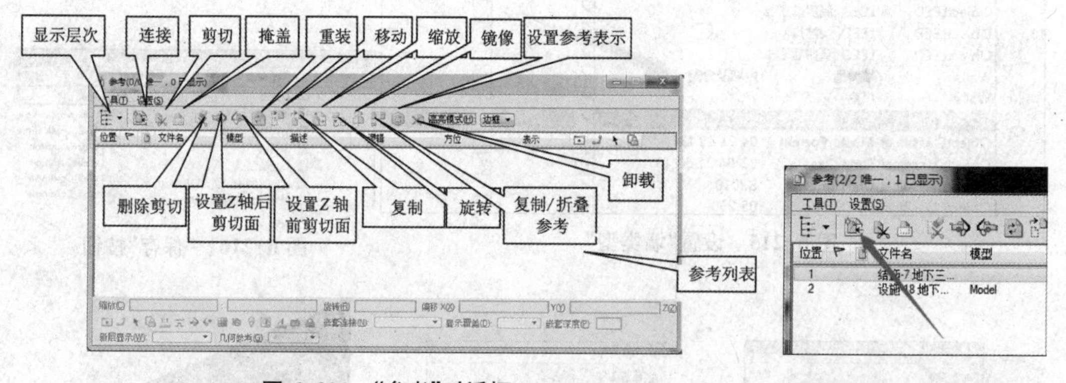

图 6-221 “参考”对话框　　图 6-222 “连接”按钮

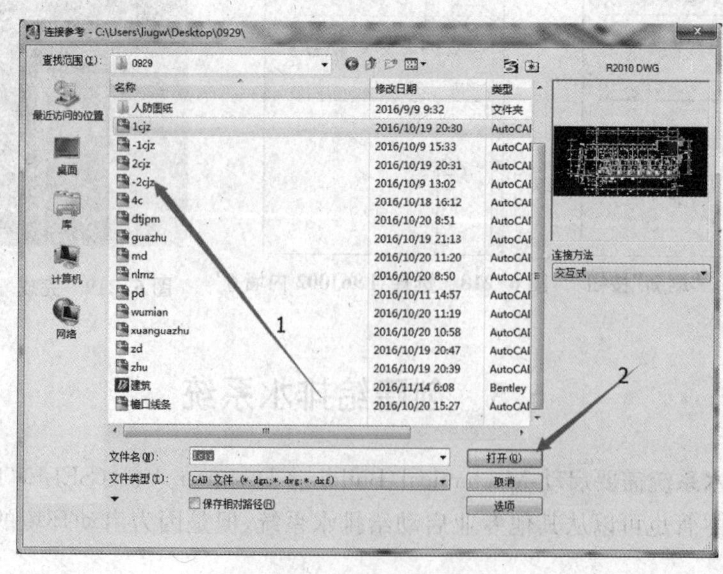

图 6-223 “连接参考”对话框

2. 设置参考文件显示

单击“设置参考表示”按钮(图 6-224),在弹出的“参考表示”对话框中设置参考的显示样式如图 6-225 所示,一般情况下 CAD 图纸以“线框”显示。

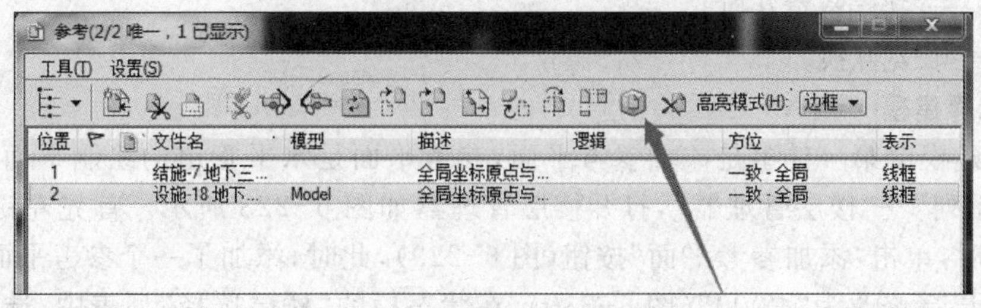

图 6-224 “设置参考表示”按钮

3. 优选项设置

建模开始前还需要进行“优选项”设置。单击菜单“工作空间”→“优选项”(图 6-226)。在“优选项”对话框中,可以设置给排水建模的一些辅助功能,例如显示哪些提示等。按图 6-227 所示进行勾选,以方便建模。

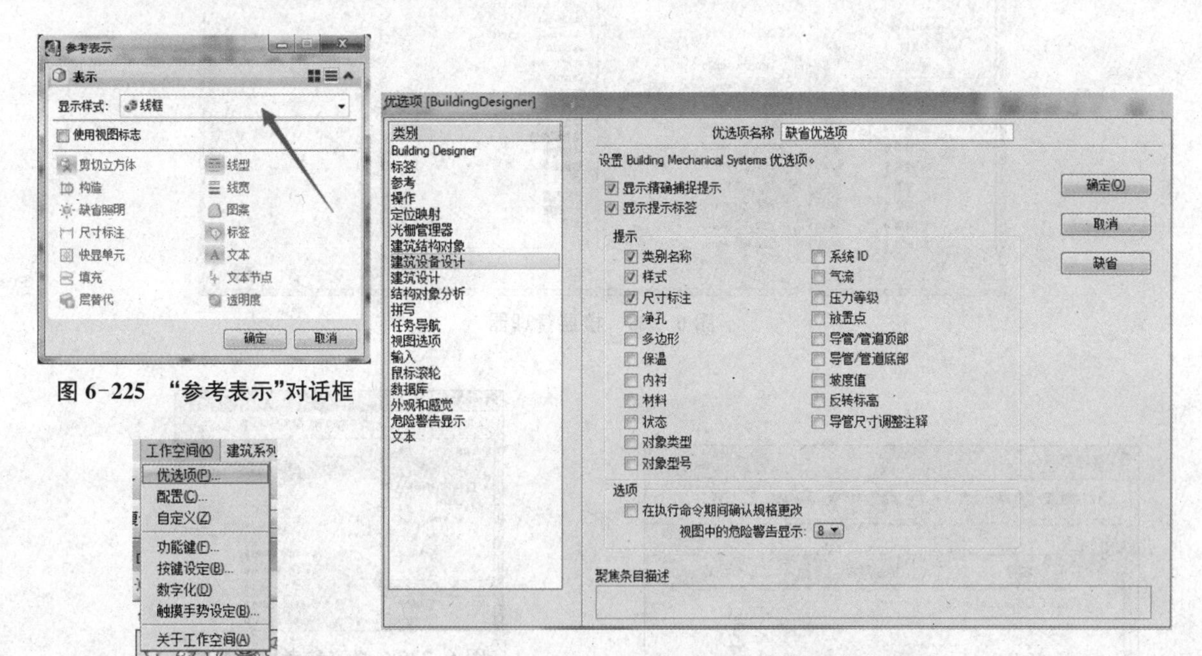

图 6-225 “参考表示”对话框

图 6-226 “优选项”菜单

图 6-227 “优选项”对话框

6.5.2 水管建模

1. 精确绘图快捷键

在 AECOsim Building Designer(Ss6)的管道建模中,快捷键是非常重要的功能,使用快捷键可以快速地完成一些复杂功能。因此,这些快捷键需要背下来。这些快捷键如下:

RI——插入管件,建立端点连接。

RS——重新适应调整后的构件。

RR——旋转管道接口。

RT——沿精确绘图的 X 轴向左旋转 90°。

RW——沿精确绘图的 X 轴向右旋转 90°。

RD——连接端长宽互换。

RF——长宽互换。

2. 水管建模

水管建模的第一件事是添加参考平面，参考平面是水平管道的绘制平面。单击菜单“建筑系列”→“楼层管理器”，打开楼层管理器如图 6-228 所示。首先左键单击“楼层 1”，然后，单击“添加参考平面”按钮（图 6-229），此时，添加了一个参考平面图，把参考平面的层高修改为“4 000”（图 6-230），在状态栏的“楼层选择”列表中，选择参考平面（图 6-231），这样，后面绘制的管道都将绘制在 4 000 mm 标高上。

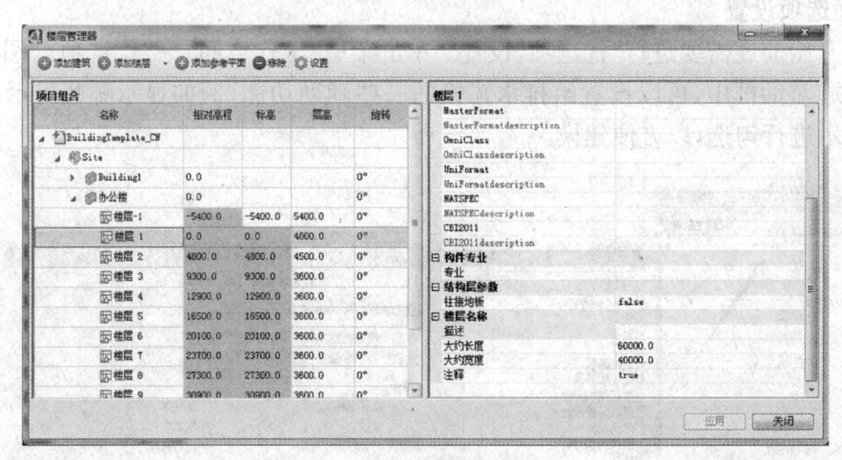

图 6-228　楼层管理器

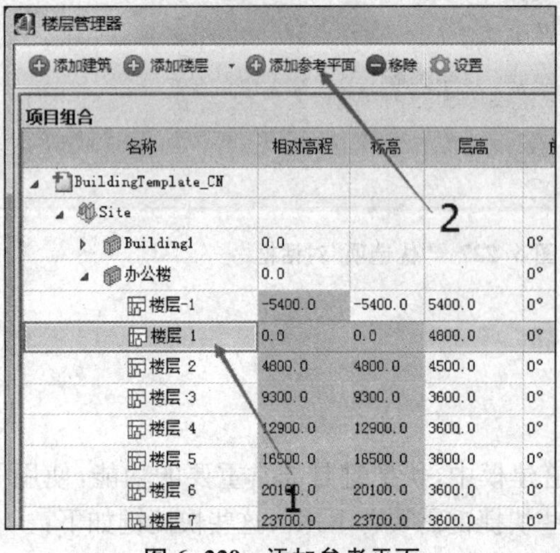

图 6-229　添加参考平面

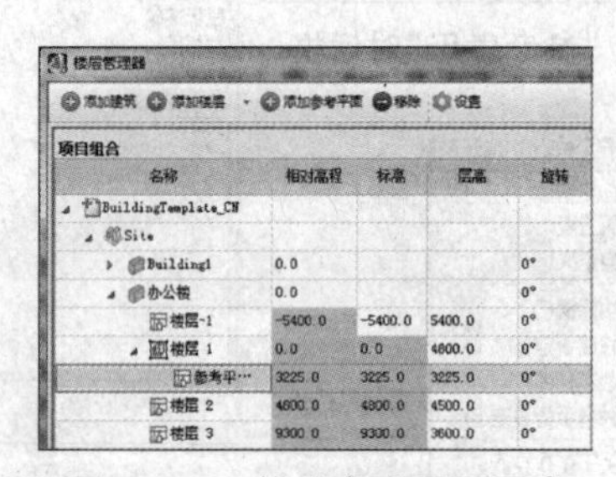

图 6-230　修改参考平面层高

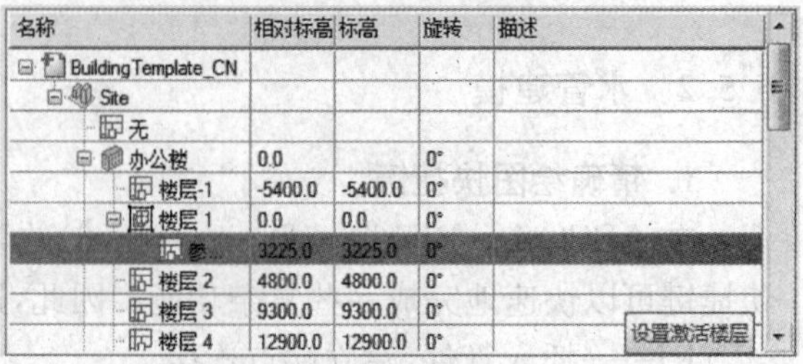

图 6-231　激活参考平面

单击任务栏的“水管设计”下的“放置水管”按钮(图 6-232)。此时,激活类别和激活样式会发生变化(图 6-233)。类别是绘制的管道的系统,样式是绘制的管道的外观。绘制管道前应设置好这两个选项。同时,会出现“放置组件”对话框(图 6-234)和“对象属性”对话框(图 6-235)。

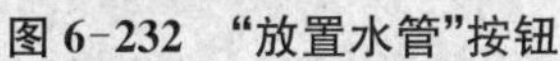

图 6-232 “放置水管”按钮

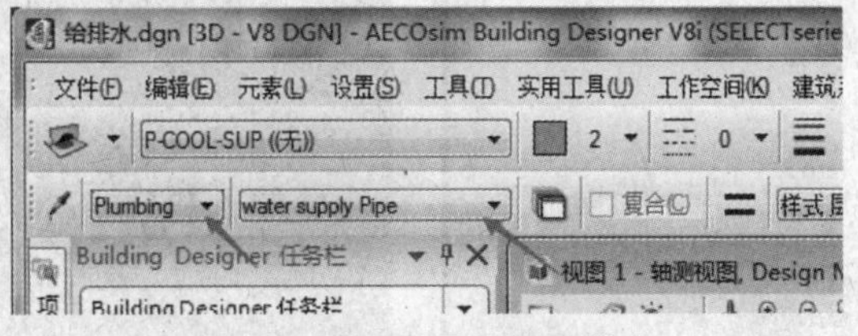

图 6-233 设置系统和样式

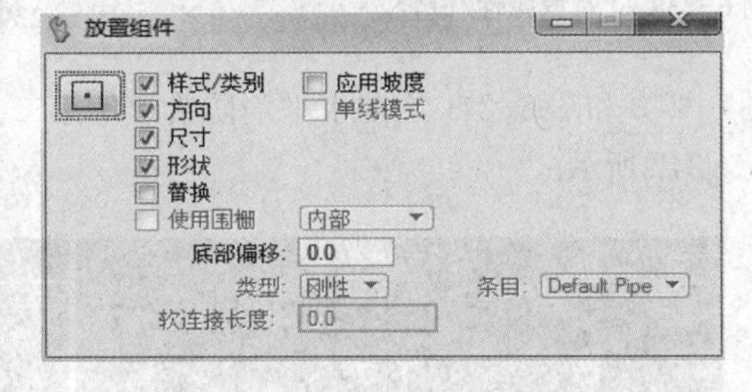

图 6-234 “放置组件”对话框

绘制的水管如图 6-236 所示,一根是消防水管,直径为 100 mm,另外一根是生活给水管,直径为 32 mm。

(1) 绘制消防水管,对激活类别和激活样式按图 6-237 所示进行设置。在“对象属性”对话框中,设置管径如图 6-238 所示。然后,在顶视图消防管道端点位置单击鼠标,开始绘制如图 6-239 所示。

图 6-235 “对象属性”对话框

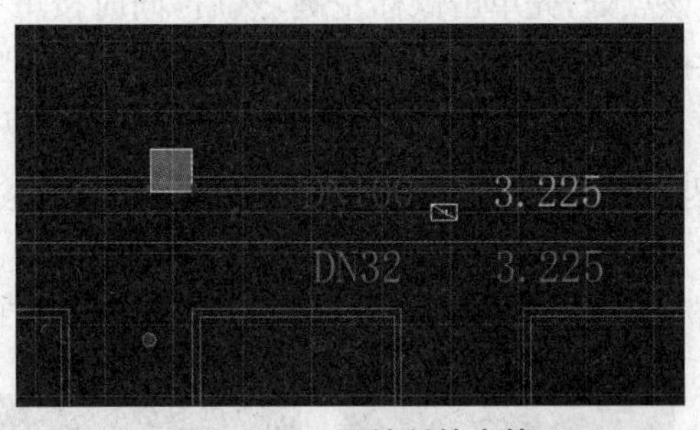

图 6-236 要绘制的水管

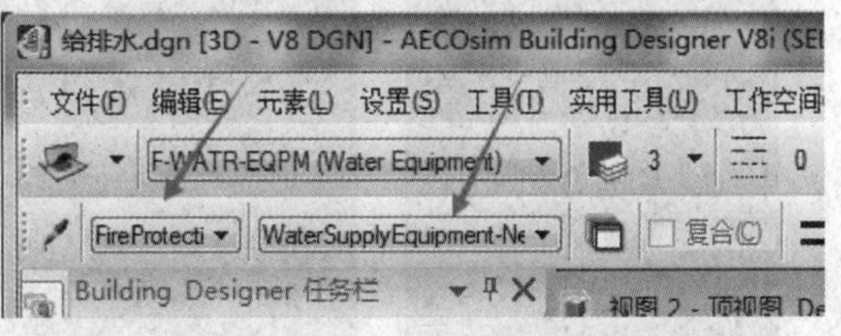

图 6-237 激活类别和激活样式

图 6-238 “对象属性”设置

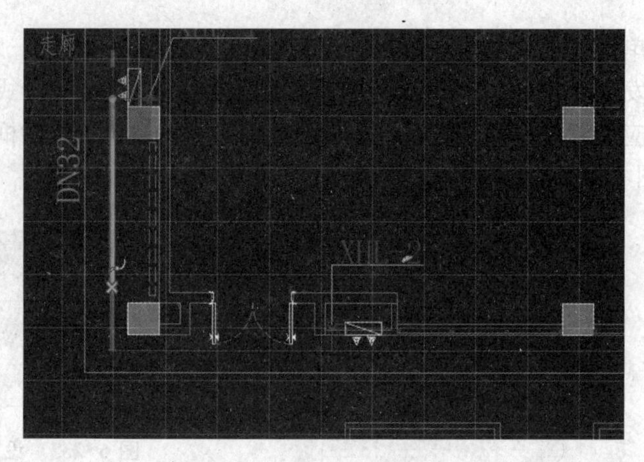

图 6-239 单击开始绘制

按图 6-240 和图 6-241 绘制水平消防管道的第二点和第三点。第四点位于消防立管处，如图 6-242 所示。

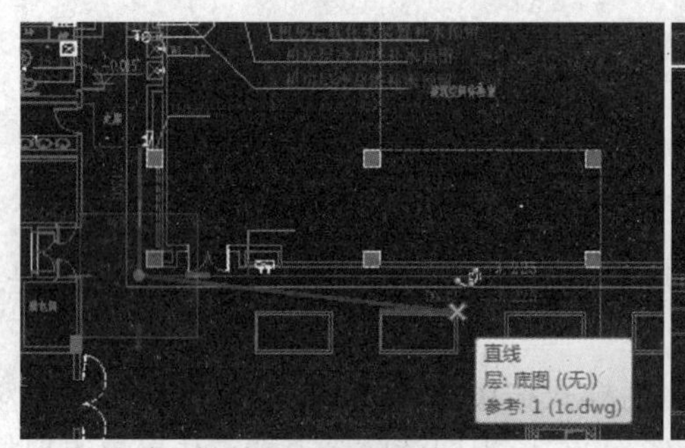

图 6-240 绘制第二点

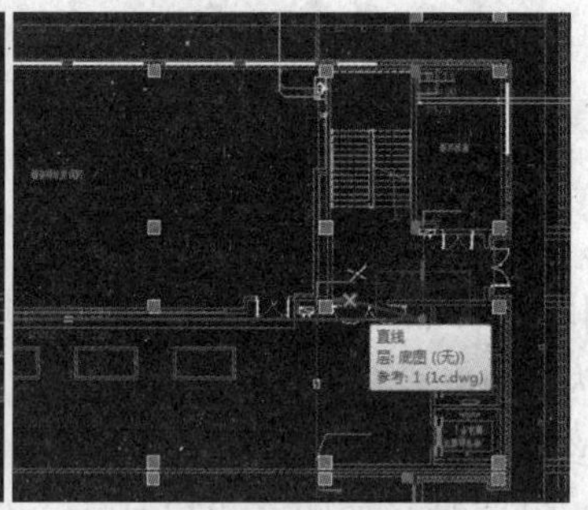

图 6-241 绘制第三点

在该点处，先单击鼠标左键，然后，同时按下“Shift”和鼠标滚轮旋转视图，如图 6-243 所示。接着，按键盘上的“S”键，将精确绘图坐标竖起(图 6-244)，此时，鼠标仍然仅在平面内移动，在窗口上部找到“图标锁”，单击中间的两个锁，使其处于打开状态(图 6-245)，此时，就可以竖向移动鼠标，按回车键锁定坐标轴，让光标仅在竖向移动(图 6-246)，再输入“20000”，之后，单击鼠标左键，完成立管建模。

完成的立管如图 6-247 所示。插图显示的消防管道如图 6-248 所示。

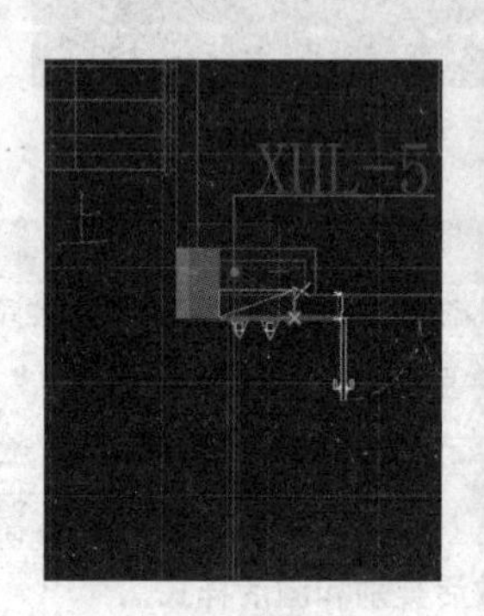

图 6-242 立管部位

图 6-243 旋转视图

图 6-244 键入“S”

图 6-245 打开图标锁

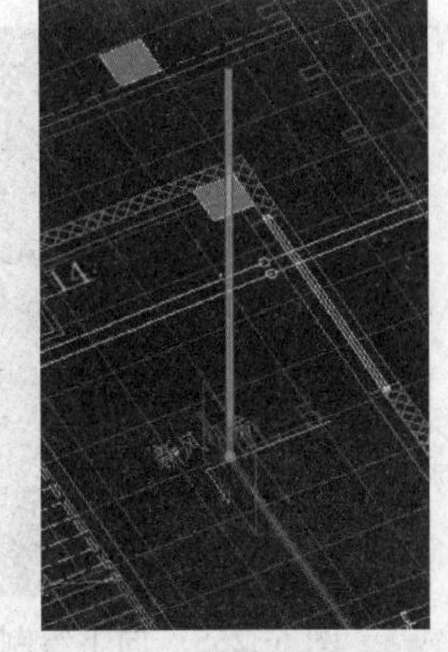

图 6-246 回车键锁定坐标轴

图 6-247 完成绘制

(2) 绘制生活给水管。单击任务栏图标“放置管道”按钮(图 6-249)。设置激活类别为“Plumbing”,激活样式为“water supply pipe”(图 6-250)。在“对象属性”对话框中设置管道直径为 32,如图 6-251 所示。

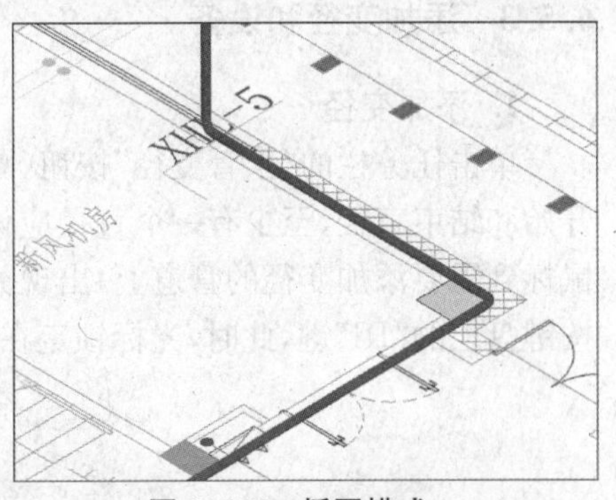

图 6-248 插图模式

沿着底图的绿色线从左至右绘制,绘制终点如图 6-252 所示。然后,同时按下“Shift”和鼠标滚轮旋转视图,如图 6-253 所示。接着,按键盘上的“S”键,将精确绘图坐标竖起,按回车键锁定坐标轴,让光标仅在竖向移动,如图 6-254 所示,再输入“2325”,然后,单击鼠标左键,完成立管建模,如图 6-255 所示。

图 6-249 “放置管道”按钮

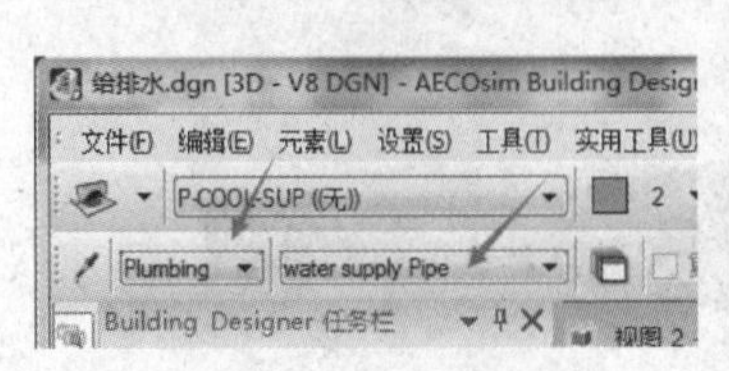

图 6-250 激活样式设置

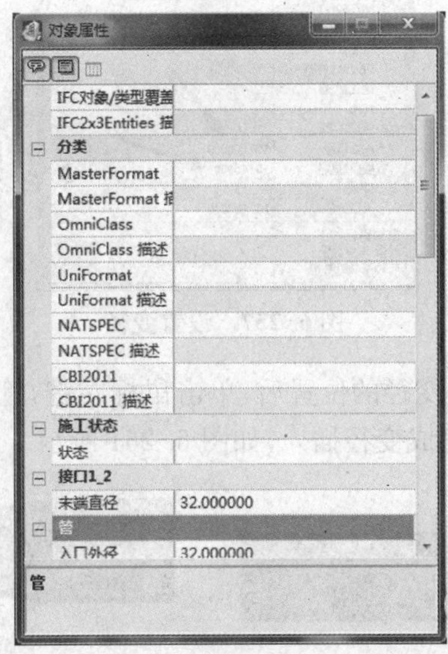

图 6-251 “对象属性”设置

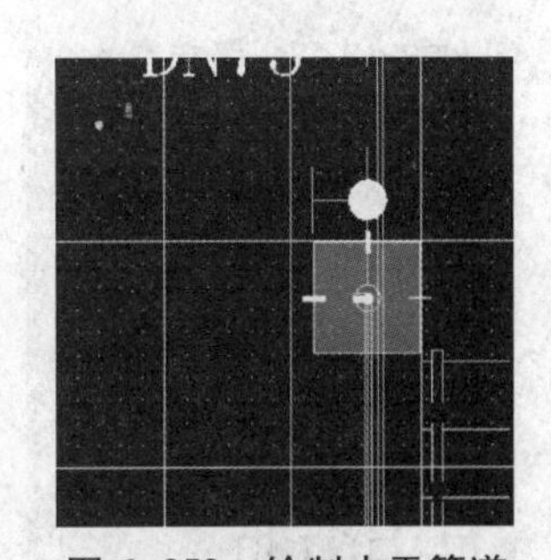

图 6-252 绘制水平管道

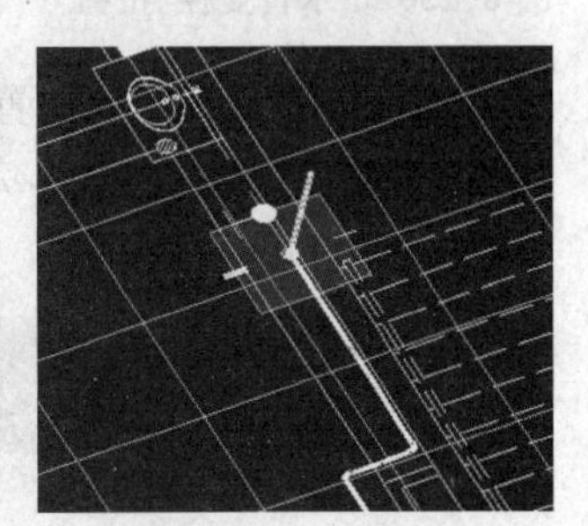

图 6-253 旋转视图

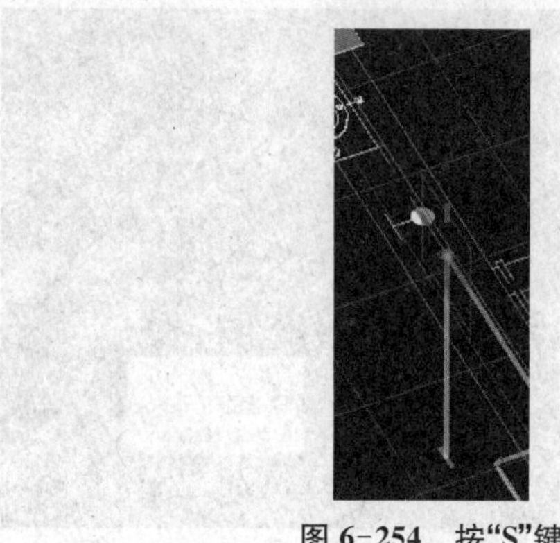

图 6-254　按“S”键

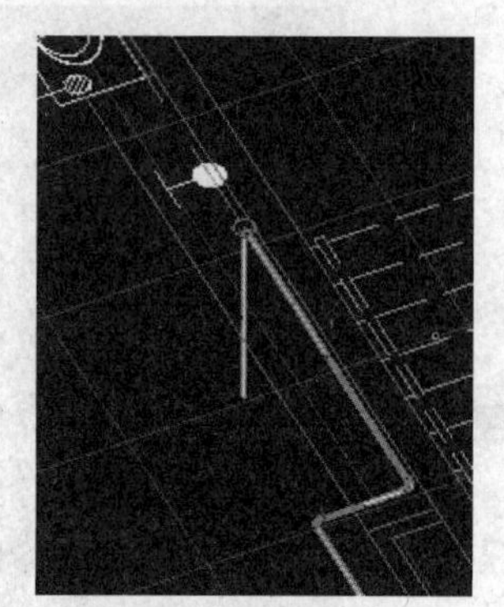

图 6-255　向下绘制管道

6.5.3　添加变径和设备

1. 添加变径

单击任务栏的“水管变径”按钮(图 6-256)，在弹出的“对象属性”对话框中设置变径的开始和结束直径，至少有一个直径应该和已经绘制好的管道一致，如图 6-257 所示。移动鼠标到需要添加变径的管道上，出现关键点捕捉符号后(图 6-258)，在英文输入法状态下，按键盘上的“RI”键，此时，光标锁定在管道的轴线上移动，如图 6-259 所示。

图 6-256　“水管变径”按钮

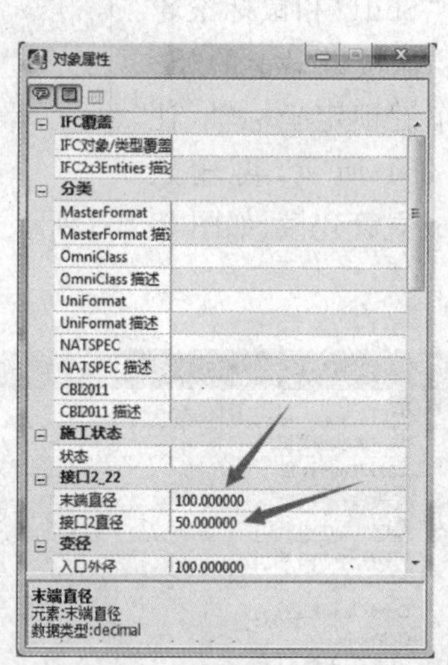

图 6-257　设置变径

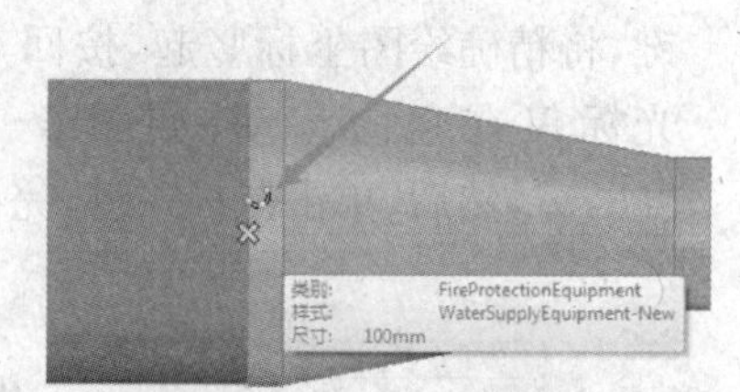

图 6-258　移动变径

图 6-259　移动鼠标

当鼠标移动到需要放置变径的位置后，单击鼠标左键，管件变成了洋红色(图 6-260)，然后，按键盘快捷键“RS”，完成变径插入，如图 6-261 所示。

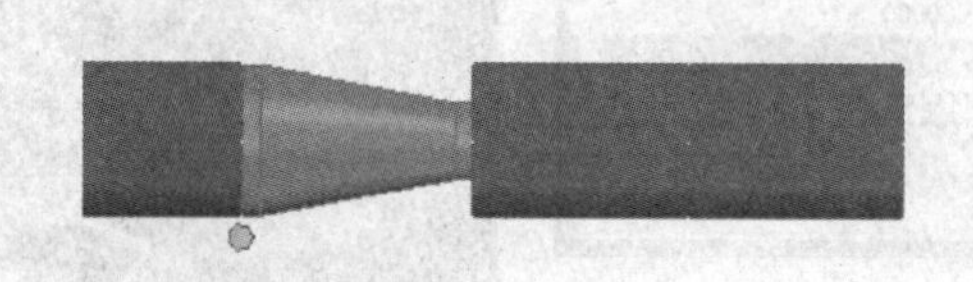

图 6-260　单击鼠标确定位置

图 6-261　按“RS”键

AECOsim Building Designer(Ss6)内置了多种变径的形式，可以修改变径的样式。更改变径对齐方式：单击变径图标后，在"对象属性"对话框中用鼠标右键单击"偏移选择"。如图 6-262 所示。

在弹出的菜单上，单击左键，单击"偏移选项"(图 6-263)，在弹出的"快速偏移"对话框中，常规(1)后，选择对称，则修改后的变径如图 6-264 所示。其他选项，读者可以自己试验组合。

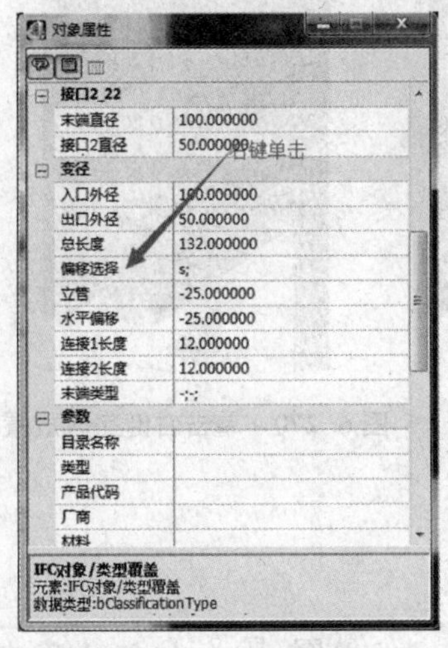

图 6-262 右键单击

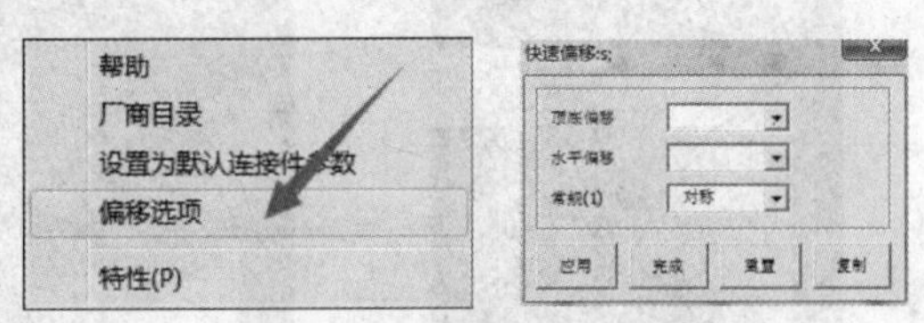

图 6-263 "偏移选项"→"快速偏移"

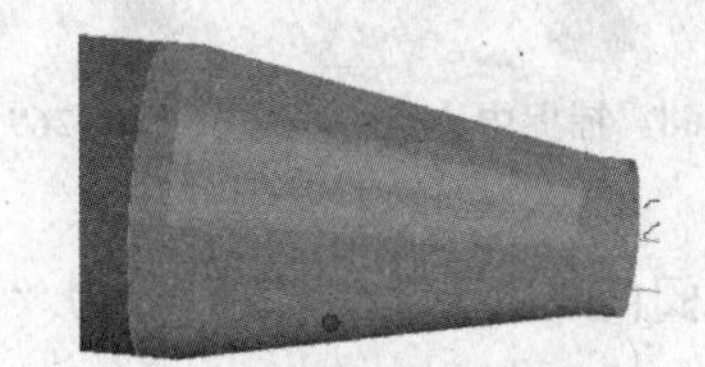

图 6-264 修改后的变径

2. 添加设备

首先，绘制好消火栓的进水管(图 6-265)，安装的消防栓的尺寸是 800 mm×650 mm×240 mm，左侧进水，单击"消防设计"中的 Q2 图标"消火栓"按钮(图 6-266)，在"对象属性"栏中进行设置，如图 6-267 所示。

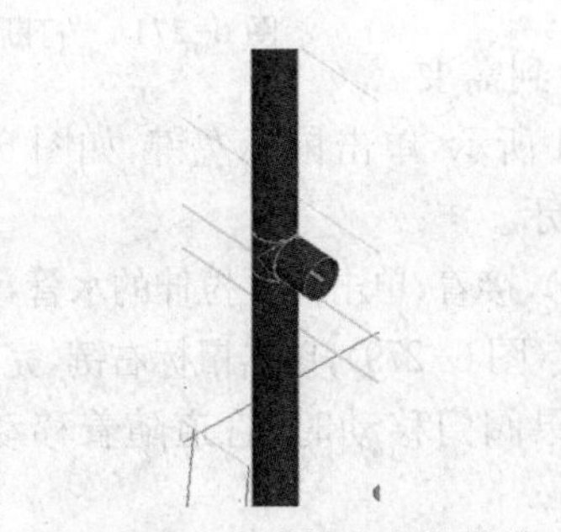

图 6-265 完成的消火栓管道

图 6-266 "消火栓"按钮

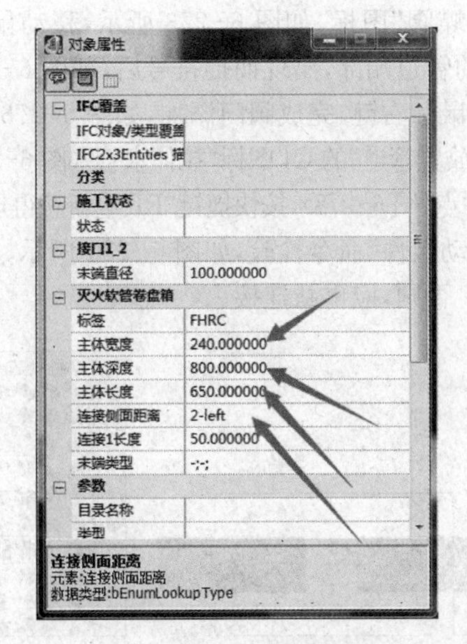

图 6-267 消火栓设置

移动鼠标到消火栓进水口，捕捉到水管中心(图6-268)，单击鼠标左键(图6-269)，单击右键，完成放置连接，如图6-270所示。

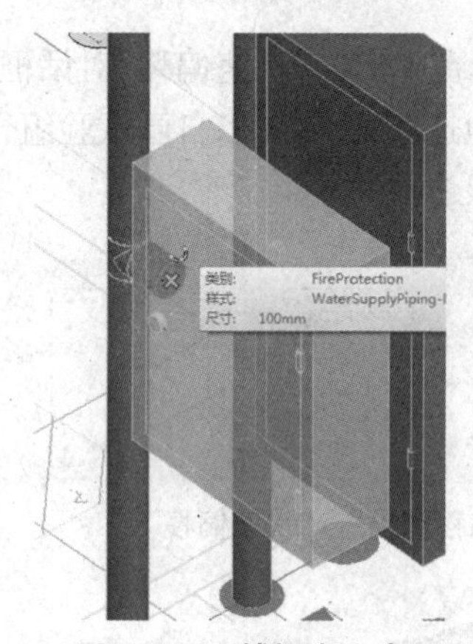

图6-268　捕捉中心点

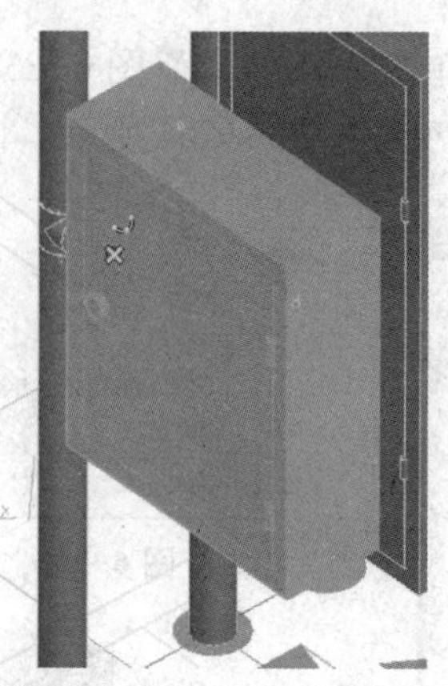

图6-269　单击左键

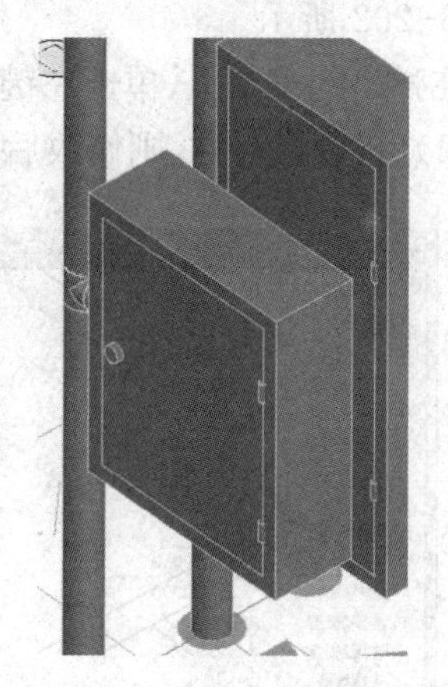

图6-270　单击右键完成放置

6.5.4　添加阀门

AECOsim Building Designer(Ss6)中添加阀门的方法有两种。一种是先打断水管，插入阀门后，再连接水管。另一种是直接在管道端部捕捉连接点，插入方法和变径相同。下面介绍第一种方法打断水管。

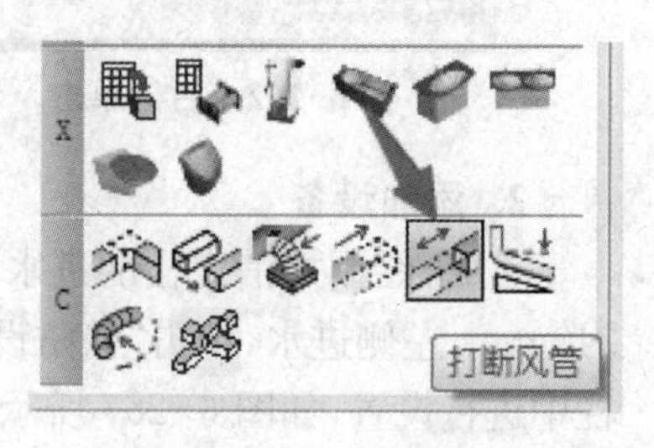

图6-271　"打断风管"

在"管道设计"任务栏中，单击C5图标"打断风管"(注:这是个翻译错误，应该是"打断水管")，如图6-271所示。在放置阀门的部位打断水管，如图6-272所示。

单击"蝶阀"图标，如图6-273所示，移动鼠标到需要连接蝶阀的管道端部，出现捕捉符号后，如图6-274所示，单击鼠标左键，如图6-275所示，然后，单击鼠标右键，完成阀门添加，如图6-276所示。

单击"放置管道"的C4图标"拉伸水管"(图6-277)，接着，单击需要拉伸的水管，移动鼠标，捕捉到阀门中点(图6-278)，按快捷键"RI"重新获得连接(图6-279)，单击鼠标右键，完成连接。

用"移动组件"命令检验，如图6-280所示，如果阀门移动时，管道随着移动，表示已经完成连接。否则，应重新连接。

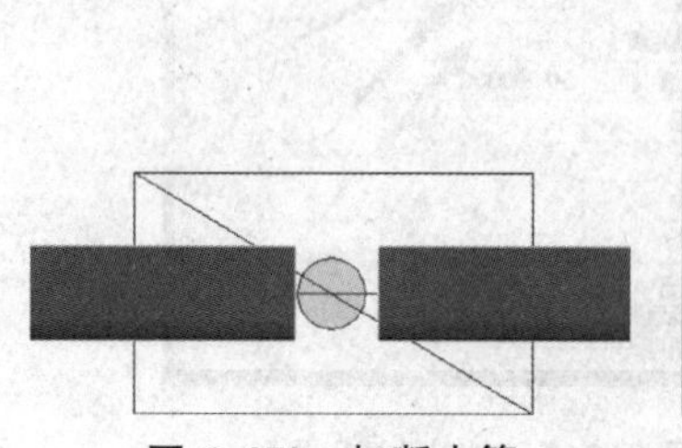

图6-272　打断水管

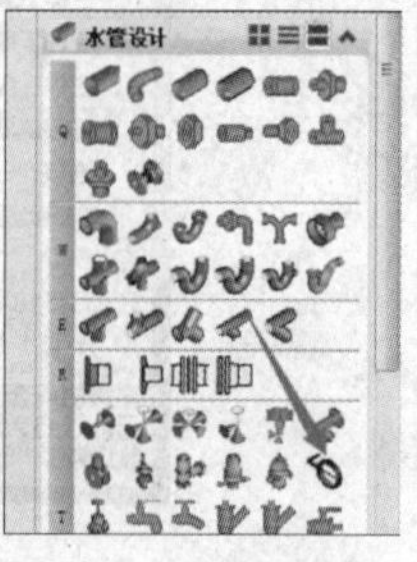

图6-273　蝶阀

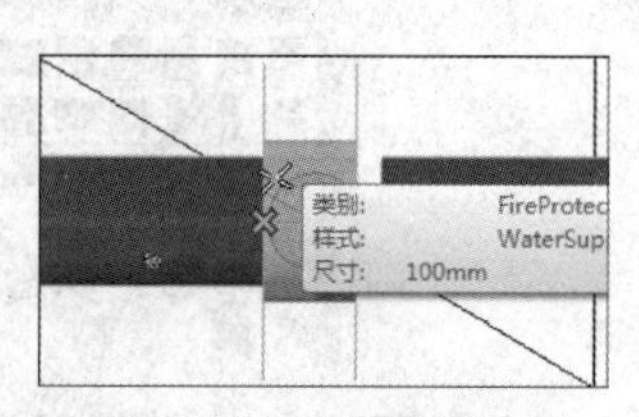

图6-274　捕捉插入点

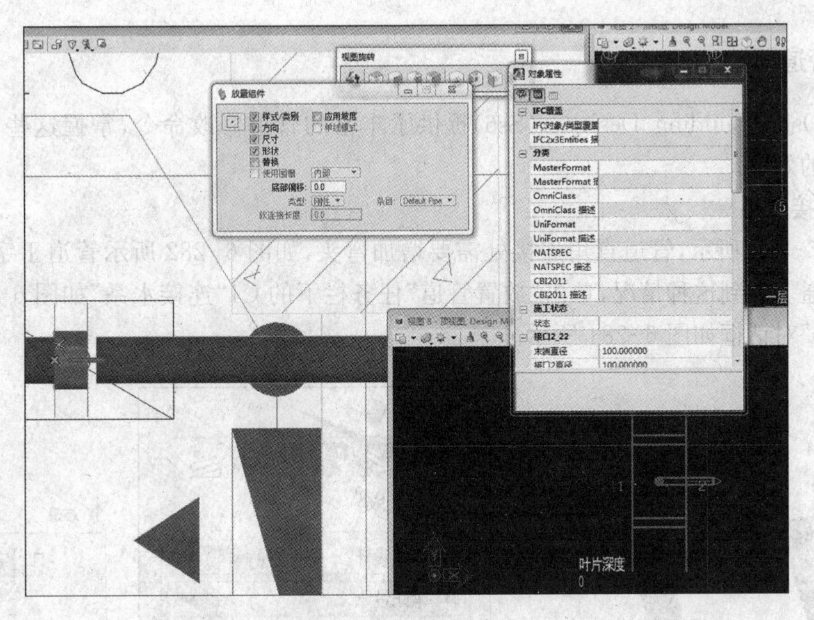

图 6-275 单击左键

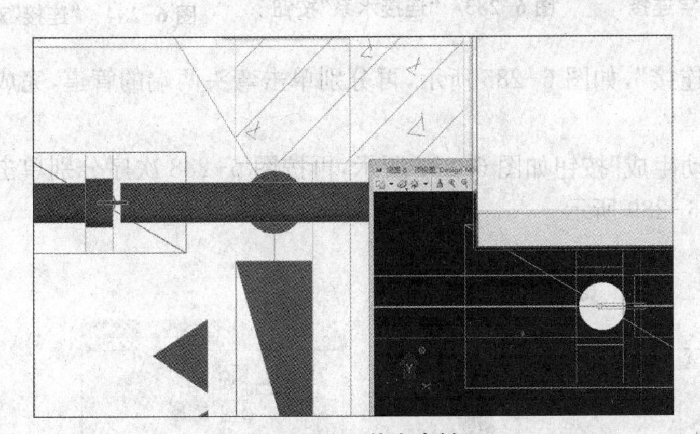

图 6-276 单击右键

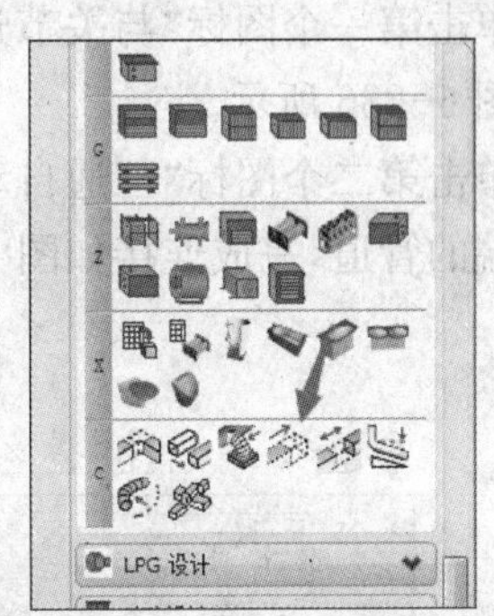

图 6-277 "拉伸水管"图标

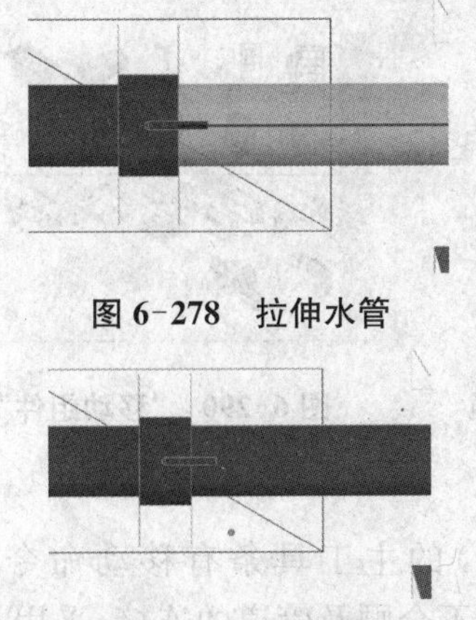

图 6-278 拉伸水管

图 6-279 完成连接

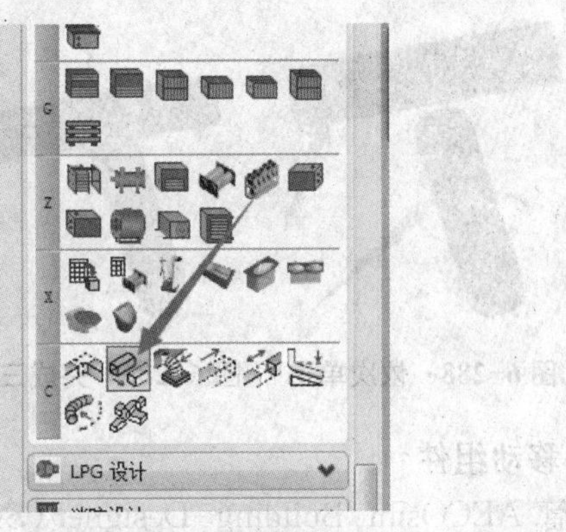

图 6-280 移动管道

6.5.5 管道修改

AECOsim Building Designer(Ss6)提供了丰富的管道修改命令，掌握这些命令，可以提高建模的效率。

1. 连接水系

如图 6-281 所示，管道直角连接处需要增加弯头，如图 6-282 所示管道丁字连接处需要增加三通。遇到这种情况，单击“放置管道”任务栏下的 C1“连接水系”如图 6-283 所示。出现“连接”对话框如图 6-284 所示。

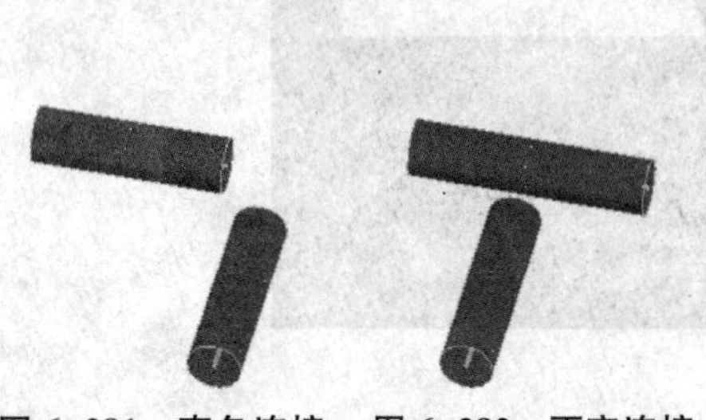

图 6-281 直角连接 图 6-282 丁字连接

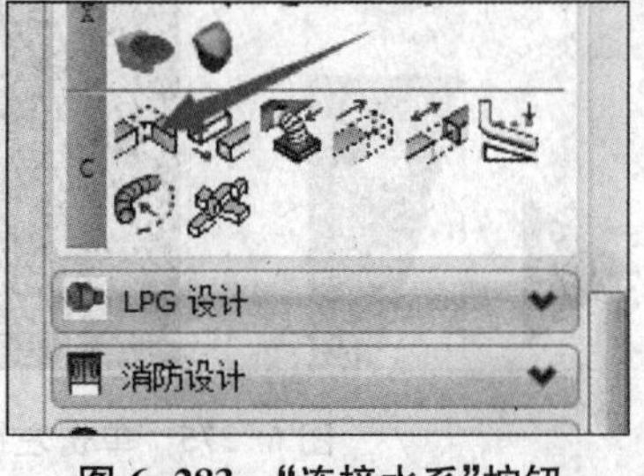

图 6-283 “连接水系”按钮

图 6-284 “连接”对话框

单击第一个图标“与关节连接”，如图 6-285 所示，再分别单击弯头两端的管道，完成连接如图 6-286 所示。

单击第二个图标“三通自动生成”按钮如图 6-287 所示，再按图 6-288 次序分别单击弯头两端的管道，完成连接如图 6-289 所示。

图 6-285 与关节连接

图 6-286 完成连接

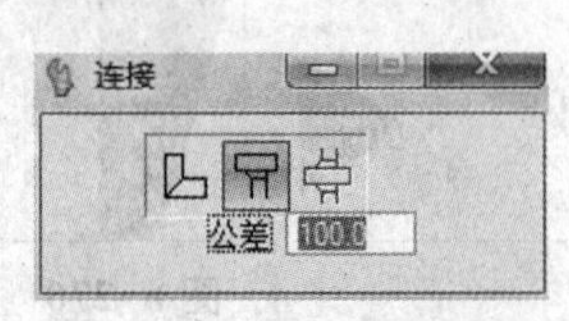

图 6-287 三通自动生成

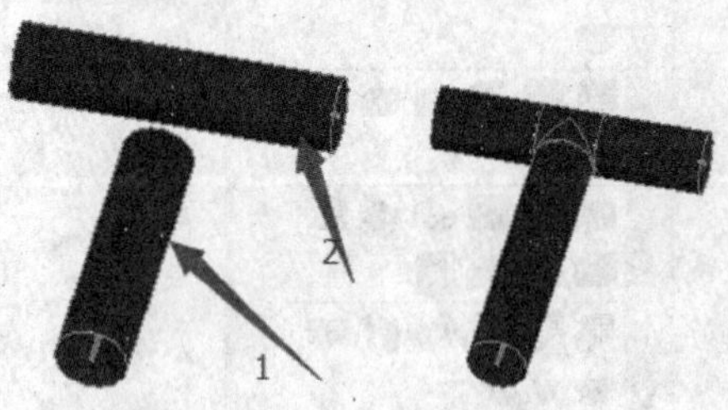

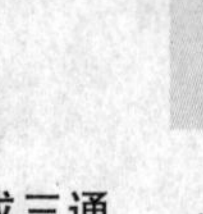

图 6-288 依次单击 图 6-289 完成三通 图 6-290 “移动组件”按钮

2. 移动组件

尽管 AECOsim Building Designer(Ss6)的主工具条有移动命令，但是 AECOsim Building Designer(Ss6)主工具条的移动命令不会顾及管道的连接，采用 AECOsim Building Designer(Ss6)主工具条的移动命令移动管道会破坏连接。因此，移动组件需要采用任

务栏的移动命令。

单击任务栏 C2“移动组件”按钮(图 6-290)。然后,单击需要移动的管道或者管件(图 6-291),再次单击以确定基点,移动鼠标,发现管道已经移动(图 6-292),单击鼠标左键,确定移动的终点(图 6-293)。此时,管道的连接没有破坏,连接部分管道的长度发生变化。

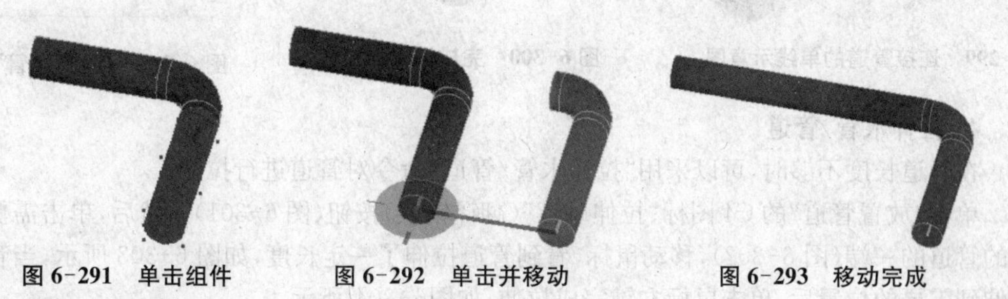

图 6-291 单击组件　**图 6-292 单击并移动**　**图 6-293 移动完成**

3. 设备连管

AECOsim Building Designer(Ss6)提供了强大的设备连管功能。如图 6-294 所示的一段消防管道和一个消火栓没有连接,使用设备连管命令,可以将它们连接起来。单击“放置管道”任务栏 C3 图标“设备连管”按钮(图 6-295),在弹出的“设备连管”对话框中,按图 6-296 进行设置。然后,移动鼠标到设备连接点单击(图 6-297),接着,在管道的连接点上单击,如图 6-298 所示。

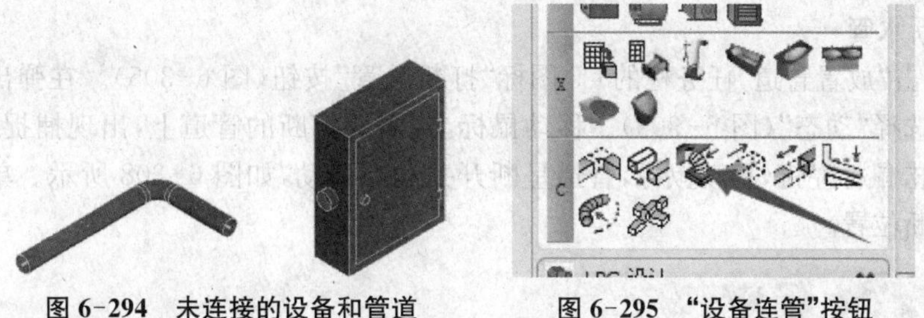

图 6-294 未连接的设备和管道　**图 6-295 “设备连管”按钮**

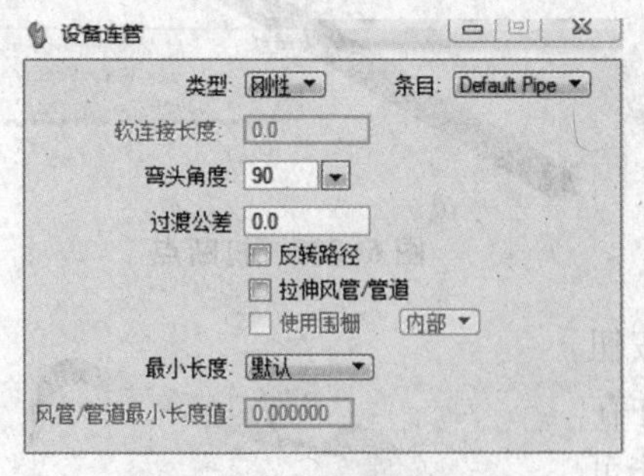

图 6-296 “设备连管”对话框

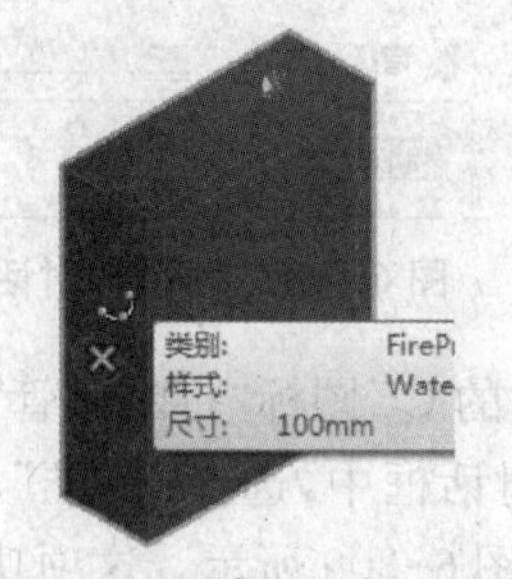

图 6-297 捕捉设备连接点

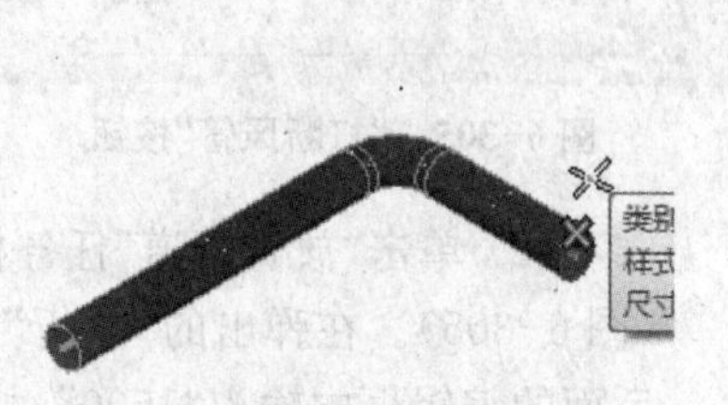

图 6-298 捕捉管道连接点

随后,出现连接管道的单线示意图(图 6-299),可以移动鼠标改变连接管道,合适时,单击鼠标左键,完成连接,如图 6-300 所示。

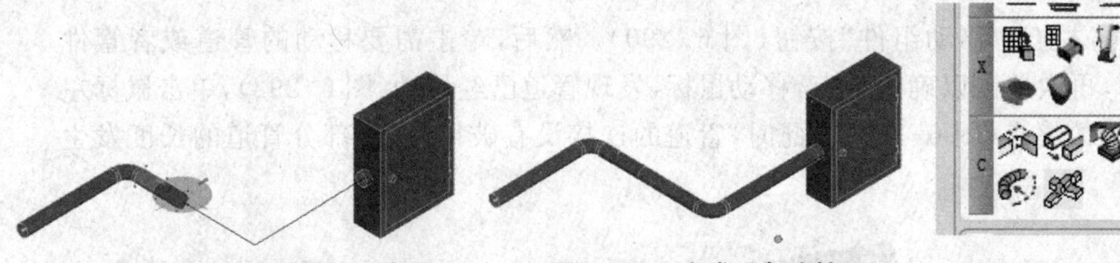

图 6-299 连接管道的单线示意图　　图 6-300 完成设备连接　　图 6-301 “拉伸风管”按钮

4. 拉伸水管/管道

在管道长度不够时，可以采用“拉伸水管/管道”命令对管道进行拉伸。

单击“放置管道”的C4图标“拉伸风管”（翻译错误）按钮（图6-301）。然后，单击需要拉伸的管道的一端（图6-302），移动鼠标，看到管道拉伸了一定长度，如图6-303所示，当管道拉伸到需要的位置后，单击鼠标左键完成拉伸，如图6-304所示。

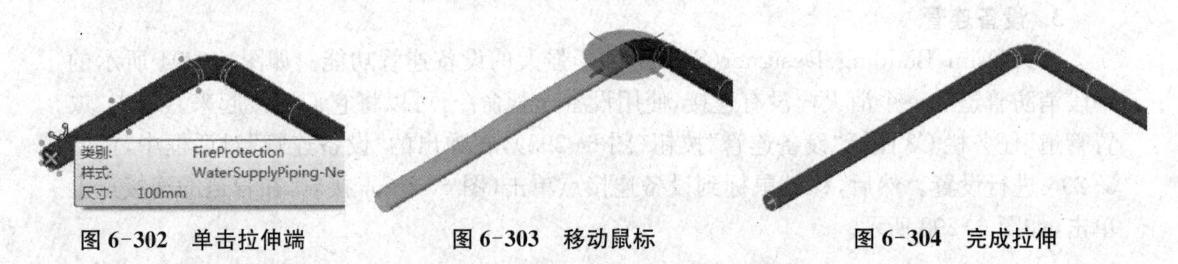

图 6-302 单击拉伸端　　图 6-303 移动鼠标　　图 6-304 完成拉伸

5. 打断水管

（1）单击“放置管道”任务栏的C5图标“打断风管”按钮（图6-305）。在弹出的“弯折”对话框中，选择“动态”（图6-306）。移动鼠标，到需要打断的管道上，出现捕捉符号时（图6-307），单击鼠标左键，移动鼠标，管道呈断开并动态移动，如图6-308所示。单击鼠标左键，确认打断位置。

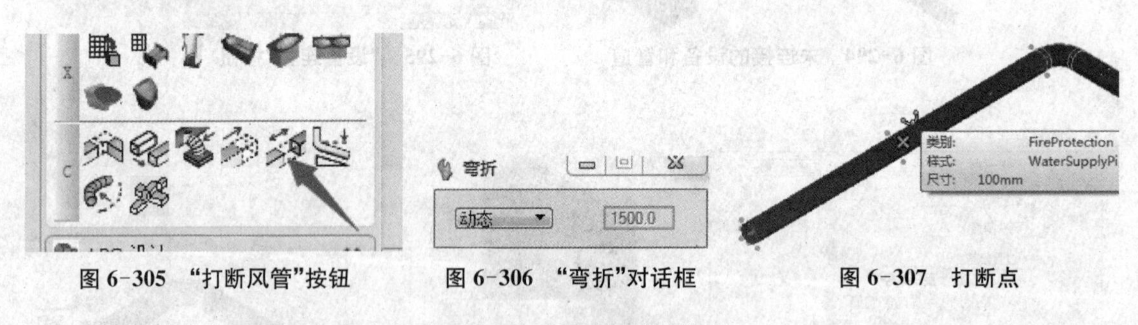

图 6-305 “打断风管”按钮　　图 6-306 “弯折”对话框　　图 6-307 打断点

（2）单击“放置管道”任务栏的C5图标“打断风管”按钮（图6-305）。在弹出的“弯折”对话框中，选择“标准”，并在后面的编辑框内输入“1500”，如图6-309所示。这项功能可以按1500一段的长度，把水管断开，不足1500的部分，放在远离鼠标选择点的一端。

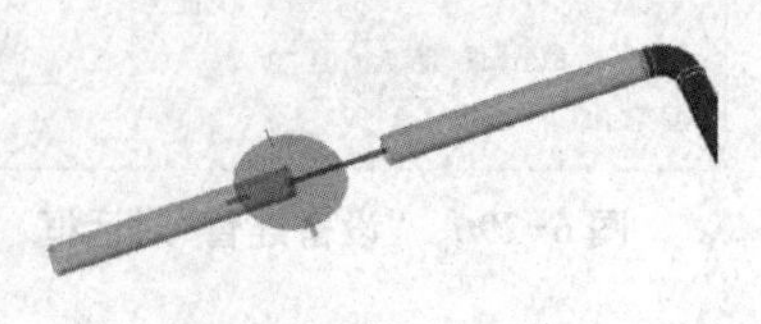

图 6-308 移动鼠标

用鼠标左键单击需要打断的水管，水管断开的状态，如图6-310所示。

图 6-309 “标准”选项

图 6-310 打断后

(3) 单击“放置管道”任务栏的 C5 图标“打断风管”(图 6-305),在弹出的“弯折”对话框中,选择“合并共线”,如图 6-311 所示。单击需要合并的管道的一根,就可以把多段管道,合并成为一根。图 6-312 是合并前分段的管道,图 6-313 是合并后的管道。

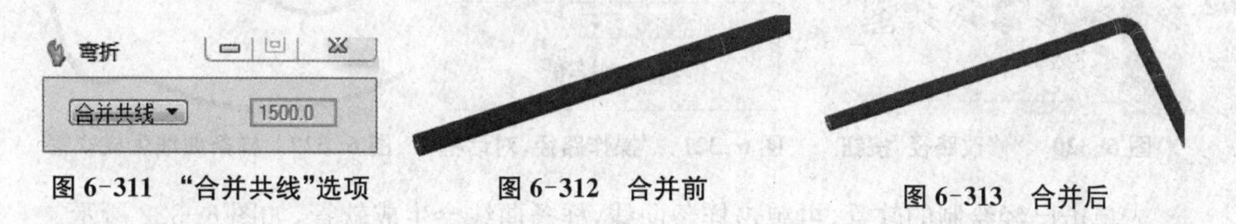

图 6-311 “合并共线”选项　　图 6-312 合并前　　图 6-313 合并后

6. 应用坡度

单击“放置管道”任务栏的 C6 图标“应用坡道”按钮(图 6-314),在弹出的“应用坡度”对话框中,对坡度进行设置,如图 6-315 所示。

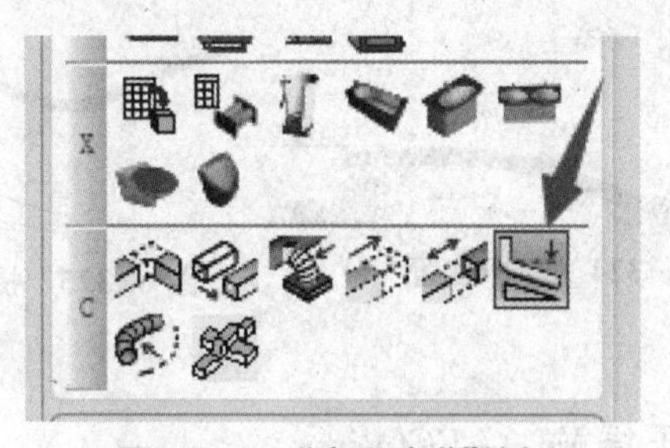

图 6-314 “应用坡道”按钮

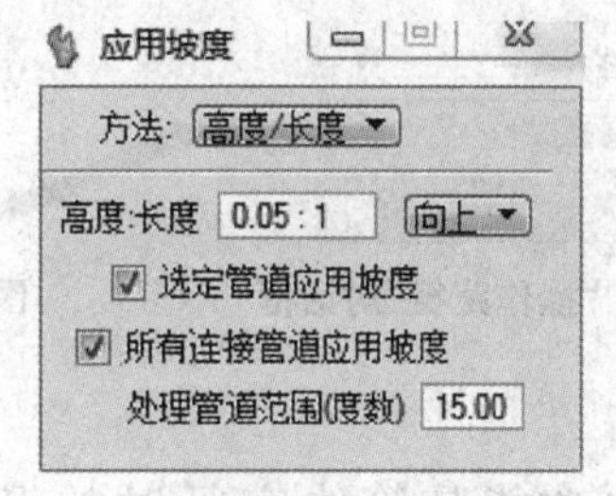

图 6-315 “应用坡道”对话框

移动鼠标到管线需要提升或者降低标高的一段,如图 6-316 中靠近消火栓的位置,单击管线,则出现预览坡度:应用坡度后的管线用洋红显示,之前的管线的中心线用黑色线表示,如图 6-317 所示。

图 6-316 没有坡度的管线　　图 6-317 预览坡度

单击鼠标左键,接受坡度设置,完成后如图 6-318 所示。

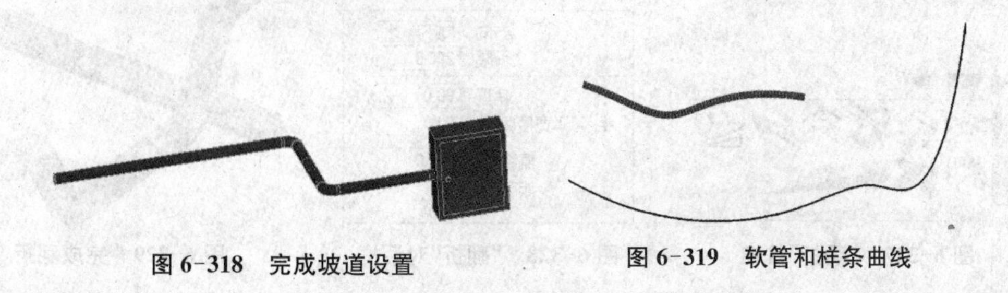

图 6-318 完成坡道设置　　图 6-319 软管和样条曲线

7. 修改路径

修改路径的功能仅对软管有效。

(1) 样条曲线生成软管。首选绘制一段软管和一条样条曲线(图 6-319)，然后，单击 C7 图标“修改路径”按钮(图 6-320)，在弹出的“操作路径”对话框中选择“更新路径”并勾选“复制挠性导管”，如图 6-321 所示。

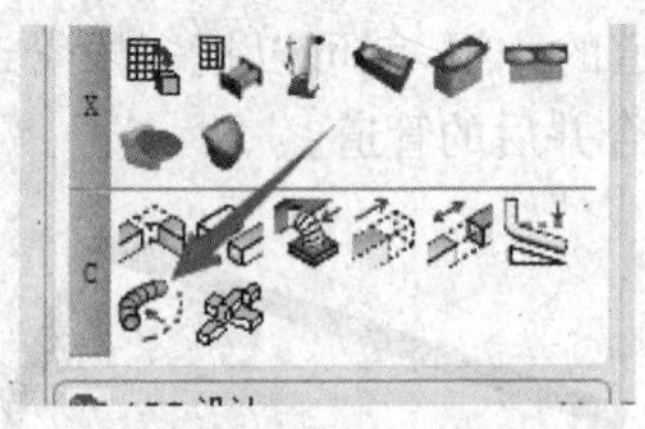

图 6-320 “修改路径”按钮

操作路径
更新路径
复制挠性导管

图 6-321 “操作路径”对话框

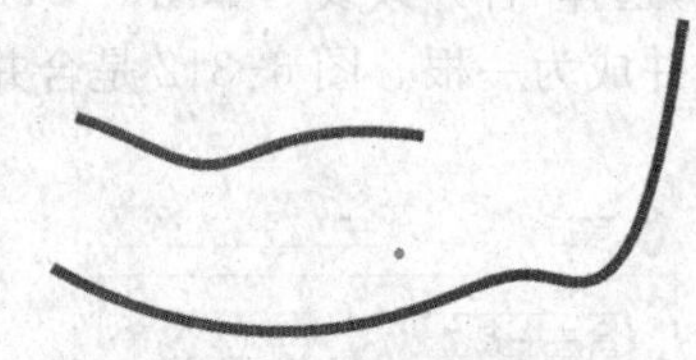

图 6-322 样条曲线生成软管

先单击已经绘制的软管，再单击样条曲线，样条曲线会生成软管，如图 6-322 所示。

(2) 软管提取样条曲线路径。在“操作路径”对话框中，选择“提取路径”(图 6-323)，单击已经存在的软管(图 6-324)；移动鼠标，路径出现，如图 6-325 所示，单击鼠标左键，确定路径的放置位置。

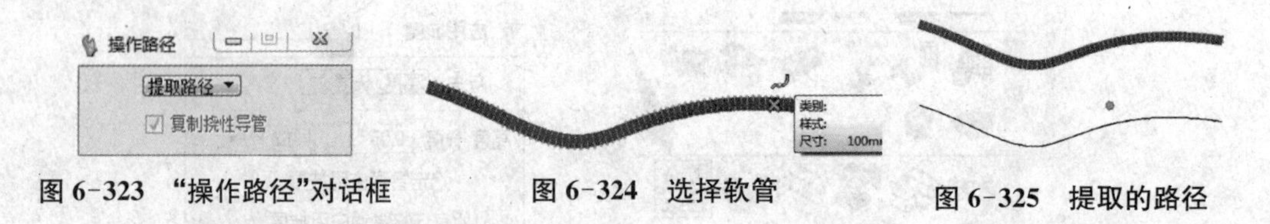

图 6-323 “操作路径”对话框　　图 6-324 选择软管　　图 6-325 提取的路径

8. 翻折

翻折的功能是管线交叉时的避让措施。AECOsim Building Designer(Ss6)的翻折功能为建模人员提供了良好的工具。

图 6-326 交叉管道

对于已经存在的交叉管道(图 6-326)，单击“放置管道”按钮(图 6-327)，在弹出的“翻折”对话框中，按图6-328 进行设置，先单击需要翻折的管道，如果有多根管道，可以按住“Ctrl 键”依次单击，最后，在空白处单击鼠标左键确认；然后，再单击需要参考的管道(如果有多根管道，可以按住 Ctrl 键依次单击)，完成在空白处单击鼠标左键确认，管道翻折如图 6-329 所示。

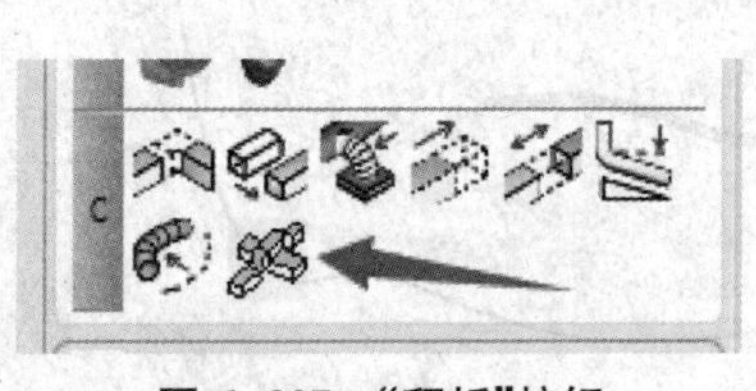

图 6-327 “翻折”按钮

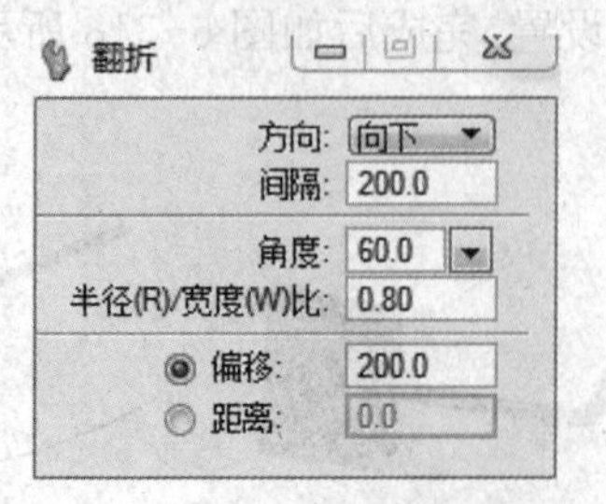

图 6-328 “翻折”对话框

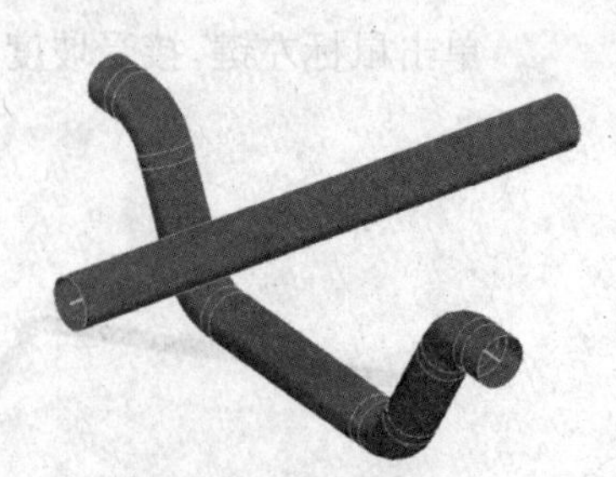

图 6-329 完成翻折

6.6 创建通风空调系统

6.6.1 通风空调系统设置

创建通风空调系统需要启动 Mechanical Building Designer V8i (SELECTseries 6)，和给排水建模一样，桌面图标也是。

1. 参考建筑、结构模型和 DWG 文件

通风空调系统建模如果需要建筑、结构模型或者 DWG 文件作为底图，也是采用参考的方法。参考按钮如图 6-330 所示，“参考”对话框和“连接”按钮如图 6-331 所示，“连接参考”对话框如图 6-332 所示。

2. 设置参考文件显示

单击“设置参考表示”按钮，如图 6-333 所示。在弹出的“参考表示”对话框中设置参考的显示样式，如图 6-334 所示，一般情况下 CAD 图纸以“线框”显示。

图 6-330 “参考”按钮

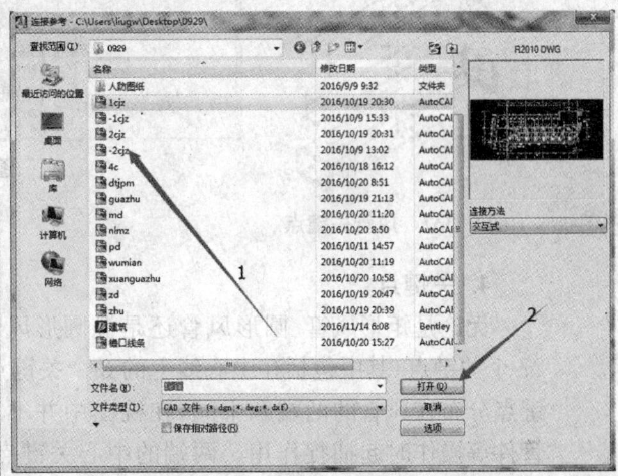

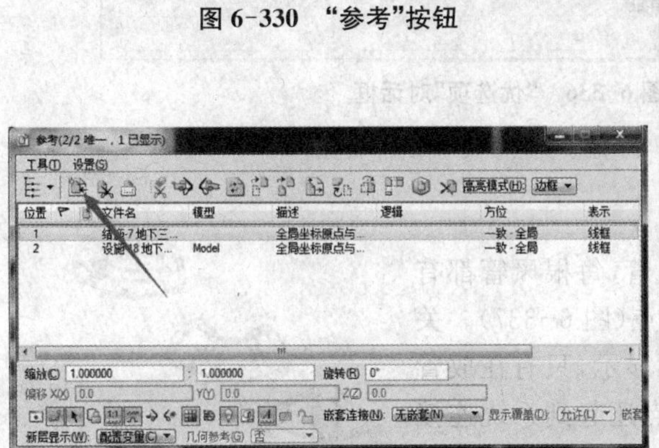

图 6-331 “参考”对话框和“连接”按钮

图 6-332 “连接参考”对话框

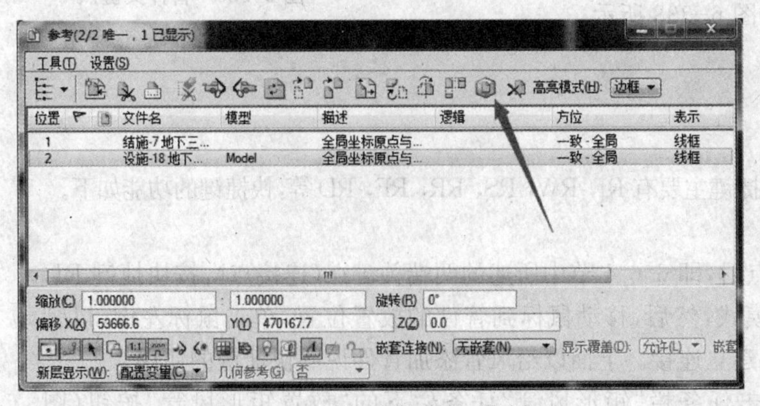

图 6-333 “设置参考表示”按钮

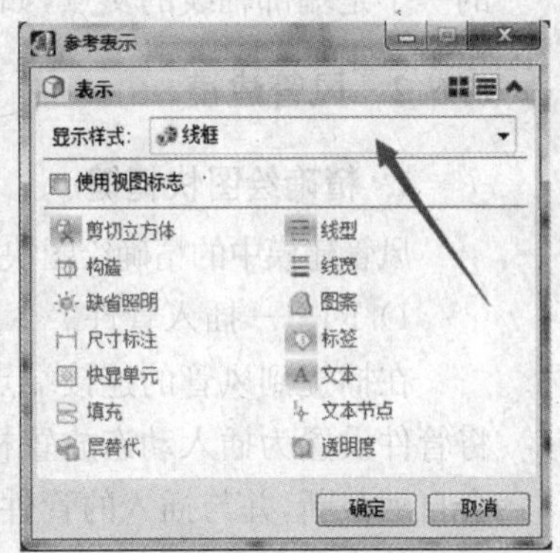

图 6-334 “参考表示”对话框

3. 优选项设置

建模开始前还需要进行“优选项”设置。单击菜单“工作空间”→“优选项”(图 6-335),在“优选项”对话框中,可以设置通风空调建模的一些辅助功能,如显示哪些提示等。按图 6-336 所示进行勾选,方便建模。

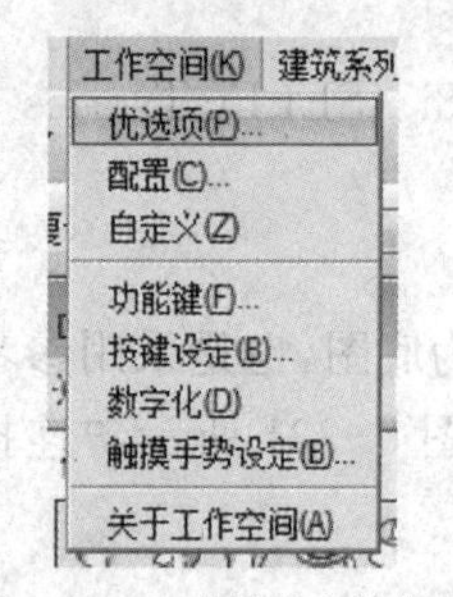

图 6-335 “优选项”菜单

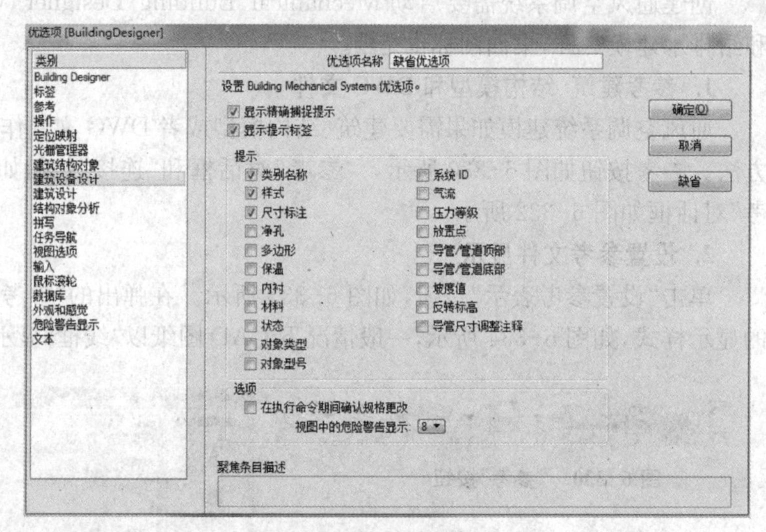

图 6-336 “优选项”对话框

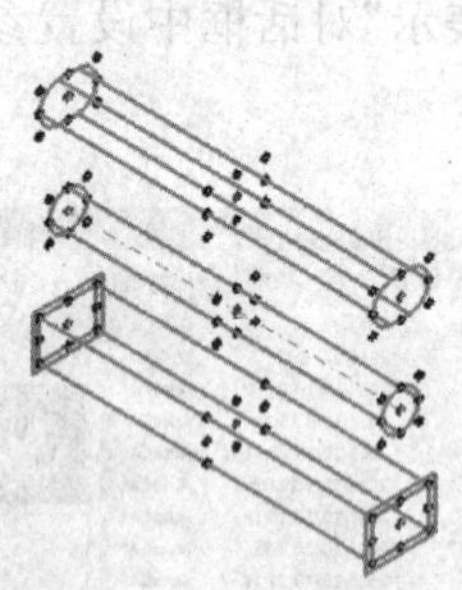

图 6-337 风管关键点

4. 关键点

无论是矩形风管、圆形风管还是椭圆形风管,每根风管都有 27 个关键点,其中包括在中心线上的 3 个关键点(图 6-337)。关键点分布在风管的两端和中间,在视图中并不显示,只有在放置管件等操作时起捕捉作用。两端的中心关键点还起到系统连接点的作用。

弯头等管件一般有三个关键点,两端的两个是连接点,中间的一个是端部轴线的交点,如图 6-338 所示。

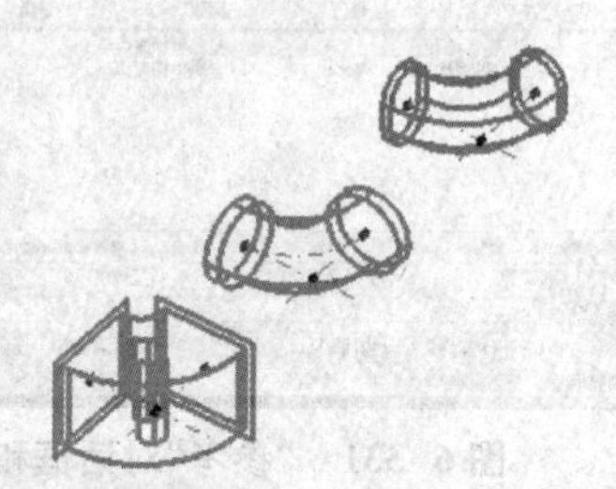

图 6-338 管件关键点

6.6.2 风管建模

1. 精确绘图快捷键

风管建模中的精确绘图快捷键主要有 RI, RW, RS, RR, RF, RD 等,快捷键的功能如下。

1) RI——插入管件

在捕捉到风管的连接端点后,即 6.6.1 节中所述的两端关键点(连接点),按快捷键 RI,将管件设置为插入动态放置模式,然后,移动鼠标到管件的放置位置,单击鼠标左键,风管会自动截断,并与插入的管件建立连接。下面以给风管添加管件说明快捷键的使用。

首先绘制一段风管。单击任务栏“矩形风管”任务栏下的“放置矩形风管”按钮(图 6-339),会弹出“放置组件”对话框(图 6-340)和“对象属性”对话框(图 6-341)。在“对象属

性”对话框中，设置风管的宽度为 500；高度为 350，进入顶视图，绘制一段风管，如图6-342所示。

图 6-339 “放置矩形风管”按钮

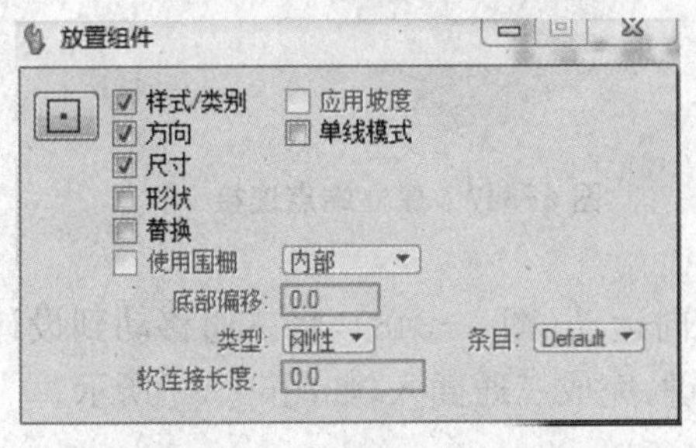

图 6-340 “放置组件”对话框

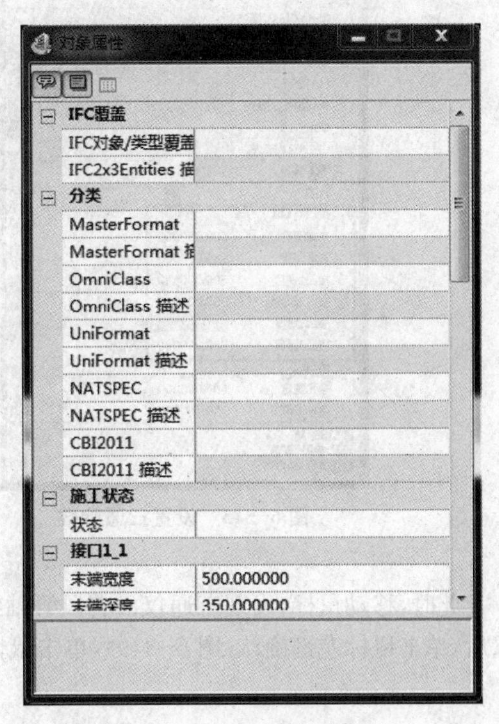

图 6-341 “对象属性”对话框

按住 Shift 键和鼠标滚轮，旋转视图，使风管呈三维显示，如图 6-343 所示。单击“矩形风管”任务栏下的 E5 图标“放置矩形三通”，如图 6-344 所示。

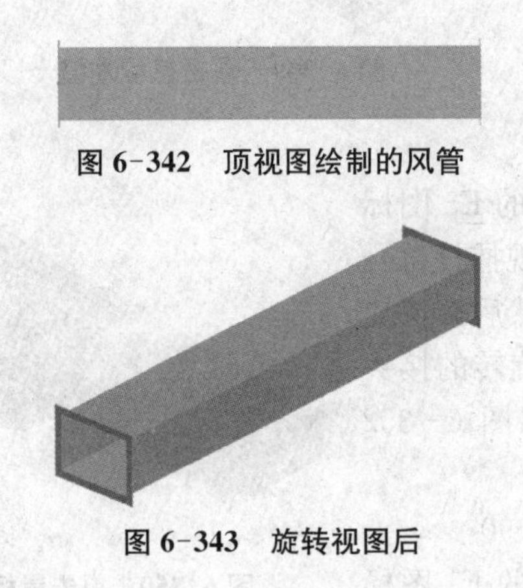

图 6-342 顶视图绘制的风管

图 6-343 旋转视图后

图 6-344 放置矩形三通

在“对象属性”对话框中设置三通的参数(图 6-345)，移动鼠标到三通端部，出现捕捉符号时(图 6-346)，按 F11 键，之后，按快捷键 RI，这样就建立了三通和风管的连接，如图 6-347所示。

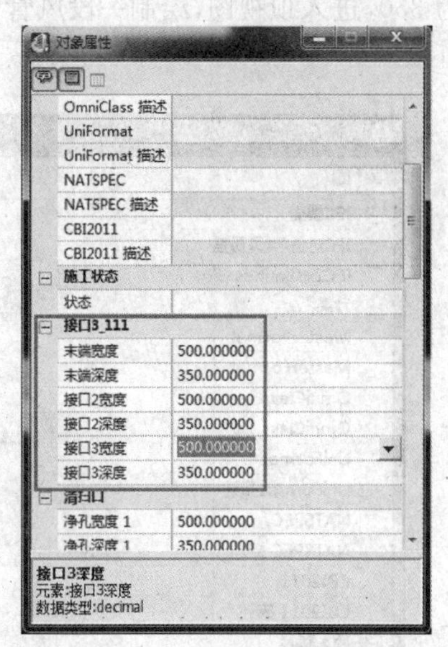

图 6-345 设置三通参数

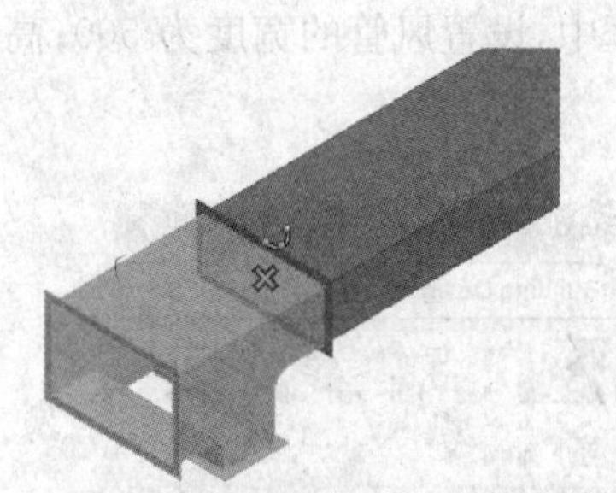

图 6-346 出现捕捉符号

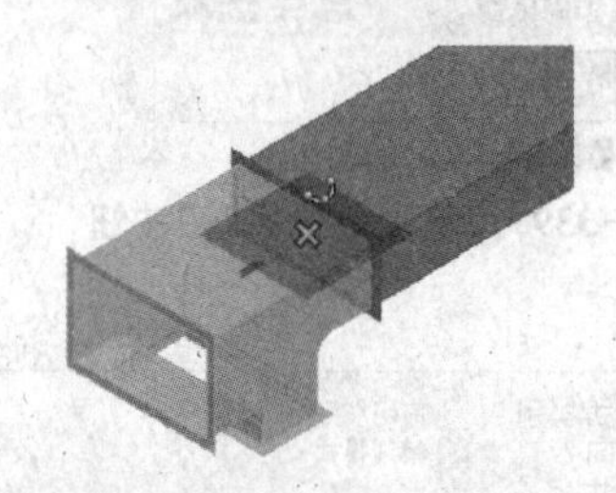

图 6-347 建立端点连接

此时,移动鼠标,发现三通仅沿着风管轴线方向运动(图 6-348),将三通移动到设计位置后,单击鼠标左键确认(图 6-349),单击鼠标右键,完成三通插入,如图6-350 所示。

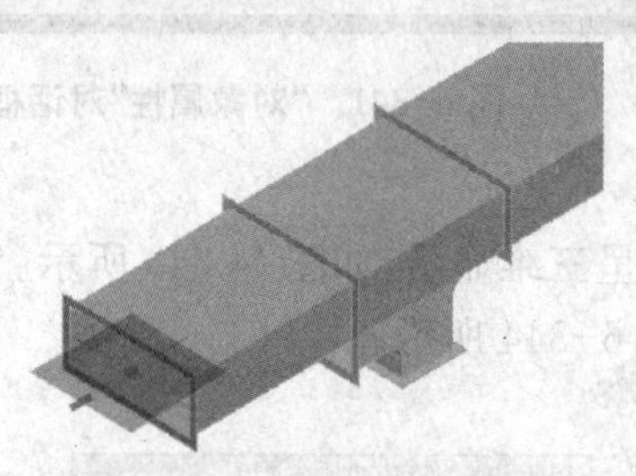

图 6-348 移动鼠标/管件

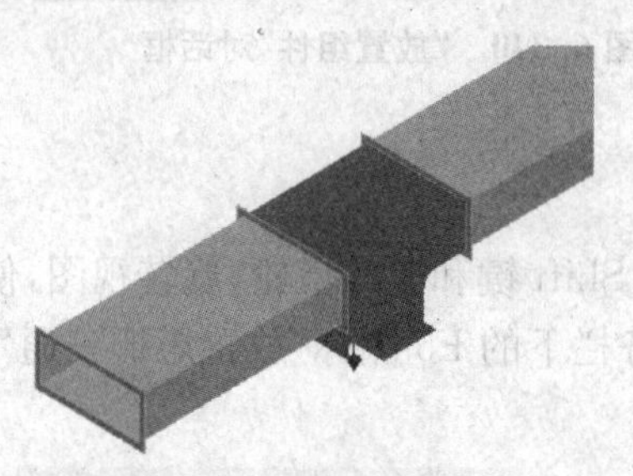

图 6-349 单击鼠标左键

2) RR——旋转管道接口

在工作界面,单击“矩形风管”任务栏下的 E5 图标“放置矩形三通”,移动鼠标,到风管端部,出现捕捉符号时,如图 6-351 所示。按键盘上的 F11 键,然后按快捷键 RR 两次(因为三通是对称的,按一次后旋转的接头和前次一样,不好分辨),三通接头旋转如图 6-352 所示。

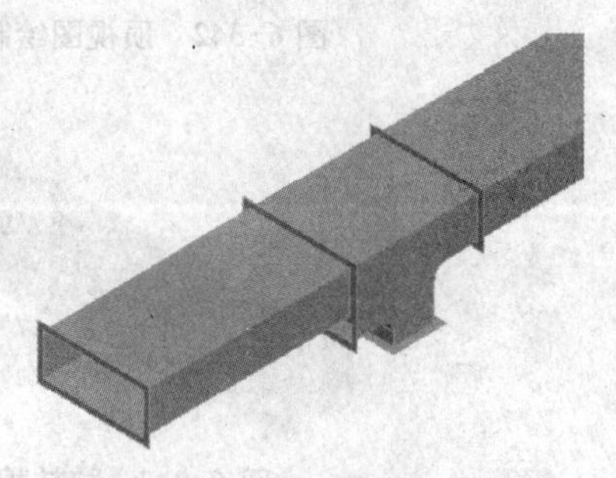

图 6-350 单击鼠标右键

3) RT——沿精确绘图的 X 轴向左旋转 90°

在工作界面,单击“矩形风管”任务栏下的 E1 图标“放置弧边弯头”,如图 6-353 所示。移动鼠标到风管端部,出现捕捉符号时,如图 6-354 所示。按键盘上的 F11 键,然后按快捷键 RT,弯头向左旋转 90°如图 6-355 所示。

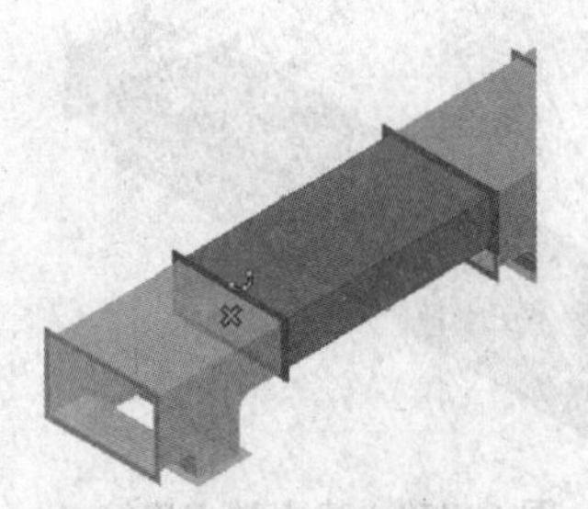

图 6-351 出现捕捉符号

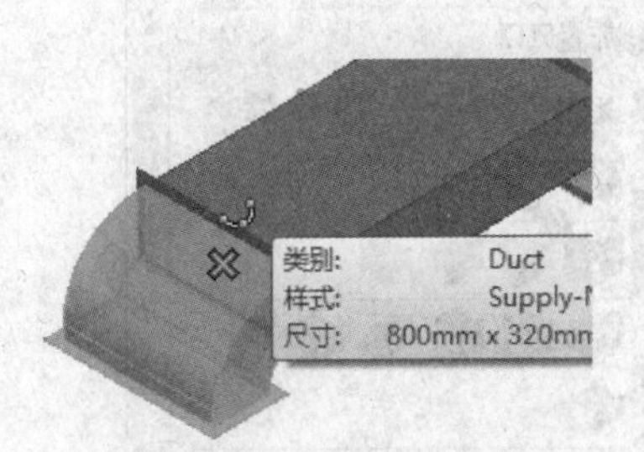

图 6-354 捕捉风管端点

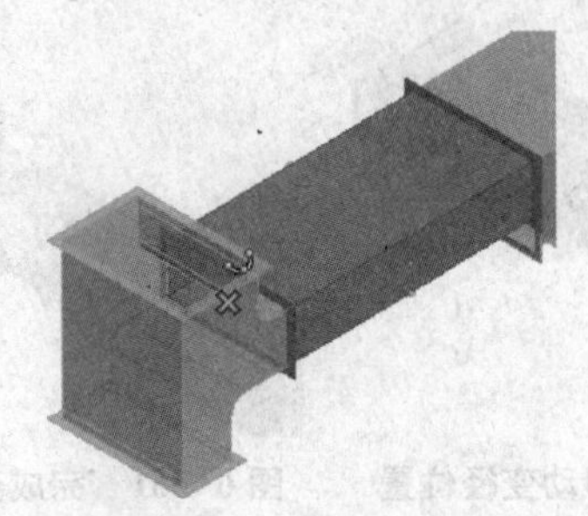

图 6-352 旋转的接口

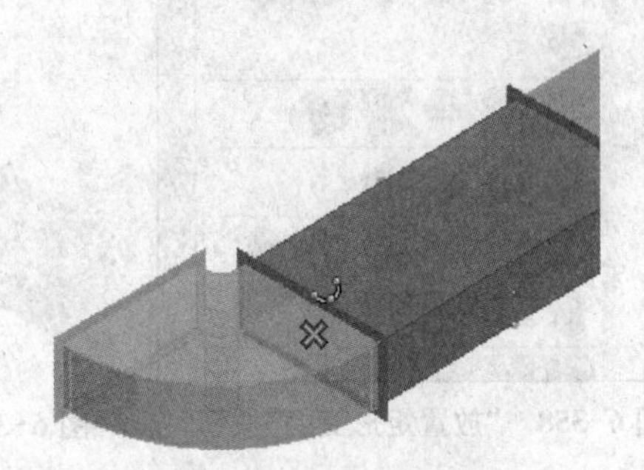

图 6-355 旋转弯头

图 6-353 “放置弧边弯头”按钮

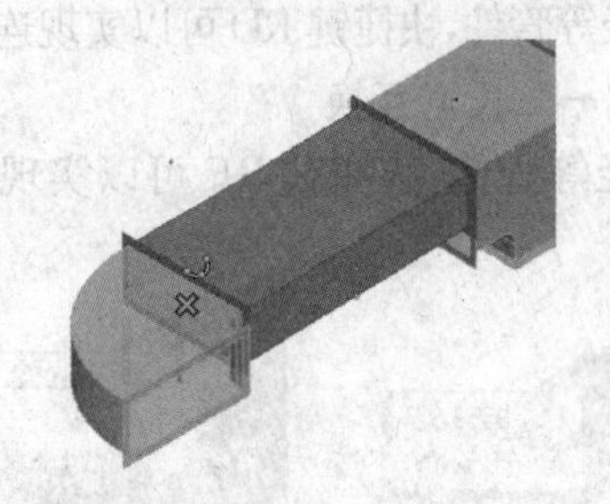

图 6-356 按快捷键“RW”后

4) RW——沿精确绘图的 *X* 轴向右旋转 90°。

操作过程和快捷键“RT”相似捕捉风管端点，弯头向右旋转 90°(图 6-356)。

5) RS——重新适应调整后的构件

RS 快捷键适用于采用 RI 插入的管件，特别是带有变径的管件，在单击确定位置的左键后，键入“RS”可以建立变径处的系统连接。RI 和 RS 的组合应用。向直风管中插入变径并修改风管道大小。

图 6-357 插入变径前的风管

插入变径前的风管(图 6-357)。单击任务栏的“矩形风管”→“变径”，如图 6-358 所示，可以通过“对象属性”设置变径的大小。移动鼠标到风管端部，出现捕捉符号后，按快捷键 F11 和 RI，建立端点连接，如图 6-359 所示。

移动鼠标到矩形风管的中间设计位置，单击鼠标左键，如图6-360 所示。输入快捷键“RS”，完成插入变径，如图 6-361 所示。

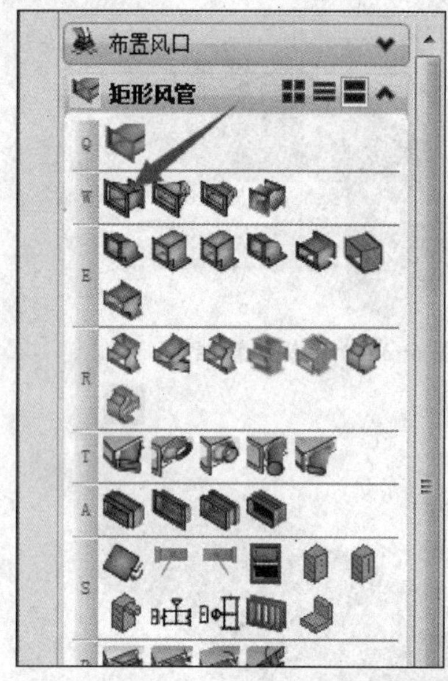

图 6-358 “放置矩形变径”按钮

图 6-359 建立端点连接

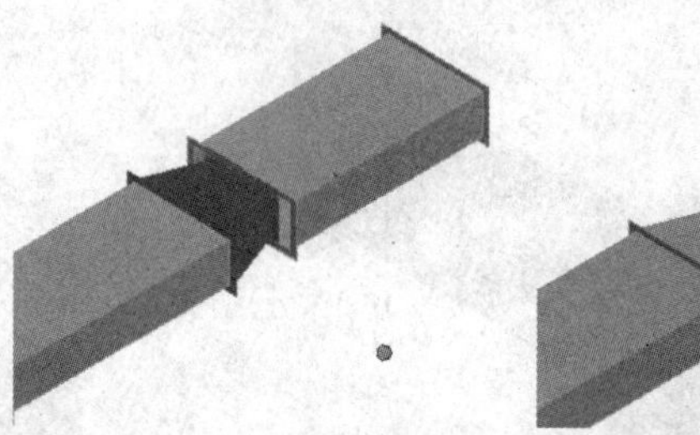
图 6-360 移动变径位置　　图 6-361 完成变径插入

6）RD——连接端长宽互换

对变径等管件，快捷键 RD 可以实现连接点侧的快速长宽互换，如图 6-362、图 6-363 所示。

7）RF——长宽互换

对变径等管件，快捷键 RF 可以实现快速长宽互换，如图 6-364、图 6-365 所示。

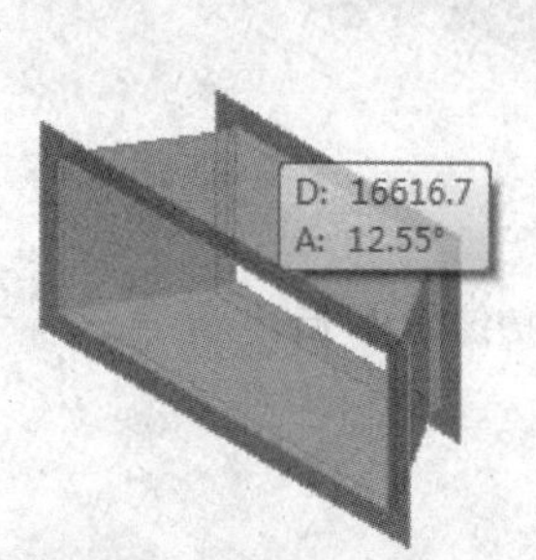

图 6-362 原始变径

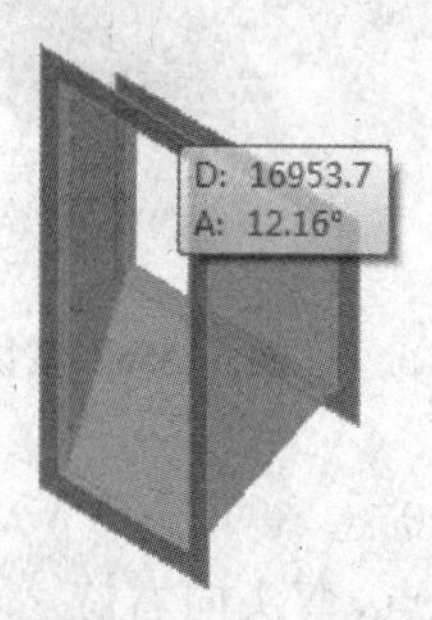

图 6-363 键入 RD 后

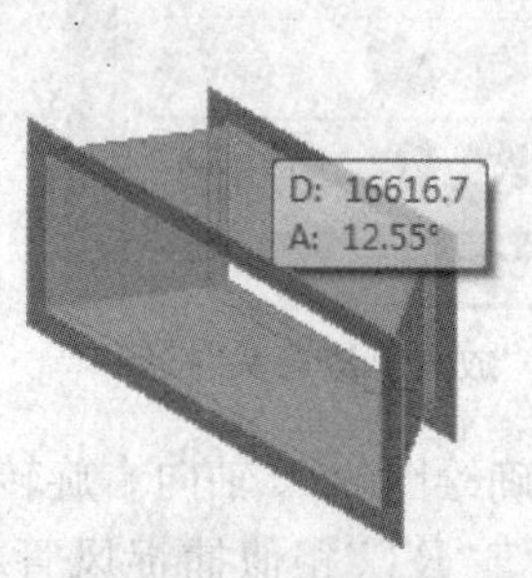

图 6-364 原始变径

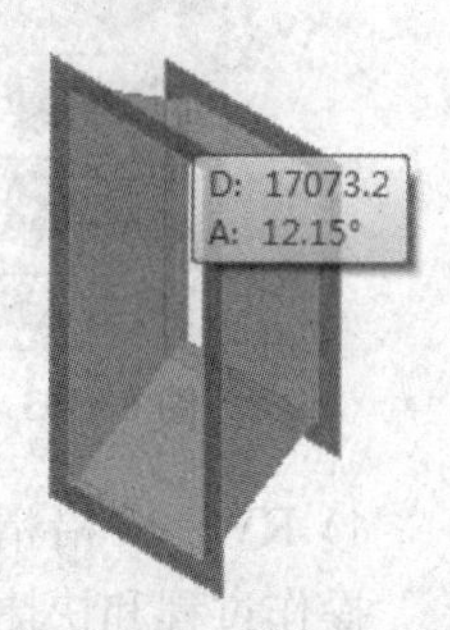

图 6-365 键入 RF 后

2. 风管建模

风管建模和水管建模基本一致，下面以矩形风管为例说明建模过程，圆形风管和椭圆形风管操作类似。单击任务栏“放置矩形风管”按钮，如图 6-366 所示。此时，弹出“放置组件”对话框，如图 6-367 所示。单击左侧的“对齐方式”图标，选择左上对齐，如图 6-368 所示。

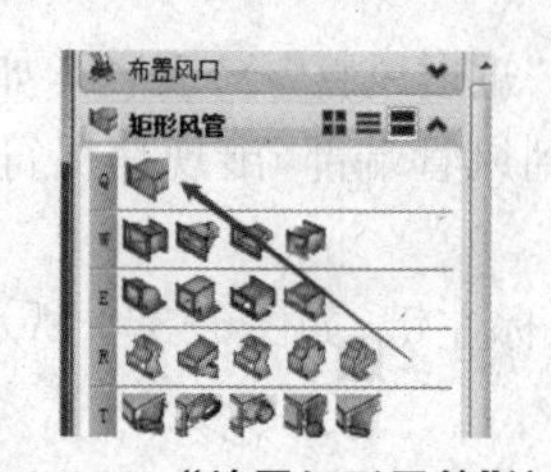

图 6-366 “放置矩形风管”按钮

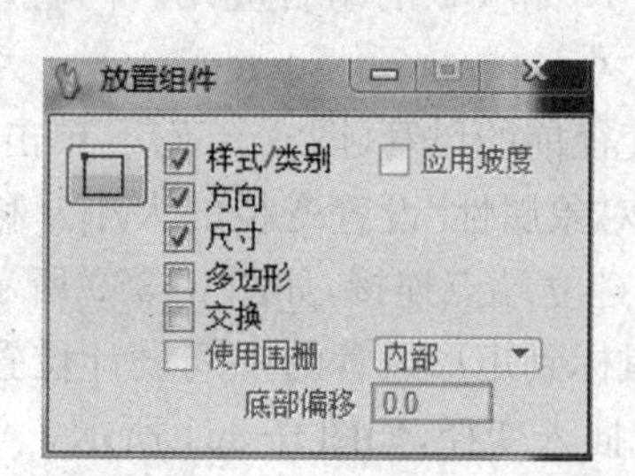

图 6-367 “放置组件”对话框

放置组件对话框的设置说明如下：

(1) 样式/类别——选中，选中组件的样式类别赋给新组件。

(2) 方向——新组件和选中组件的尾部对齐。

(3) 尺寸——新组件自动匹配选中组件的尺寸。

(4) 多边形(应该更准确的翻译为形状)——新组件自动匹配选中组件的形状(如矩形或圆形)。

(5) 交换——用当前活动组件替换已经有的组件(单线模式状态下，该设置不起作用)。

(6) 使用围栅——围栅内的组件被当前组件替换。

(7) 应用坡度——新绘制的组件将按坡度放置。

图 6-368 选择对齐方式

(8) 底部偏移——在楼层管理器里选择一个楼层作为参考平面后方可使用，设置 Z 轴偏离参考平面的距离。

接着，在顶视图绘制绘制风管，如图 6-369 所示。注意，绘制变径部分时，仅仅需要在“对象属性”中修改风管截面，继续单击绘制即可，变径会自动添加。

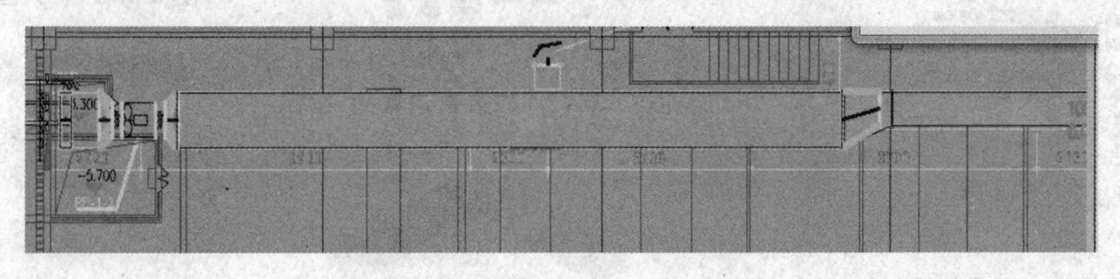

图 6-369 顶视图绘制的风管

自动生成弯头。在绘制风管过程中，如果有弯头需要绘制，一般不需要单独添加，按回车键锁定绘制轴线后，在垂直方向单击鼠标左键，即可自动生成弯头。如图 6-370～图 6-372 所示。

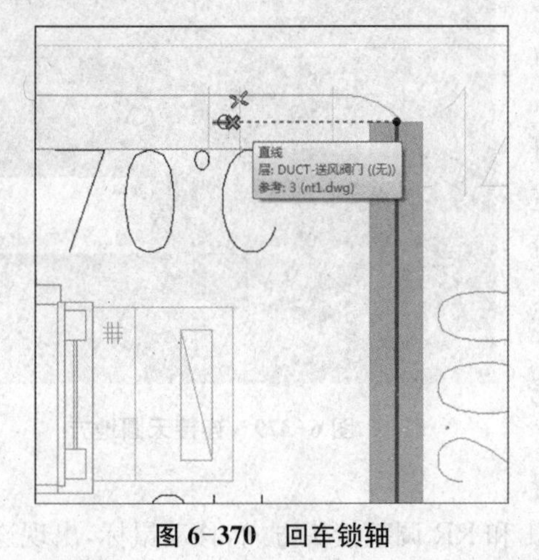

图 6-370 回车锁轴

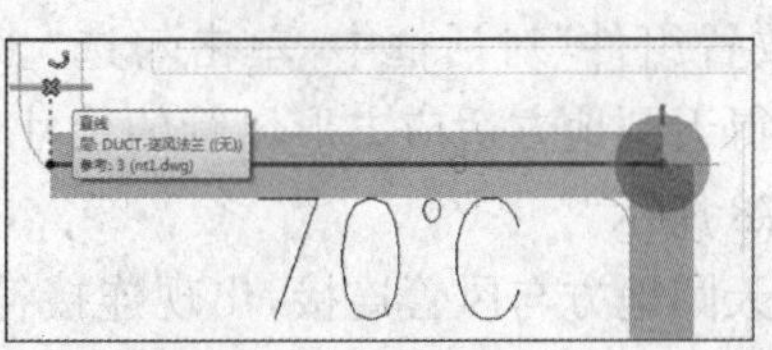

图 6-371 继续绘制

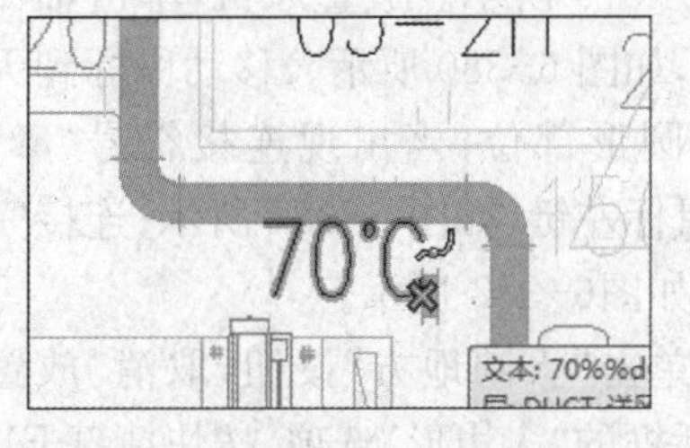

图 6-372 自动生成的弯头

图 6-373　默认弯头绘制的风管

更换默认的弯头。更换前的弯头形式一般为弧边弯头，如图 6-373 所示。如果将它更换为直边弯头，需要单击“放置直边弯头”按钮，如图 6-374 所示。然后，在“对象属性”对话框的“矩形弯头”的分类下，单击鼠标右键，在弹出的菜单中单击“设为默认连接件参数”，如图 6-375 所示。这样，重新绘制的风管自动生成的弯头都是直边弯头了，如图 6-376 所示。

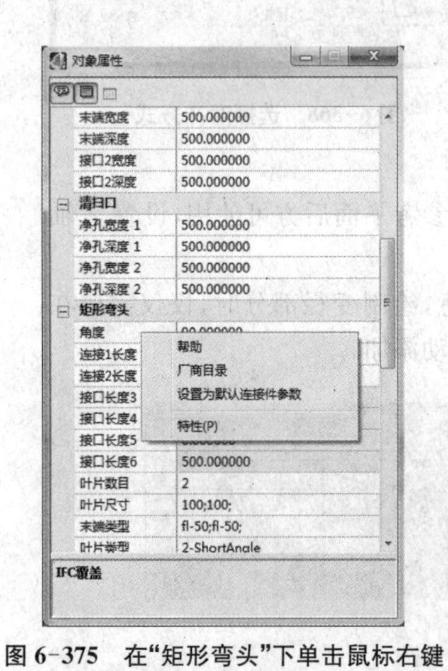

图 6-375　在“矩形弯头”下单击鼠标右键

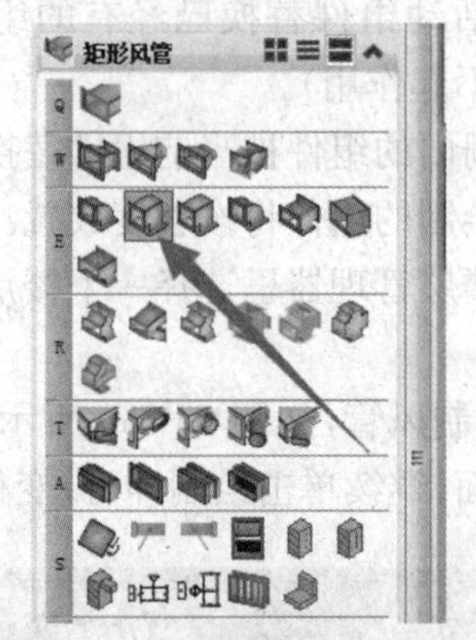

图 6-374　“放置直边弯头”按钮

图 6-376　绘制的直边弯头连接的风管

图 6-377　“天圆地方”按钮

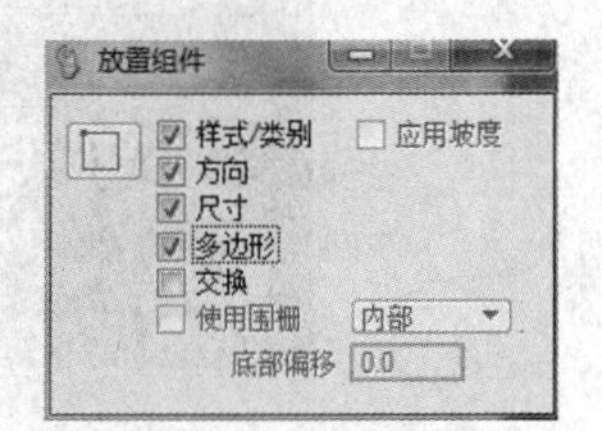

图 6-378　勾选“多边形”

6.6.3　添加天圆地方和风机

单击“天圆地方”按钮，如图 6-377 所示。在“放置组件”对话框中，单击勾选“多边形”，使得天圆地方适应方形风管的尺寸，如图 6-378 所示。

移动天圆地方与风管连接，出现连接符号“■”及关键点捕捉符号后，单击鼠标左键，如图 6-379 所示。放置风机，单击轴流风机图标，如图 6-380 所示。移动鼠标到天圆地方的圆形部位，当出现连接符号“■”时，单击鼠标左键，如图 6-381 所示；连接完成的风机如图6-382 所示。

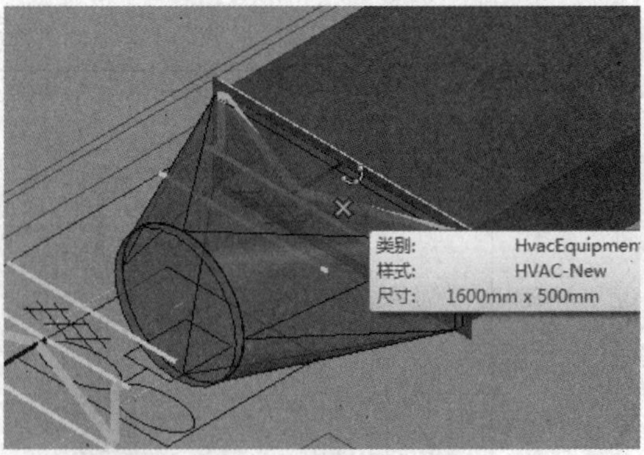

图 6-379　连接天圆地方

重新单击“天圆地方”按钮，取消“放置组件”对话框的“多边形”选项，按快捷键 F11 和 RR 调整接头方向，移动鼠标，出现连接符号“■”时，单击鼠标左键。完成的连接如图 6-383 所示。

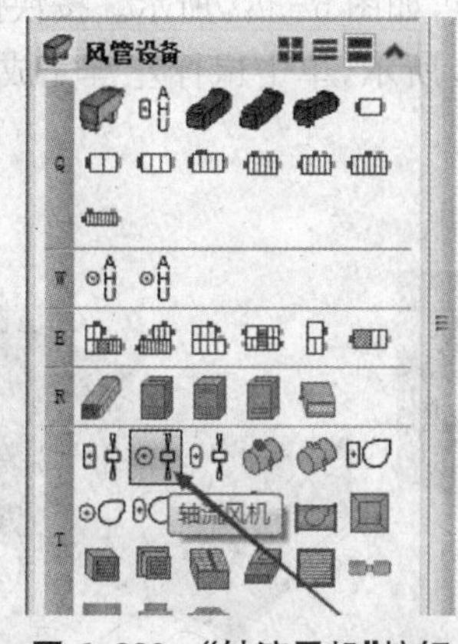

图 6-380 "轴流风机"按钮

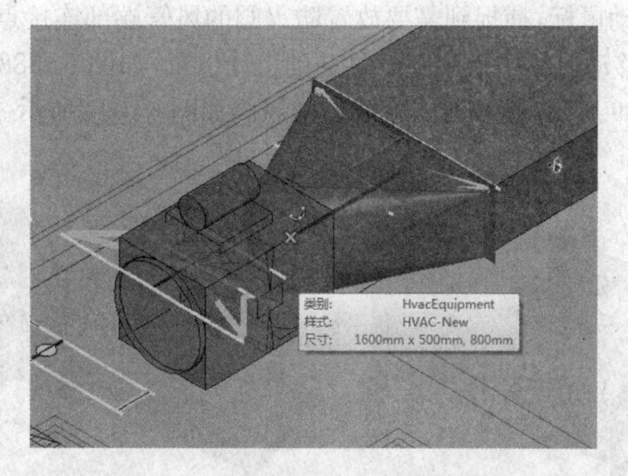

图 6-381 出现连接符号和捕捉符号

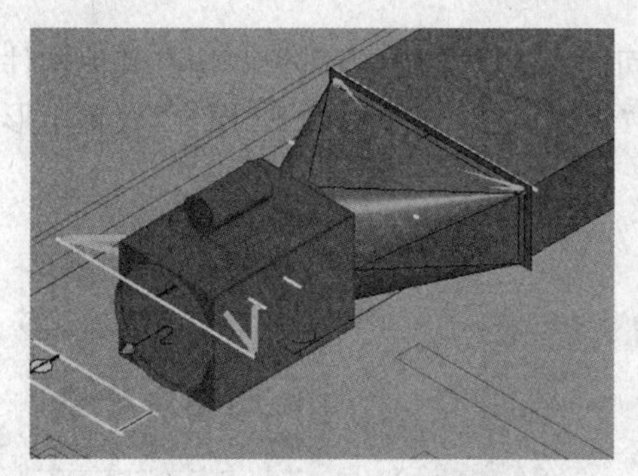

图 6-382 连接后的风机

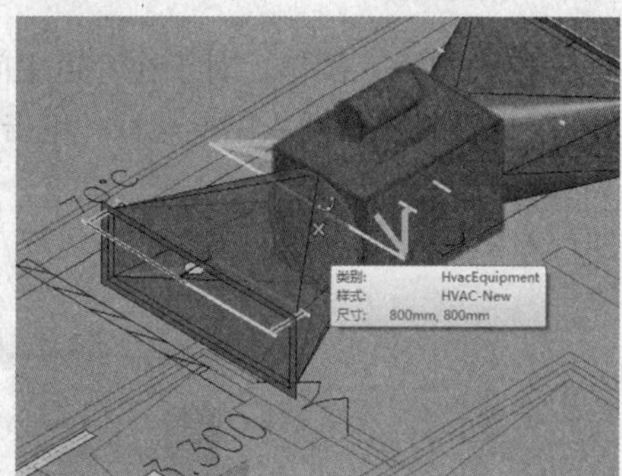

图 6-383 连接另一侧的天圆地方

6.6.4 添加风阀和风口

1. 添加风阀

矩形风管的风阀位于"矩形风管"任务栏的 S 行，下面以垂直防火阀为例，说明风阀的安装。单击"矩形风管"任务栏的 S8 图标"放置矩形垂直防火阀"(图 6-384)，按图6-385 设置"放置组件"参数，在"对象属性"对话框中设置防火阀的尺寸(图 6-386)。

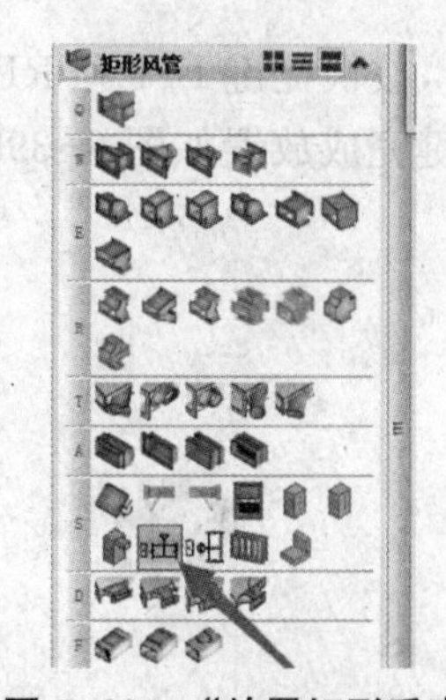

图 6-384 "放置矩形垂直防火阀"图标

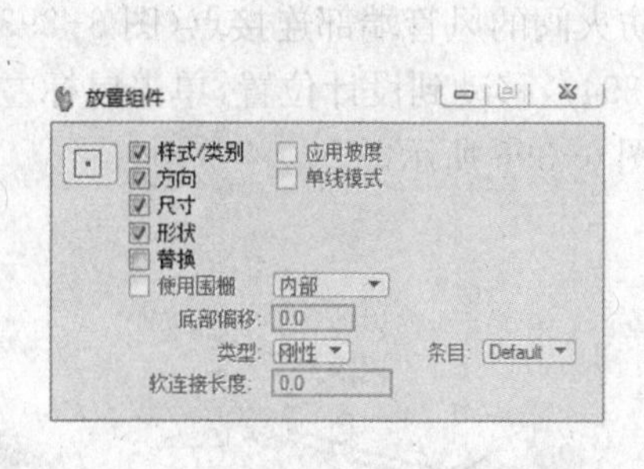

图 6-385 "放置组件"对话框

图 6-386 "对象属性"对话框

移动鼠标，捕捉到需要放置防火阀的风管端部连接点，如图 6-387 所示。按快捷键 F11 和 RI，移动鼠标防火阀随着移动到设计位置，如图 6-388 所示，单击鼠标左键完成放置，如图 6-389 所示，键入 RS，完成后的风阀如图 6-390 所示。

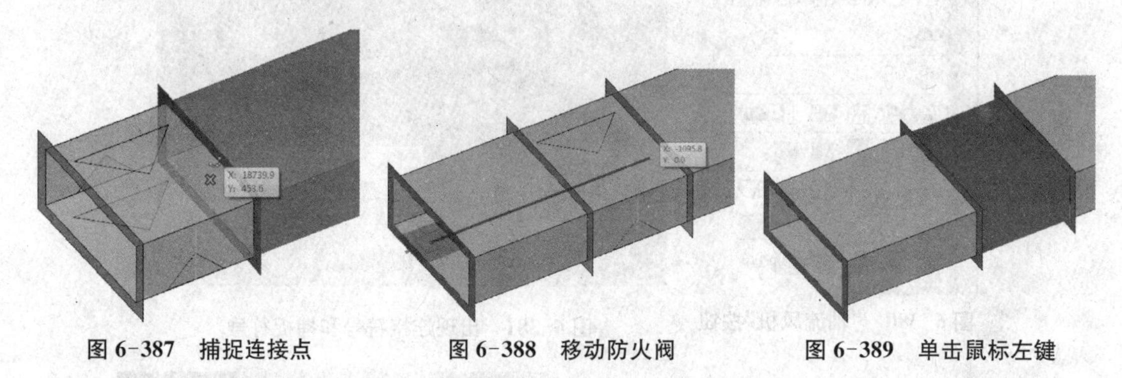

图 6-387　捕捉连接点　　图 6-388　移动防火阀　　图 6-389　单击鼠标左键

在线框模式的插入操作。对于在管道中间插入的防火阀，当风管两端有其他构件阻挡时，可以在线框模式进行插入图 6-391。单击“矩形风管”任务栏的 S8 图标“放置矩形垂直防火阀”，如图 6-392 所示。

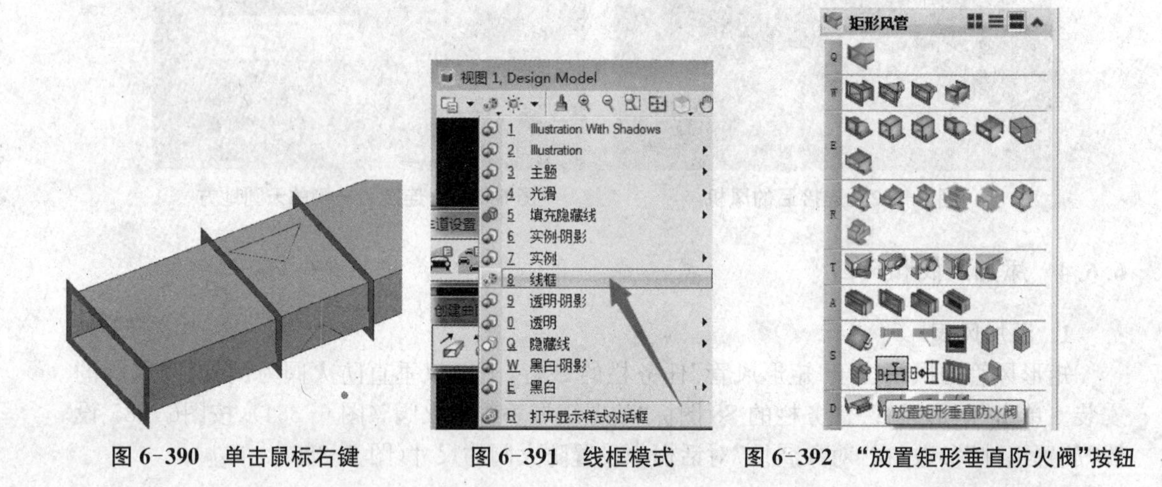

图 6-390　单击鼠标右键　　图 6-391　线框模式　　图 6-392　“放置矩形垂直防火阀”按钮

移动鼠标，捕捉到需要放置防火阀的风管端部连接点(图 6-393)，按快捷键 F11 和 RI，移动鼠标防火阀随着移动(图 6-394)，移动到设计位置，单击鼠标左键完成放置如图 6-395 所示，键入 RS，完成后的风阀如图 6-396 所示。

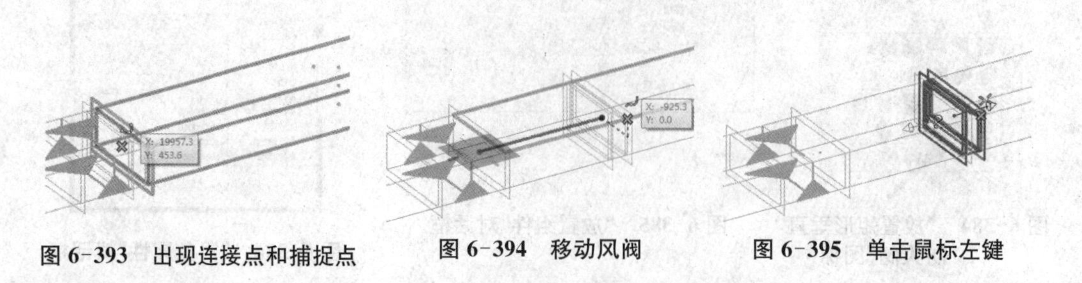

图 6-393　出现连接点和捕捉点　　图 6-394　移动风阀　　图 6-395　单击鼠标左键

在插图模式查看如图 6-397 所示。

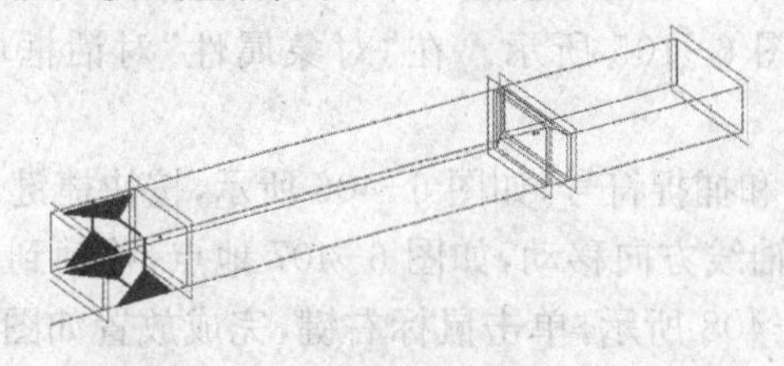

图 6-396 完成插入

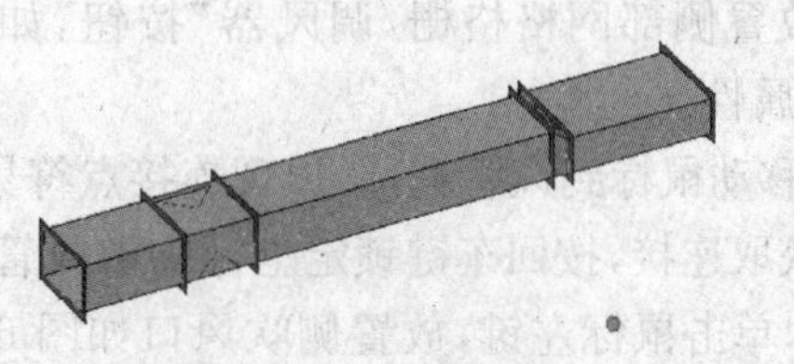

图 6-397 插图模式查看

2. 添加风口

AECOsim Building Designer(Ss6)内置了不同种类的风口,下面介绍风口的放置方法。

(1) 放置端部风口。端部风口图标位于任务栏"布置风口"的 S 行(图 6-398),单击"放置端部网格格栅/调风器"按钮(图 6-399),在"对象属性"对话框中设置尺寸参数如图6-400所示。

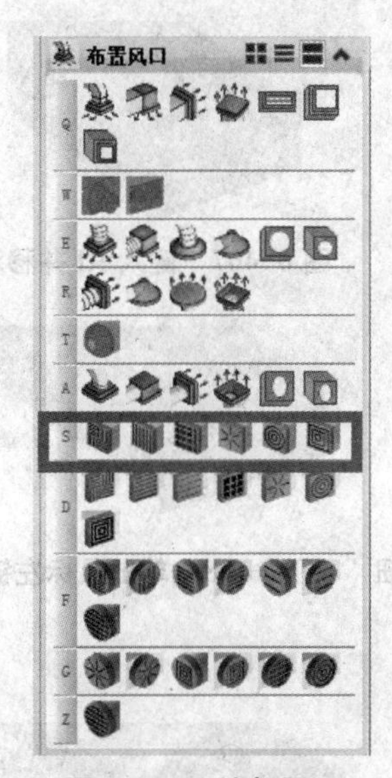

图 6-398 端部风口

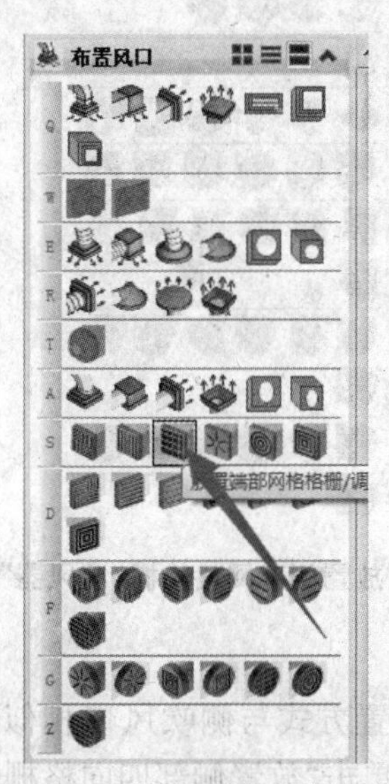

图 6-399 "放置端部网格格栅/调风器"按钮

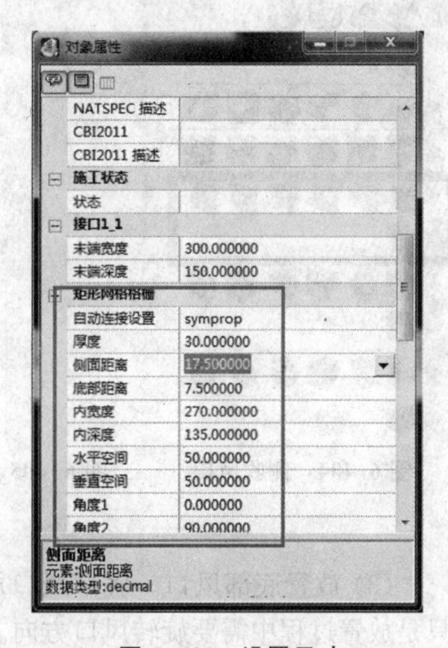

图 6-400 设置尺寸

移动鼠标到风管端部,出现连接点符号和捕捉符号(图 6-401),单击鼠标左键,放置端部风口如图 6-402 所示,单击鼠标右键,完成放置如图 6-403 所示。

图 6-401 出现捕捉符号

图 6-402 单击鼠标左键

图 6-403 端部风口放置完成

(2) 放置侧吹风口。侧吹风口图标位于任务栏“布置风口”的 D 行(图 6-404),单击“放置侧部网格格栅/调风器”按钮,如图 6-405 所示。在“对象属性”对话框中设置参数属性。

移动鼠标到风管端部,出现连接点符号和捕捉符号,如图 6-406 所示,按快捷键 F11 和 RI,获取连接,按回车键锁定坐标轴沿风管轴线方向移动,如图 6-407 地点,移动到设计位置后,单击鼠标左键,放置侧吹风口如图 6-408 所示,单击鼠标右键,完成放置如图 6-409 所示。

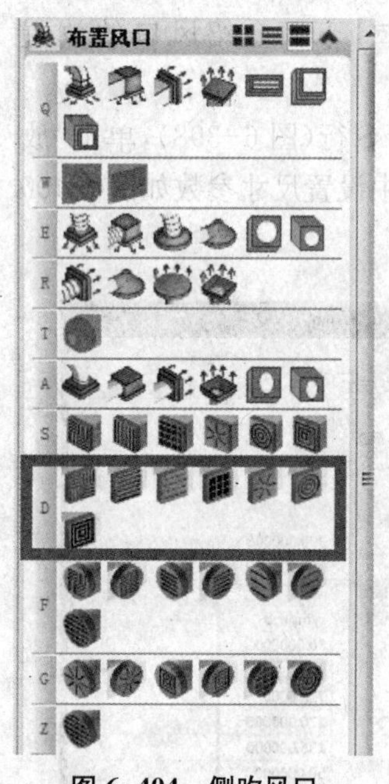

图 6-404 侧吹风口

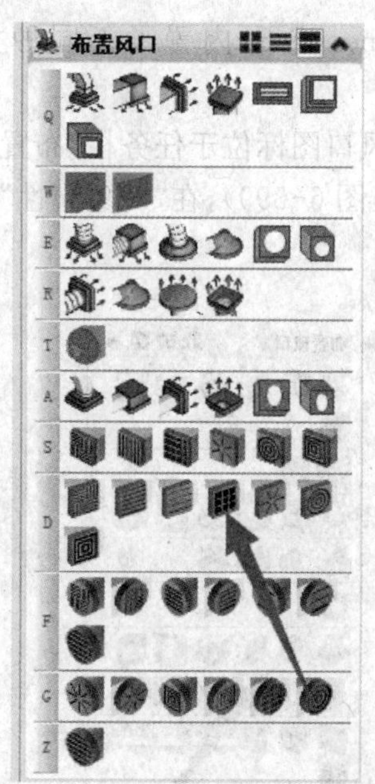

图 6-405 “放置侧部网格格栅/调风器”按钮

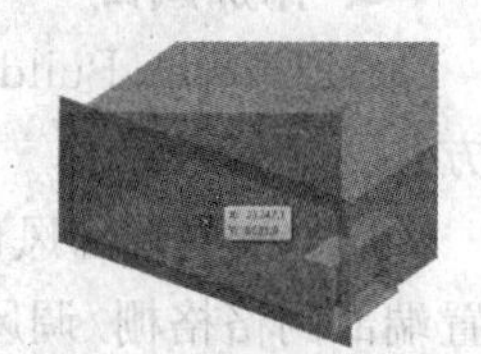

图 6-406 出现连接点

图 6-407 键入 RI 并移动

图 6-408 单击鼠标左键

(3) 放置底部风口。底部风口放置方式与侧吹风口相似。只是放置过程中需要旋转风口方向。单击“放置侧部四向格栅/调风器”按钮,如图 6-410 所示。在“对象属性”对话框中设置风口参数。

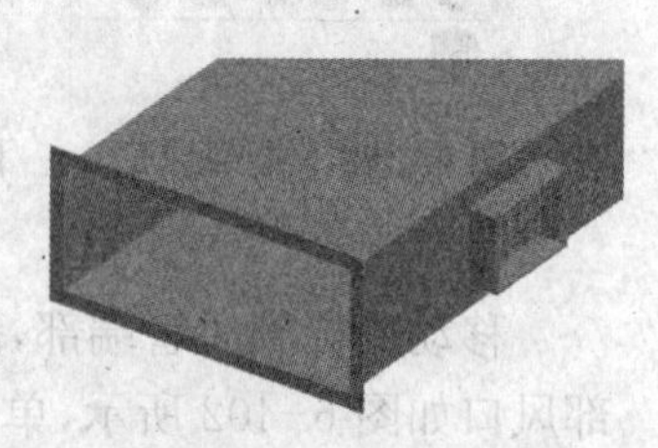

图 6-409 侧吹风口完成放置

移动鼠标到风管端部,出现捕捉符号和连接点时,按键盘快捷键 F11 和 RI,获取连接,如图 6-411 所示。按键盘快捷键 F11 和 RW,旋转风口朝向,如图 6-412 所示。按回车键锁定坐标轴沿风管轴线方向移动,移动到设计位置后,单击鼠标左键,放置底部风口如图6-413所示,单击鼠标右键,完成放置如图 6-414 所示。

6.6.5 管道修改

和水管类似,AECOsim Building Designer(Ss6)提供了风管的管道修改命令,命令位于“矩形风管”的 X 行,如图 6-415 所示。

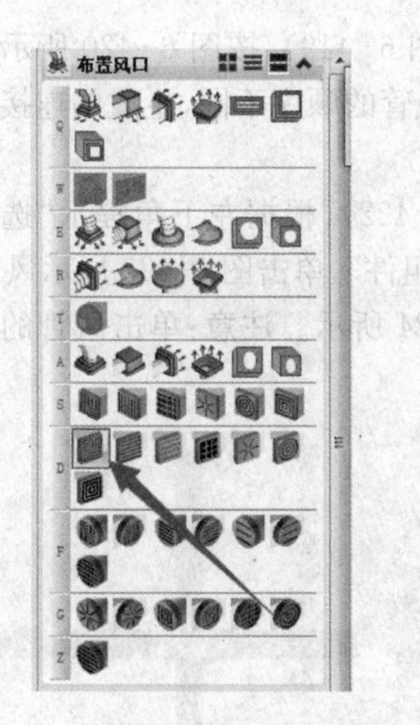

图 6-410 “放置侧部四向格栅/调风器”按钮

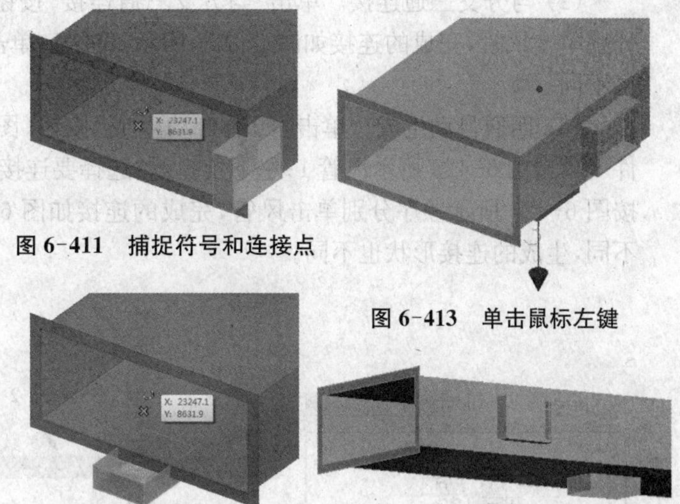

图 6-411 捕捉符号和连接点

图 6-412 键入 RW

图 6-413 单击鼠标左键

图 6-414 完成的底部风口

1. 连接风系

连接风系命令和水管的连接命令类似。

(1) 与关节连接。单击“连接风系”按钮(图 6-416),在弹出的“连接”对话框中,单击“与关节连接”图标,如图 6-417 所示。单击需要连接的风管,风管自动默认弯头连接。注意,在图 6-418 中,较短的部分风管将被截取掉。

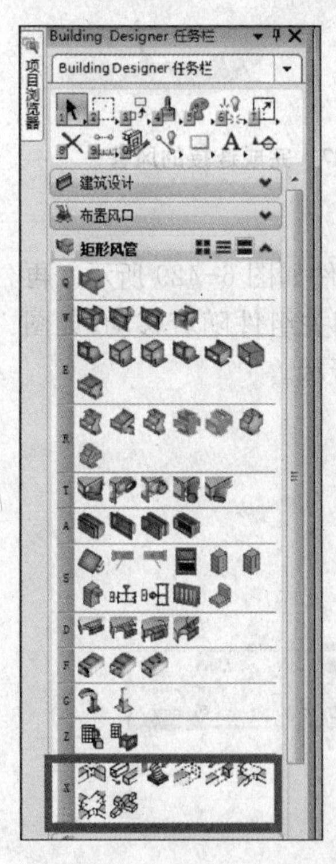

图 6-415 管道修改命令

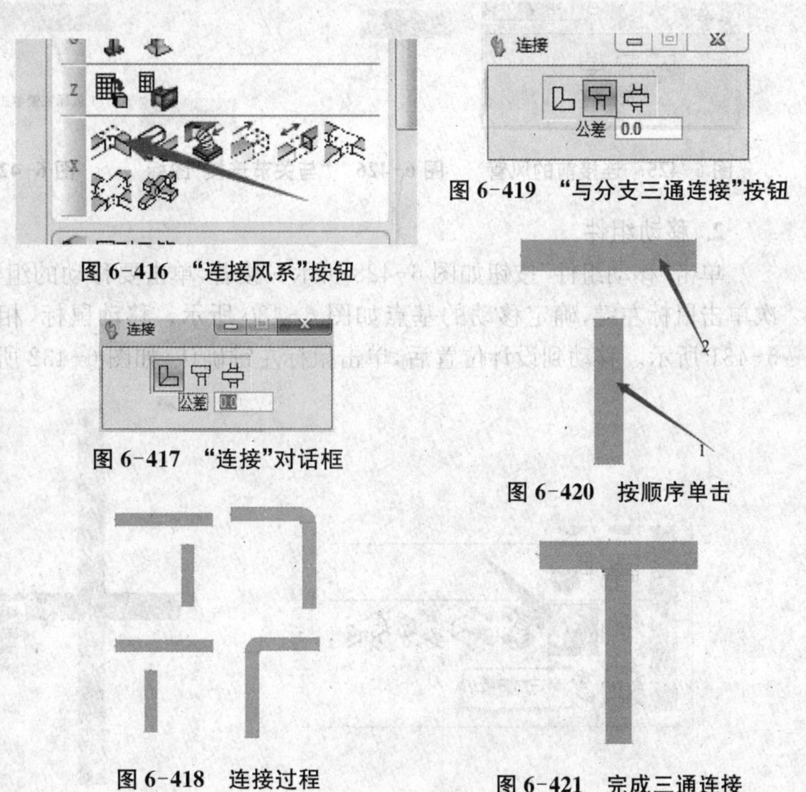

图 6-416 “连接风系”按钮

图 6-417 “连接”对话框

图 6-418 连接过程

图 6-419 “与分支三通连接”按钮

图 6-420 按顺序单击

图 6-421 完成三通连接

(2) 与分支三通连接。单击“与分支三通连接”按钮(图 6-419),按图 6-420 所示顺序分别单击风管,完成的连接如图 6-421 所示。**注意:**单击风管的顺序不同,生成的连接形状也不同。

(3) 四通自动生成。单击“四通自动生成”按钮(图 6-422),根据左下角提示“选择组件”,单击图 6-423 所示风管 1;左下角提示“选择要连接的组件”,单击图 6-423 所示风管 2;按图 6-423 所示顺序分别单击风管,完成的连接如图 6-424 所示。**注意:**单击风管的顺序不同,生成的连接形状也不同。

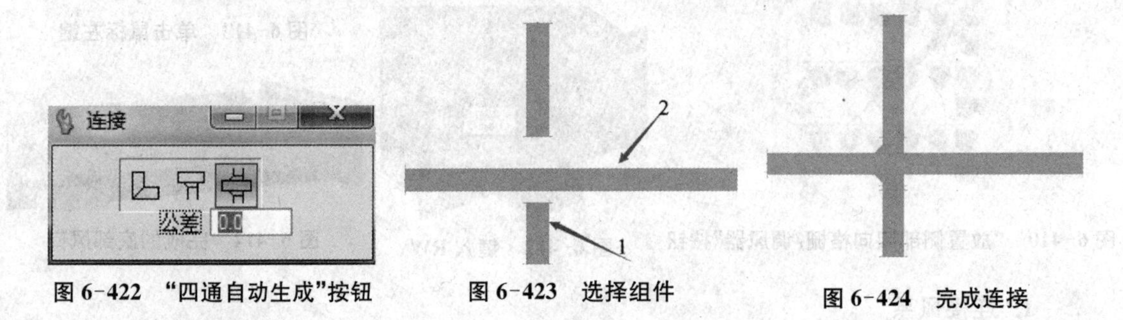

图 6-422 “四通自动生成”按钮　　图 6-423 选择组件　　图 6-424 完成连接

(4) 连接不共线风管。不共线风管如图 6-425 所示,连接不共线风管采用的是“与关节连接”,如图 6-426 所示。在“公差”后填写不共线风管的间距。按图 6-427 所示顺序单击风管,即可完成连接。

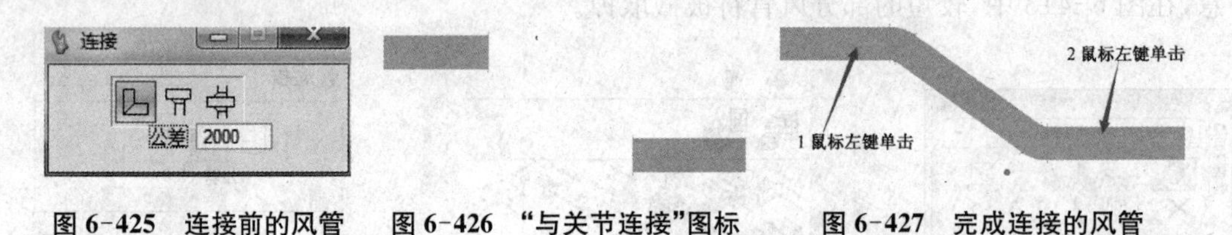

图 6-425 连接前的风管　　图 6-426 “与关节连接”图标　　图 6-427 完成连接的风管

2. 移动组件

单击“移动组件”按钮如图 6-428 所示。接着,单击要移动的组件如图 6-429 所示。再次单击鼠标左键,确定移动的基点如图 6-430 所示。移动鼠标,相关组件随着移动,如图 6-431 所示。移动到设计位置后,单击鼠标左键确认,如图 6-432 所示。

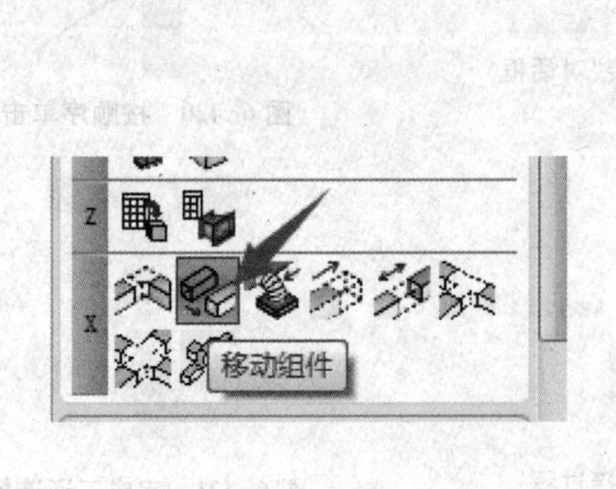

图 6-428 “移动组件”按钮

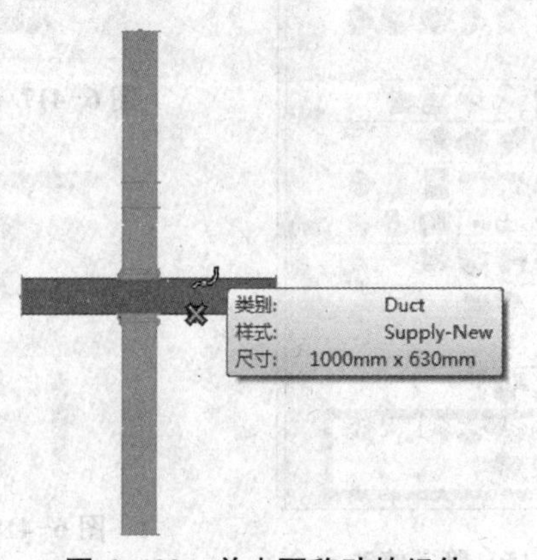

图 6-429 单击要移动的组件

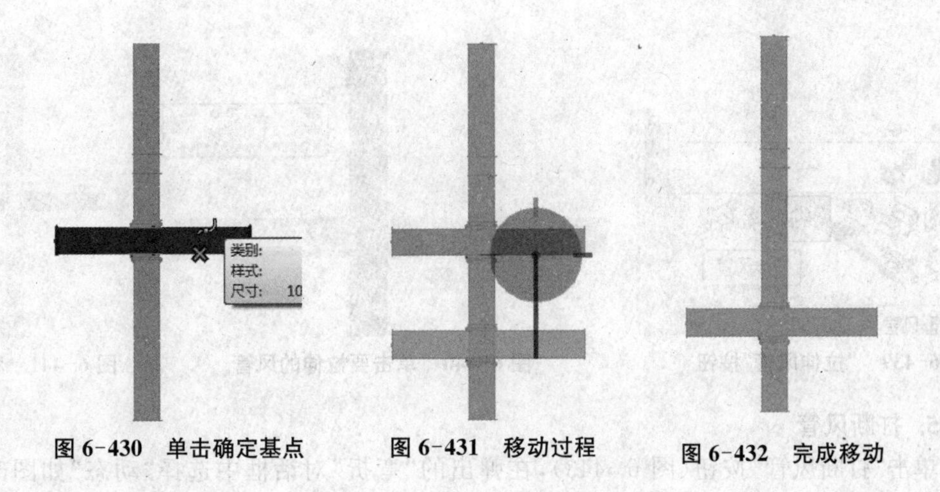

图 6-430 单击确定基点　　图 6-431 移动过程　　图 6-432 完成移动

3. 设备连管

设备(风口)与风管的连接就是设备连管,连接前如图 6-433 所示。单击“设备连接”按钮,如图 6-434 所示。在弹出的“设备连管”对话框中进行连接设置,如图 6-435 所示。

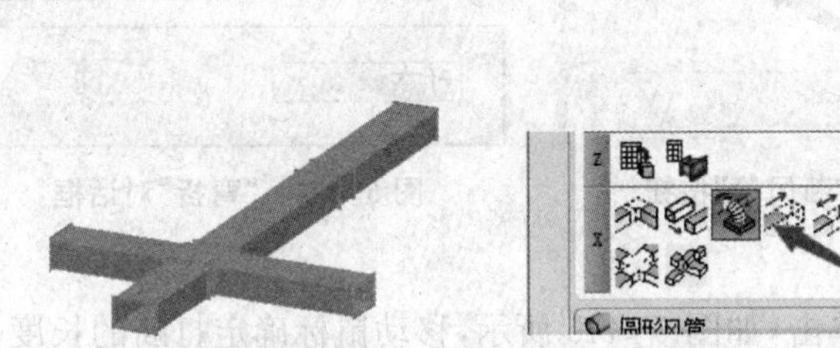

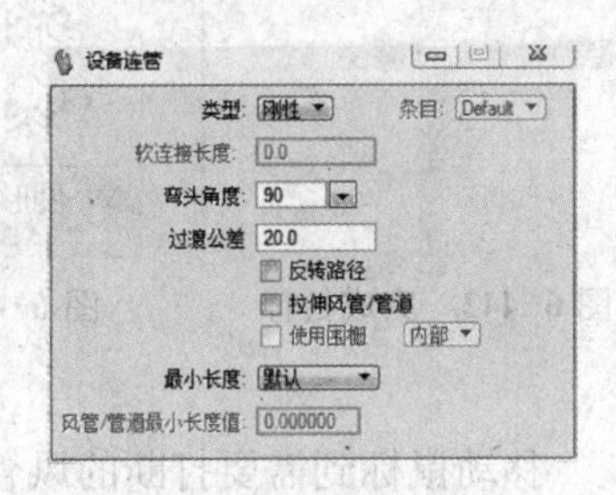

图 6-433 要连接的风口和风管　　图 6-434 “设备连接”按钮　　图 6-435 “设备连管”对话框

单击设备(风口),再单击风管,如图 6-436 所示。软件提供了连接的预览,如图 6-437 所示,可以移动鼠标更改连接位置。位置合适后,单击鼠标左键,完成连接,如图 6-438 所示。

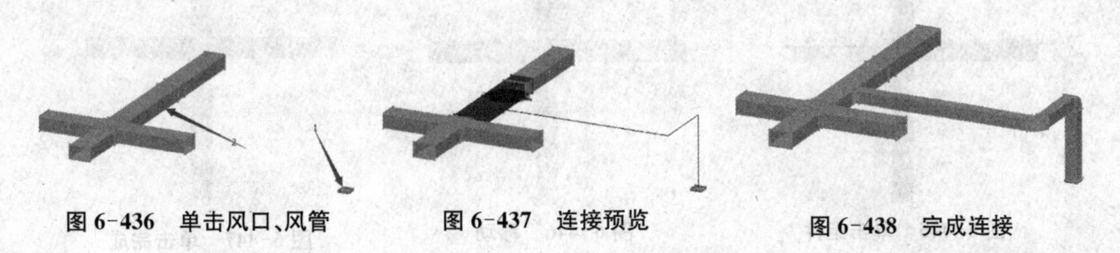

图 6-436 单击风口、风管　　图 6-437 连接预览　　图 6-438 完成连接

4. 拉伸风管

单击“拉伸风管”按钮,如图 6-439 所示。接着,单击要拉伸的风管,如图 6-440 所示。移动鼠标,风管跟随被拉伸,如图 6-441 所示。光标移动到要求位置,单击鼠标左键完成拉伸,如图 6-442 所示

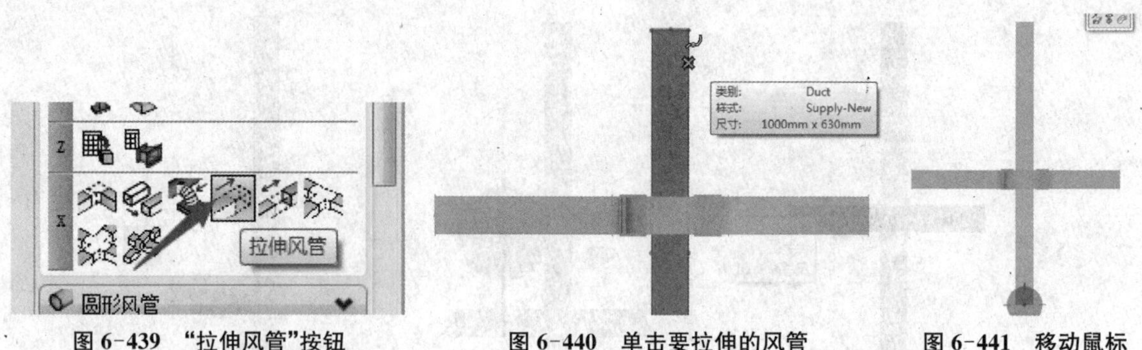

图 6-439 “拉伸风管”按钮　　图 6-440 单击要拉伸的风管　　图 6-441 移动鼠标

5. 打断风管

单击“打断风管”按钮(图 6-443),在弹出的“弯折”对话框中选择“动态”如图6-444所示。

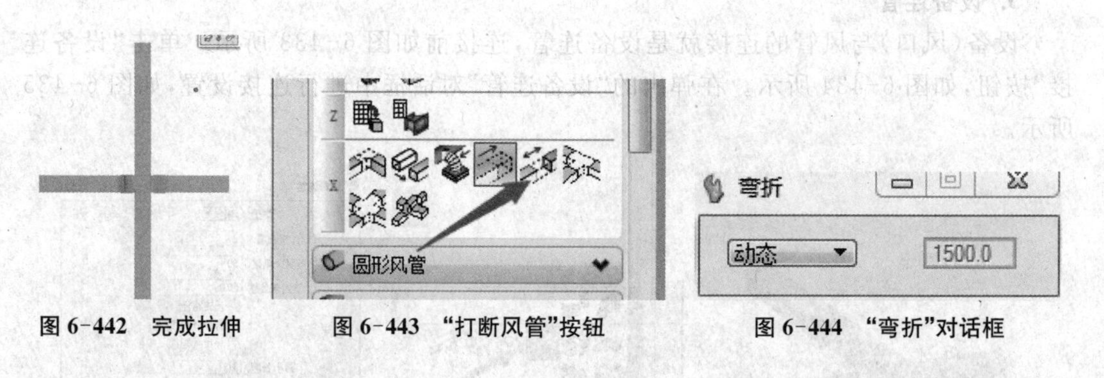

图 6-442 完成拉伸　　图 6-443 “打断风管”按钮　　图 6-444 “弯折”对话框

移动鼠标到需要打断的风管部位单击,如图 6-445 所示,移动鼠标确定打断的长度,如图 6-446 所示。单击鼠标左键,完成风管打断,如图 6-447 所示。

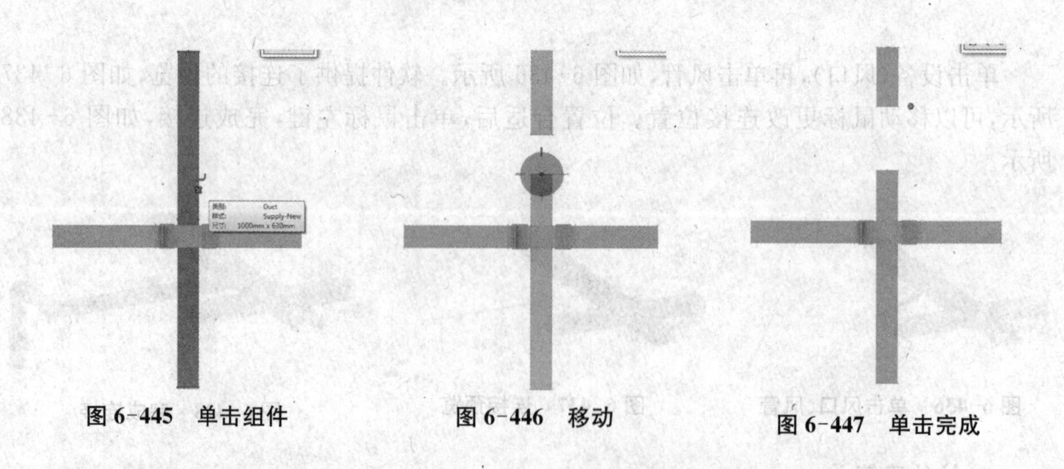

图 6-445 单击组件　　图 6-446 移动　　图 6-447 单击完成

在“弯折”对话框中,选择“标准”并在后面的编辑框中输入“1500”,这样就可以把一根完成的风管打断为 1 500 mm 一段的风管(图 6-448),单击要打断的风管(图6-449),完成打断的风管如图6-450所示。

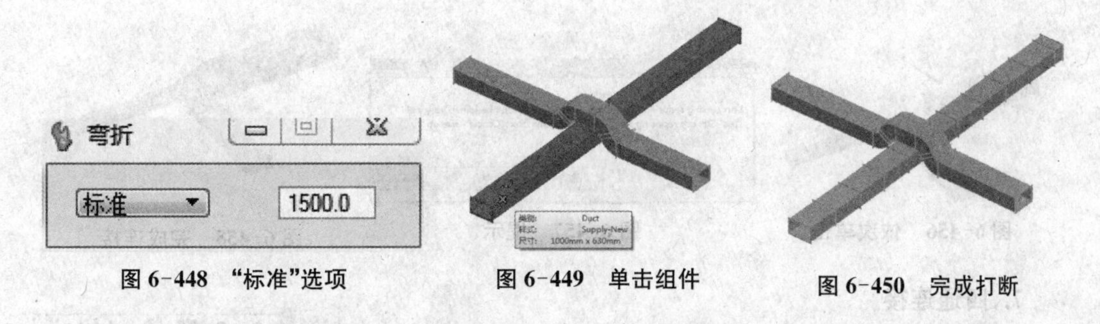

图 6-448 “标准”选项　　图 6-449 单击组件　　图 6-450 完成打断

在“弯折”对话框中，选择“合并共线”(图 6-451)，这样就可以把若干根首尾相连的风管合并为一根弯整的风管。单击要合并的风管中的一段(图 6-452)，完成打断的风管如图 6-453所示。

图 6-451 “合并共线”　　图 6-452 单击要合并的组件之一　　图 6-453 完成合并

6. 三通连接

三通连接是 AECOsim Building Designer(Ss6)提供的一项非常高效的功能。使建模人员可以方便建立各种不同形式的风管三通连接。

单击“三通连接”按钮(图 6-454)，在弹出的“三通自动生成”对话框中(图 6-455)，左侧顶部排列了 5 个图标，分别表示创建 5 种不同形式的三通连接。本例采用第一种三通连接进行示范，其他连接形式都非常明了，读者可以自行练习。

单击第一个三通图标，下部出现一些三通的参数，可以根据需要进行修改，右侧的图示中用数字表示鼠标单击风管的顺序。需要注意的是，1 和 2 的风管的轴线应该平行，否则无法创建三通。

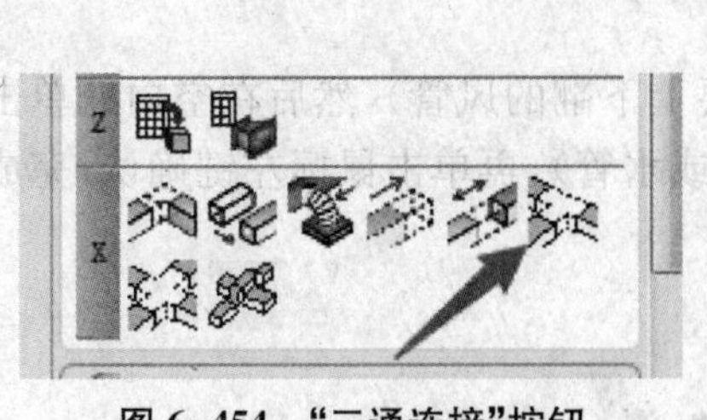

图 6-454 “三通连接”按钮

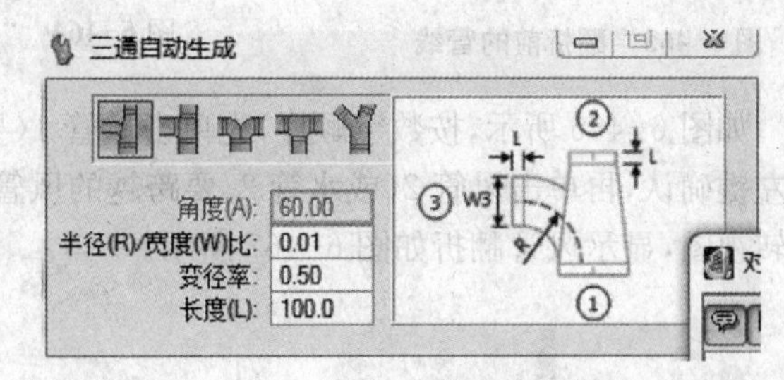

图 6-455 “三通自动生成”对话框

按图 6-456 所示，依次单击三段风管，然后在空白处单击鼠标左键，有时会弹出图 6-457 所示的提示，说明三段风管位置有问题，可以根据情况处理。正常情况下，就会生成图 6-458 所示的三通连接。

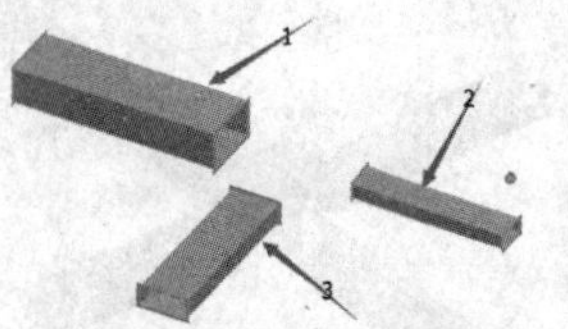

图 6-456　依次单击

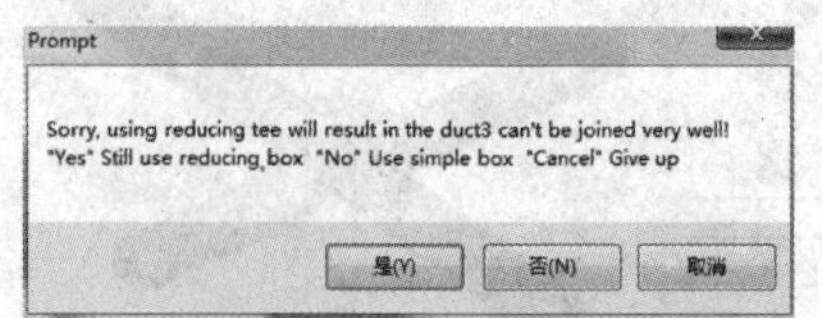

图 6-457　提示

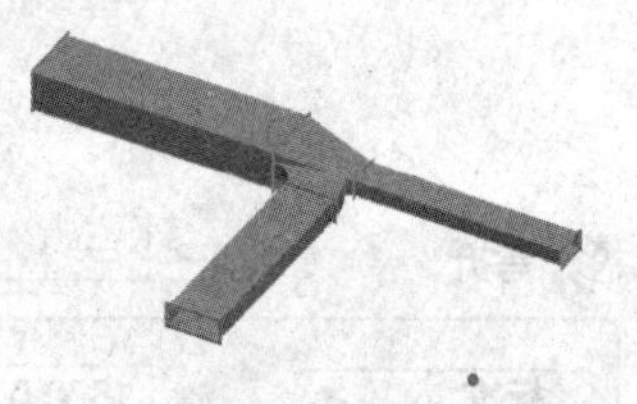

图 6-458　完成连接

7. 四通连接

单击"四通连接"按钮(图 6-459)。在"四通自动生成"对话框中(图 6-460),选择第一种四通,按图 6-461 所示的顺序依次单击需要四通连接的风管,生成如图6-462 所示的四通连接。

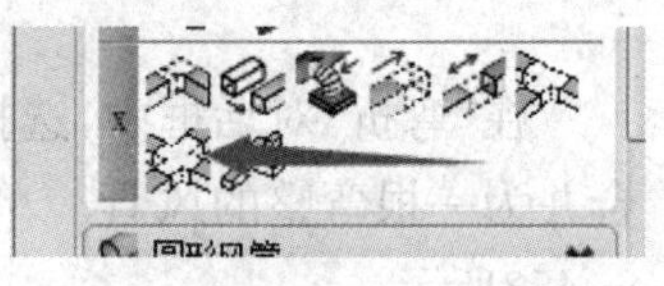

图 6-459

8. 翻折风管

翻折前的管线如图 6-463 所示。单击"翻折风管"按钮(图 6-464)。在弹出的"翻折"对话框中(图 6-465),设置翻折的方向和间隔等参数。

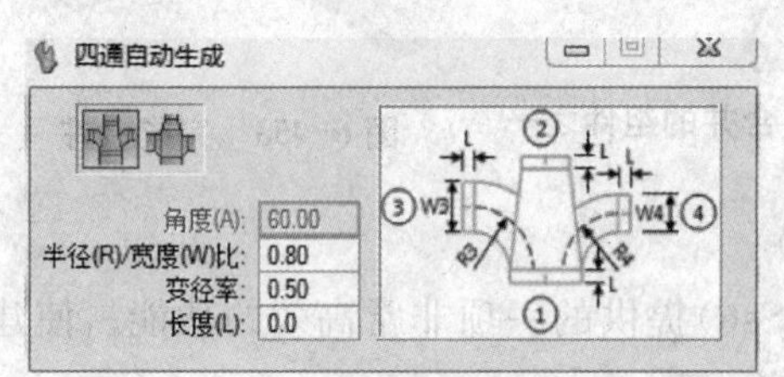

图 6-460　"四通自动生成"对话框

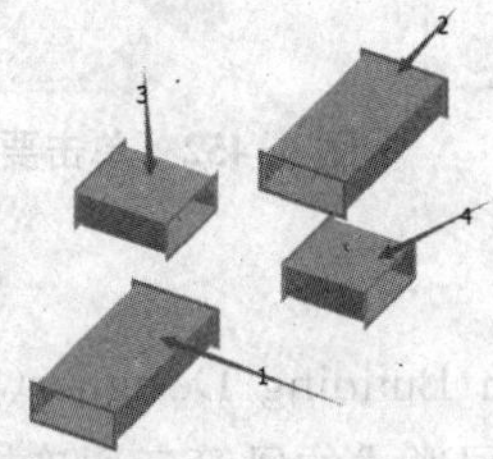

图 6-461　依次单击

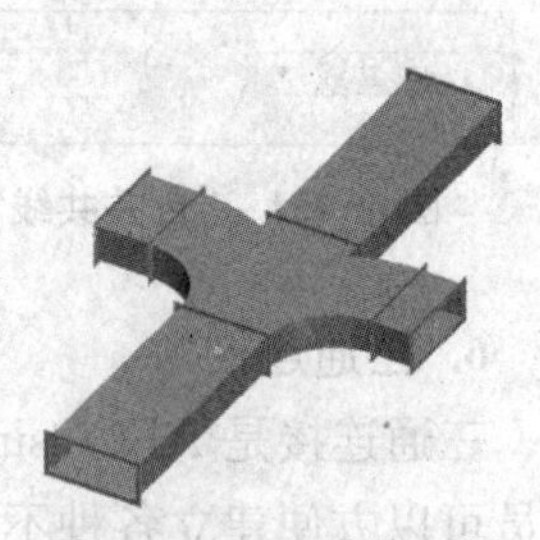

图 6-462　生成的四通

图 6-463　翻折前的管线

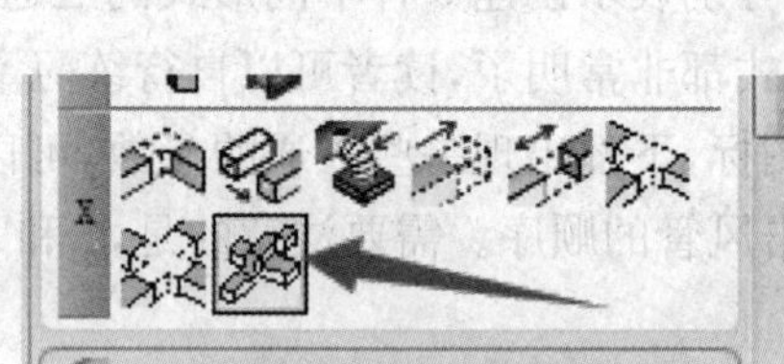

图 6-464　"翻折风管"按钮

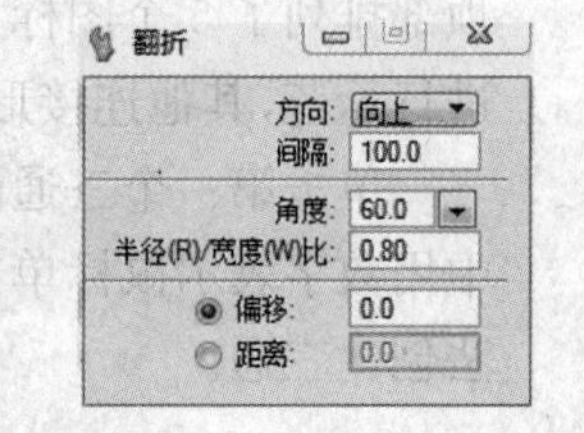

图 6-465　"翻折"对话框

如图 6-466 所示,按数字顺序,先单击风管 1(要上下翻的风管),然后在空白处单击鼠标左键确认,再单击风管 2(或水管 2、要跨越的风管或水管),再单击鼠标左键确认,完成后旋转视图,显示风管翻折如图 6-467 所示。

图 6-466　依次单击管线　　图 6-467　完成的管线

6.7 创建建筑电气

双击桌面图标“ ”或者在其他模块中单击“建筑系列”→“加载电气”，打开建筑电气。如图 6-468 所示。

新建一个电气样板的文件。在“打开的文件”对话框中，单击“新建”按钮(图 6-469)。选择种子文件时，必须选择 DesignSeed_Electrical 作为种子文件(图 6-470)，新建文件名为“电气”(图 6-471)，然后，打开“电气.dgn”文件，如图 6-472 所示。

注意：Electrical Building Designer V8i 启动时，会随着启动 BBES Database Server，如图 6-473 所示，这是一个数据库服务程序，负责将模型中的信息传递给数据库，或者从数据库读取数据并在模型中显示。因此，不能将 BBES Database Server 关闭，否则无法进行电气建模。

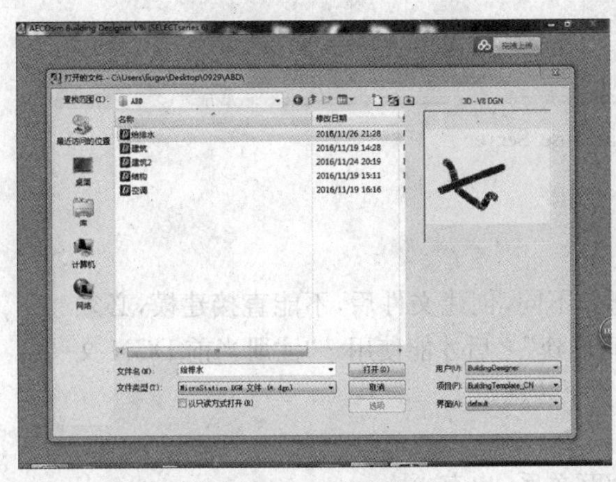

图 6-468 启动建筑电气

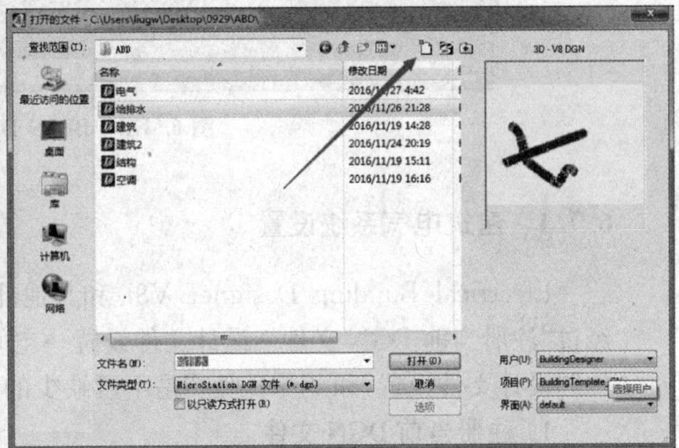

图 6-469 “新建”按钮

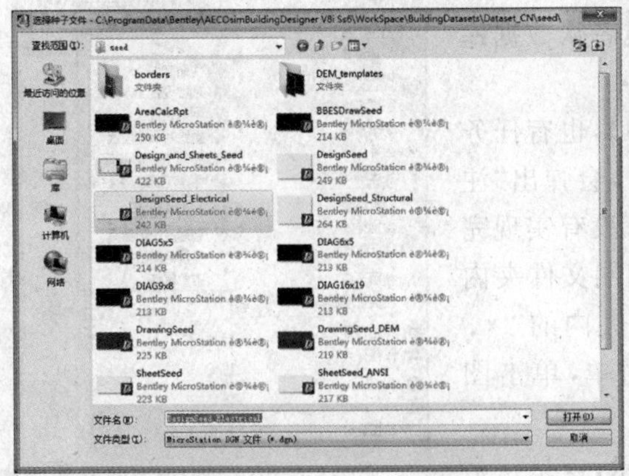

图 6-470 选择种子文件

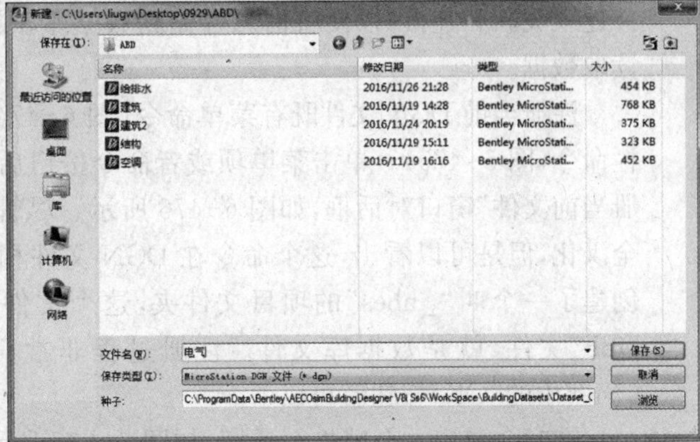

图 6-471 新建文件

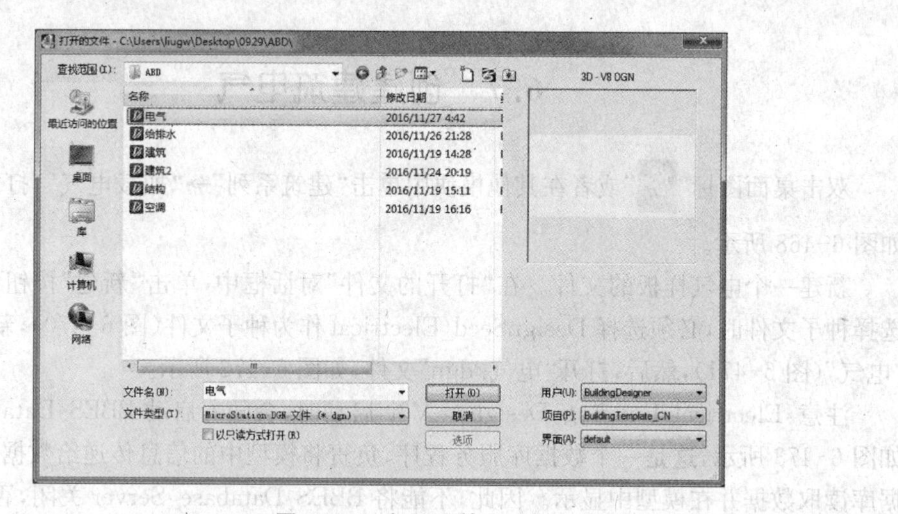

图 6-472　打开文件

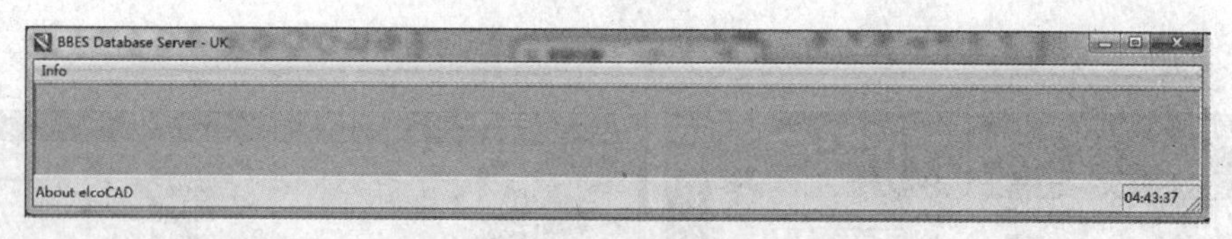

图 6-473　BBES Database Server

6.7.1　建筑电气系统设置

Electrical Building Designer V8i 和其他部分不同，创建文件后，不能直接建模，必须经过“注册当前 DGN 文件→设计文件设置→空间创建”之后才能使用。“注册当前 DGN 文件”“设计文件设置”和“空间创建”是不可缺少的三个步骤。

1. 注册当前 DGN 文件

由于建筑电气的数据量庞大，既有平面的相互关系，也有高程上的相互关系，所以管理这样的庞大数量数据，需要采用数据库。注册 DGN 文件，本质上是让 DGN 文件和数据库文件建立关联和连接，以便将信息存储到数据库，或者从数据库读取数据。

注册当前 DGN 文件既有菜单命令（图 6-474），也有任务栏命令（图 6-475）。单击菜单项或者命令按钮后，会弹出“注册当前文件”窗口对话框，如图 6-476 所示。尽管没有实现完全汉化，但是可以看出，这个命令在 DGN 文件相同文件夹内创建了一个叫“_bbes”的项目文件夹，这个文件夹内的“*.DBF”文件，就是数据库文件。注册过程非常简单，单击图 6-476中的“OK”按钮就可以了。

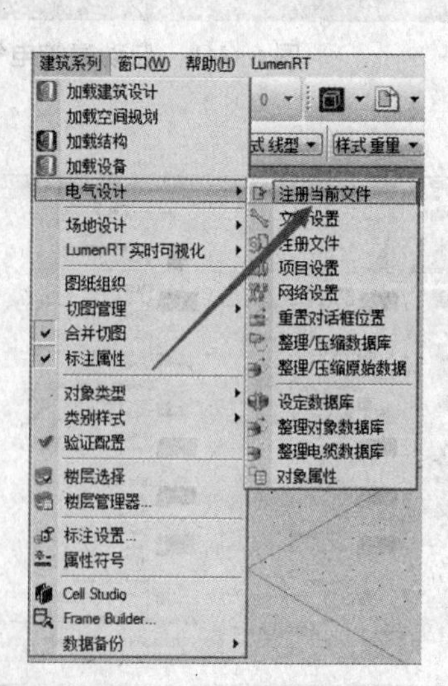

图 6-474　“注册当前文件”菜单

有时会弹出一个警告对话框，如图 6-477 所示，这是一个预定义的符号没有找到的提示，可以先单击“确定”按钮关闭。

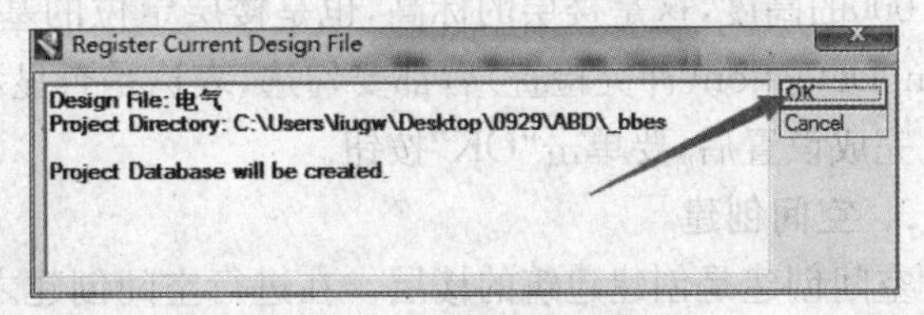

图 6-476 "注册当前文件"窗口

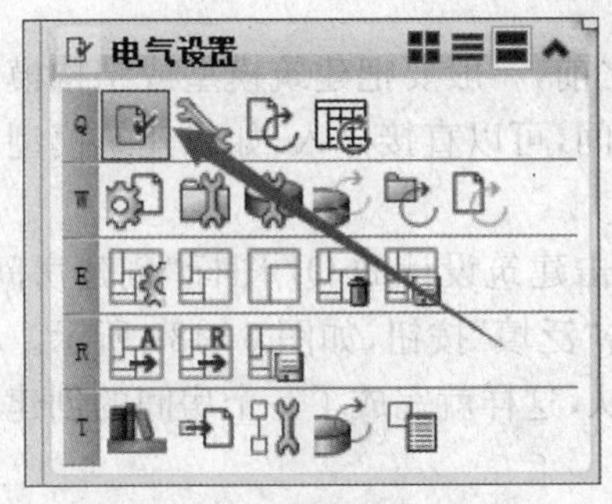

图 6-475 "注册当前文件"按钮

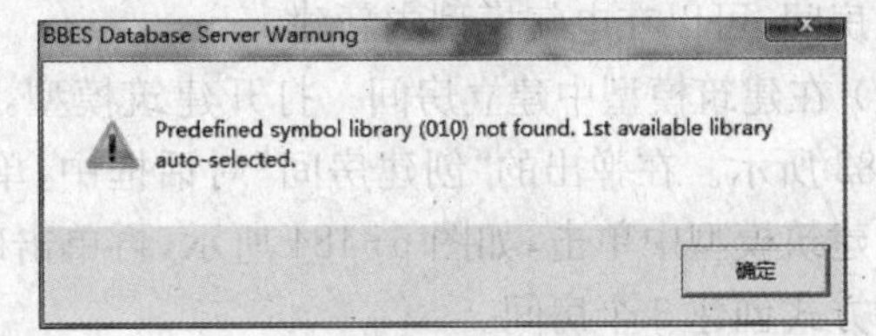

图 6-477 符号库没有找到的提示

2. 设计文件设置

设计文件设置是电气建模的第二步，单击"设计文件设置"按钮，如图 6-478 所示。此时，弹出"Drawing Setup"(图形设置)对话框，如图6-479—图 6-481 所示。这个对话框一共有三个选项卡。

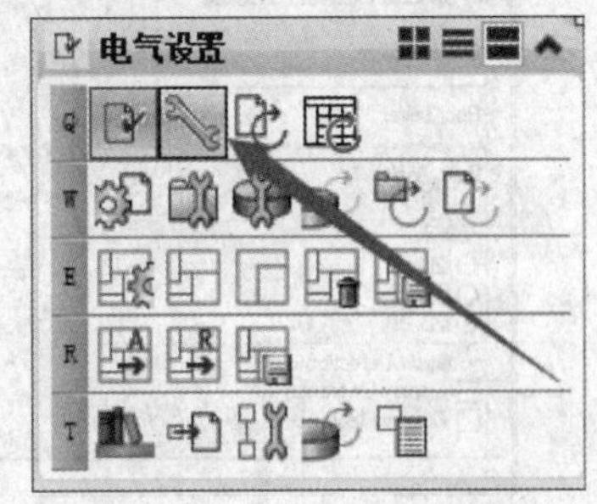

图 6-478 "设计文件设置"按钮

(1) 第一个选项卡是选择默认的电气符号，系统默认的是英标/欧标 60617 的符号，基本和中国的电气符号一致，如果对电气符号有要求，可以自己创建中国国标的电气符号库。Scale factor(放大系数)决定放置后的符号比原始符号大多少倍，一般为 1.0，Std. Text Size 是字体大小，一般为 0.1。要勾选 Rotate symbols at insertion(插入时旋转符号)。

(2) 第二个选项卡是 Building Structure(建筑结构)，主要用来定义建筑物的平面的房间、区域和高程上的高度的。一般要选择"Level, Space"(标高、空间)，方法很简单，单击一下，让这个行变成红色即可。

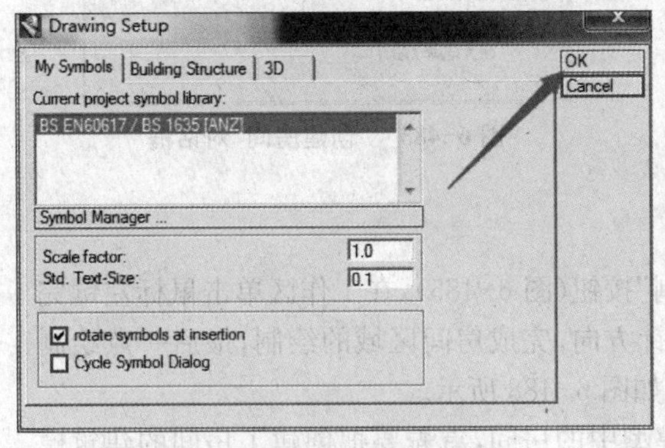

图 6-479 "设计文件设置"对话框(一)

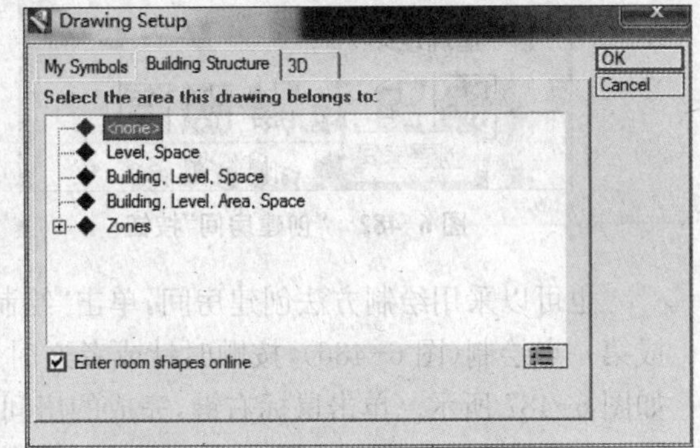

图 6-480 "设计文件设置"对话框(二)

(3) 第三个选项卡是 3D，是为 3D 符号定位做的设置。Ceiling Height(天花板高度)是以米为单位的、距离 Roof Level 的高度；Roof Level 是以米为单位的、距离整个建筑物

±0.000的高度，这是楼层的标高，也是楼层定位的基础；2D/3D是指符号的显示状态，Collision Detection（冲突检查）后都要勾选，表达是否显示冲突的物体。

完成设置后，要单击“OK”按钮。

3. 空间创建

空间创建是创建建筑的楼层。在进行空间创建之前，一般要把建筑模型或结构模型参考进电气模型，如果建筑模型中已经建立了空间和房间，可以直接导入，如果建筑模型中没有建立房间，可以在电气模型中新建。

（1）在建筑模型中建立房间。打开建筑模型，单击建筑设计的Q1图标“创建房间”如图6-482所示。在弹出的“创建房间”对话框中，单击“泛填”按钮，如图6-483所示。移动鼠标在建筑模型中单击，如图6-484所示，再单击确认，这样就完成了一个房间的创建。采用这种方式创建3个房间。

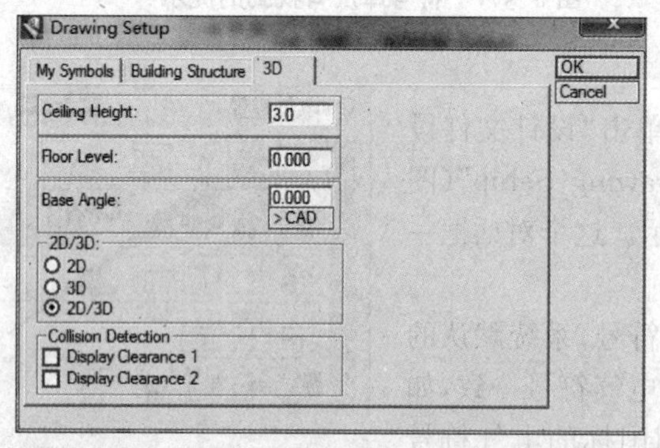

图6-481 “设计文件设置”对话框(三)

图6-482 “创建房间”按钮

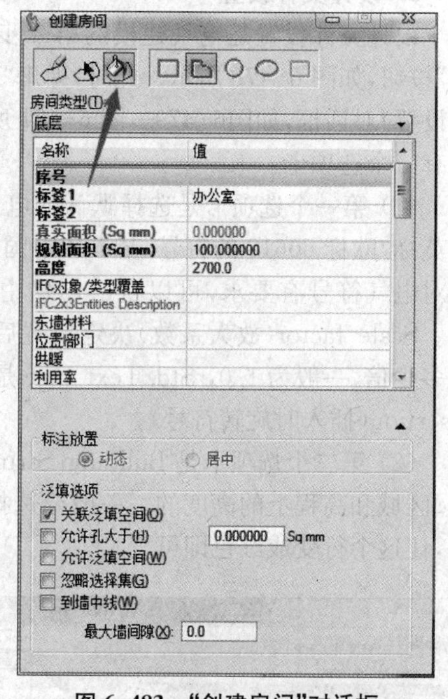

图6-483 “创建房间”对话框

也可以采用绘制方法创建房间，单击“绘制”按钮(图6-485)，在工作区单击鼠标左键完成第一点绘制(图6-486)，按顺时针或者逆时针方向，完成房间区域的绘制，最后一点绘制如图6-487所示。单击鼠标右键，完成的房间如图6-488所示。

（2）导入建筑模型中的房间。导入建筑模型中的房间，首先要把创建了房间的建筑模型参考到电气模型。然后，在顶视图全选连接的模型，如图6-489所示。接着，单击“导入建筑系列设计系统空间”按钮，如图6-490所示。

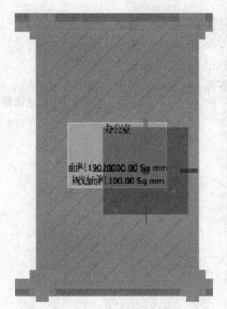

图 6-484 创建的房间

图 6-485 绘制创建房间

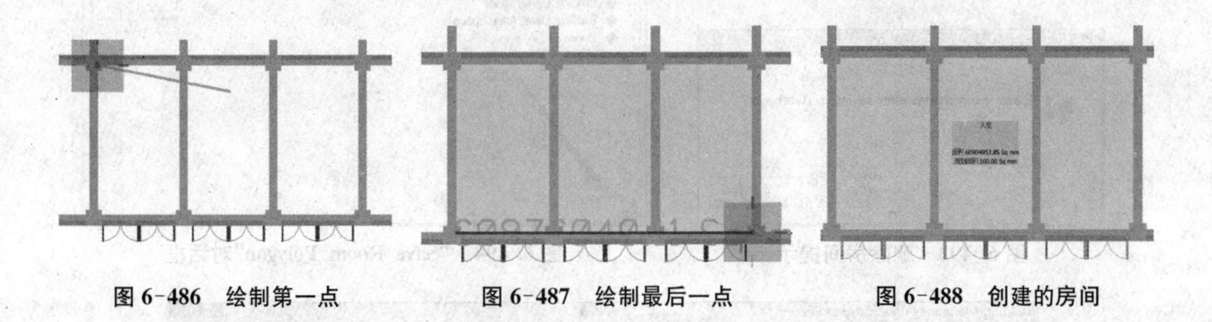

图 6-486 绘制第一点　　图 6-487 绘制最后一点　　图 6-488 创建的房间

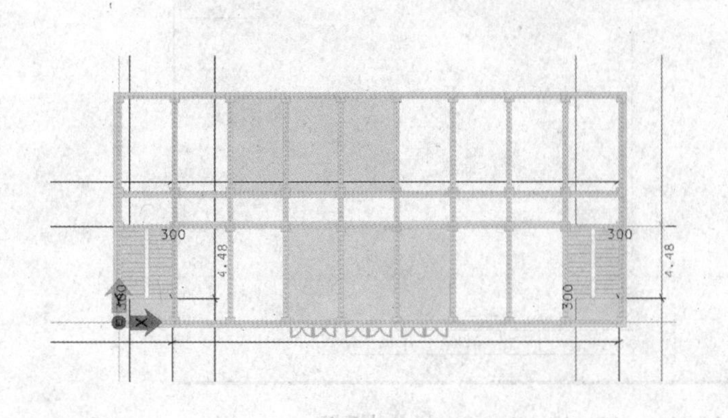

图 6-489 全选参考模型

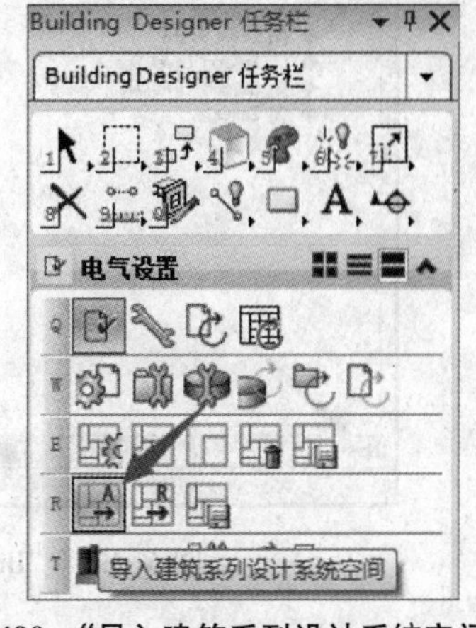

图 6-490 “导入建筑系列设计系统空间”按钮

接着再次全选参考模型,如图 6-491 所示。单击“保存导入的空间/区域数据”按钮,如图 6-492 所示。在弹出的“BBES Request(MDL)”对话框中单击“是”(对话框中的提示是:

保存到数据库后删除房间形状?)。

接着,弹出“Save Room Polygon(保存房间多边形)”对话框中,单击左下角的“Building Manager/Classification System”图标,如图6-494所示。在打开的“Building Manager/Classification System”对话框中,单击左下角的“New…”图标,如图6-495所示。

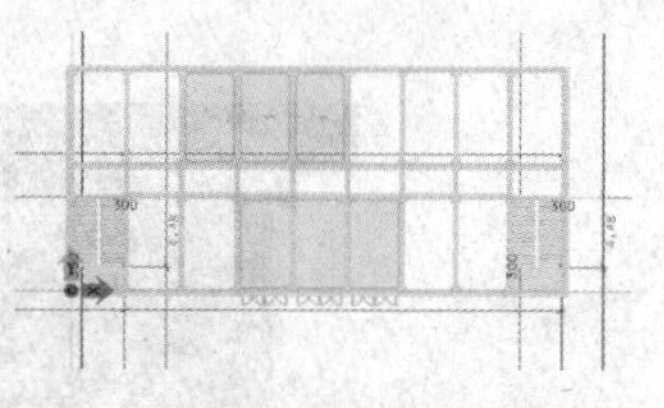

图6-491 全选参考模型

图6-492 “保存导入的空间/区域数据”按钮

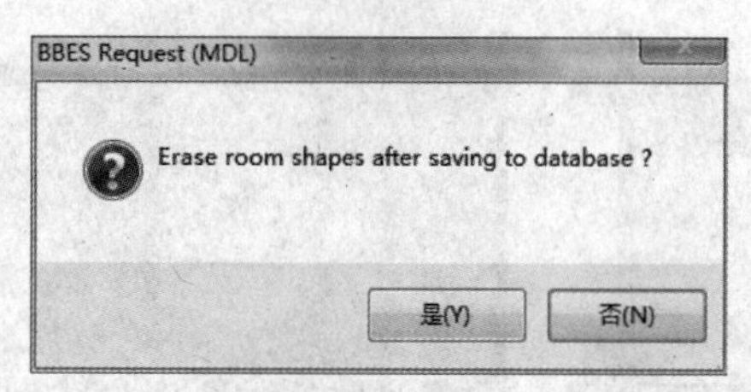

图6-493 删除房间提示

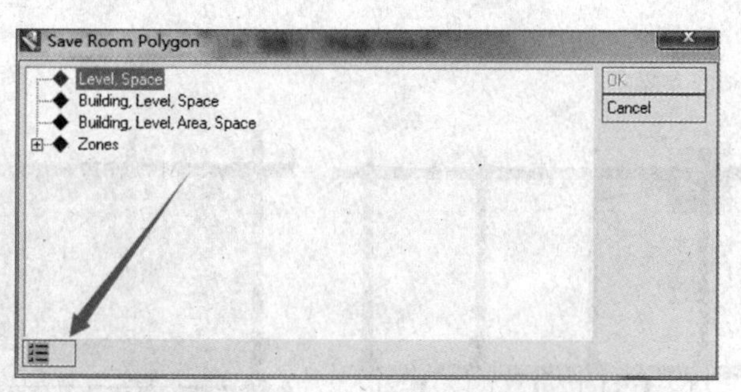

图6-494 “Save Room Polygon”对话框

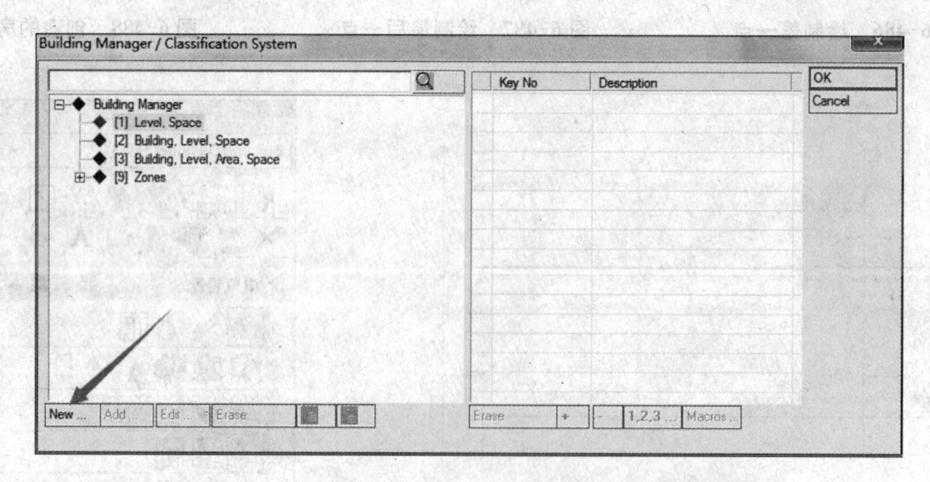

图6-495 “Building Manager/Classification System”对话框

在弹出的“Create Keys”对话框中,按图6-496所示,输入“1层”,表示这些房间属于1层。依次单击三个窗口的“OK”按钮,关闭对话框。这样,就把建筑模型中的房间保存到电气数据库中了。

(3) 在电气模型中绘制房间。单击图 6-497 所示的“建筑特性管理器”按钮，弹出图6-498 所示的“Building Manager”对话框，在对话框中单击左下角的“Building Manager”按钮。在弹出的“Building Manager/Key Floor1”对话框中单击“New…”按钮，如图 6-499 所示。

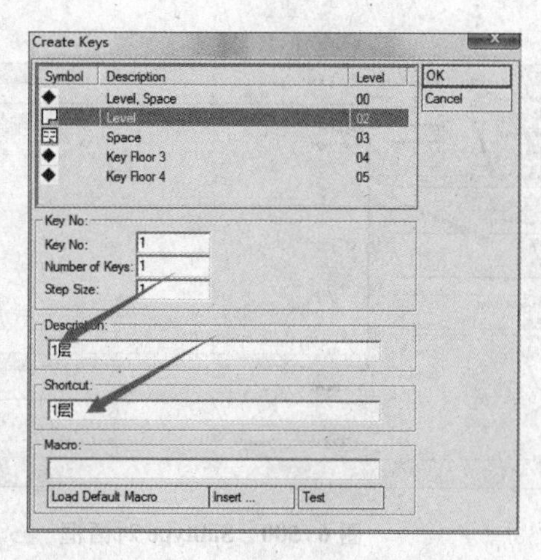

图 6-496　“Create Keys”对话框

在弹出的 Subtype 对话框中，填写 Room/Zone No. 和 Room/Zone name(图 6-500)，单击“OK”按钮关闭对话框。在“Building Manager”对话框中，刚刚添加的“办公室”是蓝色的图标，表示还没有房间的形状，单击左下部的“Draw Room Shape”按钮(图 6-501)。在绘图区用鼠标左键单击绘制表示房间的多边形，如图 6-502 所示，绘制完成后，单击鼠标右键。此时，“Building Manager”对话框中的“办公室”图标变成了红色，如图 6-503 所示，表示该图标有了形状线。这样完成了在电气模型中绘制房间。

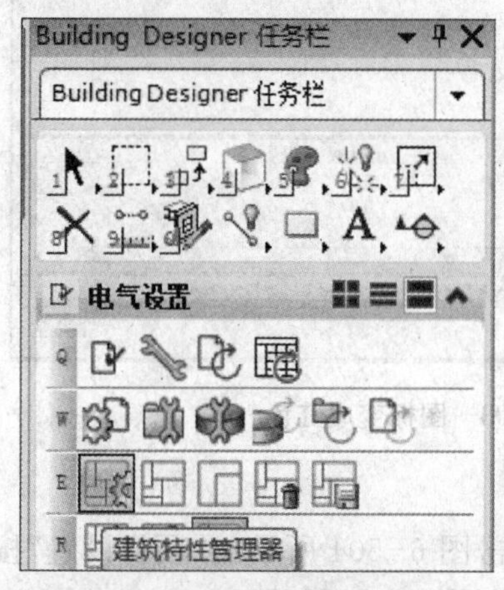

图 6-497　“建筑特性管理器”按钮

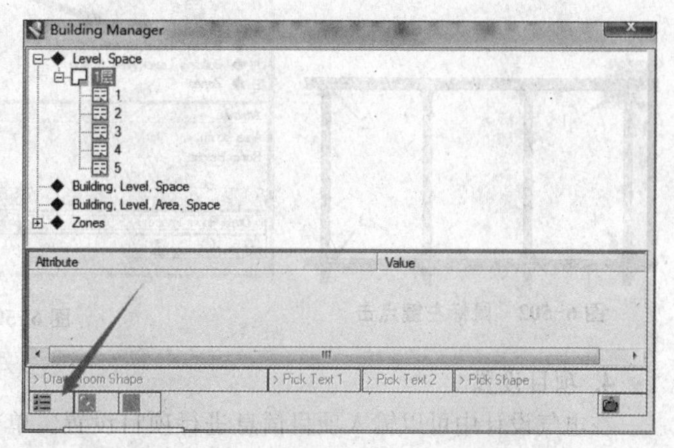

图 6-498　“Building Manager”对话框

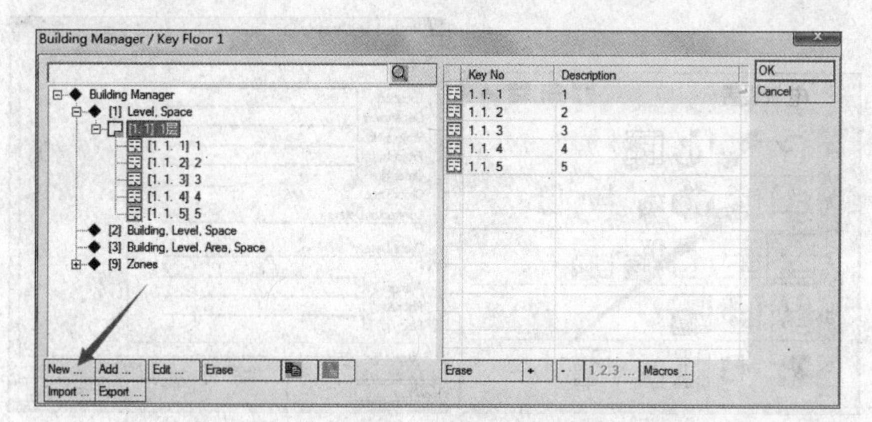

图 6-499　“Building Manager/Key Floor1”对话框

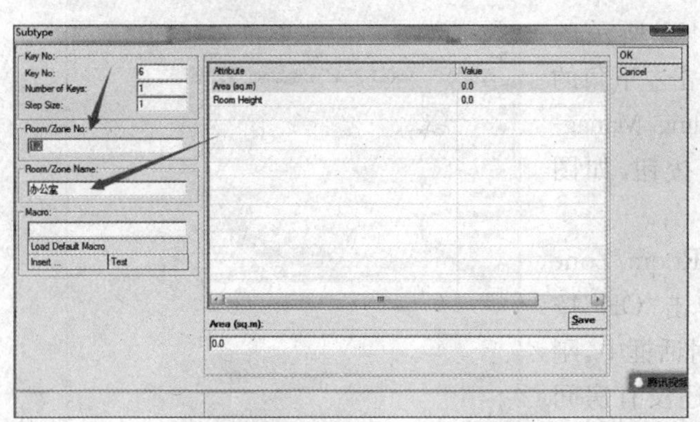

图 6-500　Subtype 对话框

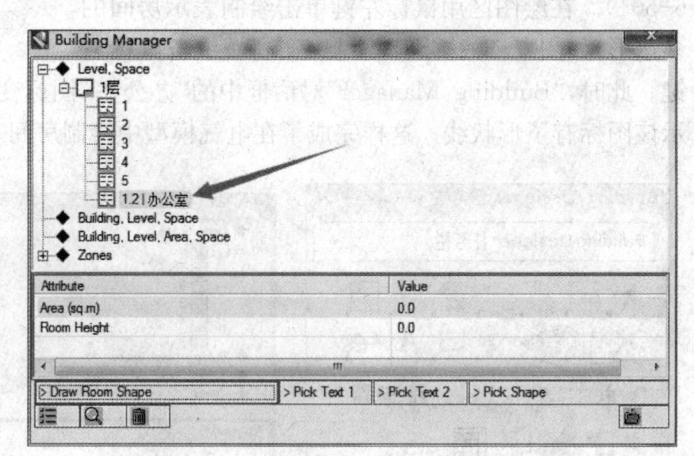

图 6-501　"Building Manager"对话框

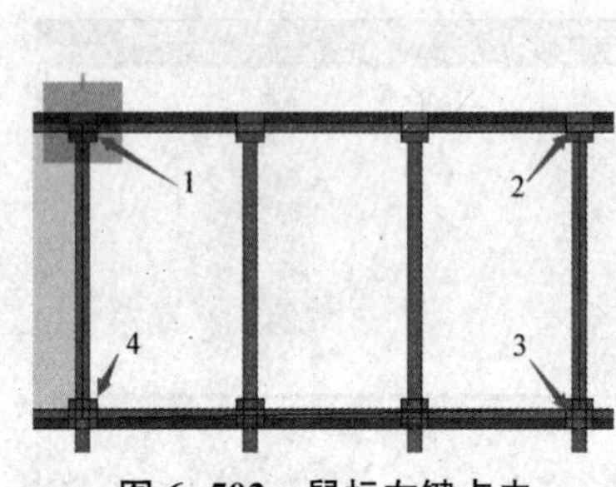

图 6-502　鼠标左键点击

图 6-503　图标变成红色

4. 项目设置

在电气设计中可以输入项目信息进行项目设置。单击图 6-504 所示的"项目设置"按钮，在弹出的"Project Settings"对话框中输入项目信息，如图 6-505 所示。

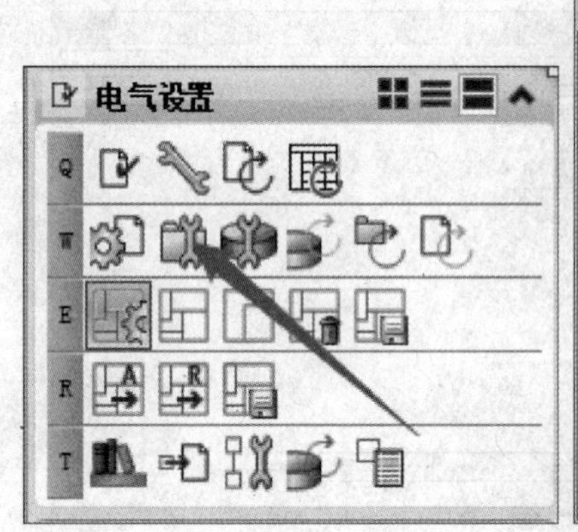

图 6-504　"项目设置"按钮

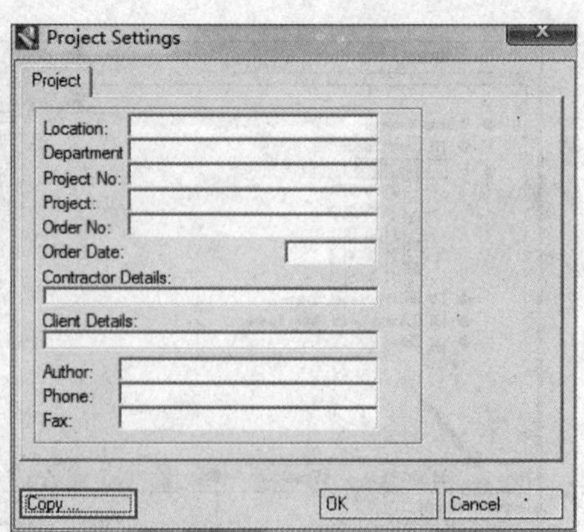

图 6-505　"项目设置"对话框

5. 设定数据库

在开始电气建模前，还有一项准备工作就是设置数据库。这项工作是设置于数据库的信息交换模式。单击如图6-506 所示的“设定数据库”按钮或者图 6-507 所示的“设定数据库”菜单。然后，弹出“Setup Object Database”对话框(图 6-508)，单击“OK”按钮，就完成了设定。

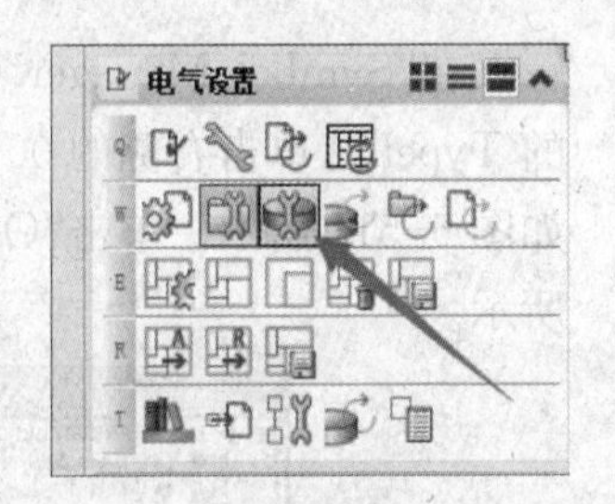

图 6-506 “设定数据库”按钮

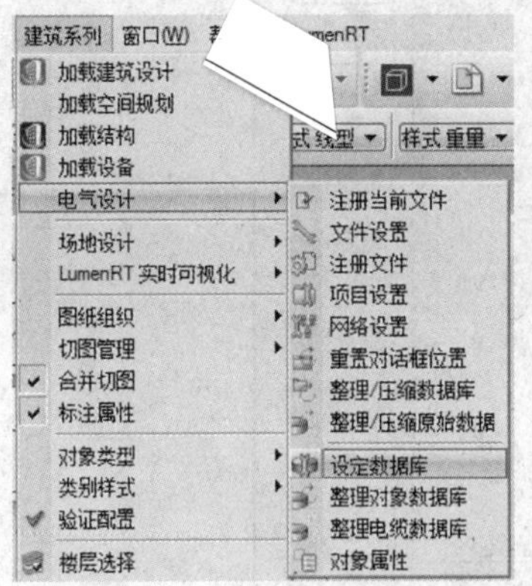

图 6-507 “设定数据库”菜单

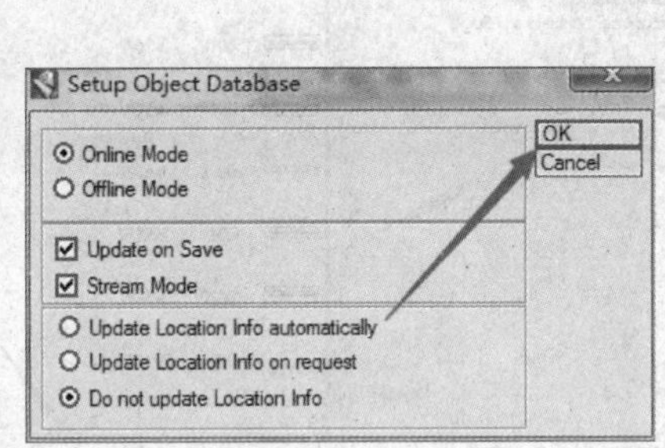

图 6-508 “Setup Object Database”对话框

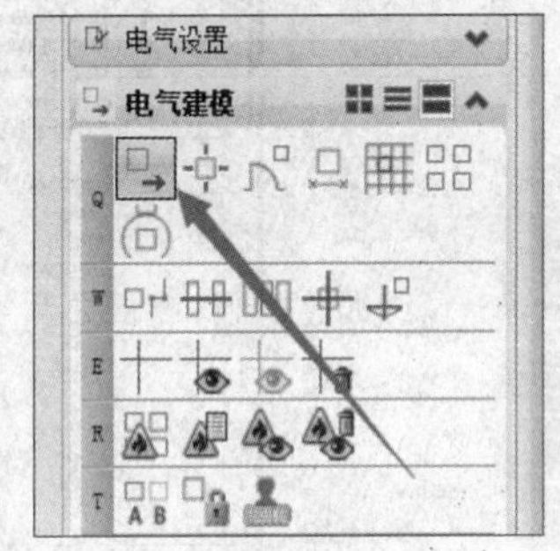

图 6-509 “放置符号”按钮

6.7.2 设备(符号)建模

电气建模的一项重要工作就是对用电设备或终端设备建模，如灯具、开关、插座、烟感、温感、配电盘等。这些终端设备在 AECOsim Building Designer(Ss6)里面都在“Symbol Manager”对话框中，进行布置。在“电气建模”的 Q 行，一共有 7 个图标，都是放置这些设备或者终端的。

下面我们以几个例子，说明如何放置这些设备或者终端。

1. 放置单盏日光灯

先进入顶视图，单击“放置符号”按钮(图 6-509)，弹出“Symbol Manager”对话框(图 6-510)。

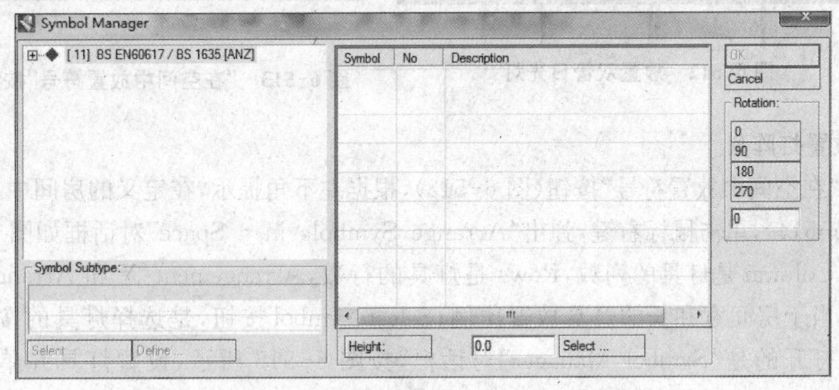

图 6-510 “Symbol Manager”对话框

在“Symbol Manager”对话框中展开左上角的树形菜单，单击“Tube Closed”，单击左下的 TypeL1，单击右侧的 0013 号灯，在 Height 后输入“4. 8”(表示灯的安装高度为 4. 8 m)，如图 6-511 所示。单击“OK”按钮，在绘图区单击鼠标左键一次，就放置一盏灯，如图 6-512 所示。

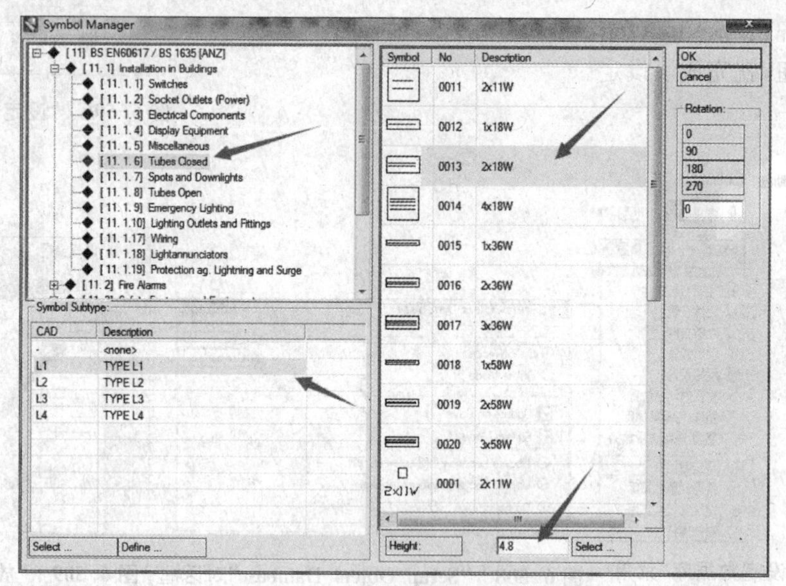

图 6-511　展开对话框的设置

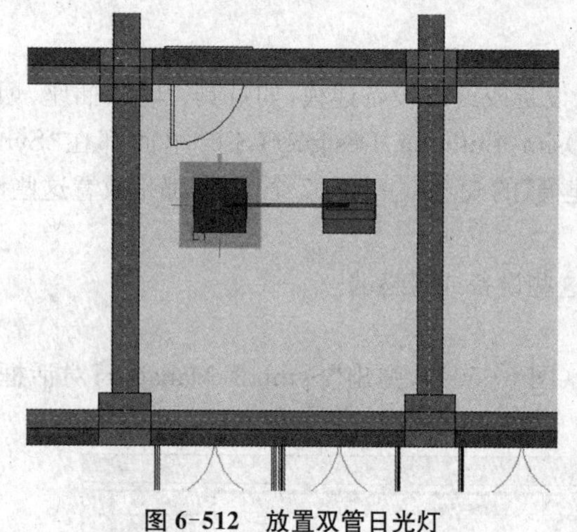

图 6-512　放置双管日光灯

图 6-513　“在空间中放置符号”按钮

2. 放置灯阵列

单击“在空间中放置符号”按钮(图 6-513)，根据左下角提示，在定义的房间中单击鼠标左键(图 6-514)，单击鼠标右键，弹出“Arrange Symbols in a Space”对话框如图 6-515 所示。图中 Column 是灯具的列数，Rows 是灯具的行数，Arrangement *X* 和 Arrangement *Y* 分别是相当于房间宽和长的灯具放置比例；Select symbol 按钮，是选择灯具的按钮，单击这个按钮打开的是“Symbol Manager”对话框，按图 6-516 所示，设置灯具并单击“OK”按钮。

Height 是灯具的安装高度。设置好这些参数后，单击“OK”按钮，放置完成的灯具如图 6-517 所示。

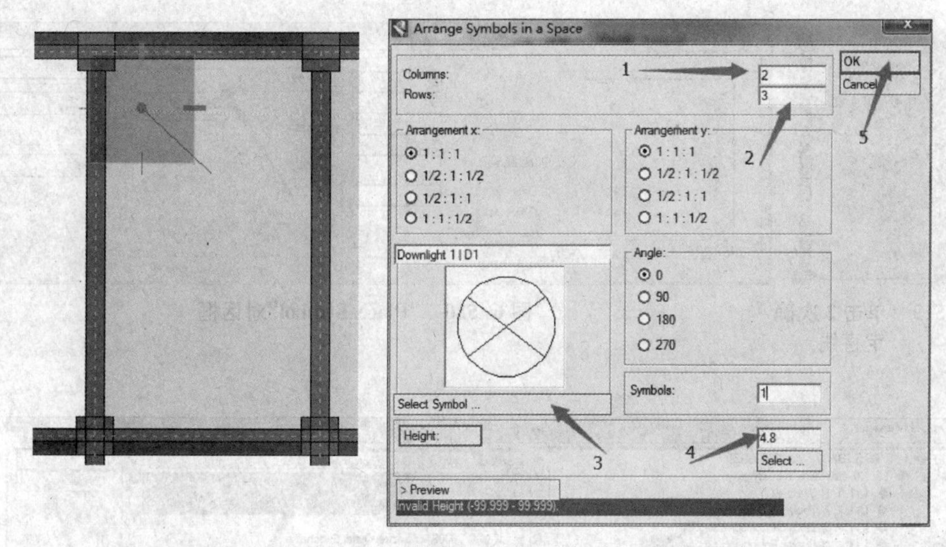

图 6-514　在空间单击鼠标左键　　图 6-515　“Arrange Symbols in a Space”对话框

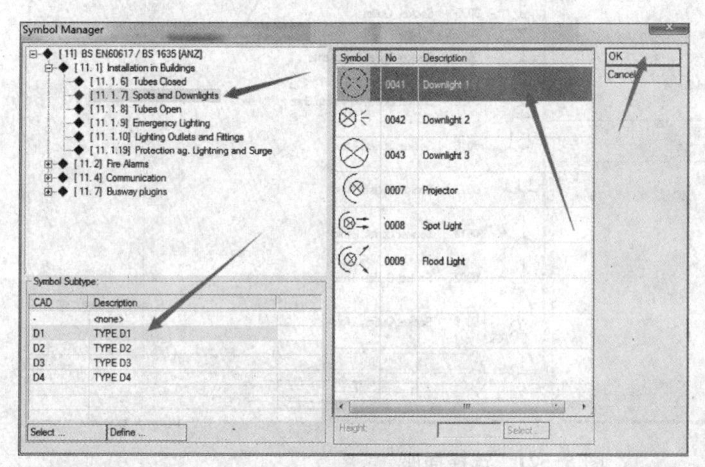

图 6-516　放置灯的类型

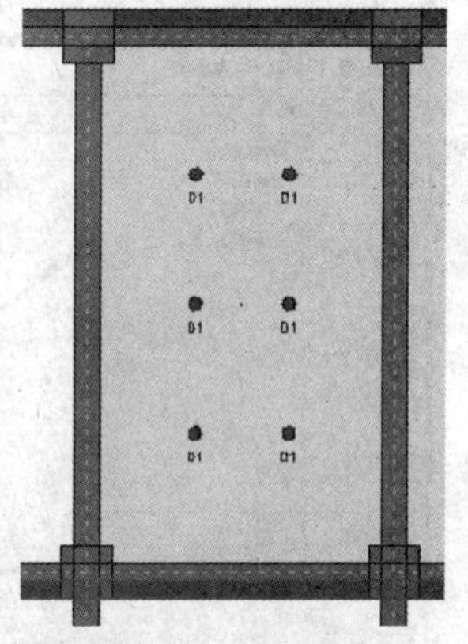

图 6-517　放置完成的灯

3. 放置插座

单击“按两个点放置符号”按钮，如图 6-518 所示，在插座的放置点单击鼠标左键，移动鼠标，在与插座面板平行的方向单击鼠标，这样就确定了与插座面板平行的方向和插座的放置位置，如图 6-519 所示。

在弹出的“Place Symbol”对话框中，单击“Select symbol…”按钮，如图 6-520 所示。

在弹出的“Symbol Manager”对话框中，按图 6-521 所示单击选定，单击“OK”按钮。在图 6-522 的 Height 后填入“0. 3”，表

图 6-518　“按两个点放置符号”按钮

示插座距离本层地面为 0.3 m。单击“>CAD”按钮，完成插座的放置。完成后的插座，如图 6-523 所示。

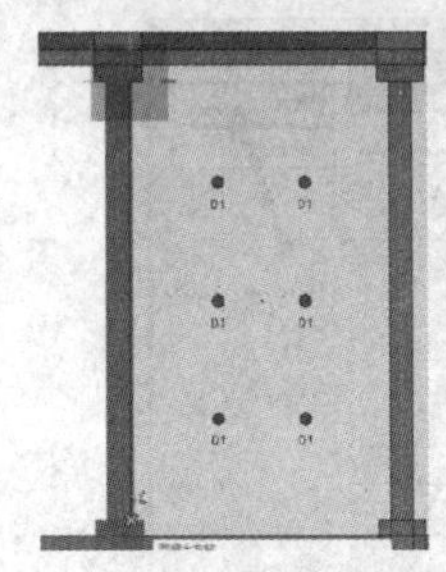

图 6-519　单击 2 次确定直线

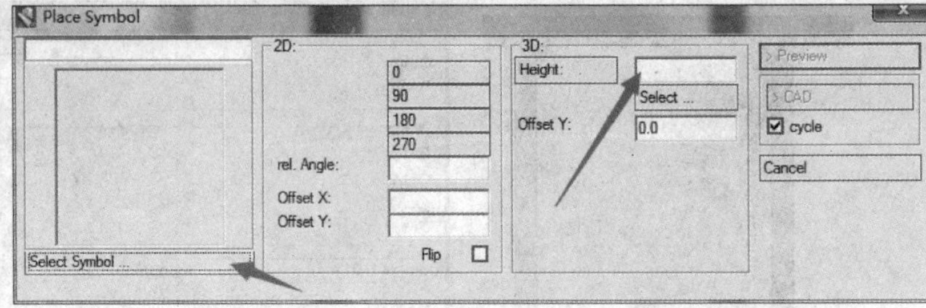

图 6-520　“Place Symbol”对话框

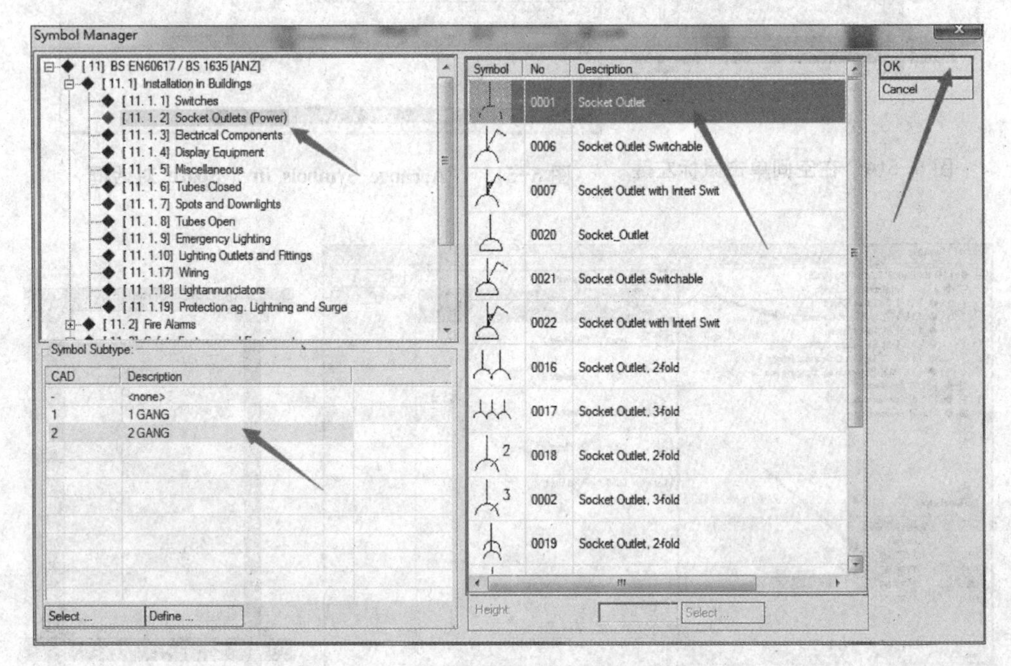

图 6-521　选择插座

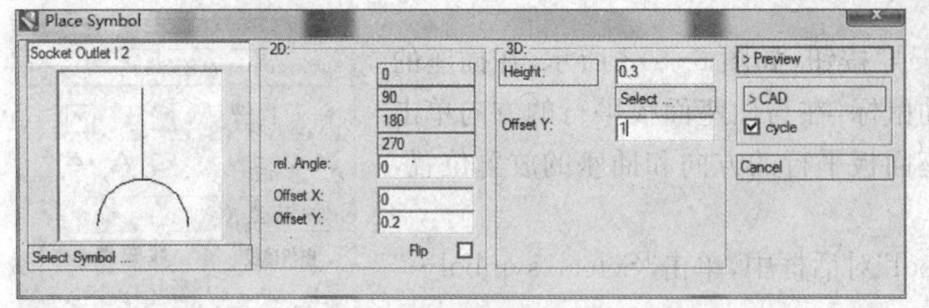

图 6-522　完成选择

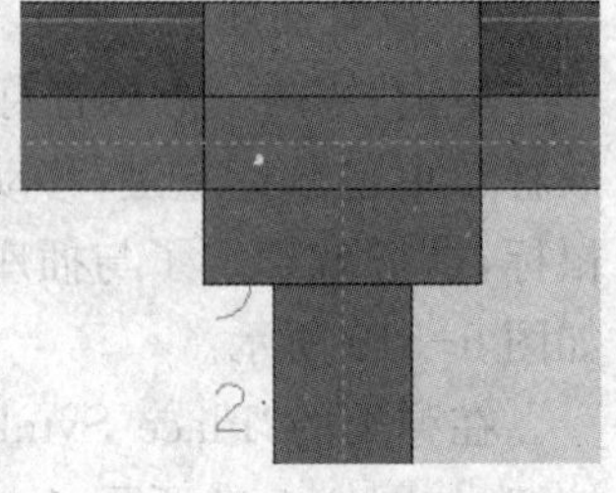

图 6-523　放置的插座

4. 放置开关

下面从在门口边放置一个开关为例。单击“按门放置符号”按钮(图 6-524)。根据左下角提示，选择门(图 6-525)。注意：选择门的时候一定按图 6-525 的示例，选择门在墙里的部分，否则开关的放置不会正确。

图 6-524 “按门放置符号”按钮

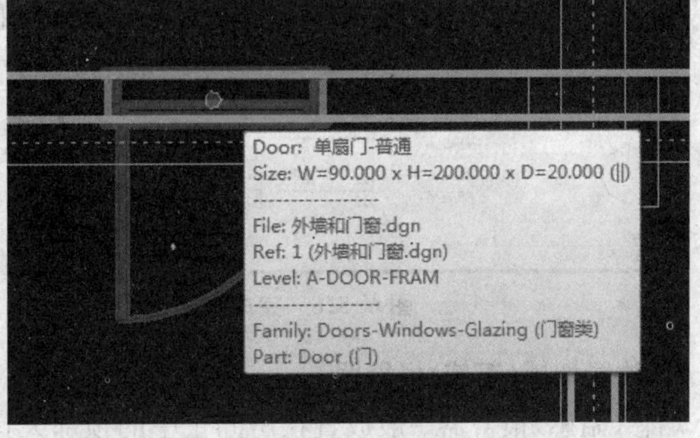

图 6-525 选择门

在弹出的“Place Symbol”对话框中，单击“Select Symbol…”按钮(图 6-526)，打开“Symbol Manager”对话框，在对话框中选择开关(图 6-527)，单击“OK”按钮。

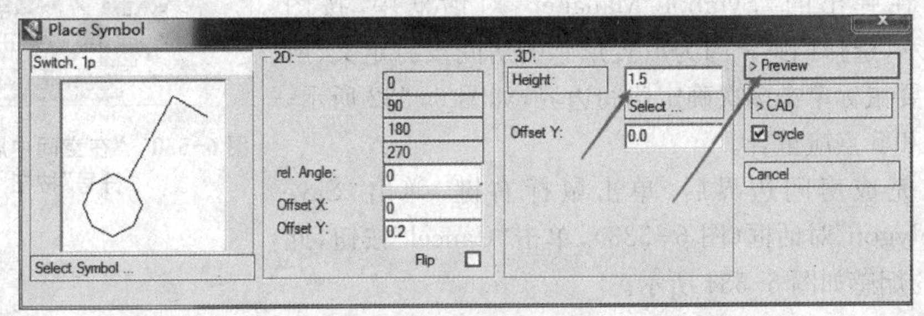

图 6-526 放置符号

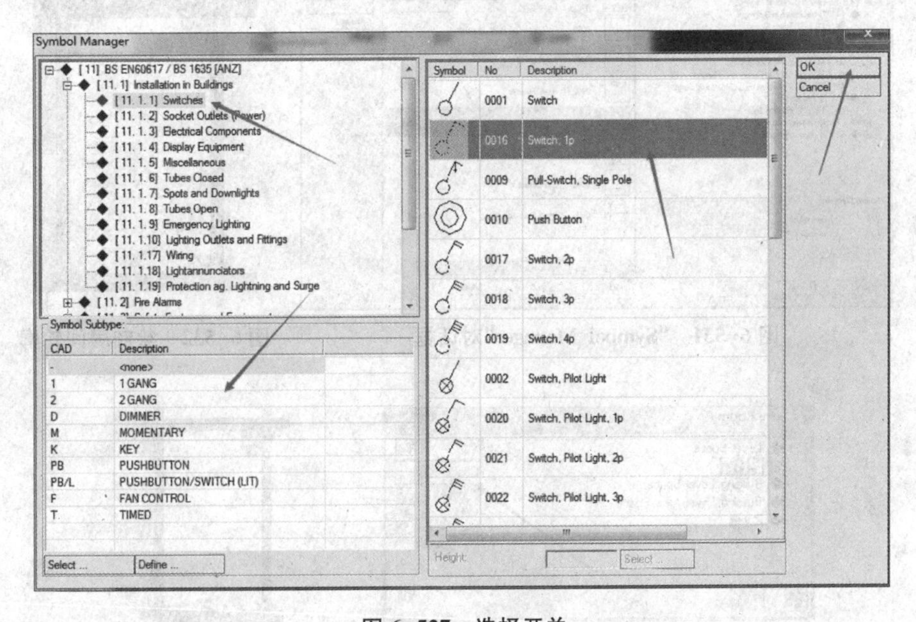

图 6-527 选择开关

在“Place Symbol”对话框中 2D 的 Offset X 输入 0.2，表示 X 方向从门边偏移 0.2 m(图 6-528)。之后单击“>CAD”按钮，完成的开关如图 6-529 所示。

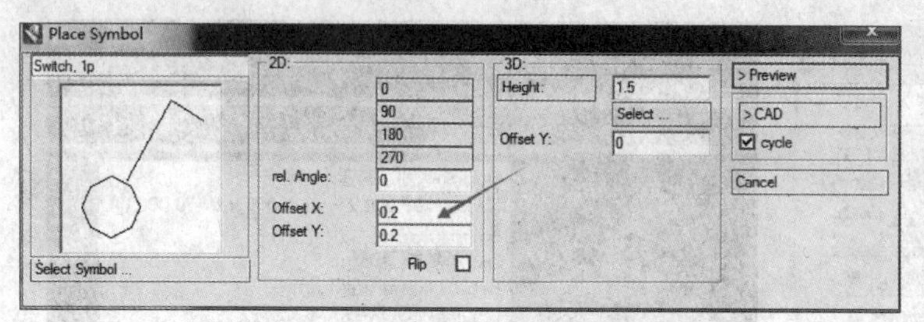

图 6-528　完成选择

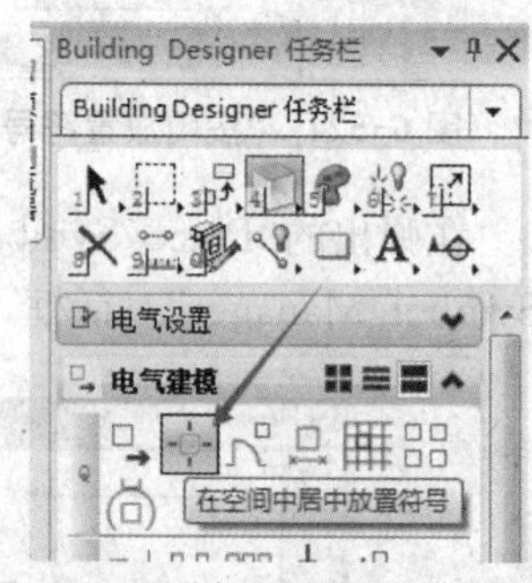

图 6-529　完成的开关

5. 放置烟感(温感)报警器

烟感(温感)报警器一般放置在房间正中的顶部天花板上。如果定义了房间，则可以像放置灯阵列一样选择房间，再放置烟感、温感；如果没有定义房间，则需要在放置前绘制房间多边形。单击“在空间中居中放置符号”按钮(图 6-530)。在弹出的“Symbol Manager”对话框中，按图 6-531 所示，选择烟感。因为放置烟感的房间没有定义，所以我们需要鼠标单击多次确定房间边界，如图 6-532 所示，注意 1 点和 5 点应重合。

绘制完成房间边界后，单击鼠标右键，弹出“Save Room Polygon”对话框(图 6-533)，单击“Cancel”按钮，此时，完成的烟感如图 6-534 所示。

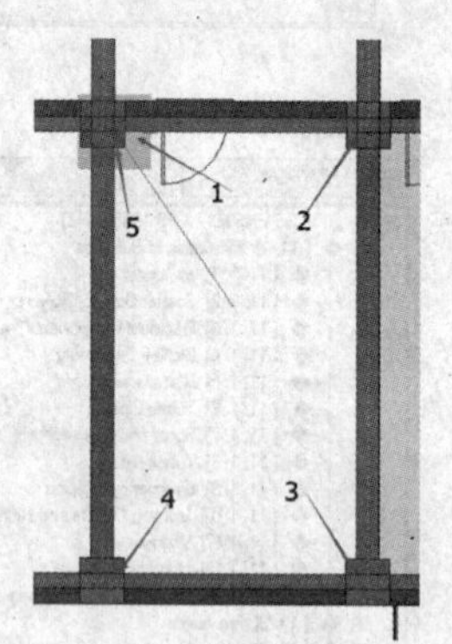

图 6-530　“在空间中居中放置符号”按钮

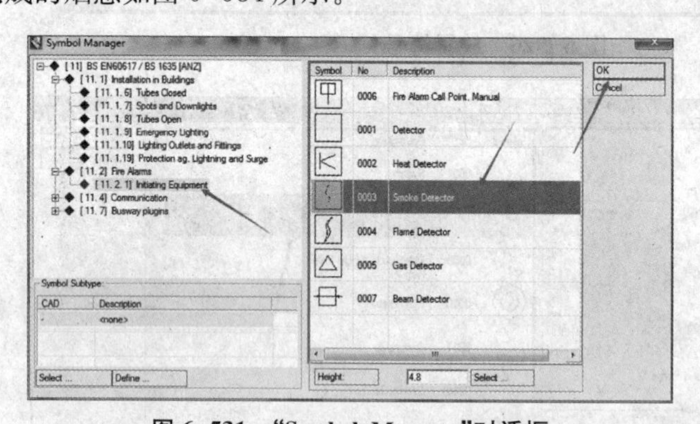

图 6-531　“Symbol Manager”对话框

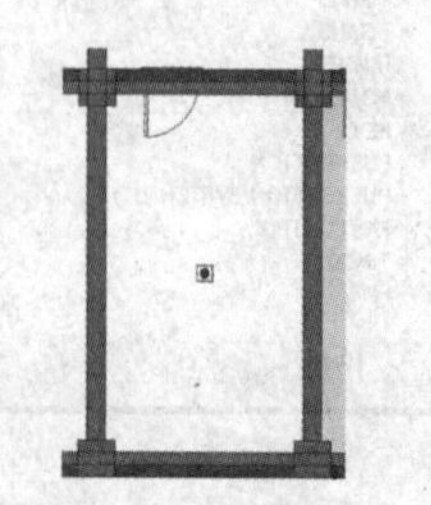

图 6-532　绘制房间轮廓

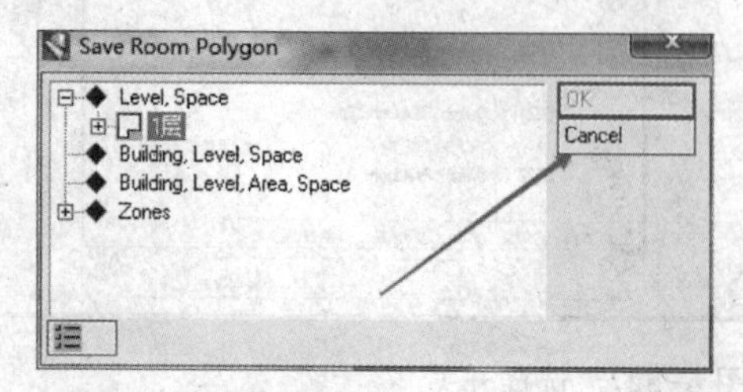

图 6-533　“Save Room Polygon”对话框

图 6-534　放置的烟感

6.7.3 吊杆建模

需要吊放的灯具一般都有吊杆，吊杆可以用软件添加。单击“放置/修改符号吊架”按钮，如图 6-535 所示，根据左下角提示，单击选择灯具，如图 6-536 所示。

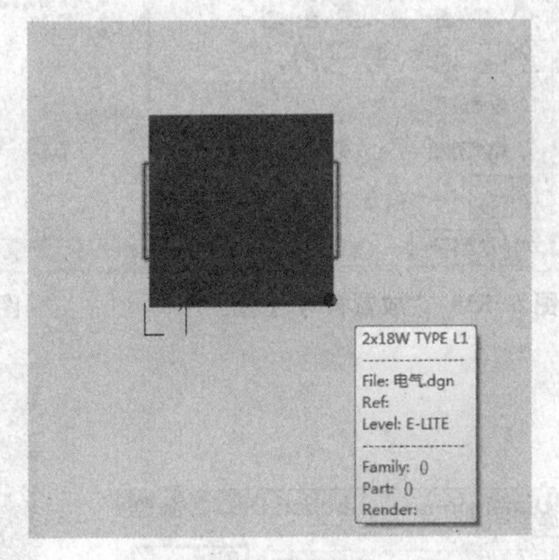

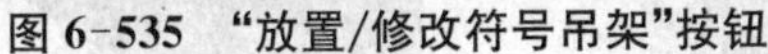

图 6-535 “放置/修改符号吊架”按钮

图 6-536 单击选择符号

在弹出的“Hangers(吊杆)”对话框中，按图 6-537 设置吊杆。注意：Mounting Height 是悬吊高度，standard Height 一般是预先定义好的，如天花板这样的标高，absolute 是绝对高度，本例中采用 absolute，输入 5，表示悬吊高度为 5 m。完成的吊杆如图 6-538 所示。

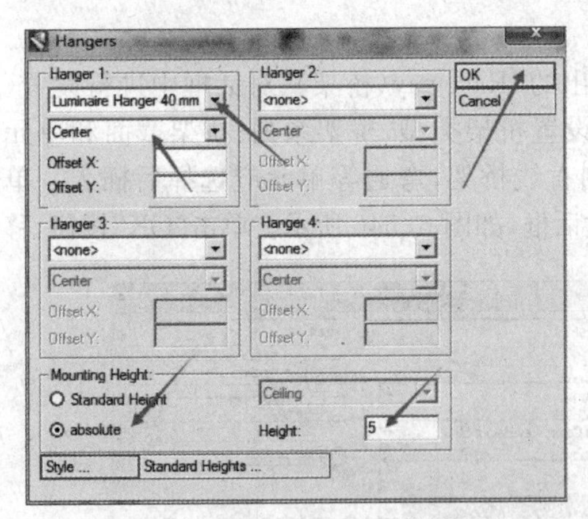

图 6-537 “Hangers(吊杆)”对话框

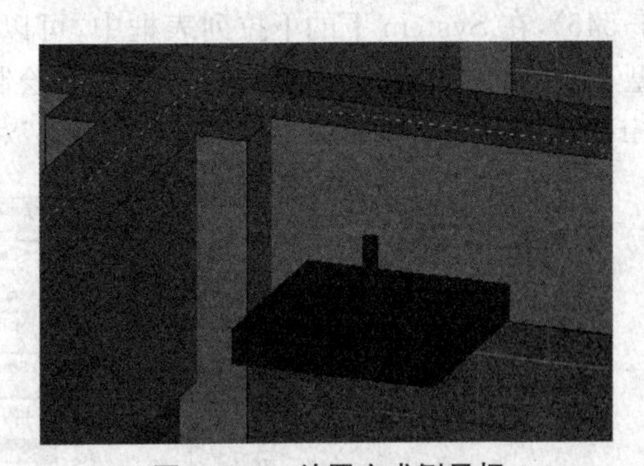

图 6-538 放置完成侧吊杆

6.7.4 配电盘建模

单击“放置符号”按钮(图 6-539)，在弹出的“Symbol Manager”对话框中，按图 6-540 进行设置，单击“OK”按钮。在弹出的“Dimensions Distribution Define”对话框中输入配电盘的长度和宽度，如图 6-541 所示。移动鼠标，单击左键放置配电盘如图 6-542 所示。完成的配电盘如图 6-543 所示。

图 6-539 “放置符号”按钮

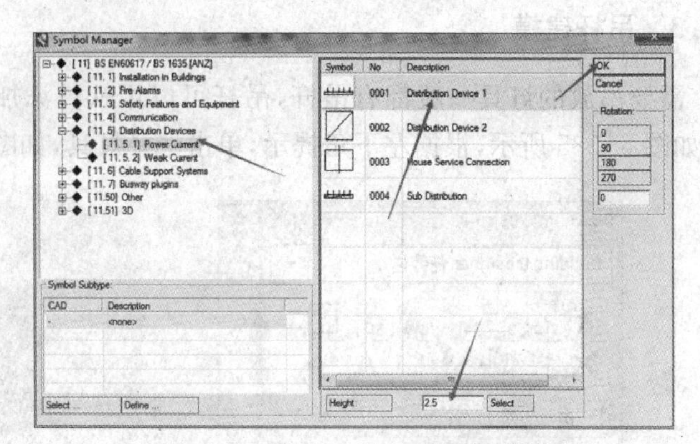

图 6-540 “Symbol Manager”对话框

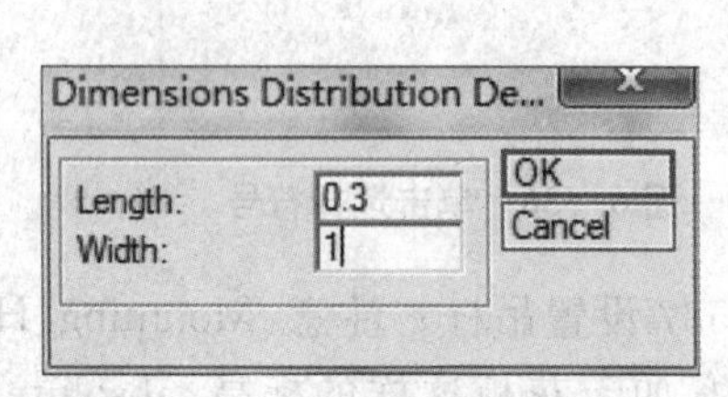

图 6-541 “Dimensions Distribution Define”对话框

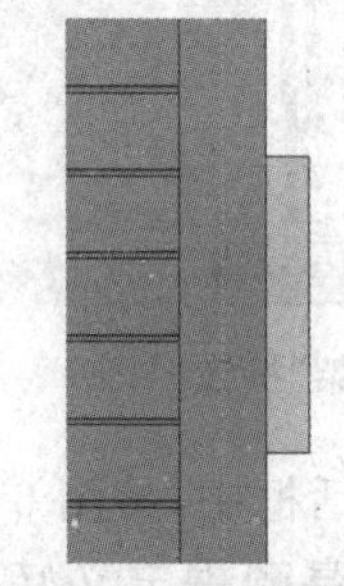

图 6-542 放置配电盘

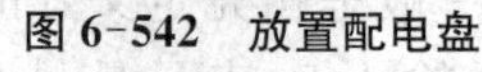

图 6-543 完成的配电盘

6.7.5 桥架建模

单击“放置桥架”按钮(图 6-544)。在弹出的“Raceway(桥架)”对话框中进行设置(图 6-545),在 System 下的下拉列表框中,可以设置桥架类型、桥架系列、桥架截面和单元类型,注意:如果勾选 variable,则可以动态绘制直线桥架,弯通等单元应选择后插入。单击“insert”按钮,会弹出“Place Part/Options”对话框,如图 6-546 所示。单击“OK”按钮,移动

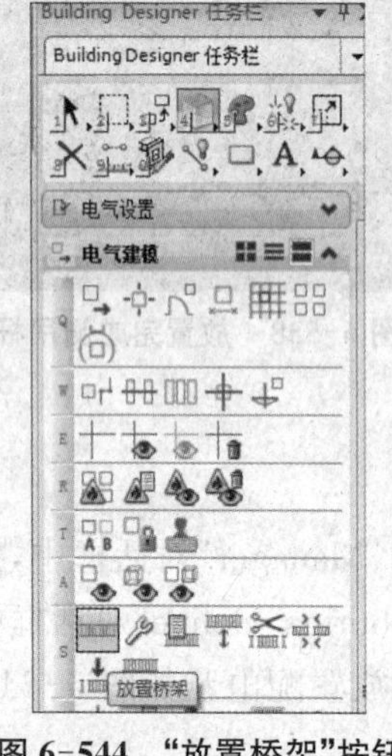

图 6-544 “放置桥架”按钮

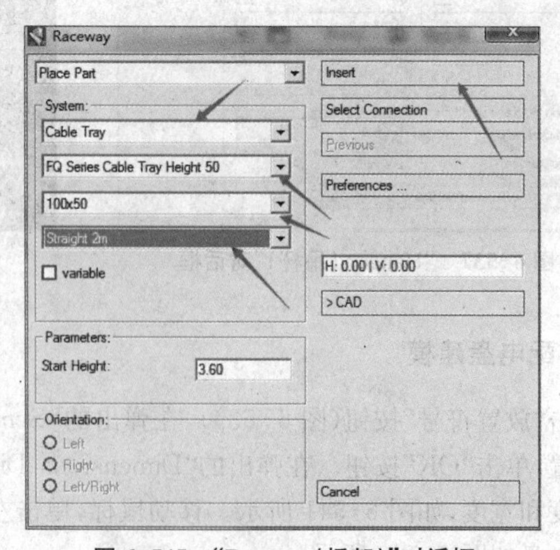

图 6-545 “Raceway(桥架)”对话框

鼠标到桥架的起点单击，就会插入一段 2 m 长的桥架，再次单击“insert”按钮，桥架会继续向前插入。完成桥架建模(图 6-547)。

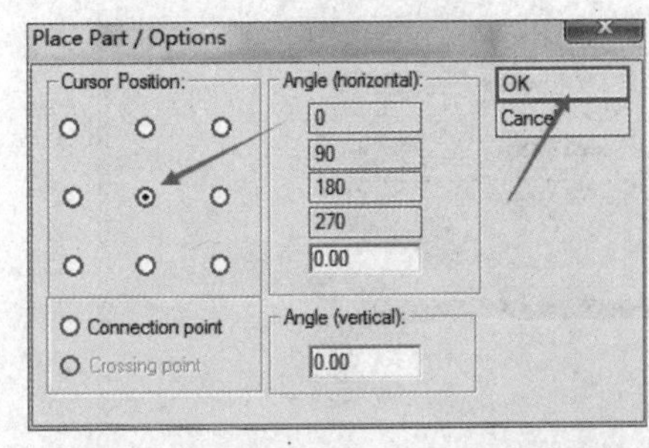

图 6-546 “Place Part/Options”对话框

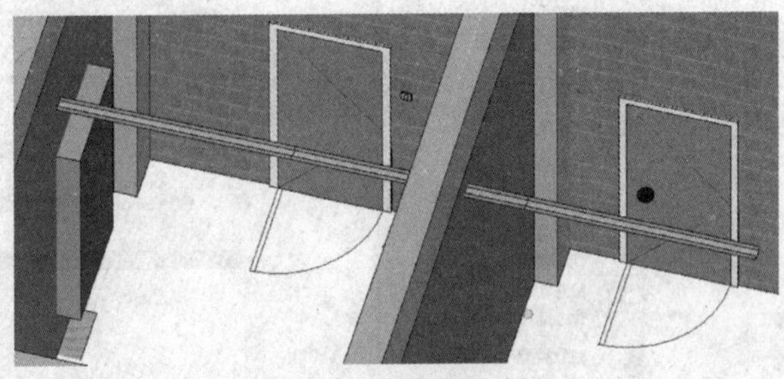
图 6-547 完成的桥架

这样，建筑电气建模的基本操作介绍这些，需要说明的是，建筑电气建模的所有模型都可以使用 MicroStation 的移动命令移动。

6.8 门窗的创建

AECOsim Building Designer 中的建筑构件，可以做成参数化构件和非参数化构件。参数化构件一般采用 Frame Builder(创建的文件扩展名为. bxf)或者 Parametric Cell Studio(创建的文件扩展名为. paz)来创建。非参数化构件一般采用单元或者复合单元来创建。

无论是参数化构件还是非参数化构件，创建的步骤一般分为三步。第一步是创建三维的构件，第二步是创建信息(包括表达对象属性的. xsd 文件的创建、表达对象外观样式(Part)的创建、定义类型和定义型号)，第三步是把信息和构件进行关联。但是，对于采用 Frame Builder 创建的门窗类构件或者采用 Parametric Cell Studio 创建的参数化构件，可以通过复制原有的构件，进行 BXF 文件替换的方法，省略第二步和第三步。

上述创建的模型，包括 BCF，PAZ，Cell 或者 Compound Cell 都应放在对应的文件夹下，才能被系统识别。本部分说明采用 Frame Builder 创建门窗的方法。采用 Frame Builder 创建的门窗需要放置在 C:\ProgramData\Bentley\AECOsim BuildingDesigner V8i Ss6\WorkSpace\BuildingDatasets\Dataset_CN\frame 文件夹下。该文件夹的截图如图 6-548 所示。Windows 文件夹内存放的是窗、doors 文件夹存放的是门。

名称	修改日期	类型
casework	2016/7/25 21:16	文件夹
doors	2016/11/19 11:42	文件夹
Lifts and Escalators	2017/2/2 8:39	文件夹
shelving	2016/7/25 21:16	文件夹
staircomponents	2016/7/25 21:16	文件夹
windows	2016/7/25 21:16	文件夹

图 6-548 文件夹截图

6.8.1 启动 Frame Builder

Frame Builder 是一个 AECOsim Building Designer 附带的构件制作工具，可以方便制作门窗、幕墙等构件。单击“建筑系列”-“Frame Builder”，如图 6-549 所示，即可启动

Frame Builder,启动后的Frame Builder如图6-550所示。

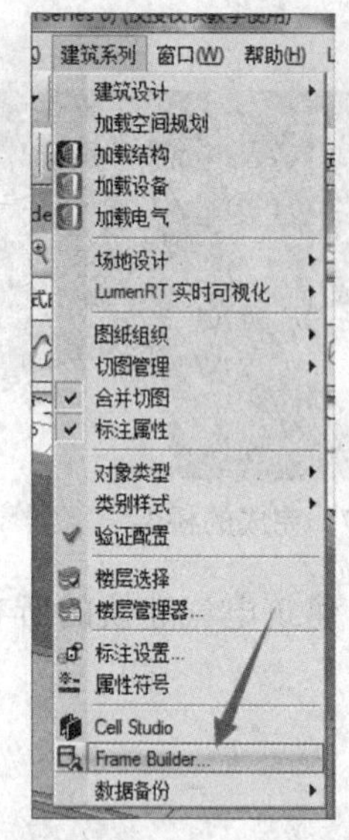

图6-549　Frame Builder菜单

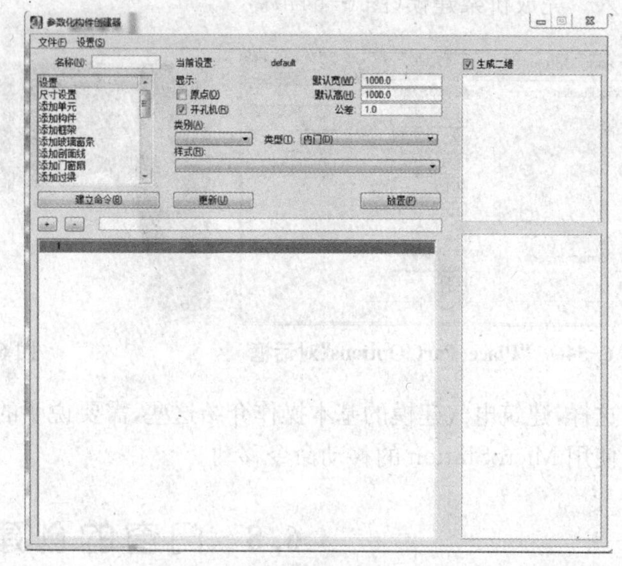

图6-550　启动后的Frame Builder

6.8.2　加载设置

创建门窗前需要加载设置。单击“参数化构件创建器”的设置菜单下的“加载…”菜单,如图6-551所示。在弹出的“加载新的构件设置”对话框中,单击“Settings_CN”如图6-552所示,单击“确定”按钮,完成设置加载。

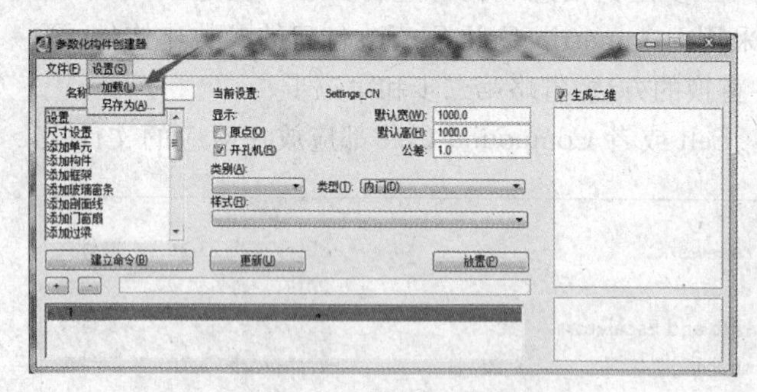

图6-551　“加载…”菜单

图6-552　“加载新的构件设置”对话框

6.8.3　进行构件设置

Frame Builder的构件创建流程基本是傻瓜式的,只要按照规定的步骤进行系列设置,就可以快速创建门窗等构件。

单击左侧列表中的“设置”,按图6-553箭头所示进行设置,最后单击“更新”按钮,完成设置。

单击左侧列表中的“尺寸设置”,如图6-554所示,输入名称和尺寸,之后,单击“更新”按钮,完成尺寸设置。

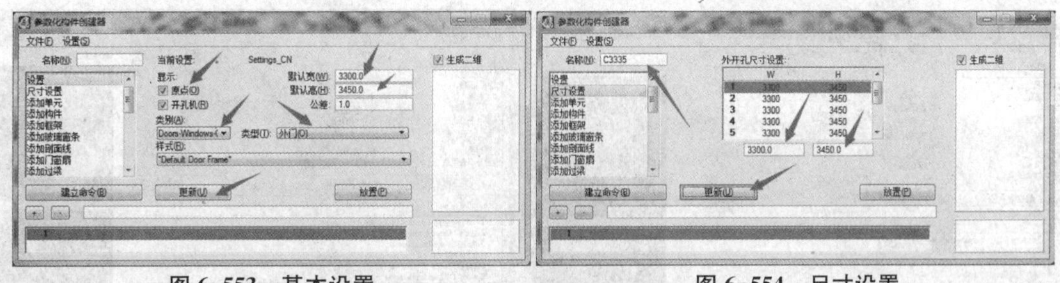

图 6-553 基本设置　　　　图 6-554 尺寸设置

6.8.4 创建门窗框架

门窗框架就是门窗的外框,创建的是落地窗,所以,单击左侧列表中的“添加框架”按钮,如图 6-555 所示,然后,单击“建立命令”按钮,再单击“更新”按钮,这时右侧出现框架的预览,注意其中有个数字 1,这个数字表示整个框架围起来的空间。

6.8.5 分割

添加完成框架之后,需要对门窗的分格进行分割。单击左侧列表中的“分割”,在标识后输入“1”(表示是对上一步中的空间 1 进行的分割),按图 6-556 中数字 2, 3 顺序进行设置,最后单击“建立命令”按钮,再单击“更新”按钮,这时右侧出现分割框架的预览。注意,此时 1 被分割为 11 和 12 两部分。

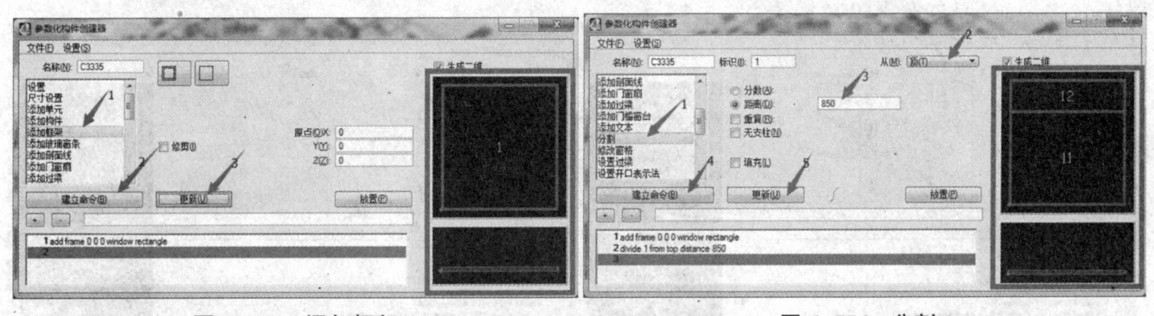

图 6-555 添加框架　　　　图 6-556 分割 1

单击左侧列表中的“分割”,在标识后输入“12”(表示是对上一步中的空间 12 进行的分割),按图 6-557 中数字 2, 3 顺序进行设置,最后单击“建立命令”按钮,再单击“更新”按钮,这时右侧出现分割框架的预览。**注意**:此时 12 被分割为 121 和 122 两部分。

重复上述步骤,完成门窗分割,如图 6-558—图 6-560 所示。

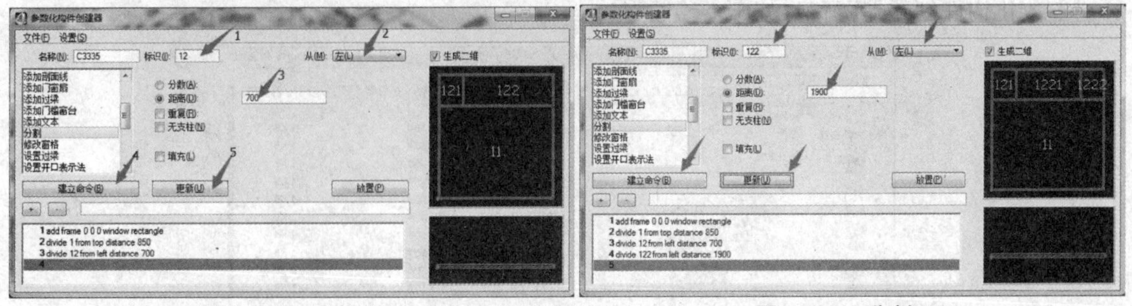

图 6-557 分割 12　　　　图 6-558 分割 122

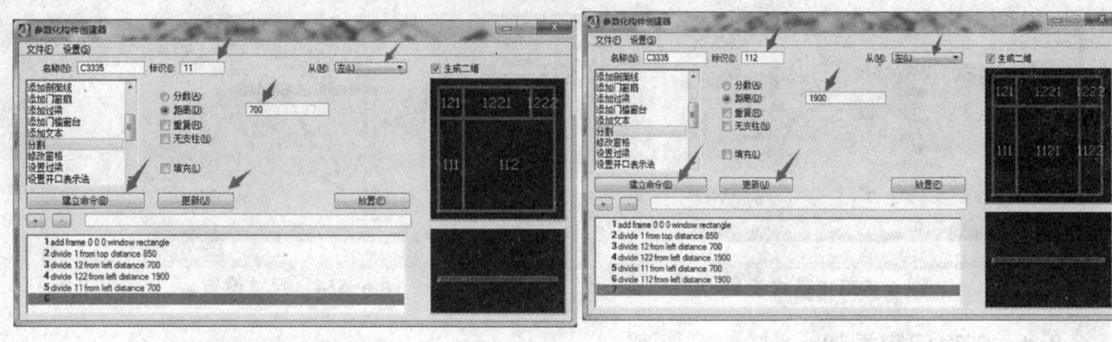

图 6-559　分割 11　　　　图 6-560　分割 112

6.8.6　插入门窗扇

单击左侧列表的“插入门窗扇”，在标识处输入 1121，选择“门”，类型和方向如图 6-561 所示。单击“建立命令”按钮，再单击“更新”按钮，这时右侧出现插入门窗扇后的预览。至此，门窗创建完成。

6.8.7　保存构件文件

当创建的门窗构件完成后，需要把构件保存到相应文件夹，才能被系统调用。单击菜单“文件”→“另存为”→“参数化构件文件”，如图 6-562 所示。

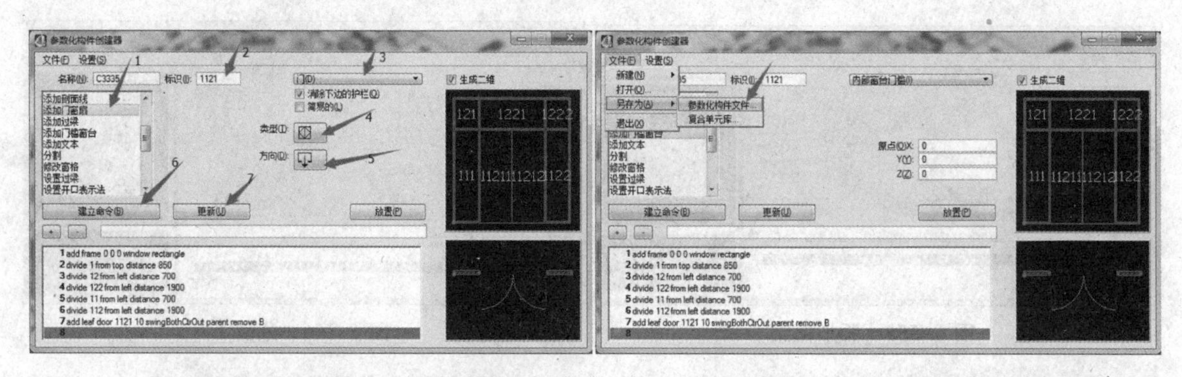

图 6-561　插入门窗扇　　　　图 6-562　另存为参数化构件文件

在弹出的“保存文件”对话框中，导航到图 6-563 所示的放置门的文件夹，输入文件名，单击“保存”按钮(图 6-564)，然后，返回“参数化构件创建器”，按右上角的“关闭”按钮，关闭“参数化构件创建器”窗口，如图 6-565 所示。

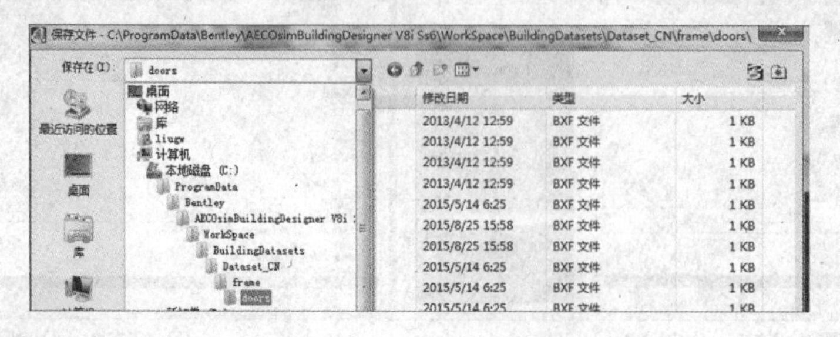

图 6-563　存放门的文件夹

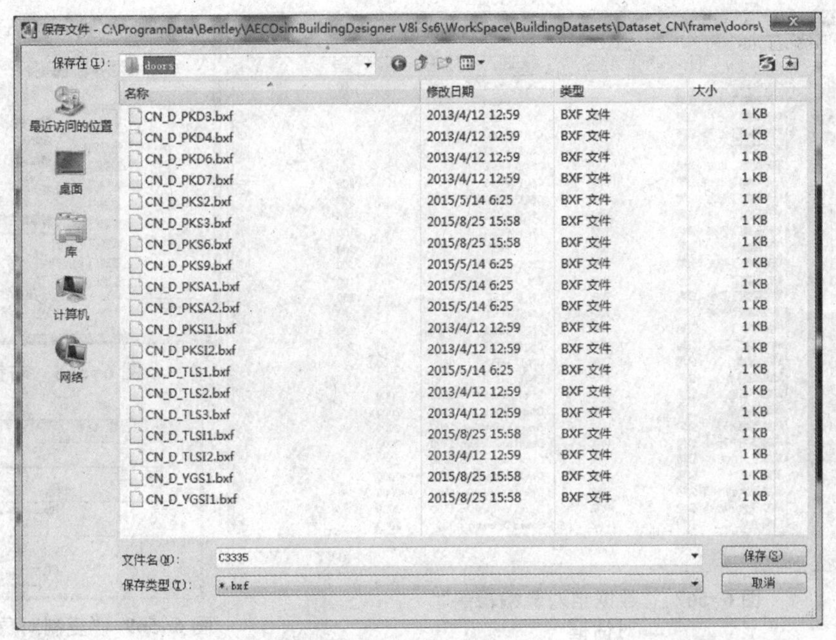

图 6-564　保存文件

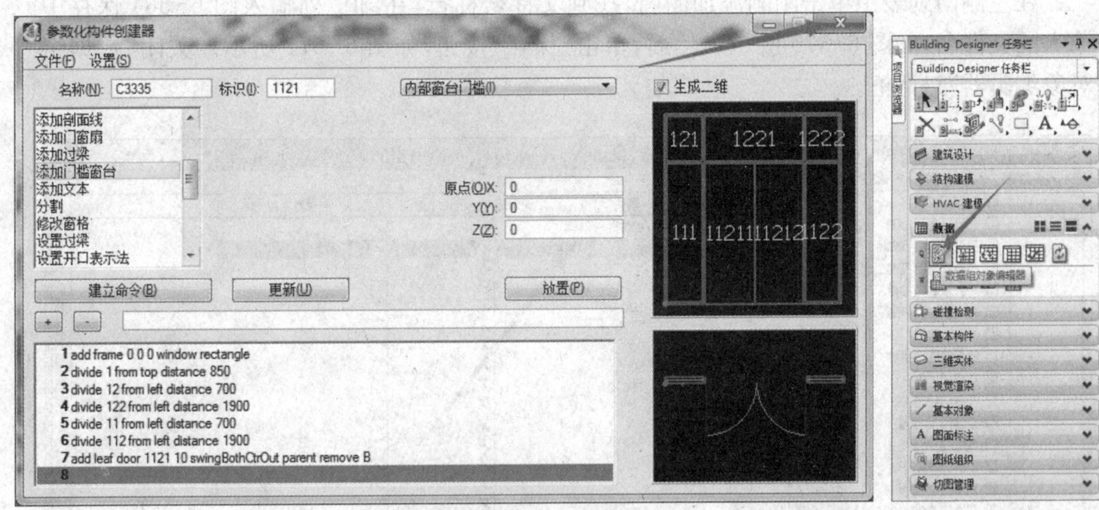

图 6-565　返回“参数化构件创建器”

图 6-566　“数据组对象编辑器”按钮

6.8.8　加载构件

创建的构件需要加载到系统才能使用，单击“数据”任务栏的 Q1 图标“数据组对象编辑器”，如图 6-566 所示。在弹出的“数据组对象编辑器”对话框中，导航到门，如图 6-567 所示。

在“数据组对象编辑器”左边的门列表中的任意一个门上，单击鼠标右键，弹出菜单如图 6-568 所示。单击“复制”菜单项，在弹出的“复制对象型号”对话框中，按图 6-569 所示进行填写，然后单击“确定”按钮，关闭对话框。

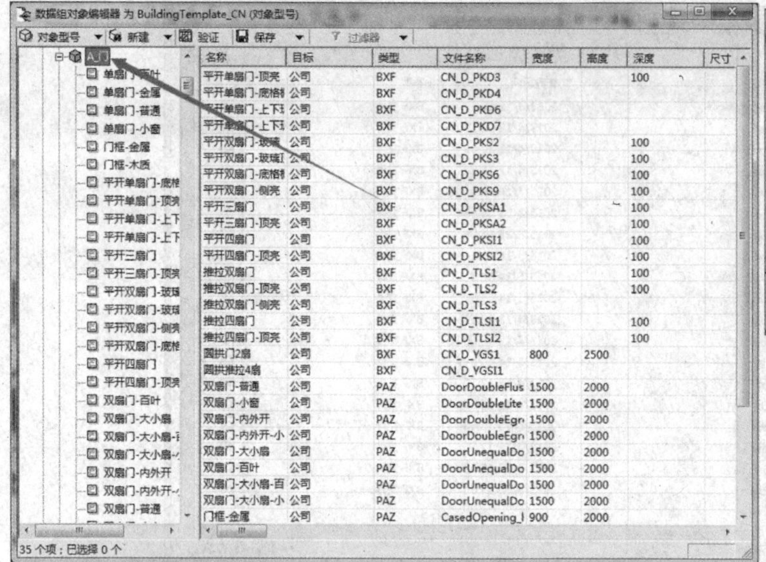

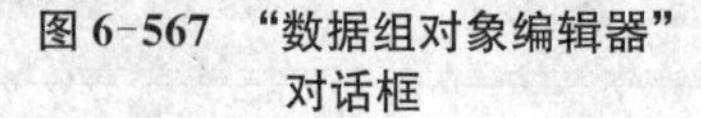
图 6-567 “数据组对象编辑器”对话框

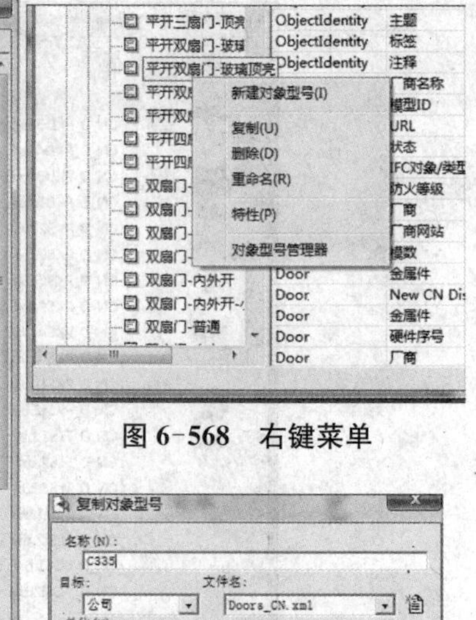

图 6-568 右键菜单

复制对象型号

名称(N)：C335

目标：公司

文件名：Doors_CN.xml

单位(U)：mm / mm

确定

取消

图 6-569 “复制对象型号”对话框

在左侧门列表中单击刚刚添加的门，找到文件名称行，在“值”列输入图 6-564 保存中输入的文件名，如图 6-570 所示。然后，单击“保存”按钮，如图 6-571 所示。关闭“数据组对象编辑器”对话框。

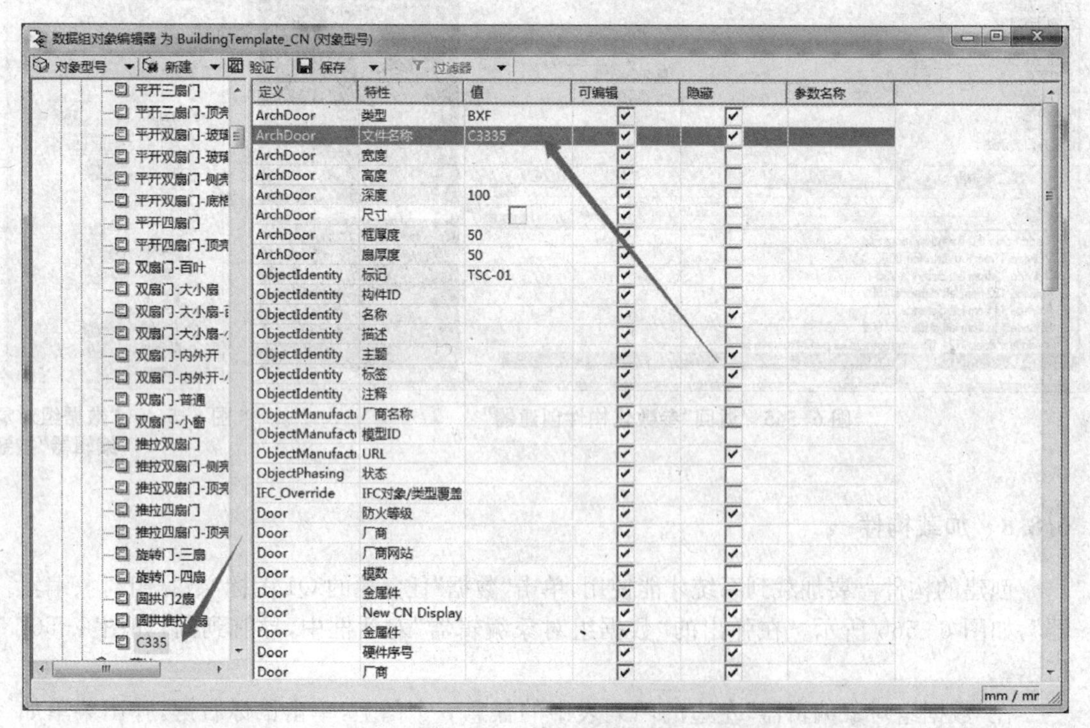

图 6-570 输入文件名称

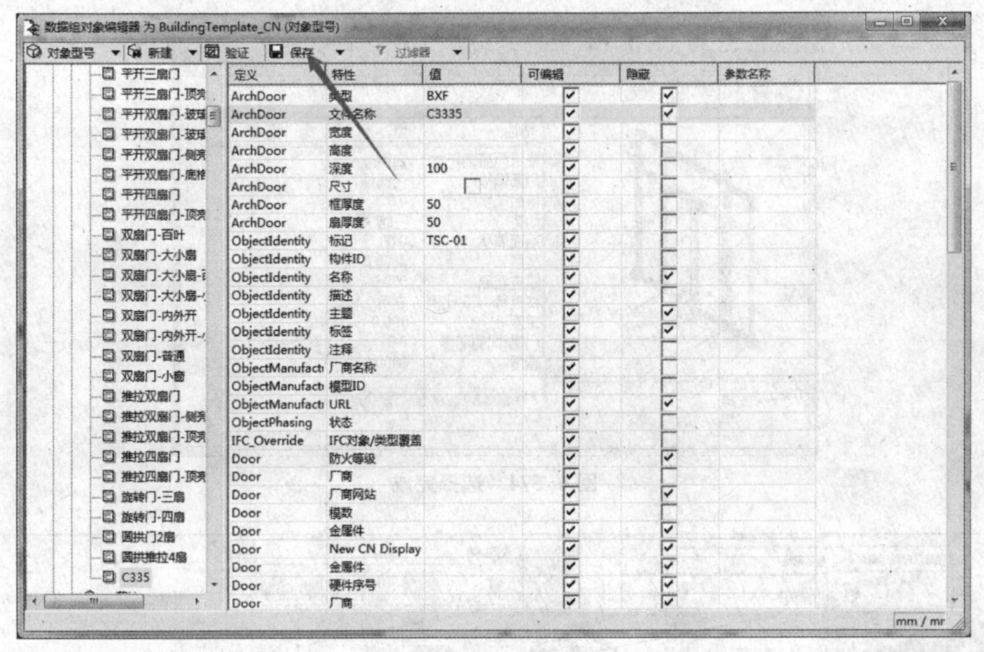

图 6-571 保存

6.8.9 使用构件

完成前几步设置之后，在“建筑设计”任务栏，单击“放置门对象”按钮，如图 6-572 所示。在弹出的“放置门对象”对话框中选择刚刚复制的门，如图所示 6-573 所示，选择完成后如图 6-574 所示。在墙体放置的效果如图 6-575 所示。

图 6-572 “放置门对象”按钮

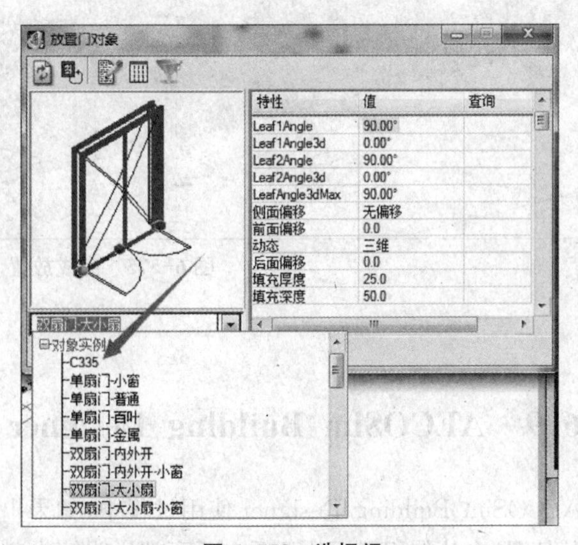

图 6-573 选择门

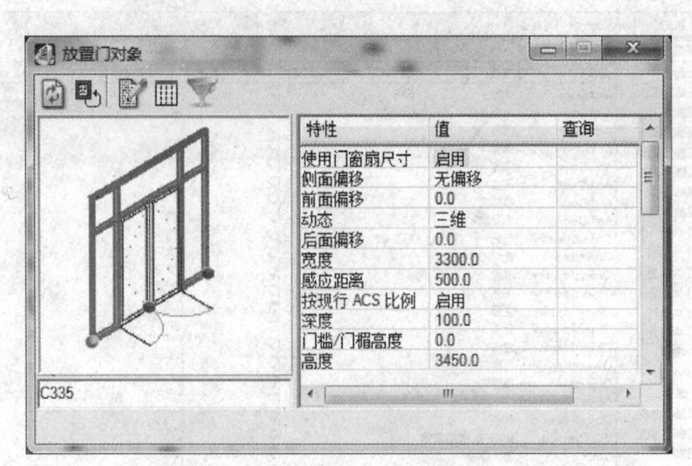

图 6-574　选择完成

图 6-575　完成放置

6.9　AECOSim Building Designer 显示问题的解决方法

AECOSim Building Designer 使用过程中，如果出现图 6-576～图 6-578 所示的显示异常的情况，会让使用者无从下手。下面就说明解决这个问题的方法。

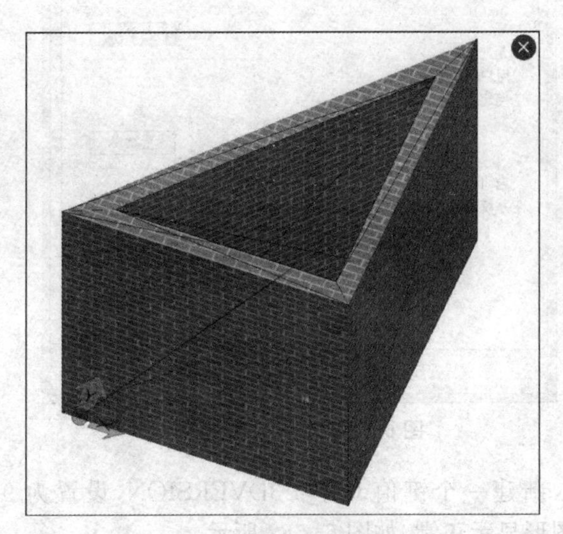

图 6-576 绘制的构件有多余线条

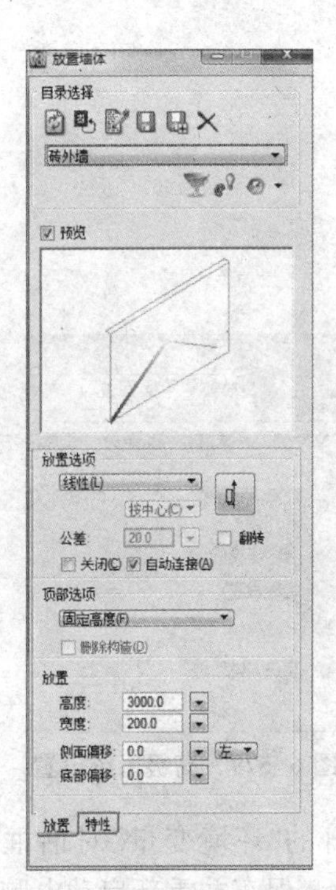

图 6-577 预览窗口有多余线条

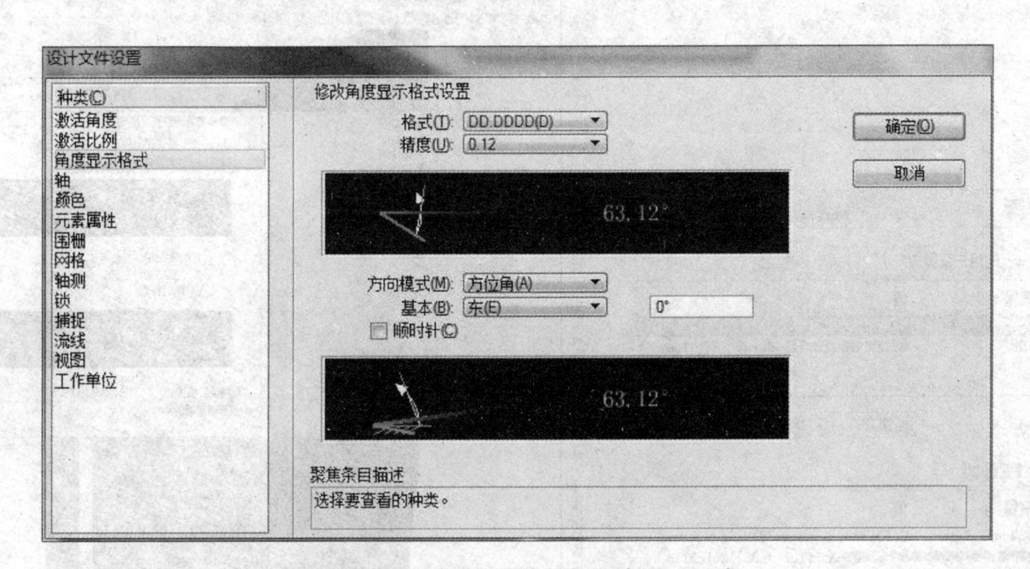

图 6-578 “设计文件设置”对话框显示异常

解决方案:在 Windows 的环境变量中将 QV_D3DVERSION 设置为 9。

在 Win7 系统下,在计算机图标上右键单击,在弹出菜单上选择“属性”,在弹出的属性对话框中左键单击“高级系统设置”如图 6-579 所示。在弹出的系统属性对话框中,单击“环境变量”按钮,如图 6-580 所示。

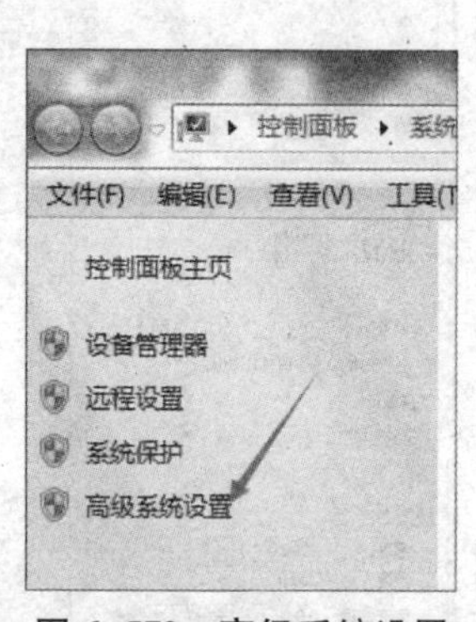

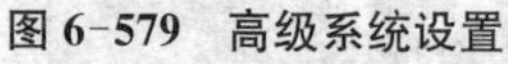
图 6-579　高级系统设置

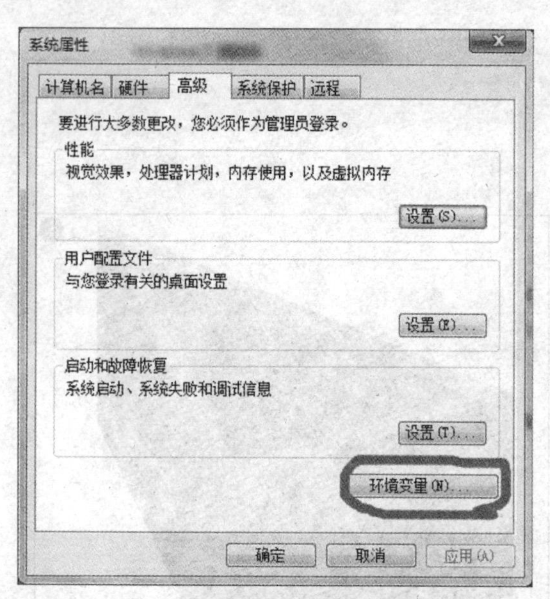

图 6-580　环境变量按钮

在打开的“环境变量”对话框中，新建一个键值 QV_D3DVERSION，设置为 9，如图 6-581所示。保存并重新启动电脑，图形显示正常，如图 6-582 所示。

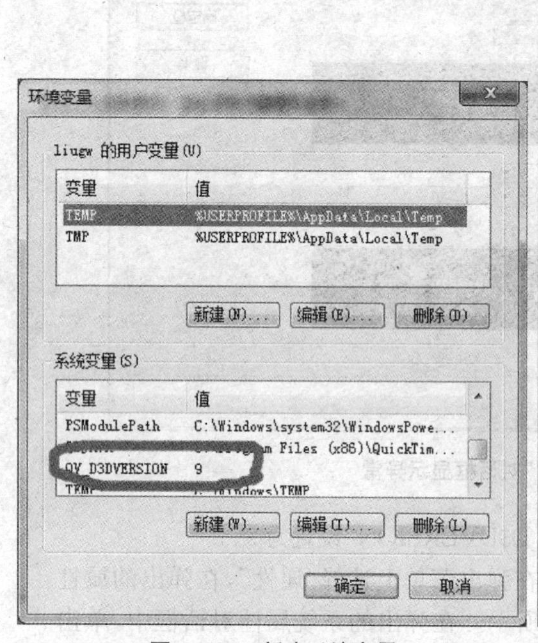

图 6-581　新建系统变量

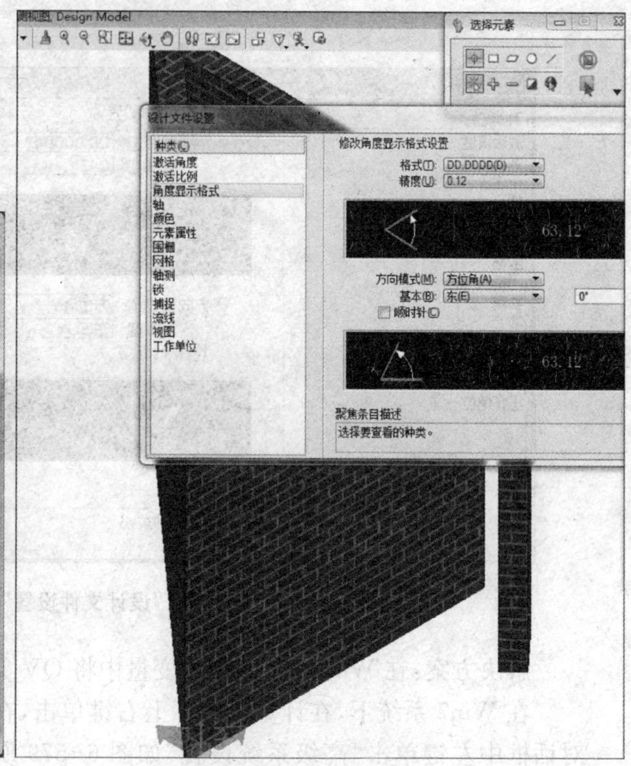

图 6-582　显示正常

7 Navigator 软件应用

Bentley Navigator 软件是模型及数据浏览、审核工具，它提供了统一的可视化图形环境，可以实时浏览三维模型。让其他 Bentley 公司和非 Bentley 公司应用程序的文件变得可见和可查询。主要支持的平台有 MicroStation、AutoCAD、PDS 和 PDMS 等；可查询和浏览导入进来的数据信息，方便地操纵模型视角，生成所需的各种报表；支持分析功能，可以测量距离、面积、体积和完整的工程精度；模拟优化调度并能够动态解决冲突等。

7.1 Navigator 软件的安装

和其他 Bentley 软件的安装过程基本一致，Navigator 软件安装过程如图 7-1 所示。

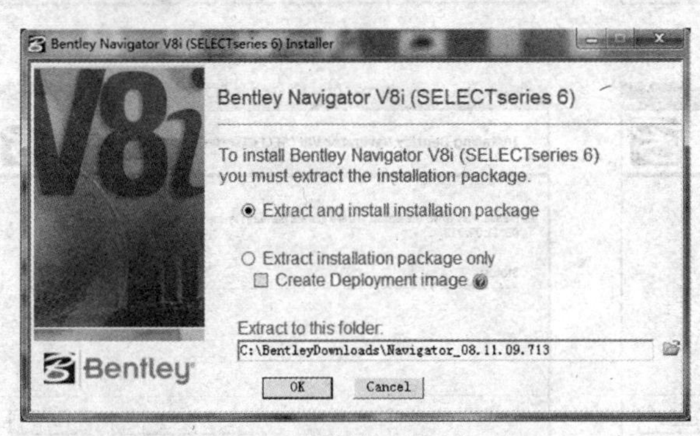

(a) 安装软件解压缩

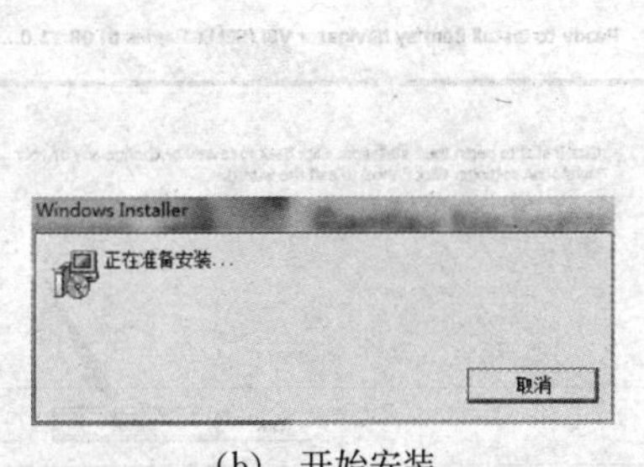

(b) 开始安装

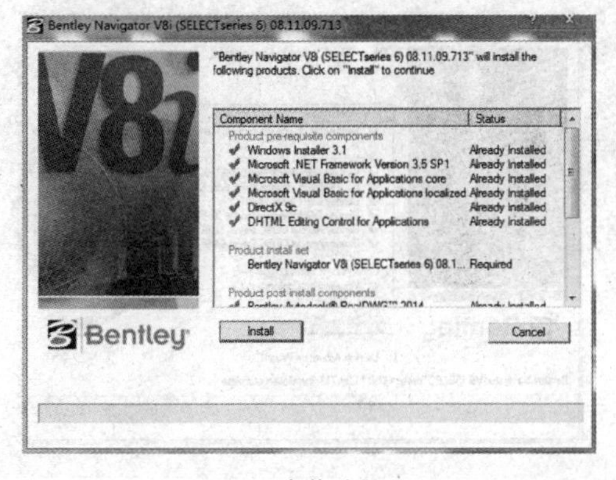

(c) 安装过程 1

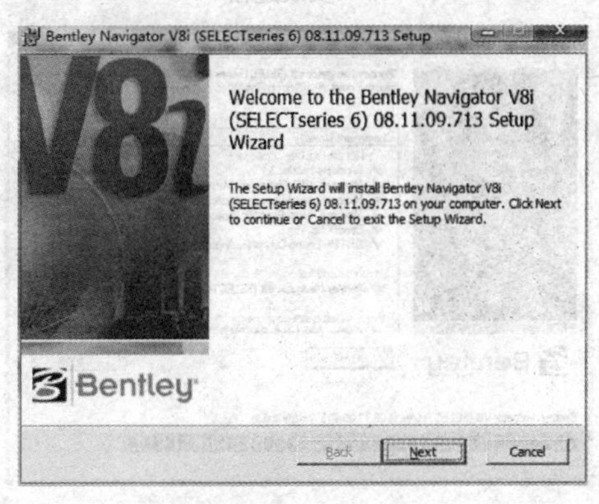

(d) 安装过程 2

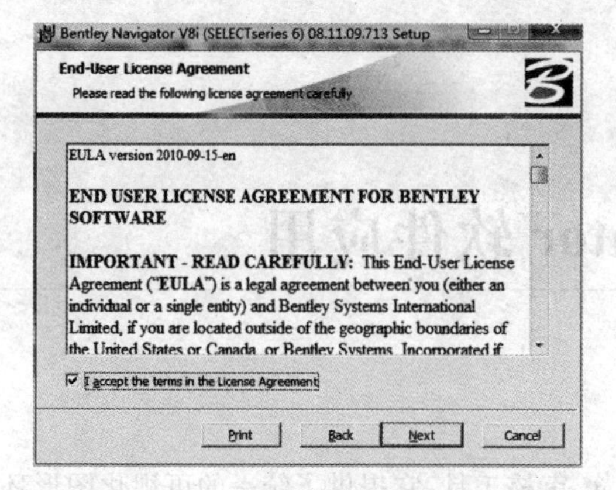

(e) 安装过程 3

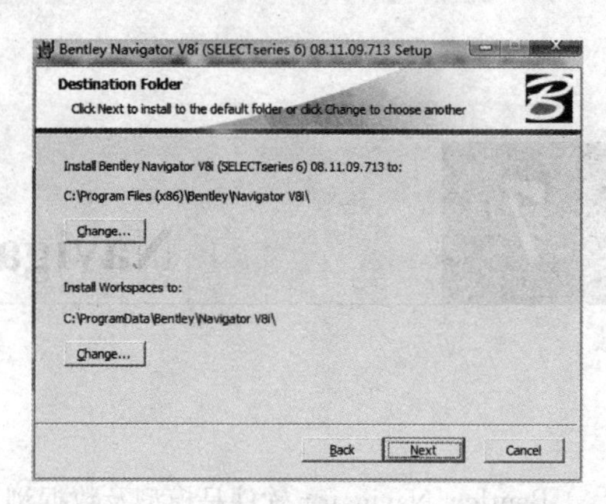

(f) 安装过程 4

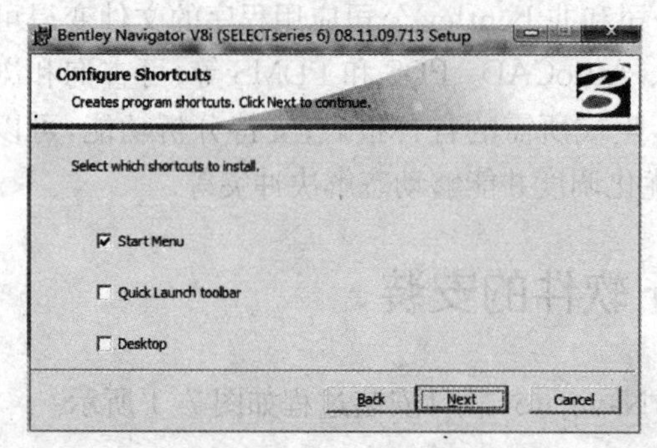

(g) 安装过程 5

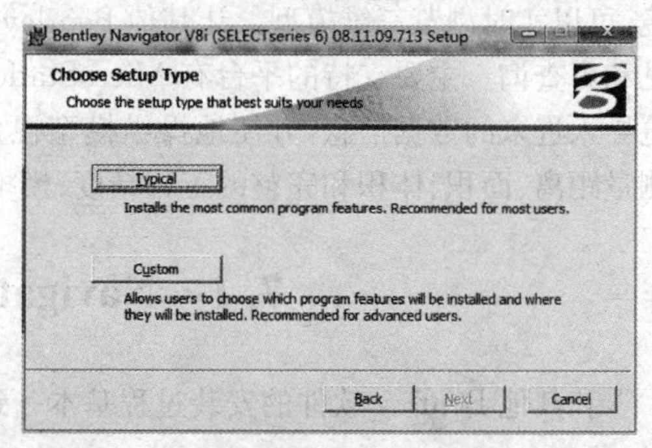

(h) 安装过程 6

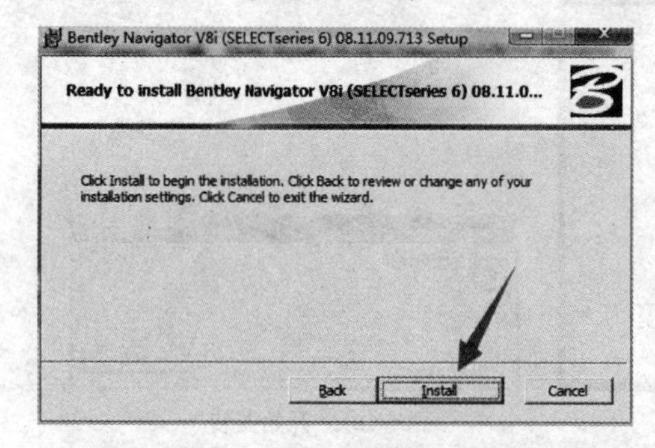

(j) 安装过程 7

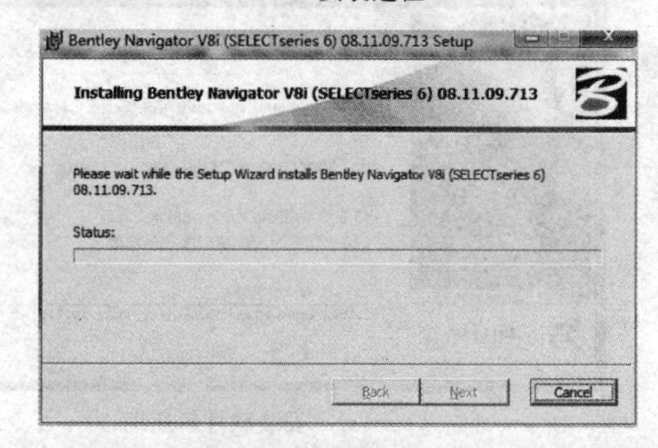

(k) 安装过程 8

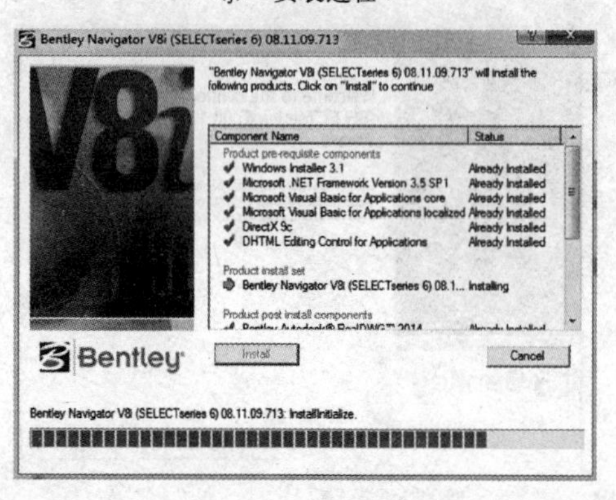

(m) 安装过程 9

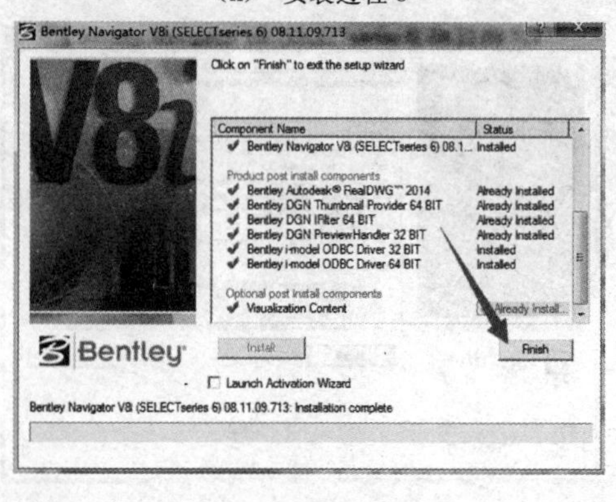

(n) 完成安装

图 7-1　安装软件

7.2 Navigator 使用前的准备

7.2.1 生成 i-model 模型

在 Bentley 系列软件的“文件”菜单下，都有一个“发布 i-model”菜单项，如图 7-2 所示。这一菜单项就是生成 i-model 模型的。

单击该菜单项，弹出“发布 i-model”对话框(图 7-3)。进行设置后，单击“发布”按钮，即可发布为 i-model 模型。

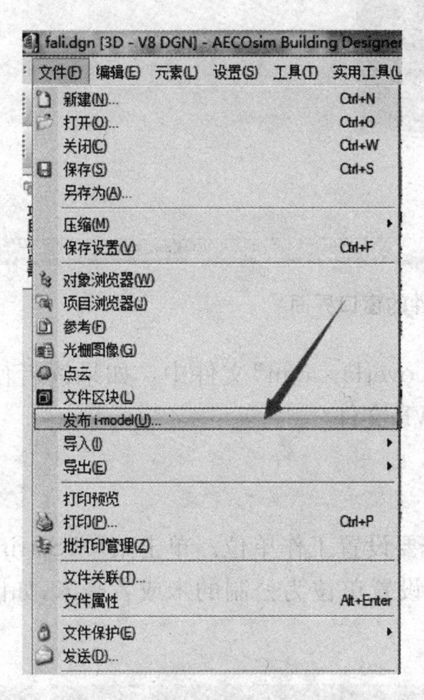

图 7-2　菜单“发布 i-model”

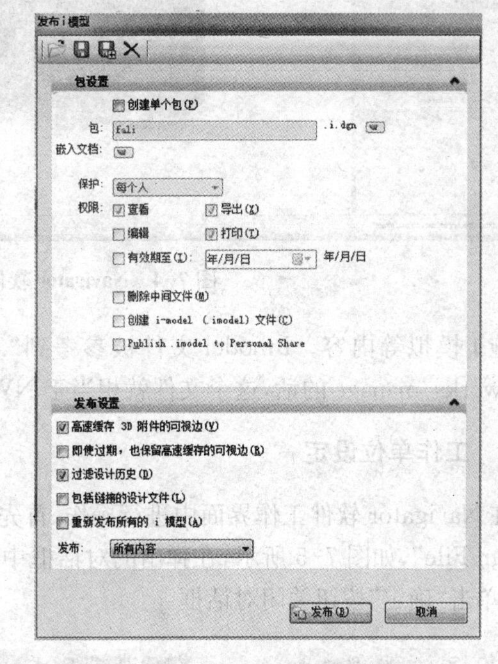

图 7-3　“发布模型”对话框

发布的 i-model 模型的文件名是直接在模型的原有文件名后加上“. i. dgn”。如原文件名是“fali. dgn”，则发布的 i-model 模型的文件名就是“fali. dgn. i. dgn”。需要注意的是，i-model 模型是一个只读文件，不允许修改。如果读者使用过 Navisworks manage 软件，这个文件就相当于 NWC 文件。

7.2.2 打开与保存模型

启动 Navigator 软件后，窗口界面如图 7-4 所示。顶部是菜单栏和工具条，左侧上部是任务栏和项目浏览器，左侧下部为工具窗口，单击任务栏按钮产生的伴随窗口都显示在左边部分，默认显示的是 Element Selection，右侧是模型显示区域。

在 Navigator 软件中，如打开前面发布的名字为“fali. dgn. i. dgn”的 i-model 模型，会发现文件名会变为“fali. overlay. dgn”，这是一个附加于“fali. dgn. i. dgn”的覆盖文件，这个文件里面主要存储了针对“fali. dgn. i. dgn”的所有操作，包括漫游、剖切、查询、构件集、碰撞检

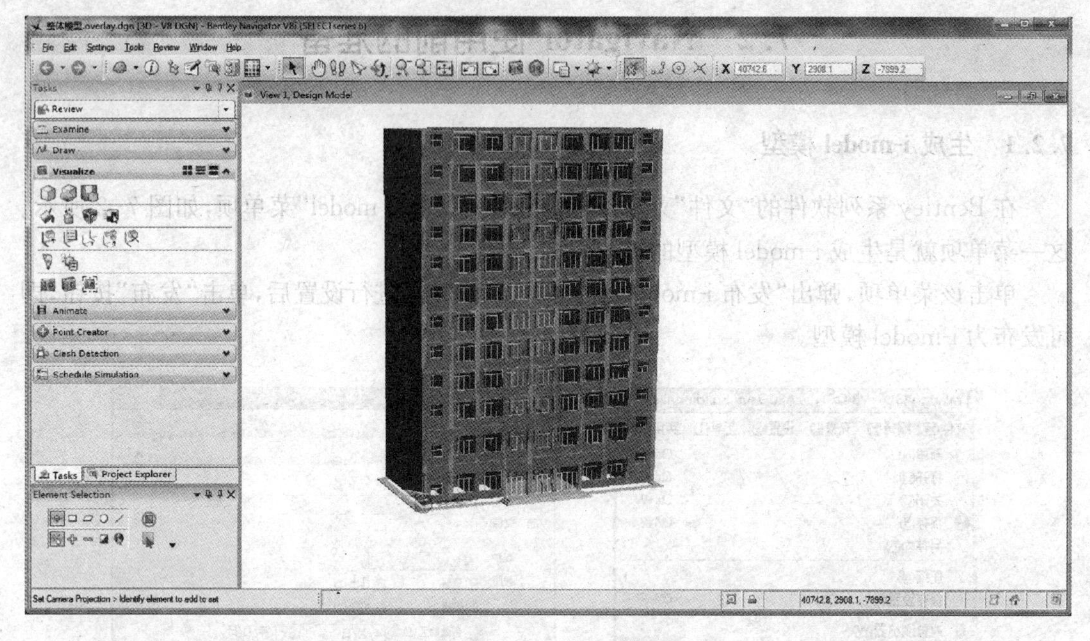

图 7-4　Navigator 软件的窗口界面

查和施工模拟等内容。I-model 文件被参考到“. overlay. dgn”文件中。如果读者使用过 Navisworks manage 的话，这个文件就相当于 NWF 文件。

7.2.3　工作单位设定

在 Navigator 软件工作界面中进行操作，首先要设置工作单位。单击菜单“Settings”→“Design File”，如图 7-5 所示，在弹出的对话框中设置单位为公制的米或者毫米，如图 7-6 所示，单击“确定”按钮关闭对话框。

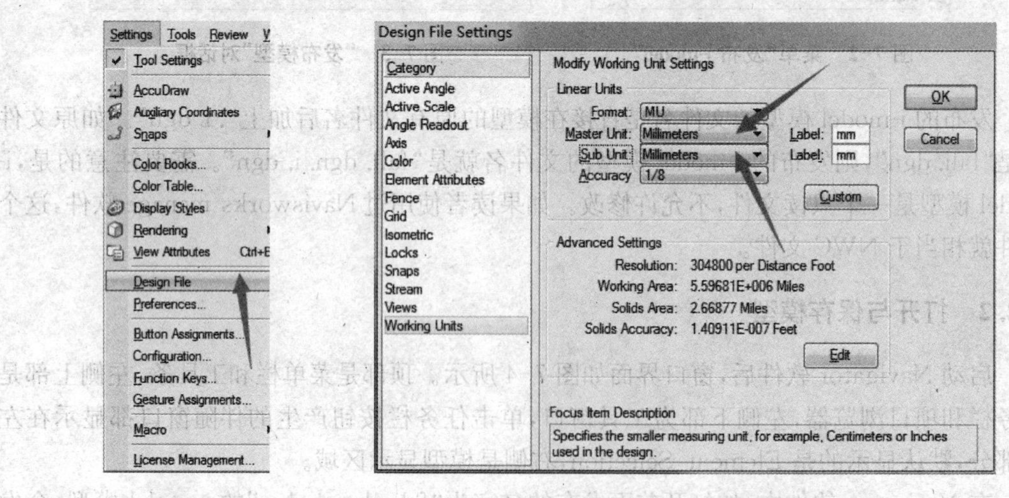

图 7-5　菜单“Design File”　　　　图 7-6　“Design File Settings”对话框

7.2.4 图层的打开与关闭

在 Navigator 软件中，分图层导入生成的 i-model 模型的每一个图层都可以打开或者关闭，打开关闭图层在项目浏览器的模型选项卡上（图 7-7）。不勾选的图层将不会显示。如图 7-8 及图 7-9 所示，分别是勾选和不勾选一层外墙的结果。

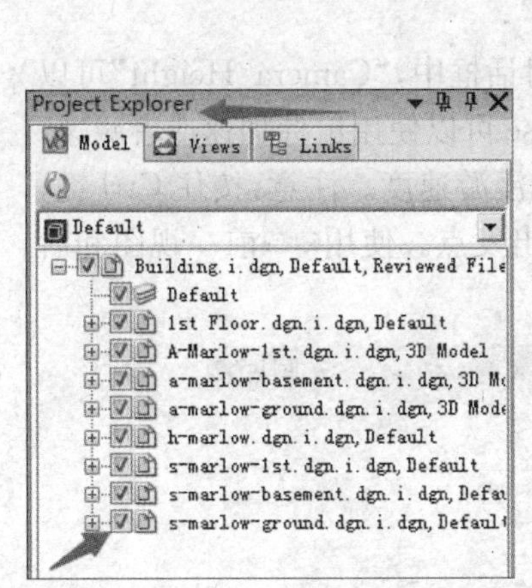

图 7-7 模型选项卡

图 7-8 勾选一层外墙

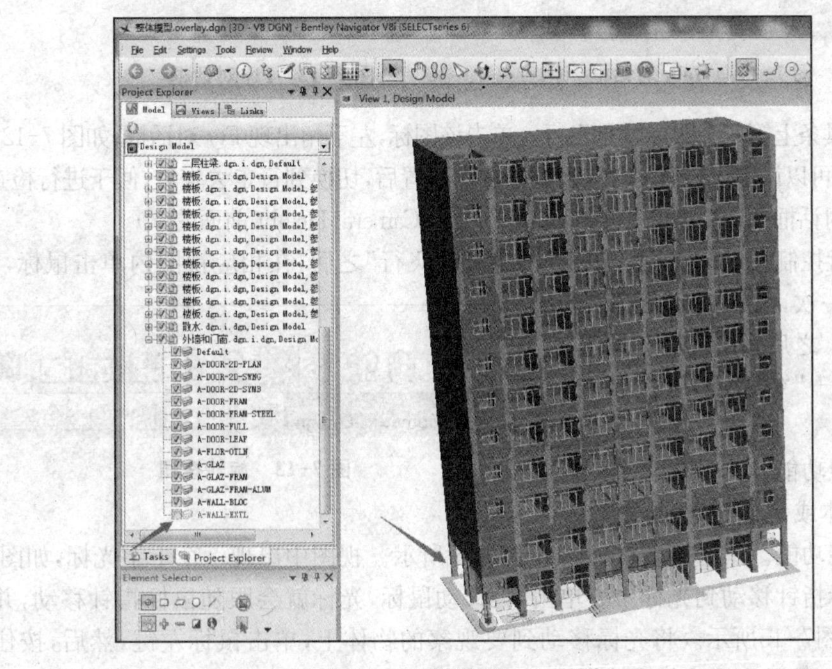

图 7-9 取消勾选一层外墙

7.3 漫 游

在Navigator软件中的一项基本功能是漫游。通过漫游，可以目视检查模型，发现问题。在Main工具条上，第三个图标就是漫游，如图7-10所示。

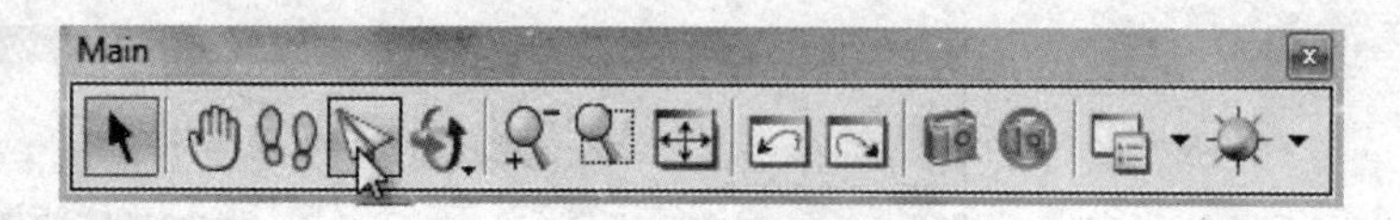

图7-10 Main工具条

单击漫游图标，弹出"Walk"对话框(图7-11)，在此对话框中，"Camera Height"可以设置漫游时的相机高度。Accelerate/Decelerate with mouse可以使用鼠标加速或者减速，使用"＋""－"号可以控制漫游速率，Walk Speed可以设置漫游速度。注意：按住Ctrl键，移动鼠标可以调整视角。单击鼠标右键，可以回到漫游的出发点。使用前一视图和后一视图，可以前后查看。

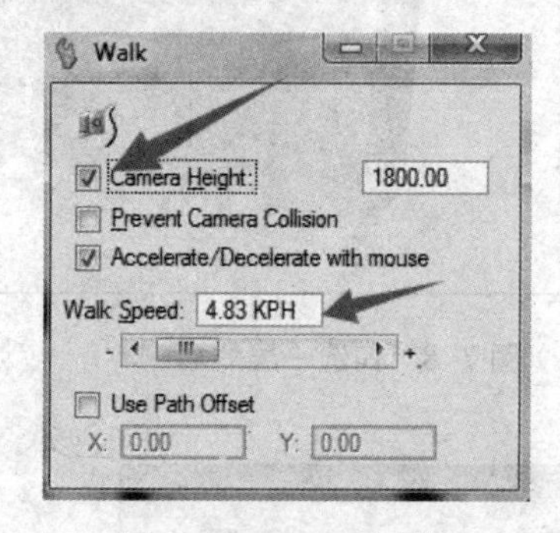

图7-11 Walk对话框

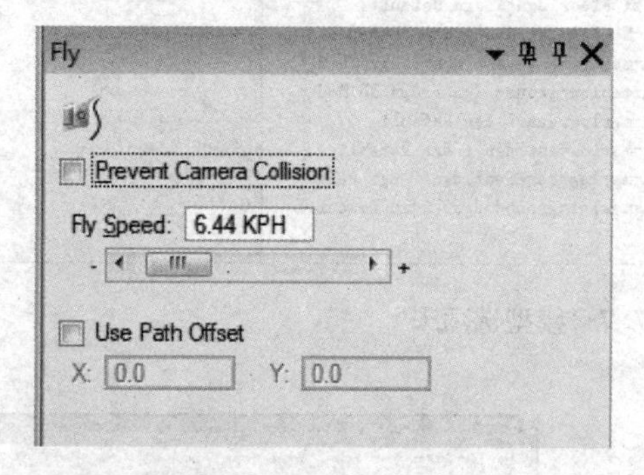

图7-12 Fly对话框

Main工具条上第四个图标就是飞行。单击该图标，左下角出现Fly对话框，如图7-12所示。在该对话框中可以设定飞行速度。飞行到需要的位置后，切换到行走去查看，便于进行检查。注意：这时漫游对话框的选项需要关掉相机高度(去掉Camera Height前面的√)。

使用键盘控制漫游和飞行。单击"漫游"或"飞行"之后，在相应视图内单击鼠标，然后，再单击鼠标一次，可以确定漫游或飞行的状态。之后，用键盘上的上下左右键和"＋""－"，即可控制漫游或飞行。

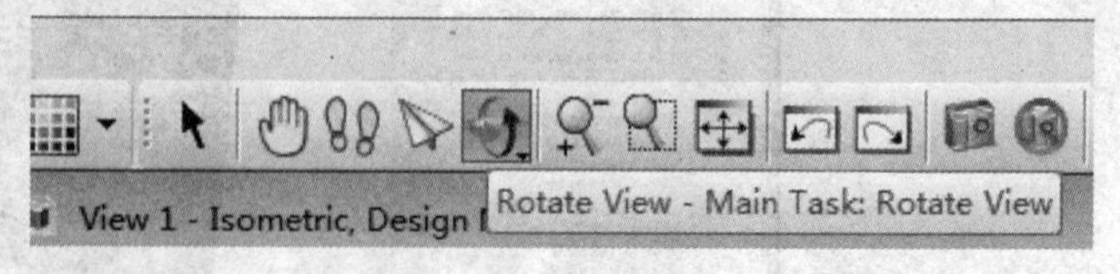

图7-13 旋转按钮

(1) 旋转功能。当需要围绕一个固定的物体或者点进行观察时，可以使用旋转功能。单击旋转按钮，如图7-13所示。视图中出现一个十字光标，如图7-14所示。把鼠标指针移动到光标中心单击，再移动鼠标，光标就会跟随鼠标指针移动，并且会捕捉物体，如图7-15所示。将光标移动到要观察的物体上，单击鼠标左键，然后，按住鼠标左键，旋转中心就是十字光标所在的物体。单击鼠标右键，可以退出旋转状态。

图 7-14　十字光标

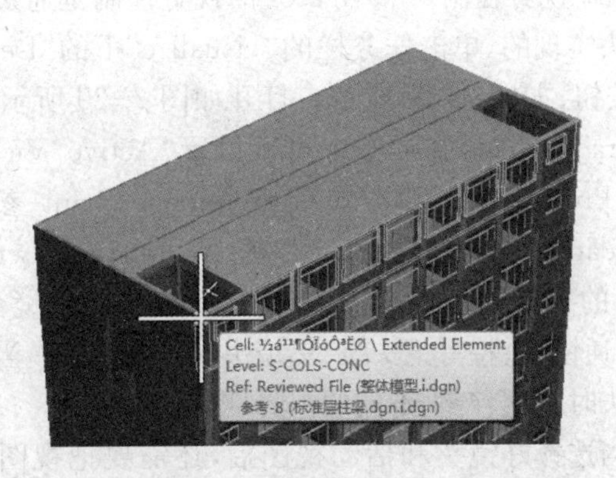

图 7-15　拖动十字光标

单击"Window area"按钮(图 7-16)后，单击需要放大区域的左上角点，再单击放大区域的右下角点，如图 7-17 所示，可以局部放大视图，放大后的视图如图 7-18 所示。

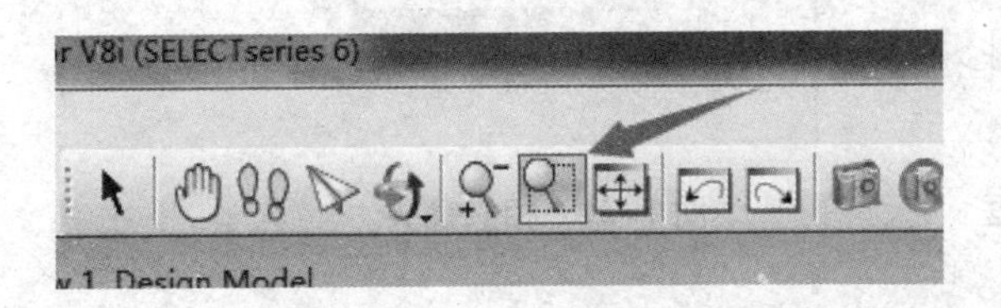

图 7-16　Window area 按钮

图 7-17　放大窗口

图 7-18　放大后的视图

（2）视野控制。Navigator 的视野控制是通过更换相机的镜头实现的，单击任务栏的“visualize”下的“Define Camera”按钮，如图 7-19 所示。打开如图 7-20 所示的“Define Camera”对话框，在动画中可以设置“Active View(激活视图)”“Projection(投影方式)”“Reference Point(参考点)”和“Standard Lens(标准镜头)”，其中，Standard Lens(标准镜头)后的下拉列表中设置了鱼眼镜头、超广角镜头、广角镜头、普通镜头、特写镜头、长焦镜头和望远镜头。当选择不同的镜头时，就会产生不同的视野（图 7-21）。

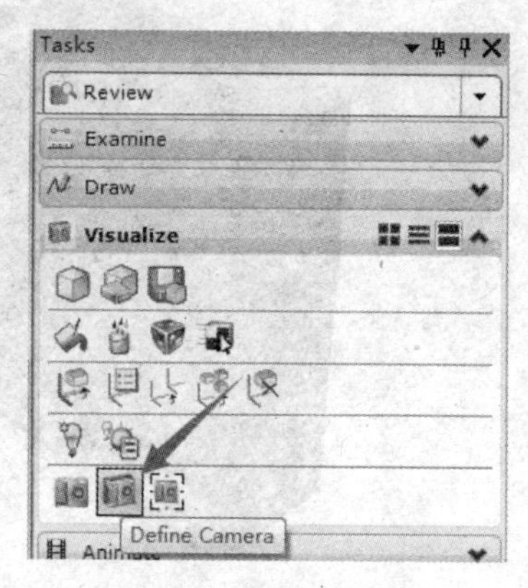

图 7-19　定义相机按钮

当选择好镜头和活动视图后，还需要把视图的相机打开，才能看到效果，打开和关闭相机，可以通过图 7-22 的按钮完成。

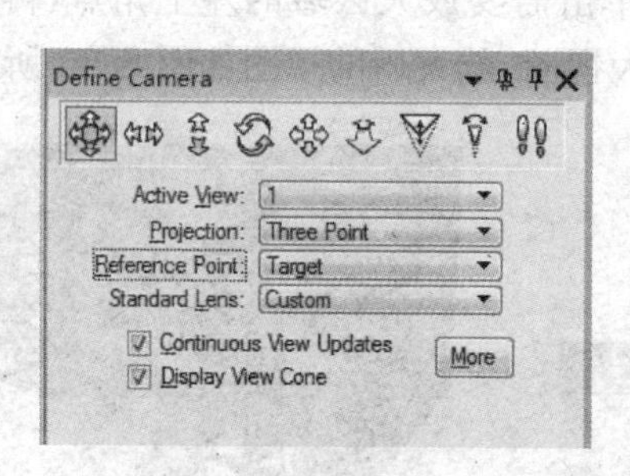

图 7-20　定义相机对话框

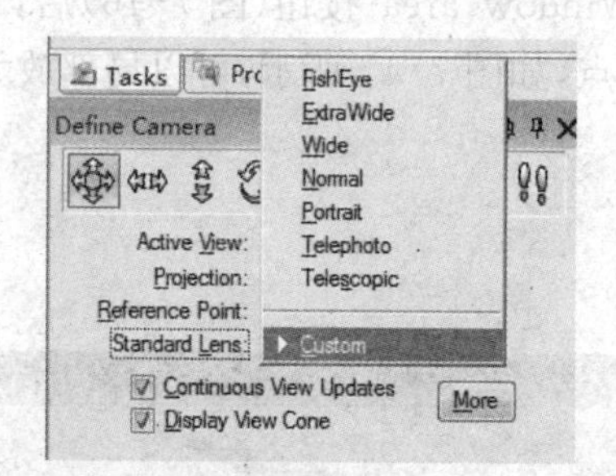

图 7-21　相机镜头

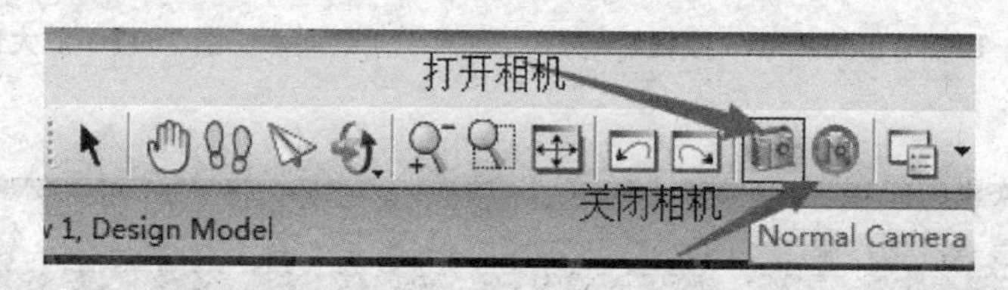

图 7-22　打开和关闭相机按钮

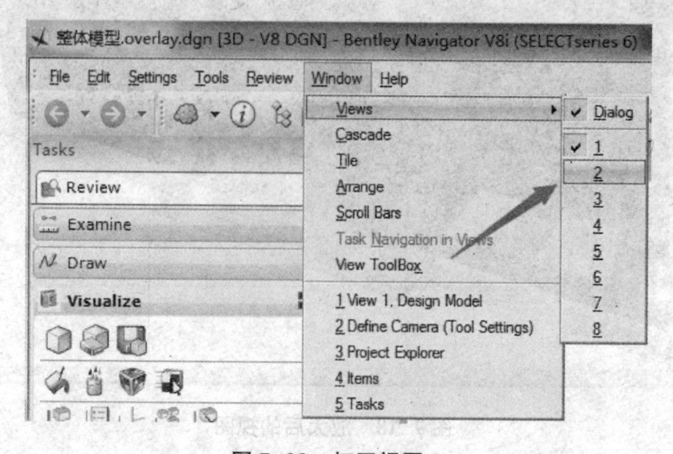

图 7-23　打开视图 2

(3) 缩略图功能。单击菜单项“Window”→“Views”→“2”,此时视图 2 打开(图 7-23),视图 2 中以顶视图显示场景内的缩略图(图 7-24)。这一功能特别是在飞行和漫游中非常有用。

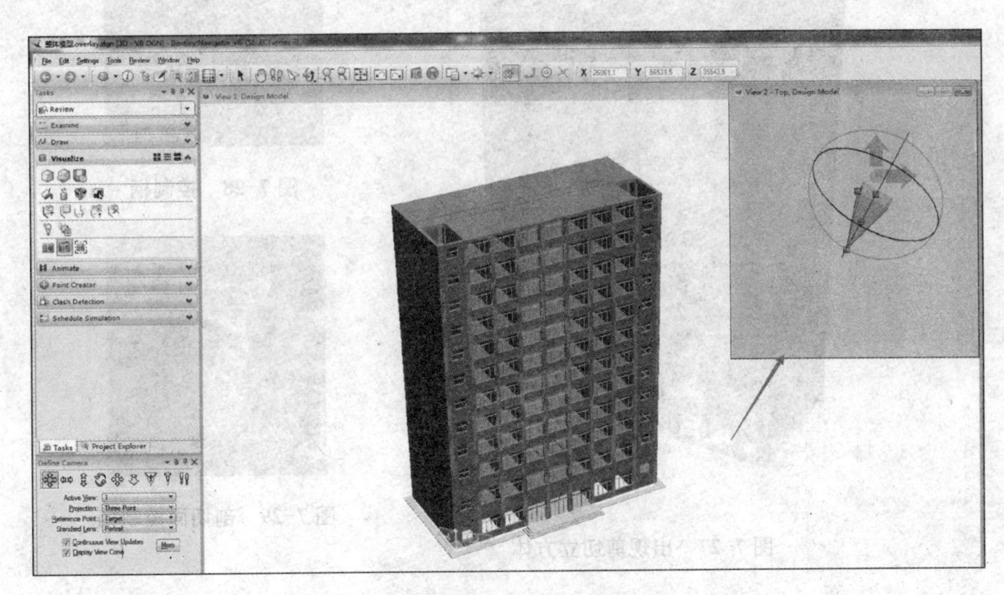

图 7-24 视图 2(缩略图)

7.4 剖切模型

在工作界面,单击任务栏“Examine”下的“Section View”,如图 7-25 所示,此时“Place Fitted Section”对话框打开,如图 7-26 所示。在视图中任意一点单击鼠标,会出现剪切立方体,如图7-27 所示。

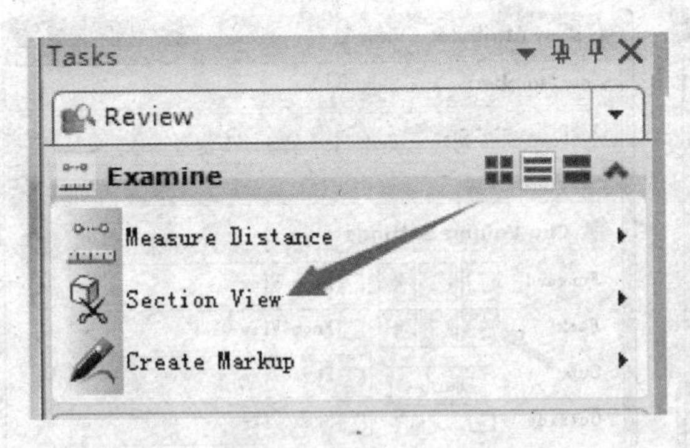

图 7-25 Section View

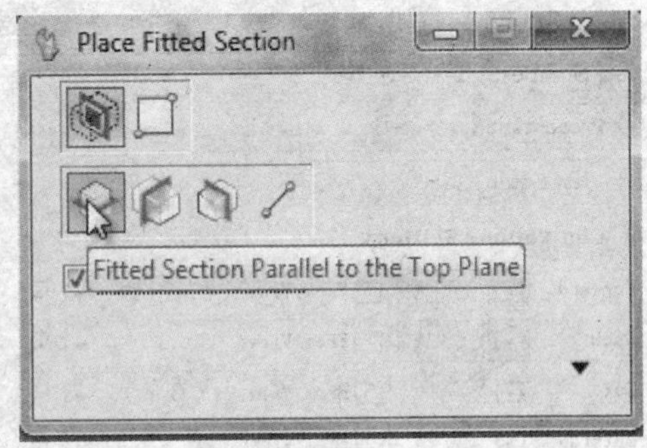

图 7-26 “Place Fitted Section”对话框

在剪切立方体上有控制柄(图 7-28),这种控制柄可以供鼠标单击,之后移动鼠标,会看到被显示的区域发生变化,再次单击鼠标,剪切面固定。这类控制柄一共有 6 个,分别在上下、前后和左右。在中间还有一个控制柄(图 7-29),这是剪切面的控制柄。箭头方向表示剪切面的法线正向。

图 7-27　出现剪切立方体

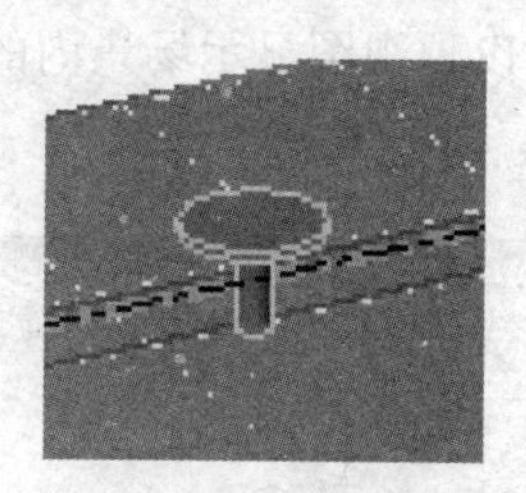

图 7-28　控制柄

图 7-29　剖切面控制柄

单击"View Attributes(视图属性)"按钮(图 7-30),打开 View Attributes(视图属性)对话框(图 7-31)。

单击 Back 后的 display 按钮(图 7-32)。可以看到,剪切面后面的模型看不到了(图 7-33),Forward 后的 display 按钮可以实现隐藏剪切面前的模型。

图 7-30　View Attributes(视图属性)按钮

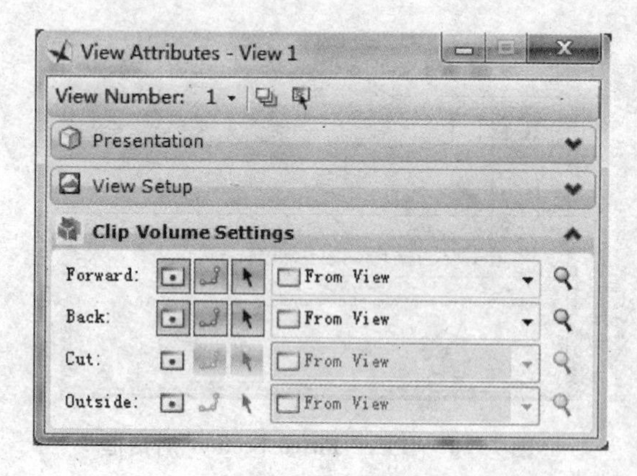

图 7-31　View Attributes(视图属性)对话框

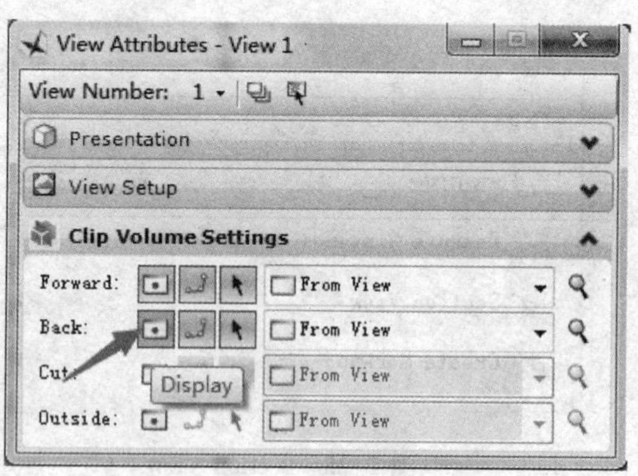

图 7-32　关闭后剪切面

局部放大模型,如图 7-34 所示,会发现模型都是空心的。单击"View Attributes"(视图属性)对话框 Cut 后的 Display 按钮,如图 7-35 所示,发现模型的剖断位置都被封起来了,这是剪切面的显示(图 7-36)。同时,不同材质的构件剪切面显示的颜色不同。

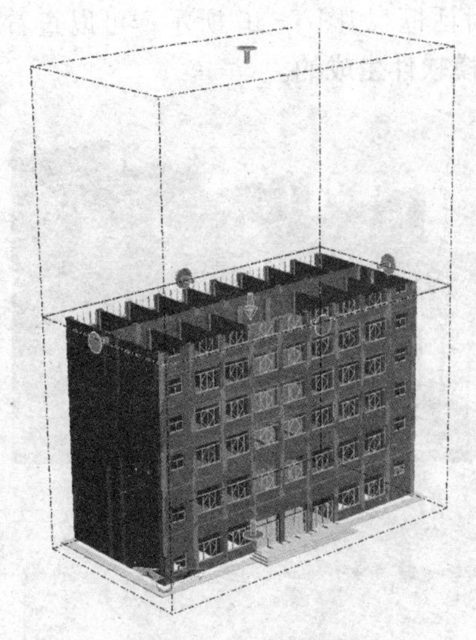

图 7-33　视图显示

图 7-34　局部放大

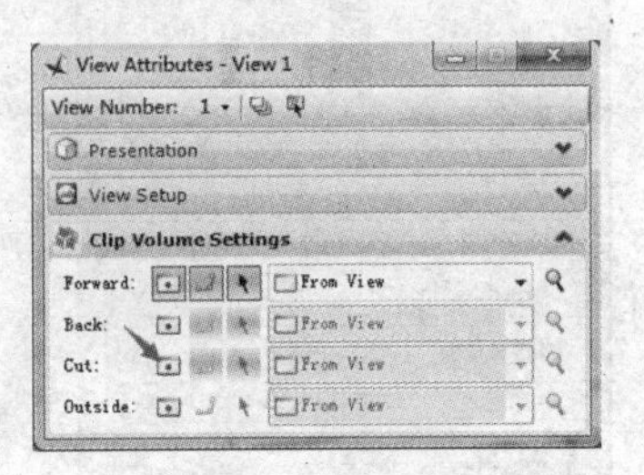

图 7-35　显示剪切

单击“View Attributes”(视图属性)对话框的 Outside 后的 Display 按钮，并在列表框中设置显示为 Outside，如图 7-37 所示，模型视图中会显示被剖切掉的模型，如图 7-38 所示。

停止剖切的方法：①删除剪切立方体；②使用清除剪切立方体命令。

图 7-36　显示剪切面

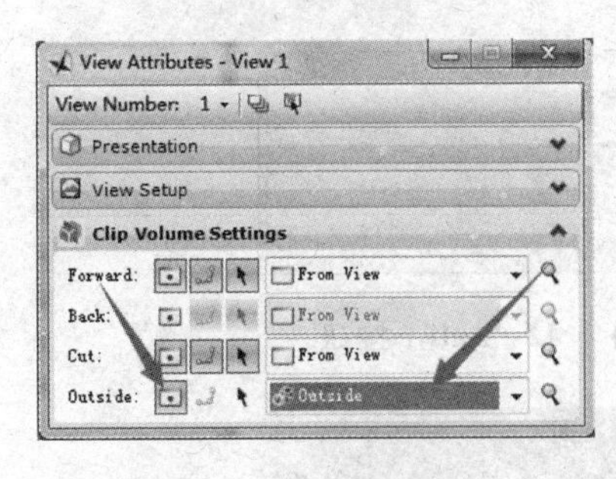

图 7-37　显示外部

图 7-38　视图显示

7.5　构件查询与构件集

7.5.1　构件查询

在工作界面，单击选择元素按钮，然后，单击一道墙体，如图 7-39 所示。单击元素信

息按钮，此时出现 Element Information 对话框，如图 7-40 所示。可以查看与选中的这道墙体相关的信息。**注意，这些信息是由建模软件生成的。**

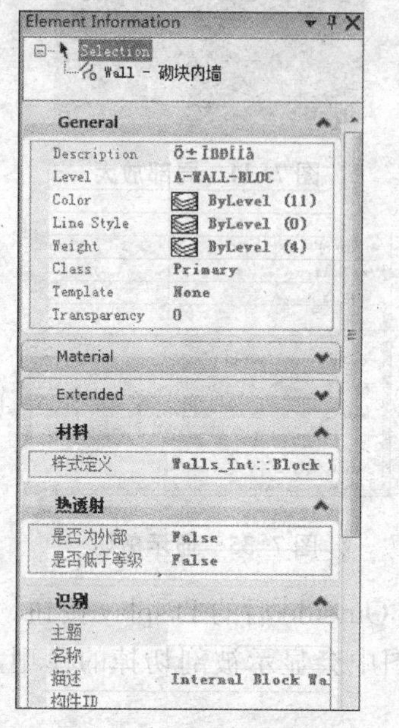

图 7-40 墙体信息

图 7-39 选择墙

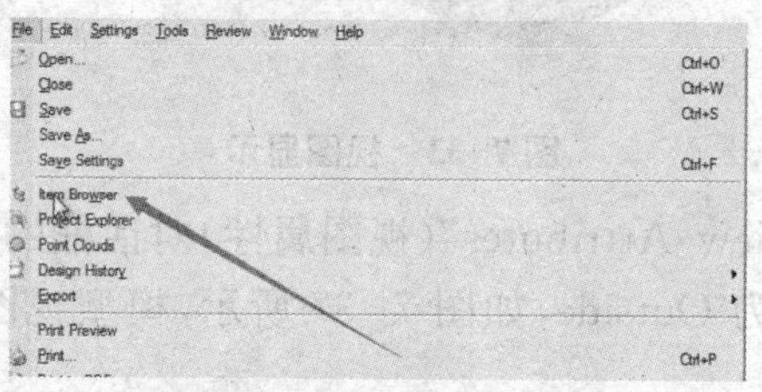

图 7-41 Item Browser 菜单

7.5.2 构件查找

在 Navigator 软件里查找构件是一项基本功能。单击菜单“File”→“Item Browser”(图 7-41)，打开 Item 对话框(图 7-42)，单击对话框中的“Active”按钮。在出现的 Active 下的窗口中单击“门”，之后，单击 Details 下的一扇门，再单击“transparent”按钮，如图 7-43 所示。这时，视图显示如图 7-44 所示。读者可以在软件界面自行测试“transparent”按钮旁边的几个按钮的显示状态。

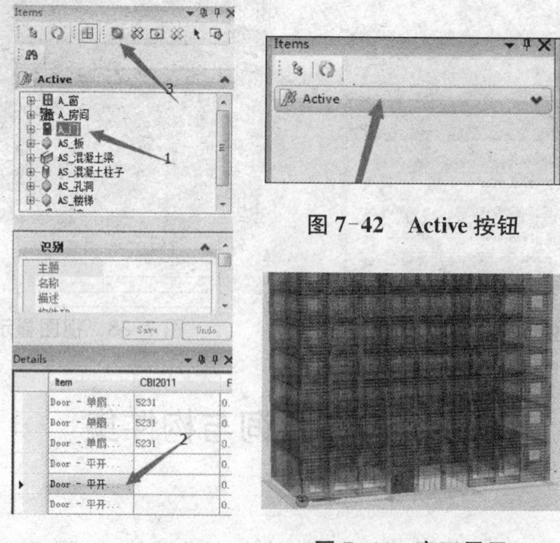

图 7-42 Active 按钮

图 7-43 查找

图 7-44 窗口显示

7.5.3 构件集(Item Sets)

单击“Review”→“Item Sets”(图 7-45),打开 Item Sets 对话框,如图 7-46 所示。

单击“New Item Set”按钮(图 7-47),在编辑框中输入“outdoor”,这个选择集用来保存散水和台阶。按住 Ctrl 键,用鼠标单击“散水”和“台阶”,然后,单击“Item Sets”对话框顶部的“Add Elements”按钮,然后在绘图区的空白处单击鼠标确认,会看到 outdoor 选择集中已经有两个元素,如图 7-48 所示。

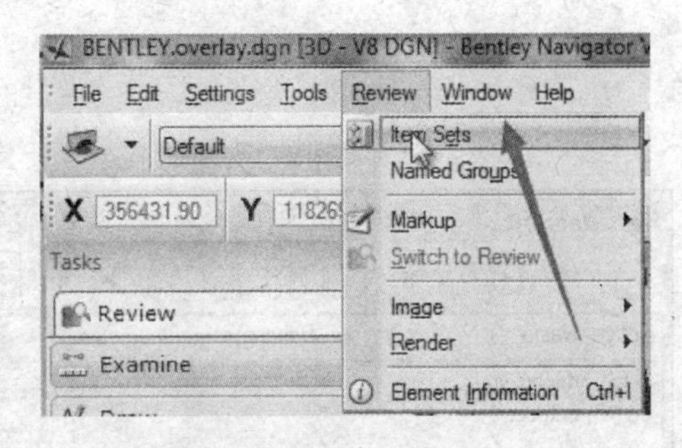

图 7-45 Item Sets 菜单

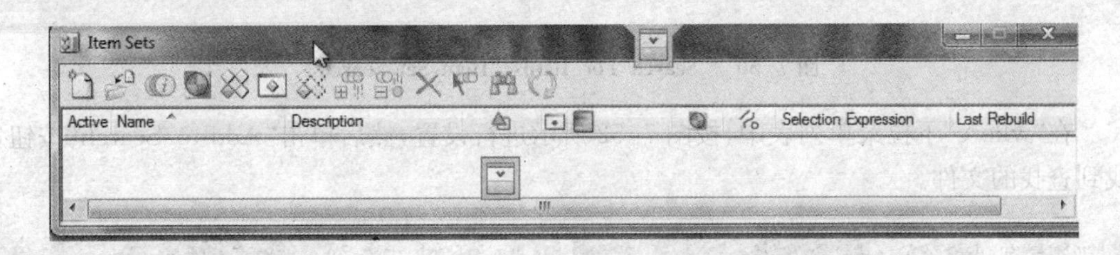

图 7-46 Item Sets 对话框

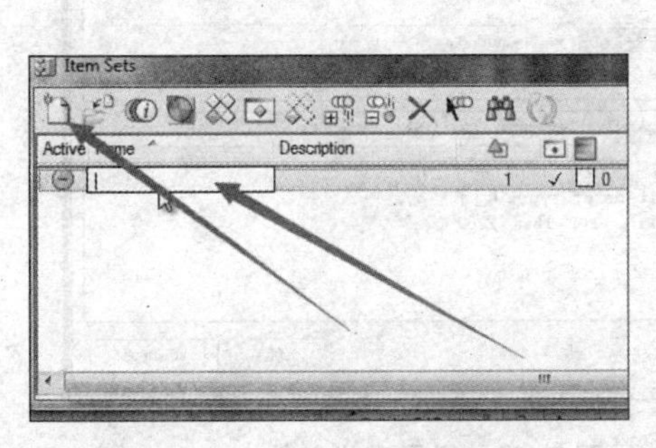

图 7-47 “New Item Set”按钮

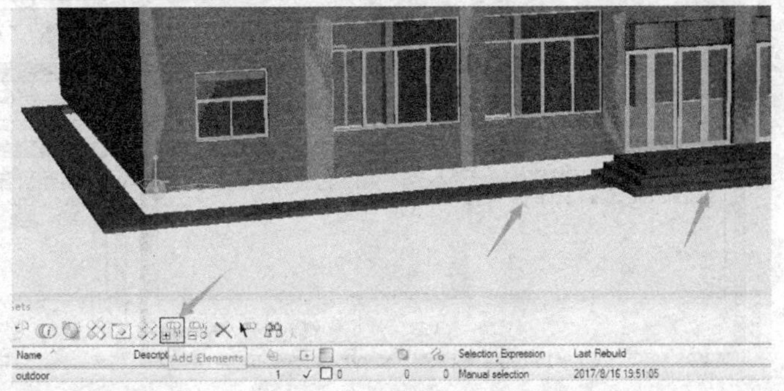

图 7-48 手动创建选择集

如果创建一个选择集——给所有高度大于 2 m 的门,如何进行操作呢?首先在工作界面,单击“New Item Set”按钮,新建一个选择集,在编辑框中输入“doors>2m”,这个选择集就是用来确保所有高度大于 2m 的门,如图 7-49 所示。

Active	Name	Description						Selection Expression	Last Rebuild
⊖	doors>2m		2	✓	☐ 0	0	0		
⊖	outdoor		1	✓	☐ 0	0	2	Manual selection	2017/8/16 19:51:36

图 7-49 创建 doors>2m 选择集

单击“Search For Items”按钮，在弹出的“Item Set Search”对话框中单击“Search for”下拉菜单列表(图 7-50)，选择“门”，如图 7-51 所示。

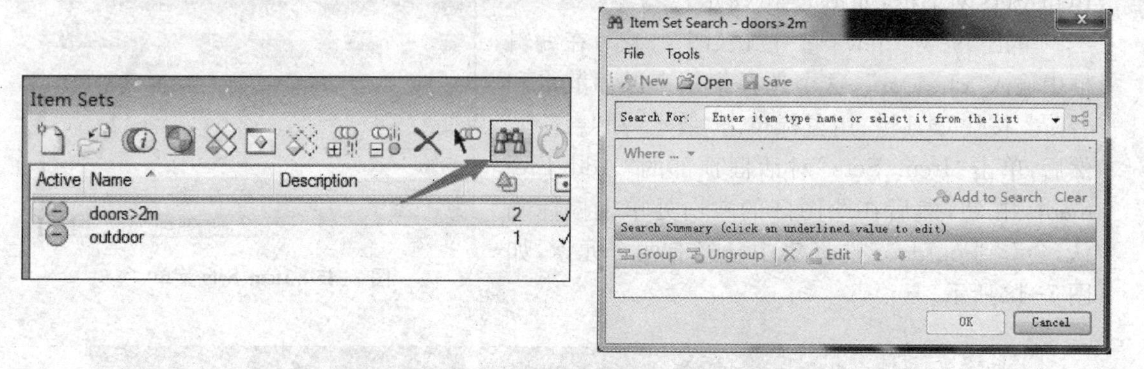

图 7-50 “Search For Items”“Item Set Search”

在“where”下拉菜单列表中，按图 7-52 所示进行设置，然后单击“Add to Search”按钮，找到查找的文件。

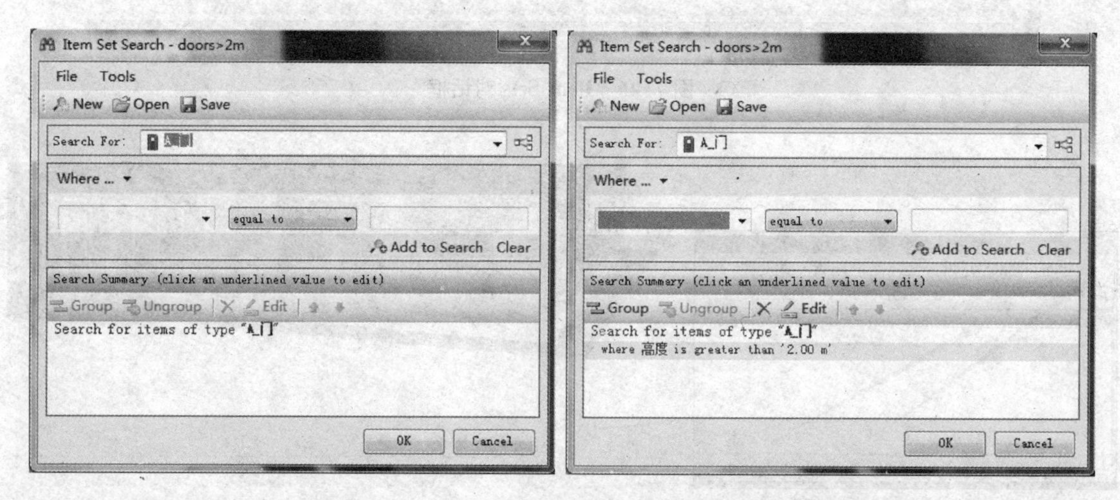

图 7-51 选择门 图 7-52 设置查找条件

单击“OK”按钮，关闭“Item Set Search”对话框，可以看到选择集中有了 3 个元素，如图 7-53 所示。

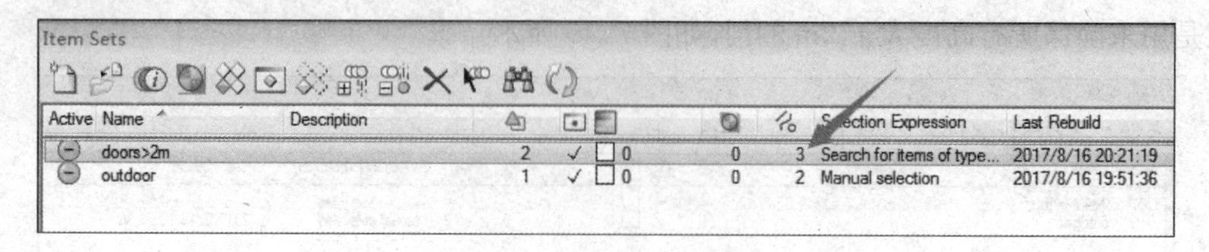

图 7-53 完成的选择集

7.6 碰撞检查

Bentley Navigator 的碰撞检查功能包括一般 BIM 软件的静态碰撞检查功能和 Bentley Navigator 特有的动态碰撞检查功能，动态碰撞检查功能可以模拟交通工具或运输路径的可行性分析。

7.6.1 静态碰撞检查

静态碰撞检查功能在 Bentley Navigator 的 Clash Detection 菜单下的 Clash Detection 项，单击“Clash Detection”按钮，弹出“Clash Detection”对话框，如图 7-54 所示。

单击“Create a new job”按钮，添加一个新的碰撞检查项目，如图 7-55 所示。单击“Reference”按钮展开该条目，检查一层的结构柱梁和一层的建筑外墙和门窗的碰撞，在“Reference”里面，把“一层柱梁. dgn. i. dgn”拖入 Set A，把“外墙和门窗. dgn. i. dgn”拖入 Set B，如图 7-56 所示。

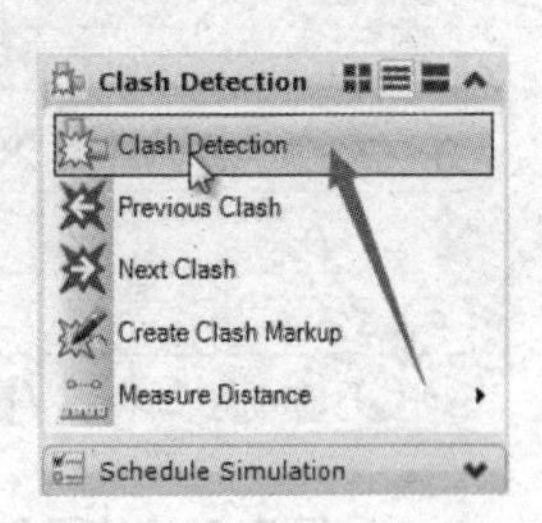

图 7-54　碰撞检查按钮

单击“Process”按钮，完成碰撞检查(图 7-57)，单击相应碰撞条目，在模型中显示碰撞结果如图 7-58 所示。

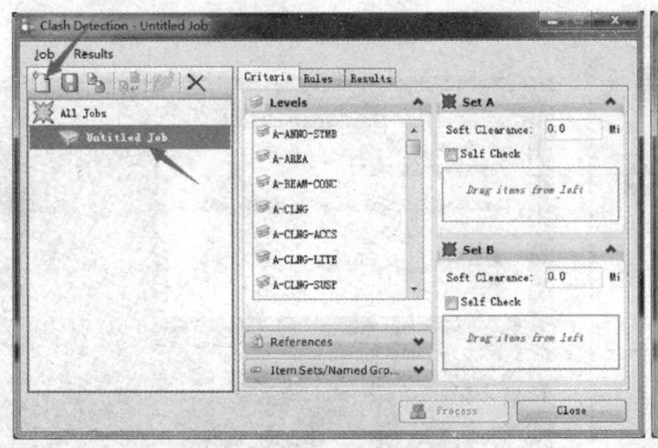

图 7-55　新建碰撞检查

图 7-56　设置碰撞项目

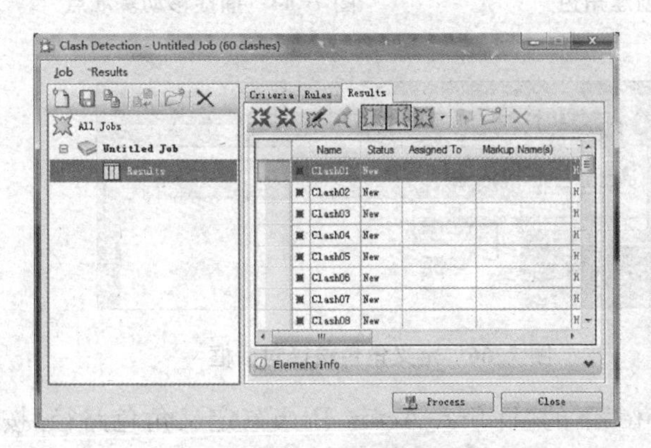

图 7-57　碰撞结果

图 7-58　碰撞检查结果视图

7.6.2 动态碰撞检查

在 Navigator 软件中进行动态碰撞检查是软件的一项强大功能，这些功能有别于其他软件，其他软件仅可以进行静态碰撞检查。在动态碰撞检查项目中，需要关闭相机。

使用 Navigator 三维建模命令，如图 7-59 所示，绘制对象如图 7-60 所示。

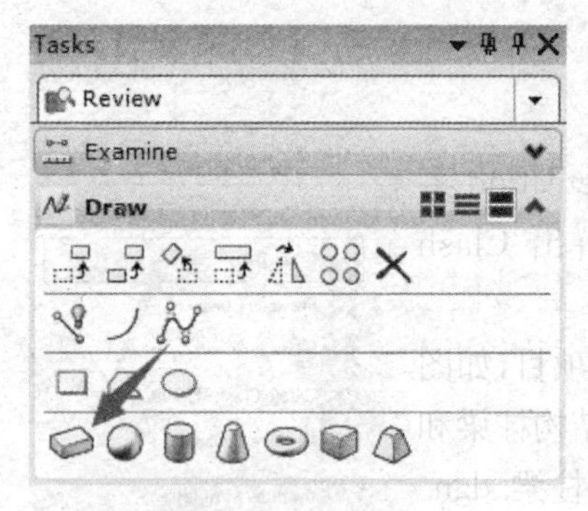

图 7-59 绘图命令

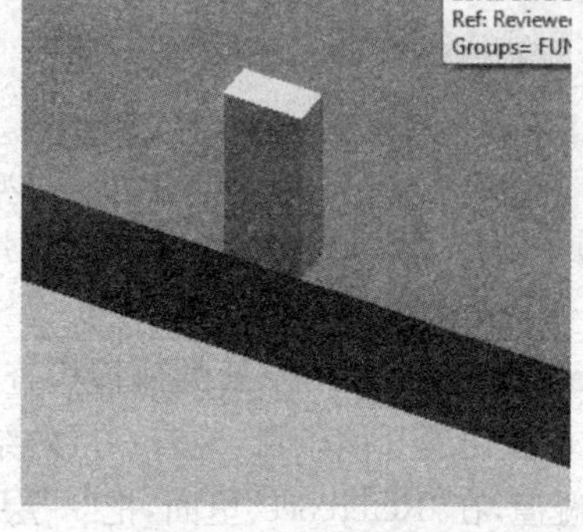

图 7-60 绘制的物体

图 7-61 绘制行走路径

(1) 选择绘制对象。采用样条曲线绘制行走路线，如图 7-61 所示。选中要绘制的对象，如图 7-62 所示。单击“Animate”下的“Create Actor”按钮，创建运动角色，如图 7-63 所示。移动鼠标，捕捉移动的基准点。

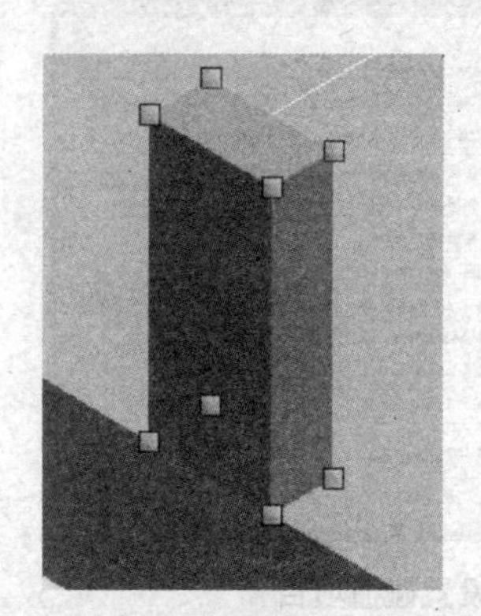

图 7-62 选中绘制的物体

图 7-63 创建角色

图 7-64 捕捉移动基准点

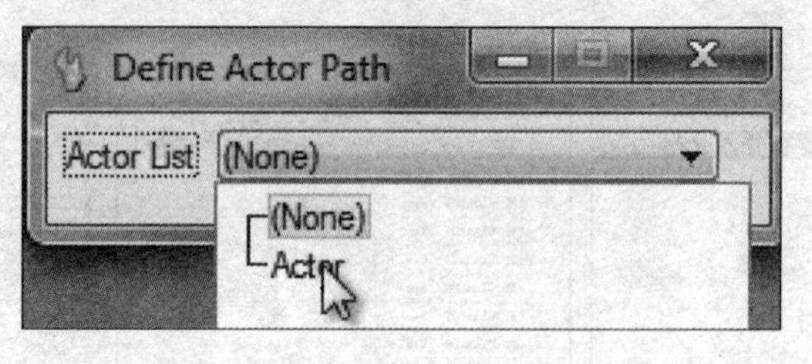

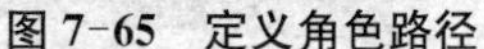

图 7-65 定义角色路径

图 7-66 定义角色路径对话框

(2) 定义角色路径。单击“Animate”下的“Define Actor Path”(定义角色路径)按钮(图 7-65)。在弹出的“Define Actor Path”(定义角色路径)对话框中选择“Actor”(图

7-66)，根据左下角提示，单击路径作为路径的样条曲线，移动鼠标，确定移动的正方向，单击鼠标确定，如图 7-67 所示。

在空白处单击鼠标左键，在弹出的“定义角色路径”对话框中设置开始时间、结束时间等参数，如图 7-68 所示。

(3) 动态碰撞检查。单击“Detect Interference”按钮，如图 7-69 所示，然后单击视图空白处，模拟就可以显示动态碰撞检查相关的内容。

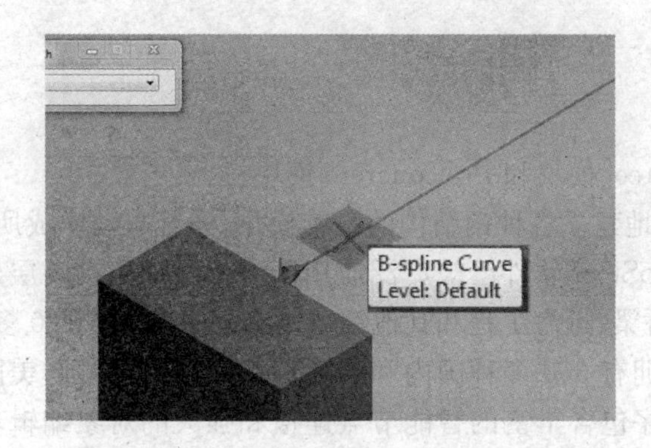

图 7-67　选择路径

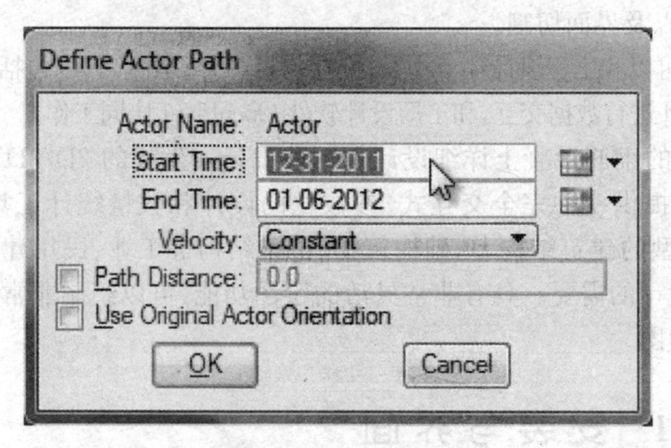

图 7-68　设置动画时间

图 7-69　模拟动态碰撞检查

8 ProStructure 软件应用

ProStructure 软件主要分成 ProSteel 模块和 ProConcrete 模块。

用户可以在 ProSteel 软件中方便地建立各种钢结构的三维模型，系统自动生成所有的施工图、加工详图和材料表。目前，ProSteel 软件已被广泛应用于世界各地的多高层建筑、民用建筑、大型体育场馆、工业建筑、桥梁、近海工程和其他钢结构工程中，在全球 20 多个国家拥有众多专业用户。ProSteel 软件拥有 300 多种国内和国际型钢库(包括中国、美国、日本等)，其中包含 20 000 多种型钢，程序包含丰富的智能节点连接和强大的对象编辑功能，其中包括端板的连接、底板的连接、角钢抗剪连接、节点拼接、加腋、加劲肋、檩条连接、钻孔、添加螺栓、开槽、任意形状切割以及界面切割。

ProSteel 软件有很强的交互性，可以和工程设计环节中其他软件共享模型数据，其中包括与结构分析、设计软件 STAAD 和 RAM 进行数据交互，和工厂设计软件 OpenPlant 协同工作。

ProConcrete 软件是一款专业的钢筋混凝土详细设计和钢筋设计表生成的 2D/3D 软件，是为钢筋混凝土结构配筋设计提供一种完全交互式、参数化的设计和数量统计工具。ProConcrete 软件能够满足各种类型的建筑结构、基础构筑物、桥梁结构等工业、民用建筑物以及水工建筑钢筋混凝土配筋设计的需要。具有非常灵活的绘图功能，可以绘制非常详尽的钢筋混凝土结构中的钢筋布置图。

8.1 安装与界面

ProStructure 软件图标如图 8-1 所示，双击该图标开始进行解压缩(图 8-2、图 8-3)，完成解压缩，进行软件安装。安装步骤如图 8-4 所示。

ppst081114195 en

图 8-1 软件图标

图 8-2 解压开始

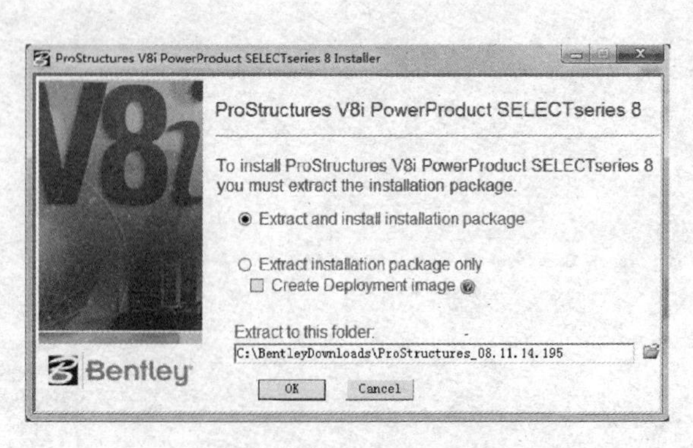

图 8-3 解压文件夹

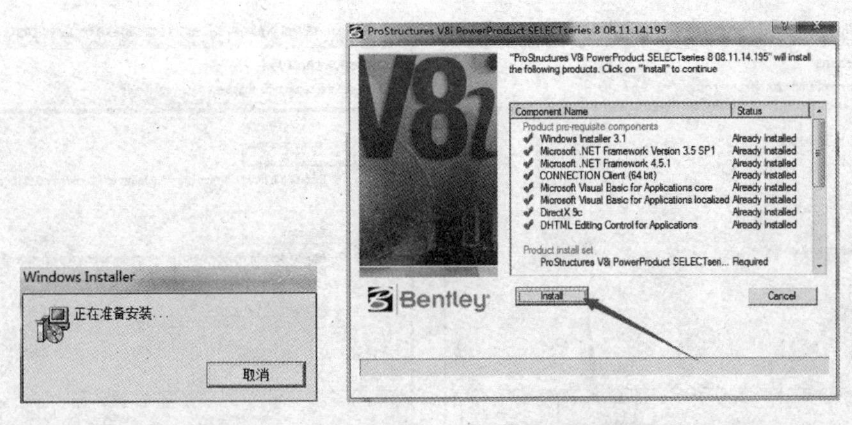

(a) 启动安装　　(b) 安装步骤 1

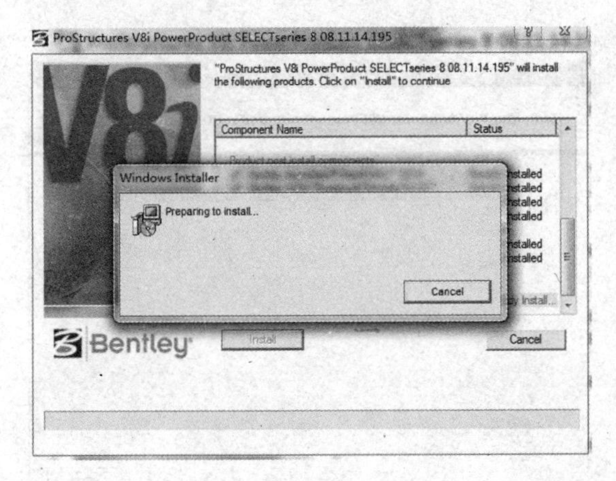

(c) 安装步骤 2

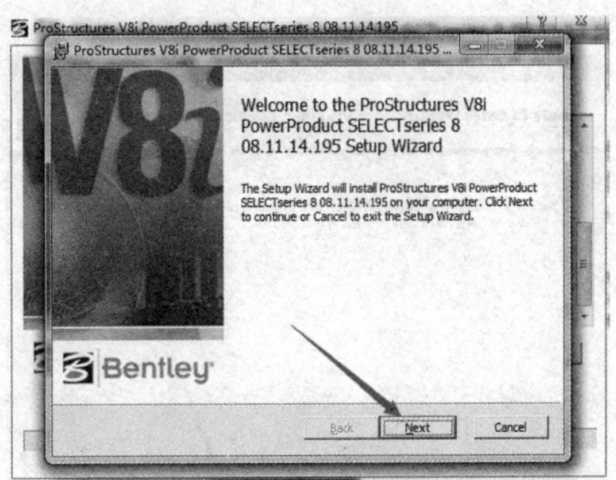

(d) 安装步骤 3

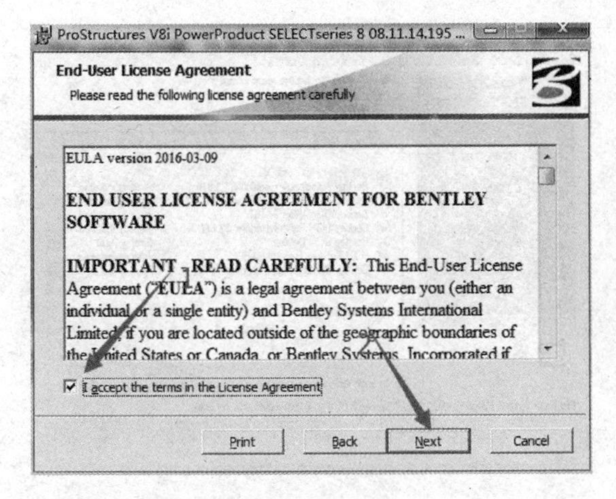

(e) 安装步骤 4

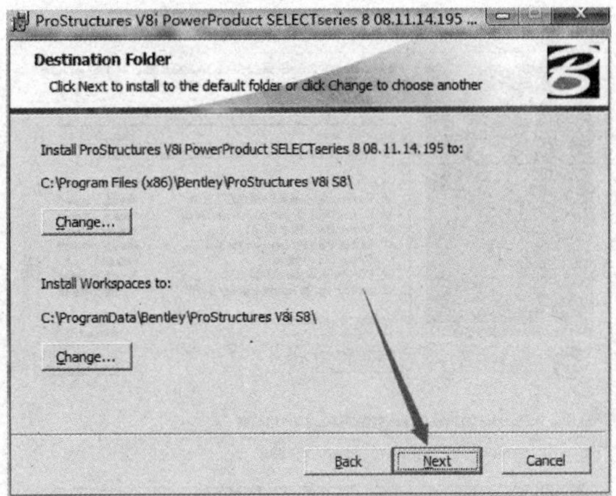

(f) 安装步骤 5

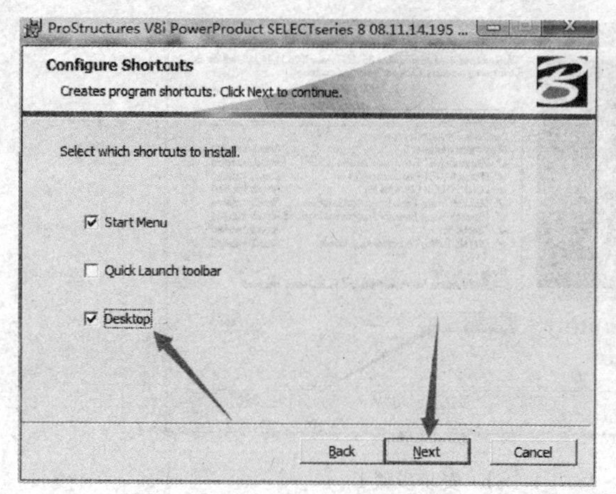

(g) 安装步骤 6

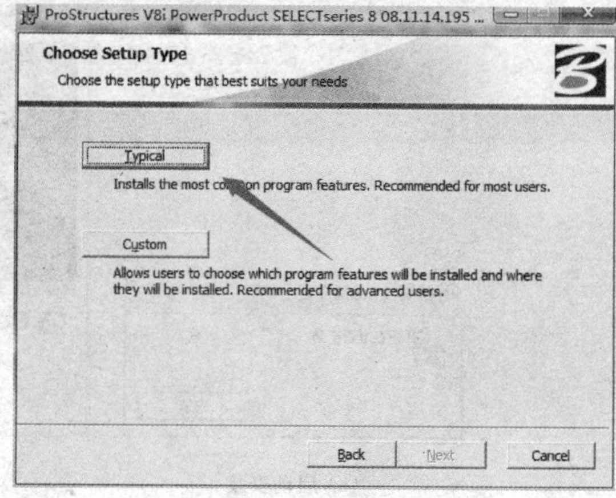

(h) 安装步骤 7

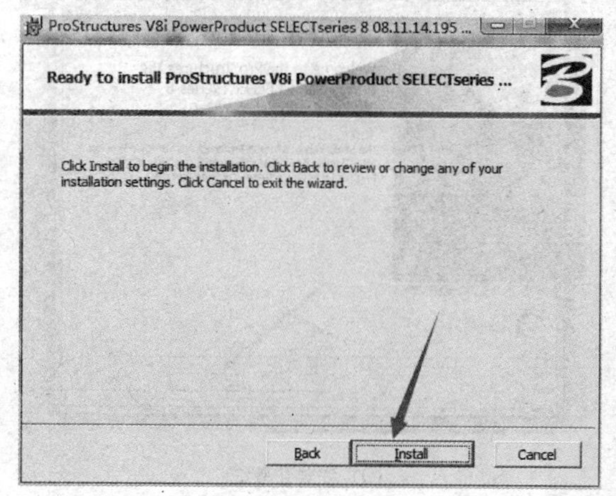

(j) 安装步骤 8

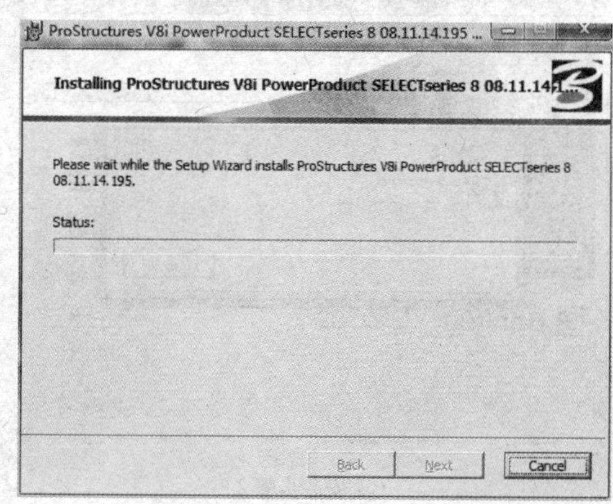

(k) 安装步骤 9

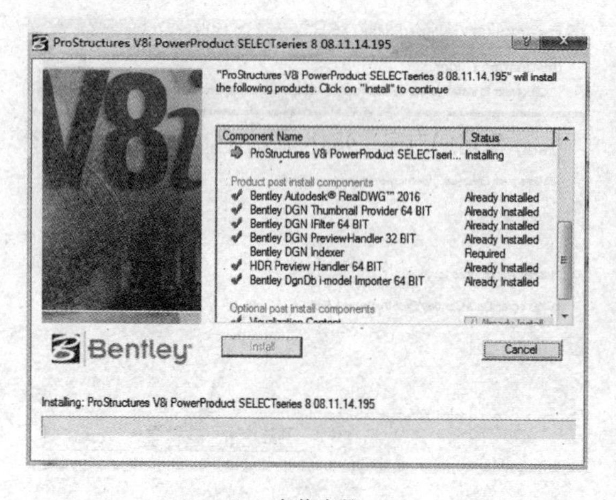

(m) 安装步骤 10

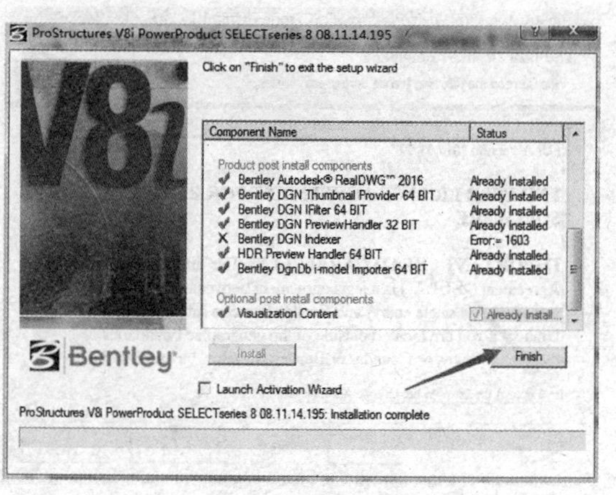

(n) 安装步骤 11

图 8-4 软件安装步骤

8.2　钢结构建模及应用

ProSteel 软件是 Bentley 公司专门为支持钢结构和金属结构施工和规划任务而推出的三维设计软件。

8.2.1　ProStructures 的启动

当软件安装完成后，桌面出现 ProStructures 图标，如图 8-5 所示，双击该图标，首先出现如图 8-6 所示的启动屏幕，然后停在图 8-7 所示的“File Open(打开文件)”窗口。

图 8-5　软件图标

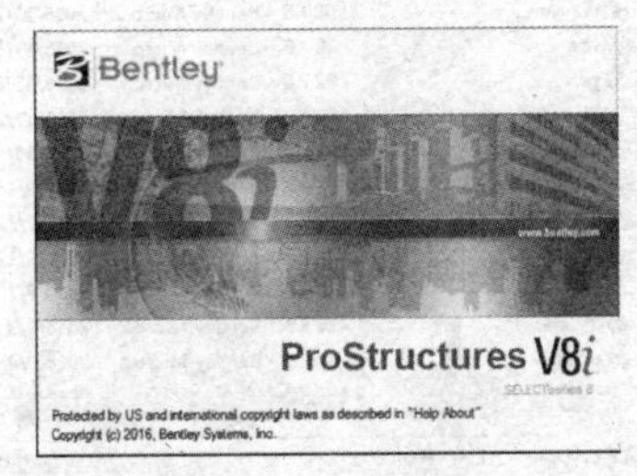

图 8-6　启动屏幕

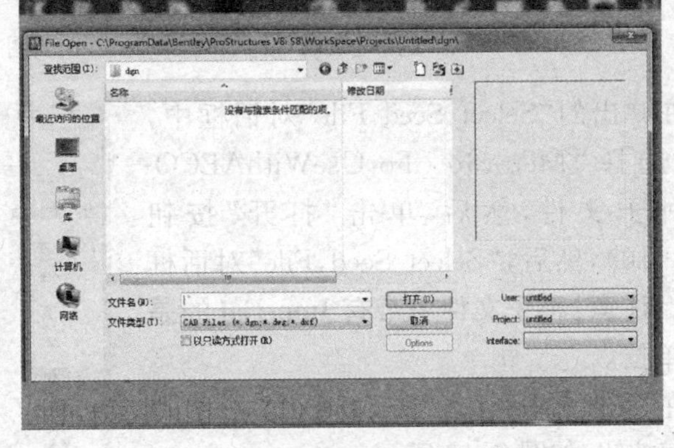

图 8-7　“File Open(打开文件)”窗口

8.2.2　新建文件

ProStructures 工作的第一步是新建文件。在“File Open(打开文件)”窗口，检查工作空间设置如图 8-8 所示，单击“新建”按钮。

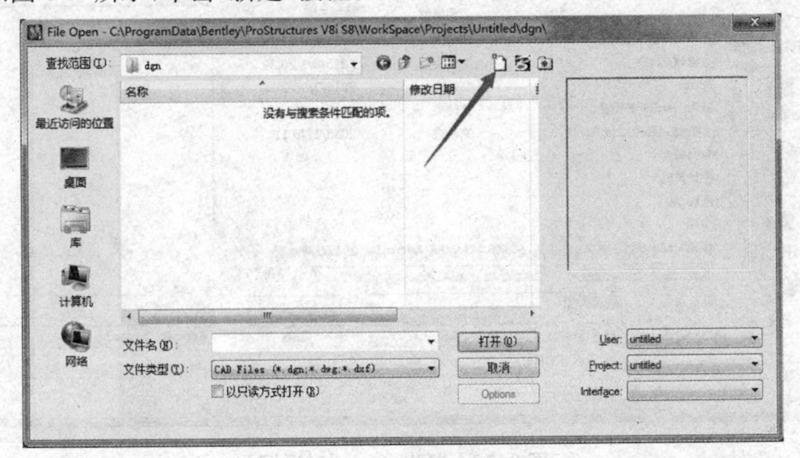

图 8-8　新建文件

在弹出的“New(新建)”对话框中单击“Seed”后的“Browse”按钮，如图 8-9 所示。

图 8-9　“New(新建)”对话框

图 8-10　“Select Seed File”对话框

在弹出的“Select Seed File”对话框中，单击选择“Metric3d_ForUseWithAECOsim”种子文件，然后，单击“打开”按钮(图 8-10)，然后，“Select Seed File”对话框关闭。**注意：种子文件中带有 Imperial 的是英制单位。**

在“文件名”后输入“Psforaeco”，之后，单击保存按钮，如图 8-11 所示。

图 8-11　输入文件名

在“File Open”对话框中，确保文件名后为“Psforaeco”，单击“打开”按钮，如图 8-12 所示。

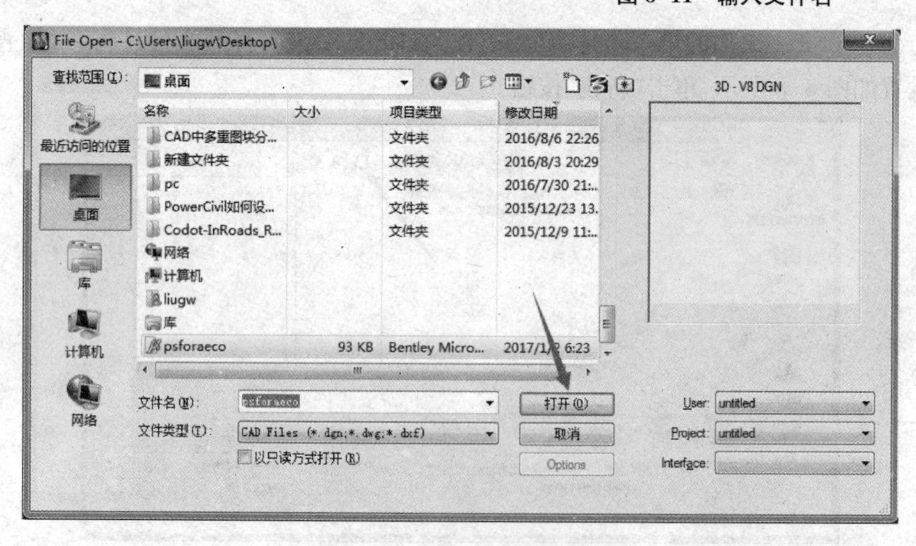

图 8-12　“File Open”对话框

部分软件，会弹出如图 8-13 所示的激活许可对话框，单击“否”。也可以单击“是”进入激活程序状态。进入 ProStructure 的主界面，如图 8-14 所示。该界面在 MicroStation 的基础上做了增强，符合 MicroStation 的操作习惯。

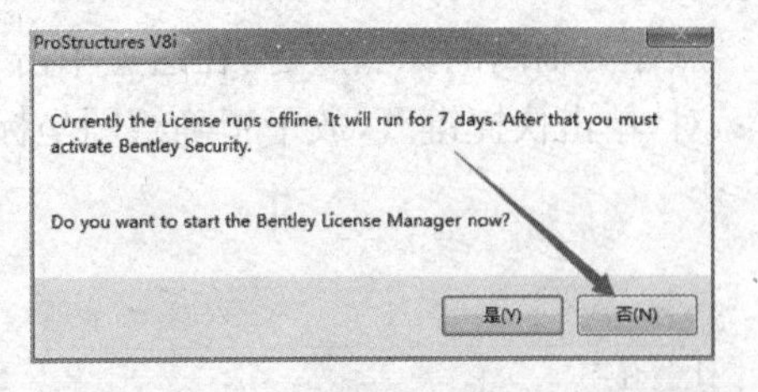

图 8-13　激活许可对话框

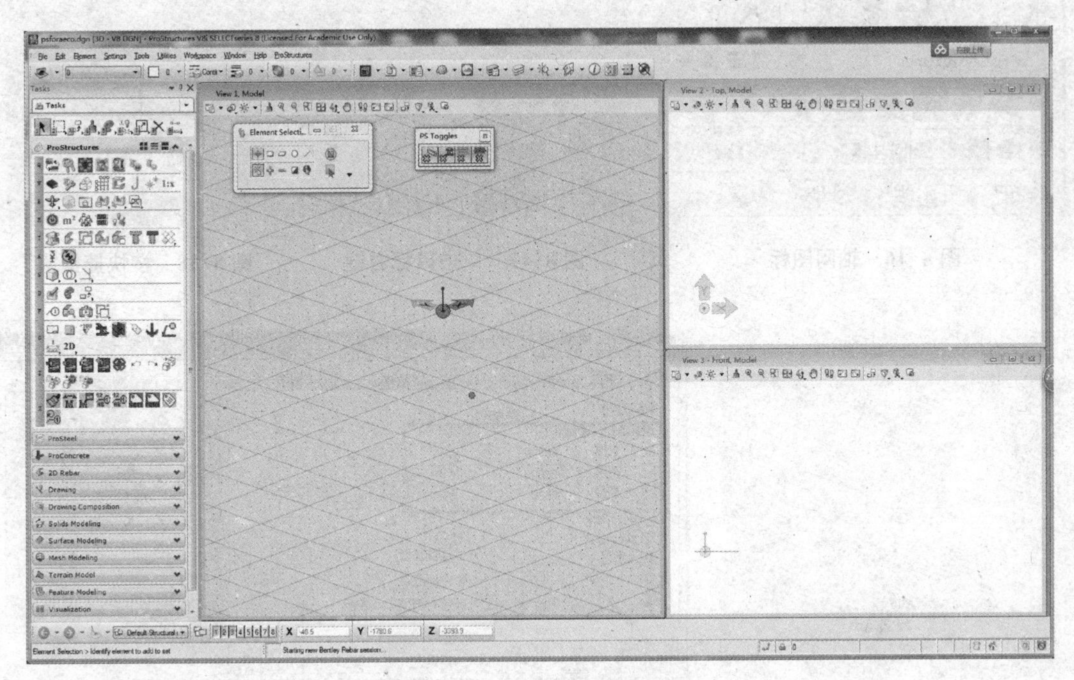

图 8-14　ProStructure 主界面

8.2.3　设置规范

使用 ProStructure 的第一步是设置规范。单击任务栏 Q1 图标“更改本地化设置”，在里面选择“sChinese”，如图 8-15 所示。单击“确定”按钮后，会出现一个需要重启软件的提示。单击“确定”，关闭提示，关闭软件重新打开就进入了中国环境。

8.2.4　轴线与标高

在进行钢结构建模过程中首先要建立的是轴网，单击 ProStructure 下的 W3 图标“轴网”，如图 8-16 所示。之后，要输入轴网的原点，单击鼠标左键选择原点位置，也可以单击鼠标右键，选择 ACS 坐标的原

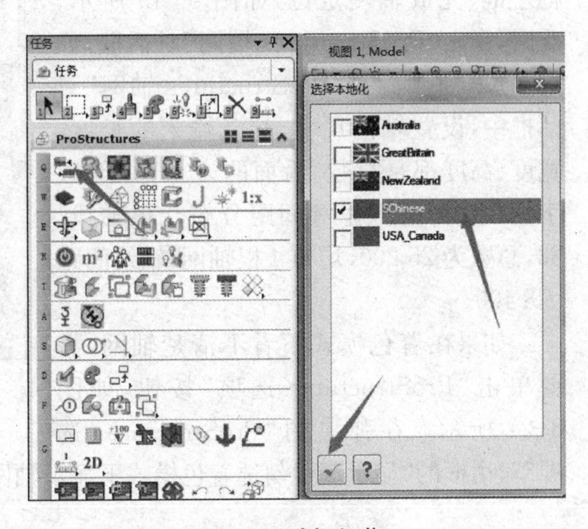

图 8-15　选择规范

点作为轴网的原点放置，在这里单击右键，如图8-17 所示，注意如果精确绘图坐标的方向不对，单击快捷键 T，放平精确绘图坐标，如图8-18所示。

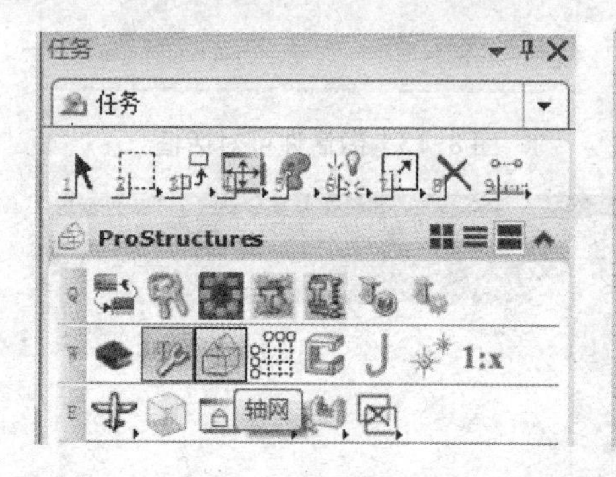

图 8-16　轴网图标

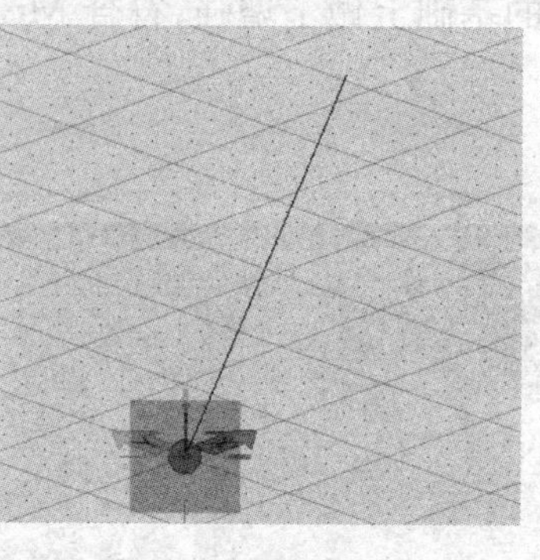

图 8-17　单击鼠标右键

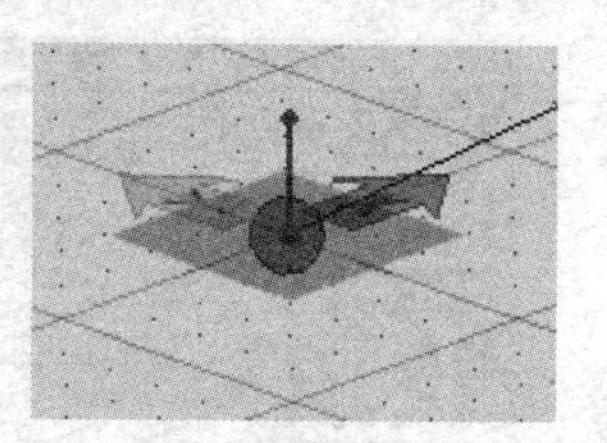

图 8-18　按快捷键“T”

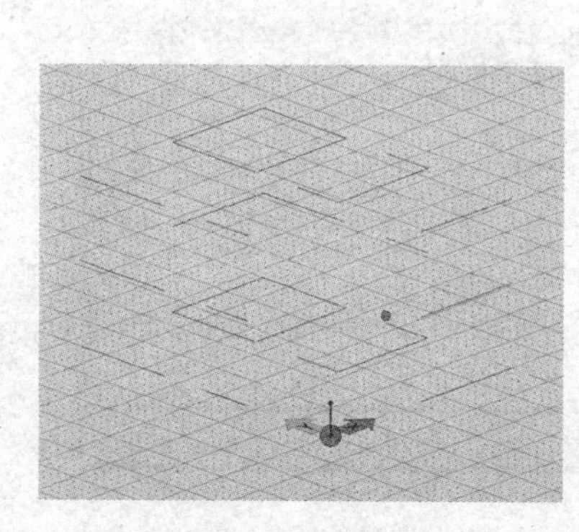

图 8-19　轴网放置完成

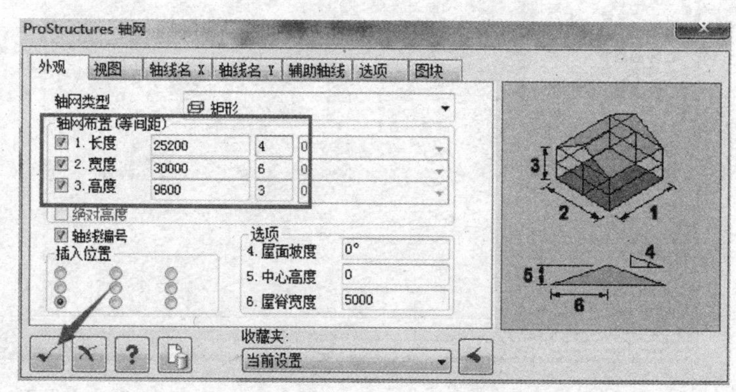

图 8-20　输入轴网尺寸

之后，按回车键，锁定坐标轴，单击鼠标左键，完成轴网定位，如图 8-19 所示。此时，弹出“ProStructures 轴网”对话框，如图 8-20 所示。在“ProStructures 轴网”对话框中，设置轴网尺寸，注意输入的长度、宽度、高度都是总数，后面的 4，6，3 等数字是在这个总数里等间距分布几根轴线。如，总数为 25 200，均布 4 根轴网，轴线间距为8 400。

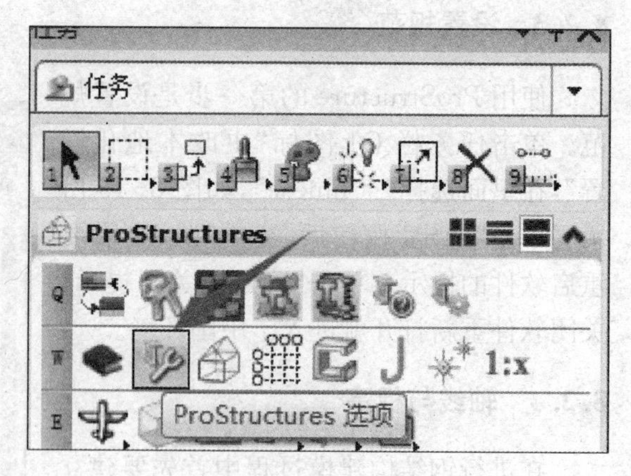

图 8-21　“ProStructures 选项”按钮

如果在着色模式下看不清楚轴网，需要单击“ProStructures 选项”按钮，如图 8-21 所示。在弹出的“ProStructures 选项”对话框的“显示”下，勾选着色模式下显示轴网，如图 8-22 所示。

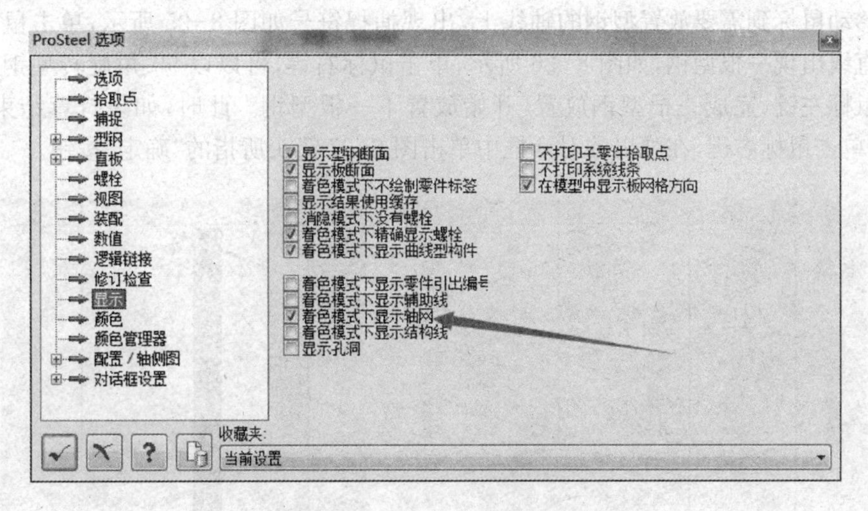

图 8-22 着色模式下显示轴网

8.2.5 型钢柱梁建模

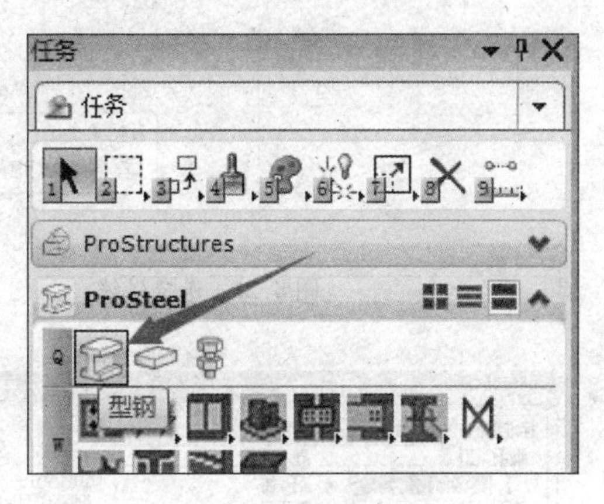

图 8-23 “型钢”按钮

型钢柱梁建模是 ProStructures 钢结构建模的第一步。在工作界面，单击“ProSteel”任务栏下的“型钢”按钮(图 8-23)，在弹出的“ProSteel 型钢”对话框中，选择“标准型钢”，型钢中以 CN 开头的是符合中国标准的型钢，选择柱的型钢为 HN500×150×10×16，然后单击“沿直线插入型钢”按钮，如图 8-24 所示。然后，“ProSteel 型钢”对话框关闭。

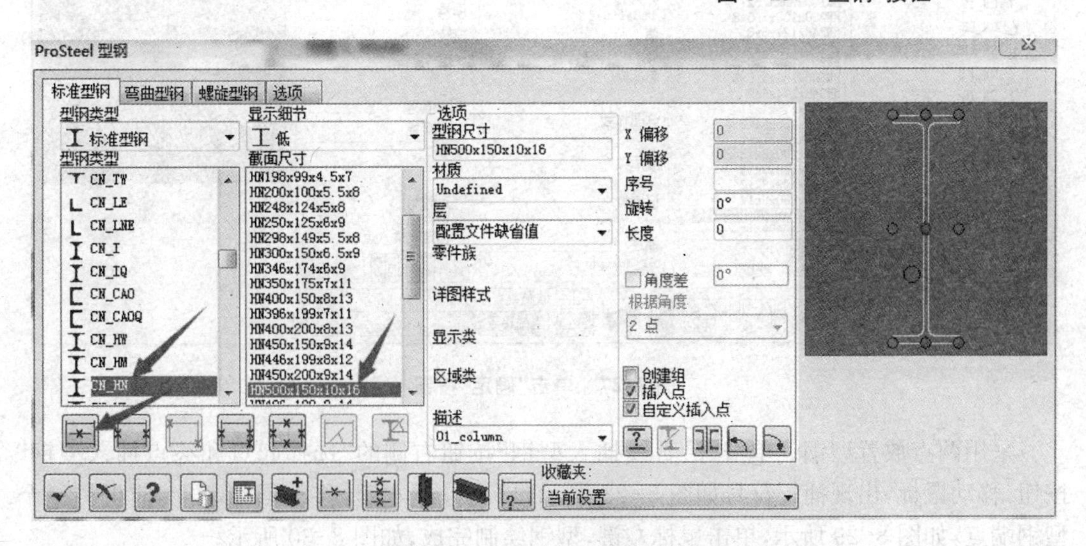

图 8-24 “ProSteel 型钢”对话框

当移动鼠标到需要放置型钢的轴线上，出现捕捉符号如图 8-25 所示，单击鼠标左键，此时沿直线出现一根型钢，如图 8-26 所示，单击鼠标右键，可以以 90°角旋转型钢，在空白处单击鼠标左键，完成一根型钢放置，开始放置下一根型钢。此时，如果打算结束型钢放置，可以单击鼠标右键，在弹出的对话框中单击图 8-27 箭头所指的“确定”按钮。

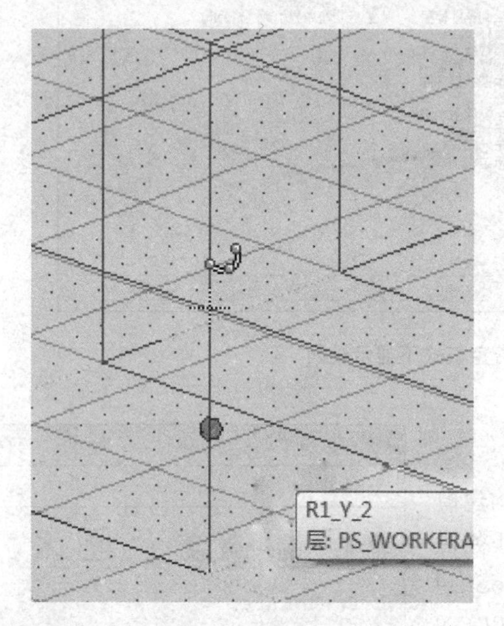

图 8-25　选择轴线

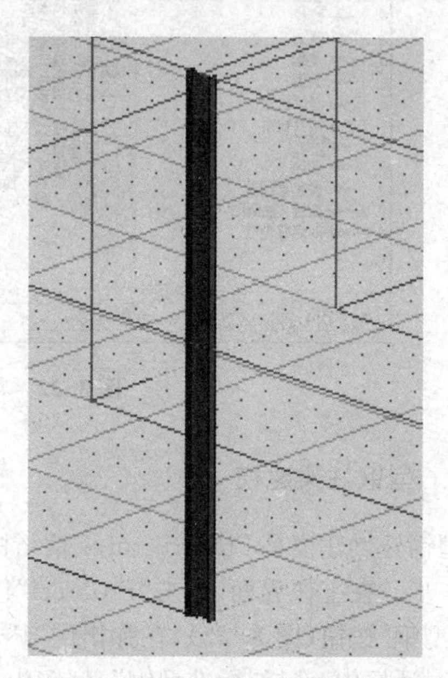

图 8-26　单击左键放置型钢

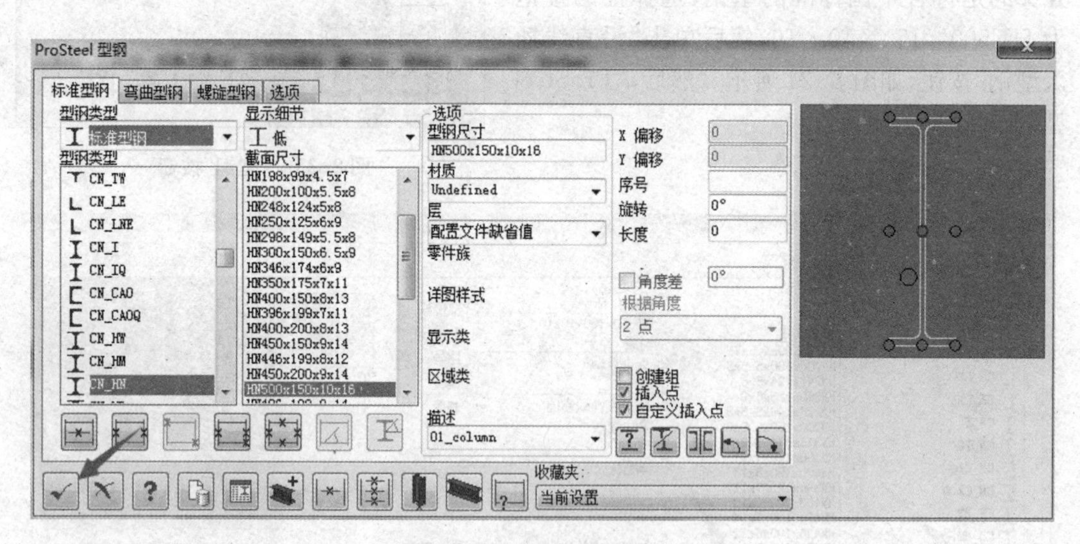

图 8-27　单击“确定”按钮

采用两点放置型钢。单击“沿直线插入型钢”按钮右侧的“选择起点和终点插入型钢”按钮，移动鼠标，出现捕捉符号如图 8-28 所示，单击鼠标左键，移动鼠标，再次捕捉另一个型钢端点，如图 8-29 所示，单击鼠标左键，型钢绘制完成，如图 8-30 所示。

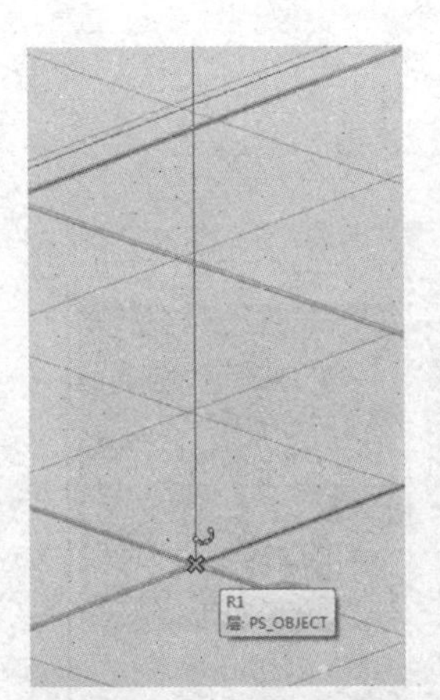

图 8-28 单击第一点

图 8-29 单击第二点

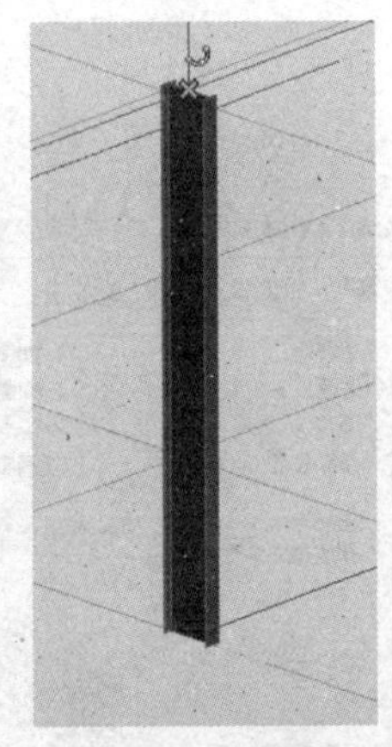

图 8-30 完成型钢

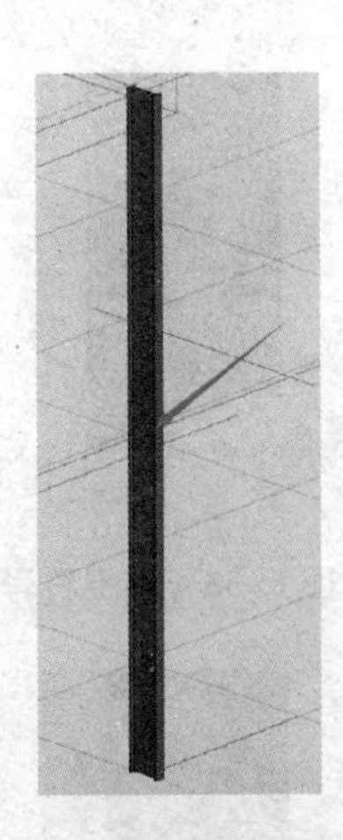

图 8-31 分两次绘制的型钢

采用相同方法,绘制顶部型钢,完成的型钢如图 8-31 所示。注意箭头所指的位置是上、下型钢的分界点。按上述方法,绘制结构的型钢梁柱,如图 8-32 所示。

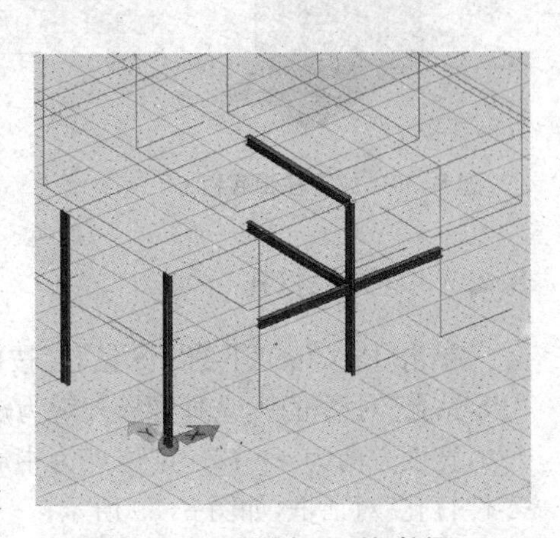

图 8-32 完成的部分型钢柱梁

8.2.6 绘制板材

绘制柱脚板。柱脚板的长为 600,宽为 300,单击“钢板”按钮,如图 8-33 所示。在弹出的“ProSteel 板/普通板”对话框中,长度输入“300”,宽度输入“600”(这是方向的原因),材质设为“Q235”,描述设为“Plate”,单击“在指定点插入矩形板”按钮,如图 8-34 所示,之后“ProSteel 板/普通板”对话框关闭。

图 8-33 “钢板”按钮

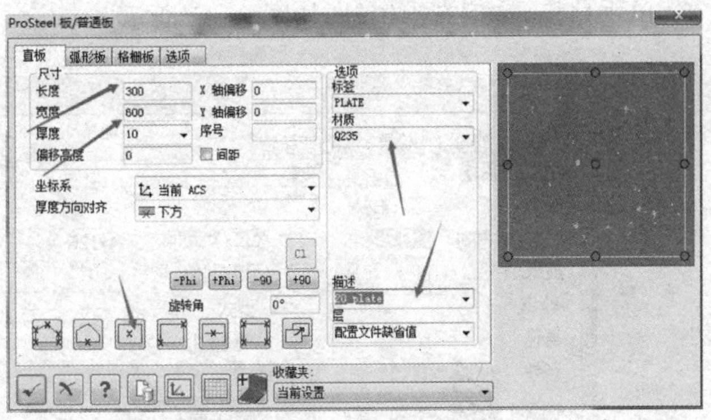

图 8-34 “ProSteel 板/普通板”对话框

移动鼠标到柱脚部位,出现捕捉符号后,如图 8-35 所示,单击鼠标左键,放置的型钢如图 8-36 所示。此时,“ProSteel 板/普通板”对话框重新打开,单击“确定”按钮,关闭对话框,如图 8-37 所示。

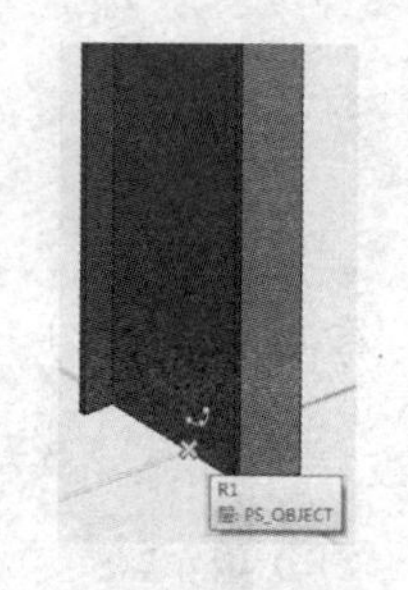

图 8-35　捕捉符号

图 8-36　放置柱脚底板

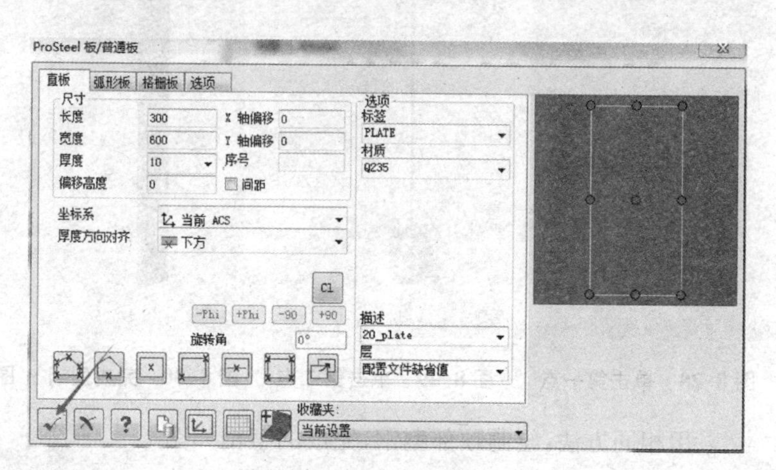

图 8-37　单击“确定”

8.2.7　柱脚板打孔

单击“ProSteel”下的“PS 钻孔”按钮(图 8-38),在弹出的“PS 钻孔”对话框中,选择螺栓外观为矩形,长度方向输入 2 * 120,宽度方向为 4 * 125,定位点为中心点,然后单击“对单一零件打孔”对话框,如图 8-39 所示。

“PS 钻孔”对话框关闭,根据左下角提示,单击要打孔的板,如图 8-40 所示。移动鼠标到长边中点,按快捷键 F11 和 O,单击鼠标,按回车键锁轴,如图 8-41 所示。

图 8-38　“PS 钻孔”按钮

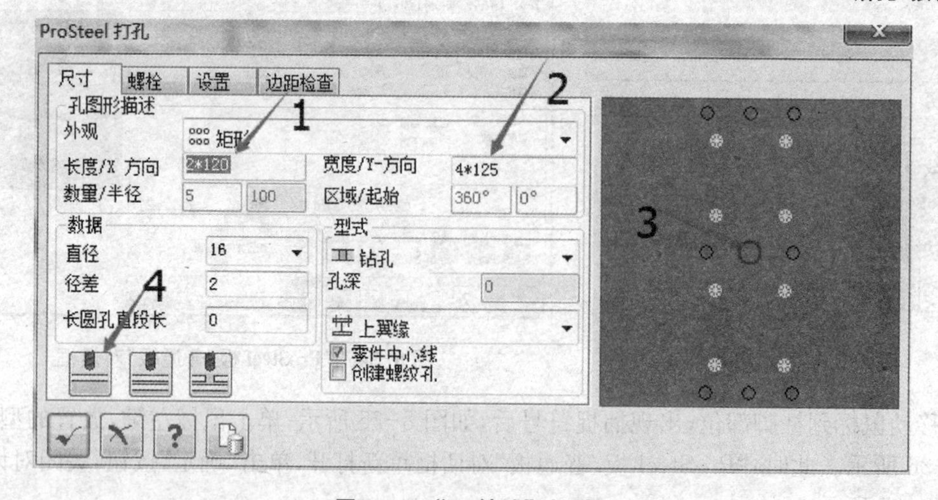

图 8-39　“PS 钻孔”对话框

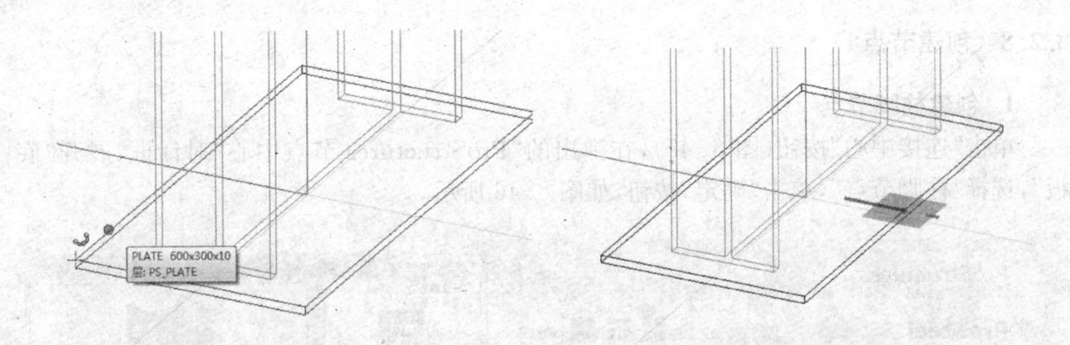

图 8-40 选择柱脚板　　　　图 8-41 捕捉一侧中点

当鼠标移动到短边中点，出现捕捉符号时(图 8-42)，单击鼠标左键，出现螺栓孔(图 8-43)，此时，“PS 钻孔”对话框重新弹出，单击“确定”按钮，关闭“PS 钻孔”对话框，完成打孔(图 8-44)。

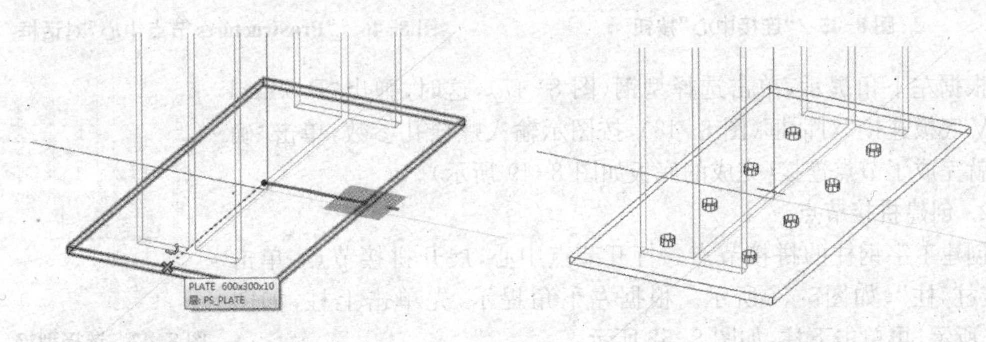

图 8-42 捕捉临边中点　　　　图 8-43 完成放置

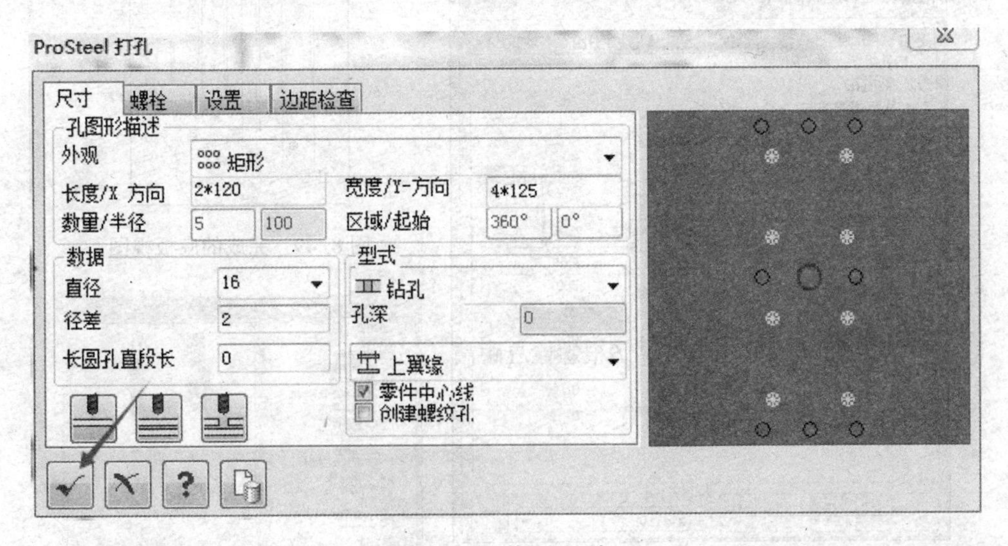

图 8-44 关闭对话框

8.2.8 创建节点

1. 创建柱脚节点

单击“连接中心”按钮(图 8-45),在弹出的“ProStructures 节点中心”对话框,展开“底板”,选择“柱脚节点”,单击“确定”按钮,如图 8-46 所示。

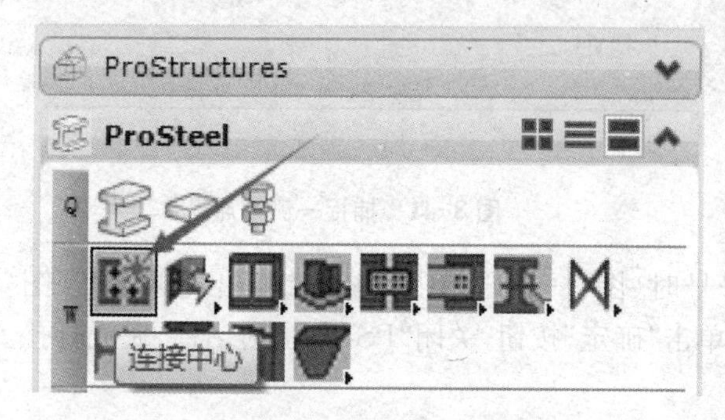

图 8-45 “连接中心”按钮

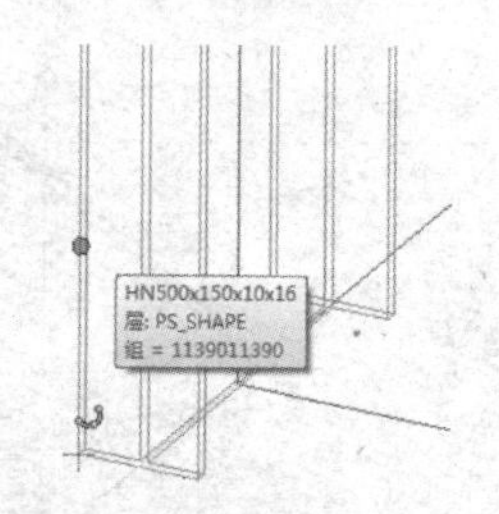

图 8-46 “ProStructures 节点中心”对话框

根据左下角提示,单击选择型钢(图 8-47),这时,弹出“ProSteel DSTV 底板连接”对话框(图 8-48),按图示输入螺栓孔参数,单击“确定”,就完成了节点连接(完成的底板如图 8-49 所示)。

2. 创建拼接节点

创建工字钢柱的拼接节点。打开节点中心,展开拼接节点,单击“拼接柱/柱”,如图8-50所示。根据左下角提示,先单击上柱,如图 8-51 所示,再单击下柱,如图 8-52 所示。

图 8-47 选择型钢

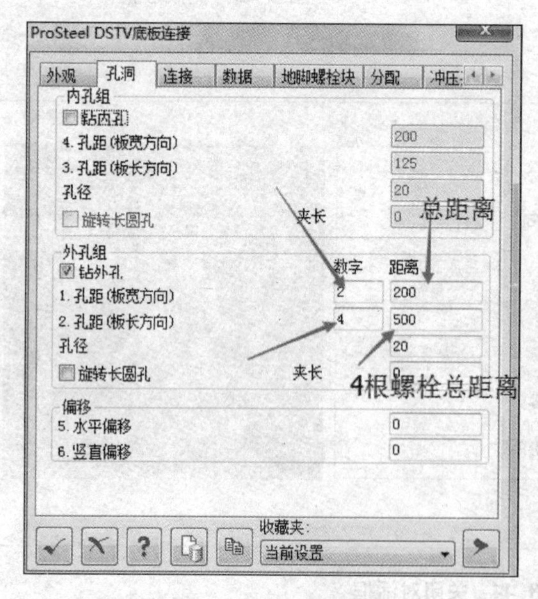

图 8-48 输入螺栓参数

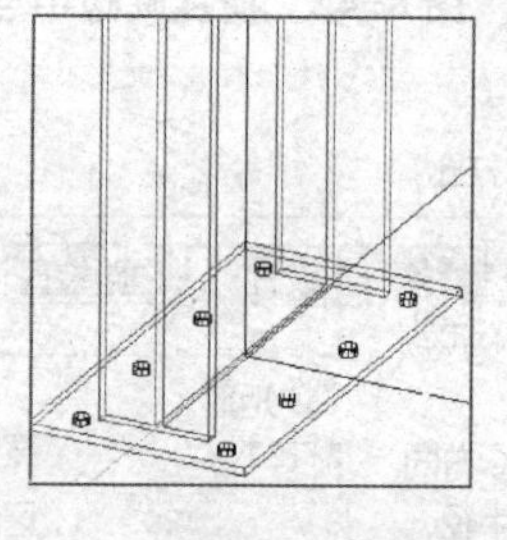

图 8-49 完成的底板视图

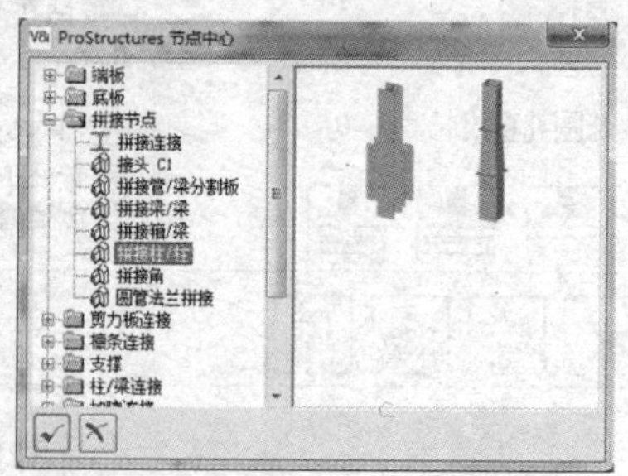

图 8-50 “拼接柱/柱”

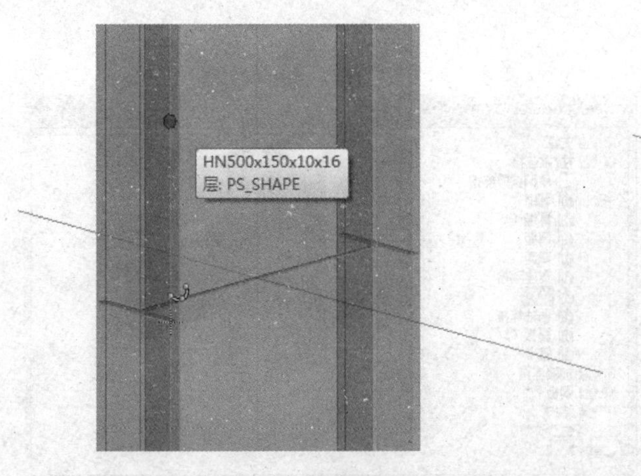

图 8-51 单击上柱

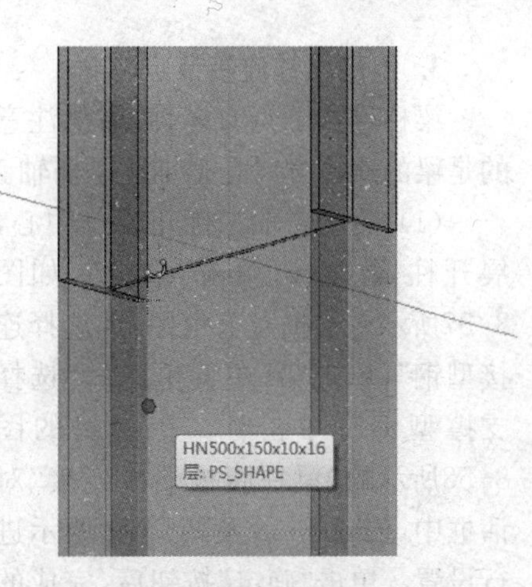

图 8-52 单击下柱

在弹出的“柱拼接节点”对话框中，单击“尺寸选项卡”，按图 8-53 设置节点间隙为 10，其余为 0。单击“法兰板”选项卡，勾选“创建法兰板”设定法兰的数字，如图 8-54 所示。单击“分配”选项卡，材质选择“Q235”，如图 8-55 所示。

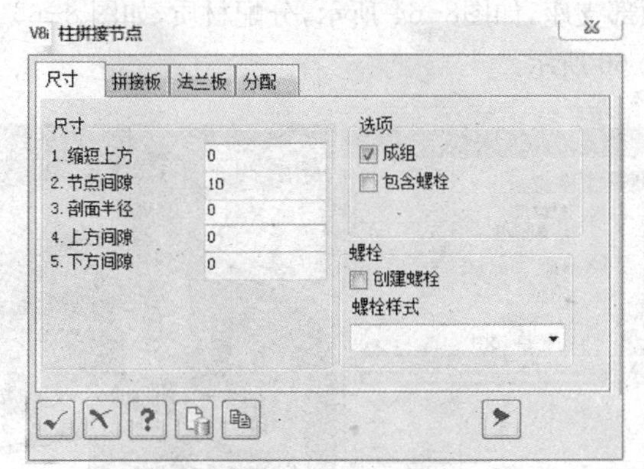

图 8-53 尺寸设置

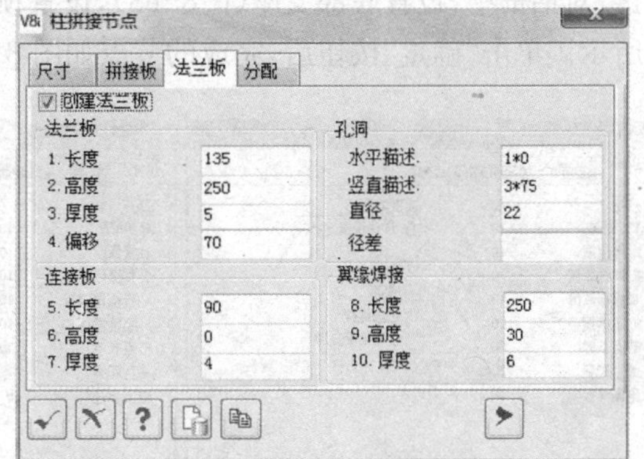

图 8-54 设置法兰

单击“确定”按钮，完成的节点如图 8-56 所示。

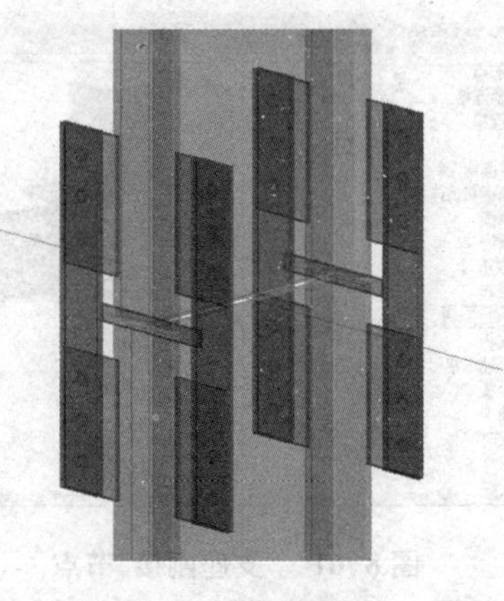

图 8-55 设置材质

图 8-56 完成节点

3. 创建梁柱连接节点

梁柱连接节点有多种，需要注意的是梁的连接方向是强轴还是弱轴。

(1) 梁连弱轴。打开节点中心，展开柱/梁连接，单击“端板”，如图8-57所示。根据左下角提示“选择连接型钢”，单击梁，左下角提示“选择支撑型钢”，单击柱。在弹出的图8-58所示的“梁柱腹板端板连接”对话框中，按图8-58及图8-59所示进行设置。单击“确定”按钮后，完成的节点如图8-60所示。

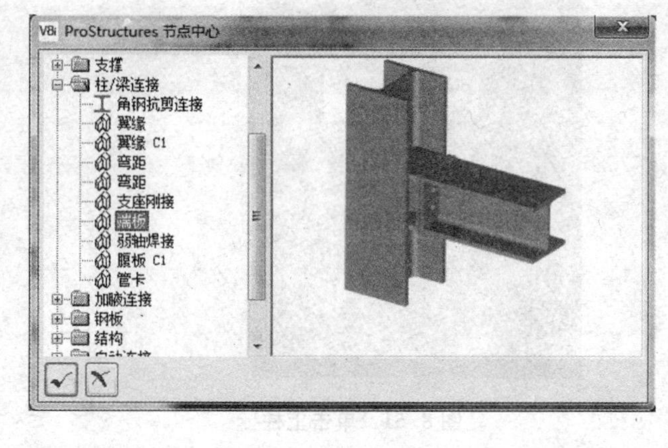

图 8-57　节点中心

(2) 梁连强轴。打开节点中心，展开柱/梁连接，单击“支座刚接”，如图8-61所示。根据左下角提示“选择连接型钢”，单击梁，如图8-62所示，左下角提示“选择支撑型钢”，单击柱。在弹出的“ProStructures 支座连接”对话框中，设置底部支座(图8-63)，设置顶部支座，如图8-64所示，分配材质，如图8-65所示。单击“确定”按钮后，完成的节点如图8-66所示。

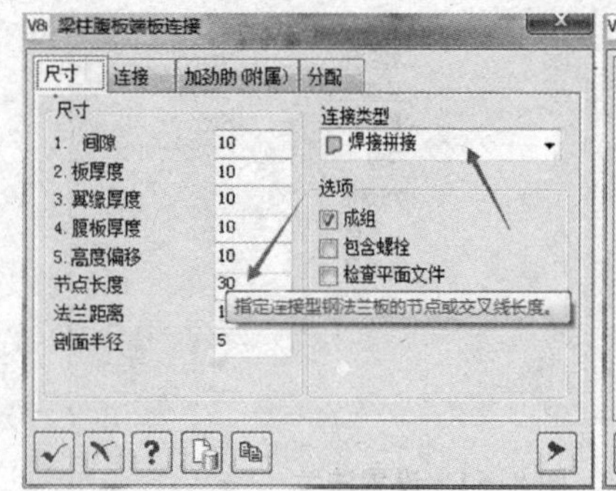

图 8-58　设置尺寸

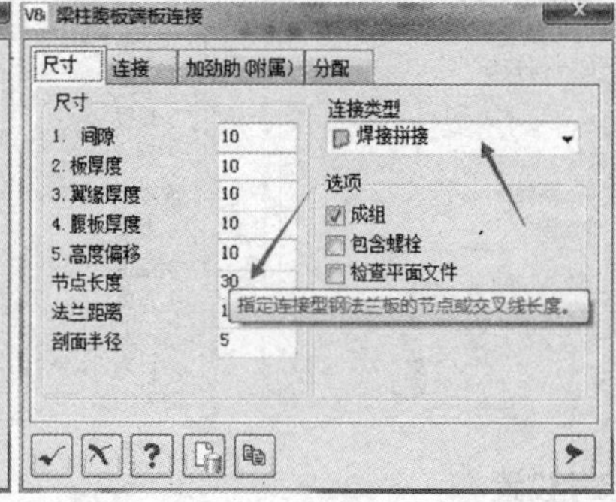

图 8-59　分配材质

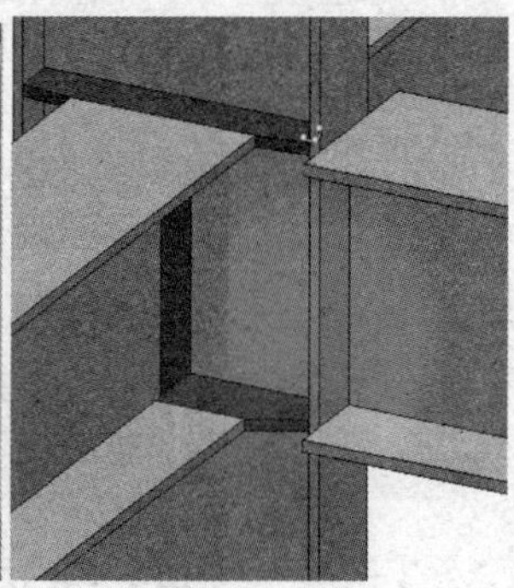

图 8-60　完成连接

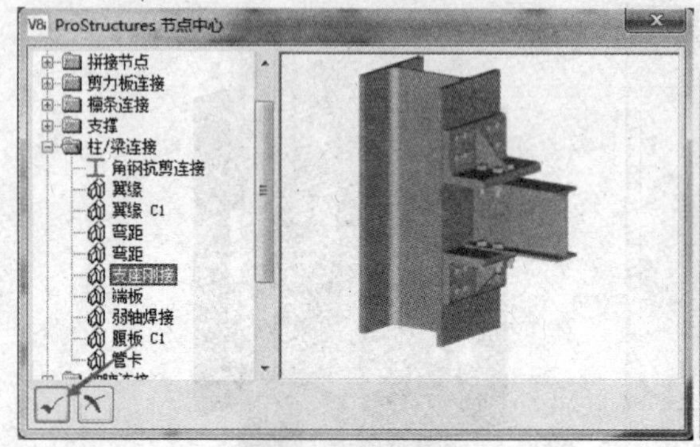

图 8-61　“支座刚接”节点

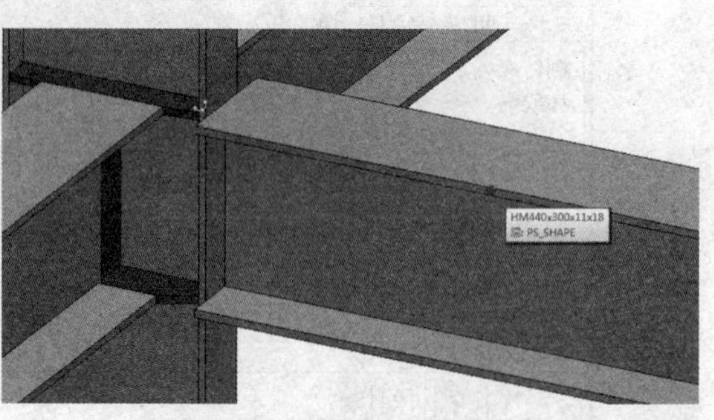

图 8-62　选择连接型钢

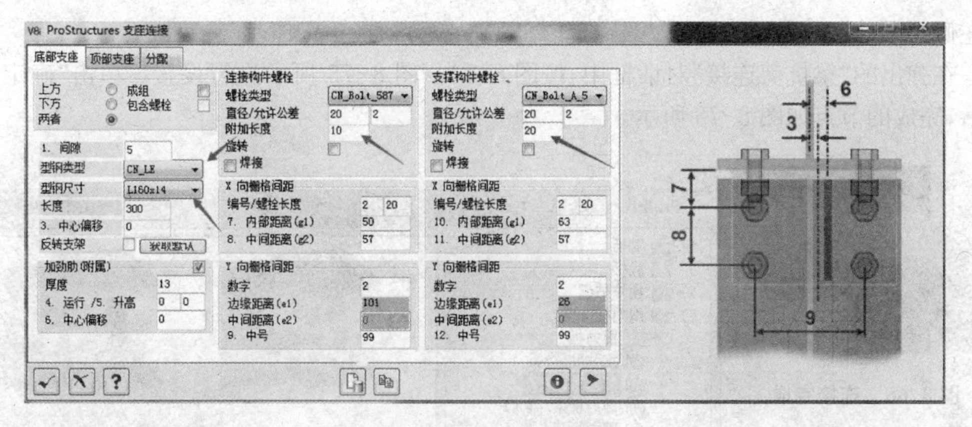

图 8-63 设置底部支座

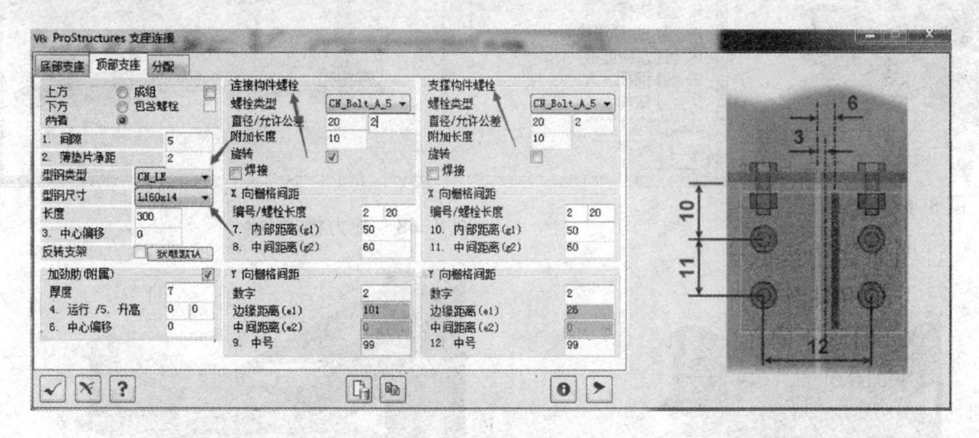

图 8-64 设置顶部支座

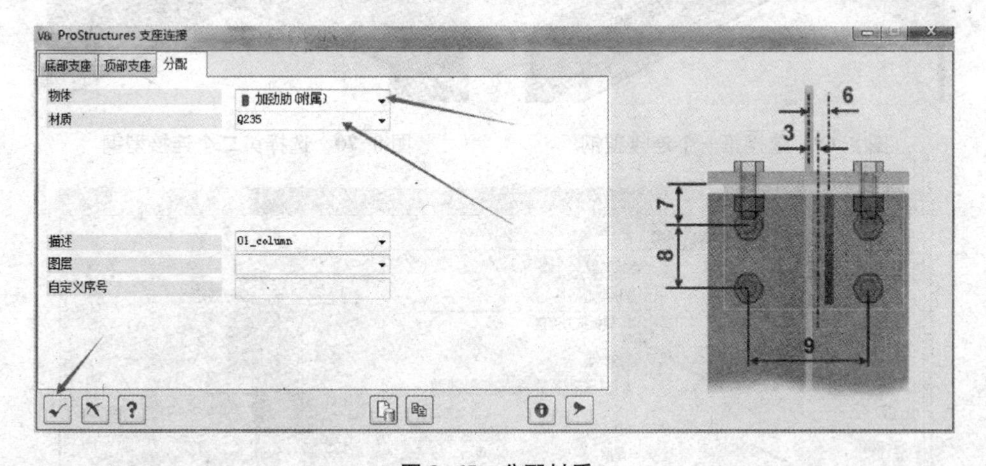

图 8-65 分配材质

4. 创建梁梁连接节点

梁梁连接的典型节点是十字连接(图 8-67),打开节点中心,展开剪力板连接,单击“剪力板梁/梁”(图 8-68),根据左下角提示“选择第一个连接型钢”,单击右侧次梁(图8-69);根据左下角提示“选择中间支撑型钢”;单击主梁,根据左下角提示“选择第二个连接型钢”,单击左侧次梁(图 8-70)。

在弹出的“梁抗剪连接”对话框中,按图 8-71～图 8-75 所示进行设置。单击“确定”按钮后,完成的节点如图 8-76 所示。

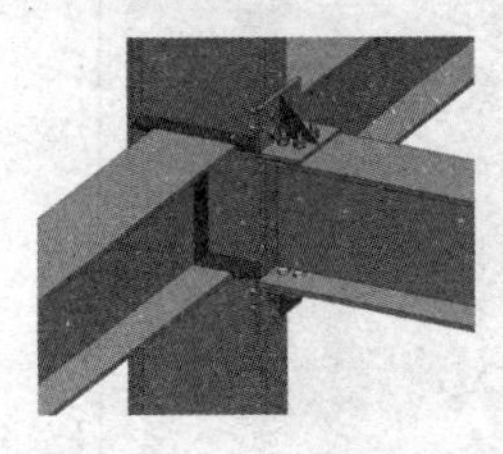

图 8-66 连接完成

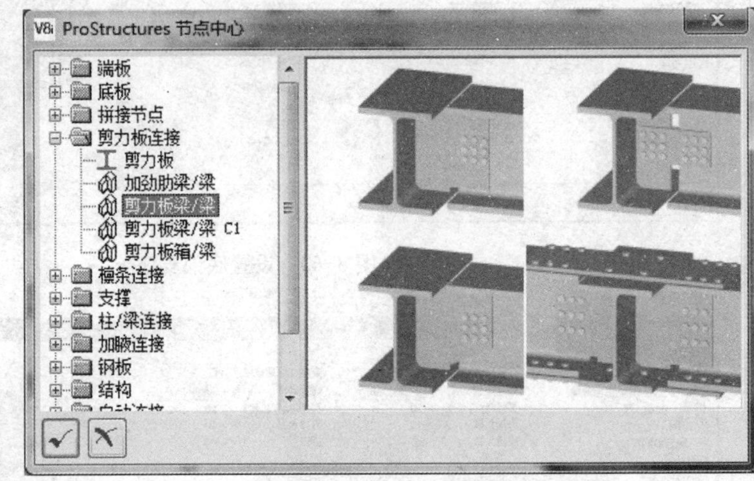

图 8-67 梁梁连接

图 8-68 剪力板梁/梁

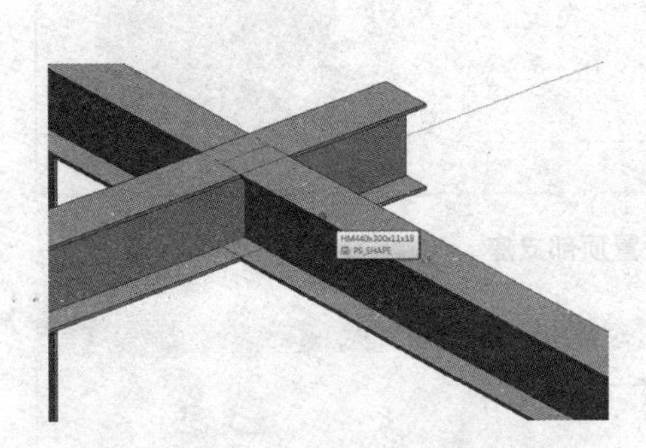

图 8-69 选择第一个连接型钢

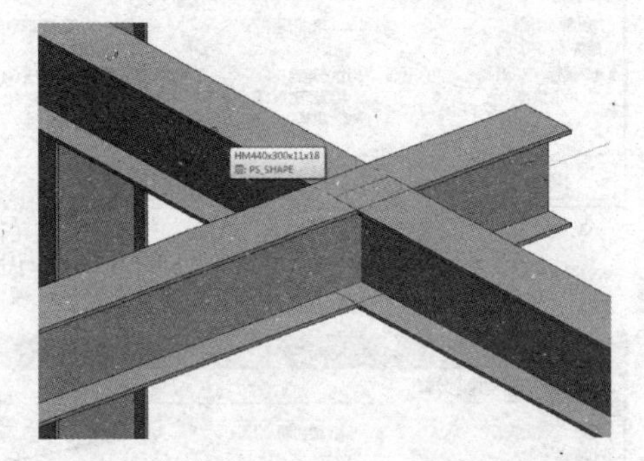

图 8-70 选择第二个连接型钢

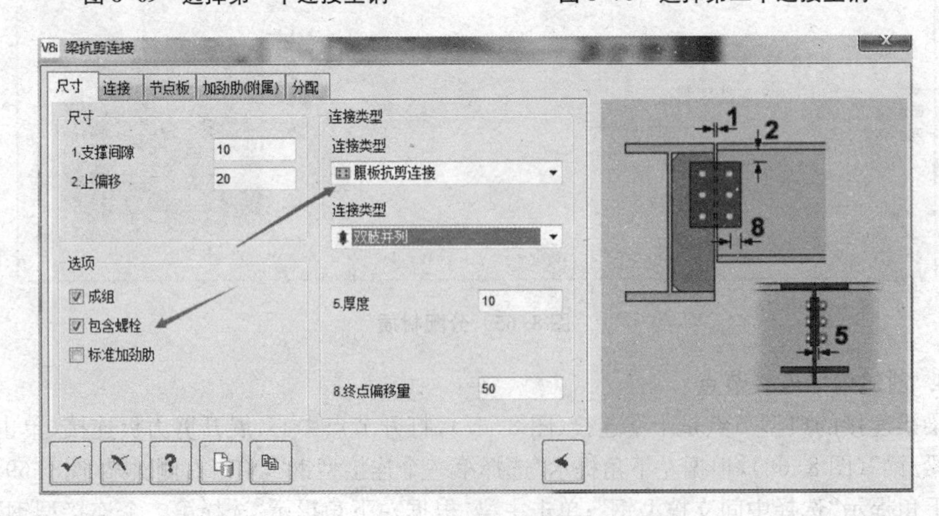

图 8-71 尺寸设置图

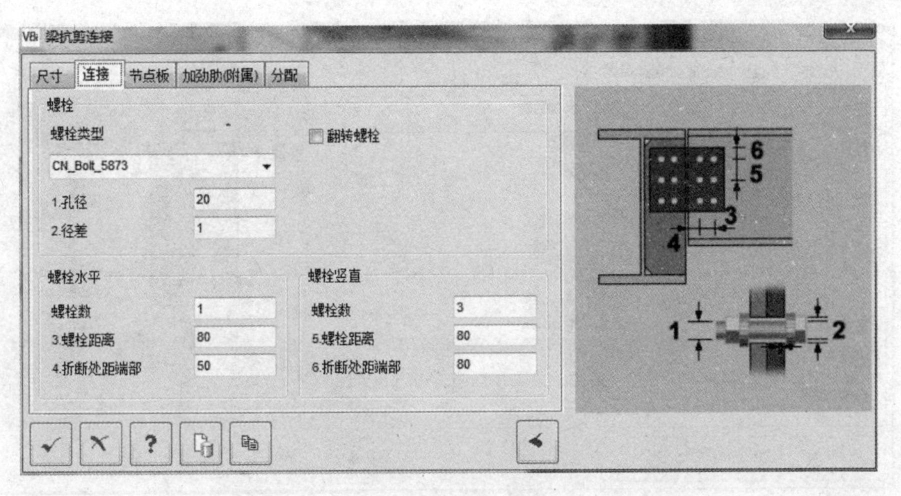

图 8-72 连接设置

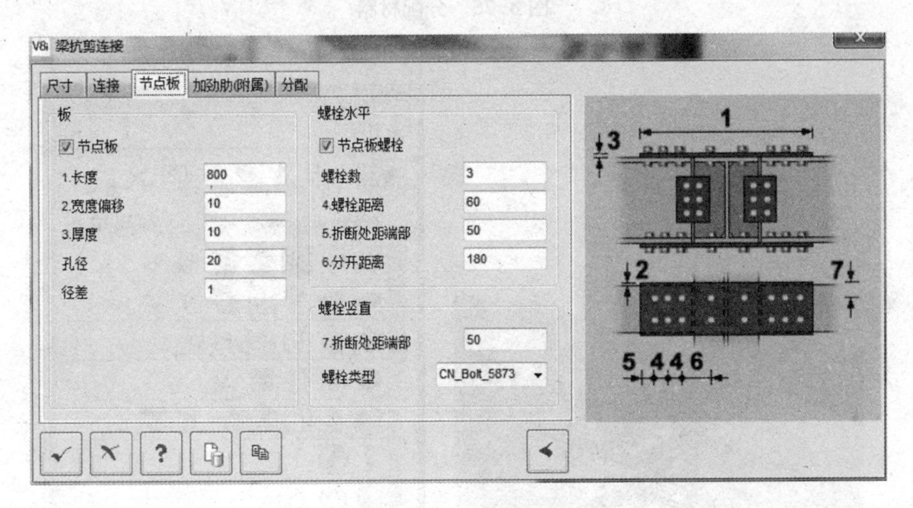

图 8-73 节点板设置

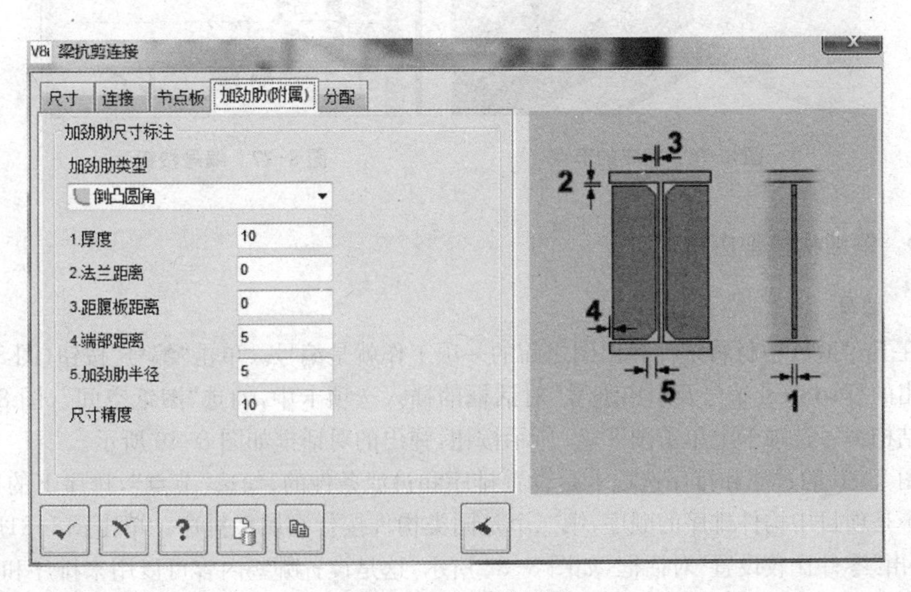

图 8-74 加劲肋设置

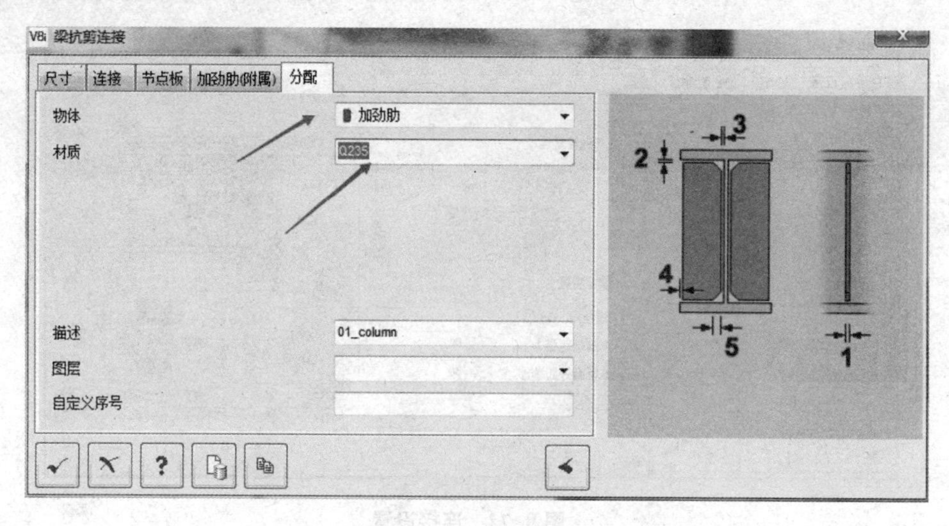

图 8-75　分配材料

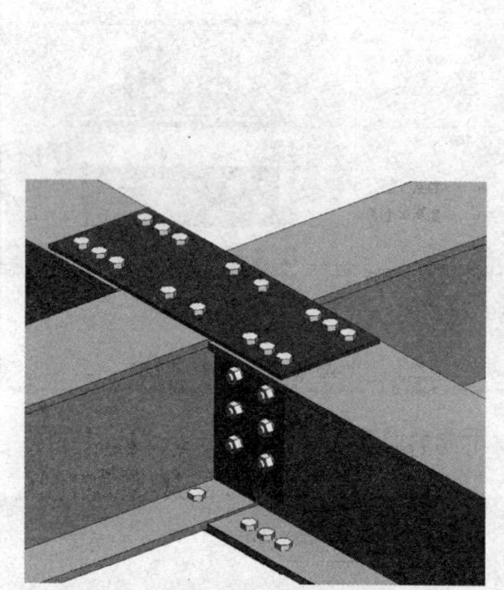

图 8-76　完成的节点

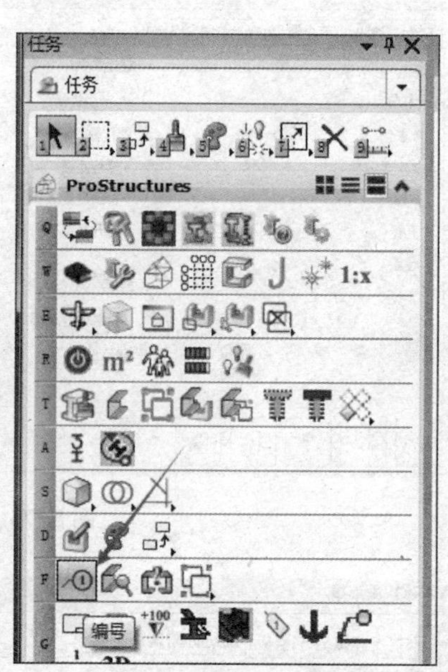

图 8-77　编号按钮

8.2.9　钢结构模型应用

1. 编号

在 ProSteel 中材料统计和出图之前的一项工作就是编号。单击“编号”按钮(图 8-77)，在弹出的“ProSteel 编号及引出编号”对话框的插入选项卡中，勾选“图纸空间”(图 8-78)，在钢结构编号选项卡上单击图 8-79 所示按钮，弹出的对话框如图 8-80 所示。

图 8-80 的过滤和排序选项卡是设置排序和过滤条件的，勾选“节点”，排序下的选择框第一个是项目中构件排序的顺序，第二个是同类构件按什么属性排序。单击图8-81所示按钮，弹出“零件比较设置”对话框，如图 8-82 所示，这是设置哪些内容可以用来排序和比较。

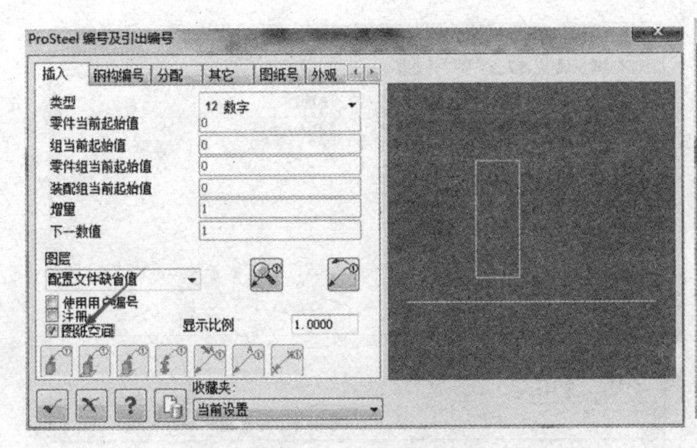

图 8-78　插入选项卡

ProSteel 编号及引出编号
插件
类型
过滤设置
零件当前起始值
组当前起始值
零件组当前起始值
装配组当前起始值
当前起始值
增量
下一数值
12 数字
所有零件
使用用户编号
使用外部插件
收藏夹:
当前设置

图 8-79　钢结构编号选项卡

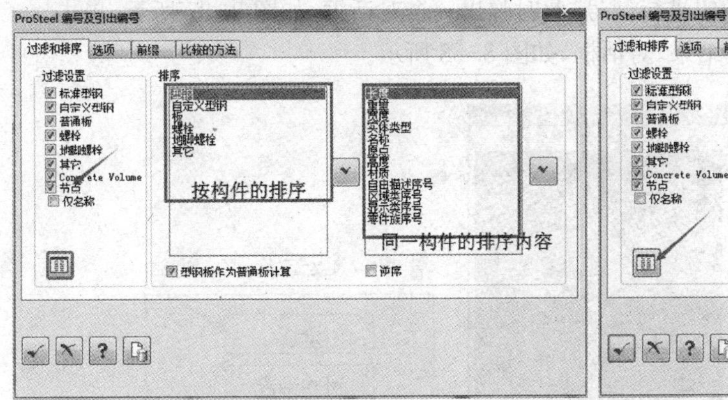

图 8-80　过滤和排序选卡

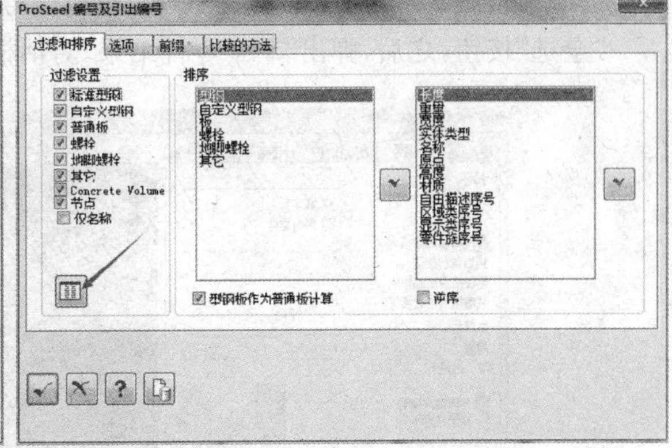

图 8-81　“零件比较设置”按钮

单击确定按钮，关闭“零件比较设置”对话框。在如图 8-83～图 8-85 所示的选项卡上进行相应设置，之后单击“确定”按钮，关闭对话框。

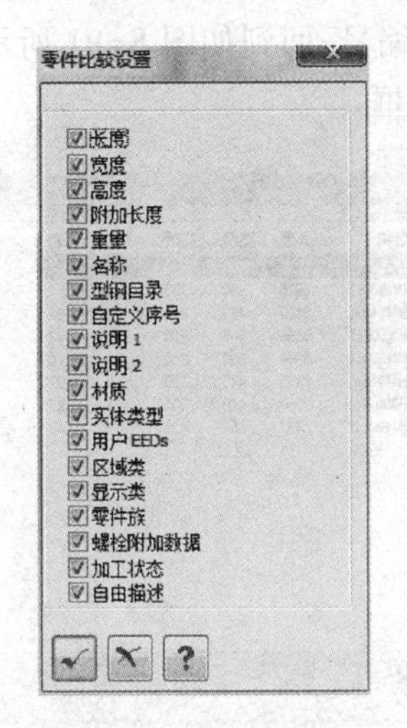

图 8-82　零件比较设置

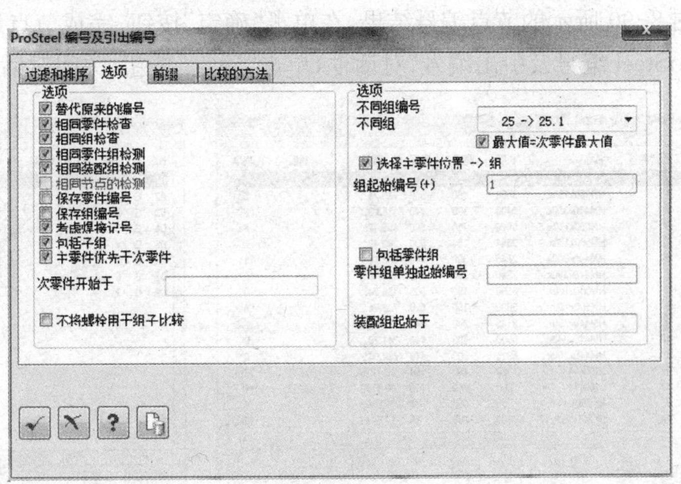

图 8-83　“选项”选项卡

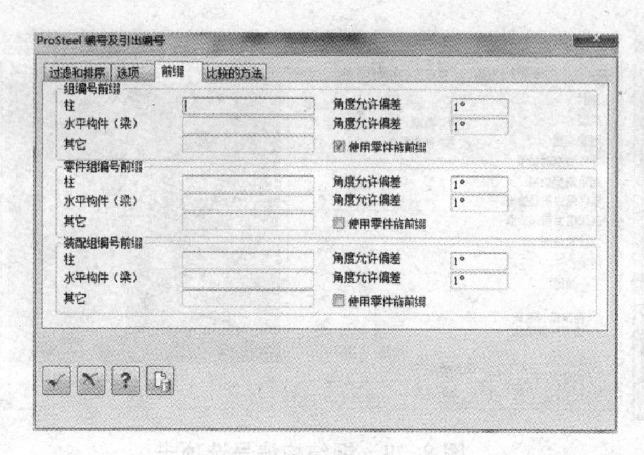

图 8-84 前缀选项卡

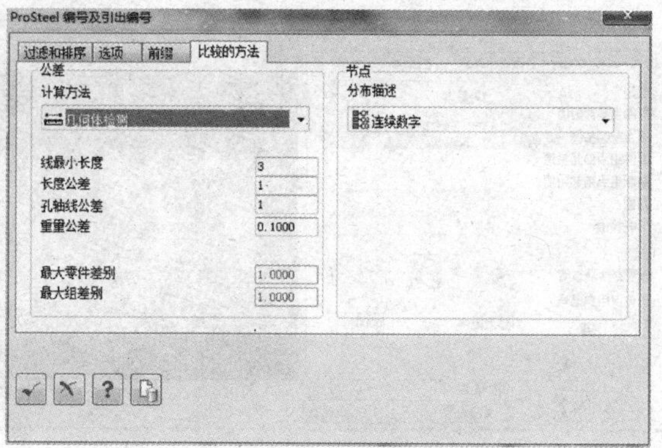

图 8-85 “比较的方法”选项卡

单击图 8-86 所示的“编号”按钮进行编号，此时弹出一个对话框，如图 8-87 所示，单击“全选”按钮，之后，弹出“单个零件结果”对话框，如图 8-88 所示。

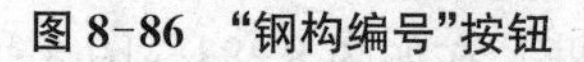

图 8-86 “钢构编号”按钮

图 8-87 弹出对话框

单击图 8-88 中的“确定”按钮，会弹出图 8-89 所示的组编号结果，单击“确定”按钮，弹出图 8-90 所示的节点编号结果，在单击“确定”按钮，完成节点编号，回到如图 8-91 所示的“ProSteel 编号及引出编号”对话框，单击“确定”按钮，关闭对话框。

ProSteel 编号: 单个零件结果

No.	内部编号	名称	长度	宽度	高度	重量	材质	孔洞
01	1	HN500x150x...	9600	150	500	738.74...		0
02	1	HN500x150x...	9600	150	500	738.74...		0
03	2	HM440x300x...	9400	300	440	1163.3...		8
04	3	HN500x150x...	5936	150	500	456.77...		8
05	4	HN500x150x...	3644	150	500	280.43...		0
06	5	HM440x300x...	2845	300	440	352.10...		15
07	6	HM440x300x...	2840	300	440	351.48...		15
08	8	HN500x150x...	9600	150	500	738.74...		0
09	8	HN500x150x...	9600	150	500	738.74...		0
10	9	HM440x300x...	8145	300	440	1008.0...		8
11	10	HM440x300x...	5990	300	440	741.28...		0
12	11	HM440x300x...	5915	300	440	732.06...		0
13	12	L160x14	300	160	160	10.1776	Q235	16
14	13	L160x14	300	160	160	10.1776	Q235	16
15	7	板 650x90x4	90	650	4	1.8369		6
16	14	板 800x280x10	800	280	10	17.5840		16

图 8-88 完成单个零件编号

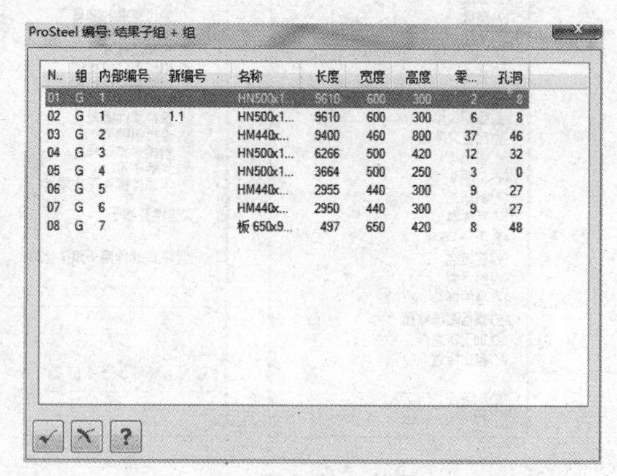

ProSteel 编号: 结果子组 + 组

N..	组	内部编号	新编号	名称	长度	宽度	高度	零...	孔洞
01	G	1		HN500x1...	9610	600	300	2	8
02	G	1	1.1	HN500x1...	9610	600	300	6	8
03	G	2		HM440x...	9400	460	800	37	46
04	G	3		HN500x1...	6266	500	420	12	32
05	G	4		HN500x1...	3664	500	250	3	0
06	G	5		HM440x...	2955	440	300	9	27
07	G	6		HM440x...	2950	440	300	9	27
08	G	7		板 650x9...	497	650	420	8	48

图 8-89 完成组编号

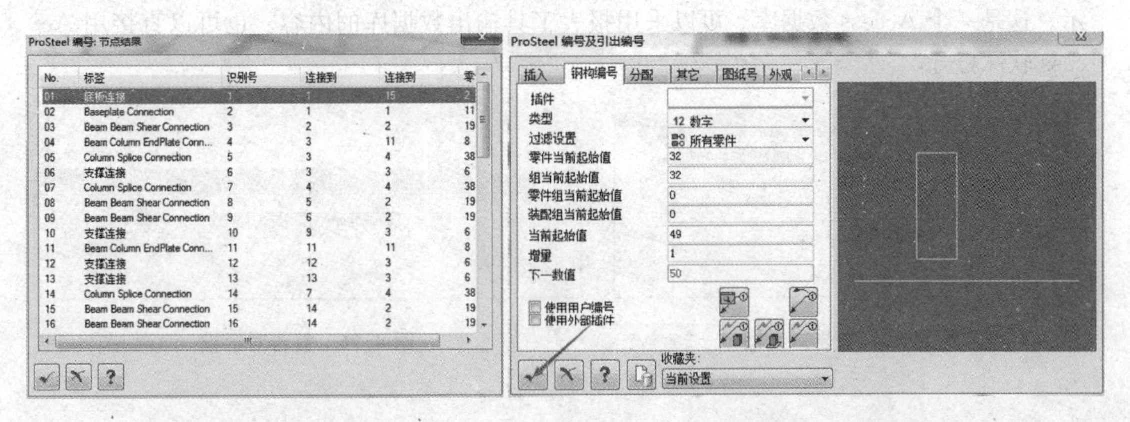

图 8-90 完成节点编号　　　　图 8-91 完成编号

图 8-92 “材料表数据库”按钮　　　　图 8-93 “图纸信息表”对话框

到此，编号完成，可以进行工程量统计和出图了。

2. 工程量统计

对钢结构项目进行工程量统计是钢结构建模软件的一项重要功能。单击图 8-92 所示的“材料表数据库”按钮，弹出“ProSteel 图纸信息表”对话框，可以在此对话框中输入相应项目，也可以单击“确定”或“取消”，关闭该对话框。

关闭“ProSteel 图纸信息表”对话框（图 8-93），弹出“创建材料表数据库”对话框，单击图 8-94 左下角的“创建材料表数据库”按钮，弹出图 8-95 所示的警告对话框，单击“确定”，接着弹出图 8-96 所示的警告对话框，单击“确定”按钮。

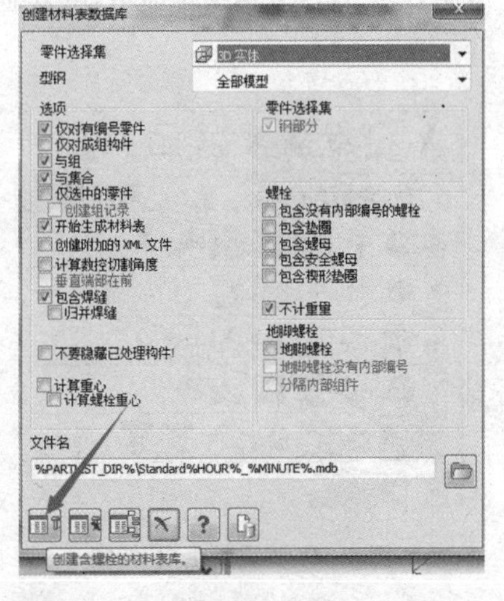

图 8-94 “创建材料表数据库”对话框

最后，出现“ProStructures 材料表”，如图8-97 所

示。这是一个 Access 数据库。可以采用报表工具输出数据库的内容。也可以直接用 Access 软件打开。

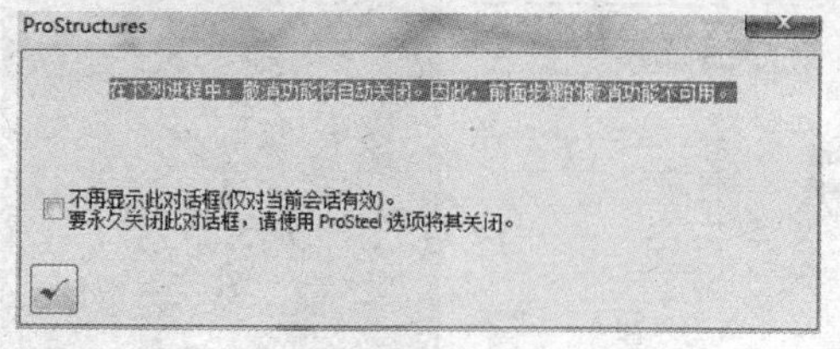

图 8-95 警告对话框

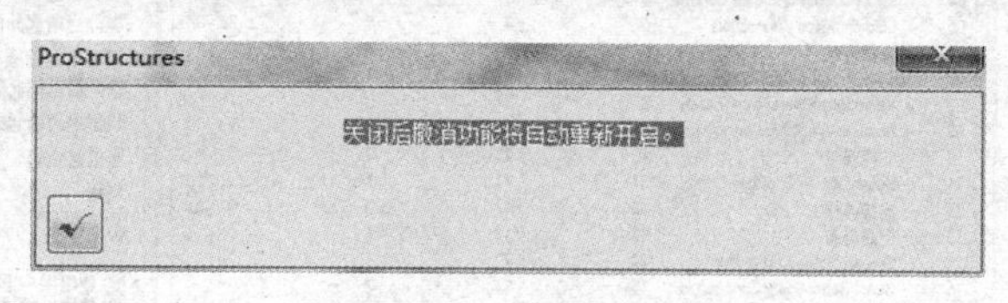

图 8-96 警告对话框

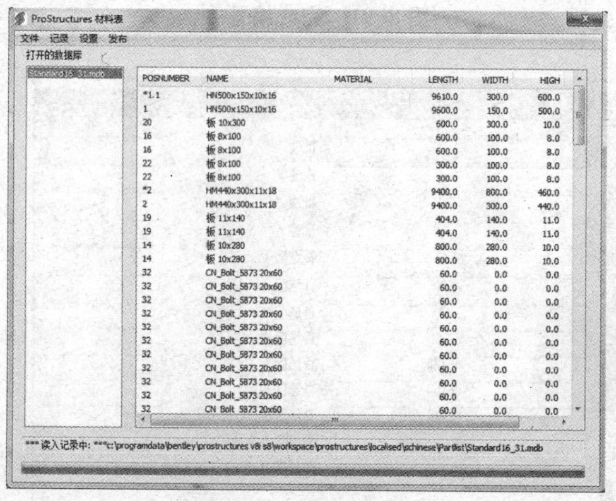

POSNUMBER	NAME	MATERIAL	LENGTH	WIDTH	HIGH
*1.1	HN500x150x10x16		9610.0	300.0	600.0
1	HN500x150x10x16		9600.0	150.0	500.0
20	板 10x300		600.0	300.0	10.0
16	板 8x100		600.0	100.0	8.0
16	板 8x100		600.0	100.0	8.0
22	板 8x100		300.0	100.0	8.0
22	板 8x100		300.0	100.0	8.0
*2	HM440x300x11x18		9400.0	800.0	460.0
2	HM440x300x11x18		9400.0	300.0	440.0
19	板 11x140		404.0	140.0	11.0
19	板 11x140		404.0	140.0	11.0
14	板 10x280		800.0	280.0	10.0
14	板 10x280		800.0	280.0	10.0
32	CN_Bolt_5873 20x60		60.0	0.0	0.0
32	CN_Bolt_5873 20x60		60.0	0.0	0.0
32	CN_Bolt_5873 20x60		60.0	0.0	0.0
32	CN_Bolt_5873 20x60		60.0	0.0	0.0
32	CN_Bolt_5873 20x60		60.0	0.0	0.0
32	CN_Bolt_5873 20x60		60.0	0.0	0.0
32	CN_Bolt_5873 20x60		60.0	0.0	0.0
32	CN_Bolt_5873 20x60		60.0	0.0	0.0
32	CN_Bolt_5873 20x60		60.0	0.0	0.0
32	CN_Bolt_5873 20x60		60.0	0.0	0.0
32	CN_Bolt_5873 20x60		60.0	0.0	0.0

图 8-97 完成材料表

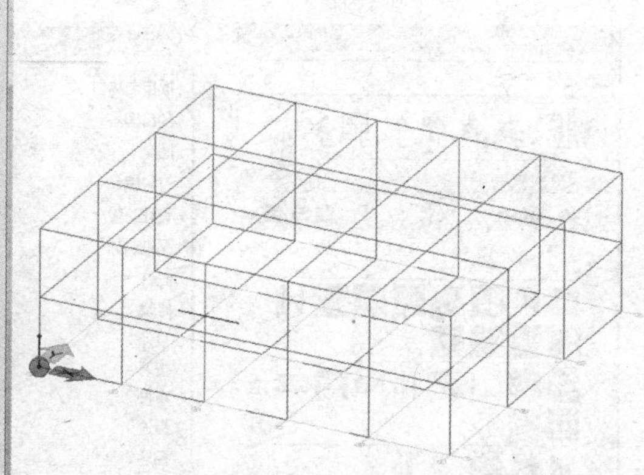

图 8-98 视图显示

材料表生成后，视图中的显示只剩轴线(图 8-98)，这时，可以单击“重新生成”按钮(图 8-99)，恢复钢结构显示，恢复显示后视图如图 8-100 所示。

图 8-99 “重新生成”按钮

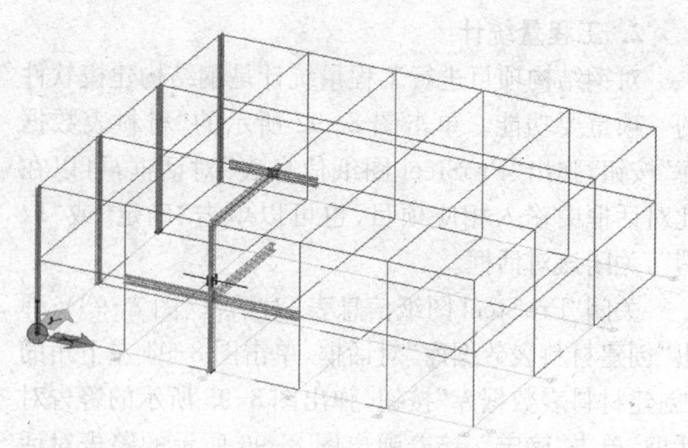

图 8-100 恢复显示

8.3 钢筋混凝土结构建模

8.3.1 建模前的设置

在工作界面，单击“钢筋/混凝土标准”按钮(图 8-101)，在打开的“ProConcrete Codes Manager”对话框左侧列表上找到“Rebar Code〈China〉”(图 8-102)，在“Rebar Code〈China〉”上单击鼠标右键一次，在弹出的菜单上单击“set as Default(设为默认值)”，再在“Rebar Code〈China〉”上单击鼠标右键一次，在弹出的菜单上单击“set as Current(设为当前值)”。这样当前项目和以后新建的项目，都是使用中国钢筋标准。

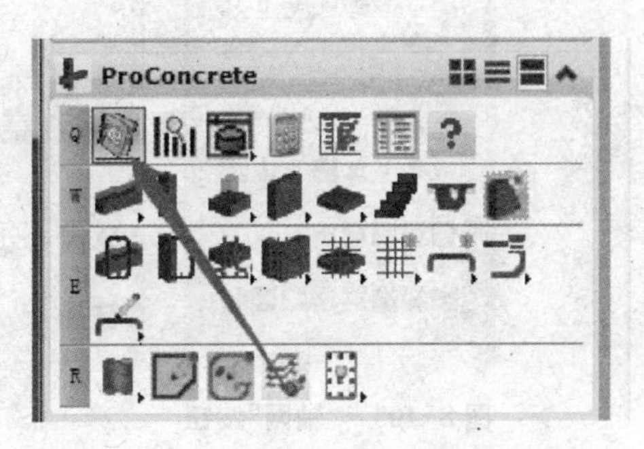

图 8-101 “钢筋/混凝土标准”按钮

8.3.2 轴线与标高

在 ProConcrete 软件中和 ProSteel 软件一样，需要首先建立轴网，才有构件定位的基准。建立轴网的过程见 8.2.4 节轴线与标高部分的阐述。在此向读者介绍建立轴网的另外一种方法。单击“轴网”按钮(图 8-103)，在弹出的“ProStructure 轴网”对话框中，去掉长度、宽度和高度前的勾选，此时下拉列表可以使用，如图 8-104 所示。

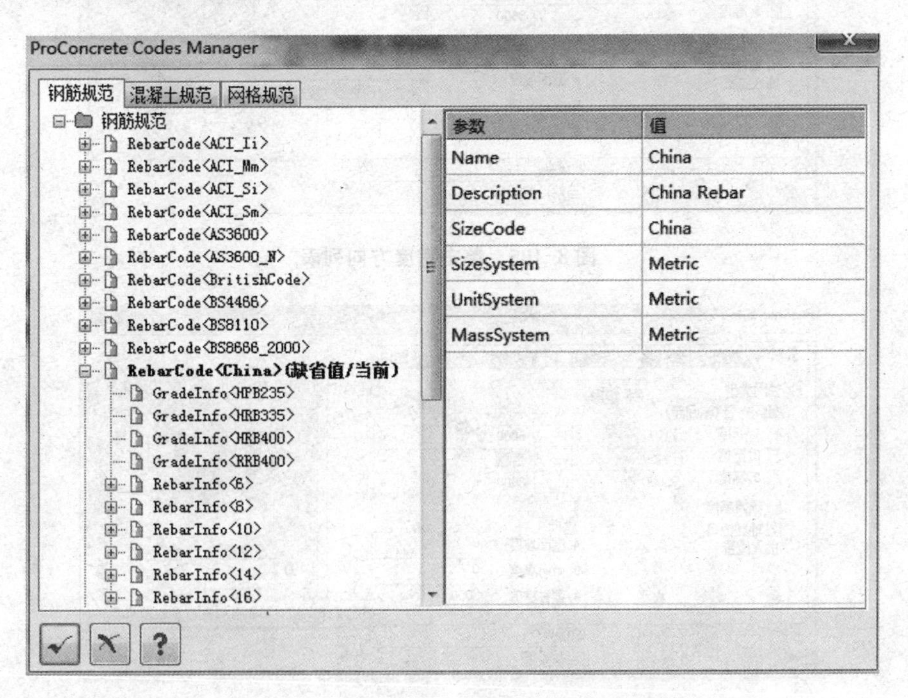

图 8-102 “ProConcrete Codes Manager”对话框

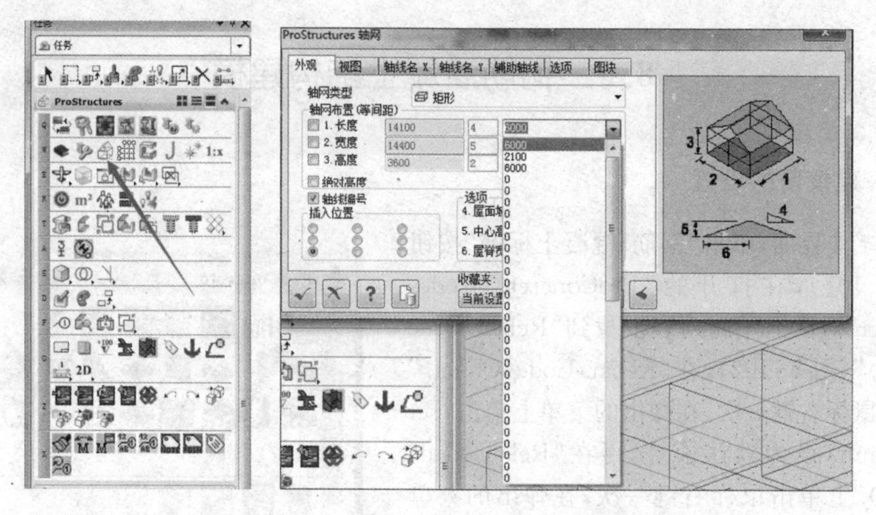

图 8-103 "轴网"按钮　　　图 8-104 下拉列表可以使用

接着，光标单击宽度方向的列表，如图 8-105 所示，在按住"Alt"键同时，在长度后的列表中单击鼠标右键，如图 8-106 所示。此时，会弹出一个输入框，在框内输入轴网间距"3600，3×4800，3600"(图 8-107)，单击"确定"按钮后，视图中轴网如图 8-108 所示。

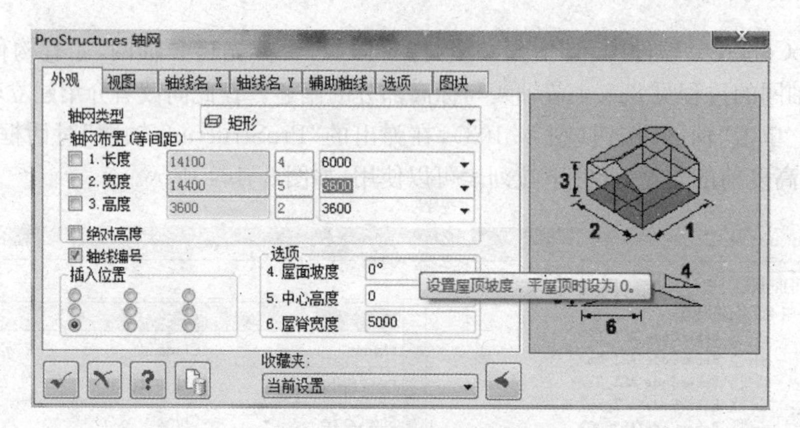

图 8-105 单击宽度方向列表

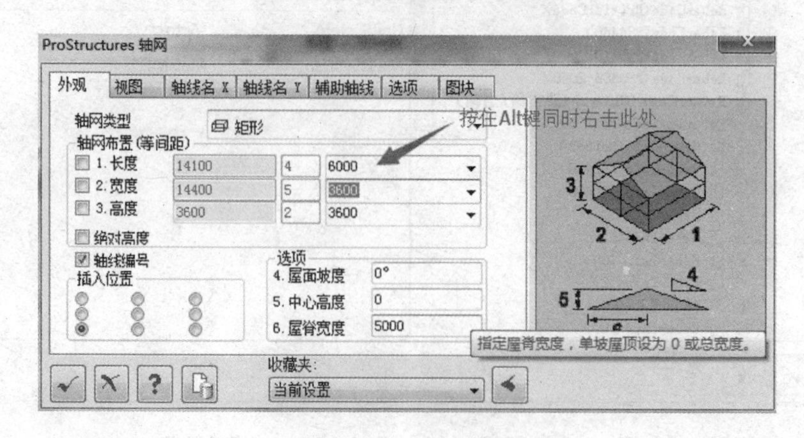

图 8-106 按住 Alt 键右击

采用同样方法，输入宽度方向的轴网间距为“6000，2100，6000”，如图 8-109 所示。高度方向为“3600”。完成的轴网如图 8-110 所示。

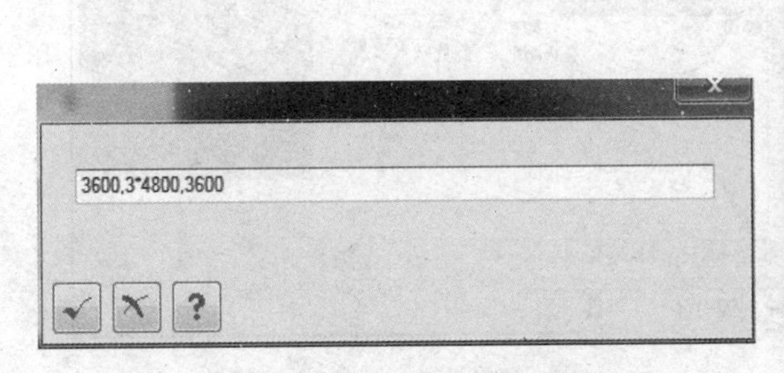

图 8-107 输入轴网间距

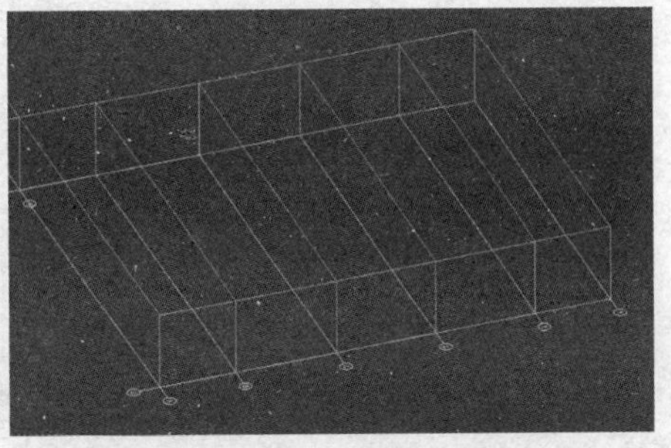

图 8-108 完成长度轴网

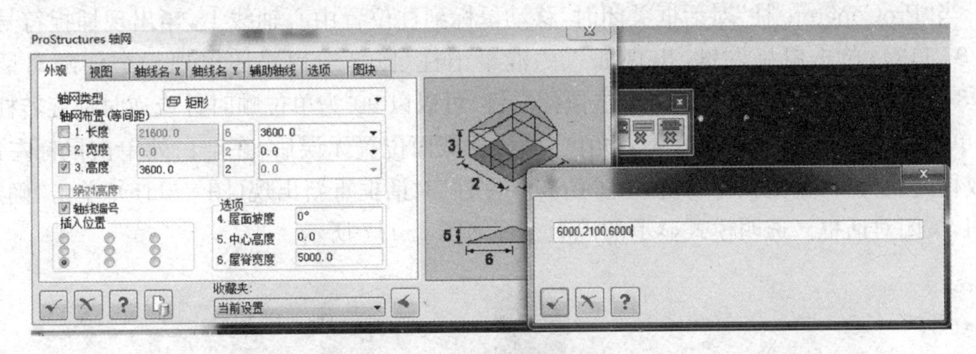

图 8-109 输入宽度方向轴网间距

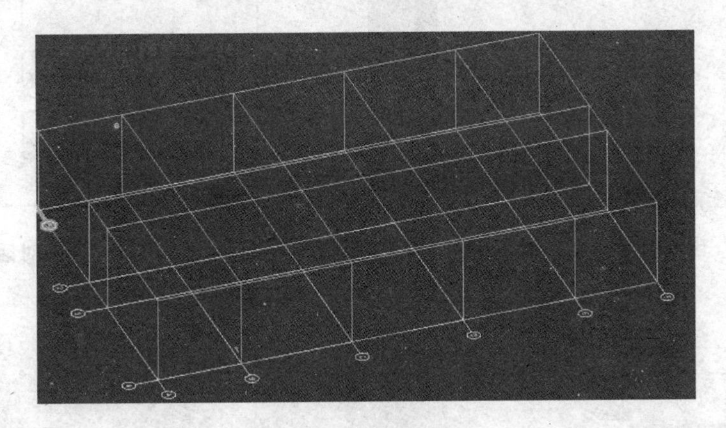

图 8-110 完成的轴网

8.3.3 混凝土柱墙建模

1. 混凝土柱建模

在工作界面，单击 ProConcrete 下 W2 的“柱”按钮，如图 8-111 所示。在弹出的“ProConcrete 柱”对话框中设置宽度、高度均为“600”，定位点为中心，单击左下的“在线、多义线和圆弧上插入型钢(翻译错误)”按钮，如图 8-112 中“4”所指。

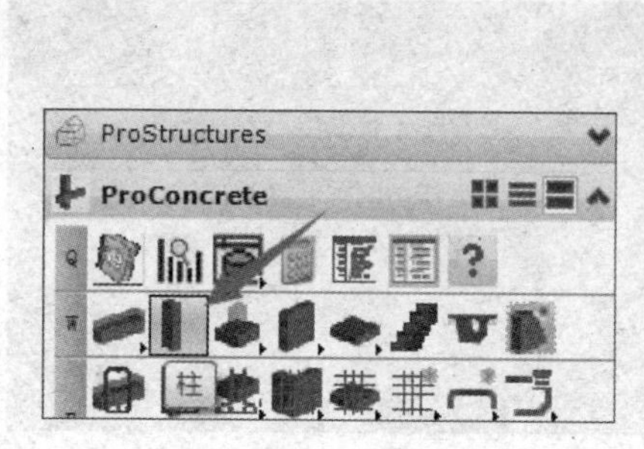

图 8-111 "柱"按钮

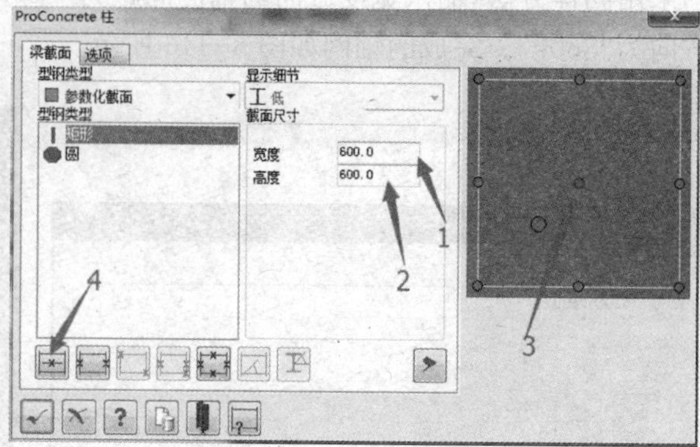

图 8-112 "ProConcrete 柱"对话框

当"ProConcrete 柱"对话框关闭时，移动鼠标到柱位置中心轴线上，当出现捕捉符号时（图 8-113），单击鼠标左键，出现插入的混凝土柱（图 8-114），还出现一个伴随对话框（图 8-115），单击"+""−"（或者单击鼠标右键）可以以 90°为单位顺时针或逆时针旋转柱截面，单击"角度"按钮，可以输入旋转角度，确认柱截面位置无误后，在空白处单击鼠标左键，完成柱的放置，再单击鼠标右键，"ProConcrete 柱"对话框重新出现（图 8-116），单击"确定"按钮，关闭对话框。透明模式显示的混凝土柱如图 8-117 所示。

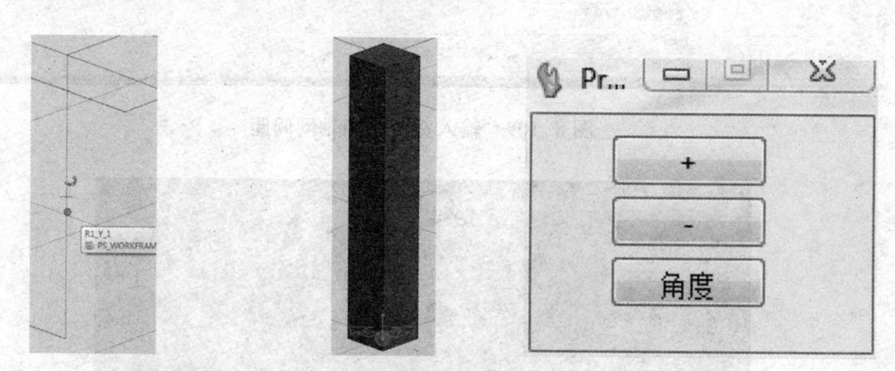

图 8-113 出现捕捉符号　图 8-114 插入的混凝土柱　图 8-115 伴随对话框

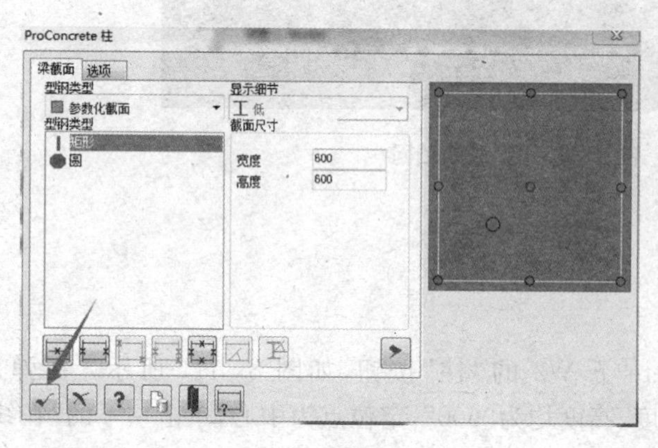

图 8-116 单击"确定"

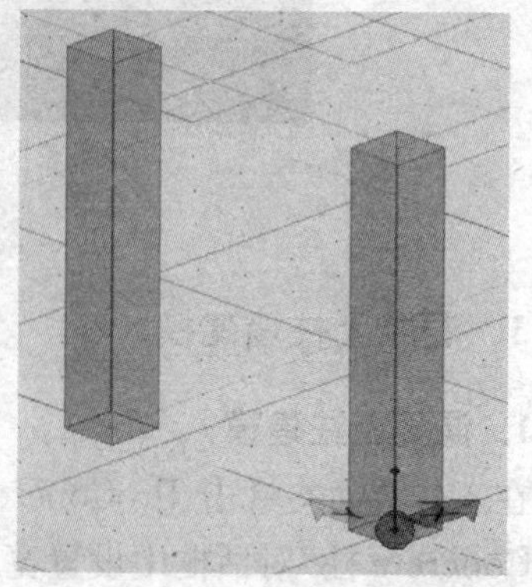

图 8-117 透明模式显示

2. 墙建模

在工作界面，单击“ProConcrete 墙”按钮(图 8-118)，弹出“ProConcrete 墙”对话框。

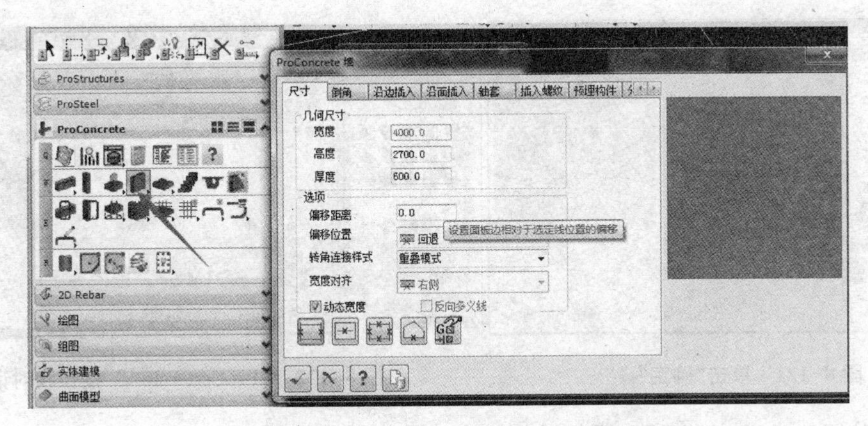

图 8-118 “ProConcrete 墙”按钮和对话框

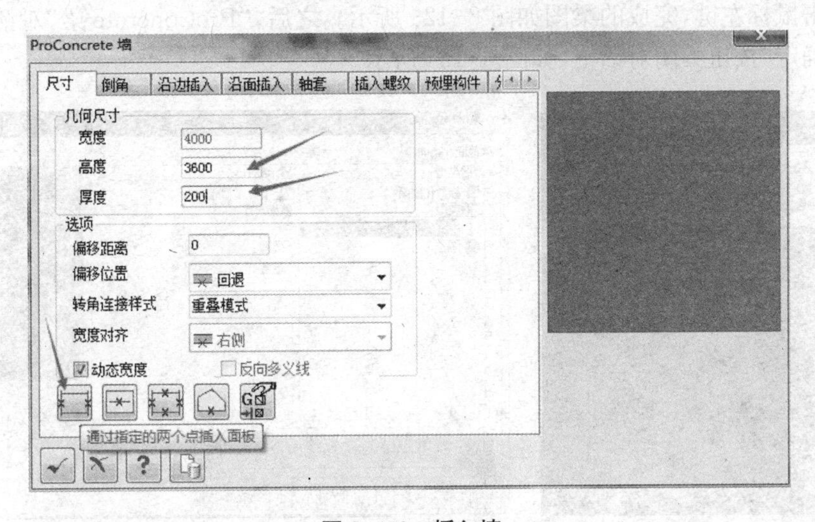

图 8-119 插入墙

在“ProConcrete 墙”对话框中，输入墙的高度和厚度，单击“通过制定的两个点插入面板”按钮，如图 8-119 所示。

此时，“ProConcrete”墙对话框关闭。在工作区捕捉第一个点，单击鼠标左键，再捕捉第二个点，单击鼠标左键，完成的墙图如图 8-120 所示。“ProConcrete 墙”对话框重新打开，单击“确定”按钮关闭对话框，如图 8-121 所示。

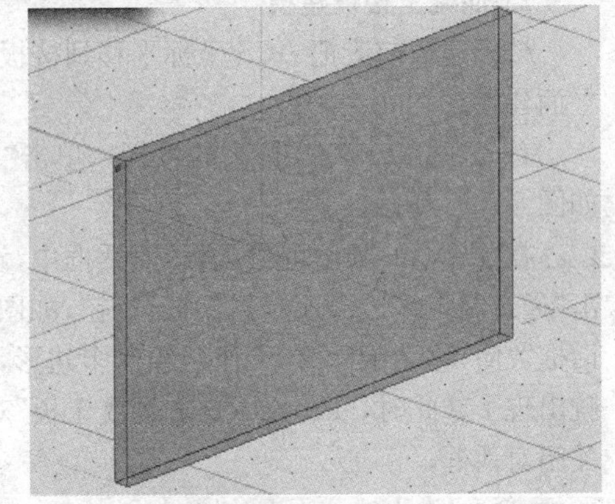

图 8-120 完成的墙

8.3.4 梁板建模

1. 混凝土梁建模

在工作界面，单击“梁/地基梁”按钮(图 8-122)，弹出“ProConcrete 梁”对话框。

在“ProConcrete 梁”对话框中选择矩形，输入梁的宽度和高度，之后，单击“通过制定的两个点插入面板”按钮，如图 8-122 所示。

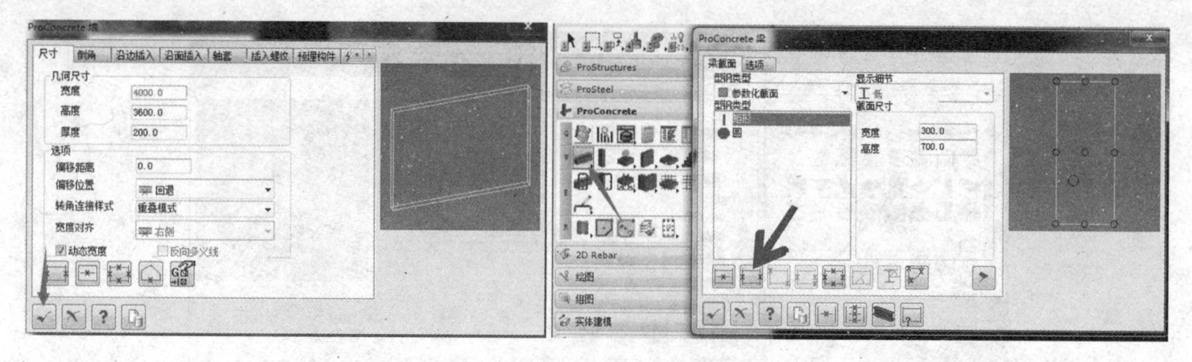

图 8-121　单击“确定”　　　　图 8-122　“ProConcrete 梁”按钮和对话框

此时，“ProConcrete 梁”对话框关闭。在工作区捕捉第一个点单击鼠标左键，再捕捉第二个点单击鼠标左键，完成的梁图如图 8-123 所示。之后，“ProConcrete 梁”对话框重新打开，单击“确定”按钮关闭对话框，如图 8-124 所示。

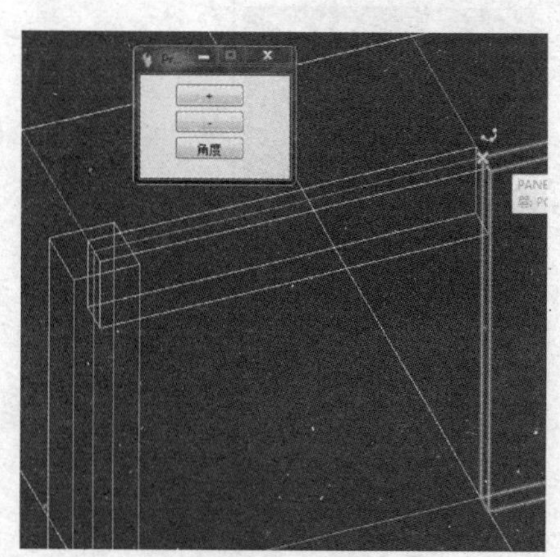

图 8-123　绘制梁

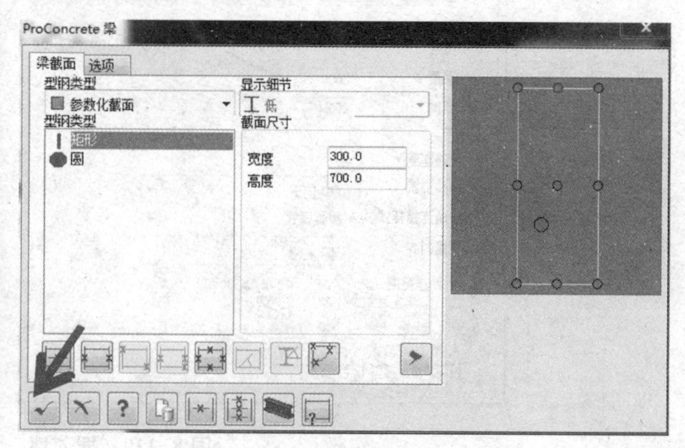

图 8-124　单击“确定”按钮

2. 混凝土楼板建模

楼板建模前应把 ACS 坐标平移到楼板建模的高度，楼板模型只能在设定的 ACS 坐标平面建模。

首先建立±0.000 标高的楼板。单击“板”按钮，弹出“ProConcrete 混凝土板”对话框，如图 8-125 所示。

在“ProConcrete 混凝土板”对话框中，设置楼板的厚度为“120”，坐标系为当前 ACS，单击“通过制定多边形顶点插入板”按钮，如图 8-126 所示。此时，“ProConcrete 混凝土板”对话框关闭，移动鼠标，在工作区绘制多边形，如图 8-127 所示，当多边形闭合后，绘制的楼板就出现了。此时，“ProConcrete 混凝土板”对话框重新打开，如图 8-128 所示，单击“确定”，关闭对话框。

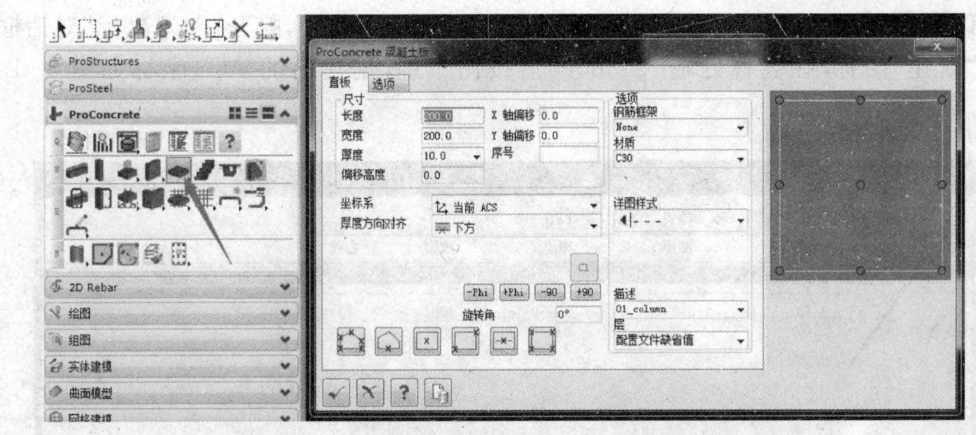

图 8-125 “板”按钮和“ProConcrete 混凝土板”对话框

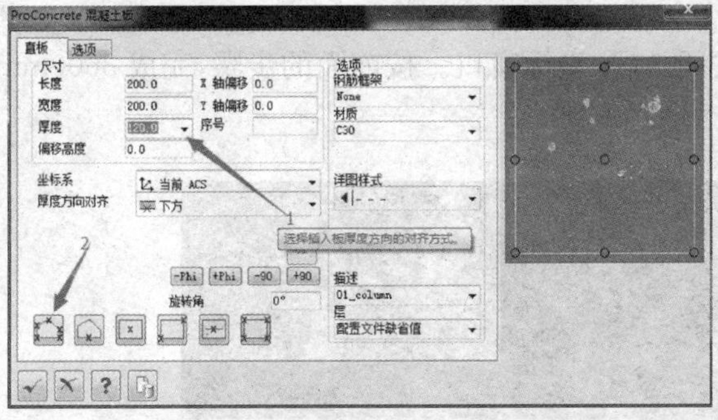

图 8-126 设置混凝土厚度和相应坐标系

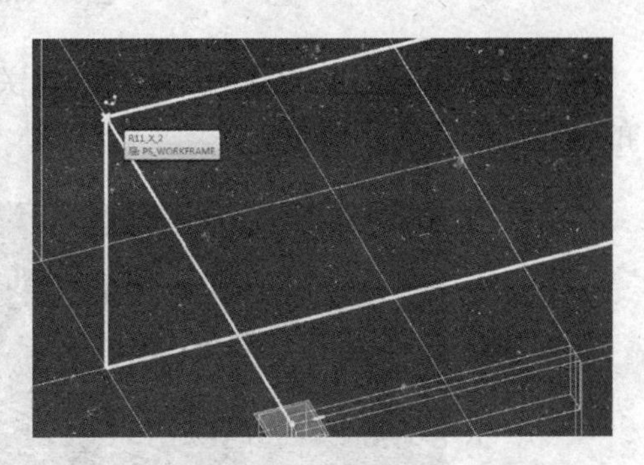

图 8-127 绘制多边形

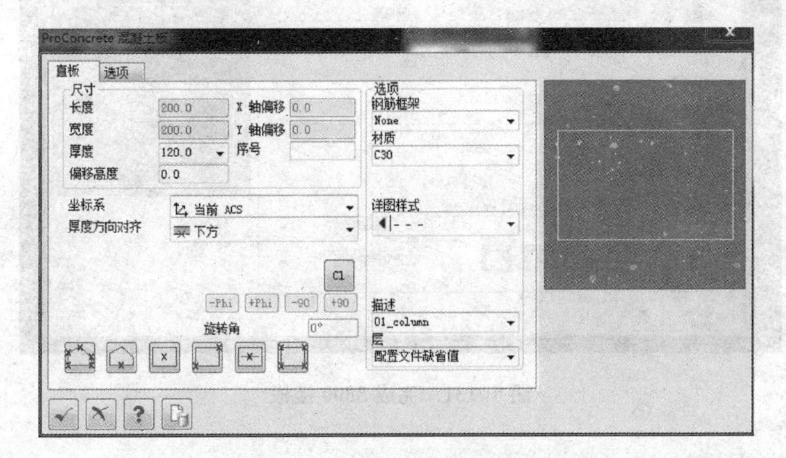

图 8-128 “ProConcrete 混凝土板”对话框

图 8-129 “ACS”按钮

移动 ACS 坐标到 3 600 mm。单击“ACS”按钮(图 8-129),打开“ACS 坐标”对话框。单击“新建”图标,在名称处输入“3600”后按回车键,创建新的 ACS 坐标如图 8-130 所示。

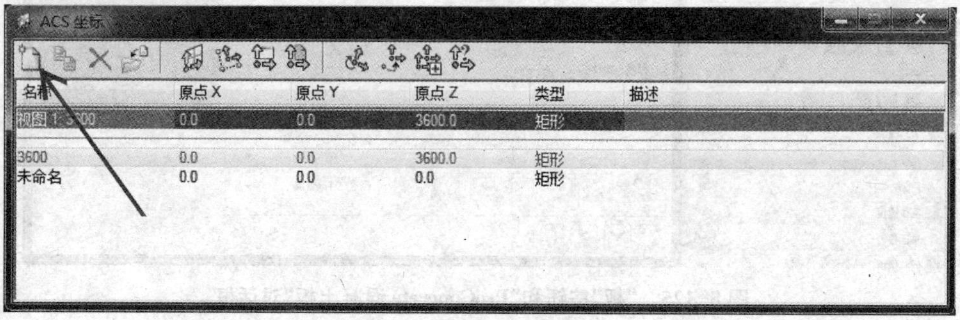

图 8-130　新建 ACS 坐标

双击 3600,激活 3600 的 ACS 坐标,关闭 ACS 坐标窗口。按前面的步骤,完成 3600mm 的模型如图 8-131 所示。

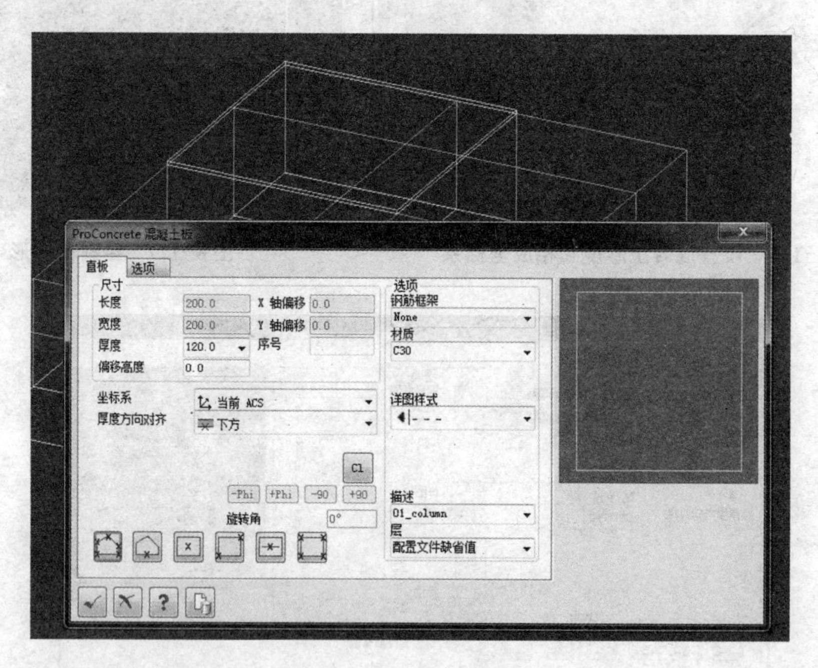

图 8-131　完成 3600 楼板

8.3.5　柱钢筋建模

在工作界面,单击选中要进行钢筋建模的柱(图 8-132),单击“柱配筋”按钮,如图8-133 所示。

在弹出的“ProConcrete 柱配筋”对话框中的“柱信息”选项卡中,输入钢筋数量、保护层厚度等信息,如图 8-134 所示。

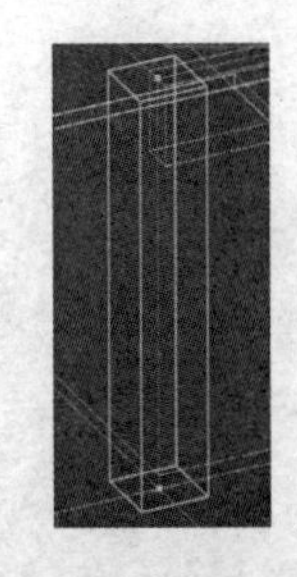

图 8-132 选中混凝土柱

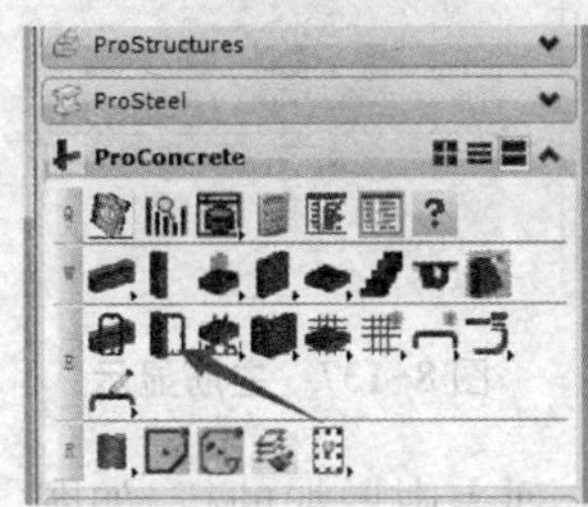

图 8-133 “柱配筋”按钮

图 8-134 “ProConcrete 柱配筋”对话框

单击“纵筋”选项卡，单击“+”按钮，如图 8-135 所示。单击列表中增加的行，如图 8-136中箭头 1 所示，在“标签”后输入 1，如图 8-136 中箭头 2 所示，选择钢筋类型，如图 8-136中箭头 3，4 所示，在“底部偏移”后输入“−600”，表示下部钢筋向下延伸 600(正向向上)，设置“底部钢筋端点”为“90°弯钩”，如图 8-136 中箭头 6 所示，单击四角钢筋图标，如图 8-136 中箭头 8 所示，此时，表示柱钢筋的显示区四角出现“1”，标明这四根钢筋是 1 号钢筋；如果这时钢筋的弯钩方向不对，可以单击图 8-136 中箭头 9 所指的按钮进行调整。设置完成，主筋显示如图 8-137 所示。

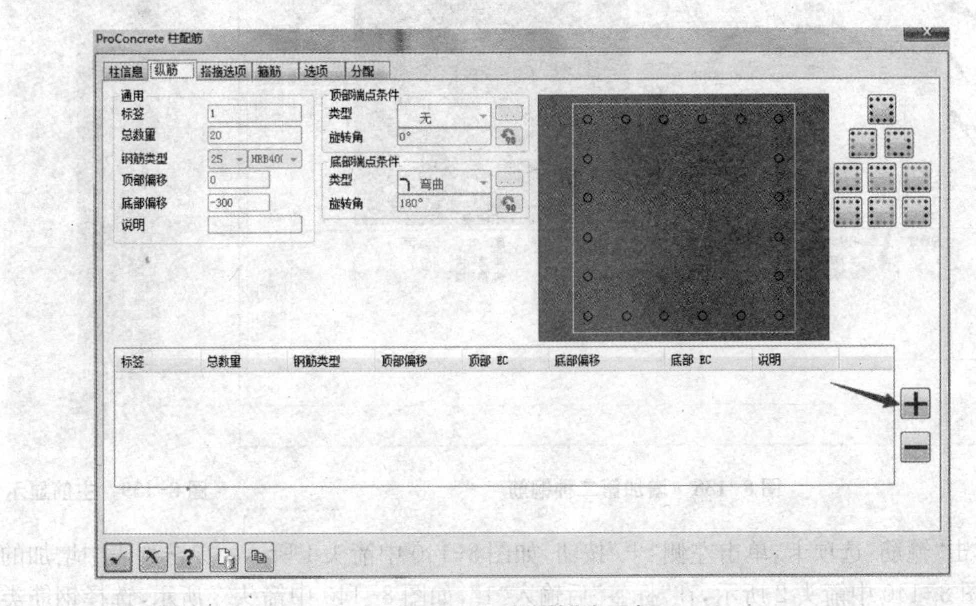

图 8-135 “纵筋”选项卡

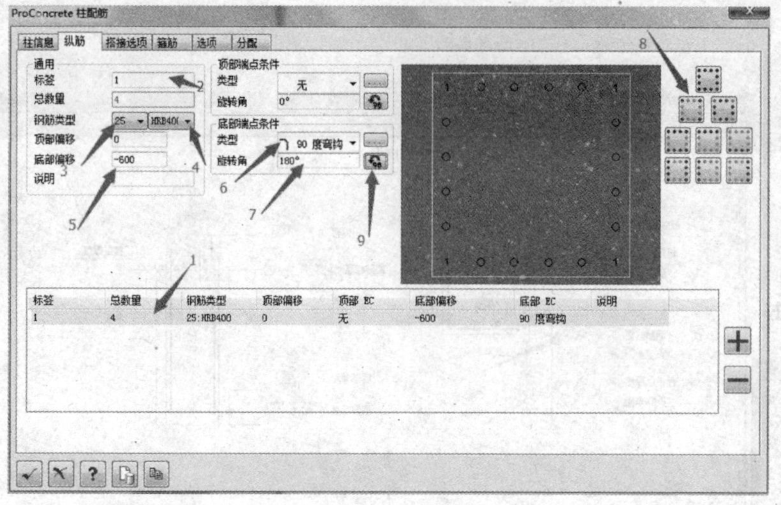

图 8-136　设置纵筋

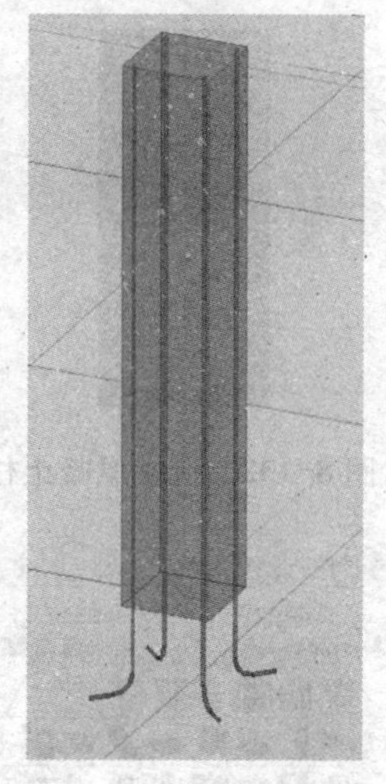

图 8-137　主筋显示

在“纵筋”选项卡上再次单击“＋”按钮，如图 8-138 所示。单击列表中增加的行，如图 8-138 中箭头 1 所示，在“标签”后输入“2”，如图 8-138 中箭头 2 所示，选择钢筋类型，如图 8-138 中箭头 3，4 所示，在“底部偏移”后输入“－600”，表示下部钢筋向下延伸 600(正向向上)，设置“底部钢筋端点”为“90°弯钩”，如图 8-138 中箭头 6 所示，单击四边钢筋图标，如图 8-138 中箭头 7 所示，此时，表示柱钢筋的显示区四边出现“2”，标明这 16 根钢筋是 2 号钢筋；如果这时钢筋的弯钩方向不对，可以单击图 8-138 中箭头 8 所指的按钮进行调整。设置完成，主筋显示如图 8-139 所示。

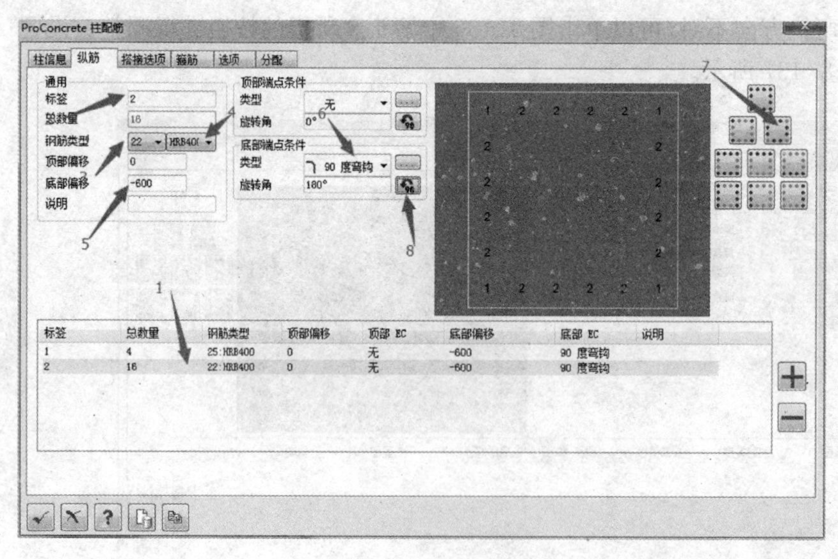

图 8-138　增加第二种钢筋

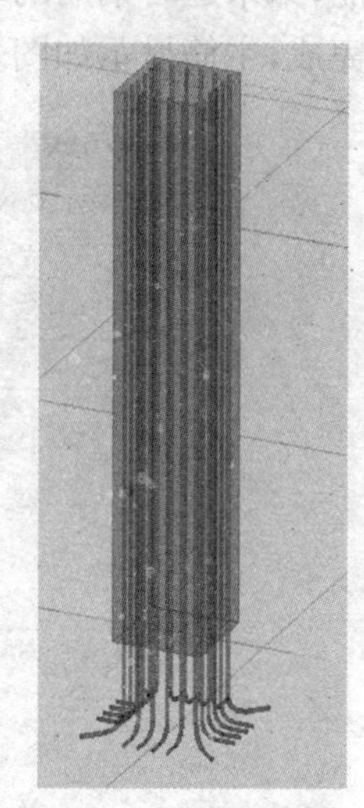

图 8-139　主筋显示

单击“箍筋”选项卡，单击左侧“＋”按钮，如图 8-140 中箭头 1 所示。单击列表中增加的行，如图 8-140 中箭头 2 所示，在“标签”后输入“1”，如图 8-140 中箭头 3 所示，选择钢筋类型，如图 8-140 中箭头 4，5 所示，在“位置”后选择“下方”，表示箍筋位置从柱的下端开始计算，如图 8-140 中箭头 6 所示，在“间距”后输入“100”，表示箍筋间距是 100 mm，保持“始端”后为 0，“终端”后为 1 200，表示从柱底部向上 1 200 mm 范围内放置这种箍筋，如图 8-140 中箭头 8 所示。

单击右侧“+”按钮，如图 8-141 中箭头 1 所示。选择起点类型和终点类型均为“135°弯钩”，如图 8-141 中箭头 2 和 3 所示。

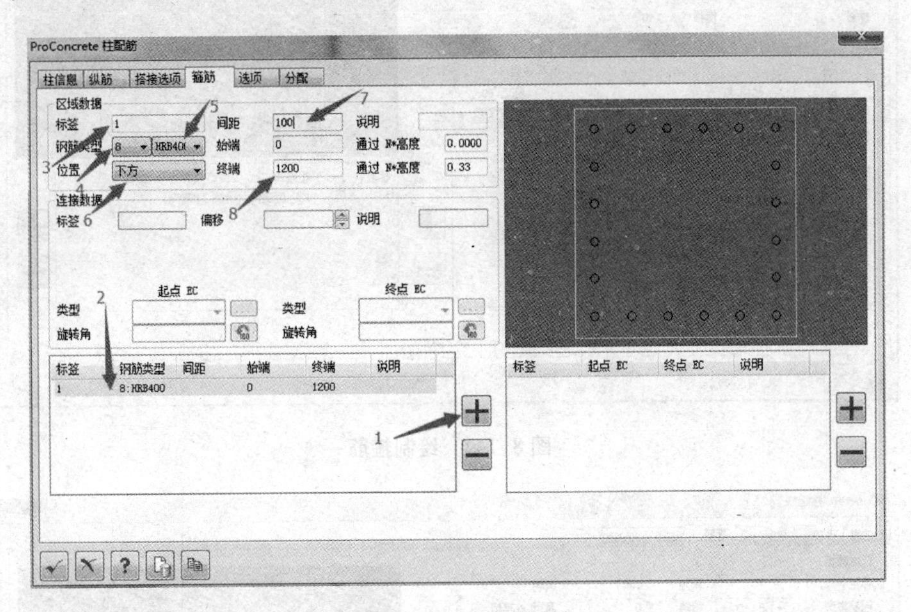

图 8-140 设置箍筋

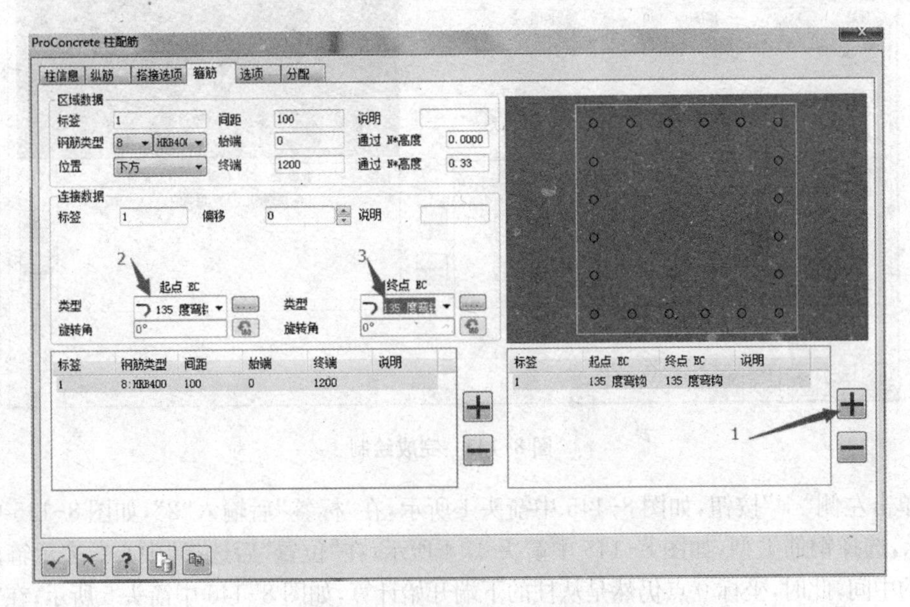

图 8-141 设置箍筋端部形状

在钢筋显示区域，按图 8-142 所示的 1→2→3→4→1 顺序，依次单击表示主筋的圆，完成绘制后的箍筋如图 8-143 所示。此时，模型如图 8-144 所示。

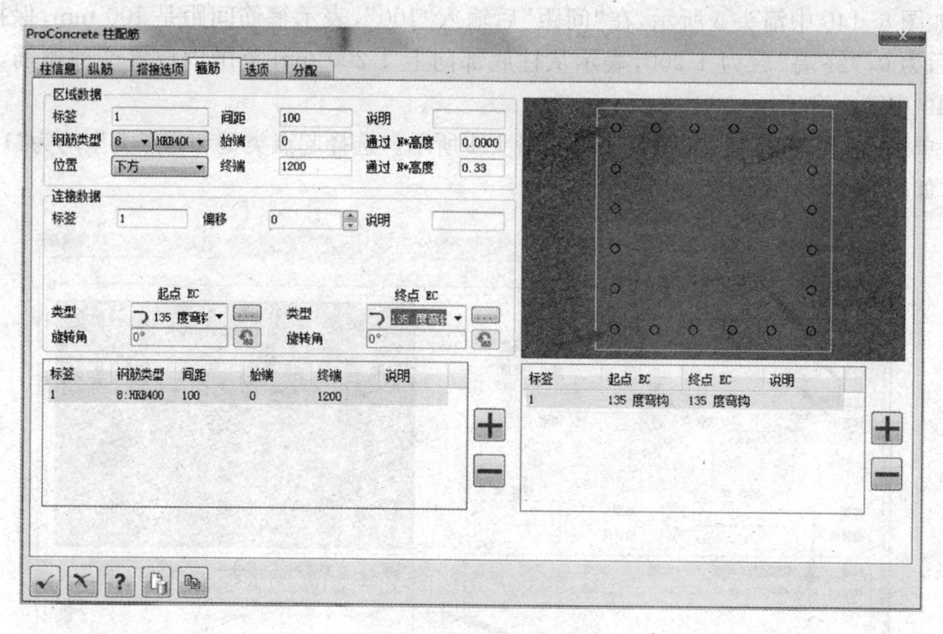

图 8-142　绘制箍筋

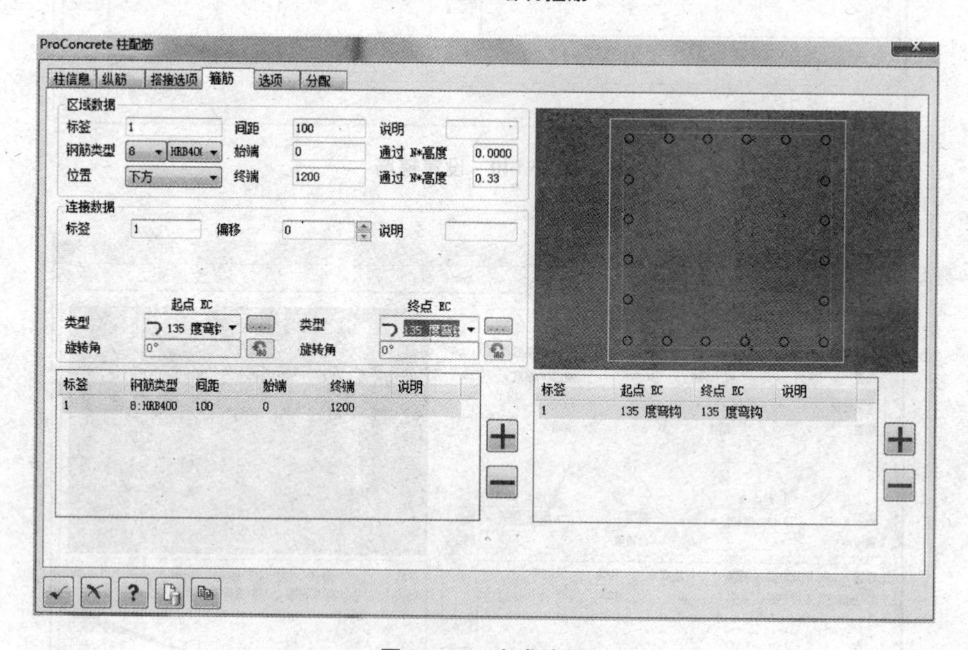

图 8-143　完成绘制

单击左侧“+”按钮，如图 8-145 中箭头 1 所示，在“标签”后输入“2”，如图 8-145 中箭头 2 所示，选择钢筋类型，如图 8-145 中箭头 3，4 所示，在“位置”后选择“中心”，表示箍筋位置在柱的中间，此时，坐标 0 点仍然是从柱的下端开始计算，如图 8-145 中箭头 5 所示；在“间距”后输入“200”，表示箍筋间距是 200 mm，如图 8-145 中箭头 6 所示；“始端”后输入“1 200”，表示钢筋布置的开始位置是从柱下端向上 1 200 mm，如图 8-145 中箭头 7 所示；“终端”后为 1 200，表示从“始端”向上 1 200 mm 范围内放置这种箍筋，如图 8-145 中箭头 8 所示。

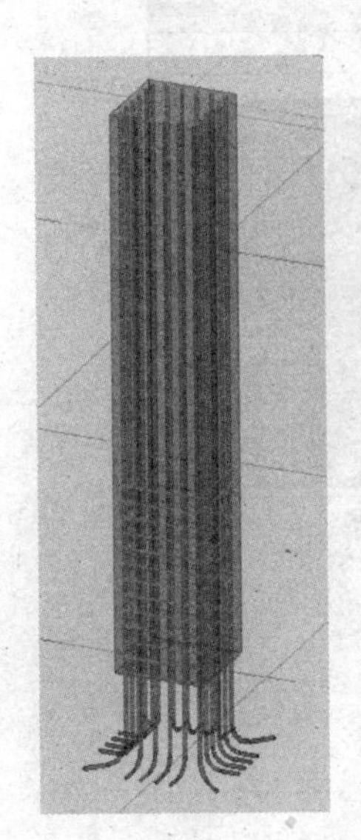

图 8-144 下部箍筋

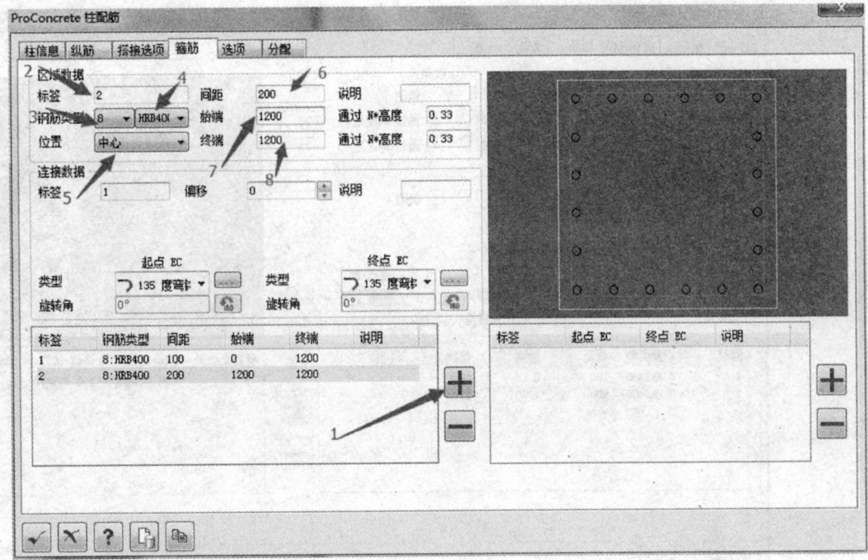

图 8-145 非加密区箍筋

单击右侧“+”按钮，如图 8-146 中箭头 1 所示。选择起点类型和终点类型均为“135°弯钩”，如图 8-146 中箭头 2 和 3 所示。

在钢筋显示区域，按图 8-147 所示的 1→2→3→4→1 顺序，依次单击表示主筋的圆，完成绘制后的箍筋如图 8-148 所示。此时，模型如图 8-149 所示。

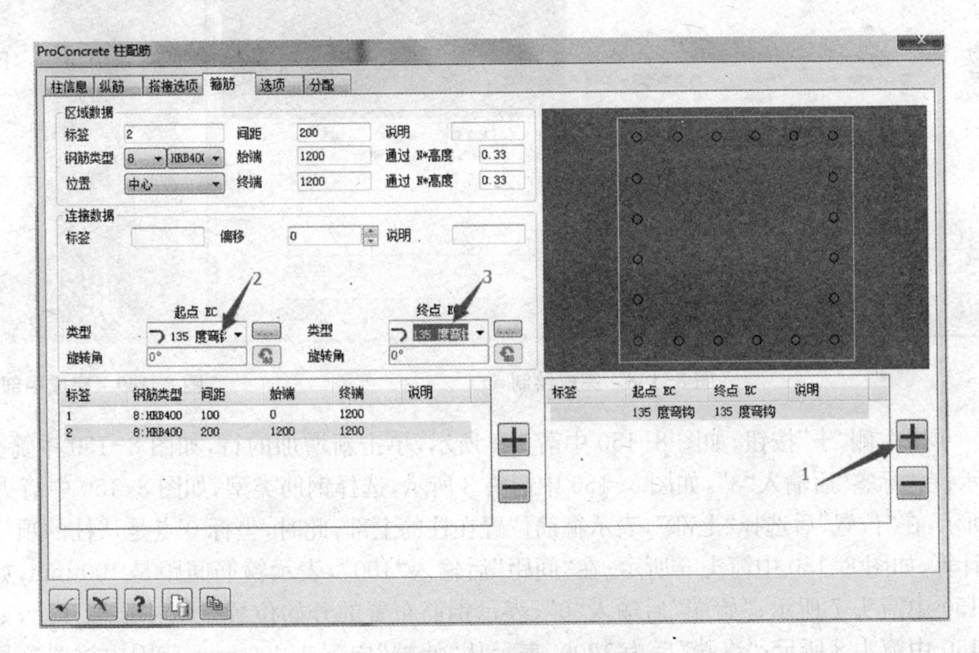

图 8-146 设置箍筋端部形状

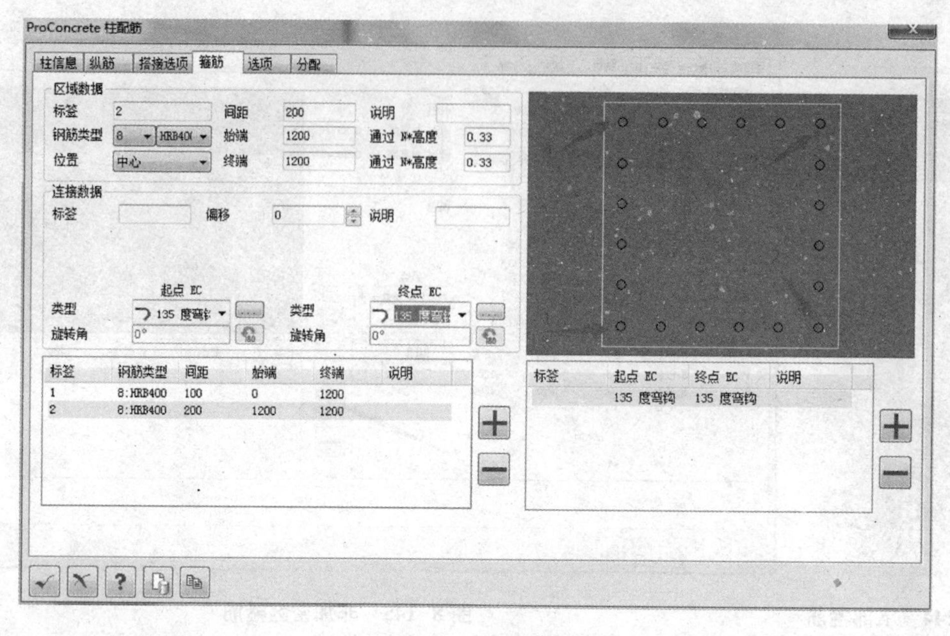

图 8-147　绘制箍筋

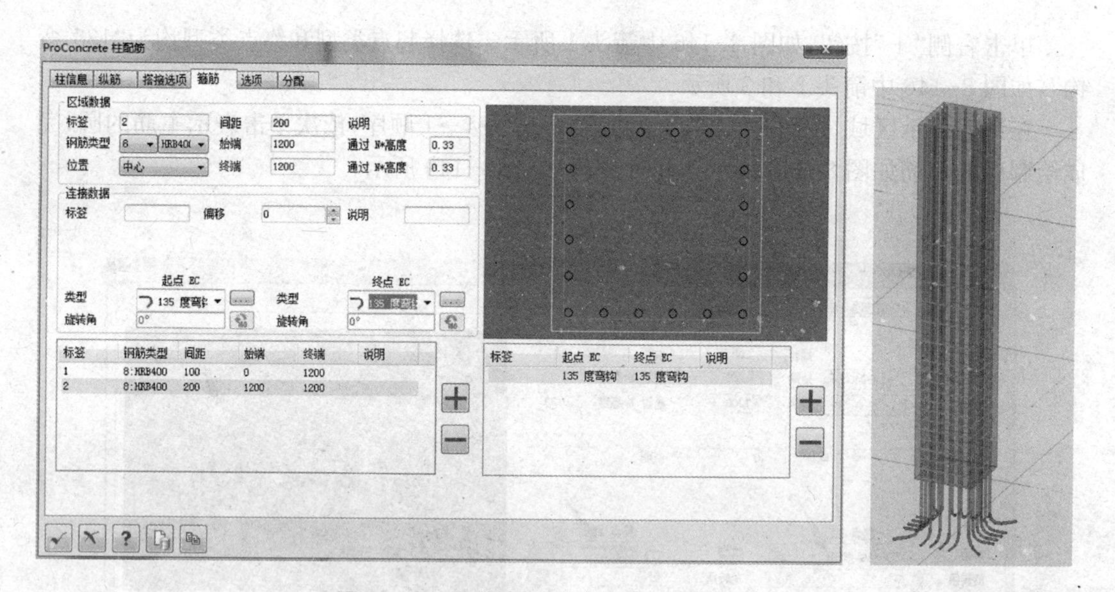

图 8-148　完成绘制　　　　图 8-149　完成中部钢筋

单击左侧“+”按钮，如图 8-150 中箭头 1 所示，单击新增加的行，如图 8-150 中箭头 2 所示；在“标签”后输入“3”，如图 8-150 中箭头 3 所示，选择钢筋类型，如图 8-150 中箭头 4，5 所示，在“位置”后选择“上部”，表示箍筋位置在柱的上部，此时，坐标 0 点是从柱的顶端开始计算，如图 8-150 中箭头 6 所示；在“间距”后输入“100”，表示箍筋间距是 100 mm，如图 8-150 中箭头 7 所示；“始端”后输入“0”，表示钢筋布置的开始位置是从柱顶端开始，如图 8-150 中箭头 8 所示；“终端”后为 1200，表示从“始端”向下 1 200 mm 范围内放置这种箍筋，如图8-150中箭头 9 所示。

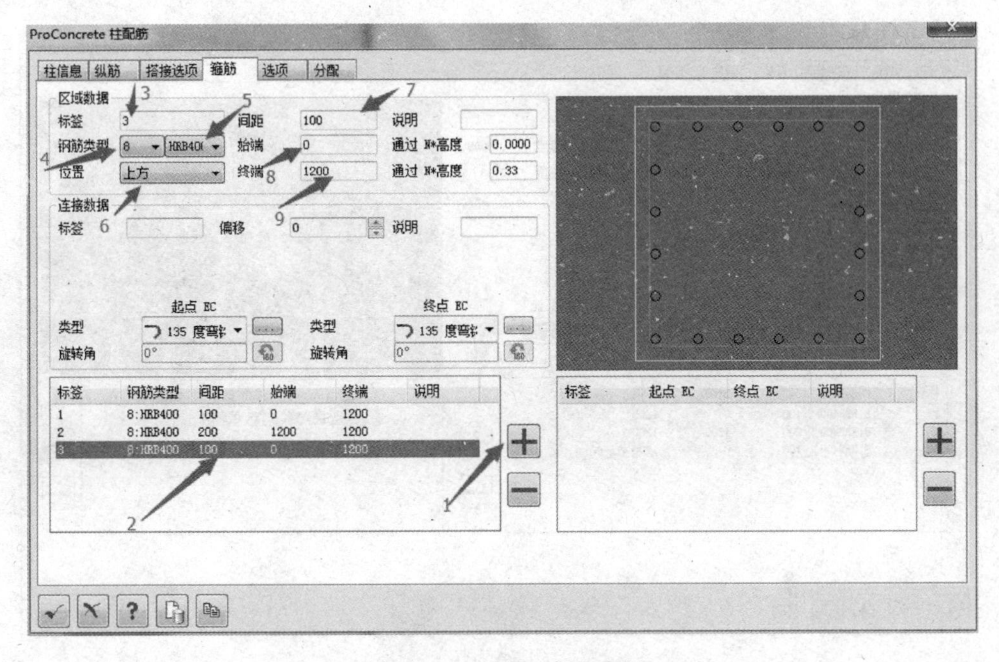

图 8-150　设置上部加密区

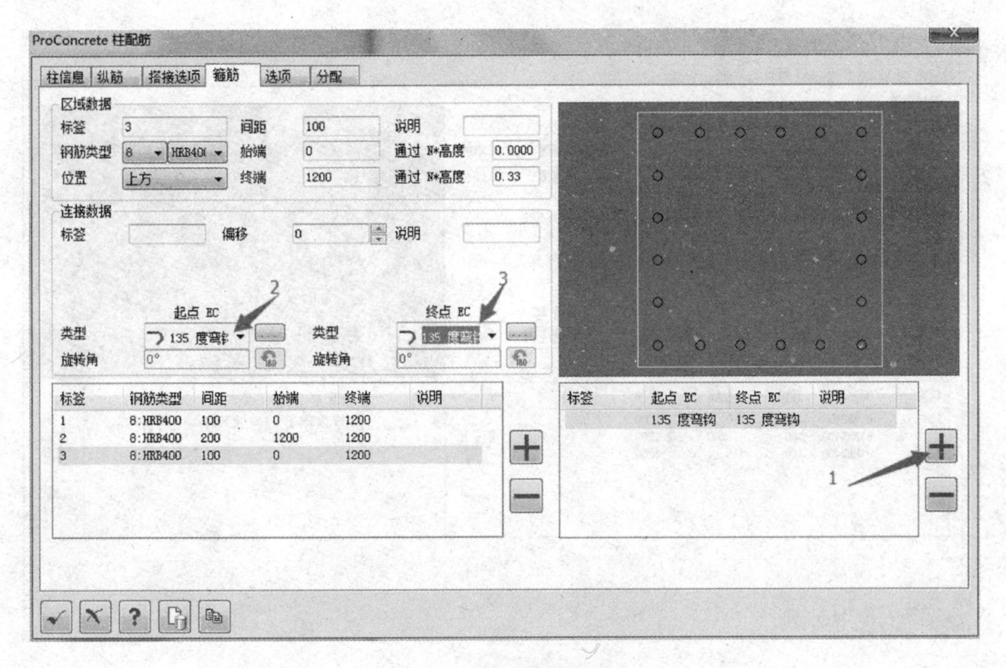

图 8-151　设置箍筋弯钩

单击右侧“+”按钮，如图 8-151 中箭头 1 所示。选择起点类型和终点类型均为“135°弯钩”，如图 8-151 中箭头 2 和 3 所示。

在钢筋显示区域，按图 8-152 所示的 1→2→3→4→1 顺序，依次单击表示主筋的圆，完成绘制后的箍筋如图 8-153 所示。此时，模型如图 8-154 所示。

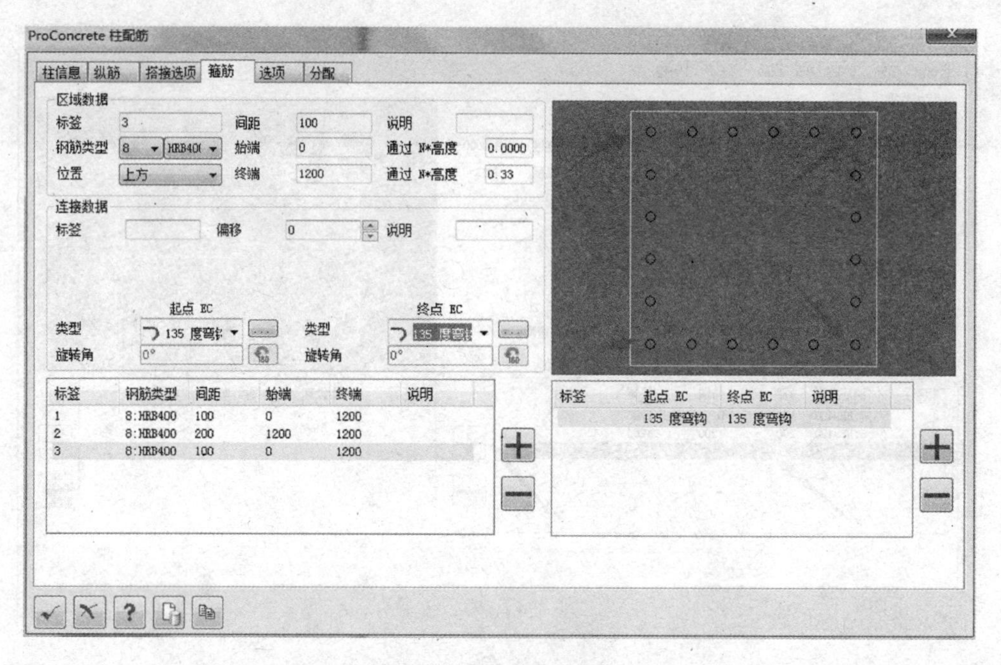

图 8-152 绘制箍筋

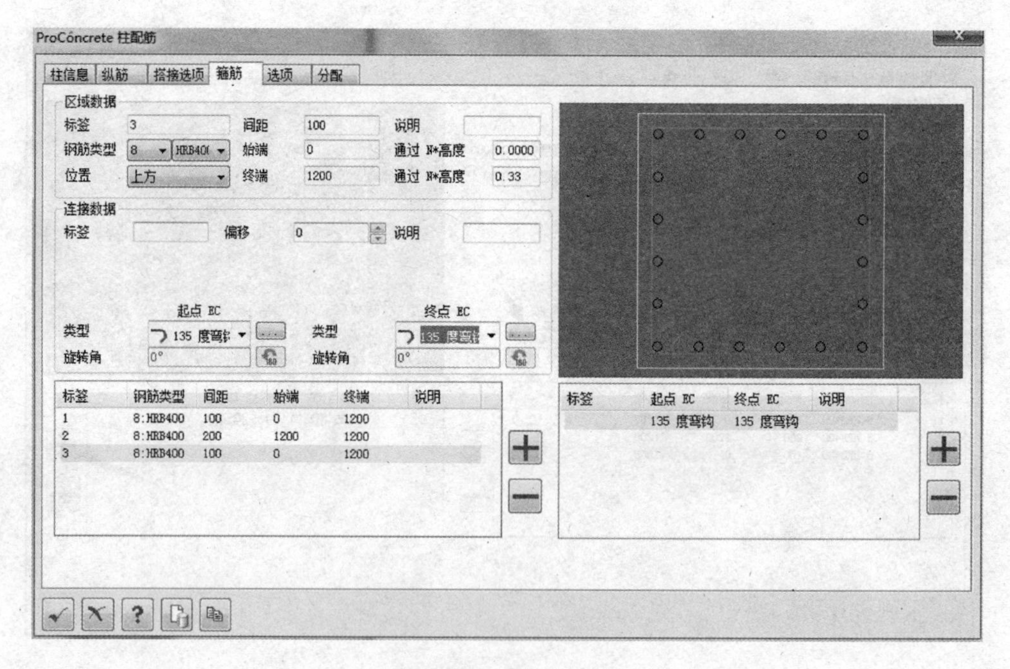

图 8-153 完成绘制

这样柱钢筋的建模就完成了。为了避免每次重复创建钢筋，可以把钢筋保存为模板。单击图 8-155 所示的“模板”按钮，打开“ProSteel 模板管理器”（翻译错误，应为 ProConcrete），如图 8-156 所示。先单击箭头 1 所指的“文件夹”按钮，创建新文件夹，再单击箭头 2 所指的“模板另存为”，保存模板。使用时，按最左侧的“载入模板”按钮，就可以重复使用钢筋配置。

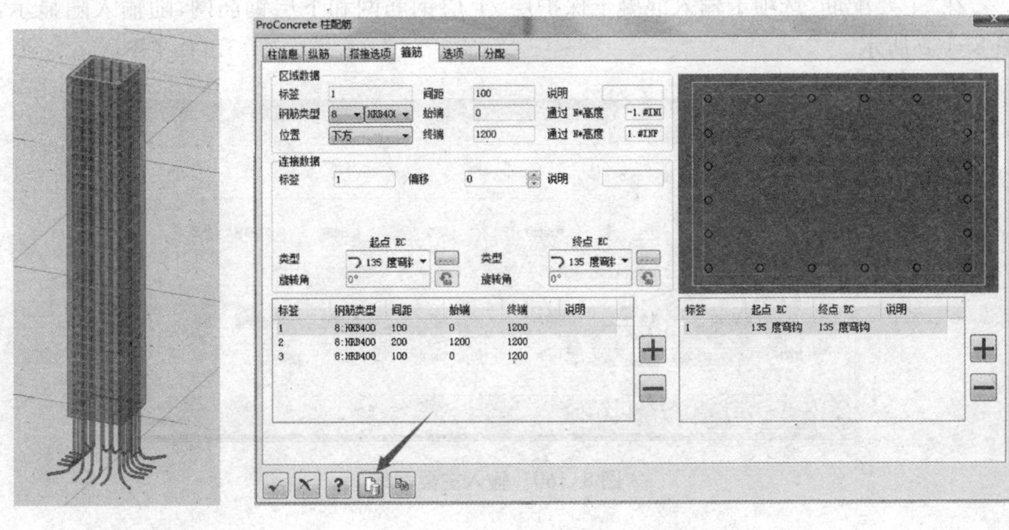

图 8-154 完成钢筋建模　　图 8-155 “模板”按钮

8.3.6 墙钢筋建模

选中要配筋的墙体，如图 8-157 所示。单击“墙/面板配筋”按钮，如图 8-158 所示，打开“ProConcrete 钢筋网—墙/面板”对话框，如图 8-159 所示。

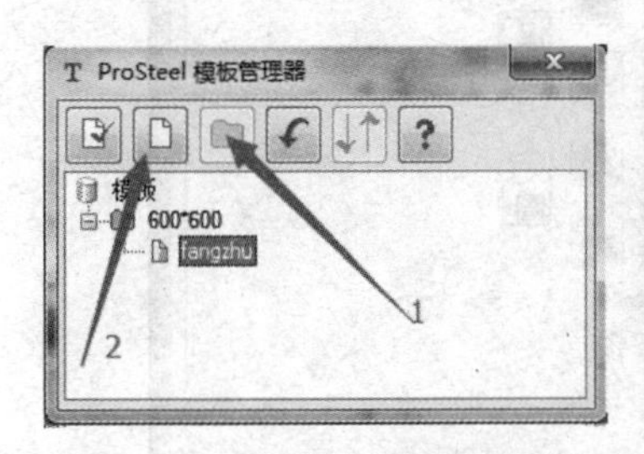

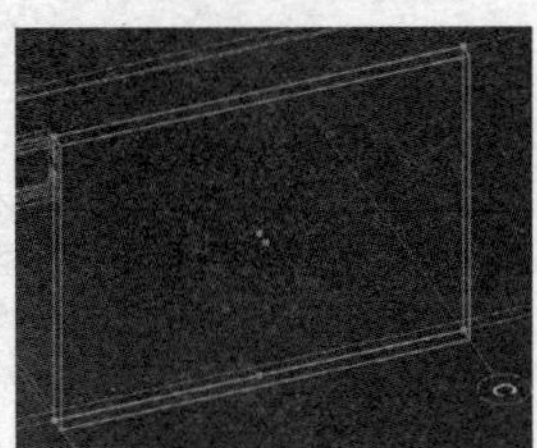

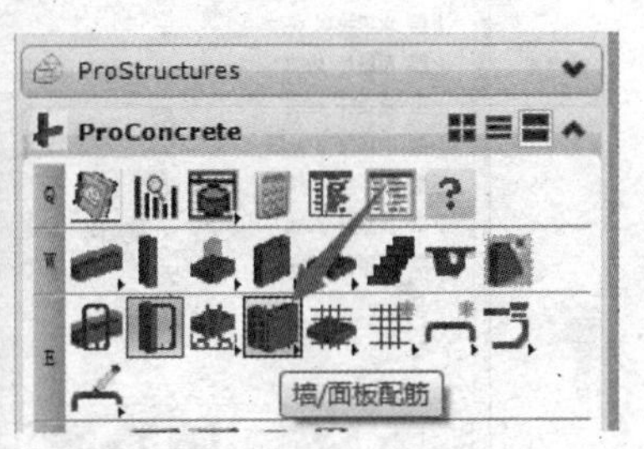

图 8-156 “ProSteel 模板管理器”　图 8-157 选中配筋墙体　图 8-158 “墙/面板配筋”按钮

图 8-159 “ProConcrete 钢筋网-墙/面板”对话框

在“主要配筋”选项卡输入混凝土保护层、上层钢筋网和下层钢筋网，随输入随显示，如图 8-160 所示。

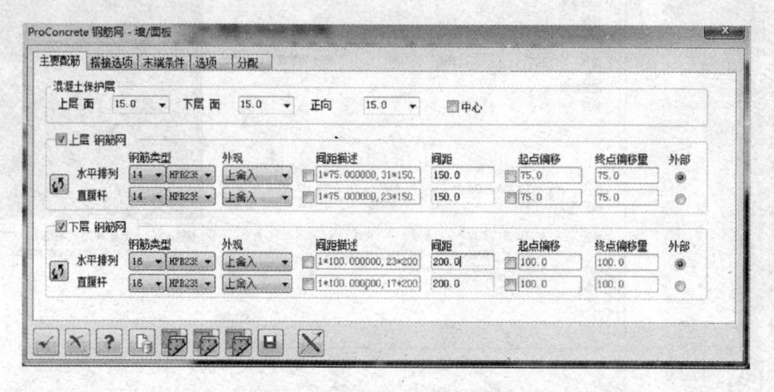

图 8-160 输入主要配筋

单击“末端条件”选项卡，输入钢筋的末端条件，如图 8-161 所示。在图 8-162、图8-163 中可以输入相应的条件，完成墙体钢筋建模，如图 8-164 所示。

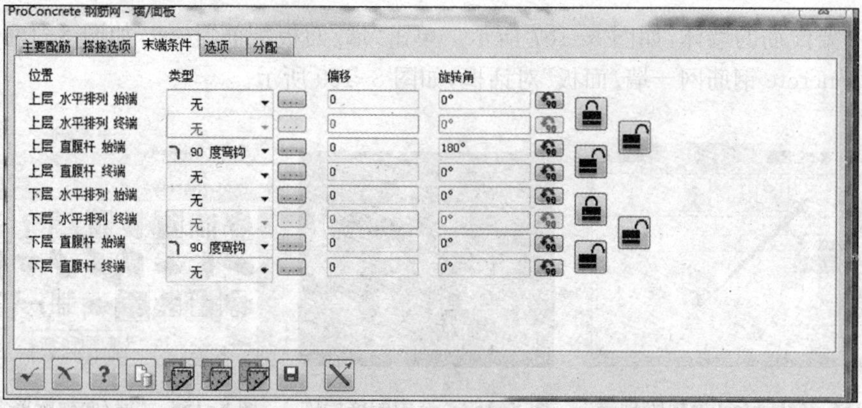

图 8-161 末端条件

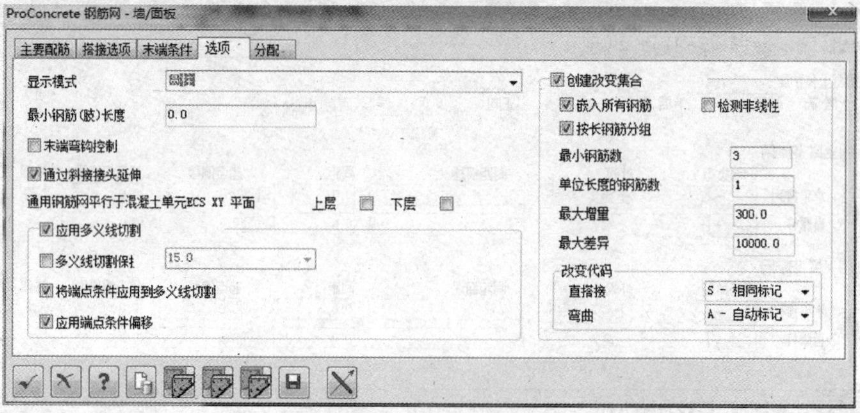

图 8-162 选项

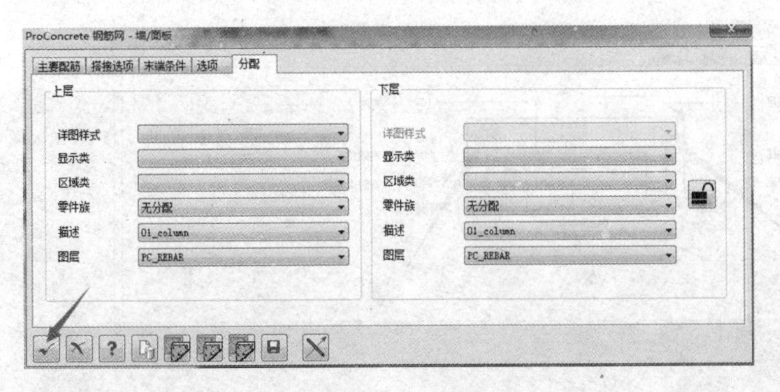

图 8-163　分配

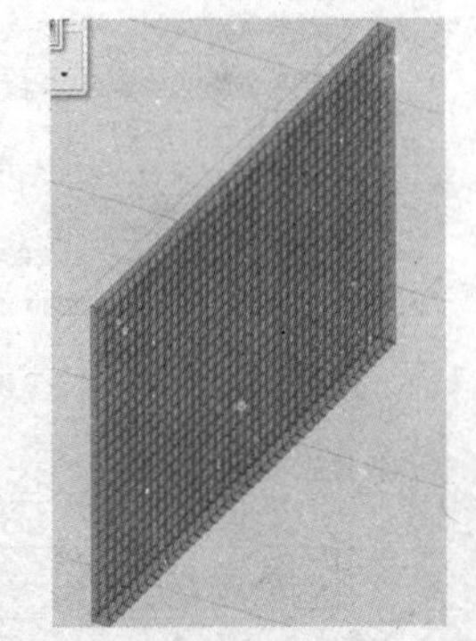

图 8-164　完成的墙体钢筋

8.3.7　梁钢筋建模

选中需要配筋的梁(图 8-165),单击“梁配筋”按钮(图 8-166),打开“ProConcrete 梁配筋”对话框;单击“梁”按钮,再选择需要配筋的混凝土梁如图 8-167 所示。

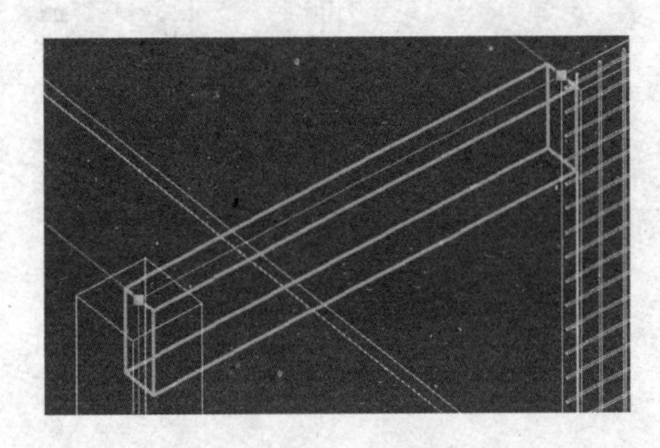

图 8-165　选中梁

图 8-166　“梁配筋”按钮

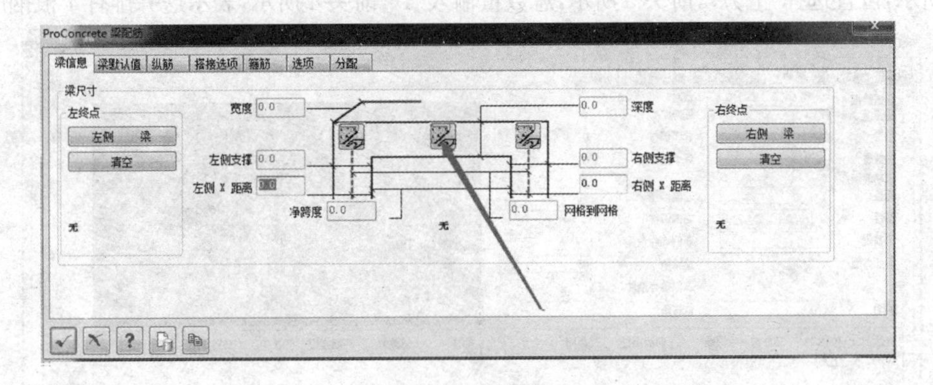

图 8-167　“梁”按钮

在“梁信息”选项卡中设置支座信息,单击图 8-168 箭头 1 所指的图块,之后,单击图 8-169中箭头 1 所指的混凝土柱,单击图 8-168 箭头 2 所指的图块,单击图 8-169 中箭头 2 所指的混凝土柱输入有关信息,完成支座信息输入。在图 8-169 所示的支座中,绿色是左侧,红色是右侧。在“梁默认值”选项卡,输入保护层的数值,如图 8-170 所示。

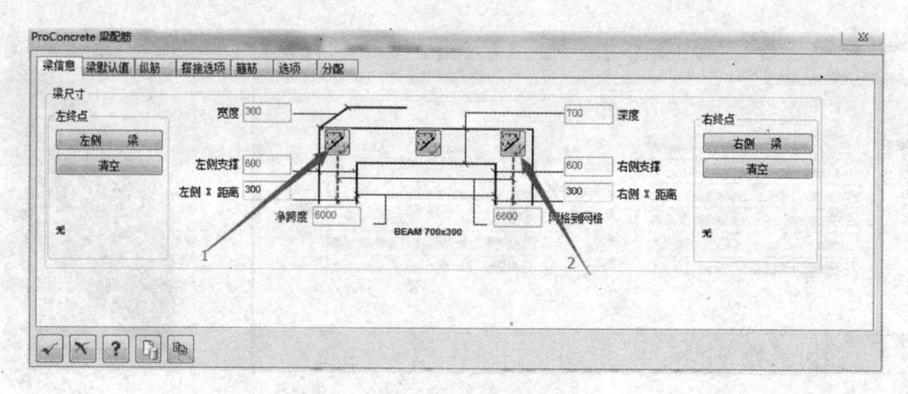

图 8-168 “梁信息”选项卡

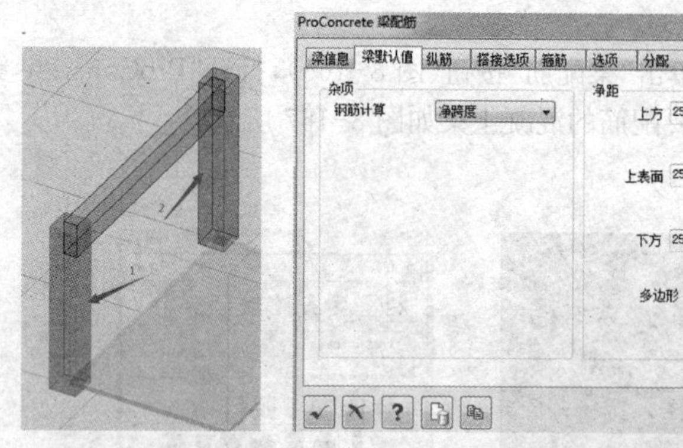

图 8-169 梁支座

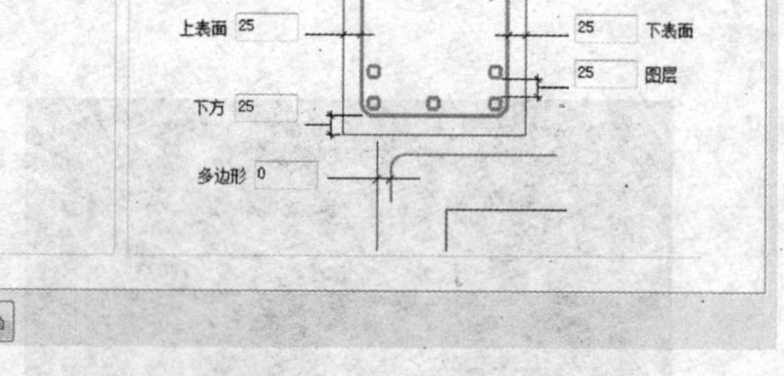

图 8-170 “梁默认值”选项卡

（1）配置纵向钢筋

在“纵筋”选项卡，如图 8-171 所示，单击左侧的“+”按钮，箭头 1 所示。在标签后输入“1”，箭头 2 所示，位置选择“上方”，箭头 3 所示，总数量输入“4”，箭头 4 所示，表示这一排有 4 根钢筋。

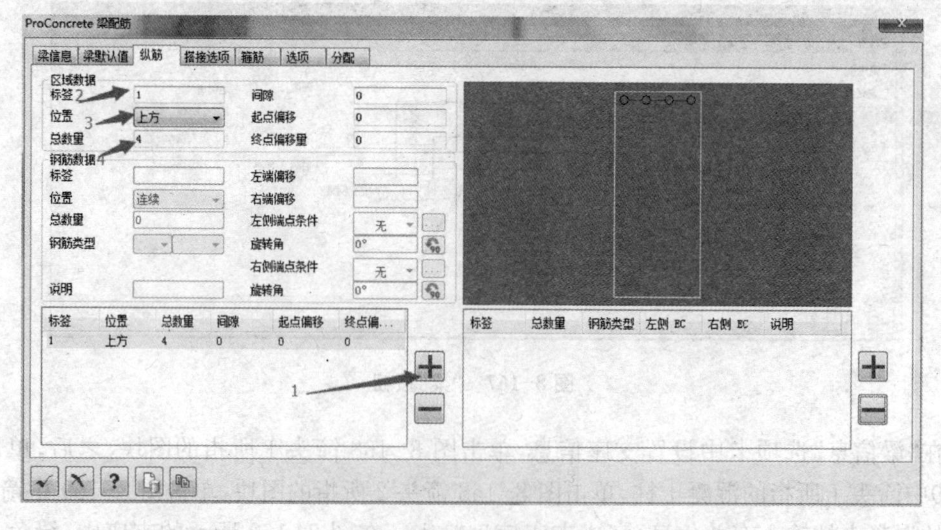

图 8-171 设置纵筋

如图 8-172 所示，单击右侧“＋”按钮，箭头 1 所示，在钢筋数据下，标签填写 11，箭头 2 所示，位置“连续”，箭头 3 所示，钢筋类型为“22”“HRB400”，如图箭头 4 和 5 所示，左右端点均为 90°弯钩，箭头 6 和 7 所示。

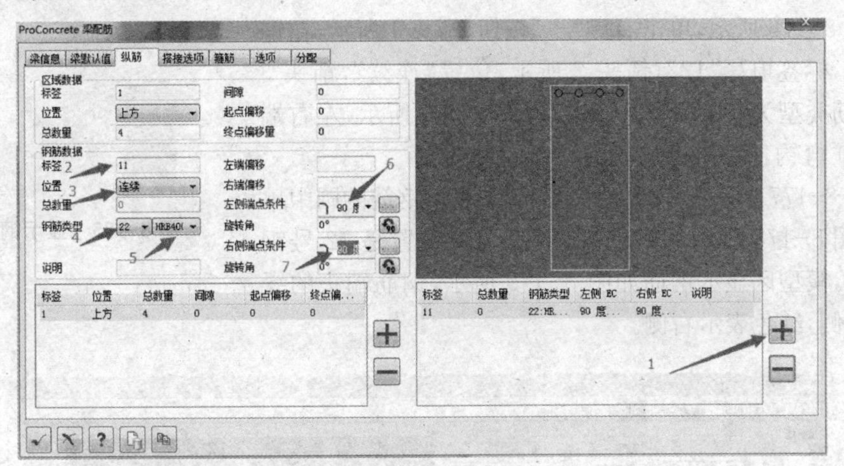

图 8-172 设置弯钩

图 8-173 单击鼠标

图 8-174 显示钢筋标签

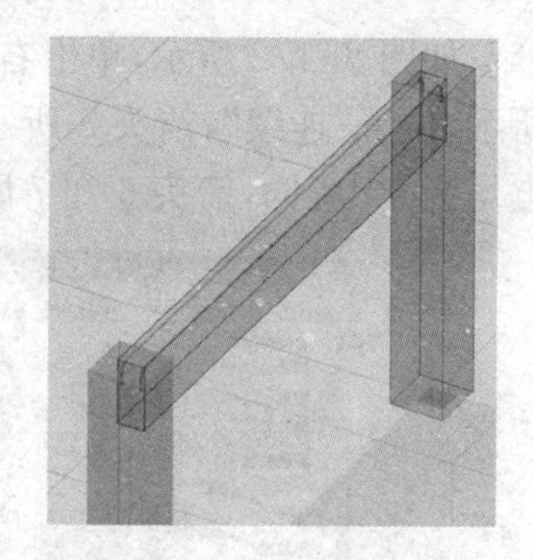

图 8-175　显示钢筋

在图 8-173 所示的钢筋显示区，箭头所示表示钢筋的圆中单击，出现图 8-174 所示的钢筋标签，表示该位置是 11 号钢筋。此时，模型区显示钢筋如图 8-175 所示。

如图 8-176 所示，单击右侧“＋”按钮，箭头 1 所示，在钢筋数据下，标签填写“12”，箭头 2 所示，位置“连续”，箭头 3 所示，钢筋类型为“25”“HRB400”，箭头 4 和 5 所示，左右端点均为 90°弯钩，箭头 6 和 7 所示。

在图 8-177 所示的钢筋显示区，箭头表示钢筋的圆中单击，出现图 8-178 所示的钢筋标签，表示该位置是 12 号钢筋。此时，模型区显示钢筋如图 8-179 所示，钢筋端头的绿色表示左侧，红色表示右侧。

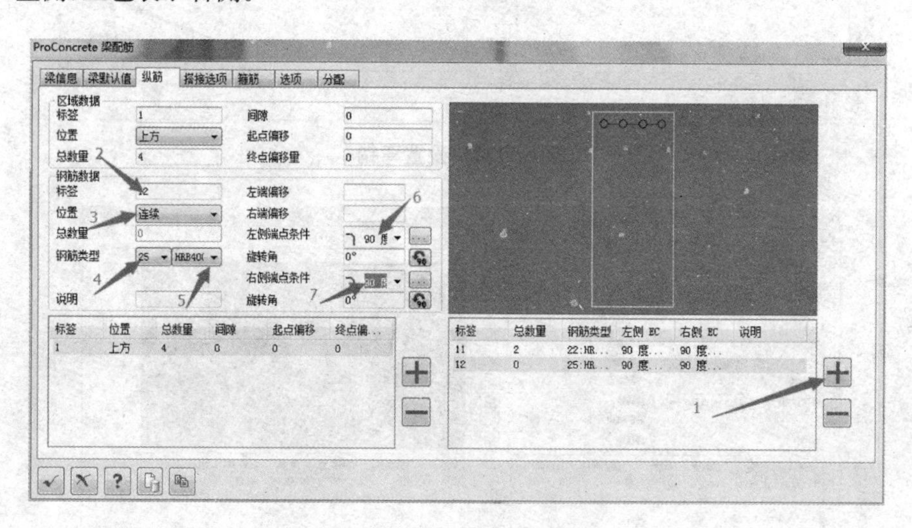

图 8-176　增加第二种钢筋

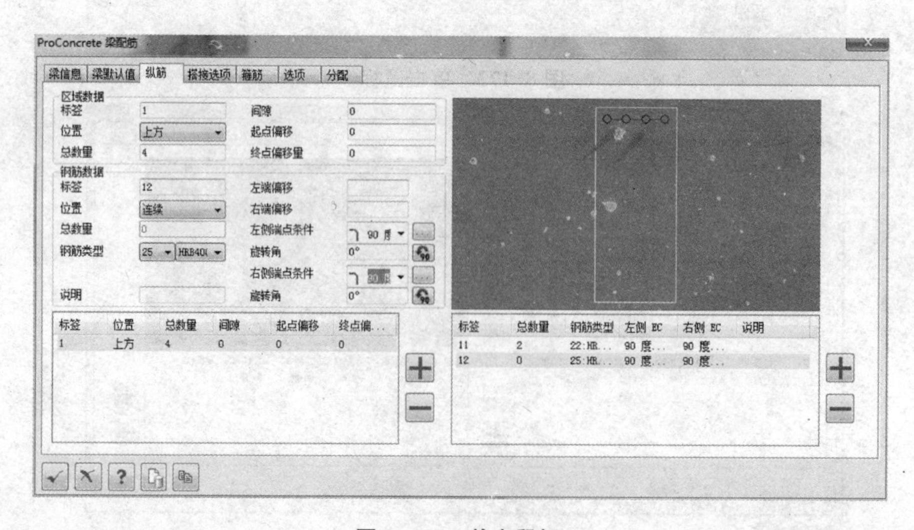

图 8-177　单击鼠标

图 8-178　显示钢筋标签

如图 8-180 所示，单击左侧“＋”按钮，在“区域数据”下，标签填充栏输入“2”，位置填充栏为“下方”，总数量填充栏为 5。单击右侧“＋”按钮，箭头 1 所示；在“钢筋数据”下，标签填充栏填写“21”，箭头 2 所示；位置填充栏填写“连续”，箭头 3 所示；钢筋类型填充栏为“22”“HRB400”箭头 4 和 5 所示；左右端点均为 90°弯钩，箭头 6 和 7 所示。

在钢筋显示区（图 8-180），下部 5 个表示钢筋截面的圆中单击，出现钢筋标签（图 8-181），表示该位置是 21 号钢筋。此时，模型区显示钢筋如图 8-182 所示。

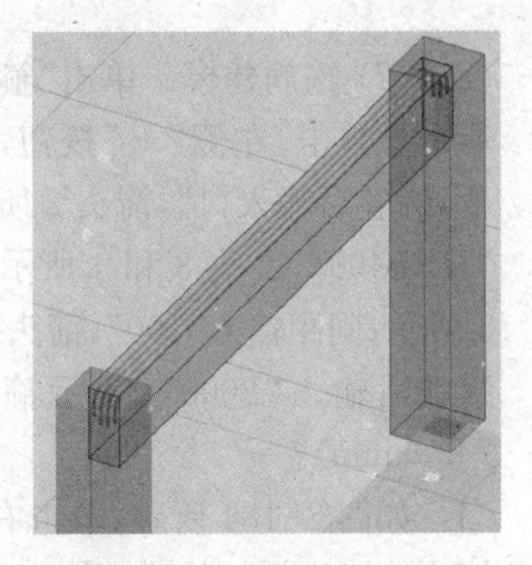

图 8-179　钢筋显示

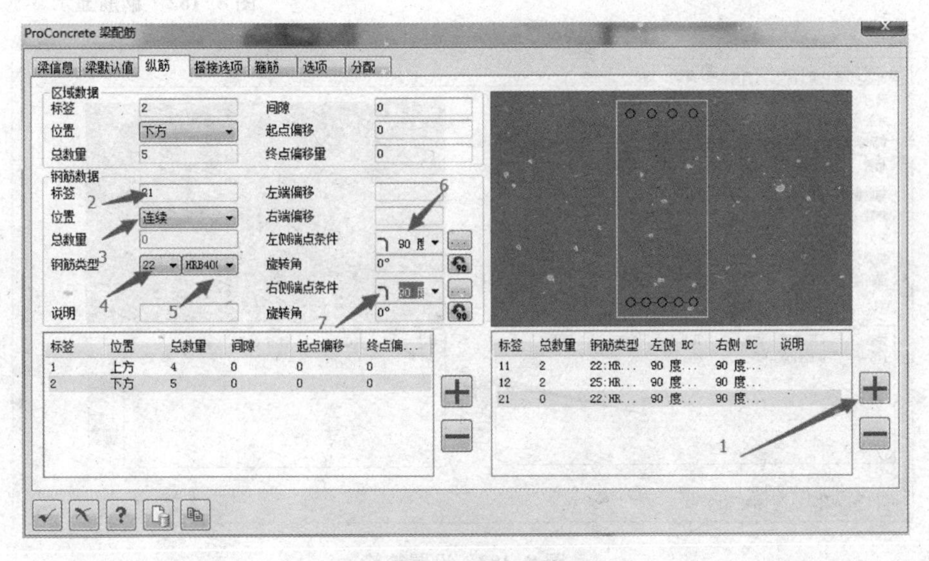

图 8-180　增加钢筋形状

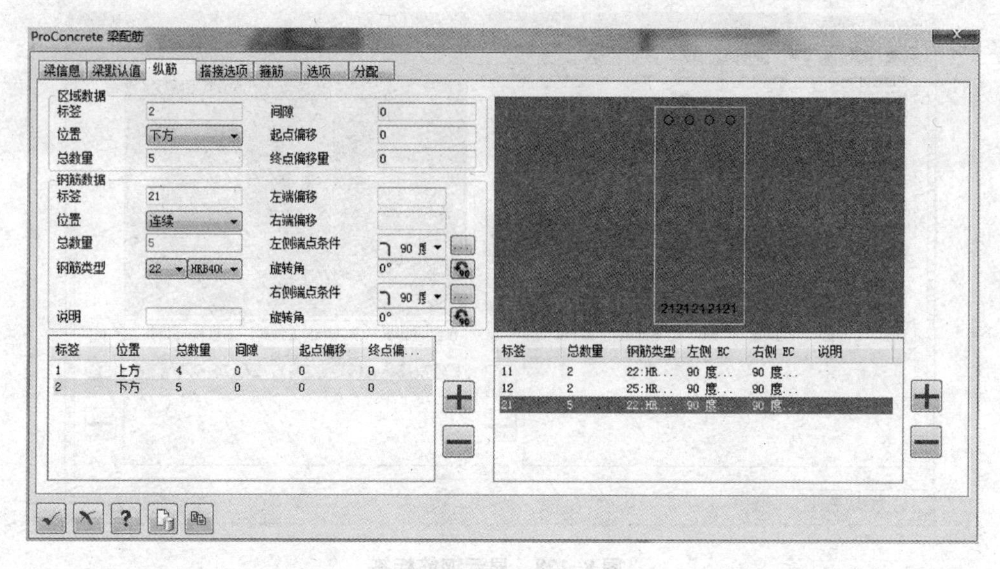

图 8-181　钢筋标签

(2) 箍筋建模。单击“箍筋”选项卡，如图 8-183 所示。单击，左侧“+”按钮，箭头 1 所示；在“通用”下，标签后输入“1”，箭头 2 所示；钢筋类型选择“8”和“HRB400”，箭头 3 和 4 所示；位置选择“始端”，箭头 5 所示；间距输入“100”，箭头 6 所示；始端后输入“0”，终端后输入“2000”（表示箍筋从始端开始，范围为 2 000 mm）。

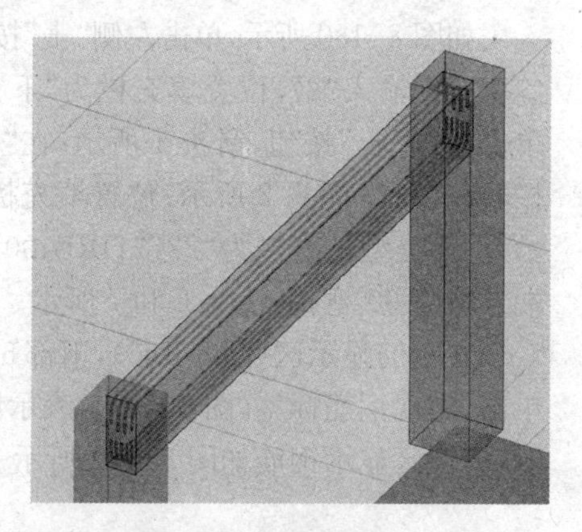

图 8-182　钢筋显示

如图 8-184 所示，单击右侧“+”按钮，箭头 1，在箭头 2 所指的标签后面输入“11”，起点类型和终点类型均为 135°弯钩，箭头 3 和 4 所示。

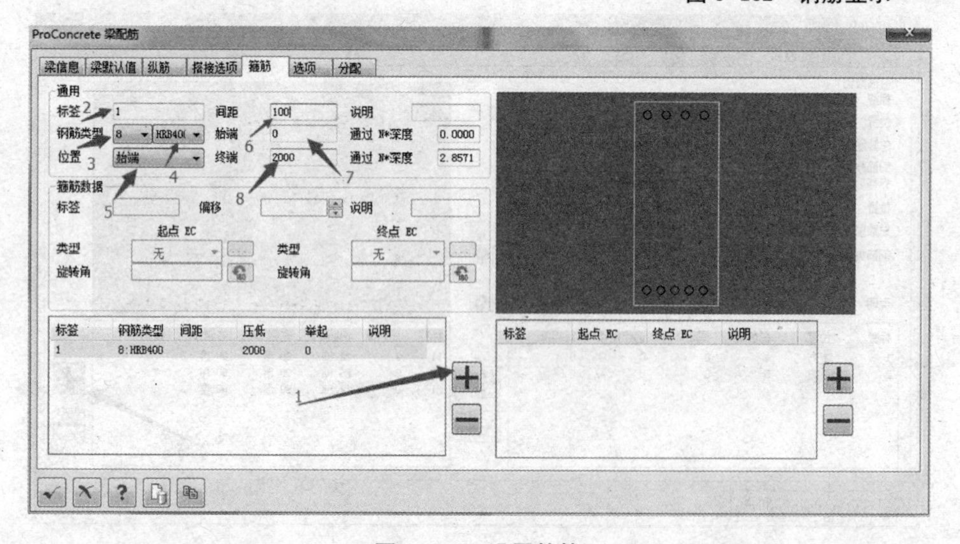

图 8-183　设置箍筋

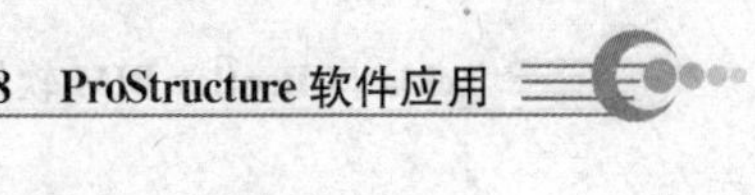

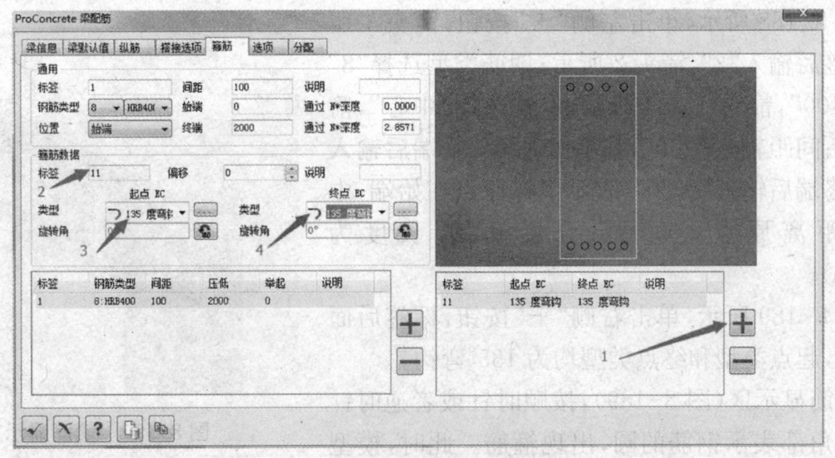

图 8-184　设置箍筋

在钢筋显示区(图 8-185),按 1→2→3→4→1 顺序单击图中箭头 1,2,2,4 所指表示钢筋截面的圆,出现图 8-186 所示的箍筋。此时,模型区钢筋显示如图 8-187 所示。

图 8-185　单击表示钢筋圆

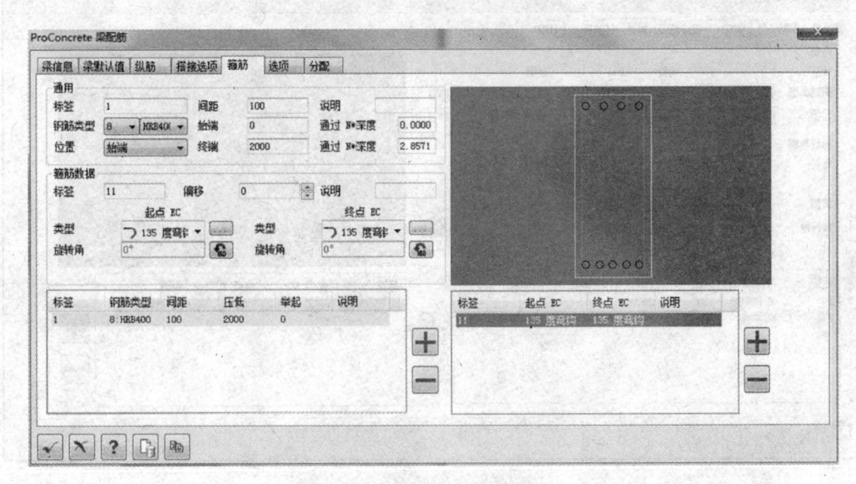

图 8-186　完成箍筋

如图 8-188 所示，单击左侧“+”按钮，箭头 1 所示；在标签后输入“2”，箭头 2 所示；钢筋类型选择“8”和“HRB400”，箭头 3 和 4 所示；位置选择“中心”，箭头 5 所示；间距输入“200”，箭头 6 所示；始端后输入“2000”，终端后输入“2000”(表示坐标原点在始端，中间段从距离原点 2 000 mm 位置开始，长度为 2 000 mm)。

如图 8-189 所示，单击右侧“+”按钮，标签后面输入“11”，起点类型和终点类型均为 135°弯钩。

在钢筋显示区(图 8-189)，按顺时针或者逆时针单击四个角部表示钢筋的圆，出现箍筋。此时，模型区显示钢筋如图 8-190 所示。

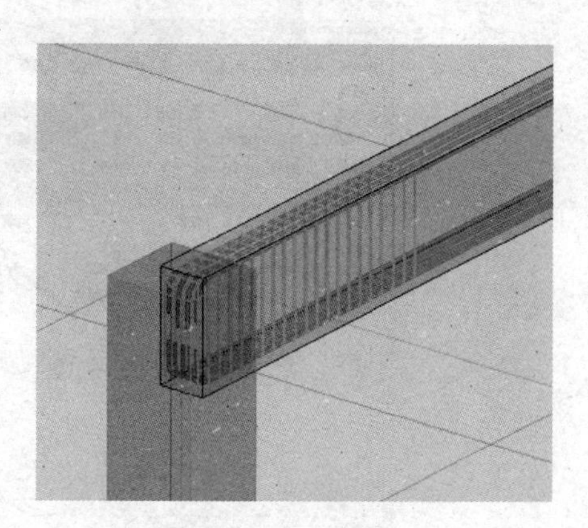

图 8-187　箍筋显示

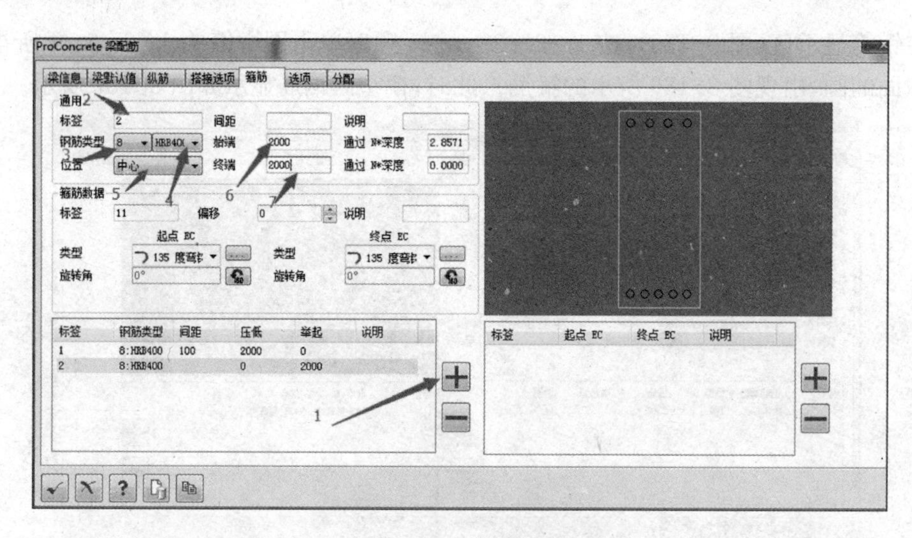

图 8-188　增加箍筋

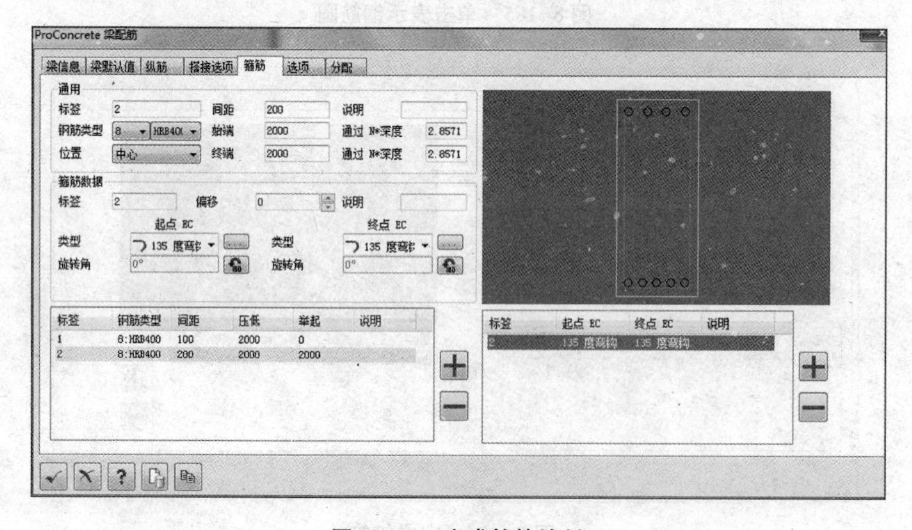

图 8-189　完成箍筋绘制

如图 8-191 所示，单击左侧“+”按钮，箭头 1 所指；标签后输入“3”，箭头 2 所指；钢筋类别后选择“8”和“HRB400”，如图箭头 3 和 4 所指；位置选择“终端”，箭头 5 所指，表示从坐标零点从终端开始，向构件内部为正；间距输入“100”，箭头 6 所指；始端输入“0”，终端输入“2000”，箭头 7 和 8 所指，表示从原点开始，2 000 mm 范围内布置这种箍筋。

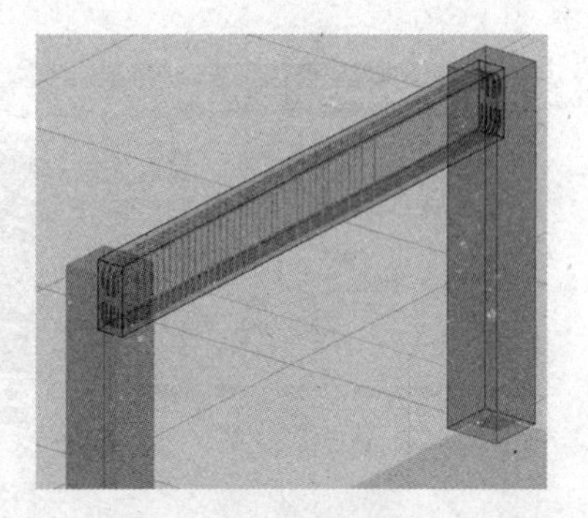

图 8-190　箍筋显示

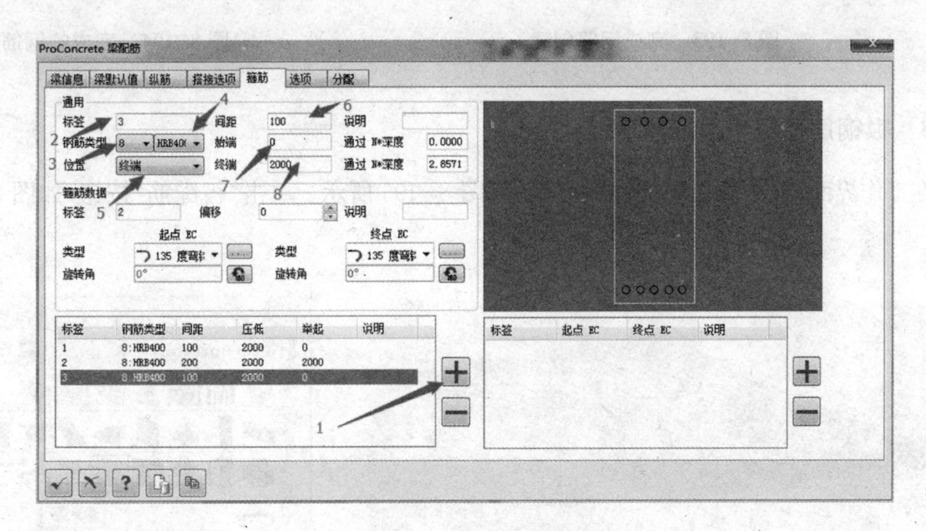

图 8-191　增加箍筋

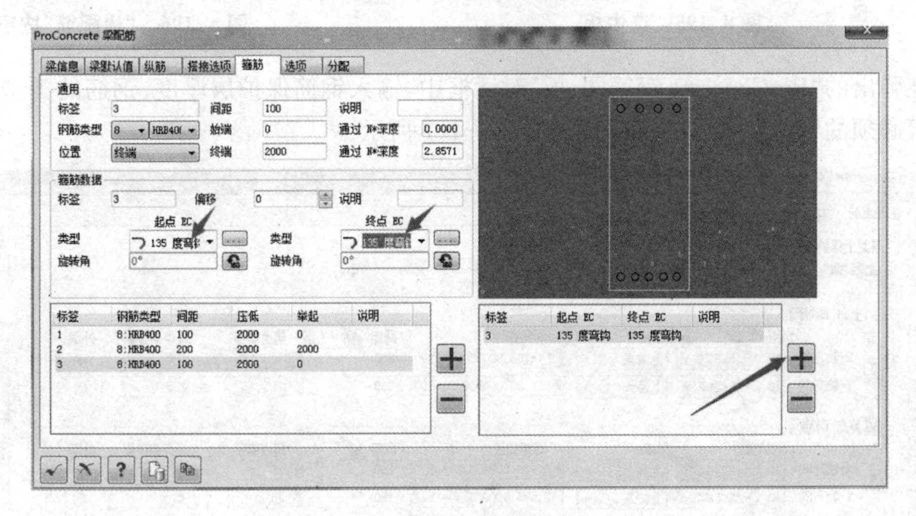

图 8-192　设置箍筋端头

单击右侧“+”按钮，设置起点类型和终点类型均为“135°弯钩”，如图 8-192 所示，按图中箭头示意，按 1→2→3→4→1 的顺序单击圆，完成后出现图 8-193 所示箍筋轮廓。单击“确定”按钮，完成箍筋建模。完成的梁钢筋如图 8-194 所示。

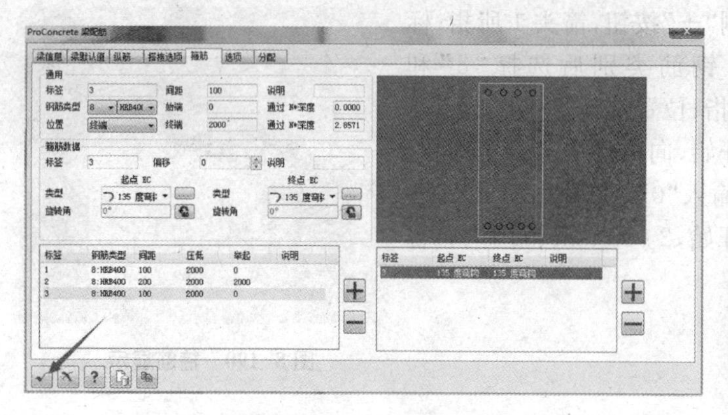

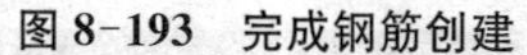

图 8-193　完成钢筋创建　　　　图 8-194　完成的钢筋

8.3.8　板钢筋建模

在工作界面，单击选择要配筋的楼板，如图 8-195 所示。单击“板配筋”按钮，如图 8-196 所示。

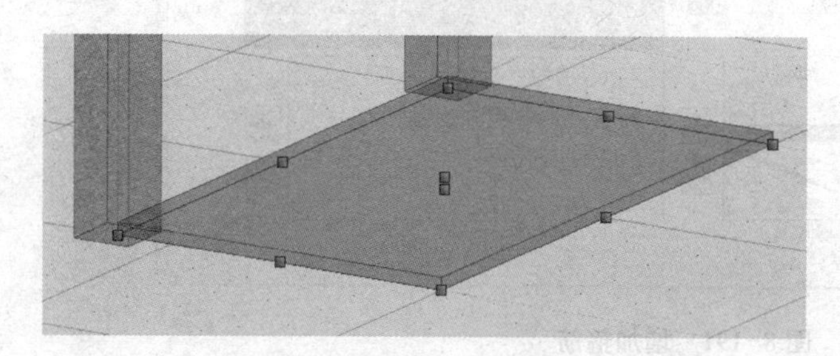

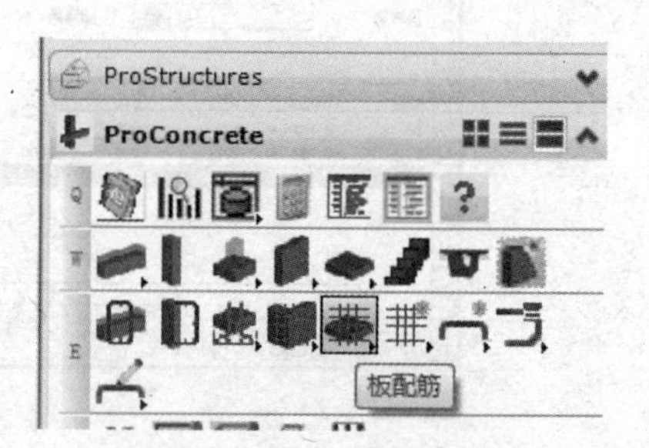

图 8-195　选中板　　　　图 8-196　“板配筋”按钮

在弹出的“ProConcrete 钢筋网-板”对话框中，输入钢筋保护层厚度、钢筋的类型、钢筋间距等必须的钢筋参数后，生成钢筋，如图 8-197 所示。

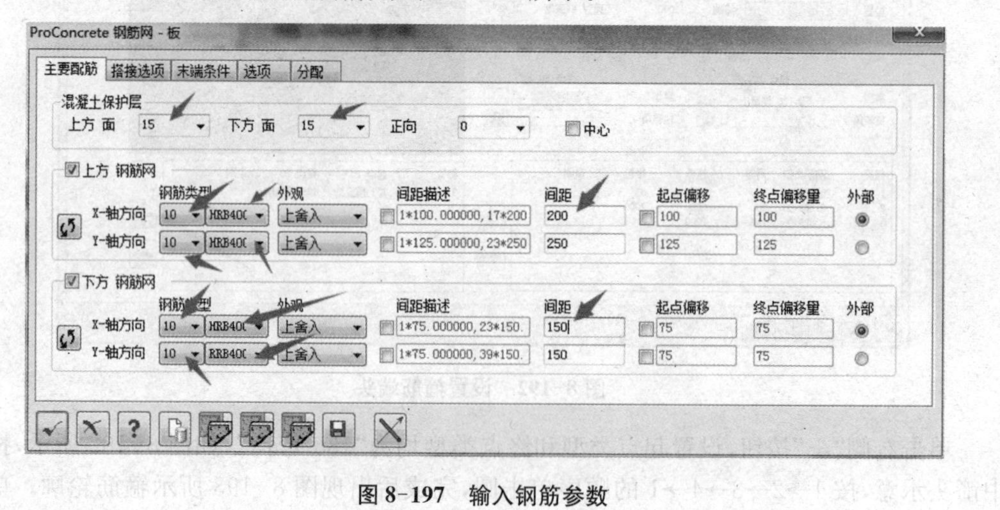

图 8-197　输入钢筋参数

单击“末端条件”选项卡(图 8-198),设置钢筋的末端弯钩参数。完成的楼板配筋如图 8-199 所示。

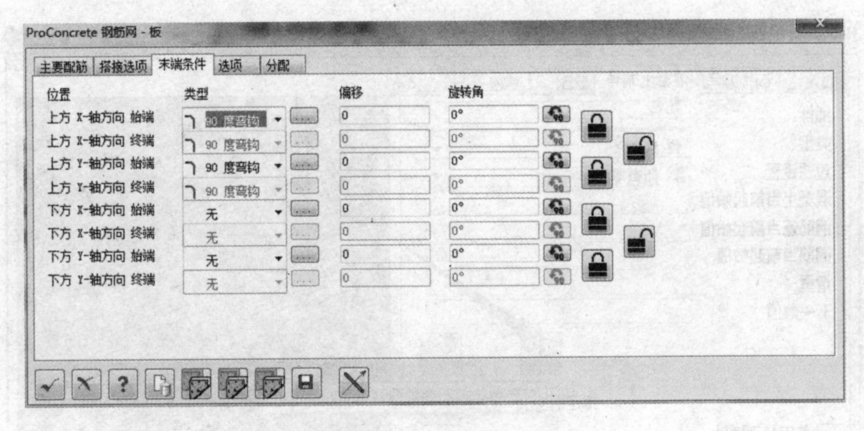

图 8-198　设置端部弯钩

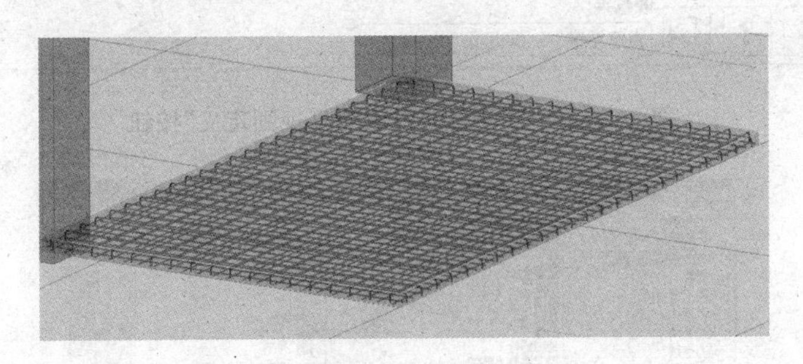

图 8-199　完成的楼板钢筋

8.3.9　混凝土结构出图

1. 编号

单击“编号”按钮(图 8-200),在弹出的“PreSteel 编号及引出编号”对话框中,单击“混凝土编号”选项卡,如图 8-201 所示。

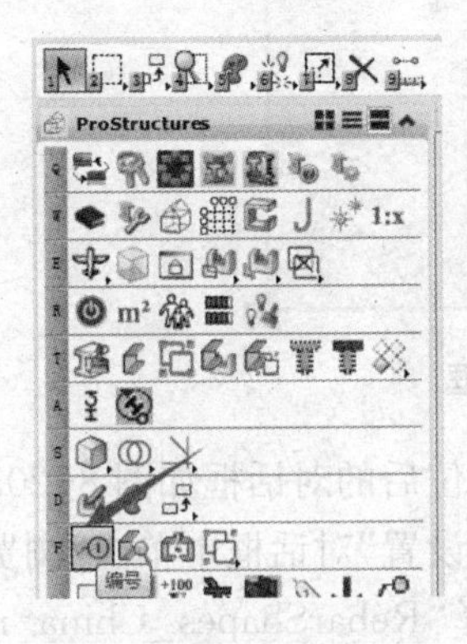

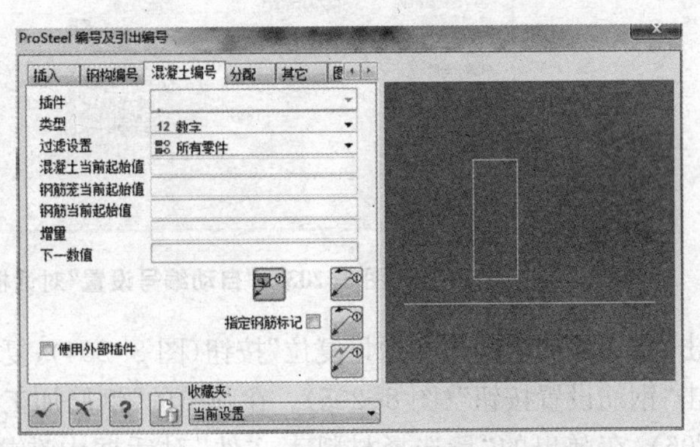

图 8-200　“编号”按钮　　　　图 8-201　“PreSteel 编号及引出编号”对话框

单击“打开自动内部编号规则定义”按钮(图 8-202),打开“自动编号设置”对话框(图 8-203),在对话框中勾选全部选项,单击“确定”关闭对话框。

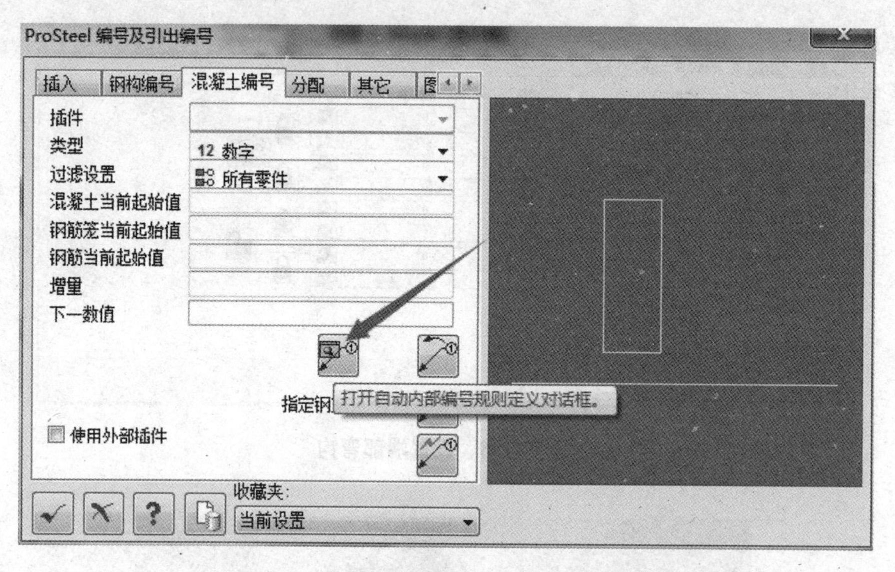

图 8-202 “打开自动内部编号规则定义”按钮

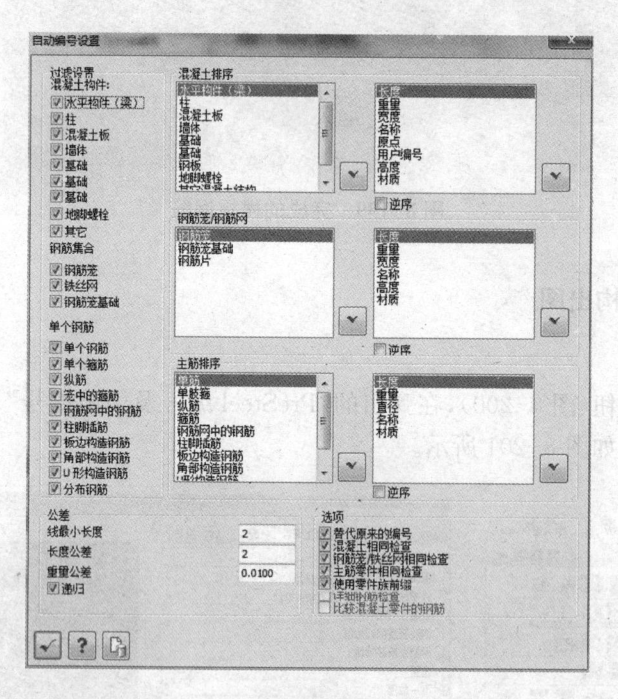

图 8-203 “自动编号设置”对话框

单击“将编号的当前值和增量复位”按钮(图 8-204),复位后的对话框如图 8-205 所示。

单击“钢筋设置按钮”(图 8-205)。在弹出的“钢筋加工设置”对话框中单击“浏览”按钮(图 8-206),在弹出的“请选择材料表文件”对话框中选择“RebarShapes_China. rsf”(图 8-207),然后,单击“打开”按钮,关闭对话框。

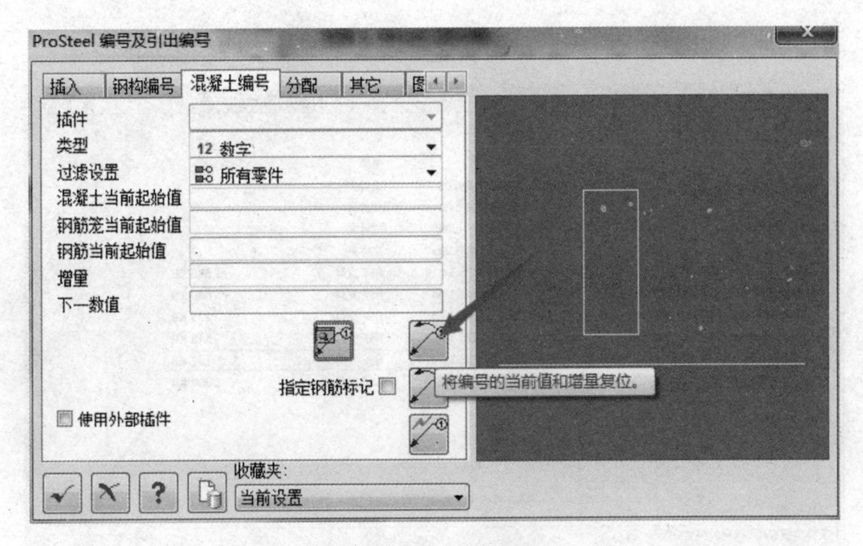

图 8-204 复位按钮

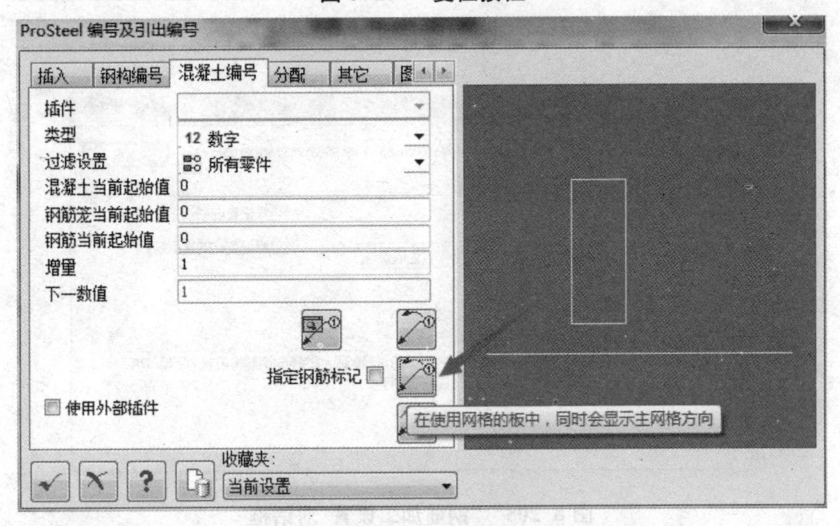

图 8-205 钢筋设置按钮

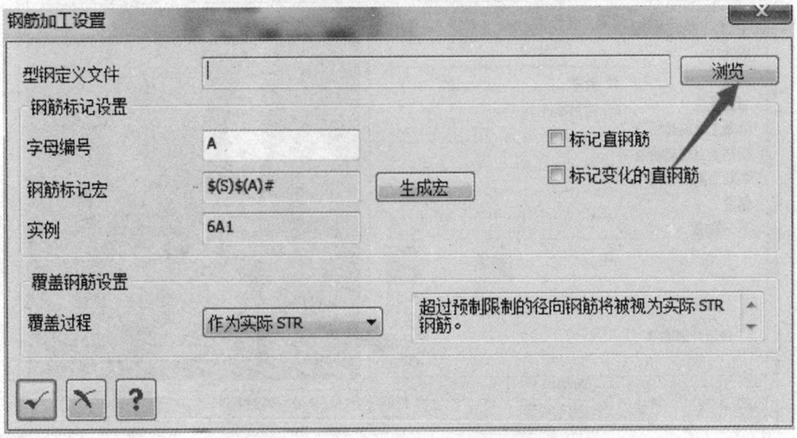

钢筋加工设置

型钢定义文件 浏览

钢筋标记设置

字母编号 A

钢筋标记宏 (S)(A)# 生成宏

实例 6A1

标记直钢筋

标记变化的直钢筋

覆盖钢筋设置

覆盖过程 作为实际 STR

超过预制限制的径向钢筋将被视为实际 STR 钢筋。

图 8-206 “钢筋加工设置”对话框

单击“钢筋加工设置”对话框的“确定”按钮(图 8-208),关闭对话框。

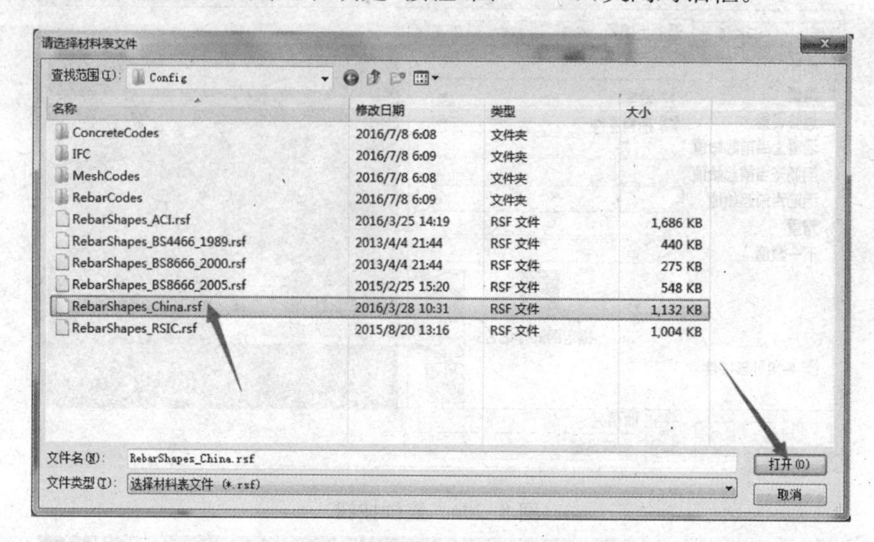

图 8-207 “请选择材料表文件”对话框

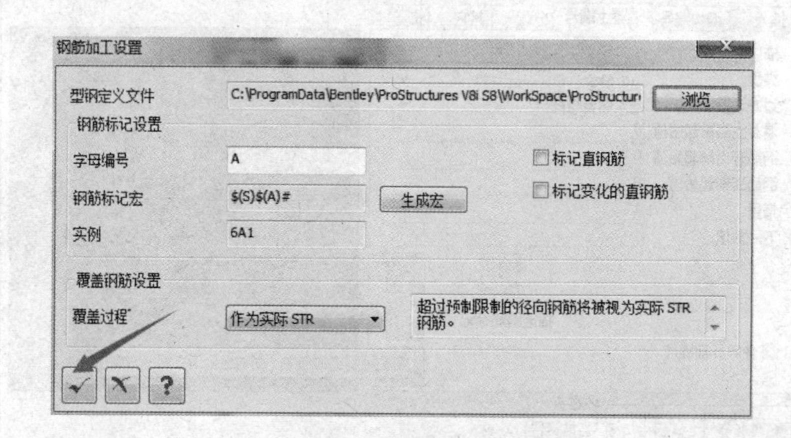

图 8-208 “钢筋加工设置”对话框

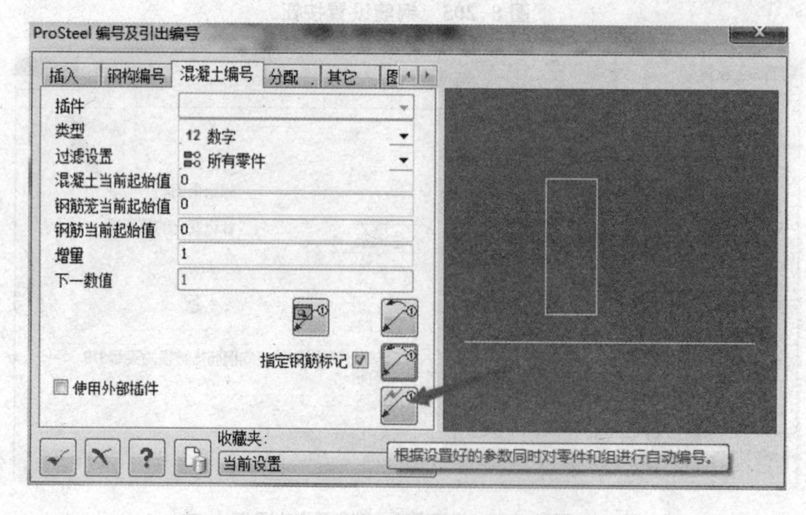

图 8-209 “ProSteel 编号及引出编号”对话框

单击"ProSteel 编号,引出编号"对话框的"编号"按钮(图 8-209),在弹出的伴随对话框中单击"全选"按钮(图 8-210),系统弹出"混凝土零件结果"对话框(图 8-211),单击"确定"按钮;之后,系统会弹出"钢筋笼结果"对话框(图 8-212),单击"确定"按钮;接着,系统会弹出"钢筋结果"对话框(图 8-213),单击"确定"按钮,关闭对话框。最后,单击"ProSteel 编号及引出编号"对话框的"确定"按钮(图 8-214),关闭对话框。至此,编号完毕。

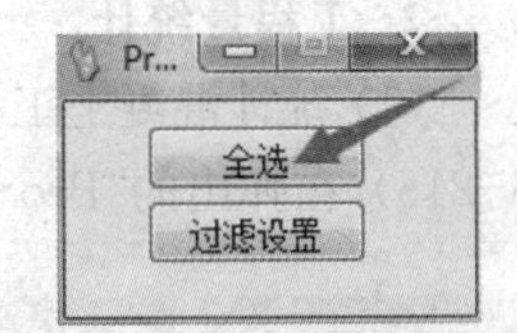

图 8-210 伴随对话框

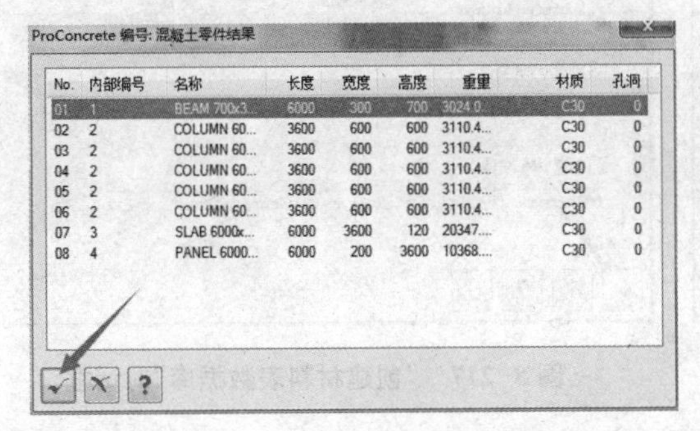
ProConcrete 编号: 混凝土零件结果

No.	内部编号	名称	长度	宽度	高度	重量	材质	孔洞
01	1	BEAM 700x3...	6000	300	700	3024.0...	C30	0
02	2	COLUMN 60...	3600	600	600	3110.4...	C30	0
03	2	COLUMN 60...	3600	600	600	3110.4...	C30	0
04	2	COLUMN 60...	3600	600	600	3110.4...	C30	0
05	2	COLUMN 60...	3600	600	600	3110.4...	C30	0
06	2	COLUMN 60...	3600	600	600	3110.4...	C30	0
07	3	SLAB 6000x...	6000	3600	120	20347....	C30	0
08	4	PANEL 6000...	6000	200	3600	10368....	C30	0

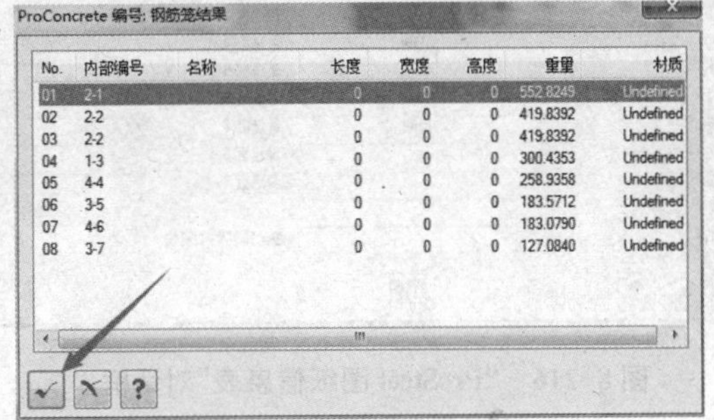
ProConcrete 编号: 钢筋笼结果

No.	内部编号	名称	长度	宽度	高度	重量	材质
01	2-1		0	0	0	552.8249	Undefined
02	2-2		0	0	0	419.8392	Undefined
03	2-2		0	0	0	419.8392	Undefined
04	1-3		0	0	0	300.4353	Undefined
05	4-4		0	0	0	258.9358	Undefined
06	3-5		0	0	0	183.5712	Undefined
07	4-6		0	0	0	183.0790	Undefined
08	3-7		0	0	0	127.0840	Undefined

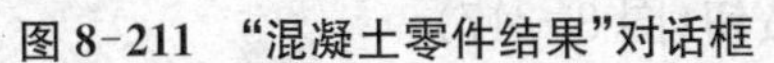
图 8-211 "混凝土零件结果"对话框　　图 8-212 钢筋笼结果

ProConcrete 编号:钢筋结果

No.	内部编号	名称	VC	长度	型钢	钢筋标记	数量	直径	重量	材质
1	1-3-1	25		6600	37	25A1	2	25	83.3356	PHRB400
2	1-3-2	22		6470	37	22A2	7	22	178.4517	PHRB400
3	3-7-3	10		6160	37	10A3	18	10	70.6749	PHRB400
4	3-5-4	10		6000			24	10	91.7856	PHRB400
5	4-4-5	16		5950			24	16	128.5628	PHRB400
6	4-6-6	14		5950			24	14	91.0207	PHRB400
7	2-2-7	25		4500	16	25A4	8	25	227.2788	PHRB400
8	2-2-8	22		4435	16	22A5	32	22	559.1932	PHRB400
9	2-1-9	25		4200	16	25A6	20	25	530.3172	PHRB400
10	3-7-10	10		3760	37	10A7	24	10	57.5190	PHRB400
11	4-4-11	16		3650	16	16A8	40	16	131.4438	PHRB400
12	4-6-12	14		3640	16	14A9	40	14	92.8054	PHRB400
13	3-5-13	10		3600			40	10	91.7856	PRRB400
14	2-1-14	8		2330	12	8A10	99	8	100.5721	PHPB235
15	1-3-16	8		1970	12	8A11	53	8	45.5228	PHRB400

图 8-213 钢筋结果

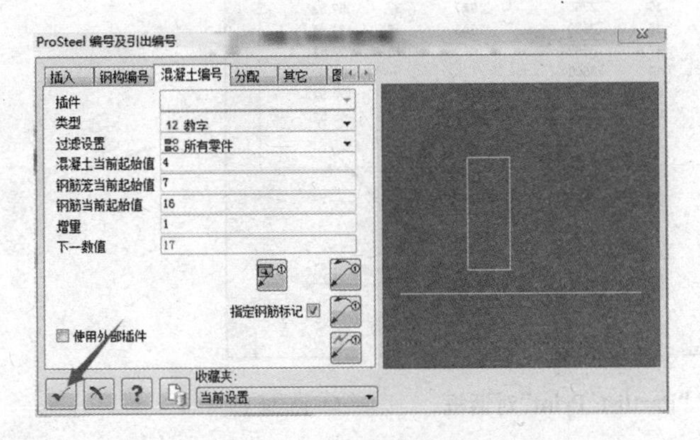

图 8-214 关闭对话框

图 8-215 "PC 创建混凝土材料表数据库"按钮

2. 工程量统计

(1) 统计混凝土工程量。在工作界面,单击“PC 创建混凝土材料表数据库”按钮(图 8-215),在弹出的“ProSteel 图纸信息表”对话框中,单击“确定”按钮(图 8-216)。

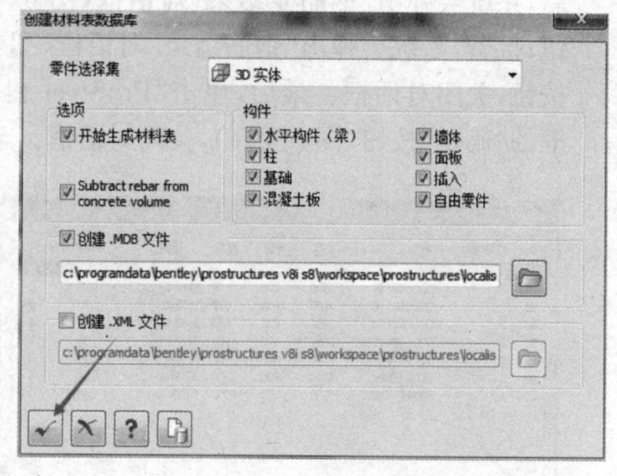

图 8-216 “ProSteel 图纸信息表”对话框　　　　图 8-217 “创建材料表数据库”对话框

弹出“创建材料表数据库”对话框,单击“确定”按钮(图 8-217)。在弹出的伴随对话框中,单击“全选”按钮,如图 8-218 所示。

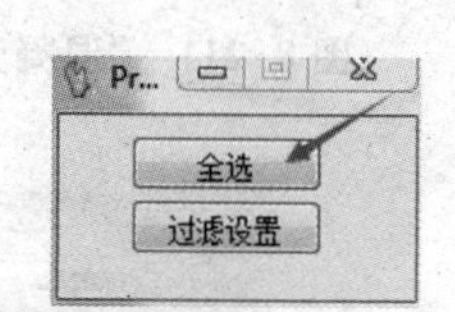

图 8-218 伴随对话框

经过一段时间运算,弹出“Partlist Print”对话框,单击“Select List File”按钮(图8-220),在弹出的“File Selection for Bill of Material”对话框中,选择“CN_ConcretePartList. lst”文件,然后,单击“打开”按钮,打开的界面如图 8-221 所示。

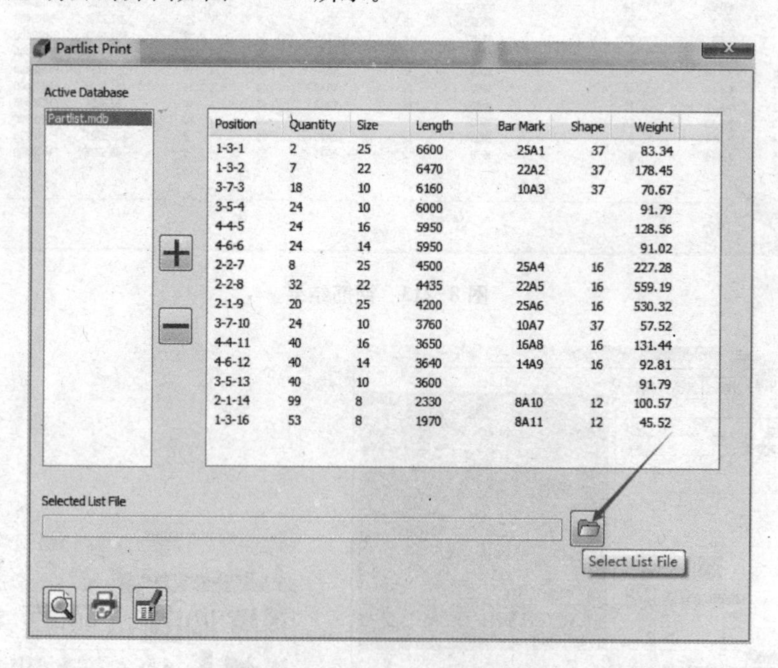

Position	Quantity	Size	Length	Bar Mark	Shape	Weight
1-3-1	2	25	6600	25A1	37	83.34
1-3-2	7	22	6470	22A2	37	178.45
3-7-3	18	10	6160	10A3	37	70.67
3-5-4	24	10	6000			91.79
4-4-5	24	16	5950			128.56
4-6-6	24	14	5950			91.02
2-2-7	8	25	4500	25A4	16	227.28
2-2-8	32	22	4435	22A5	16	559.19
2-1-9	20	25	4200	25A6	16	530.32
3-7-10	24	10	3760	10A7	37	57.52
4-4-11	40	16	3650	16A8	16	131.44
4-6-12	40	14	3640	14A9	16	92.81
3-5-13	40	10	3600			91.79
2-1-14	99	8	2330	8A10	12	100.57
1-3-16	53	8	1970	8A11	12	45.52

图 8-219 “Partlist Print”对话框

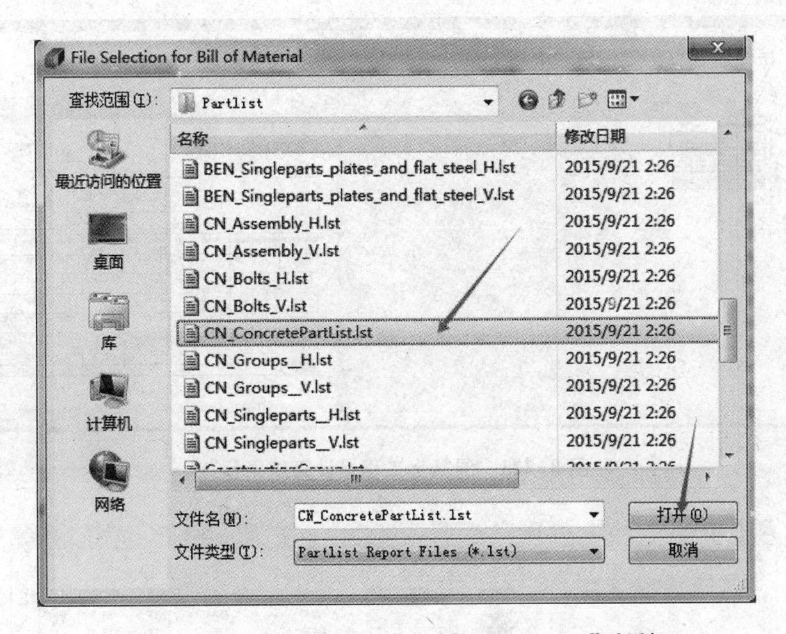

图 8-220 "File Selection for Bill of Material"对话框

在"Partlist Print"对话框中，单击"Preview Partlist"按钮(图 8-221)。在弹出的"输出设置"对话框中，输出选择"预览"，然后单击"开始"，输出设置对话框如图 8-222 所示。

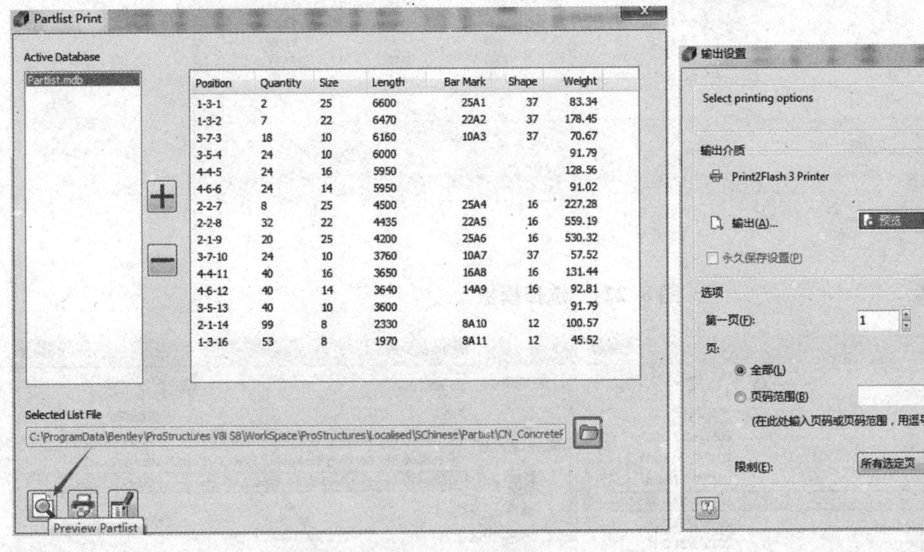

图 8-221 "预览"按钮

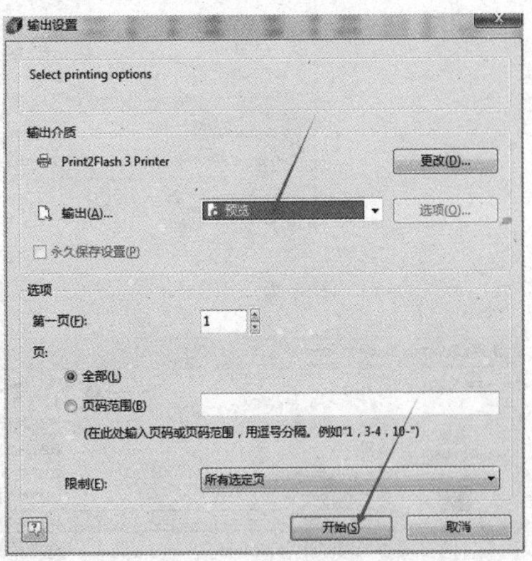

图 8-222 "输出设置"对话框

打开的预览窗口如图 8-223 所示，在此界面可以将需要的统计报表输出。

(2) 统计钢筋工程量。在"Partlist Print"对话框中，单击"Select List File"按钮，界面如图 8-224 所示。在弹出的"File Selection for Bill of Material"对话框中，双击"PCBS_Static"文件夹，界面如图 8-225 所示，在文件夹中选择"CN_Bar Bending Schedule-Type2.lst"文件，然后，单击"打开"按钮，界面如图 8-226 所示。

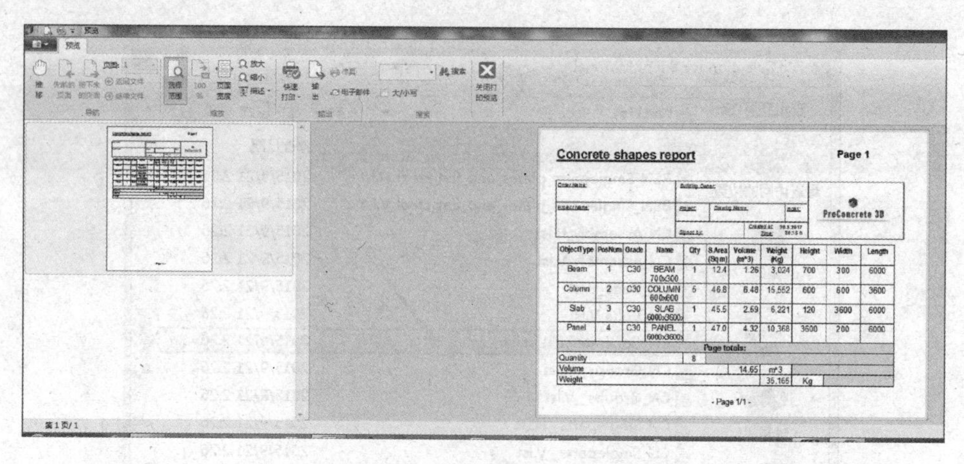

图 8-223　混凝土工程量计算结果预览

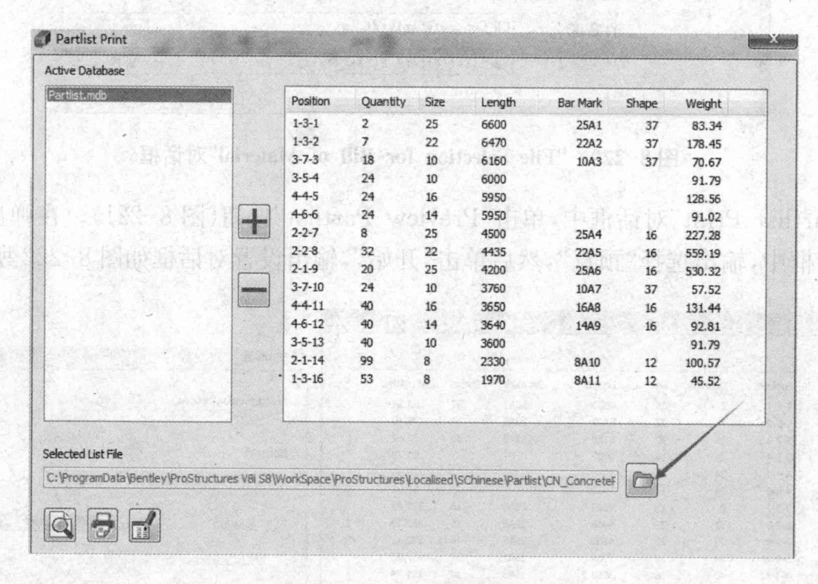

图 8-224　选择模板

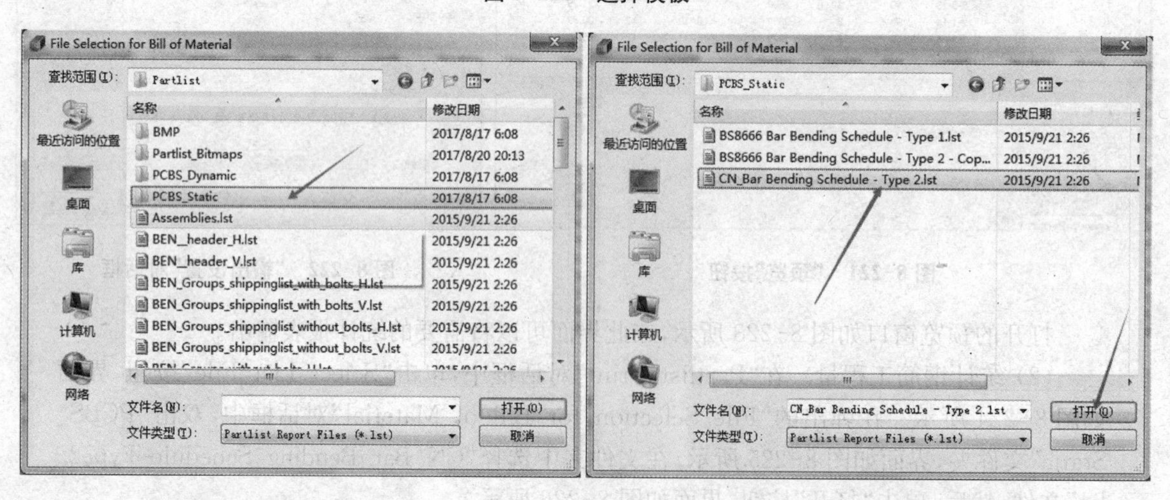

图 8-225　选择文件夹　　　　图 8-226　选择模板文件

在“Partlist Print”对话框中，单击“Preview Partlist”按钮，界面如图 8-227 所示。在弹出的“输出设置”对话框中，输出选择“预览”，然后单击“开始”，界面如图 8-228 所示。输出的钢筋报表预览如图 8-229 所示。在此界面，可以将需要统计的钢筋统计量报表打印或输出为文件。

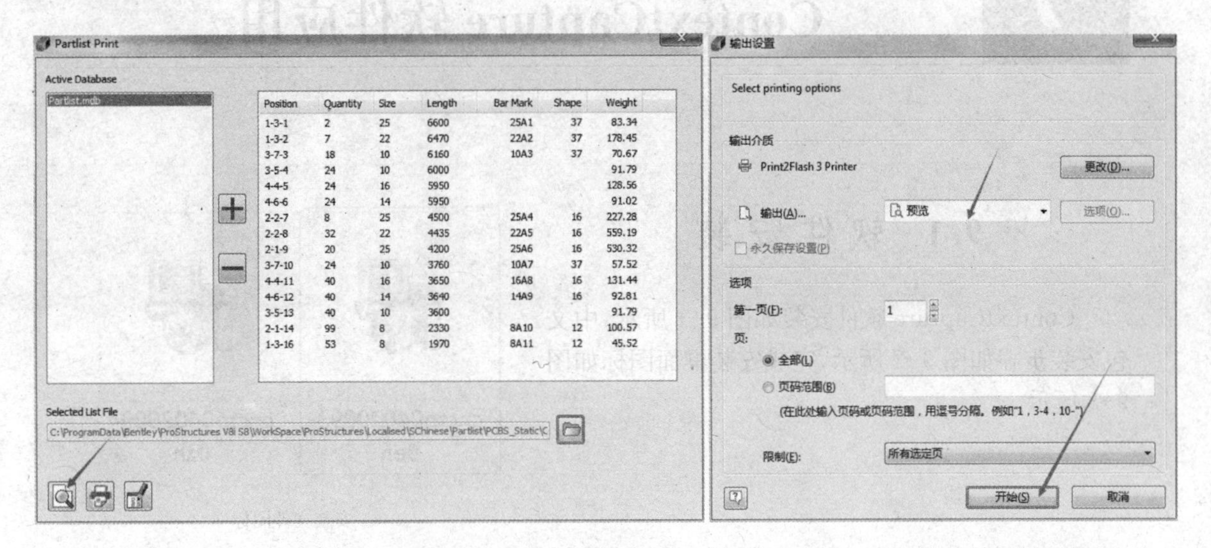

Position	Quantity	Size	Length	Bar Mark	Shape	Weight
1-3-1	2	25	6600	25A1	37	83.34
1-3-2	7	22	6470	22A2	37	178.45
3-7-3	18	10	6160	10A3	37	70.67
3-5-4	24	10	6000			91.79
4-4-5	24	16	5950			128.56
4-6-6	24	14	5950			91.02
2-2-7	8	25	4500	25A4	16	227.28
2-2-8	32	22	4435	22A5	16	559.19
2-1-9	20	25	4200	25A6	16	530.32
3-7-10	24	10	3760	10A7	37	57.52
4-4-11	40	16	3650	16A8	16	131.44
4-6-12	40	14	3640	14A9	16	92.81
3-5-13	40	10	3600			91.79
2-1-14	99	8	2330	8A10	12	100.57
1-3-16	53	8	1970	8A11	12	45.52

图 8-227　预览　　　　图 8-228　“输出设置”对话框

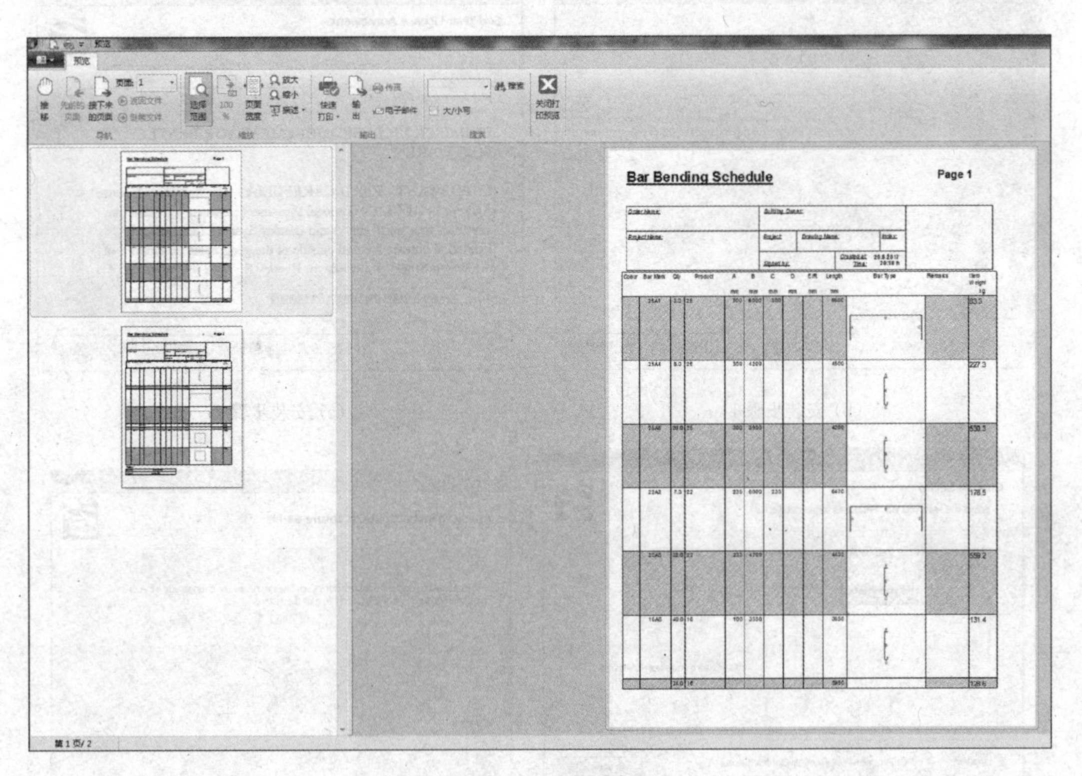

图 8-229　钢筋预览

9 ContextCapture 软件应用

9.1 软件安装

ContextCapture 软件安装如图 9-1 所示，中文包安装步骤如图 9-2 所示，完成安装桌面图标如图 9-3 所示。

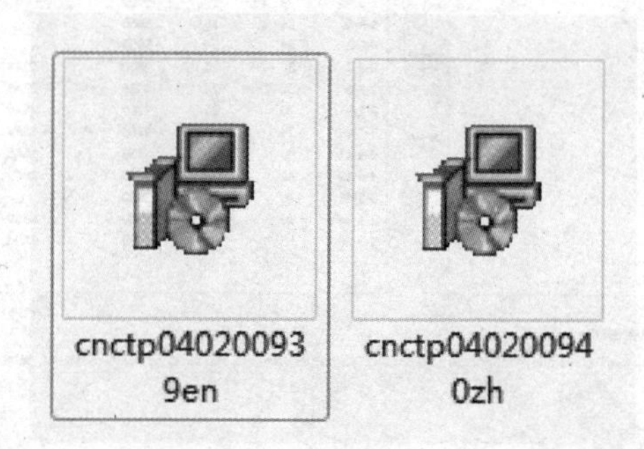

(a) 安装文件图标

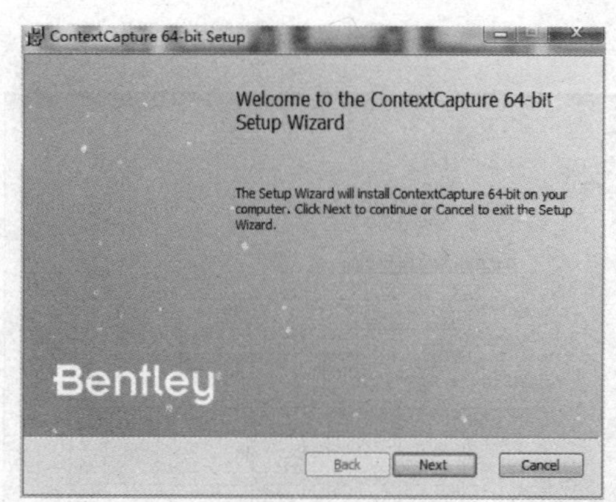

(b) 安装步骤 1

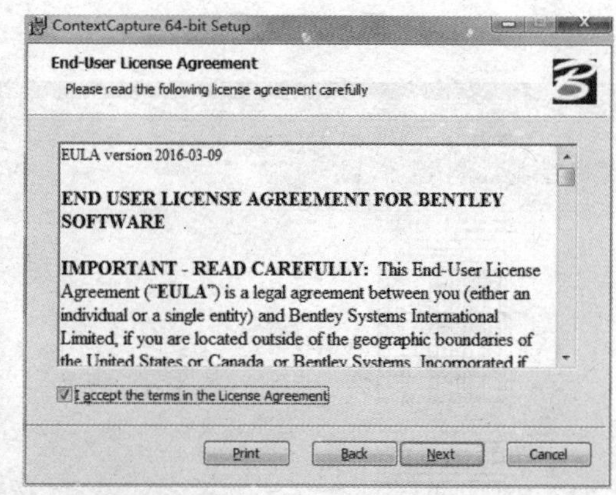

(c) 安装步骤 2

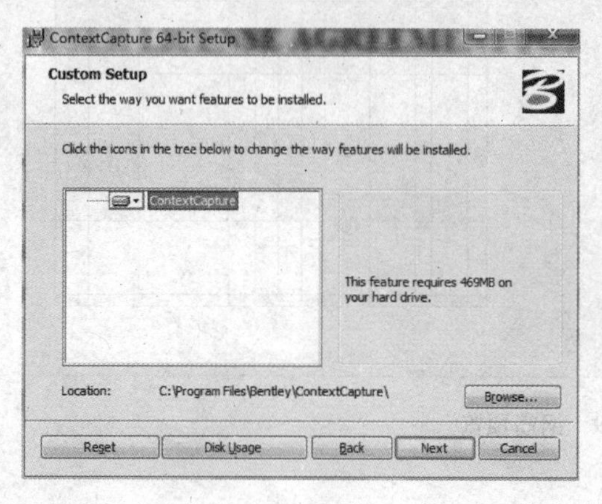

(d) 安装步骤 3

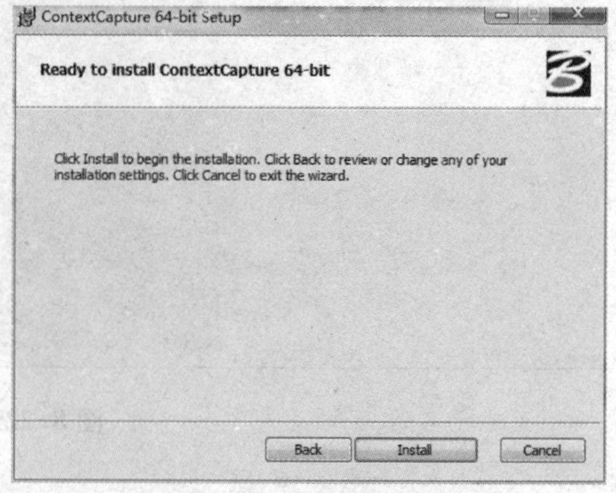

(e) 安装步骤 4

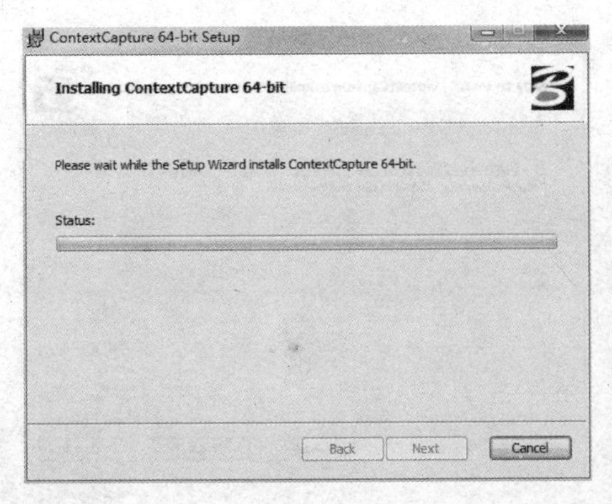

(f) 安装步骤 5

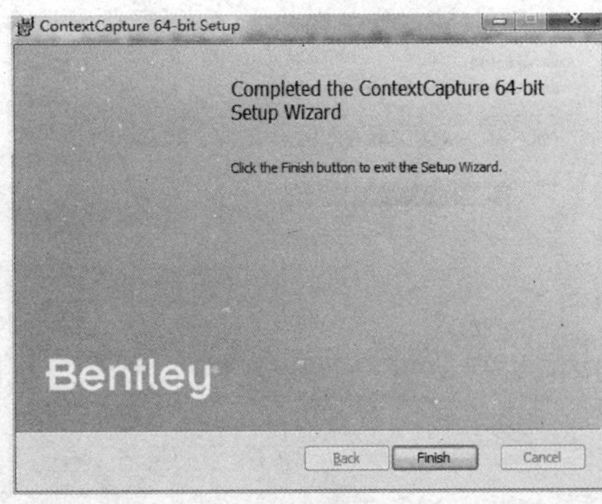

(g) 安装步骤 6

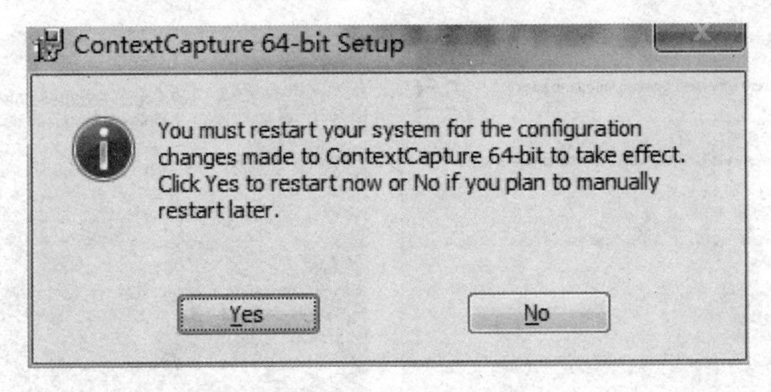

(h) 安装后提示

图 9-1　软件安装过程

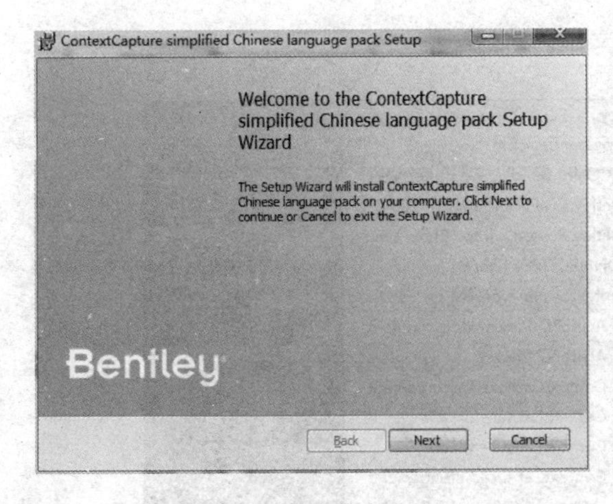

(a) 中文包安装步骤 1

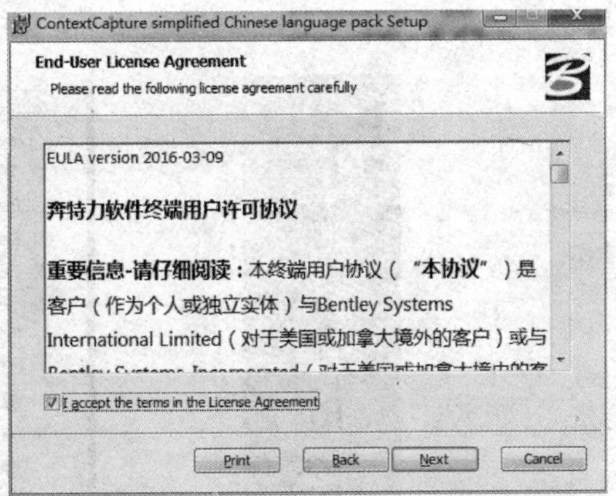

(b) 中文包安装步骤 2

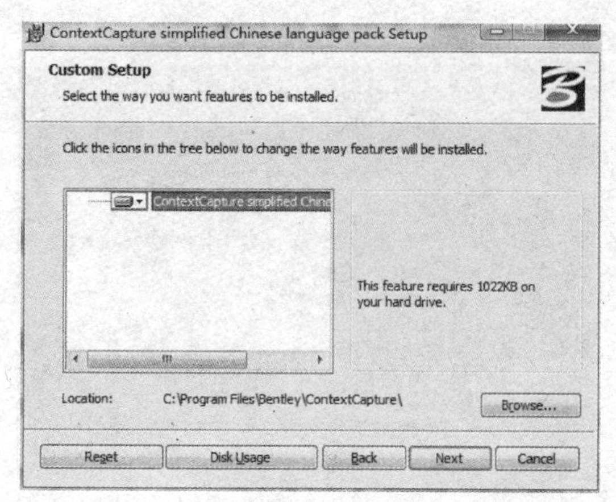

(c) 中文包安装步骤 3

ContextCapture simplified Chinese language pack Setup
Ready to install ContextCapture simplified Chinese language p...
Click Install to begin the installation. Click Back to review or change any of your installation settings. Click Cancel to exit the wizard.
Back
Install
Cancel

(d) 中文包安装步骤 4

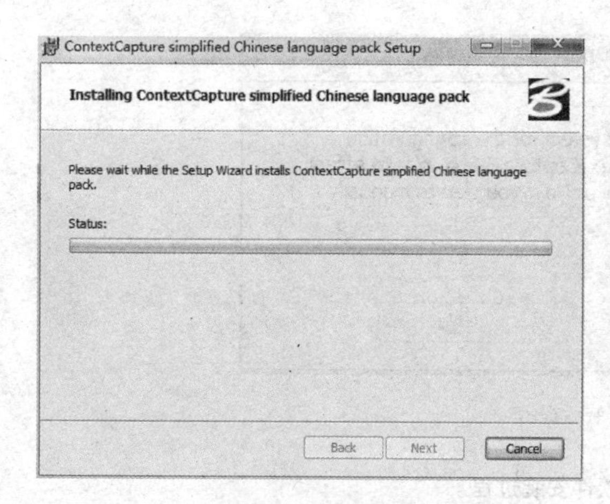

(e) 中文包安装步骤 5

ContextCapture simplified Chinese language pack Setup
Completed the ContextCapture simplified Chinese language pack Setup Wizard
Click the Finish button to exit the Setup Wizard.
Bentley
Back
Finish
Cancel

(f) 中文包安装步骤 6

图 9-2　中文包安装过程

图 9-3　安装完成桌面图标

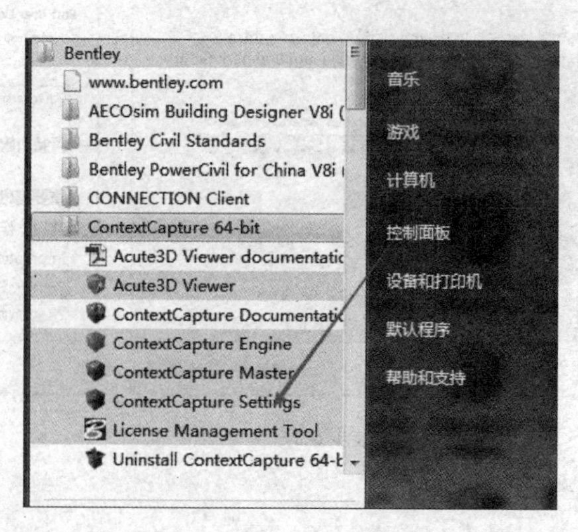

图 9-4　开始菜单项

9.2 显卡评估

ContextCapture 安装完成后应进行显卡评估，显卡评估如图 9-4～图 9-7 所示。

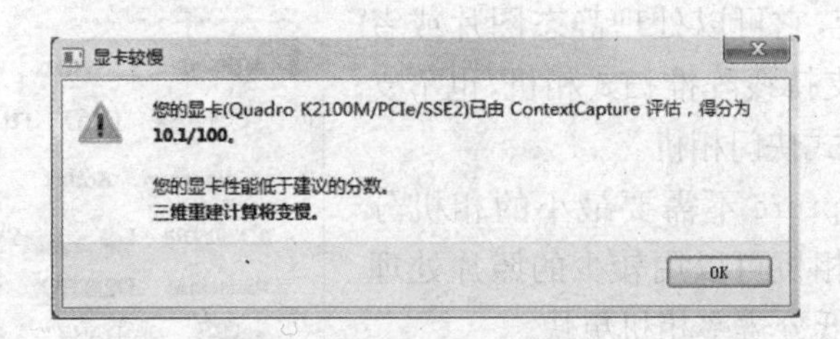

图 9-5 “显卡评估结果”

图 9-6 配置选项卡

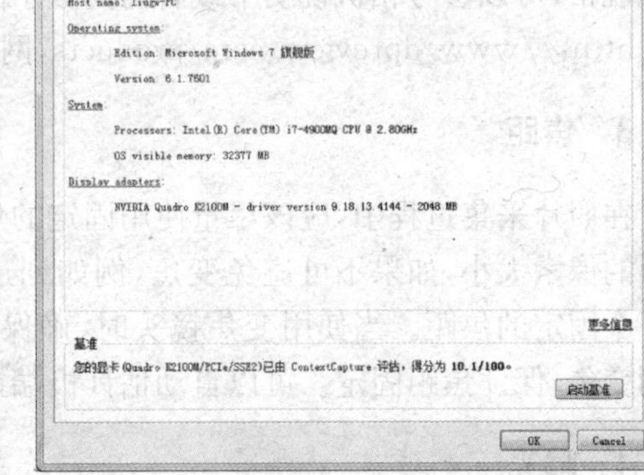

图 9-7 系统信息选项卡

9.3 照片准备

9.3.1 照片的重叠和修正

主体的每个部分应至少有 3 张独立照片，但不是完全不同的视点。相邻照片之间的重叠应该超过三分之二。拟建模主体同一部分的不同视点照片角度之差不能超过 15°。对于简单的对象，可以通过围绕主题的 30～50 张均匀间隔的照片，实现这个要求。对于航拍照片，建议经度重叠 80%，纬度重叠 50%或者更多。为了同时恢复建筑立面、狭窄的街道和庭院，同时达到最佳效果，建议同时获得垂直和倾斜的照片。部分需要展现细节的照片，拍照时应该由远及近，逐步逼近目标，不要让照片的拍摄距离跨越太大。在室内拍摄时，从对面拍摄，不要在房间的中央向四周拍摄。透明材料和单一色彩或者纹理重复的物体，难于进行模型重建。

照片导入 ContextCapture 之前，不要进行变换尺寸、补画、旋转、降噪、锐化、调整亮度、对比度、饱和度或者色调。确认关闭相机的自动旋转功能。

ContextCapture 不支持拼接全景照片。ContextCapture 需要原始照片来创建全景。

9.3.2 相机模式

ContextCapture 支持的相机范围很广，包括手机、小型数码相机、单反相机、鱼眼相机、摄影测量相机以及多相机系统，它可以处理静态图片或者从视频中分离帧；不支持线阵推扫式相机，也不支持快速运动下的卷帘式快门相机。

尽管 ContextCapture 不需要最小的相机分辨率，但是高分辨率相机可以用较少的照片处理给定的主题，这样比低分辨率相机更快。

ContextCapture 需要指定你的相机传感器的宽度，如果你的相机没有出现在软件数据库的列表中，就需要手动输入数据，如果用户不知道相机规格，可以参考相机说明书或者访问数字图像网站 Digital Photography Review website：http://www.dpreview.com/products，网站截图如图 9-8 所示。

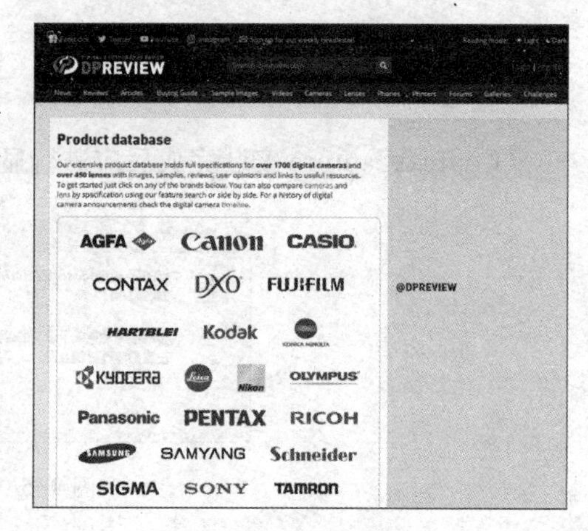

图 9-8　网站截图

9.3.3 焦距

在照片采集过程中，应该尽量使用固定的焦距，通过改变主题的距离，实现一个非均匀投影的像素大小，如果不可避免变焦，例如到达主题的距离受限，则应拍摄几套照片，每套用一个固定的焦距。当使用变焦镜头时，确保一系列照片的焦距固定，可以使用胶粘带和手动变焦，保证焦距固定。可以自动估计极端镜头畸变，不要使用数码变焦。

9.3.4 曝光

选择曝光设置，避免运动模糊、散焦、噪声和上下曝光。这些可以严重改变三维重建。手动曝光有减少所生成的 3D 模型的纹理映射中的颜色差异的可能性，因此，建议仅在那些有必要的摄影技能和相当稳定、均匀的照明条件下使用。否则，可以使用自动曝光。建议关闭光学或数字防抖功能。

9.3.5 光照

环境光和稳定光线要优于直接和(或)随时间变化的照明，因为后者增加曝光过度和曝光不足的风险。对室内照片采集，固定的灯光优于闪光灯；对室外照片采集，多云天气，特别是高空的卷云天气优于晴天。如果照片只能在晴天拍摄，为了减少阴影，最好在中午时间拍摄。

正确曝光的阴影不会影响 ContextCapture 的效果，但是会出现在生成的 3D 模型的纹理贴图中。

9.3.6 照片组

为了最佳的精度和性能，ContextCapture 必须以同一物理相机、相同的焦距和尺寸对照片分组。如果把照片根据拍照的相机被组织在子文件夹里，同一型号的相机也要分开放入不同的文件夹里，ContextCapture 可以自动判断相关的照片组。通常情况下，同一台相机拍摄的所有照片应该放在同一个子文件夹。

9.3.7 遮罩

遮罩可以遮罩照片的一部分，避免软件使用这部分图像。合法的遮罩是黑白二值与照片同尺寸的 TIFF 文件。黑色区域相关的像素在空中三角测量和重建中将被忽略。遮罩通过文件名与输入的图像相关联。

一副图像关联一个遮罩的做法是：文件命名为“文件名. 扩展名”，遮罩命名为“文件名_mask. tif”，并放置在图像所在的文件夹内。例如，对于名为“0102. jpg”的图像文件，遮罩要命名为“0102_masR. tif”。当文件夹内的所有照片尺寸一致时，可以对整个文件夹关联遮罩。文件“mask. tif”就是应用于整个文件夹的遮罩。

9.4 软件启动

ContextCapture 安装完成后会在桌面出现三个图标，分别是 ContextCapture Engine ，ContextCapture Master ，Acute3D Viewer 。其中，ContextCapture Engine 是建模引擎，必须首先启动；ContextCapture Master 是主程序，负责进行建模的一些设置，应该第二个启动。当建模完成后，可以启动 Acute3D Viewer 进行模型查看。

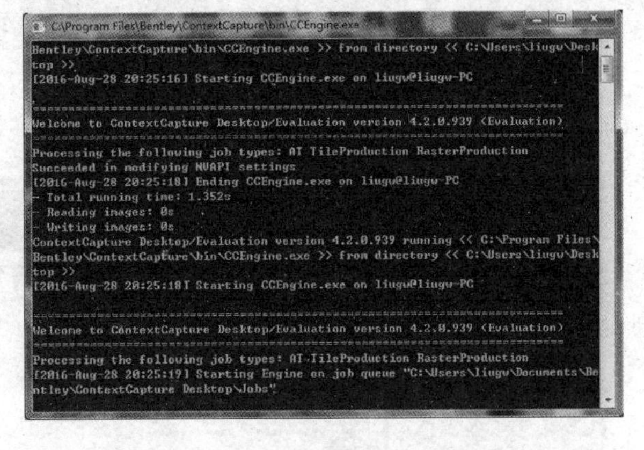

图 9-9 启动 ContextCapture 引擎后

首先，双击桌面图标，启动 ContextCapture 引擎，如图 9-9 所示。启动后的引擎可以最小化，但是不要关闭，关闭后无法建模。

其次，单击 ContextCapture master 图标，启动主程序，如图 9-10 所示。

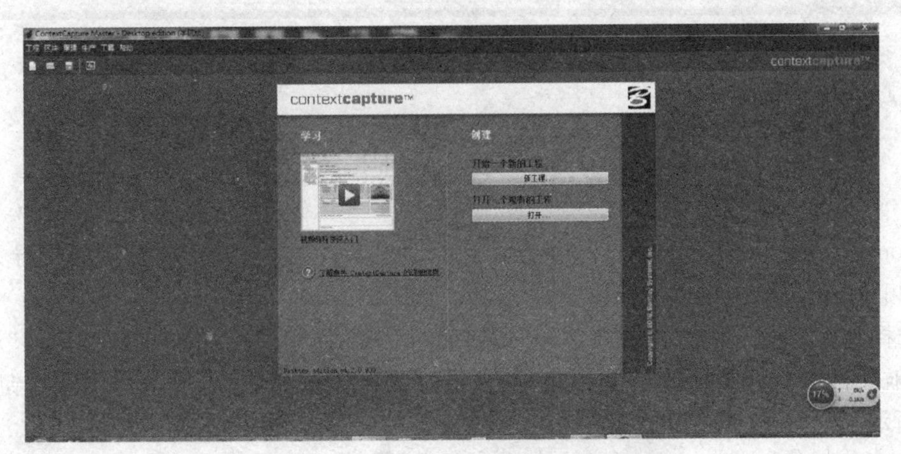

图 9-10 ContextCapture master 启动后界面

9.5 创建工程

主程序界面，单击“新工程”按钮，建立一个新工程(图9-11)。

在出现的“新工程”对话框中输入工程名称，选择工程目录，也可以输入工程描述。如图9-12所示。

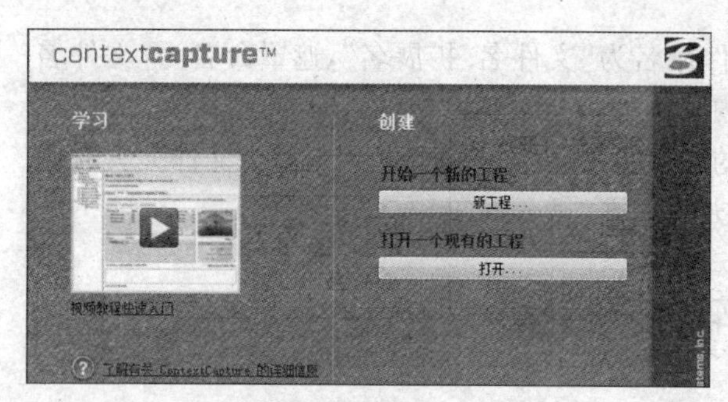

图9-11 创建新工程

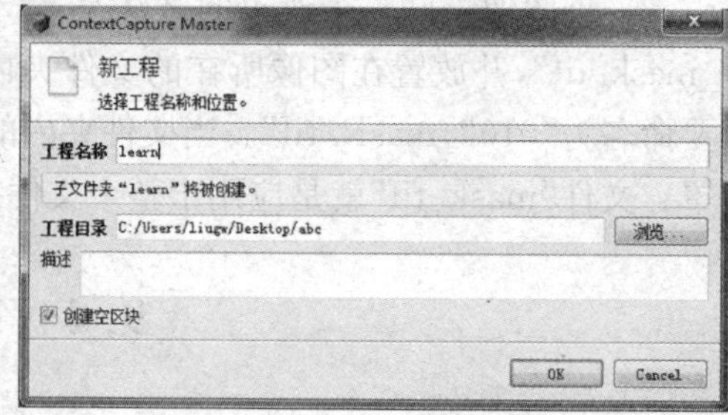

图9-12 “新工程”对话框

最后，单击“OK”按钮，进入设置界面如图9-13所示。

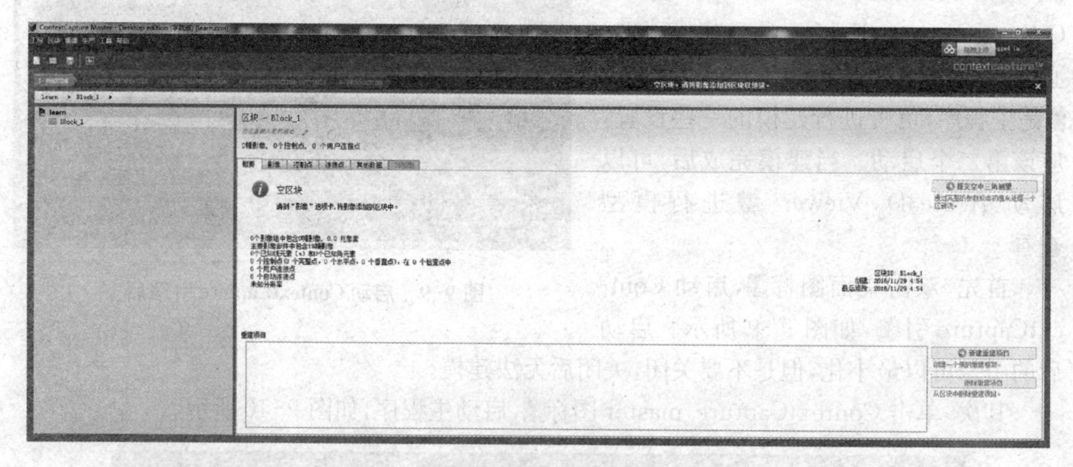

图9-13 设置界面

9.6 导入照片

ContextCapture导入照片有两种方式。一种是照片导入，另一种是文件夹导入。此外，视频和点云文件也可以进行建模。

选择导入照片。单击“添加影像…”按钮如图9-14所示。在打开的“添加影像”对话框中，导航文件夹到存放照片的文件夹，并选择好需要导入的照片，单击“打开”按钮，如图9-15所示。

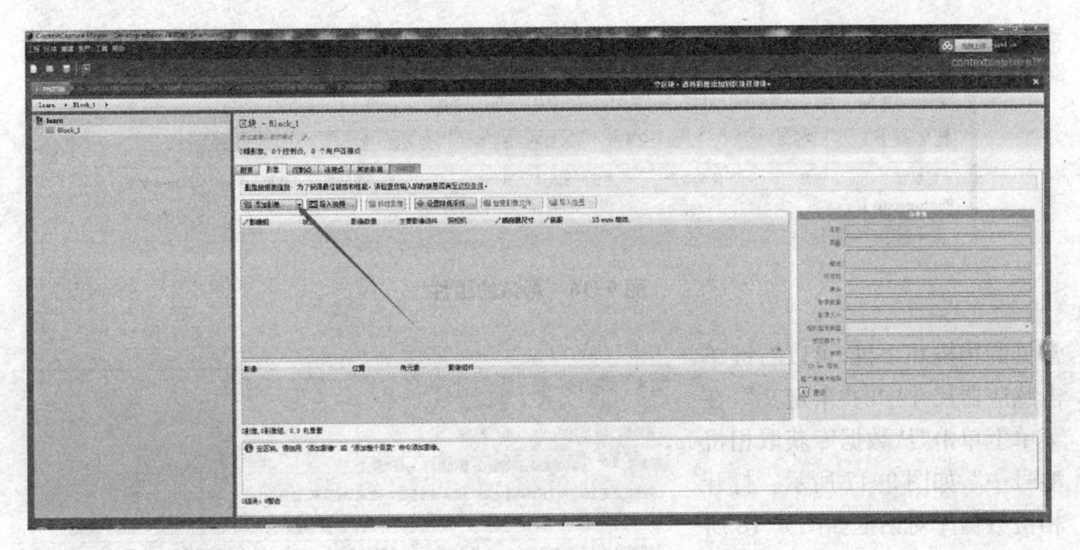

图 9-14　导入照片

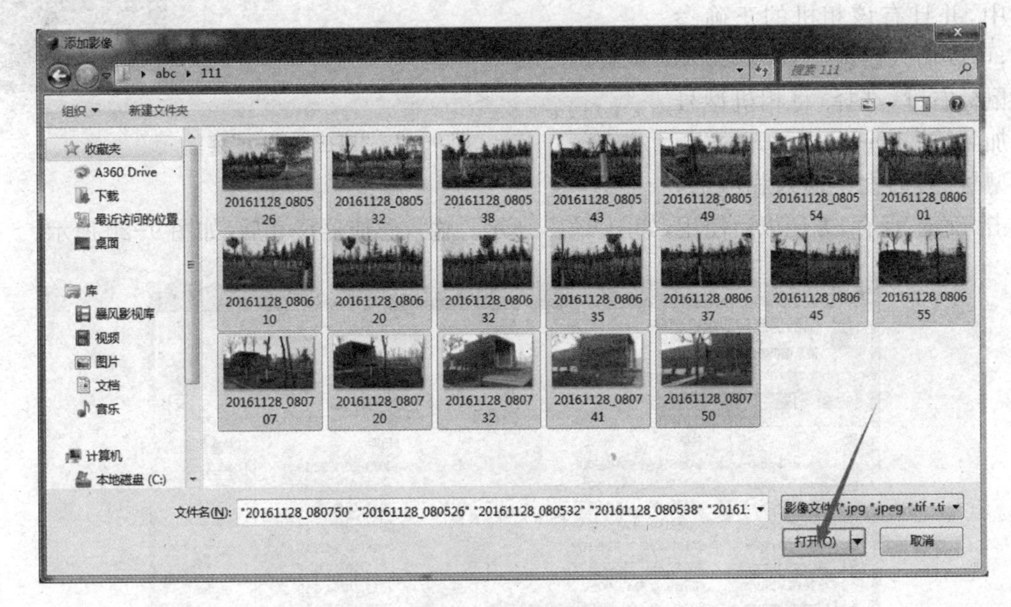

图 9-15　选择影像

9.7 设置相机

当导入照片后，在“影像”选项卡中会列出照片的影像组、状态、影像数量、主要影像组件、照相机、感应器尺寸、焦距等属性，如图 9-16 所示。

“影像组”属性代表了相机的内方位元素。进行三维重建需要进行精确计算影像组属性。这些属性的精确值可以由 ContextCapture 根据空中三角测量自动运算、基于影像的 EXIF 元数据、使用 ContextCapture 相机数据库等获取初值，从 XML 文件中导入，手动输入。

感应器尺寸是指传感器的最大尺寸。感应器尺寸可以查表选择或者手动输入。对应

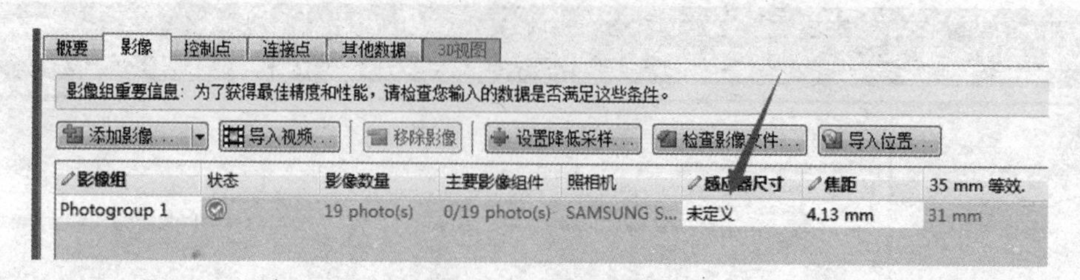

图 9-16　影像的属性

常见的相机和手机，可以右键单击感应器尺寸中的“未定义”，在菜单上单击“从数据库获取相机型号…”，如图 9-17 所示。打开相机数据库对话框如图 9-18 所示。如果相机型号没有在数据库中，并且有该相机的正确参数，可以输入感应器尺寸后，单击鼠标右键，选择“将相机型号添加到数据库…”，在打开的“相机型号”对话框中输入相应值，单击“确定”保存，方便以后使用，如图 9-19 所示。输入感应器尺寸后，如图 9-20 所示。

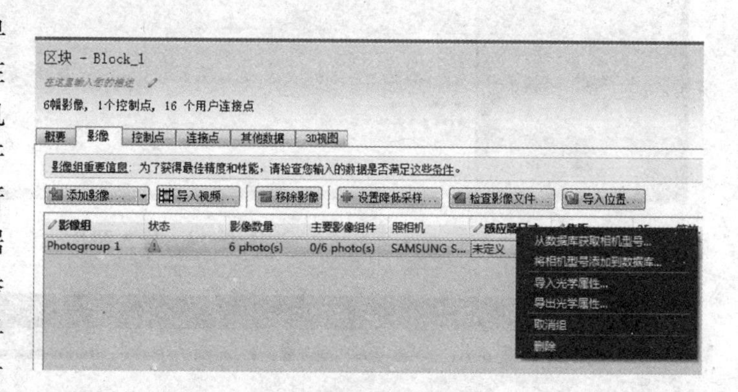

图 9-17　“感应器尺寸”菜单

图 9-18　“相机数据库”对话框

相机型号

相机型号

检查和编辑相机型号属性。

名称：SAMSUNG SM-N9006 4.13mm 4128x2322

最后修改：2017/7/17 7:17

光学属性

型号类型：透视

感器尺寸(毫米)：5.08

焦距：4.13 mm

畸变： 示例："K1:0 K2:0 K3:0 P1:0 P2:0 Direct:true"

主点(px)： 示例："X:2566 Y:1551"

高级 >>

匹配条件

匹配条件用于自动将相机型号与新影像关联。

Exif 制造商：SAMSUNG

Exif 型号：SM-N9006

Exif 镜头型号：

Exif 焦距(毫米)：4.13

Exif 35 毫米等效焦距(毫米)：31

影像尺寸(像素)：4128x2322

确定 取消

图 9-19 “相机型号”对话框

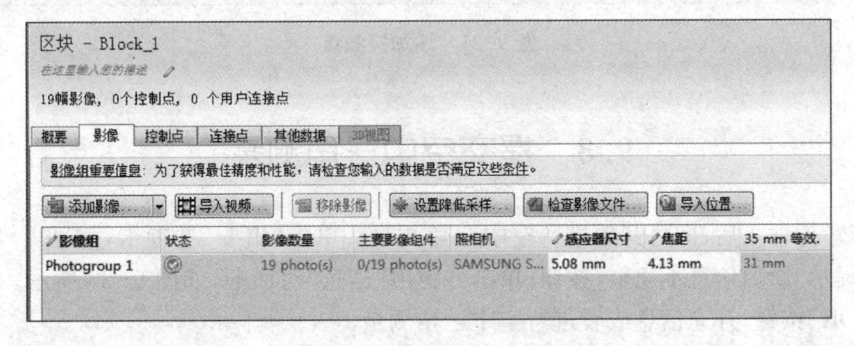

图 9-20 “感应器尺寸”按钮

“焦距”。对于一个新创建的影像组，ContextCapture 能够从 EXIF 元数据中提取出焦距(单位为毫米)的初值，如果失败，软件将提示要求手动输入这个值。然后，ContextCapture 能够自动通过空中三角测量计算出精确的焦距。

控制点是在空中三角测量中辅助性定位信息。对区块添加控制点能够使模型具有更加准确的空间地理精度，避免长距离几何失真。

有效的控制点集合需要包含 3 个或 3 个以上的控制点，且每一控制点均具有两张及以上的影像点。

增加控制点的方法如图 9-21 所示。单击图中“1”所指增加点按钮，之后，按图中“2”所指，单击选择照片，在下部预览窗口中用鼠标滚轮缩放图片，找到控制点位置后，按住“Shift”键，单击控制点位置，如图中“3”所指。相邻的两张照片均应增加控制点，增加控制点后图片背景应均为绿色。可以按上述方法增加其他控制点。单击“文件”菜单下的保存文件，然后关闭对话框。增加控制点后必须提交一次空中三角测量。

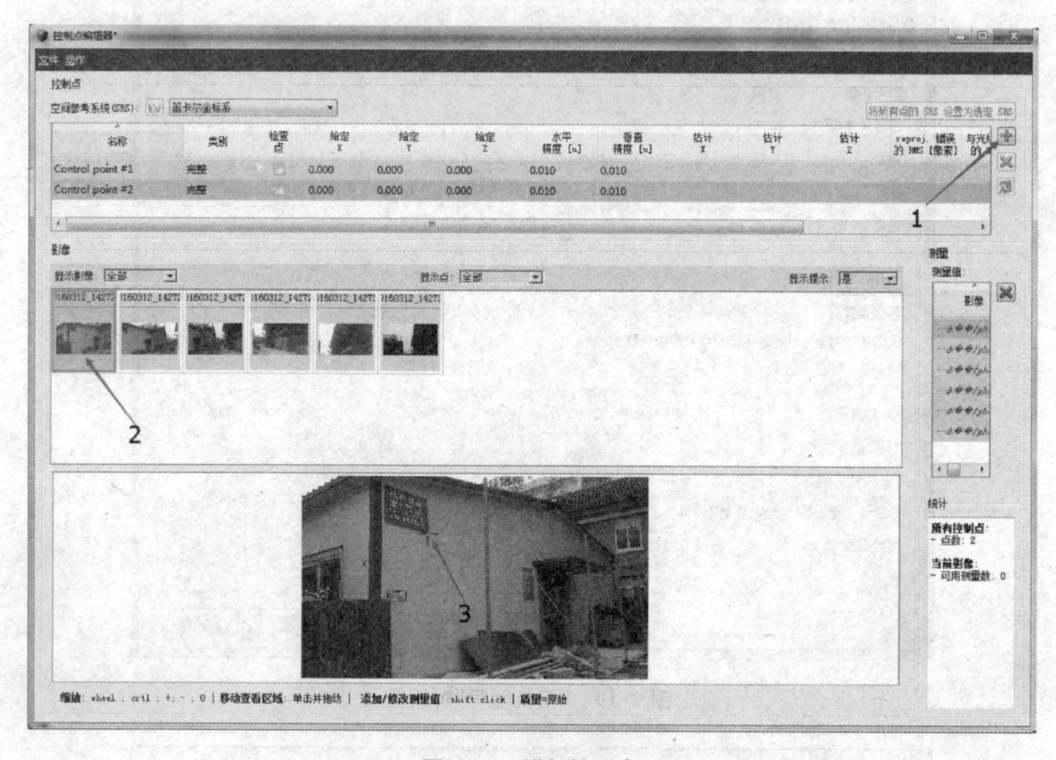

图 9-21　增加控制点

9.8　提交空中三角测量

完成影像输入后，即可开始进行空中三角测量。单击“概要”选项卡，如图 9-22 所示。有时，会提示“影像信息不完整”按钮，单击并弹出“信息”对话框，如图 9-23 所示。此时，可以单击“OK”按钮，补充信息或者进行空中三角测量。

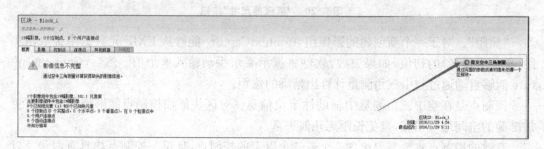

图 9-22　概要选项卡

单击“概要”选项卡的“提交空中三角测量”按钮(图 9-22),打开“提交空中三角测量”对话框(图 9-24),在此步骤中输入区块名称和描述,也可以采用默认值。然后,单击“下一步”按钮。显示“定位/地理参考”界面(图 9-25),在此界面选择空中三角测量计算的定位模式。

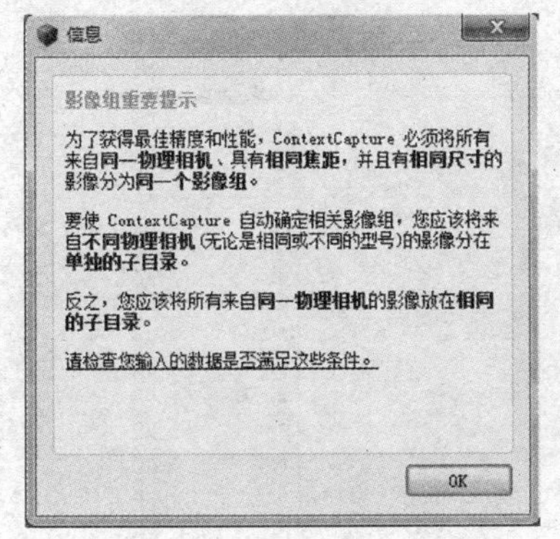

图 9-23 “信息”对话框

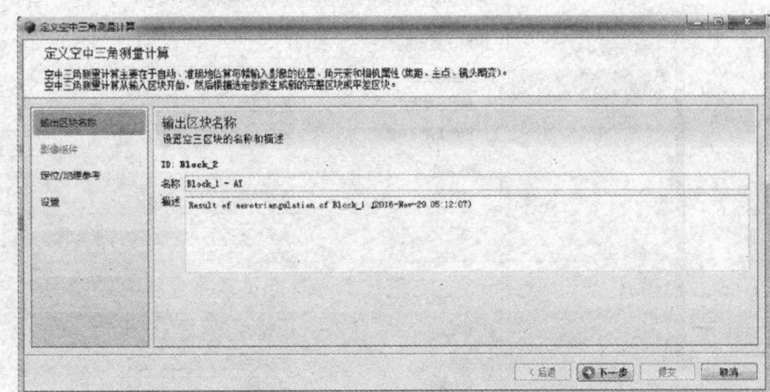

图 9-24 定义输出区块名称

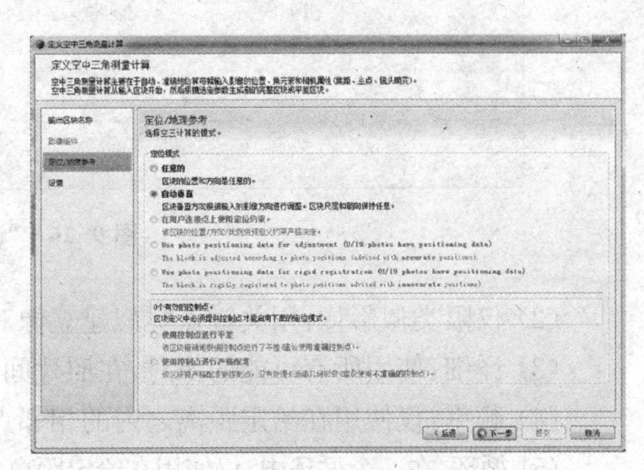

图 9-25 定位/地理参考

任意的。区块的位置和方向无任何限制或预判值。

自动垂直。区块的垂直朝向由参与运算的影像的综合垂直方向决定,区块的比例和水平朝向判定保持和全方向选项一致。这个选项对于处理主要由航空摄影方式获得的影像时,相比全方向选项,效率有显著提高。

参照影像方位属性(仅在该区块包含不小于 3 张带有有效定位属性的影像时可用):区块的位置和方向由影像所带的方位属性决定。

参照控制点精确配准(需要有效控制点集):利用控制点对区块进行精确方位调整,建议在控制点与输入影像精度一致时使用。

参考控制点刚性配准(需要有效控制点集):参照控制点仅对区块进行刚性配准,忽略长距离几何变形的纠正(控制点不精确时推荐使用)。

对于使用控制点进行定位的模式,输入影像必须包含有效的控制点集:即至少包含 3 个以上的控制点,且每一个控制点具有两个及以上的影像测量点。

选择空中三角测量计算的定位模式,单击“下一步”按钮,进入到“设置”界面,如图 9-26 所示。

1. 关键点密度

(1) 普通:多数情况下建议(正常情况下采用)。

(2) 高:在纹理不足或者照片比较小时采用,会降低处理速度。

2. 像对选择模式

(1) 默认值:选择基于若干标准,其一是照片中的类似。

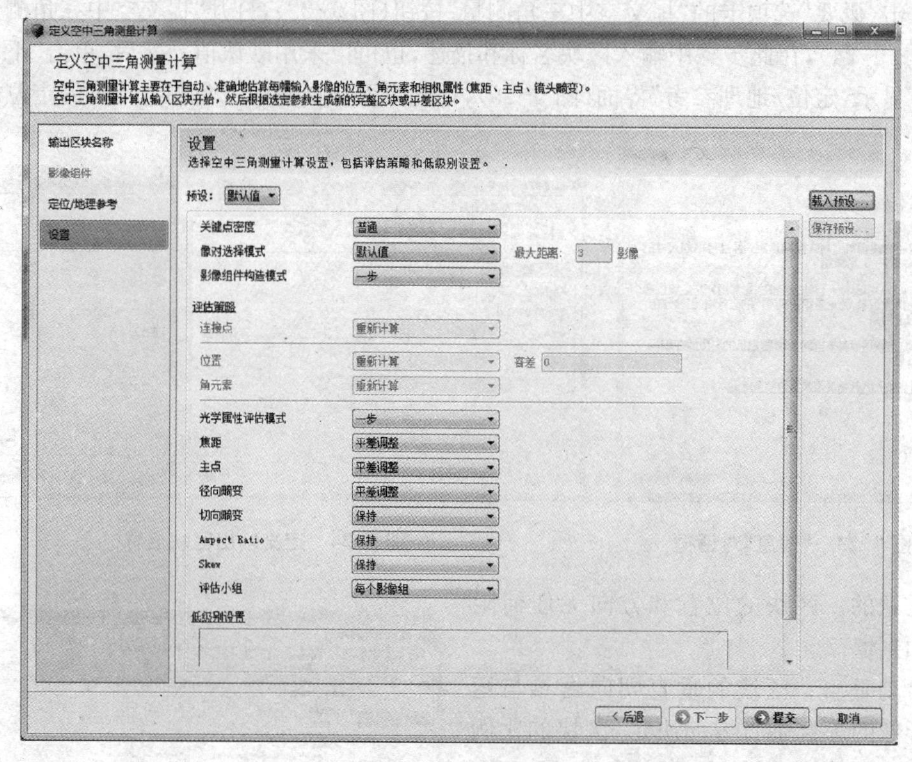

图 9-26 “设置”界面

（2）仅限类似影像：用关键点类似建立像对，效果好。

（3）详细：使用所有可能的像对，在照片间覆盖率有限时使用，照片多时尽量不要采用。

（4）频率：仅使用在给定距离之内的相邻点对，一般在默认模式失败后使用。

（5）循环：在一个循环中，仅使用在给定距离之内的相邻点对，一般在默认模式失败后使用。

（6）光学属性评估模式：一步，多数情况下采用；多步，仅在单步失败后采用，需要大量计算时间。

在空中三角测量中，针对不同区块属性的估算方法有：重新计算，不借助任何输入的初值进行计算；平差调整，利用输入值作为初始值进行计算；容差范围内平差，参考输入初始值运算并在用户预设的容差值范围内进行调整；保持，保持使用输入的初始值而不参与运算。

当设置完成后，单击“提交空中三角测量”按钮，系统开始空中三角测量计算，如图 9-27 所示。在正常情况下，第一次进行空中三角测量计算成功完成后，尽量再提交一次，然后再进行建模。

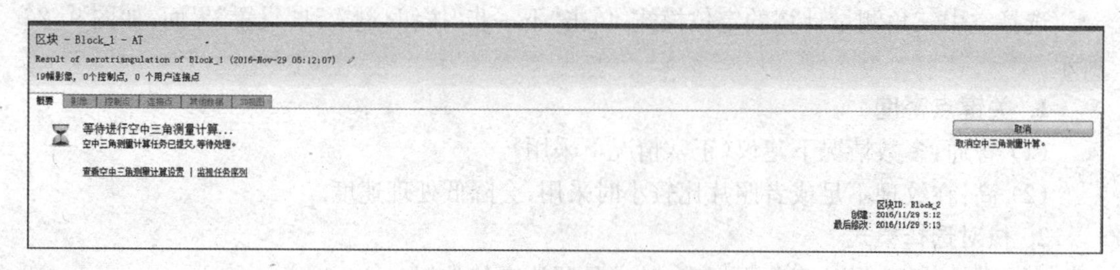

图 9-27 提交空中三角测量

9.9 创建重建项目

当空中三角测量完成后，单击“概要”选项卡的“新建重建项目”按钮，如图 9-28 所示。再单击“提交新的生产项目…”按钮，如图 9-29 所示。

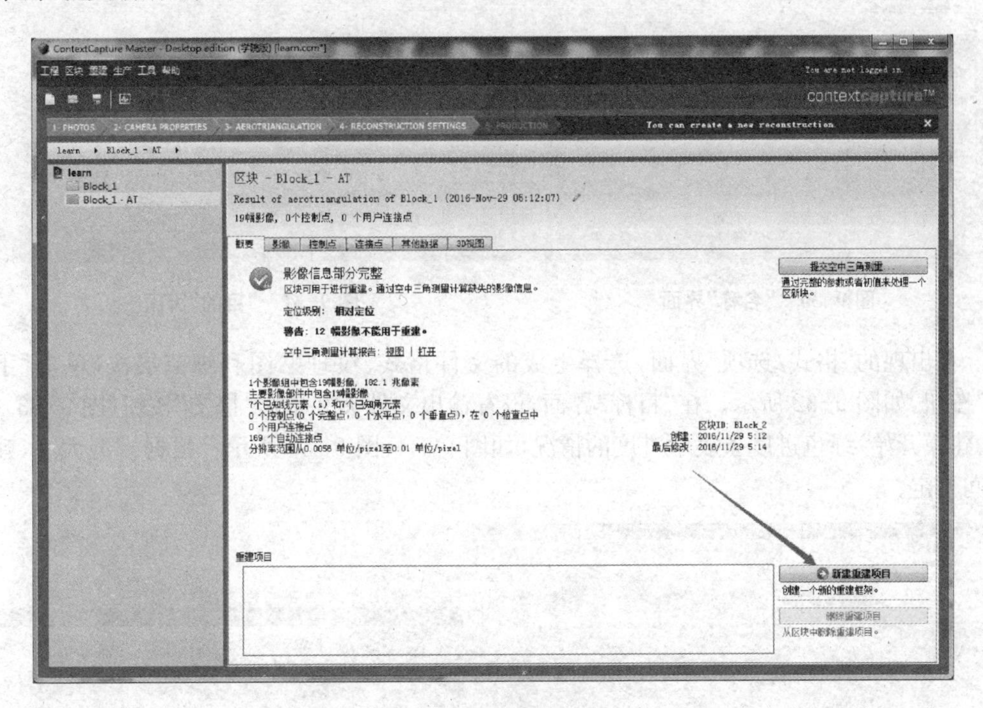

图 9-28 新建重建项目

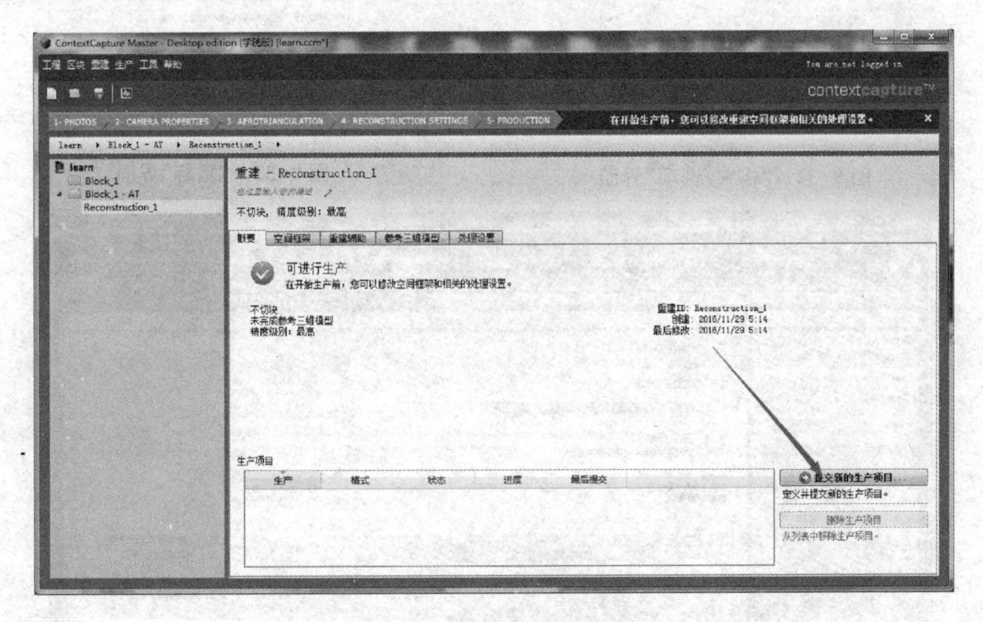

图 9-29 提交新的生产项目

在出现的“生产项目定义”对话框的“名称”界面，输入生产项目名称并单击“下一步”按钮(图 9-30)，在出现的“目的”界面，选择生成的模型类型，一般选择三维网格，然后，单击“下一步”按钮，如图 9-31 所示。

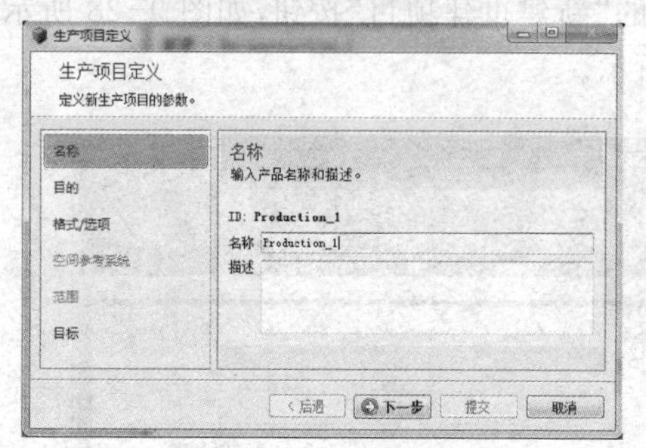

图 9-30 “名称”界面

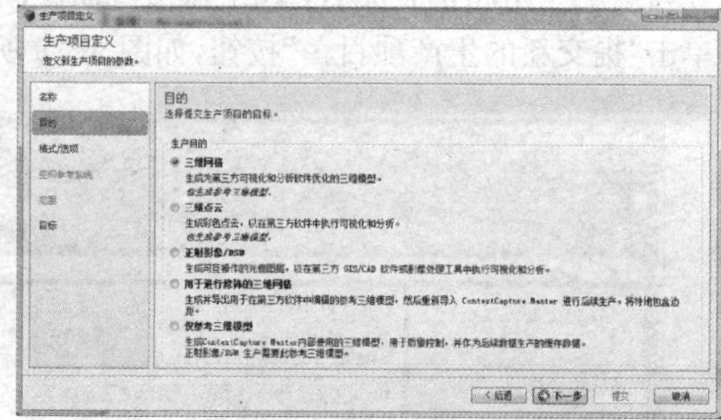

图 9-31 “目的”页面

在出现的“格式/选项”界面，选择生成的文件格式、纹理贴图和细节层次，单击“下一步”按钮，如图 9-32 所示。在“目标”界面，设置输出文件夹并单击“提交”按钮(图 9-33)，然后，建模开始，绿色进度条表示进度的情况，如图 9-34、图 9-35 所示。根据模型大小，建模时间不定。

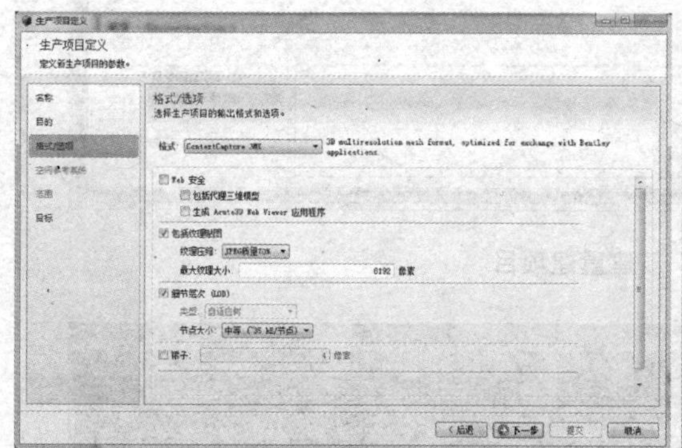

图 9-32 “格式/选项”界面

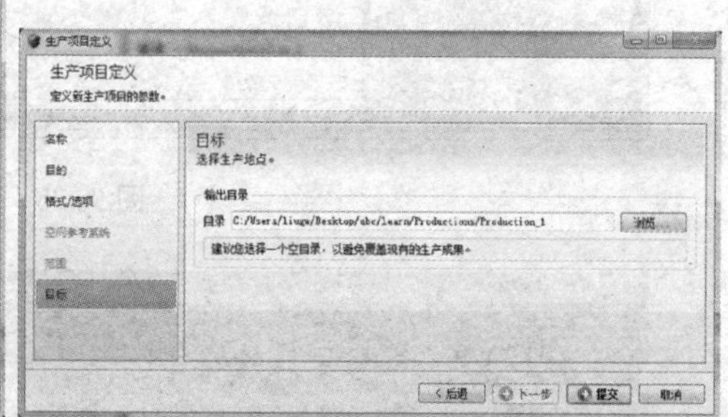

图 9-33 “目标”界面

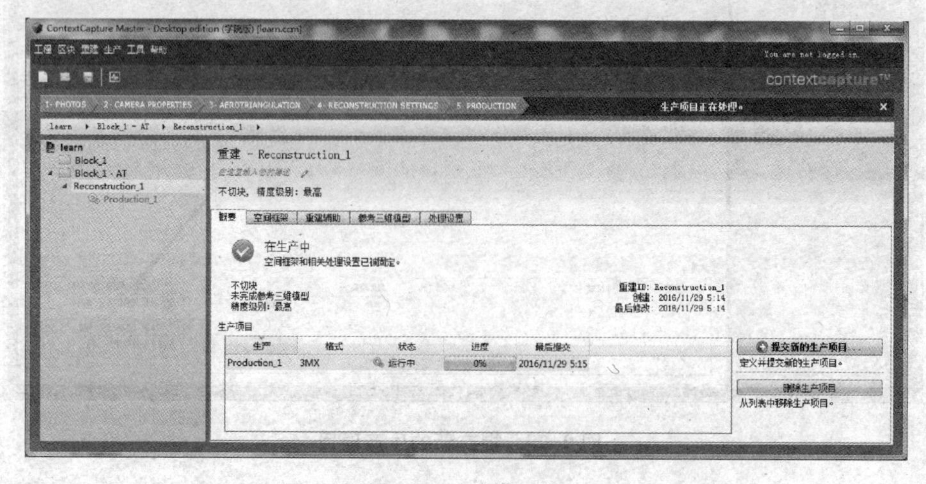

图 9-34 建模开始

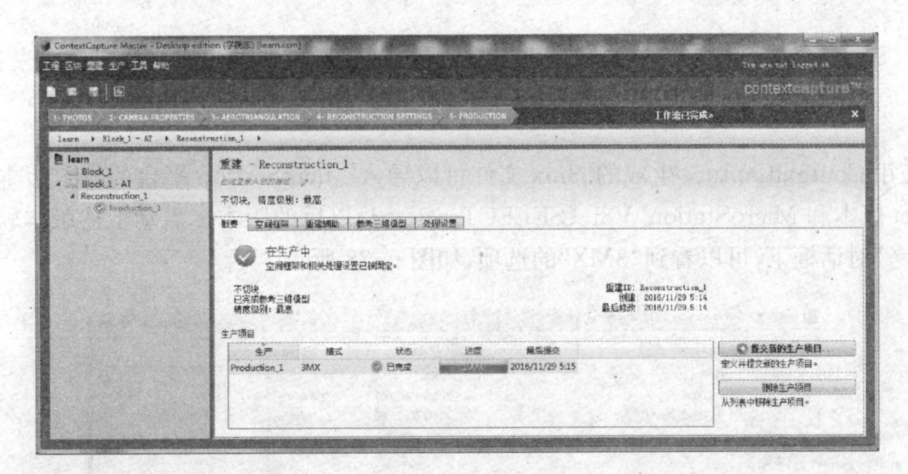

图 9-35　建模进行中

建模完成后的界面如图 9-36 所示。在页面中单击“用 Acute3D viewer 打开”超链接，打开后的模型示例如图 9-37 所示。

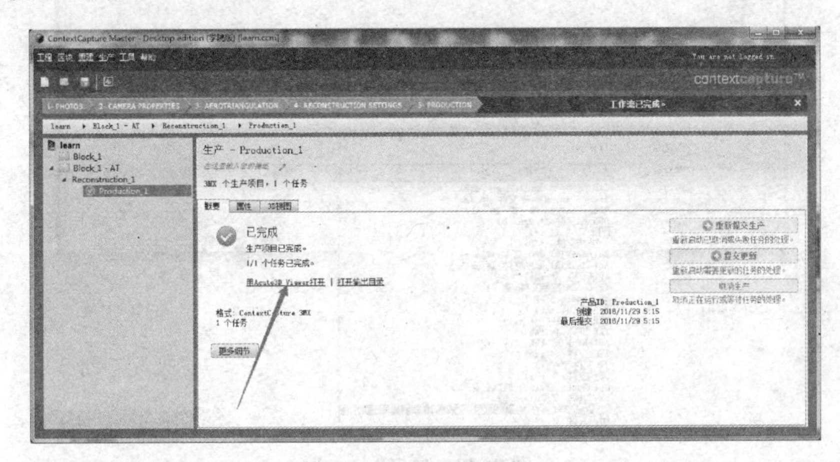

图 9-36　建模完成

图 9-37　打开的模型

9.10 ContextCapture 文件导入 MicroStation

使用 ContextCapture 生成的.3mx 文件可以导入 MicroStation 平台的特定版本，包括 connect 版本和 MicroStation V8i（SELECTseries 4）以后的版本。启动上述版本软件后，在“参考”对话框下，可以看到“3MX”的选项，如图 9-38 所示。

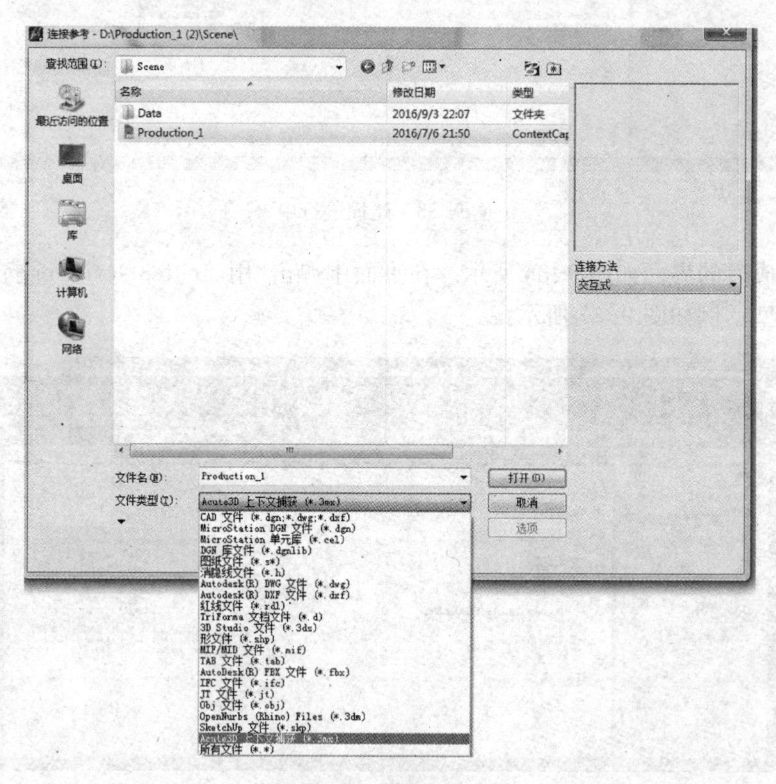

图 9-38 参考“.3mx”

通过这种方式，就可以把 ContextCapture 生成的 3MX 文件导入到 Bentley 公司的相关软件中。

9.11 实景建模的应用

实景建模的成果可以用来预估挖填方工程量，测量施工现场周边的常规手段无法测量的建（构）筑物的尺寸，比较典型的是现场周边的高压线。此外，在路桥隧设计中，采用 descartes 的“实景建模”下的“提取地模”可以提出地形三角网用于设计。由于实景建模的精度是分米级，所以，从实景建模的模型中获得的数据完全可以指导现场施工。

10 LumenRT 软件应用

LumenRT 软件是 Bentley 公司的一款沉浸式建筑和地理设计可视化软件，它支持 3DS，OBJ，FBX 和 DAE 等多种格式，能配合 Bentley 公司基于 MicroStation 平台的软件以及 Autodesk Revit，Graphisoft Archicad 等主流 BIM 软件使用，用户可以添加植物、树木、人物、动物、车辆、天空和水等环境效果，随心所欲将其渲染成高品质的视频、图形或者几乎完全互动的真实三维世界。用户可以将设计方案打包成独立的、几乎可以在任何计算机上运行的可执行文件，方便进行展示。

LumenRT 软件中可以使用日光系统，可以创建点光、局部照明以及发光物体并将其保存为 IES 格式文件，LumenRT 软件包括植物库、汽车库等素材图片，这些图片包括静态和动态两种形式。

10.1 系统需求及软件安装

10.1.1 系统需求

LumenRT 软件是一个 Windows® 平台的 32 位和 64 位应用程序。软件的最新版本是 Bentley LumenRT CONNECT Edition-Update 2。

软件性能与系统直接相关，LumenRT 已经被最优化利用系统的所有处理器和核心。显卡性能直接影响实时 3D 回放时的帧率。预处理时间与系统的性能及场景的复杂程度直接相关。

LumenRT 可以作为独立应用程序运行，或者作为 CAD/BIM/GIS 系统的插件，这些 CAD/BIM/GIS 有：MicroStation V8i (SELECT series 4) 或 CONNECT Edition、ArchiCAD (Windows)，CityEngine，Revit，SketchUp，V8i 和 CONNECT 版本的 AECOsim Building Designer，Power GEOPAK，GEOPAK Civil Engineering Suite，Power InRoads，InRoads，MXROAD，OpenPlant，SiteOps 等。

注意：把 Bentley 系列软件生成的模型导入到 LumenRT 中，建议采用 CONNECT 版本的软件，例如 MicroStation CONNECT 版本进行，其他版本导入的时候，有时会发生错误。

10.1.2 导出和处理要求

LumenRT 软件运行的计算机性能越强，创作、渲染或者导出为 LiveCubes 就越快，导出和处理要求的最低软硬件配置是 Windows XP/Vista/Windows 7/Windows 8/Windows 10 32/64 (推荐 64 位)、NVIDIA GeForce GTX 470 / ATI Radeon HD 6950 或更强显卡(1 GB 以上显存)、Core i5 或更强 CPU、4 GB 以上自由内存、10 GB 以上硬盘空间。

10.1.3 浏览和查看要求

浏览 LiveCubes 的计算机越强，视频质量和光滑度体验越好。如果创建复杂模型，就需要更好的图形处理能力进行平滑回放。回放的计算机要求是，操作系统：Windows XP/Vista/Windows 7/Windows 8/Windows 10 32/64；显卡：NVIDIA GeForce GTX 470 或 ATI Radeon HD 6950 或更好的显卡，带 1 GB 以上显示内存；CPU 频率：2 GHz 及以上；2 GB自由内存，建议 4 GB；2 GB 自由硬盘空间。

10.1.4 软件安装

如图 10-1 所示，LumenRT 软件安装包括 3 个安装包，一个是主程序，另外两个是素材库。双击主程序 lumrt16020465en_updt2 图标，启动安装，安装过程如图 10-2 所示。

图 10-1 安装程序图标

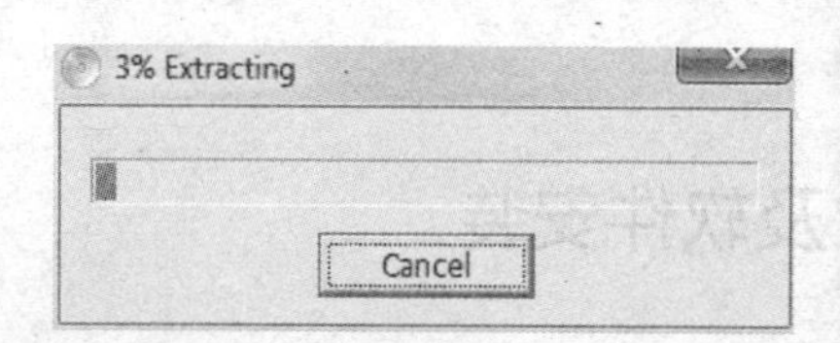

(a) 安装过程 1

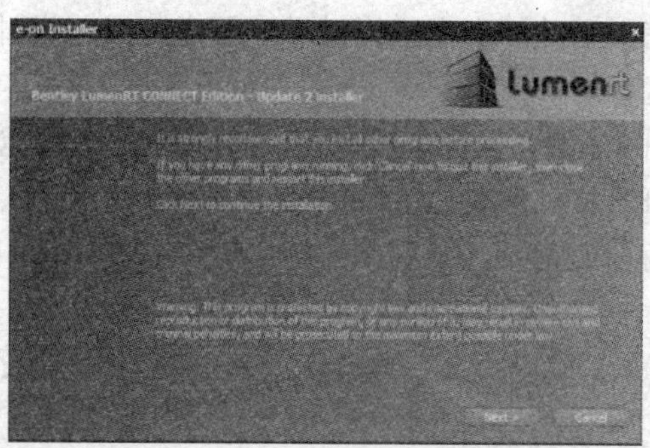

(b) 安装过程 2

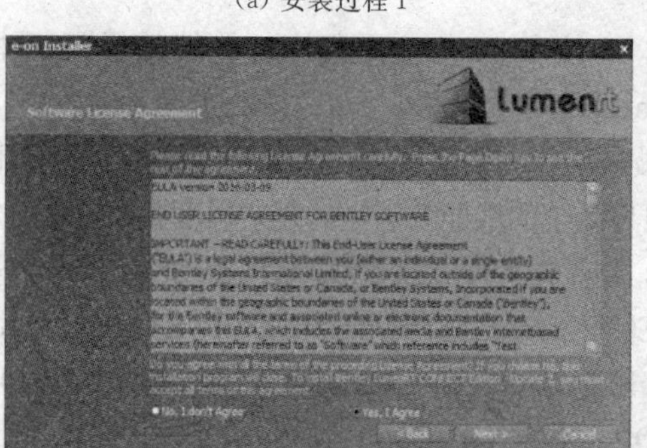

(c) 安装过程 3

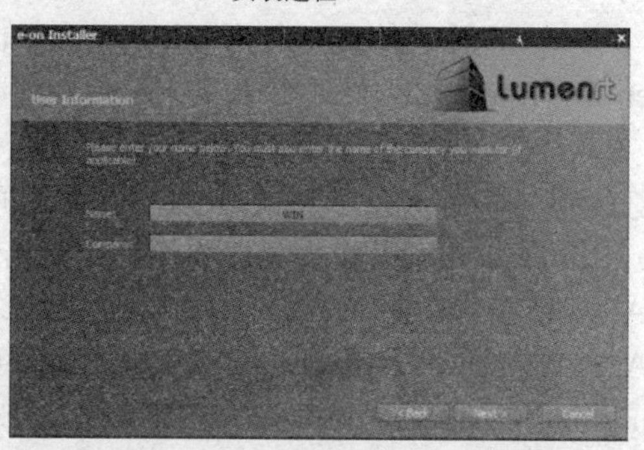

(d) 安装过程 4

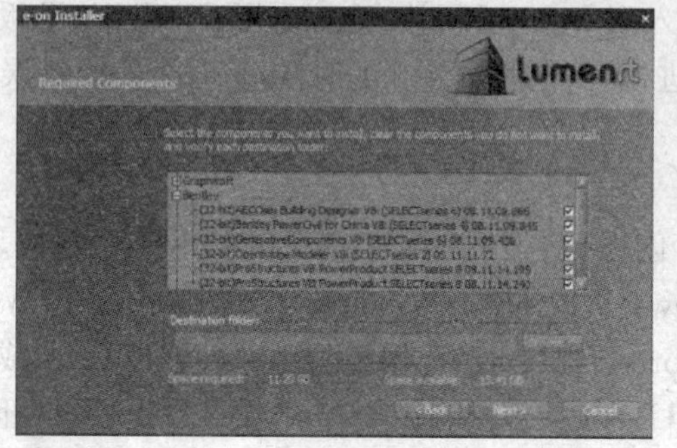

(e) 安装过程 5

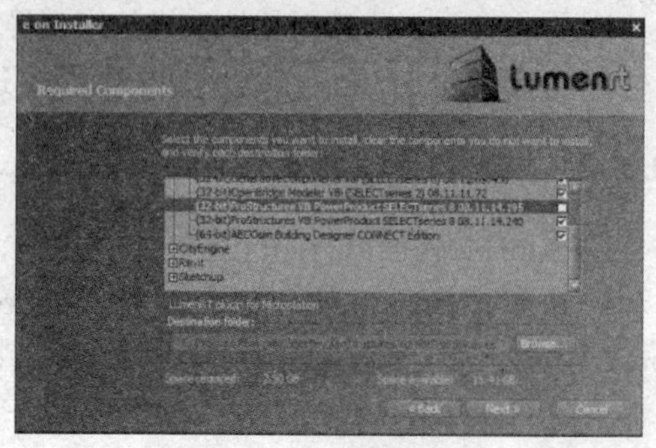

(f) 安装过程 6

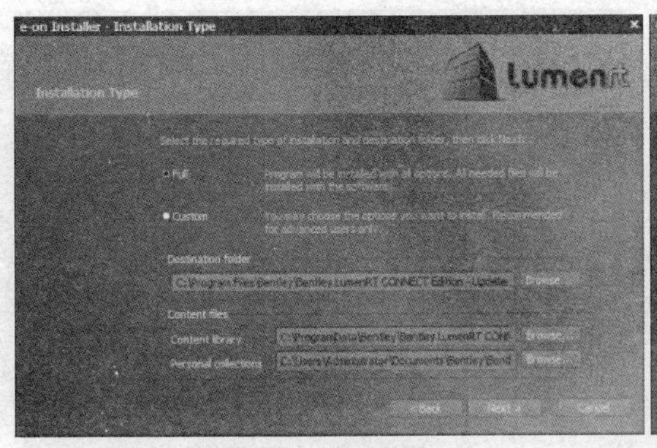

(g) 安装过程 7

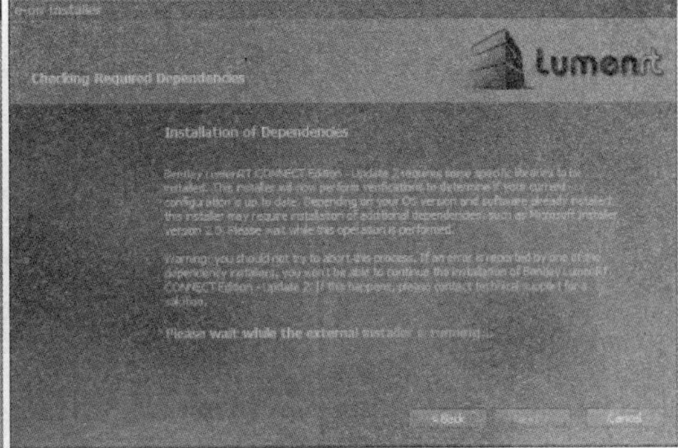

(h) 安装过程 8

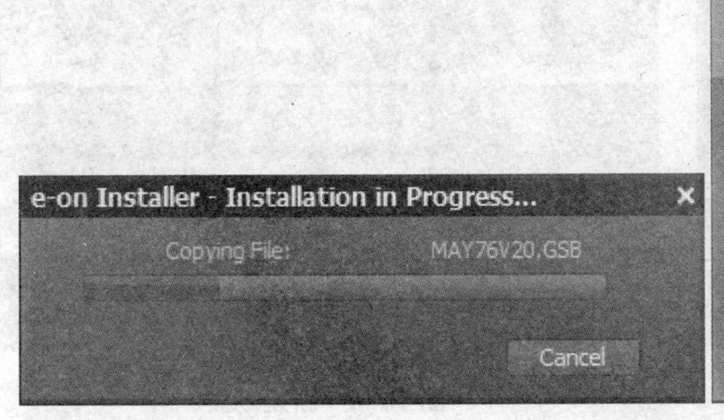

(j) 安装过程 9

(k) 安装过程 10

图 10-2　软件安装过程

安装完主程序后，安装素材库，素材库的安装过程和主程序类似，不再赘述。

10.2　软 件 界 面

10.2.1　启动软件

可以采用下述三种方法之一，启动 LumenRT 进入到交互式创作模式。

(1) 双击桌面的 LumenRT. exe 应用程序图标。

(2) 双击 LiveCube 文件图标。

(3) 从其他的 CAD 或者 BIM 软件系统导出。

10.2.2　软件界面

软件启动后的第一个界面如图 10-3 所示。这个界面的三个选项卡图标，分别对应“新建”“打开示例”(图 10-4)和“打开最近项目”(图 10-5)。

单击左上窗口新建一个场景，如图 10-6 所示。进入系统后，主界面如图 10-7 所示。

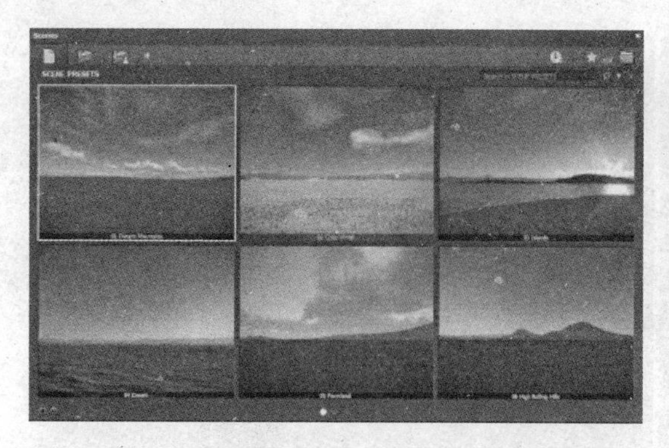

图 10-3　LumenRT 的启动界面

图 10-4　打开示例

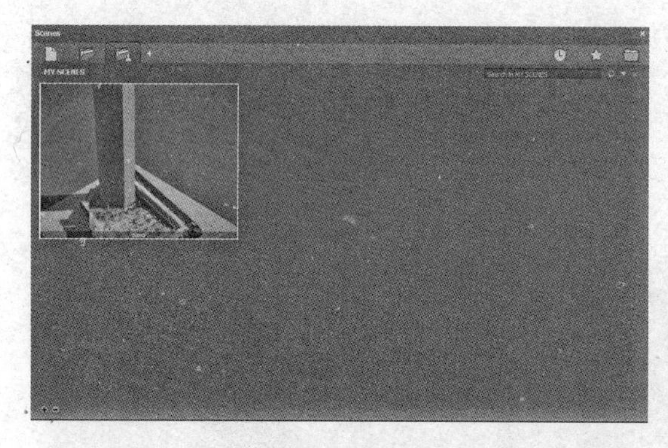

图 10-5　打开最近项目

图 10-6　新建场景

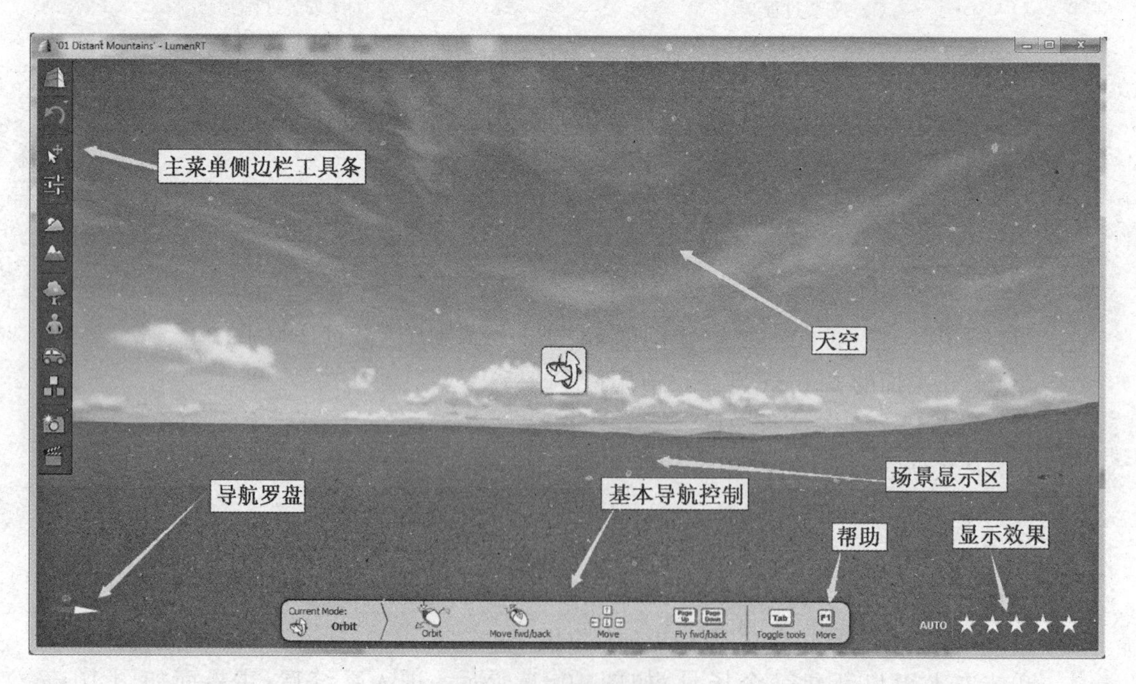

图 10-7　沉浸式主界面

LumenRT 软件中有大量的修改、增强模型和现实的工具，所有的编辑工具都在 LumenRT 的侧边栏菜单里。下面介绍部分顶级菜单和子菜单的命令。所有的编辑命令都位于 LumenRT 的侧边栏上。按键盘上的"Tab"键，可以访问侧边栏菜单。

主界面的主要元素简述如下。

(1) 主侧边栏工具条菜单：包含顶级的 LumenRT 工具，可以通过单击"Tab"键访问，主菜单侧边栏工具条如图 10-7 所示。

(2) 侧边栏子菜单：单击主侧边栏工具条上的按钮之后，显示主侧边栏的子菜单项，如图 10-8、图 10-9 所示。

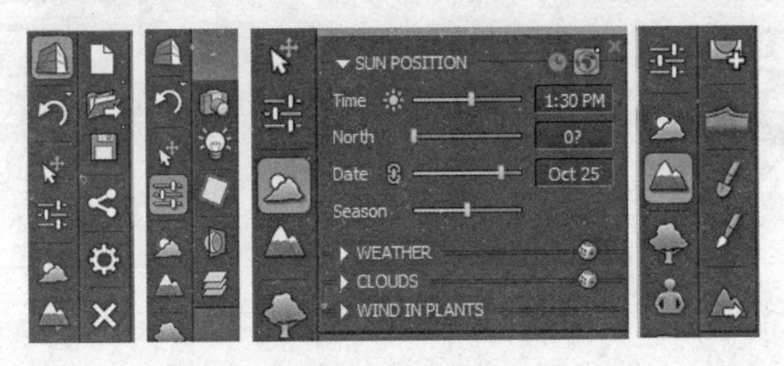

图 10-8 侧边栏子菜单(一)

图 10-9 侧边栏子菜单(二)

(3) 导航罗盘：红色指北针显示正北方向，如图 10-7 所示。

(4) 基本导航控制、帮助菜单：显示键盘和鼠标操作提示，如图 10-7 所示。

(5) 场景显示区：显示场景内容和物体的主窗口，如图 10-7 所示。

(6) 大气：动态天空、云、烟雾和太阳显示，如图 10-7 所示。

10.3 导入模型到 LumenRT 软件

使用 LumenRT 软件的步骤主要是导入、编辑、发布(共享)三个步骤。导入是指把 CAD\CG\GIS 模型导入 LumenRT 软件的过程。编辑是在 LumenRT 软件环境中交互式添加和操作包括植物、交通工具、人物和地形等物体的过程。发布是指输出图像、视频和共享的 LiveCube 的过程。共享是在网络上提供视频流供大家分享或者打包为独立的 LiveCube，供在计算机上查看和浏览。

10.3.1 导入模型(MicroStation 及 AECOsim Building Designer 插件)

当 LumenRT 软件安装完成后,会在 Bentley Microstation 及 AECOsim Building Designer 菜单栏出现 LumenRT 的菜单,如图 10-10 所示,这就是 LumenRT 软件插件。

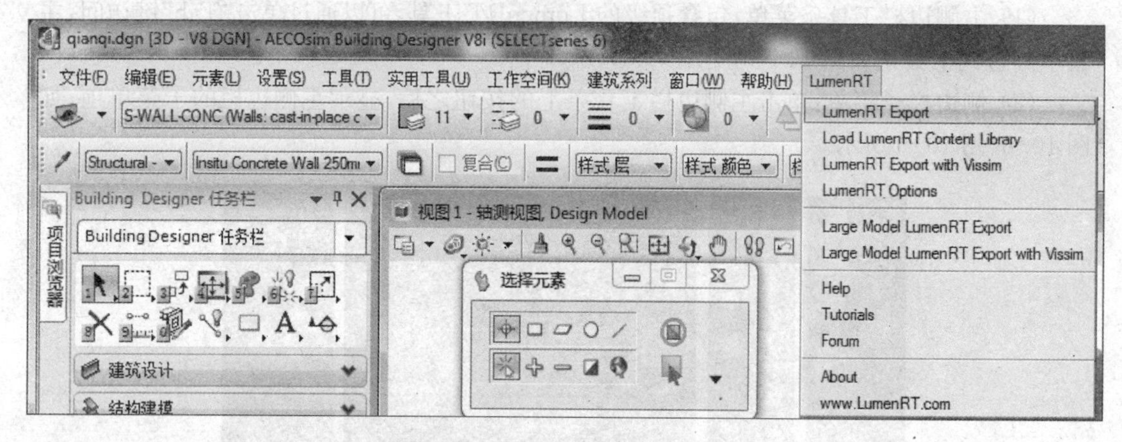

图 10-10 LumenRT 软件插件菜单

安装 LumenRT 软件后,导出到 LumenRT 菜单会出现在包括 AECOsim Building Designer 在内的所有基于 MicroStation 的产品上。旧版本的 LumenRT 要求导出场景的时候必须至少在一个视图打开相机,新版本已经取消这个限制。如图 10-11 所示,单击 2~4 任何一个菜单项,打开本视图的相机,就可以把模型导出到 LumenRT 软件。在导出模型时,模型场景中可见的内容都将导出,包括模型、LumenRT 素材和灯光。

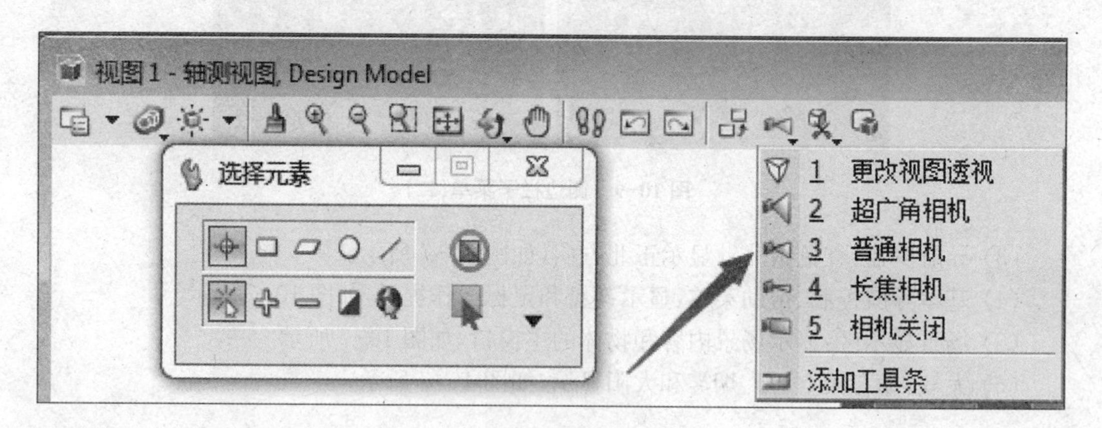

图 10-11 相机菜单

采用不同版本的软件,导出的效果可能不一致。图 10-12 是采用 Architectural Building Designer V8i (SELECT series 6)导出的模型,图 10-13 是采用 AECOsim Building Designer CONNECT Edition 导出的模型。可以明显看出部分连接模型存在材质的差异。

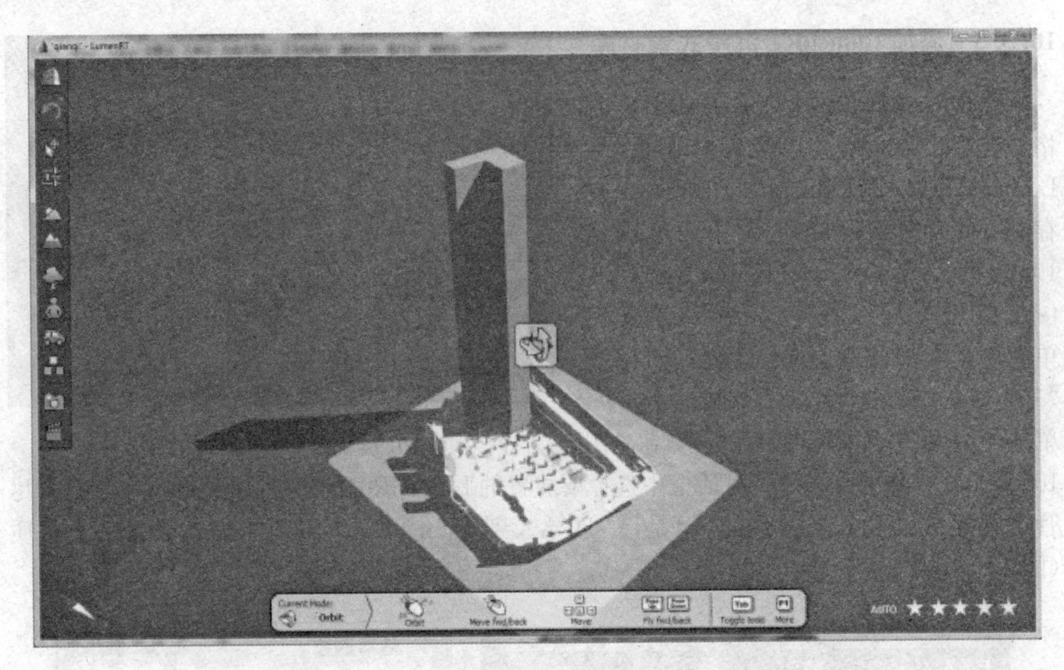

图 10-12 采用 ABD V8i (SELECT series 6)导出

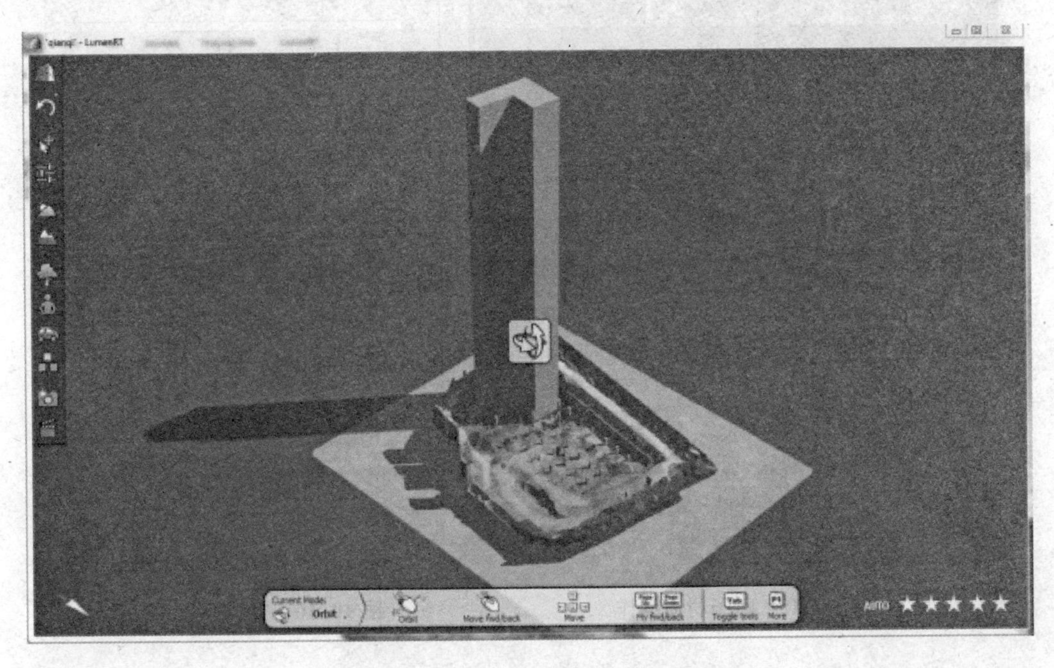

图 10-13 ABD CONNECT 版本导出

10.3.2 给导入的模型赋材质

单击“主侧边栏工具条”从上数第三个按钮“selection”，如图 10-14 所示。在弹出侧边栏子菜单后，单击导入的模型，就可以对导入模型进行赋予材质等操作，如图 10-15 所示。

10.3.3 添加 LumenRT 沉浸式素材库

在 MicroStation 中，LumenRT 素材格式是 MicroStation 单元库，也就是说 LumenRT 素材（LumenRT Content）储存在 MicroStation 单元库中。单击图 10-10 的菜单项 Load LumenRT Content Library，可以加载 LumenRT 的素材单元库。当加载素材单元库后，可以在“基本对象”→“放置单元”（图 10-16）中，单击“激活单元”后的浏览按钮（图 10-17），在打开的“单元库”对话框中选择要放置的 LumenRT 的植物、人物和汽车素材。尽管这些素材放上去是白色的，但是，一旦导入到 LumenRT 软件中，就会自动赋予材质（图 10-18）。

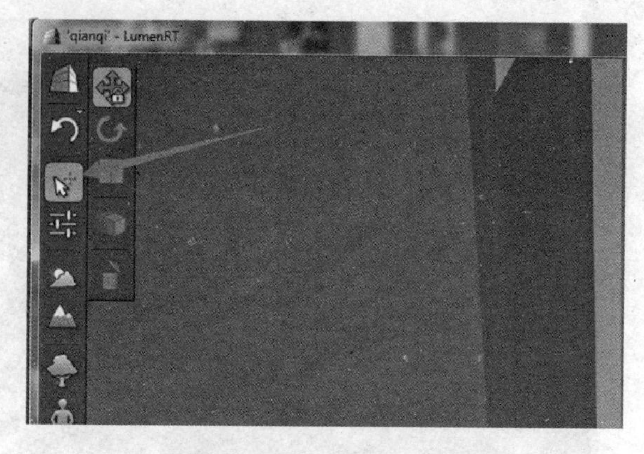

图 10-14 按钮“selection”页面

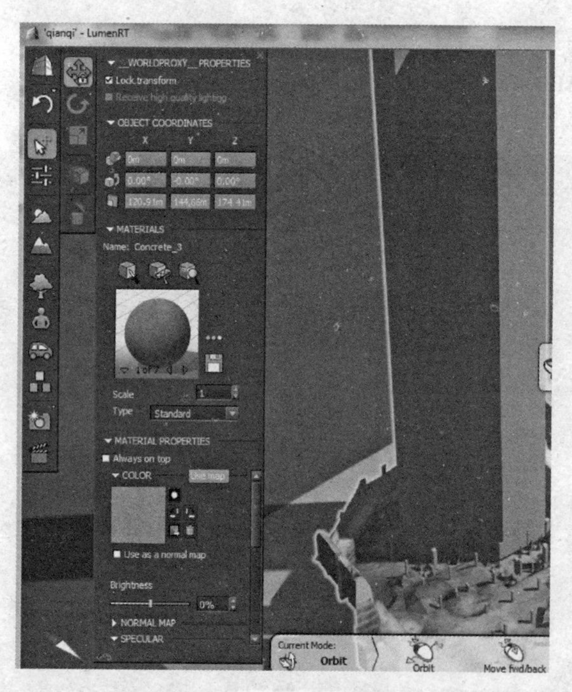

图 10-15 赋予材质操作

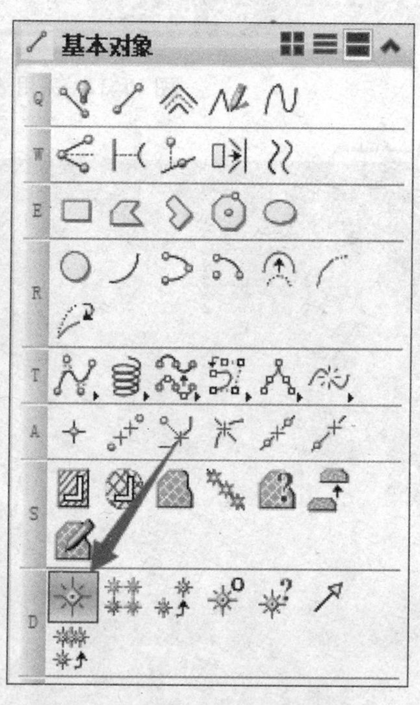

图 10-16 “放置单元”按钮

LumenRT 素材可以作为普通单元或者共享单元添加到 MicroStation。

放置单元的方法是：在顶视图上，单击“放置单元”按钮，在需要的位置单击。在默认情况下，所有的 LumenRT 素材都是对齐顶视图。当然，可以在任何视图中点击精确绘图的“T”键来放置素材。

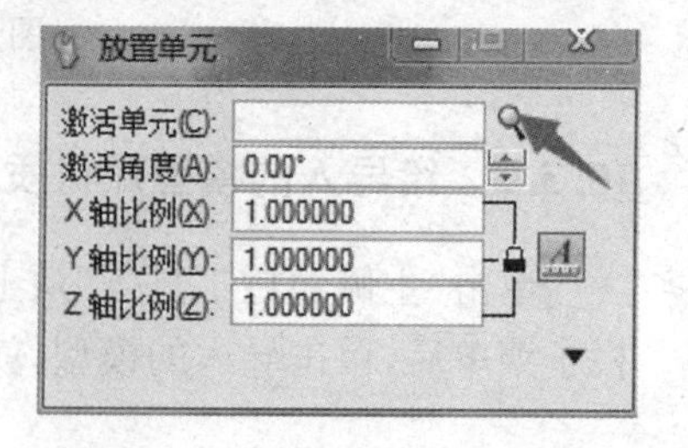

图 10-17 “放置单元”对话框

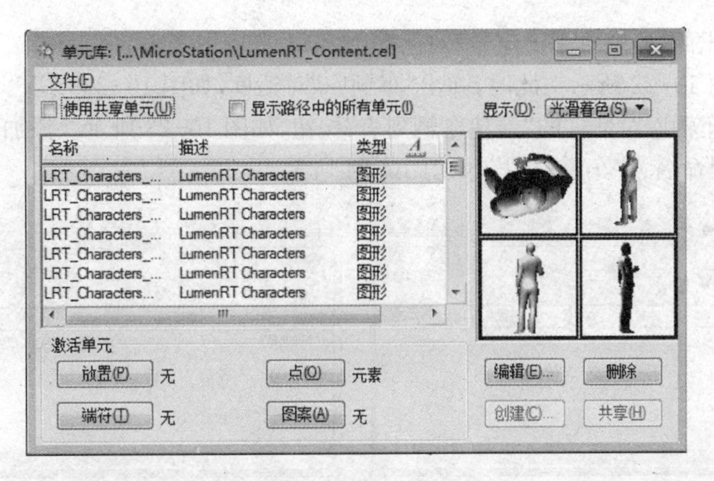

图 10-18 “单元库”对话框

10.3.4 Exporting Lights(导出灯)

在 MicroStation 中,通过在“视觉渲染”工具(图 10-19)下的添加灯光命令,可以添加灯。灯具种类支持普通灯和射灯。

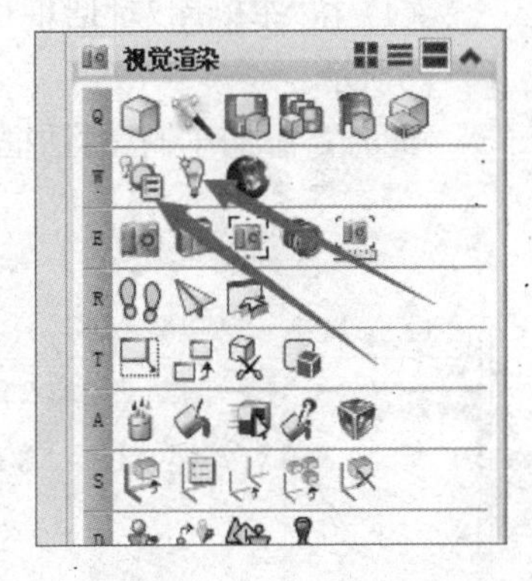

图 10-19 添加灯

10.3.5 导出 MicroStation 交通动画

导出 MicroStation 交通动画的功能,仅限于 LumenRT GeoDesign 版本。MicroStation 版本必须在 459 以上,MicroStation 交通动画菜单在模型导出时自动导出(图10-20),注意,为了使导出的路径可见,交通动画必须使用 LumenRT vehicle proxies,LumenRT vehicle proxies 可以在 LumenRT 单元库(LumenRT_Content. cel)中找到,位于/ProgramData/e-onsoftware/LumenRT 2015/LumenRT Content/MicroStation 文件夹。

MicroStation 交通动画模型在 MicroStation 中不能带有地理位置,可以通过“工具”→“地理信息”删除地理坐标,在删除地理坐标系统后,动画和模型尺寸仍将保留。

下面是创建 MicroStation 交通动画的步骤:

(1) 如图 10-20 所示,添加车道模拟工具条;按图 10-21 箭头所指,单击车道设置对话框下的单车道设置。

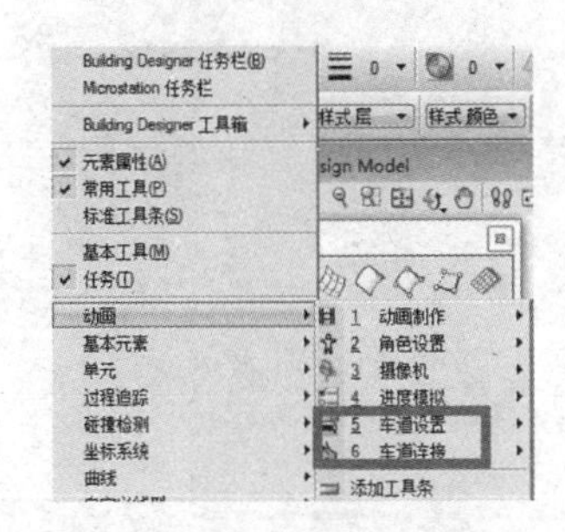

图 10-20 交通动画菜单

图 10-21 车道设置工具条

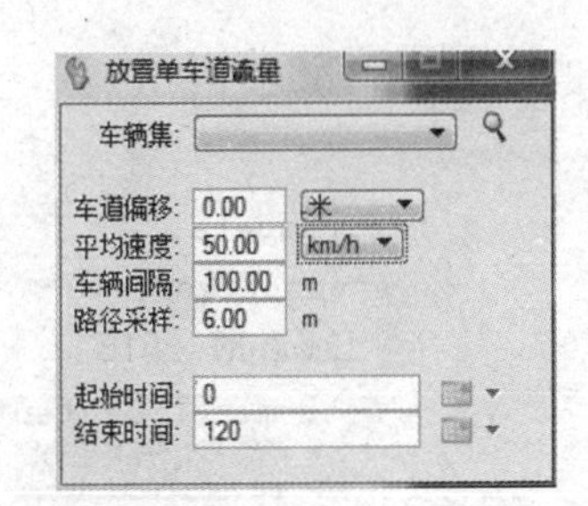

图 10-22 “放置单车道流量”对话框

(2) 在弹出的“放置单车道流量”对话框中，单击车辆集旁边的放大镜图标，创建一个新的车辆集，如图 10-22 所示。此时，弹出“车辆库”对话框，如图 10-23 所示。

(3) 单击车辆库对话框的“新建车辆列表”按钮，如图 10-23 所示。添加新车辆，并给它一个名字，这里命名为“车道模拟”，如图 10-24 所示。

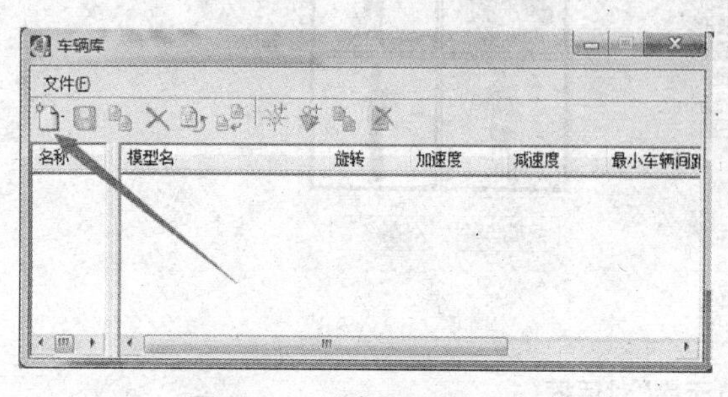

图 10-23 “车辆库”对话框

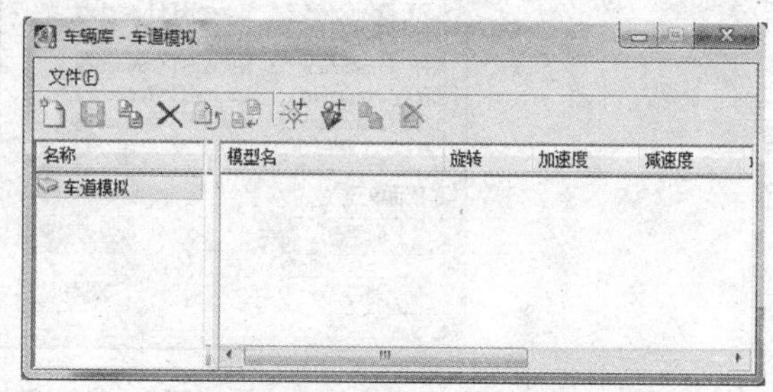

图 10-24 新建车辆列表

(4) 在“车辆库”对话框中，单击“从文件(.cel，.dgn，.dgnlib)添加车辆”按钮，如图 10-25所示。

此时，“添加车辆”对话框出现，单击该对话框中的“浏览”图标，如图 10-26 所示。

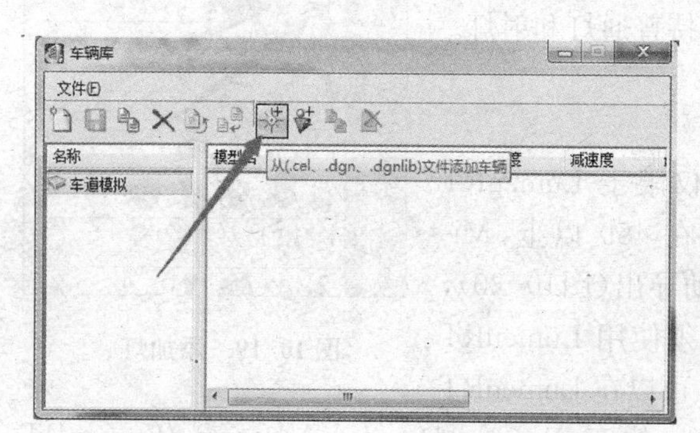

图 10-25 “从文件(.cel，.dgn，.dgnlib)添加车辆”按钮

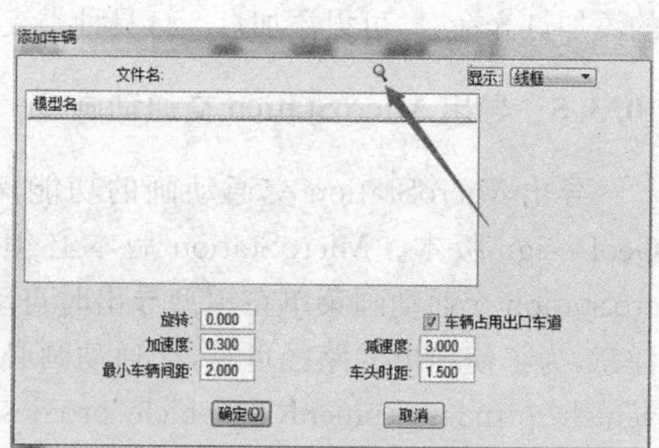

图 10-26 “添加车辆”对话框

单击浏览按钮，打开“选择车辆库”对话框，浏览到“programdata\e-onsoftware\LumenRT2015\LumenRT content\MicroStation”，如图 10-27 所示。双击 LumenRT_content 图标，如图 10-28 所示。

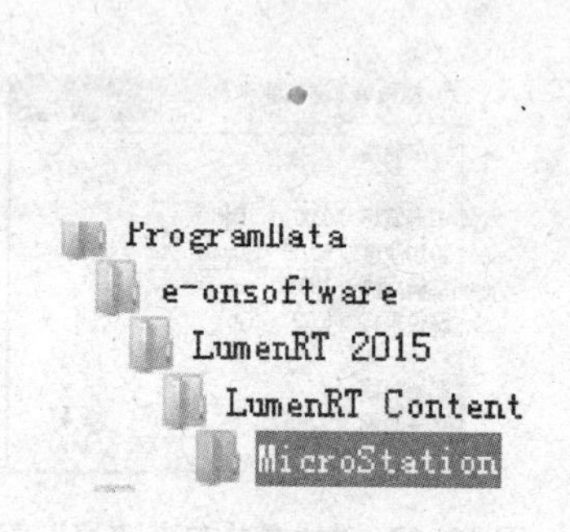

图 10-27 浏览文件夹

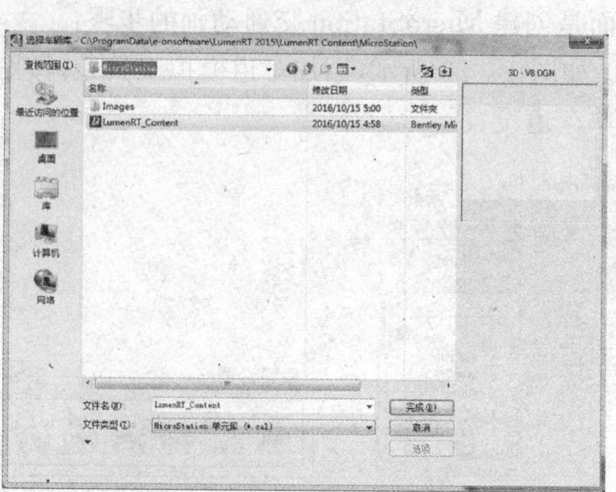

图 10-28 “选择车辆库”对话框

(5) 在“添加车辆”对话框中，选择想加入集的车辆，同时设置旋转角度为 90°，这是为了旋转车辆，让车辆指向正确的方向，单击“确定”按钮，如图 10-29 所示。

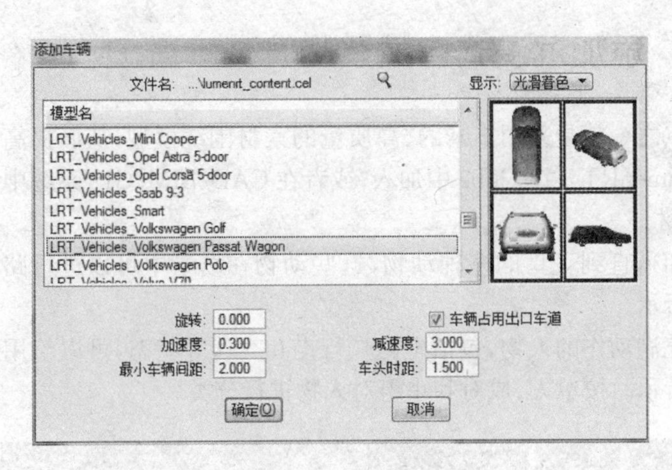

图 10-29 选择车辆

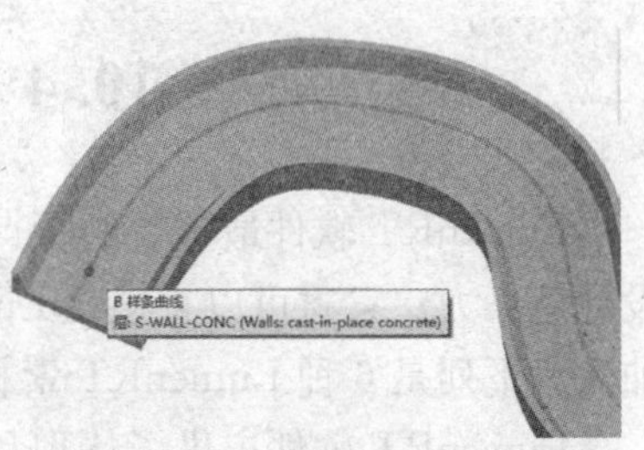

图 10-30 标识车道中心线

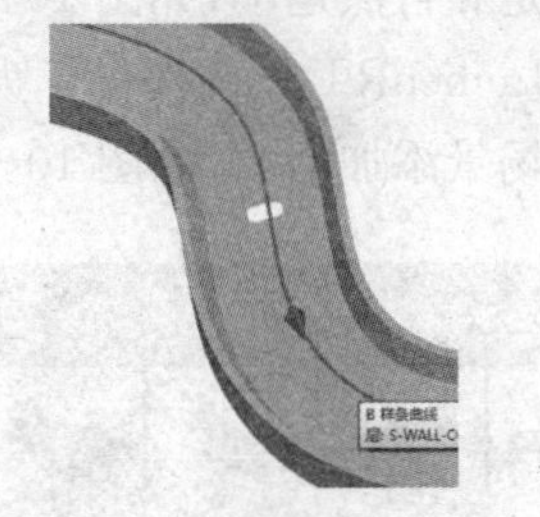

图 10-31 确定车行方向

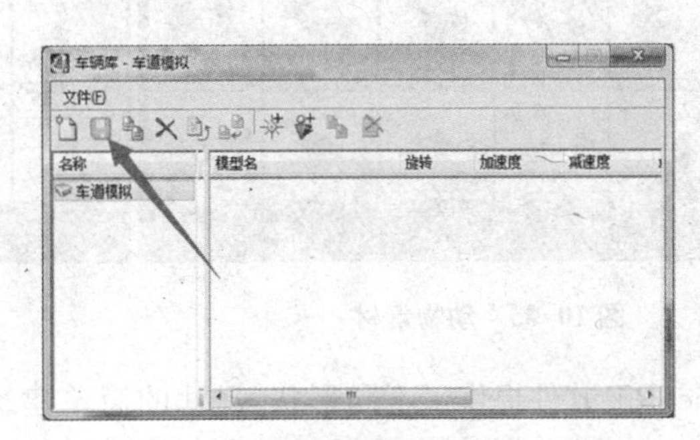

图 10-32 保存设置

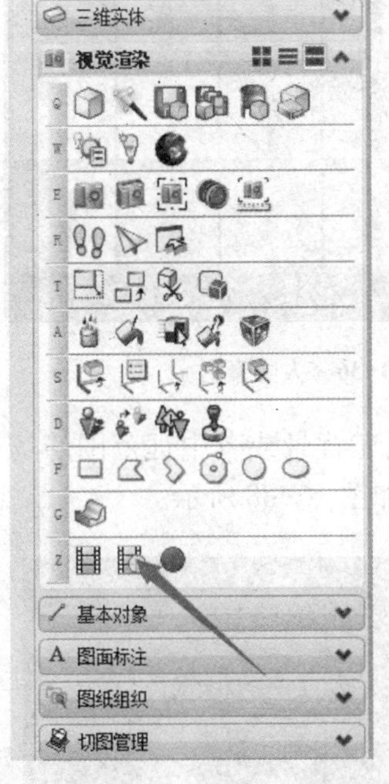

图 10-33 动画预览按钮

(6) 添加车道。根据软件左下角系统提示:标识车道中心线。单击车道中心线并移动鼠标，再次单击鼠标左键确定方向(车道中心线可以是连续的曲线，如样条曲线。车道必须存在，车道可以采用沿样条曲线放样生成)，如图 10-30 及图 10-31 所示。

单击“车辆库”的“保存”按钮，保存设置，如图 10-32 所示。

(7) 单击“视觉渲染”中的动画预览按钮(图 10-33)，此时，打开“动画预览”工具条(图 10-34)，单击“预览”按钮，就可以预览交通动画。

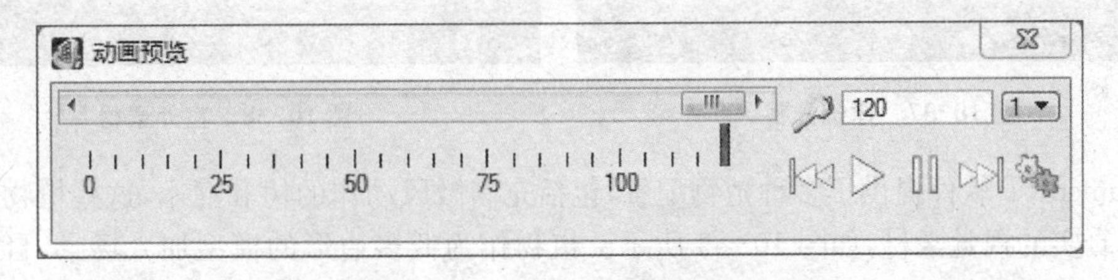

图 10-34 “动画预览”对话框

(8) 当预览符合要求后,单击“LumenRT Export”菜单项,将场景导入到LumenRT软件中。

10.4 添加沉浸式自然景物

LumenRT软件最重要的特点之一就是采用丰富的、高质量的素材围绕模型,从而提高设计感染力。素材可以直接在LumenRT LiveCube中加入,或者在CAD/BIM/GIS系统中加入。下列是6种LumenRT素材。

LumenRT软件提供了从狗和猫直到飞鸟的多种动物,这些动物在场景中可以进行路径行走和自然运动,如图10-35所示。

LumenRT软件提供了大量充满动作的人物,包括坐、立、行走和交谈等状态,可以给用户的场景添加活力,如图10-36所示。按单人、成对和小组对人物进行分类。

图10-35 动物素材

图10-36 人物素材

LumenRT软件提供了不同形状、尺寸的简单建筑,用来填充背景或者中远范围的场景,如图10-37所示。LumenRT还提供大量的室外配景物品,如图10-38所示。

图10-37 建筑素材

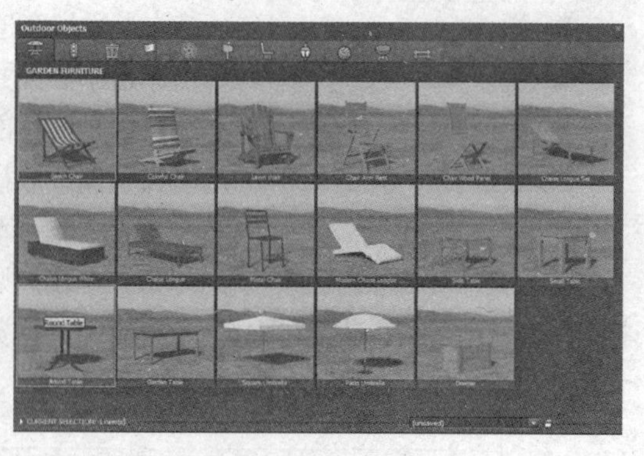

图10-38 室外素材

LumenRT软件提供了多种植物配景,包括充满微风动作的树和灌木,这些植物给模型添加了真实的视觉素材,如图10-39所示。植物作为低多边形的模型加入场景,自动在高解析度场景中转换为高解析的配景。

LumenRT 软件提供了多种车辆模型，用户可以在场景中添加小轿车和卡车，或选择车辆的外部颜色，或采用 LumenRT 软件功能随机选择车辆颜色，如图 10-40 所示。

图 10-39　植物素材

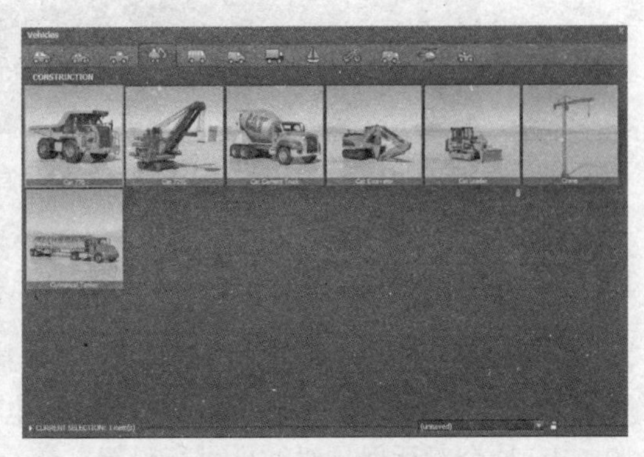

图 10-40　车辆素材

LumenRT 软件的天幕通过一个阿尔法平面提供场景和背景填充。通过滑动条添加背景密度，对场景非常有用。

10.5　渲染照片和视频

10.5.1　渲染照片

在 LumenRT 软件中渲染照片比较简单，侧边栏的照相机图标就是图片渲染的功能，如图 10-41 所示。鼠标左键单击，直接渲染照片。鼠标右键单击，弹出“Photo Option”对话框对渲染进行设置(图 10-42)。

图 10-41　侧边栏图片按钮

“Photo Option”对话框经常需要设置的内容如图10-42 所示箭头所指。当设置完成后，单击“Save photo”按钮，就可以保存渲染后的图片到选定的位置，这个位置在 destination(目标)中设置。图片保存完成后，会弹出一个提示对话框，如图 10-43 所示。

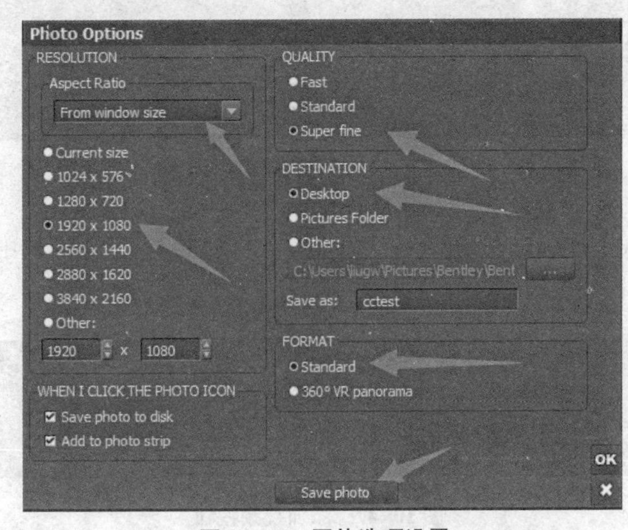

图 10-42　图片选项设置

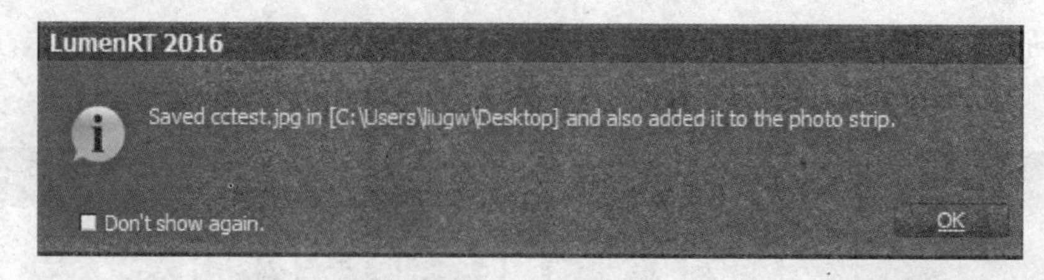

图 10-43　导出图片提示

10.5.2　制作视频

图 10-44　视频图标

LumenRT 侧边栏的视频图标提供视频制作功能，如图10-44所示。单击鼠标左键，弹出“Movie Editor(电影编辑)”对话框(图10-45)，这个对话框是对渲染进行设置。

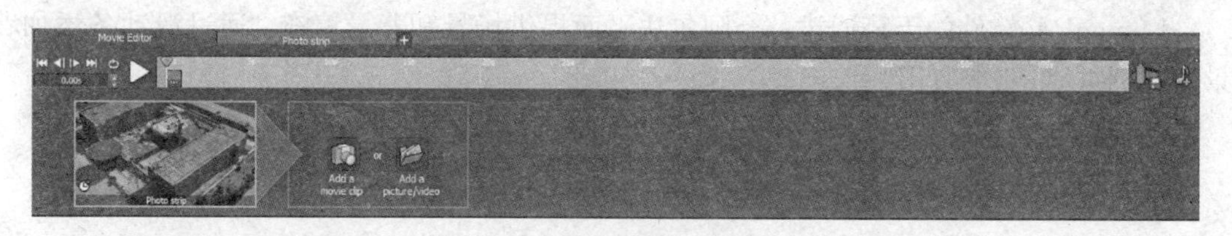

图 10-45　“Movie Editor(电影编辑)”对话框

在如图 10-46 所示的“Movie Editor(电影编辑)”对话框中，图标 1“Add a movie clip”(添加视频片段)是录制电影视频用的，图标 2“Add a picture/video”是把已经存在的图片或者视频加入到当前电影中的。

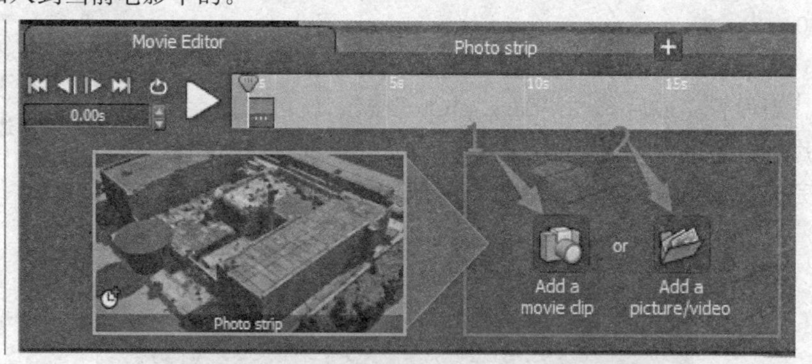

图 10-46　“Movie Editor(电影编辑)”对话框的图标

单击图标 1“Add a movie clip”，出现“Clip1”(片段 1)，在上部窗口中用鼠标移动视图，下部就会出现添加视频按钮，如图 10-47 所示。

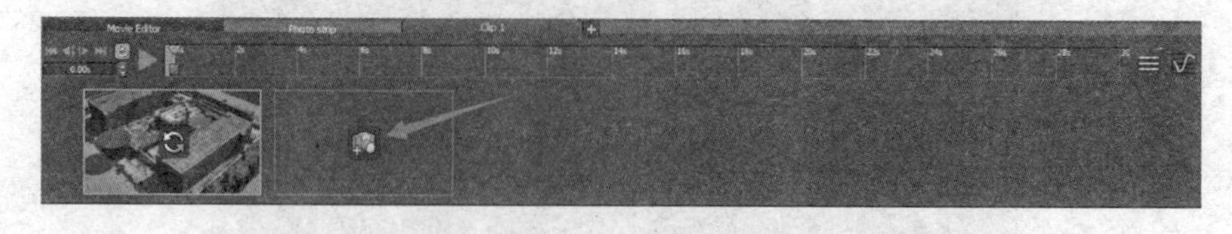

图 10-47　添加视频按钮

再次在上部窗口中用鼠标移动视图，下部再次出现添加按钮，如图 10-48 所示。单击该按钮，添加一个镜头。

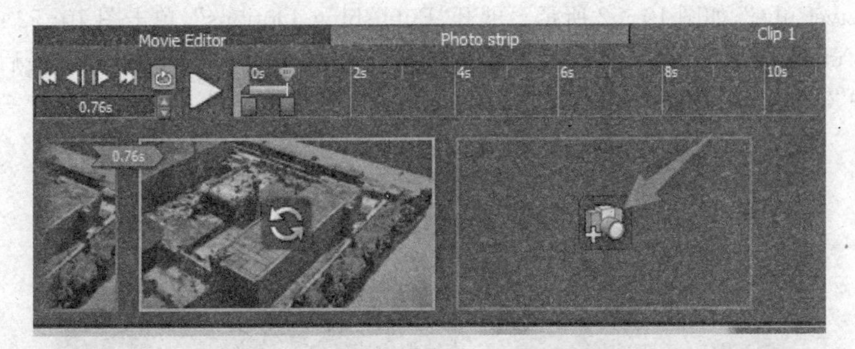

图 10-48 每次移动视图出现的添加按钮

如图 10-49 所示，电影片段的播放按钮，单击该按钮，可以在上部窗口中预览电影。

图 10-49 播放按钮

完成一段视频制作，单击“Movie Editor”选项卡，回到电影编辑状态，如图 10-50 所示，可以预览整个电影，或者添加另外一段电影、图片或者视频。

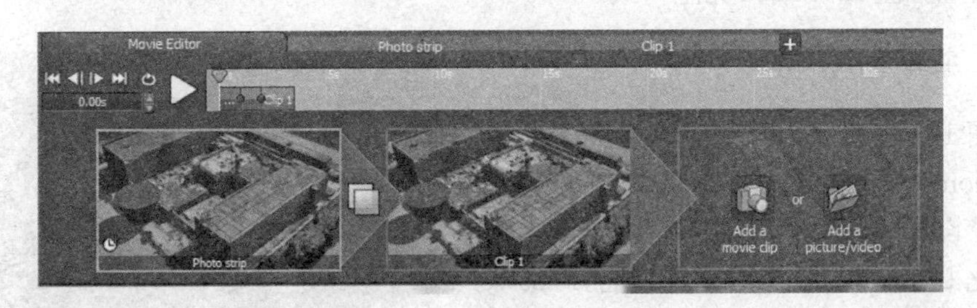

图 10-50 添加另一段电影

10.6 创建/发布 LiveCube

10.6.1 创建/发布 LiveCube

LiveCube 软件是包含模型和配景的三维沉浸式场景，这个场景可以脱离 LumenRT 软件而独立运行。创建 LiveCube 一般有两种方法。

1. 独立 LiveCube

从空白场景开始，用户导入模型，添加自然景观元素，使用地形和海洋工具处理高程，使用地形工具变换不同的地形，使用太阳和大气工具修改大气。

当完成上述准备后，单击侧边栏“File”按钮，如图 10-51 所示。出现子菜单后，单击“share LiveCube”，如图 10-52 所示。展开“Publishing Options”，单击图 10-52 中 1 所指的“LiveCube”；再单击图 10-53 中“2”指向的按钮，指定保存位置和文件名；最后，单击图 10-52 中“3”指向的按钮“publish”，把 LiveCube 发布到指定位置。

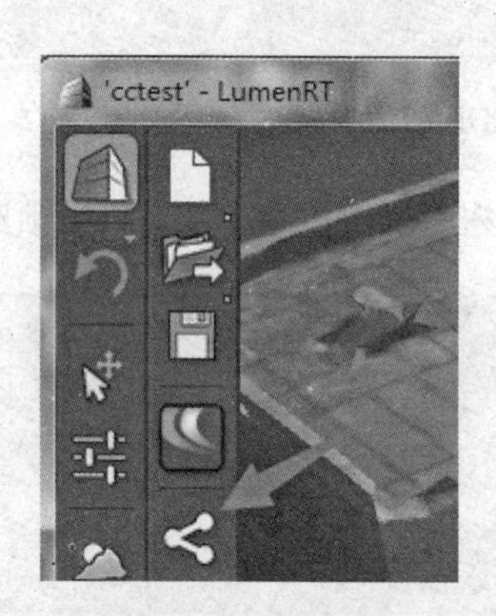

图 10-51　File 按钮

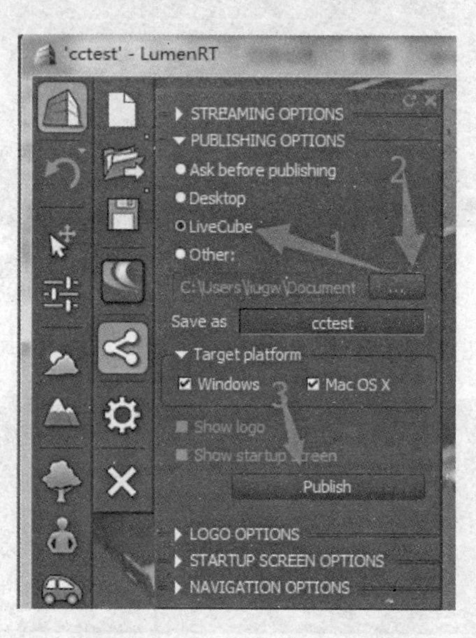

图 10-52　share LiveCube 按钮

2. 导出

从支持的 CAD/BIM/GIS 系统中导出模型和 LumenRT 素材，然后在场景中添加元素。导出设置和独立 LiveCube 完全一致。

10.6.2　共享 LiveCube

如图 10-53 所示，共享按钮的上部“Streaming Options”（流媒体选项），是共享 LiveCube 的选项。设置这些选项允许用户用因特网账号流媒体化 LiveCube。Login 是用户名，Password 是密码。

流媒体化 LiveCube 是让 LiveCube 运行在一个 Web 服务器的服务流，用来提供高质量的 3D 交互体验。这样，无论在世界哪个地方，只要有网络，有一个支持 HTML5 的浏览器，如 Google Chrome，Mozilla Firefox，Apple Safari，就可以实时进行三维浏览。

图 10-53　共享 LiveCube

11 PowerCivil 软件应用

PowerCivil 软件是一款面向公路、铁路、桥隧、场地、雨水道等基础设施设计的专业软件，也是土木行业的 BIM 平台，可为土木工程和交通运输基础设施项目的整个生命周期提供支持。

公路工程由路线工程和结构工程两大部分组成。公路路线的平面、纵断面和横断面是公路的几何组成部分。公路路线是公路的中心线。公路路线由平面上有曲线、纵面上有起伏的立体空间线形组成。公路的平面线形由直线和平曲线组成，平曲线包括圆曲线和缓和曲线。公路纵面线形包括直线坡和竖曲线。

公路的结构工程包括路基、路面、桥涵、隧道、排水工程、防护工程、路线交叉工程和公路沿线设施。

PowerCivil 软件可方便地完成整个土木工程项目的设计，并为施工、运维提供基础信息模型，是工程设计公司和交通运输机构实施 BIM 的理想平台。

11.1 PowerCivil 软件安装与界面

11.1.1 PowerCivil 软件安装

完整的 PowerCivil 软件的安装应包括 PowerCivil 的安装和 PowerCivil for China Country Kit 的安装，两个程序的图标如图 11-1 所示。

图 11-1 安装文件图标

PowerCivil 的安装和其他 Bentley 软件的安装过程类似，其安装过程如图 11-2 所示。

Bentley PowerCivil for China Country Kit 包括中国使用的道路标准，包括报表、标准和设计文件。安装过程根据提示进行即可。

(a) 安装步骤 1

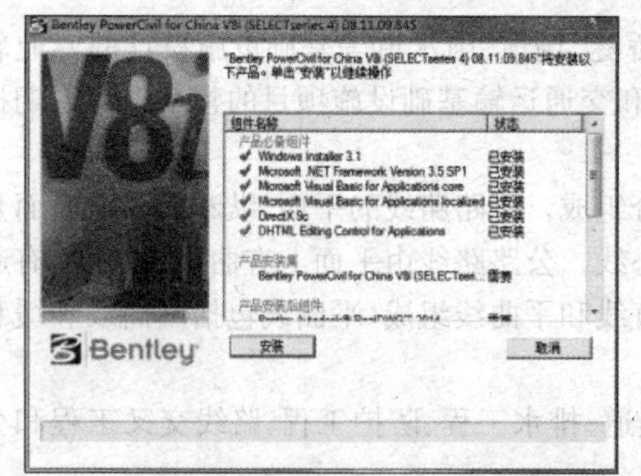

(b) 安装步骤 2

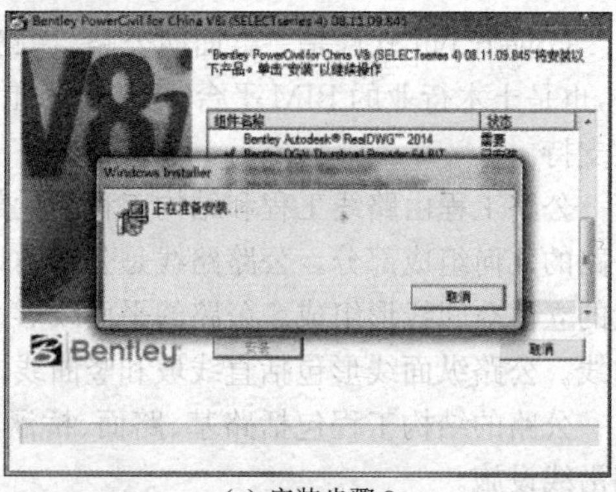

(c) 安装步骤 3

(d) 安装步骤 4

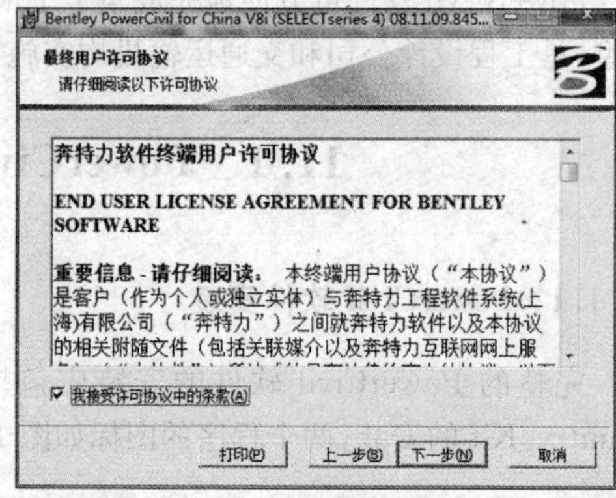

(e) 安装步骤 5

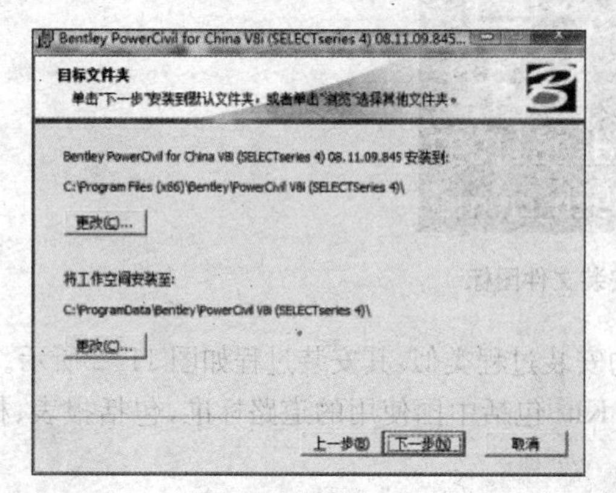

(f) 安装步骤 6

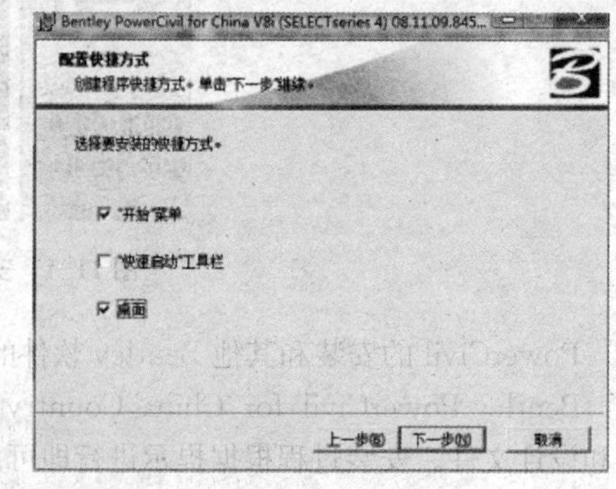

(g) 安装步骤 7

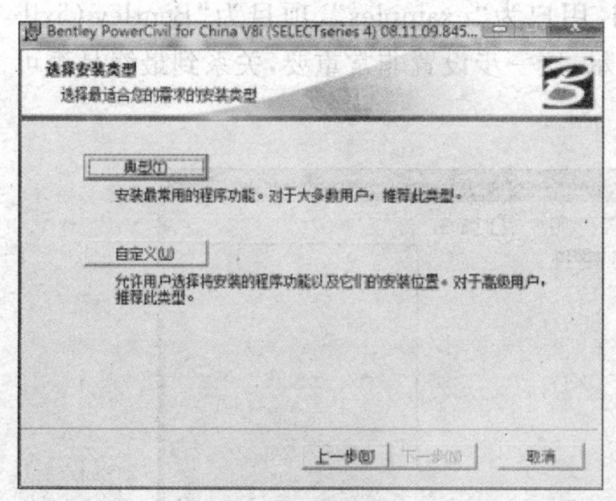

(h) 安装步骤 8

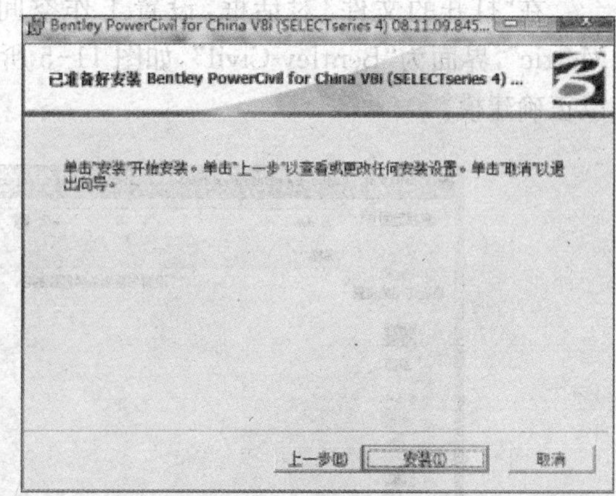

(j) 安装步骤 9

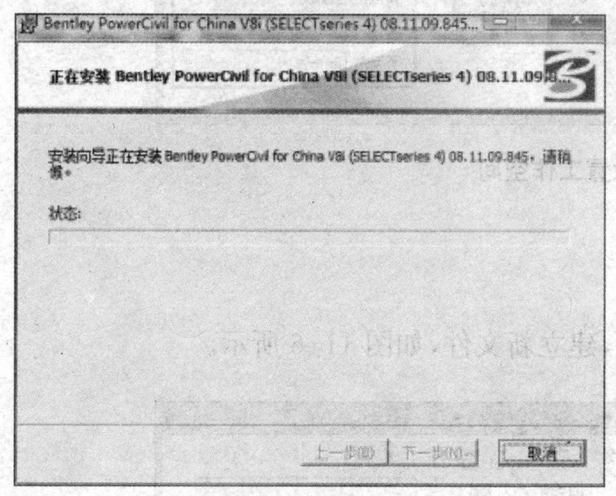

(k) 安装步骤 10

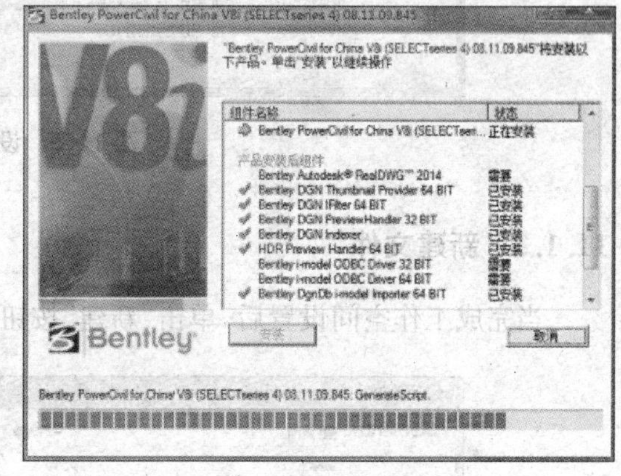

(m) 安装步骤 11

图 11-2　PowerCivil 软件安装

11.1.2　第一次启动与界面

PowerCivil 安装后第一次启动，首先看到的是闪烁屏幕(图 11-3)，然后，停留在"打开的文件"对话框，如图 11-4 所示。

图 11-3　闪烁屏幕

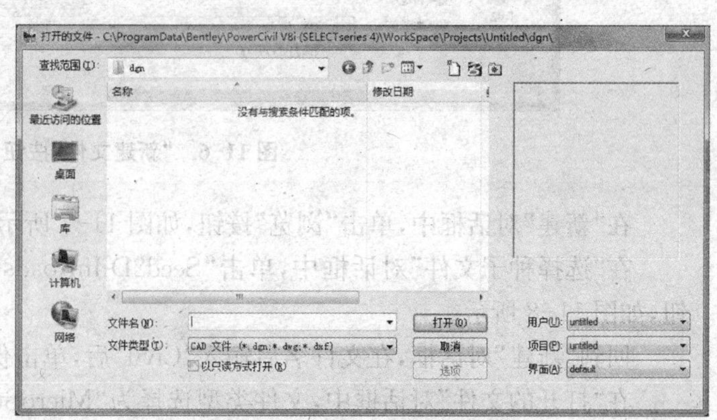

图 11-4　"打开的文件"对话框

在“打开的文件”对话框，设置工作空间，用户为“examples”，项目为“Bentley-Civil-Metric”，界面为“Bentley-Civil”，如图11-5所示，这一步设置非常重要，关系到最终是否可以正确建模。

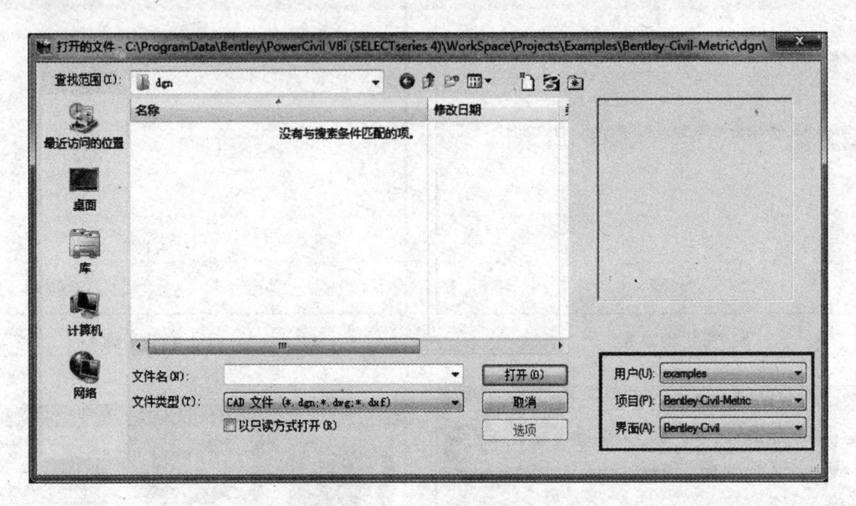

图11-5 设置工作空间

11.1.3 新建文件

当完成工作空间设置后，单击“新建”按钮，建立新文件，如图11-6所示。

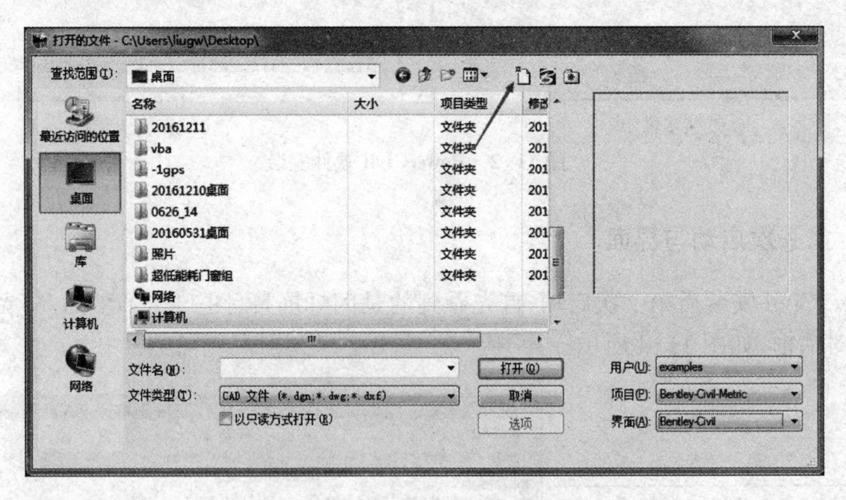

图11-6 “新建文件”按钮

在“新建”对话框中，单击“浏览”按钮，如图11-7所示，打开“选择种子文件”对话框。

在“选择种子文件”对话框中，单击“Seed2D-InRoads-Metric. dgn”，然后单击“打开”按钮，如图11-8所示。

回到“新建”对话框，在文件名后输入“Civil”后，单击保存，如图11-9所示。

在“打开的文件”对话框中，文件类型选择为“MicroStation DGN文件(*. dgn)”，确保工作空间设置为用户“examples”，项目“Bentley-Civil-Metric”，界面“Bentley-Civil”，单击

"打开"按钮,如图 11-10 所示。此时,进入 PowerCivil 主界面,如图 11-11 所示。

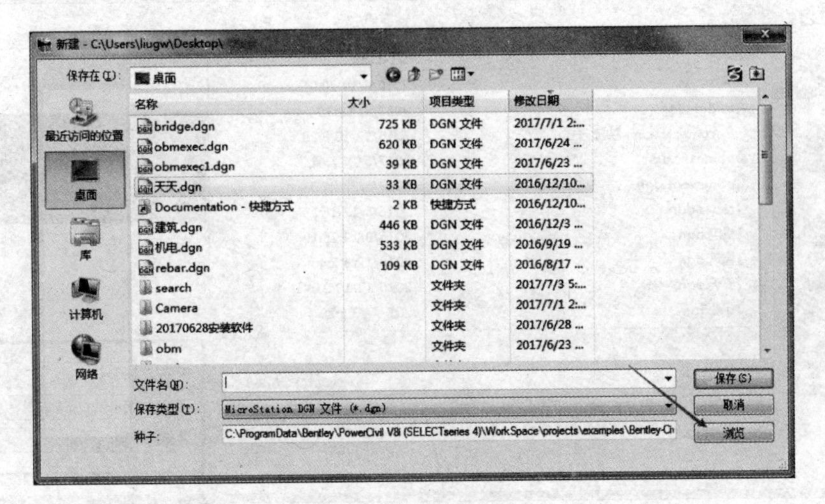

图 11-7　新建对话框

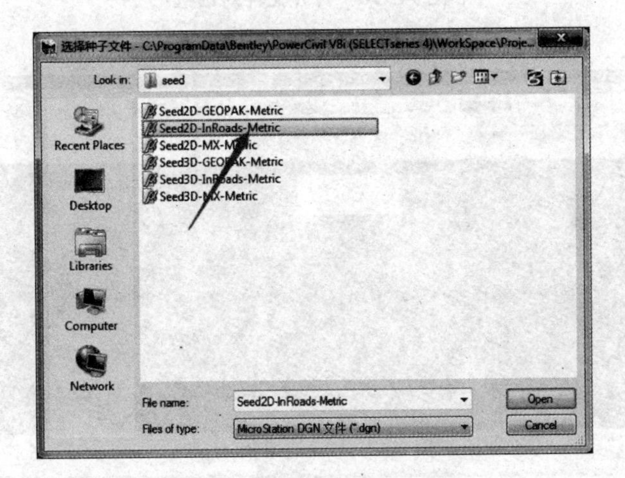

图 11-8　选择种子文件对话框

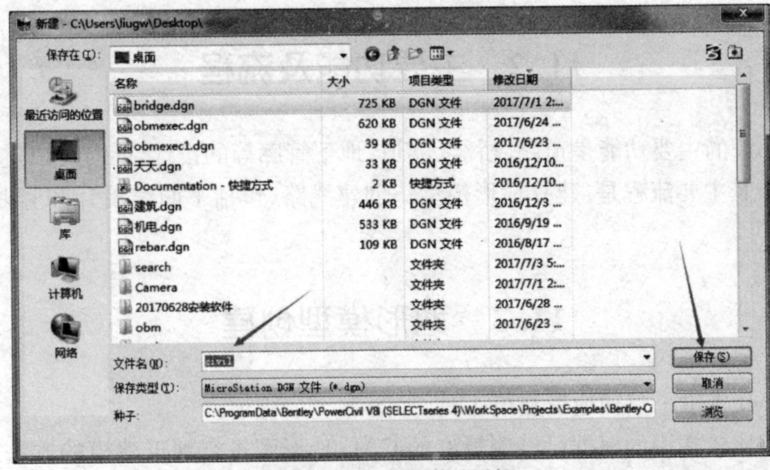

图 11-9　"新建"对话框

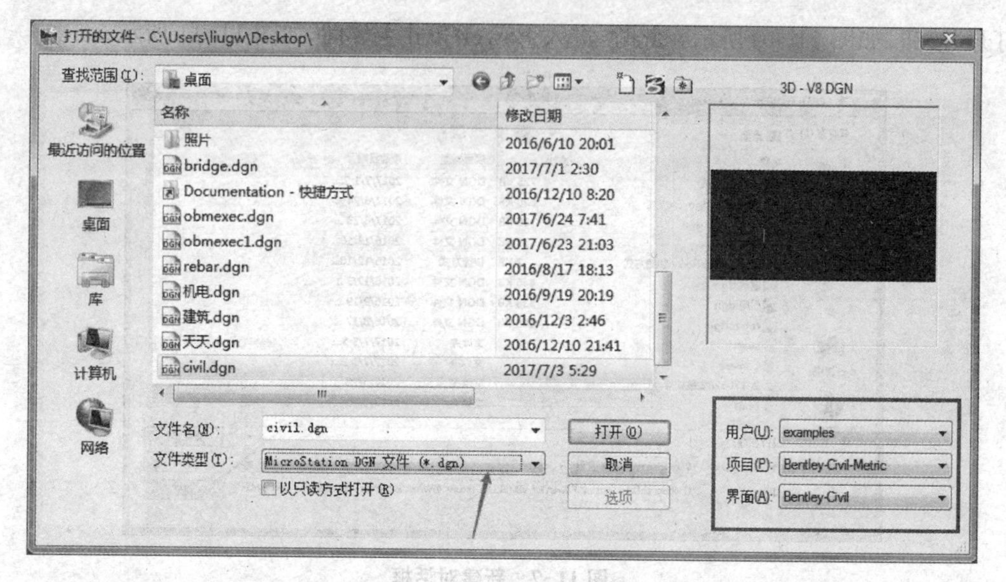

图 11-10　打开文件对话框

图 11-11　PowerCivil 主界面

11.2　主要功能及流程

PowerCivil 的主要功能是道路、桥梁、隧道、地下管廊等的设计，同时可以进行排水设计和土方计算。其主要流程是：建立地形模型→创建线路（包括平曲线设计和竖曲线设计）→创建廊道。

11.3　地形模型创建

PowerCivil 提供了多种地形建模工具，如图 11-12 所示。

这里介绍比较常用的根据已经测量好的 CAD 地形图进行地形建模的方法。在开始之前，读者需要准备一个带有测量点和高程的“DWG”文件。

单击“参考”按钮，如图 11-13 所示。

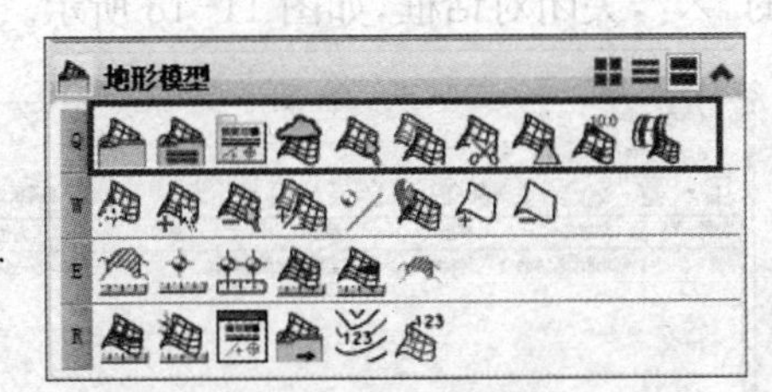

图 11-12　PowerCivil 地形建模工具　　图 11-13　参考按钮

在打开的“参考”对话框中，单击“连接”按钮，如图 11-14 所示。

在打开的“连接参考”对话框中，找到带有测量点和高程的“DWG”文件并单击，然后，单击“打开”按钮，如图 11-15 所示。

在弹出的“DWG/DXF 单位”对话框中选择 DWG 文件的单位，并单击“确定”按钮，如图 11-16 所示。

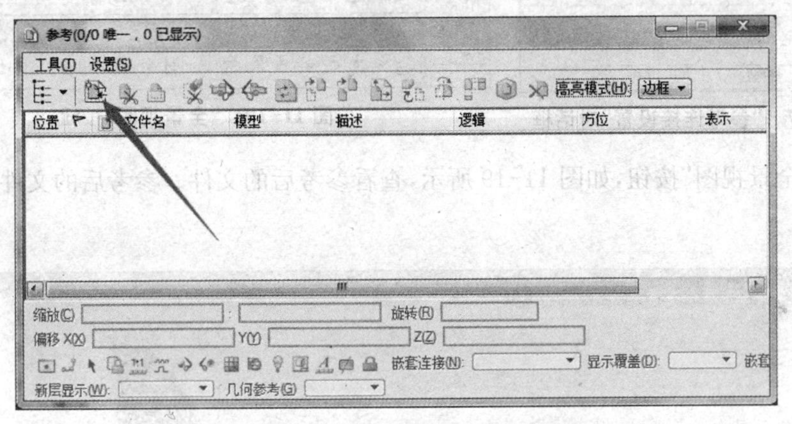

图 11-14　“参考”对话框和“连接”按钮

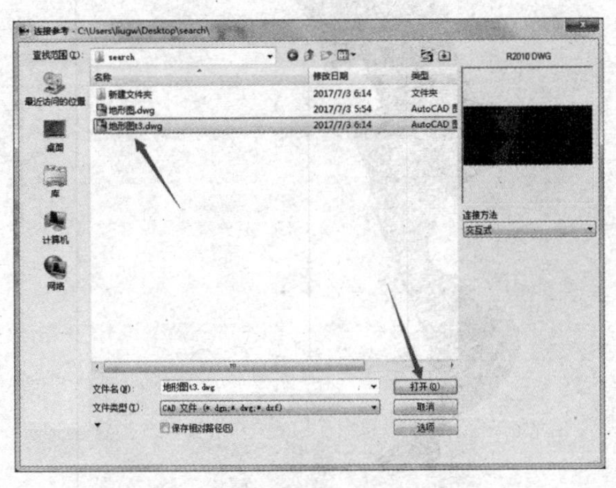

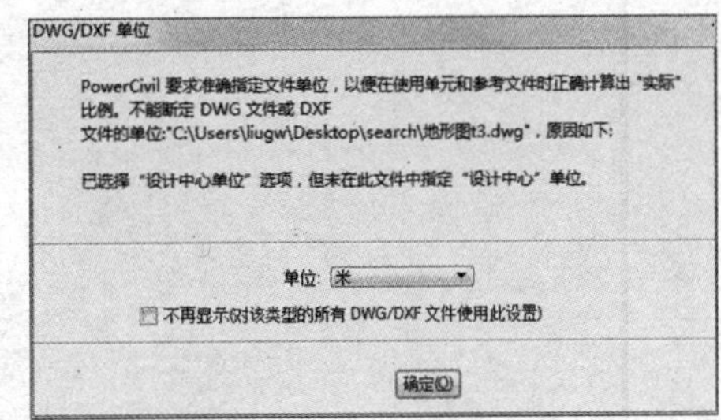

图 11-15　“连接参考”对话框　　图 11-16　“DWG/DXF 单位”对话框

在弹出的“参考连接设置”对话框中，单击确定按钮，如图 11-17 所示。

在“参考”对话框中，单击右上角的“×”，关闭对话框，如图 11-18 所示。

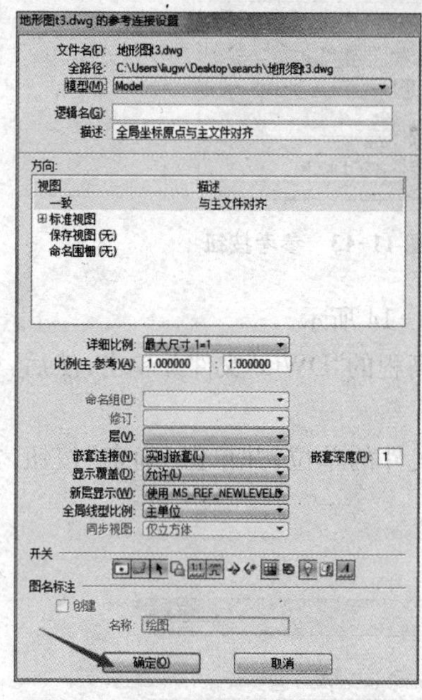

图 11-17 “参考连接设置”对话框

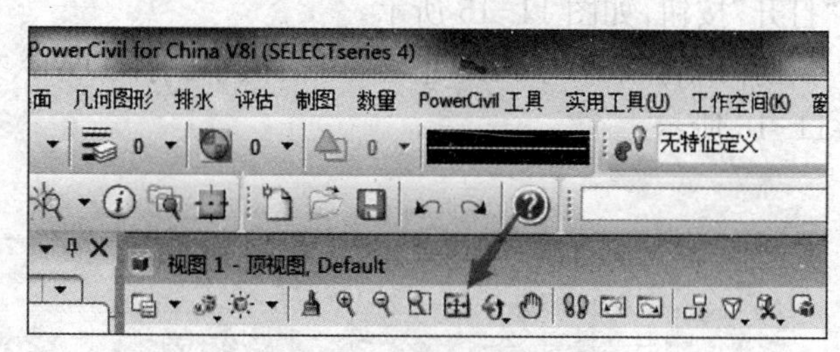

图 11-18 关闭对话框按钮

图 11-19 “全景视图”按钮

单击“全景视图”按钮，如图 11-19 所示，查看参考后的文件。参考后的文件如图 11-20 所示。

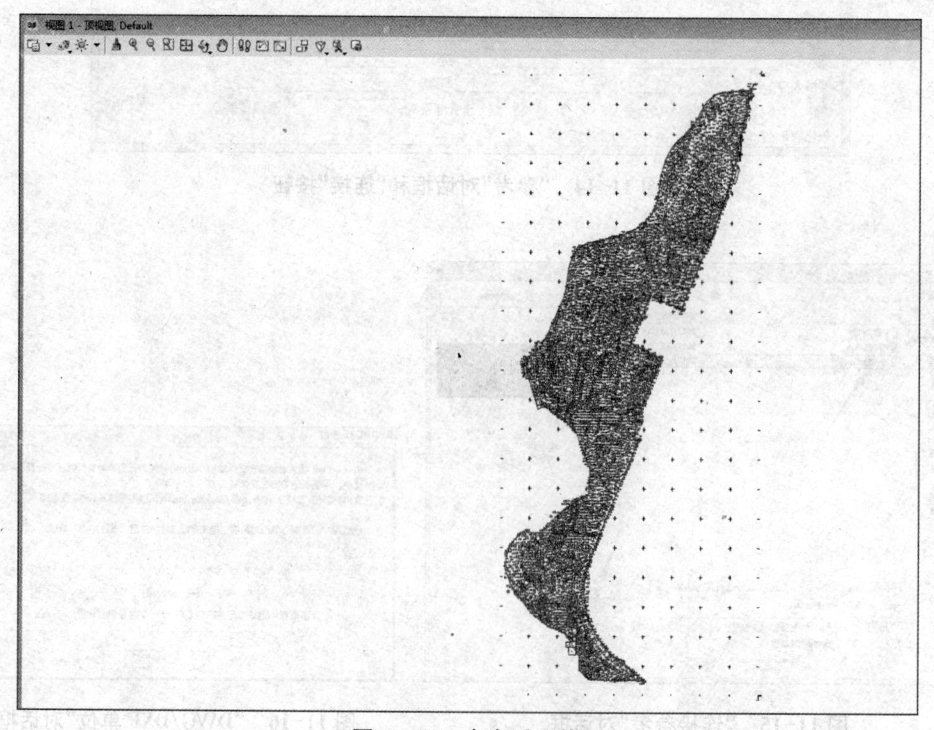

图 11-20 参考后文件

在视图 1 中滚动鼠标滚轮，将视图局部放大并单击鼠标左键，选择任意一个测量点，如图 11-21 所示高程为 194.78 的点被选中。

单击任务栏"地形模型"中的 Q3 图标"按图形过滤器创建地形模型"，如图 11-22 所示。

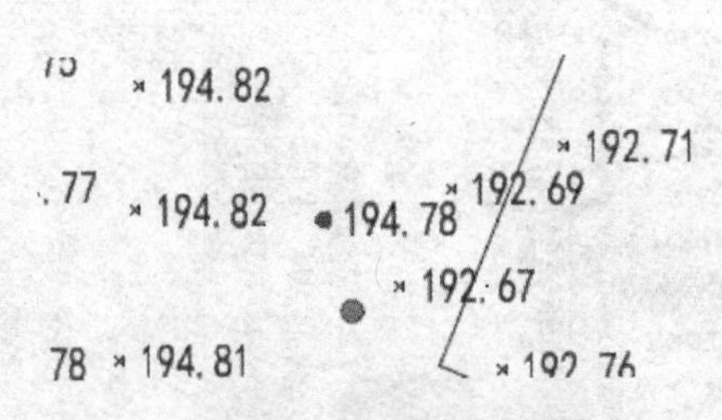

图 11-21 选中高程点

图 11-22 任务栏图标

在弹出的"按图形过滤器创建地形模型"对话框中，边界方法后选择"无"，特征定义选择"Existing_Triangles"，名称为"Existing_Triangles"，然后，单击"地形过滤器管理器"按钮，如图 11-23 所示。

在弹出的"地形过滤器管理器"对话框中，将左侧滚动条滚动到顶端，单击"过滤器"，然后单击"添加过滤器"按钮，如图 11-24 所示。

在右侧的"属性"中，名称填写过滤器的名称，这里填"高程点"，特征类型选择"点"，然后单击"编辑过滤器"按钮，如图 11-25 所示。

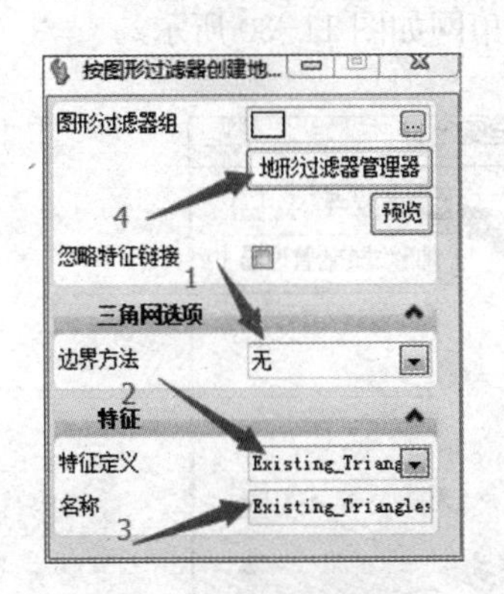

图 11-23 "按图形过滤器创建地形模型"对话框

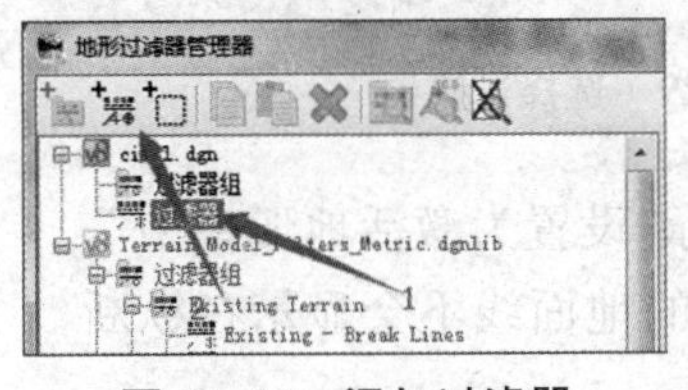

图 11-24 添加过滤器

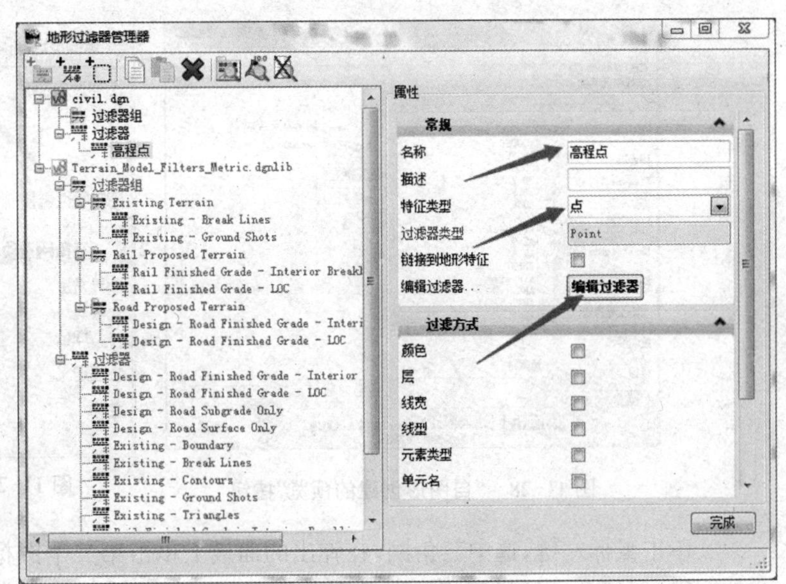

图 11-25 属性设置

在"编辑过滤器"对话框中单击"通过选择"按钮，如图 11-26 所示。

依次单击"选择单元名称"下左侧列表中的各项，只保留"Levels"(图层)、"CellNames"

(单元名称),其他的都从最右侧列表中单击后,单击“删除”按钮进行移除,完成后如图11-27所示。

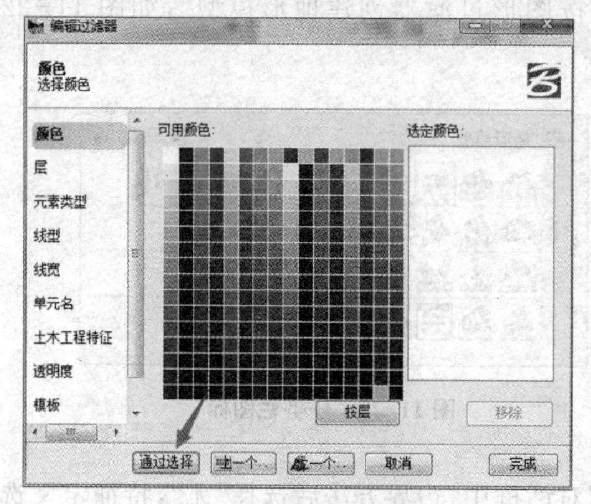

图 11-26 通过选择按钮

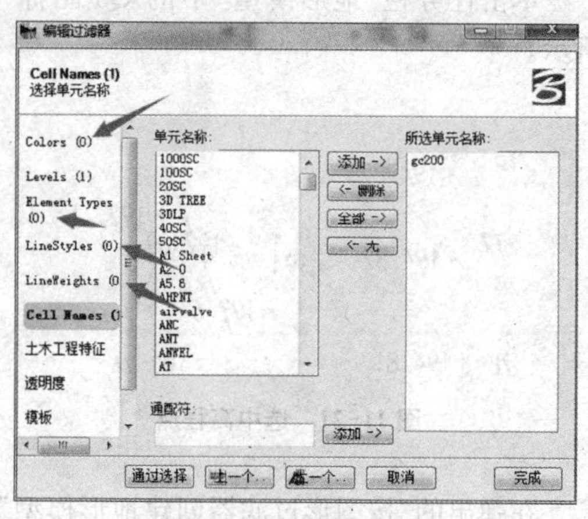

图 11-27 选择属性

单击“通过选择”按钮旁边的“自图形创建的预览”按钮(由于分辨率的原因,部分电脑的这个按钮会和其他按钮重合,根据提示单击即可),如图 11-28 所示。此时,会看到在视图中符合条件的点都被高亮显示。然后,单击“完成”按钮。

单击“完成”按钮,关闭“地形过滤器管理器”。

在“按图形过滤器创建地形模型”对话框中,单击“图形过滤器组”后的按钮,选择“高程点”,如图 11-29 所示。在空白处单击鼠标左键,生成的地形模型三角网如图 11-30 所示。

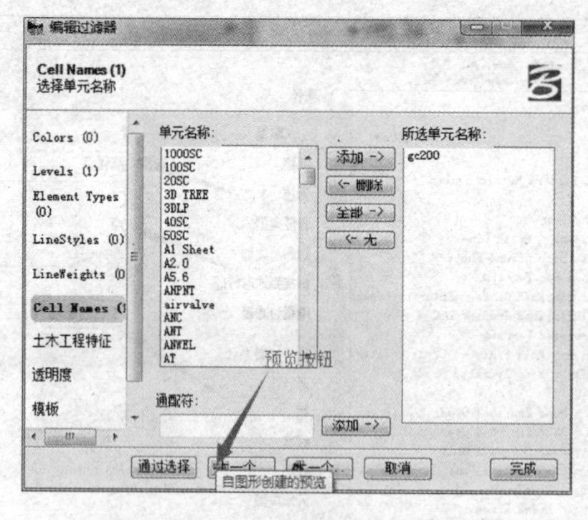

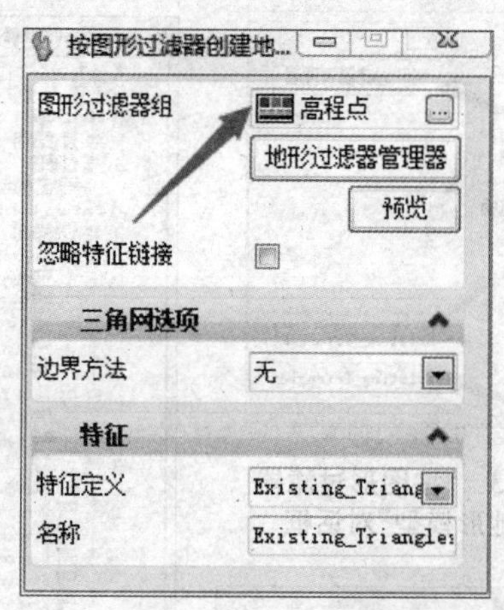

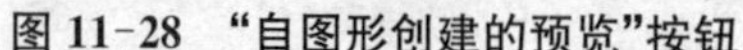

图 11-28 “自图形创建的预览”按钮

图 11-29 选择过滤器

单击鼠标左键,选中三角网,在弹出的面板上单击第二个图标“设置为激活地形模型”,如图11-31所示。这样就将地形模型激活了,没有被激活的模型的地面线不会显示在纵断面的视图中。

在视图 1 中长按鼠标右键,在弹出的菜单上选择“View Control”→“Views 2D/3D”如图 11-32 所示。

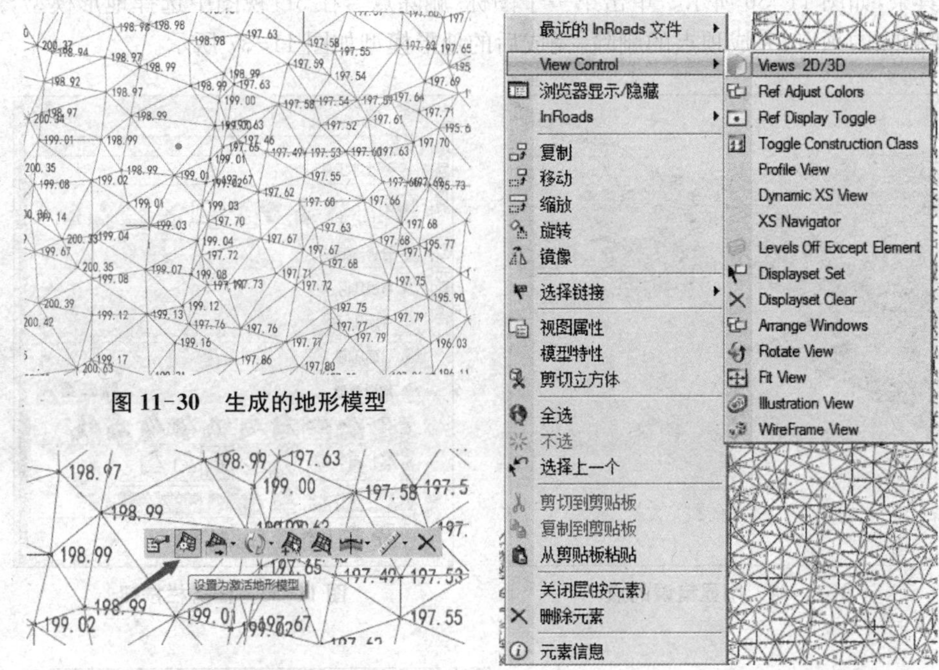

图 11-30　生成的地形模型

图 11-31　激活地形模型

图 11-32　Views 2D/3D 菜单

卸载参考。打开“参考”对话框，单击“卸载”按钮，弹出“警告”对话框，单击“确定”按钮，卸载参考后的界面如图 11-33 所示。

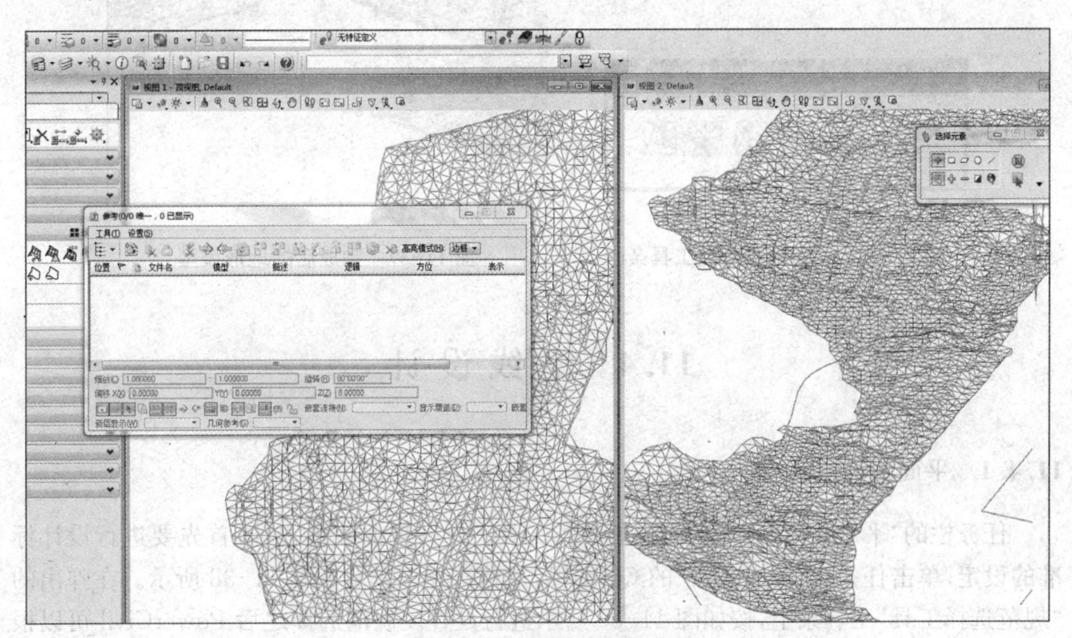

图 11-33　卸载后的界面

修正地形模型。旋转三维模型，会发现一些点明显错误，如图 11-34 所示。这时，需要对模型进行修正。

单击任务栏的“地形模型”的 W6“编辑地形模型”，如图 11-35 所示。弹出“编辑地形模型”工具条，如图 11-36 所示。单击第一个图标“删除点”，在 3D 视图中选择地形模型，然后单击要删除的顶点，完成顶点的删除，完成后的地形模型如图 11-37 所示。

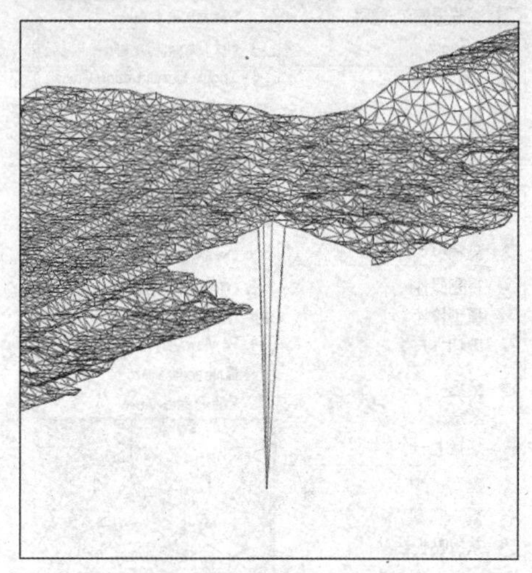

图 11-34　明显错误的点

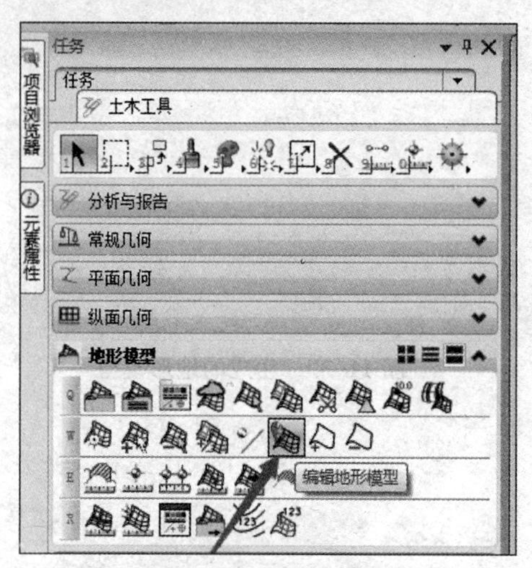

图 11-35　任务栏按钮

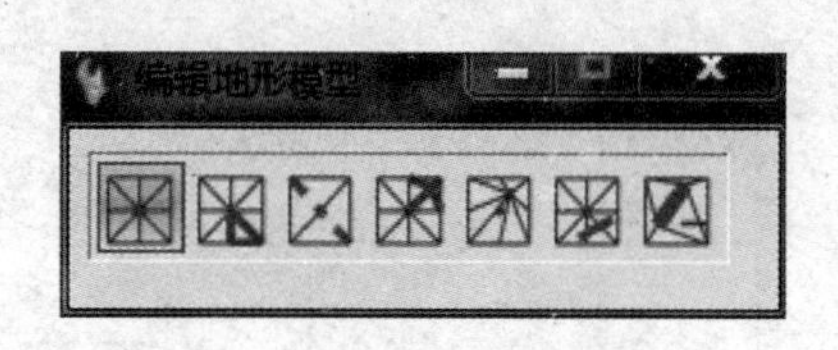

图 11-36　编辑地形模型工具条

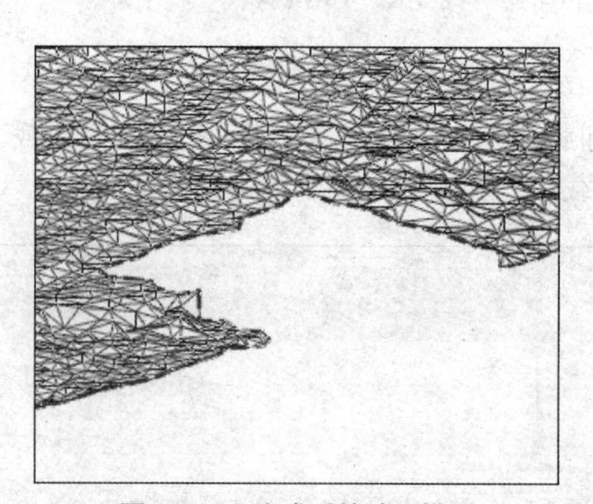

图 11-37　完成后的地形模型

11.4　路线设计

11.4.1　平面线形设计

任务栏的“平面几何”就是平面线形设计工具。设计平面线形之前，首先要进行设计标准的设定，单击任务栏“平面几何”的 Q1 图标“规范选择工具”，如图 11-38 所示。在弹出的“规范选择工具”工具条上，按如图 11-39 所示进行设置。规范选择之后 PowerCivil 可以根据选择的规范进行设计校核，提醒不符合规范要求的设计。

PowerCivil 中的平面线形设计一般有两种方式。一种方式是分段绘制首尾连接的直线和平曲线，之后将这些直线和平曲线连接起来，形成线路。另一种方式是直接采用交点法进行设计。

图 11-38　任务栏按钮

图 11-39　规范选择工具

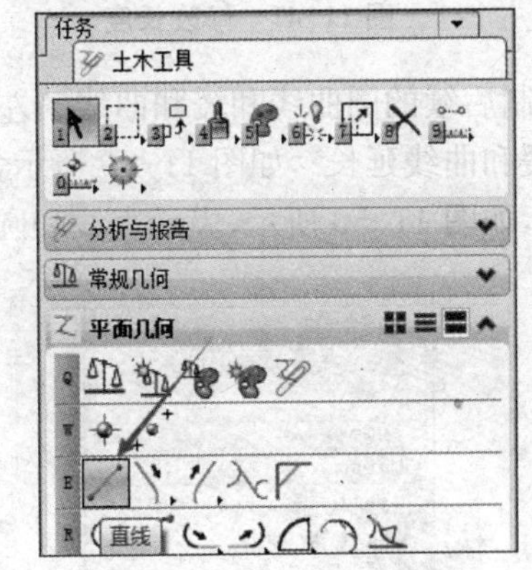

图 11-40　任务栏按钮

1. 分段绘制平面线形

单击“平面几何”的“直线”，如图 11-40 所示。在弹出的“直线”对话框中，“特征定义”后选择“Geom_Centerline”，如图 11-41 所示。移动鼠标，鼠标指针处出现提示“输入起始点”，如图 11-42 所示。在视图 1 中单击确定第一点，再移动鼠标，会拖出一条从起始点开始的直线，直线上部显示角度，下部显示长度，鼠标指针处出现提示“输入终点”，如图 11-43 所示。单击确定第二点，完成直线的绘制，如图 11-44 所示。

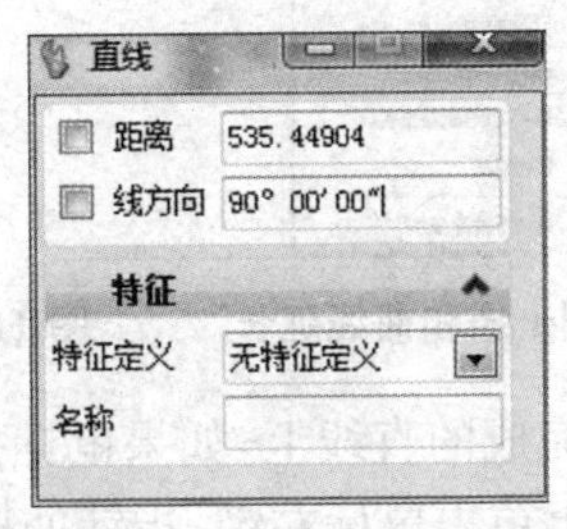

图 11-41　“直线”对话框　图 11-42　鼠标指针提示

图 11-43　绘制过程的提示　　图 11-44　绘制完成

鼠标指针处继续显示“输入起始点”，单击“选择元素”，退出绘制状态。单击选中刚才绘制的直线，如图 11-45 所示。在表示长度的数字上单击鼠标左键，如图 11-46 所示，在弹出的编辑框内输入“300”并按回车键，如图 11-47 所示，此时线段的长度修改为 300 m，如图 11-48 所示。

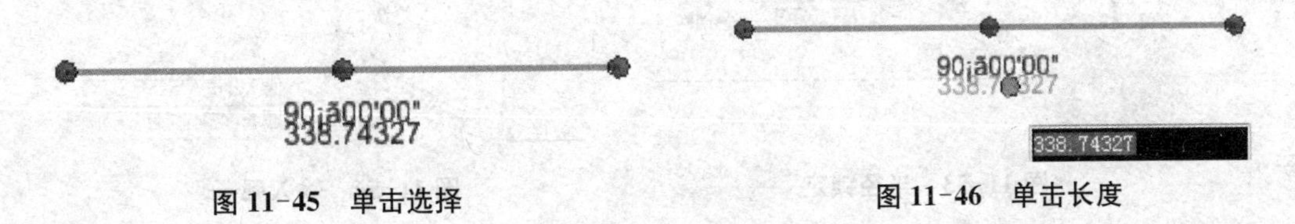

图 11-45　单击选择　　图 11-46　单击长度

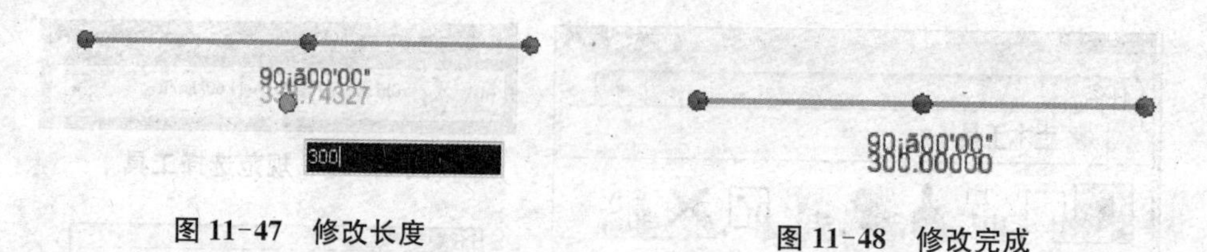

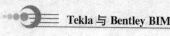

图 11-47　修改长度　　　图 11-48　修改完成

绘制后续的圆曲线和缓和曲线。左键长击平面几何的 R4 图标，在弹出的菜单上选择“圆＋缓和曲线延长”，如图 11-49 所示，在弹出的“圆＋缓和曲线延长”对话框中，长度后输入“60”，如图 11-50 所示，表示直线和圆曲线之间的缓和曲线长度为 60 m。

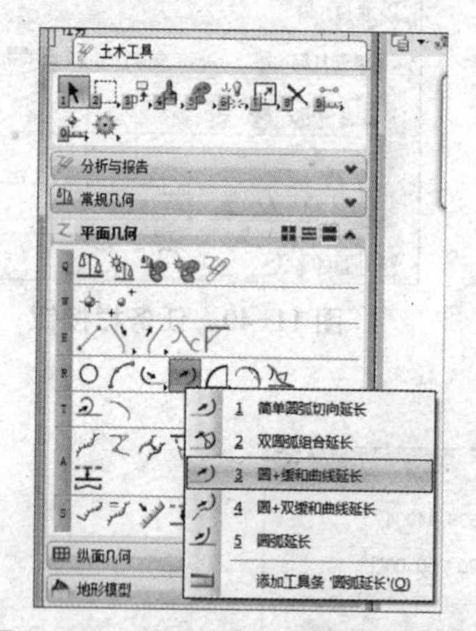

图 11-49　选择“圆＋缓和曲线延长”　　　图 11-50　“圆＋缓和曲线延长”对话框

移动鼠标到刚刚绘制完成的直线上，如果鼠标指针出现禁止图标，如图 11-51 所示，可以按一下“Alt”键，在直线上单击鼠标左键，指针处提示“输入起始点”，如图11-52 所示。

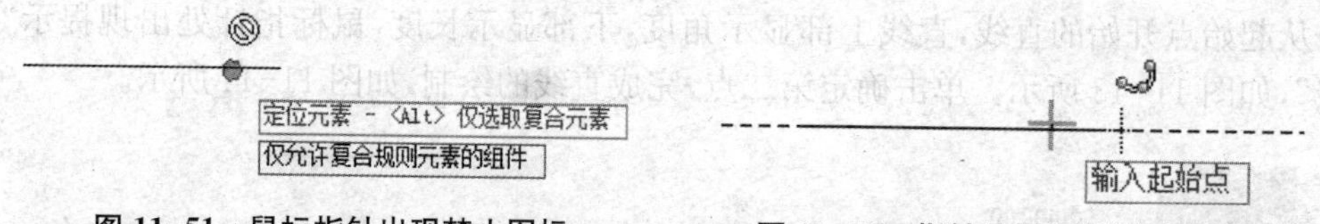

图 11-51　鼠标指针出现禁止图标　　　图 11-52　指针处提示“输入起始点”

在直线上任意点单击鼠标完成起始点输入，移动鼠标，指针处提示“半径”，输入“300”并回车，此时鼠标指针处出现锁的图标，表示半径锁定，如图 11-53 所示。移动鼠标，指针处提示“弧长”，移动鼠标并单击，确定弧长，如图 11-54 所示。

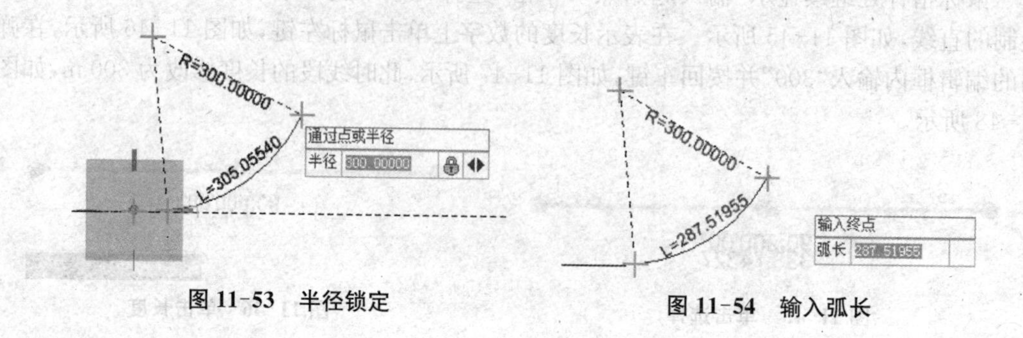

图 11-53　半径锁定　　　图 11-54　输入弧长

鼠标指针提示“修剪/扩展”如图 11-55 所示，可以用上、下键切换，确定为“向后”，单击鼠标左键后，结果如图 11-56 所示。

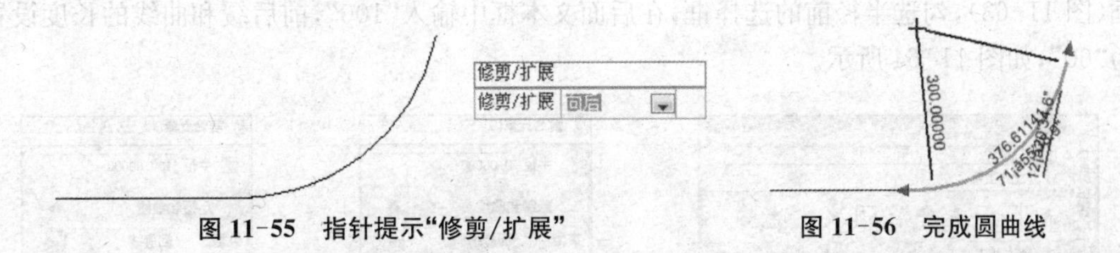

图 11-55　指针提示“修剪/扩展”　　图 11-56　完成圆曲线

此时，可以单击直线或者圆曲线，并在相应的尺寸标注上单击，进行修改。（这一点非常重要，读者要牢记。）

2. 创建路线

分段绘制直线和平曲线之后，需要把分段绘制的直线和平曲线首尾相连，形成一个完整的路线。单击“平面几何”中的 A1“积木法则创建路线”，如图 11-57 所示。在弹出的“创建复合路线”对话框中的“方法”后选择“自动”，最大间隙保持为 0.01，如图 11-58 所示。

移动鼠标到绘制完成的线上，指针处提示“定位第一个元素”，如图 11-59 所示。注意出现的箭头，表示路线的方向，如果移动到曲线段右侧，箭头如图 11-60 所示。单击鼠标，确定第一个元素，之后，PowerCivil 会把间隙小于 0.01 m 的线段首尾连接，形成一条路线，如图 11-61 所示。

图 11-58　“创建复合路线”对话框

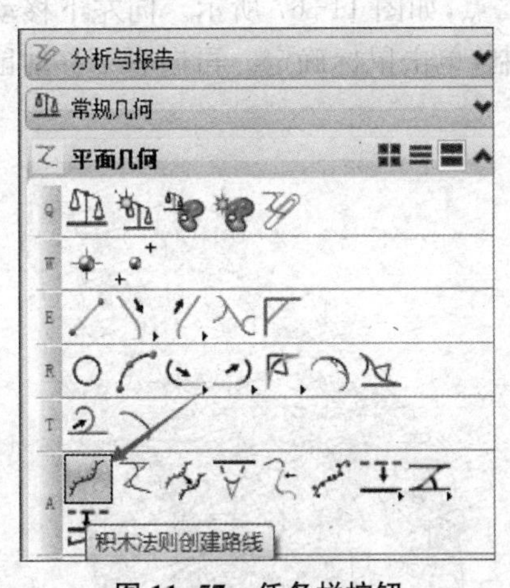

图 11-57　任务栏按钮

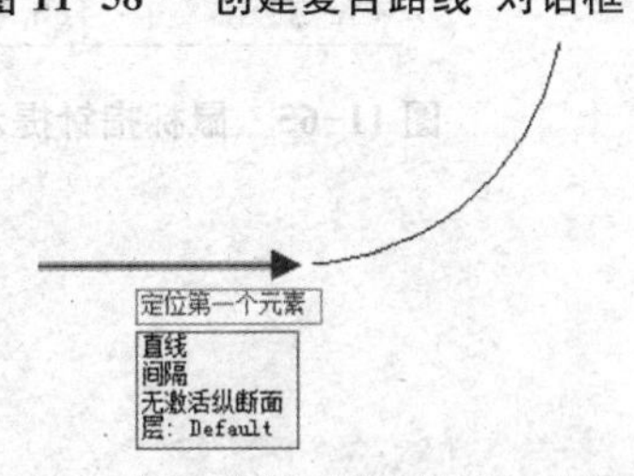

图 11-59　指针处提示“定位第一个元素”

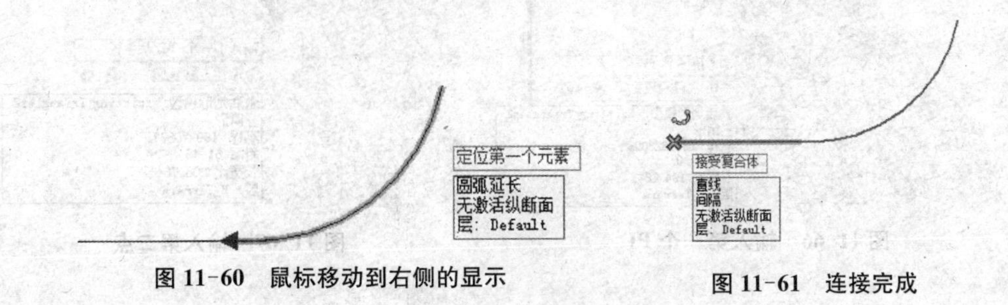

图 11-60　鼠标移动到右侧的显示　　图 11-61　连接完成

3. 交点法绘制平面线形

单击“平面几何”的 A2 图标“交点法创建路线”(图 11-62),弹出“复合元素创建”对话框(图 11-63),勾选半径前的选择框,在后面文本框中输入“100”,前后缓和曲线的长度设置为“60”,如图 11-64 所示。

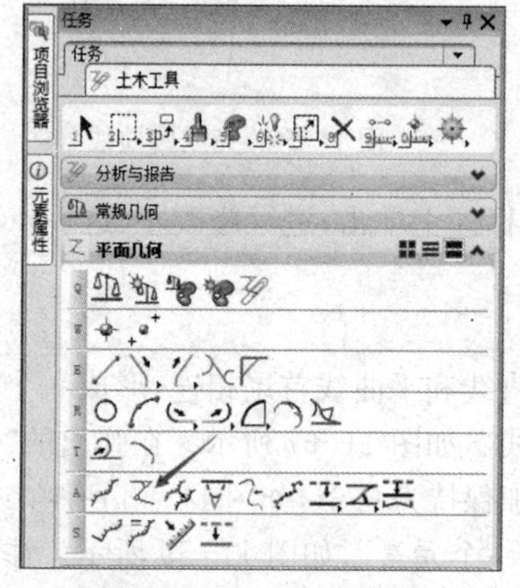

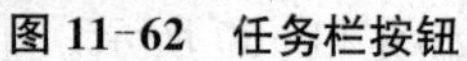

图 11-62　任务栏按钮

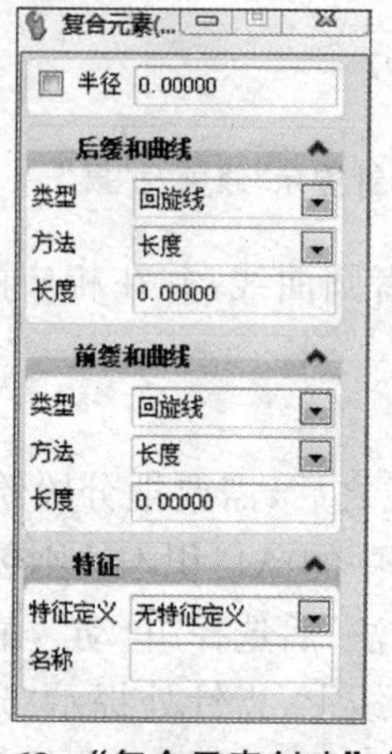

图 11-63　“复合元素创建”对话框

图 11-64　设置

在视图 1 移动鼠标,鼠标指针提示“半径”,保持默认值,如图11-65所示。此时移动鼠标到已经绘制完成的地形模型的三角网中,单击鼠标左键,如图 11-66 所示。

向下移动鼠标,单击鼠标确定路线上的第二点,如图 11-67 所示。向左下移动鼠标,如图 11-68 所示,会看到圆曲线和缓和曲线的绘制,单击鼠标确定。再向右下移动鼠标,单击左键,确定第三点,如图 11-69 所示。

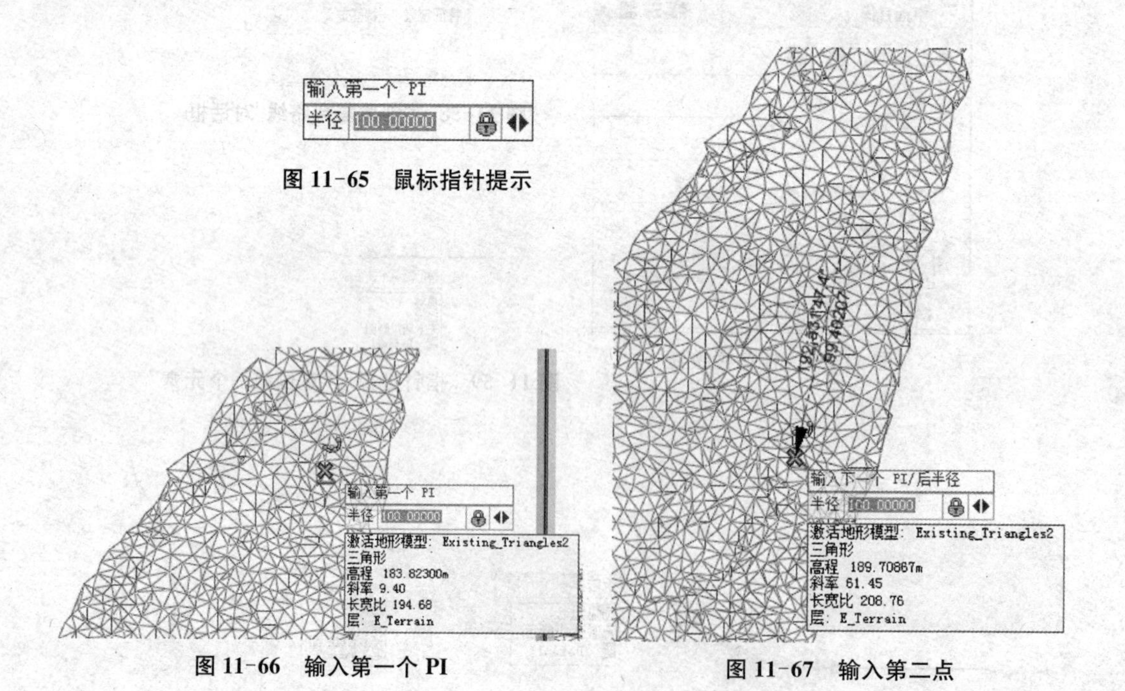

图 11-65　鼠标指针提示

图 11-66　输入第一个 PI

图 11-67　输入第二点

单击鼠标右键结束路线的绘制。完成的路线如图 11-70 所示。

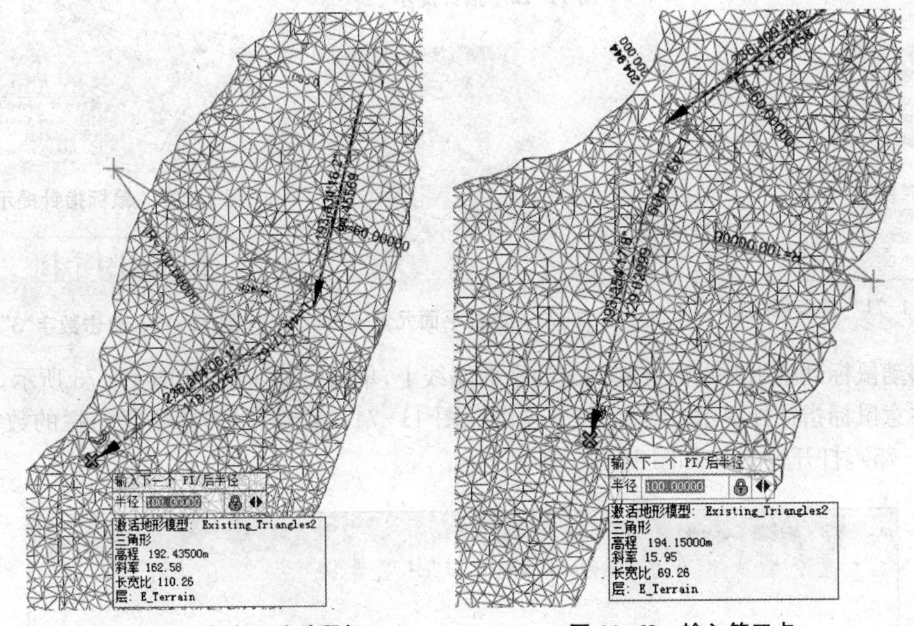

图 11-68 向左下移动鼠标　　　图 11-69 输入第三点

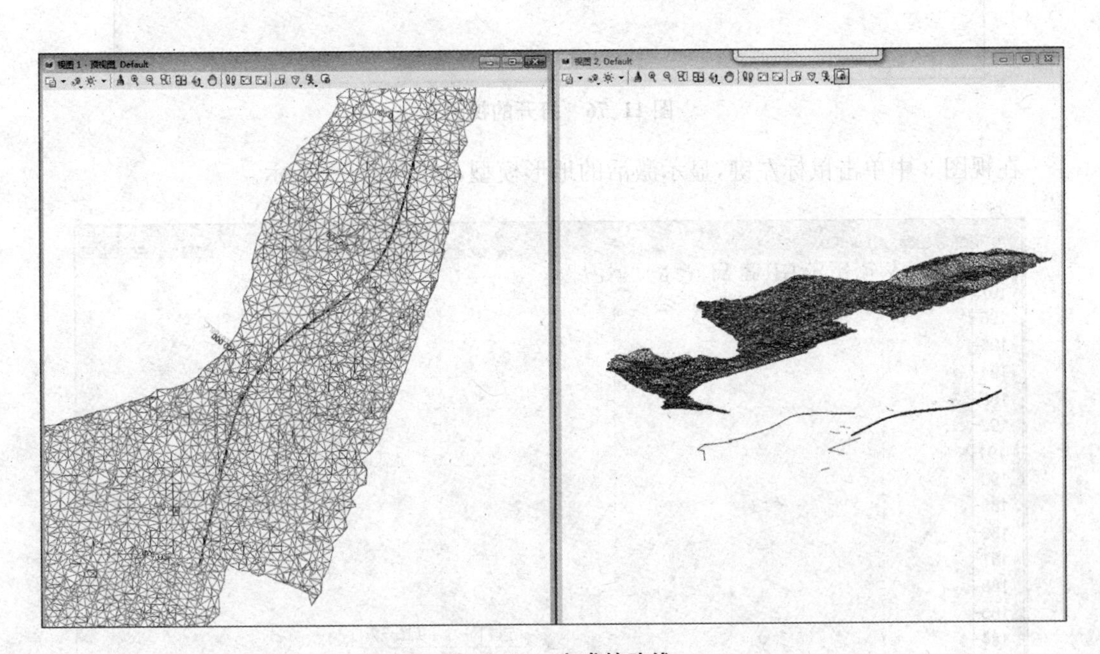

图 11-70 完成的路线

11.4.2 纵面线形设计

单击“纵面几何”下的 Q1 图标“打开纵断面模型”，如图 11-71 所示。鼠标指针提示“定位平面图元素”，如图 11-72 所示。

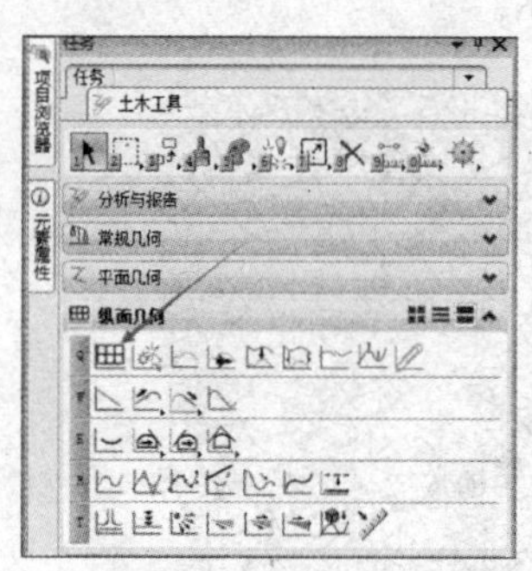

图 11-71　任务栏按钮

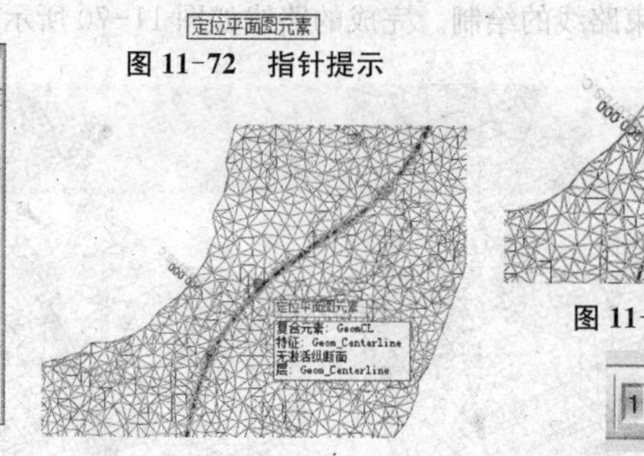

图 11-72　指针提示

图 11-73　定位平面元素

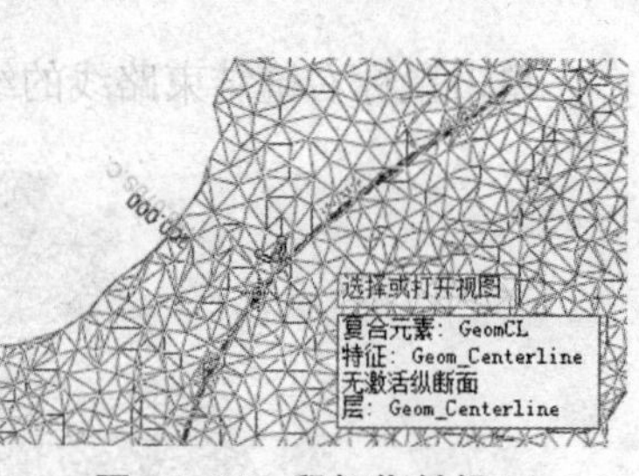

图 11-74　鼠标指针提示

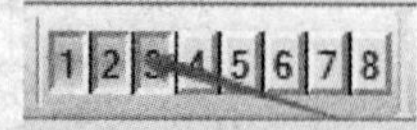

图 11-75　单击数字“3”

移动鼠标到刚用交点法绘制完成的平面路线上，单击鼠标左键，如图 11-73 所示。

注意鼠标指针处提示“选择或打开视图”(图 11-74)，移动鼠标，单击状态栏的数字“3”(图 11-75)，打开视图 3，如图 11-76 所示。

图 11-76　打开的视图 3

在视图 3 中单击鼠标左键，显示激活的地形模型，如图 11-77 所示。

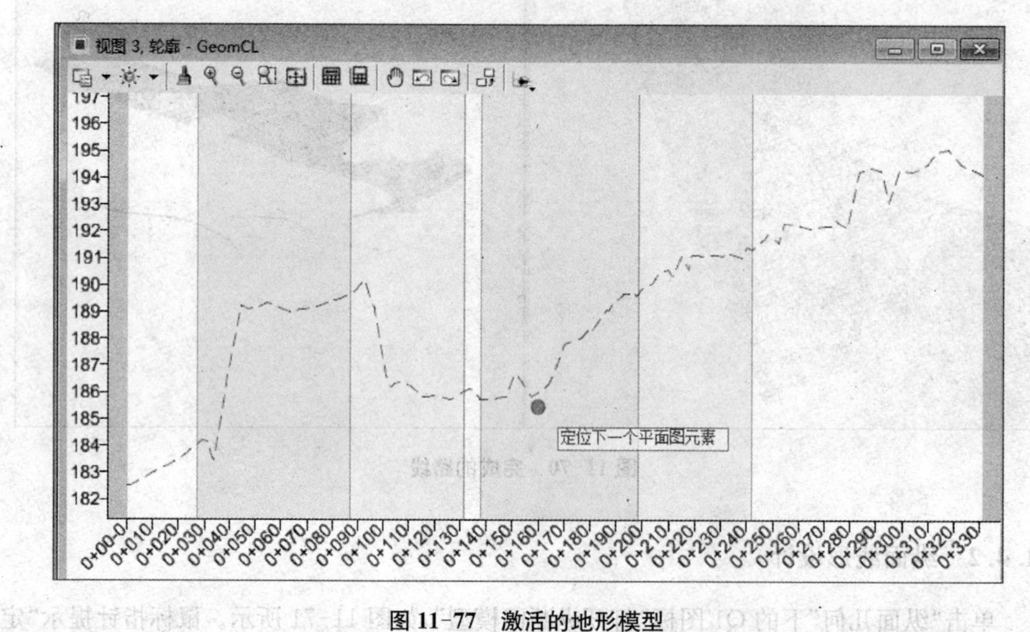

图 11-77　激活的地形模型

单击“纵面几何”的 R2 图标“按竖交点创建纵断面”，如图 11-78 所示。弹出“复合元素(按 VPI)”对话框，如图 11-79 所示。

移动鼠标，在视图 3 中单击，绘制纵断面线如图 11-80 所示。

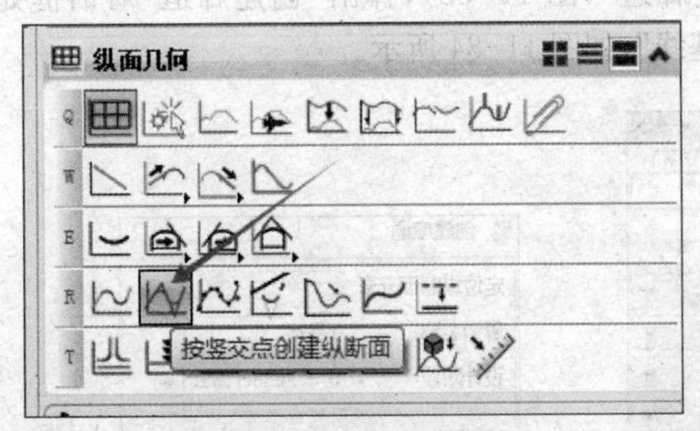

图 11-78　任务栏按钮

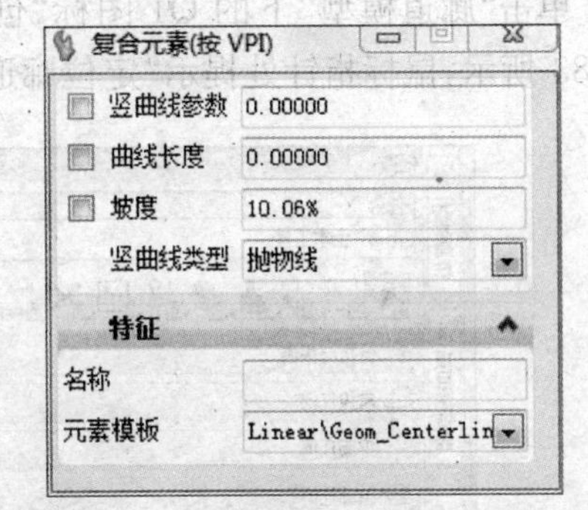

图 11-79　“复合元素(按 VPI)”对话框

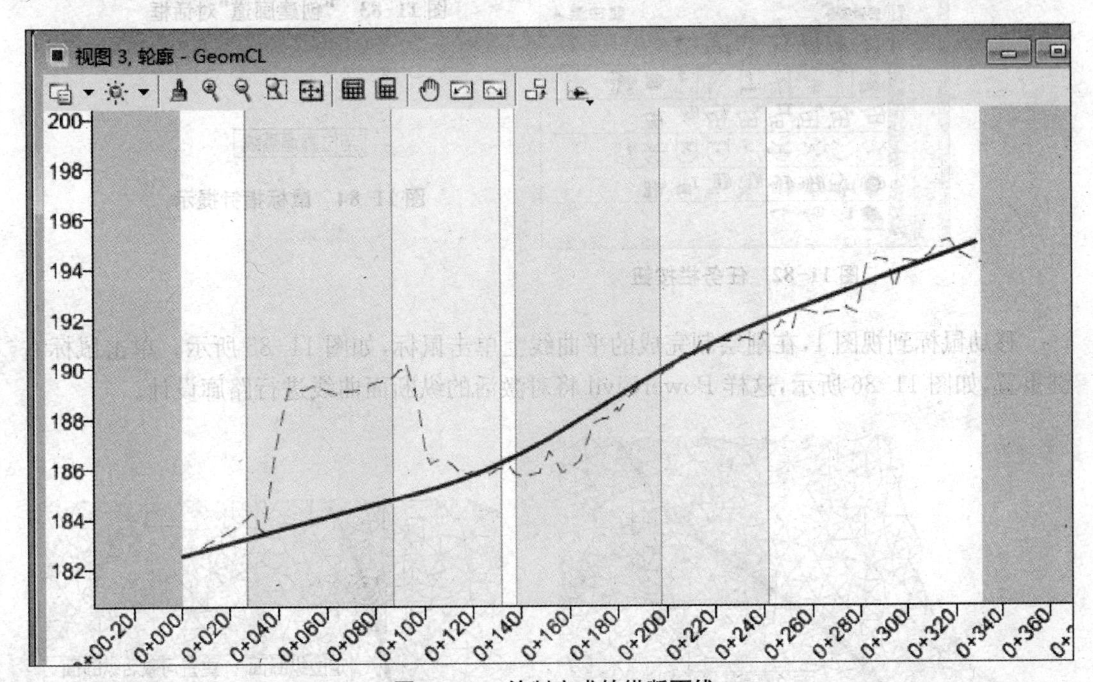

图 11-80　绘制完成的纵断面线

绘制完成后，单击鼠标右键结束，并单击任务栏上的“选择元素”，之后在竖曲线上单击鼠标左键，在弹出的工具条上单击第二个图标“设置为激活纵断面”，如图 11-81 所示。使这条纵断面曲线被激活，一个纵断面中可以有多条纵断面曲线，但是只能激活一条，激活的纵断面曲线将在三维视图中显示。

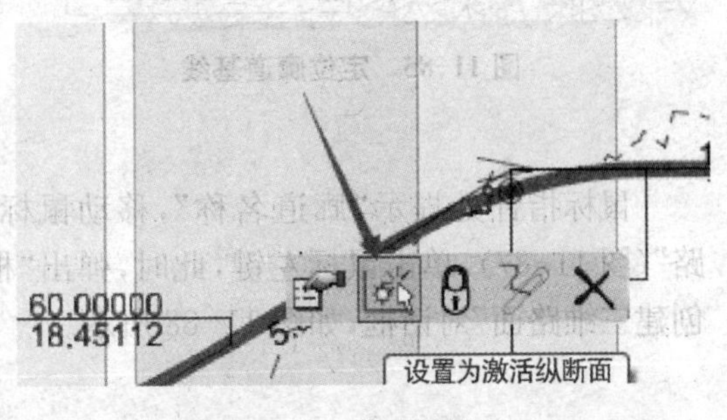

图 11-81　激活纵断面

11.5 路廊设计

单击“廊道模型”下的Q1图标“创建廊道”(图11-82),弹出“创建廊道”对话框如图11-83所示,鼠标指针处提示“定位廊道基线”,如图11-84所示。

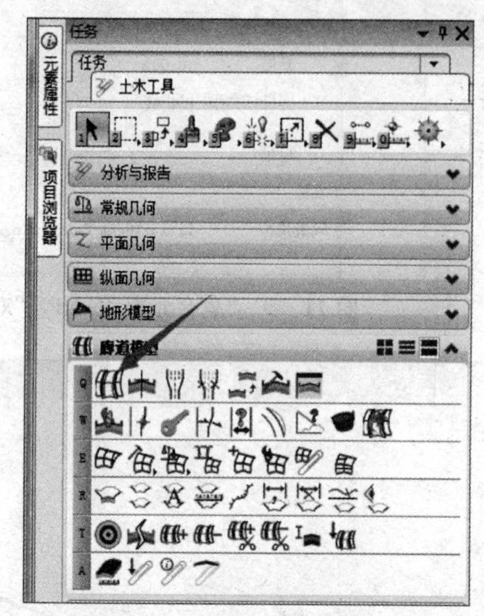

图11-82 任务栏按钮

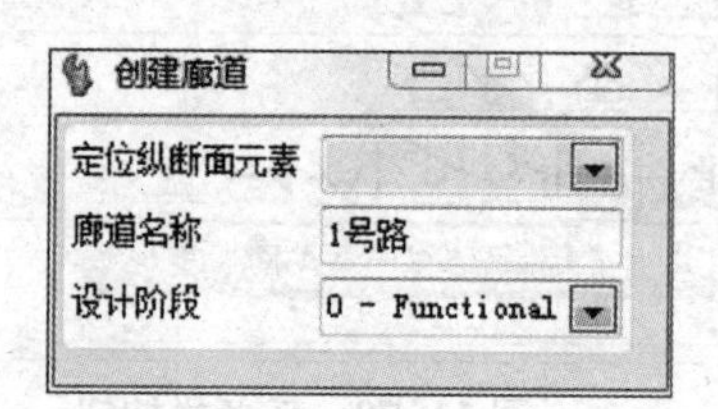

图11-83 “创建廊道”对话框

定位廊道基线

图11-84 鼠标指针提示

移动鼠标到视图1,在刚绘制完成的平曲线上单击鼠标,如图11-85所示。单击鼠标右键重置,如图11-86所示,这样PowerCivil将对激活的纵断面曲线进行路廊设计。

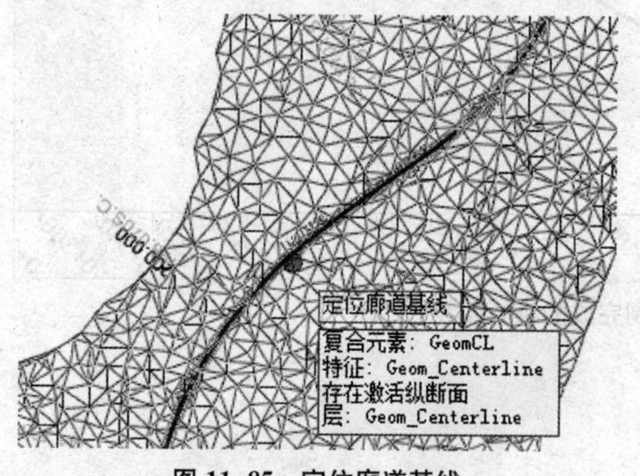

图11-85 定位廊道基线

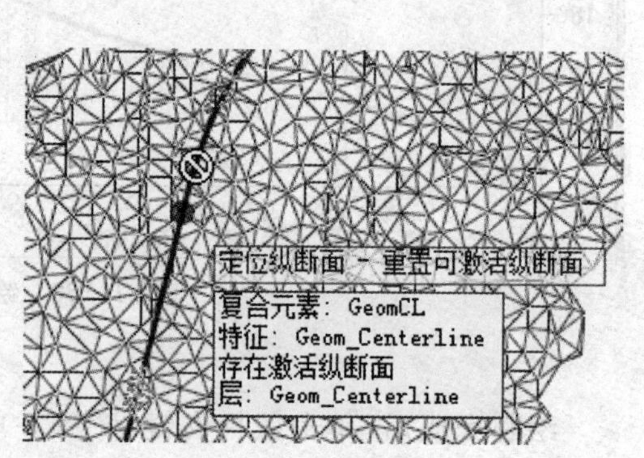

图11-86 单击右键重置

鼠标指针处提示“廊道名称”,移动鼠标后并输入“1号路”(图11-87),单击鼠标左键,此时,弹出“根据横断面模板创建三维路面”对话框,如图11-88所示。

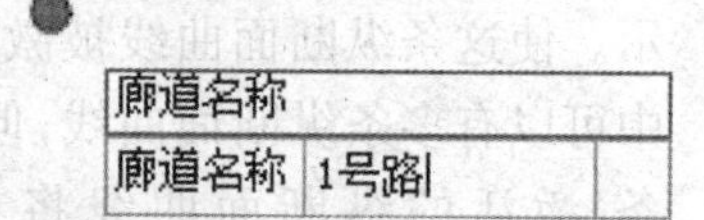

图11-87 提示“廊道名称”

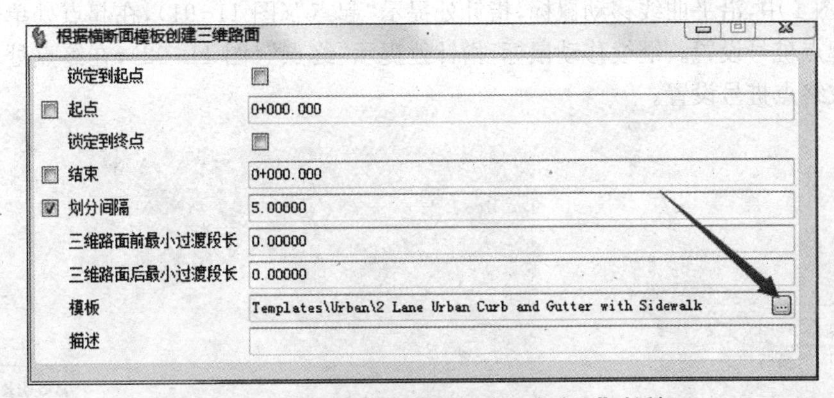

图 11-88 “根据横断面模板创建三维路面”对话框

按图 11-88 所示单击“根据横断面模板创建三维路面”对话框的“模板”后的按钮，弹出“选择模板”对话框，如图 11-89 所示。在“选择模板”对话框中展开“Urban”，单击 2Lane Urban，之后，单击“确定”按钮，如图 11-89 所示。

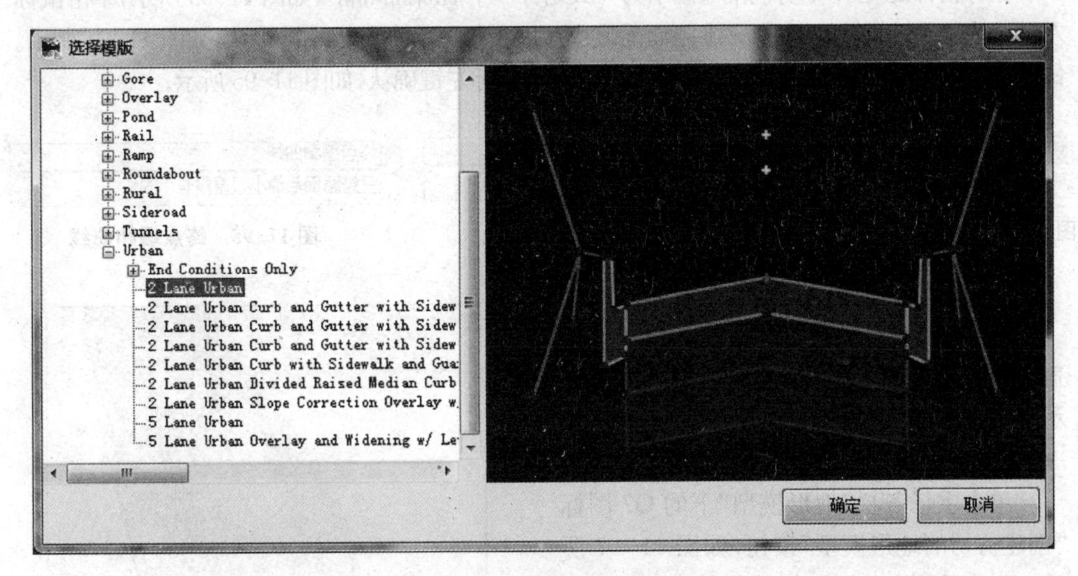

图 11-89 “选择模板”对话框

在视图 1 中单击鼠标左键，确认模板，如图 11-90 所示。

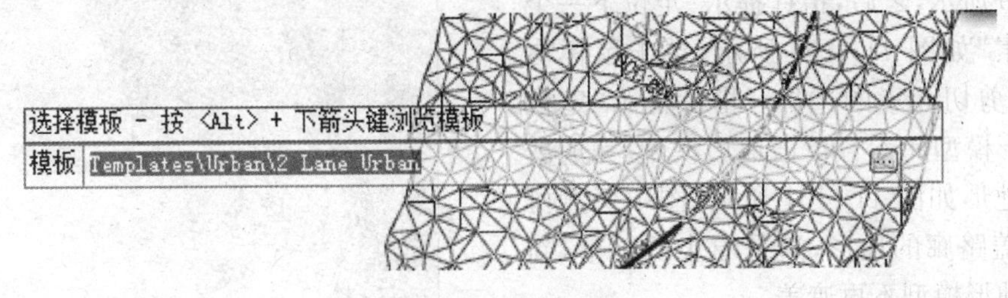

图 11-90 确认模板

在视图1中，沿平曲线移动鼠标，指针处提示“起点”(图11-91)，在起点处单击鼠标左键，完成起点桩号设置。继续移动鼠标，指针处提示“终点”(图11-92)，在终点处单击鼠标左键，完成终点桩号设置。

图11-91　鼠标指针处提示“起点”

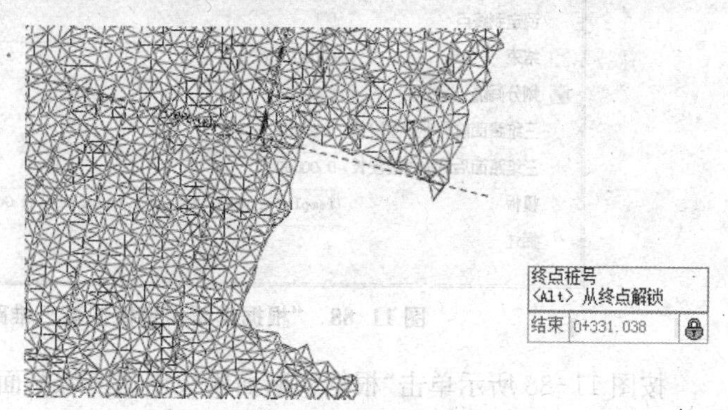

图11-92　指针处提示“终点”

鼠标指针处提示“划分间隔”(图示为5 m划分一个横断面间隔)，如图11-93所示，单击鼠标左键确认。鼠标指针处提示“三维路面前最小过度段长”，单击鼠标左键确认，如图11-94所示。鼠标指针处提示“三维路面后最小过度段长”，单击鼠标左键确认，如图11-95所示。

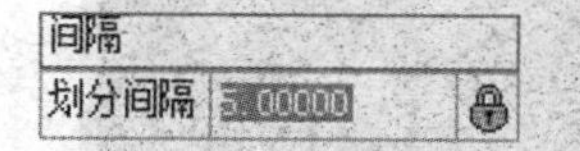

图11-93　划分间隔提示

起点缓和曲线	
三维路面前最小过渡段长	15

图11-94　起点缓和曲线

终点缓和曲线	
三维路面后最小过渡段长	15

图11-95　终点缓和曲线

完成的路廊如图11-96所示。

当路廊创建后，会发现部分路廊被遮盖，这是由于挖方部位造成的。解决遮盖显示，可以使用“创建剪切的地形模型”，创建一个新的地形模型，避免出现遮盖。

单击主任务栏“地形模型”下的Q7图标“创建剪切的地形模型”按钮，如图11-97所示。弹出的“创建剪切的地形模型”对话框如图11-98所示。在视图1中移动鼠标，指针提示“定位剪切元素”，单击路廊模型，如图11-99所示，之后，指针提示“定位下一个剪切元素”如图11-100所示，单击鼠标右键，完成剪切元素的选择。指针提示“定位参考地形模型元素”，单击地形模型，完成剪切后的地形如图11-101所示，图中仍然可见的遮盖路廊的地形，这是原来的地形，新生成的地形模型不再遮盖。

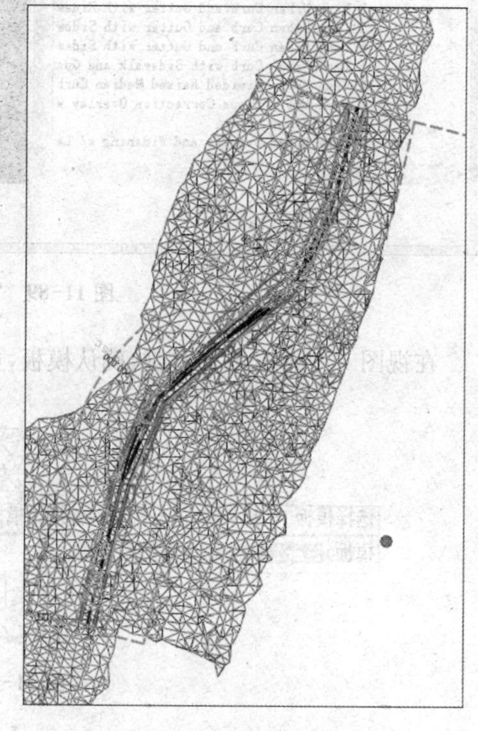

图11-96　路廊完成

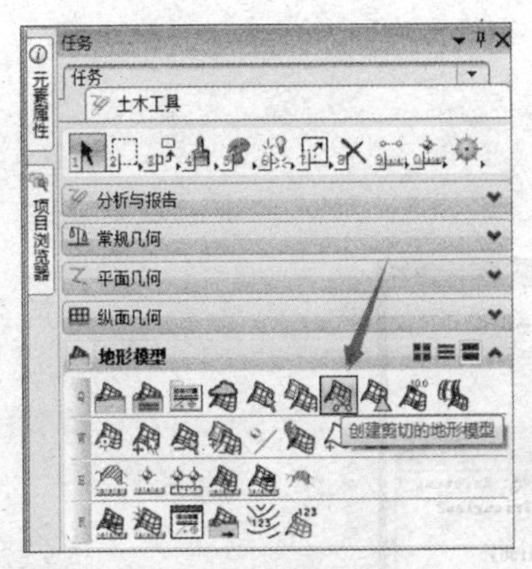

图 11-97 任务栏按钮

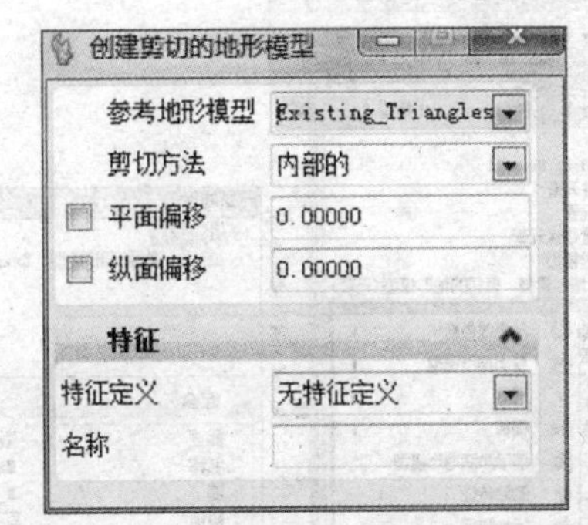

图 11-98 “创建剪切的地形模型”对话框

图 11-99 定位剪切元素

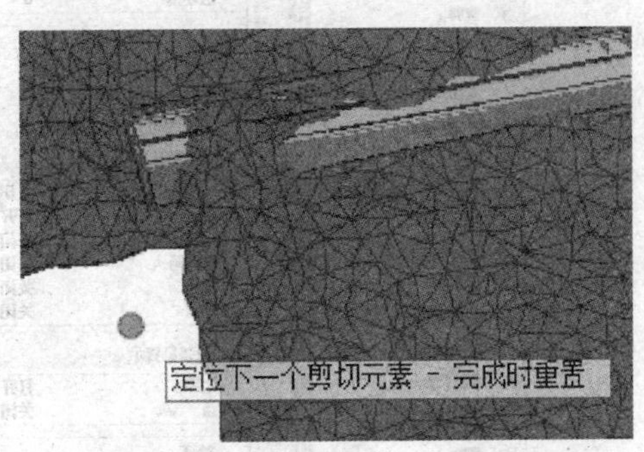

图 11-100 定位下一个剪切元素

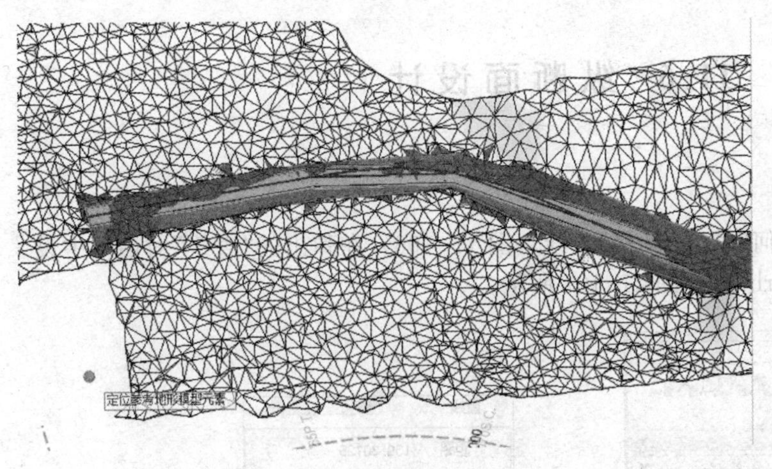

图 11-101 完成剪切后的地形

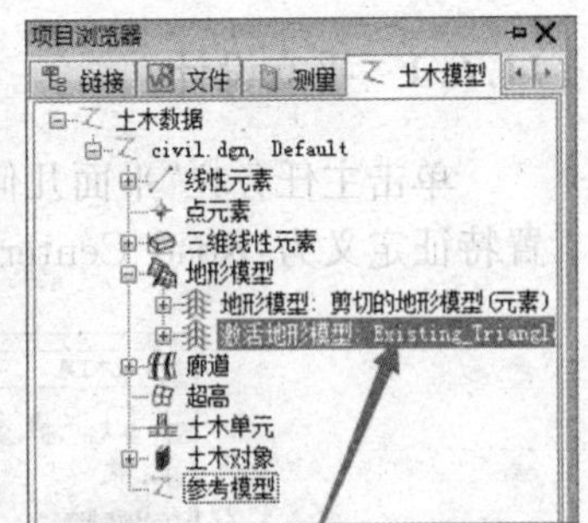

图 11-102 单击“激活地形模型”

打开“项目浏览器”并单击“激活地形模型”如图11-102所示。之后，单击鼠标右键，在弹出的菜单上选择“属性”如图 11-103 所示。

在“元素属性”对话框中将“三角形”关闭（图11-104），此时地形和路廊如图 11-105 所示。

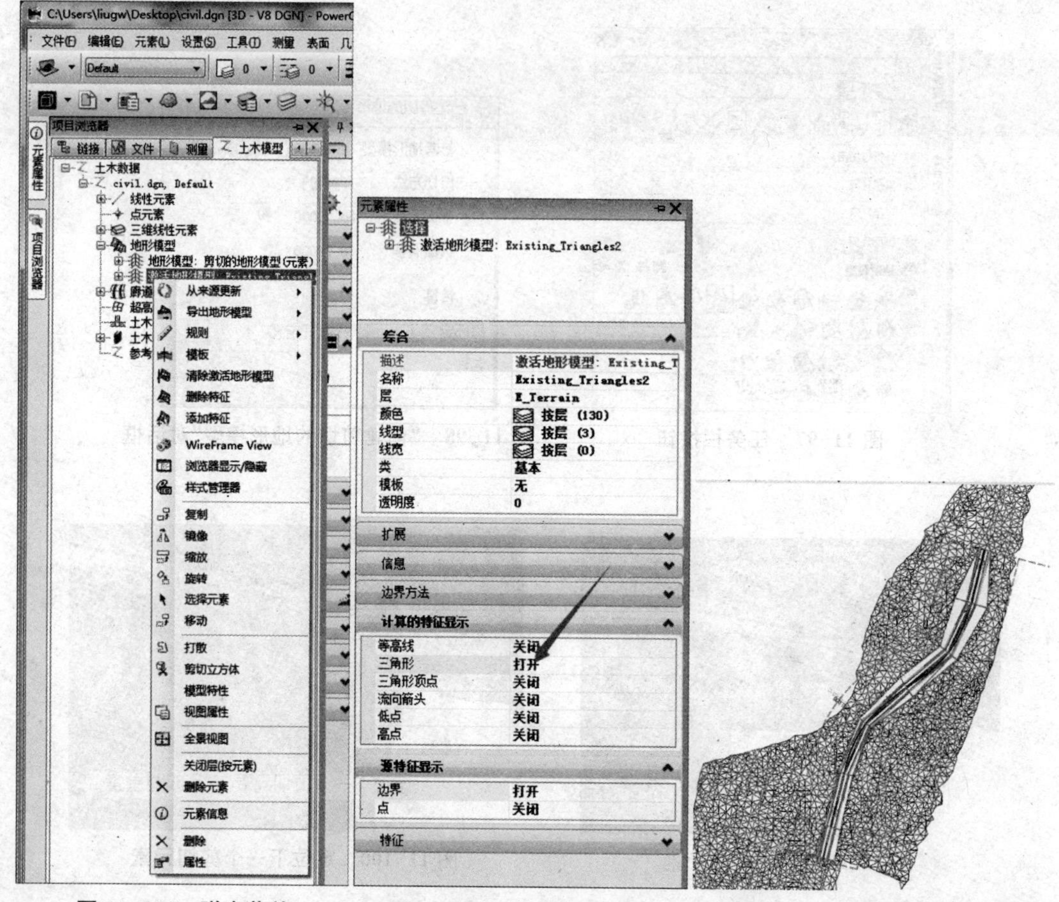

图 11-103　弹出菜单　　图 11-104　关闭“三角形”　　图 11-105　完成的地形和路廊

11.6　纵断面设计

11.6.1　平交设计

单击主任务栏“平面几何”的 E1 图标“直线”(图 11-106)，在弹出的“直线”对话框中设置特征定义为：Road_Centerline，如图 11-107 所示。

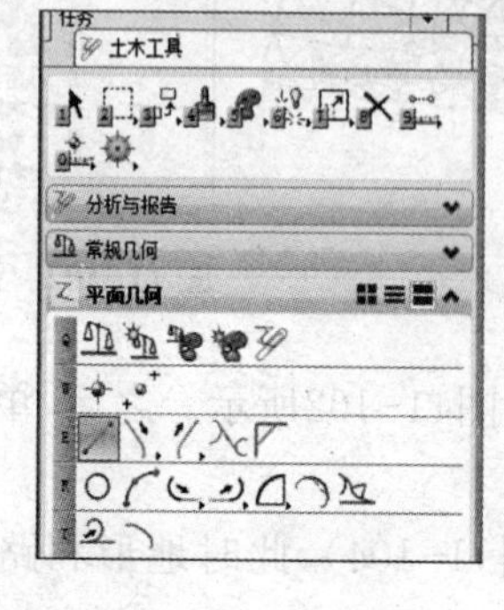

图 11-106　任务栏按钮

图 11-107　“直线”对话框

沿与现有路廊基本垂直的方向绘制一条道路中心线，如图 11-108 所示。

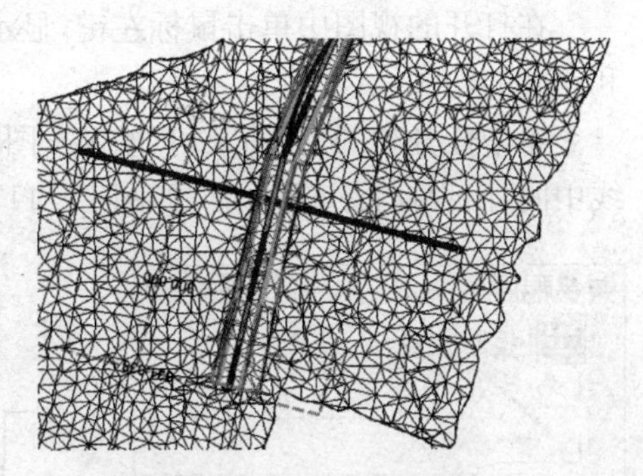

图 11-108 新绘制的道路中心线

单击任务栏的“纵面几何”下的 Q4 图标“快速剖切地面线”，如图 11-109 所示。鼠标指针提示“定位参考元素”(图 11-110)，单击刚刚绘制的道路线(图 11-111)，鼠标指针提示“定位参考表面”(图 11-112)，单击已经存在的路廊。之后，单击鼠标右键，结束命令。

单击任务栏的“纵面几何”的 Q1 图标，如图 11-113 所示，再单击状态栏上的视图数字，打开一个视图，如图 11-114 所示。

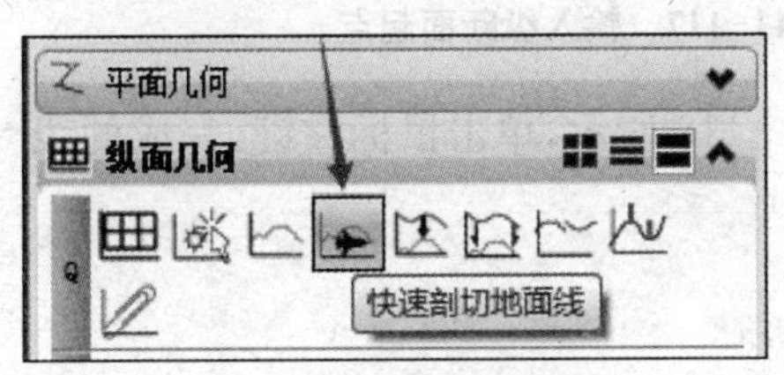

图 11-109 任务栏按钮

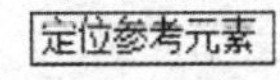

图 11-110 鼠标指针提示

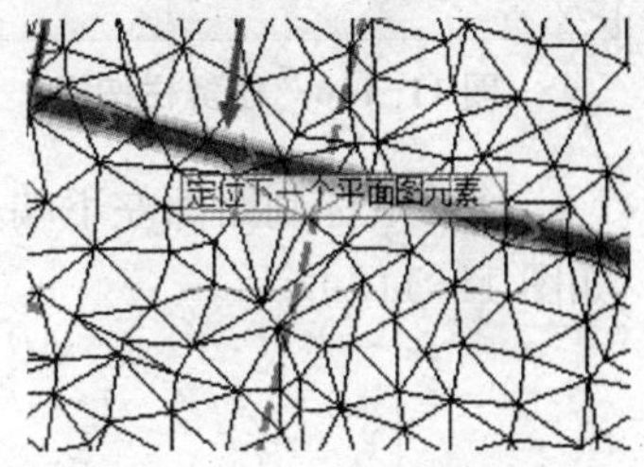

图 11-111 定位参考元素

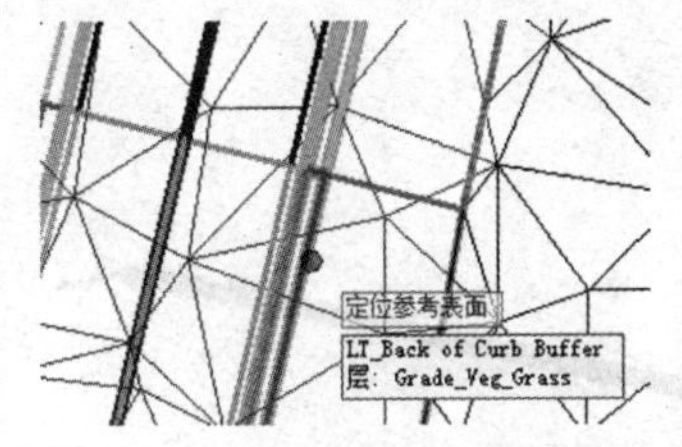

图 11-112 定位参考表面

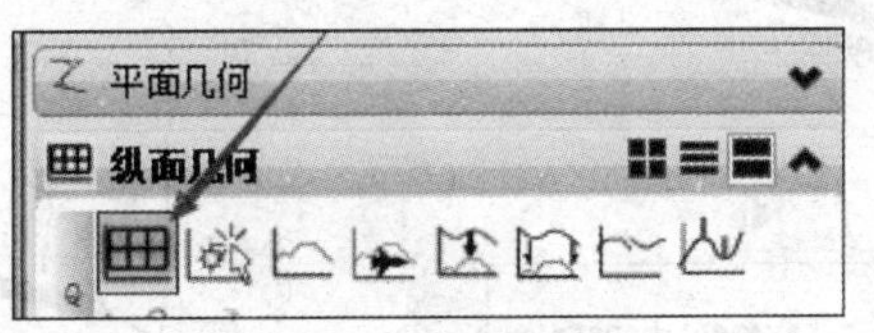

图 11-113 任务栏按钮

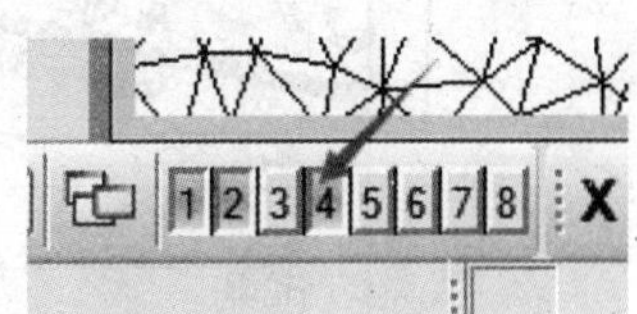

图 11-114 打开视图 4

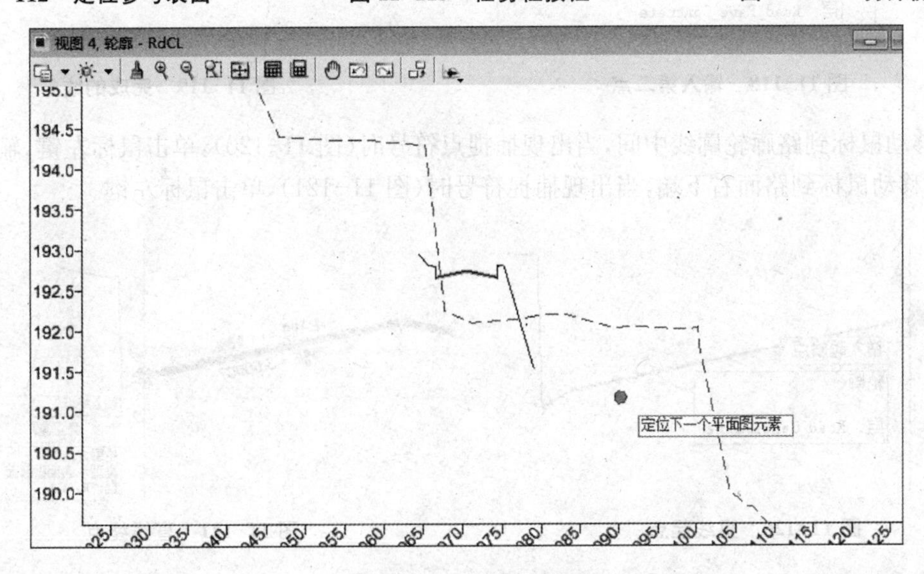

图 11-115 视图 4 显示

在打开的视图中单击鼠标左键，显示如图 11-115 所示，此视图中显示了地面线(虚线)和路廊的轮廓线(实线)。

单击任务栏的“纵面几何”的 W1 图标“直线”，如图 11-116 所示。移动鼠标到路廊轮廓线中间，出现捕捉点符号时，如图 11-117 所示，单击鼠标左键，输入起始点。

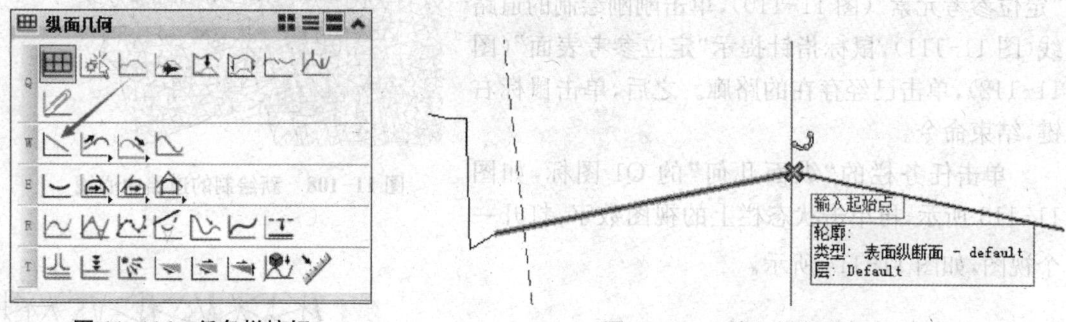

图 11-116　任务栏按钮　　　　图 11-117　输入纵断面起点

移动鼠标到路面左下端，出现捕捉符号时，如图 11-118 所示，单击鼠标左键，完成的线如图 11-119 所示。

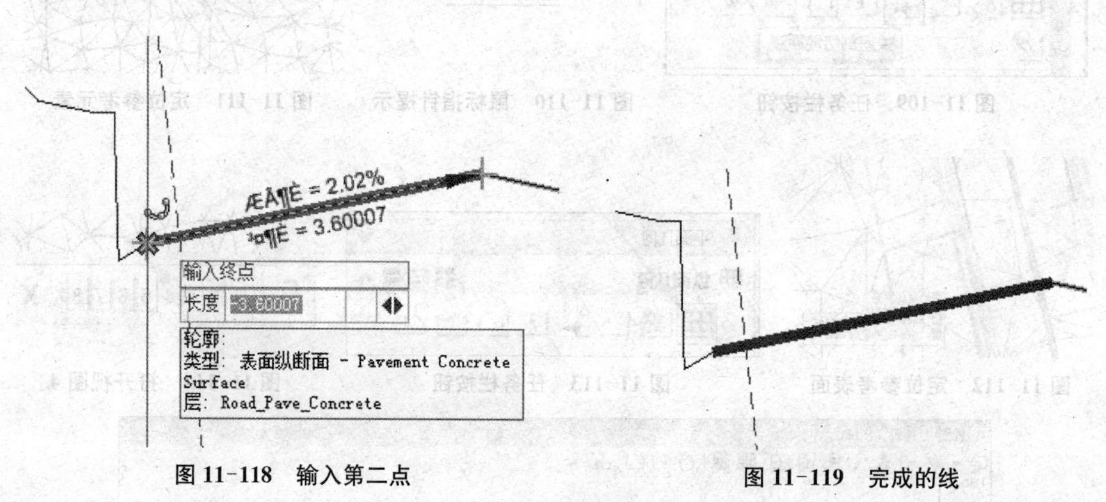

图 11-118　输入第二点　　　　图 11-119　完成的线

移动鼠标到路廊轮廓线中间，当出现捕捉点符号时(图 11-120)，单击鼠标左键，输入起始点；移动鼠标到路面右下端，当出现捕捉符号时(图 11-121)，单击鼠标左键。

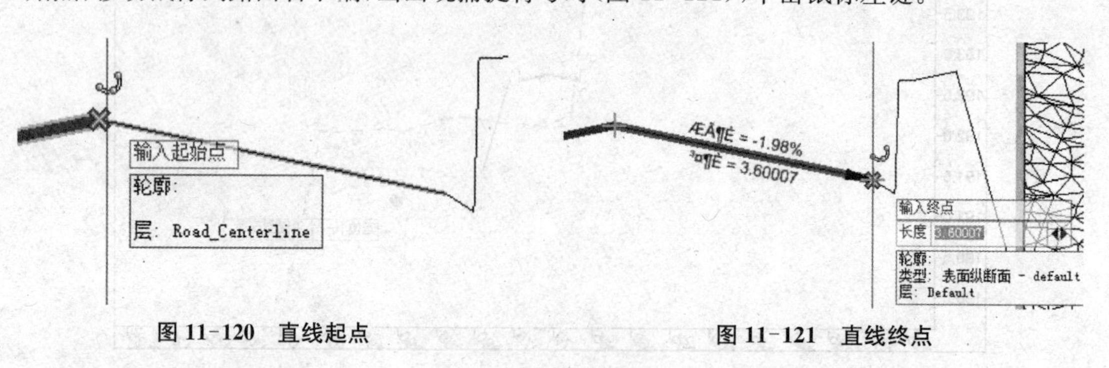

图 11-120　直线起点　　　　图 11-121　直线终点

单击“选择元素”图标(图 11-122)，移动鼠标到视图 1，单击左侧纵断面线(图 11-123)，再单击水平尺寸线，此时出现编辑窗口（图 11-124），在编辑窗口中输入－15 并按回车键，如图 11-125 所示，之后，单击鼠标左键，将直线坡延长到 15 m，如图 11-126 所示。

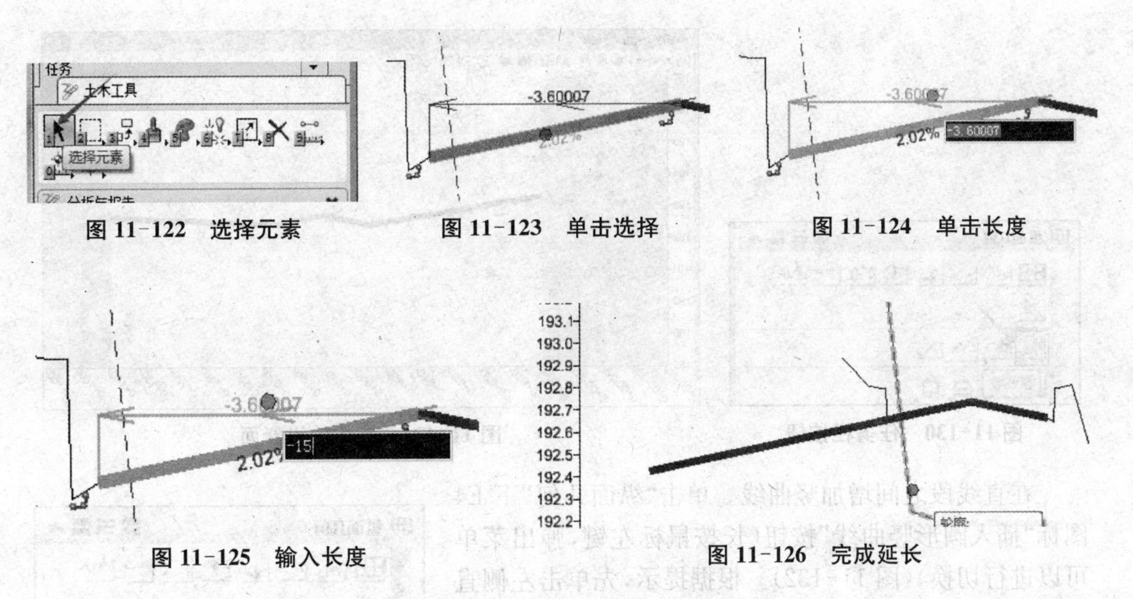

图 11-122 选择元素　图 11-123 单击选择　图 11-124 单击长度

图 11-125 输入长度　图 11-126 完成延长

按图 11-127、图 11-128 重复上述步骤，把右侧直线坡延长至 15 m。完成后的纵面线如图 11-129 所示。这样就完成了路面平交部分的设计。

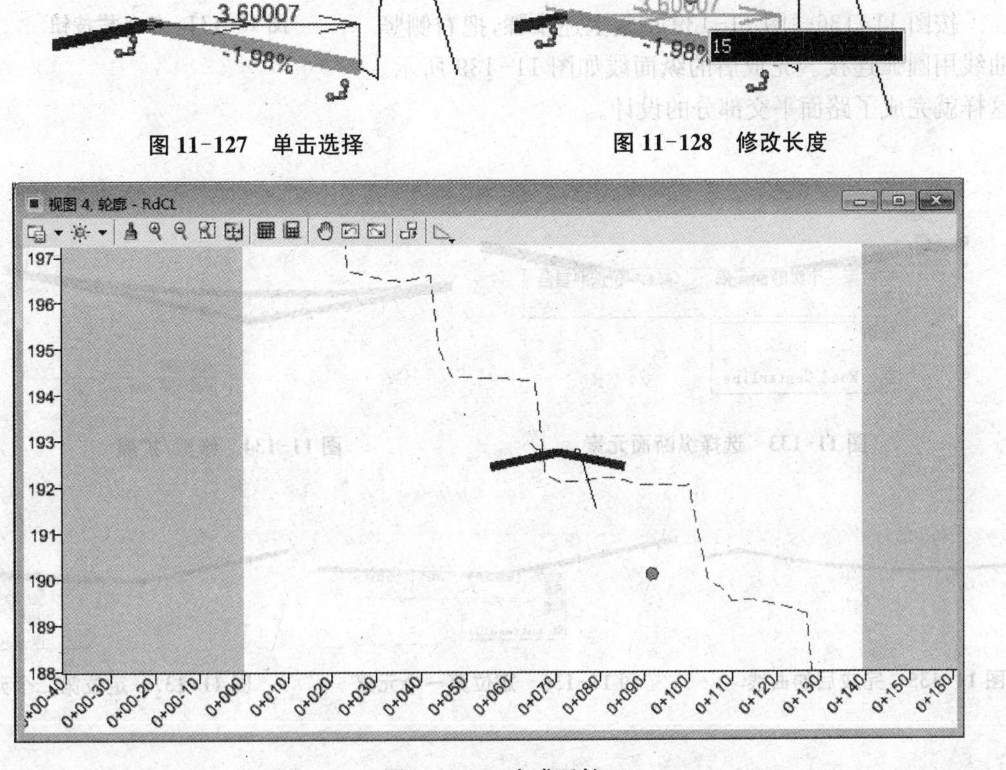

图 11-127 单击选择　图 11-128 修改长度

图 11-129 完成延长

单击“纵面几何”下 W1 图标“直线坡”按钮(图 11-130),进行纵面绘制,绘制完整的纵面线如图 11-131 所示。

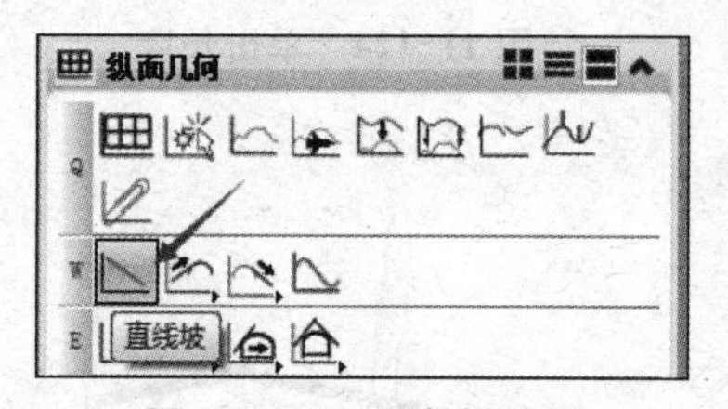

图 11-130　任务栏按钮

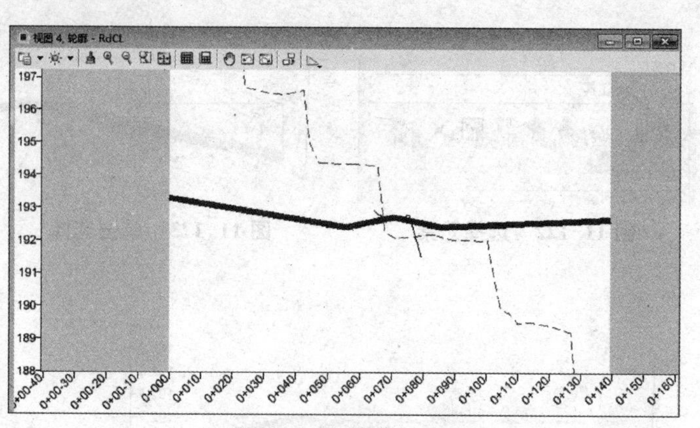

图 11-131　完成的纵断面

在直线段之间增加竖曲线。单击“纵面几何”下 E4 图标“插入圆形竖曲线”按钮(长按鼠标左键,弹出菜单可以进行切换)(图 11-132)。根据提示,先单击左侧直线,再单击右侧直线(图 11-133),移动鼠标,输入曲线长度或者圆弧半径,单击鼠标左键确认,在提示“修剪/扩展”时,选择“两者”,单击鼠标左键(图 11-134),完成后的曲线如图 11-135 所示。

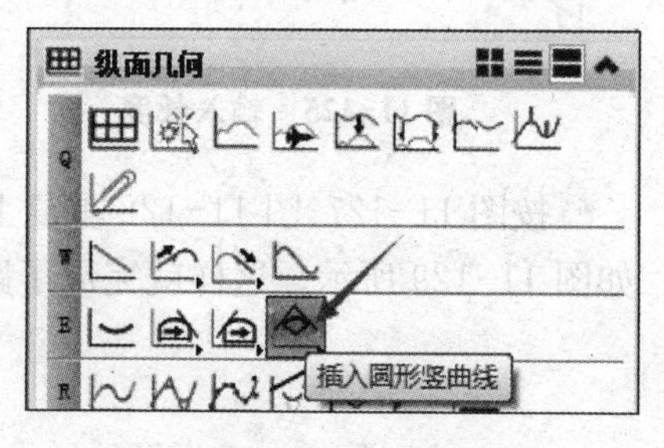

图 11-132　任务栏按钮

按图 11-136～图 11-139 重复上述步骤,把右侧竖曲线用圆弧连接。完成后的纵面线如图 11-139 所示。这样就完成了路面平交部分的设计。

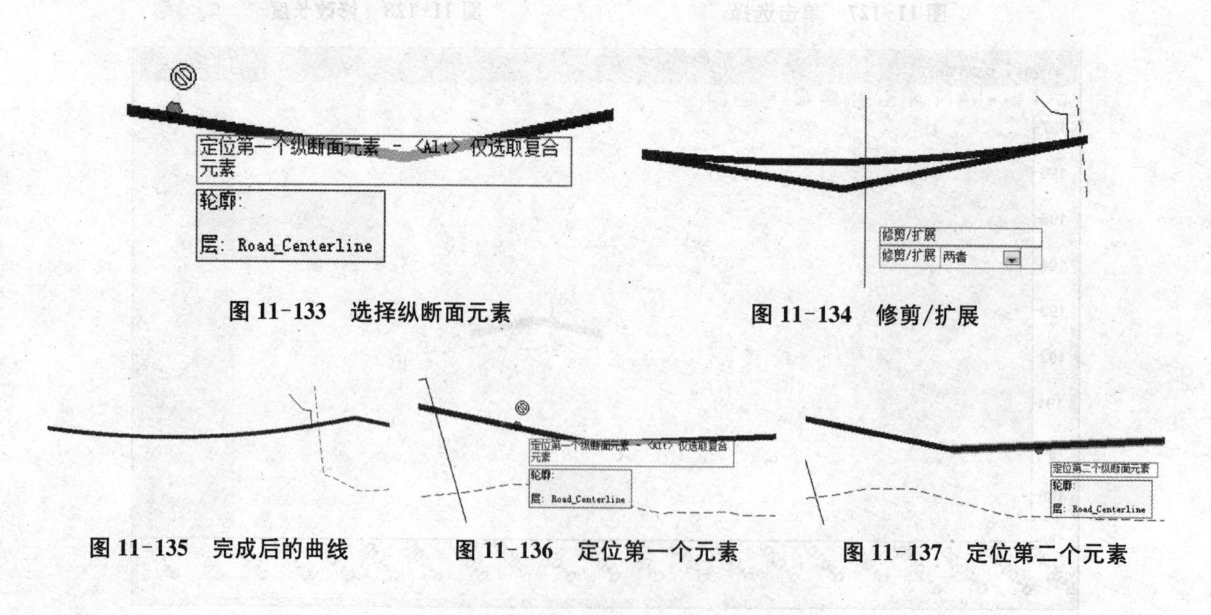

图 11-133　选择纵断面元素

图 11-134　修剪/扩展

图 11-135　完成后的曲线

图 11-136　定位第一个元素

图 11-137　定位第二个元素

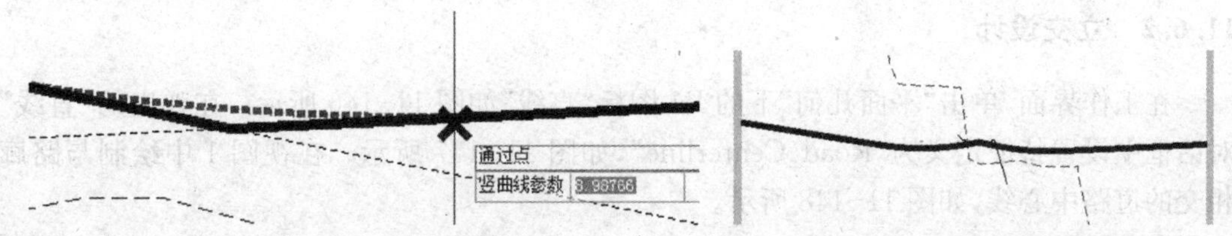

图 11-138 输入竖曲线半径

图 11-139 完成后的纵断面

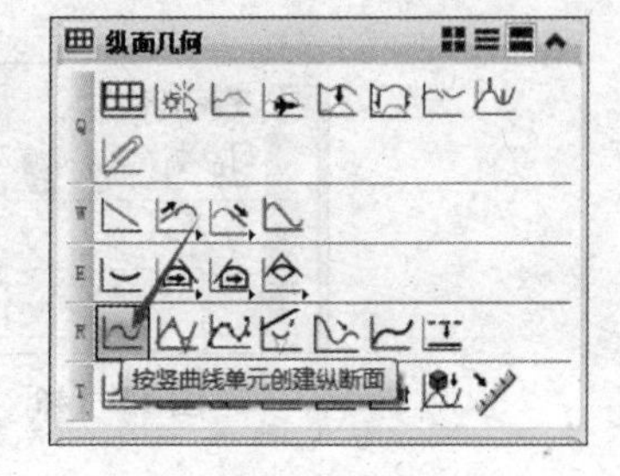

图 11-140 任务栏按钮

将分段曲线组合成为一条纵面线。单击“纵面几何”的R1图标“按竖曲线单元创建纵断面”(图 11-140),在弹出的“复合元素”对话框中,将方法选择为“自动”(图 11-141),移动鼠标在起点一端的竖曲线上单击,如图 11-142 所示。再在空白处单击鼠标,如图11-143所示,完成纵断面的设计。

激活纵断面。单击“选择元素”,然后单击纵断面线。在弹出的工具条上单击“激活”图标,如图 11-144 所示。完成平交设计的三维视图如图 11-145 所示。

图 11-141 “复合元素”对话框

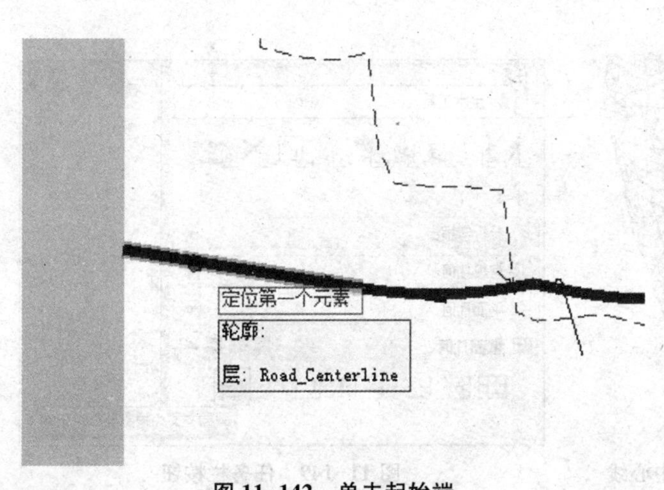

图 11-142 单击起始端

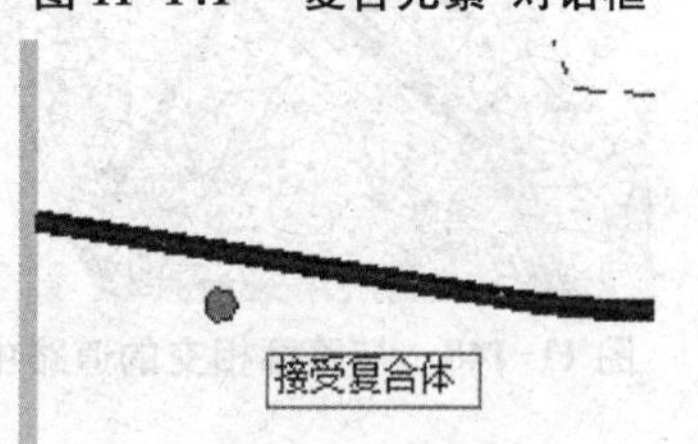

图 11-143 左键确认

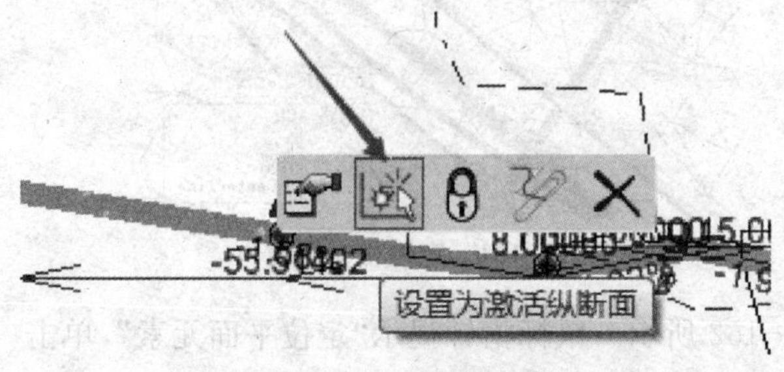

图 11-144 激活纵断面

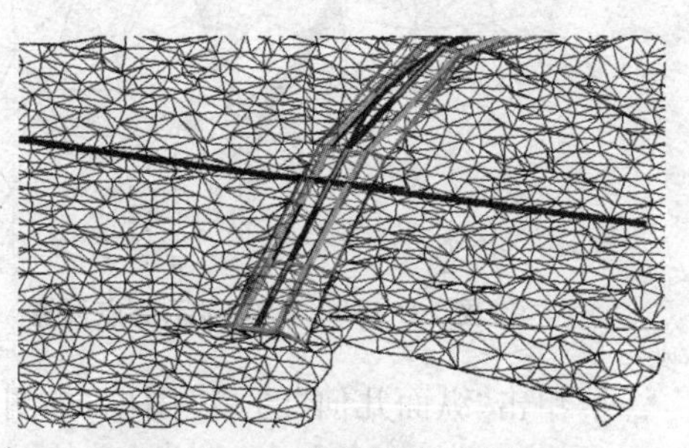

图 11-145 完成后的三维视图

11.6.2 立交设计

在工作界面,单击"平面几何"下的 R1 图标"直线"如图 11-146 所示。在弹出的"直线"对话框中设置特征定义为"Road_Centerline",如图 11-147 所示。在视图 1 中绘制与路廊相交的道路中心线,如图 11-148 所示。

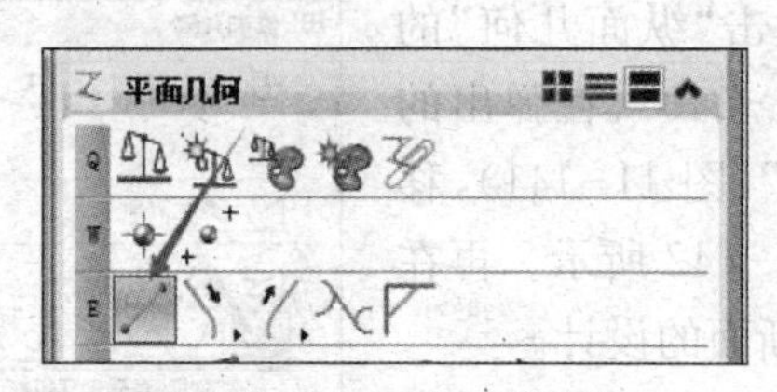

图 11-146 任务栏按钮

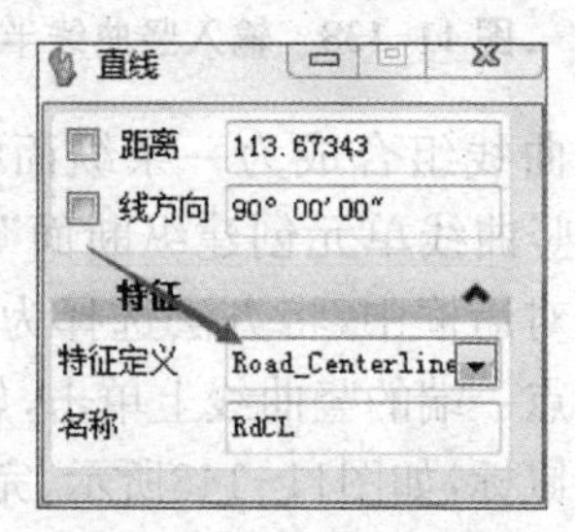

图 11-147 "直线"对话框

单击任务栏"纵面几何"下 Q8 图标"平面交叉点投影至其他剖面",如图 11-149 所示。在视图 1 中移动鼠标,指针提示"定位要显示交点的元素",单击刚刚绘制的道路中心线,如图 11-150 所示,移动鼠标,指针提示"定位相交的元素",单击路廊,如图 11-151 所示。

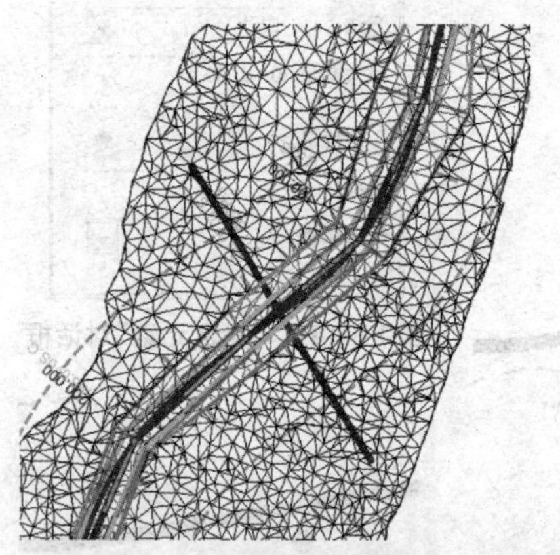

图 11-148 与路廊相交的道路中心线

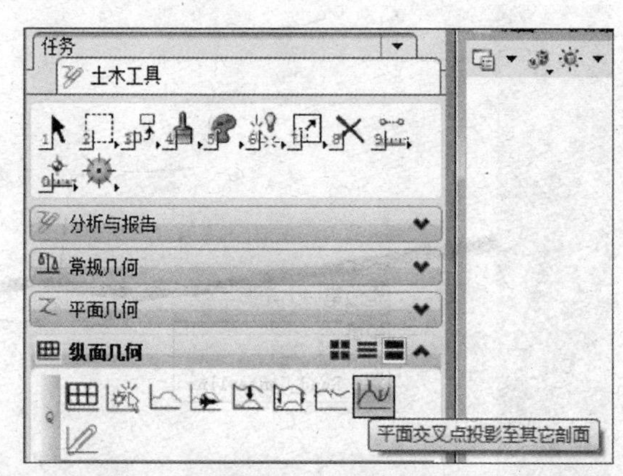

图 11-149 任务栏按钮

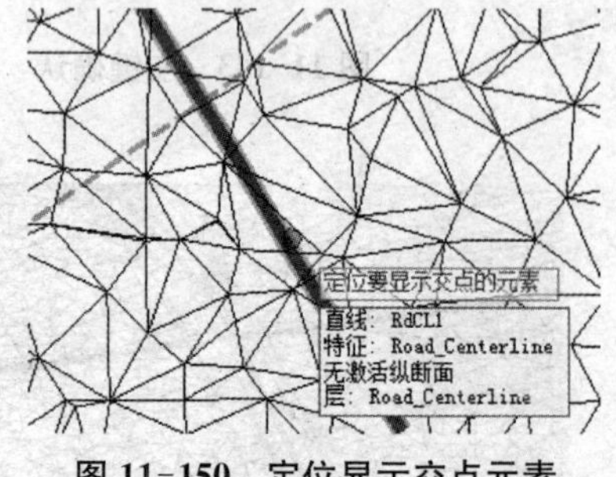

图 11-150 定位显示交点元素

图 11-151 定位相交元素

单击"纵面几何"的 Q1 图标,如图 11-152 所示。鼠标指针提示"定位平面元素",单击道路中心线,如图11-153所示;提示选择或打开视图,单击视图开关的 5,如图 11-154 所示,

在打开的视图 5 中单击鼠标左键，视图 5 中出现地面线和 1 号路的标记点，如图 11-155 所示。

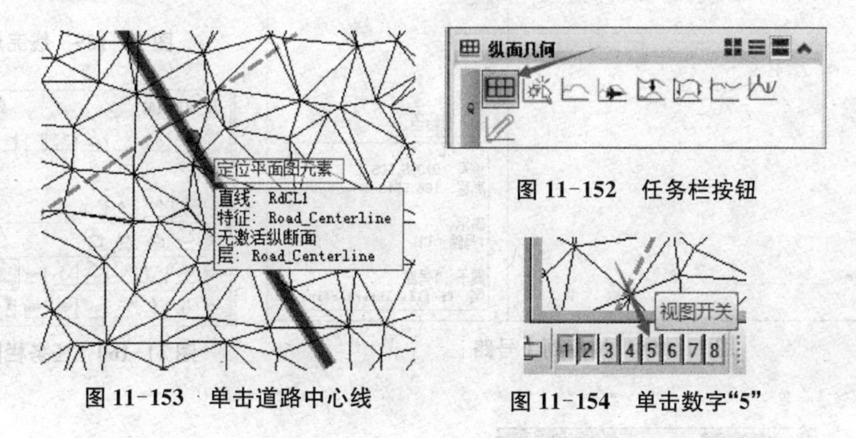

图 11-152 任务栏按钮

图 11-153 单击道路中心线

图 11-154 单击数字“5”

单击“纵面几何”下 W1 图标“直线坡”，如图 11-156 所示。在弹出的“直线坡”对话框中设置长度为“2”，坡度为“0”，如图 11-157 所示，移动鼠标到 1 号路位置，出现捕捉点后，单击鼠标左键，如图 11-158 所示；之后，根据提示单击鼠标左键，完成线段绘制，如图 11-159 所示。

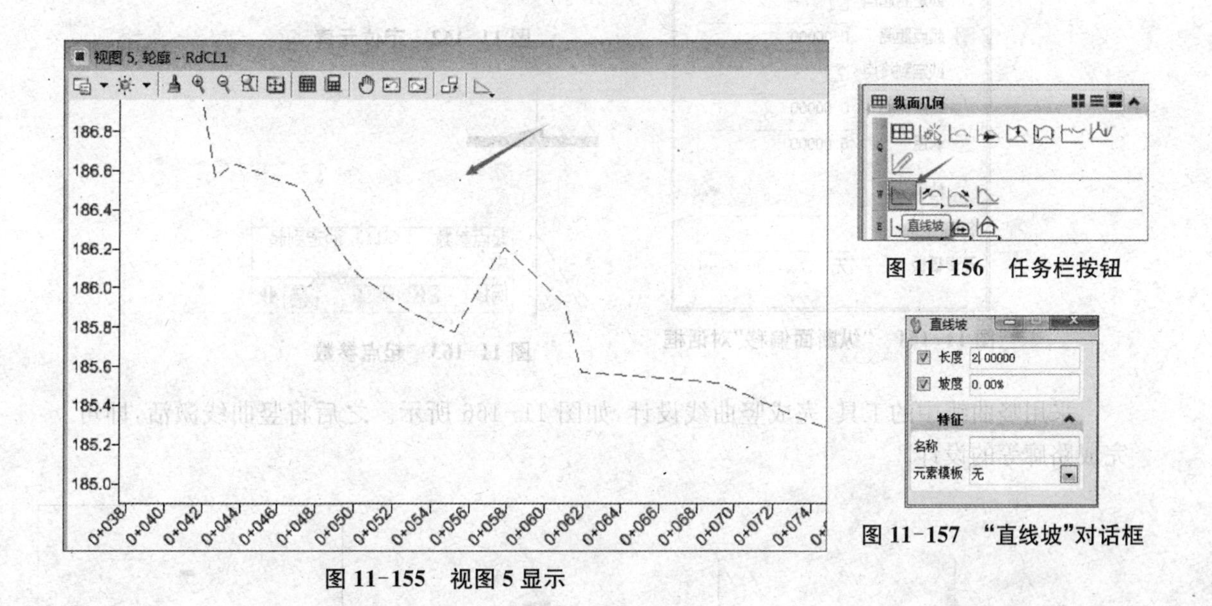

图 11-155 视图 5 显示

图 11-156 任务栏按钮

图 11-157 “直线坡”对话框

单击“纵面几何”下 R7 图标“纵断面偏移”，如图 11-160 所示。在弹出的“纵断面偏移”对话框中偏移后输入－10(负号表示向下偏移)，如图 11-161 所示，移动鼠标到刚刚绘制的纵曲线，如图 11-162 所示；如果纵曲线不能选择，可以单击“Alt”键，之后鼠标单击选择该曲线；根据提示，多次单击鼠标左键，完成竖曲线的偏移，如图 11-163～图 11-165 所示。

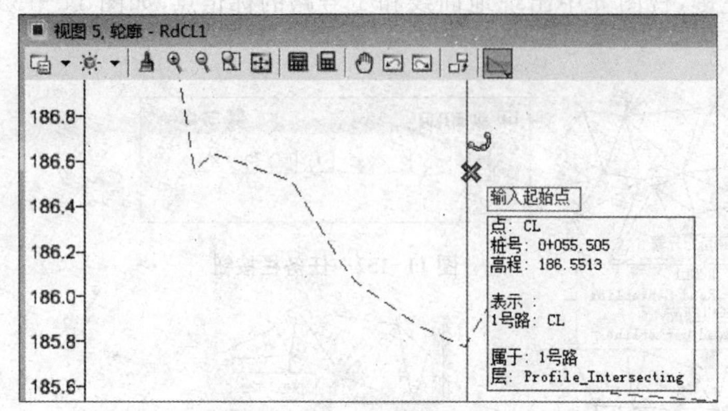

图 11-158　捕捉到 1 号路

图 11-159　线完成

图 11-160　任务栏图标

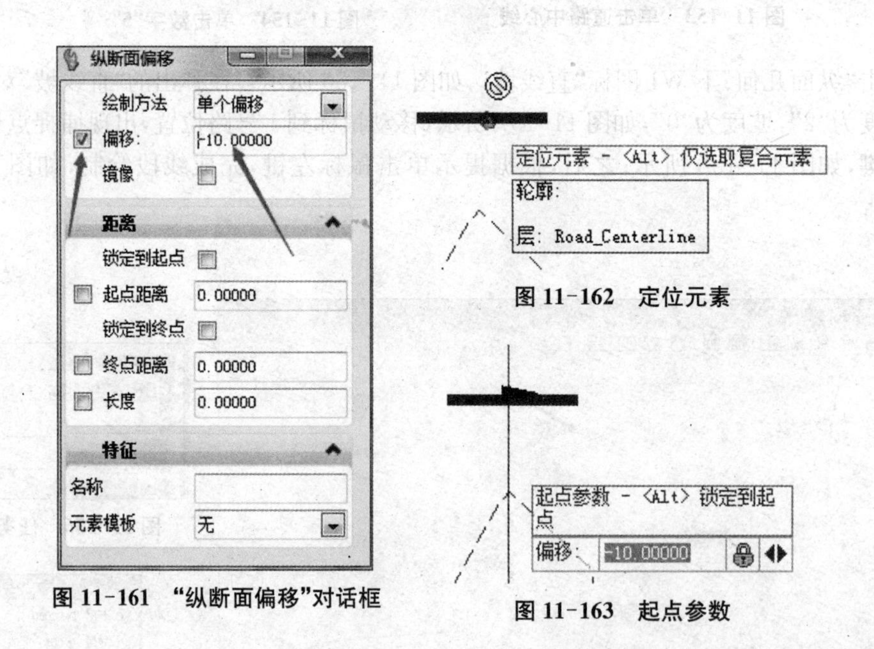

图 11-161　"纵断面偏移"对话框

图 11-162　定位元素

图 11-163　起点参数

采用竖曲线中的工具，完成竖曲线设计，如图 11-166 所示。之后将竖曲线激活，即可完成路廊等的设计。

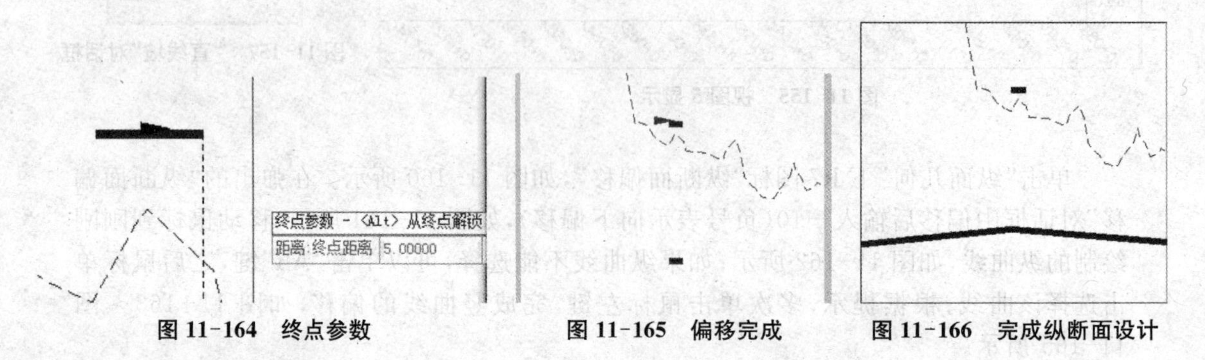

图 11-164　终点参数

图 11-165　偏移完成

图 11-166　完成纵断面设计

11.7 横断面查看

在"廊道模型"下 R 行图标，都是与绘制横断面有关的功能按钮。这里只介绍横断面查看器。单击 R1 图标下"打开横断面视图"按钮(图 11-167)，根据指针处提示"定位廊道或线形"，移动鼠标到廊道上，廊道全部高亮显示后，单击鼠标左键，如图 11-168 所示。根据指针处的提示"选择或打开视图"，在状态栏单击"6"，如图 11-169 所示，并在打开的视图 6 中单击鼠标左键，则视图 6 显示如图 11-170 所示。

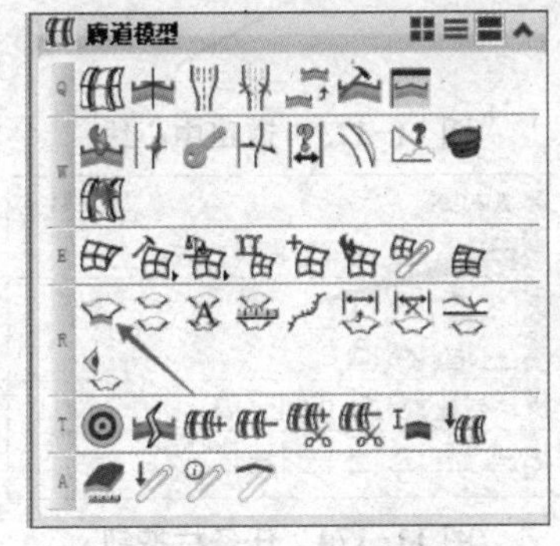

图 11-167 任务栏按钮

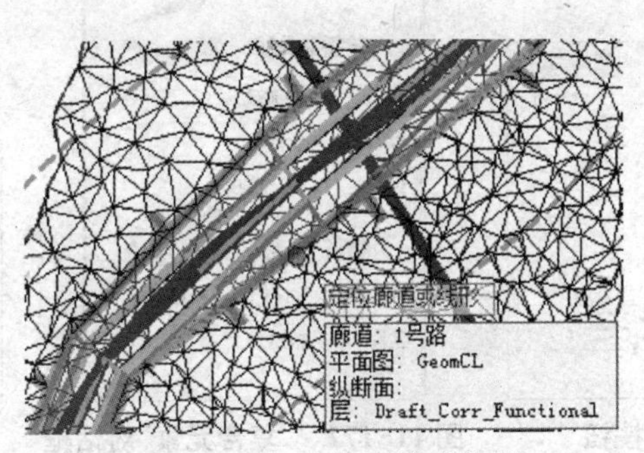

图 11-168 定位廊道或线型

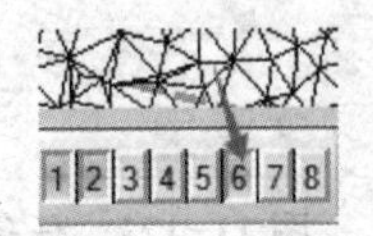

图 11-169 打开视图 6

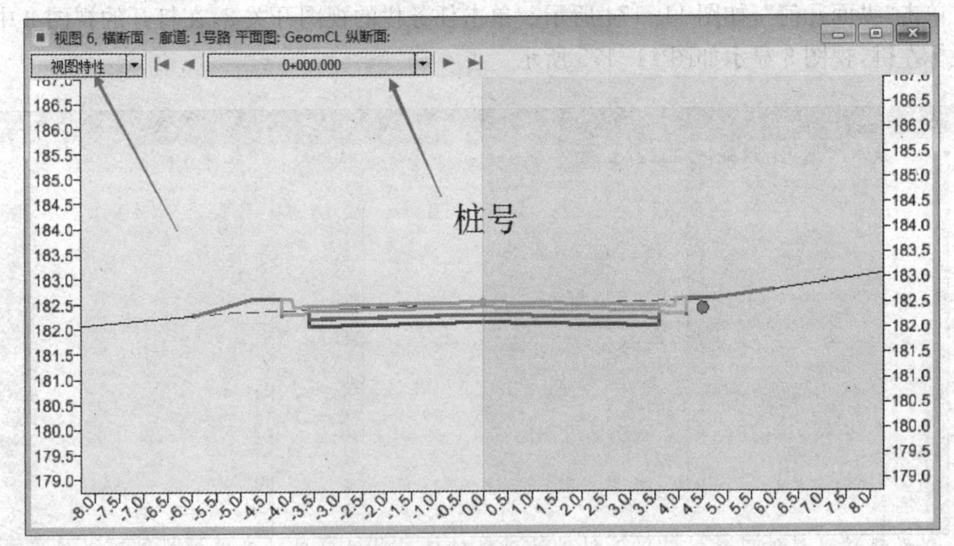

图 11-170 视图 6 显示

11.8 超高与加宽

11.8.1 超高

超高和路廊是分开的，在 PowerCivil 里，速度、转弯半径和超高的关系直接把规范要求集成在系统文件里。这些系统文件在 Ss4 版本中的位置是：C:\ProgramData\Bentley\

Civil\Standards\8.11.9\zh-HanS\Superelevation。

单击“平面几何”中的A2图标，如图11-171所示。在弹出的“复合元素”对话框中设置半径为“300”，前后缓和曲线的长度均为“60”，特征定义为“Road_Centerline”，如图11-172所示。在视图1中绘制道路中心线如图11-173所示。绘制完成后，单击鼠标右键结束。

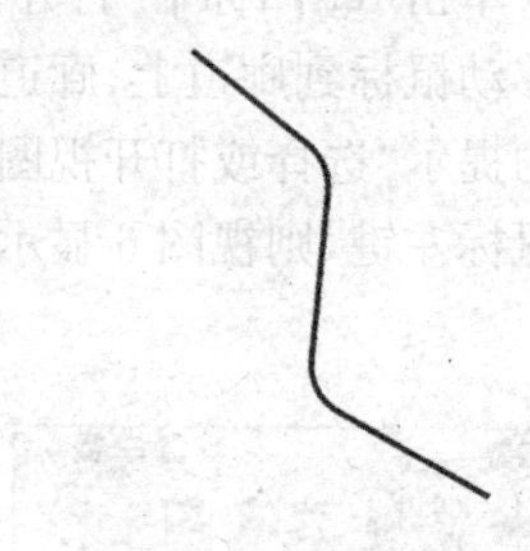

图11-173　道路中心线

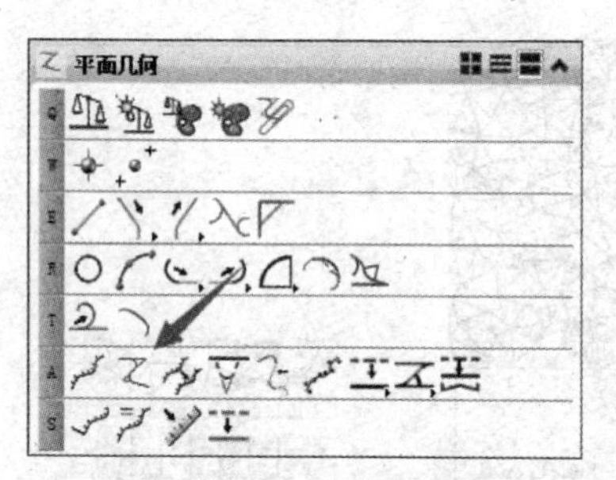

图11-171　任务栏按钮

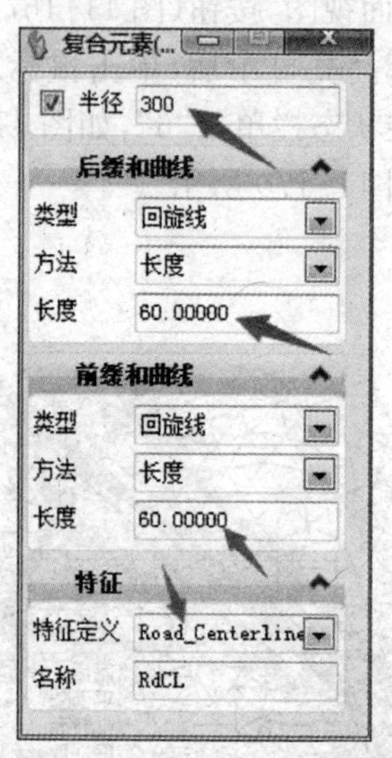

图11-172　“复合元素”对话框

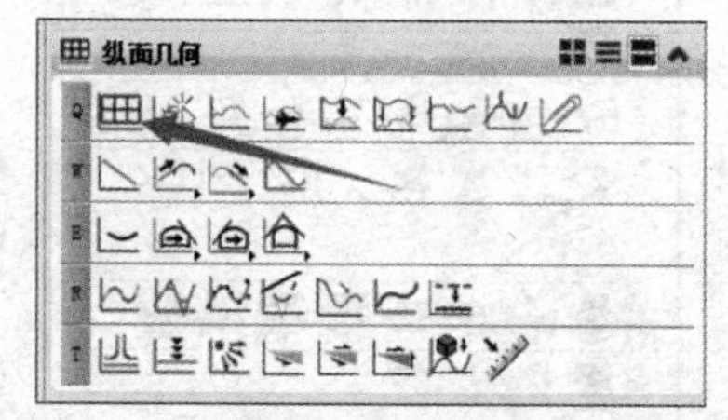

图11-174　任务栏按钮

单击“纵面几何”，如图11-174所示。单击任务栏的视图开关3，在打开的视图3中，单击鼠标左键，视图3显示如图11-175所示。

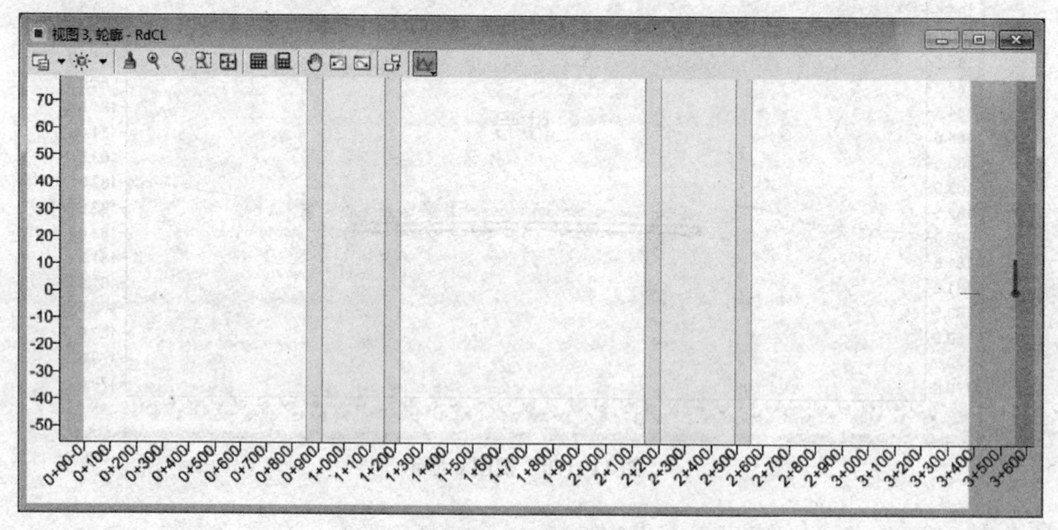

图11-175　视图3

单击R2图标下“纵面几何”按钮，如图11-176所示。在弹出的“复合元素(按VPI)”对话框中设置竖曲线类型为“圆形”，如图11-177所示。

在视图3中绘制竖曲线，如图11-178～图11-180所示。

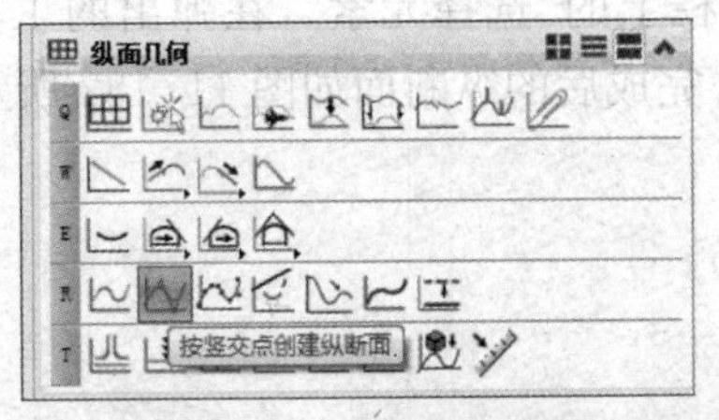

图 11-176 任务栏图标

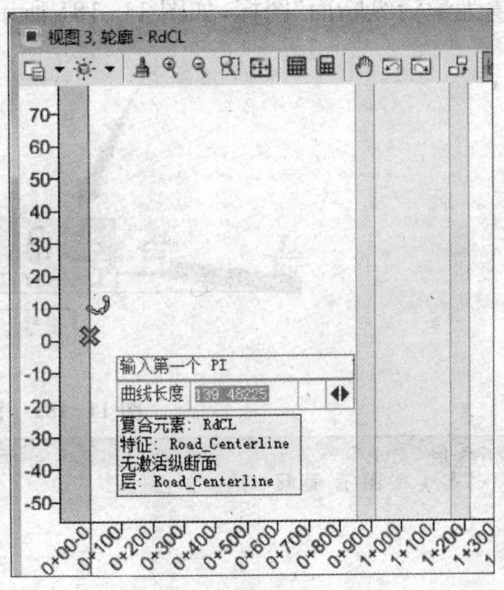

图 11-178 起点定位

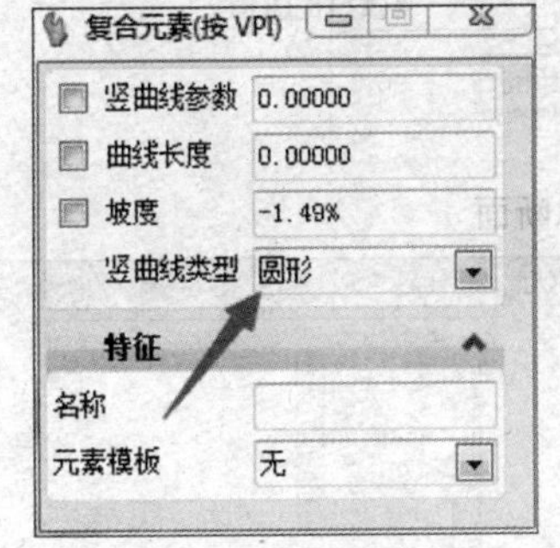

图 11-177 “复合元素(按 VPI)”对话框

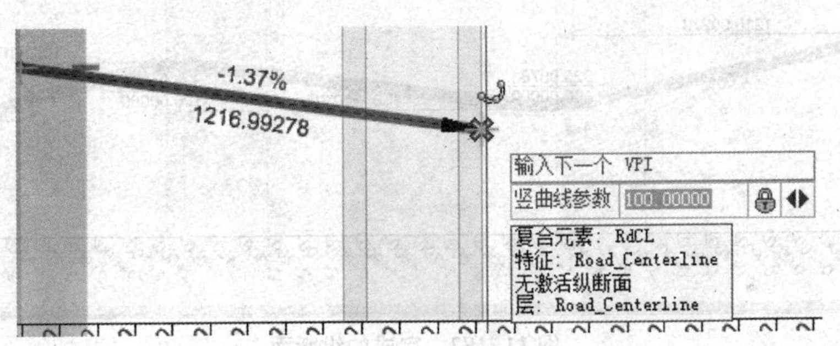

图 11-179 绘制过程

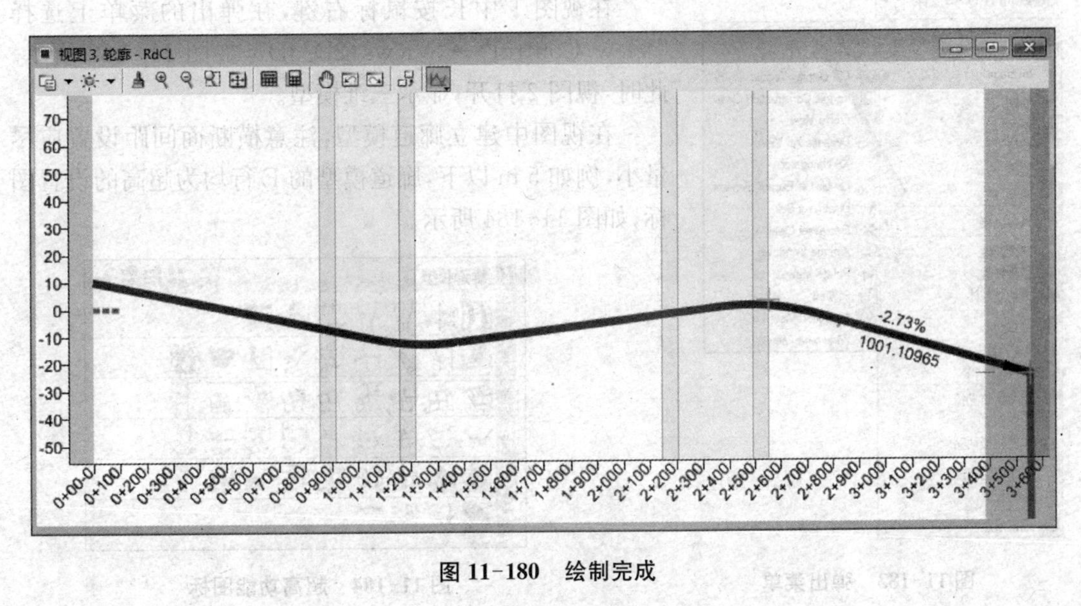

图 11-180 绘制完成

绘制完成后，单击两次右键结束。单击任务栏上的“选择元素”，在弹出的工具条上单击“设置为激活纵断面”图标，如图 11-181 所示。完成后的纵断面如图 11-182 所示。

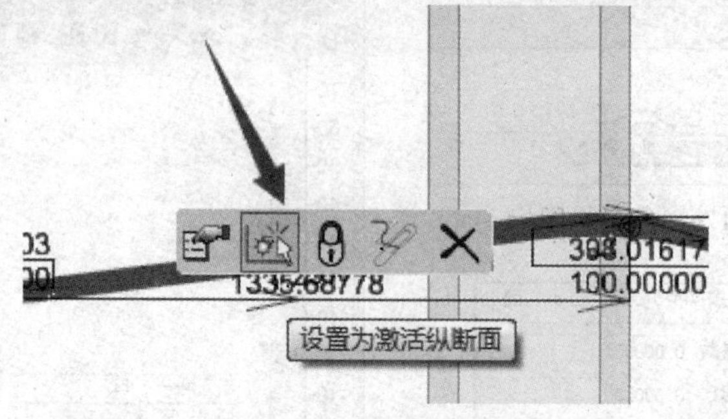

图 11-181　激活纵断面

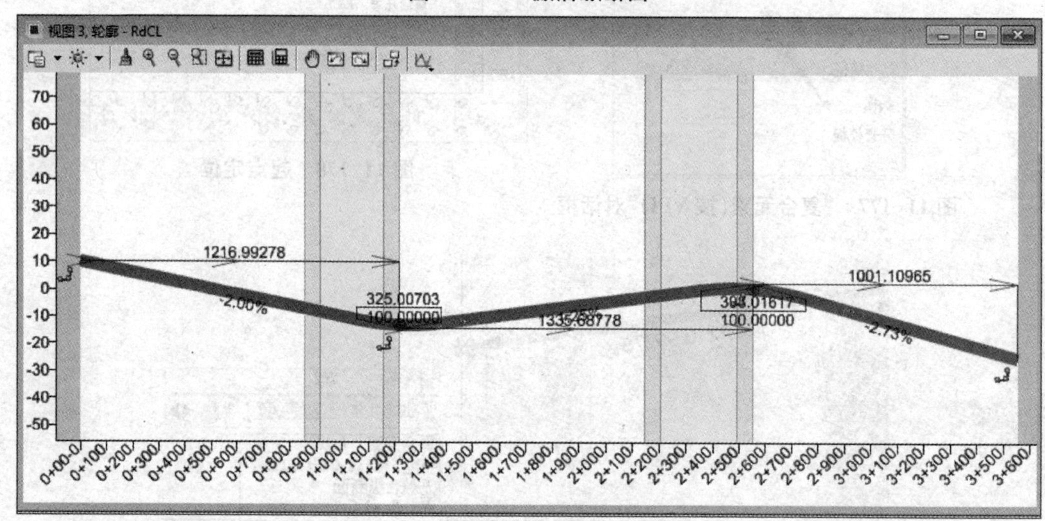

图 11-182　完成的纵断面

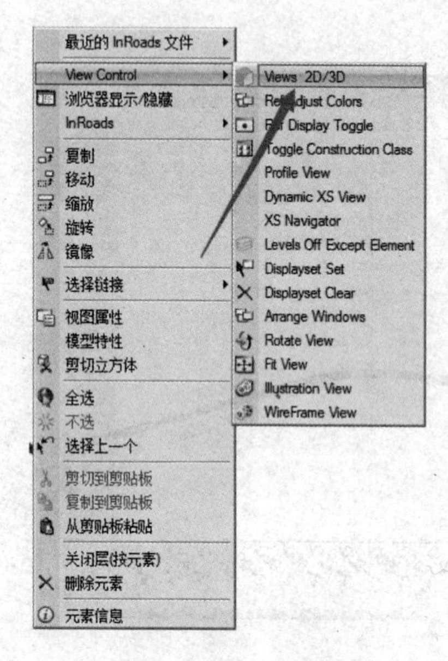

图 11-183　弹出菜单

在视图 1 中长按鼠标右键，在弹出的菜单上选择“View Control”→“Views 2D/3D”，如图 11-183 所示。此时，视图 2 打开，显示三维模型。

在视图中建立廊道模型，注意横断面间距设置应尽量小，例如 5 m 以下，廊道模型的 E 行均为超高的设置图标，如图 11-184 所示。

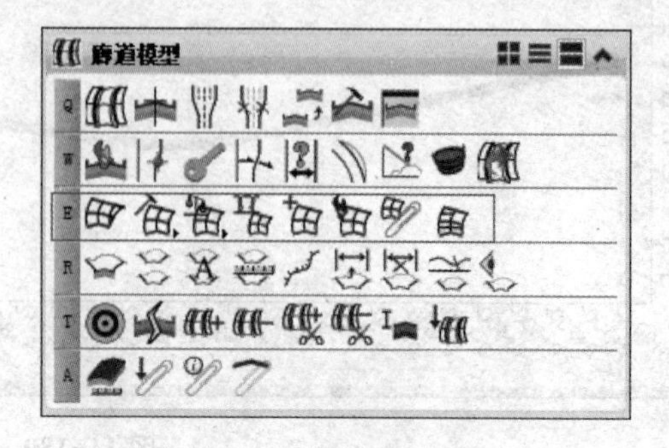

图 11-184　超高功能图标

单击“廊道模型”下 E1 图标，如图 11-185 所示。鼠标指针处提示“名称”，单击鼠标左键确认。鼠标指针处提示“定位线形”，移动鼠标到道路中心线上，单击鼠标左键，如图 11-186 所示。

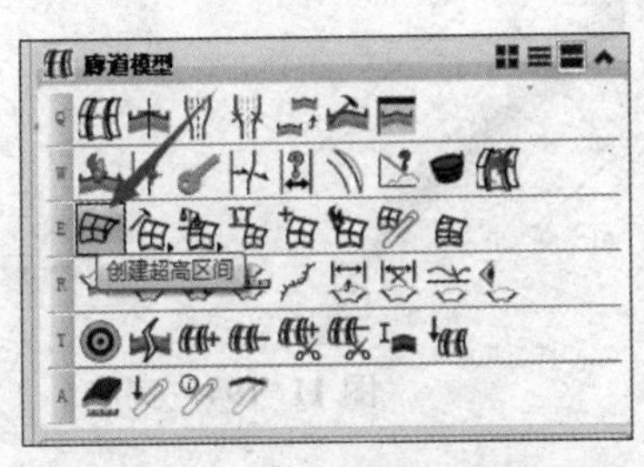

图 11-185　任务栏按钮

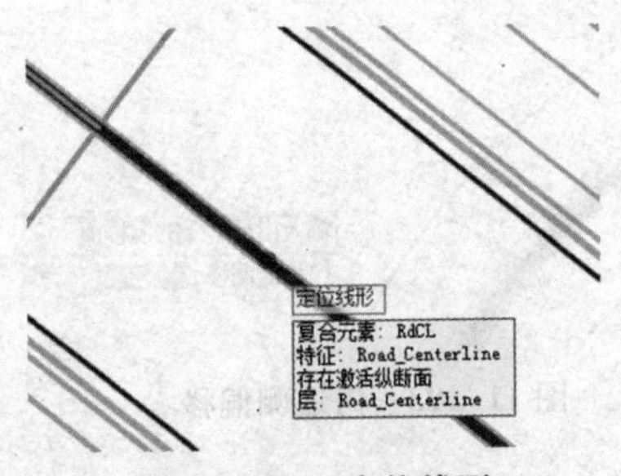

图 11-186　定位线形

鼠标指针处提示“起点桩号”，移动鼠标到缓和曲线和直线相交位置，单击鼠标左键，如图 11-187 所示。鼠标指针处提示“终点桩号”，移动鼠标到缓和曲线和直线相交位置，单击鼠标左键，如图 11-188 所示。鼠标指针处提示“最小切线长度”，单击鼠标左键确认，如图 11-189 所示。鼠标指针处提示“输入车道名称”，单击鼠标左键确认，如图 11-190 所示。

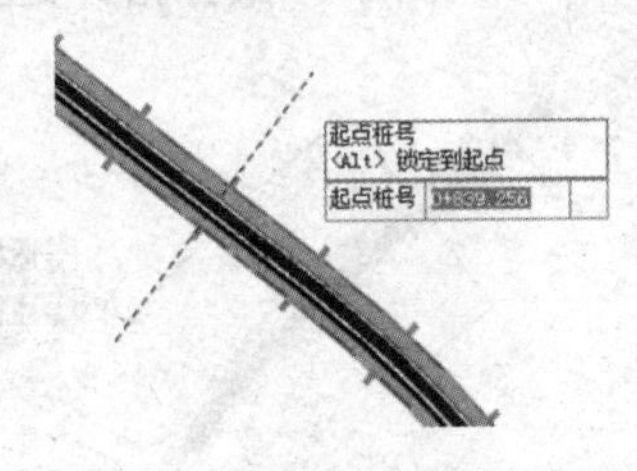

图 11-187　起点桩号

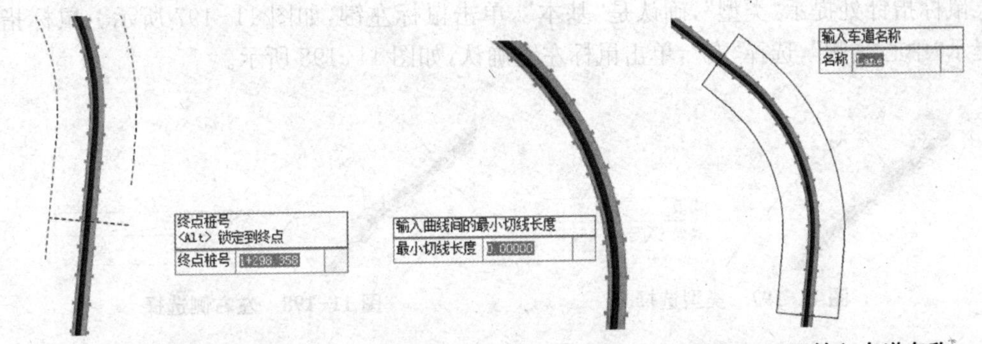

图 11-188　终点桩号　　图 11-189　最小切线长度　　图 11-190　输入车道名称

鼠标指针处提示“类型”，单击鼠标左键确认，如图 11-191 所示。鼠标指针处提示“中心线侧”，选择“左”，单击鼠标左键确认，如图 11-192 所示。

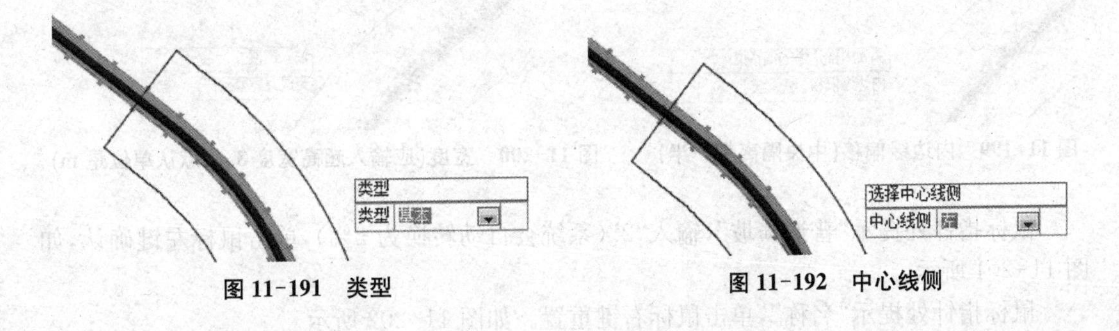

图 11-191　类型　　图 11-192　中心线侧

鼠标指针处提示“内边缘偏移”，保持为“0”，单击鼠标左键确认，如图 11-193 所示。鼠标指针处提示“宽度”（这是提示超高的宽度），输入“3.600”，单击鼠标左键确认，如图 11-194所示。

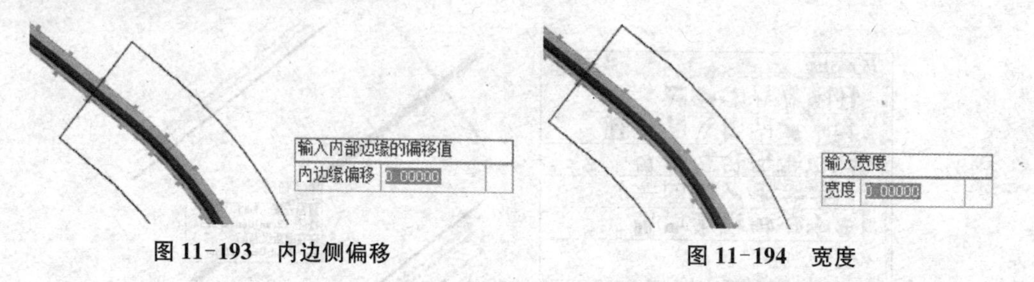

图 11-193　内边侧偏移　　图 11-194　宽度

鼠标指针处提示“普通横坡”，输入“2”（系统会自动转换为 2%），单击鼠标左键确认，如图 11-195 所示。鼠标指针处提示“名称”，单击鼠标左键确认。如图 11-196 所示。

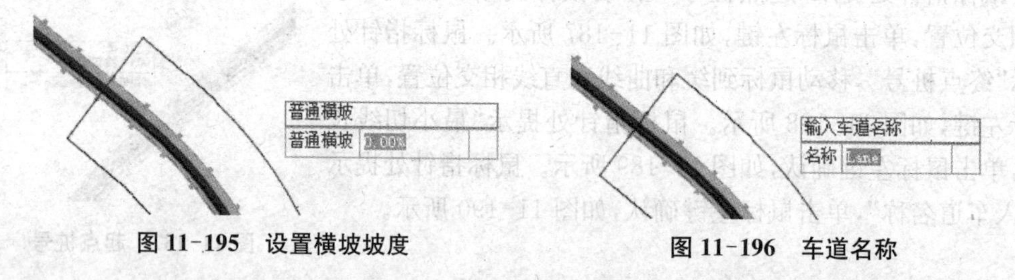

图 11-195　设置横坡坡度　　图 11-196　车道名称

鼠标指针处提示“类型”，确认是“基本”，单击鼠标左键，如图 11-197 所示。鼠标指针处提示“中心线侧”，选择“右”，单击鼠标左键确认，如图 11-198 所示。

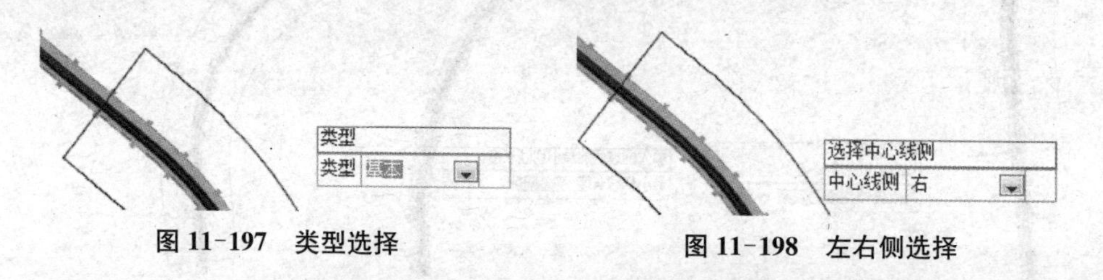

图 11-197　类型选择　　图 11-198　左右侧选择

鼠标指针处提示“内边缘偏移”，保持为“0”，单击鼠标左键确认（图 11-199），鼠标指针处提示“宽度”，（这是提示超高的宽度），输入“3.600”，单击鼠标左键确认，如图11-200 所示。

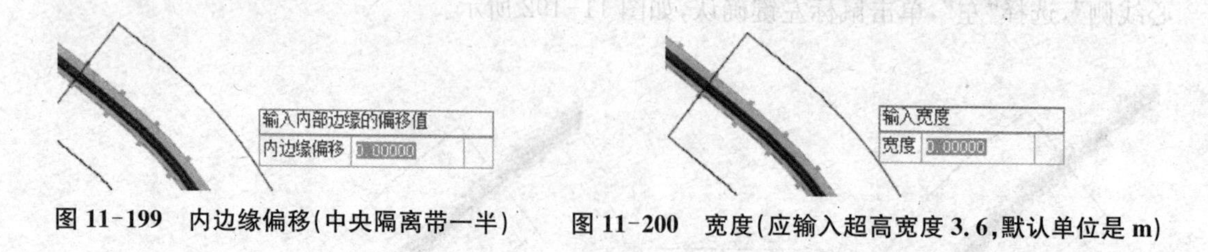

图 11-199　内边缘偏移（中央隔离带一半）　　图 11-200　宽度（应输入超高宽度 3.6，默认单位是 m）

鼠标指针处提示“普通横坡”，输入“2”（系统会自动转换为 2%），单击鼠标左键确认，如图 11-201 所示。

鼠标指针处提示“名称”，单击鼠标右键重置。如图 11-202 所示。

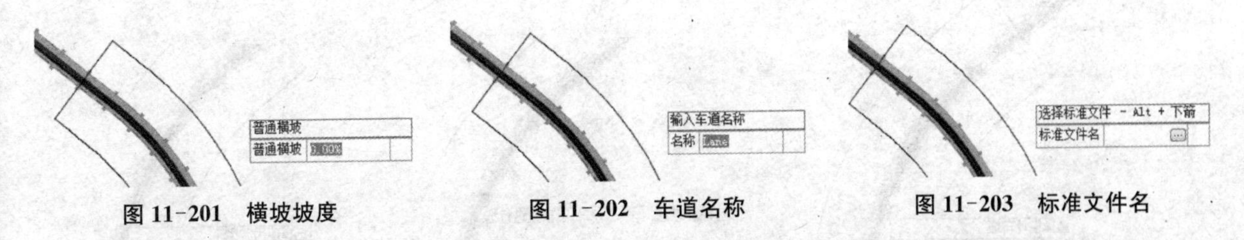

图 11-201 横坡坡度　　图 11-202 车道名称　　图 11-203 标准文件名

鼠标指针处提示“标准文件名”(图 11-203)，按下“Alt+↓”键，打开选择文件对话框，按图 11-204 所示导航到文件夹，选择 CJJ193-2012emax4. srl 文件，单击 Open 按钮，打开文件，如图 11-205 所示。

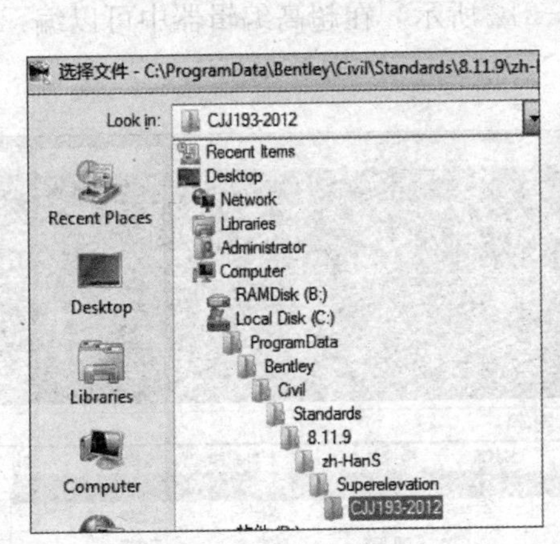

图 11-204 文件路径

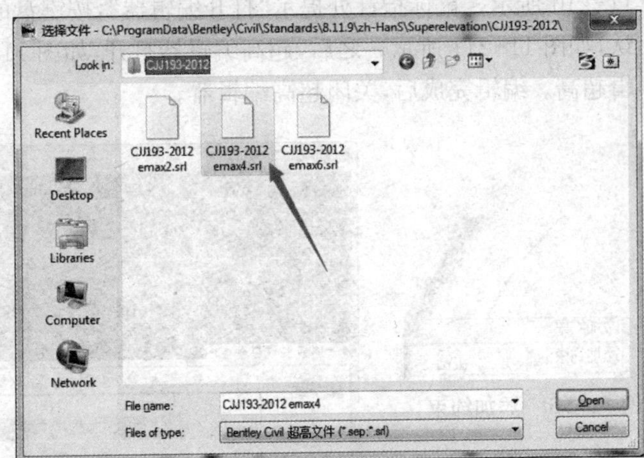

图 11-205 超高文件选择

单击鼠标左键确认，如图 11-206 所示。

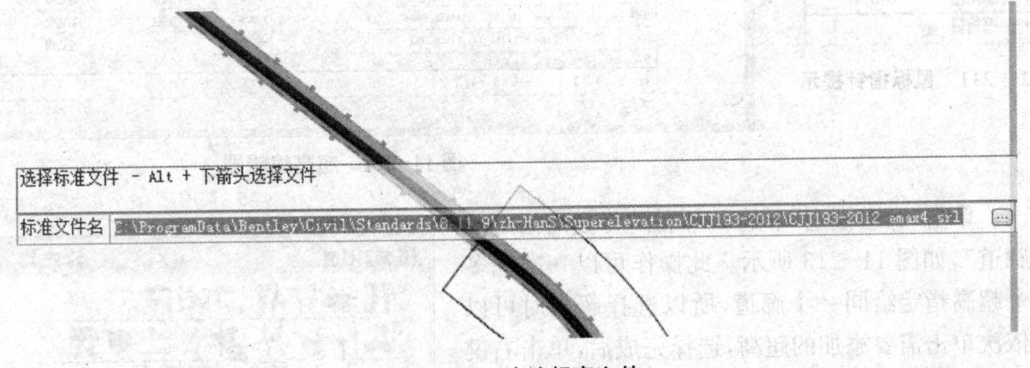

图 11-206 确认超高文件

鼠标指针处提示“设计车速”，按键盘的上下键，选择“60”，单击鼠标左键确认，如图 11-207 所示。鼠标指针处提示“旋转方式”，按键盘的上下键，选择“绕中心线旋转(相同比率)”，单击鼠标左键确认，如图 11-208 所示。鼠标指针处提示“应用类型”，按键盘的上下键，选择“线形”，单击鼠标左键确认，如图 11-209 所示。

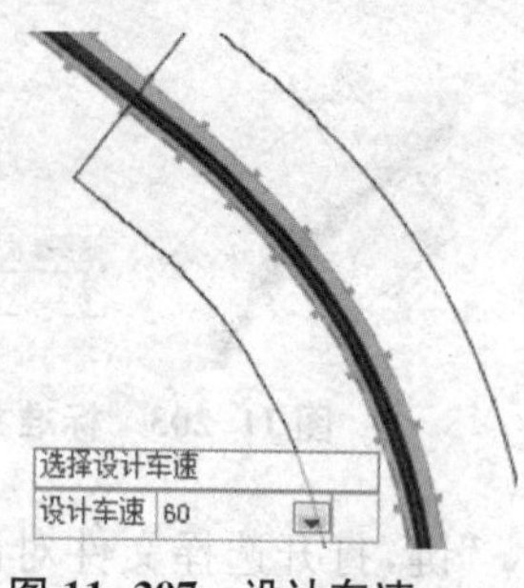

图 11-207　设计车速

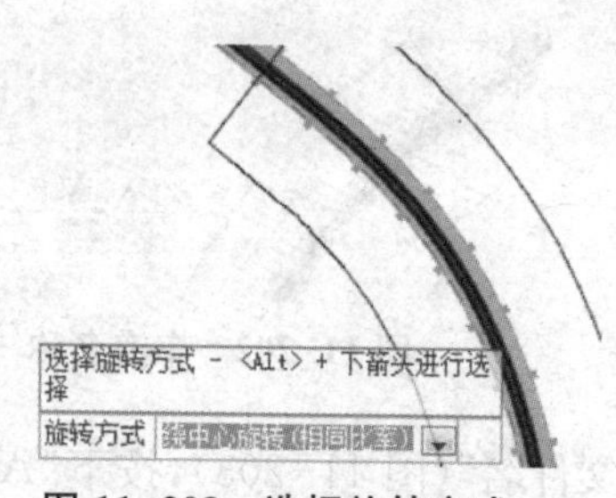

图 11-208　选择旋转方式

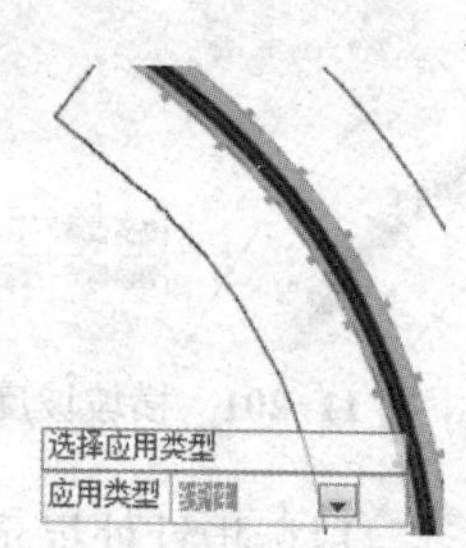

图 11-209　选择应用类型

鼠标指针处提示“添加约束”，按键盘的上下键，选择“否”，单击鼠标左键确认，如图 11-210 所示。鼠标指针处提示“打开编辑器”，按键盘的上下键，选择“是”，单击鼠标左键确认，如图 11-211 所示。之后，超高编辑器打开，如图 11-212 所示。在超高编辑器中可以编辑超高。编辑完成后，关闭超高编辑器。

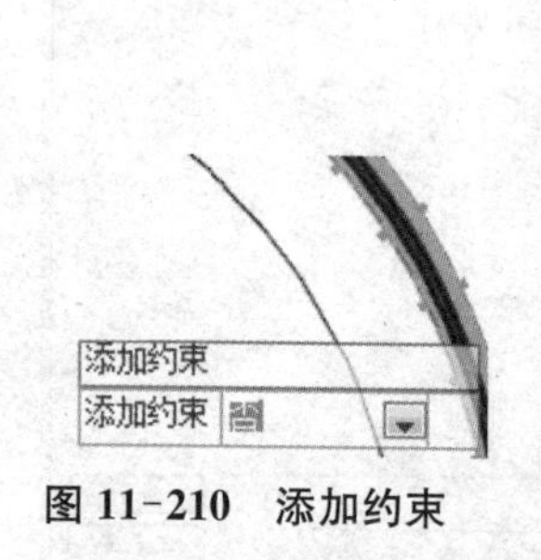

图 11-210　添加约束

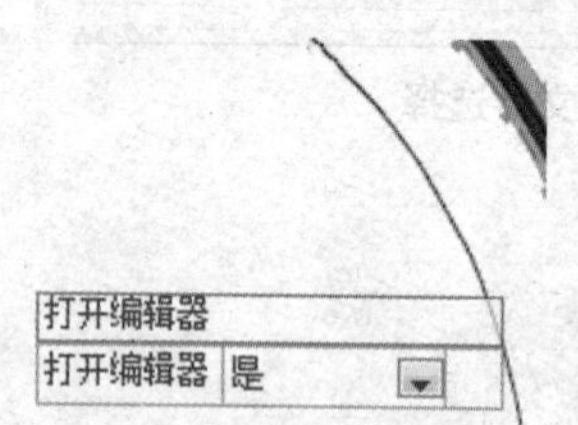

图 11-211　鼠标指针提示

超高编辑器 - RdCL

Section-1

超高	名称	桩号	曲线集	横坡	缓和曲线类型	枢轴边缘
Lane	Lane - 0+840	0+839.848		0.00%	线性	右边缘
Lane	Lane - 0+840_1	0+839.848		0.00%	线性	左边缘
Lane	Lane - 0+855	0+855.080		0.00%	线性	右边缘
Lane	Lane - 0+855_1	0+855.080		0.00%	线性	左边缘
Lane	Lane - 0+855_2	0+855.180		0.00%	线性	右边缘
Lane	Lane - 0+855_3	0+855.180		0.00%	线性	左边缘
Lane	Lane - 0+915	0+915.180		3.00%	线性	右边缘
Lane	Lane - 0+915_1	0+915.180		-3.00%	线性	左边缘
Lane	Lane - 1+157	1+156.993		3.00%	线性	右边缘
Lane	Lane - 1+157_1	1+156.993		-3.00%	线性	左边缘

行: 1 /16

图 11-212　超高编辑器

单击“廊道模型”下的 E4 图标“将超高指定给廊道”，如图 11-213 所示。此操作可以一次把多个超高指定给同一个廊道，所以选择超高时可以依次单击需要添加的超高，选择完成后，单击右键重置，再选择廊道。

图 11-213　任务栏按钮

如图 11-214 所示，鼠标指针处提示“定位第一个超高断面”，用鼠标单击刚刚创建的超高，之后，单击鼠标右键重置。鼠标指针处提示“定位廊道”，移动鼠标至廊道模型，至廊道模型全部亮显后，单击鼠标左键，如图 11-215 所示。

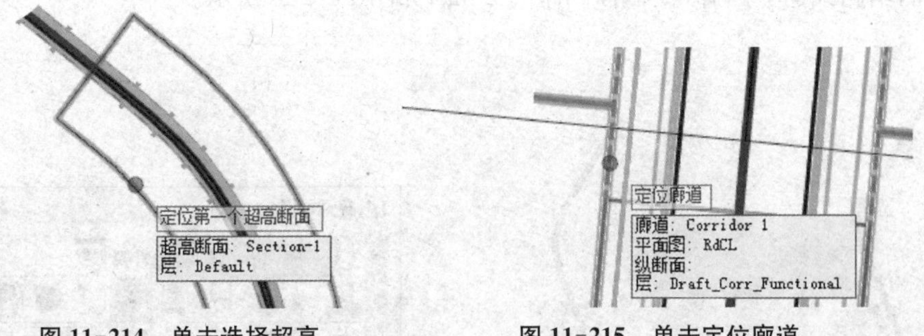

图 11-214 单击选择超高　　　　图 11-215 单击定位廊道

此时，弹出“关联超高”对话框，如图 11-216 所示。在对话框中可以调整超高相应设置。调整完成后，单击“确定”按钮。

关联超高

	超高对象	超高点	枢轴点	起点桩号	终点桩号	优先权
▸	Lane	LT...	CL	1+431.876	1+941.302	1
	Lane1	RT...	CL	1+431.876	1+941.302	1
*						

确定　取消

图 11-216 “关联超高”对话框

超高添加完成后，可以打开横断面查看器，查看添加超高后的横断面，如图 11-217 所示。在视图 1 中，出现垂直于路线的短线，表示超高已经添加完毕，如图 11-218 所示。

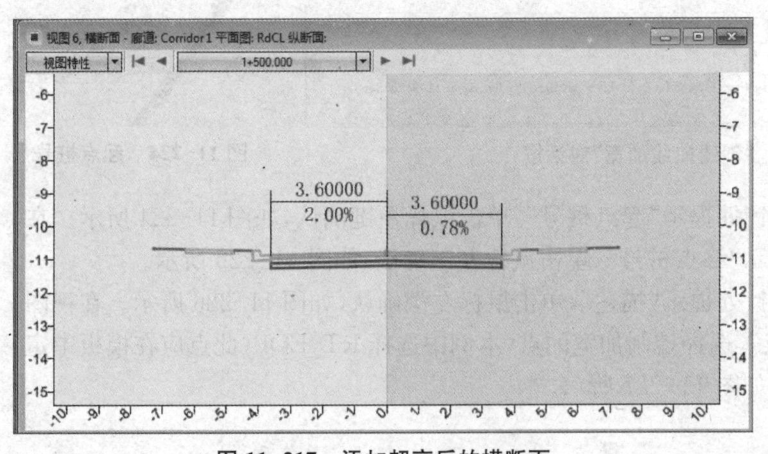

图 11-217 添加超高后的横断面

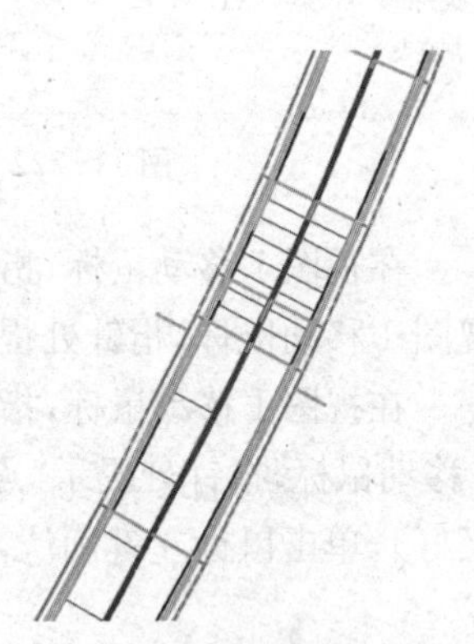

图 11-218 垂直于路线的短线

11.8.2 加宽

按照当前的规范规定，在圆曲线半径小于一定值时，车道要加宽，PowerCivil 也内置了加宽功能。我们先用交点法绘制一段路线，圆曲线半径为 150，如图 11-219 所示。然后设

计纵断面，给路线建立路廊（横截面间距为 2 m），如图 11-220 所示。

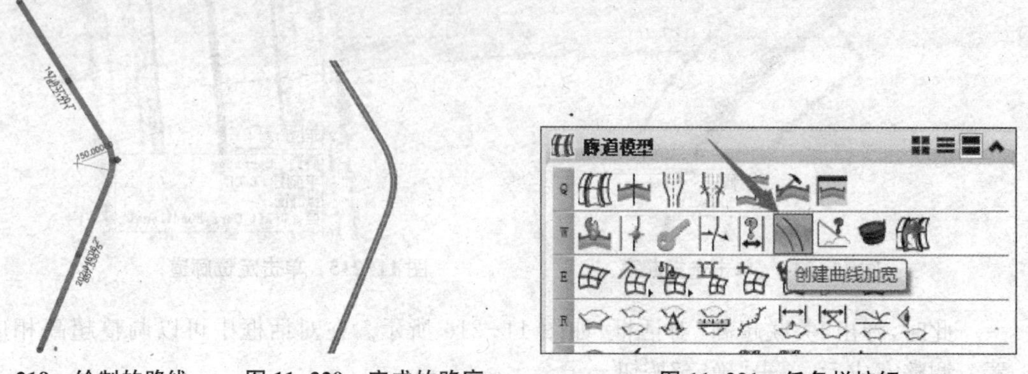

图 11-219　绘制的路线　　图 11-220　完成的路廊　　图 11-221　任务栏按钮

单击“廊道模型”下 W6 图标“创建曲线加宽”按钮，如图 11-221 所示；弹出“创建曲线加宽”对话框，如图 11-222 所示；在视图 1 移动鼠标，指针处提示“定位廊道”，单击廊道模型，如图 11-223 所示。

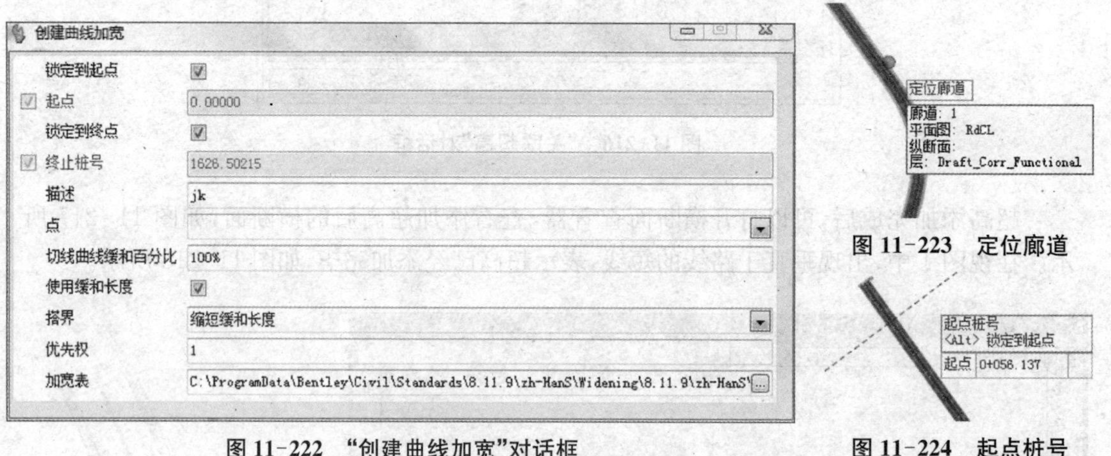

图 11-222　“创建曲线加宽”对话框　　图 11-223　定位廊道　　图 11-224　起点桩号

在视图 1 移动鼠标，指针处提示“起点桩号”，单击鼠标左键确认，如图 11-224 所示。在视图 1 移动鼠标，指针处提示“终点桩号”，单击鼠标左键确认，如图 11-225 所示。

在视图 1 移动鼠标，指针处提示“描述”，单击鼠标左键确认，如图 11-226 所示。在视图 1 移动鼠标，指针处提示“点”，选择控制加宽的点，本例中选择 RT_EOP（此点应在模板中定义好），单击鼠标左键确认，如图 11-227 所示。

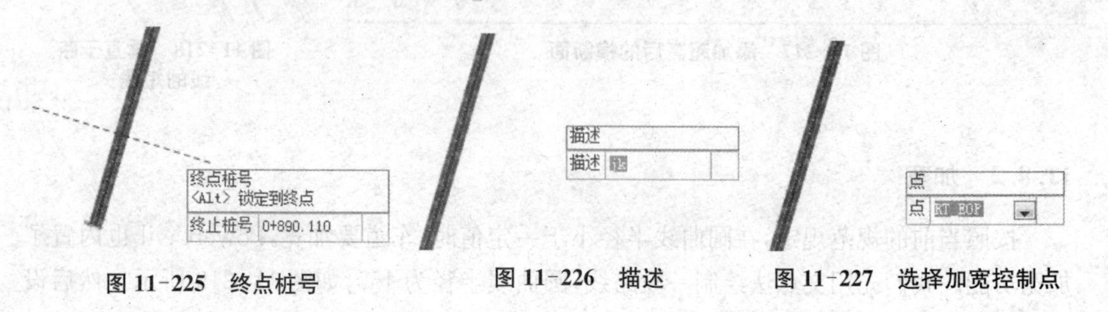

图 11-225　终点桩号　　图 11-226　描述　　图 11-227　选择加宽控制点

在视图 1 移动鼠标，指针处提示“切线曲线缓和百分比”，单击鼠标左键确认，如图11-228所示。在视图 1 移动鼠标，指针处提示“使用缓和长度”，单击鼠标左键确认，如图11-229所示。在视图 1 移动鼠标，指针处提示“搭界”，单击鼠标左键确认，如图 11-230 所示。在视图 1 移动鼠标，指针处提示“优先权”，单击鼠标左键确认，如图 11-231 所示。

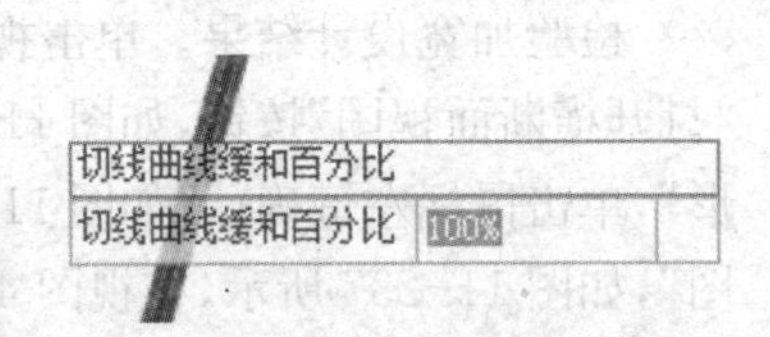

图 11-228　切线曲线缓和百分比

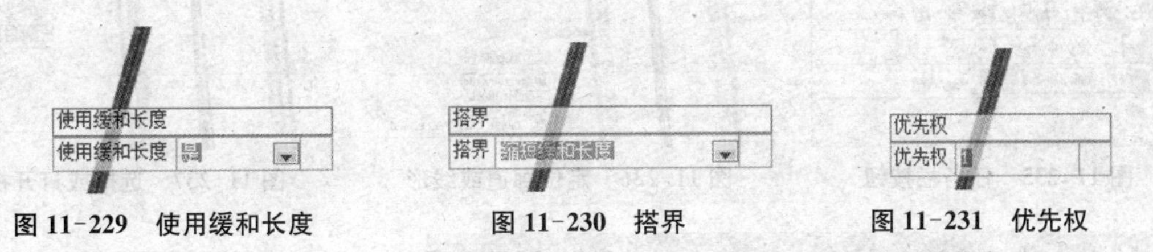

图 11-229　使用缓和长度　　图 11-230　搭界　　图 11-231　优先权

在视图 1 移动鼠标，指针处提示“加宽表”，按“Alt+↓”键，打开“选择文件”对话框。在对话框中选择“CJJ curve_widening_lLanes_class2. wid”，单击“打开”按钮，如图 11-232 所示。

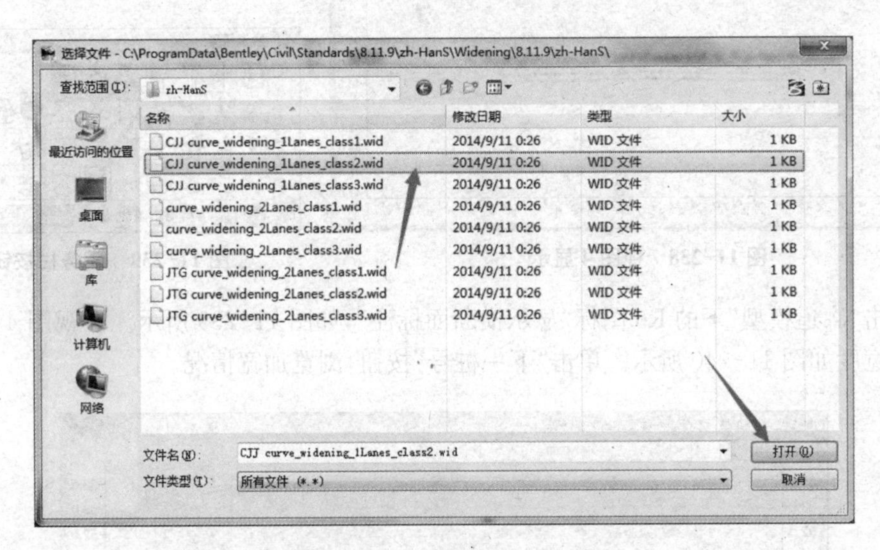

图 11-232　“选择文件”对话框

鼠标指针处提示“加宽表”，单击鼠标左键确认，如图 11-233 所示。完成后的路廊加宽如图 11-234 所示。

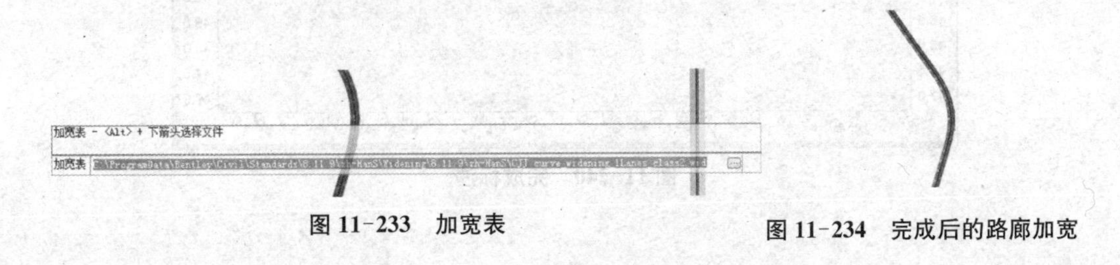

图 11-233　加宽表　　图 11-234　完成后的路廊加宽

检验加宽设计结果。单击视图开关的数字 4，打开视图 4。单击“廊道模型”下 R1 图标“打开横断面视图”按钮，如图 11-235 所示。在视图 1 移动鼠标，指针处提示“定位廊道或线形”，单击鼠标左键确认，如图 11-236 所示。在视图 1 移动鼠标，指针处提示“选择或打开视图”，如图 11-237 所示，在视图 4 中单击鼠标左键确认，视图 4 显示如图 11-238 所示。

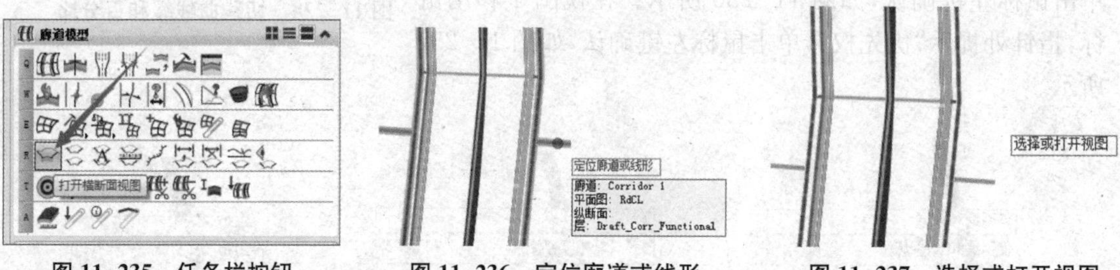

图 11-235　任务栏按钮　　图 11-236　定位廊道或线形　　图 11-237　选择或打开视图

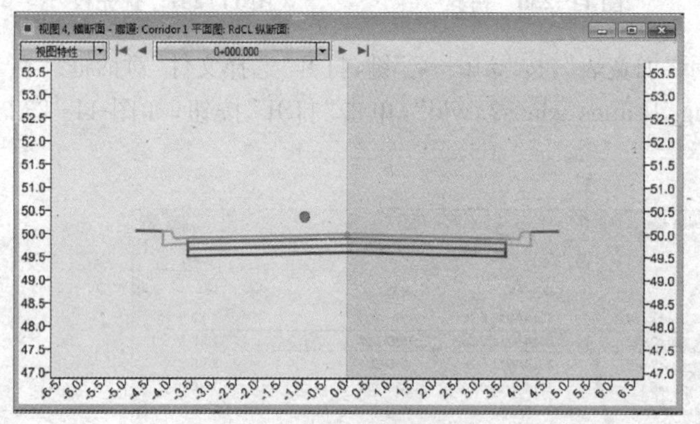

图 11-238　视图 4 显示

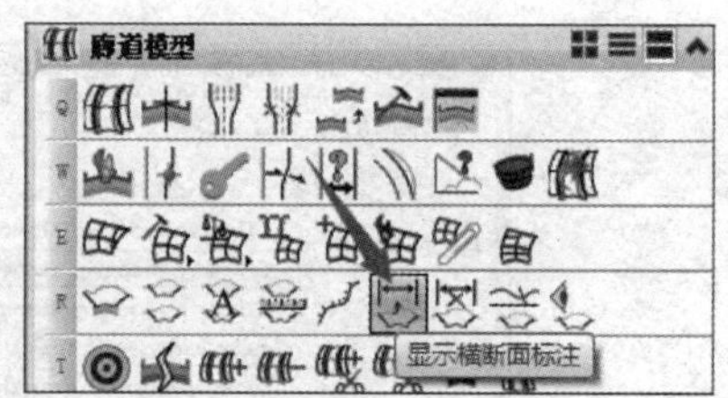

图 11-239　任务栏按钮

单击“廊道模型”下的 R6 图标“显示横断面标注”，如图 11-239 所示。在视图 4 中标注廊道的宽度如图 11-240 所示。单击“下一桩号”按钮，浏览加宽情况。

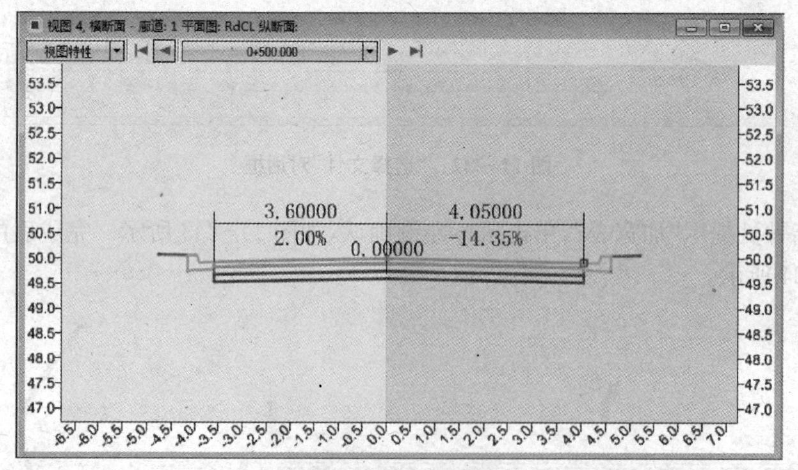

图 11-240　完成标注

11.9 模　板

模板是 PowerCivil 建模的基础。下面介绍初步的模板创建步骤。

单击“廊道模型”的 Q6 图标“创建横断面模板”，如图 11-241 所示。

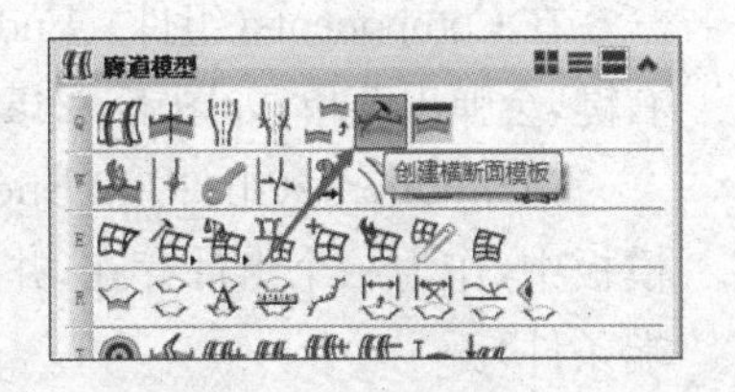

图 11-241　任务栏按钮

弹出的“创建横断面模板”对话框如图11-242 所示。

“创建横断面模板”对话框包括四部分，分别是顶部的菜单栏、左侧上部的模板库列表、左下的预览和右侧的编辑窗口。

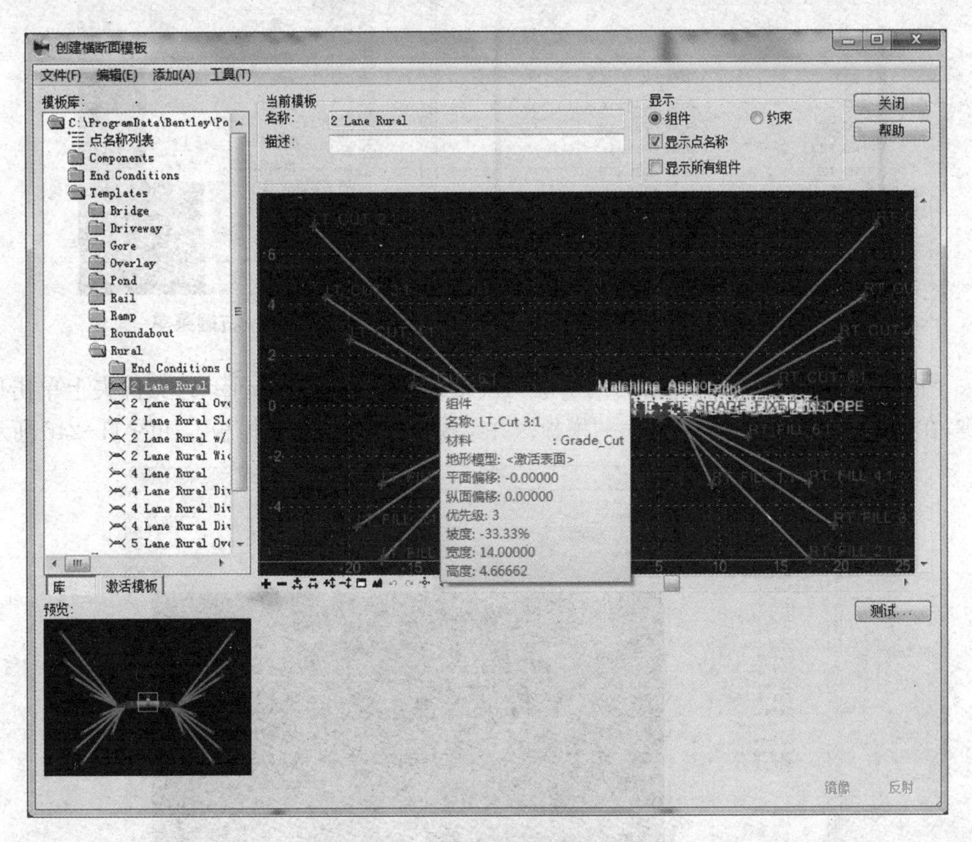

图 11-242　“创建横断面模板”对话框

模板库中包括三类模板，如图 11-243 所示，即 Components(组件)、End Conditions(末端条件)和 Templates(模板)。Components(组件)一般是构成路面结构的部分，包括各种构造层次和排水沟等；End Conditions(末端条件)一般是与路基挖填相关的部分；Templates(模板)一般是由 Components(组件)和 End Conditions(末端条件)组成

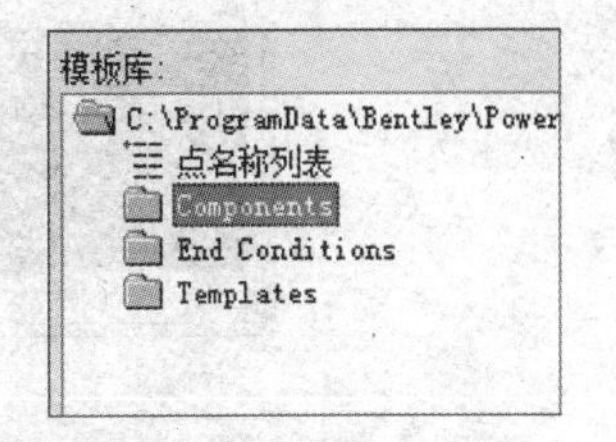

图 11-243　模板种类

的具有完整功能的横断面。

此外，模板库中还包括"点名称列表"，双击该项，会弹出对话框，如图 11-244 所示。点名称列表中列出了各种点的名称和特征定义。

在 Components(组件)、End Conditions(末端条件)和 Templates(模板)文件夹上单击鼠标右键，会弹出菜单，如图 11-245 所示。新建文件夹或者新建模板，均在弹出菜单中操作。

Components(组件)和 End Conditions(末端条件)可以用鼠标拖动到读者自己建立的模板中，作为一个组件存在，并且不会影响原来的 Components(组件)和 End Conditions(末端条件)。

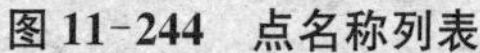
图 11-244　点名称列表

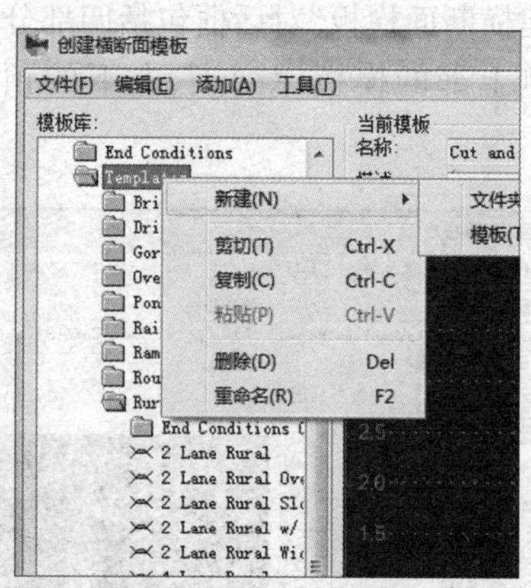

图 11-245　右键菜单

下面以一个名为"测试模板"的例子说明模板的创建。在"Templates"文件夹上单击鼠标右键，在弹出的菜单上选择"新建"→"模板"，并给模板命名为"测试模板"，如图 11-246 所示。

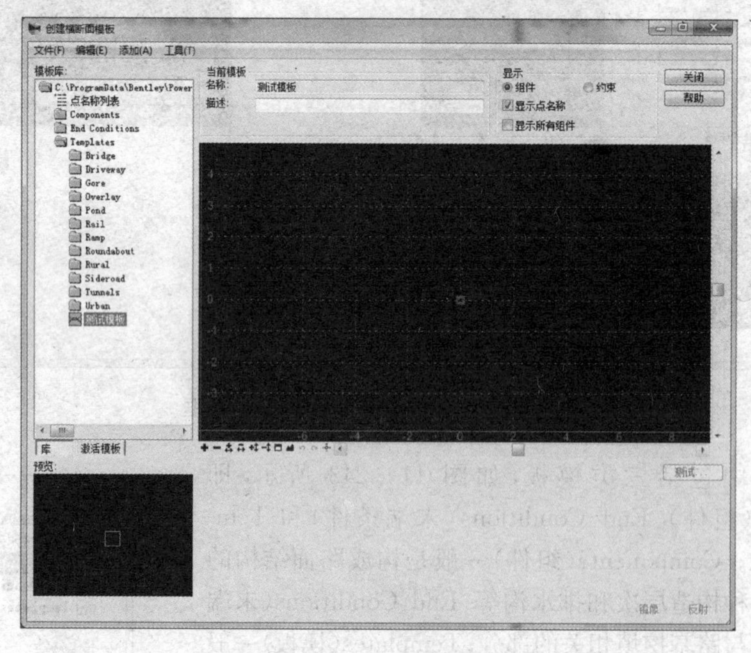

图 11-246　添加的测试模板

鼠标双击模板库中的“测试模板”，将其激活。在编辑窗口单击鼠标右键，在弹出的菜单上选择“添加新组件”→“简单”，如图 11-247 所示。

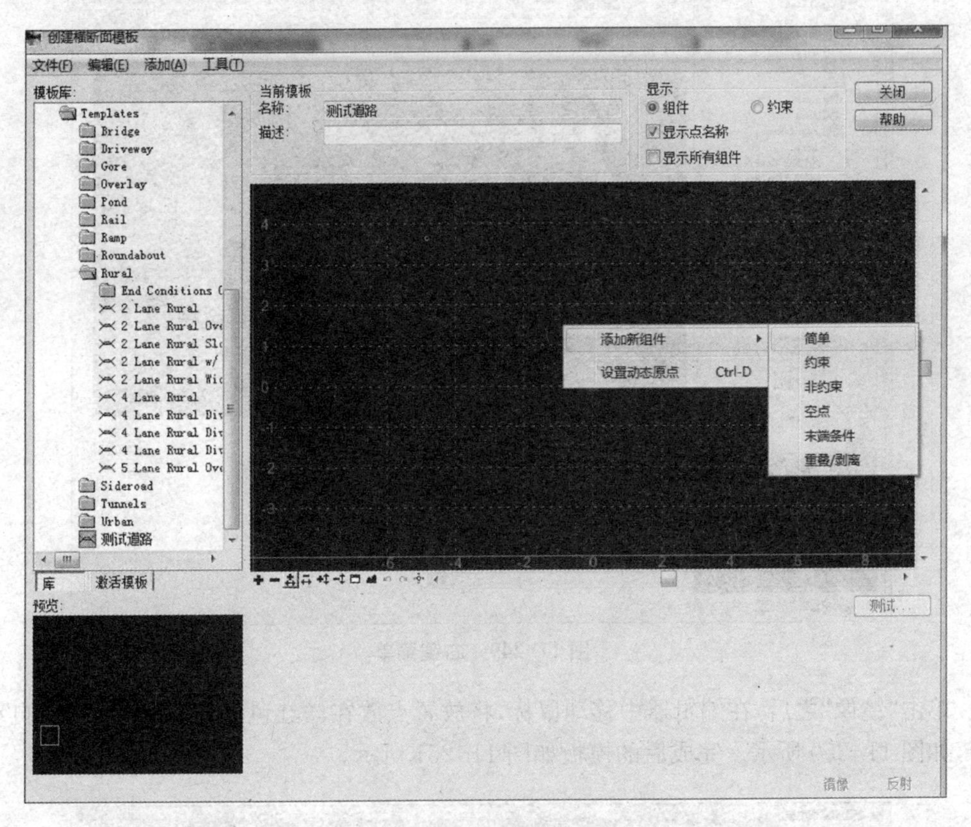

图 11-247　右键菜单

此时，在编辑窗口移动鼠标，出现一个简单组件，如图 11-248 所示。单击鼠标右键，会出现菜单如图 11-249 所示。“更改放置点”是一次更改四边形的四个角点为放置点，这是一个循环的过程；“镜像”是同时对称布置四边形；“反射”是将四边形的放置方式呈现与初始图形对称的方式；“取消”是退出放置状态；“设置动态圆点”是移动原点的位置。

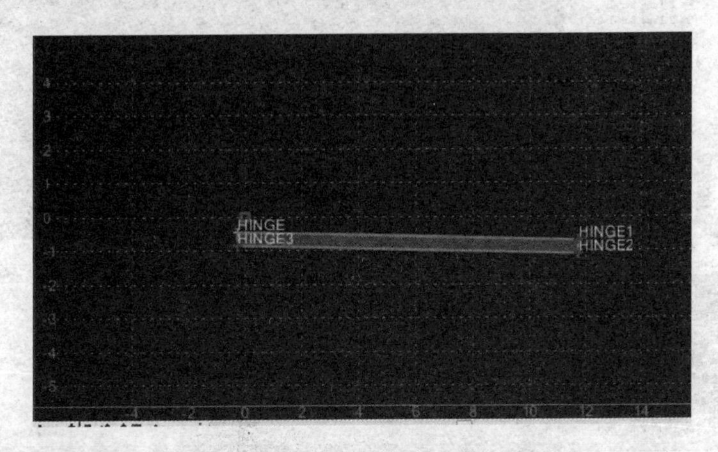

图 11-248　简单组件

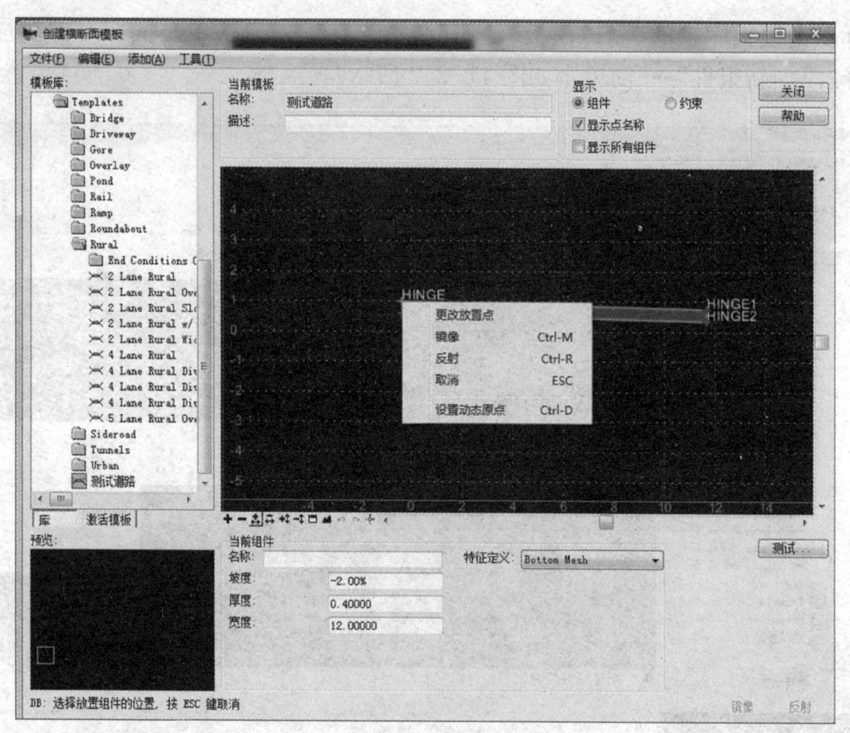

图 11-249　右键菜单

单击“镜像”之后，在编辑器中移动鼠标，将放置点放在洋红色的原点位置(点会自动捕捉)，如图 11-250 所示。完成后的模板如图 11-251 所示。

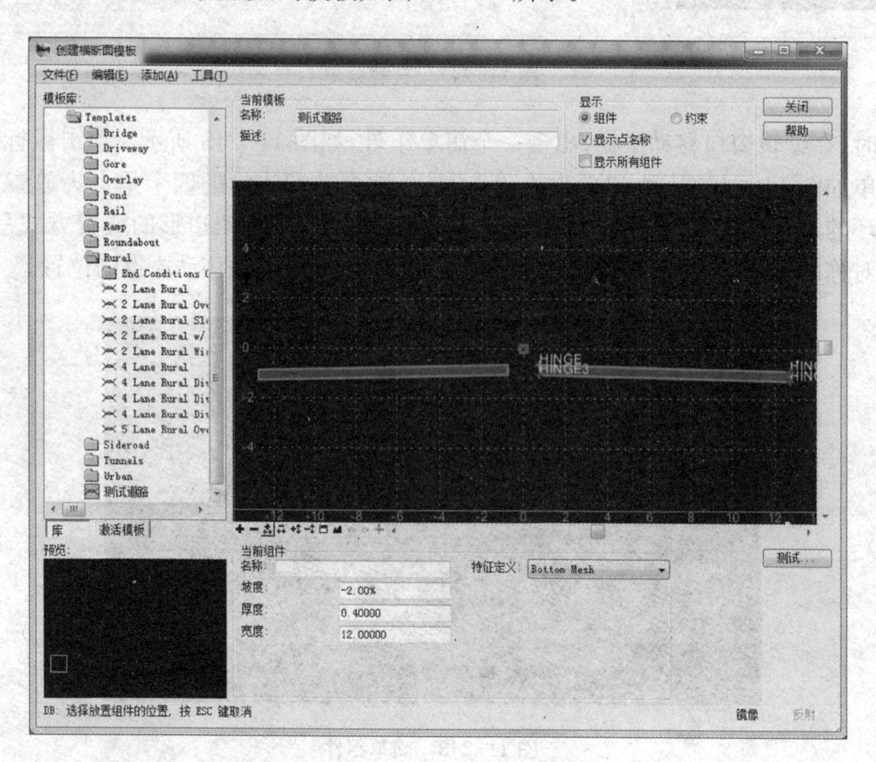

图 11-250　镜像移动

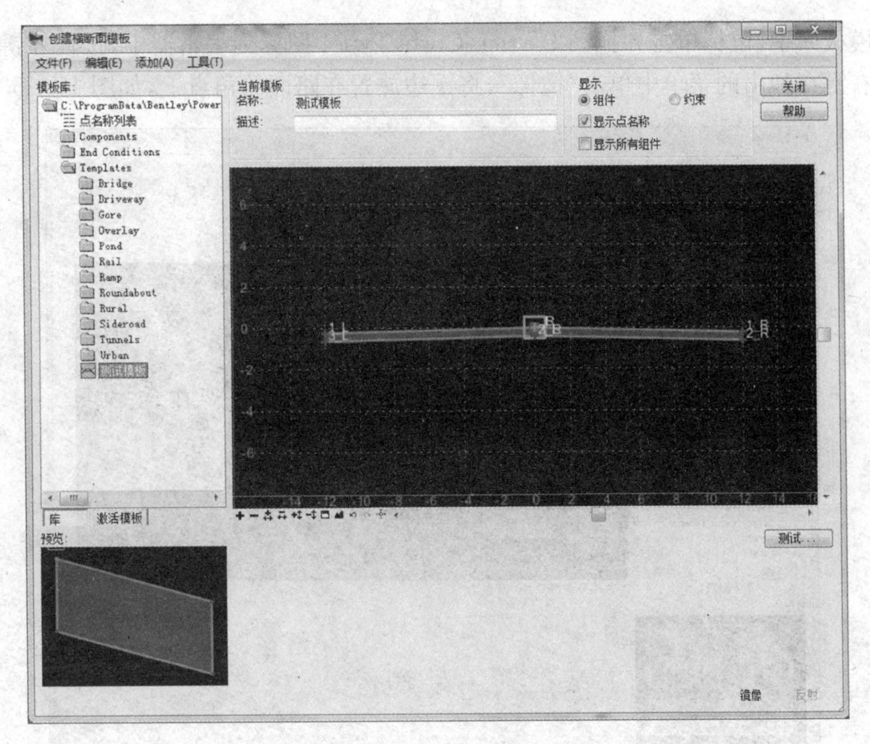

图 11-251 完成的模板

展开“Components”→Curbs→“Barrier”下的 Barrier Curb Type1，如图 11-252 所示。

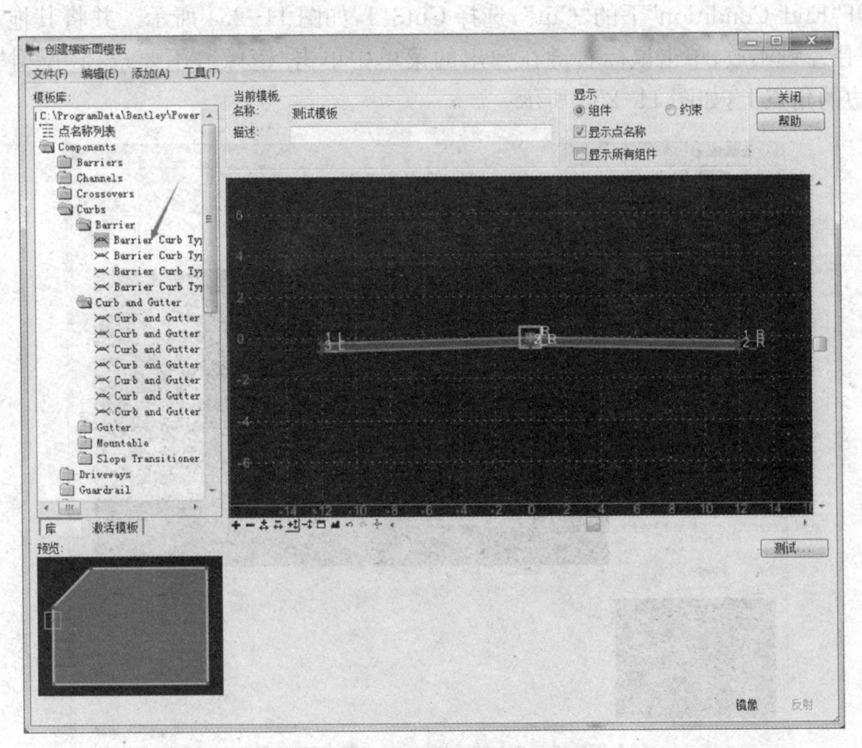

图 11-252 Barrier Curb Type1

在模板库中，鼠标单击并拖动 Barrier Curb Type1 图标到编辑器中，按住左键不放，单击鼠标右键在弹出的菜单中单击“镜像”，将镶边放置在路面的角点上，如图 11-253 所示。

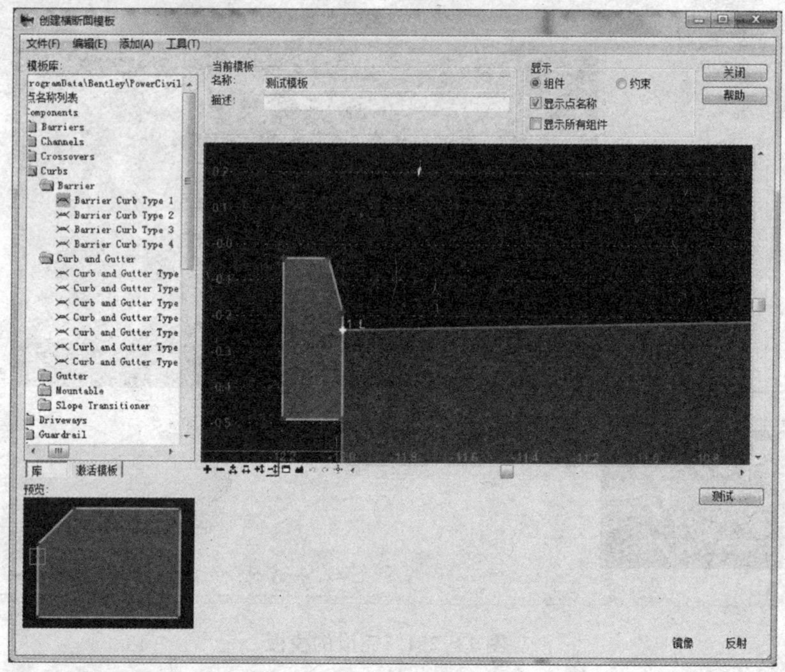

图 11-253 放置 Barrier Curb Type1

展开“End Condition”下的“Cut”，选择 Cut3：1，如图 11-254 所示。并将其拖动到编辑器中；按住左键不放，单击鼠标右键在弹出的菜单中单击“镜像”，不要选择“反射”，将镶边放置镶边的角点上，如图 11-255 所示。

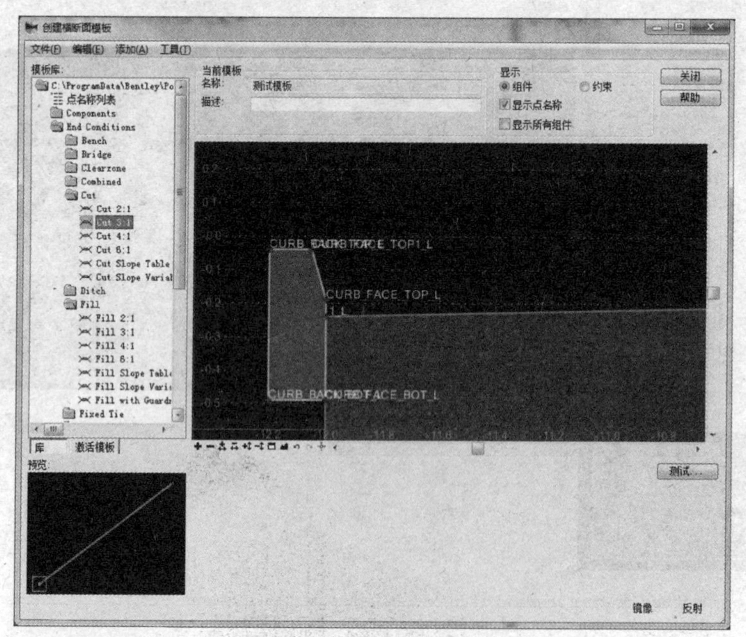

图 11-254 选择 Cut3：1

删除组件或末端条件。在编辑器的空白处单击鼠标右键，在弹出的菜单中选择“删除组件”，如图 11-256 所示。在编辑框中拖动鼠标画出一条白线，与白线相交的组件或者末端条件将被删除。

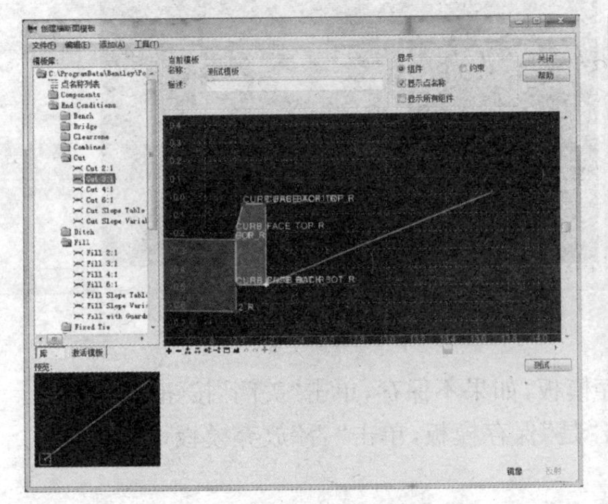

图 11-255 放置 Cut3:1

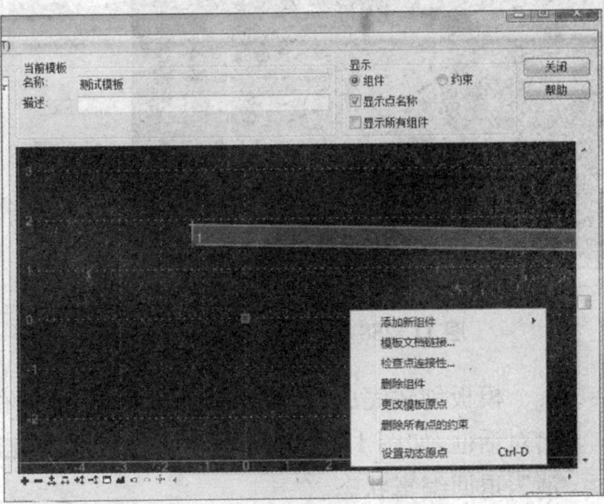

图 11-256 右键弹出菜单

测试模板的挖填方。单击“创建横断面模板”对话框右下角的“测试”按钮。弹出“测试末端条件”对话框，如图 11-257 所示。

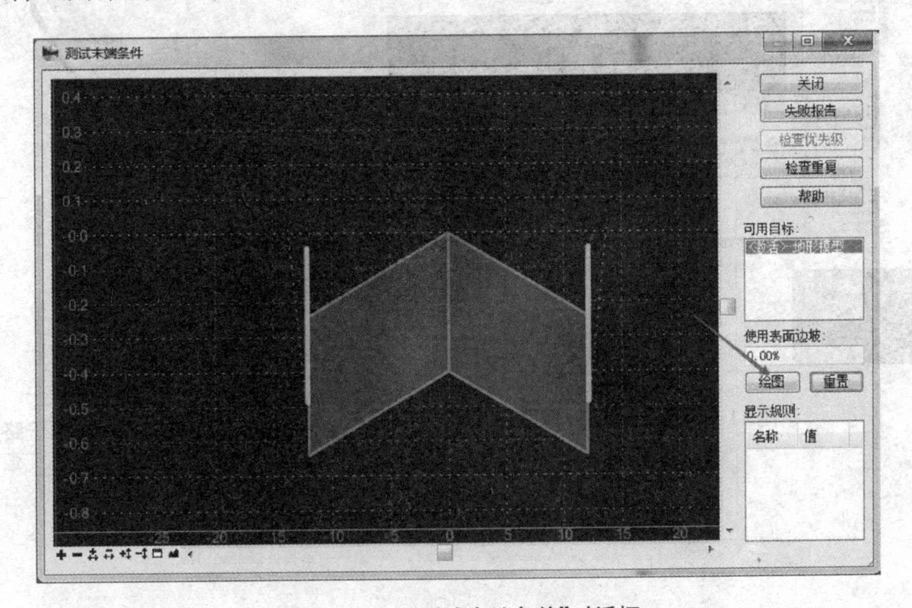

图 11-257 “测试末端条件”对话框

单击“测试末端条件”对话框中的“绘图”按钮，如图 11-257 所示。在左侧窗口中移动鼠标，可以看到末端条件的测试结果如图 11-258 所示。测试完成后，单击“重置”按钮，再单击“关闭”按钮，退出测试，如图 11-259 所示。

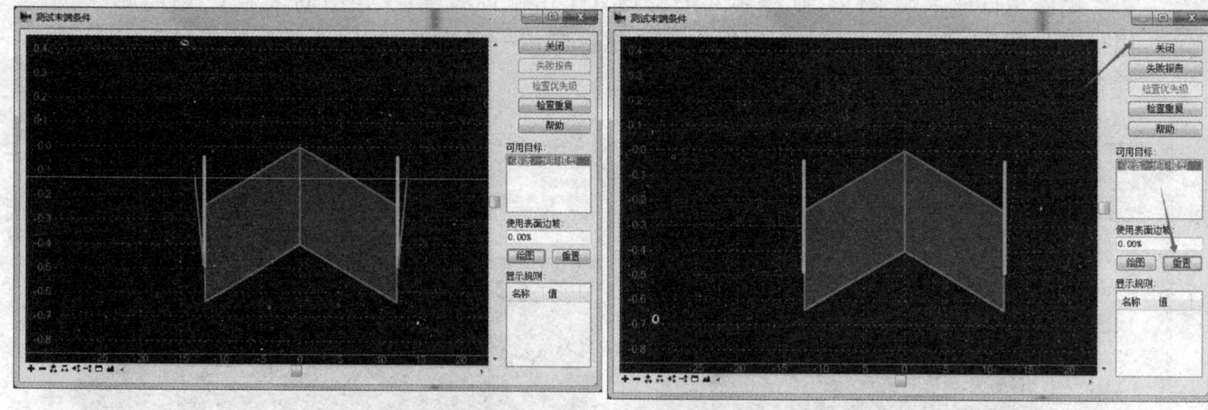

图 11-258　测试末端条件　　　　图 11-259　退出测试

模板创建完成后，可以按“Ctrl＋S”键保存模板，如果不保存，单击“关闭”按钮时，会弹出对话框，如图 11-260 所示。该对话框，单击“是”保存模板，单击“否”放弃模板，单击“取消”，退回编辑状态。

完成后的模板应用于路廊的状态如图 11-261 所示。

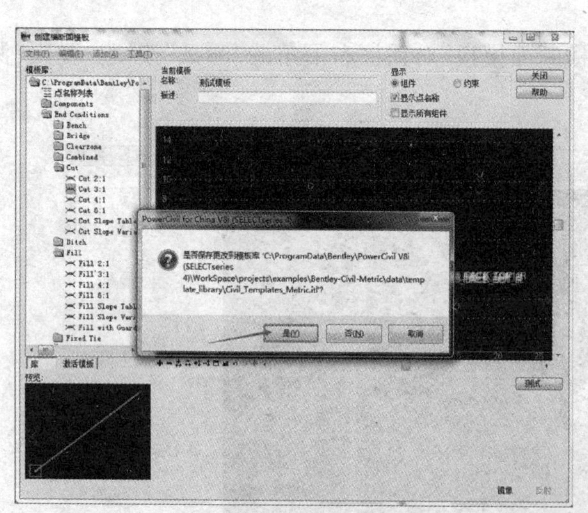

图 11-260　弹出的对话框

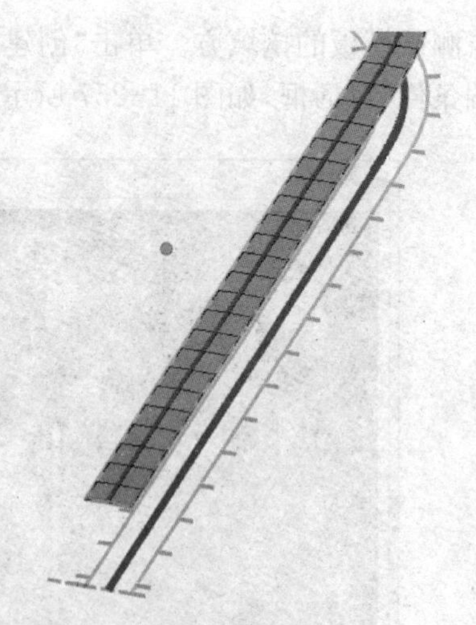

图 11-261　完成的模板应用于路廊

12 OpenBridge Modeler 软件应用

12.1 OpenBridge Modeler 软件安装

OpenBridge Modeler 是 Bentley 公司出品的桥梁 BIM 软件。该软件可以完成桥的路线设计、桥面设计、桥墩桥台设计和附属设施设计，是一款较完善的桥梁 BIM 软件。

OpenBridge Modelcr 软件的安装过程和其他 Bentley 软件的安装过程类似，安装前关闭杀毒软件，双击软件图标就开始安装。软件安装过程如图 12-1 所示。

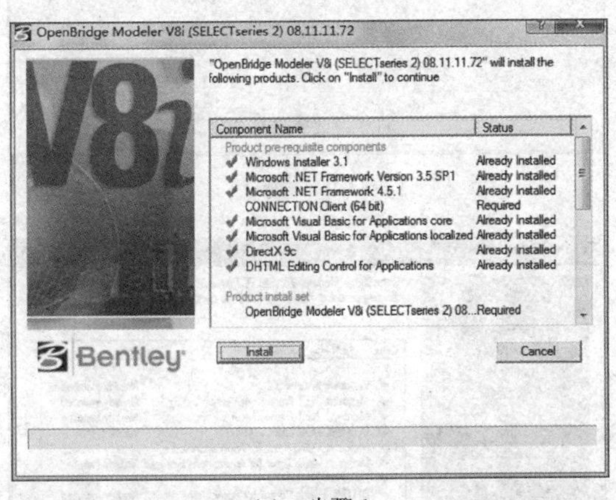

(a) 步骤 1

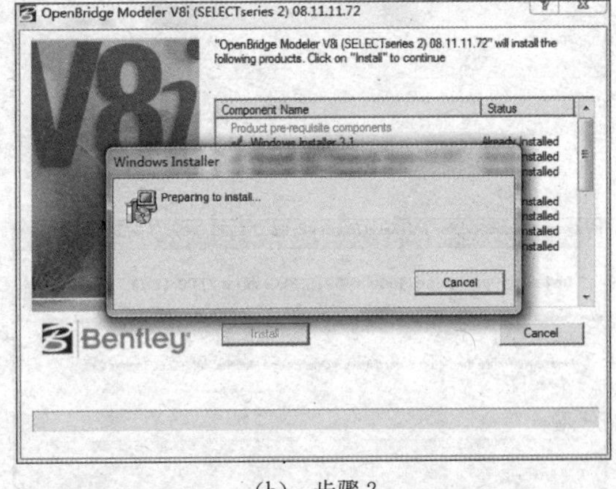

(b) 步骤 2

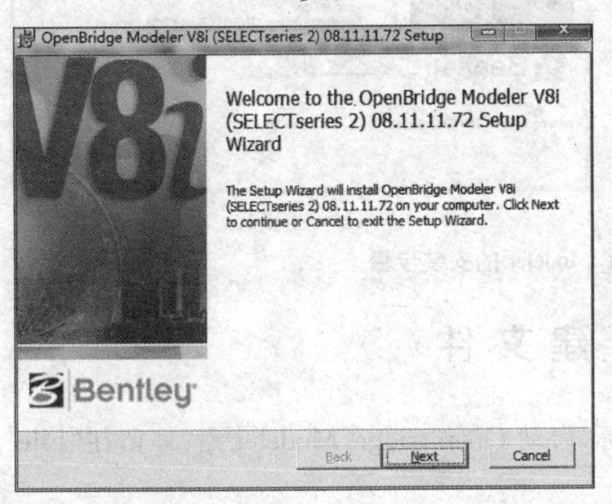

(c) 步骤 3

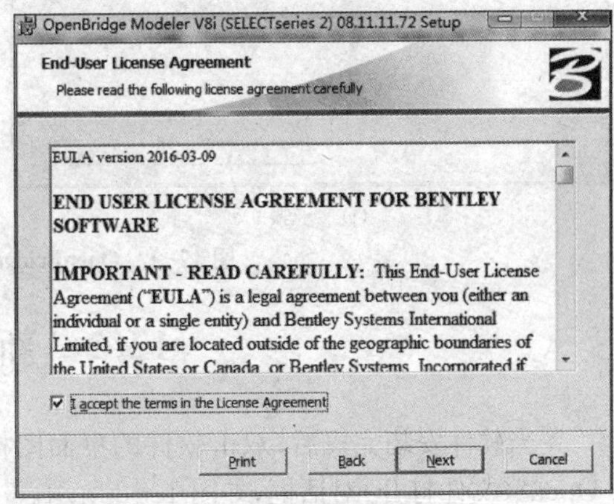

(d) 步骤 4

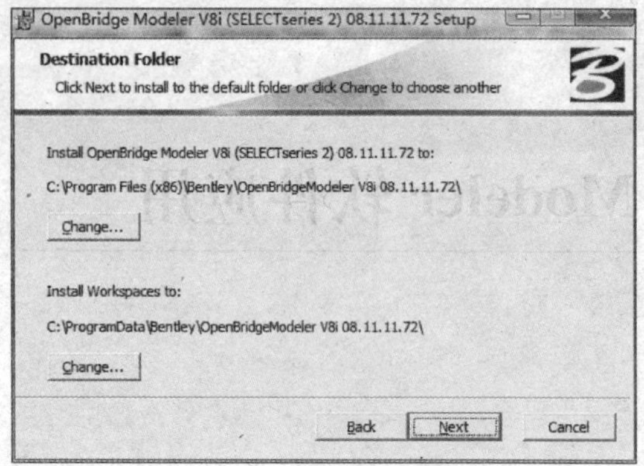

(e) 步骤 5

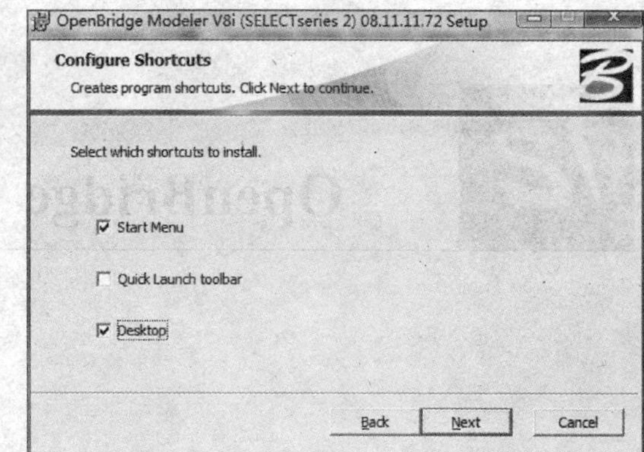

(f) 步骤 6

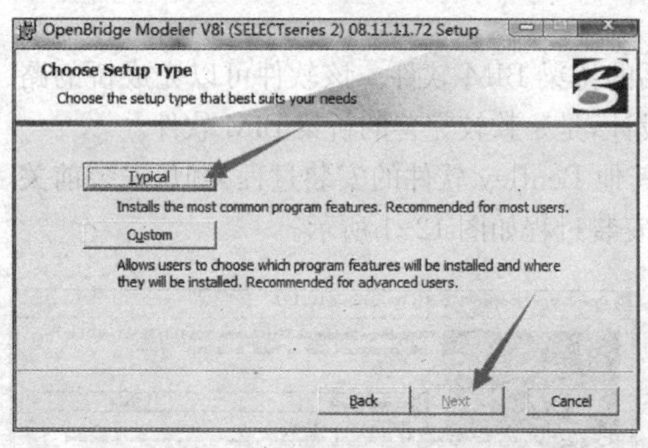

(g) 步骤 7

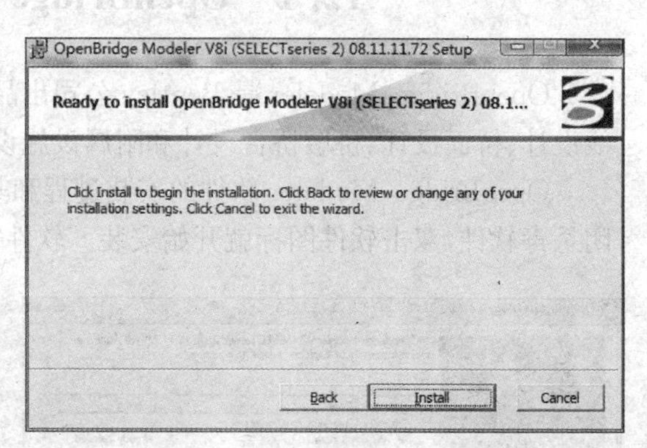

(h) 步骤 8

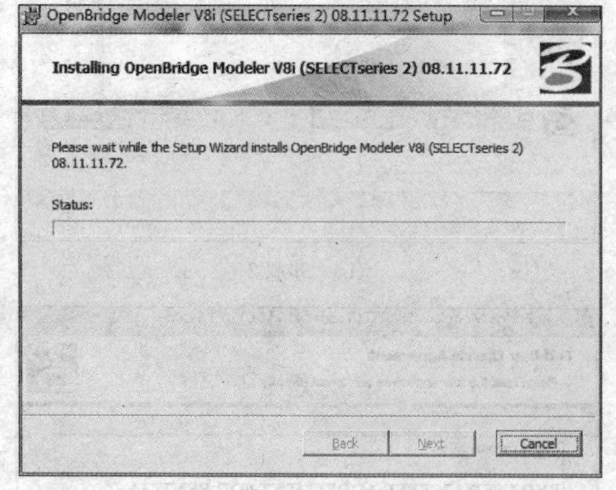

(j) 步骤 9

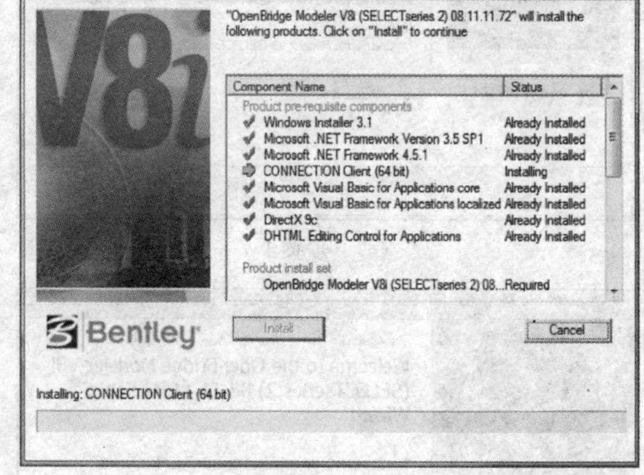

(k) 步骤 10

图 12-1 OpenBridge Modeler 的安装步骤

12.2 新 建 文 件

当软件安装完成后，双击软件的桌面图标，启动 OpenBridge Modeler 后，停留在“File Open”（文件打开）对话框，如图 12-2 所示。

单击如图 12-2 所示的“新建”按钮，打开“New”（新建）对话框，如图 12-3 所示。

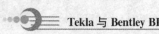

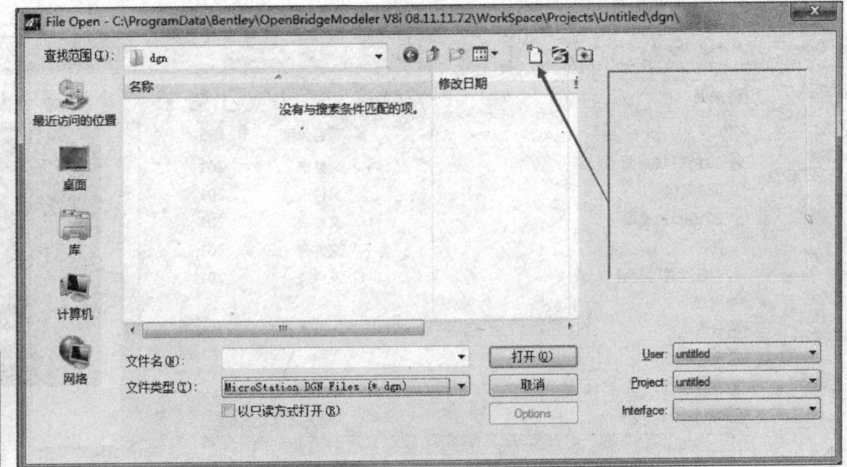

图 12-2 “File Open”(文件打开)对话框

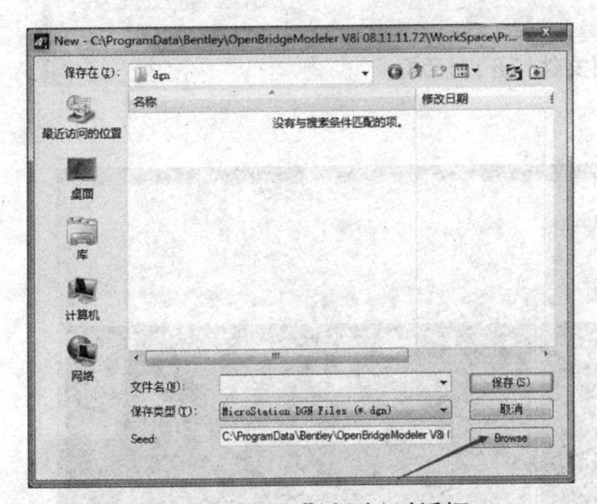

图 12-3 “New”(新建)对话框

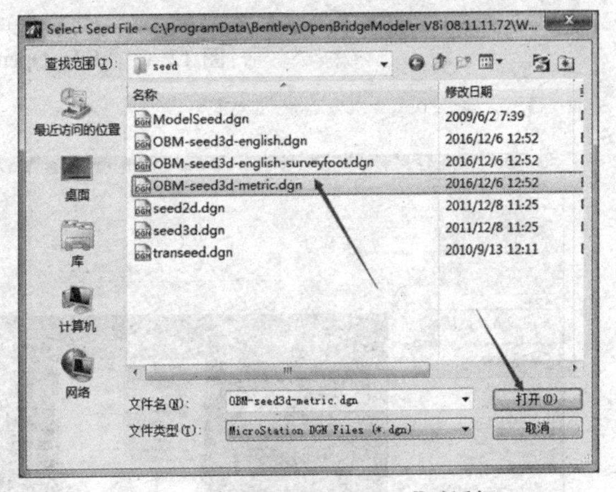

图 12-4 “Select Seed File”对话框

在“New”对话框中单击“Browse”(浏览)按钮,如图 12-3 所示。打开“Select Seed File”对话框,在对话框中选择“OBM-seed3d-metric. dgn”文件,然后单击“打开”按钮,如图 12-4 所示。

返回到“New”对话框后,在“文件名”后的框内输入“obmexec”,之后,单击“保存”按钮,如图 12-5 所示。

返回到“File Open”(文件打开)对话框后,确认文件名为“obmexec. dgn”,然后单击“打开”按钮(图 12-6),此时,系统进入建模界面(图 12-7),该界面除了增加了一个桥梁的 ribbon 面板外,其他和 MicroStation 软件基本一致。

图 12-5 “New”对话框

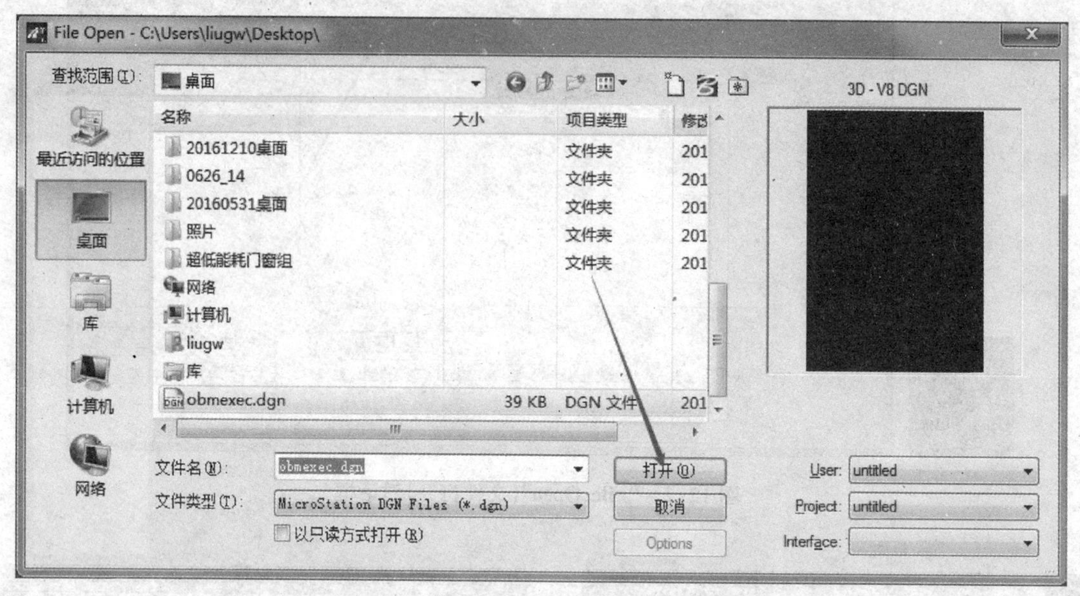

图 12-6 “File Open”(文件打开)对话框

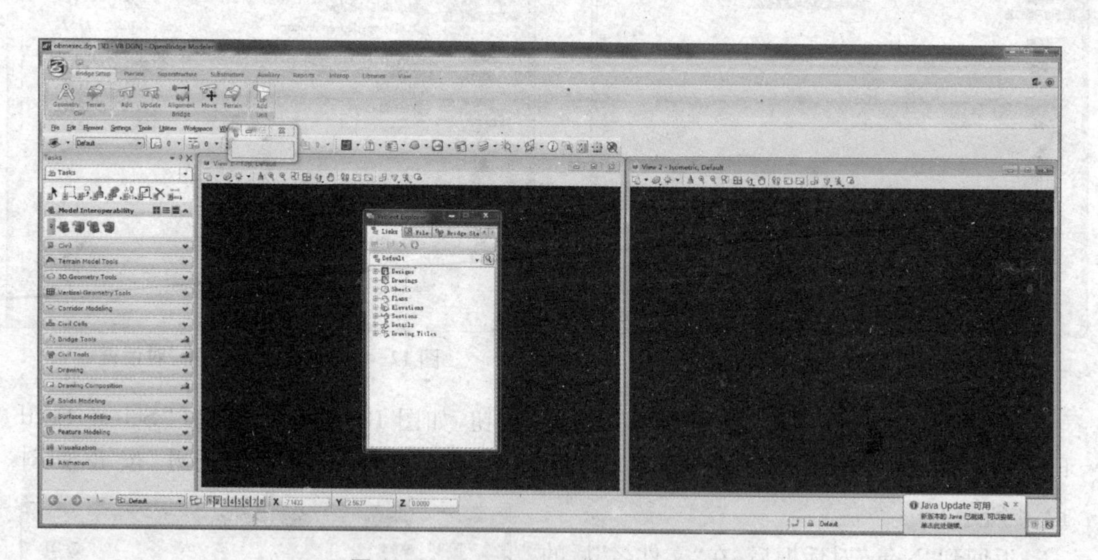

图 12-7 OpenBridge Modeler 建模界面

12.3 创建路线

12.3.1 平曲线设计

单击任务栏“Civil”下的 T2 图标(图 12-8),弹出“Complex Element By PI”(交点法)对话框(图 12-9),在对话框的“feature”(特征)下的“Feature Definition”选择 Geom_ Centerline。

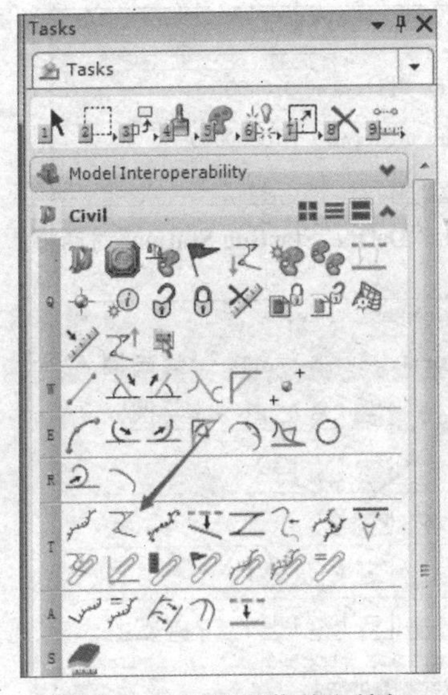

图 12-8 任务栏菜单和按钮

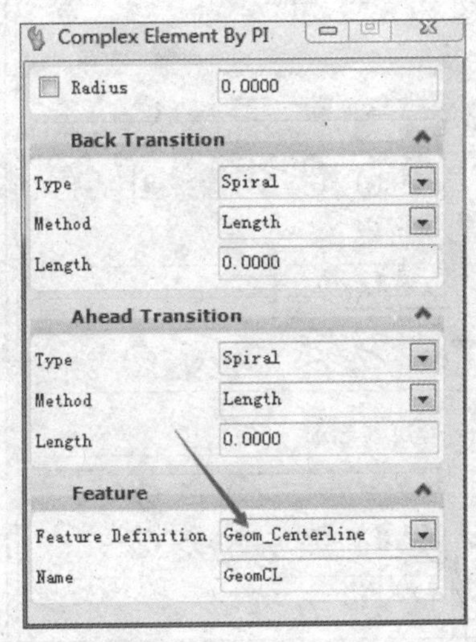

图 12-9 "Complex Element By PI"(交点法)对话框

在"View1"(视图 1)窗口中单击并移动鼠标,绘制桥梁的中心线(图 12-10),在绘制过程中注意鼠标指针位置的提示,按提示输入半径等参数。

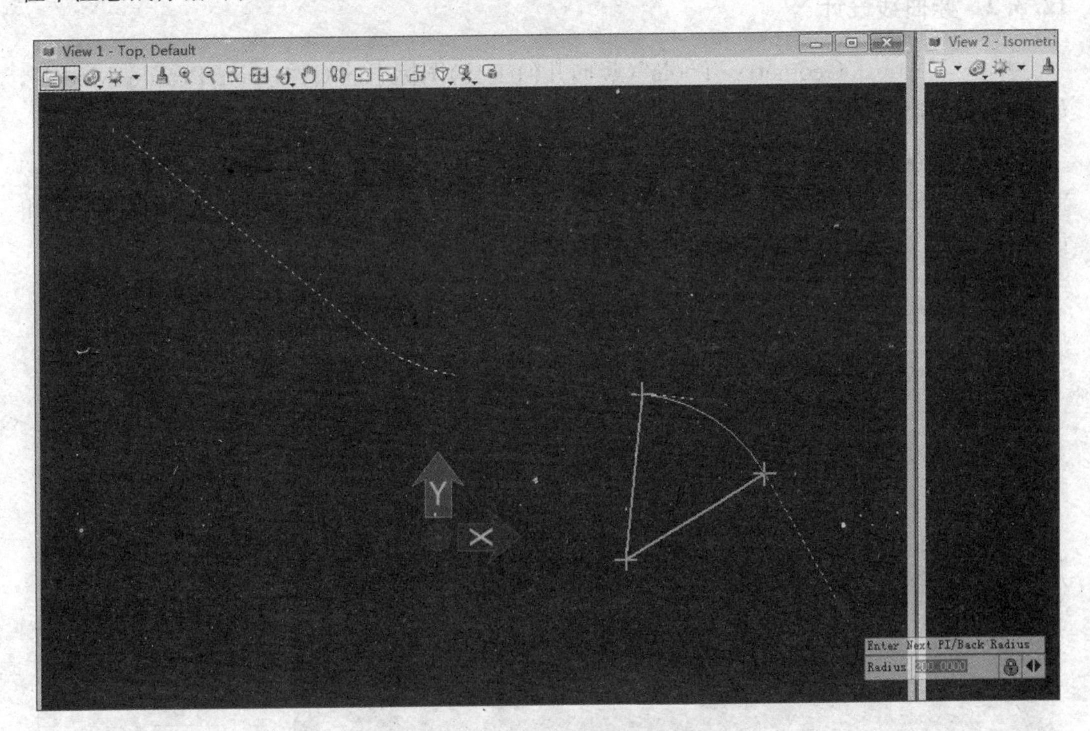

图 12-10 绘制桥梁的中心线

单击任务栏"Civil"下的 A1 图标"Start Station"(起始站或桩号)(图 12-11),弹出"Define Starting Station"对话框(图 12-12),根据提示,移动鼠标到路线上单击,设置起始站(桩号)。

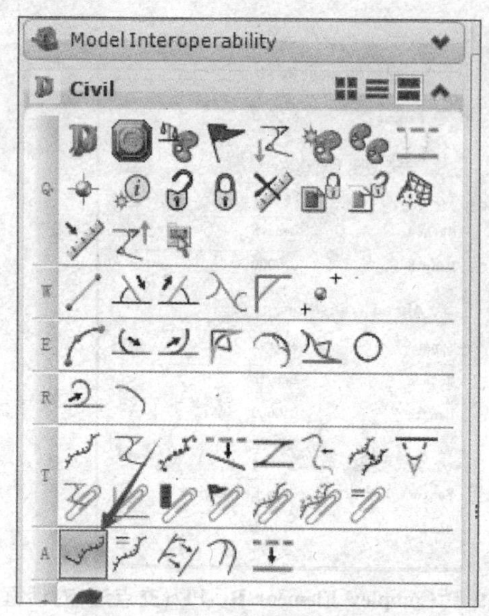

图 12-11　任务栏菜单和按钮

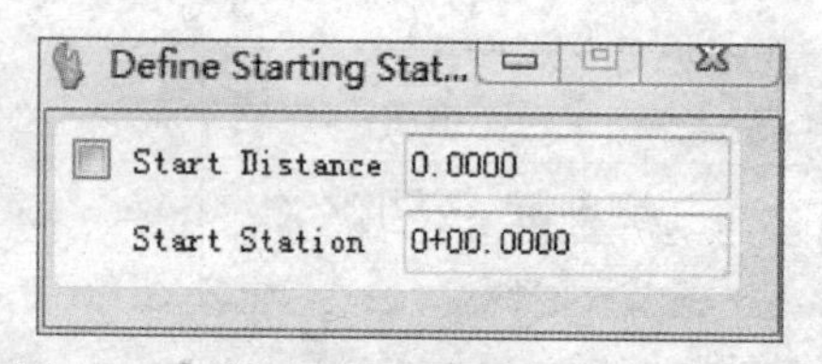

图 12-12　"Define Starting Station"对话框

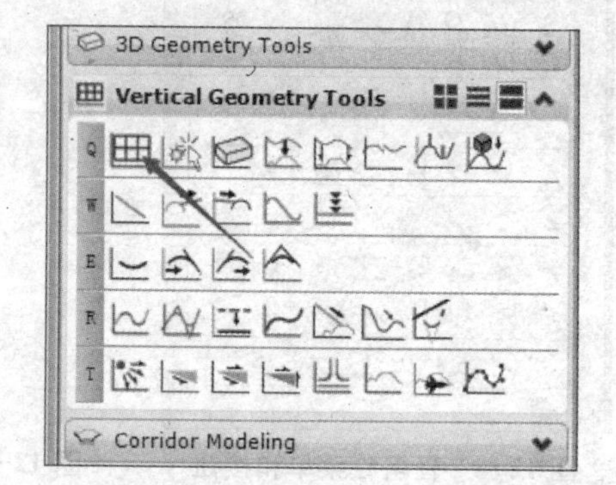

图 12-13　任务栏菜单和按钮

12.3.2　竖曲线设计

单击"Vertical Geometry Tools"(竖向几何工具)图标中的Q1"Open Profile Model",如图12-13 所示。

在"View1"中线路上移动鼠标并单击(图12-14),此时,左下角提示"Open or Select view"(打开或者选择视图)。单击状态栏上的"3"(图 12-15),打开视图 3,并在视图 3 中单击鼠标左键,完成后纵断面显示如图 12-16 所示。

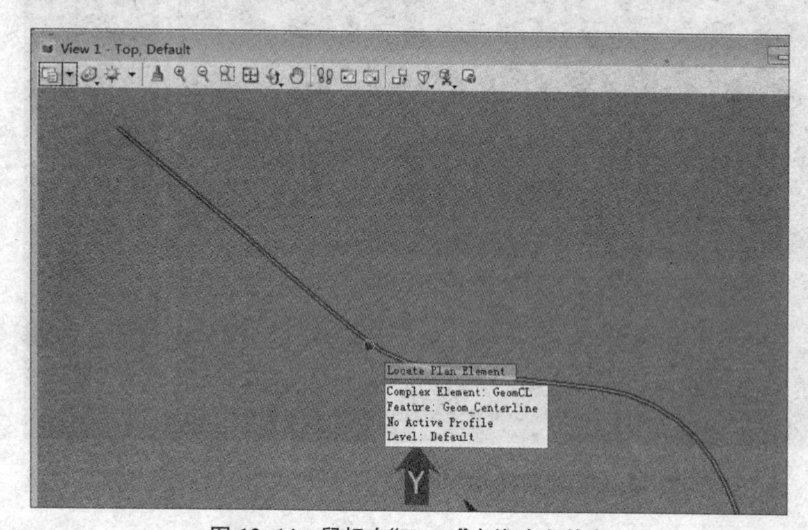

图 12-14　鼠标在"View1"中线路上单击

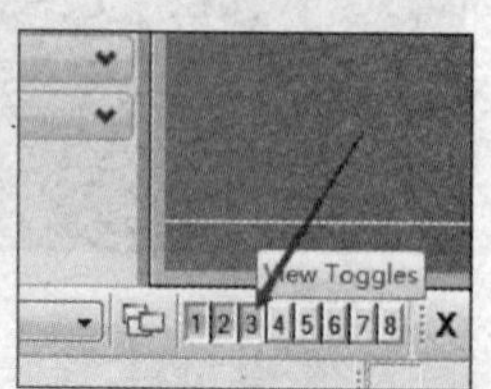

图 12-15　打开视图 3

单击"W1"图标(Profile Line Between Pionts)(图 12-17),弹出"Profile Line Between Pionts"对话框,如图 12-18 所示。

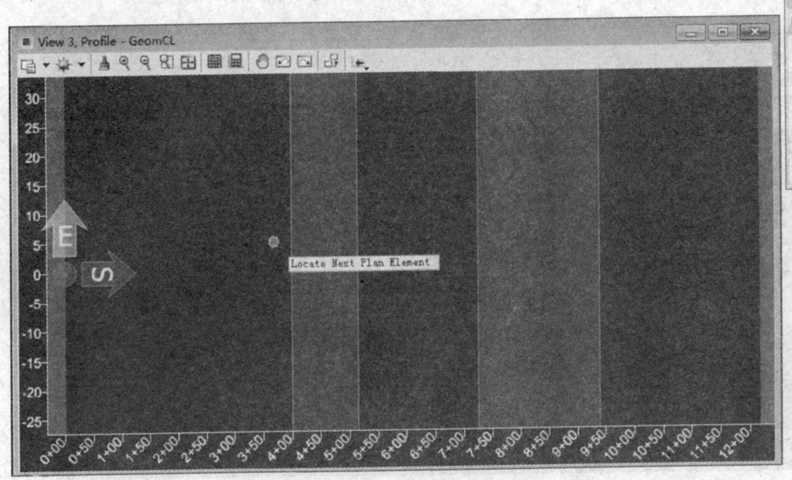

图 12-16 纵断面

3D Geometry Tools
Vertical Geometry Tools
Profile Line Between Points

图 12-17 任务栏及按钮

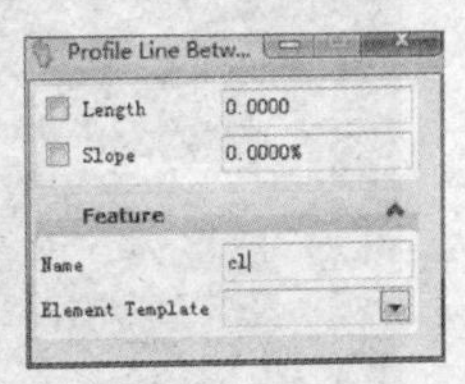

图 12-18 “Profile Line Between Pionts”对话框

在“View3”窗口中绘制竖曲线，如图 12-19 所示。

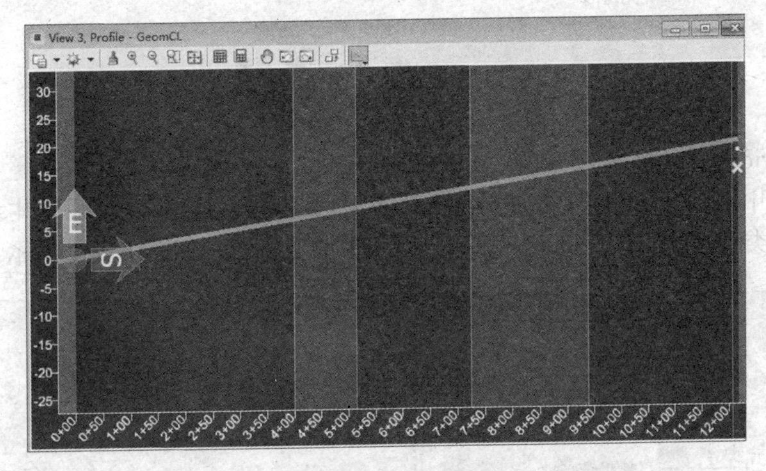

图 12-19 绘制竖曲线

单击“R1”图标(Profile Complex By Elements)(图 12-20)，在弹出的 Complex Element 对话框中，选择 Element Template 为“Geom_Centerline”，如图 12-21 所示。

在视图 3 移动鼠标并单击，根据提示，单击鼠标右键结束，完成竖曲线的绘制。

当竖曲线绘制完成后，单击任务栏的主工具条上的“选择”按钮(图 12-22)，选择刚刚绘制完成的竖曲线。

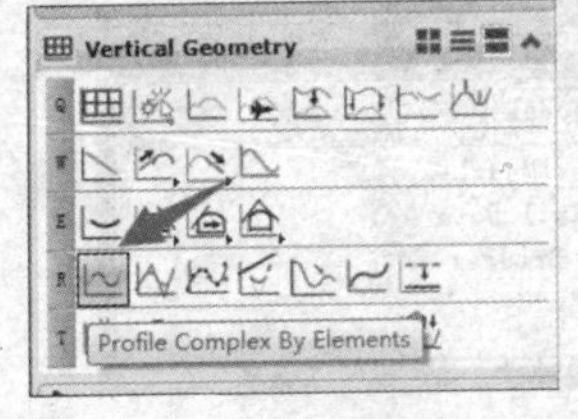

图 12-20 任务栏及按钮

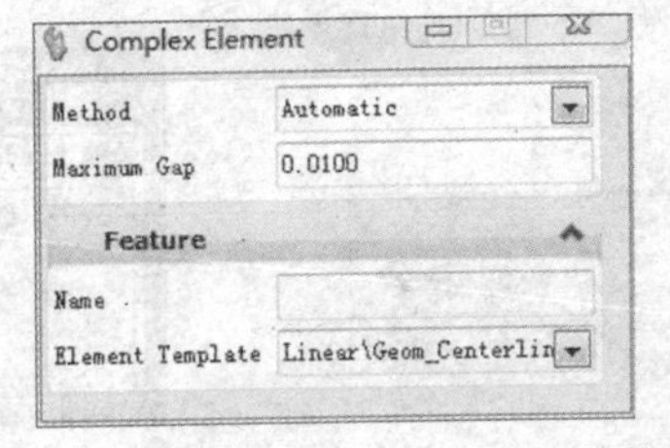

图 12-21 Complex Element 对话框

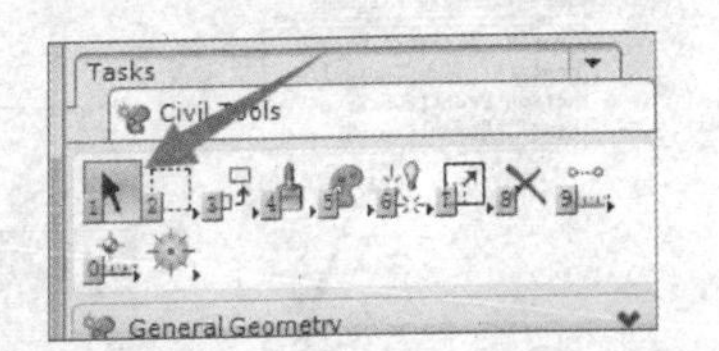

图 12-22 主工具条上的“选择”按钮

在弹出的工具条上单击“激活”按钮(图 12-23),这样就完成了路线的创建。

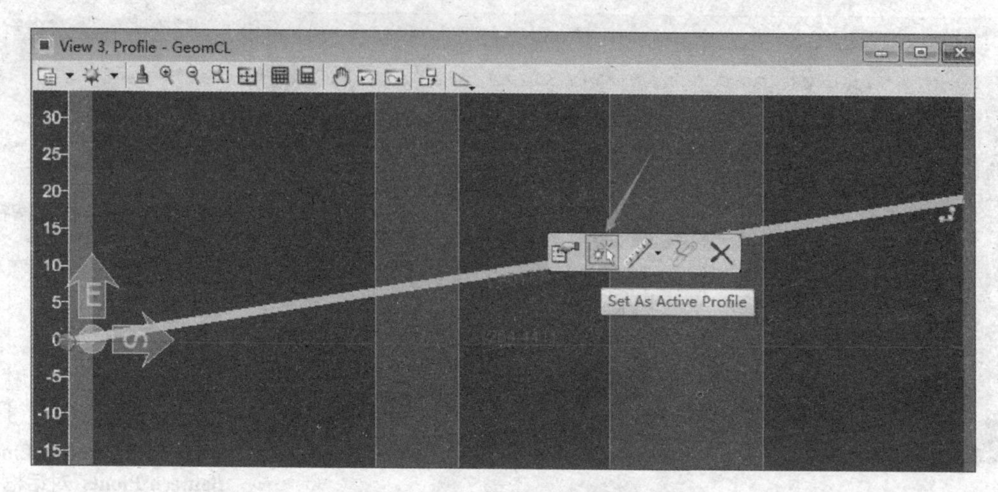

图 12-23　工具条上单击“激活”按钮

最后关闭“View3”视图。

12.4　添加桥梁

单击“Bridge Setup”选项卡的“Add”按钮,如图 12-24 所示。

此时弹出“Add Bridge”(添加桥梁)对话框,在“Add Bridge”对话框中设置“Bridge Type”(桥梁类型)为“CIP Concrete Box”(现浇混凝土箱形),如图 12-25 所示。

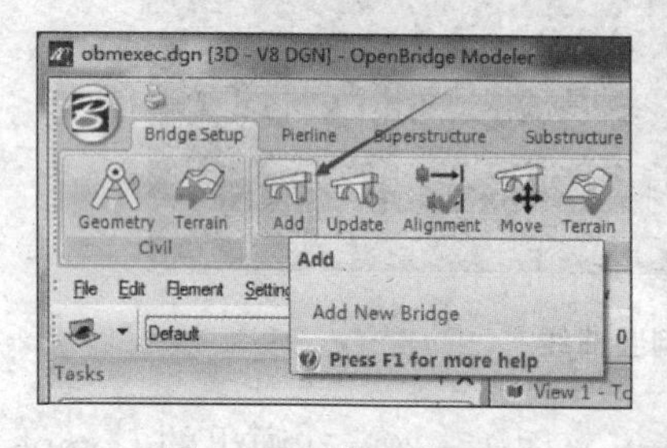

图 12-24　“Add”按钮

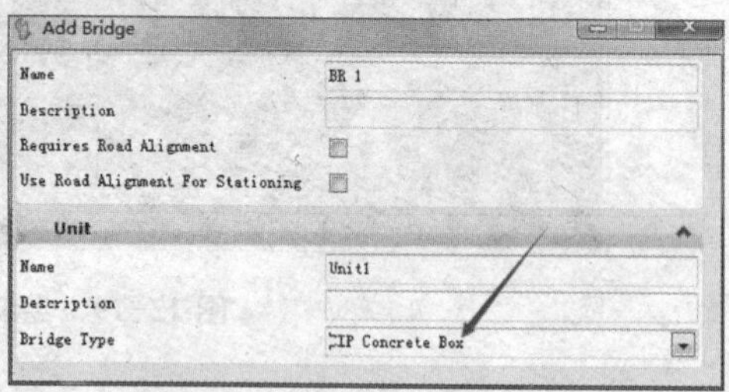

图 12-25　“Add Bridge”对话框

移动鼠标到 View1 视图中的路线上,单击鼠标(图 12-26),再单击鼠标左键,完成桥梁添加。完成添加后,在工具栏上单击“Project Explorer”(图 12-27),打开项目浏览器,查看添加的桥梁,如图 12-28 所示。

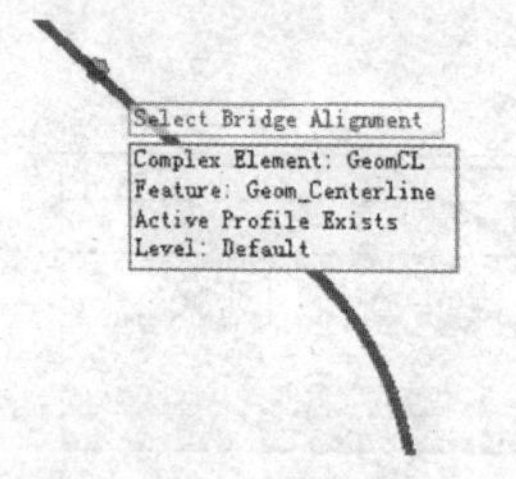

图 12-26　添加桥梁

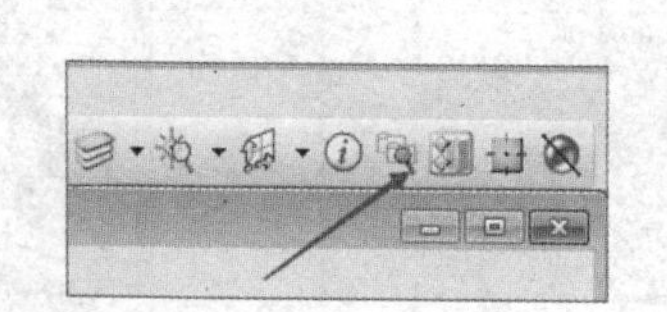

图 12-27　“Project Explorer”按钮

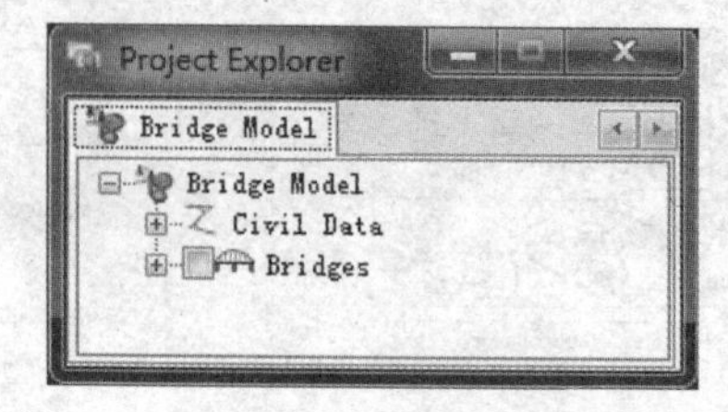

图 12-28　Project Explorer(项目浏览器)

12.5 布置桥墩线(布孔)

单击“Pierline”(桥墩线)选项卡,单击 Multi 图标,如图 12-29 所示。

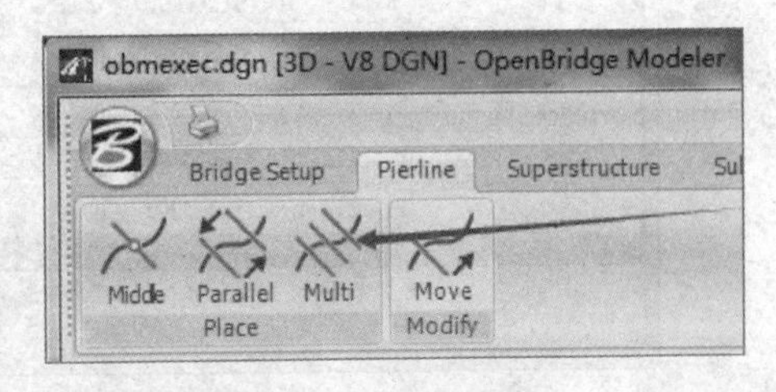

图 12-29 布置桥墩线

按图 12-30 进行设置,注意“Skew Angle”(倾斜角)为 0,“Number of Pierlines”为 4,“Feature Definition”为 PierLines。然后,在“View1”视图中移动鼠标,到桩号 0.000 位置,单击鼠标左键,布置第一条桥墩线,如图 12-31 所示。

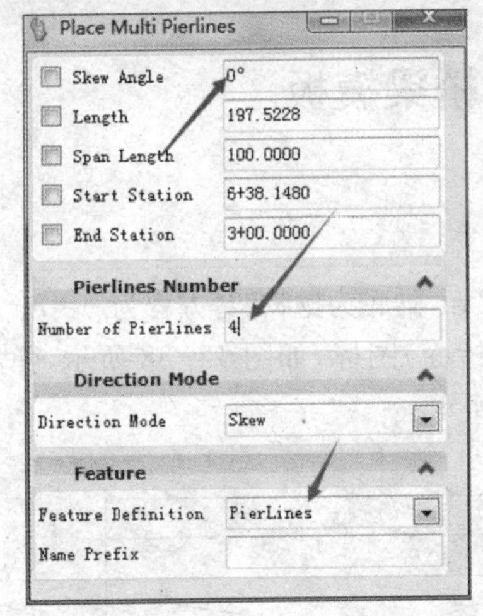

图 12-30 Place Multi Pierlines 对话框

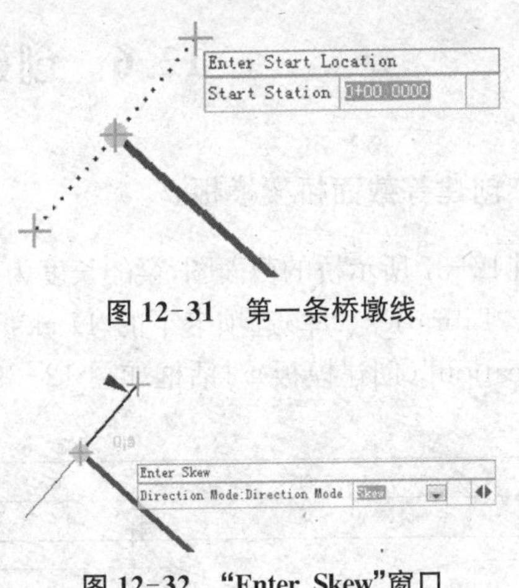

图 12-31 第一条桥墩线

图 12-32 “Enter Skew”窗口

在弹出“Enter Skew”窗口时(图 12-32),单击鼠标左键。完成第一条桥墩线的布置。移动鼠标,会发现 4 条桥墩线随鼠标移动,如图 12-33 所示。

在适当的位置单击鼠标左键,确定终点桩号。然后,弹出“Place Multi Pierlines”表格对话框,如图 12-34 所示。

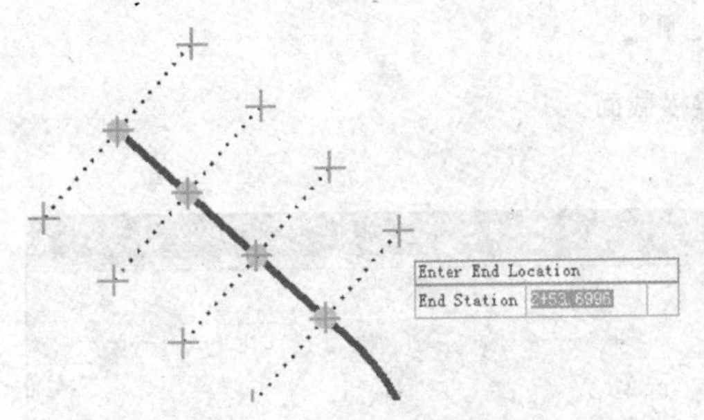

图 12-33 4 条桥墩线随鼠标移动

Place Multi Pierlines

#	Name	Station	Angle	Span Length	Length
1	Pierline1	0+00.0000	0°	0.0000	205.4251
2	Pierline2	0+99.1811	0°	99.1811	205.4251
3	Pierline3	1+98.3622	0°	99.1811	205.4251
4	Pierline4	2+97.5433	0°	99.1811	205.4251

OK　Cancel

图 12-34 “Place Multi Pierlines”表格对话框

按如图 12-35 所示进行修改,修改后单击“OK”按钮。单击鼠标右键,完成桥墩线的布设,或者根据提示继续布设下一组桥墩线。

完成后的 View1 视图如图 12-36 所示。

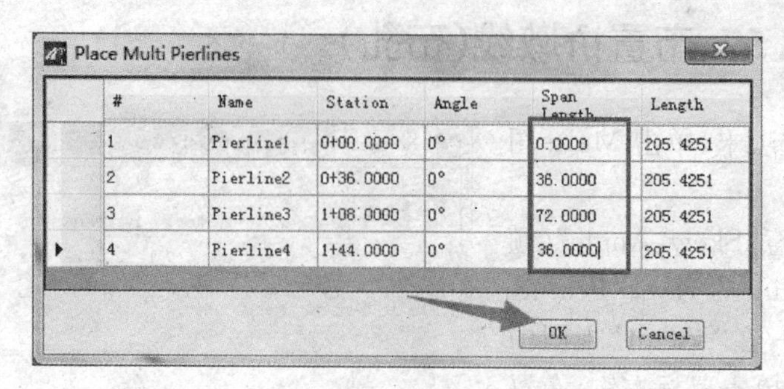

图 12-35 修改后的跨距

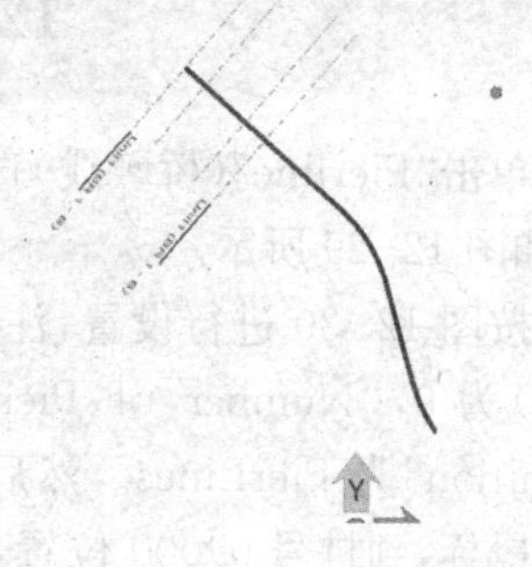

图 12-36 完成后 View1 视图

12.6 创建桥梁模板

12.6.1 创建等截面桥梁模板

如图 12-37 所示桥的截面图，梁的长度为 72 m，梁底为抛物线，方程为 $y=7x^2/272\ 250$。

单击“Libraries”(库)选项卡下的“Decks”(桥面)图标，如图 12-38 所示，弹出的“Template Creation”(创建模板)对话框如图 12-39 所示。

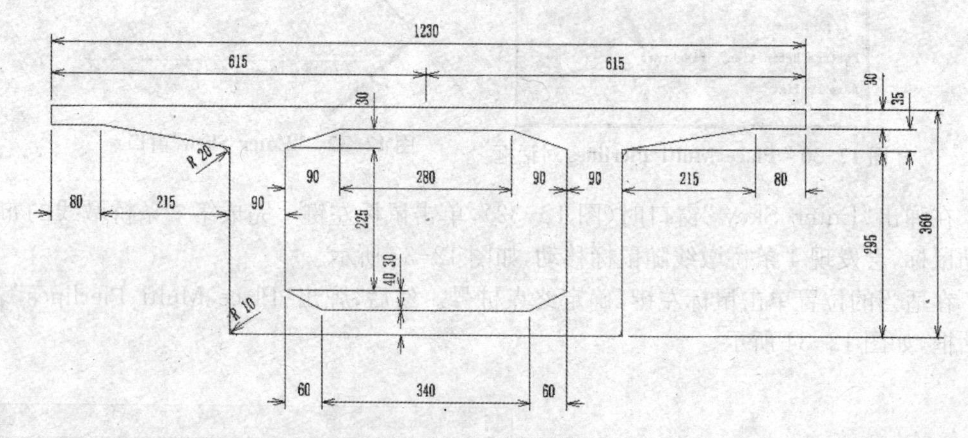

图 12-37 桥梁横截面

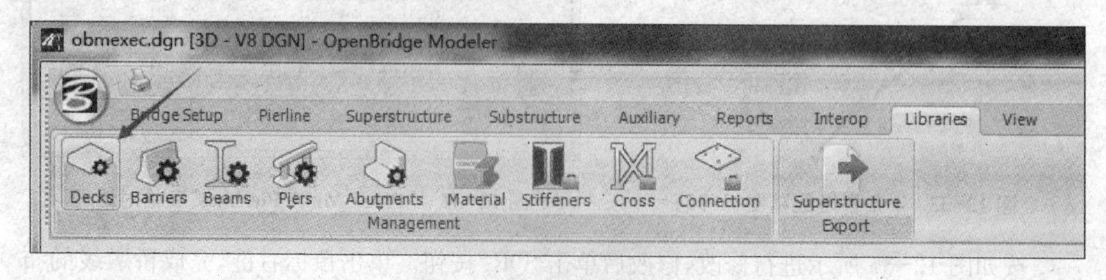

图 12-38 “Decks”(桥面)图标

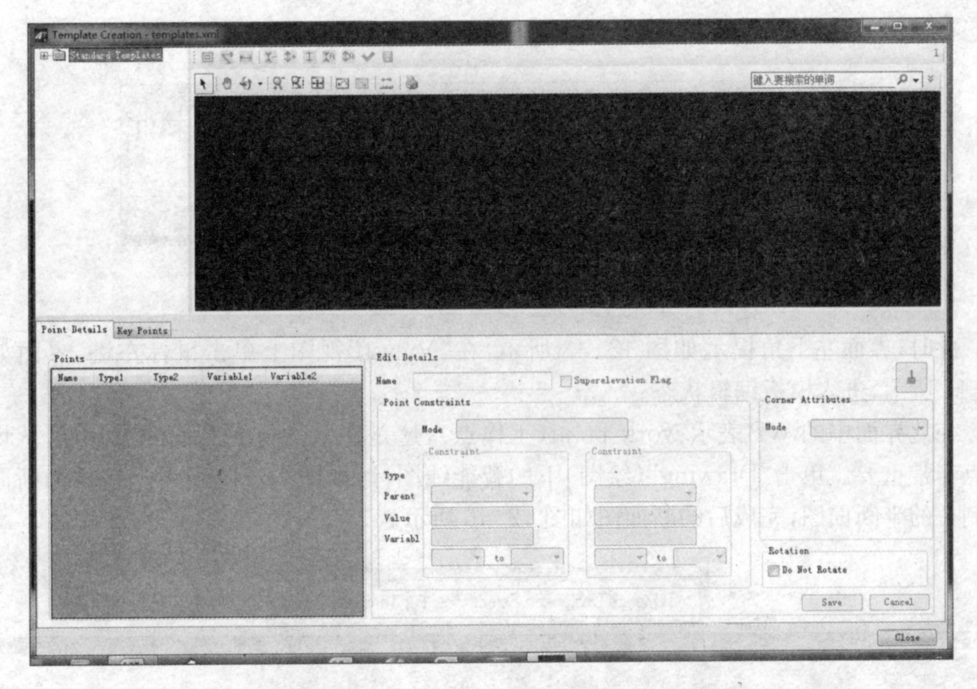

图 12-39 “Template Creation”(创建模板)对话框

在左侧的“Standard Templates”(标准模板)图标上单击鼠标右键,在弹出菜单上选择“Add Category”(增加分类)。在弹出的对话框上输入“我的模板”如图 12-40 所示,单击“OK”按钮。

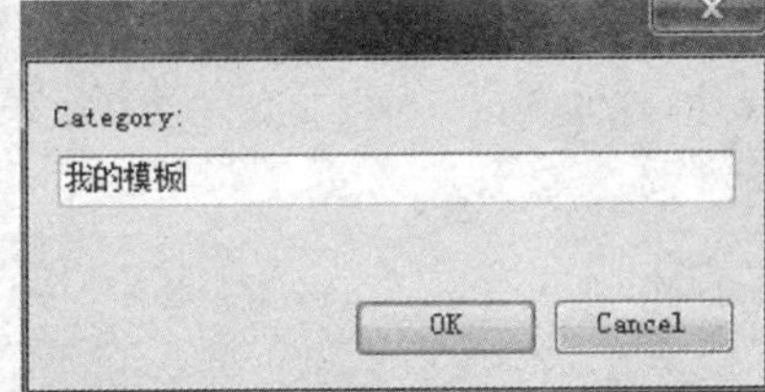

图 12-40 “Add Category”(增加分类)

然后,展开左侧的“Standard Templates”对话框(图 12-41),在“我的模板”图标上单击鼠标右键,在弹出菜单上选择“Add Template”,如图 12-42 所示。

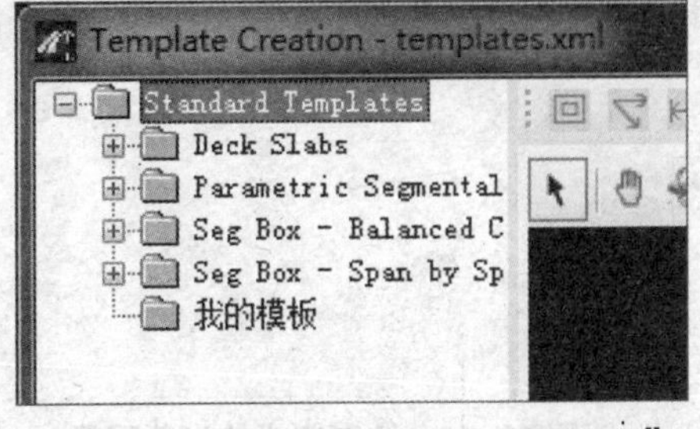

图 12-41 展开的“Standard Template”

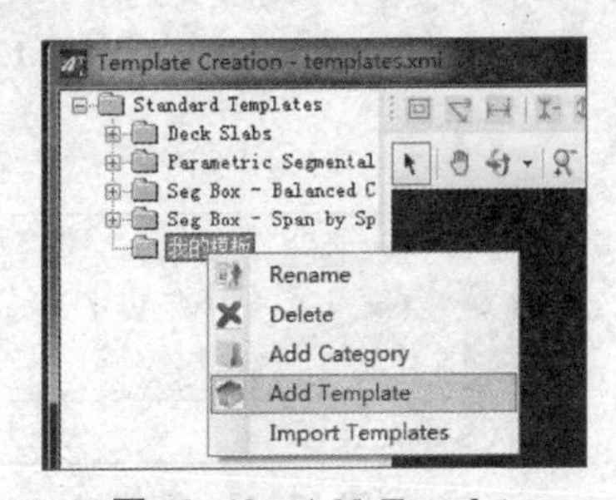

图 12-42 Add Template

在弹出对话框的"Name"后输入"空心"，如图 12-43 所示。

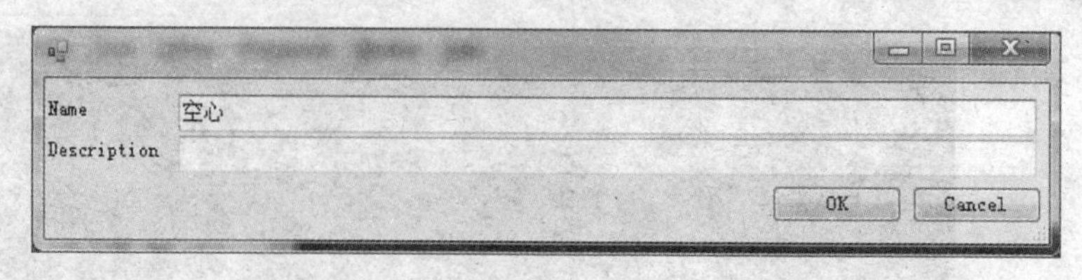

图 12-43　命名

此时，界面左下角提示如图 12-43 所示，在"View1"视图上单击鼠标左键，界面如图 12-44 所示，进入模板编辑状态。

在此界面中的 WP 表示 work point（工作点），这是将来的桥面路线的对齐点，认识这一点非常重要。单击"Drawing"（绘图）下的智能线图标，如图 12-45 所示。按桥的断面图绘制桥的半断面图，完成后的断面图如图 12-46 所示。

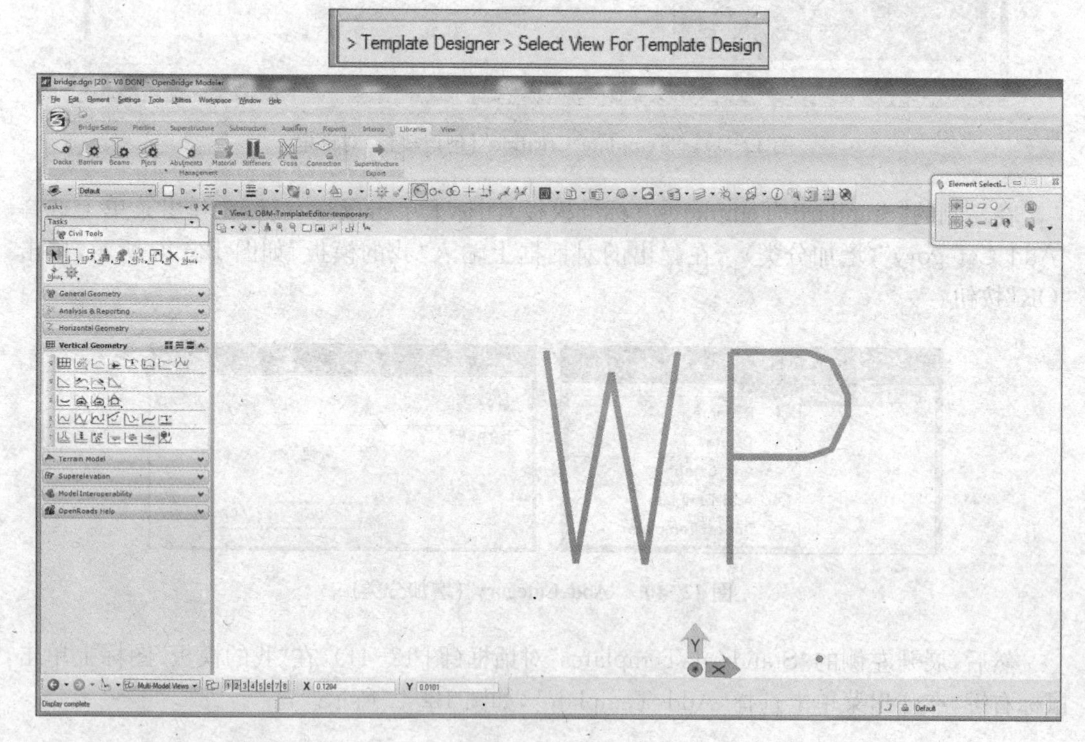

图 12-44　模板编辑

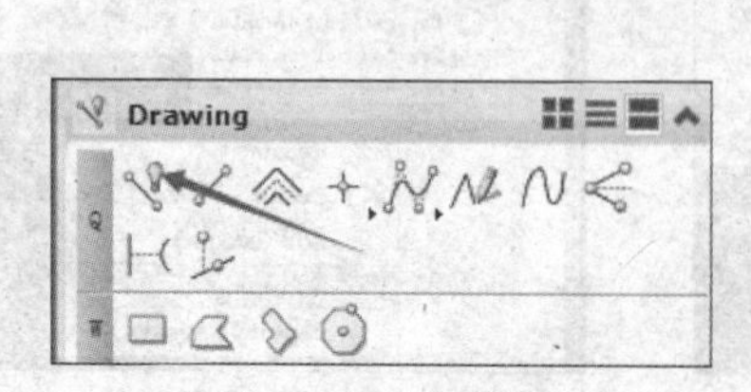

图 12-45　智能线

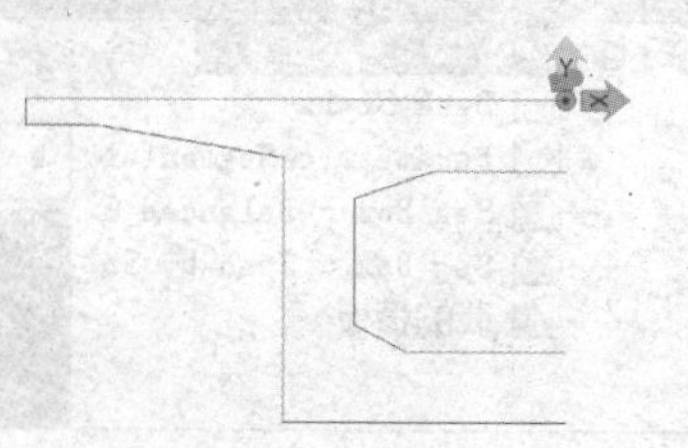

图 12-46　绘制完成的半断面图

设置元素选择为“反选”，如图 12-47 所示。

单击选中 WP 字母，然后，按住鼠标左键，拖框选择全部绘制的智能线。单击任务栏的镜像图标，如图 12-48 所示，“Mirror About”按图 12-49 所示设置为“Line”（线）。

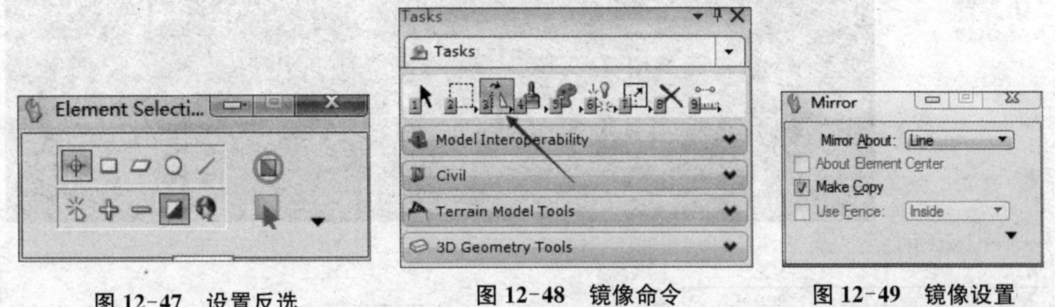

图 12-47　设置反选　　图 12-48　镜像命令　　图 12-49　镜像设置

单击最上智能线的端点，移动鼠标，再单击最下智能线的端点，单击鼠标右键，完成镜像，如图 12-50 所示。

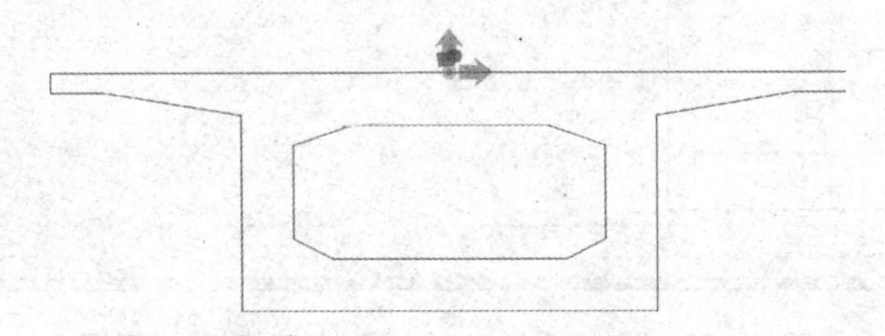

图 12-50　完成的桥断面模板

单击“Import Template From Model”图标，在弹出的“Import Template From Model”对话框中选择“是”，如图 12-51 所示。

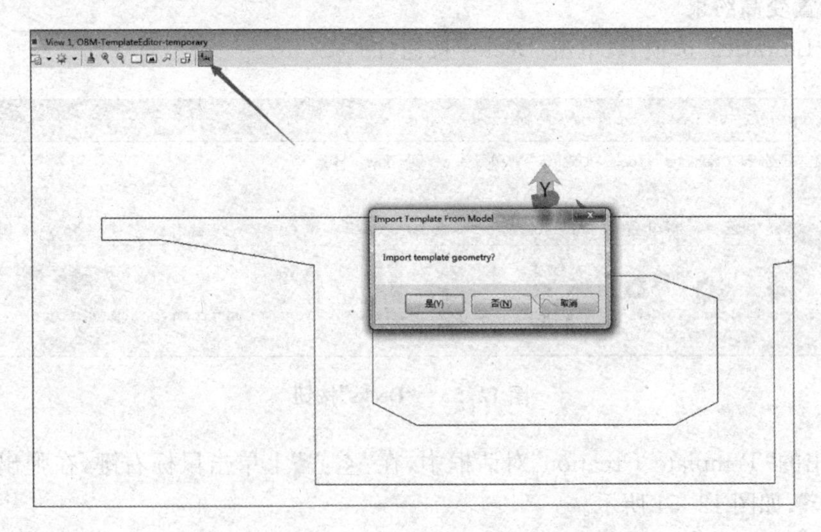

图 12-51　“Import Template From Model”图标

返回到“Template Creation”（创建模板）对话框（图 12-52），单击“Close”按钮，关闭对话框。

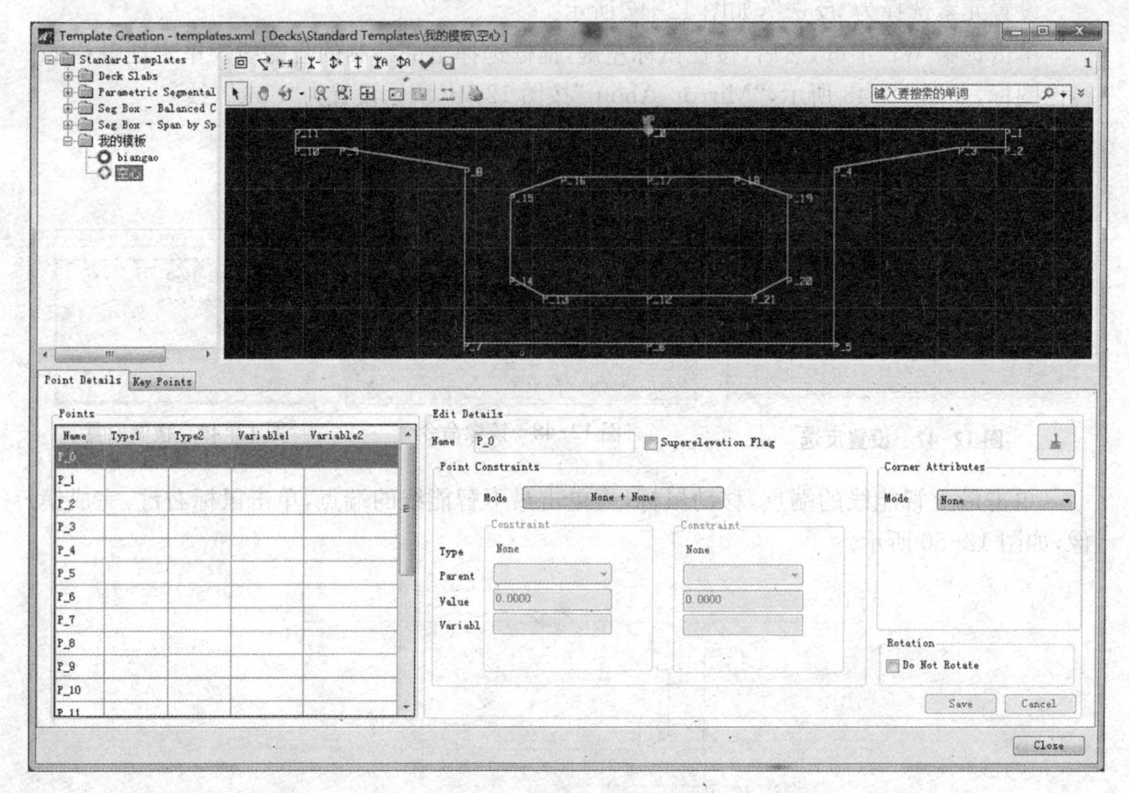

图 12-52 “Template Creation”(创建模板)对话框

12.6.2 给模板添加约束

1. 设置变高约束

单击“Libraries”选项卡,单击“Decks”按钮(图 12-53)。

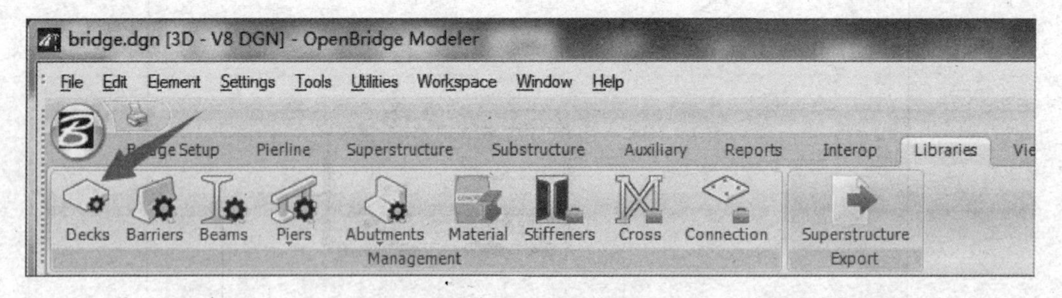

图 12-53 “Decks”按钮

在弹出的“Template Creation”对话框中,在“空心”上单击鼠标右键,在弹出的菜单上选择“Copy”,如图 12-54 所示。

在复制出来的图标上继续单击鼠标右键,在弹出的菜单上选择“Rename”,如图 12-55 所示,修改模板名称为“空心变宽”,如图 12-56 所示。

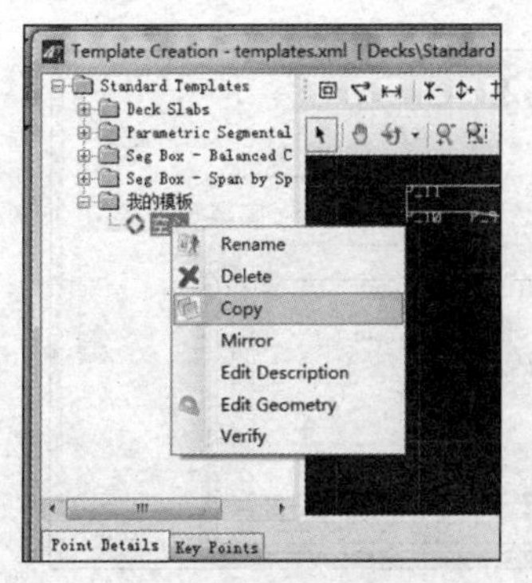

图 12-54 复制模板

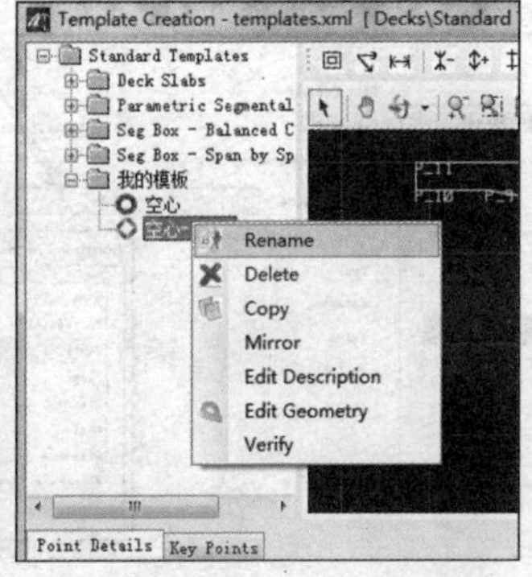

图 12-55 重命名

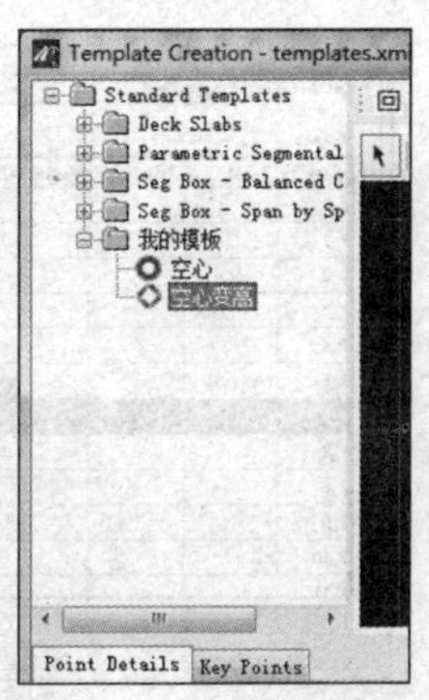

图 12-56 完成重命名

单击“Points”表格中的 P_5，再单击 Mode 后的“None + None”按钮，在弹出的“Constraint Mode”对话框上单击“Vertical”，设置垂直约束，然后单击“OK”按钮（图 12-57），在“Constraint Mode”对话框关闭后，确认 Parent 为“Work Piont”（这是设置 P_5 点随 WP 点进行变动），然后单击“Save”按钮，如图 12-58 所示。

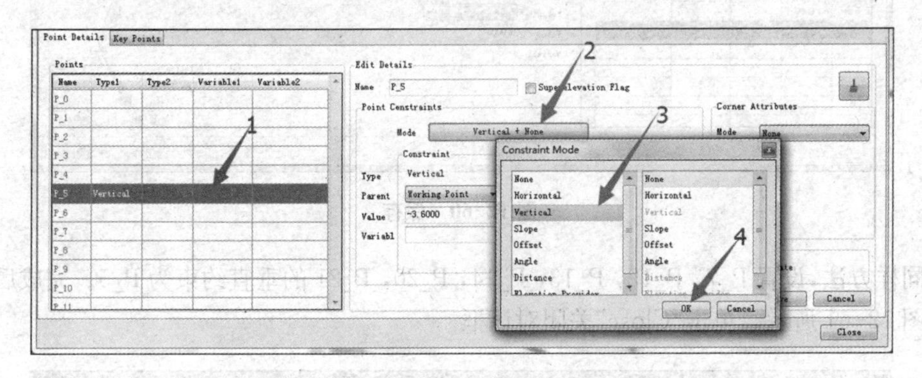

图 12-57 添加约束

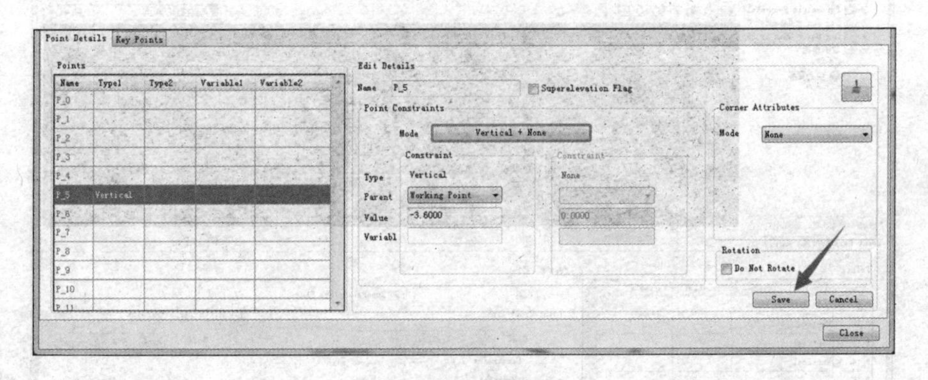

图 12-58 保存

下面设置其他点的约束关系。单击“Points”表格中的 P_6，再单击 Mode 后的“None + None”按钮，在弹出的“Constraint Mode”对话框上单击“Vertical”，设置垂直约束，然后单击“OK”按钮，如图 12-59 所示。在“Constraint Mode”对话框关闭之后，确认 Parent 为“P_5”（这是设置 P_6 点随 P_5 点进行变动），然后单击“Save”按钮，如图 12-60 所示。

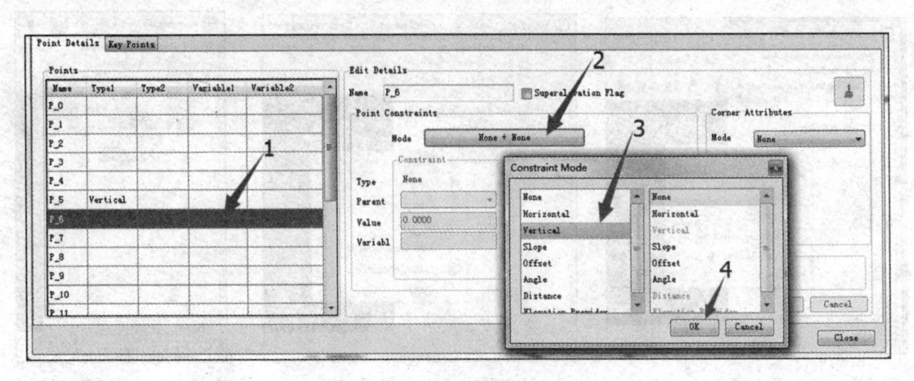

图 12-59　添加约束

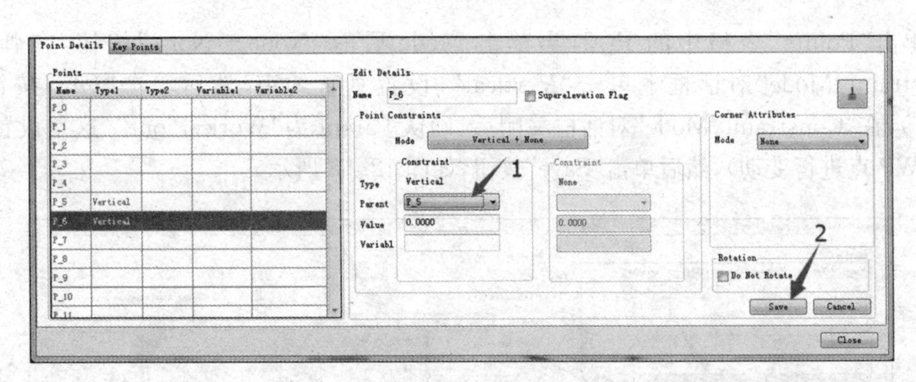

图 12-60　保存

同样方法,设置 P_7, P_12, P_13, P_14, P_20, P_21 的垂直约束为 P_5。完成后的界面如图 12-61 所示。单击“Close”关闭对话框。

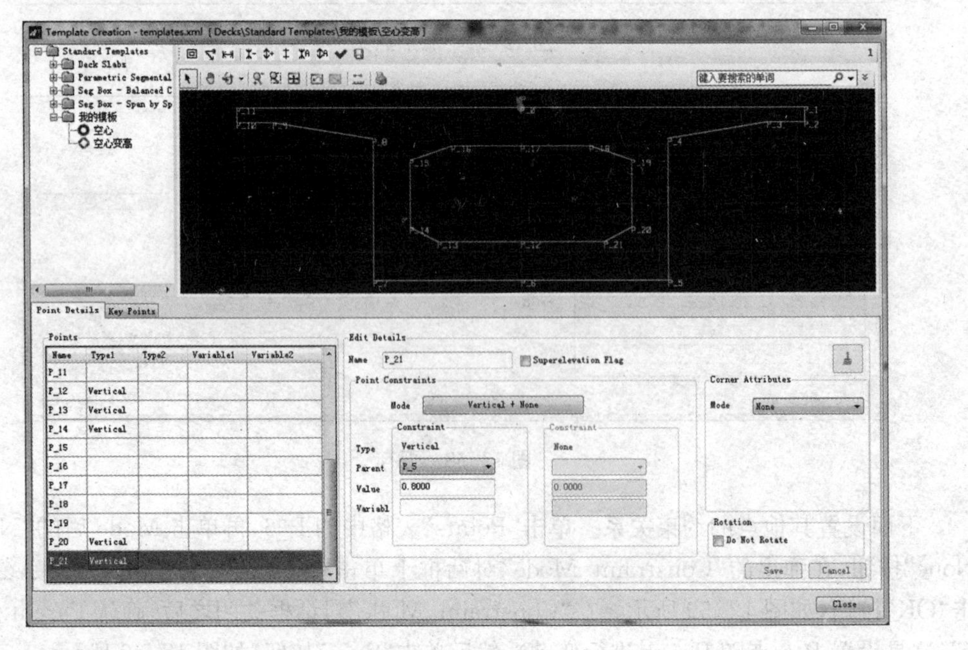

图 12-61　完成界面

2. 设置变宽约束

变宽约束分为左右。下面以左侧变宽为例,右侧可以参照左侧完成。

在"Template Creation"对话框中,在"空心"上单击鼠标右键,在弹出的菜单上选择"Copy",如图 12-62 所示。

在复制出来的图标上继续单击鼠标右键,在弹出的菜单上选择"Rename"(图 12-63),修改模板名称为"空心一变高",如图 12-64 所示。

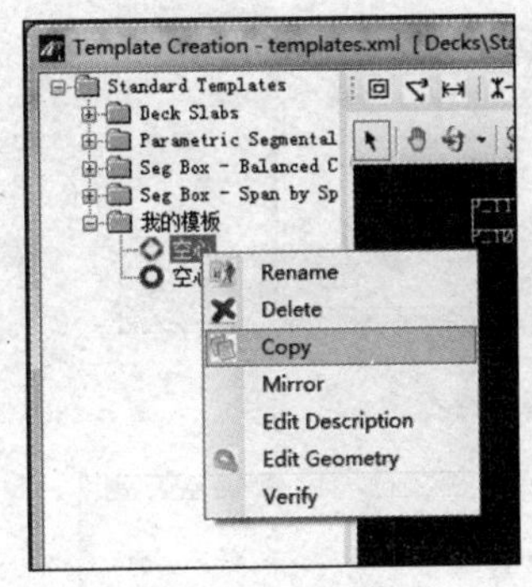

图 12-62 复制模板

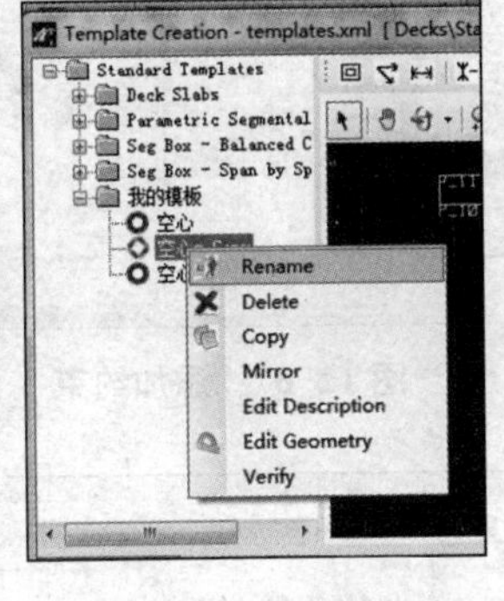

图 12-63 重命名

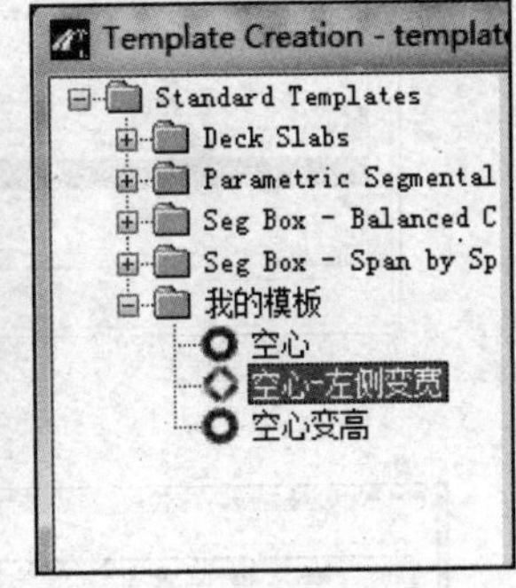

图 12-64 重命名完成

单击"Points"表格中的 P_7,再单击 Mode 后的"None + None"按钮,在弹出的"Constraint Mode"对话框上单击"Horizontal",设置水平约束后单击"OK"按钮(图 12-65),在"Constraint Mode"对话框关闭后,确认 Parent 为"Work Piont"(这是设置 P_7 点随 WP 点进行变动)后单击"Save"按钮,如图 12-66 所示。

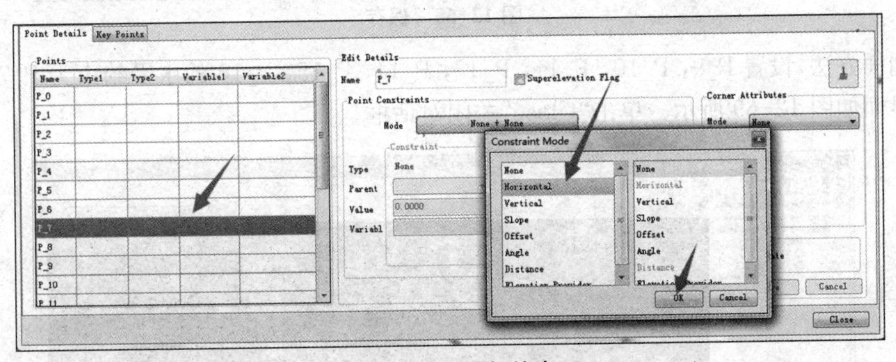

图 12-65 添加约束

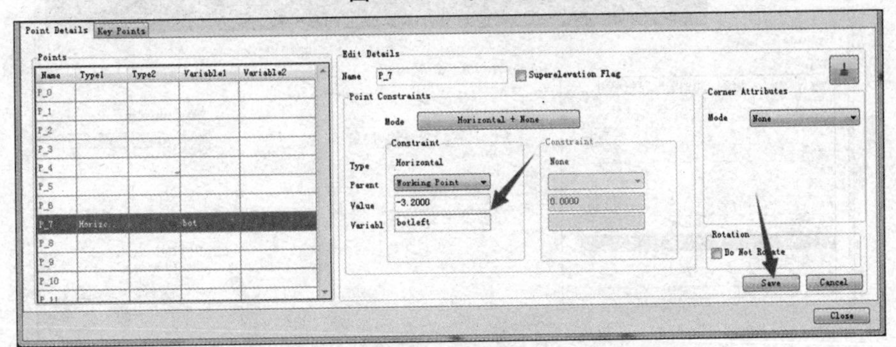

图 12-66 保存

下面设置其他点的约束关系。单击“Points”表格中的 P_8，再单击 Mode 后的“None+None”按钮，在弹出的“Constraint Mode”对话框上单击“Horizontal”，设置水平约束，然后单击“OK”按钮(图 12-67)，在“Constraint Mode”对话框关闭之后，确认 Parent 为“P_7”(这是设置 P_8 点随 P_7 点进行水平变动)，然后单击“Save”按钮，如图 12-68 所示。

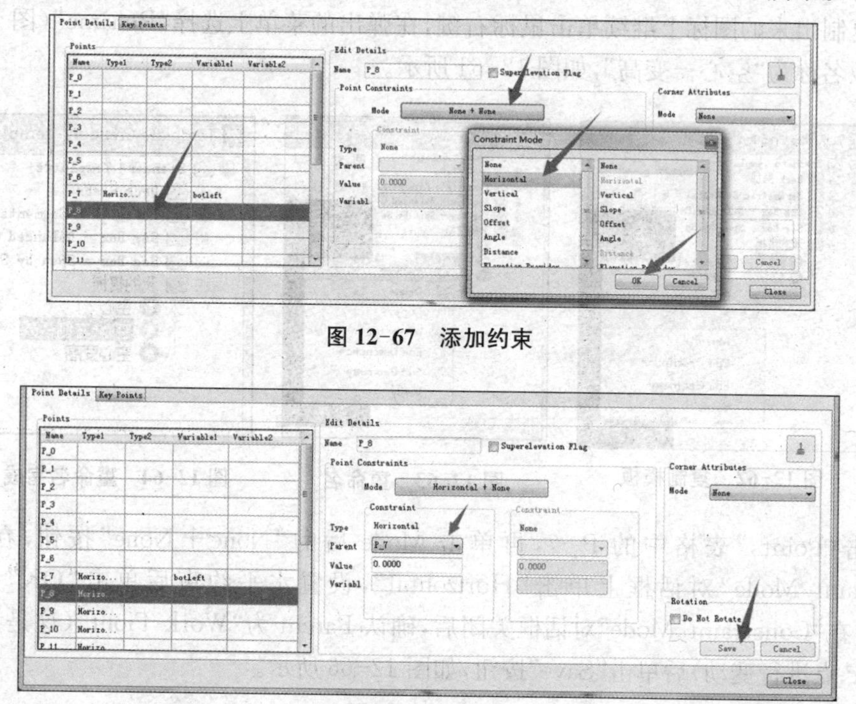

图 12-67　添加约束

图 12-68　保存

同样方法，设置 P_9，P_10，P_11，P_13，P_14，P_15，P_16 的水平约束为 P_7。完成后的界面如图 12-69 所示。单击“Close”关闭对话框。

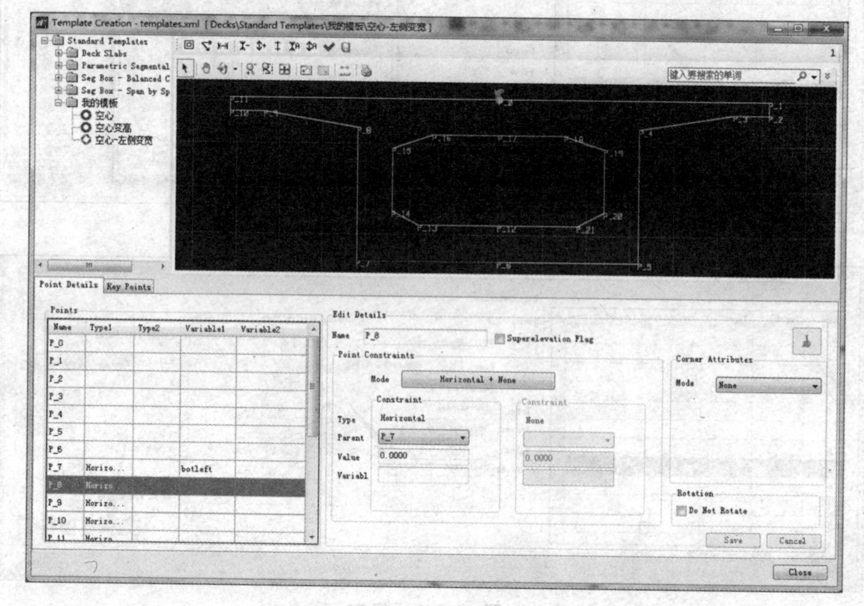

图 12-69　完成添加约束

3. 设置腹板、顶板、底板厚度约束

在 OpenBridge Modeler 中，腹板、顶板、底板厚度的约束关系如图 12-70 所示。圆圈表示约束的基点，这些点需要设置变量，以便系统可以正确识别。四个变量的名字分别是 top，left，right 和 bottom，其他的点需要被这四个点约束。被约束点的 Parent 应设置为约束点。如 P_15 的变量为 left，其 Horizontal 的 Parent 为 P_8，表示 P_15 水平方向随 P_8 变化。同时，其 Vertical 的 Parent 为 P_17，表示 P_15 垂直方向随 P_17 变化。

单击“Libraries”下的“Decks”，如图 12-71 所示。

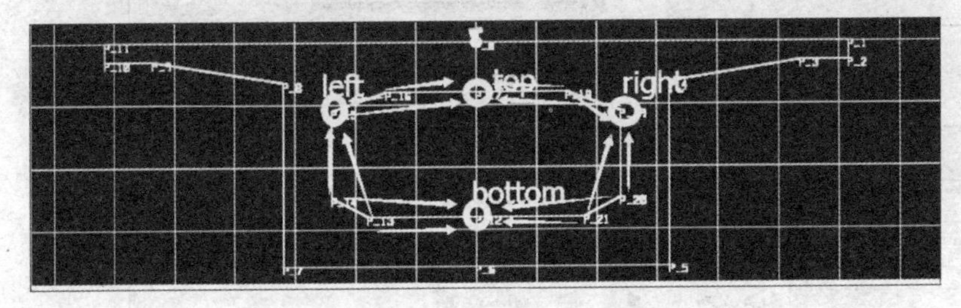

图 12-70 横断面点的变厚约束关系

图 12-71 “Decks”按钮

在“Template Creation”对话框中，在“空心变高”上单击鼠标右键，在弹出的菜单上选择“Copy”，如图 12-72 所示。

在复制的图标上继续单击鼠标右键，在弹出的菜单上选择“Rename”，如图 12-73 所示，修改模板名称为“空心变高-变厚”，如图 12-74 所示。

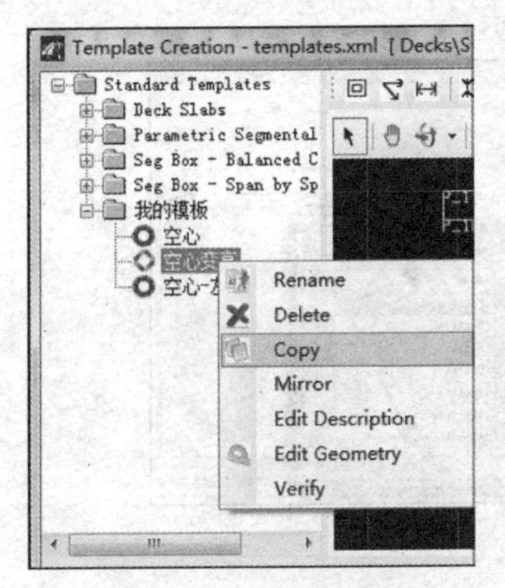

图 12-72 复制模板

图 12-73 重命名

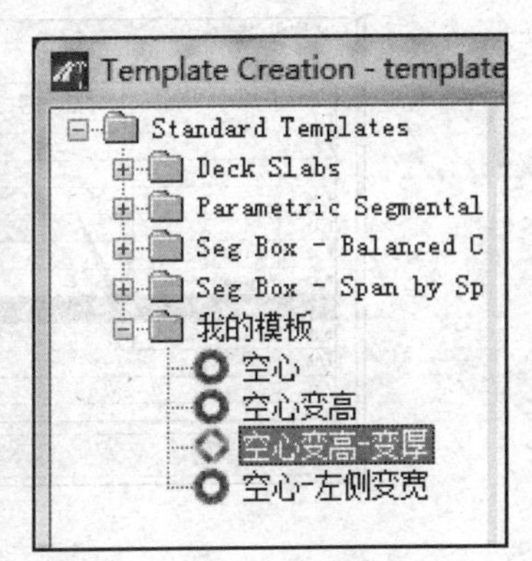

图 12-74 重命名完成

首先设置左侧腹板变厚的约束，变厚约束的基准点是 P_15，P_13，P_14，P_16 水平方向的约束（“Parent”）都设置为 P_15，可以实现左侧腹板变厚度的设置。

单击“空心变高-变厚”，再单击“Point Details”下的 P_15，单击“Mode”后的按钮，在弹出的“Constraint Mode”对话框右侧的“Horizontal”上单击，确保左侧为“Vertical”，如图 12-75 所示。

单击“OK”按钮，关闭“Constraint Mode”对话框。在“Edit Details”下，左侧的 Parent 后确保为 P_17，右侧的 Parent 后选择 P_8，然后单击“Save”，如图 12-76 所示。

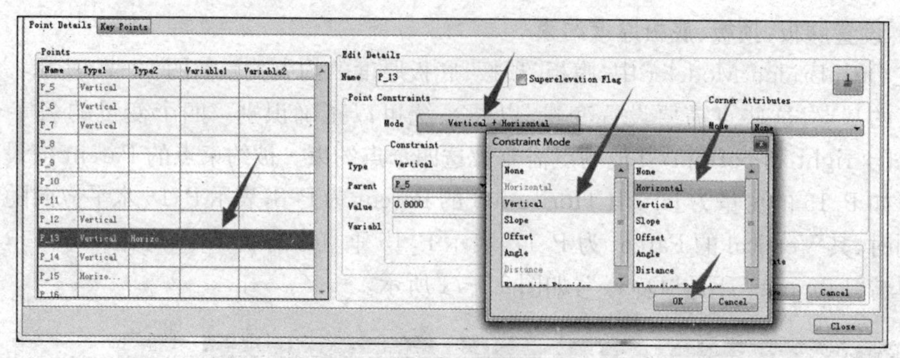

图 12-75 P_15 添加约束

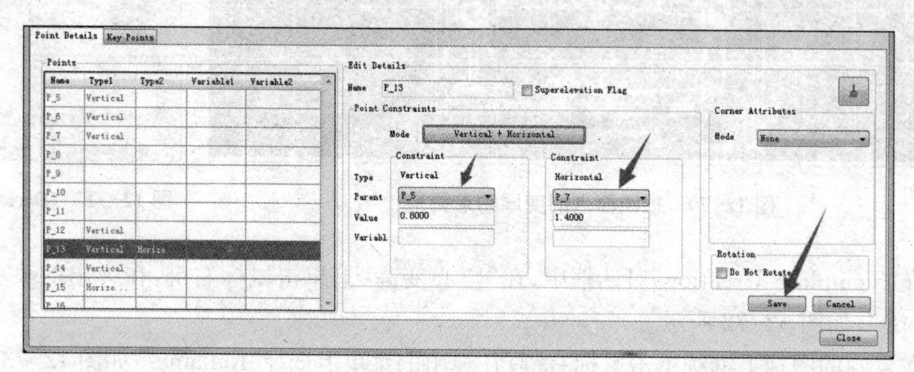

图 12-76 P_15 保存

同样，设置 P_14 的“Horizontal”为 P_15，如图 12-77 所示。

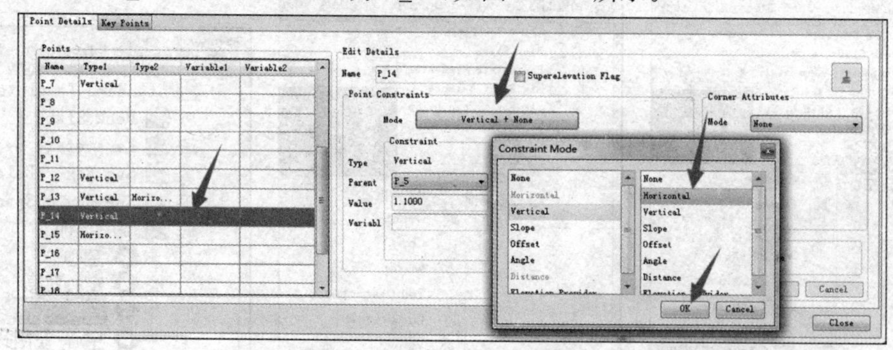

图 12-77 添加约束

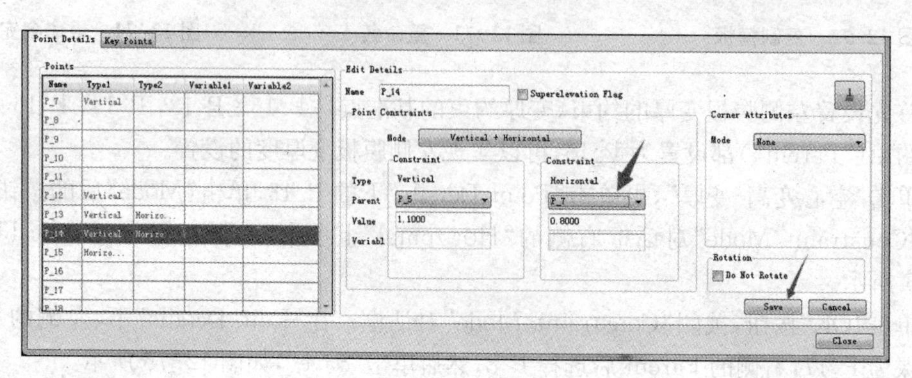

图 12-78 保存

其他点的设置和 P_13，P_14 相同。同理，可以设置顶板、底板和右侧腹板的变厚度。完成后，如图 12-79 所示。

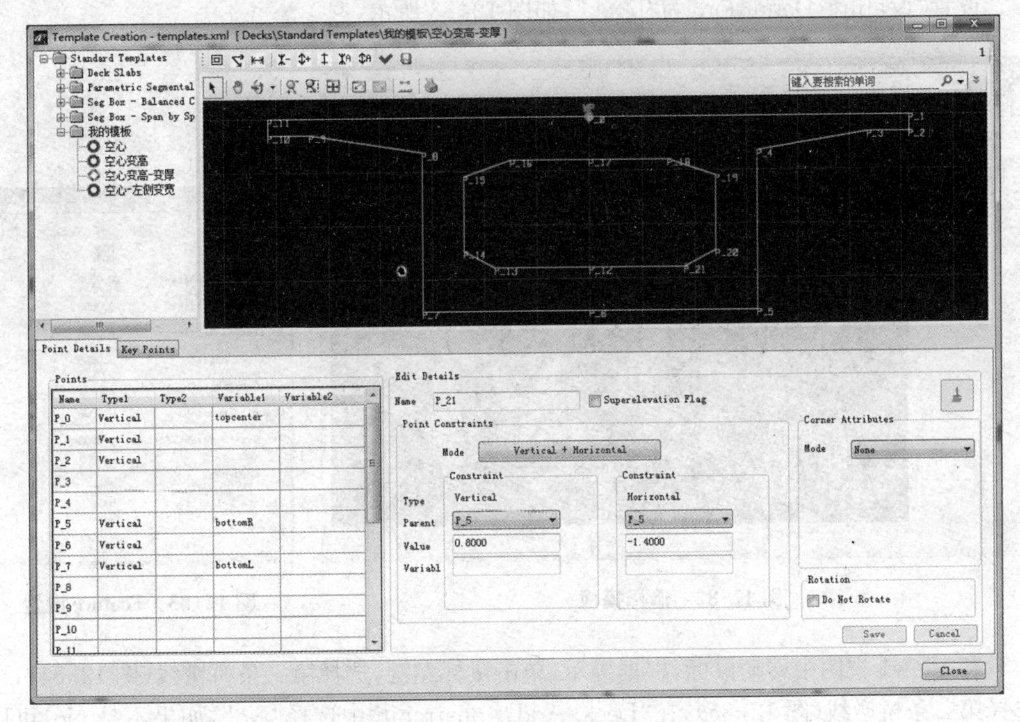

图 12-79　完成后的箱梁横断面

12.7　放置上部结构

12.7.1　断面不变的桥梁上部结构

单击“Superstructure”选项卡，单击“Place Deck”，如图 12-80 所示。单击“Place Deck”对话框的“Template Name”按钮，如图 12-81 所示。

图 12-80　“Place Deck”按钮

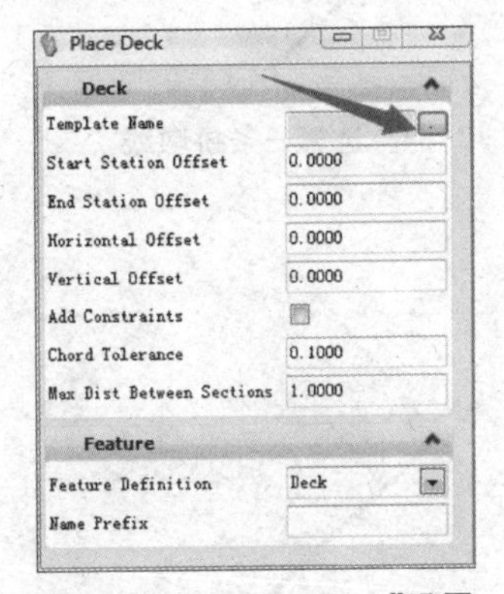

图 12-81　“Place Deck”设置

在弹出的“Template Selection”对话框中，单击“我的模板”下的“空心”，如图 12-82 所示。之后，单击“OK”按钮关闭对话框。

设置“Feature Definition”为“Deck”，如图 12-83 所示。

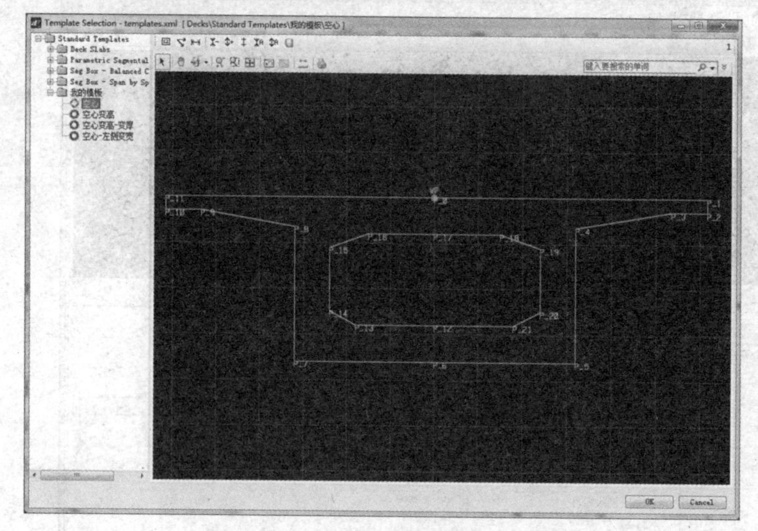

图 12-82　选择模板

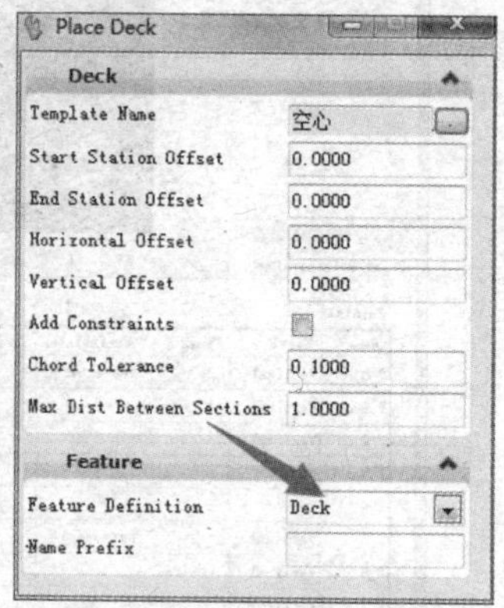

图 12-83　Feature 设置

在 View1 视图中移动鼠标，根据提示，单击鼠标左键，选择第一条桥墩线(图 12-84)，再选择第二条桥墩线(图 12-85)，在“Deck Add Constraint”中选择“No”，如果不是 No，可以用键盘上的上下键切换，单击鼠标左键确认，如图 12-86 所示。

完成后的桥如图 12-87 所示。

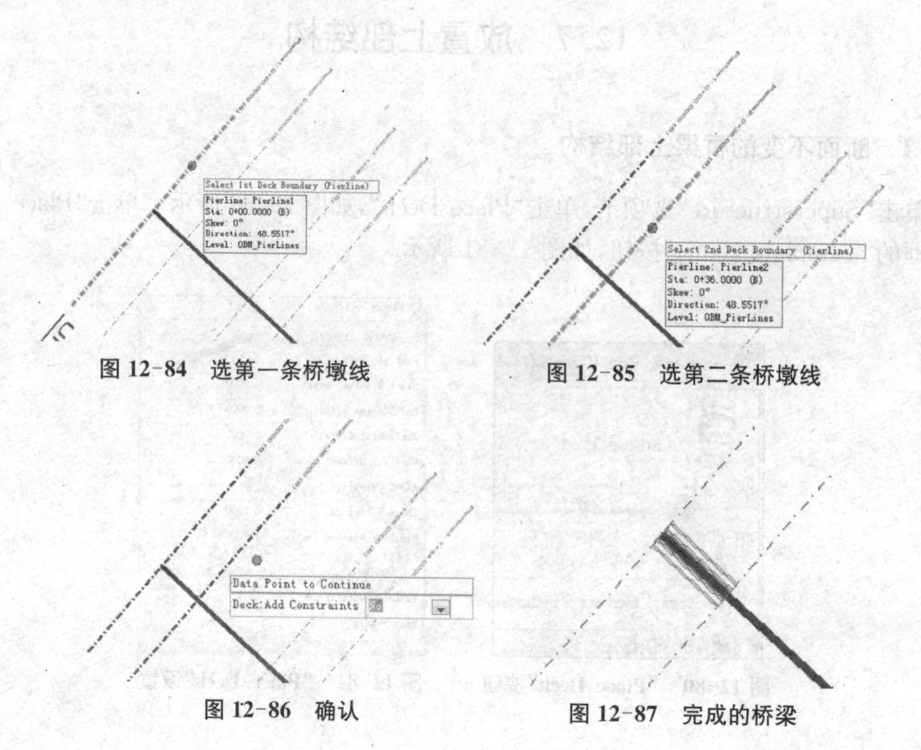

图 12-84　选第一条桥墩线

图 12-85　选第二条桥墩线

图 12-86　确认

图 12-87　完成的桥梁

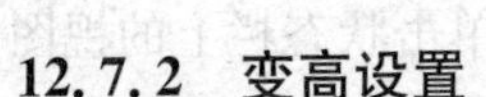

12.7.2 变高设置

1. 绘制变高参考线

变高参考线就是一条纵曲线，OpenBridge Modeler 根据这条纵曲线和模板上的点来绘制桥梁的变高。

复制平曲线。单击“Civil Tools”下“T7”图标（Single Offset Entire Element），如图12-88所示。

在弹出的“Single Offset Entire Element”对话框中，设置“Feature Definition”为“Geom_Centerline”，如图 12-89 所示。

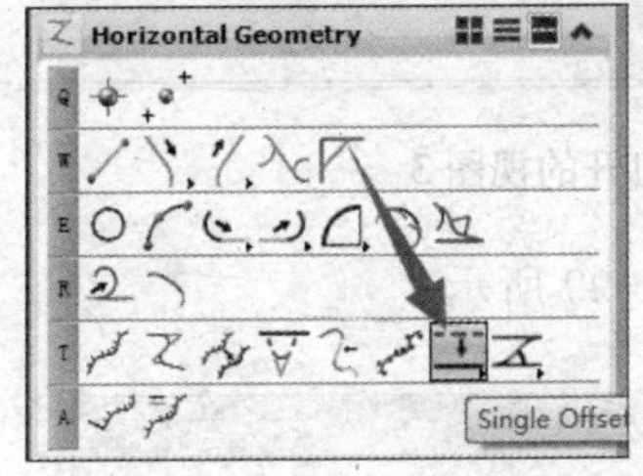

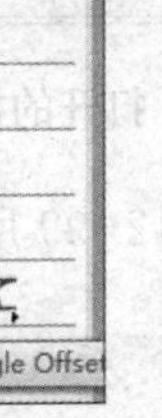

Single Offset Entire ...
Offset: 16.7245
Mirror
Feature
Feature Definition Geom_Centerline
Name GeomCL

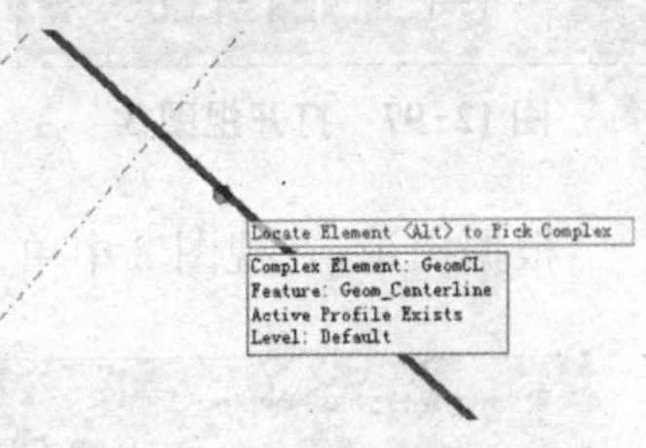

图 12-88 任务栏按钮　　图 12-89 Feature Definition 设置　　图 12-90 选择平面线

在 View1 视图移动鼠标，左键单击平面线（图 12-90），移动鼠标，显示复制的平面线（图 12-91），在合适的位置单击鼠标左键，确认复制的位置。提示“Mirror”时，选择“No”，单击鼠标左键，完成复制，如图 12-92 所示。

如图 12-93 所示，单击选择元素，退出复制状态。

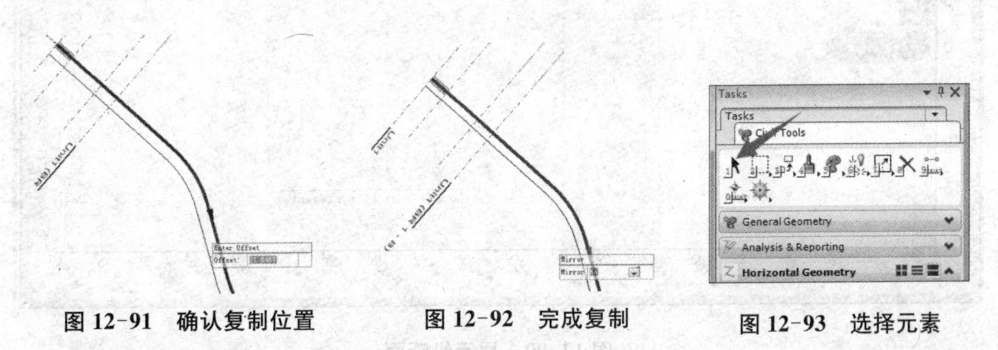

图 12-91 确认复制位置　　图 12-92 完成复制　　图 12-93 选择元素

单击“Vertical Geometry”中的“Q1”图标（“Open Profile Mode”）（图 12-94），根据提示“Locate Plan Element”（定位平面元素），单击刚刚复制的平面线，如图 12-95 所示。

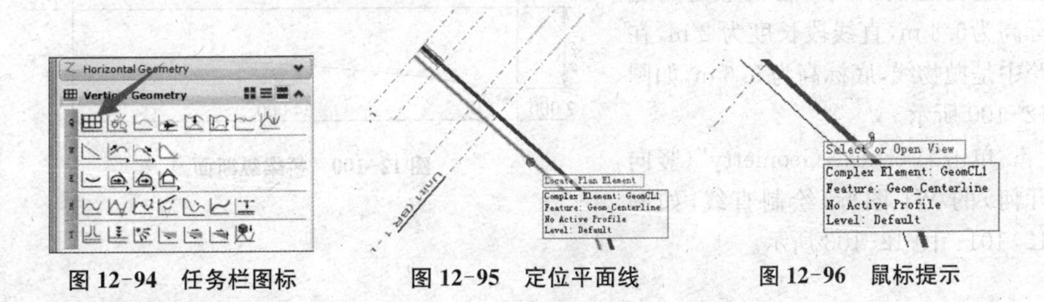

图 12-94 任务栏图标　　图 12-95 定位平面线　　图 12-96 鼠标提示

根据提示“Select or Open View”(选择或打开视图)(图 12-96),单击状态栏上的视图3,如图 12-97 所示。

打开的视图 3,如图 12-98 所示。

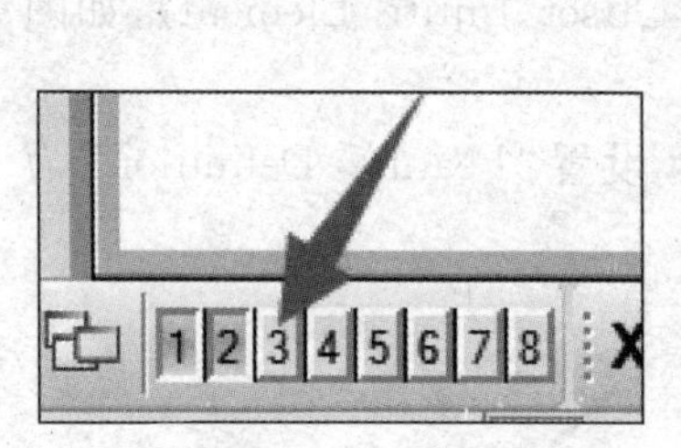

图 12-97　打开视图 3

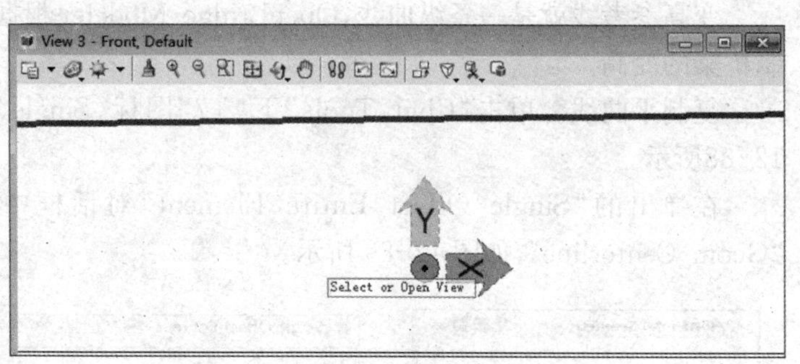

图 12-98　打开的视图 3

根据提示,在视图 3 中单击鼠标左键,视图 3 显示如图 12-99 所示。

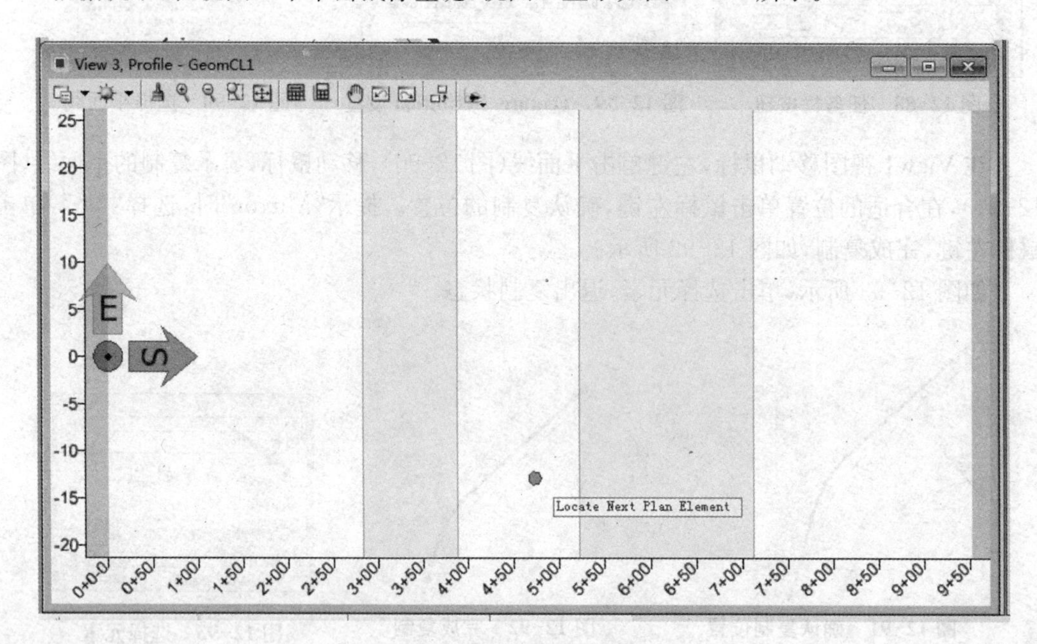

图 12-99　显示纵断面

对长度为 72 m 的悬浇箱形混凝土梁进行建模。该梁在桥墩处的底标高为6.4 m,直线段长度为 2 m,在跨中是抛物线,底标高为 3.6 m,如图 12-100 所示。

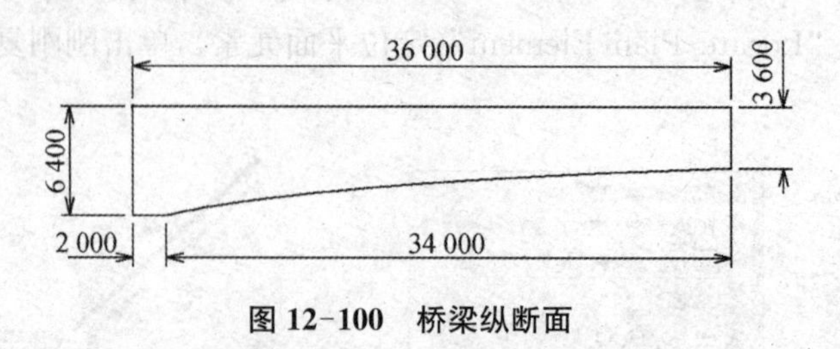

图 12-100　桥梁纵断面

单击“Vertical Geometry”(竖向几何)的 W1 图标,绘制直线,如图 12-101—图 12-103 所示。

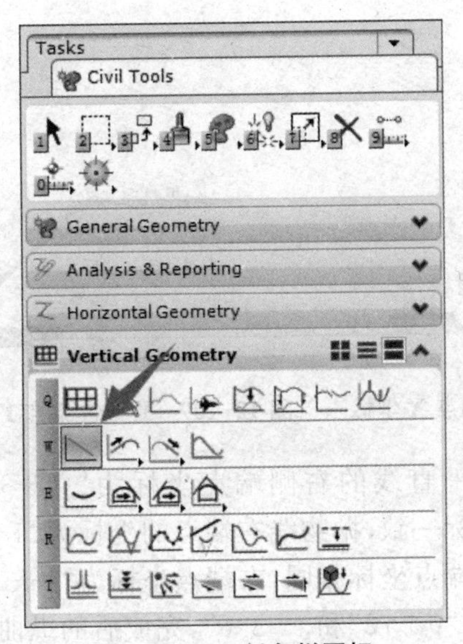

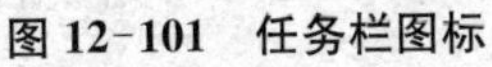
图 12-101 任务栏图标

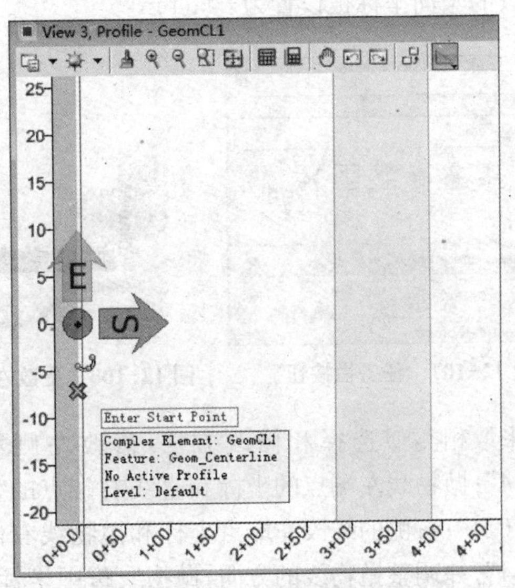

图 12-102 定位初始点

单击 E1“Profile Curve Between Points”，如图 12-104 所示。在弹出的“Profile Curve Between Points”对话框中设置 Vertical Curve Type 为“Parabola”（抛物线），Element Template为“Geom_Centerline”，如图 12-105 所示。

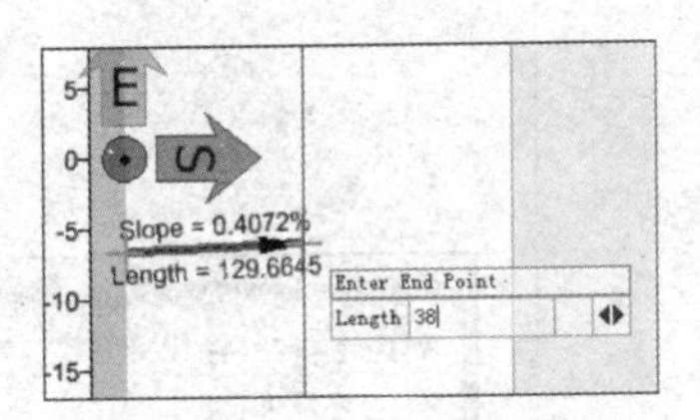

图 12-103 绘制平面坡

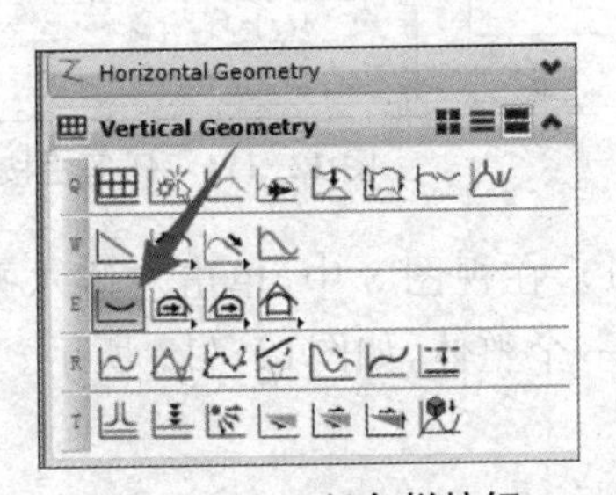

图 12-104 任务栏按钮

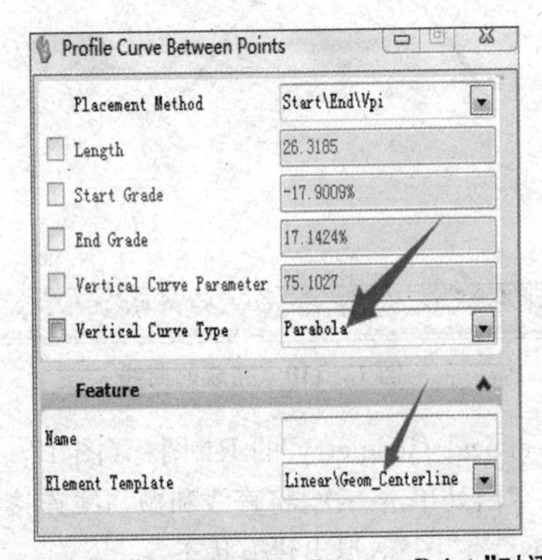

图 12-105 “Profile Curve Between Points”对话框

在视图 3 中绘制抛物线和另外一段直线（图 12-106），当绘制完成后，单击任务栏的“选择元素”图标（图 12-107），然后，单击第一段直线段并移动鼠标到直线段的左端点位置，此时，左端点的水平坐标和竖向坐标被显示出来，单击竖向显示的水平坐标，在出现的编辑框中输入“0＋36”，并按回车键（图 12-108），将端点的 X 坐标设置为 36 m。

图 12-106 绘制抛物线和直线

单击水平坐标，键入“－6.4”并按回车键（图 12-109），此时左端点的竖向坐标被设置为−6.4 m。

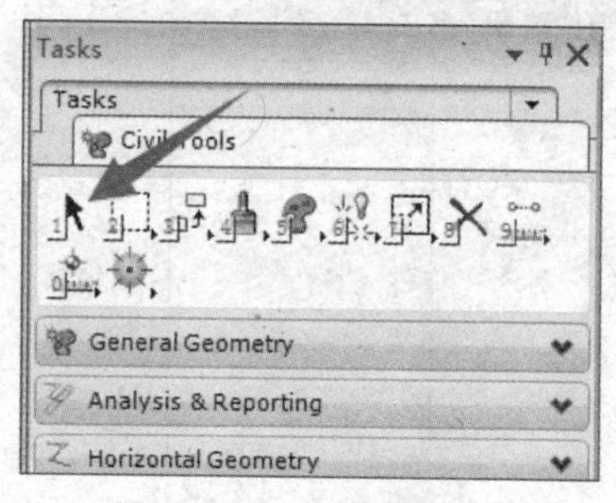

图 12-107　任务栏按钮

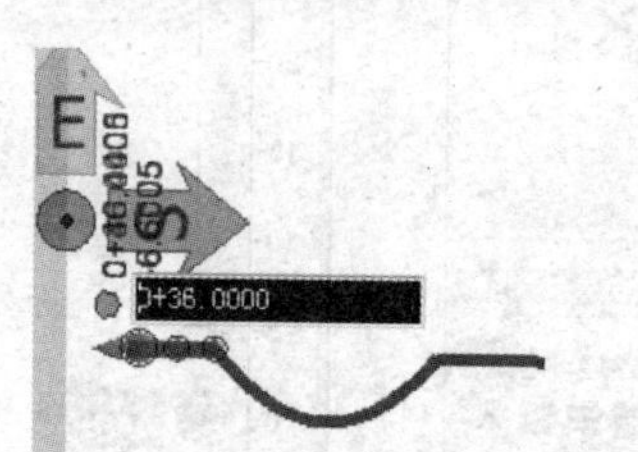

图 12-108　更改左端点 *X* 坐标

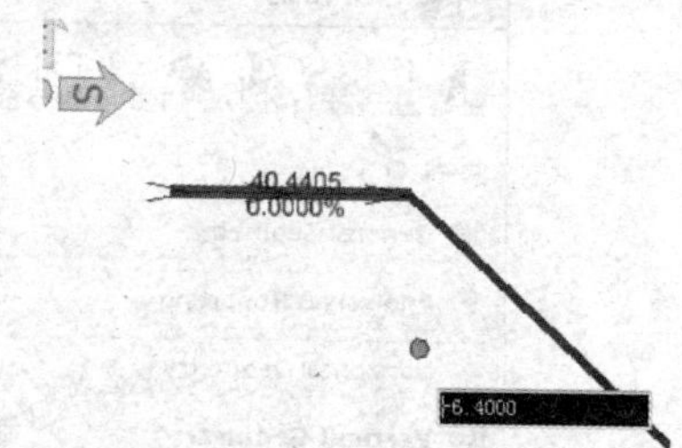

图 12-109　更改左端点 *Y* 坐标

采取相类似选择和修改方法，修改左侧水平直线的右侧端点坐标为“0＋38”和“−6.4”；抛物线左端点的坐标和直线右端点的坐标一致，抛物线右端点的坐标为“1＋06”和“−6.4”；右侧的线段左端点坐标和抛物线右侧端点坐标相同，右端点坐标为“1＋08”和“−6.4”，并调整抛物线的方向，抛物线跨中坐标为“0＋72”和“−3.6”，完成后的纵曲线如图12-110 所示。

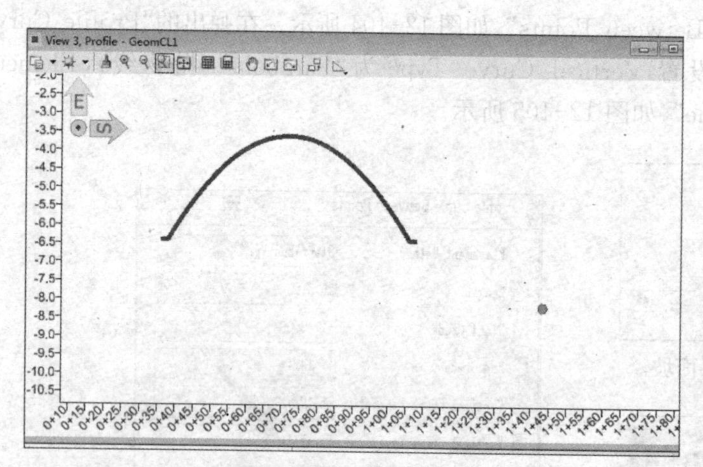

图 12-110　完成的曲线

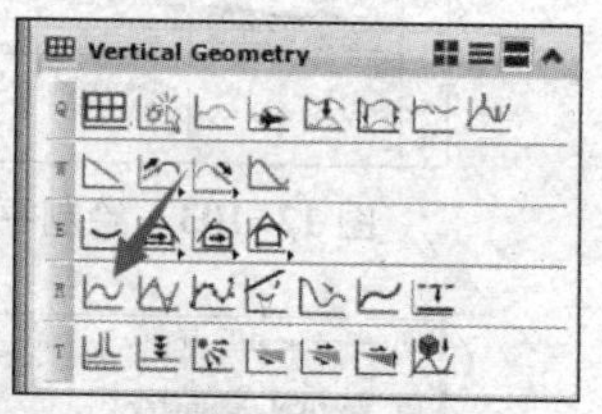

图 12-111　任务栏按钮

单击“Vertical Geometry”的 R1 图标（图 12-111），在视图 3 中，单击左侧水平线（图 12-112），在空白处单击一次，将直线和抛物线连接成一个整体，如图12-113 所示。单击任务栏的“选择元素”图标，退出建模状态。

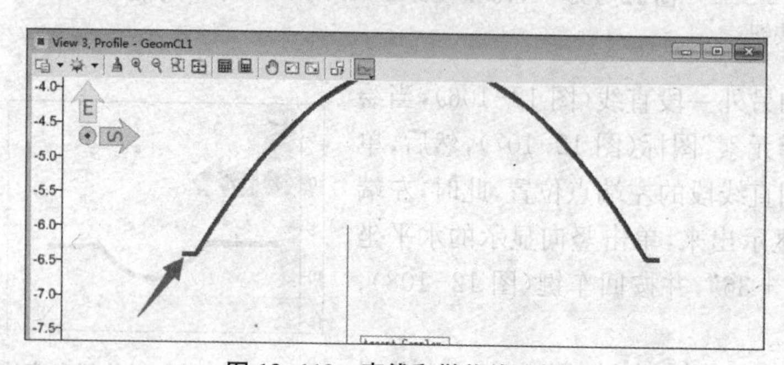

图 12-112　直线和抛物线连接

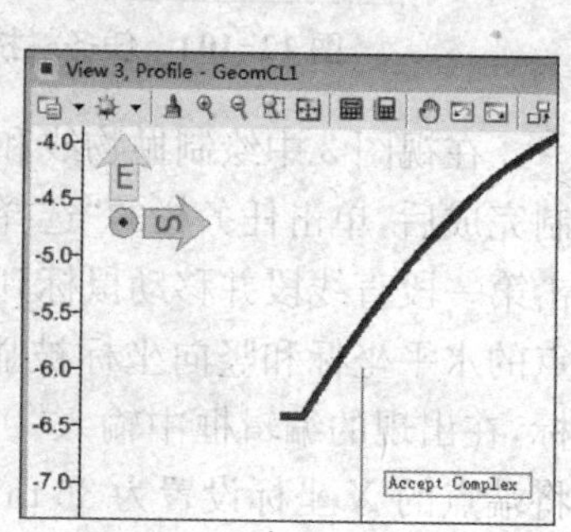

图 12-113　在空白处单击

移动鼠标在视图 3 的竖曲线上单击，在弹出的工具调试选择第二个图标“激活”，将竖曲线激活，如图 12-114 所示。这样，变高参考线完成，关闭视图 3。

2. 创建变高

单击“Superstructure”下的“Place Deck”，如图 12-115 所示。

图 12-114 激活竖曲线

图 12-115 “Place Deck”按钮

在弹出的“Place Deck”对话框的中，单击“Template Name”后的按钮，如图 12-116 所示。

在弹出的“Template Selection”对话框中，单击“空心变高”模板，如图 12-117 所示。然后单击“OK”按钮，关闭对话框。

在“Place Deck”对话框中，设置“Feature Definition”为 Deck，如图 12-118 所示。

在视图 1 中移动鼠标，单击第一条桥面边界线，如图 12-119 所示；再单击第二条桥面边界线，如图 12-120 所示。在弹出的“Deck: Add Constraints”对话框中，按键盘上的上下键，切换为“Yes”，如图 12-121 所示，并在视图 1 中单击鼠标左键。此时弹出“Solid Constraint Definition”对话框，如图 12-122 所示。

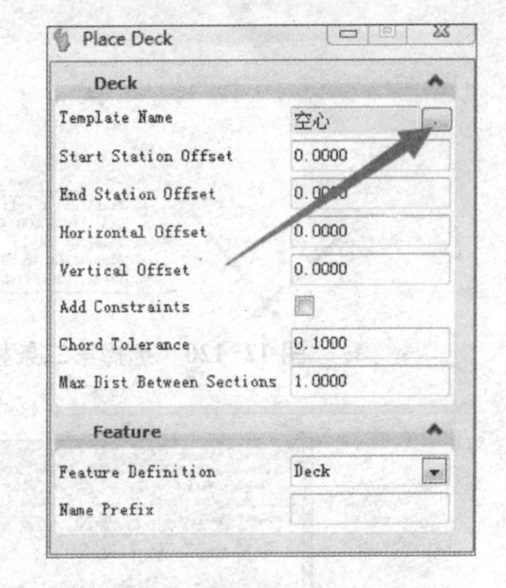

图 12-116 “Place Deck”对话框设置

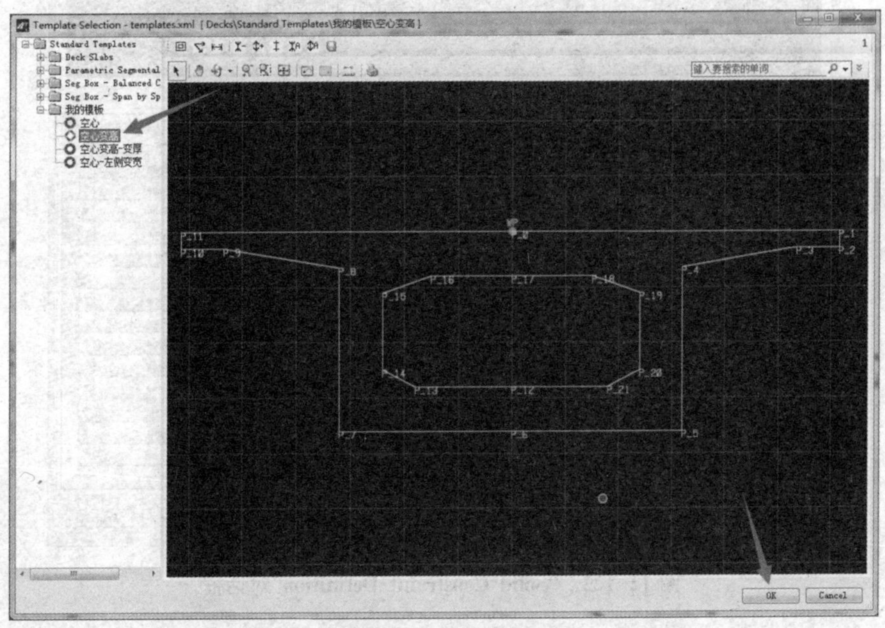

图 12-117 选择模板

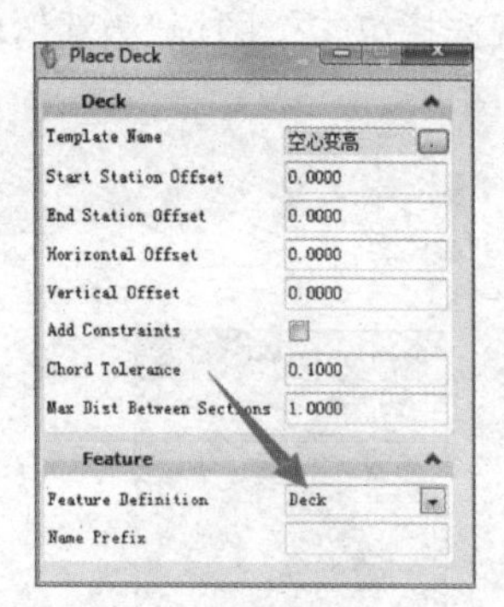

图 12-118　设置 Feature

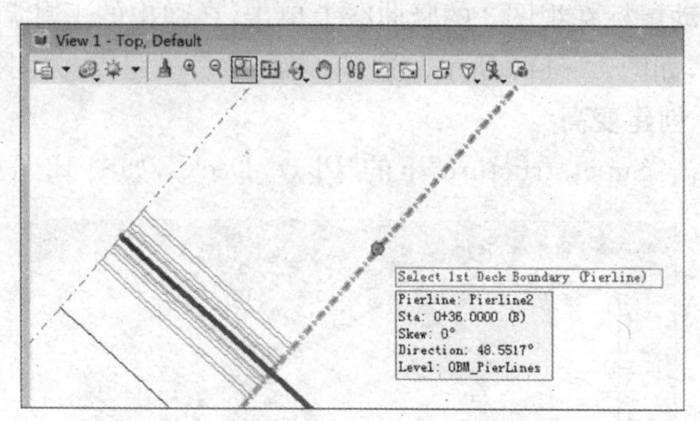

图 12-119　选择第一条桥面边界线

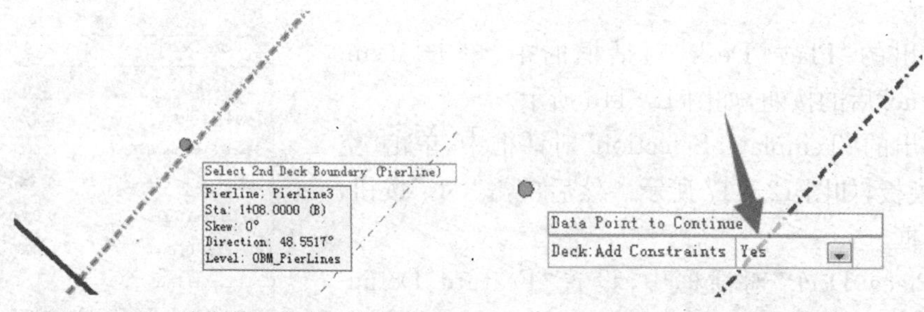

图 12-120　选择第二条桥面边界线

图 12-121　添加约束

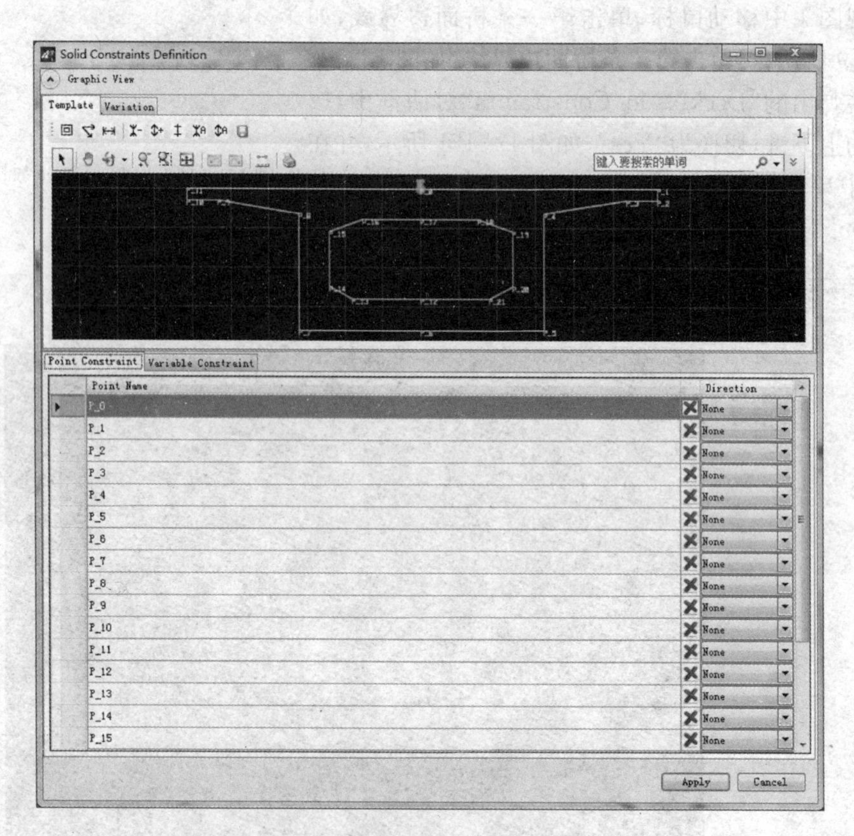

图 12-122　“Solid Constraint Definition”对话框

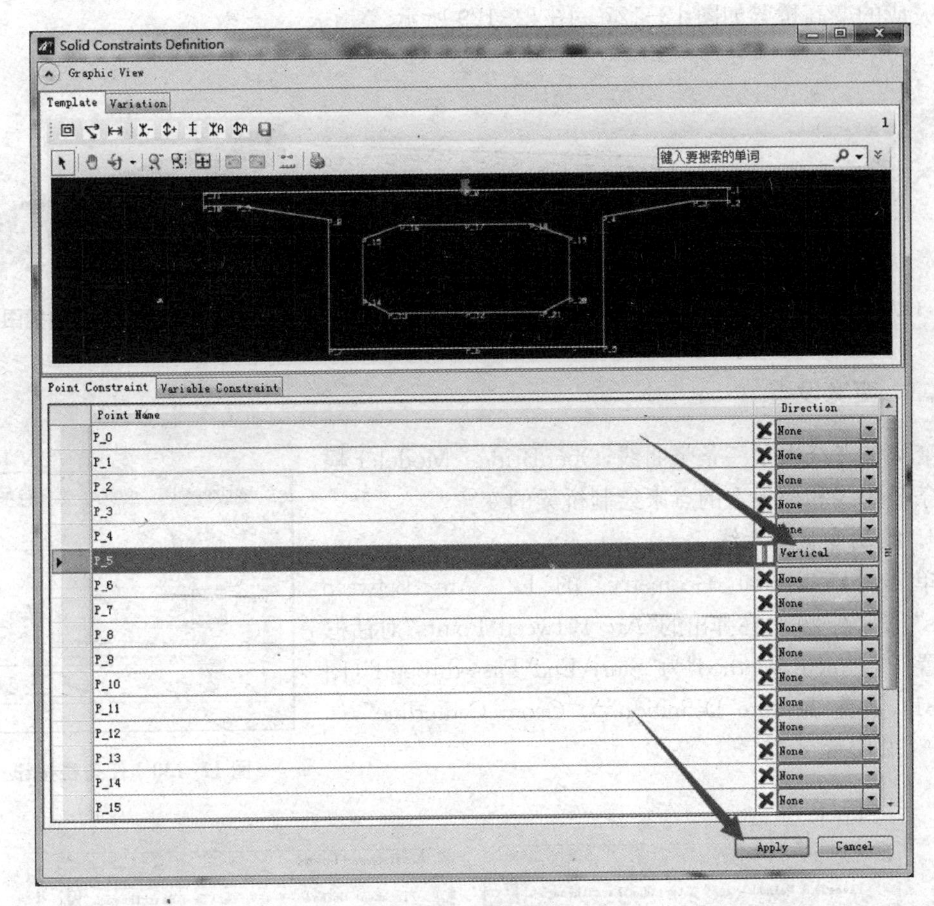

图 12-123 定义约束

在弹出的“Solid Constraint Definition”对话框中，单击P_5点，设置其后的Direction为Vertical，如图12-123所示。接着，弹出“Path Selection”对话框，单击“Select”按钮(图12-124)，移动鼠标，选择刚才完成的参考线(图12-125)，在确认“Path Selection”对话框P_5后出现“√”之后，单击“OK”按钮，如图12-126所示。

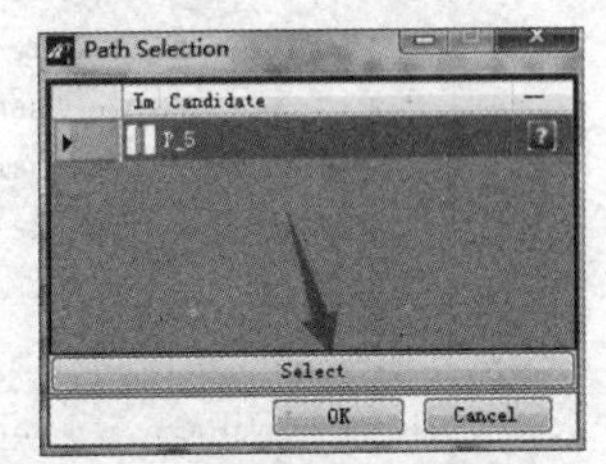

图 12-124 “Path Selection”对话框

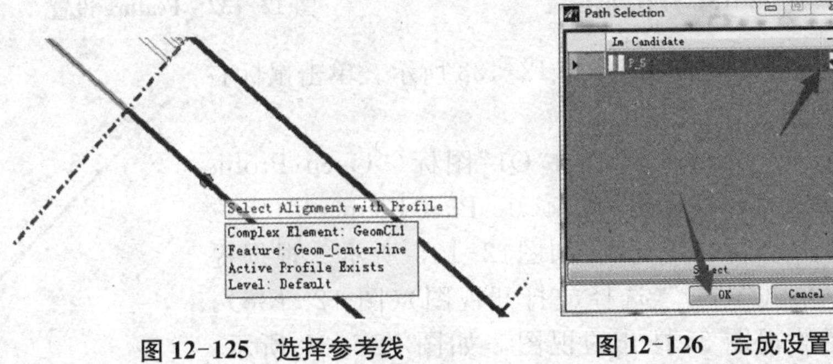

图 12-125 选择参考线

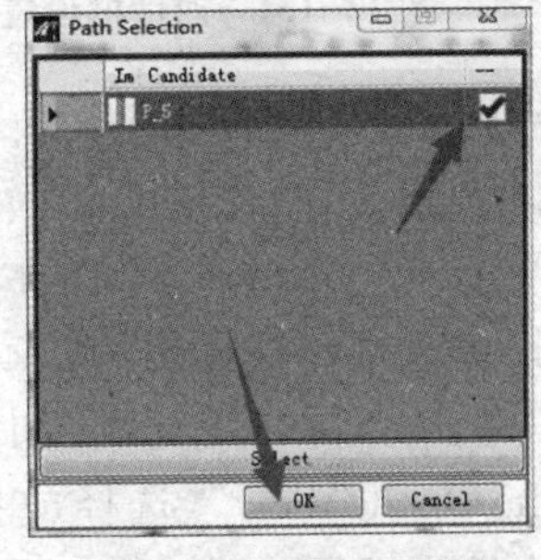

图 12-126 完成设置

完成的变高桥梁如图 12-127—图 12-129 所示。

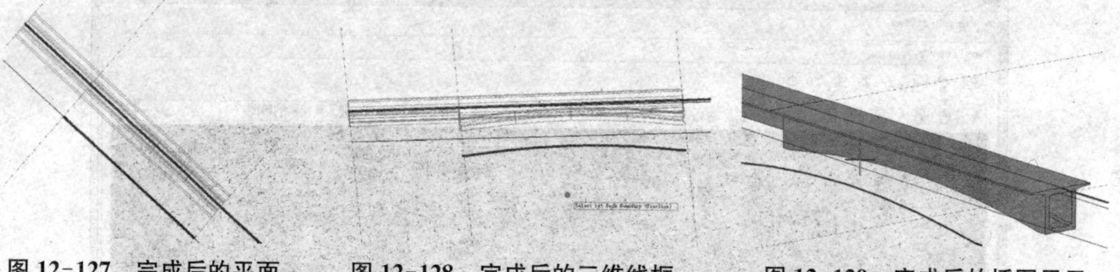

图 12-127 完成后的平面　　图 12-128 完成后的三维线框　　图 12-129 完成后的插图显示

12.7.3 变宽设置

变宽参考线也是一条竖曲线，OpenBridge Modeler 根据这条竖曲线和模板上的点来绘制桥梁的变宽。

1. 绘制变宽参考线

单击“Horizontal Geometry”的 E2“Arc Between Points”(图 12-130)，在弹出的“Arc Between Points”对话框中设置“Placement Method”为“Start\End\Pass-through”(图 12-131)，设置“Feature Definition”为“Geom_Centerline”，如图 12-132 所示。

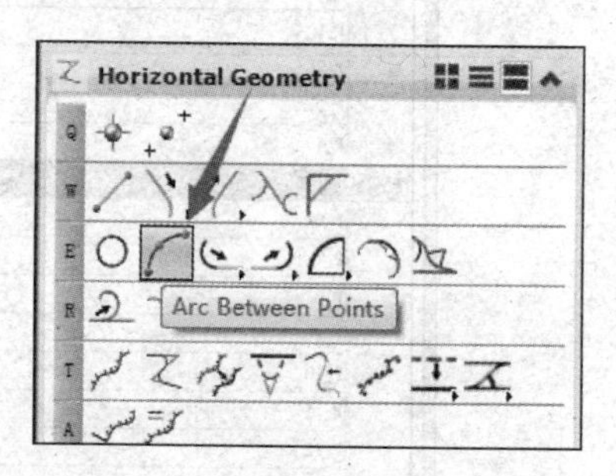

图 12-130 任务栏按钮

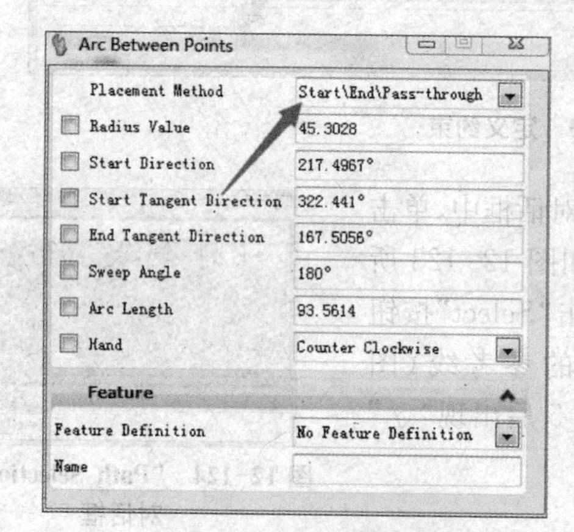

图 12-131 对话框设置

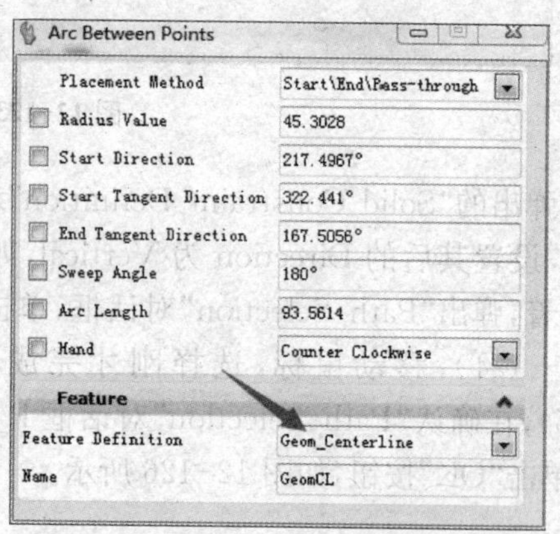

图 12-132 Feature 设置

在 View1 视图绘制平曲线如图 12-133 所示。单击鼠标右键，退出绘制状态。

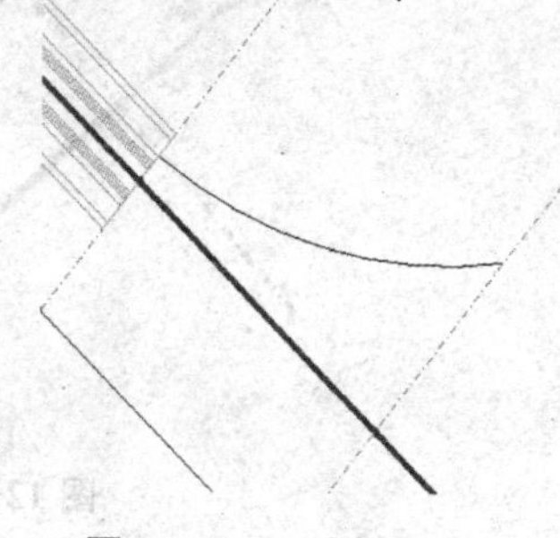

图 12-133 绘制变宽

单击“Vertical Geometry”中的“Q1”图标(“Open Profile Mode”)(图 12-134)，根据提示“Locate Plan Element”(定位平面元素)，单击绘制的变宽线，如图12-135 所示。根据提示“Select or Open View”(选择或打开视图)(图 12-136)，单击状态栏上的视图 3，打开的视图 3 如图 12-137 所示。根据提示，在视图 3 中单击鼠标左键。

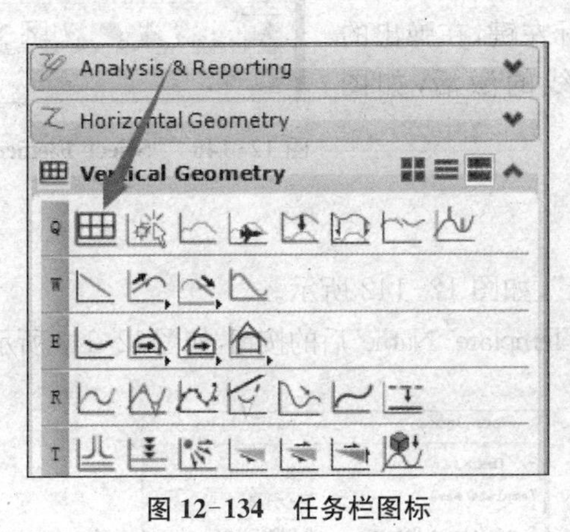

图 12-134 任务栏图标

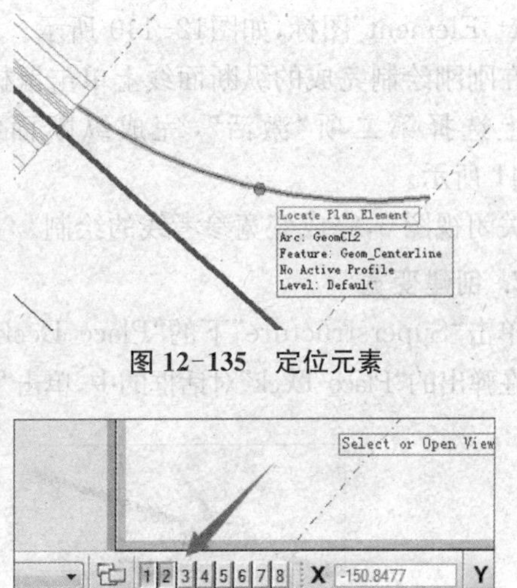

图 12-135 定位元素

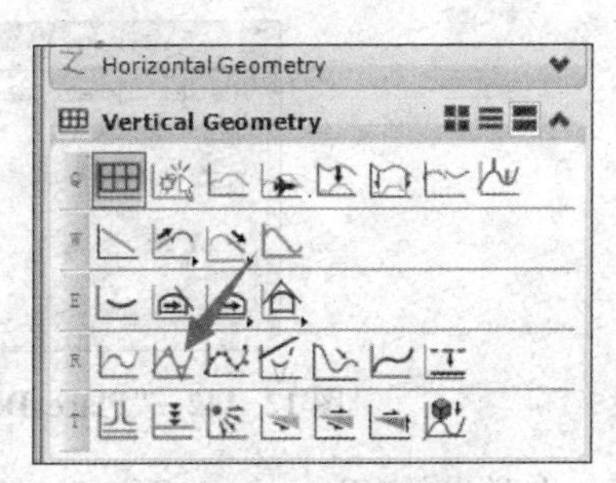

图 12-136 打开视图

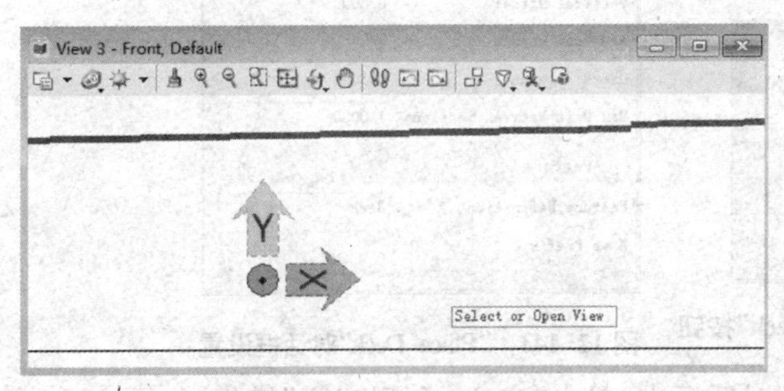

图 12-137 打开的视图

图 12-138 任务栏图标

单击任务栏"Vertical Geometry"下的 R2 图标(图 12-138),弹出"Complex Element By PI"(交点法)对话框,在对话框的"Feature"(特征)下的"Feature Definition"后选择 Geom_Centerline。然后,在 View3 视图绘制纵断面线如图 12-139 所示。

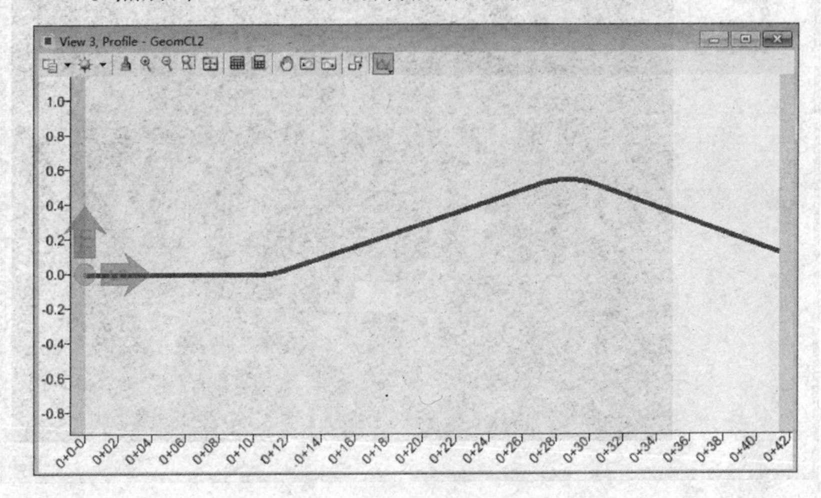

图 12-139 纵断面线

绘制完成,单击鼠标右键退出绘制状态。单击任务栏的"Select Element"图标,如图12-140所示。

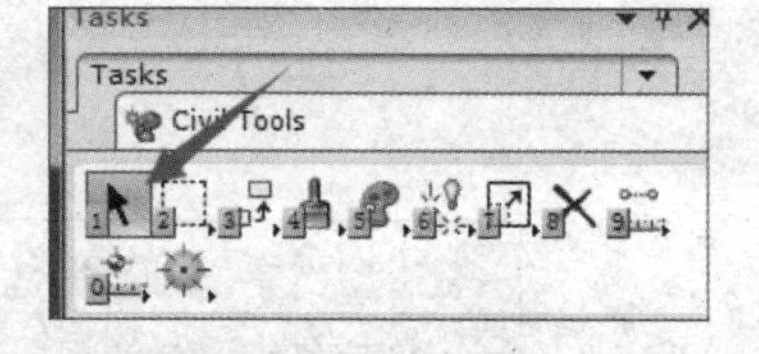

图12-140 "Select Element"图标

在刚刚绘制完成的纵断面线上单击鼠标左键,在弹出的菜单上选择第二项"激活",完成纵断面线的激活,如图12-141所示。

关闭视图3,完成变宽参考线的绘制。

2. 创建变宽

单击"Superstructure"下的"Place Deck",如图12-142所示。

在弹出的"Place Deck"对话框的中,单击"Template Name"后的按钮,如图12-143所示。

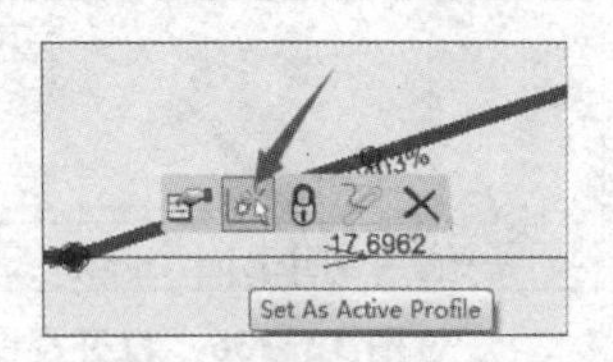

图12-141 激活纵断面线

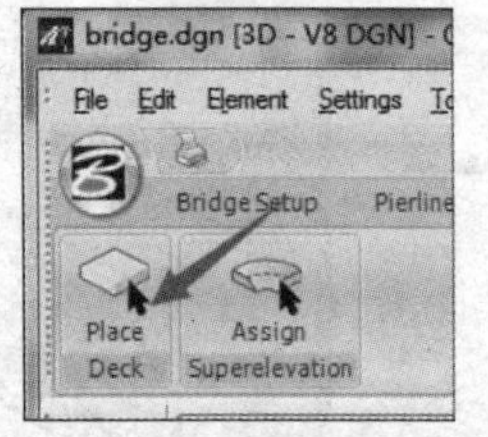

图12-142 "Place Deck"按钮

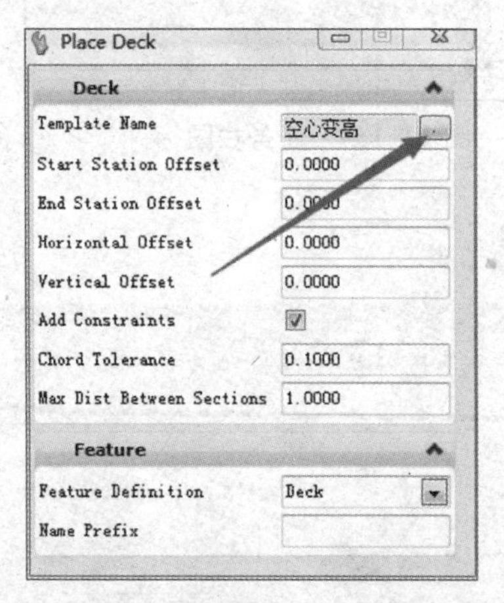

图12-143 "Place Deck"对话框设置

在弹出的"Template Selection"对话框中,单击"空心-左侧变宽"模板,如图12-144所示。然后单击"OK"按钮,关闭对话框。

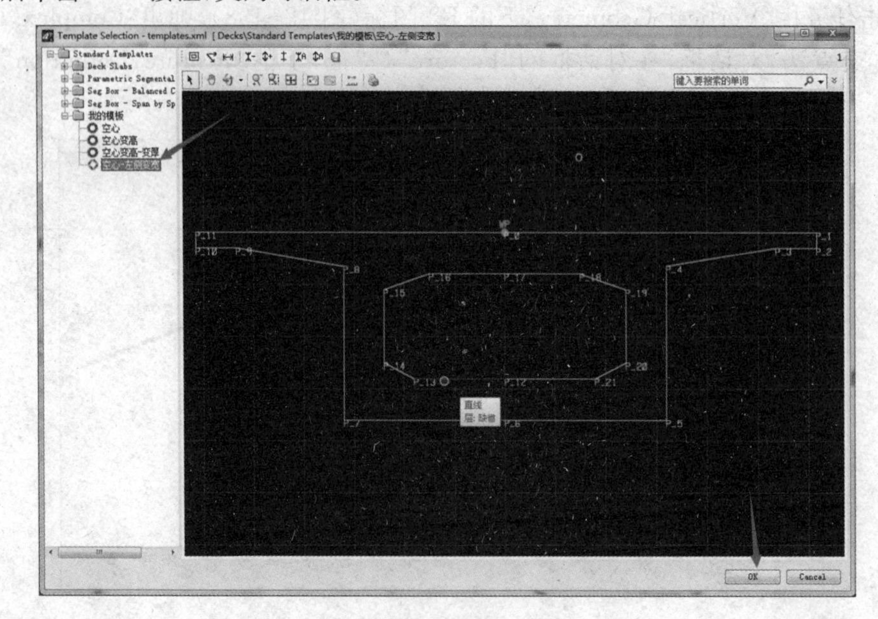

图12-144 选择模板

在“Place Deck”对话框中，设置“Feature Definition”为 Deck，如图 12-143 所示。

在视图 1 中移动鼠标，单击第一条桥面边界线，再单击第二条桥面边界线，如图 12-145 所示。在弹出的“Deck：Add Constraints”对话框中，按键盘上的上下键，切换为“Yes”，如图 12-146 所示，并在视图 1 中单击鼠标左键。此时弹出“Solid Constraint Definition”对话框，如图12-147 所示。

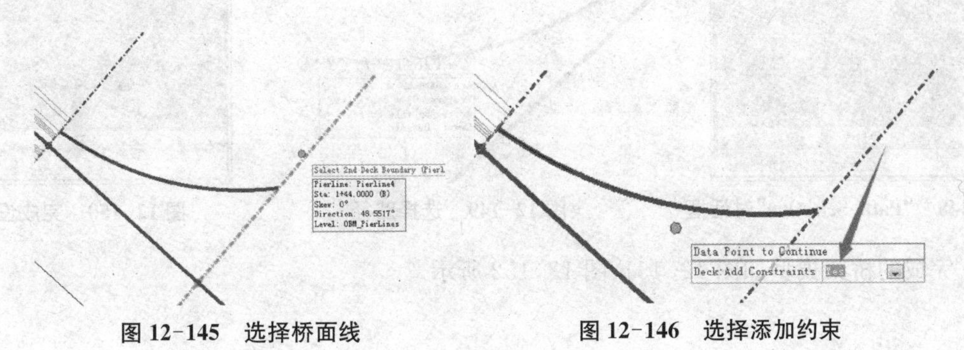

图 12-145　选择桥面线　　　　图 12-146　选择添加约束

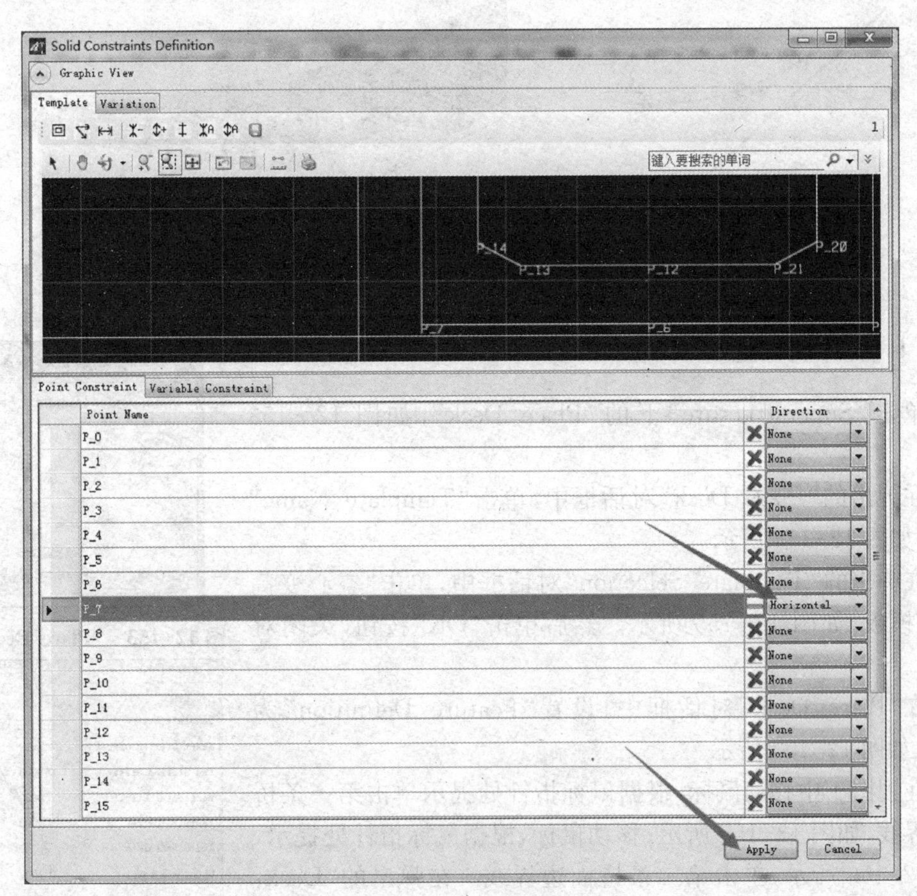

图 12-147　设置约束

在弹出的“Solid Constraint Definition”对话框中，单击 P_7 点，设置其后的 Direction 为 Vertical，如图 12-147 所示。接着，弹出“Path Selection”对话框，单击“Select”按钮，如图 12-148 所示。移动鼠标，选择刚才完成的参考线，如图 12-149 所示。在确认“Path

Selection”对话框 P_7 后出现“√”之后，单击“OK”按钮，如图 12-150 所示。

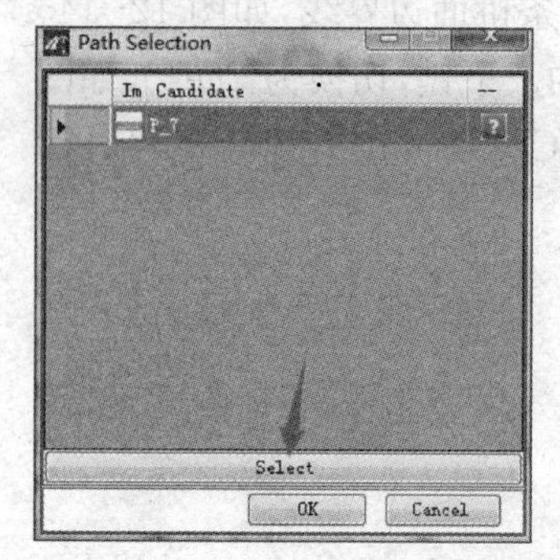

图 12-148 “Path Selection”对话框

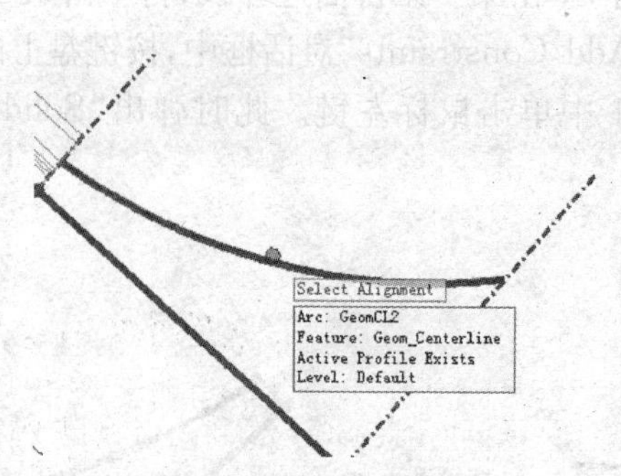

图 12-149 选择路径

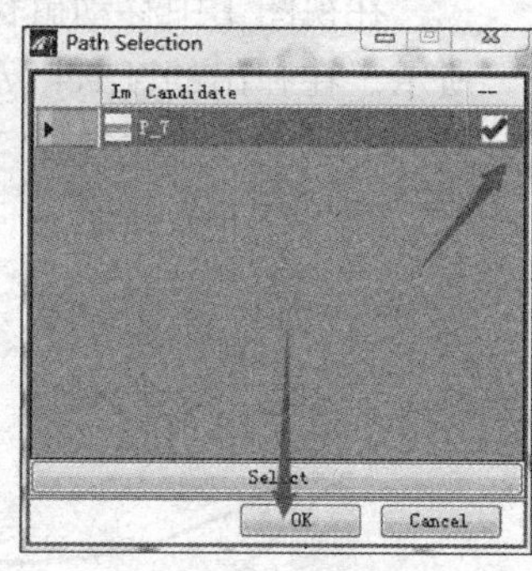

图 12-150 完成设置

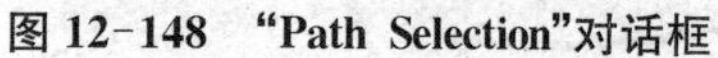

完成的桥梁模型如图 12-151、图 12-152 所示。

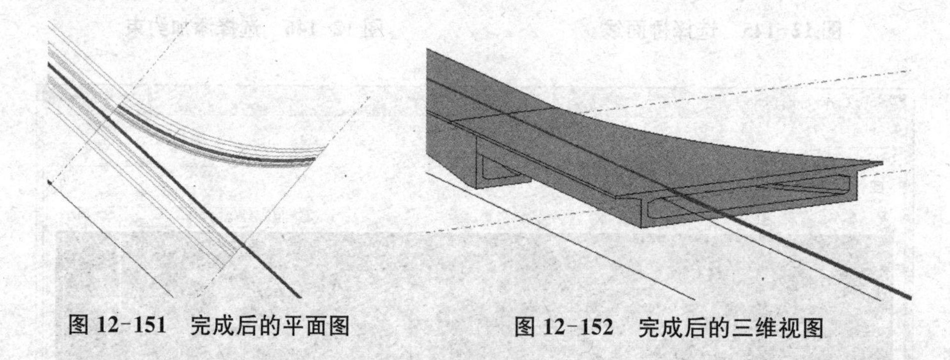

图 12-151 完成后的平面图　　图 12-152 完成后的三维视图

12.7.4 变厚度设置

单击“Superstructure”下的“Place Deck”，如图 12-153 所示。

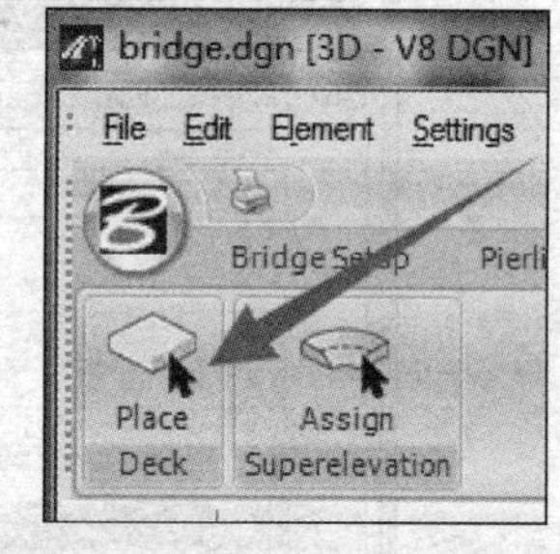

图 12-153 “Place Deck”按钮

在弹出的“Place Deck”对话框中，单击“Template Name”按钮，如图 12-154 所示。

在弹出的“Template Selection”对话框中，单击“空心变高变厚”模板，如图 12-155 所示。然后单击“OK”按钮，关闭对话框。

在“Place Deck”对话框中，设置“Feature Definition”为 Deck，如图 12-154 所示。

在视图 1 中移动鼠标，根据鼠标指针处提示单击第一条桥面边界线，如图 12-155 所示；移动鼠标，根据鼠标指针处提示，如图12-156 所示，单击第二条桥面边界线。在弹出的“Deck: Add Constraints”对话框中，按键盘上的上下键，切换为“No”，如图 12-157 所示，并在视图 1 中单击鼠标左键，完成的桥面模型如图 12-158 所示。

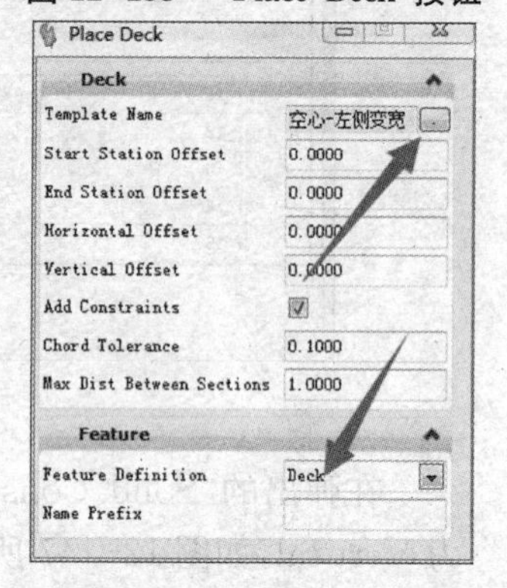

图 12-154 “Place Deck”对话框

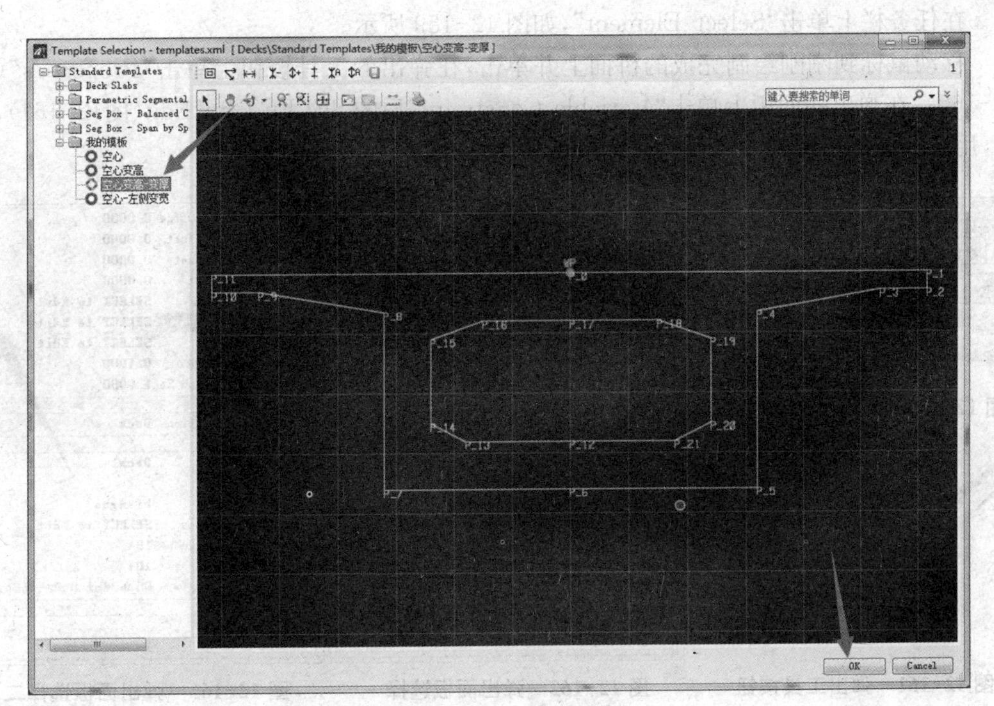

图 12-155　选择模板

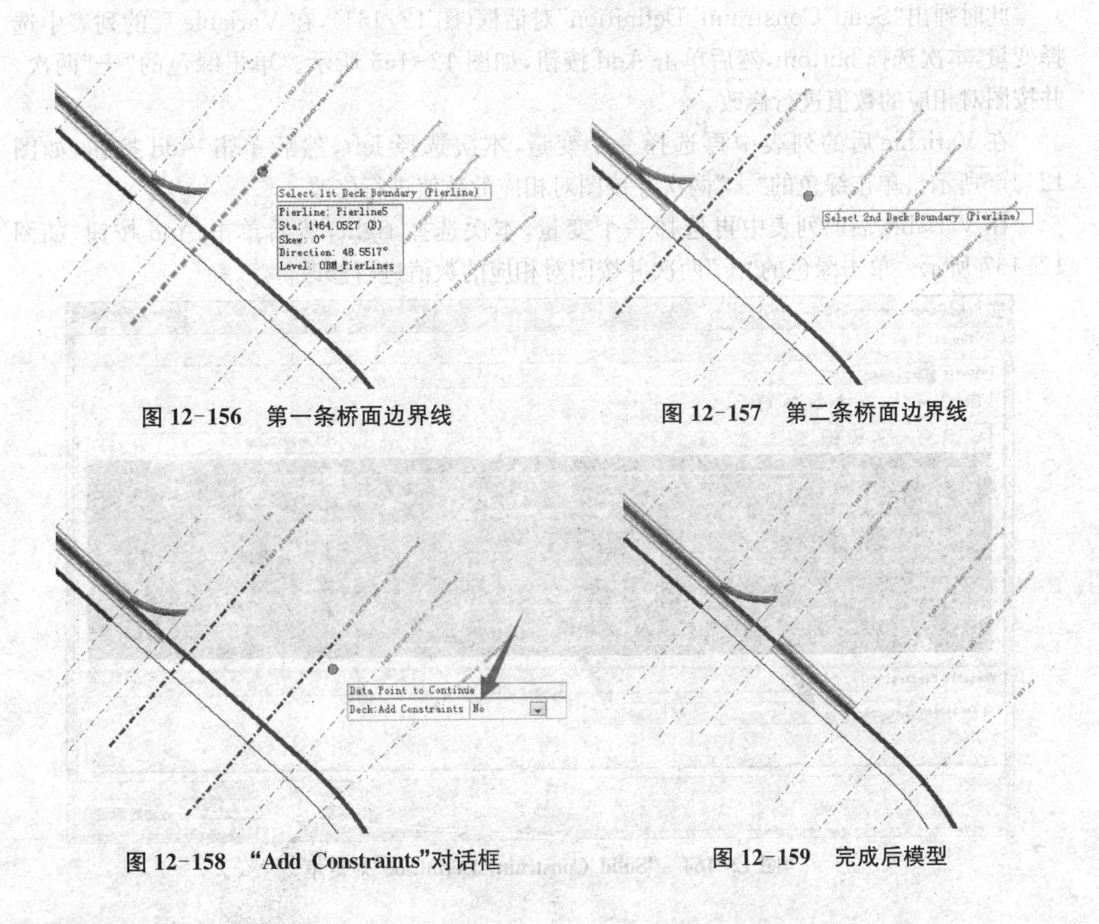

图 12-156　第一条桥面边界线

图 12-157　第二条桥面边界线

图 12-158　"Add Constraints"对话框

图 12-159　完成后模型

在任务栏上单击“Select Element”,如图 12-159 所示。

移动鼠标到刚刚绘制完成的桥面上并单击,在弹出的工具按钮上单击“Properties”(图 12-160),在弹出的面板上单击“Variable Constraint”后的 SELECT to Edit(图12-161),然后,用鼠标单击出现的按钮,如图 12-162 所示。

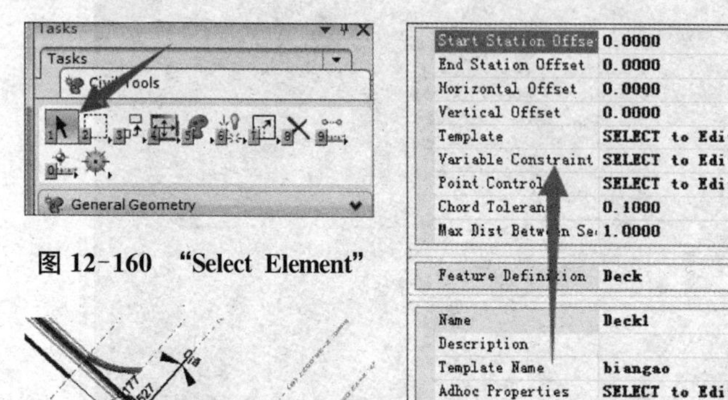

图 12-160 “Select Element”

图 12-161 弹出工具按钮

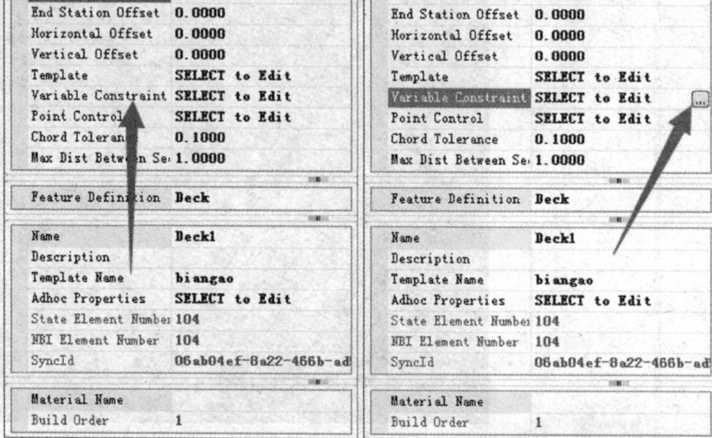

图 12-162 弹出面板选择一

图 12-163 弹出面板选择二

此时弹出“Solid Constraint Definition”对话框(图 12-164),在 Variable 后的列表中选择变量,本次选择 bottom,然后单击 Add 按钮,如图 12-165 所示。单击绿色的“+”两次,并按图对相应的数值进行修改。

在 Variable 后的列表中再选择一个变量,本次选择 left,然后单击 Add 按钮,如图 12-166所示。单击绿色的“+”两次并按图对相应的数值进行修改。

在 Variable 后的列表中再选择一个变量,本次选择 right,然后单击 Add 按钮,如图 12-167 所示。单击绿色的“+”两次并按图对相应的数值进行修改。

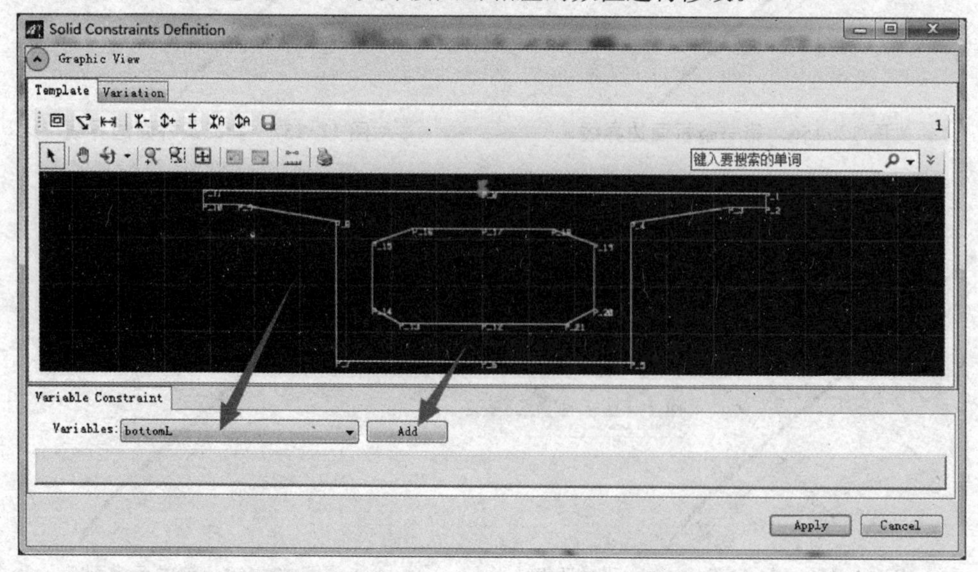

图 12-164 “Solid Constraint Definition”对话框

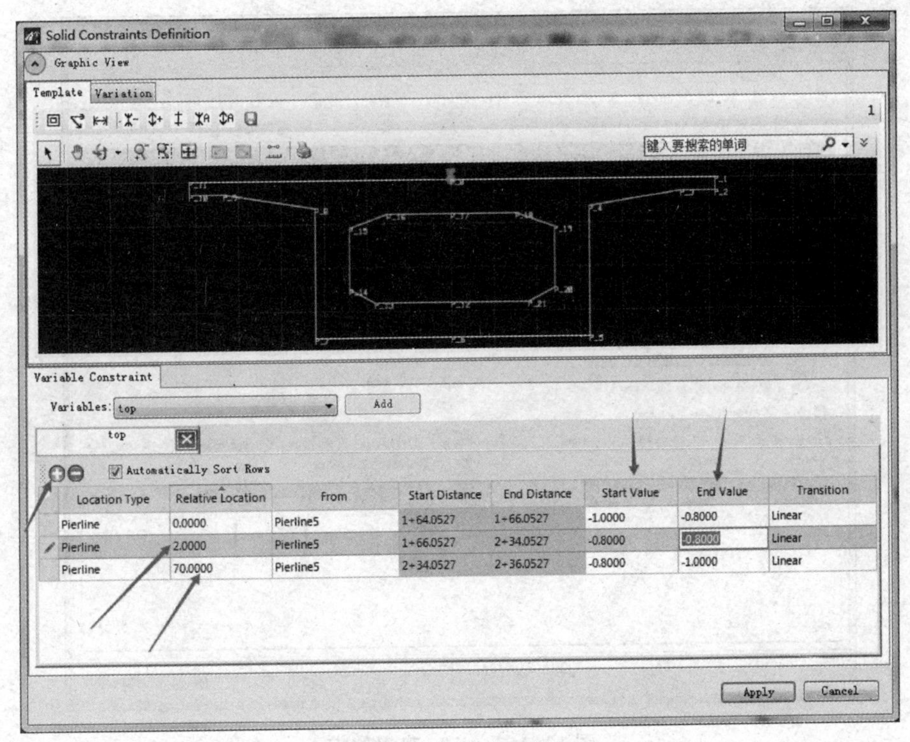

图 12-165　增加约束

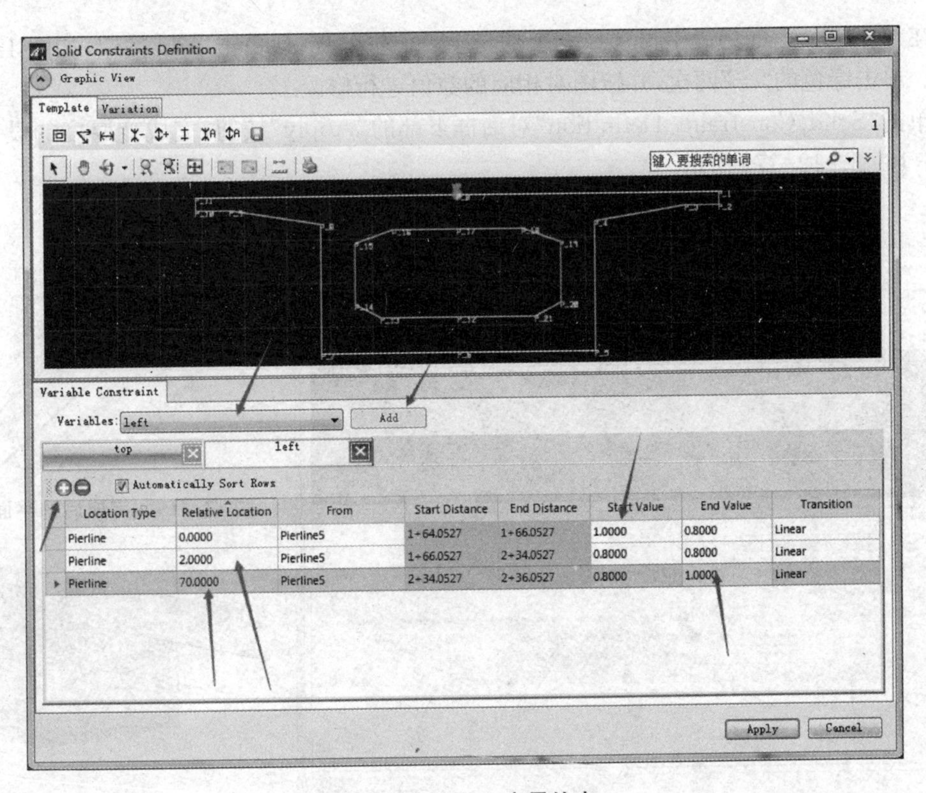

图 12-166　left 变量约束

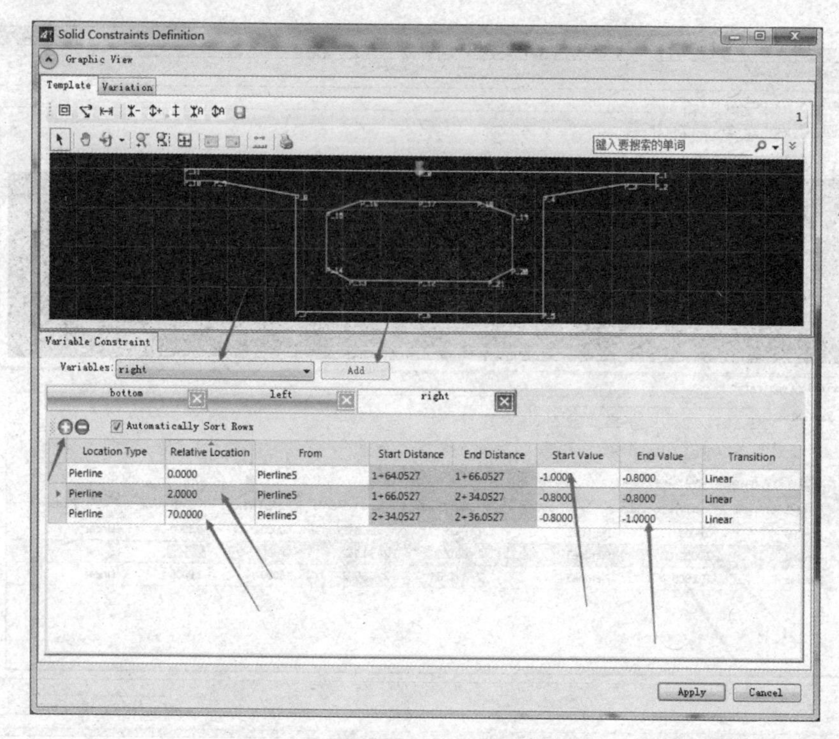

图 12-167　right 变量约束

在 Variable 后的列表中再选择一个变量，本次选择 top 后单击 Add 按钮，如图 12-168 所示。单击绿色的“+”两次，并按图对相应的数值进行修改。

单击“Solid Constraint Definition”对话框下部的“Apply”按钮，完成变厚度的设计，如图 12-169、图 12-170 所示。

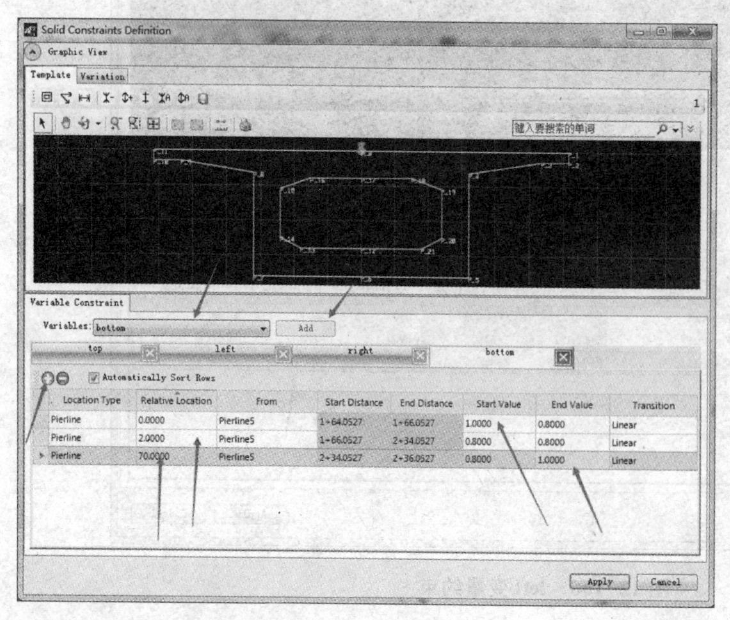

图 12-168　top 变量约束

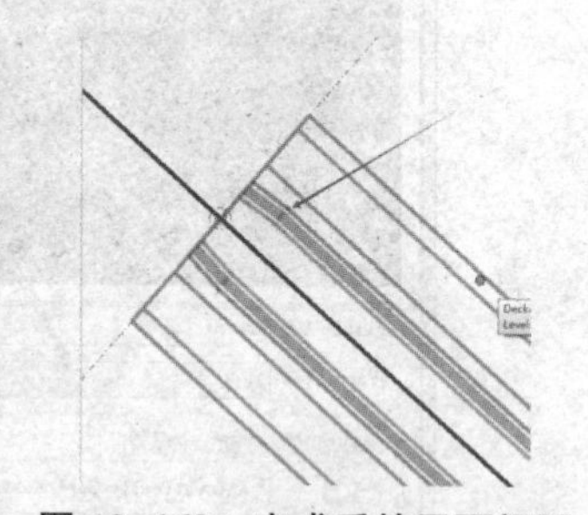

图 12-169　完成后的平面视图

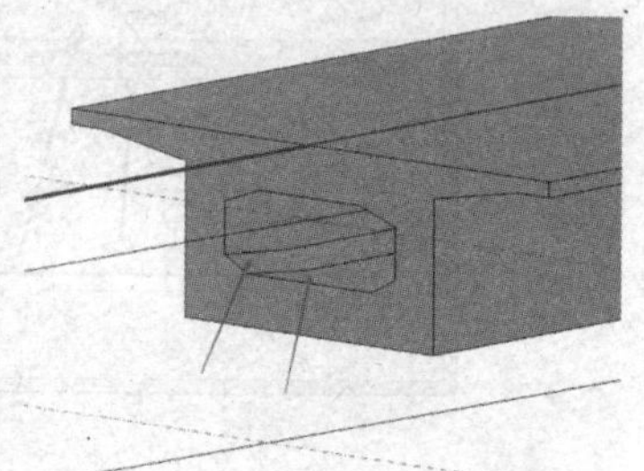

图 12-170　完成后的三维视图

12.8 放置桥台桥墩

12.8.1 放置桥台

上部结构放置完成，可以放置桥台、桥墩等构件。单击“Substructure”的“Place”“Abutment”(放置桥台)，如图 12-171 所示。

单击弹出的“Place Abutment”对话框的 Template Name 后的按钮，如图 12-172 所示。

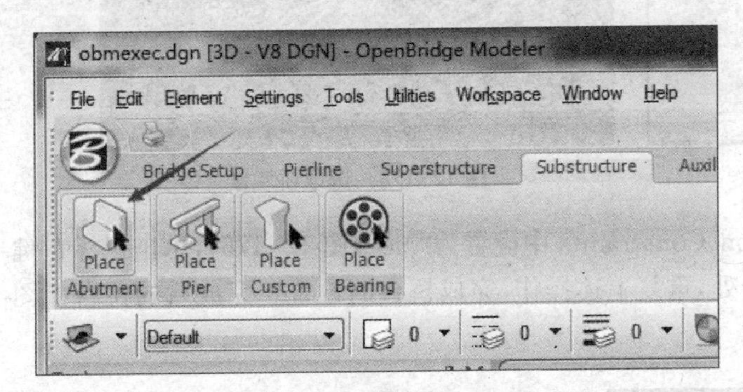

图 12-171 放置桥台按钮

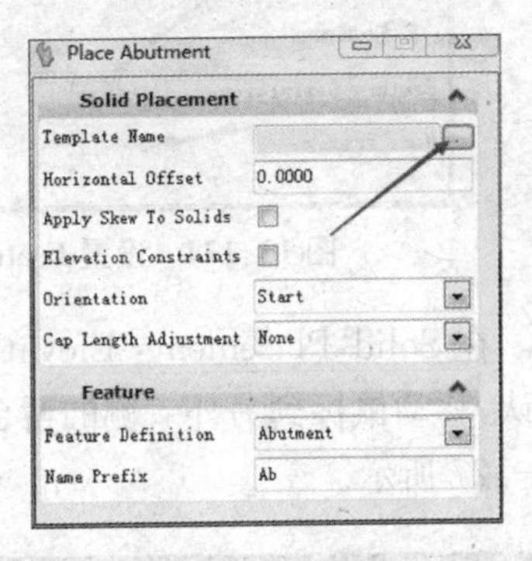

图 12-172 “Place Abutment”对话框

在弹出的 Select Abutment 对话框中，选择第二个桥台，如图 12-173 所示，然后单击“Close”，关闭对话框。

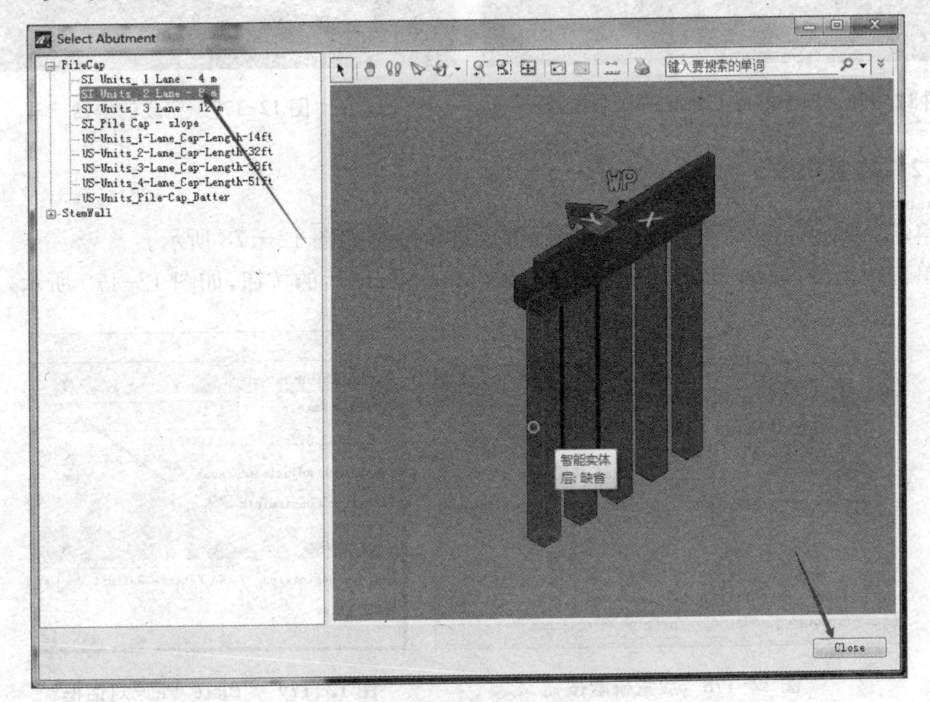

图 12-173 选择桥台

设置“Place Abutment”对话框的Feature Definition为Abutment，如图12-174所示。

在View1视图移动鼠标到放置桥台的桥墩线，单击鼠标左键，如图12-175所示。

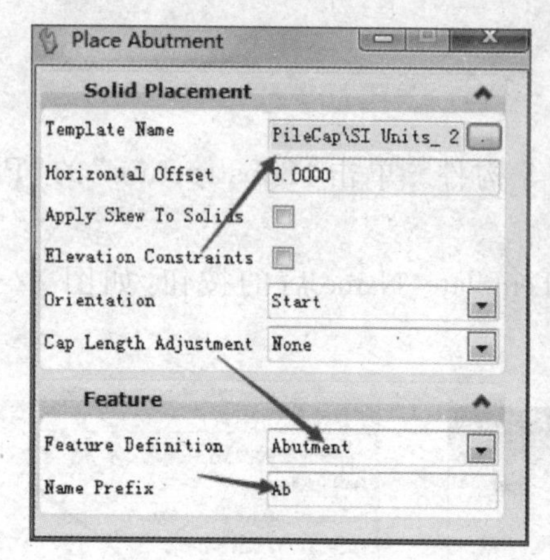

图12-174 设置Feature

图12-175 选取桥墩线

在Solid Placement：Elevation Constraints中设置为“No”（图12-176），单击鼠标左键确认，移动鼠标到另外一侧的桥台处，重复上述操作，完成桥台的设置。完成后的桥台如图12-177所示。

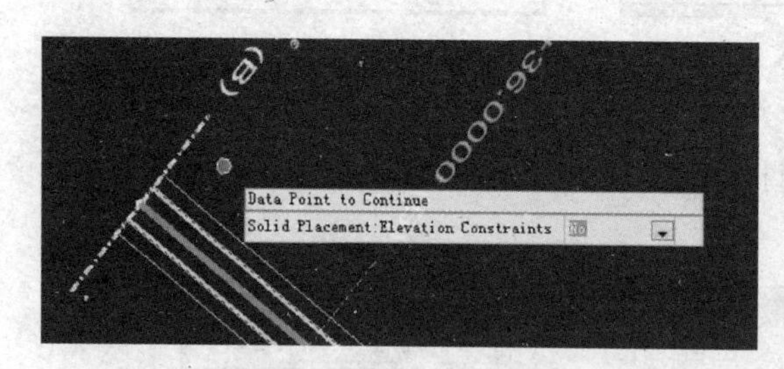

图12-176 Elevation Constraints中设置

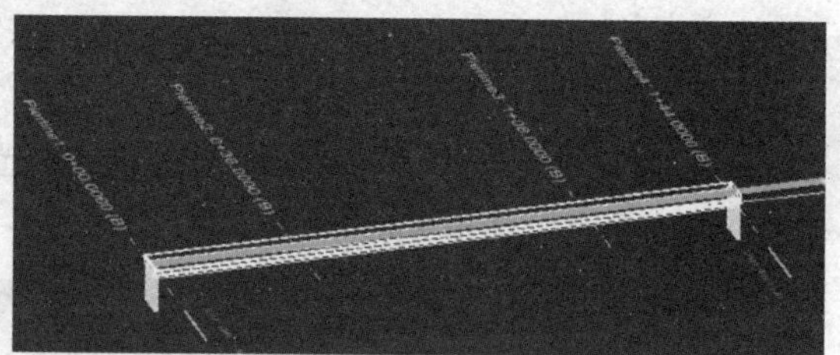

图12-177 完成的桥台

12.8.2 放置桥墩

单击“Substructure”的“Pier”-“Place”（放置桥墩），如图12-178所示。

单击弹出的“Place Pier”对话框的Template Name后的按钮，如图12-179所示。

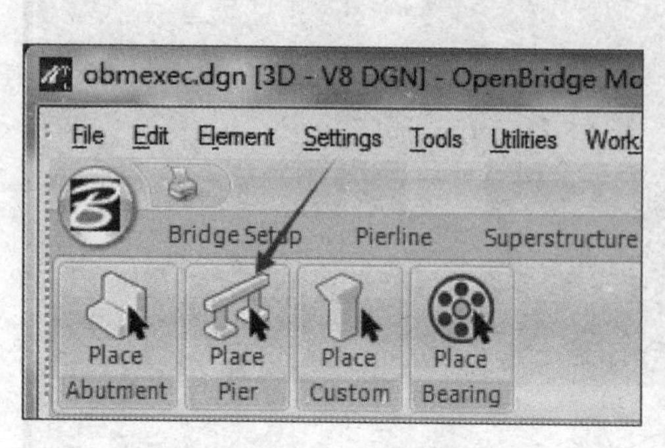

图12-178 放置桥墩按钮

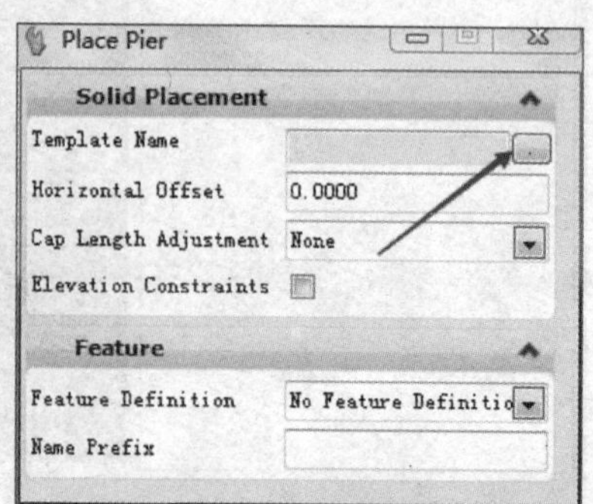

图12-179 “Place Pier”对话框

在弹出的 Select Pier 对话框中，选择桥墩，如图 12-180 所示，然后单击“Close”，关闭对话框。

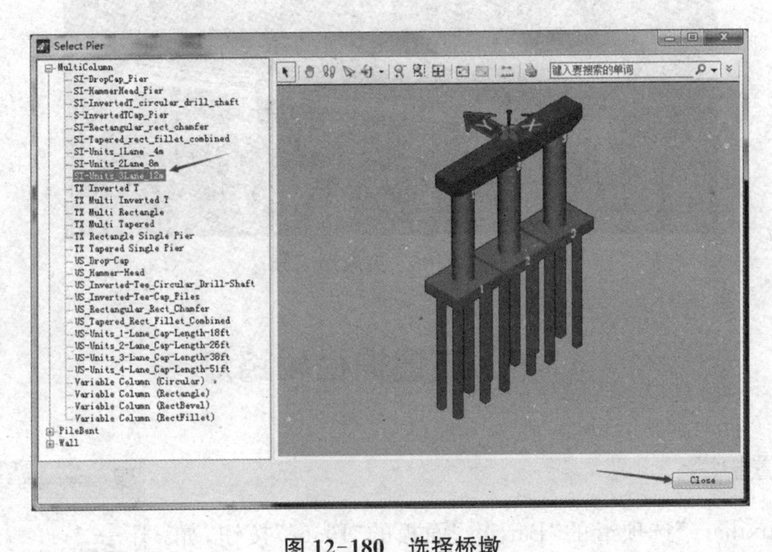

图 12-180 选择桥墩

设置“Place Pier”对话框的 Feature Definition 为“Pier”，如图 12-181 所示。

单击鼠标左键选择需要放置桥墩的桥墩线，然后单击鼠标右键，完成选择。如图 12-182、图 12-183 所示。

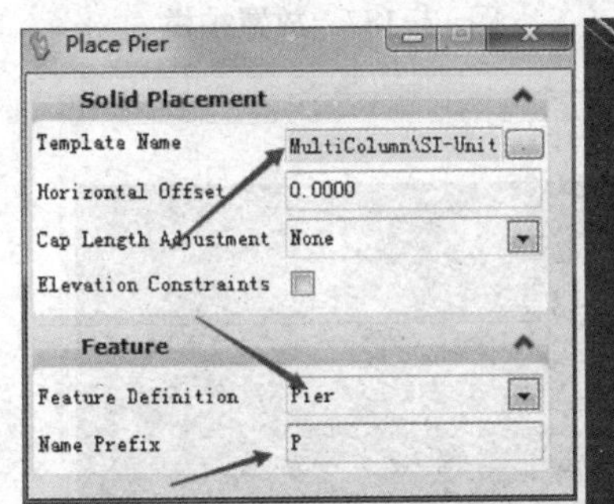

图 12-181 Feature 设置

图 12-182 选择桥墩线一

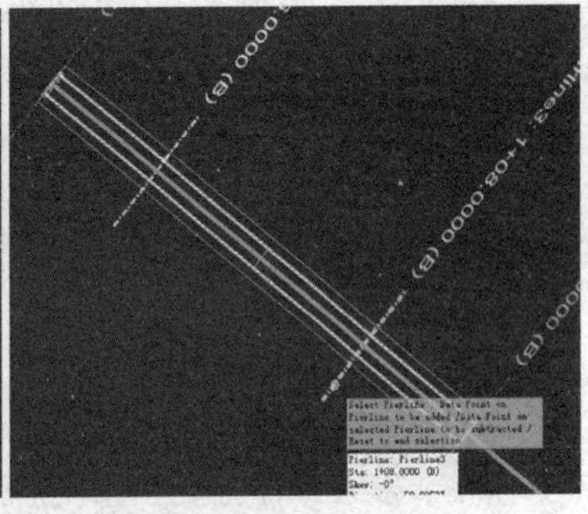

图 12-183 选择桥墩线二

在 Solid Placement：Elevation Constraints 中设置为“No”(图 12-184)，单击鼠标左键确认，此时，显示完整的桥梁布置，如图 12-185、图 12-186 所示。

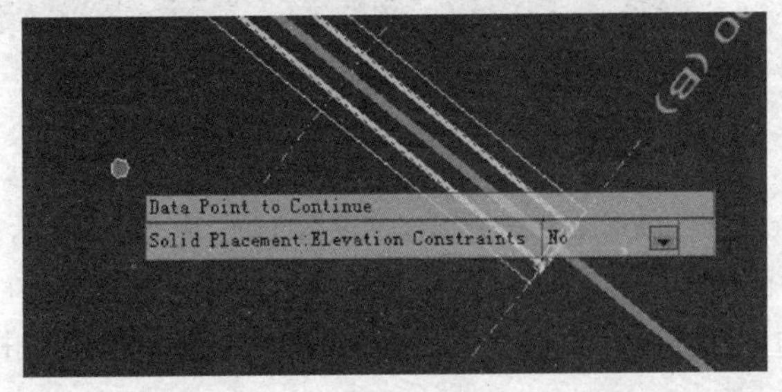

图 12-184 Elevation Constraints 中设置

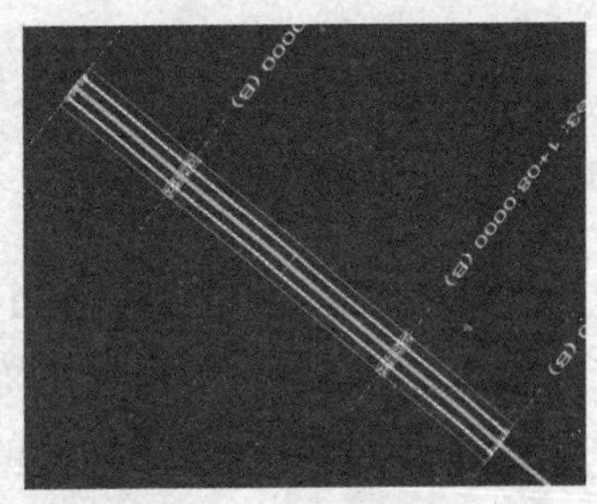

图 12-185 完成后平面

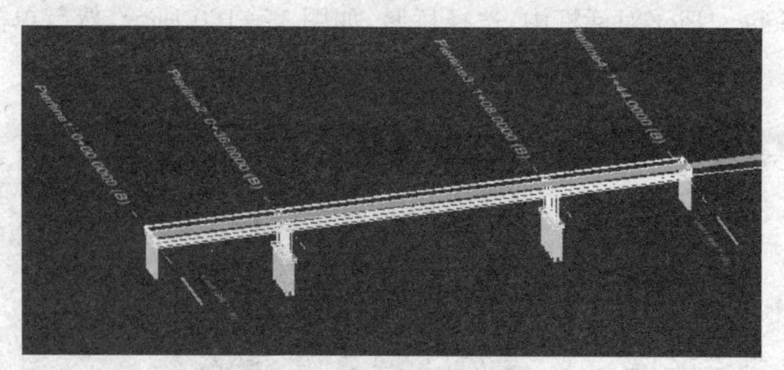

图 12-186　完成后三维

12.9　放置护栏和路灯

12.9.1　放置护栏

单击“Auxiliary”选项卡的“Barrier”面板的“Place”按钮，如图 12-187 所示。

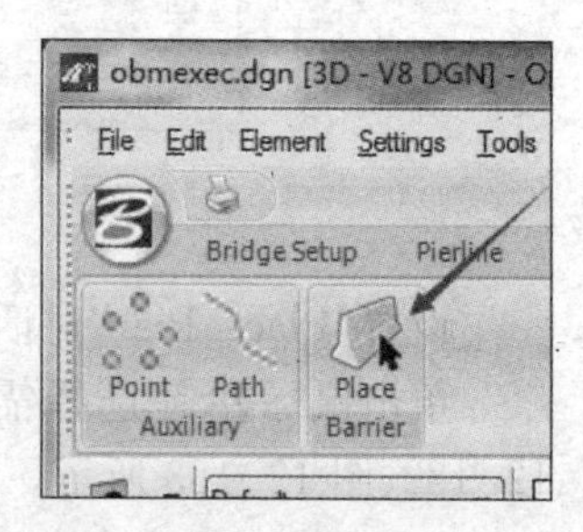

图 12-187　放置护栏

在弹出的“Place Barrier”对话框中单击“Template Name”后的按钮，如图 12-188 所示。

在弹出的“Template Selection”对话框单击选择“32″ F Shape L”，如图 12-189 所示，单击“OK”，关闭对话框。

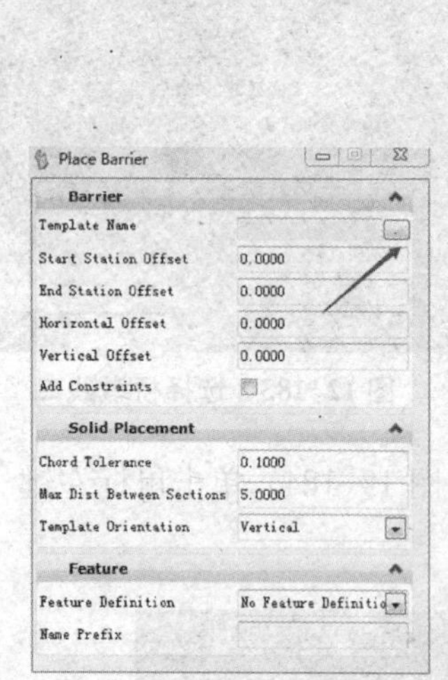

图 12-188　“Place Barrier”对话框

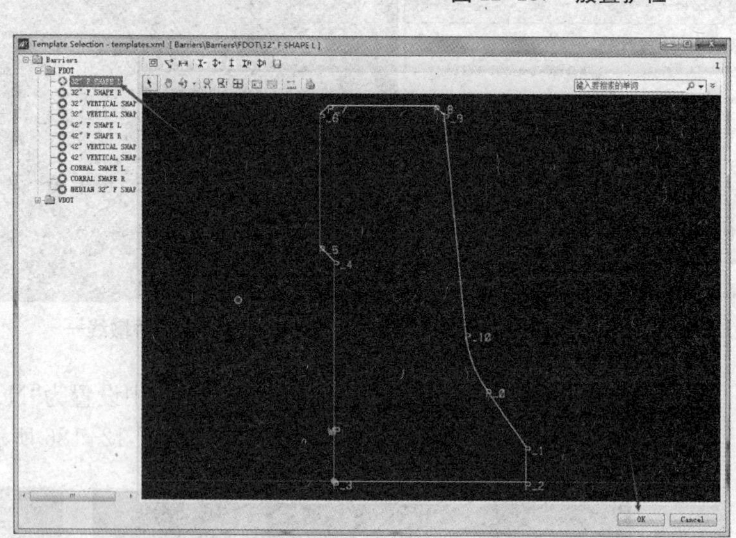

图 12-189　“Template Selection”对话框

设置“Place Barrier”对话框的 Feature Definition 为“Barrier”，如图 12-190 所示。

在视图 1，移动鼠标，单击选择桥面(图 12-191)，单击鼠标右键，退出选择模式，在“Barrier：Add Constraint”后用键盘上的上下键选择“No”(图 12-192)。在视图 1 单击鼠标左键。

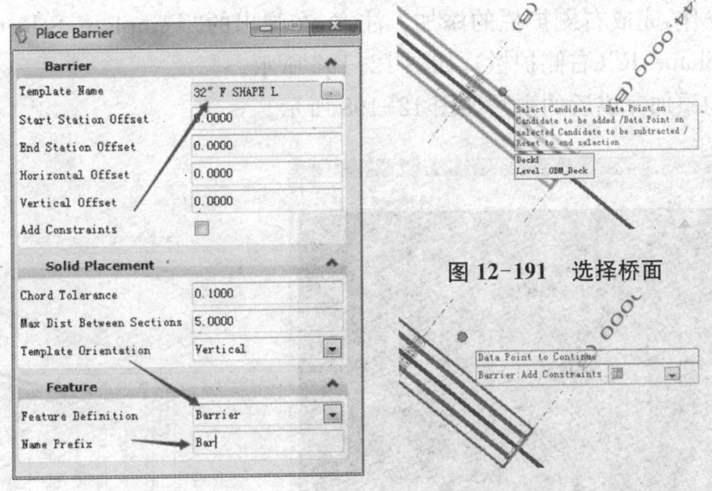

图 12-191 选择桥面

图 12-190 Feature 设置

图 12-192 Add Constraint 设置

在弹出的“Path Selection”对话框中，单击“Select Guideline From List”(图 12-193)。

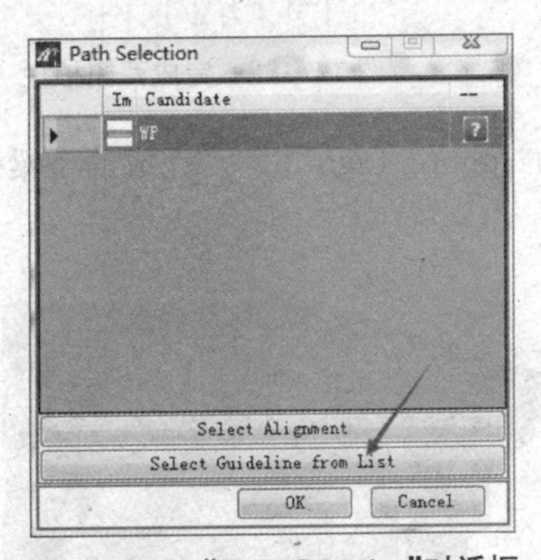

图 12-193 “Path Selection”对话框

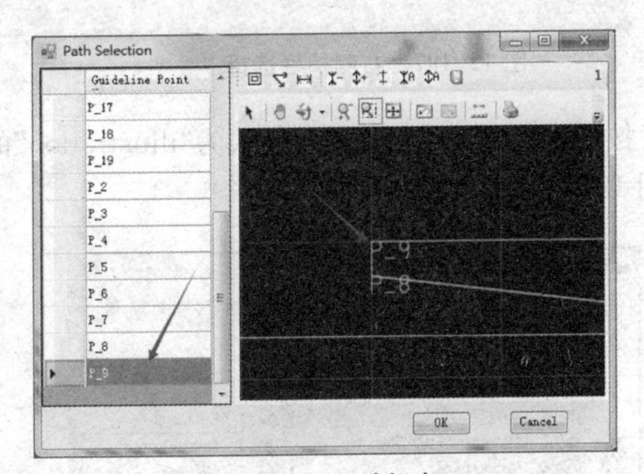

图 12-194 选择点

护栏的外侧边线与桥面的上外边线对齐。在新窗口中，单击 P_9(图 12-194)，单击“OK”按钮，回到“Path Selection”对话框(图 12-195)，确保“WP”后为“√”，单击“OK”按钮。

完成后的护栏三维视图如图 12-196 所示。

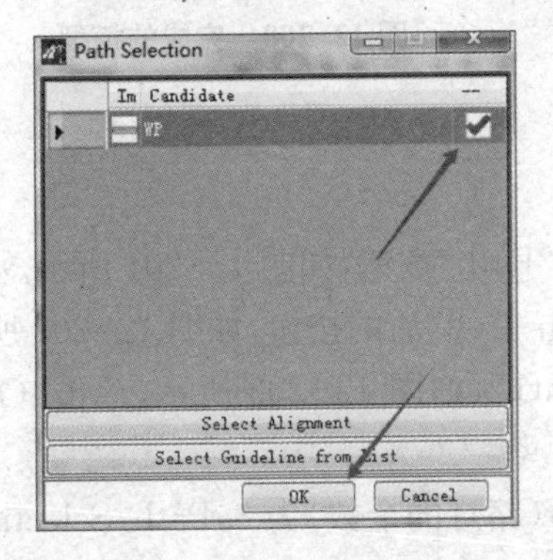

图 12-195 “Path Selection”对话框

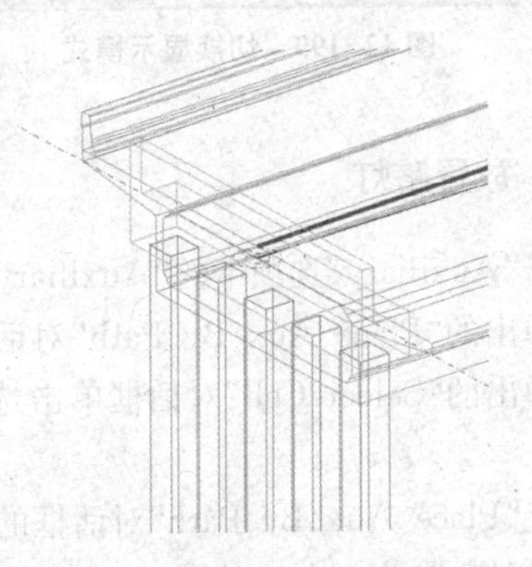

图 12-196 完成后的护栏三维视图

重复上述操作，完成右侧护栏的添加。注意，在弹出的“Template Selection”对话框单击选择“32″ F Shape R”(右侧护栏)，如图 12-197 所示。

左右护栏均添加完成后的视图如图 12-198 所示。

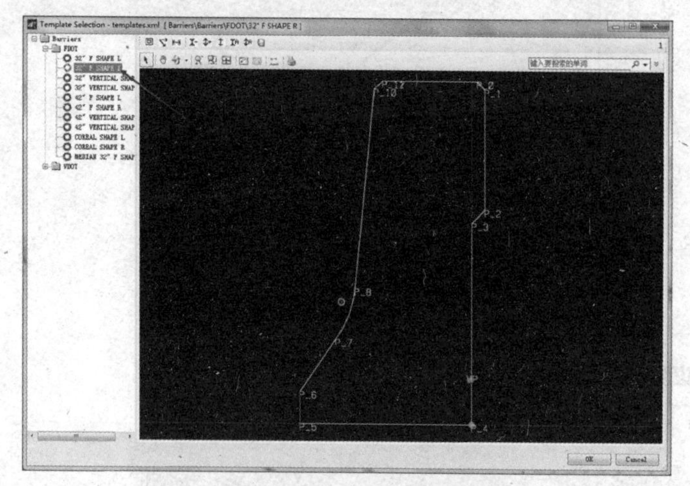

图 12-197 右侧护栏选择

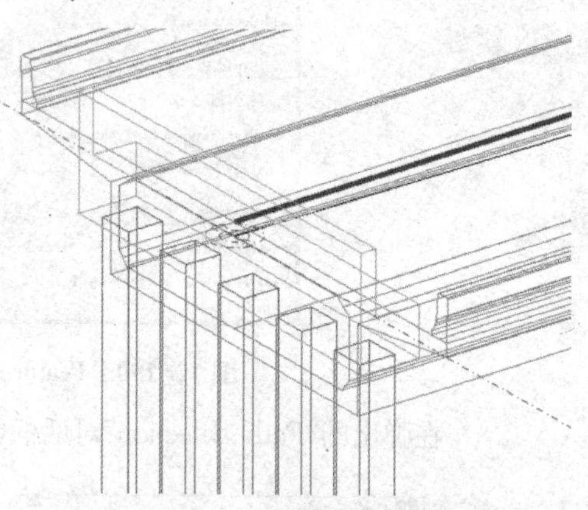

图 12-198 完成两侧护栏

按图 12-199 示，切换显示模式为“illustration”的“Ignore Lighting”。完成的桥梁模型如图 12-200 所示。

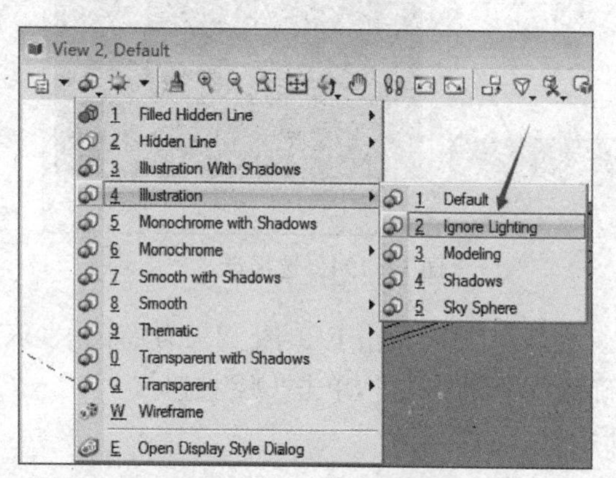

图 12-199 切换显示模式

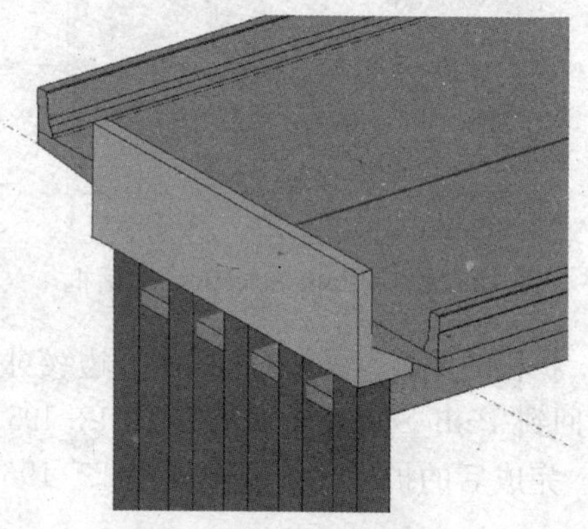

图 12-200 完成的模型

12.9.2 放置路灯

单击“Auxiliary”选项卡的“Auxiliary”面板的“Path”按钮，如图 12-201 所示。

在弹出的“Place Aux By Path”对话框中单击“Cell”后的按钮，如图 12-202 所示。

在弹出的“Select Cell”对话框单击选择“Light1”，如图 12-203 所示，单击“OK”，关闭对话框。

设置“Place Aux By Path”对话框的 Number(路灯的个数)为 8，Path Selection Mode(路径选择模式)为 Select Alignment With Profile，Horizontal Offset(从桥梁中心线向外侧的水平偏移)为 5.0，Feature Definition 为 LightPoles，如图 12-204 所示。

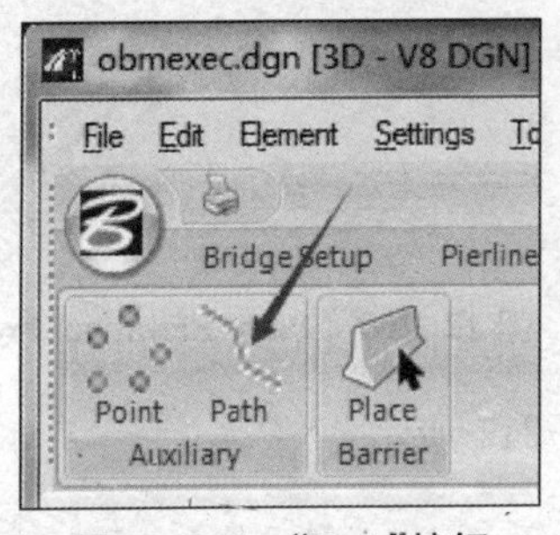

图 12-201 "Path"按钮

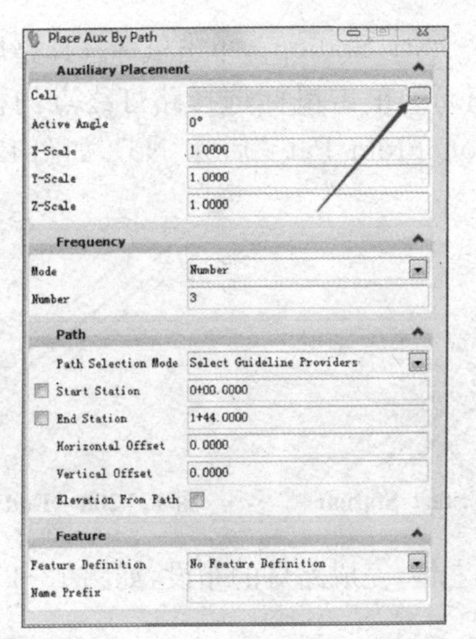

图 12-202 "Place Aux By Path"对话框

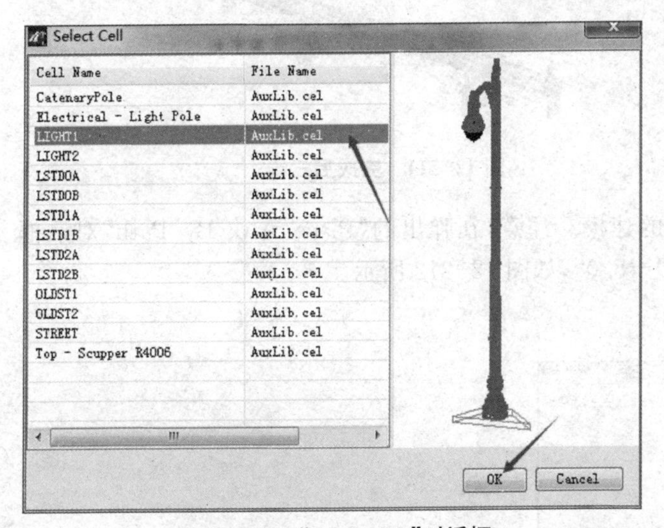

图 12-203 "Select Cell"对话框

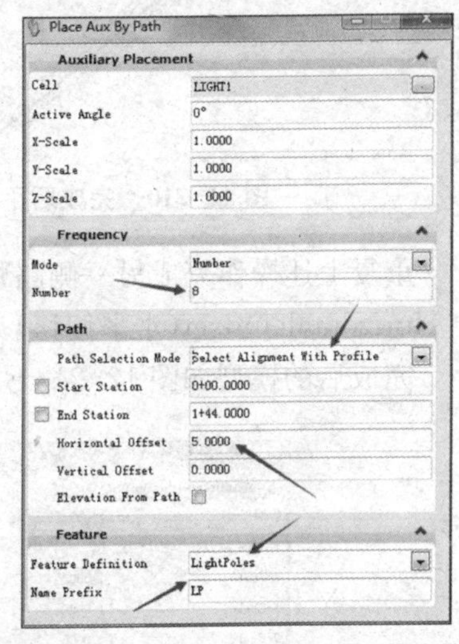

图 12-204 "Place Aux By Path"对话框

在 View1 视图移动鼠标，根据提示 Select Path，如图 12-205 所示；单击鼠标选择桥的平面线，完成后，出现随鼠标移动的路灯点，如图 12-206 所示。

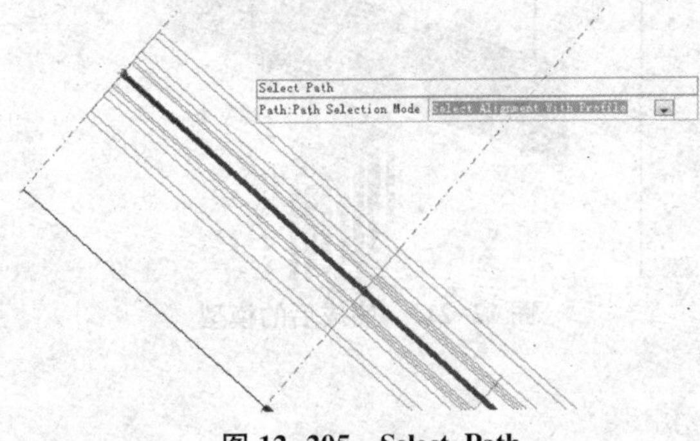

图 12-205 Select Path

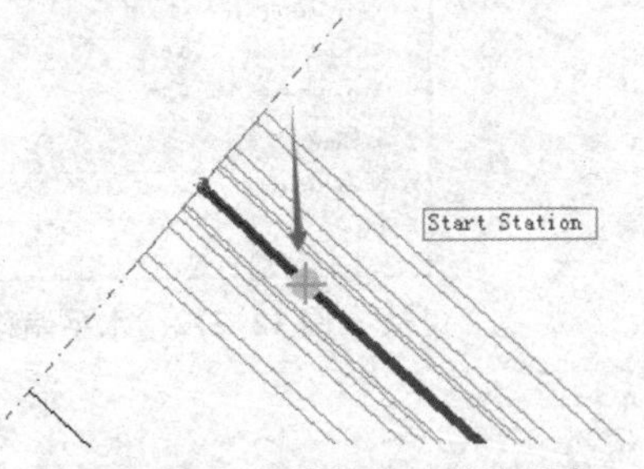

图 12-206 随鼠标移动的路灯点

根据提示“Start Station”，单击鼠标选择路灯起点的桥墩线，如图 12-207 所示；根据提示“End Station”，单击鼠标选择路灯终点的桥墩线，如图 12-208 所示；用上下键选择“Path Elevation From Path”后为“No”，如图 12-209 所示。

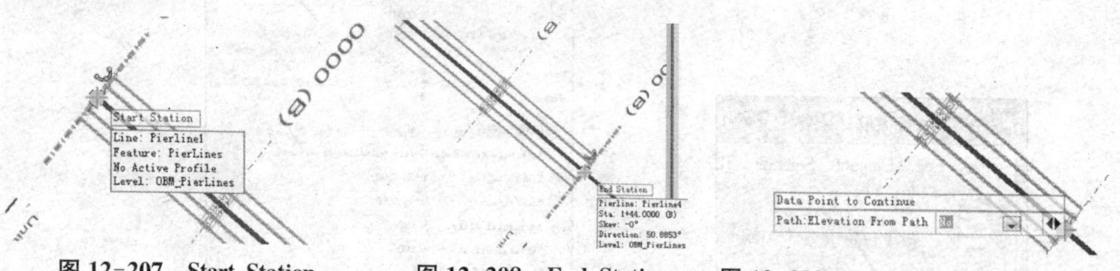

图 12-207　Start Station　　图 12-208　End Station　　图 12-209　Path Elevation From Path

单击鼠标左键，完成路灯的布设，如图 12-210、图 12-211 所示。

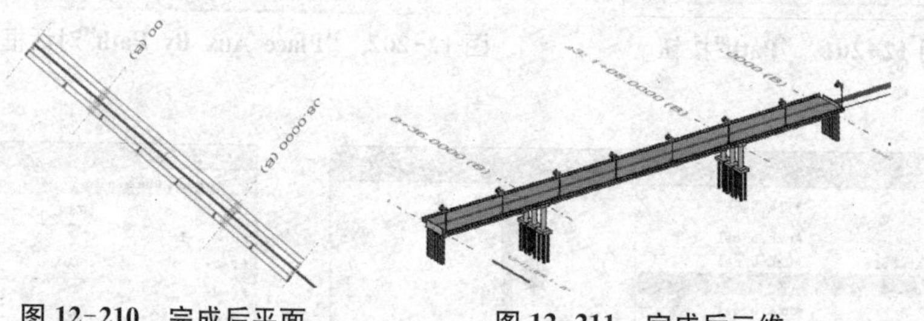

图 12-210　完成后平面　　图 12-211　完成后三维

重复上述操作完成另一侧路灯的建模。注意，在弹出的“Place Aux By Path”对话框中 Horizontal Offset(水平偏移)为“-5.0”，如图 12-212 所示。

完成后的模型如图 12-213 所示。

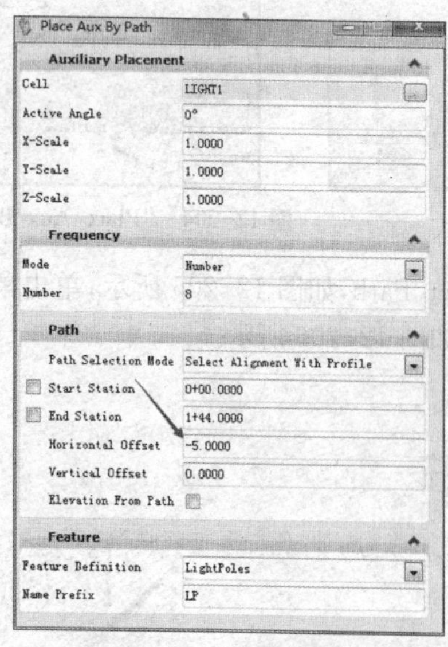

图 12-212　水平偏移设置

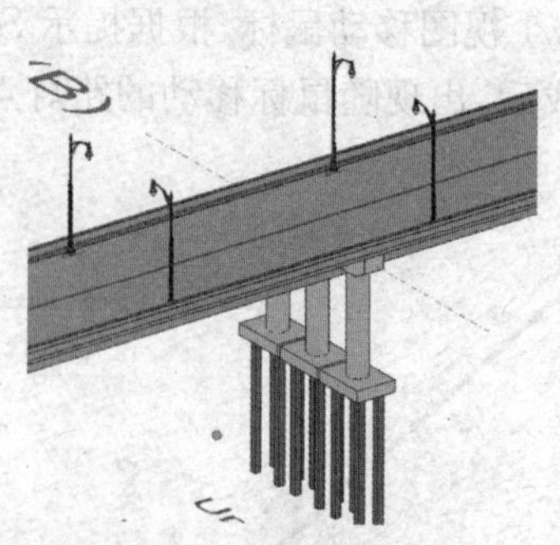

图 12-213　完成后的模型

参 考 文 献

[1] 苏翠兰. 钢结构详图设计快速入门——XSteel [M]. 北京:中国建筑工业出版社,2010.
[2] 赵顺耐. AECOsim Building Designer 协调设计管理指南[M]. 北京:知识产权出版社,2015.
[3] 赵顺耐. AECOsim Building Designer 使用指南[M]. 北京:知识产权出版社,2014.
[4] 王开乐. 三维布筋在 BIM 中的应用——ProStructure 钢筋混凝土模块应用指南[M]. 北京:知识产权出版社,2016.